国家科学技术学术著作出版基金资助出版

绿色介质与过程节能

张锁江　主编

科 学 出 版 社
北 京

内 容 简 介

化工和冶金行业的节能任务艰巨，并且发展潜力巨大，该行业也是关系到我国中长期节能规划目标能否实现最为关键的产业部门之一。本书是在国家重点基础研究发展计划（"973"计划）项目"大规模化工冶金过程节能的关键科学问题研究"的成果基础上编写完成的。着重介绍了在化工冶金过程中的介质创新、工艺单元、过程设备以及系统等不同层次形成的系列重要理论方法和技术，产生的科研成果被用以指导过程节能技术的开发，达到节能降耗目标，对实现我国工业生产的可持续发展具有重要意义。

本书可供从事化工、化学、材料、能源、环境等领域新技术开发的科技人员及相关专业和高等院校的师生参考。

图书在版编目(CIP)数据

绿色介质与过程节能 / 张锁江主编. —北京：科学出版社，2014.12
ISBN 978-7-03-042864-6

Ⅰ.①绿… Ⅱ.①张… Ⅲ.①化工过程-节能-研究 Ⅳ.①TQ02

中国版本图书馆 CIP 数据核字(2014)第 305475 号

责任编辑：朱 丽 杨新改 / 责任校对：刘亚琦 张凤琴
责任印制：肖 兴 / 封面设计：耕者设计工作室

科学出版社 出版
北京东黄城根北街 16 号
邮政编码：100717
http://www.sciencep.com
中国科学院印刷厂 印刷
科学出版社发行 各地新华书店经销
*
2015 年 1 月第 一 版 开本：787×1092 1/16
2015 年 1 月第一次印刷 印张：39 插页：6
字数：900 000

定价：188.00 元

（如有印装质量问题，我社负责调换）

《绿色介质与过程节能》编写人员

第 1 章　离子液体氢键网络结构

张锁江　董　坤　姚晓倩　（中国科学院过程工程研究所）

第 2 章　离子液体分子模拟及分子设计*

刘晓敏　张晓春　（中国科学院过程工程研究所）

彭昌军　（华东理工大学）

赵玉玲　（河南师范大学）

第 3 章　离子液体体系相平衡

彭昌军　刘洪来　（华东理工大学）

第 4 章　超重力过程强化及反应传递规律

徐联宾　单南南　陈建峰　（北京化工大学）

第 5 章　微化工技术强化及反应传递规律

赵玉潮　陈光文　（中国科学院大连化学物理研究所）

第 6 章　流化床结构-传递关系理论及过程强化

李洪钟　朱庆山　邹　正　（中国科学院过程工程研究所）

第 7 章　离子液体体系流动及传递规律

张香平　董海峰　张　欣　鲍　迪　（中国科学院过程工程研究所）

第 8 章　反应-反应，反应-分离耦合过程的节能原理分析：以碳酸酯制备为例

杨伯伦　伊春海　刘敬军　（西安交通大学）

第 9 章　反应分离耦合的非线性特征分析

杨伯伦　齐随涛　刘敬军　（西安交通大学）

第 10 章　多单元耦合的典型装置分析

蒋雪冬　（西安交通大学、中国科学院过程工程研究所）

王玉华　杨　宁　（中国科学院过程工程研究所）

第 11 章　分离过程耦合节能原理与方法

张吕鸿　李　洪　姜　斌　（天津大学）

第 12 章　乙二醇/碳酸酯节能新过程

成卫国　孙　剑　王金泉　石春艳　（中国科学院过程工程研究所）

第 13 章　氧化铝/电解铝节能新过程[**]

张　盈　陈仕谋　张军玲　（中国科学院过程工程研究所）

第 14 章　流化床冶金节能过程

朱庆山　李洪钟　（中国科学院过程工程研究所）

第 15 章　炼油分离填料、设备及过程节能

秦　娅　王小伟　毛俊义　（中国石油化工股份有限公司石油化工科学研究院）

隋　红　（天津大学）

第 16 章　高温热泵/低温发电余热利用技术

张于峰　于晓慧　张　彦　（天津大学）

* 感谢华东理工大学卢运祥博士参加了离子液体卤键相互作用的研究工作

** 感谢安阳工学院郑勇博士参加了离子液体低温电解铝的基础研究工作

序　一

以过程工程为基础的过程工业形成了国民经济中众多的支柱产业，这些产业通常是高能耗产业，节能任务艰巨，发展潜力巨大。张锁江研究员作为首席科学家所主持的“973”计划项目“大规模化工冶金过程节能的关键科学问题研究”（2009CB219900），开展了介质构效关系、传递强化及系统集成三个层次的具有原始创新性的基础研究，形成了化工冶金过程节能的共性理论和方法；开展了离子液体在温和转化中的应用、超重力/微反/流化床强化，以及余热利用和过程耦合系统集成的研究，建立了化工冶金节能技术研发平台；开展了乙二醇、炼油、钒钛矿、贫铁矿、余热发电等节能工艺过程的研究，建立了多项节能中试装置或示范工程，在所试验的范围内平均能耗降低20%以上。上述研究为我国化工冶金过程节能提供了科学基础。

《绿色介质与过程节能》一书，总结了该“973”计划项目执行期间在理论和应用方面取得的研究成果，内容丰富、信息量大，对解决化工冶金行业高能耗问题具有重要指导意义，对相关行业节能技术的开发也具有重要的参考价值。

何鸣元

2014年8月29日

序　二

化工和冶金行业是我国的支柱产业，总产值约占全国工业 GDP 的 20%～30%，同时也是我国工业能耗最大的行业，其中冶金、化工的能耗分别占工业总能耗的 21.6%和16.8%，高居全国工业能耗的第一和第二位。我国工业目前正处于产业结构调整和转型升级、实现绿色与可持续发展的关键时期，以典型高能耗的化工和冶金过程为对象开展节能研究不仅是国家的战略需求，也是化工和冶金学科发展的前沿。为此科技部设立了国家重点基础研究发展计划（“973”计划）项目“大规模化工冶金过程节能的关键科学问题研究”（2009CB219900），在首席科学家张锁江研究员的带领下，来自高校、科研院所和企业的科研人员经过 5 年的勤奋工作，在基础研究和工业应用两方面都取得了国内外一流的研究成果。

该书以“绿色介质与过程节能”为书名，对上述“973”计划项目的研究成果进行了系统而详细的总结。在基础研究方面，该书分反应介质、反应与分离设备、流程系统三个层次进行了理论分析与阐述。反应介质以离子液体为重点开展了深入的研究，对离子液体的氢键网络结构及其构效关系有了深层次的认识，进而研制出离子液体化学负载于多种载体上的羰基化催化剂和羰基化固定床反应器，用于环氧乙烷制乙二醇的生产，同时还将离子液体作为溶剂用于三氯化铝的电解制高质铝，突显了离子液体的绿色环保节能的特点。反应与分离设备则以流化床与精馏塔为重点，同时研究了当今先进的化工过程强化技术——超重力技术和微化工技术，以及低温余热利用技术——高温热泵和低温发电技术。提出了流化床介尺度结构与“三传一反”定量关系的流化床构效关系理论并成功用于指导流化床的模拟和优化操作，为流化床的过程强化与节能提供了理论基础，同时还研究了内构件和外磁场对流化床过程强化的机理和作用，成功应用于工业设备。创立了多效精馏、热耦精馏和差压热耦合蒸馏等节能的新理论和新方法，提出了炼油的梯级蒸馏、减压深拔、节能填料、节能塔板等节能新技术，并实现了工业应用。流程系统则深入研究了反应-反应、反应-分离耦合的节能原理，多尺度系统集成的理论，建立了能量优化利用的新理论和新方法。“973”计划项目是侧重于应用导向的基础研究，因此研究人员在深入进行基础研究的同时，还尽力将基础研究的成果应用于工业生产。本书总结了部分工业应用的成果，如离子液体为催化剂制取乙二醇，流化床取代回转窑实现贫铁矿的磁化焙烧、钛精矿的氧化还原焙烧等项目成功地完成了工业中间试验，节能效果显著；应用本研究的多项分离科研成果，成功设计并建造了我国首套 800 万吨/年，直径 10.2 m 的大型常减压蒸馏装置，达到国际先进水平。高温热泵技术成功应用于天津某小区的供暖系统，低温余热发电成功取代某精馏系统的冷凝器实现了低温余热发电。

该书介绍的化工冶金节能的理论成果和应用成果代表了当前国内外的先进水平，这些成果的推广与应用，必将对我国化工冶金行业的节能和实现转型升级起到重要的推动作用，为我国创新驱动发展的战略做出积极的贡献。该书可作为高校、科研单位以及工业企业从事化工冶金的科技人员的重要参考文献，也可作为高等学校的教学参考书，相信该书的读者一定受益匪浅。

李洪钟

2014 年 9 月 3 日

前　言

我国目前面临着经济快速增长和能源资源环境有限的突出矛盾,《国家“十一五”科学技术发展规划》提出了“突破节能关键技术,为实现单位国内生产总值能耗降低20%的目标提供支撑”的战略目标,而要实现这一目标,则面临巨大挑战,迫切需要在全行业,尤其是在高能耗行业开展节能降耗的基础理论及工业应用研究,为我国实现可持续发展提供充足的能源保障。

化工和冶金行业是我国的基础和支柱产业,总产值约占全国工业GDP的20%~30%,也是我国工业能耗最大的部门,其中冶金、化工能耗分别占工业总能耗的21.6%和16.8%,居全国工业能耗的第一和第二位。因此,化工和冶金行业的节能任务艰巨,并且发展潜力巨大。以典型高能耗化工过程为对象开展节能研究不仅是国家的战略需求,也是化工、冶金及相关学科发展的前沿。国内外已对化工、冶金等高能耗行业节能技术进行了大量研究,但基本上都是针对具体行业中单个典型的高能耗设备、工艺、换热网络进行研究,局限于某一个行业内的单项节能技术研究,没有从过程的共性出发来归纳总结节能的理论和方法,特别是缺乏从分子层次来深入分析过程高能耗的主要原因及发现改进方法。此外,尚未涉及从过程耦合和生态工业的角度来进行不同行业间的系统节能研究,对工艺、过程、系统(包括不同行业间)不同层次的节能机理和关系缺乏全面深入的研究。未能形成共性的科学理论基础和前沿关键技术系列,制约成为我国过程工业节能技术发展的“瓶颈”。

本书是在国家重点基础研究发展计划(“973”计划)项目“大规模化工冶金过程节能的关键科学问题研究”(2009CB219900)的成果基础上编写完成的。本书以占全国总能耗约一半的石油化工、冶金高耗能工业过程作为切入点,归纳、凝练过程节能的共性关键基础科学问题,通过这些关键基础科学问题的解决来指导过程节能技术的开发,目标是形成大规模、高能耗化工和冶金过程的节能新理论和新方法。

本书的研究核心分为反应、过程、系统三个层次的三个关键科学问题:①反应本征特征与介质分子结构之间的关系。创建新工艺和新路线的核心是催化介质/材料,只有建立物系本征特征与分子/介观结构之间的关系,才能有效地设计和调控新介质和新材料,研究开发温和条件下物质转化的节能新过程。②过程传递规律与结构/界面之间的关系及调控规律。单元/过程节能的关键是开发新型结构设备和强化技术,以提高反应和传递效率、减少能量消耗,需要重点解决系统反应-传递规律与场结构效应的匹配性问题,建立单元过程强化节能新方法和工程放大规律。③多过程耦合及多尺度系统集成的理论和方法。多过程耦合节能的关键是获得能量转化、传输和耗散的规律,建立能量优化利用的新理论和新方法,实现全系统的节能降耗。

项目在执行中,紧紧围绕上述关键科学问题开展研究,获得了离子液体介质的微观结构及其对性能的影响规律,建立了若干离子液体体系的构效关系;研究了超重力、微反应器、内构件等强化单元设备和过程的机理和机制，为过程强化节能提供科学基础；研究了反应-反应耦合、梯级分离、低温余热利用的新方法，发展了大规模体系的物质-能量集成的模型及模拟方法；开展了乙二醇、炼油、钒钛矿/贫铁矿等节能工艺过程的研究，建立了多项工业节能中试装置或示范工程。以上研究成果将为我国过程工业的节能减排提供重要的指导。

本书是由众多专家学者共同努力编写完成的，特此感谢！参与撰写人员如下(按姓氏汉语拼音排序)：鲍迪、陈光文、陈建峰、陈仕谋、成卫国、董坤、董海峰、姜斌、蒋雪冬、李洪、李洪钟、刘洪来、刘敬军、刘晓敏、卢运祥、毛俊义、彭昌军、齐随涛、秦娅、单南南、石春艳、隋红、孙剑、王金泉、王小伟、王玉华、徐联宾、杨宁、杨伯伦、姚晓倩、伊春海、于晓慧、张欣、张彦、张盈、张军玲、张吕鸿、张锁江、张晓春、张香平、张于峰、赵玉潮、赵玉玲、郑勇、朱庆山、邹正。本书是在征求各位课题组负责人的基础上由项目首席科学家张锁江提出思路和提纲，并由张锁江、张香平和石春艳完成各章协调和全书的整理、统稿。

在此谨向所有参与本书编写及创作的人员表示感谢！本书难免有不足之处，敬请广大读者不吝赐教！

张锁江

2013年9月5日

目　　录

第二篇　过程强化与反应传递规律

第三篇　反应-分离多单元耦合节能

第四篇　典型节能工艺与技术分析

第一篇　离子液体的构效关系

第 1 章　离子液体氢键网络结构

1.1　离子对间的氢键结构特点

离子液体完全由离子所构成，阴阳离子是离子液体最小的结构单位，是进一步研究离子液体结构的基础。图 1.1 示出了最典型的咪唑阳离子电子共振结构特征，可以看出环上的 π 电子具有离域化，存在三种共振结构图 1.1[(b)～(d)]。从电荷分布看[图 1.1(e)]，由于 C_2原子和两个缺电子的 N 原子相连，导致 C_2原子带有一定正电荷，而 C_4和 C_5原子接近中性，理论计算出 C_2—H、C_4—H 和 C_5—H 基团上的 H 原子带有几乎相同的电荷，但是实验上测定 C_2—H 上 H 的 pK_a 值为 24.90，而 C_4—H 和 C_5—H 基团 H 的 pK_a值为 32.97，说明 C_2—H 酸性比 C_4—H 和 C_5—H 基团的大[1]。阴离子的结构相对于阳离子的更简单，其对称性更好。例如，图 1.2 所示的典型的阴离子结构，$[BF_4]^-$ 为 T_d对称性，$[PF_6]^-$ 为 O_h对称性，而$[NTf_2]^-$阴离子存在 *trans*-和 *cis*-两种稳定构型。

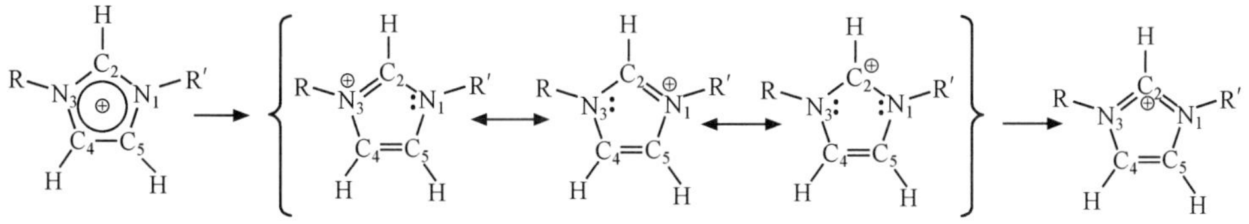

(a)　(b)　(c)　(d)　(e)

图 1.1　咪唑阳离子的共振结构

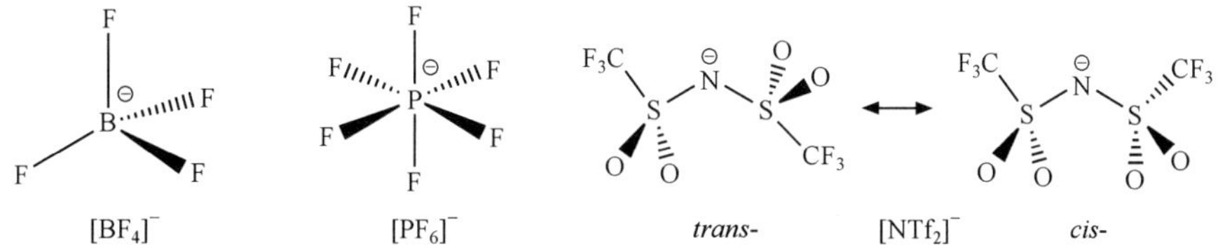

$[BF_4]^-$　$[PF_6]^-$　*trans*-　$[NTf_2]^-$　*cis*-

图 1.2　典型阴离子结构和对称性

$[BF_4]^-$为 T_d对称性，$[PF_6]^-$为 O_h对称性，$[NTf_2]^-$有 *trans*-和 *cis*-构型

离子对包含离子液体中分子间相互作用的全部信息，对于阐明离子液体结构至关重要，是进一步研究离子液体在更大尺度结构的基础。卤素类离子液体由于阴离子是简单的单原子，最早被合成和研究。图 1.3 示出了利用从头计算法得到的稳定的咪唑卤素离子液体离子对的结构，由于 F 原子容易导致阴离子分解而产生 HF，不能形成稳定的离子对，故在此不做讨论[2]。

从这些结构可以看出，阴离子倾向位于咪唑环的 $C_{2/4/5}$—H 位置。如图 1.3(A)中的$[C_2mim]$Cl 中的 1、2 和 4 离子对，$[C_2mim]$Br 中的 2 和 4 离子对以及$[C_2mim]$I 的 1 和 2

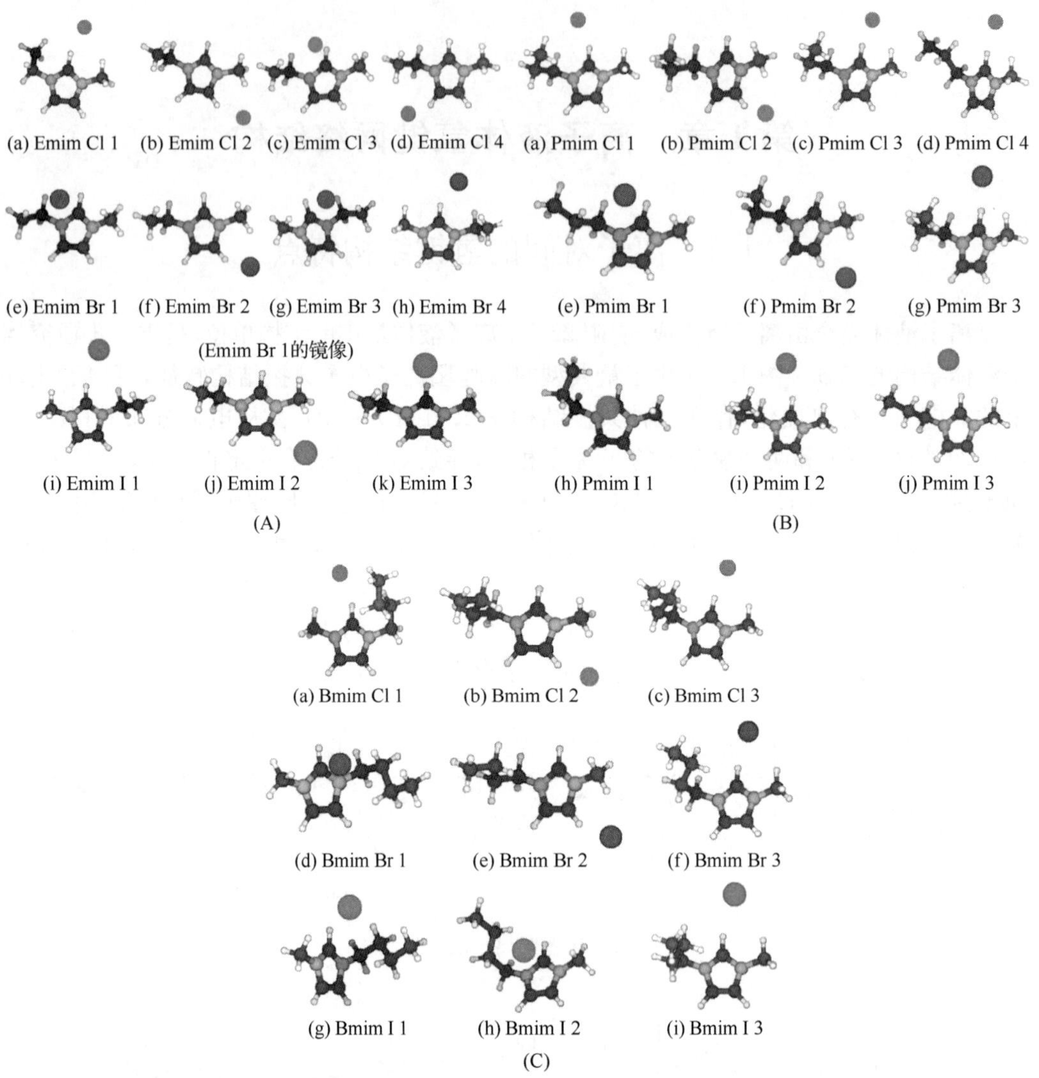

图 1.3　不同烷基链咪唑卤素离子对的结构[2]

(A) [C_2mim]X；(B) [C_3mim]X；(C) [C_4mim]X；其中 X=Cl^-，Br^-，I^-

离子对展现出比其他离子对结构更低的能量。同样，在图 1.3(B)中的[C_3mim]Cl 的 2、3 和 4 离子对，[C_3mim]Br 的 2 和 3 离子对以及[C_3mim]I 的 2 和 3 离子对显示出比其他离子对结构更低的能量。最后，在图 1.3(C)中的[C_4mim]Cl 的 1、2 和 3 离子对，[C_4mim]Br 的 2 和 3 离子对以及[C_4mim]I 的 1 和 3 离子对也显示出比其他离子对更低的能量。当阴离子位于咪唑环的上部时，也能形成稳定的离子对，如图 1.3(A)所示的[C_2mim]Cl 的 3 离子对、[C_2mim]Br 的 1 和 3 离子对和[C_2mim]I 的 3 离子对，图 1.3(B)中[C_3mim]Cl 的 1 离子对、[C_3mim]Br 的 1 离子对和[C_3mim]I 的 1 离子对，以及图 1.3(C)中[C_4mim]Br 的 1 离子对和[C_4mim]I 的 2 离子对。对于同一种阴离子(Cl^-，Br^-，I^-)，随着阳离子碳链增加，其离子对结构有一定差别。

由于卤素离子液体对水的敏感性,限制了其进一步应用。氟酸离子液体由于对空气和水的稳定性,有更好的应用前景,其结构也得到了广泛关注和研究。图1.4示出了密度泛函方法B3LYP/6-311+G(2d,p)水平上得到的稳定[$C_n$mim][PF_6](n=2,3,4)的离子对结构,在这三个结构中,F和H原子间的最短的原子距离被标注。

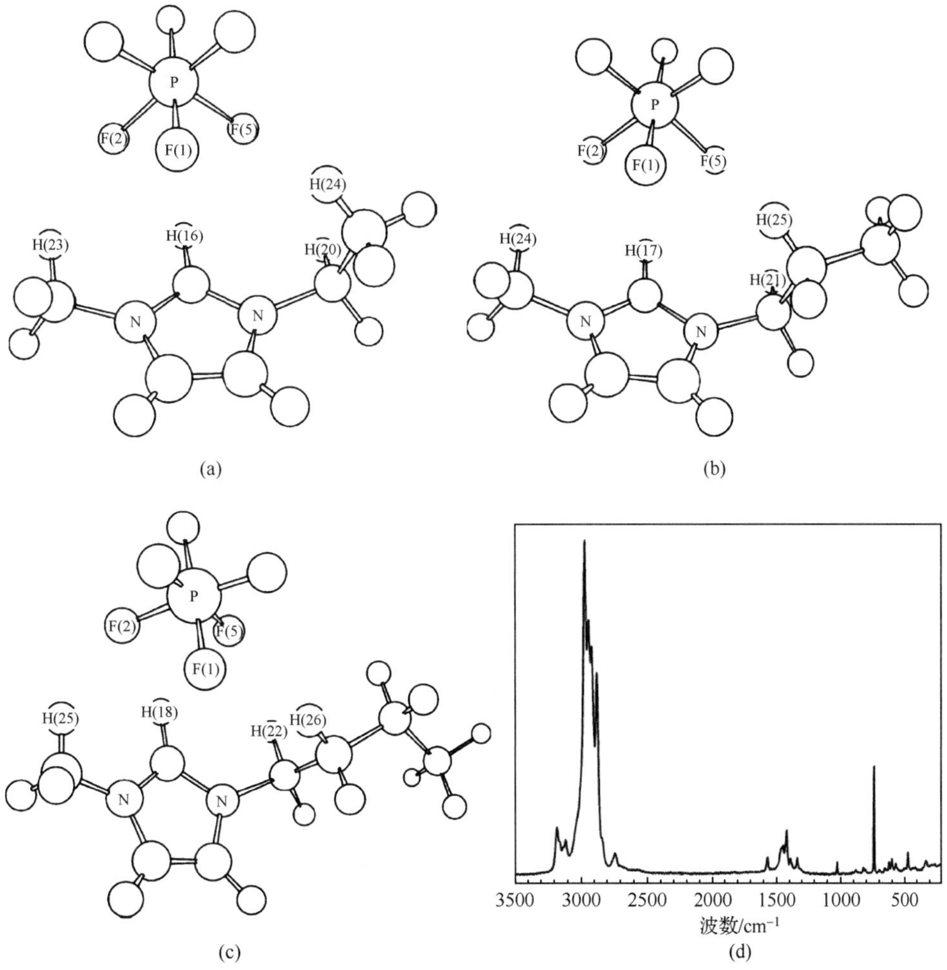

图1.4　咪唑含氟类离子液体离子对结构[DFT,B3LYP/6-311+G(2d,p)],阴离子为[PF_6]$^-$[3]

(a) [C_2mim][PF_6],距离:$F_2\cdots H_{23}$=2.26 Å,$F_2\cdots H_{16}$=2.08 Å,$F_1\cdots H_{16}$=2.52 Å,$F_5\cdots H_{16}$=2.15 Å,$F_5\cdots H_{20}$=2.55 Å,$F_5\cdots H_{24}$=2.55 Å;(b) [C_3mim][PF_6],距离:$F_2\cdots H_{24}$=2.27 Å,$F_2\cdots H_{17}$=2.09 Å,$F_1\cdots H_{17}$=2.52 Å,$F_5\cdots H_{17}$=2.14 Å,$F_5\cdots H_{21}$=2.52 Å,$F_1\cdots H_{25}$=2.66 Å,$F_5\cdots H_{25}$=2.59 Å;(c) [C_4mim][PF_6],距离:$F_2\cdots H_{25}$=2.29 Å,$F_2\cdots H_{18}$=2.09 Å,$F_1\cdots H_{18}$=2.51 Å,$F_5\cdots H_{18}$=2.12 Å,$F_5\cdots H_{22}$=2.45 Å,$F_1\cdots H_{26}$=2.49 Å,$F_5\cdots H_{16}$=2.70 Å;(d) [C_4mim][PF_6]的拉曼光谱

在[C_2mim][PF_6]中,最长的F…H距离出现在$F_5\cdots H_{20}$和$F_5\cdots H_{24}$之间,都为2.55 Å,最短距离出现在$F_2\cdots H_{16}$间,为2.08 Å。在[C_3mim][PF_6]中,最长的F…H距离出现在$F_1\cdots H_{25}$间,为2.66 Å,最短距离出现在$F_2\cdots H_{17}$间,为2.09 Å。在[C_4mim][PF_6]中,最长的F…H距离出现在$F_5\cdots H_{16}$间,为2.70 Å,最短距离出现在$F_2\cdots H_{18}$间,为

2.09 Å。可以看出，$[PF_6]^-$阴离子虽然位于咪唑环的上部，但由于 C_2—H 强的静电吸引，使得阴离子最终位于环上靠近前端的 C_2—H 部位，但是这些最近的 F…H 距离都小于 F 和 H 的范德华距离 2.67 Å[4]，说明这些离子对间形成氢键，氢键作用对于离子液体的结构和相互作用有不可忽略的影响。图 1.4(d)显示了$[C_4mim][PF_6]$的拉曼光谱(Raman spectroscopy)，最强的吸收峰在 2700～3200 cm^{-1}，是 C—H 的伸缩振动；3011～3082 cm^{-1}是丁基的 C—H 的振动；3116～3179 cm^{-1}是甲基的 C—H 的振动，以及环上 H—C_4—C_5—H、C_2—H 的振动；741 cm^{-1}处的强峰，是 H—C_4—C_5—H 的弯曲振动。

图 1.5 示出了非咪唑离子液体优化得到的离子对结构(DFT，B3LYP/6-31+G^*水平上)，阳离子是 *N*-烷基吡啶，阴离子是$[NTf_2]^-$。由于阴离子有较大的分子体积，从这些结构上可以看出阴离子能够位于阳离子的不同位置，形成不同稳定的离子对。一个离子对的稳定性能够通过阴阳离子之间的相互作用能进行判断，相互作用能 ΔE (kJ/mol)可以通过公式(1.1)计算得到，其中 ΔZPVE 代表零点振动能(zero point vibrational energy)。

$$\Delta E = E(\mathrm{A\cdots B}) - E(\mathrm{A}) - E(\mathrm{B}) + \Delta \mathrm{ZPVE} \tag{1.1}$$

在 MP2/aug-cc-pVTZ 水平上计算得到图 1.5(a)的 ΔE 分别为－326.6 kJ/mol 和－322.6 kJ/mol，图 1.5(b)的 ΔE 分别为－319.6 kJ/mol 和－321.6 kJ/mol，(a)的离子对比(b)的离子对更稳定，说明$[NTf_2]^-$阴离子倾向于 N 原子与阳离子靠近，并在阳离子环的上面，这与咪唑类离子液体有相似之处。

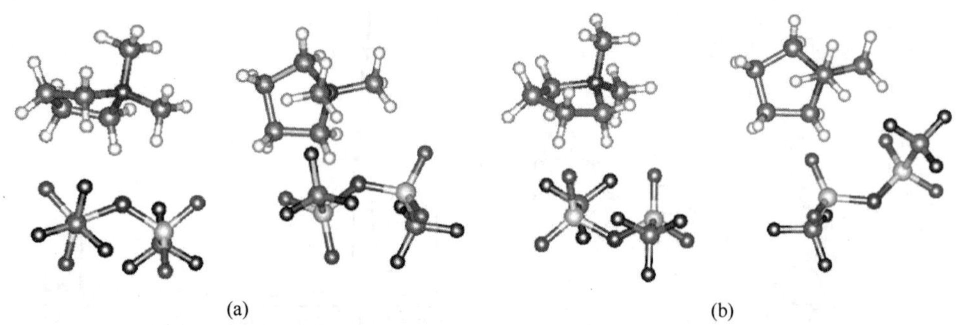

图 1.5　*N*-烷基吡啶$[C_1mpyr][NTf_2]$离子对结构(DFT，B3LYP/6-31+G^*)[5]

(a) 阴离子的 N 原子接近吡啶阳离子时，位于阳离子环的上面或者下面；(b) 阴离子的 O 原子接近吡啶阳离子时，位于阳离子环的侧边

1.2　相 互 作 用

离子液体所呈现的许多特殊性质都是离子液体复杂结构和相互作用的外在表象。离子液体的特征结构决定了其阴阳离子间特殊的相互作用。离子液体中阴阳离子体积差别大，阳离子通常体积大、不对称性高、分子柔性强；而阴离子通常体积小，有一定的对称性，但结构差别较大，如卤素阴离子仅一个原子组成，而$[NTf_2]^-$阴离子体积较大、柔性强。这些结构特征与 NaCl 等由简单的阴阳离子组成的离子晶体结构有着本质的区别，其中

最根本的差别是离子液体中离子间的特殊相互作用，除了静电作用，离子液体离子间相互作用也存在分子溶剂相互作用的典型特征，这对离子液体的性质有着决定性影响。

离子液体中阴阳离子的相互作用是由多种作用力，如静电力、氢键、范德华力以及极化作用等共同作用的结果，范德华力（包括诱导力、扩散力以及偶极-偶极作用）和氢键作用等都不能忽略，并对离子液体的性质有重要影响。不同作用力的非均衡性，使得在宏观上呈现均相液体状态的离子液体，在本质上却包含了多种尺度结构的动态变化[从单一离子、离子对到多个离子形成的氢键网络、离子簇（aggregates）/纳米结构][6-9]，多个尺度的结构和相互作用对体系/过程起着主导的控制作用。传统的观点认为，离子液体黏度大，且其随着温度和尺寸呈现变化等的特异性质的本质原因在于离子液体内部阴阳离子静电的相互作用。然而，随着科研的发展，在采用各种实验手段和计算方法对离子液体的结构和性质进行研究后发现，离子液体中氢键作用也非常重要。

对离子液体而言，由于离子液体的种类繁多，离子间相互作用差别很大，图 1.6(a)示出不同阴离子[C_8mim]X 系列离子液体 C_2—H 和 $C_{4/5}$—H 上^{1}H NMR 光谱[10]，可以看出，不同峰的化学位移都向低位移动，说明阴离子能够显著影响阳离子环上的 H 原子，但不同的阴离子影响差别很大。总的来说是，小的、碱性大的、配位强的阴离子向低位移动得多，而体积大、酸性强、配位差的阴离子向低位移动得少，例如，Cl^- 离子 C_2—H 和 $C_{4/5}$—H 氢的化学位移分别是 9.9 ppm① 和 7.9 ppm，而$[FAP]^-$ 离子化学位移分别是 7.4 ppm 和 6.5 ppm。为了进一步研究结构和性质的关系，在图 1.6(b)中，对此系列离子液体的化学位移和阴离子分子体积进行了关联，发现总体趋势是随着阴离子体积增大的，其^{1}H 的化学位移减小。但相对来说，从 Cl^- 离子到$[BF_4]^-$ 和$[PF_6]^-$ 系列阴离子，其化学

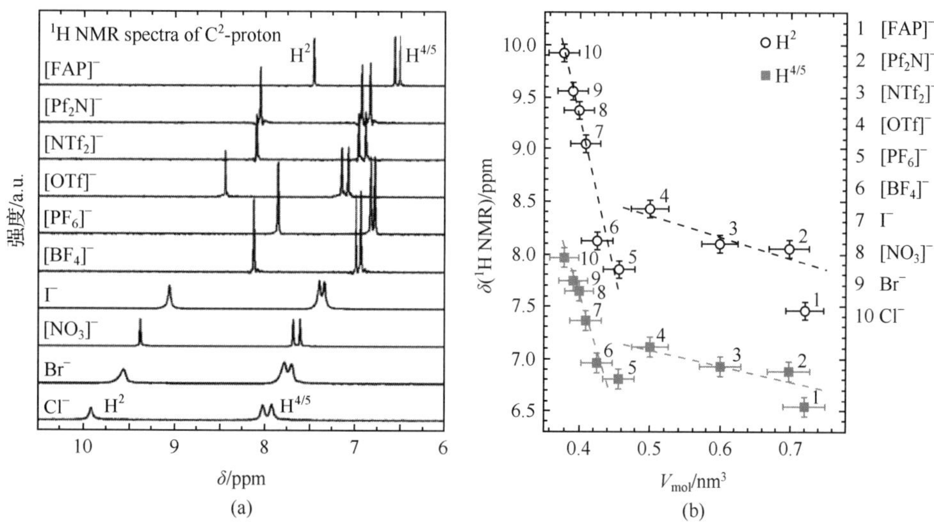

图 1.6　(a) [C_8mim]X 系列离子液体的^{1}H NMR；(b) C_2—H（开口圆形）和 $C_{4/5}$—H（实型方块）氢原子^{1}H NMR 和分子体积（虚线表示变化方向）的关联[10]

① 1 ppm=10^{-6}，下同。

位移随体积增大，下降比从[OTf]$^-$到[FAP]$^-$系列阴离子快得多。这种变化趋势证明了离子间的氢键作用，随着阴离子体积增大，原子电荷趋于分散，与阳离子之间的氢键作用变弱。许多研究者进一步将 NMR 的化学位移和离子液体的氢键酸性 α 和氢键碱性 β 的 Kamlet-Taft 参数关联，也发现类似的规律[11]。

从上面的讨论也可以看出不同类型阴阳离子间的作用差别很大，需要从纷繁复杂的相互作用中寻找规律，阐明离子间作用和性质关系。离子液体的阳离子通常都具有有机物结构，例如咪唑、吡啶和季铵类等，容易和阴离子形成氢键。氢键的提出改变了人们对于离子化合物由静电主导的常规认识，对于全面理解离子液体的相互作用有重要意义[12-15]。

许多离子液体有确定的熔点，说明这些离子液体能够形成规则的晶体结构，但相对于传统的高温熔盐，不仅仅因为阴阳离子间存在的静电作用，而且氢键作用、分子间力（包括偶极、诱导、扩散等）也使离子液体的晶体结构复杂得多。不同结构的离子液体，由于阴阳离子直接的作用和排列的不同，其 X 射线衍射的晶体结构有很大的差别，即使同一种阴离子，阳离子烷基链长度不同，其晶体结构也有很大不同。表 1.1 列出了[PF_6]$^-$及部分与[PF_6]$^-$阴离子形成离子液体的阳离子的体积以及相关计算的晶格能和热力学参数。可以看出，晶格能随着离子体积增加而减小，最大的是[C_1mim][PF_6]，为 484.9 kJ/mol，最小的是[$(isoC_3)_2$im][PF_6]，为 445.2 kJ/mol，虽然两种离子液体的体积相差只有 0.09 nm^3，但晶格能却相差 39.7 kJ/mol，并随着离子体积增加而减小。

表 1.1　阴阳离子体积以及[Cat][PF_6]→[Cat]$^+$ +[PF_6]$^-$在 298 K 时的晶格能

离子对	熔点/℃	$V_{exp.}$/nm^3	$V_{cal.}$/nm^3	V_{total}/nm^3	ΔU_L/(kJ/mol)
[PF_6]$^-$		0.109	0.102		
 [C_1mim]$^+$(1)	130	0.128	0.131	0.223	484.9
 [C_2mim]$^+$(2)	65	0.164	0.157	0.259	472.0
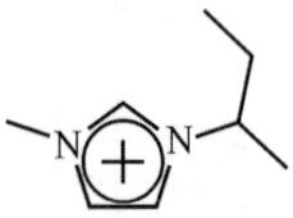 [secC_4mim]$^+$(6)	83	0.193	0.203	0.305	452.3
 [$(isoC_3)_2$im]$^+$(9)	135	0.227	0.223	0.325	445.2

考察分子间相互作用的一个重要指标就是相互作用能（interaction energy），离子对的相互作用能 ΔE (kJ/mol)能够通过公式(1.1)计算得到。

表 1.2 列出了通过不同密度泛函理论方法计算得出的[Emim][BF_4]离子对相互作

用能,可以看出由于阴阳离子之间存在强的静电作用,所计算的相互作用能都在 300 kJ/mol 以上,几乎是常见分子溶剂(如水的相互作用能在 23 kJ/mol 左右)的数十倍。但不同的方法所计算的相互作用能不尽相同,DFT 方法对弱相互作用预测不是很好,可以看出 B3LYP 所计算的相互作用能比微扰方法 MP2 计算的相互作用能低,如[Emim][BF_4](Ⅰ)离子对的 MP2 能量为 371.77 kJ/mol,而 B3LYP 的能量为 348.14 kJ/mol,低近 20 kJ/mol。许多学者对现有泛函进行了改进,提出了新的方法[16],如通过经验校正得到的 DFT-D 方法能够显著改善相互作用能的预测精度。在表 1.2 中[Emim][BF_4](Ⅰ)离子对的 B2PLYPD 能量为 372.03 kJ/mol,和 MP2 所计算的能量接近,这进一步说明 DFT 方法对于弱相互作用估计不足。

表 1.2　不同方法计算的[Emim][BF_4]的相互作用能,基组为 6-31++G**

(单位: kJ/mol)

	B3LYP	B3LYP(BSSE)	B2PLYP	MP2	B2PLYPD
[Emim][BF_4](Ⅰ)	348.14	344.73	354.44	371.77	372.03
[Emim][BF_4](Ⅱ)	348.14	343.94	353.39	361.27	369.93
[Emim][BF_4](Ⅲ)	314.54	311.38	319.26	325.82	330.91

公式(1.2)给出了 DFT-D 方法的基本理论,对分子间扩散作用进行了计算。可以估算出三个离子对扩散作用分别为 17.59 kJ/mol、16.54 kJ/mol 和 11.62 kJ/mol,大约占总的相互作用能 5%,这说明离子液体不能被看作高温熔盐,离子间的相互作用除了静电作用,其他作用不能忽略。另外,研究表明在势能面上,当阴离子位于阳离子的上部靠近 C_2—H 位置时所形成的离子对更加稳定,说明阴阳离子之间相对位置不是随意的,阴阳离子之间形成的氢键决定了离子的位置和排列。

$$E_{\text{DFT-D}} = E_{\text{KS}} + E_{\text{disp}},\quad E_{\text{disp}} = -s_6 \sum_{i=1}^{N_{\text{at}}-1} \sum_{j=i+1}^{N_{\text{at}}} \frac{C_6^{ij}}{R_{ij}^6} f_{\text{dmp}}(R_{ij}) \tag{1.2}$$

式中, N_{at}为体系的原子个数,C_6^{ij}是原子对 ij 的扩散系数,s_6是一个仅仅依赖所使用泛函的系数,R_{ij}代表原子间的距离。

表 1.3 列出了不同方法计算的[Bmim][PF_6]离子对的相互作用能,与[Emim][BF_4]比较,虽然所计算的总的相互作用能有所降低,但不同方法计算的能量变化趋势相同。由于对弱作用估计不足,DFT 方法(B3LYP\B2PLYP)所计算的相互作用能比 MP2 低近 20 kJ/mol,而经过扩散经验校正后,B2PLYPD 计算的能量和 MP2 的相当,预测精度提高。通过 D 项所估算的扩散作用能分别为 14.71 kJ/mol、22.32 kJ/mol 和 12.86 kJ/mol,约占总作用能的 5%,同样说明在离子液体中离子间的相互作用除了静电作用,其他作用不能忽略。比较优化得到的这 3 个离子对总的相互作用能,其顺序为[Bmim][PF_6](Ⅰ)>(Ⅱ)>(Ⅲ),阴离子位于阳离子的上部靠近 C_2—H 位置时所形成的离子对更加稳定,也说明阴阳离子之间相对位置不是随意的,阴阳离子之间形成的氢键决定了离子的位置和排列。

表 1.3　不同方法计算的[Bmim][PF_6]的相互作用能　（单位：kJ/mol）

	B3LYP	B3LYP(BSSE)	B2PLYP	MP2	B2PLYPD
[Bmim][PF_6]（Ⅰ）	319.00	315.32	331.86	340.79	346.57
[Bmim][PF_6]（Ⅱ）	306.66	301.93	321.36	330.50	343.68
[Bmim][PF_6]（Ⅲ）	289.07	285.39	298.52	309.28	311.38

虽然从结构上讲，离子对的结构在很大程度上取决于氢键作用方式，但其相互作用是各种力的综合效应。为了进一步对离子间相互作用的本质进行研究，采用 SAPT（symmetry-adapted perturbation theory）方法对[Emim][BF_4]（Ⅰ）离子对总作用能进行分解，发现静电作用占总能量的 71%，交换能占 14.4%，诱导能占 10%，而扩散作用占 4.7%，这明确说明离子液体和高温熔盐有本质区别，虽然静电作用是主要作用力，但其他作用不能忽略。

相互作用能是离子间相互作用重要参数，离子液体的许多性质可和相互作用能进行关联[17,18,7,19,20]。图 1.7 显示了$[Mmim]^+$、$[Emim]^+$、$[Pmim]^+$和$[Bmim]^+$不同链长二烷基咪唑系列阳离子分别和Cl^-、Br^-、$[BF_4]^-$、$[PF_6]^-$阴离子组成的四类离子液体熔点和相互作用能的关系，可以看出三类系列离子液体的熔点随着相互作用能（正值，结合能的绝对值）的减小而呈下降趋势，说明对于同一种阴离子，随着阳离子体积增大，相互作用能有下降趋势，导致熔点下降。Cl^-、Br^-和$[PF_6]^-$系列离子液体的趋势相近，$[BF_4]^-$系列离子液体的熔点下降更明显[7]。

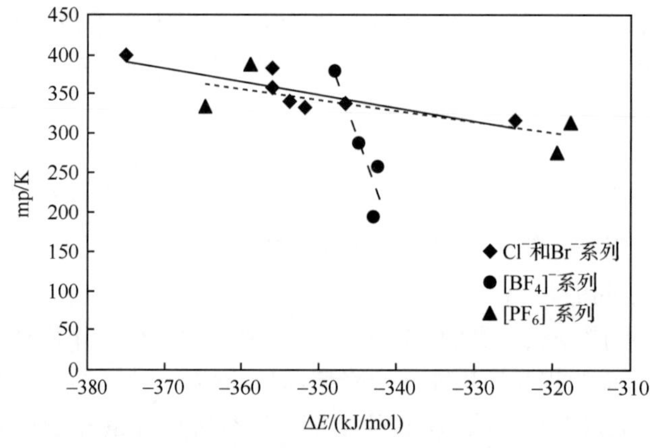

图 1.7　咪唑离子液体相互作用能（ΔE，kJ/mol）和熔点（mp，K）之间的关联[7]

1.3　电荷分布及轨道作用

原子电荷分布和轨道作用决定了离子间的静电势、氢键、离子的相对位置等，是研究离子间相互作用的重要指标。离子对间的电子转移和轨道重叠反映了其相互作用的微观本质，对离子对的稳定性具有决定性的作用。在一些相关文献中，对离子对间的电荷分布、轨道作用进行了研究，通过 NBO（natural bond order）和 NPA（natural population analysis)分析,揭示了电荷分布、转移及轨道重叠是影响离子液体阴阳离子对间静电和氢键作用的本质因素[21,10]。

表 1.4 列出了不同阴阳离子以及[Emim][BF_4](Ⅰ)和[Emim][BF_4](Ⅲ)离子对的 NPA 电荷分布。对于孤立的$[Emim]^+$阳离子,其净电荷为+1,环上的 3 个 H 原子分布有最大的正电荷,C_2原子也分布正电荷,但 2 个 N 原子是负电荷,而背面的 $C_{4/5}$原子几乎是中性的。虽然 3 个 H 原子有相近的正电荷分布,但并不意味着它们有相同的 Lewis 酸性,实验的 IR、NMR 等已经显示 H(C_2)的酸性最强,而 H(C_4)和 H(C_5)的酸性较弱,将 H 原子电荷并入重原子后得到 C—H 基团的电荷分别为 $q(C_2—H)=0.382$,$q(C_4—H)=0.153$,$q(C_5—H)=0.154$,与实验结果一致,C_2—H 比 $C_{4/5}$—H 更容易和阴离子作用形成氢键,说明分子的酸性不能单独考虑 H 原子的电荷分布,同时还应考虑相连的重原子形成基团的电荷分布。另外,阳离子支链上的 H 原子也分布较大的正电荷,但将电荷并入 C 原子后得到 C—H 基团的电荷分布为中性,不容易和阴离子作用形成氢键。阴离子电荷分布相对简单,B 原子分布较大的正电荷,而 4 个 F 原子上有相同的负电荷分布(表 1.4)。

表 1.4　阴阳离子以及[Emim][BF_4](Ⅰ)和[Emim][BF_4](Ⅲ)离子对的 NPA 电荷分布

	孤立离子	[Emim][BF_4](Ⅰ)	[Emim][BF_4](Ⅲ)
N_1	−0.346	−0.356	−0.337
C_2	0.268	0.308	0.246
N_3	−0.348	−0.355	−0.361
C_4	−0.038	−0.056	−0.071
C_5	−0.035	−0.054	0.000
C_6	−0.249	−0.247	−0.262
C_7	−0.680	−0.681	−0.676
C_8	−0.449	−0.454	−0.445
H(C_2)	0.269	0.302	0.252
H(C_4)	0.279	0.259	0.265
H(C_5)	0.278	0.260	0.316
H(C_6),H(C_6)	0.256,0.263	0.236,0.278	0.309,0.231
H(C_7),H(C_7),H(C_7)	0.243,0.244,0.264	0.220,0.245,0.278	0.211,0.251,0.272
H(C_8),H(C_8),H(C_8)	0.256,0.262,0.262	0.292,0.242,0.236	0.245,0.250,0.250
净电荷总和	+1	+0.953	+0.946
B_1	1.435	1.432	1.430
F_2	−0.609	−0.566	−0.595
F_3	−0.609	−0.608	−0.600
F_4	−0.609	−0.607	−0.611
F_5	−0.609	−0.604	−0.570
净电荷总和	−1	−0.953	−0.946

当阴离子和阳离子靠近形成离子对后，由于静电作用，其电荷分布发生变化。对于表1.4中的[Emim][BF_4]（Ⅰ）离子对，环上的2个N原子电荷没有变化，但H(C_2)上的正电荷从0.269增加到0.302，而H(C_4)上的正电荷从0.279减少到0.259，H(C_5)上的正电荷从0.278减少到0.260，C_4和C_5上的电荷没有明显变化，这说明由于静电排斥作用，当阴离子靠近时，π电子沿着咪唑环从C_2—H转移到后面的$C_{4/5}$—H的H原子上。阴离子F原子的电荷升高，变化最明显的是靠近C_2—H基的F原子，其电荷从−0.609升高到−0.566。最终，部分电荷从阴离子转移到阳离子，阳离子的净电荷从+1变为+0.953，而阴离子的净电荷由−1变为−0.953。

对于[Emim][BF_4]（Ⅲ）离子对，阴离子置于阳离子的背后时，阳离子的2个N原子的电荷没有变化，背面的C_4和C_5原子接近中性，而H(C_5)的正电荷从0.278增加到0.316（图1.8的红色标注），相应地，H(C_2)和C_2正电荷减小。最终，部分电荷从阴离子转移到阳离子，阳离子的净电荷从+1变为+0.946，而阴离子的净电荷由−1变为−0.946，其总的转移方向如图1.8所示。

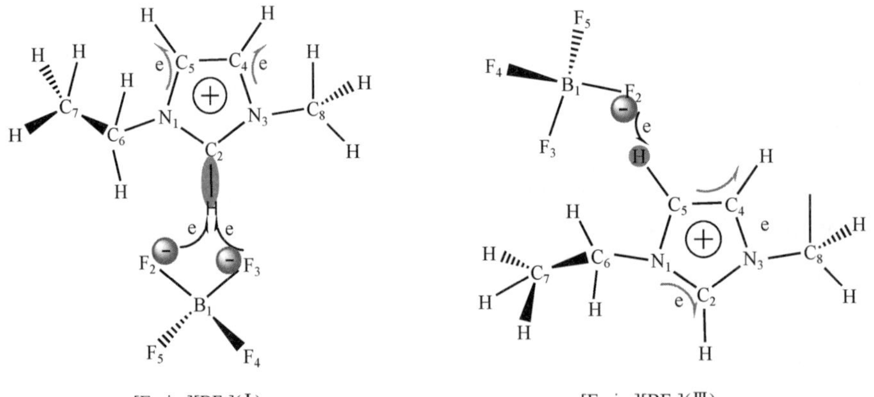

[Emim][BF_4](Ⅰ)　　[Emim][BF_4](Ⅲ)

图1.8　阴阳离子电荷转移方向示意图

NBO分析发现，在稳定的[Emim][BF_4]离子对中，当阴离子在不同位置时，阳离子的N_3原子轨道的占据数总是增加，$\pi_{C=N}$和$\pi_{C=C}$轨道占据数则随阴离子的位置而变化。在[Emim][BF_4]（Ⅰ）和（Ⅱ）离子对中，$\pi_{C=N}$轨道的占据数降低，而$\pi_{C=C}$轨道的占据数增加，在[Emim][BF_4]（Ⅲ）离子对中，虽然$\pi_{C=C}$轨道的占据数增加，但$\pi_{C=N}$轨道的占据数没有明显变化，这反映了静电导致的电荷分布的变化。正如前节所述，部分电荷能够从阴离子转移到阳离子。NBO分析发现，电荷转移通过在$n_F \rightarrow \sigma_{C-H^*}$氢键进行，这种电荷转移相互作用能也称离域化能（$\Delta E^2$），代表了阴阳离子形成氢键的能力。

在对[Emim][BF_4]和[Bmim][PF_6]离子对离域化能ΔE^2的研究中发现，[Emim][BF_4]（Ⅰ）和（Ⅱ）离子对的ΔE^2接近，而[Emim][BF_4]（Ⅲ）离子对展现出更大的离域化能，说明其形成氢键的能力更强。虽然与前面计算的相互作用能以及形成离子对间氢键的数目呈现不一致的顺序，但是将总的离域化能ΔE^2分解，可以发现[Emim][BF_4]（Ⅰ）和（Ⅱ）离子对中阴离子和咪唑形成的$C_{2/4/5}$—H⋯F氢键的离域化能ΔE^2占总能量的

59%和58%，略大于[Emim][BF_4]（Ⅲ）离子对的57%的比例，计算的相互作用能及氢键的数目顺序是一致的，说明阴离子更趋向位于阳离子的前面，形成 C_2—H…F 氢键。另外，与[Emim]Cl离子对（$\Delta E^2=161.75$ kJ/mol）及典型的质子型[PrAm][NO_3]离子对（$\Delta E^2=250.49$ kJ/mol）[13]相比较，所研究的[Emim][BF_4]和[Bmim][PF_6]离子对展现出弱的氢键作用。然而和分子溶剂比较，如 F_3CH/H_2O 的氢键离域能 $\Delta E^2=27.36$ kJ/mol[22]，所研究的离子对形成氢键的能力更强，这说明如果Lewis碱是一个阴离子，而Lewis酸是一个阳离子，其间氢键的作用会被加强。[Bmim][PF_6]离子对的离域能 ΔE^2 比相应的[Emim][BF_4]小，展现出更弱的氢键能力。而阴离子和咪唑环形成的 $C_{2/4/5}$—H…F 氢键的离域化能占总能量的68%和67%，说明[PF_6]$^-$阴离子更倾向位于咪唑环附近。

前线分子轨道的分析可阐明阴阳离子间出现的电荷转移、氢键作用的本质。图1.9显示了[Emim][BF_4]（Ⅰ）和（Ⅲ）两个离子对前线轨道作用图，可以看出在没有形成离子对前，阳离子的最低空轨道（lowest unoccupied molecular orbital，LUMO；能量 $E=-0.189$a.u.）是具有4个节点的反π轨道（π^*），阴离子的最高占据轨道（highest occupied molecular orbital，HOMO）是F原子的兼并的p轨道。当阴离子靠近阳离子时，[Emim][BF_4]（Ⅰ）的HOMO轨道是σ-σ型的轨道重叠，由阴离子 F_2 原子的p轨道和阳离子的 C_2—H部分的π轨道重叠形成；[Emim][BF_4]（Ⅰ）的LUMO轨道是 σ^* 型的轨道。另外，对于[Emim][BF_4]（Ⅲ）离子对，HOMO和HOMO-1也展现了σ-σ型的轨道重叠，阴离子F原子的p轨道分别和阳离子的 C_5—H和 C_6—H部分的π轨道重叠形成，其LUMO轨道也是 σ^* 型的轨道。从上面的分析可以看出，离子对的结构和相互作用方式是静电和氢键共同作用的结果。由于长程的静电吸引，阴离子能够有效靠近阳离子，并位于阳离子的正电势部位，使总的相互作用能降低；由于轨道重叠，部分电子从阴离子转移

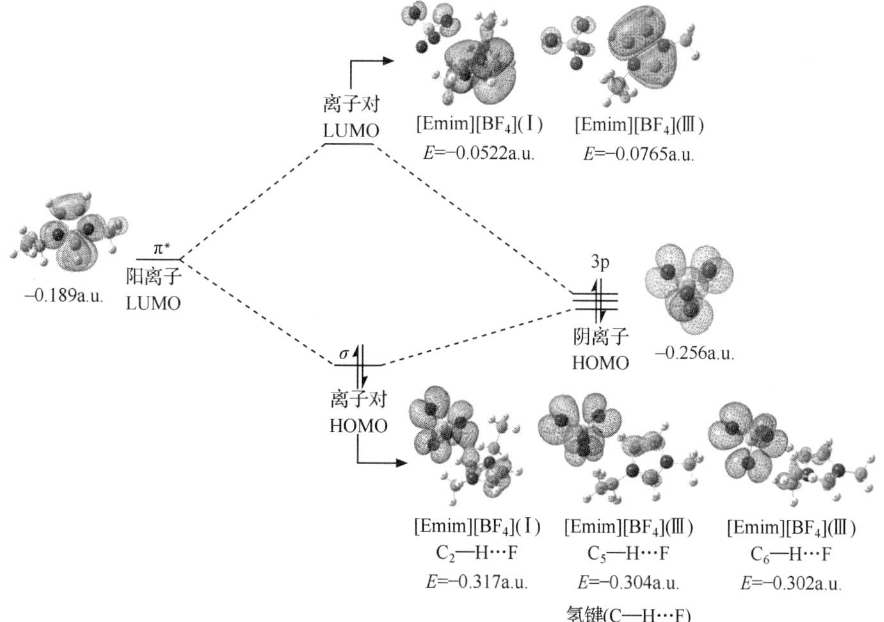

图1.9　[Emim][BF_4]（Ⅰ）和（Ⅲ）离子对前线分子轨道和能级图

到阳离子，形成氢键，使总能量进一步降低。从图 1.9 看出，形成的 σ-σ 型的轨道重叠表明，阴阳离子对之间的氢键具有一定共价键的特征，这和常见分子溶剂的氢键作用有很大区别，共价氢键的形成需要更强的离子间的吸引力，而在局部，C_2—H 具有较大的正电势，使得阴离子 HOMO 轨道上电子通过 C_2—H…F 氢键转移到阳离子 LUMO 轨道上。

表 1.5 列出了$[BF_4]^-$和$[PF_6]^-$阴离子在分别以 B 原子和 P 原子为中心不同位置的电子密度和静电势(EPS)分布，可以看出，两者的静电势几乎相同，但$[BF_4]^-$和咪唑阳离子的相互作用能大于$[PF_6]^-$阴离子和咪唑阳离子的相互作用能，其主要原因在于在相同位置时，$[BF_4]^-$阴离子的电子密度大于$[PF_6]^-$的电子密度，当阴阳离子靠近，$[BF_4]^-$更容易与阳离子发生电子云的有效重叠，形成共价型氢键，表现出更强的相互作用，也进一步从电子本质上说明虽然静电作用是离子间主要作用方式，但其他作用方式，尤其是氢键作用不能忽略，使得离子液体不同于传统的离子熔盐。

表 1.5　$[BF_4]^-$ 和 $[PF_6]^-$ 阴离子电子密度和静电势(EPS)分布

距离/Å	1.8	2.0	2.2	2.4	2.6	2.8	3.0
电子密度($[BF_4]^-$)	1.06E−4	3.9E−5	1.45E−5	5.13E−6	1.81E−6	6.80E−7	2.77E−7
EPS($[BF_4]^-$)	−0.163	−0.149	−0.136	−0.125	−0.116	−0.108	−0.101
电子密度($[PF_6]^-$)	0.8E−5	2.9E−5	1.04E−5	3.65E−6	1.35E−6	5.41E−7	2.28E−7
EPS($[PF_6]^-$)	−0.159	−0.146	−0.135	−0.125	−0.116	−0.108	−0.101

1.4　离子簇和氢键网络结构

1.4.1　离子簇

离子液体和传统熔盐主要不同是离子液体阴阳离子分子体积大、对称性不好，从而导致离子排列呈现无序状态，表现为低的熔点。相对来说，阳离子的分子体积更大，结构不对称性更明显，如典型的咪唑阳离子，当一个烷基支链的长度大于 10 个 C 原子时，有液晶相出现。除了结构因素，离子之间的相互作用方式也会导致离子的聚集，形成纳米级的离子簇，使得宏观上均匀的离子液体在微观上呈现不均一性。Scröder 等[23]较早观察到在离子液体和水形成的两相体系中，离子液体极性和非极性结构容易形成纳米级的离子簇。对于纯净的离子液体，当阳离子的侧链达到一定长度，通常大于 4 个 C 原子，纳米级的离子簇也被观察到。图 1.10 显示了分子动力学模拟观察到的典型的$[C_n mim][PF_6]$(n=2,4,6,8,10,12)离子液体随着阳离子侧链长度增加，其结构特征发生的变化[24]。可以看出，当侧链较短(n=2)时，阴阳离子分布均匀，极性基团(电荷分布非中性部分，阴离子和咪唑环，深色)和非极性基团(电荷中性部分，侧链，浅色)没有聚集。当侧链变长(n=4、6、8)，极性和非极性部分聚集，形成离子簇，当侧链进一步增长(n=10 和 12)，极性和非极性部分聚集非常明显，聚集区出现明显的分界，形成更大的离子簇结构，说明咪唑环(头部)的较大电荷分布，通过静电作用聚集在一起，形成极性区域，而中性的长的侧链，能够“缠绕”在一起，形成非极性区域。也可以看出，随着侧链长度的增加，非极性区域变得更厚、更明显。通过分析这些离子簇的结构可以发现，极性区域由离子通道组成，形成三维的网络结构，而对于非极性区域，当侧链较短时，如[C_2mim][PF_6]，形成分散的微观结构相，而当侧链较长时，如[C_6mim][PF_6]、[C_8mim][PF_6]、[C_{10}mim][PF_6]等，则形成连续的微观结构相。

图 1.10　分子动力学模拟观察到的[$C_n$mim][PF_6](n=2,4,6,8,10,12)离子液体呈现的不均一结构[24]

离子液体内部的不均一性和纳米离子簇通过实验也可观察到，如基于 SWAXS (small-wide-angle X-ray scattering)和 low-Q(low-momentum-transfer amorphous halo)的测量都发现，在一定的尺度空间内(几埃到几纳米范围内)许多咪唑离子液体呈现出长程有序结构[25]。基于 SWAXS，Hardacre 等通过已经观察到在系列[$C_n$mim][PF_6](n=4,6,8)离子液体中低的 low-Q 峰，这些峰主要是来自咪唑阳离子环(阳离子头部)的分布，但是并没有和侧链关联，进而提出了一个纳米离子簇空间大小尺寸和 n 的线性关联，离子簇的大小仅考虑咪唑阳离子物理的拉长。这个线性的关联也进一步得到分子动力学模拟的支持，Margulis 等通过分子动力学模拟发现，[C_6mim][PF_6]、[C_8mim][PF_6]和[C_{10}mim][PF_6]离子液体的晶体状态和液体状态的 low-Q 值有很大的形似性，说明这些离子液体的两相结构和离子的排布有很大的相似性，而且液态时的 low-Q 峰与晶体结构中烷基侧链间带电基团之间的距离有密切的关系，反映了离子液体内部阳离子特殊的各向异性的特点。图 1.11 显示了离子液体内部纳米不均匀结构的示意图，可以看出，带电荷的极性基团通过静电作用连接在一起，形成极性区域，而中性的烷基侧链形成非极性区域，并将极性区域分开，因此烷基侧链的长度与极性和非极性区域的分布有本质的关联。

除了结构本身的描述外，外界因素，如温度、压力等对这些纳米结构的影响也引起关注，因为这些直接决定了离子液体的特殊性质。Triolo 等发现离子液体固体的 low-Q Bragg 峰随着温度的升高向更低的 low-Q 值移动，而液态的 low-Q 的峰随温度升高向更高的 low-Q 值移动[26]。Aoun 等[27]报道了[C_6mim]Br 和[C_{10}mim]Br 两类离子液体随温度变化的 low-Q 变化，如图 1.12 所示。可以看出，[C_{10}mim]Br 离子液体的在−100～

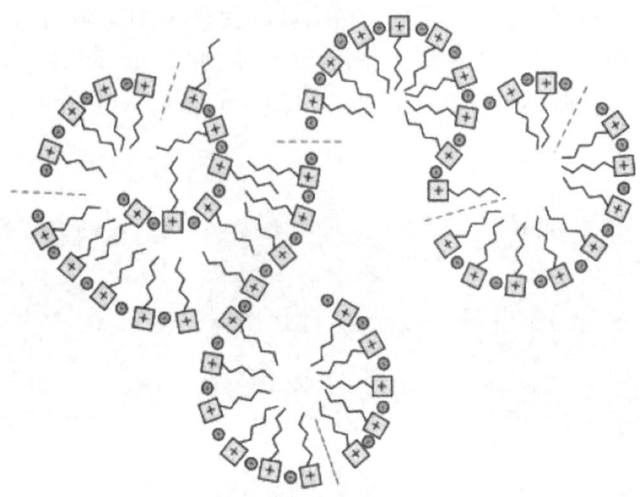

图 1.11　离子液体内部的离子的排列方式和结构示意图

－50℃范围内，low-Q 峰的位置随温度升高向低峰移动，在－50～150℃范围内，其 low-Q 峰的位置随温度升高向高峰移动，并显示出一定的线性关系，但是值得注意的是，在整个测试的温度范围内（－100～150℃），[C_{10}mim]Br 离子液体的 low-Q 值一直保持低的峰值，这说明离子液体的纳米结构不均一性在整个测试温度范围内都存在，甚至到温度接近测试的上限（150℃）。而[C_6mim]Br 离子液体在 0～150℃温度范围内，其 low-Q 峰的位置随温度升高也向高峰移动，显示出一定的线性关系，但移动的幅度没有[C_{10}mim]Br 明显。图 1.12 中的插图显示了[C_{10}mim]Br 离子液体随温度变化的 SWAXS 散射图，可以看出随温度升高，low-Q 值增加。

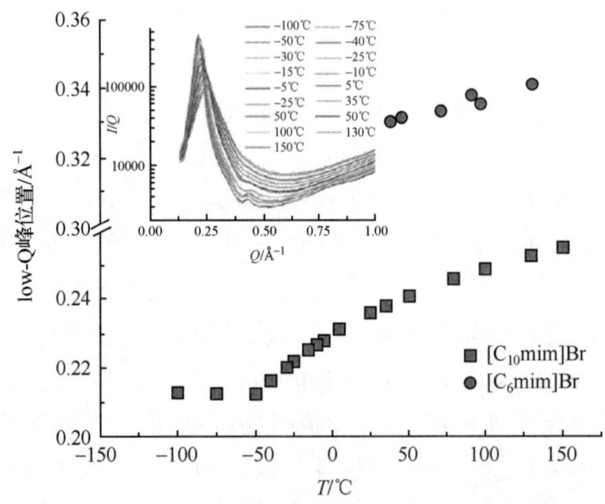

图 1.12　[C_6mim]Br 和[C_{10}mim]Br 离子液体的 low-Q 峰的位置随温度的变化

温度变化范围为－100～150℃；插图是[C_{10}mim]Br 离子液体 SWAXS 的散射图

除了咪唑离子液体，其他离子液体，如吡啶、季铵以及季鏻等离子液体中也有类似结构不均一的现象。Triolo 等[28]通过 SWAXS 探索了不同烷基侧链哌啶阳离子的离子液体的结构，发现其 low-Q 峰比同类型的咪唑离子液体高，如图 1.13 浅色线所示，说明了这些非芳香性离子液体的不均一性形成的纳米离子簇的尺寸（用 D 标示）比那些咪唑类离子液体的小。D 与烷基侧链 CH_2 基团的个数 n 有一定的线性关系，如图 1.14 所示，从两者的斜率可以看出，咪唑离子液体的斜率＞2.0 Å/CH_2 单位，哌啶离子液体的斜率＝1.1 Å/CH_2 单位。最近 Castner 等报道了烷基吡咯系列离子液体的斜率＝1.8 Å/CH_2 单位[29]。

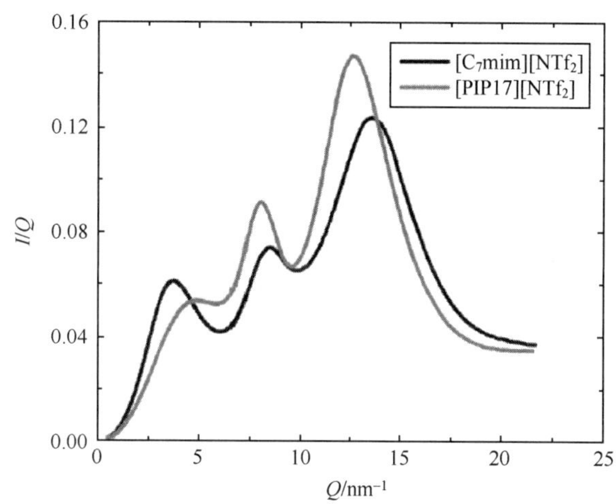

图 1.13　1-庚基-3-甲基咪唑三氟甲基磺酸胺离子液体[C_7mim][NTf_2]和 1-甲基-1-庚基哌啶三氟甲基磺酸胺离子液体[PIP17][NTf_2]的 SWAXS 散射图

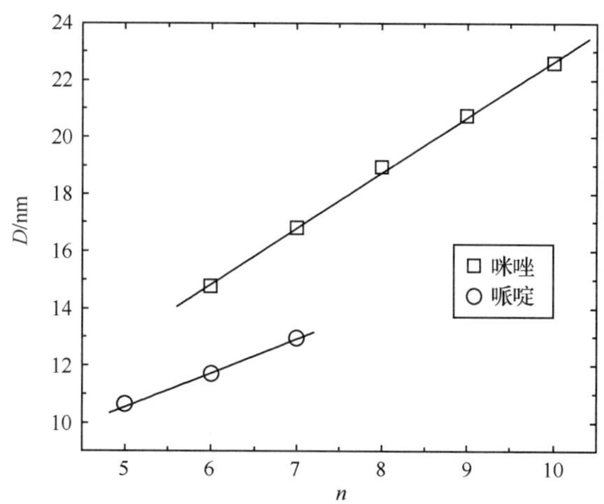

图 1.14　[$C_n$mim][NTf_2]和[PIP1$_n$][NTf_2]离子液体烷基侧链长度 n 和纳米离子簇大小 D 之间的关系

1.4.2　氢键的网络结构

质子型离子液体是另一类重要的离子液体，由于其结构的特殊性，离子之间有更强的氢键作用，阴阳离子通过氢键形成氢键网络结构。Atkin 等在这类离子液体，如硝酸乙胺和硝酸丙胺（EAN 和 PAN）中，也观察到了 low-Q 峰，然而并没有在如此短烷基侧链同类型的咪唑离子液体中发现 low-Q 的峰，说明质子型离子液体与非质子型离子液体在内部结构上有本质的区别[30]。通过 EPSR(empirical potential structural refinement)对中子散射的描述，作者发现这些质子型离子液体的纳米离子簇结构是静电和氢键共同的作用，导致了非极性烷基链的团聚[31]。Drummond 等报道了一系列质子型离子液体的 low-Q 峰，发现这些离子液体和典型的咪唑离子液体有非常相似的长程有序性[32]。

在离子液体和其他物质形成的二元体系中，如水、苯、乙醇等，由于离子液体本身能够形成纳米的不均一结构，使得这些溶剂在离子液体中也不能均匀分布，容易分散成团簇结构，所形成的结构与这些溶剂的极性有本质的关联，极性越强越容易形成团簇的结构越大。在离子液体和水的混合体系中，离子液体通常也会聚集，形成纳米级的离子团簇。当水逐渐加入到离子液体中，随着水浓度的增加，离子液体本身的结构发生变化。例如，[C_2mim][$EtSO_4$]离子液体和水的混合，一个总的变化趋势为：在低浓度水含量($X_{H_2O}<0.5$)时，水分子完全被离子分开或形成小的链状结构；当水浓度为 $0.5<X_{H_2O}<0.8$ 时，水形成的链增长，逐渐打破了离子间的连接；当水浓度达到 $0.8<X_{H_2O}<0.95$ 时，水在离子液体中的渗透能力达到最大，形成一个通过氢键连接的网络体系，并和离子液体的网络结构共存；而当水浓度超过 $X_{H_2O}>0.95$ 时，离子液体的本身团簇结构被完全打破，连续的水的氢键网络形成。图 1.15(A)显示了在水浓度较高时，离子液体团簇大小的变化情况，可以看出，当水的浓度达到 0.996 时，离子几乎完全分离，只有很小的簇结构存在[33]。在[Bmim][PF_6]和萘的混合体系中，当离子液体浓度较低时，离子液体被分散成单个离子；当浓度达到 X_{IL} 为 0.1 时，通过静电和氢键逐渐形成链状结构；当浓度 X_{IL} 再增大到 0.6 时，形成较大的离子簇结构，这些结构对于离子液体的导电性有重要的影响。

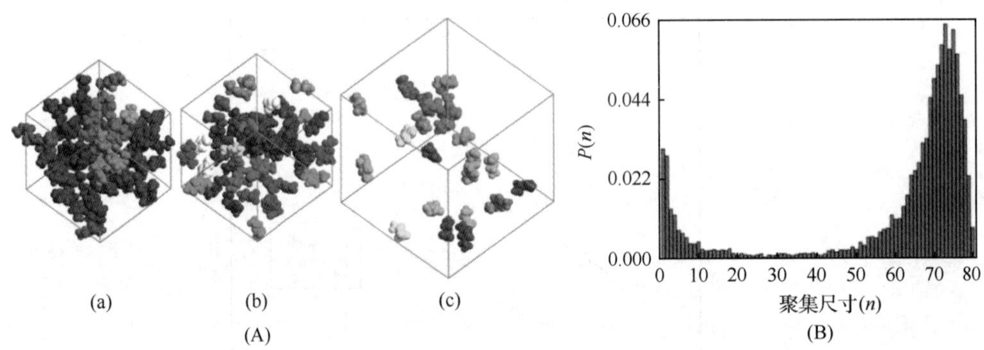

图 1.15 (A) 在水的浓度分别为 (a) $X_{H_2O}=0.95$, (b) $X_{H_2O}=0.97$, (c) $X_{H_2O}=0.996$ 时离子液体[C_2mim][$EtSO_4$]在水溶液中的聚集，不同颜色表示不同的聚集；(B) 在 $X_{H_2O}=0.95$ 时，离子分布 $P(n)$ 是离子聚集尺寸为 n 的概率

图 1.16 显示了[C_8mim][BF_4]离子液体和正己烷(*n*-hexane)的不同摩尔浓度二元体系的 SWAXS 散射图，可以看出随着正己烷摩尔浓度由 3%增加到 15%，low-Q 峰向更低的方向移动，相对于纯的[C_8mim][BF_4]离子液体，说明当正己烷加入后，体系形成更大的分子团簇结构。而比较插图中质子型 PeAN 离子液体和正己烷形成的二元体系，[C_8mim][BF_4]和正己烷形成二元体系的 low-Q 峰的位置有更大的移动，说明当非极性的溶剂加入到质子型离子液体中，由于本身较强的氢键作用，溶剂的加入对结构的影响不

大，而对于非质子型离子液体恰好相反，当溶剂加入后，由于离子间较弱的氢键作用，使得结构变化较大。

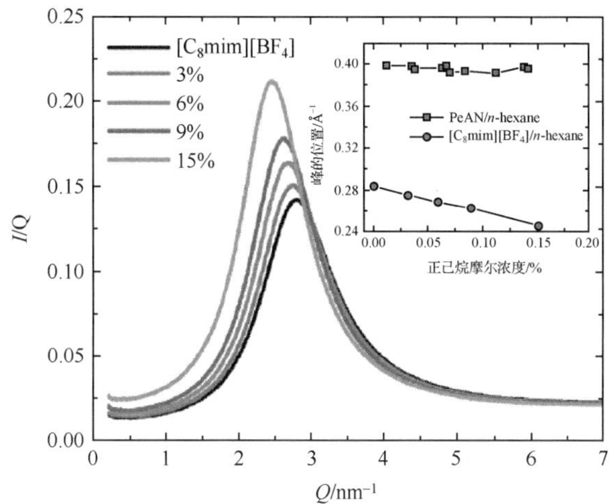

图 1.16　$[C_8mim][BF_4]$/正己烷(*n*-hexane)二元体系的 SWAXS 散射图

插图分别显示了$[C_8mim][BF_4]$/*n*-hexane 和 PeAN/*n*-hexane 二元体系的 low-Q 峰位置随着正己烷摩尔浓度的变化

离子液体内部所呈现的纳米团簇不均一性结构是离子间特殊作用方式的体现，研究已经表明除了静电作用以外，离子间其他作用不能忽略，对离子液体所表现的特殊微观结构有重要的影响。我们通过从头计算密度泛函方法(DFT)研究了离子对以及不同大小离子簇的结构[34]。以典型的$[Emim][BF_4]$非质子型离子液体作为研究对象，图 1.17 显示了当阴离子位于阳离子的不同位置时，通过 DFT 优化得到了离子对结构，如图中球棍模型所示。当阴离子位于阳离子的乙基前面(ethyl-front)、甲基后面(meth-back)和咪唑环后面(back)时，得到了$[Emim][BF_4]$(Ⅰ)离子对；当阴离子位于阳离子的甲基前面(meth-front)时，得到了$[Emim][BF_4]$(Ⅱ)离子对；当阴离子位于阳离子的乙基后面(ethyl-back)时，得到了$[Emim][BF_4]$(Ⅲ)离子对。

从结构上看，阴离子 F 原子和靠近的阳离子 H 原子之间的距离(图 1.17 中虚线所示)小于两原子的范德华半径之和的 2.67 Å，但大于其共价键的距离，说明形成氢键。如在$[Emim][BF_4]$(Ⅰ)中，有 4 个氢键，分别为 $C_2—H\cdots F_2$、$C_6—H\cdots F_2$、$C_6—H\cdots F_3$ 和 $C_8—H\cdots F_3$，其 F…H 间的距离分别为 2.02 Å、2.54 Å、2.29 Å 和 2.21 Å。NBO 分析发现，在$[Emim][BF_4]$离子对中，当阴离子在不同位置时，阳离子的 N_3 原子轨道的占据数总是增加，$\pi_{C=N}$和 $\pi_{C=C}$轨道占据数则随阴离子的位置而变化。在$[Emim][BF_4]$(Ⅰ)和(Ⅱ)离子对中，$\pi_{C=N}$轨道的占据数降低，而 $\pi_{C=C}$轨道的占据数增加，在$[Emim][BF_4]$(Ⅲ)离子对中，虽 $\pi_{C=C}$轨道的占据数增加，但 $\pi_{C=N}$轨道的占据数没有明显变化，这反映了静电导致的电荷分布的变化。这种 $n_F \rightarrow \sigma_{C-H^*}$ 氢键作用的离域化能(ΔE^2)如式(1.3)所示，代表了阴阳离子形成氢键的能力。

$$\Delta E^2 = q_i \frac{\langle F_{ij} \rangle^2}{e_i - e_j} \tag{1.3}$$

式中，q_i 是给体的轨道占据数；e_i，e_j 分别是 NBO 轨道能级的对角元素；F_{ij} 是 NBOFock

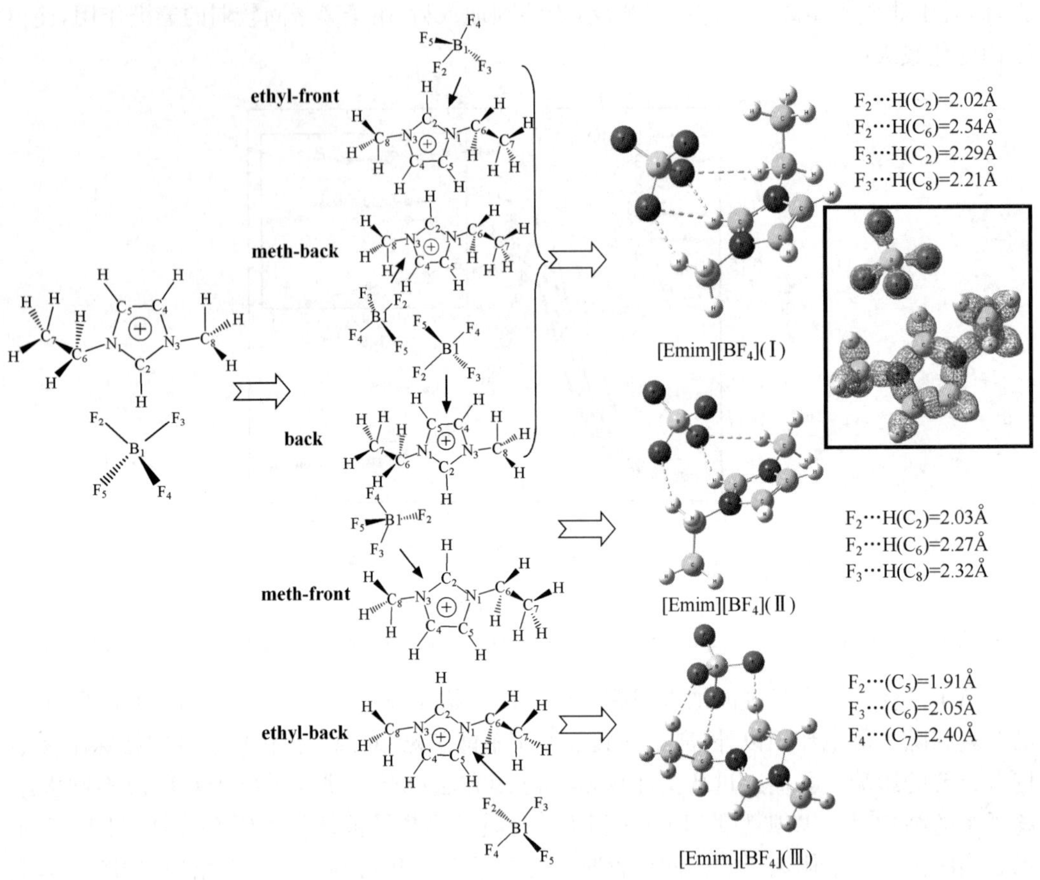

图 1.17　在 B3LYP/6-31++G** 水平上优化得到的[Emim][BF_4]离子对结构(球棍模型)

细箭头显示了阴离子初始位置,虚线显示了氢键距离

矩阵非对角元素。在表 1.2 中列出了[Emim][BF_4]三个离子对的离域化能 ΔE^2。可以看出,[Emim][BF_4](Ⅰ)和(Ⅱ)的 ΔE^2 更接近,而[Emim][BF_4](Ⅲ)的 ΔE^2 更大,说明有较强的氢键能力,显然这与总的相互作用能以及形成氢键数目的顺序不一致,但是将总的离域化能 ΔE^2 分解可以发现,[Emim][BF_4](Ⅰ)和(Ⅱ)离子对中阴离子和咪唑环形成的 $C_{2/4/5}$—H···F 氢键的 ΔE^2 占总离域能的 59%和 58%,大于[Emim][BF_4](Ⅲ)的 57%比例,这与计算的相互作用能及氢键的数目顺序是一致的,说明阴离子趋向与咪唑环而不是烷基侧链结合,这从前面优化的离子对的几何结构也能看出。另外,与典型的[Emim]Cl 离子对(离域能 ΔE^2 =161.75 kJ/mol)和典型的质子型 [PrAm][NO_3]离子对(离域能 ΔE^2 =250.49 kJ/mol)[35]相比较,所研究的[Emim][BF_4]离子对展现出弱的氢键作用。然而和常规的分子溶剂比较,如 F_3CH/H_2O 的离域能 ΔE^2 为 27.36 kJ/mol[36],离子对[Emin][BF_4]有更强氢键作用,说明如果 Lewis 碱是一个阴离子,而 Lewis 酸是一个阳离子,由于静电吸引,其间氢键作用会被进一步加强。

离子液体常温下是液体,液体通常没有规则的结构,分子之间的相互作用随时间变化,多个离子形成的离子簇在一定时间范围内反映了离子的排列和作用方式。图 1.18 显示了实验测得的[Emim][BF_4]离子液体的 IR 光谱(浅线所示)和 B3LYP/6-31++G** 水平上计算的不同大小离子簇(包括 2、3、4、5 离子对)的简谐振动频率。

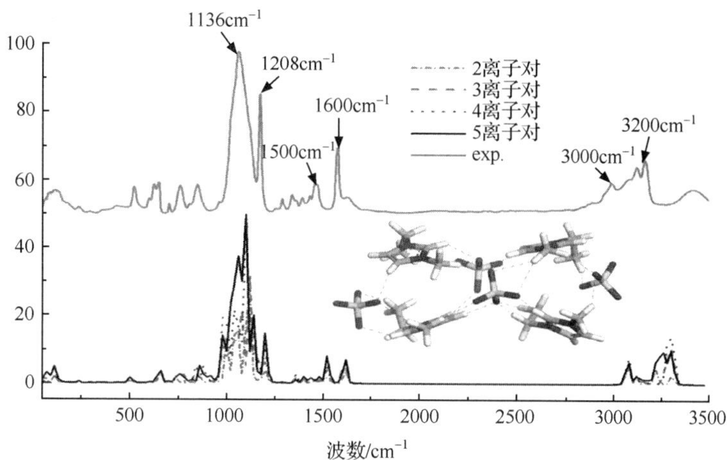

图 1.18　[Emim][BF_4]离子液体的 IR 光谱及 B3LYP/6-31+G** 水平上计算的不同大小([Emim][BF_4])$_n$(n=2,3,4,5) 离子簇 IR 振动图

图中显示了 n=4 时的离子簇 (矫正因子 0.964～0.967)

对比可看出,两者主要的吸收峰一致,说明实验的 IR 光谱可以得到合理的安排。3000～3500 cm^{-1}范围的吸收峰为阳离子的 C—H 伸缩振动,而 3200 cm^{-1}处最强峰是 C_2—H 的伸缩振动。出现在 1600 cm^{-1}和 1500 cm^{-1}处的两个吸收峰分别是咪唑环的呼吸和侧链剪切振动。出现在 1208 cm^{-1}处较强的吸收峰为咪唑环 C—H 面内的弯曲振动,而在 750～880 cm^{-1}范围内的吸收峰是咪唑环 C—H 面外的弯曲振动。最强的吸收峰出现在 1136 cm^{-1}处,是阴离子的 B—F 伸缩振动。

前面的研究也已表明,虽然数目和方式不同,但阴阳离子间通过氢键相连,Ludwig 等也观察到在某些离子液体中多个离子通过特定的氢键连接在一起形成准三维的氢键网络(quasi-3D hydrogen-bonded network)[37]。图 1.19 显示了上述得到的离子簇结构,虚线显示了相连的氢键网络,参考[Emim][BF_4]的 X 射线晶体结构[38,39],相似的离子排列能够被发现,阳离子交替排列形成层状结构,平均距离为 5.10 Å,阴离子夹在两层之间,但并没有位于咪唑环的上部,而是靠近 $C_{2/4/5}$—H 基团,形成柱状结构,两个 B—B 之间的平均距离为 5.70 Å。说明[Emim][BF_4]这种典型的离子液体内部离子也通过氢键相连,并形成三维网络结构,这也进一步证实氢键及其网络结构是离子液体重要的作用方式,对离子液体的性质,如黏度、蒸气压等有重要影响[40]。

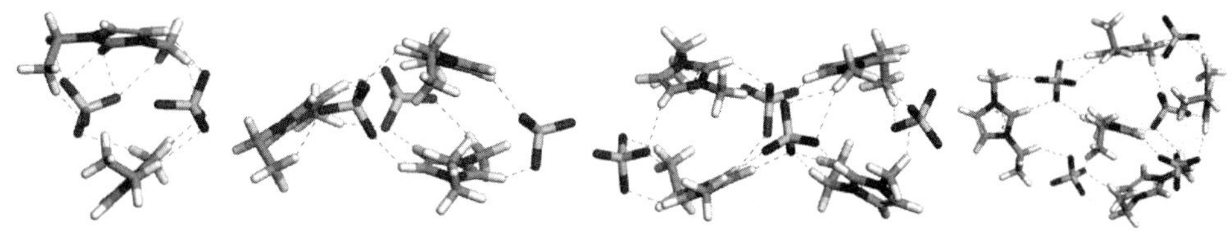

图 1.19　B3LYP/6-31+G* 水平上优化得到的[Emim][BF_4]离子簇和氢键网络结构示意图

实验上也已经证实不仅在液态离子液体中氢键及其网络结构的存在，在晶体结构中，离子间也形成氢键网络[41]。这些结果说明除了静电作用，氢键是离子间重要的作用方式，所形成的氢键网络导致了离子液体的不均一结构。无论是实验的观察还是模拟的结果都证实了离子液体与常规的有机溶剂有很大的区别，相对来说，离子液体内部的不均一性更加明显。这种结构的出现与离子液体的离子结构和离子之间的相互作用有本质的关联，正如前面所论述，极性基团相互作用形成极性区域，而非极性基团相互连接形成非极性区域。

第 2 章　离子液体分子模拟及分子设计

2.1　离子液体的力场构建及分子动力学模拟

目前,离子液体的应用日益广泛,但是由于缺乏对离子液体微观结构与宏观性质之间关系的深入研究,使离子液体进一步的开发和应用受到限制。分子模拟可以通过增加、改变相关基团,来预测微观构型对宏观性质的影响,真正实现所谓“自下而上”的分子设计。通过分子模拟不仅可以大大减少实验工作量,有效地降低研究成本,而且可以更深入地理解离子液体各种独特性质的微观本质。

分子力学(molecular mechanics,MM)模拟是分子模拟的一个分支。通过求解牛顿运动方程从而获得每个分子在各个时刻的动量和位置,系统平衡后进行时间平均来获得微观信息,从而得到体系宏观性质。动力学模拟本身能够获得分子在各个时刻的动量和位置,因此对于研究体系的动力学性质和多种相关函数非常必要。离子液体的分子动力学模拟研究是一个高效、廉价和直观的研究方法,能够在一定程度上指导设计并合成新型离子液体。

离子液体的分子动力学模拟研究主要包括纯离子液体体系与混合体系的分子模拟,包括研究体系的微观结构、宏观性质,建立宏观性质与微观结构之间的关系以及小分子或离子在离子液体中的溶剂化等行为。然而,分子动力学模拟的基础是分子力学力场,力场是决定分子动力学模拟结果准确与否的一个关键因素,是分子动力学模拟的起点和基础。归根结底,模拟结果的准确性和可靠性主要取决于势能函数和结构参数。本节首先介绍分子力场发展史和离子液体的相关力场及构建,然后针对纯离子液体体系的分子动力学模拟进行介绍。离子液体混合物的模拟包括气体吸收及离子液体作为溶剂溶解纤维素,这将分别放在后面两节进行重点介绍。

2.1.1　分子力学力场

早期的分子力场针对特定体系,许多参数依靠实验获得,建立新的分子力场十分困难,因为实验归属振动谱带需要花费大量的时间。此后科研人员大多致力于发展涵盖尽可能多体系的“求全”型分子力场,而且延续至今。随着各个学科研究的不断深入,所需研究的体系越来越复杂,要求的精度也越来越高。在保证精度的条件下,“求全”型分子力场要涵盖所有需要研究的体系十分困难。从 1930 年 Andrews 提出了分子力场的基本思想到现在,分子力场经历了近 80 年的发展,其发展历程可参见表 2.1[42]。在分子力场的发展过程中,要求分子力场具有普适性和较高的准确性,这是分子力学力场应该具有的重要品质的两个方面,同时它们又是矛盾着的双方:“求全”和“求精”。

表 2.1　分子力学力场发展历史

年份	力场	首创者
1930	提出分子力场基本概念	Andrews
1956	提出分子力场方法	Westhermer
1973	MM1	Allinger
1977	MM2&MMP2	Allinger，Bartell
1983	AMBER	Weiner
1983	CHARMM	Brooks
1989	MM3	Allinger
1989	DREIDING	Mayo
1992	UFF	Rappe
1996	OPLS	Jorgensen
1998	COMPASS	Sun
2003	DFF	Sun

20 世纪 90 年代以来，已经开发和完善了几套适合模拟生物分子和常规有机体系的力场，如 AMBER[43]、CHARMM[44]、OPLS 力场[45]等，这些力场都以原子为模拟中的运动单元，通常称为全原子(all-atom，AA)力场模型。此外，为了降低计算开销，有时会将烷基基团(如甲基、亚甲基)作为一个假想的原子考虑，称为联合原子(united-atom，UA)力场模型。另外，对于蛋白质等超大体系，有时需要采用更多的近似从而节省计算资源，在此基础上开发了粗粒化方法。对于离子液体，一般采取全原子力场及联合原子力场。

式(2.1)是 AMBER 力场[43]的势能函数式，它是离子液体分子动力学模拟广泛采用的函数形式之一[46-60]。

$$U = \sum_{\text{bonds}} K_r (r - r_0)^2 + \sum_{\text{angles}} K_\theta (\theta - \theta_0)^2 + \sum_{\text{torsions}} \frac{K_\phi}{2} [1 + \cos(n\phi - \gamma)] + \sum_{i=1}^{N} \sum_{j=i+1}^{N} \left\{ 4\varepsilon_{ij} \left[\left(\frac{\sigma_{ij}}{r_{ij}} \right)^{12} - \left(\frac{\sigma_{ij}}{r_{ij}} \right)^{6} \right] + \frac{q_i q_j}{r_{ij}} \right\} \tag{2.1}$$

式中，U 表示系统总势能；前三项分别表示键拉伸、键角弯曲和二面角扭曲项；第四项表示 VDW 作用，这里以 Lennard-Jones(LJ)6-12 势给出；最后一项表示库仑静电作用。K_r、K_θ 和 K_ϕ 分别表示各自的力常数，r_0、θ_0 和 γ 分别表示平衡键长、键角和扭转角；ε_{ij} 为 LJ 作用阱深，r_{ij} 表示两个原子之间的距离，σ_{ij} 表示两个原子间作用能为零时的距离，q 为原子所带电荷。

CHARMM 力场[44]的势能函数也被采用[61-66]，如式(2.2)所示：

$$U = \sum_{\text{bonds}} K_r (r - r_0)^2 + \sum_{\text{UB}} K_{\text{UB}} (S - S_0)^2 + \sum_{\text{angles}} K_\theta (\theta - \theta_0)^2 + \sum_{\text{dihedrals}} K_\chi [1 + \cos(n\chi - \delta)]^2 + \sum_{\text{impropers}} K_\varphi (\varphi - \varphi_0)^2$$

$$+\sum_{\text{nonbond}}\left\{\varepsilon\left[\left(\frac{R_{\min_{ij}}}{r_{ij}}\right)^{12}-\left(\frac{R_{\min_{ij}}}{r_{ij}}\right)^{6}\right]+\frac{q_iq_j}{\varepsilon_1 r_{ij}}\right\} \tag{2.2}$$

式中，部分参数的含义可以参照式(2.1)，第二项代表 Urey-Bradley(UB)势，S 代表 UB1，3-距，S_0 代表着平衡值；$R_{\min_{ij}}$ 代表 LJ 势最小时两个原子之间的距离；ε_1 是有效介电常数，χ 及 δ 代表二面角，φ 及 φ_0 代表非常二面角。

Maginn 等[61]基于 CHARMM 力场开发了[Bmim][PF_6]的全原子力场。在此基础上对该离子液体体系进行了较为详细的模拟，计算得到了体系的摩尔体积、体积膨胀率以及恒温压缩系数等性质。

OPLS 力场[45]的势函数形式也被用于离子液体分子动力学模拟[67-74]，如式(2.3)所示：

$$\begin{aligned}U=&\sum_{\text{bonds}}K_r(r-r_0)^2+\sum_{\text{angles}}K_\theta(\theta-\theta_0)^2\\&+\sum_{\text{dihedrals}}\left\{\frac{V_1}{2}[1+\cos(\phi+f_1)]+\frac{V_2}{2}[1-\cos(2\phi+f_2)]+\frac{V_3}{2}[1+\cos(3\phi+f_3)]\right\}\\&+\sum_{\text{nonbond}}4\varepsilon_{ij}\left[\left(\frac{\sigma_{ij}}{r_{ij}}\right)^{12}-\left(\frac{\sigma_{ij}}{r_{ij}}\right)^{6}\right]+\frac{q_iq_j}{r_{ij}}\end{aligned} \tag{2.3}$$

该式和式(2.1)很相似，只是在二面角的处理上多了两个傅里叶展开项：V_1、V_2 和 V_3 是傅里叶系数，f_1、f_2 和 f_3 是相角。

Pádua 等[71,74]基于 OPLS 力场建立了烷基咪唑类、吡啶类、磷类阳离子以及双氰基胺、三氟甲基磺酸及三氟甲基硫酰胺阴离子的全原子力场。

Derecskei 用 COMPASS 力场[75][式(2.4)]模拟了一些纤维素衍生物与咪唑离子液体之间的相容性[76]。

$$\begin{aligned}U=&\sum_b[k_2(r-r_0)^2+k_3(r-r_0)^3+k_4(r-r_0)^4]\\&+\sum_\theta[k_2(\theta-\theta_0)^2+k_3(\theta-\theta_0)^3+k_4(\theta-\theta_0)^4]\\&+\sum_\phi[k_1(1-\cos\phi)+k_2(1-\cos2\phi)+k_3(1-\cos3\phi)]\\&+\sum_\chi k_2\chi^2+\sum_{b,b'}k(r-r_0)(r'-r'_0)+\sum_{b,\theta}k(r-r_0)(\theta-\theta_0)\\&+\sum_{r,\phi}(r-r_0)[k_1\cos\phi+k_2\cos2\phi+k_3\cos3\phi]\\&+\sum_{\theta,\phi}(\theta-\theta_0)[k_1\cos\phi+k_2\cos2\phi+k_3\cos3\phi]\\&+\sum_{b,\theta}k(\theta'-\theta'_0)(\theta-\theta_0)+\sum_{\theta,\theta,\phi}k(\theta-\theta_0)(\theta'-\theta'_0)\cos\phi\\&+\sum_{i,j}\frac{q_iq_j}{r_{ij}}+\sum_{i,j}\varepsilon_{ij}\left[2\left(\frac{r_{ij}^0}{r_{ij}}\right)^9-3\left(\frac{r_{ij}^0}{r_{ij}}\right)^6\right]\end{aligned} \tag{2.4}$$

一些其他的力场形式也被用于离子液体的分子动力学模拟，例如 GROMOS 力场[77][式(2.5)]。

$$
\begin{aligned}
U= & \sum \frac{1}{4} K_b\left[b^2-b_0^2\right]^2+\sum \frac{1}{2} K_\theta\left[\cos \theta-\cos \theta_0\right]^2 \\
& +\sum \frac{1}{2} K_{\xi}\left[\xi-\xi_0\right]^2+\sum K \phi[1+\cos (\delta) \cos (n \phi)] \\
& +\sum\left[\frac{C_{12}(i, j)}{\left(r_{i, j}^{4D}\right)^6}-C_6(i, j)\right] \frac{1}{\left(r_{i, j}^{4D}\right)^6} \\
& +\sum \frac{q_i q_j}{4 \pi \varepsilon_0 \varepsilon_1}\left[\frac{1}{r_{i, j}^{4D}}-\frac{1/2 C_{rf}\left(\left(r_{i, j}^{3D}\right)^2\right)}{R_{rf}^3}-\frac{1-1/2 C_{rf}}{R_{rf}}\right]
\end{aligned} \tag{2.5}
$$

Micaelo 等[77]基于 GROMOS 力场建立了[Bmim][PF_6]以及[Bmim][NO_3]的联合原子力场，计算了上述两类离子液体在 298～363 K 内多个温度点的密度、自扩散系数、黏度、绝热压缩率等。

Yan 等[78,79]在标准力场的基础上考虑了极化作用，如式(2.6)所示：

$$
U_{\text{polar}}=U_{\text{nonpolar}}-\sum_i \mu_i \cdot E_i^0-\sum_i \sum_{j>i} \mu_i \mu_j T_{ij}+\sum_i \frac{\mu_i \cdot \mu_j}{2 \alpha_i^2} \tag{2.6}
$$

式中，第一项表示不考虑极化时的势能，第二项代表电荷-偶极作用，第三项代表偶极-偶极作用，最后一项是诱导偶极所需要的能量。对[Emim][NO_3]离子液体的分子动力学模拟表明，采用考虑极化的力场能更加准确地模拟动力学性质(黏度和扩散系数)和表面性质。

构建力场其实就是参数优化的过程，优化中普遍采用的目标函数是计算值与“实际值”之间的绝对或者相对偏差。该“实际值”有两方面的来源[80]：

(1) 实验数据。通常包括分子的键长、键角(来自 X 射线衍射、中子散射或微波谱)、振动频率(来自红外或拉曼光谱)、分子扭动能垒(来自微波谱)以及凝聚态的热力学数据，如密度、压缩和热膨胀系数、汽化或升华焓、热容、水溶液中的溶解焓等。

(2) 从头计算(*ab initio*)。从头计算仅仅基于基本的物理常数以及体系中原子类型和电子数目来计算其性质，无须借助任何实验，因此具有明显的优势。然而从头计算也存在局限性：首先计算结果总是近似的，要得到足够可信的结果就必须采用更大的基组和更复杂的方法，这对于计算能力将是一个无休止的考验。因此，如何选择一个合适的方法和基组，利用当前的计算资源准确预测微观信息将是从头计算参数化面临的最大挑战。目前在构建力场中常见的从头计算结果包括分子或分子复合体的构型与作用能、振动频率、分子能量随扭转角的变化曲线等。

一个好的力场不仅能重现已被研究过的实验观察结果，而且具有一定的广泛性，还能用于解决未被实验测定过的分子结构和性质。

de Andrade 小组[46,47]基于 AMBER 力场开发了[Emim]$^+$和[Bmim]$^+$阳离子的全原子力场，原子电荷通过限制性拟合静电势(restrained electrostatic potential，RESP)方法[81]获得。

Maginn 小组[61,82]在 CHARMM 力场的基础上开发了[Bmim][PF_6]力场，原子电荷基于从头计算，通过 CHelpG 方法[83]获得。另外，他们[68]还开发了相应的联合原子力场，但模拟结果表明全原子力场模型能够得到更加准确的结果。

Pádua 等[70,71]建构了烷基咪唑阳离子的分子力学力场，他们细致地考虑了与 N 相连的烷基链对构型的影响：通过从头计算获得了侧链与环的扭转能，再据此拟合出扭曲参数。原子电荷通过CHelpG方法[83]获得。

Liu等[52]通过对参数的精细调整和反复优化，在AMBER力场的基础上得到了咪唑类离子液体的分子力学力场，相对于以往的文献，模拟结果有了较大改善。

2.1.2　离子液体的分子模拟

分子动力学模拟在分子间相互作用的基础上，可以得到纯离子液体的宏观动力学及热力学性质，通过分析体系的微观结构，建立离子液体体系的构效关系，为合理而有效地进行分子设计提供理论基础。

离子液体模拟密度与实验值的比较是检验力场准确与否的一个重要方法。一方面，分子模拟得到的离子液体密度往往受到体系静电力及VDW参数的影响，因此，准确预测体系密度对分子力场提出了挑战。另一方面，由于离子液体中容易含有水、钠离子、氯离子等杂质，这些小分子对于离子液体的密度有显著影响，因此，实验上准确地测定密度往往比较困难。表2.2列出了近年来不同研究小组对咪唑类及磷类离子液体密度的模拟结果及实验数据。

表2.2　离子液体密度的模拟结果和实验数据

离子液体	T/K	MD模拟/(kg/cm^3)	实验/(kg/cm^3)
[mim]Cl	353	1.209[74]	1.183[84]
[Mmim]Cl	423	1.150[52]，1.06[85]	1.138[86]
[Mmim][NTf_2]	300	1.63[71]	1.57[87]
[Emim][BF_4]	298	1.284[52]，1.255[47]	1.279[88]，1.28[89,90]
[Emim][$AlCl_4$]	298	1.316[47]	1.302[47]
[Emim][NTf_2]	300	1.57[71]，	1.52[91,87]，1.518[88]，1.51[92]，1.519[93]
[Emim][Tf]	300	1.43[71]	1.38[94]
[Bmim][PF_6]	298	1.326[62]，1.350[52]，1.358[95]，1.337[70]，1.368[61]，1.33[48]	1.360[96]，1.32[97]
[Bmim][BF_4]	298	1.194[52]，1.174[47]	1.211[98]，1.21[89,90]，1.26[99]，1.12[100]
[Bmim][$AlCl_4$]	298	1.229[47]	1.238[47]
[Bmim][CF_3COO]	293	1.233[64]	1.210[101]，1.209[102]
[Bmim][C_3F_7COO]	293	1.360[64]	1.330[101]，1.333[103]
[Bmim][Tf]	293	1.350[64]	1.290[102,101]，1.2908[103]
[Bmim][$C_4F_9SO_3$]	293	1.489[64]	1.470[101]
[Bmim][NTf_2]	300	1.48[64]	1.44[91,87]
[Bmim][dca]	297	0.994[74]	0.997[104]
[Bmmim][PF_6]	298	1.282[62]	1.236[62]
[Pmpy][NTf_2]	300	1.46[71]	1.45[105]
[C_4py][BF_4]	313	1.247[74]	1.279[106]
[$P_{6,6,6,14}$]Cl	298	0.871[74]	0.878[74]
[$P_{6,6,6,14}$]Br	298	0.938[74]	0.958[74]

离子液体的另一个重要性质是液体的相变能量,但由于它无可测量的蒸气压,直接测定蒸发焓几乎是不可能的,因此目前大部分的模拟都是预测性的。蒸发焓 ΔH^{vap} 和内聚能密度 c 的定义如式(2.7)和式(2.8)所示:

$$\Delta H^{vap} = \Delta U^{vap} + RT \tag{2.7}$$

$$c = \Delta U^{vap}/V_m \tag{2.8}$$

式中,R 为摩尔气体常数;ΔU^{vap} 为相变引起的势能变化,$\Delta U^{vap} = U^{vap} - U^{liq}$;$V_m$ 为液相摩尔体积。当假设离子液体在气相中以离子对存在,而且在气液相中的构型变化可以忽略时,经过式(2.9)的热力学循环可以导出 $\Delta U^{vap} = -U^{int} + U^{ion\text{-}pair}$,其中 U^{int} 代表液相中的分子间相互作用能,$U^{ion\text{-}pair}$ 代表离子的阴阳离子作用能。

$$\begin{array}{ccc} \mathrm{CA(liq)} & \xrightarrow{\Delta U^{vap}} & \mathrm{CA(vap)} \\ \downarrow{\scriptstyle \Delta U_1} & & \uparrow{\scriptstyle \Delta U_3} \\ \mathrm{C^+(ig) + A^-(ig)} & \xrightarrow{\Delta U_2} & \mathrm{CA(ig)} \end{array} \tag{2.9}$$

Liu 等[52]研究了咪唑类离子液体(包括[Mmim][PF_6]、[Bmim][PF_6]、[Emim][BF_4]、[Bmim][BF_4]及[Mmim]Cl)在不同温度下的蒸发焓和内聚能密度,如表 2.3 所示。从表中可以看出,咪唑离子液体的蒸发焓要比常规有机溶剂大许多,基本上都在 100 kJ/mol 以上,而常规有机溶剂,如丙酮、甲苯和正丁醇的蒸发焓分别是 29.1 kJ/mol、33.2 kJ/mol 和 43.3 kJ/mol。另外,咪唑离子液体也具有很高的内聚能密度。通过分析蒸发焓和内聚能可以看出离子液体是一种能量密度极高的体系,因此离子液体具有几乎不可测量的蒸气压。本书作者对胍类离子液体的蒸发焓和内聚能密度也做了详细的探索,将在以后的章节中讨论。

表 2.3　分子动力学模拟获得咪唑离子液体的热力学性质

离子液体	T/K	U^{int} /(kJ/mol)	H^{vap} /(kJ/mol)	V_m /(cm³/mol)	c /(J/cm³)
[Mmim][PF_6]	400	−488.4	165.6	165.9	978.1
[Bmim][PF_6]	298	−493.8	172.0	210.5	805.5
[Bmim][PF_6]	313	−492.4	170.7	212.4	791.6
[Bmim][PF_6]	333	−488.9	167.4	215.6	763.6
[Emim][BF_4]	298	−509.6	161.3	154.2	1030
[Emim][BF_4]	313	−507.0	158.9	156.3	1000
[Bmim][BF_4]	298	−506.8	161.8	190.0	838.3
[Mmim]Cl	423	−553.4	187.1	115.3	1593

高黏度是离子液体工业应用中的一个瓶颈问题,因此研究体系的扩散性质具有重要的理论指导意义。自扩散系数是随时间变化的性质,在动力学模拟中自扩散系数可以通过拟合随时间变化的均方根位移(mean square displacement,MSD)得到。由于大多数离子液体的黏度高,离子运动慢,为了准确模拟预测体系的扩散性质,必然要求更长的计算时间。

离子液体的自扩散系数和黏度用于表征离子液体的动力学行为。自扩散系数通常采用爱因斯坦关系式计算[61]：

$$D = \frac{1}{6}\lim_{t\to\infty}\frac{\mathrm{d}}{\mathrm{d}t}\langle \Delta r(t)^2 \rangle \tag{2.10}$$

式中，$\Delta r(t)^2$ 是离子质心的均方位移，尖括号"〈〉"代表系综平均。

黏度和自扩散系数存在一定的关系，可以用 Stokes-Einstein 关联式求取[61]，

$$\eta_i D_i = \eta_j D_j \tag{2.11}$$

式中，η_i、η_j、D_i 和 D_j 分别表示一定温度下两种液体 i 和 j 的黏度及自扩散系数。一般可以选取水的黏度和自扩散系数为标准，分别为 9×10^{-4} Pa・s 及 2.30×10^{-9} m^2/s[107]。

近年来，人们对离子液体扩散性质进行了很多研究，为了便于比较，表 2.4 列出了[Bmim][NO_3]和[Bmim][PF_6]两种咪唑类离子液体系列的自扩散系数和黏度的模拟结果[77]及实验数据[108,109]。

表 2.4　分子动力学模拟合实验获得的离子液体自扩散系数和黏度

离子液体	T/K	自扩散系数/(10^{-12} m^2/s)		黏度/(10^{-3}Pa・s)		
		阳离子[77]	阴离子[77]	模拟[77]	实验[108]	实验[109]
[Bmim][PF_6]	298.15	5	2	245.9	207.00±11.12	261.38
	303.15	11	5	181.8	152.67±0.82	189.25
	313.15	12	6	102.6	94.32±0.29	108.17
	323.15	22	12	61.8	58.02±1.42	67.77
	333.15	30	18	41.5	40.40±0.89	45.57
	343.15	46	26	33.3	28.53±0.81	32.41
	353.15	67	47	24.5		24.10
	363.15	75	50	13.7		18.59
[Bmim][NO_3]	298.15	5	3	177.0		
	303.15	7	5	135.4		
	313.15	10	7	63.3		
	323.15	20	19	60.5		
	333.15	28	24	33.8		
	343.15	42	45	23.0		
	353.15	64	61	19.5		
	363.15	83	80	13.4		

分子模拟可以得到体系的微观结构信息，为了用数学语言描述它们，还需要定义各种分布函数，采用最多的就是径向分布函数(radial distribution function，RDF)$g(r)$，该函数描述了在距离中心原子特定距离处发现某一原子的概率。径向分布函数可以分为很多种，这里重点介绍质心径向分布函数(center of mass RDF，COM RDF)及点-点径向分布函数(site to site RDF，SS RDF)。质心径向分布函数表示一种离子在另一种离子周围的分布，点-点径向分布函数表示一种原子在另一种原子周围的分布。阴阳离子之间的微观结构也可以通过求取第一溶剂化层的配位数 N 进行研究，它表示在一个中心位/原子周

围半径为 r 的球形空间内另一个点位/原子个数。具体方法是对径向分布函数从零到第一个极小点进行积分,如公式(2.12)所示。

$$N = 4\pi\int_0^{R_{\min 1}} \rho_N g(r) r^2 \mathrm{d}r \tag{2.12}$$

式中,ρ_N 代表体系的数密度,$R_{\min 1}$ 代表径向分布函数的第一极小值位置。

Zhou 等[110]对 14 种四丁基磷类离子液体的微观结构做了非常详细的研究,包括阴阳离子间的质心径向分布函数(图 2.1)及 H—O 径向分布函数(图 2.2)。对于图 2.2,通过

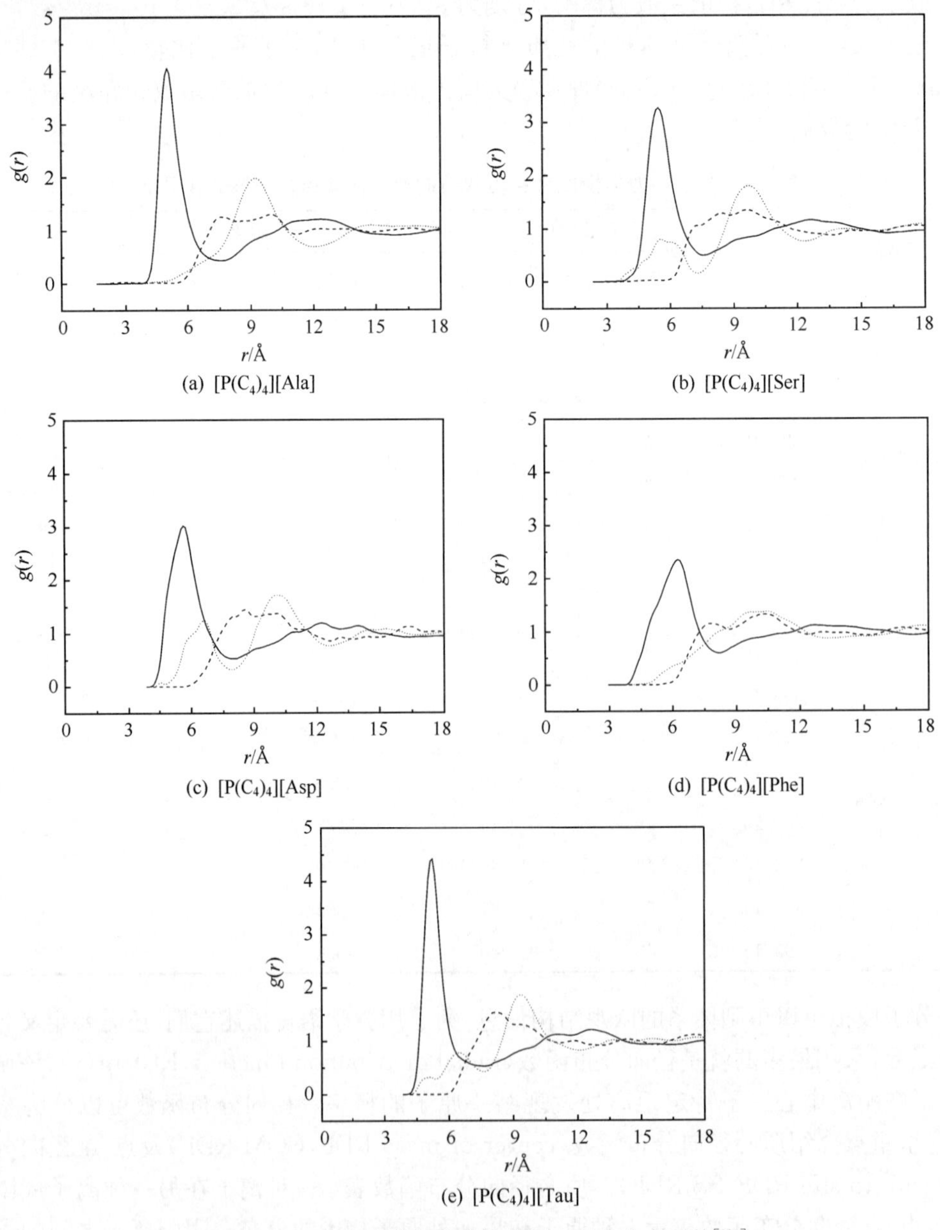

图 2.1　四丁基磷类离子液体的质心径向分布函数[110]

实线:阳离子-阴离子;点线:阳离子-阳离子;点画线:阴离子-阴离子

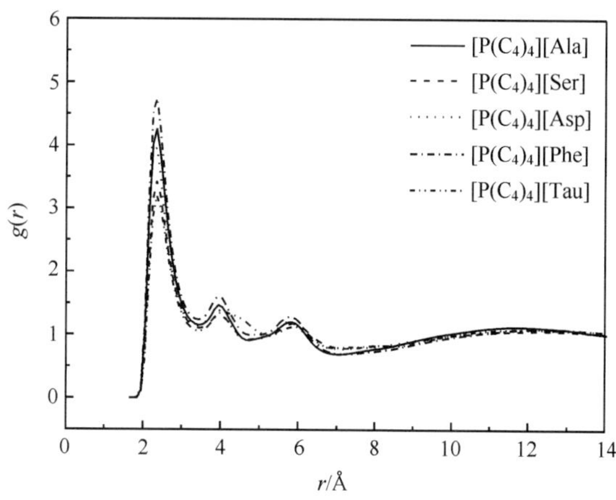

图 2.2　四丁基磷类离子液体阳离子上的 H 和阴离子上 O 之间的点-点径向分布函数[110]

比较发现阴阳离子间都是通过氨基酸上的 O 原子(与 α 碳相连的羧酸根上的 O 原子)和四丁基磷上的 H 原子(与磷原子直接相连的亚甲基上的 H 原子)之间形成氢键的方式结合在一起。

另外,Zhou 等[110]通过分析发现部分阴离子上羟基、酰氨基和羧基上的 H 与羧酸根上的 O 或羧基及酰氨基上的 O 有着较强的氢键作用,如图 2.3 所示,作用强度由强到弱依次为氨基(非 α 碳上连接的氨基)>羟基>酰氨基>羧基。通过关联得到了这类氢键的数量与体系宏观动力学性质(黏度,电导率)之间的关系,见表 2.5 和图 2.4。这为离子液体的结构设计提供了依据。

径向分布函数是基于某中心点的球形壳层进行统计的,这样非球形分子在空间分布的角度相关就无法从径向分布函数中反映出来。对于较简单的非球形分子,如 N_2、H_2O 及 CO_2,可以通过角度分布函数描述体系空间分布。对于离子液体这样复杂的多原子分子,可以借助空间分布函数(space distribution function, SDF)对微观结构进行直观描述。

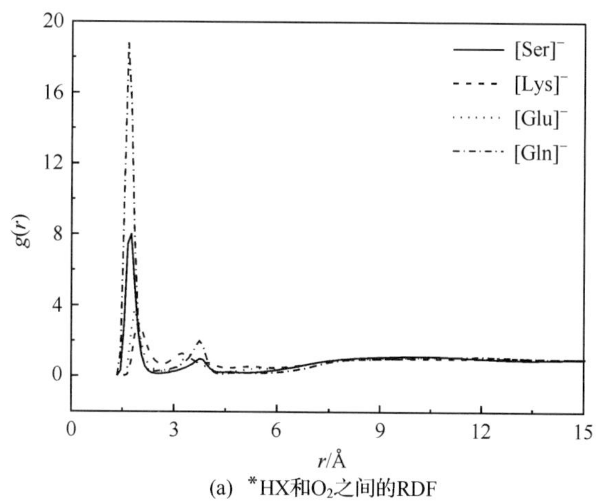

(a) *HX和O_2之间的RDF

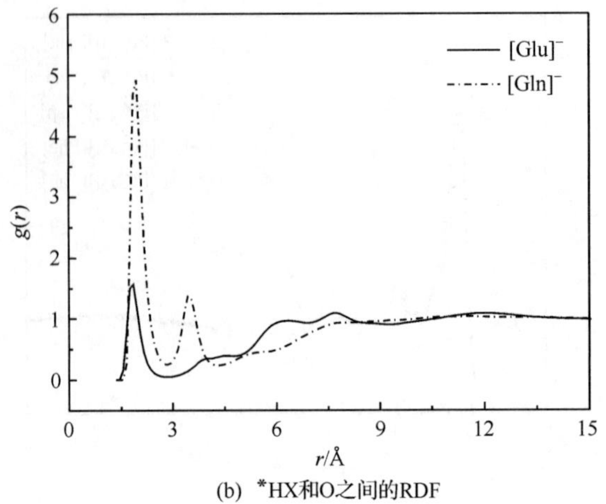

图 2.3　阴离子特定官能团上 H 与 O 之间的径向分布函数[110]

* HX：氨基(非 α 碳上连接的氨基)、羟基、酰氨基和羧基上的氢；O_2：羧酸根上的氧；O：酰氨基和羧基上的羰基氧

表 2.5　离子液体的氢键数量和电导率、黏度的实验值

阴离子	氢键数目	黏度/(10^{-3} Pa·s)	电导率/(10^{-2} S/m)
[Ser]⁻	68	734.20	0.870
[Lys]⁻	74	744.71	0.830
[Glu]⁻	125	9499.68	0.063
[Gln]⁻	135	9561.26	0.048

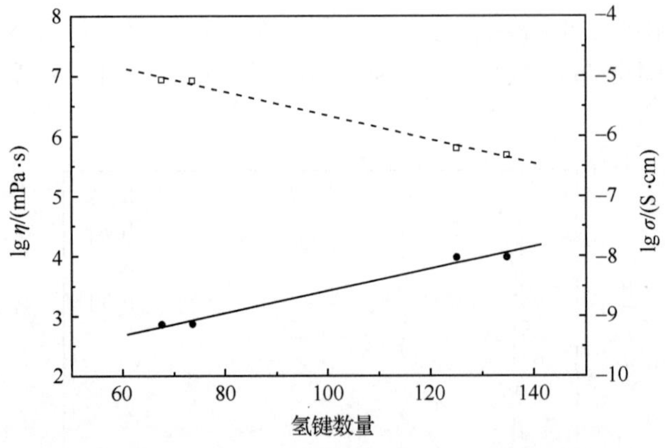

图 2.4　电导(方形)和黏度(圆点)实验值与氢键数量的关系[110]

Liu 等[52]对咪唑类离子液体的微观结构做了细致的研究，图 2.5 代表[Bmim][PF_6]的空间分布函数，采用的可视化软件为 gOpenMol[111]。图中黄色及橙色区域基本都位于第一溶剂化层内，直观地反映了阴离子在该层中可能的分布情况。

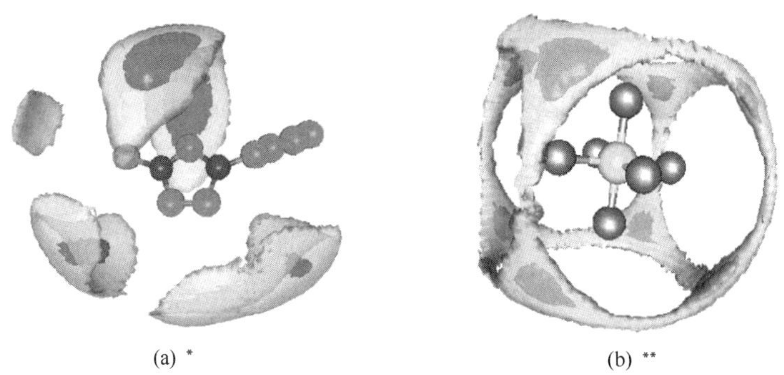

图 2.5　[Bmim][PF_6]的空间分布函数(参见彩图)[52]
(a) [Bmim]$^+$周围[PF_6]$^-$的分布;(b) [PF_6]$^-$周围[Bmim]$^+$的分布;
* 和 ** 橙色及黄色分别代表分布密度为平均密度的 20 倍及 6 倍,3 倍及 2 倍

2.2　离子液体气液混合体系的分子动力学模拟

离子液体作为一种新型绿色溶剂,在气体捕集分离领域的应用已成为世界各国关注的热点,而在众多气体中以 CO_2 气体的研究最为瞩目[112-126]。因此,以下将重点介绍离子液体-CO_2 体系的分子动力学模拟。

近年来,"温室效应"和"全球变暖"已经成为引人瞩目的环境问题,大气中温室气体含量的增加是造成全球气候变暖的主要原因,而 CO_2 在大气中含量最高、寿命最长,对温室效应影响最大[127]。因此,解决全球气候变暖的根本途径是控制及削减全球 CO_2 的排放。

传统工业上主要采用有机溶剂法(如醇胺法)脱除 CO_2,该种方法存在由于有机溶剂的挥发导致的环境污染,再生过程中的水蒸发带走大量潜热导致成本和能耗高,设备腐蚀严重等问题[80]。因而,开发高效、高选择性、低能耗、环境友好的捕集和固定转化 CO_2 的新材料,新技术变得越来越重要。

离子液体作为一种新型的绿色溶剂,为 CO_2 捕集分离技术的进步提供了新契机。离子液体具有几乎不挥发性和良好的热稳定性,所以用其吸收 CO_2,就不存在因吸收剂挥发而导致的二次污染和吸收剂严重损失问题,在解吸过程中可大幅度降低溶剂的成本;更为重要的是,离子液体具有可设计性,可通过调整阴、阳离子结构和组合或者嫁接适当官能团制备出高效捕集分离 CO_2 的离子液体。美国著名研究者 Blanchard[112] 等于 1999 年在 *Nature* 上率先报道了 CO_2 在离子液体中具有较高的溶解度,而离子液体几乎不溶于 CO_2 的特殊现象,例如在 8.3 MPa 时二氧化碳溶解度达到 0.75(摩尔分率),而离子液体在 CO_2 的溶解度小于 10^{-5}(摩尔分率)。利用该性质可以较容易地实现吸收液的分离,从而可以循环使用离子液体。近年来,用离子液体捕集和转化 CO_2 的研究已成为国际上研究热点。但是目前所研究的离子液体吸收 CO_2 的量与工业上使用的醇胺类吸收剂(如乙醇胺)相比仍然较低,且离子液体黏度较高、价格较贵。因此,需要进一步开展离子液体吸收 CO_2 的研究工作,以便寻找到新的能够应用于脱碳工艺的离子液体。

目前许多研究依然通过"尝试-错误"(try-and-errors)方法来从数以万计性质各异的离子液体中筛选离子液体。该方法需要大量研究周期和成本,且本身具有很大的盲目性,必然是难以适用的。因此,欲开发高效、高选择性捕集分离 CO_2 的离子液体,需要解决离子液体的结构与吸收 CO_2 性能之间的微观作用机理。

分子动力学模拟方法是在给定分子势能函数与力场的情况下，通过求解经典力学牛顿运动方程而获得每个分子在各个时刻的动量和位置，系统平衡后进行时间平均来获得微观信息，从而得到体系宏观性质的方法。利用分子动力学模拟不但可以从分子结构推算和预测宏观性质之外，还可以在某种程度上回答“为什么”之类的问题。

目前已有研究人员通过分子动力学模拟方法研究离子液体与 CO_2 体系的微观作用[128-133]。Cadena 等[134]在 *Journal of the American Chemical Society* (*JACS*)上报道了采用分子动力学模拟方法研究[Bmim][PF_6]和[Bmmim][PF_6]与 CO_2 体系，通过研究 CO_2 上的 O 原子与[PF_6]上的 P 原子的径向分布函数，发现把离子液体咪唑环上的酸性氢用甲基取代后对 CO_2 的溶解度影响很小，如图 2.6 示。通过对比吸收 CO_2 前后[PF_6]上的 P 原子与阳离子上的 C_2 原子的径向分布函数，发现离子液体吸收 10%(摩尔分数)CO_2 后，体积几乎没有膨胀，且 ILs 的结构几乎不变(图 2.7)，原因在于离子液体中存在强静电作用。

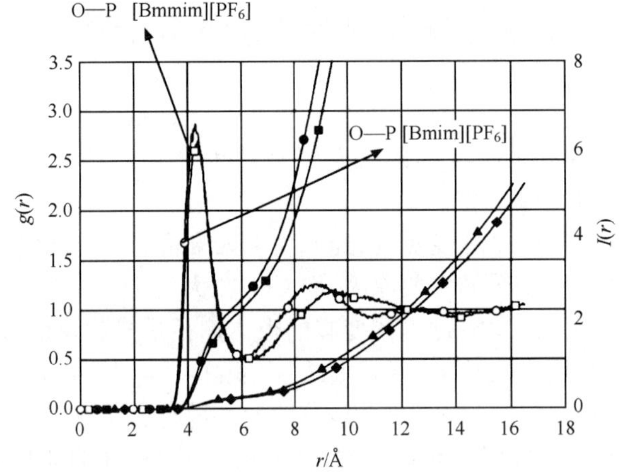

图 2.6 CO_2 上的 O 原子与[PF_6]上的 P 原子的径向分布函数

○ 代表[Bmim]的 $g(r)$；□ 代表[Bmmim]的 $g(r)$；● [Bmim][PF_6]上的 P 原子与 CO_2 上的 O 原子的 $I(r)$；■ [Bmmim][PF_6]上的 P 原子与 CO_2 上的 O 原子的 $I(r)$；▲ CO_2 上的 O 原子与[Bmim][PF_6]上的 P 原子的 $I(r)$；◆ CO_2 上的 O 原子与[Bmmim][PF_6]上的 P 原子的 $I(r)$[134]

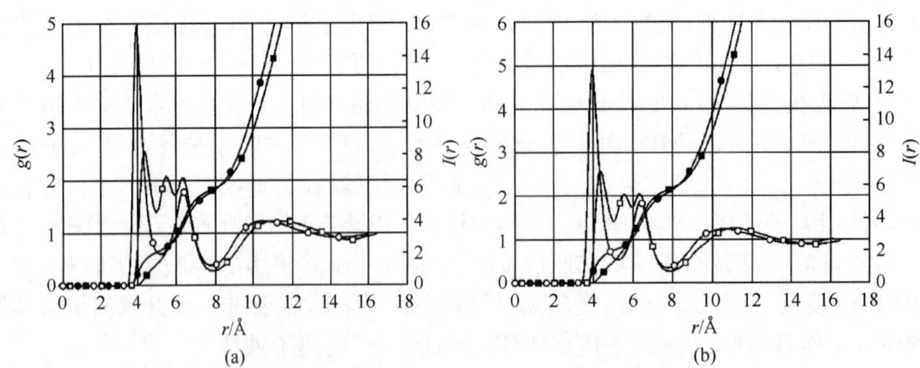

图 2.7 [PF_6]上的 P 原子与阳离子上的 C_2 原子的径向分布函数

(a) 是纯离子液体体系；(b) 是离子液体吸收 10 mol%CO_2 体系。○ 代表[Bmim]的 $g(r)$；□ 代表[Bmmim]的 $g(r)$；● 代表[Bmim]的 $I(r)$；■ 代表[Bmmim]的 $I(r)$[134]

Huang 等[128]在 *JACS* 上报道了通过分子动力学模拟方法研究[Bmim][PF_6]吸收CO_2后体积膨胀很小的机理。结果表明，在离子液体中 CO_2 所占据的空间是由阴离子的小角度的重组所形成的，而不是纯离子液体本身具备的空位，即[Bmim][PF_6]吸收 CO_2后，[PF_6]阴离子会向咪唑环上的 3 甲基的方向移动，这样在咪唑环的上下就会有较大的空间来容纳 CO_2，而这种小角度的重组对离子液体的体积影响很小(图 2.8)，CO_2则主要分布在阳离子的咪唑环的上下以及烷基链末端。

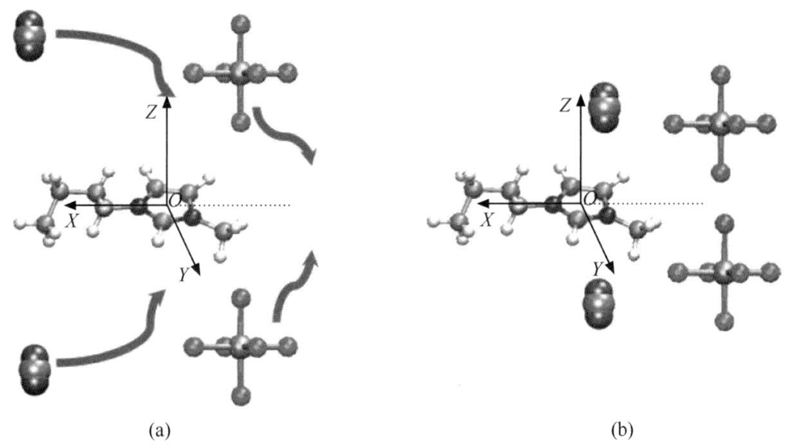

图 2.8　(a) 纯离子液体中[PF_6]阴离子和[Bmim]阳离子的位置；
(b) 离子液体-CO_2体系中[PF_6]阴离子和[Bmim]阳离子的位置
箭头方向表示吸收 CO_2后，阴离子移动方向和 CO_2分布位置[128]

Balasubramanian 等[131]采用从头计算分子动力学模拟方法对[Bmim][PF_6]和[Bmim][PF_6]-CO_2体系进行了研究，发现 CO_2 主要分布在阴离子周围，其中大部分 CO_2分布在与[PF_6]球面相切的位置，从而推断 CO_2分子渗入到[PF_6]八面体的空位处。他们还对 CO_2浓度对离子液体结构和性质的影响进行了研究[132]。CO_2摩尔分数分别为 0，10%、30%、50%和 70%。结果发现，随着 CO_2浓度的增加，阴离子与阴离子之间的距离逐渐变大(图 2.9)，阴阳离子和 CO_2的扩散系数也增加[132]。

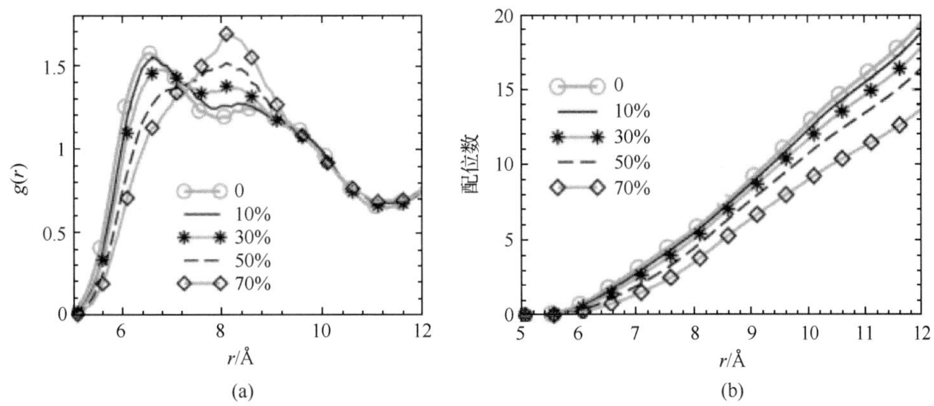

图 2.9　(a)不同摩尔分数 CO_2与[Bmim][PF_6]混合物中的[PF_6]-[PF_6]的径向分布函数；(b) 相对应的配位数[132]

Liu 等[135]通过分子动力学模拟方法研究了 CO_2-[Hmim][FEP]和 CO_2-[Hmim][PF_6]的微观性质。结果表明，不论是[Hmim][FEP]还是[Hmim][PF_6]，吸收 50%(摩尔分数)CO_2后，两种离子液体的结构几乎没有影响(图 2.10)。CO_2在[FEP]阴离子周围有三种高密度分布区域(图 2.11)。另外，离子液体中的阴阳离子的尺寸和形状对于其吸收 CO_2的机理有着重要的影响。对于大尺寸且结构不对称的[FEP]阴离子，主要是通过范德华力与 CO_2作用，而对于尺寸小且结构对称的[PF_6]阴离子来说，则主要是通过静电作用吸收 CO_2。

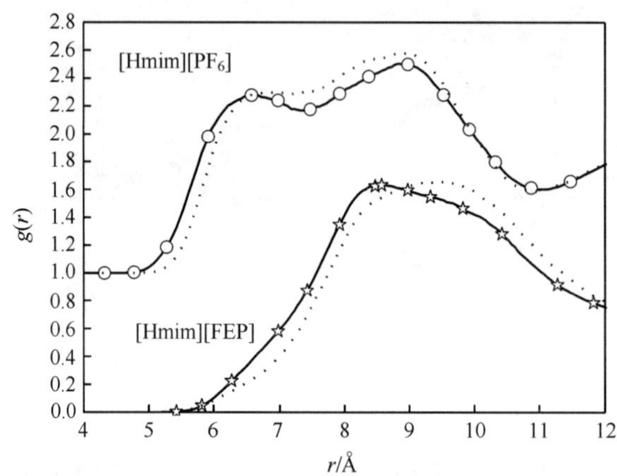

图 2.10　[Hmim][FEP]和[Hmim][PF_6]吸收 50%(摩尔分数)CO_2前后的 P-P 的径向分布函数

图中标志的含义：○ 为纯[Hmim][PF_6]；…… 为[Hmim][PF_6]吸收 50%(摩尔分数) CO_2；

☆ 为纯[Hmim][FEP]；…… 为[Hmim][FEP]吸收 50%(摩尔分数) CO_2[135]

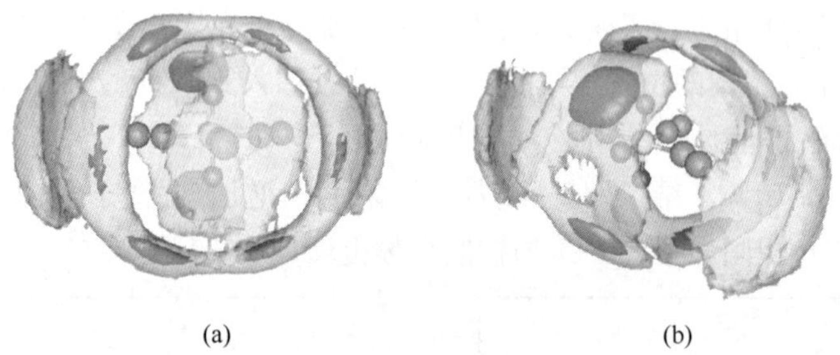

图 2.11　CO_2上的 C 原子在[FEP]阴离子的三维空间分布(参见彩图)

(a)与(b) 是两个不同的角度的视图[135]

Li 等[136]运用分子动力学模拟方法研究了胍类离子液体 TMGL 能够较强吸收 SO_2却对吸收 CO_2较弱的机理。通过对比 SO_2和 CO_2与阴阳离子的径向分布函数图发现，SO_2在[TMG]阳离子和[LAC]阴离子周围有较强的分布，尤其是在[LAC]阴离子周围，而 CO_2在[TMG]阳离子和[LAC]阴离子周围分布则较弱，见图 2.12。

由上可知，目前在采用分子动力学模拟方法研究离子液体-CO_2体系中，研究最多的离子液体为[Bmim][PF_6]，而只有很少的研究工作是关于其他离子液体体系，如 TMGL，[Hmim][FEP]等。因此，Zhang 等[137]通过分子动力学模拟研究了胍类离子液体[ppg]

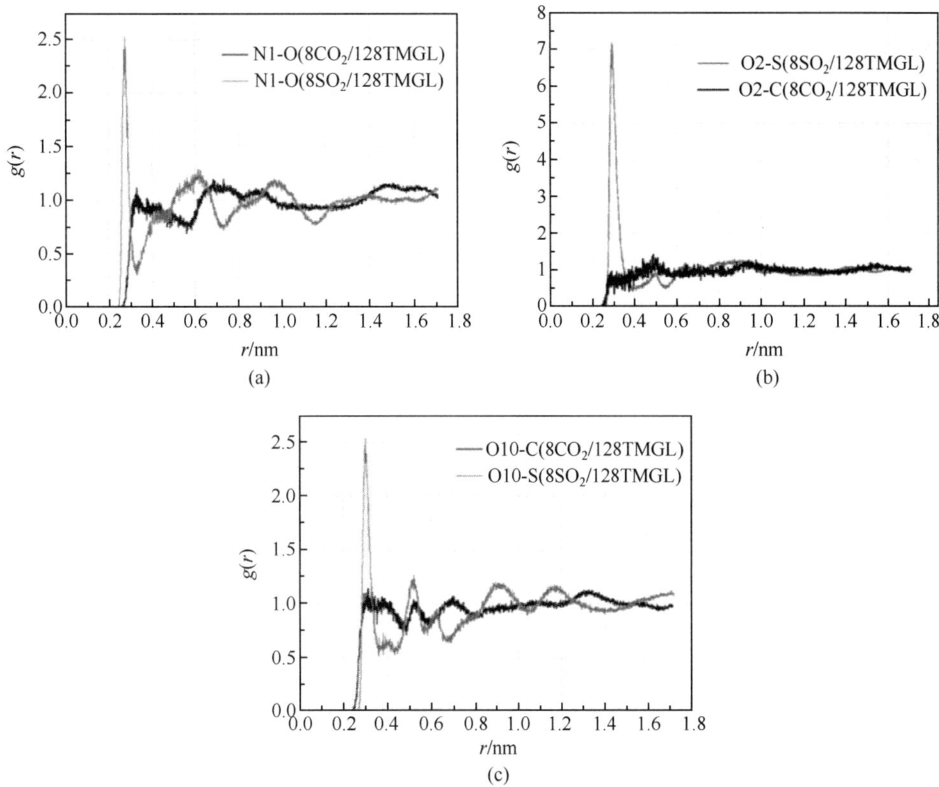

图 2.12　(a) 阳离子上的 N1 原子与 SO_2 和 CO_2 上的 O 原子的径向分布函数；(b) 阴离子上的 O2 原子分别与 SO_2 上的 S 原子、CO_2 上的 C 原子的径向分布函数；(c) 阴离子上的 O10 原子分别与 SO_2 上的 S 原子、CO_2 上的 C 原子的径向分布函数[136]

$[BF_4]$与不同浓度 CO_2 混合物的微观结构、相互作用方式和性质。图 2.13 为 CO_2 与阴阳离子之间的径向分布函数。从图可以看出，CO_2 上的 C 原子与$[BF_4]$阴离子上的 B 原子在 4 Å 的位置处有一个尖且强的峰，而[ppg]阳离子与 CO_2 的作用峰在 6.2 Å，表明$[BF_4]$

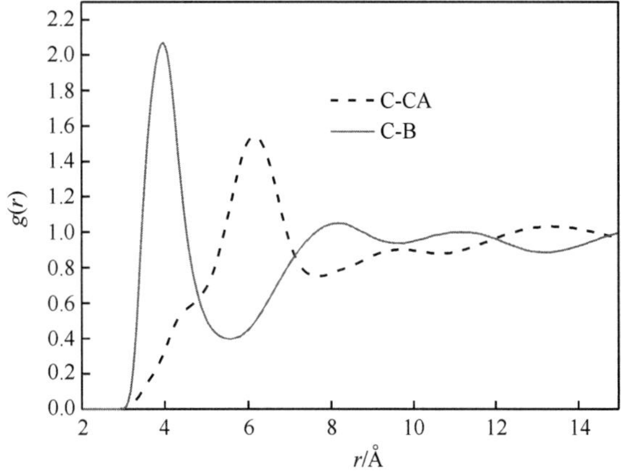

图 2.13　[ppg]$[BF_4]$吸收 60%(摩尔分数) CO_2 后，CO_2 与阴阳离子之间的径向分布函数
图中，C 代表 CO_2，CA 代表阳离子，B 代表阴离子[137]

阴离子与 CO_2 离得很近。

Zhang 等还研究了阴离子-阴离子的径向分布函数和配位数。如图 2.14(a)所示，吸收摩尔分数 0.1 的 CO_2 对阴离子-阴离子的 RDF 没有影响，第一个峰的位置在 7.67 Å，与 CO_2 浓度为 0 时的位置一样。然而，当 CO_2 摩尔分数为 0.6 时，第一个峰的位置已移到 7.83 Å。该结果表明随着 CO_2 浓度增加，阴离子倾向于与阴离子分开，但是阴离子与阴离子的结构几乎不受影响，即使吸收了摩尔分数 0.6 的 CO_2。由图 2.14(b)可知，随着 CO_2 浓度增加，阴离子-阴离子之间的配位数逐渐降低。结果表明，随着 CO_2 浓度增加，阴离子-阴离子之间的相互作用逐渐变弱。

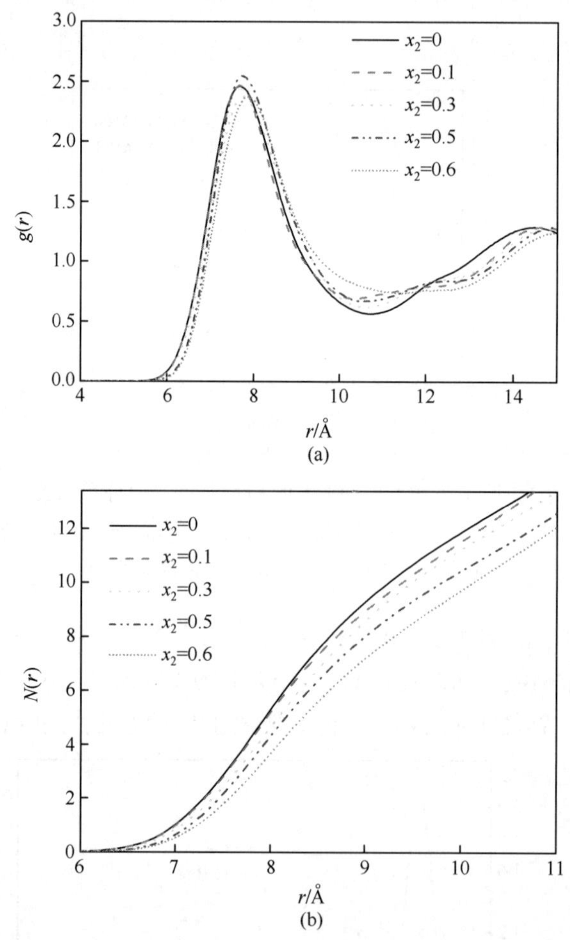

图 2.14　(a) [ppg][BF_4] (1)+CO_2(2)混合物中阴离子-阴离子的径向分布函数；(b) 相对应的配位数[137]

通过空间分布函数(spatial distribution function，SDF)，可以更清楚地知道 CO_2 和 $[ppg]^+$ 阳离子在 $[BF_4]^-$ 阴离子周围的分布。如图 2.15 所示，CO_2 主要分布在 $[BF_4]^-$ 阴离子的 4 个垂直于 F 原子和 2 个 F 原子之间的区域，而阳离子主要分布在由 3 个 F 原子组成的正四面体区域内，即 CO_2 和 $[ppg]^+$ 阳离子在 $[BF_4]^-$ 阴离子的分布区域几乎不存在竞争，而且几乎是互补的。

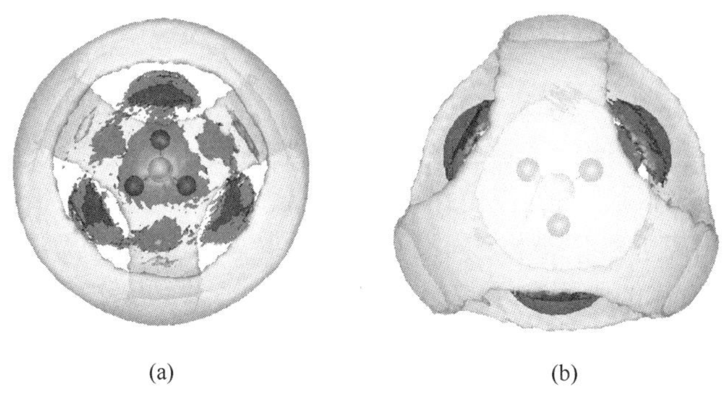

(a)　　(b)

图 2.15　(a)[ppg][BF_4]吸收摩尔分数为 0.6 的 CO_2 后的 CO_2(蓝色)和阳离子(黄色)在[BF_4]阴离子周围的空间分布;(b)另一个角度的视图(参见彩图)
蓝色和黄色分布代表分布密度为平均密度的 2.8 倍和 3 倍[137]

2.3　离子液体与纤维素溶液体系的分子模拟

纤维素是世界上最丰富的生物质,它的再生速度比矿物燃料要快很多[138]。每年通过光合作用产生的纤维素达 1.5×10^{12} t,被认为是“取之不尽”的天然原料。一旦提取出来,这些含有纤维的生物质可以为纤维、纺纱、造纸、薄膜、聚合物以及涂料等工业应用提供合适的原料[139,140]。但是,纤维素却是一种很难处理的固态化合物,这是由于纤维素链内部含有大量的分子内和分子间强氢键,在工业过程中需要一些特殊的溶剂来溶解。在传统工艺中,只有有限的几种溶剂体系可以采用。例如,LiCl/*N*,*N*-二甲基乙酰胺[141]、DMSO/多聚甲醛[142]、NMMO、水合熔盐[143]、NaOH 水溶液以及 NaOH/尿素溶液[144]。在以上提到的溶剂体系中,实际上只有 NMMO 溶剂体系是在工业上用来制造纤维素纤维产品的。但是,在 NMMO 体系处理纤维素过程中还有一些很严重的缺点,比如高溶解温度和副反应的产生。其他溶剂在使用过程中也都不同程度上表现出一些问题,比如挥发性、毒性、高成本、溶剂回收难和不稳定性。所以通过开发有效的纤维素溶剂,得到天然纤维素溶液以实现纤维素的再生,是有效利用天然纤维素材料的重要途径。

近年来,离子液体由于其特殊的性质为发展新的纤维素溶剂提供了一个新的机遇。2002 年,Rogers 教授等首次报道[145]了纤维素不需要任何预处理可以直接溶解在[C_4mim]Cl 离子液体中,并且溶解的纤维素可以通过添加水和其他普通溶剂很容易再生,不产生降解。从这之后,大量的离子液体被报道作为溶剂来用于溶解纤维素方面的研究,这些离子液体的阴离子主要有卤素[146,147]、磷酸酯[148]、甲酸和乙酸[149,150]离子,阳离子主要有咪唑[151,152]、吡啶[142]、胆碱[153]和季鏻离子[154]。离子液体在溶解纤维素方面的应用目前已经引起学术界和工业界的极大重视,特别是近两年来,采用分子模拟的方法来对纤维素溶解机理和影响规律的研究大量出现。在本节中,将主要从分子水平上介绍离子液体应用于纤维素科学领域的一些最新研究进展,包括离子液体溶解纤维素的机理研究,离子液体的种类、烷基链长度及带有功能基团等因素对溶解纤维素的影响规律。

2.3.1 离子液体溶解纤维素的机理研究

一般认为，通过溶剂与纤维素大分子间的相互作用，有效地破坏纤维素分子链间和分子链内存在的大量氢键是使纤维素在溶剂中溶解的前提。到目前为止，在纤维素溶解过程中关于离子液体与纤维素之间作用存在三种观点：①阴离子与纤维素的相互作用决定着整个溶解过程，阳离子和纤维素之间没有作用[155-157]；②溶解过程中最主要的驱动力是纤维素羟基与离子液体的阴阳离子之间的共同作用[158-160]；③阳离子与纤维素的作用起决定性作用[161]。每一种观点都有实验结果支持，因此，关于离子液体溶解纤维素的机理还存在争议，尤其是阳离子在溶解过程中所起的作用。

近几年来，也有一些文献报道采用分子动力学模拟和量化计算的方法从分子水平上研究离子液体与纤维素之间的溶解机理。例如，Youngs 和他的同事[162,158]采用分子动力系的方法研究了 β-D-葡萄糖在[C_1mim]Cl 和[C_2mim][CH_3COO]这两种离子液体的溶解过程。他们发现在这个混合物体系中阴离子上的氧和糖上面的羟基之间的氢键作用是最主要的相互作用，离子液体的阳离子与葡萄糖的羟基也发生了弱氢键作用，这个弱氢键作用主要发生在咪唑环上有酸性的 C_2 位的 H 原子和葡萄糖的仲羟基上的 O 原子之间(图 2.16)。因此可以通过调节离子液体的阳离子咪唑环上的 H 原子的酸性来促进葡萄糖的溶解。Liu 等[159]对比了纤维素低聚物在[C_2mim][CH_3COO]离子液体和其他溶剂中的构象。可以看出多聚糖链与离子液体之间的相互作用能比与水和甲醇之间的作用能要强很多，同时发现咪唑离子液体阳离子可以和纤维素产生弱氢键。Guo 等[163,164]采用

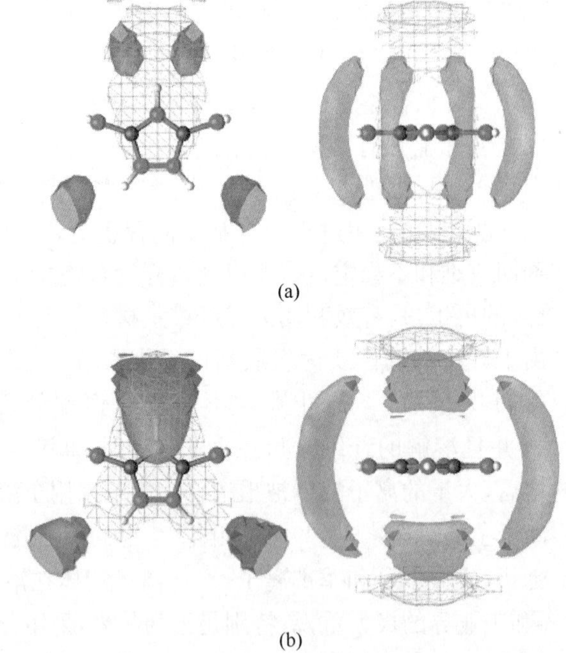

图 2.16 Cl^-(a)，[PF_6]$^-$(b)和葡萄糖分子在[C_1mim]$^+$阳离子周围的空间分布(参见彩图)

红色：阴离子；绿色：阳离子

量子化学计算的手段进一步证实了[C_4mim]Cl 阳离子咪唑环上 C_2、C_4、C_5 位置都可以和纤维素的羟基氧形成弱氢键。Chu 等[165,166]通过对比模拟[C_4mim]Cl/纤维素和 H_2O/纤维素混合体系，发现水分子与葡萄糖的侧链上羟基作用比较强，与糖环间的键连氧之间的作用比较弱，而[C_4mim]Cl 离子液体纤维素层和面上的作用都较强。通过进一步计算纤维素在这两种溶剂中从微晶状态到解离为自由状态的能量变化(图 2.17)，发现在水中纤维素解离后势能变化比较高，这不利于纤维素的溶解，而在[C_4mim]Cl 离子液体中，纤维素解离过程中势能降低，溶解可自发进行，因此纤维素可以直接溶解在离子液体中而不能溶于水中。

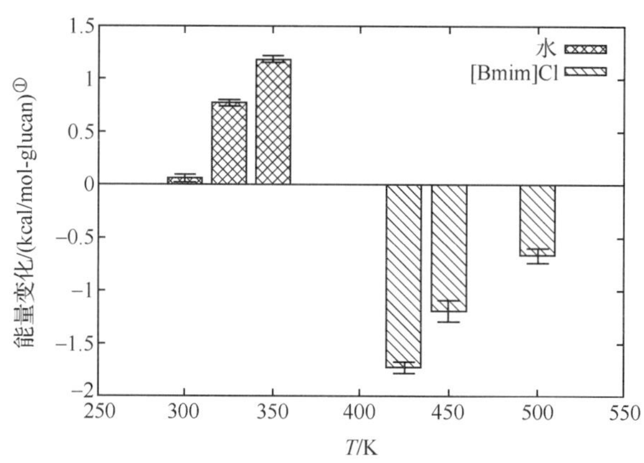

图 2.17　纤维素在水和[Bmim]Cl 离子液体中从微晶状态到解离为自由状态的势能变化

总体来说，大部分关于溶解机理的分子模拟研究都比较支持前面所述的第二种观点，即在纤维素溶解过程中是由阴阳离子之间的协同作用决定的，离子液体阴离子与纤维素之间的氢键作用起主导作用。虽然阳离子在纤维素溶解过程中形成弱氢键相互作用，但是它的作用不能忽略。由于目前的模拟研究模拟体系都比较小，还不能真实地把纤维素的动态溶解过程很好描述出来，因此，离子液体溶解纤维素的机理研究目前还不是特别成熟，尤其是对于阳离子所起的作用理解不够，希望在以后的研究中将实验和模拟研究结合起来进一步探索溶解机理，为设计优秀的纤维素溶剂提供理论基础。

2.3.2　各种因素对离子液体溶解纤维素能力的影响规律

离子液体中不同阴阳离子组合、改变烷基侧链长度和添加功能基团等因素都有可能对其溶解纤维素的性能产生影响。在众多离子液体中完全依靠实验一一筛选溶解纤维素性能较好的离子液体几乎不可能，因此，人们迫切需要获得一系列的影响规律来进一步对离子液体的分子设计进行指导。下面将对离子液体的种类、烷基链长度及添加功能基团这三个方面对溶解纤维素能力的影响规律进行归纳总结，希望对以后的实验研究提供一定的理论依据。

① cal 为非法定单位，1 cal＝4.186 8 J。

1. 离子液体的种类

通常不同种类的离子液体溶解纤维素的能力有很大差别。对于阳离子结构来说，一般为含 N 杂环的咪唑类和吡啶类离子液体溶解纤维素性能比较好。例如，Zhao 等通过对比烷基链长度相同的 1-丁基-3-甲基咪唑氯盐[C_4mim]Cl 和 1-丁基-3-甲基吡啶氯盐[C_4mpy]Cl 与纤维素链的混合体系，研究了含 N 杂环阳离子结构对溶解纤维素能力的影响机理[167]。H-Cl 点点径向分布函数图[图 2.18(a)]中的第一峰位置在 1.925 Å 左右，氯离子与纤维素的羟基氢在这个位置附近形成了很强的氢键。

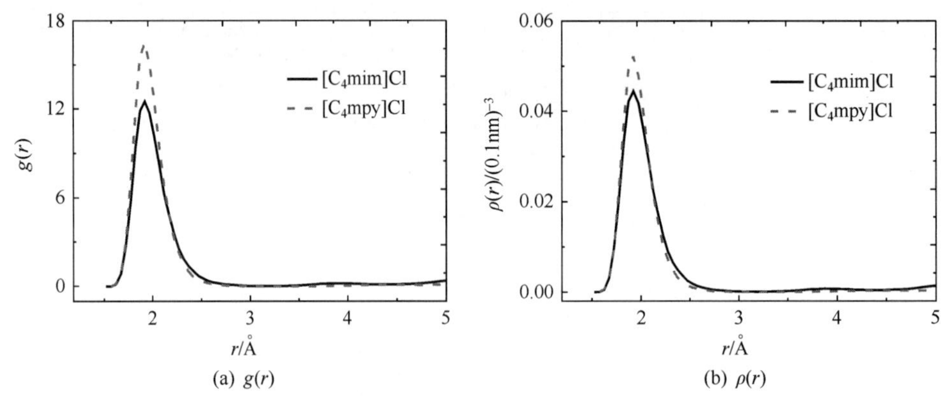

图 2.18 [C_4mim]Cl 和[C_4mpy]Cl 体系中离子液体氯离子在纤维素(O6) H 周围的分布

局部密度分布函数 $\rho(r)$是在给定粒子距离 r 时的 $\rho(\rho=N/V)$，公式如下[168]：

$$\rho(r) = g(r) \times N/V \tag{2.13}$$

式中，$g(r)$是径向分布函数，$\rho(r)$是局部密度分布函数，N/V 是流体的平均数密度。图 2.18(b)是离子液体纤维素体系中 H 原子和 Cl 离子随距离变化的平均局部密度图，可以看出[C_4mpy]Cl 体系的第一峰比[C_4mim]Cl 体系要高，说明[C_4mpy]Cl 体中系 Cl 在纤维素周围的密度比[C_4mim]Cl 体系要大。

表 2.6 是离子液体中 Cl^- 和纤维素之间的相互作用能。在模拟结果中一般采用阴离子和纤维素之间的相互作用能来代表离子液体溶解纤维素的能力。表中 Cl^- 和纤维素之间的相互作用能是静电作用能和范德华(VDW)相互作用能的总和。可以看出阴离子与纤维素之间的相互作用能的数值比[C_4mim]Cl 体系中的能量更负，说明[C_4mpy]Cl 体系中阴离子与纤维素之间的相互作用强于[C_4mim]Cl 体系中阴离子与纤维素之间的相互作用。与这两种离子液体的实验溶解度相比，阴离子与纤维素的相互作用能和溶解度趋势一致。

表 2.6　373 K 离子液体中 Cl^- 和纤维素之间的相互作用能

IL	E_{ele}[a] /(kJ/mol)	E_{VDW}[a] /(kJ/mol)	E_{inter}[a] /(kJ/mol)	实验溶解度[142] /(g/mol IL)
$[C_4mim]Cl$	−2841.3	261.9	−2579.4	~34.9[b]
$[C_4mpy]Cl$	−3155.6	293.5	−2862.1	72.4[c]

a. E_{ele}为静电相互作用能；E_{VDW}为范德华相互作用能；E_{inter}为 E_{ele}和 E_{VDW}之和。

b. 微晶纤维素，加热（373 K）。

c. 微晶纤维素（286 K），加热（378 K）。

阳离子结构不仅可以影响阴离子与纤维素之间的相互作用，同时阳离子也可以与纤维素形成氢键。$[C_4mim]^+$环上的 C_2、C_4 和 C_5 位置以及$[C_4mpy]^+$环上的 C_2、C_4、C_5 和 C_6 位置经常被认为是活泼氢，它可以与纤维素上的羟基氧形成 C—H…O 类型的弱氢键。含 N 杂环上的氢质子酸性越强，形成氢键的作用位点越多，与纤维素之间形成氢键的能力就越强。对于这两种离子液体，$[C_4mpy]^+$ 与纤维素之间形成氢键的能力要比 $[C_4mim]^+$ 形成氢键的能力强。所以离子液体溶解纤维的能力次序是$[C_4mpy]Cl>[C_4mim]Cl$。由于吡啶类离子液体溶解纤维素容易降解，限制了它的应用，所以实验中采用比较多的是咪唑类离子液体。

对于阴离子结构不同的离子液体，它们溶解纤维素的能力可谓大相径庭。例如，对于阳离子相同($[C_2mim]^+$)阴离子不同(Cl^-、$[CH_3COO]^-$、$[(CH_3O)_2PO_2]^-$、$[SCN]^-$ 和 $[PF_6]^-$)的离子液体溶解纤维素的能力依次是 $Cl^->[CH_3COO]^->[(CH_3O)_2PO_2]^->[SCN]^->[PF_6]^-$[169]。Guo 等报道[163]：$Cl^-$，$[CH_3COO]^-$ 和 $[(CH_3O)_2PO_2]$的氧原子，$[SCN]^-$的 N 原子和$[PF_6]^-$的 F 原子与纤维素的羟基形成了氢键。因此，根据阴离子的结构可以将以上离子液体阴离子和纤维素之间形成的氢键分成以下五种类型：①O—H…Cl；②O—H…O—C（$[CH_3COO]^-$）；③O—H…O—P（$[(CH_3O)_2PO_2]^-$）；④O—H…N（$[SCN]^-$）；⑤O—H…F（$[PF_6]^-$）。阴离子上的 Cl、O、N 和 F 原子是氢键受体，羟基氧是氢键供体。图 2.19 是这几种离子液体的氢键供体和氢键受体之间的径向分布函数图。图中第一峰位置代表了第一溶剂化层内阴离子在纤维素周围分布概率最大的位置，即形成氢键的位置。这几种氢键类型中氢键受体和氢键供体之间的距离大约依次是 O—H…O—C（$[CH_3COO]^-$，1.615 Å）<O—H…O—P($[(CH_3O)_2PO_2]^-$，1.645 Å)<O—H…N($[SCN]^-$，1.725 Å)<O—H…F($[PF_6]^-$，1.875 Å)<O—H…Cl(Cl^-，1.925 Å)。图 2.20 是这几种阴离子的静电势界面，可以看出这五种氢键类型中 N 和 F 氢键受体原子的负电荷密度比其他氢键受体原子的电荷密度低，这将导致其形成氢键的能力比较弱，溶解纤维素的能力降低。因此选择一种优秀的离子液体溶解纤维素，阴离子首先必须要有比较高的负电荷密度。

这几种离子液体的阴离子与纤维素之间的相互作用从强到弱依次是：$Cl^->[CH_3COO]^->[(CH_3O)_2PO_2]^->[SCN]^->[PF_6]^-$[图 2.21(a)]。文献中氢键的标准定义[170]为：氢键供体和氢键受体的距离小于 2.7 Å，并且受体-氢-供体之间的角度大于 150°。表 2.7 是每个纤维素的—OH 与周围阴离子形成的平均氢键数目，氢键数目的多少与阴离子和纤维素之间的相互作用强弱趋势一致。Rogers 教授等[171]提出，离子液体对纤维素的溶

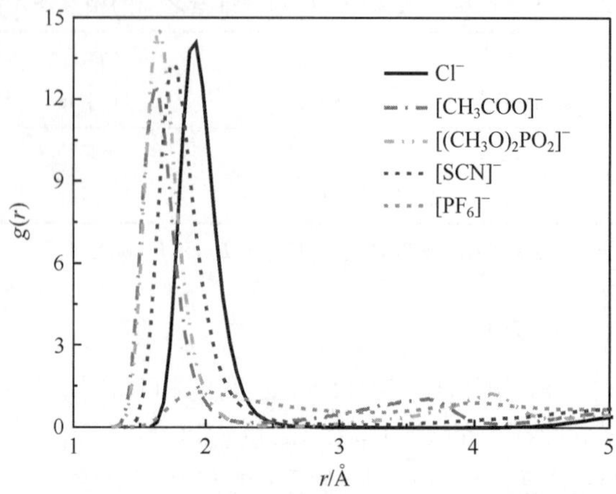

图 2.19　离子液体与纤维素混合体系中纤维素的(O6) H 周围阴离子的径向分布函数图

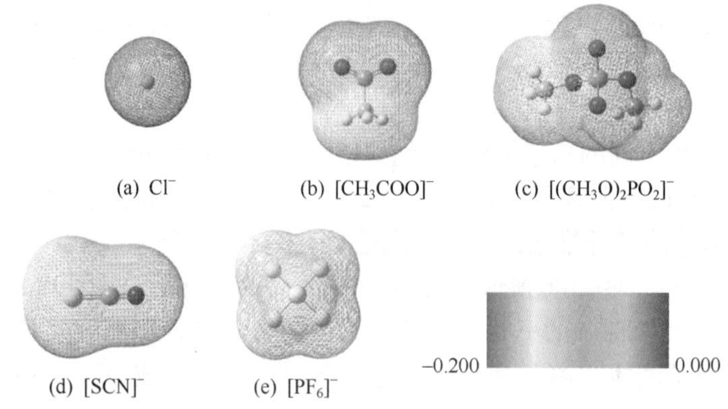

图 2.20　优化后的孤立阴离子在 B3LYP/6-31++G** 水平上的静电势界面

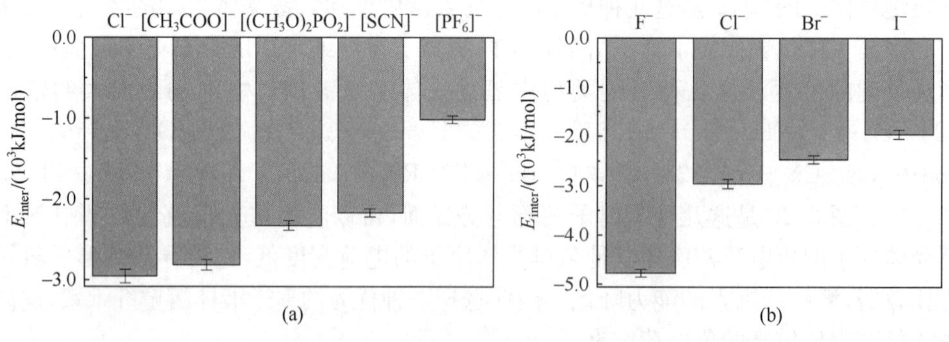

图 2.21　373.15 K 下不同阴离子与纤维素之间的相互作用能

解度采用摩尔单位(g/mol)来表达,这样直接对比不同离子液体的溶解能力比较科学,因此表 2.7 的实验溶解度采用了摩尔单位,可以看出纤维素每个羟基与阴离子形成氢键数目的趋势与实验报道的纤维素溶解度趋势大致一致。因此,Cl 原子、$[CH_3COO]^-$ 和 $[(CH_3O)_2PO_2]^-$ 中的氧原子是比较好的氢键受体。在此,建议以后进行纤维素溶解实验时尽量采用相同的纤维素来源、聚合度、加热方法、溶解时间和溶解温度来进行测定，这样得到的数据既准确又容易与模拟结果进行对比。

表 2.7　373.15 K 阴离子与每个纤维素的羟基形成的氢键数目及文献实验溶解度数据[171]

阴离子	每个羟基的平均氢键数目	阳离子为$[C_2mim]^+$的离子液体的实验溶解度/(g/mol IL)	阳离子为$[C_4mim]^+$的离子液体的实验溶解度/(g/mol IL)
Cl^-	0.95	14.7～20.5ᵃ(373 K)	17.5～34.9ᵃ(373 K)
$[CH_3COO]^-$	0.94	13.6～25.5ᵃ(373 K)	23.8ᵃ(373 K)
$[(CH_3O)_2PO_2]^-$	0.91	23.6ᵇ(338 K)	—
$[SCN]^-$	0.71	—	9.9～13.8ᶜ(NM)
$[PF_6]^-$	0.39	—	Insolubleᶜ(NM)
F^-	1.00	2.6ᵃ(373 K)	—
Cl^-	0.95	14.7～20.5ᵃ(373 K)	17.5～34.9ᵃ(373 K)
Br^-	0.85	1.9～3.8ᵃ(373 K)	4.4～4.6ᵃ(373 K)
I^-	0.70	—	2.7～5.3ᵃ(373 K)

a. 微晶纤维素；b. MCC；c. 纸浆纤维素；NM 表示无。

阴离子上氢键受体原子的电负性对离子液体溶解纤维素的性能也会产生影响[169]。受体原子的电负性越强，阴离子与纤维素的氢键相互作用越强。例如，对于电负性不同的 F、Cl、Br 和 I 四种氢受体原子，它们的电负性顺序从高到低依次是 F＞Cl＞Br＞I，通过对比$[C_2mim]F$、$[C_2mim]Cl$、$[C_2mim]Br$ 和$[C_2mim]I$ 四种离子液体的阴离子与纤维素的相互作用能[图 2.21(b)]和氢键数目(表 2.7)，发现这些阴离子溶解纤维素的能力次序是 $F^- > Cl^- > Br^- > I^-$。与实验溶解度数据对比之后，发现$[C_2mim]F$ 的溶解能力没有模拟结果预测的高，事实上，由于$[C_nmim]F$ 的合成过程比较复杂，关于这种离子液体的相关研究很少在文献中报道。这种不一致的结果也可能是由离子液体的不纯造成的。

2. 烷基链长度

离子液体阴阳离子上的烷基链长度会对其与纤维素之间的作用产生不同程度的作用位阻，影响其溶解性能。例如，对于阳离子上带有不同长度的烷基侧链的咪唑类离子液体，随着烷基链长度的增加，其溶解纤维素的性能逐渐降低[167]。图 2.22 是$[C_nmim]Cl$ (n=2、4、6、8、10)离子液体与纤维素混合体系中 H 和 Cl^-之间的径向分布函数和局部密度分布，可以看出纤维素的羟基氢和 Cl^- 在距离 1.95 Å 处形成了很强的氢键，并且随着阳离子烷基链长度越长，氯离子在纤维素周围的分布数目越少。同时，咪唑阳离子的 C2、C4 和 C5 位置上的氢质子也能与纤维素上的羟基氧形成弱氢键，烷基链越长，阳离子形成氢键能力越弱。这与实验溶解度趋势基本是一致的[171](除$[C_2mim]Cl$ 之外，这可能是由于氯化乙烷的低沸点合成$[C_2mim]Cl$ 这种离子液体的不纯造成的)。据报道，在溶液中$[C_nmim]Cl$ 的 n 大于 8 时，离子液体就会形成簇集[172,173]，因此可以理解为当离子液体烷基链大于 8 后溶解能力很弱可能是由于离子液体之间的簇集产生的位阻效应，阻碍了阴离子与纤维素之间的氢键作用，同时也降低了阳离子环上酸性氢质子与纤维素之间的作用，对溶解纤维素不利。

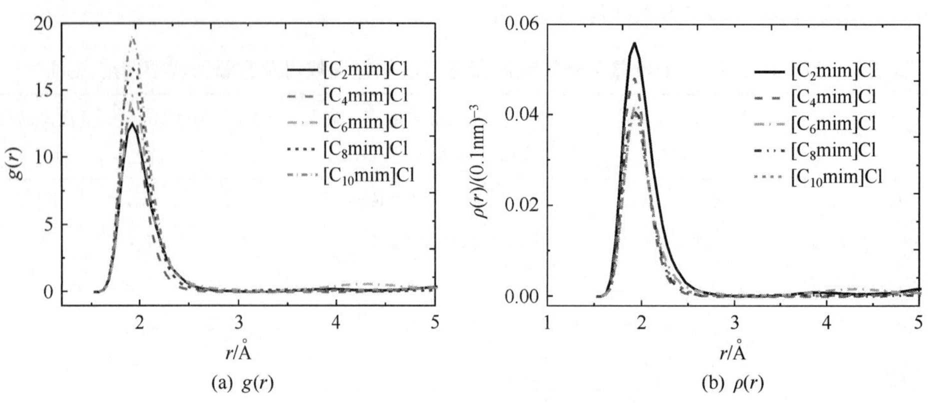

图 2.22　咪唑离子液体的 Cl^- 在纤维素(O6) H 周围的分布

阴离子上带有不同长度的烷基链也会对离子液体阴离子与纤维素之间的相互作用产生影响[169]。图 2.23 是$[C_2mim][H(CH_2)_nCOO]$ ($n=1,3,5,9$)离子液体的阴离子与纤维素之间的相互作用能，可以看出阴离子与纤维素的相互作用能的绝对值随着烷基链长度的增加而降低。因此阴离子带有长的烷基链对氢键受体和纤维素的羟基氢之间的相互作用有负面的位阻影响。

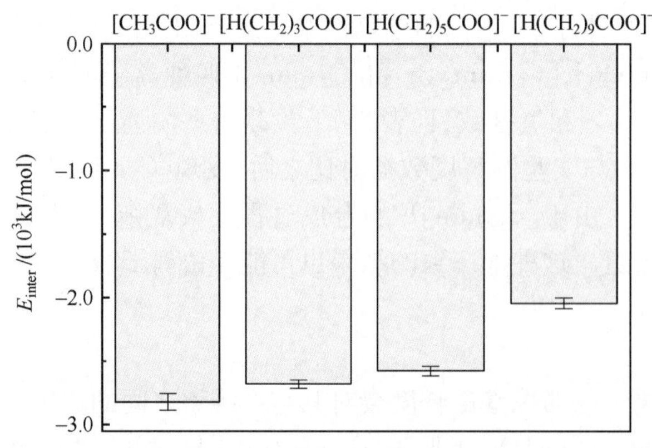

图 2.23　373.15 K 下不同阴离子与纤维素之间的相互作用能

3. 添加功能基团的影响

在离子液体阴阳离子上添加功能基团也可以改变其溶解纤维素的能力。例如，对于离子液体阳离子上添加—C ═C—基团的[Amim]Cl，与不带功能基团的$[C_3mim]Cl$ 相比，$[Amim]^+$ 阳离子与纤维素之间的相互作用比$[C_3mim]^+$ 与纤维素的作用强[167]。因此，[Amim]Cl 是比较好的溶解纤维素的溶剂。这是由于阳离子烷基侧链上带的—C ═C—功能基团增强了烷基链上 C8 和 C9 原子的电负性(表 2.8)，使得阳离子侧链在纤维素周围分布的概率增大(图 2.24)，功能基团也参与了与纤维素形成氢键。$[Amim]^+$ 阳离子 C2、C4、C5、C8 和 C9 位置的氢质子都认为是活泼氢，可以与纤维素形成 C—H…O

型弱氢键,这导致其纤维素溶解度的增加。所以离子液体阳离子结构上可以选择适当的可以增强阳离子性能氢键能力的功能基团进行添加。

表 2.8　$[Amim]^+$ 和 $[C_3mim]^+$ 阳离子的原子电荷

原子序号	q(e)	
	$[Amim]^+$	$[C_3mim]^+$
N1	0.0538	0.0573
C2	−0.0397	−0.0409
N3	0.1168	0.1325
C4	−0.1408	−0.1315
C5	−0.1331	−0.1797
C6	−0.1741	−0.2436
C7	−0.027	0.0174
C8	−0.1231	−0.1063
C9	−0.3461	−0.0841

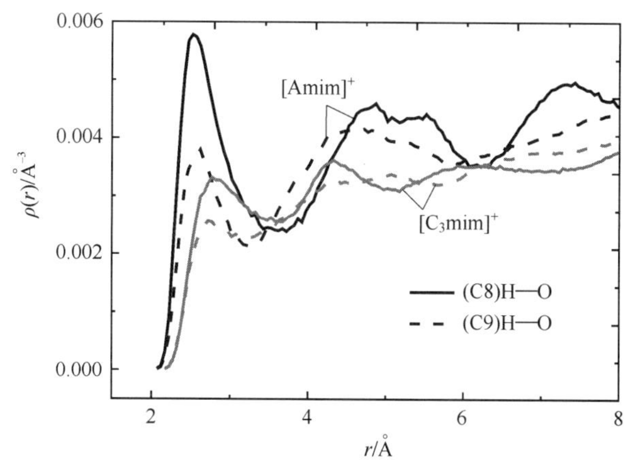

图 2.24　$[Amim]^+$ 和 $[C_3mim]^+$ 的 C8、C9 位置 H 在纤维素 O 周围的密度分布

表 2.9 是 $[C_2mim][CH_3COO]$ 和 $[C_2mim][OHCH_2COO]$ 这两种离子液体的阴离子与纤维素之间的相互作用能及氢键数目[169]。可以看出,对于带有—OH 功能基团的 $[OHCH_2COO]^-$ 溶解纤维素的能力降低。这是由于—OH 功能基团的加入会分散阴离子氢受体原子上的电荷密度,因此它与纤维素上的羟基氢形成氢键的作用会减弱,影响其溶解性能。纤维素多糖有一个可旋转的键(ω-angle),可以用扭转角 O5-C5-C6-O6 来表征。ω-angle 的取向主要包括三种交错的旋转异构体[图 2.25(a)]:旁-反式 (gt),反-旁式 (tg) 和旁-旁式(gg)。从图中这三种异构体的分布情况可以看出添加—OH 功能基团后会降低 gt 异构体的分布。根据文献[174]报道,gt 异构体对溶解纤维素比较有利,这也从侧面证实了加入—OH 功能基团确实对溶解纤维素不利。因此,离子液体阴离子上最好减少功能基团的应用,以免使阴离子氢受体原子和纤维素之间的氢键作用受到不利影响。

表 2.9　373.15 K 阴离子与纤维素之间的相互作用能和氢键数目及文献实验溶解度数据

IL	氢键数目 /(平均每个羟基)	阴离子和纤维素之间相互作用能/(kJ/mol)	实验溶解度 /(g/mol IL)
[C_2mim][CH_3COO]	0.94	−2618	30.7 (343 K)
[C_2mim][$OHCH_2COO$]	0.92	−2817	22.5 (343 K)

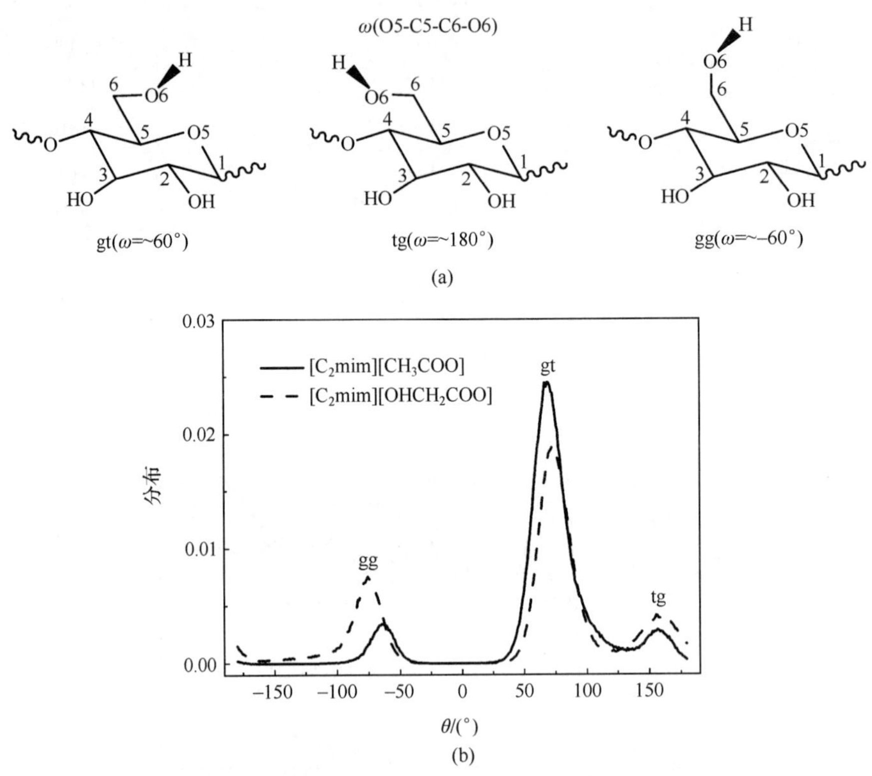

图 2.25　纤维素单糖构象 ω 扭转角中 gt,tg 和 gg 同分异构体的分布

2.4　COSMO 模型在离子液体筛选与设计中的应用

不同阴阳离子组合、改变侧链长度和种类等都有可能形成新的离子液体。在庞大离子液体家族中完全依靠实验筛选离子液体几乎不可能。另一方面,人们也迫切需要设计能满足应用要求的离子液体。如有可靠的结构-功能关系模型,筛选将不难实现。分子设计实际上是结构-功能关系预测的“逆过程”。可见结构功能关系的研究是分子设计与筛选的前提。一种思路是首先对典型系统进行量化计算、计算机分子模拟和理论模型预测,结合文献中发表的实验数据,总结结构与物质性质及性能的关系,获得结构-性能的认知规律(已有现象和规律的认识);其次,虚拟设计一定结构的离子液体并采用上述方法考察其性能(虚拟合成与性能考察);最后,采用恰当方法制备所需要的离子液体,并通过实验测试其性能(实验验证)。目前,一种以量子力学与统计力学相结合从而实现预测流体性

质的简化方法——COSMO(conduct-like screening model)溶剂化模型已得到应用。COSMO 模型的实施流程为:首先通过量子化学计算获得分子的表面电荷密度分布,并将分子表面链节分解为具有不同表面电荷密度的链节片段,再通过这些表面链节的相互作用获得各对应链节片段化学位或活度系数,最后通过加和方法获得对应物质的化学位或活度系数,以此即可预测出诸如蒸气压、沸点、活度系数、亨利常数、溶解度、分配系数、气液平衡、液液平衡、固液平衡、密度等等宏观热力学性质,这为离子液体分子设计提供了重要基础。至今,已有多个不同版本的 COSMO 预测模型:COSMO-RS 模型[175]、COSMO-SAC 模型[176]和 COSMO-RS(ol)模型[177]。其中,COSMO-RS 溶剂化模型已被制作为 COSMOthermX 软件包[178]。下面介绍 Peng 等利用 COSMO 模型开展的一些工作。

2.4.1　COSMO-SAC 模型预测离子液体相平衡

虽然 COSMO 模型已经表现出了好的应用前景,但仍有许多不确定因素值得进一步探索。例如,在 COSMO 量子化学计算过程中,将离子液体处理为分子,或者处理为阳离子和阴离子的混合体,或者处理为"离子对",哪一种更能再现实际状况。为此,Peng 等使用 07 版的 COSMO-SAC 模型[179]预测离子液体混合物的气液相平衡、液液相平衡和无限稀释活度系数。在预测过程中,对体系中离子液体结构分别进行了三种可能的构建:中性分子模型、离子对模型和离子混合体模型。

COSMO 模型应用的关键是获得电荷密度分布,它是在结构优化的基础上完成的。相对而言,"离子对模型"和"离子混合体模型"只需简单计算出阳离子和阴离子的最优化结构即可。但"中性分子模型"的初始结构会因阳离子和阴离子相对位置的变化有多种组合,不同的初始结构又可得到不同的最终构型。实际操作可构建六个或者七个不同的初始结构,并分别获得对应的能量最小时的构型。在这些能量最小时的结构中,可假设其中最低的一个代表全局最小的能量结构,继而可获得"中性分子模型"的电荷密度分布。

图 2.26 示意了环己烷+[C_4mim][NTf_2]系统的预测结果[180],其中,实线、虚线和点画线分别是将离子液体处理成"离子对模型"、"离子混合体模型"和"中性分子模型"的预

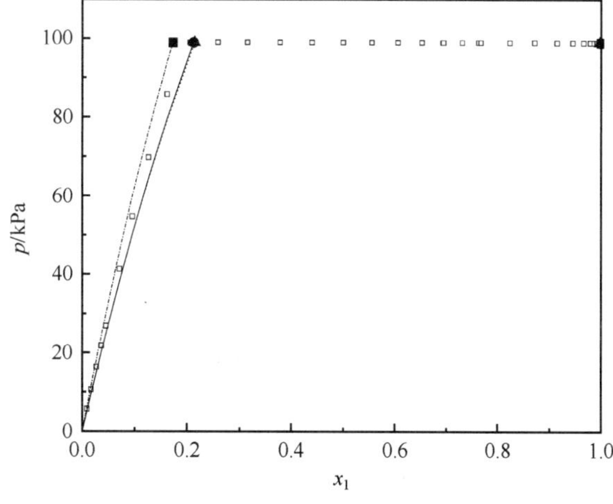

图 2.26　353.15 K 时环己烷(1)+[C_4mim][NTf_2](2)的相图

测结果,实心圆点、实心三角点和实心方点分别是采用不同结构模型时对液液平衡不互溶的预测结果,空心方点是不同组成下系统压力的实验结果。三种结构模型都能给出相似的预测结果,说明此时离子液体的结构模型对结果的影响并不是很大。

但对于大多数系统而言,“离子对模型”的预测结果都要优于“离子混合体模型”和“中性分子模型”的预测结果。图 2.27 示意了环己烯+[C_2mim][NTf_2]系统的气液平衡和液液平衡的预测结果[180],其中符号意义同图 2.26。可以看出,“离子对模型”的结果与实验值最接近。预测的液液分相组成也是“离子对模型”要好,而“中性分子模型”根本预测不出混合物的液液分相行为。

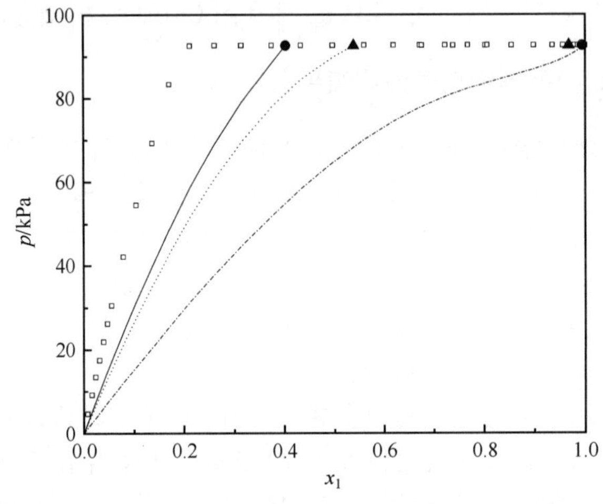

图 2.27　353.41 K 下环己烯(1)+[C_2 mim][NTf_2](2)的相图

对于纯粹的气液平衡系统,预测结果同样发现,“离子对模型”的效果最好,而“中性分子模型”的效果最差。例如预测的丙酮(acetone)+[C_4mim][NTf_2]系统,“离子对模型”、“离子混合体模型”和“中性分子模型”预测的压力均方根偏差分别为 0.15、0.34 和 0.56。对于甲醇+[C_4mim] [NTf_2]系统,偏差分别是 0.10、0.16 和 0.48。对于甲醇+[C_6mim][NTf_2]系统,偏差分别是 0.09、0.11 和 0.18。这说明,将离子液体处理成“离子对”是合适的选择。后面的预测将仅围绕“离子对模型”、“离子混合体模型”展开。

图 2.28 则是乙醇+甲醇+[C_1mim][DMP]三元系统 p-T 相图的预测结果与实验结果的比较[180]。比较发现,“离子对模型”和“离子混合体模型”都能体现性质随温度和组成的变化趋势,但“离子混合体模型”定量预测效果比“离子对模型”稍差。

无限稀释活度系数是了解分子间相互作用的重要信息,也是分离介质选择的重要依据。Peng 等采用“离子对模型”和“离子混合体模型”预测了不同小分子在离子液体中的无限稀释活度系数,表 2.10 给出了部分结果,其中“离子对模型”和“离子混合体模型”分别用 CA 和 ions 标注,exp 为实验结果。研究发现,对于烷烃和醇类,“离子对模型”的预测结果能与实验值吻合,而烯烃系统的预测效果并不理想。总体而言,“离子对模型”的效果要优于“离子混合体模型”的效果,但二者在预测水的无限稀释活度系数时的效果都较差,或许综合考虑既有离子对又有自由离子的杂化模型是一种不错的选择[180]。

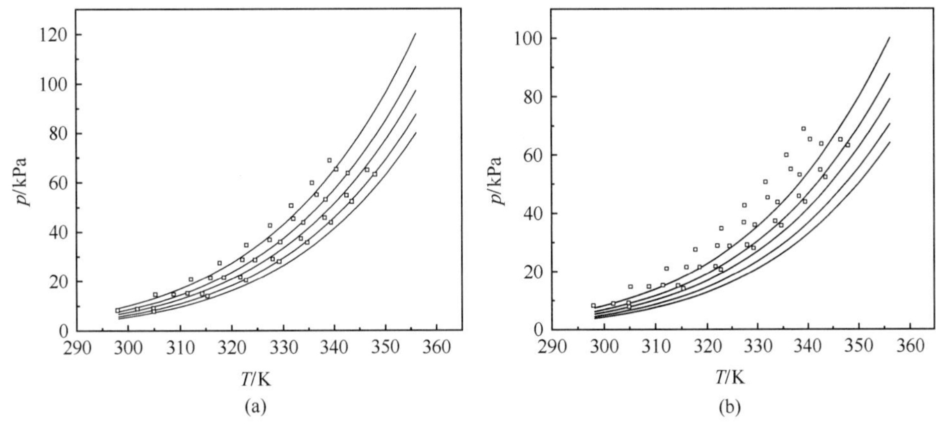

图 2.28　乙醇(1)+甲醇(2)+[C_1mim][DMP](3)系统 p-T 相图

(a) 离子对，(b) 离子混合体；

由下至上 x_1/x_2：0.7837/0.0470，0.6375/0.2012，0.4688/0.3792，0.3186/0.5378，0.1284/0.7384

表 2.10　不同温度下有机溶剂在[C_1mim][NTf_2]中的无限稀释活度系数

化合物	303.15 K			313.15 K			323.15 K			333.15 K		
	exp	CA	ions	exp	CA	ions	exp	CA	ions	exp	CA	ions
n-戊烷	23.1	23.1	24.0	21.7	20.9	21.7	20.1	18.9	19.6	18.9	17.2	17.8
n-己烷	39.9	42.8	44.3	36.8	38.1	39.4	33.8	34.0	35.2	31.5	30.4	31.5
n-庚烷	66.3	77.6	80.0	60.2	67.9	70.1	54.8	59.6	61.6	50.2	52.6	54.3
环戊烷	13.8	13.9	14.4	13	12.7	13.1	12.2	11.6	12.0	11.4	10.7	11.1
环己烷	22.7	24.2	25.0	20.9	21.8	22.5	19.3	19.7	20.4	18	17.9	18.4
1-戊烯	10.5	4.9	4.1	10.1	4.7	4.0	9.78	4.5	3.8	9.46	4.3	3.7
1-己烯	17.2	8.9	7.4	16.4	8.4	7.0	15.7	7.9	6.6	15	7.5	6.3
1-庚烯	27.9	15.8	13.0	26.1	14.7	12.2	24.4	13.7	11.4	23.1	12.8	10.6
环戊烯	6.55	3.8	3.3	6.37	3.6	3.2	6.2	3.5	3.1	6.05	3.3	2.9
环己烯	10.6	5.7	4.8	10.1	5.4	4.6	9.58	5.1	4.4	9.17	4.9	4.2
苯	1.34	1.4	1.1	1.35	1.4	1.1	1.36	1.4	1.1	1.37	1.3	1.1
甲苯	2.01	2.3	1.7	2.02	2.3	1.7	2.04	2.2	1.7	2.08	2.2	1.6
水	2.86	6.3	10.3	2.54	5.9	9.5	2.23	5.5	8.9	2.01	5.2	8.3

2.4.2　基于 COSMO 模型筛选易促进乙腈水溶液分离的离子液体

乙腈是一种重要的化工原料，同时也是一种重要的有机溶剂。在乙腈的生产、使用与回收过程中经常会遇到乙腈水溶液混合物的分离问题。乙腈/水是一个具有恒沸点的混合物，对其分离可采取加盐萃取精馏的方法。近些年来，针对添加无机盐具有溶解度低、易结晶和腐蚀等缺点，人们开始尝试使用离子液体。有关利用离子液体分离乙腈水溶液的工作也得到关注。实验研究表明，在乙腈水溶液中添加[Emim][BF_4]和[Emim]

[NO_3]两种离子液体均可消除混合物的共沸现象，并能提高乙腈在高浓度段的相对挥发度[181]。另一种离子液体[N_{3333}]Br 也被证实可改变乙腈-水系统的气液平衡[182,183]。但离子液体种类繁多，完全依赖实验探索往往需要耗费大量人力物力。借助 COSMO-RS 中自带的 COSMOthermX 软件可指导筛选能促进乙腈/水分离的离子液体。

Peng 等选择了由 13 种阴离子(Cl、[OAc]、Br、[DMP]、[DEP]、[NO_3]、[$MeSO_4$]、[$EtSO_4$]、[BF_4]、[DCA]、[TfO]、[PF_6]、[NTf_2])与 14 种阳离子([Emim]、[Bmim]、[BMmim]、[BEIM]、[Hmim]、[CPmim]、[CPMmim]、[BUPY]、[BMPY]、[HMPY]、[N_{3333}]、[P_{4444}]、[N_{1132}OH]、[C_1C_4pyrr])分别组合的离子液体，通过 COSMO 模型预测乙腈-水-离子液体三元体系的气-液相平衡性质，通过相对挥发度等的定量表征，探索不同阴阳离子组合时对分离乙腈-水系统的影响，继而指导离子液体的筛选。

为了研究离子液体对乙腈-水气液相平衡的影响，首先需要考虑水在离子液体中的溶解能力，通常可用无限稀释活度系数的倒数来衡量(互溶度)[184]。COSMOthermX 计算发现，阴离子[PF_6]和[NTf_2]与各种不同阳离子组合的离子液体与水的互溶度远小于 1。筛选的第一步即可剔除由[PF_6]和[NTf_2]组成的离子液体。

图 2.29 给出了 11 种阴离子分别与[Emim]、[Bmim]和[Hmim]三种阳离子构建的 33 种离子液体在两个不同乙腈组成下乙腈的相对挥发度，其中离子液体添加量为 $x_3=0.1$。当溶液中乙腈组成为 $x'_1=0.3$ 时(组成以无离子液体基表示)，不同阴离子对相对挥发度影响的顺序是：Cl＞[OAc]＞Br＞[DMP]＞[DEP]＞[NO_3]＞[$MeSO_4$]＞[$EtSO_4$]＞[BF_4]＞[DCA]＞[TfO]，相对挥发度均高于 1。当乙腈组成为 0.7(接近其共沸组成)，影响的顺序为：[OAc]＞Cl＞[DEP]＞[DMP]＞Br＞[NO_3]＞[$EtSO_4$]＞[$MeSO_4$]＞[DCA]＞[BF_4]＞[TfO]，其中前五种的相对挥发度大于 1，其余均小于 1，说明离子液体可改变共沸点附近的气液平衡性质。综合两个组成下的预测结果，可见由[OAc]或 Cl 阴离子组成的离子液体，不仅能消除共沸点，而且可明显提高乙腈的相对挥发度，对促进乙腈水混合物的分离是有利的。

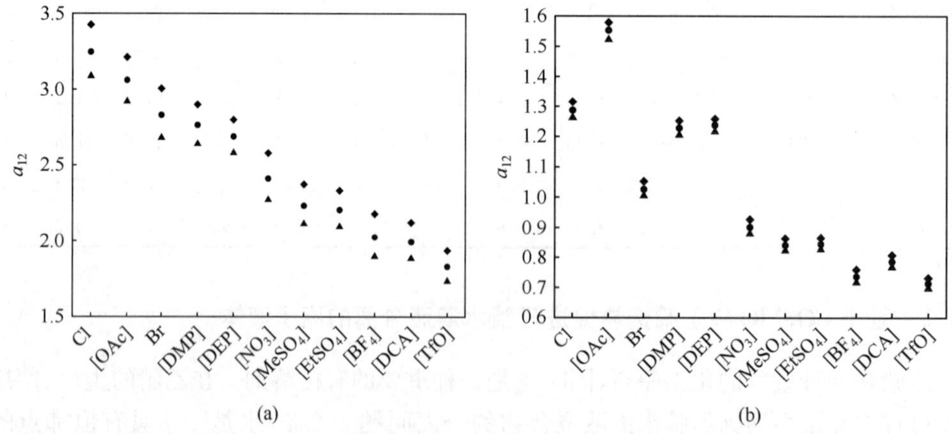

图 2.29　100 kPa 下乙腈(1)-水(2)-离子液体(3)三元体系相对挥发度

(a) $x'_1=0.3$；(b) $x'_1=0.7$；◆：[Emim]；●：[Bmim]；▲：[Hmim]

[OAc]、Cl 和[BF_4] 3 种阴离子与 14 种阳离子组成的 42 种离子液体对乙腈相对挥发度的影响见图 2.30，其中混合物中离子液体添加量为 $x_3=0.1$。无论是组成 $x_1'=0.3$ 还是接近共沸组成的 0.7，乙腈相对挥发度由大到小排列时，阳离子的顺序为：[N_{1132}OH]>[Emim]>[CPmim]>[C_1C_4pyrr]>[Bmim]>[BUPY]>[CPMmim]>[BEIM]>[BMPY]>[BMmim]>[N_{3333}]>[Hmim]>[HMPY]>[P_{4444}]。但不同阳离子间导致的相对挥发度间的差异非常小，说明阳离子对相对挥发度的影响远不如阴离子对相对挥发度的影响。因此，在实际筛选离子液体时，必需优先考虑阴离子的选择，然后综合考虑阳离子的来源以及离子液体的制备成本。

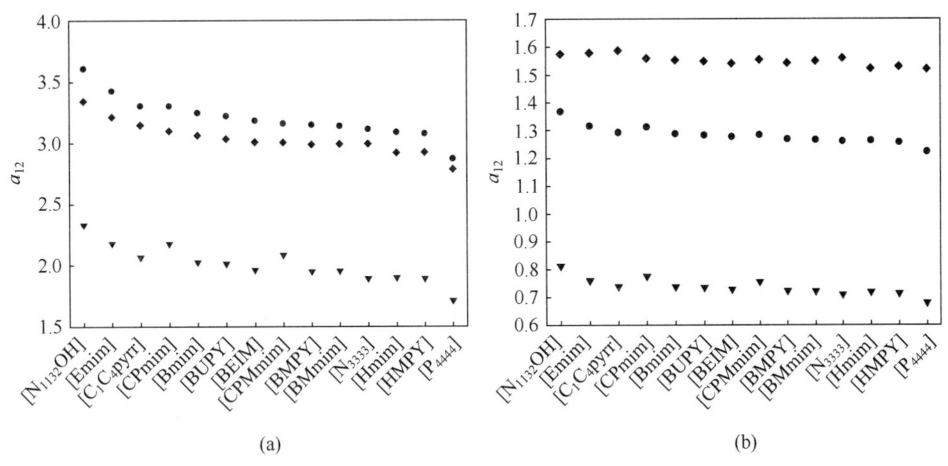

图 2.30　100 kPa 下乙腈(1)-水(2)-离子液体(3)三元体系相对挥发度

(a) $x_1'=0.3$；(b) $x_1'=0.7$；◆：[OAc]；●：Cl；▼：[BF_4]

咪唑类和吡啶类离子液体中的阳离子侧链可嫁接不同长度的碳链，碳链的长短对于分离效果也有一定的影响。图 2.31 示意了咪唑类的预测结果，这是一个较宽浓度范围内的预测结果，选择的离子液体可完全消除共沸点。在[Emim]、[Bmim]和[Hmim]中，咪唑阳离子碳链的长度依次增加，但乙腈相对挥发度越来越小。另一方面，[Bmim][OAc]、

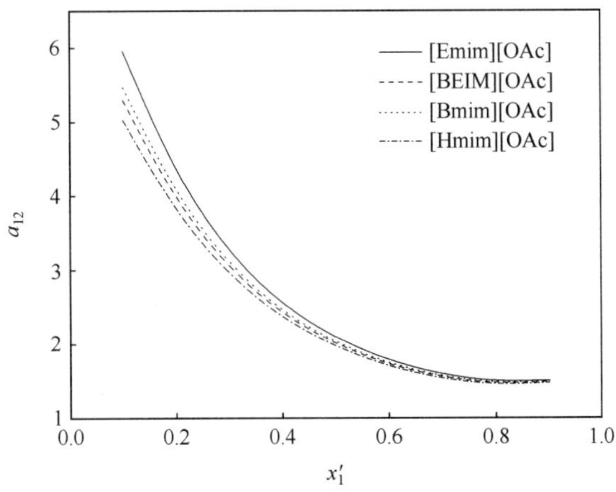

图 2.31　100 kPa 下乙腈(1)-水(2)-离子液体(3)三元体系相对挥发度($x_3=0.1$)

[Emim][OAc]对相对挥发度的影响都比[BEIM][OAc]的影响大，说明在阳离子上嫁接碳链短的离子液体对于分离乙腈-水混合物具有更积极的促进作用。

当用甲基取代咪唑阳离子 C2 位置的氢时，相对挥发度稍有降低，见图 2.32，这是由于当用甲基取代咪唑阳离子 C2 位置的氢时，削弱了阳离子与水之间的氢键作用[48]，导致气相中乙腈浓度的降低。从分离的角度考虑，咪唑阳离子 C2 位置上的氢原子最好保留，或者用其他更有利于和水形成氢键的基团取代。

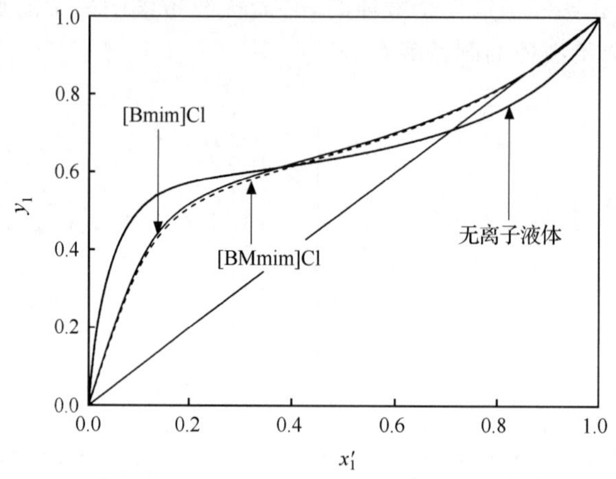

图 2.32　100 kPa 下乙腈(1)-水(2)-离子液体三元体系气液平衡图

图 2.33 示意了乙腈＋水＋[Emim][OAc]与乙腈＋水＋[Emim]Cl 在离子液体含量分别为 0.1、0.2 和 0.3 时的气液平衡相图。从图可清楚发现，当[Emim][OAc]的摩尔分数为 0.1 时，已经可以成功消除共沸点，而当[Emim]Cl 的摩尔分数为 0.2 时，也可以消除共沸点。综合以上计算，在 13 种阴离子和 14 种阳离子组成的离子液体中，[Emim][OAc]与[Emim]Cl 两种离子液体可备选作为能促进乙腈水溶液分离的离子液体。更多的细节可参阅文献[185]。

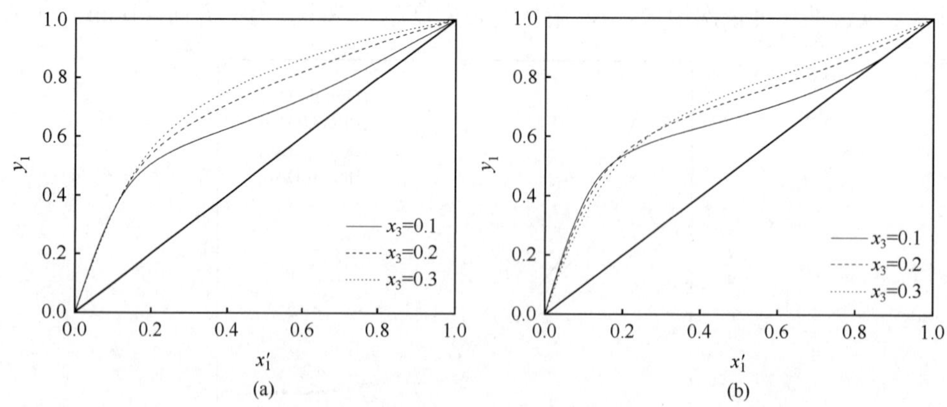

图 2.33　100 kPa 下乙腈(1)-水(2)-离子液体三元体系气液平衡图

(a) [Emim][OAc]；(b) [Emim]Cl

2.4.3 基于 COSMO 模型设计捕集 CO_2 气体的离子液体

CO_2是温室气体的最主要成分。在 CO_2气体的减排、捕集和资源化利用的研究过程中，离子液体也逐渐进入人们的视野。Anthony 等[186]测定了 CO_2气体在离子液体中的溶解度，发现以双三氟甲磺酰亚胺盐[NTf_2]为阴离子的离子液体，无论它的阳离子是咪唑、吡啶还是胺类，它们对 CO_2均具有较大的吸收作用。文献中，已有采用 COSMO 模型筛选离子液体的报道[187,188]。很多实验证实，影响 CO_2在离子液体中溶解度大小的关键因素是阴离子，特别是阴离子中含氟原子时，会极大提升离子液体的溶解能力，但在阳离子液体上引入 F 的效果并不明显。Peng 等重新对这一结果进行了研究，首先是对卤素修饰的咪唑类离子液体进行了考察，研究对象是咪唑阳离子的不同位置上修饰有不同数目的溴与氟原子，阴离子则选择[NTf_2]。

表 2.11 给出了咪唑类阳离子碳链上引入溴原子后利用 COSMOthermX 软件预测的亨利常数。其中序号 1、3 和 5 阳离子在咪唑链上都含有 Br 原子，只是 Br 原子的数目和位置有所不同，对应的不含 Br 原子的阳离子序号分别为 2、4 和 6。比较发现，咪唑侧链上氢原子被溴取代后，其亨利常数均降低。高的亨利常数意味着低溶解度，可见引入 Br 原子可以提高这类离子液体捕集 CO_2的能力。

表 2.11　引入 Br 原子对亨利常数的影响

阳离子序号	阳离子	亨利常数/MPa
1		1.87
2		2.05
3		1.75
4		2.17
5		1.43
6		2.13

预测发现，不管 Br 原子位于阳离子的什么位置，亨利常数都会随着 Br 原子的增加而降低，预测的部分结果见表 2. 12。这表明 Br 原子数目越多，CO_2 在离子液体中的亨利常数越小。因此，为了提高离子液体捕集 CO_2 的能力，可以适当在离子液体的阳离子上增加 Br 原子的数目。表 2. 12 的结果也证明，Br 的取代位置也会影响亨利常数。如 298. 15 K 时，CO_2 在编号为 3 和 5 的离子液体中的亨利常数分别为 1. 54 MPa 和 1. 43 MPa。因此，在 Br 原子数目相同的情况下，Br 分布在咪唑链两侧的阳离子对 CO_2 可能具有更高的吸收能力。

表 2. 12　Br 原子数目对亨利常数的影响

阳离子序号	阳离子	亨利常数/MPa
1	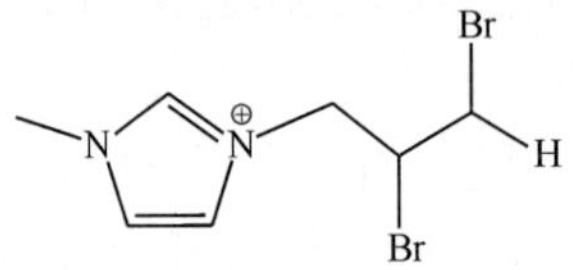	1. 87
2	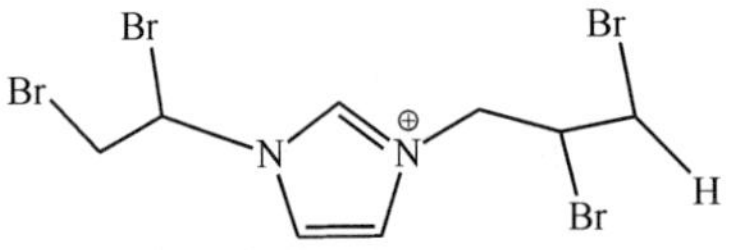	1. 55
3	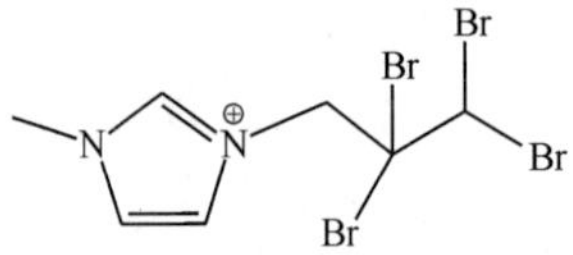	1. 54
4	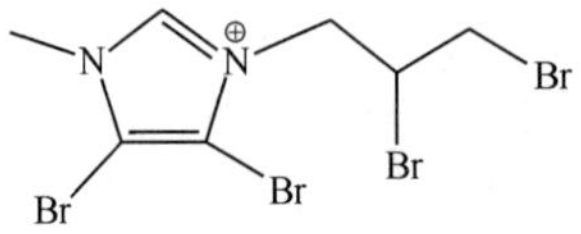	1. 47
5	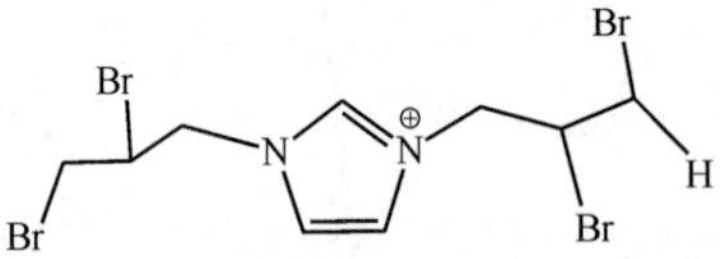	1. 43

计算发现，在阳离子上单独用 F 原子取代时，离子液体吸收 CO_2 的能力将有所下降，但如果同时在阳离子中引入 F 与 Br 原子，则可提高 CO_2 的吸收能力，结果见表 2. 13。

量化计算发现，咪唑阳离子上侧链被卤代和 2 号位的氢原子被卤代的阳离子及其离子对与 CO_2 间存在线性的 X…O 卤键相互作用，如图 2. 34 所示[189,190]。其相互作用能介于－14 kJ/mol～－5 kJ/mol 之间，即 CO_2 与卤代阳离子间的作用力的强度与常规氢键相当。如考虑溶剂效应，卤键的键长将变短且强度变弱，但其角度依然接近于 180°。很显然，卤键也能在液相中形成，只不过强度较气相中的要弱。

表 2.13　引入 F 原子对亨利常数的影响

阳离子编号	阳离子	亨利常数/MPa
[CA17]		3.65
[CA13]		2.05
[CA19]		1.91
[CA5]		1.43
[CA20]		1.37

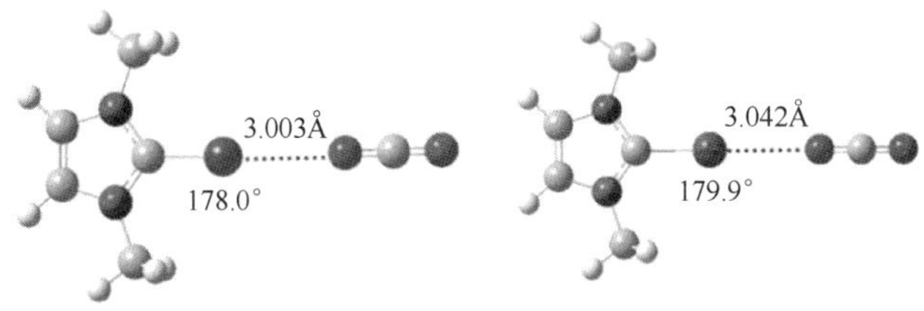

图 2.34　2 号位氢原子被 Br 代和 I 代阳离子与 CO_2 的卤键作用

此外，根据计算结果和晶体结构，卤代离子液体中存在卤键环状结构并形成空穴[191]，见图 2.35[图中数字第一列代表键长(Å)，第二列代表键角(°)]。这些空穴的大小可容纳 CO_2 分子。考虑到卤代离子液体能与 CO_2 形成 X…O 弱相互作用并且可能存在有更多的“自由体积”，CO_2 在这类离子液体中的溶解度可能增加。

相对于常规离子液体，卤代离子液体的研究报道还较少。初步研究发现：①卤代离子液体中存在卤键、氢键、静电等相互作用，并且卤键比氢键具有更严格的方向性。②卤键结构的强度比相应氢键结构的要弱。③卤代离子液体中存在卤键环状结构，即卤代离子液体可能有更多的自由体积。④卤代离子液体与 CO_2 间存在卤键作用，其强度与常规氢键相当。但必须指出，目前结果都是基于气相离子对的计算，在液相中环状结构是否存

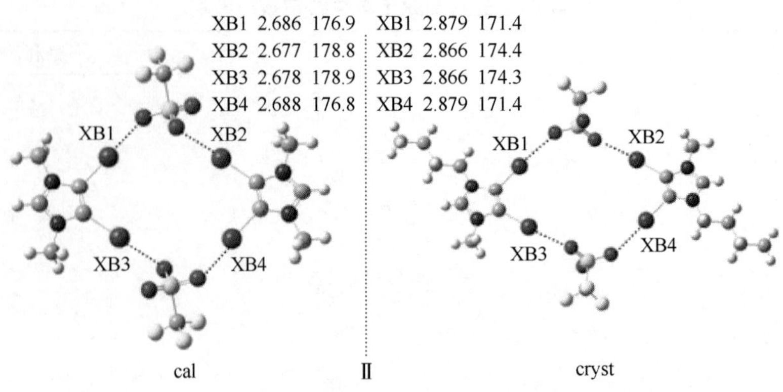

图 2.35　两个离子对量化计算结果与晶体结果的比较

在、卤代离子液体与 CO_2 相互作用有何规律和机理、卤代离子液体结构与功能之间有何内在联系等等，这些问题都有待于深入研究。

第3章 离子液体体系相平衡

离子液体体系的相平衡研究对于推动其工业化应用具有重要意义。伴随着对离子液体的合成和应用研究，人们对离子液体相平衡性质的研究倾注了巨大热情，文献中已报道了大量的相平衡数据。常规系统中存在的相平衡类型均可在离子液体系统中体现，如何利用理论模型来再现离子液体体系的相平衡已成为目前的研究重点。本章将重点介绍近些年彭昌军、刘洪来等课题组在这方面的研究成果。

3.1 缔合立方型状态方程

立方型状态方程具有形式简单且能描述多相系统相行为的特点。最早将立方型状态方程应用到离子液体系统的是 Shariati 等[192]，他们尝试应用 PR 方程来描述[C_2mim][PF_6]和 CHF_3混合物的高压相平衡。随后，Shiflett 等[193]用一个改进的 RK 方程并结合四参数的混合规则，用同一套交互作用参数同时描述了 CO_2在[C_6mim][NTf_2]体系中的气液平衡、液液平衡以及气液液平衡。Carvalho 等[194]则用 PR 方程结合 Wong-Sandler 混合规则描述了高压下 CO_2分别在[C_2mim][NTf_2]和[C_5mim][NTf_2]中的溶解度。Trindade 等[195]将 PR 状态方程结合 MKP 混合规则成功应用到[$C_n$mim][NTf_2](n=2,10)及[C_2mim][OTf]离子液体分别与 1-丙醇、1,2-丙二醇和甘油的液液平衡体系中。

原则上，凡能在常规系统中使用的方程也能应用到离子液体中，其处理方法实际上是将离子液体视为中性的“离子对”。在应用时必须已知离子液体的临界参数以及偏心因子，目前只能采用一些经验的方法估算。另一方面，当现有立方型状态方程应用于含离子液体混合系统时，往往需要结合较复杂的混合规则以及回归多个的二元可调参数才能取得较好的效果，这在一定程度上也限制了立方型状态方程在离子液体系统中的应用。研究表明，离子液体中氢键缔合作用对其性质有较大影响，但这种氢键缔合作用并未在传统的立方型状态方程中考虑。近些年来，一个由立方型状态方程结合缔合贡献的 CPA(cubic-plus-association)方程已受到重视，它由 Kontogeorgis 等[196]于 1996 年第一次提出，其中立方型采用了 RK 方程的形式，这一 CPA 型方程随后被成功应用于含醇类、酸类、胺类等缔合系统。为了拓展 CPA 型方程在离子液体中的应用，我们在 PR 立方型状态方程[197]的基础上，通过直接引用周浩等[198]基于黏滞球模型(SSM)[199]开发的缔合贡献表达式，建立了一个新的缔合立方型状态方程(简称 CPA-SSM 状态方程)。

CPA-SSM 状态方程的压缩因子 z 表示为

$$z = z_{\text{cubic}} + z_{\text{assoc}} \tag{3.1}$$

式中，z_{cubic}和 z_{assoc}分别是分子间物理作用和缔合作用对压缩因子的贡献。原则上，不同形式的立方型状态方程和缔合项表达式都可构建 CPA 状态方程。

对于混合物，如采用 PR 立方型状态方程，则 z_{cubic} 可表示为

$$z_{\text{cubic}} = \frac{V_{\text{m}}}{V_{\text{m}} - b} - \frac{aV_{\text{m}}}{RT[V_{\text{m}}(V_{\text{m}} + b) + b(V_{\text{m}} - b)]} \tag{3.2}$$

式中，R 是摩尔气体常数；T 为系统温度；V_{m}是摩尔体积；a 和 b 分别是与对比温度和分子体积有关的参数，其值可根据混合规则计算：

$$a = \sum_i \sum_j x_i x_j a_{ij}, \quad b = \sum_i x_i b_i \tag{3.3}$$

其中，

$$a_{ij} = (1 - k_{ij})\sqrt{a_{ii}a_{jj}} \quad (k_{ii} = k_{jj} = 0,\ k_{ij} = k_{ji}) \tag{3.4}$$

$$a_{ii} = a_{0,i}\left[1 + c_{1,i}(1 - \sqrt{T_{\text{r}}})\right]^2 \tag{3.5}$$

式中，k_{ij} 为与温度无关的可调参数；T_{r}为对比温度；$a_{0,i}$、$c_{1,i}$ 和 b_i 分别为对应纯物质的分子参数，其值可由物质的临界性质和偏心因子 ω 直接计算得到：

$$a_{0,i} = 0.457\ 24R^2 T_{c,i}^2 / p_{c,i} \tag{3.6}$$

$$c_{1,i} = 0.3746 + 1.542\ 26\omega_i - 0.269\ 92\omega_i^2 \tag{3.7}$$

$$b_i = 0.077\ 80RT_{c,i} / p_{c,i} \tag{3.8}$$

这种直接根据临界性质和偏心因子确定状态方程的方法记为原始 PR 法（简称 Ori-PR）。另一种计算 $a_{0,i}$、$c_{1,i}$ 和 b_i 参数的方法可由纯物质 i 的饱和蒸气压和（或）液体的摩尔体积回归得到，记为拟合型 PR 法（简称 Fit-PR）。

对于缔合项的压缩因子 z_{assoc}，可由式(3.9)计算[198]：

$$z_{\text{assoc}} = \sum_i x_i \left(\frac{1}{X_i} - \frac{1}{2}\right) \rho_0 \left(\frac{\partial X_i}{\partial \rho_0}\right) \tag{3.9}$$

式中，X_i为分子 i 的缔合位点中未缔合的摩尔分数，x_i是组分 i 的摩尔分数，ρ_0 为数密度。$\rho_0(\partial X_i / \partial \rho_0)$ 和 X_i分别由式(3.10)和式(3.11)计算得到：

$$\rho_0\left(\frac{\partial X_i}{\partial \rho_0}\right) = -X_i^2 \sum_j \Omega_{ij}\left(\rho_0 \frac{\partial X_j}{\partial \rho_0}\right) - X_i^2 \sum_j \rho_0 \frac{\partial \Omega_{ij}}{\partial \rho_0} X_j \tag{3.10}$$

$$X_i = \left(1 + \sum_j X_j \Omega_{ij}\right)^{-1} \tag{3.11}$$

其中，

$$\rho_0 \frac{\partial \Omega_{ij}}{\partial \rho_0} = \Omega_{ij}\left(1 + \eta \frac{\partial \ln y^{\text{ref}}}{\partial \eta}\right) \tag{3.12}$$

$$\Omega_{ij} = \frac{x_j \Lambda_{ij} b_{ij}}{b} \tag{3.13}$$

式(3.13)中，$b_{ij} = (b_i + b_j)/2$。Λ_{ij} 表示分子 i 和分子 j 上两个缔合位点之间的缔合强度，其表达式如下：

$$\Lambda_{ij} = 2\varpi_{ij}[\exp(\delta\varepsilon_{ij}/kT) - 1] y^{\text{ref}} \eta \tag{3.14}$$

式中，ϖ_{ij} 为缔合面积分数；$\delta\varepsilon_{ij}/k$ 为缔合能。当 $i=j$ 时，ϖ_{ij} 和 $\delta\varepsilon_{ij}/k$ 分别为相应纯物质的缔合参数；当 $i \neq j$ 时，ϖ_{ij} 和 $\delta\varepsilon_{ij}/k$ 为交互缔合参数，它们的值可以由纯物质分子缔合参数结合不同的结合规则求得。空穴相关函数 y^{ref} 由式(3.15)计算：

$$\ln y^{\text{ref}} = -\frac{0.309\ 095\eta + 0.097\ 105}{(1-\eta)} + \frac{0.097\ 105}{(1-\eta)^2} - 2.755\ 03\ln(1-\eta) \tag{3.15}$$

式中，η 为系统的对比密度，且 $\eta = b/4V_m$。

式(3.2)和式(3.9)的组合即为 CPA-SSM 状态方程。对纯物质，CPA-SSM 状态方程包含 5 个参数：与物理作用有关的 a_0 和 c_1、与分子大小有关的 b、与缔合有关的缔合分数 ϖ 及缔合能 $\delta\varepsilon/k$。若系统不存在缔合作用，则 z_{assoc} = 零，方程即为熟悉的 PR 状态方程。当 $x_i=1$ 时，上述方程可自然退化为纯流体的状态方程。方程的具体应用可参阅最近文献[200,201]的工作，下面仅展示其在离子液体中的应用[202]。

对 36 种离子液体的密度进行计算发现，离子液体的缔合能量参数 $\delta\varepsilon/k$ 基本在 3500 K附近变化，这一结果与 Andreu 等[203]采用缔合型 soft-SAFT 方程研究离子液体所给出的 3450 K 缔合能量参数相吻合。因此，CPA-SSM 方程的 $\delta\varepsilon/k$ 固定为 3500 K。图 3.1示意了方程的计算结果，其中，实线是 CPA-SSM 方程的关联结果，离子液体的参数由对应的密度数据拟合得到。虚线 Fit-PR 是 PR 方程中三个参数(a_0、c_1和 b)采用拟合实验数据后的计算结果，此时未考虑缔合效应。如果直接由临界性质和偏心因子确定 PR 状态方程的参数，则 Ori-PR 状态方程的计算误差均较大，36 种离子液体的平均关联误差竟高达 17.46%。可见直接应用 PR 状态方程计算离子液体的密度并不能得到好的效果。一方面是 Ori-PR 状态方程并未考虑缔合作用，另一方面是 Ori-PR 方程应用到离子液体时，所需的临界参数和偏心因子均是由用基团贡献法得到的。因此，要拓展 PR 方程在离子液体中的应用，除了考虑离子液体间相互作用的特殊性外，还须选择合适的方法得到离子液体可靠的临界参数和偏心因子的值。一种最简单的方法是采用实验数据回归离子液体的 $a_{0,i}$、$c_{1,i}$和 b_i参数。研究结果也证明，如不考虑缔合仅采用回归参数的方法计算离子液体的 pVT 关系，结果可大为改观，三参数的 Fit-PR 状态方程对 36 种离子液体的平均关联误差可降为 0.67%。进一步考虑离子液体间的缔合作用时，四参数的 CPA-SSM 状态方程平均关联误差可低至 0.23%。由此可见，将由阴离子和阳离子构成的离子

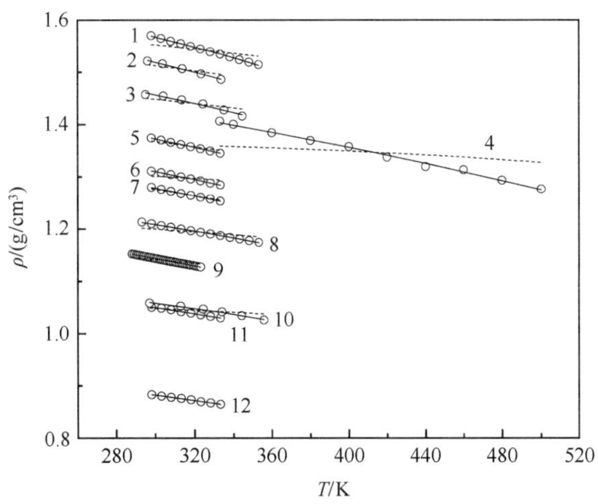

图 3.1　离子液体密度计算结果与实验结果的比较

实线：CPA-SSM；虚线：Fit-PR。1. [C_1mim][NTf_2]；2. [C_2mim][NTf_2]；3. [C_3mim][NTf_2]；4. [C_2mim][PF_6]；5. [N(4)111][NTf_2]；6. [N(6)111][NTf_2]；7. [N(6)222][NTf_2]；8. [C_4mim][$MeSO_4$]；9. [C_6mim][BF_4]；10. [C_4mim][dca]；11. [P(14)666][NTf_2]；12. [P(14)666]Cl

液体简化成电中性的分子时，在 PR 方程的基础上考虑缔合作用，可拓展 PR 方程在离子液体的 pVT 关系中的应用。

图 3.2 示意了在不同温度下苯和[C_8mim][BF_4]二元混合物气液平衡的 CPA-SMM 关联结果与实验结果的比较。此时，只需在方程中引入唯一的一个与温度无关的可调参数 k_{ij}，CPA-SMM 即可满意关联不同温度不同组成下的压力，其总的平均压力偏差为 2.85%。更多细节可参阅文献[202]。

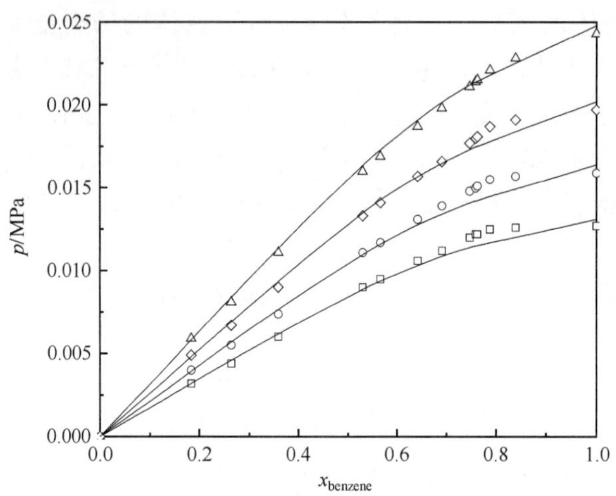

图 3.2　苯和[C_8mim][BF_4]二元系统的气液相平衡

□:298.15 K；○:303.15 K；◇:308.15 K；△:313.15 K

3.2　链流体状态方程

随着统计力学的发展和计算机水平的提高，基于自由空间的链流体状态方程已得到长足发展。所谓链流体，即将实际流体分子假想为由多个球形(或椭球形)链节像珍珠项链那样串联而成。链流体状态方程构筑的基本思路是将柔性硬球链流体作为参考流体，再加上适当的色散微扰项用以表征链节间相互作用对体系性质的贡献。链节间的相互作用通常以分子间势能模型简化，由此可得到以势能名称命名的链流体状态方程。如以方阱吸引势为基础开发的方阱链流体(SWCF)状态方程。此时，系统的压缩因子可表示为硬球、成链、方阱作用和缔合贡献[204]：

$$z = l + z^{\mathrm{hsm}} + z^{\mathrm{chain}} + z^{\mathrm{attrc}} + z^{\mathrm{assoc}} \tag{3.16}$$

该方程包含链节数、链节直径、链节间相互作用能、缔合能和缔合面积分数共 5 个参数，可由纯物质的 pVT 数据拟合得到。上述方程已被应用于离子液体系统[205,206]。

大多数 SWCF 状态方程的对比阱宽均固定在 1.5。但对比阱宽的微小改变可能会完全改变流体的热力学性质。对于某些物质，系统是否存在稳定的液相区与分子间相互作用的势能范围密切相关。对实际流体的研究也发现，不同的流体也有不同的对比阱宽范围。如限定 SWCF 状态方程中方阱势能的作用范围，可能会产生毫无物理意义的模型(分子)参数。为了使 SWCF 状态方程能更好地与计算机模拟结果吻合并进一步拓宽方程的应用范围，我们构建了一个新的变阱宽方阱链流体(SWCF-VR)状态方程，下面介绍该工作内容。

3.2.1　缔合变阱宽方阱链流体状态方程

设想系统由 K 个组分组成，其中，组分 i 的分子数为 N_{i0}。每个分子是由 r_i 个直径为 σ_i 硬球链节成链构成，硬球直径不受温度影响。硬球间的相互作用能（阱深）为 ε_i，相对阱宽为 λ_i。如果系统中还存在缔合作用的分子 j，除了上面四个参数外，还应包含两个缔合参数：缔合能量 $\delta\varepsilon_j/k$ 和缔合分数 ϖ_j。整个系统的剩余亥姆霍兹函数可表示为

$$\frac{\beta A^{\mathrm{r}}}{N_0}=\bar{r}\left(\frac{\beta\Delta A^{\text{HS-mono}}}{\bar{r}N_0}+\frac{\beta\Delta A^{\text{SW-mono}}}{\bar{r}N_0}\right)+\frac{\beta\Delta A^{\text{HS-chain}}}{N_0}+\frac{\beta\Delta A_{\text{SW}}^{\Delta(\text{HS-chain})}}{N_0}+\frac{\beta\Delta A^{\text{assoc}}}{N_0} \tag{3.17}$$

式中，$N_0=\sum\limits_{i=1}^{K}N_{i0}$，为不考虑缔合时体系中的分子总数；$\bar{r}=\sum\limits_{i=1}^{K}x_ir_i$，为体系的平均链长；$x_i=N_{i0}/N_0$，为不考虑缔合时分子 i 的摩尔分数；$\beta=1/kT$，k 是玻尔兹曼常数，T 为热力学温度。上标“r”、“HS-mono”、“SW-mono”、“HS-chain”、“Δ(HS-chain)”和“assoc”分别代表剩余性质、硬球排斥贡献、方阱色散贡献、硬球成链贡献、方阱色散对硬球成链影响的贡献及缔合项贡献。

1. 硬球排斥贡献

硬球排斥对剩余亥姆霍兹函数的贡献可以通过 Mansoor-Carnahan-Starling-Leland 方程[207]得到，其表达式为

$$\frac{\beta\Delta A^{\text{HS-mono}}}{\bar{r}N_0}=\frac{3BE\eta/F-E^3/F^2}{1-\eta}+\frac{E^3/F^2}{(1-\eta)^2}+\left(\frac{E^3}{F^2}-1\right)\ln(1-\eta) \tag{3.18}$$

式中，$\eta=\pi/6\sum\limits_{i=1}^{K}\rho_{i0}r_i\sigma_i^3$，为对比链节密度；$\rho_{i0}$ 代表不考虑缔合时分子 i 的数密度；参数 B、E 和 F 可通过式(3.19)计算得到：

$$B=\sum_{i=1}^{K}\phi_i\sigma_i,\ E=\sum_{i=1}^{K}\phi_i\sigma_i^2,\ F=\sum_{i=1}^{K}\phi_i\sigma_i^3 \tag{3.19}$$

式中，$\phi_i=N_{i0}r_i/\sum\limits_{i=1}^{K}N_{i0}r_i=x_ir_i/\sum\limits_{i=1}^{K}x_ir_i$，表示不考虑缔合时分子 i 的链节分数。

2. 方阱色散贡献

按 Barker 和 Henderson[208]的处理方法，方阱色散作用的贡献可采用一阶和二阶微扰形式表达，即

$$\frac{\beta\Delta A^{\text{SW-mono}}}{\bar{r}N}=\left(\frac{\beta\Delta A_1^{\text{SW-mono}}}{\bar{r}N}\right)+\left(\frac{\beta\Delta A_2^{\text{SW-mono}}}{\bar{r}N}\right) \tag{3.20}$$

式中，一阶微扰对剩余亥姆霍兹函数的贡献可表示为

$$\frac{\beta\Delta A_1^{\text{SW-mono}}}{\bar{r}N_0}=-\frac{2}{3}\pi\rho_{\mathrm{s}}\sum_{i=1}^{K}\sum_{j=1}^{K}\phi_i\phi_j(\lambda_{ij}^3-1)\sigma_{ij}^3\left(\frac{\varepsilon_{ij}}{kT}\right)I_1(\eta,\lambda_{ij}) \tag{3.21}$$

式中，$\rho_{\mathrm{s}}=\sum\limits_{i=1}^{K}\rho_{i0}r_i$ 为体系的总链节数密度；σ_{ij}、λ_{ij} 和 ε_{ij} 为交叉参数，可通过单流体混合规

则计算：

$$\sigma_{ij}=\frac{\sigma_{ii}+\sigma_{jj}}{2},\ \lambda_{ij}=\frac{\sigma_{ii}\lambda_{ii}+\sigma_{jj}\lambda_{jj}}{\sigma_{ii}+\sigma_{jj}},\ \varepsilon_{ij}=(1-k_{ij})\sqrt{\varepsilon_{ii}\varepsilon_{jj}} \tag{3.22}$$

式中，k_{ij} 为可调二元交互作用参数。$I_1(\eta,\lambda_{ij})$ 可由式(3.23)计算：

$$I_1(\eta,\lambda_{ij})=\frac{\xi_1(\lambda_{ij})\eta+\xi_2(\lambda_{ij})}{2\eta(1-\eta)}-\frac{\xi_2(\lambda_{ij})}{2\eta(1-\eta)^2}+\xi_3(\lambda_{ij})\ln(1-\eta)+1 \tag{3.23}$$

ξ_1、ξ_2 和 ξ_3 的表达式为

$$\begin{bmatrix}\xi_1(\lambda_{ij})\\ \xi_2(\lambda_{ij})\\ \xi_3(\lambda_{ij})\end{bmatrix}=\begin{bmatrix}-890.366 & 2510.86 & -2629.19 & 1212.91 & -208.167\\ -957.906 & 2722.24 & -2872.35 & 1334.96 & -230.768\\ 943.572 & -2808.87 & 3082.31 & -1481.70 & 263.780\end{bmatrix}\begin{bmatrix}1\\ \lambda_{ij}^{0.5}\\ \lambda_{ij}\\ \lambda_{ij}^{1.5}\\ \lambda_{ij}^{2}\end{bmatrix} \tag{3.24}$$

二阶微扰对剩余亥姆霍兹函数的贡献为

$$\frac{\beta\Delta A_2^{\text{SW-mono}}}{\bar{r}N_0}=-\frac{1}{3}\pi\rho_s K^{\text{HS}}\sum_{i=1}^{K}\sum_{j=1}^{K}\phi_i\phi_j(\lambda_{ij}^3-1)\sigma_{ij}^3\left(\frac{\varepsilon_{ij}}{kT}\right)^2 I_2(\eta,\lambda_{ij}) \tag{3.25}$$

式中，K^{HS} 为硬球混合物的等温压缩率，可由 $K^{\text{HS}}=kT\left(\frac{\partial\rho_s}{\partial p^{\text{HS}}}\right)_T$ 计算得到。$I_2(\eta,\lambda_{ij})$ 则通过对 $\eta I_1(\eta,\lambda_{ij})$ 求 η 的偏导数得到，即

$$I_2(\eta,\lambda_{ij})=\frac{\partial[\eta I_1(\eta,\lambda_{ij})]}{\partial\eta} \tag{3.26}$$

3. *硬球成链贡献*

考虑方阱链分子中相邻及相间链节对的有效空穴相关函数，则成链作用对剩余亥姆霍兹函数的贡献分别为

$$\frac{\beta\Delta A^{\text{SW-chain}}}{N_0}=-\sum_{i=1}^{K}x_i(r_i-1)\ln y_{\text{S}_j\text{S}_{j+1}(ii)}^{\text{SW(2e)}}-\sum_{i=1}^{K}x_i(r_i-2)y_{\text{S}_j\text{S}_{j+2}(ii)}^{\text{SW(2e)}} \tag{3.27}$$

式中，$y_{\text{S}_j\text{S}_{j+1}(ii)}^{\text{SW(2e)}}$ 和 $y_{\text{S}_j\text{S}_{j+2}(ii)}^{\text{SW(2e)}}$ 分别为分子 i 中相邻及相间链节对的有效空穴相关函数，可假设由硬球项和方阱色散的影响组成，即

$$y_{\text{S}_j\text{S}_{j+1}(ii)}^{\text{SW(2e)}}=y_{\text{S}_j\text{S}_{j+1}(ii)}^{\text{HS(2e)}}\times\Delta y_{\text{S}_j\text{S}_{j+1}(ii)}^{\text{SW(2e)}} \tag{3.28}$$

$$y_{\text{S}_j\text{S}_{j+2}(ii)}^{\text{SW(2e)}}=y_{\text{S}_j\text{S}_{j+2}(ii)}^{\text{HS(2e)}}\times\Delta y_{\text{S}_j\text{S}_{j+2}(ii)}^{\text{SW(2e)}} \tag{3.29}$$

式中，$y_{\text{S}_j\text{S}_{j+1}(ii)}^{\text{HS(2e)}}$ 和 $y_{\text{S}_j\text{S}_{j+2}(ii)}^{\text{HS(2e)}}$ 分别为分子 i 中硬球链中相邻及相间链节对的有效空穴相关函数，由此求出式(3.17)中的 $\beta\Delta A^{\text{HS-chain}}/N_0$，具体见文献[204]。$\Delta y_{\text{S}_j\text{S}_{j+1}(ii)}^{\text{SW(2e)}}$ 和 $\Delta y_{\text{S}_j\text{S}_{j+2}}^{\text{SW(2e)}}$ 则表示分子 i 中方阱色散力对硬球成链影响的相邻及相间链节对的剩余空穴相关函数，由此可计算出式(3.17)中的 $\beta\Delta A_{\text{SW}}^{\Delta(\text{HS-chain})}/N_0$，表达式如下：

$$\frac{\beta\Delta A_{\text{SW}}^{\Delta(\text{HS-chain})}}{N_0}=-\sum_{i=1}^{K}x_i(r_i-1)\ln\Delta y_{\text{S}_j\text{S}_{j+1}(ii)}^{\text{SW(2e)}}-\sum_{i=1}^{K}x_i(r_i-2)\Delta y_{\text{S}_j\text{S}_{j+2}(ii)}^{\text{SW(2e)}} \tag{3.30}$$

相邻链节对的剩余空穴相关函数由式(3.31)计算：

$$\ln\Delta y_{S_jS_{j+1}(ii)}^{SW(2e)} = \ln g_{S_jS_{j+1}(ii)}^{SW(2e)} - \ln g_{S_jS_{j+1}(ii)}^{HS(2e)} \tag{3.31}$$

式中，$g_{S_jS_{j+1}(ii)}^{SW(2e)}$ 和 $g_{S_jS_{j+1}(ii)}^{HS(2e)}$ 分别为分子 i 的方阱球径向分布函数和硬球接触时的径向分布函数。其中 $g_{S_jS_{j+1}(ii)}^{HS(2e)}$ 可由式(3.32)表达：

$$g_{S_jS_{j+1}(ii)}^{HS(2e)}(\sigma_i) = \frac{1}{1-\eta} + \frac{3E\sigma_i\eta}{2F(1-\eta)^2} + \frac{(E\sigma_i\eta/F)^2}{2(1-\eta)^3} \tag{3.32}$$

$g_{S_jS_{j+1}(ii)}^{SW(2e)}$ 则可近似表示为 $g_{S_jS_{j+1}(ii)}^{HS(2e)}$ 与一阶方阱色散微扰项之和，具体表达式为

$$g_{S_jS_{j+1}(ii)}^{SW(2e)} = g_{S_jS_{j+1}(ii)}^{HS(2e)}(\sigma_i) + \frac{\varepsilon_i}{kT}\left[I_1(\eta,\lambda_i) + (\lambda_i^3-1)\left(\frac{\lambda_i}{3}\frac{\partial I_1(\eta,\lambda_i)}{\partial\lambda_i} - \eta\frac{\partial I_1(\eta,\lambda_i)}{\partial\eta}\right)\right] \tag{3.33}$$

相间链节对的剩余空穴相关函数可表示为

$$\ln\Delta y_{S_jS_{j+2}(ii)}^{SW(2e)} = \frac{r_i}{r_i-1}\left[\frac{\xi_a(\lambda_i)\eta + \xi_b(\lambda_i)}{2(1-\eta)} - \frac{\xi_b(\lambda_i)}{2(1-\eta)^2} + \xi_c(\lambda_i)\ln(1-\eta)\right] \tag{3.34}$$

式中，参数 ξ_a、ξ_b 和 ξ_c 可由式 (3.24) 中的 ξ_1、ξ_2 和 ξ_3 来计算：

$$\begin{cases} \xi_a = (\xi_1 + \xi_2 + 6)/4 \\ \xi_b = (\xi_1 - \xi_2 + \xi_3 + 5)/7 \\ \xi_b = (2\xi_1 - \xi_3 + 2)/3 \end{cases} \tag{3.35}$$

4. 氢键缔合贡献

氢键缔合作用对剩余亥姆霍兹函数的贡献可表示为[209]

$$\frac{\beta\Delta A^{assoc}}{N_0} = \sum_{i=1}^{K} x_{i0}\left[\ln X_i + \frac{1}{2}(1-X_i)\right] \tag{3.36}$$

式中，X_i 为分子 i 中未参与缔合的摩尔分数，由式(3.37)迭代求根得到：

$$X_i = \left(1 + \sum_{j=1}^{K}\rho_{j0}X_j\Delta_{ij}\right)^{-1} \tag{3.37}$$

式中，Δ_{ij} 是缔合链节间的相互作用强度，由式(3.38)计算：

$$\Delta_{ij} = \frac{\pi}{3}\varpi_{ij}\left(e^{\varepsilon_{ij}/kT} - 1\right)y_{S_iS_j}^{HS(2e)}\sigma_{ij}^3 \tag{3.38}$$

由热力学关系式不难得到体系的状态方程(简称 SWCF-VR)。如系统不存在缔合作用，则 Δz^{assoc} 自然等于零。

相比最早的 SWCF 方程[204]，SWCF-VR 状态方程的改进包括两个方面：一是借助二阶微扰理论和近似积分方程方法，获得了一个新的具有可变阱宽的方阱色散表达式，其对比阱宽的作用范围为 $1.1\leqslant\lambda\leqslant3$；二是考虑了方阱势对链节成链的影响。SWCF-VR 方程的可靠性和适用性已得到计算机模拟结果的验证[210]。在近三相点至近临界点温度范围内，对 87 种常规非缔合流体拟合的饱和蒸气压和液体体积总的平均误差为 1.00% 和 1.02%，对 46 种聚合物密度计算的平均误差为 0.08%[211,212]。当采用一个与温度无关的二元可调参数时，SWCF-VR 方程可满意计算出混合物的气液相平衡和气体溶解度[213,212]。当 SWCF-VR 方程分别与定标粒子理论和绝对速率理论结合时，还可计算液体的界面张力和黏度[214]。如不考虑离子液体中的氢键缔合，SWCF-VR 方程可直接应用

于离子液体系统[215]，但所得到的方阱作用能远远高于常规流体的值，这是由于忽略氢键缔合和离子间静电作用所致。

SWCF-VR方程同样可方便用于系统中存在缔合的系统[216-219]。图3.3示意了SWCF-VR方程计算离子液体密度的结果，可见在较宽温度和压力范围内，方程的效果的确令人满意[219]。44种离子液体关联的液体密度总体平均偏差只有0.06%。对于$[C_n mim][NTf_2]$同系物，其分子参数与相对分子质量存在明显的线性关系。

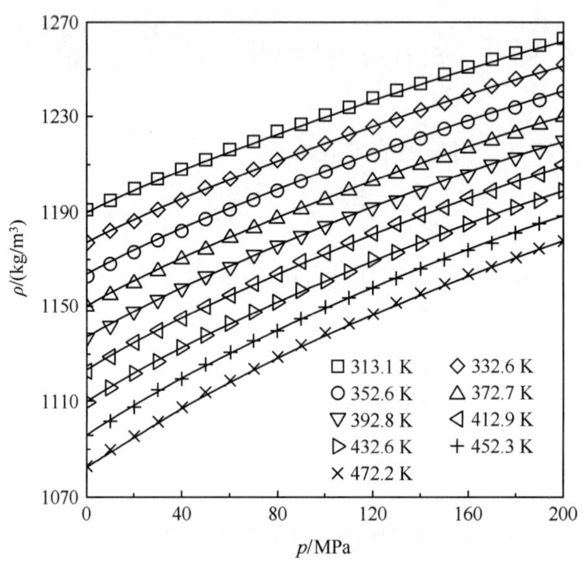

图3.3 $[C_4 mim][BF_4]$密度的实验值(点)与SWCF-VR的计算值(线)

虽然离子液体被认为是非挥发流体，但研究证实离子液体依然具有极低的饱和蒸气压，我们采用SWCF-VR方程预测了离子液体$[C_n mim][NTf_2]$的饱和蒸气压，见图3.4。图中还与soft-SAFT方程的预测结果做比较。可以看到，SWCF-VR方程的结果与实验数据具有相同的数量级，而soft-SAFT方程的结果则明显高于实验数据[219]。

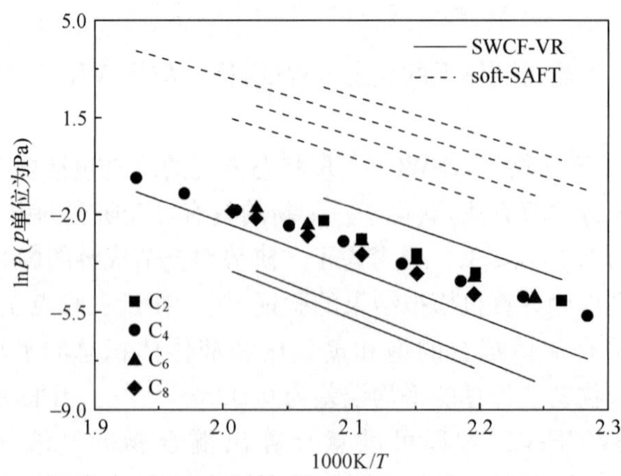

图3.4 $[C_n mim][NTf_2]$饱和蒸气压实验值(点)[220,221]与两种状态方程的预测结果(线)

当采用一个温度无关的二元交互作用参数时，SWCF-VR 方程可描述离子液体系统的气液平衡，41 种二元系统的泡点压力平均偏差为 6.89%。某些 CO_2-离子液体系统的相行为具有一定特殊性：在低压区，CO_2 在离子液体中就有较大的溶解度，且溶解度随压力升高趋于线性增加。当 CO_2 浓度接近最大值时，泡点压力会随浓度的变化急剧上升，导致曲线的斜率接近无限大。理论研究表明，当 CO_2 浓度较高时，离子液体中的空穴基本被 CO_2 填满，如果要进一步填入 CO_2，就必须"破坏"离子液体的内聚性结构，因此压力要急剧升高[128]，在相图上将表现出"双斜率"行为。如将二元交互作用参数设置成温度的二次函数时，SWCF-VR 方程能在较宽的温度和压力范围内成功描述 CO_2 在离子液体中溶解度曲线斜率的急剧变化规律，见图 3.5。

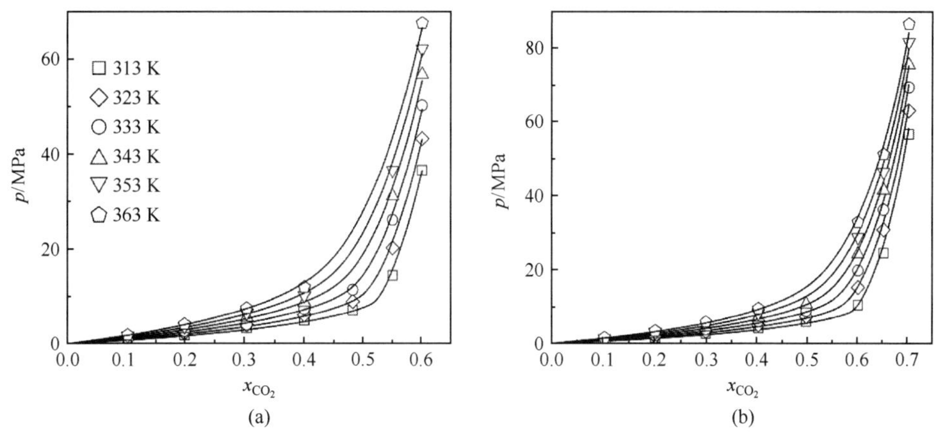

图 3.5　CO_2-[$C_n$mim][BF_4]体系泡点压力的实验值(点)[222,223]与计算值(线)

(a) $n=4$；(b) $n=6$

3.2.2　电解质型变阱宽方阱链流体状态方程

既然离子液体由正负离子组成，静电作用也必将影响其热力学性质。目前，理论上处理离子液体偏向于两个极端，一种是将离子液体视为"离子缔合体"或中性的"离子簇"，可方便使用传统的非电解质溶液的过量 Gibbs 自由能模型和传统的立方型状态方程。另一种是认为离子液体完全由离子构成，可构建相应的活度系数模型和状态方程[224,225]，但完全中性的"离子簇"或完全电离都有违客观事实。对于离子液体，阳离子或阴离子往往是由带电头基和尾链构成，理论上处理为链状结构更为合理。其次，目前的电解质型状态方程大部分集中在对强电解质溶液热力学性质的模拟，极少涉及弱电解质溶液，通常需要引入额外的缔合平衡常数以描述离子缔合程度。基于此，我们在 SWCF-VR 的基础上，通过考虑离子间静电作用和正负离子缔合构建了一个电解质型 SWCF-VR 状态方程(简称 e-SWCF-VR)。

假设溶液由 S 种中性分子和 $2M$ 种离子链组成，每个中性分子由 r_i 个直径为 σ_i 硬球组成($i=1,2,\cdots,S$)。每种离子链由一个正离子或负离子与 r_i-1 个硬球组成，设正负离子含有的链节数分别为 $r_{cat,j}$ 和 $r_{an,j}$，硬球直径分别为 $\sigma_{cat,j}$ 和 $\sigma_{an,j}$($j=1,2,\cdots,M$)，每种离子链中离子的直径和不带电的硬球粒子的直径相同。系统中共有 K 种粒子，$K=S+2M$，它们不一定都带电，每种粒子都有 N_{i0} 个，其粒子数密度、硬球直径、电量分别为 $\rho_{i,0}$、σ_i、$z_ie(i=1,2,\cdots,K)$，满足电中性条件：

$$\sum_{i=1}^{K}\rho_{i0}z_i=0 \tag{3.39}$$

体系的剩余亥姆霍兹自由能可由式(3.40)给出：

$$\frac{\beta A^{\mathrm{r}}}{V}=\frac{\beta\Delta A^{\mathrm{mono}}}{V}+\frac{\beta\Delta A^{\mathrm{chain}}}{V}+\frac{\beta\Delta A_{\mathrm{h}}^{\mathrm{assoc}}}{V}+\frac{\beta\Delta A^{\mathrm{msa}}}{V}+\frac{\beta\Delta A_{\text{cat-an}}^{\mathrm{assoc}}}{V} \tag{3.40}$$

它们依次为单体混合物、硬球单体成链、氢键缔合、长程静电和正负离子间缔合作用对亥姆霍兹函数的贡献。其中前三项的表达式已在 3.2.1 节给出。

离子间长程静电相互作用通常可通过 Blum 求解积分方程的结果获得，其亥姆霍兹函数为[226]

$$\frac{\beta A^{\mathrm{msa}}}{V}=-\frac{\beta e^2}{4\pi D}\sum_{\mathrm{ions}}\frac{\rho_{s,i}z_i}{1+\sigma_i\Gamma}\left(z_i\Gamma+\frac{\pi\sigma_iP_n}{2\Delta}\right)+\frac{\Gamma^3}{3\pi} \tag{3.41}$$

式中，$D=D_0\cdot D_{\mathrm{r}}$，为溶剂介电常数，其中 D_0 为真空条件下的介电常数，D_{r} 为溶剂的对比介电常数。

方程(3.41)中的求和项只针对带电链节。但需要指出的是，本书采用的是非原始 MSA 模型，即认为电解质水溶液是由溶剂和离子组成的混合物，溶剂水不仅提供离子的运动空间和一定的介电常数，而且具有硬球排斥和方阱色散贡献，因此当计算水溶液密度时应包含所有溶剂和离子粒子。

定标指数 Γ 则由方程(3.42)迭代求得

$$\Gamma=\frac{e}{2}\sqrt{\frac{\beta}{D}}\left[\sum_{\mathrm{ions}}\rho_{s,i}\left(\frac{z_i-\pi\sigma_i^2P_n/2\Delta}{1+\sigma_i\Gamma}\right)^2\right]^{1/2} \tag{3.42}$$

其中，

$$P_n=\sum_{\mathrm{ions}}\frac{\rho_{s,i}\sigma_iz_i}{1+\sigma_i\Gamma}\Bigg/\left(1+\frac{\pi}{2\Delta}\sum_{\mathrm{ions}}\frac{\rho_{s,i}\sigma_i^3}{1+\sigma_i\Gamma}\right) \tag{3.43}$$

第 i 种离子和第 j 种离子间的缔合作用对亥姆霍兹函数的贡献可表述为

$$\frac{\beta A_{\text{cat-an}}^{\mathrm{assoc}}}{V}=\rho_{s,i}\ln(1-\alpha_{ij})+\rho_{s,j}\ln(1-\alpha_{ji})+\frac{1}{2}(\rho_{s,i}\alpha_{ij}+\rho_{s,j}\alpha_{ji}) \tag{3.44}$$

缔合度可表述为

$$\alpha_{ij}=\frac{[\chi_{ij}(\rho_{i0}+\rho_{j0})+1]-\sqrt{[\chi_{ij}(\rho_{i0}+\rho_{j0})+1]^2-4\chi_{ij}^2\rho_{i0}\rho_{j0}}}{2\rho_{i0}\chi_{ij}} \tag{3.45}$$

利用 $\alpha_{ji}\rho_{j0}=\alpha_{ij}\rho_{i0}$，可确定 α_{ji}。式中的 χ_{ij} 由式(3.46)计算：

$$\chi_{ij}=\frac{\pi}{3}\sigma_{ij}^3[\exp(\beta\delta\varepsilon_{ij}^{\mathrm{assoc}})]y_{ij}^{\mathrm{ref}}(\sigma_{ij}) \tag{3.46}$$

式中，$\beta\delta\varepsilon_{ij}^{\mathrm{assoc}}$ 为正负离子的缔合作用能。

离子相切位置处的空穴相关函数由式(3.47)求出：

$$\ln y_{ij}^{\mathrm{ref}}(\sigma_{ij}) = \frac{1}{\Delta} + \frac{\alpha_0^2 z_i z_j}{4\pi\sigma_{ij}} + \frac{\pi\sigma_i\sigma_j\zeta_2}{4\sigma_{ij}\Delta^2} - \frac{a_i a_j \Gamma^2}{\pi\sigma_{ij}\alpha_0^2} - 1 \tag{3.47}$$

其中，

$$a_i = \frac{\alpha_0^2}{2\Gamma(1+\sigma_i\Gamma)}\left(z_i - \frac{\pi\sigma_i^2 P_n}{2\Delta}\right), \alpha_0^2 = \beta e^2/\varepsilon \tag{3.48}$$

$$\zeta_k = \sum_{i=1}^{K}\rho_{i,0}\sigma_i^k, \Delta = 1 - \pi\zeta_3/6, \beta = 1/kT \tag{3.49}$$

多数离子液体的阳离子体积较大，可假设阳离子为离子链，由一个球形带电链节和若干个不带电链节构成。阴离子视为单个带电球形粒子，其链节个数应为 1。例如，阳离子为咪唑环时，整个阳离子的链节数表示为 $r_{\mathrm{cat}}=1.0+0.2N_{\mathrm{C}}$，这里 1 表示带电链节咪唑环对链节数的贡献，$N_{\mathrm{C}}$ 表示除咪唑环的其他碳原子或其他原子（不包括氢原子）数目，0.2 是每个原子对总链节数的贡献。如固定阴阳离子所有链节的对比阱宽为 1.5，则在 e-SWCF-VR 方程中可用链节直径 σ 和方阱色散位能 ε/k 来描述阴阳离子，不同阴阳离子组合成不同离子液体时，这些参数的值不变。对于某一离子液体，则有阴阳离子间缔合能量参数 $\delta\varepsilon_{\mathrm{cat\text{-}an}}^{\mathrm{assoc}}/k$。具体细节可参阅文献[218]。

图 3.6 给出了[$C_x$mim]Br($x=2,3,\cdots,6$)系列离子液体水溶液中溶剂的渗透系数 e-SWCF-VR 计算结果和实验值随浓度的变化关系。在给定离子液体质量摩尔浓度和相同温度条件下，溶剂渗透系数总体上随着阳离子中烷基链长度的增加而减小，这与离子液体溶质对溶剂活度的影响效果是一致的。e-SWCF-VR 方程能满意体现这一特性。

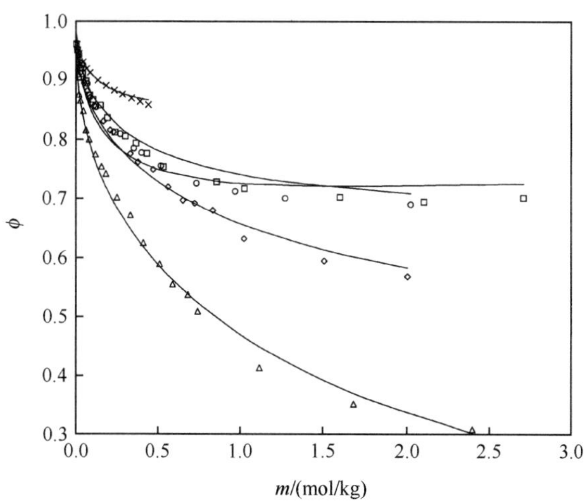

图 3.6　318 K 下[$C_x$mim]Br($x=3,4,5,6$)和 298 K 下[C_2mim]Br 水溶液中溶剂渗透系数计算值（线）和实验值（点）

×：C_2；□：C_3；○：C_4；◇：C_5；△：C_6

e-SWCF-VR 计算的[C_4mim][Br]溶液密度随浓度的变化关系见图 3.7。可见，理论模型能满意再现体系密度的实验结果。但是随着溶质浓度的增大，理论模拟偏差稍有增加。

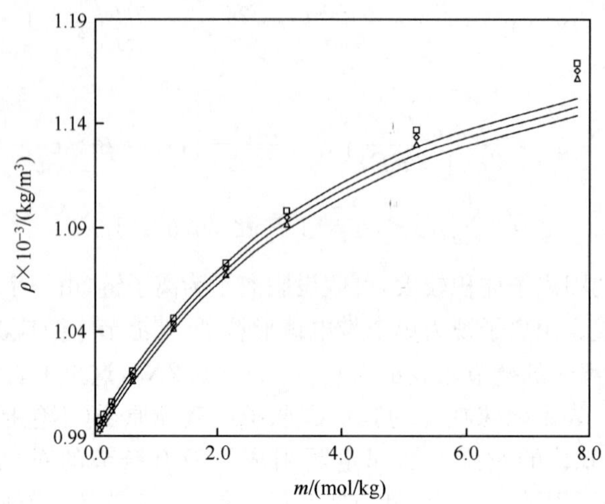

图 3.7　不同温度下离子液体[C_4mim]Br 水溶液密度理论值(线)和实验值(点)的比较

□: 308 K; ◇: 313 K; △: 318 K

应用以上获得模型参数，本节预测了三个不同体系的气液平衡性质。图 3.8 比较了离子液体[C_1mim][MSO_4](a)和[C_4mim][MSO_4](b)水溶液在不同温度下蒸气压 e-SWCF-VR 的预测值和实验结果，说明理论模型对气液平衡可以给出良好的预测。

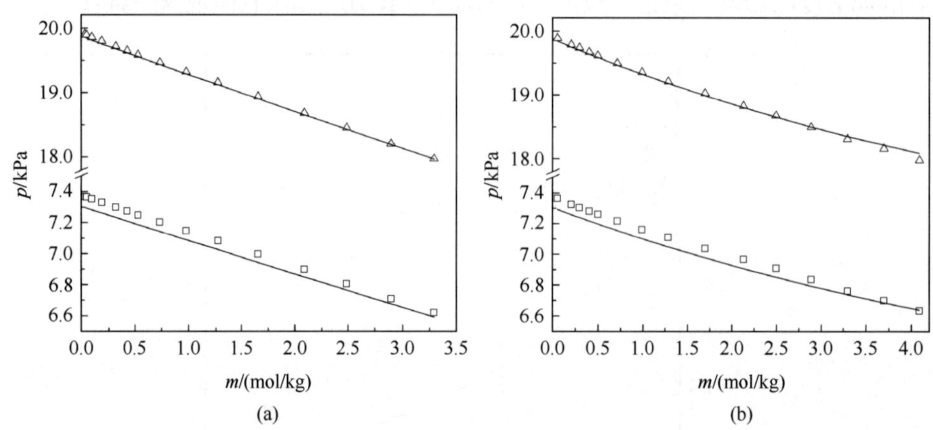

图 3.8　离子液体[C_1mim][MSO_4](a)和[C_4mim][MSO_4](b)水溶液蒸气压的理论预测值(线)和实验值(点)的比较

□: 313 K; △: 333 K

图 3.9 给出了 308.15 K 条件下[$C_x$mim]Br($x=2,\cdots,6$)离子液体水溶液中阴阳离子间的缔合度随溶质浓度的变化关系，在给定的溶质浓度下，离子间的缔合度基本随着阳离子中烷基链长度的增长而增大，但[C_3mim]Br 体系例外，此变化趋势和实验观察一致[227]。

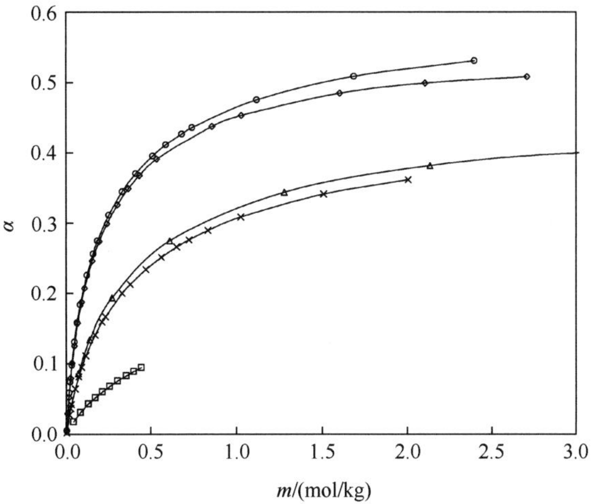

图 3.9　308 K 下[$C_x$mim]Br 离子液体水溶液中离子缔合度随溶质浓度的变化关系

□: C_2; ◇: C_3; △: C_4; ×: C_5; ○: C_6

3.3　格子流体状态方程

格子模型能再现包括具有 UCST、LCST、同时具有 UCST 和 LCST、计时沙漏、环形等类型的相图，表现出较广的实用性，但不能涉及压力的影响[228]。可分两步建立格子流体状态方程，首先由组分 1 和组分 2 混合成密堆积格子流体并将此流体视为虚拟纯物质，再进一步与空穴（链节数为 1）混合成实际流体。最终的表达式为[229,230]

$$\bar{p} = \bar{T}\left\{-\ln(1-\bar{\rho}) + \frac{z}{2}\ln\left[\frac{2}{z}\left(\frac{1}{r_a}-1\right)\bar{\rho}+1\right]\right\} - \frac{z}{2}\bar{\rho}^2 - \frac{z}{4}\frac{1}{\bar{T}}(3\bar{\rho}^4 - 4\bar{\rho}^3 + \bar{\rho}^2) - \frac{z}{12}\frac{1}{\bar{T}^2}(10\bar{\rho}^6 - 24\bar{\rho}^5 + 21\bar{\rho}^4 - 8\bar{\rho}^3 + \bar{\rho}^2) + \frac{r_a - 1 + \lambda_a}{r_a}\bar{T}\bar{\rho}^2\frac{[1+D_1(1-\bar{\rho})]^2 - 1}{[1+D_1(1-\bar{\rho})][1+D_1\bar{\rho}(1-\bar{\rho})]} \tag{3.50}$$

式中，$\lambda_a = z(r_a-1)(r_a-2)(ar_a+b)/6r_a^2$；$D_1 = \exp(1/\bar{T}) - 1$；$\bar{p}$、$\bar{\rho}$ 和 $\bar{T}$ 分别是对比压力、对比密度和对比温度，计算方法如下：

$$\bar{T} = \frac{T}{\varepsilon_{aa}/k}, \bar{p} = \frac{pv^*}{\varepsilon_{aa}}, \bar{\rho} = \frac{N_r v^*}{V} \tag{3.51}$$

r_a 和 ε_{aa} 分别为虚拟纯物质的链节数和能量参数，采用组合规则计算：

$$r_a^{-1} = \phi_1/r_1 + \phi_2/r_2 \tag{3.52}$$

$$\varepsilon_{aa} = \theta_1^2\varepsilon_{11} + 2\theta_1\theta_2\varepsilon_{12} + \theta_2^2\varepsilon_{22} \tag{3.53}$$

体积分数 ϕ_i 和面积分数 θ_i 采用式(3.54)计算：

$$\phi_i = \frac{N_i r_i}{\sum\limits_{i=1} N_i r_i}, \theta_i = \frac{N_i q_i}{\sum\limits_{i=1} N_i q_i}, \text{且 } zq_i = r_i(z-2)+2 \tag{3.54}$$

式中，r 为链节数，z 为配位数。对于纯物质，$\varepsilon_{aa}=\varepsilon, r_a=r$，因此模型只有3个参数，即链节数 r，单体相互作用能 ε 和每个单体的硬核体积 v^*，它们由纯物质的 pVT 数据关联得到，通常取 $v^*=9.75\ \text{cm}^3/\text{mol}$。

该方程可在计算离子液体的 pVT 关系和混合物的气液平衡中得到满意结果。对于混合物，可引入可调参数 κ_{12}，按 $\varepsilon_{12}=(1-\kappa_{12})\sqrt{\varepsilon_{11}\varepsilon_{22}}$ 计算 ε_{12}。如无可调参数则为预测。图 3.10 显示了采用格子流体模型计算三个二元离子液体混合系统密度的相对误差，其中，混合系统的温度为 298.15～308.15 K。从图中可以看出，模型计算的混合离子液体密度和实验值非常一致，相对误差在−0.4%～0.4%之间。值得注意的是，图中显示的完全是预测结果，即在计算过程中二元可调参数 $\kappa_{12}=0$。

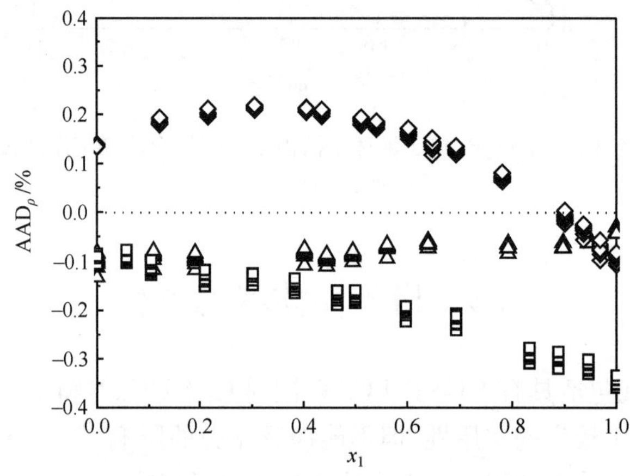

图 3.10　复合离子液体密度的预测结果

□：[C$_4$mim][PF$_6$]+[C$_4$mim][BF$_4$]；◇：[C$_4$mim][BF$_4$]+[C$_4$mim][MeSO$_4$]；△：[C$_6$mim][BF$_4$]+[C$_4$mim][BF$_4$]

格子流体模型将分子近似为一个长链，并假定其在混合态和纯态中具有相同链长，这有利于模型的使用。事实上，混合物中分子的伸展卷曲程度与其在纯态时有所差异。在液态混合物中，由于空穴数目较少，分子的伸展卷曲程度受其他分子的影响较大，如果仍使用纯物质得到链长参数，势必会使模型的使用效果差。可引入参数 C_{r12} 以及混合物组成对链长的影响，并按式(3.55)计算混合系统中的链长：

$$r_1=r_1^0(1+C_{r12}\phi_2^0),\quad r_2=r_2^0(1-C_{r12}\phi_1^0) \tag{3.55}$$

式中，r_1^0、r_2^0 分别表示纯物质的链长，ϕ_1^0、ϕ_2^0 分别表示按 r_1^0、r_2^0 计算所得的体积分数。该式既保证了混合时格子总数不变：$N_r=N_1r_1+N_2r_2=N_1r_1^0+N_2r_2^0$，同时也保证了虚拟混合物的链节数($r^{-1}=\phi_1/r_1+\phi_2/r_2=\phi_1^0/r_1^0+\phi_2^0/r_2^0$)保持不变。这样的处理可保证模型能精确再现系统的液液相平衡，见图 3.11。

高压下，特别是当离子液体与超临界流体混合时，混合系统会呈现非常复杂的相行为(如气液液相平衡)。模型研究这类相图时，并不需要引入表示混合物组成对链长影响程度的参数 C_{r12}，只需要引入与温度呈一次线性关系的二元可调参数即可。图 3.12 是阴离子为[PF$_6$]$^-$的离子液体与二氧化碳混合物的泡点压力与组成(p-x)的关系。从图可看出，在不同的温度下，压力接近 100 MPa 时，模型的预测值都能与实验结果吻合。

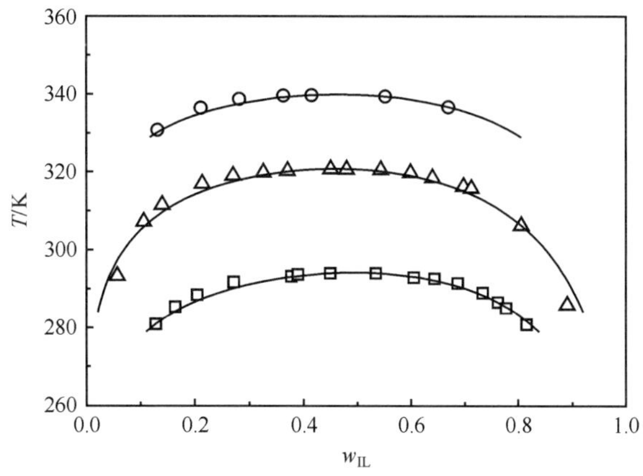

图 3.11　离子液体混合物液液共存曲线模型计算(线)与实验结果(点)的比较

□：[C_2mim][NTf_2]/1-丙醇；△：[C_2mim][NTf_2]/1-丁醇；○：[C_2mim][NTf_2]/1-戊醇

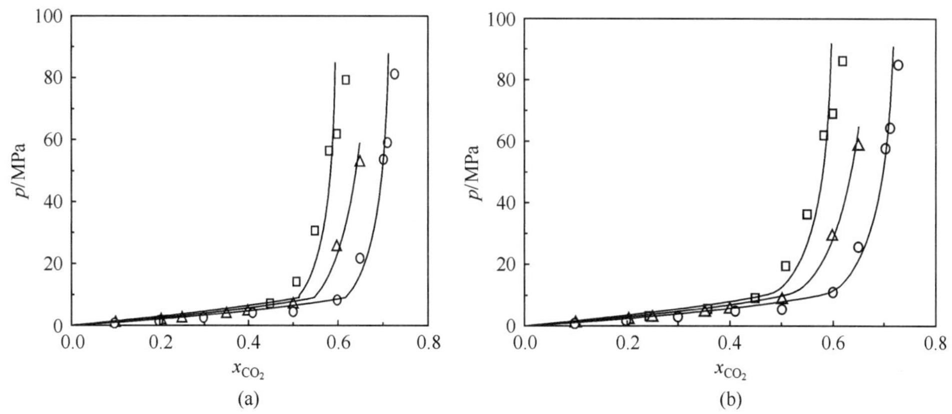

图 3.12　CO_2-[$C_x$mim][PF_6](x=2,4,6)系统的泡点压力图

(a)：313 K；(b)：323 K。□：[C_2mim][PF_6]；△：[C_4mim][PF_6]；○：[C_6mim][PF_6]

另一种超临界流体三氟甲烷与离子液体混合系统相平衡的实验研究也比较多，比如 CHF_3-[C_4mim][PF_6]混合系统。实验结果表明[231]，该系统在较低温度下，当 CHF_3 含量较多时，溶液就会出现液液分相，系统会形成气-液-液三相平衡，并且液液平衡线存在下部临界会溶温度(LCST)，其中气相被认为只含有 CHF_3。图 3.13 为格子模型预测低温下该系统的相平衡结果与实验值的比较，图中符号为实验值[232,231]，实线为模型预测的气液平衡线，虚线为模型预测的气液液平衡中的液相组成线，虚线所围的区域为不互溶区。模型预测的 LCST 为 269.5 K，CHF_3 的临界摩尔浓度约为 0.915，与 Yokozeki 等[231]根据实验数据估计的值(272 K、94%)较为接近；模型预测气液液平衡的上部临界点(UCEP)温度约为 302.5 K、压力约为 5.3 MPa。更多系统的使用效果可参阅文献[230]。

格子流体状态方程的最大优势是可由二元系统获得可调参数预测多元系统的热力学性质[233]。图 3.14 示意了模型预测丙酮+2-丙醇+[C_2mim][NTf_2]三元混合物系统中压力随组成的变化关系，图中的符号表示实验结果[234]，实线为预测结果，可见模型预测结果与实验值非常一致。

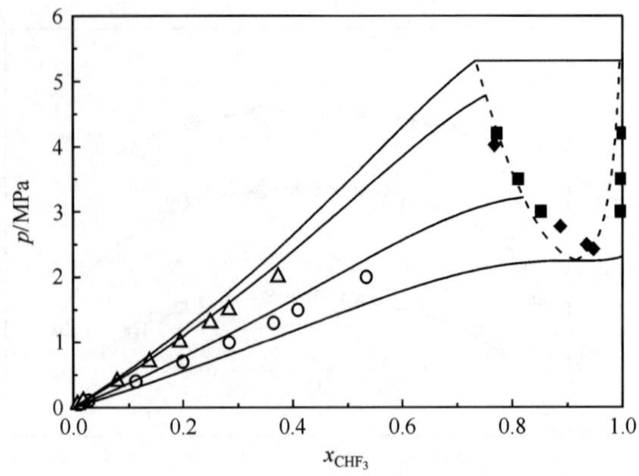

图 3.13　CHF_3-[C_4mim][PF_6]系统的等温 pTx 相图

实线(由下至上：269.5 K,282.6 K,298.1 K,302.5 K)和虚线：模型计算结果；○：282.6 K 下气液平衡实验值；△：298.1 K 气液平衡实验值；■：气液液平衡实验值；◆：雾点实验数据

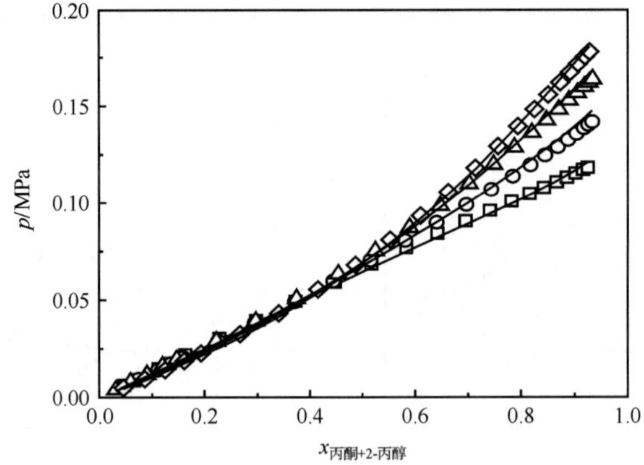

图 3.14　313.15 K 下丙酮+2-丙醇+[C_2mim][NTf_2]系统的 p-x 相图

□：$x_1/(x_1+x_2)=0.2059$；○：$x_1/(x_1+x_2)=0.3995$；△：$x_1/(x_1+x_2)=0.6065$；◇：$x_1/(x_1+x_2)=0.7878$

图 3.15 给出了三元系统 n-环己烷+2-丁酮+[C_8mim][PF_6]液液平衡的预测结果，与实验结果[235]比较，模型能满意再现三元系统相行为。

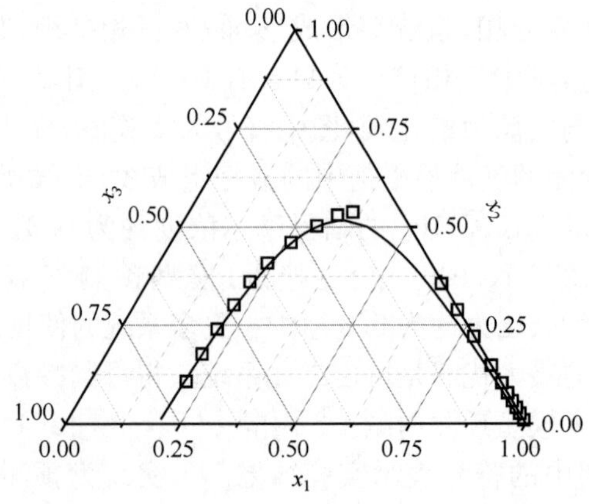

图 3.15　298.15 K 时 n-环己烷+2-丁酮+[C_8mim][PF_6]系统的液液平衡预测结果

3.4　发展方向及展望

分子热力学模型(基于亥姆霍兹函数的活度系数模型和状态方程)在现代工业界已获得广泛应用,当今化工设计软件 Aspen、ProⅡ和 ChemCAD 等都镶嵌了不同的活度系数模型和状态方程,成为化工过程模拟、计算和优化的强大工具,也必将在推动离子液体工业化应用中起到重要作用。

20 世纪后期,基于一定理论背景构建的分子热力学模型相继问世,模型的参数通常需要利用流体的 pVT 数据拟合得到。当模型应用于混合物时,还需要混合物的相平衡实验数据确定反映不同分子间相互作用能的可调参数。要赋予分子热力学模型具备预测多元系统或实验未尽系统热力学性质的能力,使模型真正成为海量 pVT 和相平衡数据的"存储器",关键是如何获得用于描述物质和系统特征的模型参数。通常采用基团贡献法,这是目前的研究热点。一般的思路是利用基团参数计算分子热力学模型中的分子参数,但按这种思路建立的基团贡献状态方程拓展到混合物时,必须使用可调参数计算不同链节间的交叉作用能。为克服这一弊端,可建立"基团基"的基团贡献状态方程,方法是将模型中原先的"链节"改用"基团组合"替代。迄今为止,我们建立的格子流体模型[236]和 SWCF-VR 方程[237]均未达到预测化程度,迫切需要进一步采用基团贡献法的思想赋予其预测功能。

分子热力学模型的核心除了所能表达的物理意义之外,就是其自身的参数。一套完备的化合物的模型参数是任何一个分子热力学模型广泛使用的必要条件。化工设计软件 Aspen、ProⅡ和 ChemCAD 等都因其具有强大的物性数据库和参数数据库而被广泛应用。这些软件的数据都来自于数据手册和海量的文献资料,它们是大量实验结果的积累。同样,基团贡献法中基团参数的确定也离不开大量、可靠且具代表性的实验数据。当实验数据缺失时,分子热力学模型参数将无法确定。因此,探索一种不依赖实验数据而确定分子热力学模型参数的方法就显得至关重要了。

对于立方型状态方程,理论上可根据物质的临界性质(少数也需要偏心因子)确定模型参数,尽管也发展了不同基团贡献法预测临界性质或偏心因子,但目前的基团贡献法仍不能区分同分异构体,特别是分子中存在不同官能团时,基团贡献法也不能全面反映官能团间的相关性,这都限制了模型的有效应用。因此,理论预测模型参数的终极目标应该是直接通过分子的结构确定参数。构成分子的官能团一定,其在空间排布的方式一定,则模型参数也应一定。2008 年,一种基于 *ab initio* 溶剂化计算确定立方型状态方程参数的理论方法已被提出[238]。在这一方法中,状态方程中相互作用参数和体积参数可根据理论计算的溶剂化自由能和溶剂化空穴体积确定。所有计算均可采用不同版本的 COSMO 完成,首先是通过量子化学软件计算获得 COSMO 量化数据,其次是统计力学计算获得溶剂化自由能,需要输入的仅是元素的特定参数和一些普适性参数。可见,利用量化计算和计算机模拟结果确定热力学模型参数必将成为重要的研究方向。

COSMO 计算的关键是分子的构型优化,虽然耗时,但结果能体现分子的构象和同分异构体。因此,基于量化计算所确定的分子热力学模型参数也与结构一一对应,弥补了基团贡献法的不足。尽管不同版本的COSMO方法都可直接用于流体混合物相平衡计算，但方法本身需要纯物质在不同温度下的饱和蒸气压数据。若一旦基于COSMO模型确定热力学模型中的参数后，则能实现蒸气压、汽化焓、密度和混合物相平衡计算。当热力学模型镶嵌在化工模拟软件中时，则能实时在线对过程进行模拟、计算与分析。但目前基于COSMO方法还仅限于两参数热力学模型，如何将COSMO方法拓展到多参数热力学模型需要开展深入细致的工作。

应该指出，目前理论确定模型参数的研究还仅限于常规系统，尚未推广到家族庞大的离子液体系统。近些年来，各种功能基团修饰的离子液体不断涌现。研究重点一般是相互作用机理的理论研究、实验测定气体的溶解度等。另一方面，COSMO模型在离子液体筛选方面已初见成效[239,188,185]，但相关系统的 pVT 和相平衡性质研究则主要还是靠热力学模型。如能建立二者间的联系，采用热力学模型预先确定热力学性质则能起到事半功倍的效果，这对于指导设计含多功能基团的离子液体尤为重要。

参考文献

[1] Izgorodina E I, MacFarlane D R. Nature of hydrogen bonding in charged hydrogen-bonded complexes and imidazolium-based ionic liquids. J. Phys. Chem. B. ,2011,115: 14659-14667.

[2] Turner E A, Pye C C, Singer R D. Use of *ab initio* calculations toward the rational design of room temperature ionic liquids. J. Phys. Chem. A. , 2003,107: 2277-2288.

[3] Talaty E R, Raja S, Storhaug V J, et al. Raman and infrared spectra and *ab initio* calculations of C2-4mim imidazolium hexafluorophosphate ionic liquids. J. Phys. Chem. B. ,2004,108: 13177-13184.

[4] Bondi A. Van der waals volumes and radii. J. Phys. Chem. , 1964,68: 441-451.

[5] Izgorodina E I, Bernard U L, MacFarlane D R. Ion-pair binding energies of ionic liquids: Can DFT compete with *ab initio*-based methods? J. Phys. Chem. A. , 2009,113: 7064-7072.

[6] Canongia Lopes J N A, Pádua A A H. Nanostructural organization in ionic liquids. J. Phys. Chem. B. , 2006,110(7): 3330-3335.

[7] Dong K, Zhang S, Wang D, et al. Hydrogen bonds in imidazolium ionic liquids. J. Phys. Chem. A. , 2006, 110(31): 9775-9782.

[8] Lynden-Bell R M, Del Pópolo M G, Youngs T G A, et al. Simulations of ionic liquids, solutions, and surfaces. Accounts Chemi. Res. , 2007,40(11): 1138-1145.

[9] Slattery J M, Daguenet C, Dyson P J, et al. How to predict the physical properties of ionic liquids: A volume-based approach. Angew. Chem. Int. Ed. , 2007,46(28): 5384-5388.

[10] Cremer T, Kolbeck C, Lovelock K R J, et al. Towards a molecular understanding of cation-anion interactions—probing the electronic structure of imidazolium ionic liquids by NMR spectroscopy, X-ray photoelectron spectroscopy and theoretical calculations. Chem. Eur. J. , 2010, 16(30): 9018-9033.

[11] Lungwitz R, Friedrich M, Linert W, et al. New aspects on the hydrogen bond donor (HBD) strength of 1-butyl-3-methylimidazolium room temperature ionic liquids. New J. Chem. , 2008,32(9): 1493-1499.

[12] Fumino K, Wulf A,Ludwig R. Strong, localized, and directional hydrogen bonds fluidize ionic liquids. Angew. Chem. Int. Ed. , 2008,47(45): 8731-8734.

[13] Fumino K, Wulf A, Ludwig R. The potential role of hydrogen bonding in aprotic and protic ionic liquids. PCCP, 2009,11(39): 8790-8794.

[14] Roth C, Peppel T, Fumino K, et al. The importance of hydrogen bonds for the structure of ionic liquids: Single-crystal X-ray diffraction and transmission and attenuated total reflection spectroscopy in the terahertz region. Angew. Chem. Int. Ed. , 2010, 49(52): 10221-10224.

[15] Peppel T, Roth C, Fumino K, et al. The influence of hydrogen-bond defects on the properties of ionic liquids. Angew. Chem. Int. Ed. , 2011,50(29): 6661-6665.

[16] Schwabe T,Grimme S. Double-hybrid density functionals with long-range dispersion corrections: Higher accuracy and extended applicability. PCCP, 2007,9(26): 3397-3406.

[17] Platts J A. Theoretical prediction of hydrogen bond donor capacity. PCCP, 2000,2(5): 973-980.

[18] Tsuzuki S, Tokuda H, Hayamizu K, et al. Magnitude and directionality of interaction in ion pairs of ionic liquids:Relationship with ionic conductivity. J. Phys. Chem. B. ,2005,109(34): 16474-16481.

[19] Endres F. Physical chemistry of ionic liquids. PCCP, 2010,12(8): 1648-1648.

[20] Verevkin S P, Emel'yanenko V N, Zaitsau D H, et al. Thermochemistry of imidazolium-based ionic liquids: Experiment and first-principles calculations. PCCP, 2010,12(45): 14994-15000.

[21] Wang Y, Li H, Han S. The chemical nature of the [sup[direct-sum]] C—H[centered ellipsis] X^- (X = Cl or Br) interaction in imidazolium halide ionic liquids. J. Chem. Phys., 2006, 124(4): 044504-044508.

[22] Sosa G L, Peruchena N M, Contreras R H, et al. Topological and NBO analysis of hydrogen bonding interactions involving C—H…O bonds. J. Mol. Struc-THEOCHEM, 2002, 577(2-3): 219-228.

[23] Scröder U, Wadhawan J D, Compton R G, et al. Water - induced accelerated ion diffusion: Voltammetric studies in 1-methyl-3-[2,6-(S)-dimethylocten-2-yl]imidazolium tetrafluoroborate, 1-butyl-3-methylimidazolium tetrafluoroborate and hexafluoroborate ionic liquids. New J. Chem., 2000, 24 (12): 1009-1015.

[24] Canongia Lopes J N, Padua A A H. Nanostructural organization in ionic liquids. J. Phys. Chem. B., 2006, 110: 3330-3335.

[25] Russina O, Triolo A, Gontrani L, et al. Mesoscopic structural heterogeneities in room-temperature ionic liquids. J. Phys. Chem. Lett., 2012, 3: 27-33.

[26] Triolo A, Russina O, Bleif H-J. et al. Nanoscale segregation in room temperature ionic liquids. J. Phys. Chem. B., 2007, 111: 4641-4644.

[27] Aoun B, Goldbach A, Gonzaález M, et al. Nanoscale heterogeneity in alkyl-methylimidazolium bromide ionic liquids. J. Chem. Phys., 2011, 134(10): 104509-104515.

[28] Triolo A, Russina O, Fazio B, et al. Nanoscale organization in piperidinium-based room temperature ionic liquids. J. Chem. Phys., 2009, 130(16): 16452-16457.

[29] Santos C S, Murthy N S, Baker G, et al. X-ray scattering from ionic liquids with pyrrolidinium cations. J. Chem. Phys., 2011, 134(12): 121101-121104.

[30] Atkin R, Warr G G. The smallest amphiphiles: Nanostructure in protic room-temperature ionic liquids with short alkyl groups. J. Phys. Chem. B., 2008, 112(14): 4164-4166.

[31] Hayes R, Imberti S, Warr G G, et al. Amphiphilicity determines nanostructure in protic ionic liquids. Phys. Chem. Chem. Phys., 2011, 13: 3237-3247.

[32] Greaves T L, Kennedy D F, Kirby N, et al. Nanostructure changes in protic ionic liquids (PIL) through adding solutes and mixing PILs. Phys. Chem. Chem. Phys., 2011, 13: 13501-13509.

[33] Bernardes C E S, Piedade M E M, Lopes J N C. The structure of aqueous solutions of a hydrophilic ionic liquid: The full concentration range of 1-ethyl-3-methylimidazolium ethylsulfate and water. J. Phys. Chem. B., 2011, 115: 2067-2074.

[34] Dong K, Song Y, Liu X, et al. Understanding structures and hydrogen bonds of ionic liquids at the electronic level. J. Phys. Chem. B., 2012, 116: 1007-1017.

[35] Fumino K, Wulfa A, Ludwig R. The potential role of hydrogen bonding in aprotic and protic ionic liquids. Phys. Chem. Chem. Phys., 2009, 11: 8790-8794.

[36] Sosa G L, Peruchena N M, Contreras R H, et al. Topological and NBO analysis of hydrogen bonding interactions involving C-H…O bonds. J. Mol. Struct-THEOCHEM, 2002, 577: 219-228.

[37] Roth C, Peppel T, Fumino K, et al. The importance of hydrogen bonds for the structure of ionic liquids: Single-crystal X-ray diffraction and transmission and attenuated total reflection spectroscopy in the terahertz region. Angew. Chem. Int. Ed., 2010, 49: 10221-10224.

[38] Hasan M, Kozhevnikov I V, Siddiqui M R H, et al. *N*,*N*-dialkylimidazolium chloroplatinate(Ⅱ), chloroplatinate(Ⅳ), and chloroiridate(Ⅳ) salts and an n-heterocyclic carbene complex of platinum(Ⅱ): Synthesis in ionic liquids and crystal structures. Inorg. Chem., 2001, 40: 795-800.

[39] Matsumoto K, Hagiwara R, Mazej Z, et al. Crystal structures of frozen room temperature ionic liquids, 1-ethyl-3-methylimidazolium tetrafluoroborate ($EMImBF_4$), hexafluoroniobate ($EMImNbF_6$) and hexafluorotantalate ($EMImTaF_6$), determined by low-temperature X-ray diffraction. Solid State Sci., 2006, 8: 1250-1257.

[40] Fumino K, Peppel T, Geppert-Rybczyńska M, et al. The influence of hydrogen bonding on the physical properties of ionic liquids. Phys. Chem. Chem. Phys., 2011, 13: 14064-14075.

[41] Dong K, Zhang S. Hydrogen bonds: A structural insight into ionic liquids. Chem. Eur. J. 2012,18: 2748-2761.

[42] 吉青,杨小震. 分子力场发展的新趋势. 化学通报, 2005, 2: 111-116.

[43] Cornell W D, Cieplak P, Bayly C I, et al. A second force-field for the simulation of proteins, nucleic-acids, and organic-molecules. J. Am. Chem. Soc., 1995,117: 5179-5197.

[44] MacKerell A D, Bashford D, Bellott M D R L, et al. All-atom empirical potential for molecular modeling and dynamics studies of proteins. J. Phys. Chem. B.,1998,102: 3586-3616.

[45] Jorgensen W L, Maxwell D S,TiradoRives J. Development and testing of the OPLS all-atom force field on conformational energies and properties of organic liquids. J. Am. Chem. Soc., 1996,118: 11225-11236.

[46] de Andrade J,Böes E S, Stassen H. A force field for liquid state simulations on room temperature molten salts: 1-ethyl-3-methylimidazolium tetrachloroaluminate. J. Phys. Chem. B., 2002,106: 3546-3548.

[47] de Andrade J, Böes E S,Stassen H. Computational study of room temperature molten salts composed by 1-alkyl-3-methylimidazolium cations-force-field proposal and validation. J. Phys. Chem. B., 2002,106: 13344-13351.

[48] Chaumont A, Engler E, Wipff G. Uranyl and strontium salt solvation in room-temperature ionic liquids, a molecular dynamics investigation. Inorg. Chem.,2003, 42: 5348-5356.

[49] Chaumont A, Wipff G. M^{3+} lanthanide chloride complexes in "neutral" room temperature ionic liquids: A theoretical study. J. Phys. Chem. B., 2004,108: 3311-3331.

[50] Chaumont A, Wipff G. Solvation of uranyl(Ⅱ) and europium(Ⅲ) cations and their chloro complexes in a room-temperature ionic liquid, a theoretical study of the effect of solvent "humidity". Inorg. Chem., 2004,43: 5891-5901.

[51] Del Popolo M G, Voth G A. On the structure and dynamics of ionic liquids. J. Phys. Chem. B., 2004,108: 1744-1752.

[52] Liu Z, Huang S,Wang W. A refined force field for molecular simulation of imidazolium-based ionic liquids. J. Phys. Chem. B., 2004,108: 12978-12989.

[53] Chaumont A, Schurhammer R, Wipff G. Aqueous interfaces with hydrophobic room-temperature ionic liquids: A molecular dynamics study. J. Phys. Chem. B., 2005,109: 18964-18973.

[54] Gaillard C, Billard I, Chaumont A, et al. Europium(Ⅲ) and its halides in anhydrous room-temperature imidazolium-based ionic liquids: A combined TRES, EXAFS, and molecular dynamics study. Inorg. Chem., 2005,44: 8355-8367.

[55] Wu X, Liu Z, Huang S, et al. Molecular dynamics simulation of room-temperature ionic liquid mixture of [bmim][BF_4] and acetonitrile by a refined force field. Phys. Chem. Chem. Phys.,2005, 7: 2771-2779.

[56] Liu X, Zhang S, Zhou G, et al. New force field for molecular simulation of guanidinium-based ionic liquids. J. Phys. Chem. B.,2006,110: 12062-12071.

[57] Salanne M, Simon C,Turq P. Molecular dynamics simulation of hydrogen fluoride mixtures with 1-ethyl-3-methylimidazolium fluoride: A simple model for the study of structural features. J. Phys. Chem. B., 2006,110: 3504-3510.

[58] Sieffert N,Wipff G. Alkali cation extraction by calix[4] crown-6 to room-temperature ionic liquids. The effect of solvent anion and humidity investigated by molecular dynamics simulations. J. Phys. Chem. A., 2006,110: 1106-1117.

[59] Sieffert N, Wipff G. Comparing an ionic liquid to a molecular solvent in the cesium cation extraction by a calixarene: A molecular dynamics study of the aqueous interfaces. J. Phys. Chem. B., 2006,110: 19497-19506.

[60] Sieffert N,Wipff G. The [Bmim][NTf_2] ionic liquid/water binary system: A molecular dynamics study of phase separation and of the liquid-liquid interface. J. Phys. Chem. B., 2006, 110: 13076-13085.

[61] Morrow T I, Maginn E J. Molecular dynamics study of the ionic liquid 1-n-butyl-3-methylimidazolium hexafluorophosphate. J. Phys. Chem. B., 2002. 106: 12807-12813.

[62] Cadena C, Anthony J L, Shah J K, et al. Why is CO_2 so soluble in imidazolium-based ionic liquids? J. Am.

Chem. Soc. , 2004,1 26: 5300-5308.

[63] Urahata S M, Ribeiro M C C. Structure of ionic liquids of 1-alkyl-3-methylimidazolium cations: A systematic computer simulation study. J. Chem. Phys. , 2004,120: 1855-1863.

[64] Lee S U, Jung J, Han Y K. Molecular dynamics study of the ionic conductivity of 1-*n*-butyl-3-methylimidazolium salts as ionic liquids. Chem. Phys. Lett. , 2005,406: 332-340.

[65] Cadena C, Maginn E J. Molecular simulation study of some thermophysical and transport properties of triazolium-based ionic liquids. J. Phys. Chem. B. ,2006,110(36): 18026-18039.

[66] Cadena C, Zhao Q, Snurr R Q, et al. Molecular modeling and experimental studies of the thermodynamic and transport properties of pyridinium-based ionic liquids. J. Phys. Chem. B. , 2006,110: 2821-2832.

[67] Margulis C J, Stern H A, Berne B J. Computer simulation of a "green chemistry" room-temperature ionic solvent. J. Phys. Chem. B. , 2002,106: 12017-12021.

[68] Shah J K, Brennecke J F. Thermodynamic properties of the ionic liquid 1-n-butyl-3-methylimidazolium hexafluorophosphate from monte carlo simulations. Green Chem. ,2002. 4: 112-118.

[69] Deschamps J, Costa Gomes M F, Pádua A A H. Molecular simulation study of interactions of carbon dioxide and water with ionic liquids. Chem. Phys. Chem. ,2004,5: 1049-1052.

[70] Lopes J, N C, Deschamps J, Pádua A A H. Modeling ionic liquids using a systematic all-atom force field. J. Phys. Chem. B. , 2004,108: 2038-2047.

[71] Lopes J N C, Pádua A A H. Molecular force field for ionic liquids composed of triflate or bistriflylimide anions. J. Phys. Chem. B. , 2004,108: 16893-16898.

[72] Alavi S, Thompson D L. Simulations of the solid, liquid, and melting of 1-*n*-butyl-4-amino-1,2,4-triazolium bromide. J. Phys. Chem. B. , 2005,109: 18127-18134.

[73] Alavi S, Thompson D L. Molecular dynamics studies of melting and some liquid-state properties of 1-ethyl-3-methylimidazolium hexafluorophosphate [emim] [PF_6] . J. Chem. Phys. , 2005,122: 54704-54704.

[74] Lopes J, N C, Pádua A A H. Molecular force field for ionic liquids Ⅲ: Imidazolium, pyridinium, and phosphonium cations; chloride, bromide, and dicyanamide anions. J. Phys. Chem. B. , 2006,110: 19586-19592.

[75] Sun H. COMPASS: An *ab initio* force-field optimized for condensed-phase applications overview with details on alkane and benzene compounds. J. Phys. Chem. B. ,1998,102: 7338-7364.

[76] Derecskei B, Derecskei-Kovacs A. Molecular dynamic studies of the compatibility of some cellulose derivatives with selected ionic liquids. Mol. Simulat. , 2006,32: 109-115.

[77] Micaelo N M, Baptista A M, Soares C M. Parametrization of 1-butyl-3-methylimidazolium hexafluorophosphate/nitrate ionic liquid for the GROMOS force field. J. Phys. Chem. B. , 2006,110: 14444-14451.

[78] Yan T, Burnham C J, Del Pópolo M G, et al. Molecular dynamics simulation of ionic liquids: The effect of electronic polarizability. J. Phys. Chem. B. , 2004,108: 11877-11881.

[79] Yan T, Li S, Jiang W, et al. Structure of the liquid-vacuum interface of room-temperature ionic liquids: A molecular dynamics study. J. Phys. Chem. B. , 2004. 110: 1800-1806.

[80] 张锁江，吕兴梅. 离子液体——从基础研究到工业应用. 北京：科学出版社，2006.

[81] Bayly C I, Cieplak P, Cornell W D, et al. A well-behaved electrostatic potential based method using charge restraints for determining atom-centered charges: The RESP Model. J. Phys. Chem. A. , 1993,97: 10269-10280.

[82] Morrow T I, Maginn E J. Molecular dynamics study of the ionic liquid 1-n-butyl-3-methylimidazolium hexafluorophosphate. J. Phys. Chem. B. ,2003,107(34): 9160.

[83] Breneman C M, Wiberg K B J. Determining atom-centered monopoles form molecular eletrostatic potentials the need for high sampling density in formamide conformational analysis. J. Comp. Chem. ,1990,11: 361-373.

[84] Bradaric C J, Downard A, Kennedy C, et al. Industrial preparation of phosphonium ionic liquids. Green Chem. , 2003,5: 143-152.

[85] Hanke C G, Price S L, Lynden-Bell R M. Intermolecular potentials for simulations of liquid imidazolium salts.

Molec. Phys., 2001,99: 801-809.

[86] Fannin A A, Floreani D A, King L A, et al. Properties of 1,3-dialkylimidazolium chloride-aluminum chloride ionic liquids. 2. Phase transitions, densities, electrical conductivities, and viscosities. J. Phys. Chem. A., 1984,88: 2614-2621.

[87] Krummen M, Wasserscheid P, Gmehling J. Measurement of activity coefficients at infinite dilution in ionic liquids using the dilutor technique. J. Chem. Eng. Data., 2002,47: 1411-1417.

[88] Noda A, Hayamizu K, Watanabe M. Pulsed-gradient spin-echo ^1H and ^{19}F NMR ionic diffusion coefficient, viscosity, and ionic conductivity of non-chloroaluminate room-temperature ionic liquids. J. Phys. Chem. B., 2001, 105: 4603-4610.

[89] Nishida T, Tashiro Y, Yamamoto M. Physical and electrochemical properties of 1-alkyl-3-methylimidazolium tetrafluoroborate for electrolyte. J. Fluorine Chem., 2003,120: 135-141.

[90] Zhou Z B, Matsumoto H, Tatsumi K. Low-melting, low-viscous, hydrophobic ionic liquids : 1-alkyl (alkyl ether)-3-methylimidazolium perfluoroalkyltrifluoroborate. Chem. Eur. J., 2004, 10: 6581-6591.

[91] Hyun B R, Dzyuba S V, Bartsch R A, et al. Intermolecular dynamics of room-temperature ionic liquids: Femtosecond optical kerr effect measurements on 1-alkyl-3-methylimidazolium bis[(trifluoromethyl)sulfonyl] imides. J. Phys. Chem. A., 2002. 106: 7579-7585.

[92] Matsumoto H, Yanagida M, Tanimoto K, et al. Highly conductive room temperature molten salts based on small trimethylalkylammonium cations and bis(trifluoromethylsulfonyl)imide. Chem. Lett., 2000,8: 922-923.

[93] Dzyuba S V, Bartsch R A. Influence of structural variations in 1-alkyl (aralkyl)-3-methylimidazolium hexafluorophosphates and bis(trifluoromethylsulfonyl)imides on physical properties of the ionic liquids. Chem. Phys. Chem., 2002,3: 161-166.

[94] Cooper E I, O'Sullivan J M. International symposium on ionic liquids. 8th. Pennington, N J. The Electrochemical Society Proceedings Series, 1992.

[95] Muzart J. Ionic Liquids as solvents for catalyzed oxidations of organic compounds. Adv. Syn. Catal., 2006,348: 275-295.

[96] Gu Z, Brennecke J F. Volume expansivities and isothermal compressibilities of imidazolium and pyridinium-based ionic liquids. J. Chem. Eng. Data., 2002, 47: 339-345.

[97] Fortunato R, Afonso C A M, Reis M A M, et al. Supported liquid membranes using ionic liquids: Study of stability and transport mechanisms. J. Membr. Sci., 2004,242: 197-209.

[98] Wang J J, Tian Y, Zhao Y, et al. A volumetric and viscosity study for the mixtures of 1-*n*-butyl-3-methylimidazolium tetrafluoroborate ionic liquid with acetonitrile, dichloromethane, 2-butanone and *N*, *N*-dimethylformamide. Green Chem., 2003,5: 618-622.

[99] Branco L C, Rosa J N, Ramos J J M, et al. Preparation and characterization of new room temperature ionic liquids. Chem. Eur. J., 2002,8: 3671-3677.

[100] Huddleston J G, Visser A E, Reichert W M, et al. Characterization and comparison of hydrophilic and hydrophobic room temperature ionic liquids incorporating the imidazolium cation. Green Chem., 2001,3: 156-164.

[101] Carda-Broch S, Berthod A, Armstrong D W. Solvent properties of the 1-butyl-3-methylimidazolium hexafluorophosphate ionic liquid. Anal. Bioanal. Chem., 2003,375: 191-199.

[102] Olivier-Bourbigou H, Magna L. Ionic liquids: Perspectives for organic and catalytic reactions. J. Mol. Catal. A: Chem., 2002,182-183: 419-437.

[103] Bonhote P, Dias A P, Papageorgiou N, et al. Hydrophobic, highly conductive ambient-temperature molten salts. Inorg. Chem., 1996,35: 1168-1178.

[104] Fredlake C P, Crosthwaite J M, Hert D G, et al. Thermophysical properties of imidazolium-based ionic liquids. J. Chem. Eng. Data., 2004,49: 954-964.

[105] MacFarlane D R, Meakin P, Sun J, et al. Pyrrolidinium imides: A new family of molten salts and conductive

plastic crystal phases. J. Phys. Chem. B.，1999，103：4164-4170.

[106] Blanchard L A，Gu Z，Brennecke J F. High-pressure phase behavior of ionic liquid/CO_2 systems. J. Phys. Chem. B.，2001,105：2437-2444.

[107] Yaws C L，Miller J W，Shah P N，et al. Correlation constants for chemical compounds. Chem. Eng.，1976，83(25)：153-162.

[108] Baker S N，Baker G A，Kane M A，et al. The cybotactic region surrounding fluorescent probes dissolved in 1-butyl-3-methylimidazolium hexafluorophosphate：Effects of temperature and added carbon dioxide. J. Phys. Chem. B.，2001,105：9663-9668.

[109] Tokuda H，Hayamizu K，Ishii K，et al. Physicochemical properties and structures of room temperature ionic liquids. 1. Variation of anionic species. J. Phys. Chem. B.,2004,108：16593-16600.

[110] Zhou G，Liu X，Zhang S，et al. A force field for molecular simulation of tetrabutylphosphonium amino acid ionic liquids. J. Phys. Chem. B.,2007,111：7078-7084.

[111] Laaksonen L. A graphics program for the analysis and display of molecular dynamics trajectories. J. Mol. Graphics.，1992,10：33-34.

[112] Blanchard L A，Hancu D，Beckman E J，et al. Green processing using ionic liquids and CO_2. Nature，1999，399(6731)：28-29.

[113] Bates E D，Mayton R D，Ntai I，et al. CO_2 capture by a task-specific ionic liquid. J. Am. Chem. Soc.，2002，124(6)：926-927.

[114] Kamps A P S，Tuma D，Xia J Z，et al. Solubility of CO_2 in the ionic liquid [bmim][PF_6] J. Chem. Eng. Data，2003,48(3)：746-749.

[115] Aki S N V K，Mellein B R，Saurer E M，et al. High-pressure phase behavior of carbon dioxide with imidazolium-based ionic liquids. J. Phys. Chem. B.，2004,108：20355-20365.

[116] Zhang S J，Chen Y H，Ren R X F，et al. Solubility of CO_2 in sulfonate ionic liquids at high pressure. J. Chem. Eng. Data，2005，50(1)：230-233.

[117] Zhang S J，Yuan X L，Chen Y H，et al. Solubilities of CO_2 in 1-butyl-3-methylimidazolium hexafluorophosphate and 1，1，3，3-tetramethylguanidium lactate at elevated pressures. J. Chem. Eng. Data，2005，50(5)：1582-1585.

[118] Kumelan J，Kamps A P S，Tuma D，et al. Solubility of CO_2 in the ionic liquid [hmim][NTf_2]. J. Chem. Thermodyn.，2006,38(11)：1396-1401.

[119] Yu G，Zhang S，Yao X，et al. Design of task-specific ionic liquids for capturing CO_2：A molecular orbital study. Ind. Eng. Chem. Res.，2006,45(8)：2875-2880.

[120] Muldoon M J，Aki S，Anderson J L，et al. Improving carbon dioxide solubility in ionic liquids. J. Phys. Chem. B.，2007,111(30)：9001-9009.

[121] Yuan X，Zhang S，Liu J，et al. Solubilities of CO_2 in hydroxyl ammonium ionic liquids at elevated pressures. Fluid Phase Equilibria，2007,257(2)：195-200.

[122] Zhang X，Liu Z,Wang W. Screening of ionic liquids to capture CO_2 by COSMO-RS and experiments. AIChE Journal，2008,54(10)：2717-2728.

[123] Zhang J，Sun J，Zhang X，et al. The recent development of CO_2 fixation and conversion by ionic liquid. Greenhouse Gases-Science and Technology，2011,1(2)：142-159.

[124] Zhang X，Zhang X，Dong H，et al. Carbon capture with ionic liquids：Overview and progress. Energy Environ. Sci.，2012,5：6668-6681.

[125] Deng D，Cui Y，Chen D，et al. Solubility of CO_2 in amide-based bronsted acidic ionic liquids. J. Chem. Thermodyn.,2013,57：355-359.

[126] Zhang Y，Yu P,Luo Y. Absorption of CO_2 by amino acid-functionalized and traditional dicationic ionic liquids：Properties，Henry's law constants and mechanisms. Chem. Eng. J.，2013,214：355-363.

[127] 闫志勇，陈昌和，曾宪忠. CO_2 排放导致的地球温升问题及基本技术对策. 环境科学进展，1999，7(6)：175-181.

[128] Huang X H，Margulis C J，Li Y H，et al. Why is the partial molar volume of CO_2 so small when dissolved in a room temperature ionic liquid? Structure and dynamics of CO_2 dissolved in $Bmim^{(+)}$ PF_6^-. J. Am. Chem. Soc.，2005，127(50)：17842-17851.

[129] Shah J K，Maginn E J. Monte Carlo simulations of gas solubility in the ionic liquid 1-*n*-butyl-3-methylimidazolium hexafluorophosphate. J. Phys. Chem. B.，2005，109(20)：10395-10405.

[130] Wu X P，Liu Z P，Wang W C. Molecular dynamics simulation of gas solubility in room temperature ionic liquids. Acta Physico-Chimica Sinica，2005，21(10)：1138-1142.

[131] Bhargava B L，Balasubramanian S. Insights into the structure and dynamics of a room-temperature ionic liquid：Ab initio molecular dynamics simulation studies of 1-*n*-butyl-3-methylimidazolium hexafluorophosphate (bmim PF_6) and the bmim PF_6-CO_2 mixture. J. Phys. Chem. B.，2007，111(17)：4477-4487.

[132] Bhargava B L，Krishna A C，Balasubramanian S. Molecular dynamics simulation studies of CO_2-[bmim] [PF_6] solutions：Effect of CO_2 concentration. AIChE Journal，2008，54(11)：2971-2978.

[133] Shi W，Maginn E J. Atomistic simulation of the absorption of carbon dioxide and water in the ionic liquid 1-*n*-hexyl-3-methylimidazolium bis(trifluoromethylsulfonyl)imide ([hmim] [NTf_2]) J. Phys. Chem. B.，2008，112(7)：2045-2055.

[134] Cadena C，Anthony J L，Shah J K，et al. Why is CO_2 so soluble in imidazolium-based ionic liquids? J. Am. Chem. Soc.，2004，126(16)：5300-5308.

[135] Zhang X C，Huo F，Liu Z P，et al. Absorption of CO_2 in the ionic liquid 1-*n*-Hexyl-3-methylimidazolium tris (pentafluoroethyl)trifluorophosphate ([hmim] [FEP])：A molecular view by computer simulations. J. Phys. Chem. B.，2009，113(21)：7591-7598.

[136] Wang Y，Pan H，Li H，et al. Force field of the TMGL ionic liquid and the solubility of SO_2 and CO_2 in the TMGL from molecular dynamics simulation. J. Phys. Chem. B.，2007，111(35)：10461-10467.

[137] Zhang X，Liu X，Yao X，et al. Microscopic structure，interaction，and properties of a guanidinium-based ionic liquid and its mixture with CO_2. Ind. Eng. Chem. Res.，2011，50(13)：8323-8332.

[138] Klemm D，Heublein B，Fink H P，et al. Cellulose：Fascinating biopolymer and sustainable raw material. Angew. Chem. Int. Ed.，2005，44(22)：3358-3393.

[139] Moutos F T，Freed L E，Guilak F. A biomimetic three-dimensional woven composite scaffold for functional tissue engineering of cartilage. Nat. Mater.，2007，6(2)：162-167.

[140] Pinkert A，Marsh K N，Pang S. Reflections on the solubility of cellulose. Ind. Eng. Chem. Res.，2010，49(22)：11121-11130.

[141] Nishino T，Matsuda I，Hirao K. All-cellulose composite. Macromolecules，2004，37(20)：7683-7687.

[142] Heinze T，Schwikal K，Barthel S. Ionic liquids as reaction medium in cellulose functionalization. Macromol. Biosci.，2005，5(6)：520-525.

[143] Fischer S，Voigt W，Fischer K. The behaviour of cellulose in hydrated melts of the composition LiX center dot nH_2O ($X = I^-$，NO_3^- CH_3COO^-，ClO_4^-). Cellulose，1999，6(3)：213-219.

[144] Yang Q，Qin X，Zhang L. Properties of cellulose films prepared from NaOH/urea/zincate aqueous solution at low temperature. Cellulose，2011，18(3)：681-688.

[145] Swatloski R P，Spear S K，Holbrey J D，et al. Dissolution of cellose with ionic liquids. J. Am. Chem. Soc.，2002，124(18)：4974-4975.

[146] Fukaya Y，Hayashi K，Wada M，et al. Cellulose dissolution with polar ionic liquids under mild conditions：Required factors for anions. Green Chem.，2008，10(1)：44-46.

[147] Abe M，Fukaya Y，Ohno H. Extraction of polysaccharides from bran with phosphonate or phosphinate-derived ionic liquids under short mixing time and low temperature. Green Chem.，2010，12(7)：1274-1280.

[148] Fukaya Y, Sugimoto A, Ohno H. Superior solubility of polysaccharides in low viscosity, polar, and halogen-free 1,3-dialkylimidazolium formates. Biomacromolecules, 2006, 7(12): 3295-3297.

[149] Sun N, Rahman M, Qin Y, et al. Complete dissolution and partial delignification of wood in the ionic liquid 1-ethyl-3-methylimidazolium acetate. Green Chem., 2009, 11(5): 646-655.

[150] Xu A R, Wang J J, Wang H Y. Effects of anionic structure and lithium salts addition on the dissolution of cellulose in 1-butyl-3-methylimidazolium-based ionic liquid solvent systems. Green Chem., 2010, 12(2): 268-275.

[151] Phillips D M, Drummy L F, Conrady D G, et al. Dissolution and regeneration of *Bombyx mori* silk fibroin using ionic liquids. J. Am. Chem. Soc., 2004, 126(44): 14350-14351.

[152] Mikkola J P, Kirilin A, Tuuf J C, et al. Ultrasound enhancement of cellulose processing in ionic liquids: From dissolution towards functionalization. Green Chem., 2007, 9(11): 1229-1237.

[153] Garcia H, Ferreira R, Petkovic M, et al. Dissolution of cork biopolymers in biocompatible ionic liquids. Green Chem., 2010, 12(3): 367-369.

[154] Zhao H, Baker G A, Song Z, et al. Designing enzyme-compatible ionic liquids that can dissolve carbohydrates. Green Chem., 2008, 10(6): 696-705.

[155] Moulthrop J S, Swatloski R P, Moyna G, et al. High-resolution C-13 NMR studies of cellulose and cellulose oligomers in ionic liquid solutions. Chem. Commun., 2005, (12): 1557-1559.

[156] Remsing R C, Swatloski R P, Rogers R D, et al. Mechanism of cellulose dissolution in the ionic liquid 1-*n*-butyl-3-methylimidazolium chloride: A C-13 and Cl-35/37 NMR relaxation study on model systems. Chem. Commum., 2006, (12): 1271-1273.

[157] Remsing R C, Hernandez G, Swatloski R P. et al. Solvation of carbohydrates in N,N'-dialkylimidazolium ionic liquids: A multinuclear NMR spectroscopy study. J. Phys. Chem. B., 2008, 112(35): 11071-11078.

[158] Youngs T G A, Hardacre C, Holbrey J D. Glucose solvation by the ionic liquid 1,3-dimethylimidazolium chloride: A simulation study. J. Phys. Chem. B., 2007, 111(49): 13765-13774.

[159] Liu H B, Sale K L, Holmes B M, et al. Understanding the interactions of cellulose with ionic liquids: A molecular dynamics study. J. Phys. Chem. B., 2010, 114(12): 4293-4301.

[160] Zhang J, Zhang H, Wu J, et al. NMR spectroscopic studies of cellobiose solvation in EmimAc aimed to understand the dissolution mechanism of cellulose in ionic liquids. Phys. Chem. Chem. Phys., 2010, 12(8): 1941-1947.

[161] Lindman B, Karlström G, Stigsson L. On the mechanism of dissolution of cellulose. J. Mol. Liq., 2010, 156(1): 76-81.

[162] Youngs T G A, Holbrey J D, Deetlefs M, et al. A molecular dynamics study of glucose solvation in the ionic liquid 1,3-dimethylimidazolium chloride. Chem. Phys. Chem., 2006, 7(11): 2279-2281.

[163] Guo J, Zhang D, Duan C, et al. Probing anion-cellulose interactions in imidazolium-based room temperature ionic liquids: A density functional study. Carbohydr. Res., 2010, 345(15): 2201-2205.

[164] Guo J X, Zhang D J, Liu C B. A theoretical investigation of the interactions between cellulose and 1-buty-3-methylimidazolium chloride. J. Theory Comput. Chem., 2010, 9(3): 611-624.

[165] Cho H M, Gross A S, Chu J-W. Dissecting force interactions in cellulose deconstruction reveals the required solvent versatility for overcoming biomass recalcitrance. J. Am. Chem. Soc., 2011, 133(35): 14033-14041.

[166] Gross A S, Bell A T, Chu J-W. Thermodynamics of cellulose solvation in water and the ionic liquid 1-butyl-3-methylimidazolium chloride. J. Phys. Chem. B., 2011, 115(46): 13433-13440.

[167] Zhao Y, Liu X, Wang J, et al. Effects of cationic structure on cellulose dissolution in ionic liquids: A molecular dynamics study. Chem. Phys. Chem., 2012, 13(13): 3126-3133.

[168] 赵玉灵. 离子液体及其混合物的分子动力学模拟. 新乡:河南师范大学博士学位论文, 2013.

[169] Zhao Y, Liu X, Wang J, et al. Effects of anionic structure on the dissolution of cellulose in ionic liquids revealed by molecular simulation. Carbohydr. Polym., 2013, 94(2): 723-730.

[170] Taylor R, Kennard O. Crystallographic evidence for the existence of C—H⋯O, C—H⋯N, and C—H⋯Cl hydrogen-bonds. J. Am. Chem. Soc., 1982, 104(19): 5063-5070.

[171] Wang H, Gurau G, Rogers R D. Ionic liquid processing of cellulose. Chem. Soc. Rev., 2012, 41(4): 1519-1537.

[172] Blesic M, Marques M H, Plechkova N V, et al. Self-aggregation of ionic liquids: Micelle formation in aqueous solution. Green Chem., 2007, 9(5): 481-490.

[173] Wang J, Wang H, Zhang S, et al. Conductivities, volumes, fluorescence, and aggregation behavior of ionic liquids [C(4)mim][BF_4] and [C(n)mim]Br(n = 4, 6, 8, 10, 12) in aqueous solutions. J. Phys. Chem. B., 2007, 111(22): 6181-6188.

[174] Liu H, Cheng G, Kent M, et al. Simulations reveal conformational changes of methylhydroxyl groups during dissolution of cellulose I-beta in ionic liquid 1-ethyl-3-methylimidazolium acetate. J. Phys. Chem. B., 2012, 116(28): 8131-8138.

[175] Klamt A. Conductor-like screening model for real solvents: A new approach to the quantitative calculation of solvation phenomena. J. Phys. Chem., 1995, 99(7): 2224-2235.

[176] Hsieh C-M, Sandler S I, Lin S-T. Improvements of COSMO-SAC for vapor-liquid and liquid-liquid equilibrium predictions. Fluid Phase Equilibria, 2010, 297(1): 90-97.

[177] Grensemann H, Gmehling J. Performance of a conductor-like screening model for real solvents model in comparison to classical group contribution methods. Ind. Eng. Chem. Res., 2005, 44(5): 1610-1624.

[178] Eckert F K A. COSMOtherm X, version C2.1, Release01.10. KG, Leverkusen, Germany, COSMOlogic Gmbh@Co. 2010.

[179] Wang S, Sandler S I, Chen C C. Refinement of COSMO-SAC and the applications. Ind. Eng. Chem. Res., 2007, 46(22): 7275-7288.

[180] Yang L, Sandler S I, Peng C, et al. Prediction of the phase behavior of ionic liquid solutions. Ind. Eng. Chem. Res., 2010, 49(24): 12596-12604.

[181] 尹伟超，崔现宝，吴添，等. 离子液体对乙腈-水体系汽液平衡的影响. 广州：中国化工学会2009年年会暨第三届全国石油和化工行业节能节水减排技术论坛论文集，2009：190-193.

[182] Kurzin A V, Evdokimov A N, Poltoratskiy G M, et al. Isothermal vapor-liquid equilibrium data for the systems 1,4-dioxane + water + tetrabutylammonium nitrate and acetonitrile + water + tetrabutylammonium bromide. J. Chem. Eng. Data, 2003, 49(2): 208-211.

[183] Kurzin A V. Evdokimov A N, Antipina V B, et al. Measurement and correlation of isothermal vapor-liquid equilibrium data for the system acetonitrile + water + tetrapropylammonium bromide. J. Chem. Eng. Data, 2006, 51(4): 1361-1363.

[184] Lei Z, Arlt W, Wasserscheid P. Selection of entrainers in the 1-hexene/n-hexane system with a limited solubility. Fluid Phase Equilibria, 2007, 260(1): 29-35.

[185] Li J, Yang X, Chen K, et al. Sifting ionic liquids as additives for separation of acetonitrile and water azeotropic mixture using the COSMO-RS method. Ind. Eng. Chem. Res., 2012, 51(27): 9376-9385.

[186] Anthony J L, Anderson J L, Maginn E J, et al. Anion effects on gas Solubility in ionic liquids. J. Phys. Chem. B., 2005, 109(13): 6366-6374.

[187] Zhang X C, Liu Z P, Wang W C. Screening of ionic liquids to capture CO_2 by COSMO-RS and experiments. AIChE Journal, 2008, 54(10): 2717-2728.

[188] Maiti A. Theoretical screening of ionic liquid solvents for carbon capture. Chem. Sus. Chem., 2009, 2(7): 628-631.

[189] Zhu X, Lu Y X, Peng C J, et al. Halogen bonding interactions between brominated ion pairs and CO_2 molecules: Implications for design of new and efficient ionic liquids for CO_2 absorption. J. Phys. Chem. B., 2011, 115(14): 3949-3958.

[190] Li H Y, Lu Y X, Zhu X, et al. CO_2 capture through halogen bonding: A theoretical perspective. Science China-Chemistry, 2012,55(8): 1566-1572.

[191] Li H Y, Lu Y X, Wu W H, et al. Noncovalent interactions in halogenated ionic liquids: Theoretical study and crystallographic implications. PCCP, 2013,15(12): 4405-4414.

[192] Shariati A, Peters C J. High-pressure phase behavior of systems with ionic liquids: Measurements and modeling of the binary system fluoroform + 1-ethyl-3-methylimidazolium hexafluorophosphate. J. Supercrit. Fluid., 2003,25(2): 109-117.

[193] Shiflett M B, Yokozeki A. Solubility of CO_2 in room temperature ionic liquid [hmim] [NTf_2] J. Phys. Chem. B., 2007,111(8): 2070-2074.

[194] Carvalho P J, Alvarez V H, Machado J J B, et al. High pressure phase behavior of carbon dioxide in 1-alkyl-3-methylimidazolium bis(trifluoromethylsulfonyl)imide ionic liquids. J. Supercrit. Fluid., 2009,48(2): 99-107.

[195] Trindade C A S, Visak Z P, Bogel-Lukasik R, et al. Liquid-liquid equilibrium of mixtures of imidazolium-based ionic liquids with propanediols or glycerol. Ind. Eng. Chem. Res., 2010,49(10): 4850-4857.

[196] Kontogeorgis G M, Voutsas E C, Yakoumis I V, et al. An equation of state for associating fluids. Ind. Eng. Chem. Res., 1996,35(11): 4310-4318.

[197] Peng D-Y, Robinson D B. A new two-constant equation of state. Ind. Eng. Chem. Fundam., 1976, 15(1): 59-64.

[198] 周浩，刘洪来，胡英. 含自缔合流体混合物的分子热力学模型. 化工学报，1998，49(1): 1-10.

[199] Zhou Y, Hall C K, Stell G. Thermodynamic perturbation theory for fused hard-sphere and hard-disk chain fluids. J. Chem. Phys., 1995,103(7): 2688-2695.

[200] 马俊，李进龙，彭昌军，等. 基于黏滞球模型的CPA状态方程应用于醇胺系统相平衡的计算. 化工学报，2010，61(7): 1734-1739.

[201] Ma J, Li J L, He C C, et al. Thermodynamic properties and vapor-liquid equilibria of associating fluids, Peng-Robinson equation of state coupled with shield-sticky model. Fluid Phase Equilibria, 2012,330: 1-11.

[202] Ma J, Fan D F, Peng C J, et al. Modeling pVT properties and vapor-liquid equilibrium of ionic liquids using cubic-plus-association equation of state. Chin. J. Chem. Eng., 2011,19(6): 1009-1016.

[203] Andreu J S, Vega L F. Modeling the solubility behavior of CO_2, H_2, and Xe in [Cn-mim] [NTf_2] ionic liquids. J. Phys. Chem. B., 2008,112(48): 15398-15406.

[204] Hu Y, Liu H, Prausnitz J M. Equation of state for fluids containing chainlike molecules. J. Chem. Phys., 1996,104(1): 396-404.

[205] Wang T, Peng C, Liu H, et al. Description of the pVT behavior of ionic liquids and the solubility of gases in ionic liquids using an equation of state. Fluid Phase Equilibria, 2006,250(1-2): 150-157.

[206] Wang T, Peng C, Liu H, et al. Equation of state for the vapor-liquid equilibria of binary systems containing imidazolium-based ionic liquids. Ind. Eng. Chem. Res., 2007,46(12): 4323-4329.

[207] Mansoori G A, Carnahan N F, Starling K E, et al. Equilibrium thermodynamic properties of the mixture of hard spheres. J. Chem. Phys., 1971,54(4): 1523-1525.

[208] Barker J A, Henderson D. Perturbation theory and equation of state for fluids: The square-well potential. J. Chem. Phys., 1967,47(8): 2856-2861.

[209] Liu H L, Zhou H, Hu Y. Molecular thermodynamic model for fluids containing associated molecules. Chin. J. Chem. Eng., 1997,5(3): 208-218.

[210] Li J, He H, Peng C, et al. A new development of equation of state for square-well chain-like molecules with variable width $1.1 \leqslant \lambda \leqslant 3$. Fluid Phase Equilibria, 2009,276(1): 57-68.

[211] Li J, He H, Peng C, et al. Equation of state for square-well chain molecules with variable range. I: Application for pure substances. Fluid Phase Equilibria, 2009,286(1): 8-16.

[212] 李进龙，彭昌军，刘洪来. 变阱宽方阱链流体状态方程模拟制冷剂的汽液平衡. 化工学报，2009，60(3):

545-552.

[213] Li J, Tong M, Peng C, et al. Equation of state for square-well chain molecules with variable range Ⅱ. Extension to mixtures. Fluid Phase Equilibria, 2009, 287(1): 50-61.

[214] Li J L, He C C, Ma J, et al. Modeling of surface tension and viscosity for non-electrolyte systems by means of the equation of state for square-well chain fluids with variable interaction range. Chin. J. Chem. Eng., 2011, 19(4): 533-543.

[215] Li J L, He Q, He C C, et al. Representation of phase behavior of ionic liquids using the equation of state for square-well chain fluids with variable range. Chin. J. Chem. Eng., 2009, 17(6): 983-989.

[216] 何昌春，朱虹，彭昌军，等. 变阱宽方阱链流体状态方程应用 CO_2-物理吸收溶剂系统. 中国科学化学，2012, 42(3): 282-290.

[217] 何清，李进龙，何昌春，等. 状态方程模拟醇胺系统的密度和汽液相平衡. 化工学报，2010, 61(4): 812-819.

[218] He C, Li J, Ma J, et al. Equation of state for square-well chain molecules with variable range, extension to associating fluids. Fluid Phase Equilibria, 2011, 302(1-2): 139-152.

[219] He C, Li J, Peng C, et al. Capturing thermodynamic behavior of ionic liquid systems: Correlations with the SWCF-VR equation. Ind. Eng. Chem. Res., 2012, 51(7): 3137-3148.

[220] Paulechka Y U, Zaitsau D H, Kabo G J, et al. Vapor pressure and thermal stability of ionic liquid 1-butyl-3-methylimidazolium bis(trifluoromethylsulfonyl)amide. Thermochimica Acta, 2005, 439(1-2): 158-160.

[221] Zaitsau D H, Kabo G J, Strechan A A., et al. Experimental vapor pressures of 1-alkyl-3-methylimidazolium bis(trifluoromethylsulfonyl)imides and a correlation scheme for estimation of vaporization enthalpies of ionic liquids. J. Phys. Chem. A., 2006, 110(22): 7303-7306.

[222] Costantini M, Toussaint V. A, Shariati A, et al. High-pressure phase behavior of systems with ionic liquids: Part IV. Binary system carbon dioxide + 1-hexyl-3-methylimidazolium tetrafluoroborate. J. Chem. Eng. Data, 2004, 50(1): 52-55.

[223] Kroon M C, Shariati A, Costantini M, et al. High-pressure phase behavior of systems with ionic liquids: Part V. The binary system carbon dioxide + 1-butyl-3-methylimidazolium tetrafluoroborate. J. Chem. Eng. Data, 2004, 50(1): 173-176.

[224] Simoni L D, Lin Y. Brennecke J F, et al. Modeling liquid-liquid equilibrium of ionic liquid systems with NRTL, Electrolyte-NRTL, and UNIQUAC. Ind. Eng. Chem. Res., 2007, 47(1): 256-272.

[225] Wang J, Li C, Shen C, et al. Towards understanding the effect of electrostatic interactions on the density of ionic liquids. Fluid Phase Equilibria, 2009, 279(2): 87-91.

[226] Blum L, Hoeye J S. Mean spherical model for asymmetric electrolytes. 2. Thermodynamic properties and the pair correlation function. J. Phys. Chem., 1977, 81(13): 1311-1316.

[227] Wang H, Wang J, Zhang S, et al. Ionic association of the ionic liquids [C_4mim] [BF_4], [C_4mim] [PF_6], and [$C_n$mim] Br in molecular solvents. Chem. Phys. Chem., 2009, 10(14): 2516-2523.

[228] Yang J, Peng C, Liu H, et al. Calculation of vapor-liquid and liquid-liquid phase equilibria for systems containing ionic liquids using a lattice model. Ind. Eng. Chem. Res., 2006, 45(20): 6811-6817.

[229] Xu X, Liu H, Peng C, et al. A new molecular-thermodynamic model based on lattice fluid theory: Application to pure fluids and their mixtures. Fluid Phase Equilibria, 2008, 265(1-2): 112-121.

[230] Xu X, Peng C, Liu H, et al. Modeling pVT properties and phase equilibria for systems containing ionic liquids using a new lattice-fluid equation of state. Ind. Eng. Chem. Res., 2009, 48(24): 11189-11201.

[231] Yokozeki A, Shiflett M B. Global phase behaviors of trifluoromethane in ionic liquid [bmim] [PF_6]. AIChE Journal, 2006, 52(11): 3952-3957.

[232] Shiflett M B, Yokozeki A. Solubility and diffusivity of hydrofluorocarbons in room-temperature ionic liquids. AIChE Journal, 2006, 52(3): 1205-1219.

[233] Xu X, Peng C, Liu H, et al. A lattice-fluid model for multi-component ionic-liquid systems. Fluid Phase Equi-

libria，2011,302(1-2)：260-268.

[234] Döker M,Gmehling J. Measurement and prediction of vapor-liquid equilibria of ternary systems containing ionic liquids. Fluid Phase Equilibria，2005，227(2)：255-266.

[235] Pereiro A B，Rodrí guez A. Measurement and correlation of (liquid plus liquid) equilibrium of the azeotrope (cyclohexane+2-butanone) with different ionic liquids at T=298.15 K. J. Chem. Thermodyn.，2008，40(8)：1282-1289.

[236] 辛琴，许笑春，黄永民，等. 基于格子的链状流体分子热力学模型. 中国科学化学，2008,38(11)：947-956.

[237] 李进龙，何昌春，彭昌军，等. 基于化学缔合统计理论的链状流体状态方程. 中国科学化学，2010，40(9)：1198-1209.

[238] Hsieh C M,Lin S T. Determination of cubic equation of state parameters for pure fluids from first principle solvation calculations. AIChE Journal，2008,54(8)：2174-2181.

[239] Zhang X，Liu Z,Wang W. Screening of ionic liquids to capture CO_2 by COSMO-RS and experiments. AIChE Journal，2008,54(10)：2717-2728.

第二篇　过程强化与反应传递规律

第 4 章　超重力过程强化及反应传递规律

超重力指的是比常规重力(地球重力加速度 9.8 m/s^2)大得多的情况下,物质所受到的力。目前实现这种力的方法是利用高速旋转的离心机模拟超重力场[1]。应用超重力的技术称为超重力技术。研究表明[2],在超重力条件下,物质会受到比地球重力场中大得多的作用力,从而产生巨大的剪切力,促使相界面的急速更新。因此,超重力场可以使分子间的传质速率得到极大的提高,从而能够使各个相之间的微观混合得到成倍数的提高。研究还表明,超重力场中的反应速度得到了提高,同时,气体的线速度也得到了不同程度的提高,因此,超重力技术可以提高单位设备体积的生产效率 1~2 个数量级[3]。

理论分析结果显示:在微重力条件下两相不会因为密度差而产生相间流动,这是因为在微重力下重力加速度 $g \to 0$,从而使两相接触过程的动力因素——浮力因子 $\Delta(\rho g) \to 0$,这种情况下分子间的力就会起主导作用,在表面张力的作用下液体就会收缩至表面积最小的状态而不得伸展,从而相间就无法充分接触,导致相间传递效果越来越差,分离过程变得困难。反之,“g”增大,$\Delta(\rho g)$就会增大,流体相对滑动速度也越大,巨大的剪切应力取代了表面张力,可使液体伸展现出巨大的相界面,从而能极大地强化传质过程[4]。

超重力强度的大小用超重力系数 G 的大小来衡量,其计算公式如下:

$$G = \frac{\omega^2 r}{g} = \frac{n^2 \pi^2 r}{900g} \tag{4.1}$$

式中,n 为离心机转速,r/min,转速为 0,即为常重力,规定超重力系数 $G=1$。r 为电极距转轴的距离,m,我们实验装置的 r 为 0.17 m。g 为常规重力加速度,9.8 m/s^2。

目前,超重力技术已广泛应用于纳米粉体的制备[5-8]、脱硫脱碳工艺[9-11]、除尘工艺[12]和锅炉水脱氧[13]等领域,有些超重力装置、技术和生产的产品已经达到了商品化的程度,展现出了广阔的应用前景和重大的经济效益。特别是将超重力技术应用于电化学反应过程,展现出了巨大的优势和前景。

4.1　超重力技术在电化学反应过程中的应用

由于超重力具有强化传质的特点,将其引入到电化学反应中可极大地促进电极之间离子的迁移,增大表面物质的扩散速率,减小扩散层的厚度,降低电极表面气泡对电极反应的影响,从而提高电化学反应速度,改善产物性能。特别是将超重力技术应用于金属电化学沉积过程,研究在超重力条件下金属的沉积原理和超重力对电沉积金属材料的物理化学性能的影响是十分有意义的。1998 年,日本学者 Sato 等[14]发明了一种适用于电化学实验的超重力装置,并使用该装置研究了超重力环境对铜电化学腐蚀的影响。其在较低的超重力强度下进行了硝酸的电化学性质研究,使得超重力在电化学方面首次得到了应用。此后利用超重力环境进行电化学的应用迅速发展。目前,超重力技术在电化学方面的应用主要集中在电解水和电沉积。

4.1.1 超重力在电解水中的应用

Cheng 等[15]在超重力环境下进行了电解水的实验研究。他们在不同的重力系数下进行了恒电流实验,发现超重力条件下槽电压大大降低,这就证实了超重力技术确实可以减小分子扩散层的厚度,增强分子间的传质。

王明涌等[16]考察了在电解食盐水过程中,超重力场对阴阳极电化学反应过程的影响。研究结果表明,超重力可以降低电解槽的槽电压,并且槽电压随超重力系数的增加而下降。此外,从沉积物的表面形态上分析,在超重力场下,气体更容易从电极脱离,电极活性面积增加,电极反应电阻变小,使得反应速率增大,另外电解槽内置摄像头数据也证实了在超重力场下气体更易从电极脱离的结果。

邢海清等[17]对超重力场中 Fe^{3+}/Fe^{2+} 电对体系和铁氰酸根离子的电化学行为进行了研究。在扫描速度相同的情况下,超重力系数增大,平衡电位向正电位方向移动;在相同的电极电位下,超重力系数的增大引起了电流密度的增大;从不同浓度下的铁氰酸根离子的扩散电流与时间的关系曲线发现,扩散系数均随超重力系数的增大而增大,这就表明了超重力确实强化了电化学反应过程中离子的传递和扩散过程。

4.1.2 超重力在电沉积方面的应用

Atobe 等[18]报道了超重力环境对电沉积聚苯胺膜的物理化学性能、形成速度及其表面形貌结构有显著影响。Eftekhari[19]利用超重力场在硅表面电沉积金属铜薄膜,指出沉积铜的薄膜随着超重力场强度的增大而变得致密平整,改善了半导体表面金属薄膜的物理性质,并且所得的铜具有更加良好的实际应用的性质。

Morisue 等[20]研究了超重力条件对电沉积铜过程的影响。文献主要对电沉积铜的成核和电极方向对沉积过程的影响进行了研究,研究结果指出,超重力场对铜电沉积的沉积速率有显著的影响。

Murotani 等[21]研究发现,在电沉积 Ni/SiC 复合镀层时加入超重力场,可以提高复合镀层中的 SiC 的含量,并且超重力场可以影响产物的形貌和晶体结构,文献中还提出了超重力场中电沉积复合镀层 Ni/SiC 的电沉积机制。

Tong 等[22]研究了离心场下从 $AgNO_3$(0.005 mol/L)+ HF(0.06 mol/L)溶液中在硅表面电沉积银。通过 AFM 和 XRD 检测得出,随着离心场强度的增大,沉积速率随之增大,而表面粗糙度随之降低,离心场下所获得的表面更加平整、更加致密。

Mandin 等[23]对电极附近的密度梯度和离心场强度的变化进行了评估,并对沉积过程进行预测和优化,计算出切向传质流体与正常方向的传质流体在不同组合下所得沉积层下的微观形态,并预测出沉积层的粗糙度和孔隙率随着离心场强度的增加而降低。

王明涌等[24]对超重力场中电沉积铅的过程作出了研究。研究结果表明,超重力场可以抑制析氢副反应的发生,并能够强化铅的电沉积过程,另外,对于电极方向对电沉积铅的研究发现,当电极垂直于超重力方向时,超重力可以实现对电沉积过程的最大化。

王志等[25]发现,随着超重力系数和电流密度的增加,镍箔晶粒有细化的趋势。所得镍箔抗拉强度由常重力($G=1$)时的 933 MPa 增加到 $G=443$ 时的 1190 MPa,硬度则由 224 Hv 增加到 375 Hv。在超重力条件下($G=111$),随着沉积电流密度由 0.1 A/cm^2 增加至 0.4 A/cm^2,镍箔的抗拉强度和硬度分别由 1054 MPa 和 285 Hv 增加到 1121 MPa 和 331 Hv。

Liu 等[26]进行了超重力场中电沉积铁箔的实验,认为超重力场对铁箔形貌、晶体结构和机械性能有很重要的影响。在超重力场中,电沉积得到的铁箔较常重力场中得到的铁箔表面更光滑,颗粒更均匀。随着超重力系数的增加,(110)晶面的生长得到了抑制。另外,超重力下得到的镀层机械强度也得到了提高。

Liu 等[27]在超重力场下进行了电沉积镍的研究,发现超重力场对镍镀层的电沉积过程、形态和机械性能等有重要影响。随着超重力系数的增加,电沉积镍的过程得到了强化,超重力场中电沉积镍的极限电流密度增加,扩散层厚度减小。在超重力场中得到的镀层颗粒更均匀,镀层表面更加平整。

Wang 等[28]在超重力场中电沉积制备出析氢反应的阴极电极材料——NiW 膜。在超重力场中进行电沉积 NiW 的反应,可以得到颗粒均匀,裂痕少的镀层,其电催化性能也得到了提高,这可能是由实际表面积的增大和内在活性的增强导致的。同时,在超重力场中得到的 NiW 膜显示出极好的电解稳定性寿命,并显示出较好的抗腐蚀性。

4.2　超重力强化铝电沉积过程的研究

4.2.1　引言

铝是一种活泼金属,在金属活动性顺序表中排在氢元素之前,因此不能在水溶液中电沉积得到。近年来,离子液体电沉积铝成为研究热点。离子液体电沉积铝的能耗较低,沉积温度一般在 100℃以下,而工业电解铝的温度在 1000℃左右,因此离子液体电沉积铝表现出了优良的性质,具有广阔的发展前景[29-31]。但是离子液体由于本身的黏度较大,使得离子的迁移速度较低,电沉积铝时的电流效率较低,成为离子液体电沉积铝应用于工业化的难题。怎样解决离子液体内部的传质问题成为摆在研究者面前亟待解决的科学问题。

超重力技术可以加强液体内部的微观混合,目前已经广泛应用于电沉积领域[19,18,26,27,23,20-22,28,24,25]。超重力技术可以减小反应的过电位,减小扩散层厚度,优化沉积层质量。近年来,对于超重力技术应用于离子液体电沉积金属铝领域的研究以及对于超重力环境下的电沉积铝机制的探索,北京化工大学教育部超重力工程研究中心已进行了一些相关研究[32-36]。通过对在 $AlCl_3$-BMIC(BMIC:氯化-1-丁基-3-甲基咪唑)、$AlCl_3$-Br(Br:溴化 1-乙基-3-甲基咪唑)、$AlCl_3$-Et_3NHCl 等离子液体体系下进行电沉积铝研究,结果发现在超重力的环境下,铝的沉积速率和效率都得到了提高,并且沉积出的铝表面更加平整、光滑、致密[32-36]。

4.2.2　超重力场下 $AlCl_3$-BMIC 离子液体电沉积 Al 的电化学研究

对于 $2AlCl_3$-BMIC($AlCl_3$ 与 BMIC 摩尔比为 2∶1)离子液体电沉积铝过程的不同扫

描速度下的循环伏安曲线研究结果如图 4.1 所示。

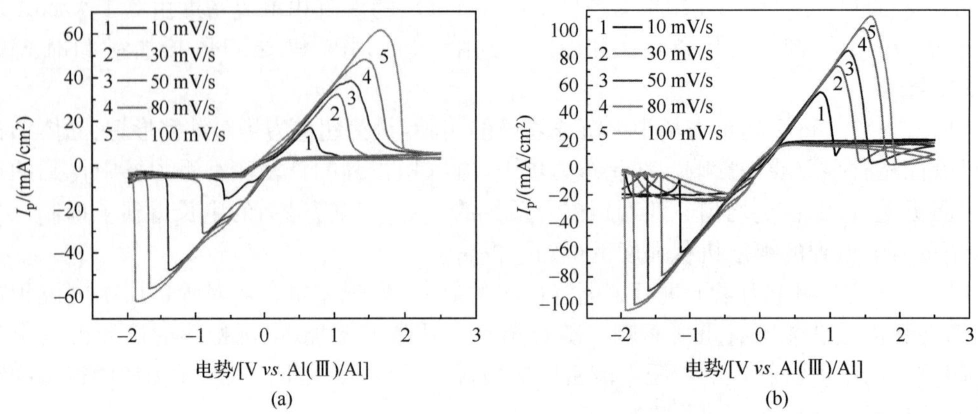

图 4.1 常重力和超重力场中的循环伏安曲线

(a) $G=1$; (b) $G=68$

常重力场中和超重力场中，随着扫描速度的增大，还原峰电流密度增大，将还原峰电流密度与扫描速度的平方根做线性分析，发现二者线性相关，如图 4.2 所示，在常重力场和超重力场中，$2AlCl_3$-BMIC 电解液中铝电极上发生的 Al^{3+}/Al 的氧化还原反应过程均为扩散控制的过程。

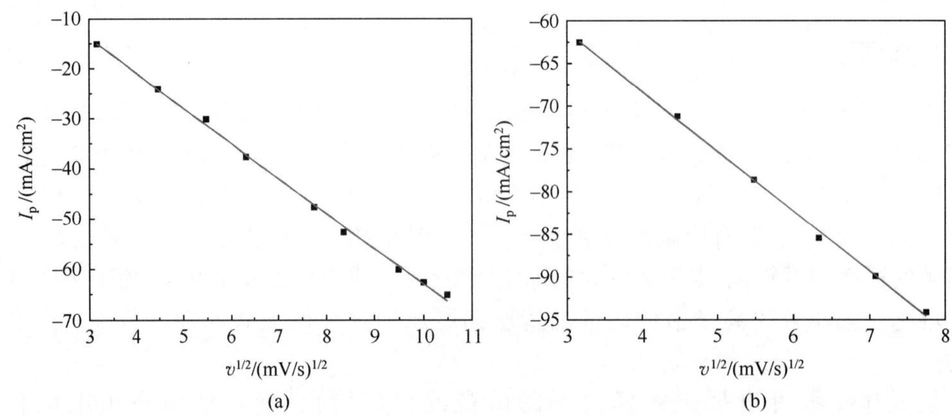

图 4.2 在不同超重力系数下，铝电极上还原峰电流与扫描速度的关系

(a) $G=1$; (b) $G=68$

对于扩散控制的电沉积过程，可以使用循环伏安法测定 Al^{3+} 在体系中的扩散系数。由图 4.1 中的循环伏安曲线可以看出，随着扫描速度的增大，氧化还原峰电位差增大，而且氧化还原过程的电流峰明显存在，这说明上述过程既不是可逆过程，也并非是完全不可逆过程。可以将其称为“准可逆过程”。

根据公式(4.2)[37]可以计算电沉积铝过程中铝离子的扩散系数：

$$I_p = 2.99 \times 10^4 n^{3/2} C_0 D^{1/2} v^{1/2} \tag{4.2}$$

式中，n 为反应传递电子数，取为 3；D 为扩散系数，cm^2/s；C_0 为摩尔浓度，mol/cm^3；v 为扫描速度，mV/s。

常重力场中铝离子的扩散系数为 $6.21\times10^{-6}\ cm^2/s$，超重力场中铝离子的扩散系数为 $6.23\times10^{-6}\ cm^2/s$，得到的数值与常重力下的数值接近，即超重力场的加入并未改变 $AlCl_3$-BMIC 离子液体中 Al^{3+} 的扩散系数。

图 4.3 显示了在扫描速度 20 mV/s，不同超重力系数下的循环伏安曲线。可以看出，还原反应阶段，相同电势下，电流密度随重力系数的增大而增大，说明超重力场加快了铝的沉积速度。这是由于超重力场强化了溶液的传质过程[24]，使得电解液中 Al^{3+} 快速地迁移到电极表面，从而加快了其还原反应速度。从插图中可以看出，在超重力系数 G 小于 150 时，随着 G 的增大，峰电流先是迅速增大然后增速变小，但当 G 大于 150 以后，峰电流不再有明显增大。其原因可能是随着 G 的进一步增大，离子液体内部混合剧烈，离子迁移到电极表面过程受到了抑制，两者作用相抵，从而峰电流不再继续增大。电解质溶液中存在三种类型的传质过程，分别为扩散、电迁移和对流。电迁移的影响较扩散的影响可以忽略不计，而扩散系数属于热力学参数，不受超重力影响，因此认为超重力是通过强化电解液中的对流过程而强化传质过程的，从而强化了铝的电沉积过程。

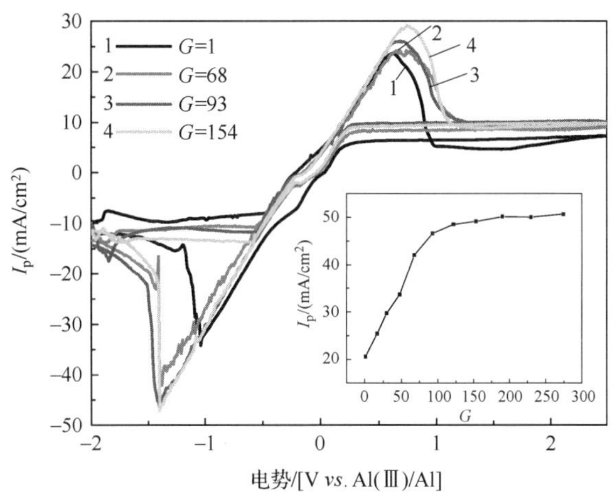

图 4.3　不同重力系数下 Al 电极上的循环伏安曲线(插图为还原峰电流随扫描速度变化曲线)

对于 $AlCl_3$-BMIC 离子液体电沉积铝过程的不同超重力系数下的计时电流曲线研究结果，如图 4.4 所示，随着超重力系数的增加，电沉积铝过程的极限电流密度增大，极限电流密度与传质有关，极限电流密度越大，传质越快。

对 $AlCl_3$-BMIC 离子液体电沉积铝过程中电流与时间的关系曲线进行了研究，并根据 Scharifker 理论，得出结果如图 4.5 所示。在常重力场中和超重力场中，$AlCl_3$-BMIC 离子液体电沉积铝的电结晶过程均为瞬间成核过程。根据 Scharifker-Hills 模型可计算电沉积铝过程的晶核密度 N_0：

$$N_0 = 0.065\left(\frac{1}{8\pi C_0 V_m}\right)^{1/2}\left(\frac{nFC_0}{j_{max}t_{max}}\right)^2$$

式中，N_0 为晶核密度，即晶核的活性点的密度，cm^{-2}；C_0 为离子的本体浓度，mol/cm^3；V_m 表示分子体积；n 为电子转移数；F 为法拉第常数，96 485 C/mol；j_{max}为最大电流密度，

A/cm^2；t_{max}为达到最大电流密度的时间，s[38]。

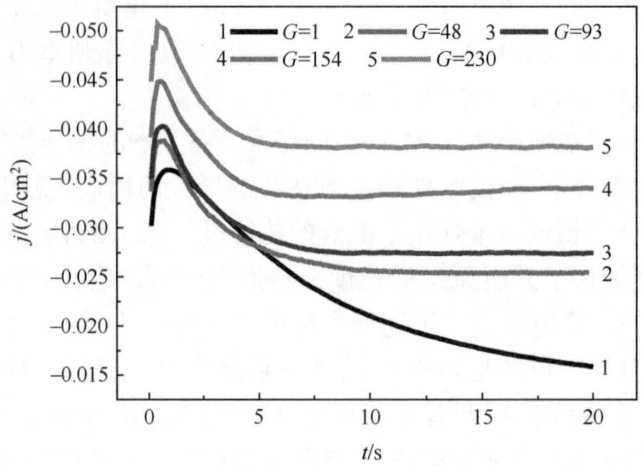

图 4.4　不同超重力系数下的计时电流曲线

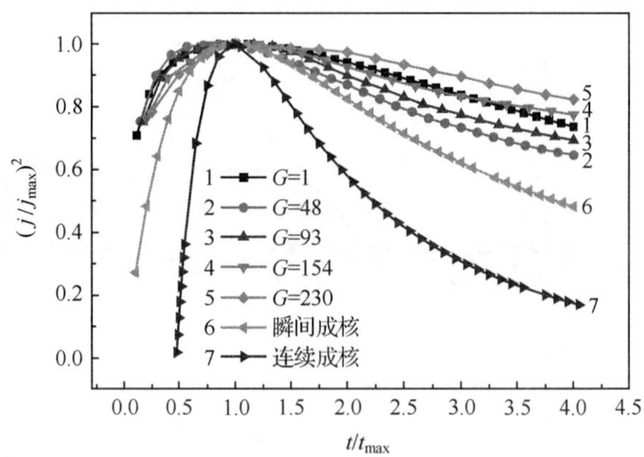

图 4.5　不同超重力场中电沉积铝的$(j/j_{max})^2$-(t/t_{max})曲线

从表 4.1 可以看出，随着超重力系数的增大，电沉积金属铝的晶核密度增大，成核密度从常重力场下的 $8.02\times10^8\ cm^{-2}$ 增大到 $20.34\times10^8\ cm^{-2}$（$G=230$），说明超重力场中晶体的成核速度加快，电沉积反应的反应速率增大，晶体生长更加均匀。

表 4.1　不同超重力强度下电沉积铝的电结晶的晶核密度

G	1	48	93	154	230
$N_0/(10^8\times cm^{-2})$	8.02	11.32	14.32	16.62	20.34

$AlCl_3$-BMIC 离子液体电沉积铝过程的 Tafel 曲线结果表明[图 4.6(a)]，超重力场并不改变电沉积过程的平衡电位（$\varphi_{平}\approx-0.18$ V）。图 4.6(b)中稳定的电极电位 φ 随着超重力系数的增大而增大。进一步研究超重力场中电沉积铝过程的过电位 η（$\eta=\varphi-\varphi_{平}$）可知，超重力场降低了反应的过电位，使得电沉积反应快速地进行。在超重力系数小于 50 时，过电位增幅较大，超过 100 时过电位呈小幅增长并趋于稳定。

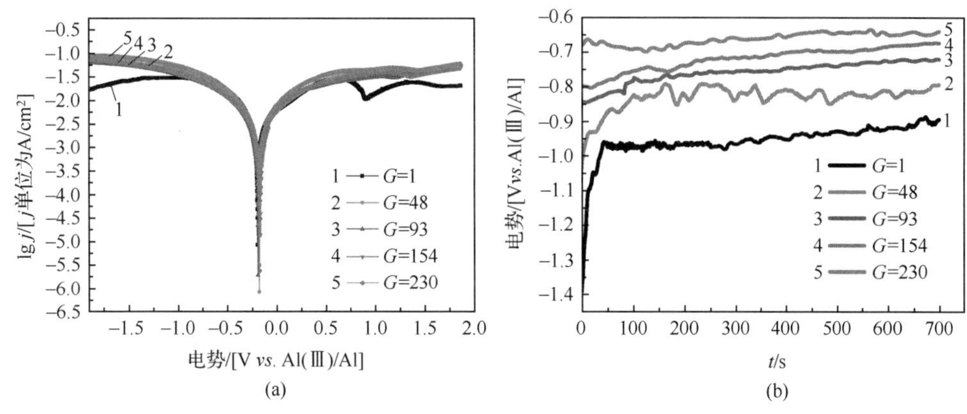

图 4.6　不同超重力系数下 Tafel 曲线(a)和计时电位曲线(b)

不同超重力场中，$AlCl_3$-BMIC 离子液体电沉积铝过程的槽电压研究表明(图 4.7)，随着超重力系数的增大，槽电压减小，主要是在超重力环境下，电极片表面和溶液内部的微观混合加强，反应离子之间的传递速率加快，浓差极化造成的过电位也得到了降低。另一方面，超重力场的加入使得离子的迁移速率增大，从而使得电解液导电性得到改善，降低了阴阳电极之间的电阻，从而降低电压降。

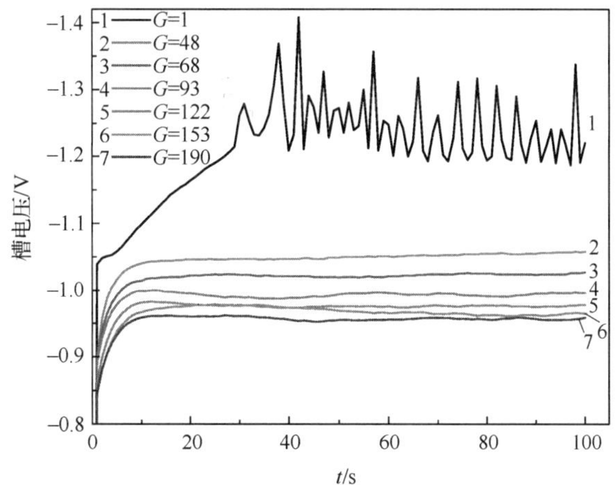

图 4.7　不同超重力系数下的槽电压变化曲线

图 4.8 显示了电流密度 25 mA/cm²、电沉积 3600 s 时，电流效率与超重力系数 G 的关系曲线。可以看出随着 G 的增大，电流效率先是迅速增大，之后增幅变小最后基本不变。因为随着超重力强度的增大，电解槽内电压变小，阴极过电位随着重力系数的增大而减小，从而减少了副反应的发生，电流效率增大。另一方面，G 增大，电解液内部对流增大，电导率增大，离子迁移加快，扩散层厚度变小，降低了能耗，提高了电流效率。超重力系数 G 超过 100 时，电流效率呈小幅增长并趋于稳定，与槽电压变化趋势一致。和常重力时的电流效率(～65%)相比，超重力条件下电流效率(～92%，$G=190$)可提高 40%[35]。

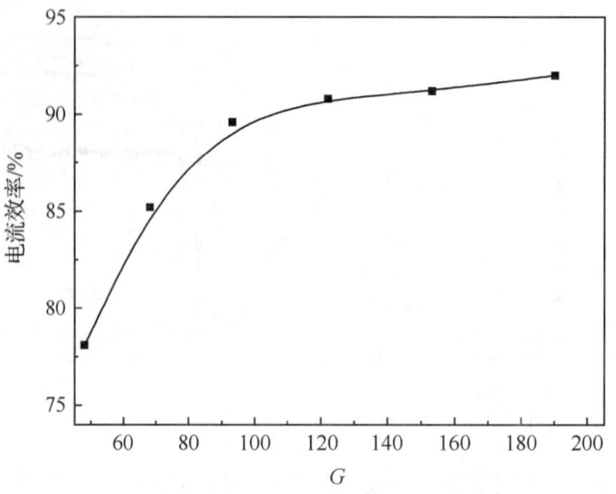

图 4.8 电流效率与超重力系数 G 的关系曲线

4.2.3 超重力场下 $AlCl_3$-BMIC 离子液体电沉积 Al 的形貌与结构研究

图 4.9 为不同超重力系数下得到的铝沉积层 SEM 图。相对于常规重力，超重力环境下电沉积铝层表面平整、晶粒均匀、致密、缺陷少、附着性更好，且避免了常重力条件下枝晶的产生。其原因是在超重力环境中，电极表面电解液被分为无数个微小的对流单元[39]，从而抑制了枝晶的生长，使得沉积物由原来的枝晶状态变为致密的晶粒，甚至整体形成片状，沉积层的质量得到提高。根据电结晶理论，晶粒大小与晶核形成速率和晶粒生

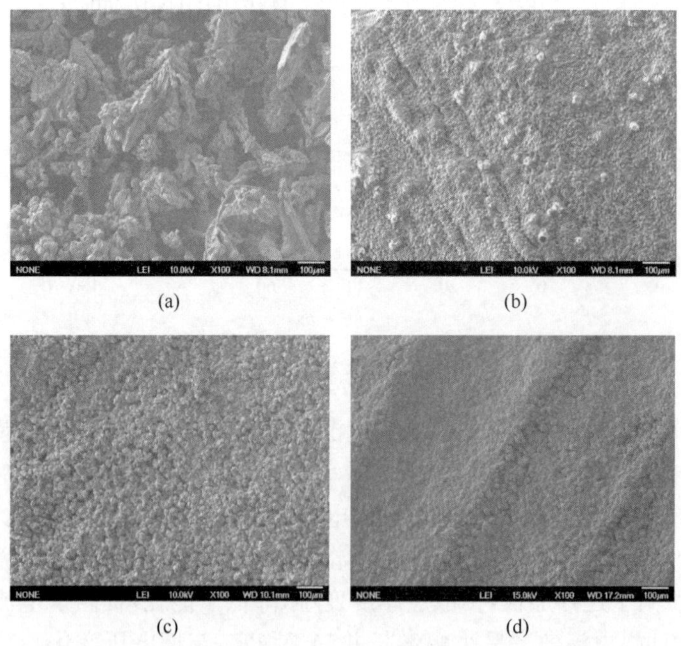

图 4.9 不同超重力场下所得的电沉积铝层 SEM 图

(a) $G=1$；(b) $G=68$；(c) $G=93$；(d) $G=122$

长速率有关，当晶核形成速率较大时，易形成细小晶粒。在超重力环境下晶核形成速率增大[39]，因此较常重力下电沉积得到镀层晶粒更加细小，即超重力环境细化了晶粒，图 4.9 的结果也证明了这一点。

图 4.10 为电解后的电极片实物照片，电极片下端银白色物质即为所得铝层。实验所得的铝层附着性良好，必须采用机械力才能将铝层剥落，这就意味着在超重力的作用下，沉积的颗粒更容易紧密地集结在一起，以形成更致密的沉积层。

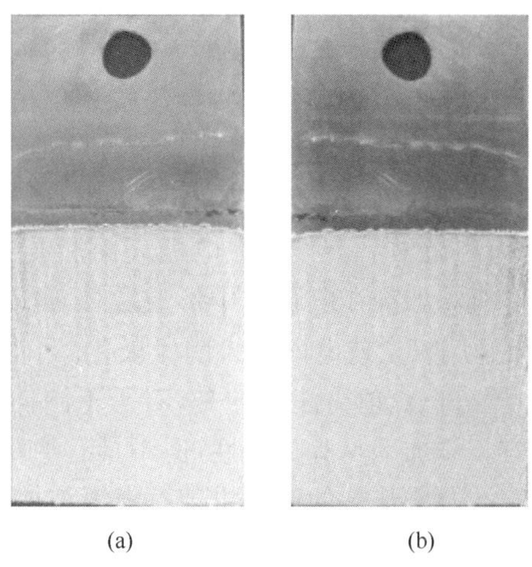

(a)　　(b)

图 4.10　超重力场下所得铝层的电极照片

(a) $G=93$；(b) $G=122$

对在不同超重力场强度下，$2AlCl_3$-BMIC 离子液体电沉积铝的沉积层晶体结构进行分析发现(图 4.11)，超重力场中得到的沉积层衍射峰均表现为(111)面的优势取向，随着重力系数 G 的增大，(200)面衍射峰强度迅速减小，(220)面、(311)面和(222)面衍射峰强度变化相对较小，(111)面优势增强。其原因是(111)面较易在低的过电位下形成，而随着过电位的升高，(200)面增强[40]；而随着超重力系数 G 的增大，阴极过电位降低，因而电沉积得到镀层(111)面优势增强。

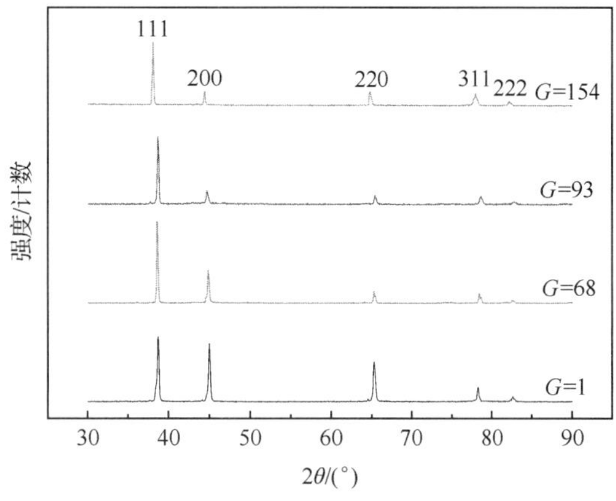

图 4.11　不同超重力系数下电沉积产物的 X 射线衍射(XRD)图

4.3　超重力和添加剂对铝电沉积过程的协同影响研究

4.3.1　引言

添加剂对离子液体电沉积的影响主要表现在改变体系的物化性质，如降低黏度、增大电导率等，或者通过吸附作用改变离子的络合状态。添加剂按照其对电沉积效果的不同基本可以分为以下两种：①光亮剂，如甲苯、丙炔醇、丁炔二醇，糖精，聚乙二醇等；②整平剂，如氯化胆碱、炔类化合物及其衍生物等。有些物质既表现出光亮剂的作用，又表现出整平剂的作用。添加剂按照其性质分为无机添加剂和有机添加剂。无机添加剂加入电解液以后，形成高分散的胶体，吸附在电极表面阻碍金属析出，增大了阴极极化。有机添加剂大多为表面活性物质，加入电解液后会吸附在电极表面形成一层薄膜，阻碍金属析出，也会增大阴极极化。少量有机添加剂在电解液中形成胶体，同时与金属离子络合形成胶体-金属离子型络合物，阻碍金属离子放电而增大阴极极化。

添加剂的种类有很多，但有一点值得注意的是，对于不同体系的电解液，肯定有其合适的添加剂或者添加剂配方。添加剂具有类似性，但不具有绝对性。意思即，镀铜的添加剂不一定适用于镀银。这就涉及添加剂的作用机理。电镀添加剂的作用原理与选择规律涉及有机化学、电化学、配位化学、高分子化学、表面化学以及物理、机械、环保等学科，是一个综合性的问题[41]。目前人们对它的认识还很肤浅，也无成熟的理论基础。

整平剂从本体溶液向电极表面的扩散速度较快。在肉眼观察不到的凹凸表面，峰上的扩散层厚度比谷底小，导致整平剂扩散到谷上的扩散速度小于进入峰处的速度，这样谷上整平剂的浓度会大于峰上的浓度，结果整平剂对峰上沉积反应的抑制作用比谷上的大，这样就起到整平的效果[41]。整平剂的浓度不能太低或太高，太低起不到作用，太高起相反作用。组合整平剂的效果比单一类别的整平剂好得多，各整平剂间为协同效应，这涉及需要配置一定配方的添加剂来共同达到更加优良的整平效果。

添加剂在离子液体电沉积领域的应用是广泛的，常见的几种添加剂按照状态一般分为两类：

(1) 固体添加剂。香豆素[42]、硫脲[42-44]、氯化镧[45]、烟碱酸[46]、氯化胆碱[47,48]、1,4-丁炔二醇[49,50]等。

(2) 液体添加剂。丙酮[43]、乙二醇[47]、乙二胺[51,47]、氰化甲烷[51,43]、苯[52,53]、甲苯[54]等。

Fukui 等[42]研究了香豆素和硫脲对离子液体电沉积钴的影响。体系为 BMPTFSA 离子液体，$Co(TFSA)_2$为钴源。在添加香豆素情况下，Co 的沉积电位正移，而 Co 的配位环境没有变化。然而添加香豆素后镀层形貌发生了变化，说明香豆素在电极表面有一定程度的吸附。另一方面，在添加硫脲的情况下，钴的沉积电位正移程度更大。添加硫脲电解液的沉积物的表面形貌比不添加硫脲的更加平整，颗粒更细小。

Gu 等[47]以乙二胺为添加剂，研究了氯化胆碱-乙二醇共熔盐离子液体中 Cu 膜的形成机理、微观结构和抗腐蚀行为。纯电解液不稳定，只能得到圆柱状颗粒较粗糙的 Cu

膜。添加了乙二醇以后，改良后的电解液更加稳定，Cu 沉积物的成核被强烈抑制，所以形成了更加平整致密的镀层。表面更加平整致密的 Cu 薄膜，其腐蚀更加均衡，腐蚀电流密度更小。

Abbott 等[51]描述了添加三种极性添加剂对锌的成核机理和镀层表面形貌的影响。结果表明，锌沉积物的结构是由双电层属性控制的。他们提出乙二胺和氨的光亮效果是通过它们对电极表面氯离子吸附的抑制作用来实现的。

Liao 等[53]研究了在 $AlCl_3$-MeEtimCl 离子液体中，以铜片为基底，恒电流电沉积铝。虽然铝可以从纯的熔盐中沉积出来，但他们发现，添加苯作为“助溶剂”后沉积物的质量得到了极大的增强。在这种熔盐中得到的沉积物的平均粒径在 5～15 μm 之间。XRD 测试发现，所有的沉积物都显现出(220)晶面择优取向，(200)晶面和(111)晶面反射峰强度相对较弱；随着苯浓度的增大，(220)晶面的相对强度增加，同时(200)晶面、(111)晶面和(311)晶面强度减小。

在超重力环境下，流体物质间的分子扩散、对流输运及微观混合比地球重力场环境下的要快 10～1000 倍之多，这种高度强化传质的特性为具有较高黏度的离子液体体系中的传递和反应提供了便利。之前的研究结果表明，与在常重力条件下相比，在超重力条件下离子液体电沉积铝具有过电位低，电流效率高，沉积铝层更致密、光亮，黏附性好等优点。近期，北京化工大学教育部超重力工程研究中心在添加剂对超重力离子液体铝电沉积的影响领域做了初步研究，发现添加剂和超重力场对离子液体体系电沉积铝具有协同影响作用，得到了非常光亮致密的高择优晶面铝沉积层[55]。

4.3.2　超重力场下甲苯添加剂对 $AlCl_3$-BMIC 离子液体电沉积 Al 的影响

在超重力环境下，添加剂浓度对电沉积有着不同程度的影响。图 4.12 是在甲苯体积

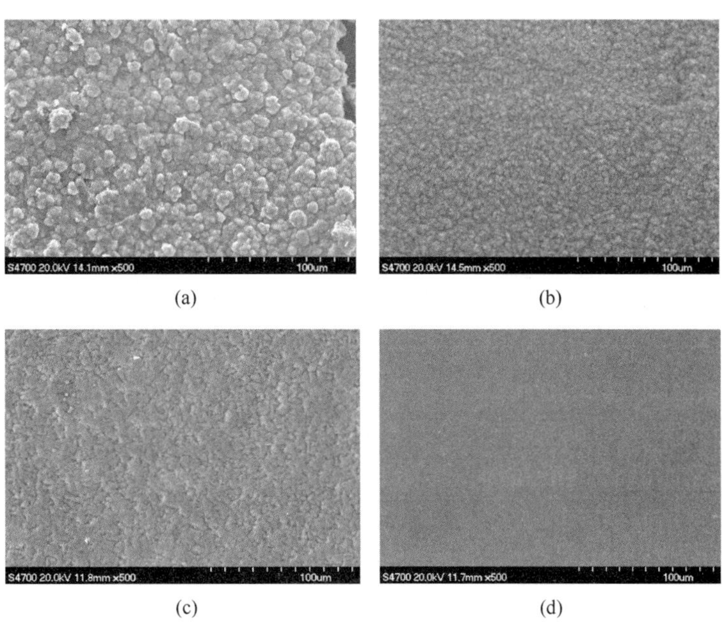

图 4.12　不同甲苯体积分数下电沉积铝层的 SEM 图

(a) 甲苯体积分数为 0；(b) 甲苯体积分数为 20%；(c) 甲苯体积分数为 40%；(d) 甲苯体积分数为 60%

分数分别为 0、20%、40%、60%(超重力系数 $G=100$,电流密度为 30 mA/cm^2)时,2$AlCl_3$-BMIC 离子液体体系沉积 1 h 后沉积铝层的扫描电镜图。可见,甲苯体积分数对沉积物的表面形貌影响很大。无添加剂时,镀层颗粒团聚较明显。随着甲苯浓度的增大,颗粒逐渐细化,当甲苯体积分数为 60%时,镀层极其平整致密,表面颗粒非常细小。可见,在甲苯体积分数高的情况下,甲苯吸附于电极表面形成的有机薄层对沉积铝层的整平作用很明显。

超重力下,甲苯体积分数对沉积铝层晶体结构的影响见图 4.13。由图可知,无添加剂时镀层晶体结构与标准 PDF 卡片较一致,相对于(111)晶面的强度,其他晶面的强度减弱。随着甲苯体积分数的增大,(111)晶面的强度逐渐增大,其余晶面如(200)、(220)、(311)晶面的相对强度逐渐减弱。当甲苯体积分数为 60%时,出现(111)晶面高择优现象,与图 4.12(d)中的表面形貌较为一致。与常重力情况不同的是,超重力下会形成高择优结构,可能是因为超重力的强化晶面作用[56]。

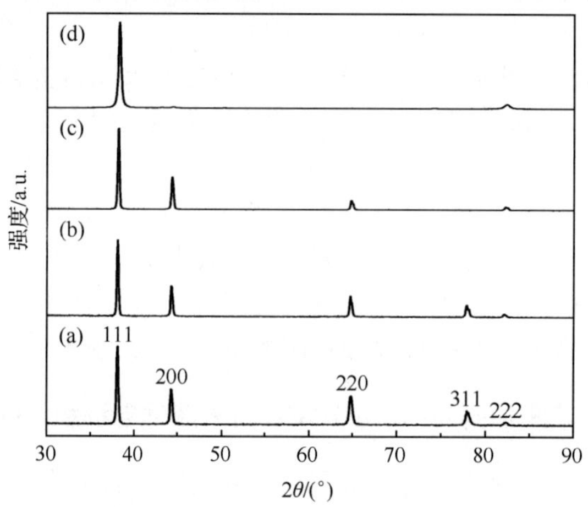

图 4.13　不同甲苯体积分数下电沉积铝层的 XRD 图

(a) 甲苯体积分数为 0;(b) 甲苯体积分数为 20%;(c) 甲苯体积分数为 40%;(d) 甲苯体积分数为 60%

超重力系数 $G=100$,甲苯体积分数为 60%时,电流密度对沉积铝层晶体结构的影响见图 4.14。不同电流密度下沉积层均为高择优结构,且随着电流密度的升高,镀层厚度

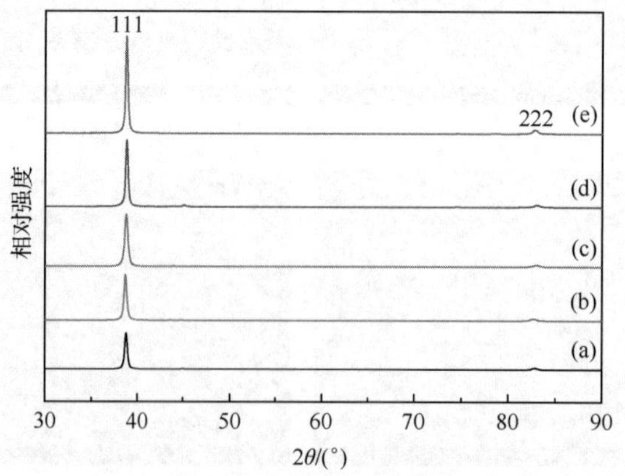

图 4.14　不同电流密度下电沉积铝层的 XRD 图

(a) 20 mA/cm^{2}电流密度;(b) 25 mA/cm^{2}电流密度;(c) 30 mA/cm^{2}电流密度;
(d) 35 mA/cm^{2}电流密度;(e) 40 mA/cm^{2}电流密度

增大，(111)晶面反射峰强度增大，表明镀层结晶度的增大。

电流密度为 30 mA/cm²，甲苯体积分数为 60%时，超重力系数 G 对沉积物表面形貌的影响见图 4.15。由图可知，随着超重力系数的不断增大，沉积铝层表面颗粒更加细化，颗粒呈纳米状态，这是由超重力的强化和添加剂共同作用的结果。与常重力下得到的微米级颗粒沉积层相比，超重力下沉积层的粒径均在 30 nm 以下，体现了超重力细化粒径的作用。

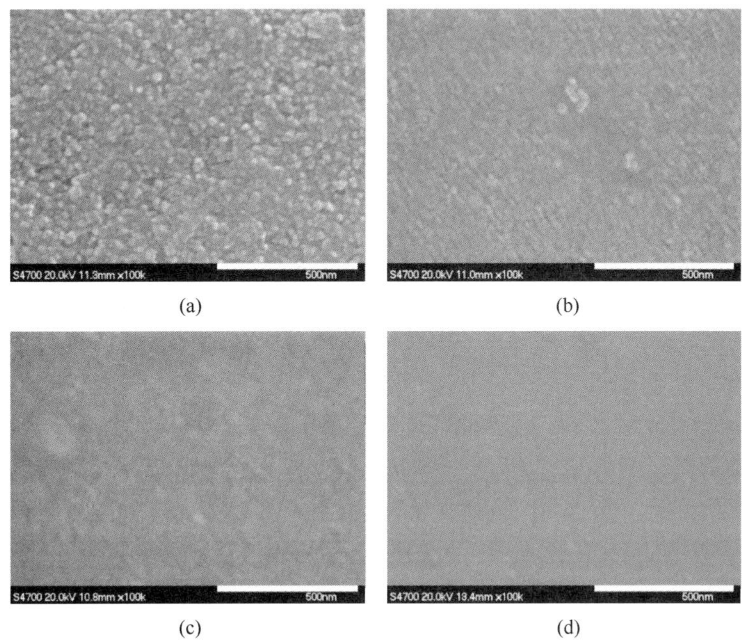

(a)　(b)　(c)　(d)

图 4.15　不同超重力场下所得电沉积铝层的 SEM 图

(a) $G=25$；(b) $G=50$；(c) $G=100$；(d) $G=200$

由图 4.16 可知，在常重力 $G=1$[图 4.16(A)插图]情况下，沉积铝层为多晶结构，随着超重力系数的增大，铝层由(200)高择优面($G=15\sim35$ 时)转变为(111)高择优面；当 G 大于 100 时，高择优面固定为(111)面，且之后的结晶度增大。在 $G=50$ 左右，铝层为(111)和(200)两种晶面的共存状态。

据报道，对铝晶体来说，(111)面具有最低的表面能[57-59]，(111)和(200)面具有较低程度的表面能，且比(220)面表面能低很多。所以实验中得到了(111)和(200)面的高择优镀层，而很难得到其他晶面的高择优镀层。图 4.16 得到的高择优取向结果与能量最低理论一致。

图 4.17 为不同超重力系数下电沉积铝的计时电位曲线。可以看出，随着超重力系数的增大，恒电流电沉积铝稳定时电位呈现下降的趋势。超重力环境下，传质速度加快，电沉积过程中离子迁移速率加快，导致过电位减小，使得稳定电位降低。过电位是改变晶面择优取向的重要因素[60-62]，超重力可能通过改变过电位来影响沉积铝层的晶面择优取向。高择优现象是添加剂甲苯和超重力场协同作用的结果，没有超重力或者甲苯，都得不到具有高择优结构的沉积层。

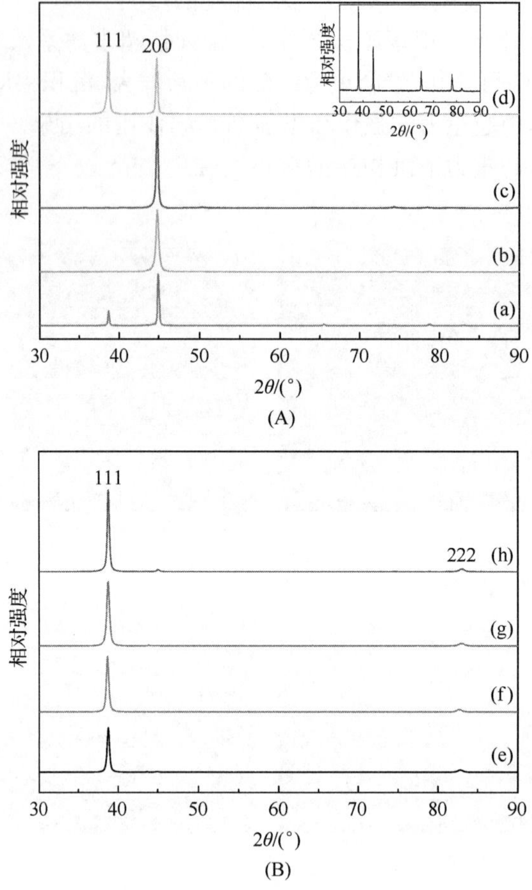

图 4.16　不同超重力场下所得电沉积铝层的 XRD 图

(a) $G=15$;(b) $G=25$;(c) $G=35$;(d) $G=50$;(e) $G=75$;(f) $G=100$;(g) $G=150$;(h) $G=200$。(A)中插图为 $G=1$ 下电沉积铝层的 XRD 图

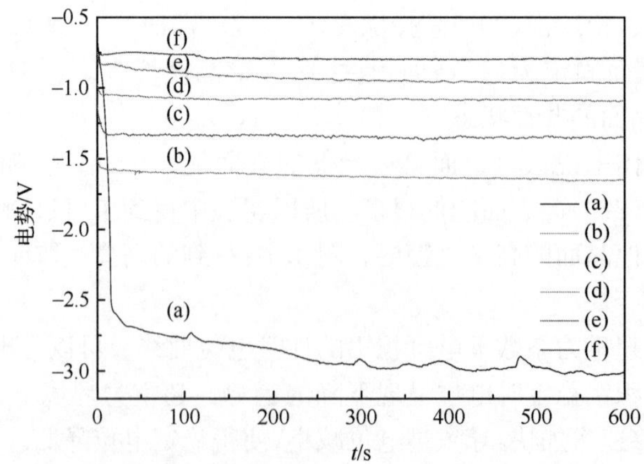

图 4.17　不同超重力系数下电沉积铝计时电位曲线

(a) $G=1$;(b) $G=25$;(c) $G=50$;(d) $G=100$;(e) $G=150$;(f) $G=200$

4.4　发展方向与展望

超重力技术作为一种强化微观混合的新型技术，为强化电沉积金属的反应提供了新的思路和途径，随着对超重力技术对电沉积反应的影响的相关反应机制研究的深入和电沉积条件研究的不断完善，超重力技术在电化学方面的应用也会越来越广泛。

目前，超重力技术在电化学领域应用已有一些报道，并取得了较为理想的效果，但是多数的研究仍然处于实验室研究阶段，体系的研究还不完善，对于超重力技术强化反应的机制研究也较为薄弱，因此将超重力技术在工业上大规模应用前的研究工作还有很多要做，但是可以预见，由于超重力技术的高效性，以超重力技术为特色的强化电化学反应的新工艺将会在未来的化工冶金领域中发挥重要的作用。

第 5 章　微化工技术强化及反应传递规律

21 世纪化学工业发展的一个趋势就是安全、清洁、高效、节能和可持续性，尽可能地将原材料全部转化为符合要求的最终产品，实现生产过程的零排放。过去的实验和理论证明，要达到这一目标，可通过化工过程强化来实现，即设备小型化和化工过程集成化。微化学工程与技术（以下简称微化工技术）是 20 世纪 90 年代发展起来的前沿化工学科，着重研究微时空尺度下的“三传一反”特征与规律，实现过程安全、高效、可控的新型化工技术。其内部通道特征尺度通常在数十至数百微米之间，与传统化工系统相比具有体积小、热质传递速率快、内在安全性高、过程能耗低、集成度高、放大效应小、可控性强等优点，即兼具设备小型化与过程集成化两者之特长，完全符合现代化学工业的发展方向；可实现快速强放/吸热反应的等温操作、两相间快速混合、易燃易爆化合物合成、剧毒化合物的现场生产等，具有良好的应用前景[63-66]。自 20 世纪 90 年代以来，其迅速成为化工过程强化领域的一支生力军，甚至可以说在某种程度上，微化工技术已成为独立于过程强化领域之外的一个新兴研究领域，即化工过程系统微型化，通常称为微化工技术。到目前为止，这一概念已引起相关领域专家的浓厚兴趣和关注，欧美、日本、韩国和中国等都非常重视这一技术的研究与开发。

微化工系统的核心部件是微反应器，可用于进行气-固、液-液（均相或非均相）、气-液等化工过程，本章主要介绍与气-液微反应器相关的研究内容。由于气-液两相流体在微反应器内易于形成规整及界面可控的两相流流型，可显著强化、调控相间传质和反应过程，故在化学工业中涉及的气-液吸收、气-液反应或气-液-固三相催化反应过程中有着广泛的应用前景，故首先须对微通道内气-液两相流动、传质特性进行深入研究。

5.1　常压下微通道内气-液两相流动特性

5.1.1　Y 型微通道内气-液两相流流型

作为微化工系统最基本的结构单元和最重要的应用基础研究工具——T 型或 Y 型微通道，一直受到微化工技术领域研究者的重视。通过对该类微通道内流体“三传一反”过程的研究，可为微反应器的并行放大及应用提供理论与技术支持。当前研究主要侧重于气-液两相流流型特征的考察[67-82]，可分为：表面张力控制的泡状（bubbly）流和 Taylor 流，过渡区域的搅拌（churn）流和 Taylor-环状（Taylor-annular）流，惯性力控制的分散（dispersed）流和环状（annular）流等六种流型，如图 5.1 所示。通道入口结构、通道特征尺寸、通道壁面性质、气-液两相流体表观速度、液体表面张力和黏度等参数是影响气-液两相流体流动状况的主要因素。

由于微通道内表面张力作用增强且流动多为层流，流型内部特征与常规尺度通道中

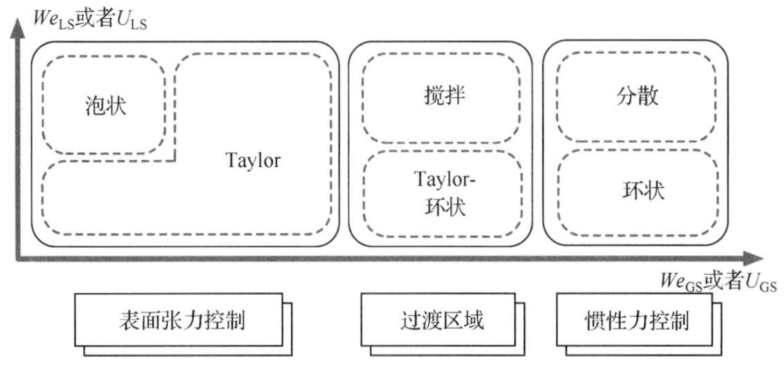

图 5.1　基于两相表观速度或 *We* 绘制的示意流型图

差异显著，流型间转换行为不能完全按常规尺度通道中适用的流型转换关联式或模型来解释。Triplett 等[77]率先详细考察了直径约为 1 mm 圆形微通道内的空气-水两相流动特性，提出了基于表观气速与表观液速的流型图。Akbar 等[67]系统总结了圆形及近圆形截面微通道内空气-水类混合物的流型数据，提出了基于两相表观 *We* 的流型图。最近，Yue 等[80]对当量直径为 200～667 μm 的 Y 型微通道的气-液流动实验表明：对当量直径为 667 μm 的微通道，可用 Triplett 等[77]与 Akbar 等[67]提出的流型转换关联式或曲线预测各流型间的转换边界，但其预测性能随微通道当量直径的减小而变差。迄今为止，具有普适性的微通道内气-液流型转换准则尚未建立。

目前用于研究微反应器内气-液两相流体流动特性的实验体系多集中于空气-纯水，而实际化学反应过程中涉及的体系多为非纯水体系（如液相为水性溶液、油性溶液、非牛顿流体物系等）。因此亟须开展非纯水体系的两相流动研究，以了解表面张力、密度、黏度等液相物性对微通道内气-液两相流型转换的影响规律。

通过对当量直径为 400 μm 方形微通道（Y 型）内的 N_2-乙醇体系的两相流动特性研究发现，各流型的内部特征与该微通道内 CO_2-水体系的结果大致相同[80]，流型可分为泡状流（bubbly flow）、弹状流（slug flow，可细分为 Taylor 流及非稳定弹状流）、弹状-环状流（slug-annular flow）、环状流（annular flow）及搅拌流（churn flow），如图 5.2 所示。

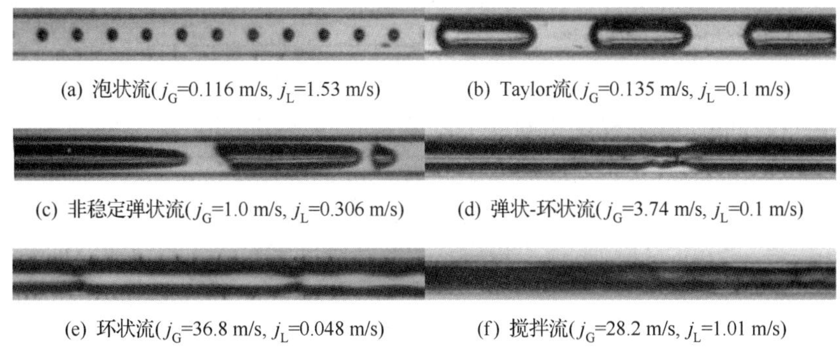

(a) 泡状流(j_G=0.116 m/s, j_L=1.53 m/s)
(b) Taylor流(j_G=0.135 m/s, j_L=0.1 m/s)
(c) 非稳定弹状流(j_G=1.0 m/s, j_L=0.306 m/s)
(d) 弹状-环状流(j_G=3.74 m/s, j_L=0.1 m/s)
(e) 环状流(j_G=36.8 m/s, j_L=0.048 m/s)
(f) 搅拌流(j_G=28.2 m/s, j_L=1.01 m/s)

图 5.2　当量直径为 400 μm 方形微通道内 N_2-乙醇流型图片

根据气-液两相流型的研究结果，绘制出了以表观气速、液速为坐标的流型图（图

5.3)，并与 Triplett 等[77]针对直径为 1.097 mm 圆形微通道内空气-水体系提出的流型转换曲线进行了对比。可见 Triplett 等[77]提出的曲线可定性描述该 Y 型微通道内的流型分布规律，即泡状流存在于较高表观液速与较低表观气速下；而较低表观液速下弹状流为主要流型，进一步提高表观气速将导致弹状流向弹状-环状流、环状流转变；较高表观液速下，进一步提高表观气速将导致弹状流直接转变为搅拌流。另外，亦可同时看出 Triplett 等[77]提出的曲线能合理描述从弹状流向弹状-环状流、弹状-环状流向环状流的转换行为，但对于其他流型间的转换趋势(尤其是泡状流向弹状流的转换)预测效果不理想，这与我们在该微通道内观测到的 CO_2-水体系的流型转换行为相似[80]。以上结果表明对于泡状流向弹状流的转换，表面张力及通道直径的影响不可忽略。而在弹状流向弹状-环状流以及弹状-环状流向环状流的转换过程中，惯性力起主导作用，表面张力的影响可忽略。

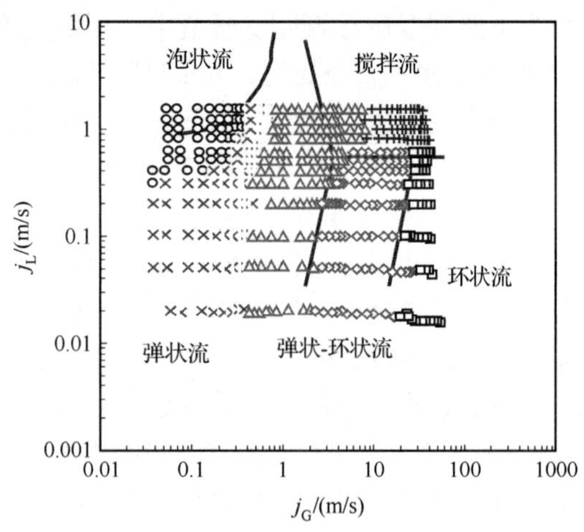

图 5.3　基于两相表观速度的 N_2-乙醇两相流流型

5.1.2　Y 型微通道内 Taylor 流区域的气泡与液弹长度

与其他流型相比，Taylor 流具有操作区间宽、轴向返混小、径向混合好等特点，是气-液微反应器的理想操作流型。其流动特征为气泡与液弹在通道内交替运动，气泡几乎占据整个通道截面，仅在气泡与微通道壁间存在一层薄液膜用以连接两个相邻液弹。Trachsel 等[83]采用示踪法分别测量了微通道内液体层流流动与气-液两相 Taylor 流流动时的液相停留时间分布，发现在相同的平均停留时间下，Taylor 流下的液相停留时间分布曲线明显窄于单相流，表明气泡的出现抑制了液相的轴向返混。Bercic 等[84]通过研究圆管内的气-液两相弹状流传质特性发现，传质系数受液弹长度影响较大，与气泡长度关系不大，并提出一个用以预测总体积传质系数的经验关联式：

$$k_{\mathrm{L}}a=\frac{0.111\ (j_{\mathrm{G}}+j_{\mathrm{L}})^{1.19}}{[(1-\varepsilon_{\mathrm{G}})\cdot(L_{\mathrm{B}}+L_{\mathrm{S}})]^{0.57}} \tag{5.1}$$

当液弹较长时，可假设 $(1-\varepsilon_{\mathrm{G}})\cdot(L_{\mathrm{B}}+L_{\mathrm{S}})\approx L_{\mathrm{S}}$，即该关联式说明 $k_{\mathrm{L}}a$ 受液弹长度影响较大，而与气泡长度基本无关。而 Vandu 等[85]的研究结果却表明，Taylor 流下气-液两相传质同时受到气泡和液弹长度的影响。事实上，在 Taylor 流中气液传质过程主要有两个方面：气泡两端向液弹的传质和气泡侧面向液膜的传递[86,85]，两者共同构成了气-液两相间的质量传递，而各自贡献程度与操作条件关系较大。气泡长度较长时，气泡与液膜间的接触时间长，液膜易被气相溶质饱和[87]，其外在表现是总体传质性能与气泡长度关系不大。而气泡长度较短时，气泡与液膜、气泡端与液弹间的传质都较重要，此时气泡长度对整个传质过程的影响较大。另外，液相的混合亦是影响微反应器内气-液两相流体传质性能的另一重要因素，可分为液液弹内部混合及液弹和液膜之间的对流混合。Günther 等[88]发现液弹内的内循环流动可使两相传质性能得以大大强化，该循环速率随液弹长度减小而增大，且与气泡速度或两相表观速率之和成正相关关系[89]；Muradoglu 等[90]研究发现，液弹与液膜间的对流混合随气泡速度增大而增大，且可在通道结构、内构件等作用下得到强化。因此，针对微通道内气-液弹状流下气泡和液弹长度开展全面、细致的研究工作具有重要意义。

通过对 Taylor 流内部气泡与液弹长度变化规律的研究发现，气泡长度随表观气速增加而逐渐增加，随表观液速增加而逐渐下降，液弹长度变化趋势正好相反（这种趋势在液弹较长时更为明显），如图 5.4 所示。

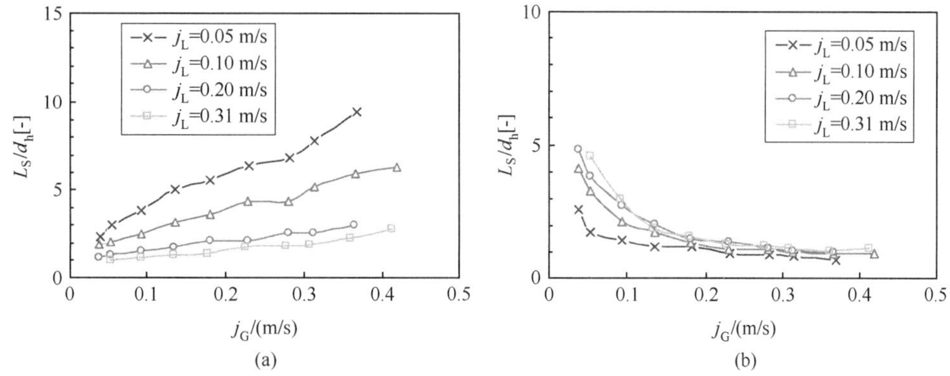

图 5.4　Taylor 气泡(a)及液弹(b)长度随两相表观速度的变化规律

对于气泡及液弹长度变化规律的理论解释则需要有对微通道入口气泡形成过程的深入认识。表 5.1 所示为 Y 型微通道入口处 Taylor 气泡生成过程的两种不同机理：当表观液速较低时（$\leqslant$ 0.15 m/s），由于毛细管数较低，即将生成的气泡与通道壁之间的液膜非常薄，从而导致上游液体压力急剧增加，成为气相颈部断裂的主要作用力，此时气泡生成机理处于挤出模式控制区（squeezing regime），这与 Garstecki 等[91]的分析一致。当表观液速较高时（>0.15 m/s），即将生成的气泡只能占据部分通道截面，液体仍有较大空间可以流动，此时气相颈部断裂的主要推动力为剪切应力或剪切应力与液相压力的共同作用，即气泡生成过程处于滴出模式控制区（dripping regime）。先前的工作证实[80]，对于该微通道内的 CO_2-水两相流动，从挤出向滴出模式转换的表观液速约为 0.75 m/s；对于 N_2-乙醇体系，由于表面张力下降为 CO_2-水体系的 1/3，剪切应力在气泡生成过程中的作用相对比较明显，从而导致挤出模式的控制区间缩小。

表 5.1　微通道内 Taylor 气泡生成过程的两种不同模式

挤出模式控制区	滴出模式控制区
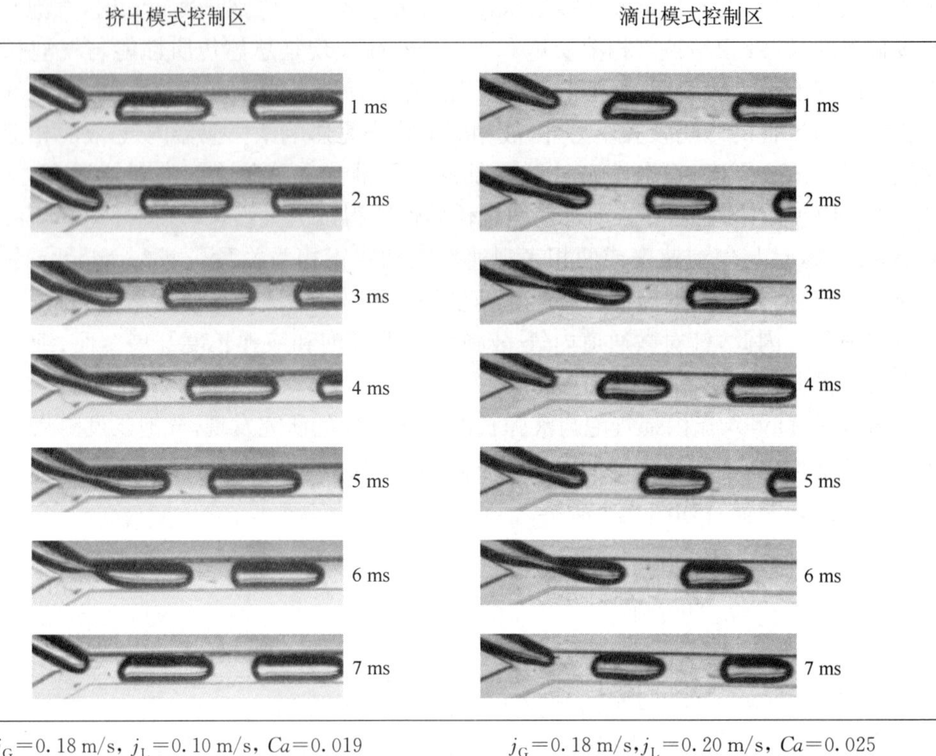	
$j_G=0.18$ m/s, $j_L=0.10$ m/s, $Ca=0.019$	$j_G=0.18$ m/s, $j_L=0.20$ m/s, $Ca=0.025$

Garstecki 等[91]认为挤出模式下 Taylor 气泡长度可用式(5.2)关联：

$$\frac{L_B}{W}=1+\alpha\cdot\frac{j_G}{j_L} \tag{5.2}$$

式中，α 为线性拟合参数，当气泡完全堵塞通道截面时，其值为气相颈部特征尺寸与微通道宽度 W 的比值，可近似为 1。图 5.5 给出了挤出模式下 Taylor 气泡长度与 Garstecki 公式预测值的比较[80]，可以看出实验值比预测值略高。对于方形微通道而言，挤出模式下形成的气泡不能完全堵塞通道，这一论断已被 van Steijn 等[92]通过微粒子影像测速技术（μ-PIV）所证实，当气泡即将形成时，并非全部的液体都被用于挤压气相颈部，至少有 25％的液体会通过微通道四个对角区域流出，从而导致 α 值略大于 1。

从图 5.4(b)还可看出，当表观气速增加到一定程度后，液弹长度与微通道直径相当，此后其变化相对缓慢，而流型则逐渐向非稳定弹状流转变，这表明可能存在一个临界液弹长度（$L_{s,min}$），以维持稳定的 Taylor 流流动。由图 5.6 可知，表观液速下降，$L_{s,min}$ 亦逐渐下降。主要是由于表观液速较低时，液相雷诺数较小，气泡尾流（wake flow）对液相流场的扰动较小，因此尽管液弹长度相对较短，气泡之间仍难以聚并，稳定的 Taylor 流流动得以维持[93]。更理性的认识仍有待于进一步的流动特性分析工作，这有助于建立 Taylor 流向非稳定弹状流转换的普适化模型。

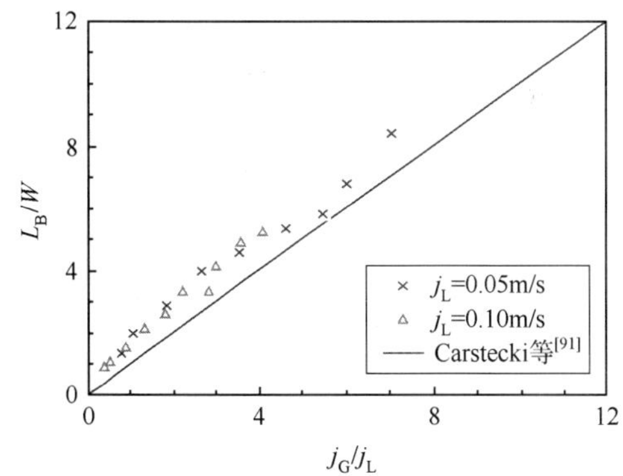

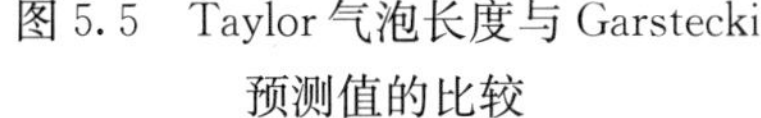
图 5.5　Taylor 气泡长度与 Garstecki 预测值的比较

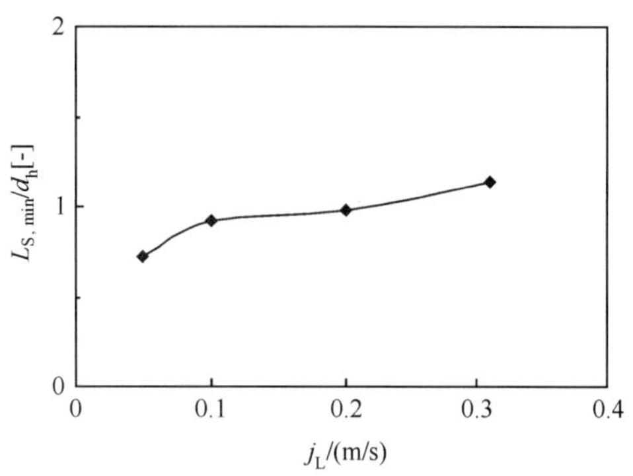

图 5.6　临界液弹长度随表观液速的变化趋势

5.1.3　Y 型微通道内 Taylor 流区域的气泡速度与产生频率

5.1.2 节中的实验结果同时表明，Taylor 气泡的运动速度与气泡四周的液膜厚度密切相关。图 5.7 给出了微通道内气泡及液膜形状的示意图，可见低毛细管数($Ca \leqslant 0.04$)下气泡形状为非轴对称，通道壁中心附近的液膜表面为扁平状，而四个直角区附近液膜为圆弧形；当毛细管数较高时，气泡形状为轴对称圆柱体，液膜表面均为圆弧形。若液膜速度可近似为 0，则气泡速度可表达为

$$\frac{U_B}{U_{slug}}=\frac{1}{\left(1-2\dfrac{\delta_{film(A\text{-}A)}}{d_h}\right)^2-(4-\pi)\left[\dfrac{1}{\sqrt{2}-1}\dfrac{\delta_{film(B\text{-}B)}}{d_h}-\dfrac{\sqrt{2}}{\sqrt{2}-1}\dfrac{\delta_{film(A\text{-}A)}}{d_h}\right]^2}\tag{5.3}$$

式中，通道对角处及中心处液膜厚度 $\delta_{film(B\text{-}B)}$ 与 $\delta_{film(A\text{-}A)}$ 可用 Han 和 Shikazono[94] 提出的关联式计算，即

$$\frac{\delta_{film(B\text{-}B)}}{d_h}=\frac{1}{2}\left(0.171+\frac{2.43Ca^{2/3}}{1+7.28Ca^{2/3}-0.255We^{0.215}}\right)$$

$$\frac{\delta_{film(A\text{-}A)}}{d_h}\approx\begin{cases}0 & \left(\dfrac{\delta_{film(B\text{-}B)}}{d_h}<\dfrac{\sqrt{2}-1}{2}\right)\\[2ex] \dfrac{\delta_{film(B\text{-}B)}}{d_h}-\dfrac{\sqrt{2}-1}{2} & \left(\dfrac{\delta_{film(B\text{-}B)}}{d_h}\geqslant\dfrac{\sqrt{2}-1}{2}\right)\end{cases}\tag{5.4}$$

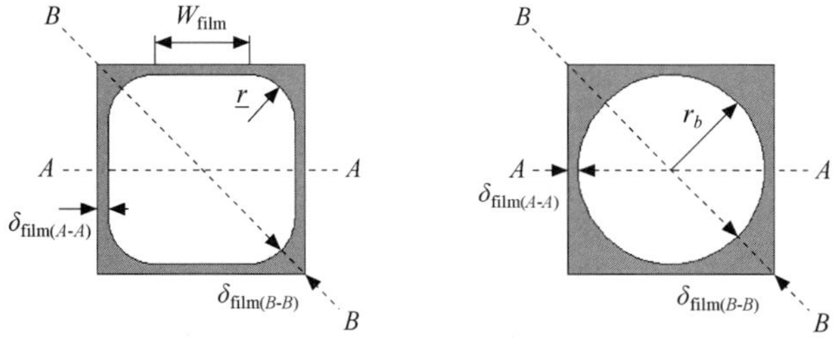

(a) $Ca \leqslant 0.04$　　(b) $Ca > 0.04$

图 5.7　方形微通道内气泡及液膜形状示意图

实验值与公式(5.3)预测值的比较示于图 5.8,可见采用了 Han 和 Shikazono[94]提出的经验公式计算液膜厚度后,气泡速度的预测值与实验值吻合良好,相对误差为 −9.5%～5.1 %。另外,随毛细管数增加,通道四周的液膜逐渐增厚,气泡比液弹运动得更快,如图 5.8 所示及式(5.4)。

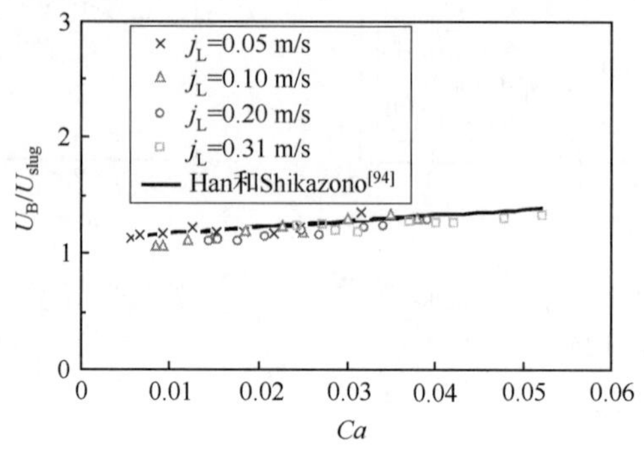

图 5.8 Taylor 气泡速度随毛细管数的变化趋势

Taylor 气泡的产生频率(即单位时间内微通道入口处形成的气泡数量)是表征气泡形成过程的一个重要参数,实验结果如图 5.9 所示,可见随表观气速或液速增加,气泡产生频率均显著增加;且当表观液速较高时气泡的产生频率随表观气速的变化趋势更加明显。简单分析可知,气泡的产生频率还可通过式(5.5)进行估算:

$$f_{\text{bubble}} = \frac{U_B}{L_B + L_S} \tag{5.5}$$

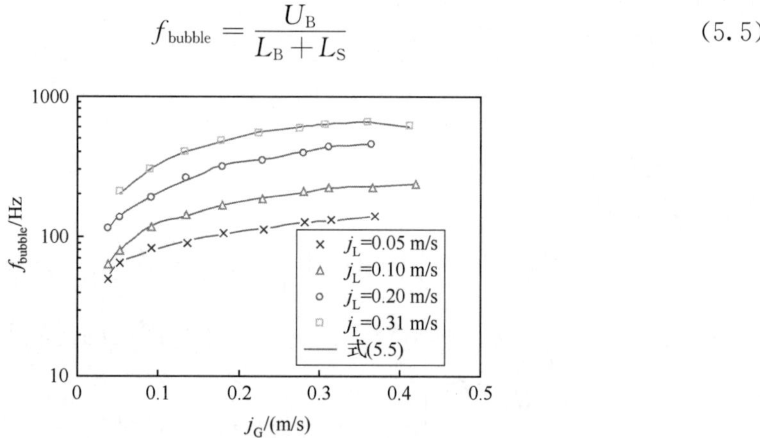

图 5.9 Taylor 气泡产生频率随两相表观速度的变化趋势

图 5.9 所示为实验结果与式(5.5)预测值比较,可见两者吻合良好,表明了测量方法的准确可靠性。对于图 5.9 中挤出模式下 (j_L =0.05 m/s 与 0.10 m/s)的气泡生成频率还可以用式(5.6)来进行简单估计:

$$f_{\text{bubble}} = \frac{1}{\dfrac{\pi W}{12 j_G} + \dfrac{W}{j_L}} \quad \text{(挤出模式控制区)} \tag{5.6}$$

式(5.6)将气泡的生成过程简化为两个串联步骤:①气相前端以半圆球形气泡形式渗透入液体,直至其直径与通道宽度相当,所需时间为$\pi W/(12 j_G)$;②气泡几乎堵塞通道截面，液相压力急剧升高，开始挤压气相颈部，直至气泡断裂，所需时间为 W/j_L。

由图 5.10 可见，仅当表观气速较高时，式(5.6)的预测值与实验值吻合较好，而当表观气速较低时预测值有所偏高。这首先是因为式(5.6)中假设全部液体都被用于挤压气相颈部，与实际情况有所偏离；其次步骤①与②实际上是同时进行的，从而导致式(5.6)预测值比实验值有所偏离。虽然式(5.6)的预测精度不太理想，但它提供了气泡生成频率的机理性解释，同时公式形式不依赖于 Taylor 流动的内部细节，因此可用于气泡生成频率的初步估计。

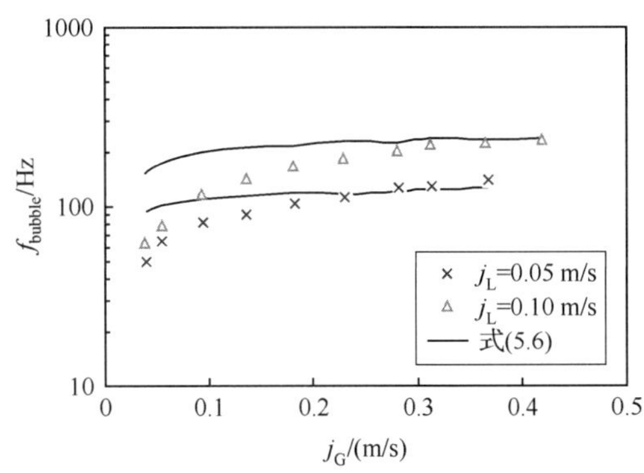

图 5.10 挤出模式下 Taylor 气泡产生频率与式(5.6)预测值的比较

5.2 常压下三入口枝杈型微通道内的气-液两相流动特性

5.2.1 N_2-纯水体系的两相流动特性

气-液两相流体的初始接触模式对其最终流动状况的影响较大，即微反应器入口结构对气-液两相流动、传质及反应产生重要影响。为进一步强化微通道内的气-液两相流体传质性能，结合笔者课题组前期对 T 型、Y 型入口结构微通道内气-液两相流体流动、传质特性的研究结果[80,95,96,97]，对微通道入口构型进行了优化，即改变传统微通道两入口为三入口枝杈型结构，如图 5.11 所示。三个入口次微通道从上至下分别引入液体、气体、液体，两进料入口次微通道以主微通道为轴呈对称结构，且与主微通道间夹角均为 30°。

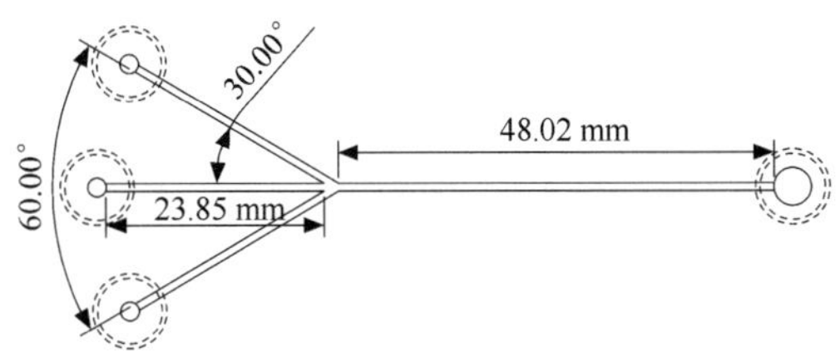

图 5.11 三入口枝杈型结构微通道

首先考察了 N_2-纯水体系的流动特性，拍摄点分别选在三入口交叉点处与主微通道中心处，以研究气-液两相流型的形成过程和稳态发展状况。图 5.12 所示为 400 μm×400 μm

通道内 N_2-纯水体系的典型流型，主要包括泡状流、弹状流、弹状-环状流、搅拌流及环状流。

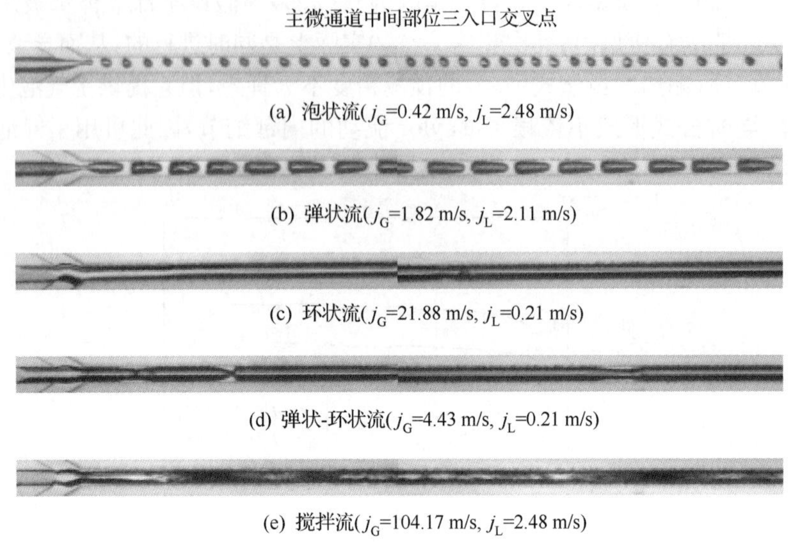

(a) 泡状流(j_G=0.42 m/s, j_L=2.48 m/s)

(b) 弹状流(j_G=1.82 m/s, j_L=2.11 m/s)

(c) 环状流(j_G=21.88 m/s, j_L=0.21 m/s)

(d) 弹状-环状流(j_G=4.43 m/s, j_L=0.21 m/s)

(e) 搅拌流(j_G=104.17 m/s, j_L=2.48 m/s)

图 5.12　400 μm×400 μm 的三入口枝杈型微通道内 N_2-纯水体系典型流型图

由图 5.12 可知，各流型内部特征与笔者课题组前期工作中在 Y 型、T 型入口微通道中观测到的气-液两相流动状况大致相同[80]。实际上，在 Y 型、T 型入口微通道内气泡或气弹等的形成主要靠入口处两相流体的“剪切”及表界面张力作用，与“剪力”相比，“切力”的作用占主导，故流体的断裂多发生在入口下游区域，即流型的形成有向下游移动的趋势；而在三入口枝杈型微通道内流型的形成同样依赖入口处流体的“剪切”及表界面张力作用，但此时“剪力”作用占主导，且气泡或气弹等均在入口区域形成，并没有出现向下游移动的趋势。另外，对比图 5.12 与笔者课题组前期的研究结果发现，三入口枝杈型微通道内气泡或气弹等的前端更为尖锐一些，且没有观察到气泡或气弹等的聚并现象，这主要是由于两液体剪切时，气体受力较为均匀的缘故。

图 5.13 为三入口枝杈型微通道内以表观气速及液速为坐标绘制的流型图，同时给出了 Triplett 和 Ghiaasiaan[77]针对直径为 1.097 mm 圆形微通道内空气-水体系提出的流型转换曲线和笔者课题组前期对 Y 型微通道内的空气-水体系流型图[80]。比较发现，对于当量直径为 400 μm 的三入口枝杈型微通道内气-液两相流体流动状况，Triplett 和 Ghiaasiaan[77]提出的转换曲线不能用来预测不同流型之间的转换行为。与相同尺度的 Y 型微通道内气-液两相流型相比，泡状流、弹状-环状流及搅拌流区域明显缩小，弹状流区域略微增加，环状流区域得到大幅度增加，且所有流型及流型间的转换曲线均向大表观气速与液速方向偏移。这主要是由于与 Y 型、T 型入口微通道相比，两液体分别进入时使液相流体所含能量减少，气-液两相流体间作用力减弱，最终使流型的形成及流型间的转换曲线向大表观气速与液速方向移动。而关于三入口枝杈型微通道内气-液两相流型间转换机制有待于进一步研究，这也将是下一步研究的主要内容之一。

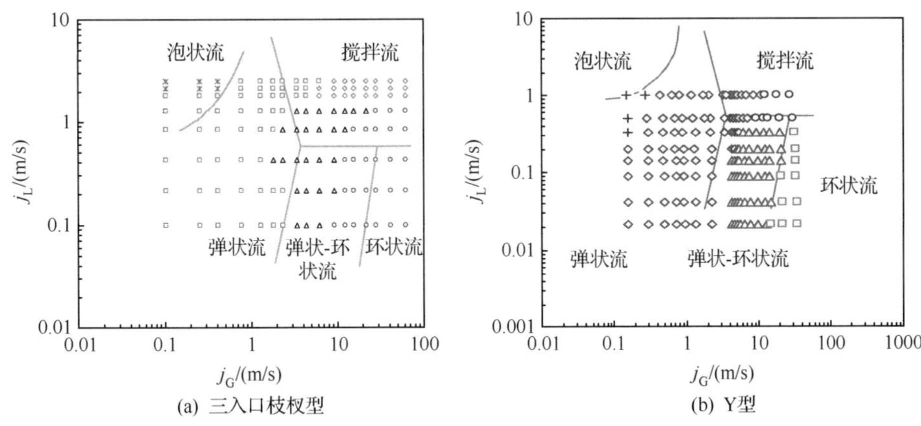

图 5.13　400 μm×400 μm 的微通道内 N_2-纯水两相流流型图

5.2.2　空气-水体系的气-液两相弹状流区域气泡长度特性

以空气-水为实验体系，在方形通道(600 μm×600 μm)内于常温常压下进行实验，*Re* 为 117～1041、*Ca* 为 2.52×10^{-3}～2.11×10^{-2}，结果如 5.14 所示[98]。可见，当固定表观液速时，气泡长度随表观气速增加而增大，这主要是由于表观气速增加，气相惯性力增加，由其引起的气相动压增加，即阻碍被剪断的能力增加，而由液相引起的“剪力”不变，气相被“剪切”断的难度增加，气相断裂时间延后，最终导致气泡长度逐渐增加；当固定表观气速时，气泡长度随表观液速的增加而减小，这主要是由于表观液速增加，液相惯性力增加，由其引起的液相动压增加，即由液相施加于气相的“剪力”增加，而由气相引起的气相动压不变，故气相被“剪切”断的难度降低，使气相断裂时间提前，最终导致气泡长度减小。

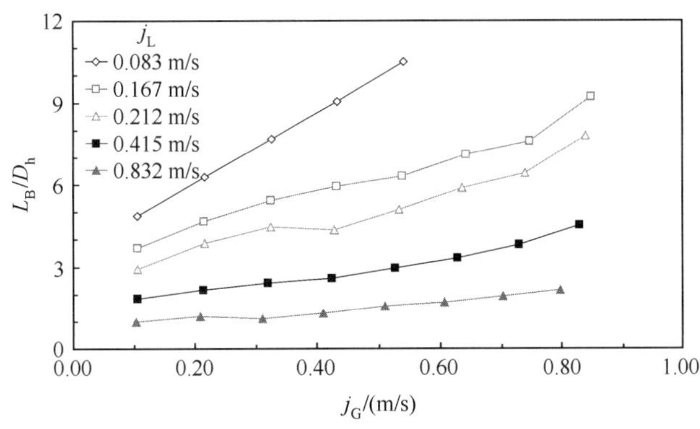

图 5.14　气泡长度随表观气速及表观液速变化规律图

图 5.15 所示为方形通道(600 μm×600 μm)内气泡长度随气含率的变化规律。以空气-0.02%SDS 水溶液为实验体系，在常温常压下进行实验，发现当 *Re* 处于 122～1134、*Ca* 处于 2.75×10^{-3}～2.27×10^{-2}、表观液速一定时，气泡长度随气含率增加而增大，这主要是由于气含率增加相当于气相动压增加，气相断裂难度增加。

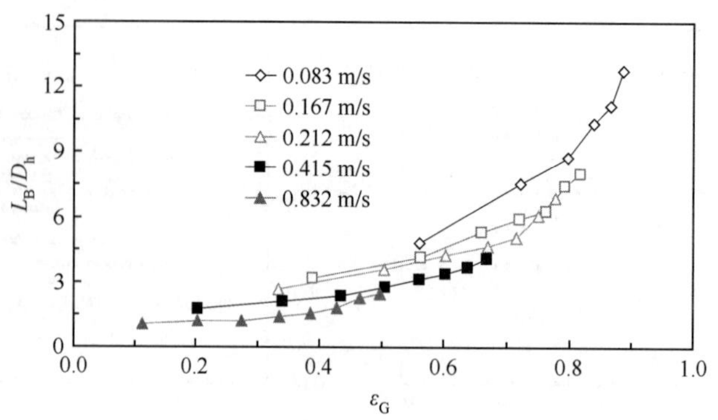

图 5.15　气泡长度随气含率的变化规律

图 5.16 所示为方形通道(600 μm×600 μm)内气泡长度随气液表面张力的变化规律。分别以空气-水、空气-0.02%SDS 水溶液、空气-0.04%SDS 水溶液、空气-0.08%SDS 水溶液、空气-0.3% SDS 水溶液为实验体系,在常温常压下进行实验,发现当 *Re* 处于 117～1134、*Ca* 处于 2.52×10^{-3}～4.62×10^{-2}、*We* 处于 2.96×10^{2}～4.95×10^{4},表观液速一定、表观气速较低时,随表面张力增加,气泡长度略微增大;表观液速一定、表观气速较高时,随表面张力增加,气泡长度在一个数值附近波动,表面张力影响不明显,这主要是由于实验过程中气-液两相流体流速较大,导致气相惯性力和液相惯性力产生的气相动压和液相动压较大,且对气-液两相流体流动状况的影响已远远大于表面张力的影响。

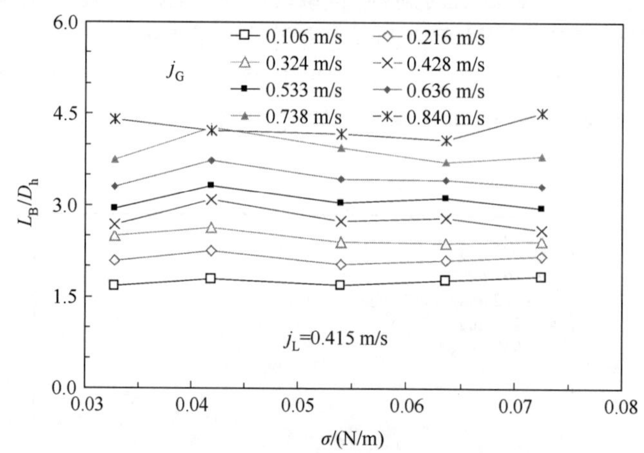

图 5.16　气泡长度随表面张力的变化规律

图 5.17 所示为方形通道(800 μm×800 μm)内气泡长度随液体黏度的变化规律。分别以空气-水、空气-30%葡萄糖水溶液为实验体系,在常温常压下进行实验,发现当 *Re* 处于 67～325 时,随表观液速增加,黏度对气泡长度影响越来越不明显;与图 5.17(a)相比,图 5.17(b)中表观气速处于 0.311～0.438 m/s 时,黏度对气泡长度影响更加不明显。

根据以上实验结果,当仅考虑气-液两相表观速度时,可得如下气泡长度的关联式[图 5.18(a)]:

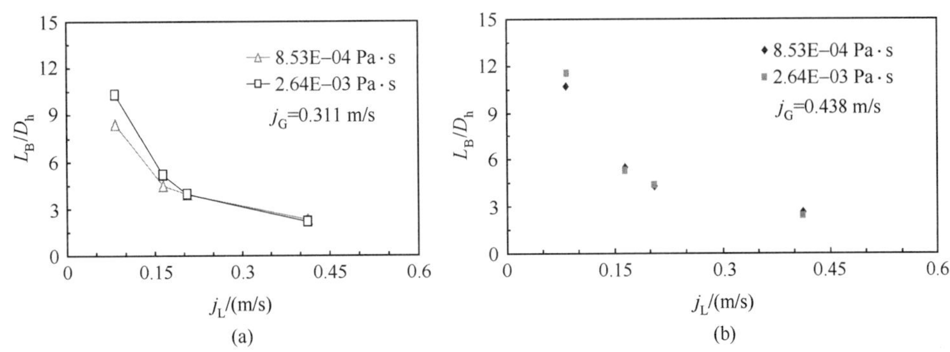

图 5.17　气泡长度随黏度的变化规律

$$\frac{L_B}{D_h}=2.47\varepsilon_G^{0.49}\varepsilon_L^{-0.82} \tag{5.7}$$

当同时考虑气液表观速度、黏度、表面张力时，可得如下气泡长度的关联式[图 5.18(b)]：

$$\frac{L_B}{D_h}=4.61\varepsilon_G^{0.38}\varepsilon_L^{-0.88}Re^{-0.418}Ca^{-0.037} \tag{5.8}$$

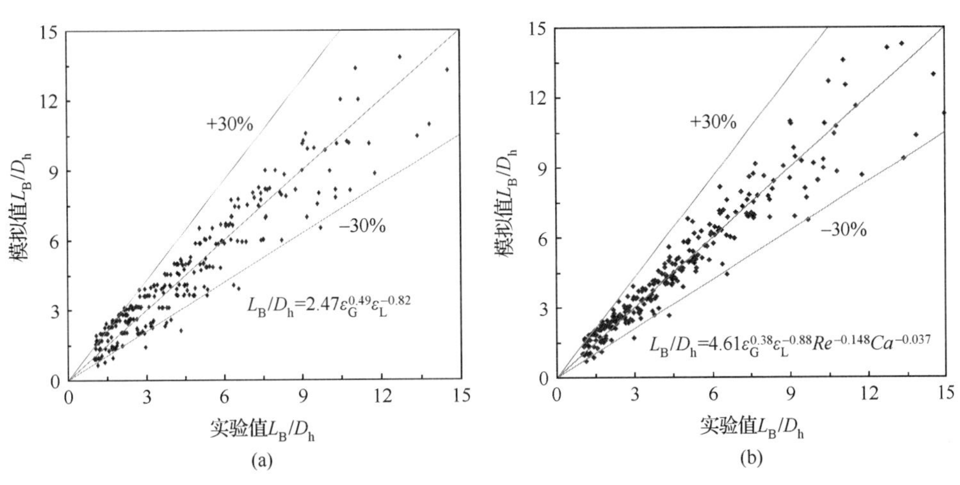

图 5.18　气泡长度关联式

对比式(5.7)与式(5.8)可见，同时考虑气液表观速度、黏度、表面张力等参数的经验关联式更准确一些。

以空气-水为实验体系，在当量直径为 0.6 mm 的微通道内，在气相表观速度为 0.216 m/s、液相表观速度为 0.106 m/s 的操作条件下研究了 Taylor 气泡形成过程，其实验及模拟结果比较如图 5.19 所示。

由图 5.19 可见，数值模拟结果和实验结果的 Taylor 气泡形成周期基本相同。与实验相比，数值模拟的 Taylor 气泡在三入口枝杈点区域及其下游附近区域内的体积膨胀速度较慢，而 Taylor 气泡在主通道内的断裂速度则较快，同时 Taylor 气泡长度较短。其原因一方面是实验拍摄过程中，由于光折射致使气-液界面较为模糊，造成气泡变长的假象；

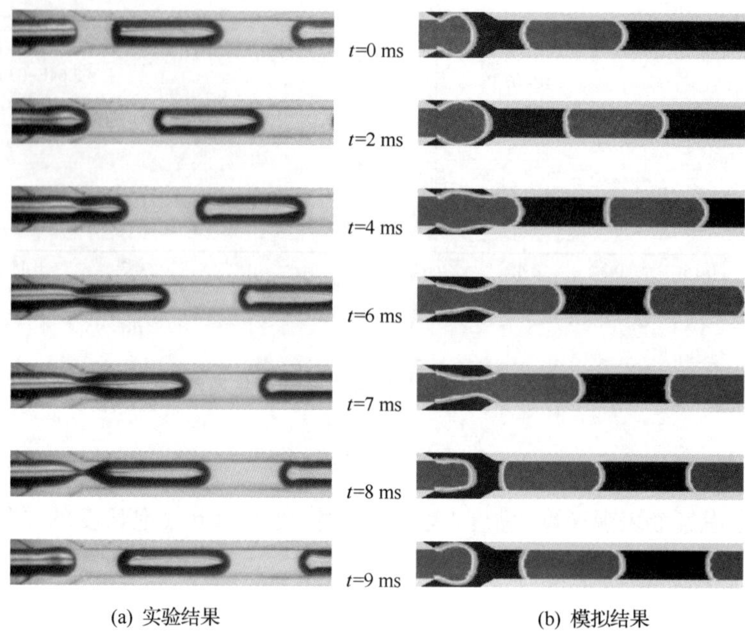

图 5.19　Taylor 气泡的形成过程——实验和数值模拟结果比较

气相:空气;液相:水;j_G=0.216 m/s; j_L=0.106 m/s;D_h=0.6 mm

另一方面是数值计算过程中,数值模拟假设及离散计算引起的误差,也可能造成气泡变短。

由图 5.20 可知,接触角在 10°～85°范围内,随着接触角的增大,气泡长度和形状都有很大变化。当由 10°到 50°变化时,气泡长度迅速减小;而由 50°到 85°变化时,气泡长度变化不大;由 85°到 10°变化时,气泡两端变得更尖。通过实验和数值模拟的方法得到了液体黏度对 Taylor 气泡的影响。由图 5.21 可知,随液体黏度增大,Taylor 气泡减小,且 Taylor 气泡前端变得更尖,且液膜逐渐变厚。

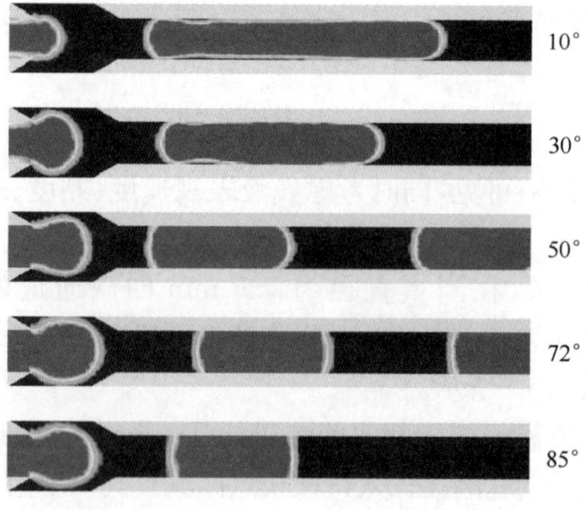

图 5.20　接触角对 Taylor 气泡的影响

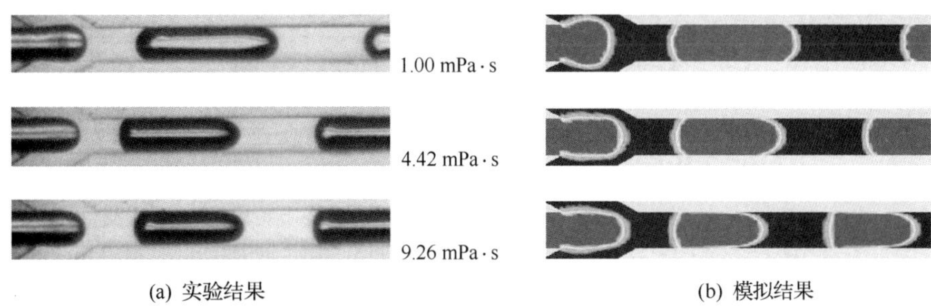

图 5.21　黏度对 Taylor 气泡的影响

气相:空气;液相:葡萄糖溶液;j_G=0.216 m/s; j_L=0.106 m/s;D_h=0.6 mm

图 5.22 所示为无量纲气泡长度的数值计算值与实验值之间的比较。由图 5.22 可知,当气液比(j_G/j_L)较小时,无量纲气泡长度的计算值和实验值吻合较好。但当气液比大于 4 时,计算值与实验值相差较大。这是由于当气液比较大时,Taylor 流流型变得不太稳定,从而造成计算值与实验值相比偏小。由图 5.22 还可以看出,当固定两相混合速度时,无量纲气泡长度与气液比呈现出较好的线性关系。

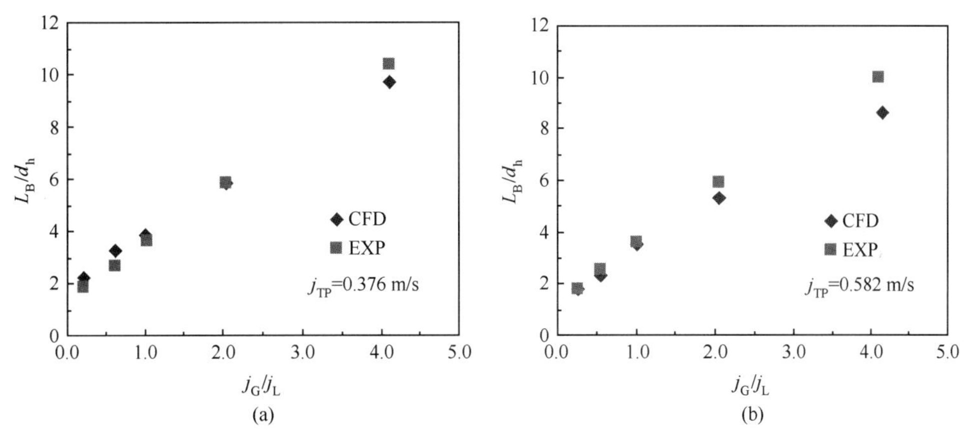

图 5.22　无量纲气泡长度的计算值与实验值比较

(a)j_{TP}=0.376 m/s,σ=72.6 mN/m,θ=50 °;液相:去离子水;气相:空气。(b)j_{TP}=0.582 m/s,σ=72.6 mN/m,θ=50 °;液相:去离子水;气相:空气

图 5.23 所示为接触角对无量纲气泡长度的影响,可知,相同气液比及两相混合速度下,无量纲气泡长度随接触角增加而减小。由于接触角增加,液体与通道壁面间的作用力降低,即它们之间的黏着力降低,从而使其接触面积减小,最终引起通道内总阻力减小。这样就有相对更多的能量用于剪切气泡,因此气泡可更快形成,从而得到较短的气泡。

图 5.24 所示为气-液表面张力对无量纲气泡长度的影响,可知,保持两相混合速度、气液比及接触角不变,当 σ<0.06 N/m 时,随气液表面张力增加无量纲气泡长度变化很小;当 σ>0.06 N/m 时,无量纲气泡长度随气液表面张力增加显著增加。这是因为当表面张力较小时,气泡的形成主要受惯性力控制,而表面张力的影响可忽略;而当表面张力

大于 0.06 N/m 时，表面张力对气泡的形成起到明显作用。

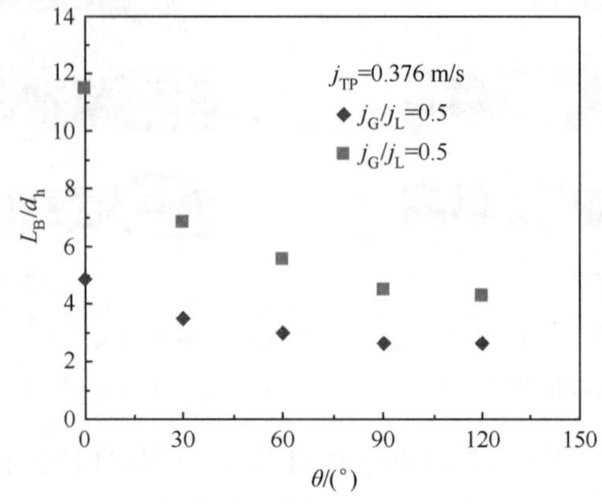

图 5.23　接触角对无量纲气泡长度影响

j_{TP}=0.376 m/s，σ=72.6 mN/m；液相：去离子水；气相：空气

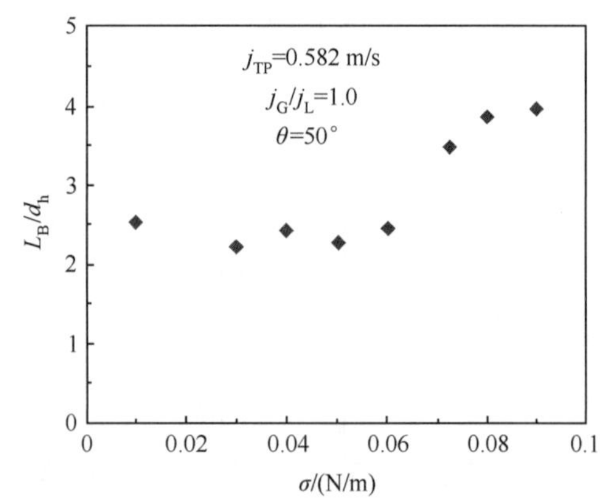

图 5.24　表面张力对无量纲气泡长度的影响

j_{TP}=0.582 m/s，θ=50°；液相：不同表面张力的液体；气相：空气

5.2.3　N_2-离子液体水溶液体系的两相流动特性

用 CO_2 作为某些化学品的起始原料，既经济、安全，又能降低 CO_2 对环境的危害。由于 CO_2 的性质极不活泼，在固定 CO_2 的反应中最典型的一个催化过程就是利用 CO_2 和环氧化合物通过环加成反应合成环状碳酸酯，如碳酸丙烯酯，是一种性能优良的有机溶剂，在药物和精细化学品的合成中具有广泛应用[99-101]。但这方面的研究都受催化剂活性较低、成本高、所用有机溶剂对环境有害等问题的限制。因此，开发一种环境友好、高效、经济的催化剂体系用于固定 CO_2 和生成环状碳酸酯的反应很有必要。中国科学院过程工程研究所的张锁江课题组[102-106]针对这一过程开发了一系列含羟基功能化离子液体催化剂，发现羟基的存在有利于反应活性的提高，且该类催化剂稳定性较好，羟基可促进环氧

化合物的开环。反应过程中离子液体作为催化剂首先溶解在环氧丙烷中，然后与 CO_2 气体进行反应，该反应是一个典型的气-液两相快速强放热过程，反应性能受气-液两相传质、催化剂等影响，采用微反应器工艺可有望强化该过程。

针对离子液体催化 CO_2-环氧丙烷体系合成碳酸丙烯酯的过程，我们对 N_2-离子液体水溶液体系的流体流动状况进行了考察，以期为进一步深入研究离子液体加入对微通道反应器内气-液两相流体传质与反应过程特性奠定基础。图 5.25 所示为 400 μm×400 μm 的三入口枝杈型微通道内以表观气速及液速为坐标绘制的流型图，工作介质为 N_2-离子液体水溶液，图中流型转换曲线为 Triplett 和 Ghiaasiaan[77] 的实验结果。如图 5.26 所示可知，浓度较低时环状流所占区域略有增加，其他两种离子液体浓度下的气-液两相流型分布大致相同，仔细对比相同操作条件下的流型发现，对于弹状流区域，浓度越低所形成的气弹越短；对于泡状流区域，浓度越低所形成的气泡却越大。这主要是由气泡与气弹的形成机理不同所致，初步分析认为在此种三入口枝杈型微通道内气泡的形成机理属于 Garstecki 和 Fuerstman[91] 提出的滴出模式，而气弹的形成可归属于挤出模式。对于弹状-环状流、环状流及搅拌流区域，浓度越低气-液界面湍动越剧烈，初步分析认为，这主要是由于离子液体的加入使溶液黏度、表面张力等物性发生较大变化。另外，对比图 5.12 与图 5.13 可知，离子液体的加入使泡状流、搅拌流及弹状-环状流区域略微增加，而弹状流与环状流区域略微减小，引起以上这些现象的细致原因需进一步分析，同时亦是下一步工作的主要研究内容之一。

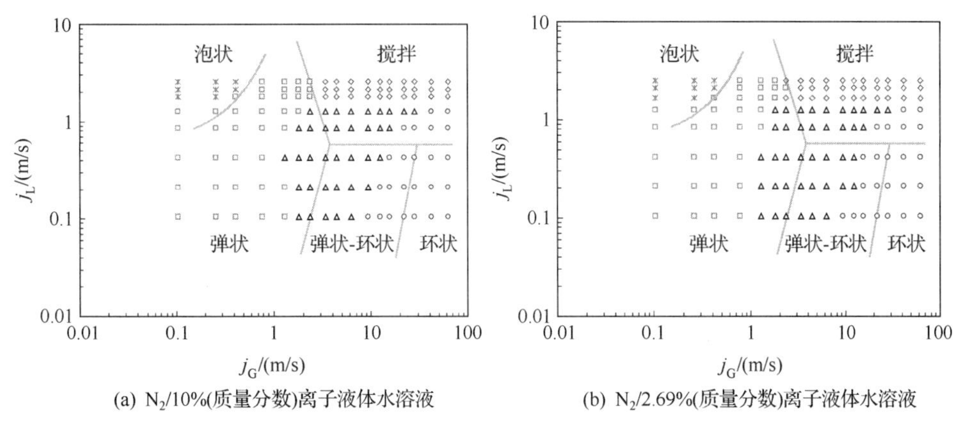

(a) N_2/10%(质量分数)离子液体水溶液　(b) N_2/2.69%(质量分数)离子液体水溶液

图 5.25　400 μm×400 μm 的微通道内 N_2-离子液体水溶液两相流流型图

以 N_2/2.69%(质量分数)离子液体水溶液为工作介质，考察了微通道特征尺寸对气-液两相流体流动特性的影响，如图 5.27 所示。对比图 5.25(b)与图 5.27 可知，随通道特征尺寸增加，泡状流、弹状流、搅拌流及弹状-环状流所占区域有所增加，而环状流则有所减少。关于各流型间的转变机制须进行细致分析，同时亦是下一步工作的主要研究内容之一。

同时考察了 400 μm×400 μm 三入口枝杈型微通道内两相压降随操作条件的变化规律，如图 5.28 所示。结果表明，随气、液相表观流速增加，阻力压降亦随之增加；与纯水相

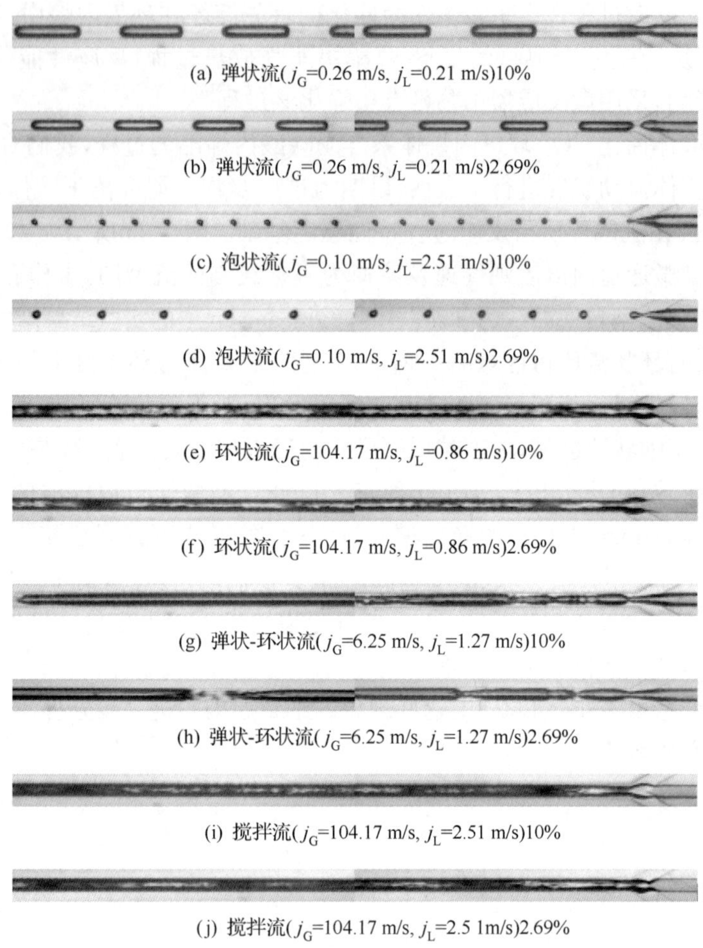

(a) 弹状流(j_G=0.26 m/s, j_L=0.21 m/s)10%

(b) 弹状流(j_G=0.26 m/s, j_L=0.21 m/s)2.69%

(c) 泡状流(j_G=0.10 m/s, j_L=2.51 m/s)10%

(d) 泡状流(j_G=0.10 m/s, j_L=2.51 m/s)2.69%

(e) 环状流(j_G=104.17 m/s, j_L=0.86 m/s)10%

(f) 环状流(j_G=104.17 m/s, j_L=0.86 m/s)2.69%

(g) 弹状-环状流(j_G=6.25 m/s, j_L=1.27 m/s)10%

(h) 弹状-环状流(j_G=6.25 m/s, j_L=1.27 m/s)2.69%

(i) 搅拌流(j_G=104.17 m/s, j_L=2.51 m/s)10%

(j) 搅拌流(j_G=104.17 m/s, j_L=2.5 1m/s)2.69%

图 5.26　400 μm×400 μm 的微通道内 N_2-离子液体水溶液的典型流型

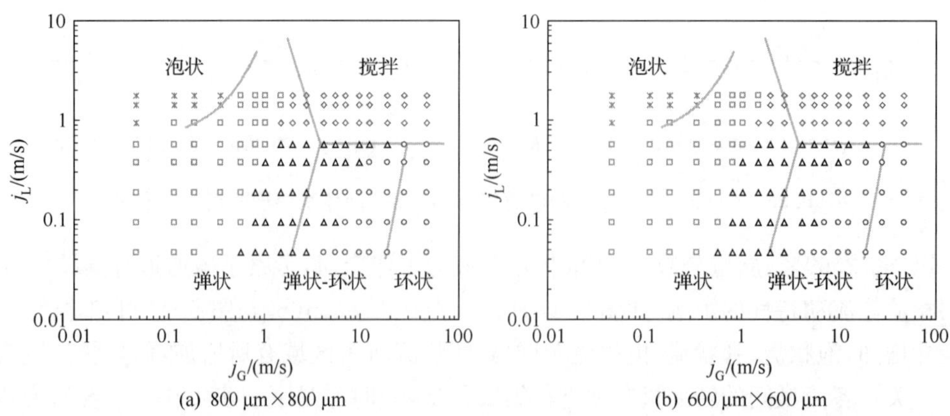

(a) 800 μm×800 μm　　(b) 600 μm×600 μm

图 5.27　三入口枝杈型微通道内 N_2-2.69%(质量分数)离子液体水溶液两相流流型图

比,离子液体水溶液的阻力压降更大一些,且随离子液体浓度增加,阻力压降也增加。关于阻力压降与各种气-液两相流型间的关系，有待于进一步研究。

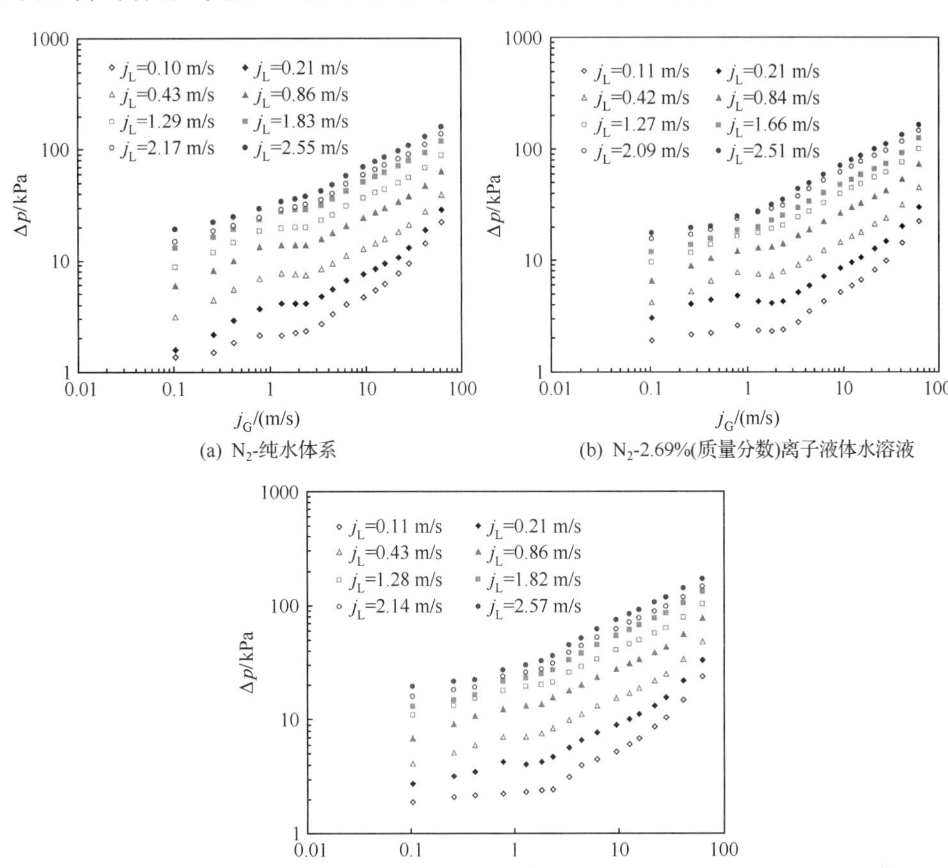

(a) N_2-纯水体系

(b) N_2-2.69%(质量分数)离子液体水溶液

(c) N_2-10%(质量分数)离子液体水溶液

图 5.28　400 μm×400 μm 的三入口枝杈型微通道内气-液两相流流型图

5.2.4　CO_2-NaOH 水溶液体系的两相流动特性

离子液体催化 CO_2-环氧丙烷体系合成碳酸丙烯酯的过程中气相体积是逐渐缩小的，属气-液两相动态变化过程。故笔者课题组以 CO_2-NaOH 水溶液为模型体系，通过研究 CO_2 吸收过程中气泡或气弹的变化规律来模拟这一过程，如图 5.29 所示。可知，在液相表观流速恒定时，随气相表观流速增加，气泡体积逐渐增大，且气泡沿流体流向其体积逐渐缩小，表明气体逐渐被吸收。

基于实验数据，分析了弹状流内部气泡与液弹长度的变化规律，初步结果如图 5.30 所示，可见气泡长度随表观气速提高而逐渐增加，而液弹长度则几乎不变，这一点与 Y 型微通道有较大不同。对于气泡及液弹长度变化规律的理论解释则需要对微通道入口气泡形成过程的深入认识。当表观液速为 0.11 m/s 时，考察了入口距离 D 与气泡长度 L_b 的关系，结果表明入口距离与气泡长度成良好线性关系，由此可考虑建立预测 CO_2 吸收率的模型，如图 5.31 所示。

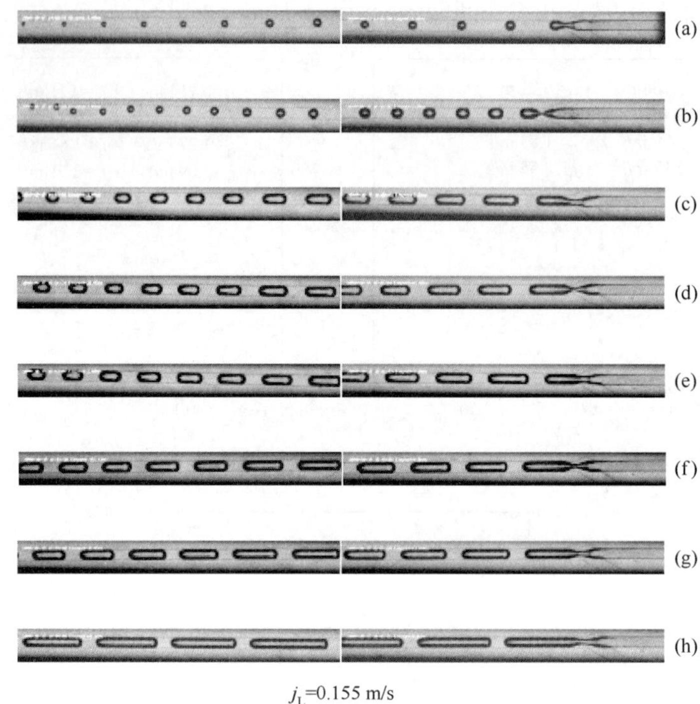

j_L=0.155 m/s

(a)~(h): j_G=0.042 m/s, 0.105 m/s, 0.168 m/s, 0.232 m/s, 0.295 m/s, 0.358 m/s, 0.421 m/s, 0.632m/s

图 5.29　800 μm×800 μm 的三入口枝杈型微通道内 CO_2 吸收过程中气泡的变化

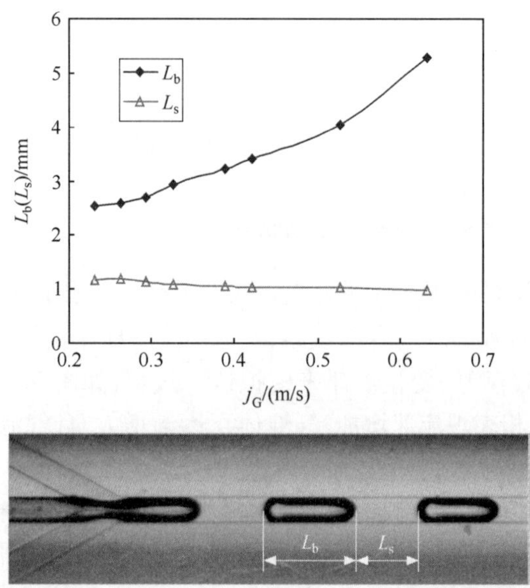

图 5.30　微通道内气泡(L_b)及液弹(L_s)长度与气相表观速度的关系

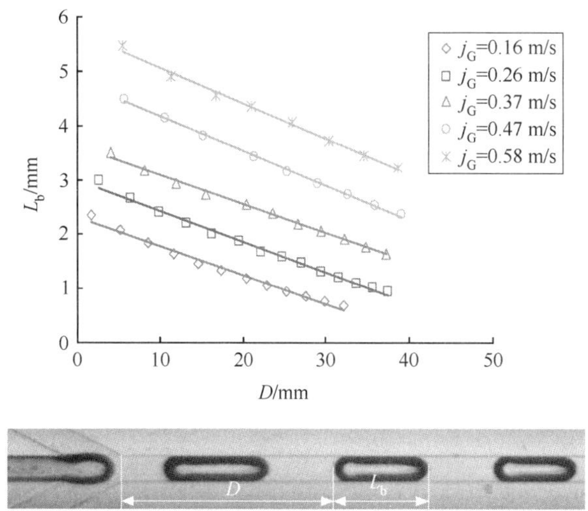

图 5.31　三入口枝杈型微通道内气泡长度(L_b)与入口距离(D)的关系

5.3　高压下 T 型微通道内气-液两相流动特性

5.3.1　高压下气-液两相流型

微反应器因其比表面积大、传质传热速率快、体积小，具有很高的安全性，因此很适合进行高温高压环境操作。高压环境提高了气体在液相中的溶解度，使反应速率增加，在经济上更加有吸引力。虽然目前已有少量的在微反应器进行高压反应的研究，但是大多集中在有机合成及分析领域，而基本没有以化工的角度来考察反应器性能。作为一种新型的反应器技术，要实现其工业应用，就必然要对反应器中的流动、传质以及反应规律进行研究。目前针对微反应器内气-液两相流动的研究多集中于常压状况[75,77,82]，而离子液体催化 CO_2-环氧丙烷体系合成碳酸丙烯酯的过程所涉及的化学反应过程为高压体系，且常压下的流动特性难以推广至高压环境。因此亟须开展高压下的气-液两相流动及传质过程研究，以了解高压下微通道内两相流规律，为研究离子液体催化 CO_2-环氧丙烷体系合成碳酸丙烯酯的过程奠定基础。

以 N_2-水为实验体系，在特征尺寸为 300 μm×600 μm×60 mm 的 T 型微通道内考察了高压下气-液两相流体流动特性，观察到泡状流、弹状流、非稳定弹状流、弹状-环状流、并行流、环状流及搅拌流等七种流型，如表 5.2 所示。

笔者课题组主要考察了 0.1 MPa、1.0 MPa、2.0 MPa、3.0 MPa、4.0 MPa 和 5.0 MPa 下的气-液两相流动状况[107]，在这些压力范围内氮气可按理想气体处理，即气体密度与压力呈正比，同时气-液界面张力变小；为便于比较压力对气-液两相流动状况的影响，气体密度、气-液界面张力等物性参数均为操作压力下的值，即所有气体速度及无量纲参数均折算为操作压力下的实际值。由表 5.2 可知，与常压下气-液两相流体流动状况相比，高压下两相流型种类基本变化不大，但各流型的内部特征差别较大。

表 5.2 常压与高压下 T 型微通道内 N_2-水体系的气-液两相流型图片

序号	0.1 MPa	序号	5.0 MPa	流型
(A)	j_{GS}=0.28 m/s, We_{GS}=4.92×10^{-4}; j_{LS}=0.74 m/s, We_{LS}=3.04	(a)	j_{GS}=0.28 m/s, We_{GS}=2.59×10^{-2}; j_{LS}=0.74 m/s, We_{LS}=3.17	泡状流
(B)	j_{GS}=0.18 m/s, We_{GS}=2.19×10^{-4}; j_{LS}=9.26×10^{-2} m/s, We_{LS}=4.76×10^{-2}	(b)	j_{GS}=0.18 m/s, We_{GS}=1.15×10^{-2}; j_{LS}=9.26×10^{-2} m/s, We_{LS}=4.95×10^{-2}	弹状流
(C)	j_{GS}=0.93 m/s, We_{GS}=5.47×10^{-3}; j_{LS}=0.19 m/s, We_{LS}=0.19	(c)	j_{GS}=0.93 m/s, We_{GS}=0.29; j_{LS}=0.19 m/s, We_{LS}=0.20	弹状流
(D)	j_{GS}=1.85 m/s, We_{GS}=2.19×10^{-2}; j_{LS}=0.74 m/s, We_{LS}=3.04	(d)	j_{GS}=1.85 m/s, We_{GS}=1.15; j_{LS}=0.74 m/s, We_{LS}=3.17	非稳态弹状流
(E)	j_{GS}=3.70 m/s, We_{GS}=8.86×10^{-2}; j_{LS}=0.19 m/s, We_{LS}=0.19	(e)	j_{GS}=3.70 m/s, We_{GS}=4.61; j_{LS}=0.19 m/s, We_{LS}=0.20	弹状-环状流
(F)	j_{GS}=3.70 m/s, We_{GS}=8.85×10^{-2}; j_{LS}=2.31×10^{-2} m/s, We_{LS}=2.97×10^{-3}	(f)	j_{GS}=3.70 m/s, We_{GS}=4.61; j_{LS}=2.31×10^{-2} m/s, We_{LS}=3.10×10^{-3}	并行流
(G)	j_{GS}=9.26 m/s, We_{GS}=0.55; j_{LS}=0.74 m/s, We_{LS}=3.04	$(g)_1$	j_{GS}=2.78 m/s, We_{GS}=2.59; j_{LS}=0.74 m/s, We_{LS}=3.17	搅拌流
		$(g)_2$	j_{GS}=9.26 m/s, We_{GS}=28.83; j_{LS}=0.74 m/s, We_{LS}=3.17	
(H)	j_{GS}=23.15 m/s, We_{GS}=3.46; j_{LS}=0.093 m/s, We_{LS}=0.048	$(h)_1$	j_{GS}=5.56 m/s, We_{GS}=10.38; j_{LS}=4.63×10^{-2} m/s, We_{LS}=1.24×10^{-2}	环状流
		$(h)_2$	j_{GS}=9.26 m/s, We_{GS}=28.83; j_{LS}=4.63×10^{-2} m/s, We_{LS}=1.24×10^{-2}	

当 j_{GS} 或 We_{GS} 较小、j_{LS} 或 We_{LS} 较大时，易于形成泡状流。与气相惯性力相比，气泡形状受气-液界面张力控制，故气-液界面始终维持为圆形；而气泡体积大小则由液相惯性力决定；与气-液界面张力相比，液相在通道内的形状受液相惯性力控制，故液相的动态前进接触角 θ_A 和后退接触角 θ_R 分别为 0°和 180°，即液相完全覆盖通道表面；与常压相比，高压下生成的气泡体积减小，生成频率增加，气泡形成位置向 T 型交叉点下游移动，这主要是由于压力增加所导致的气-液界面张力减小和 We_{LS} 增加引起的，如表 5.2(A)和(a)所示。

当 j_{GS} 或 We_{GS} 较小、j_{LS} 或 We_{LS} 也较小时，易于形成弹状流。与气相惯性力相比，气弹形状受气-液界面张力控制，故气-液界面始终维持为半圆形；气弹体积大小则由液相惯性力和气相惯性力共同决定；与液相惯性力相比，液相在通道内的形状受气-液界面张力控制，故液相的动态前进接触角 θ_A 和后退接触角 θ_R 均接近静态接触角 θ，即液相为规则液弹存在，如表 5.2(B)和(b)所示；随 j_{GS} 或 We_{GS} 和 j_{LS} 或 We_{LS} 的增加，气弹长度逐渐增加，气相惯性力开始对气弹形状起作用，同时液相惯性力对液弹形状的影响逐渐增加，致使气弹前端变尖、后端开始变平坦，同时液相的动态前进接触角 θ_A 减小和后退接触角 θ_R 增大，如表 5.2(C)和(c)所示；与常压相比，高压下生成的气弹体积减小，生成频率增加，气弹形成位置向 T 型交叉点下游移动，这主要是由于压力增加所导致的气-液界面张力减小和 We_{GS} 增加引起的。

当 j_{GS} 或 We_{GS} 增加到某一程度时，气弹形状开始由气-液界面张力和气相惯性力共同控制，气-液界面难以维持固定形状，长短不一的气弹在微通道内形成，且相互之间频繁发生聚并和分割，称之为非稳定弹状流；与常压相比，高压下生成的气弹体积减小，生成频率增加，气弹形成位置向 T 型交叉点下游移动，相互之间的聚并和分割频率增加，这主要是由于压力增加所导致的气-液界面张力减小和 We_{GS} 增加引起的，如表 5.2(D)和(d)所示。在此流型区域，随 j_{LS} 或 We_{LS} 的增加，气弹长度逐渐变短、变细，相互聚并和分割频率增加，气弹前端和后端均变尖，形成类似于纺锤体的气弹形状，且液相的动态前进接触角 θ_A 减小和后退接触角 θ_R 增大。

当 j_{GS} 或 We_{GS} 较大、j_{LS} 或 We_{LS} 较小时，易于形成弹状-环状流。与常压相比，高压下弹状-环状流的气-液界面波动频率及幅度均增加明显，这主要是由于压力增加所导致的气-液界面张力减小、We_{GS} 增加引起的，如表 5.2(E)和(e)所示。在此流型区域，与气-液界面张力相比，气相形状受气相惯性力控制；与液相惯性力相比，液相在通道内的形状受气-液界面张力控制，液相的动态前进接触角 θ_A 和后退接触角 θ_R 理应向接近静态接触角 θ 方向变化，故最终产生气-液界面波动，且气-液界面张力越小，波动频率及幅度越大。同时由于液相惯性力较小，难以在 T 型交叉点区域切断气相流体，但依然可到达通道对面，形成液膜，最终发展为弹状-环状流。

在弹状-环状流区域，随 j_{LS} 或 We_{LS} 的减小，液相惯性力进一步减小，导致液相在 T 型交叉点区域不能穿透气相流体，被气体局限在通道一侧，与通道另一侧的气相流体形成并行流型。与常压相比，高压下并行流的气-液界面存在波动，且气体所占通道宽度较大，这主要是由压力增加所导致的 We_{GS} 增加引起的，如表 5.2(F)和(f)所示。

当 j_{GS} 或 We_{GS} 较大、j_{LS} 或 We_{LS} 也较大时，易于形成搅拌流。随压力增加，气体密度增加，气相惯性力增加，最终致使气-液两相流体状况均由其惯性力所控制。从流体受力分析可知，压力对受气相惯性力控制区域的流动状况影响较大。与常压相比，高压下搅拌流型的气-液界面波动幅度及频率明显增加，且气柱表面在T型交叉点区域会形成螺旋形转动，随气相流速增加，气柱直径增加，螺旋形转动速度和向下游延伸距离增加，且气-液界面波动幅度减小、频率增加，即高压下气-液两相流体的混合强度较高，有利于气-液两相传质性能的提升，如表5.2(G)、$(g)_1$和$(g)_2$所示。

当j_{GS}或We_{GS}较大、j_{LS}或We_{LS}极小时，易于形成环状流。在此流动区域，与气相惯性力相比，液相惯性力极小，液相无法通过穿透或挤压气相的方式进入主通道，而被气相局限在入口通道处，导致入口通道内液体压力增加，最终在气相流体的卷吸作用下以极薄液膜形式进入主通道，即环状流。与常压相比，高压下的气相惯性力更大，所形成的液膜更薄，气-液界面波动频率更高、幅度更小，且随气相流速增加，气-液界面波动频率增加、幅度减小，如表5.2(H)、$(h)_1$和$(h)_2$。

图5.32所示为以We_{GS}及We_{LS}为坐标绘制的流型图。可以看出，常压下，泡状流存在于较高的液相We_{LS}（$We_{LS} \geqslant 1$）与较低的气相We_{GS}（$We_{GS} \leqslant 0.01$）区域；随压力增加，泡状流向弹状流转变的临界We_{GS}向更高值转移，5.0 MPa时，临界We_{GS}约为0.12；而临界We_{LS}则向更小值转移。

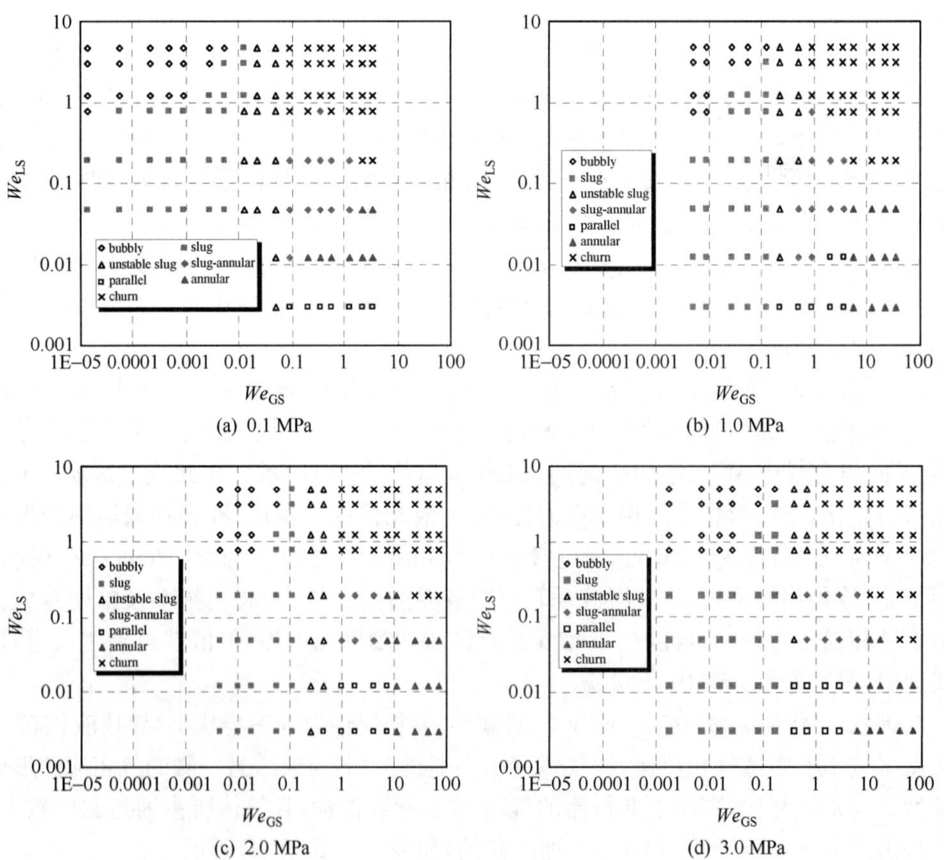

(a) 0.1 MPa　(b) 1.0 MPa　(c) 2.0 MPa　(d) 3.0 MPa

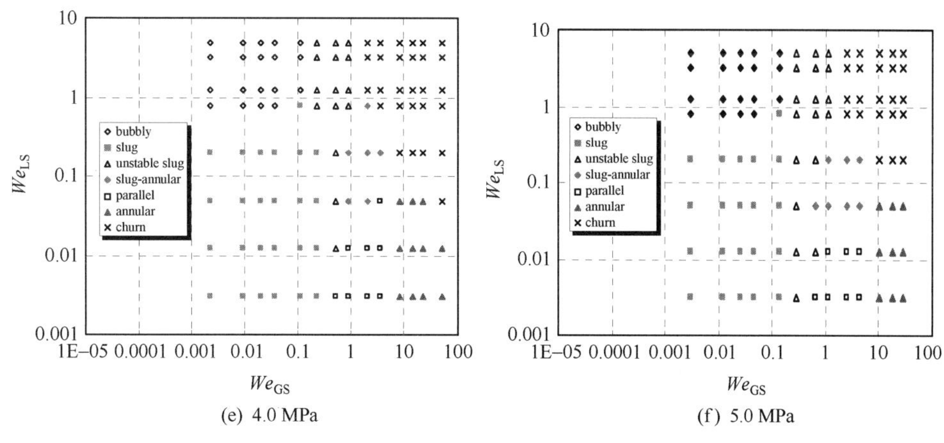

(e) 4.0 MPa　(f) 5.0 MPa

图 5.32　基于 *We* 的气液两相流型图

可以看出，Triplett 和 Ghiaasiaan[77]提出的曲线可定性描述该微通道内的流型分布规律，即泡状流存在于较高的表观液速与较低的表观气速下；而在较低的表观液速下弹状流为主要流型，进一步提高表观气速将导致弹状流向弹状-环状流及环状流转变；在较高的表观液速下，进一步提高表观气速将导致弹状流直接转变为搅拌流。同时可看出 Triplett 和 Ghiaasiaan[77]提出的曲线能合理描述从弹状流向弹状-环状流、弹状-环状流向环状流的转换行为，但对于其他流型间的转换趋势（尤其是泡状流向弹状流的转换）预测效果不理想，这与在该微通道内观测到的 CO_2-水体系的流型转换行为相似。表明对于泡状流向弹状流的转换，表面张力及通道直径的影响不可忽略。而在弹状流向弹状-环状流以及弹状-环状流向环状流的转换过程中，惯性力起主导作用，表面张力的影响可忽略。

5.3.2　高压下微通道内弹状流气泡生成过程

弹状流流型下气泡的生成过程可分为挤出模式和滴出模式。当气/液体积流量比较大时，气泡在生成过程中会占据整个通道，气泡的断裂主要由气泡两侧的压差诱导产生。当气/液体积流量比较小时，气泡在生成过程中占据部分通道，气泡的断裂主要由气泡两侧的压差和液体的剪切力共同作用诱导产生。

在挤出模式下，气泡的生成可以分为三个阶段：①气-液两相在主微通道入口或下游几个当量直径处形成稳定的相界面；②气相前端逐渐演变为半圆球形，在变大的同时向下游移动，直至前端宽度大于通道宽度，即气泡在通道轴向上长度逐渐增加，径向通道被气相堵塞；③由于液相主体被隔断，气泡上游空间液体压力增加，连接气相主体与气泡前端的颈部开始收缩，直至断裂，形成独立的气泡。可通过分析气泡形成三个阶段中气泡的速度来进一步认识气泡的生成过程[108]。

图 5.33 为气泡生成过程中气泡速度变化关系图，可知，在第一阶段气相前端速度逐渐增加。一方面，由于气液两相流体形成稳定界面，且气相前端未充满通道，气体输入速度大于气泡生长速度，使得气相前端向前移动速度越来越大；另一方面，此时气泡还受到液体的剪切作用，也使得气泡移动速度增加。

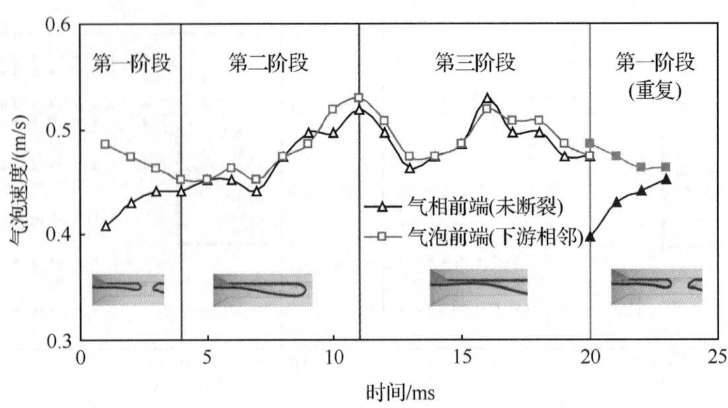

图 5.33　气泡生成过程中速度变化图

Q_G=7.5 ml/min，Q_L=1.0 ml/min，1.0 MPa

第二阶段，气相前端体积逐渐增加，直至气相前端充满整个通道，但连接气相主体与气相前端的颈部还未开始收缩。液相逐渐被隔断，气相前端压力开始上升，同时气体继续输入，使得气相前端的移动速度继续增加。

第三阶段，颈部开始收缩，气相前端速度的变化比较大，先减少后增大，但总体趋于稳定。这主要是由于气泡变形造成的。图 5.34 为另一个操作条件下第二阶段气泡速度变化图，得到了同样的规律，可见在气泡形成阶段气相前端速度是逐渐增加的。

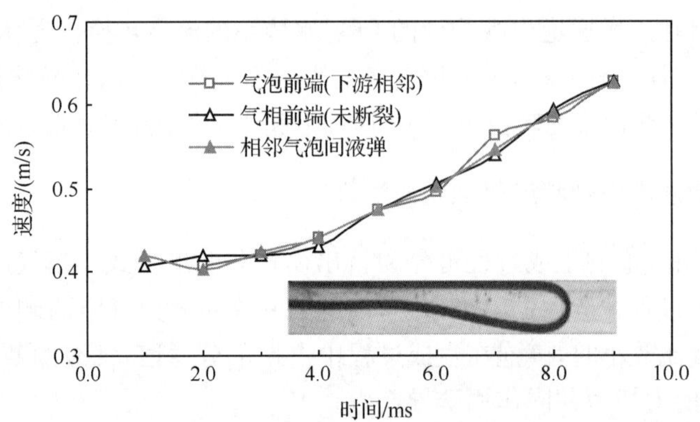

图 5.34　气泡生成过程中速度变化图

Q_G=7.5 ml/min，Q_L=0.5 ml/min，1.0 MPa，第二阶段

5.4　多通道并行气-液微反应器内流动及传质特性

与传统反应器的尺度放大(scale-up)模式不同，微反应器处理量的提升主要采用多通道并行放大(或称数增模式放大，numbering-up/scaling-out)，即通过增加微反应器内通道数实现，而每个通道均可视为一个独立微反应器，故物料在通道内的分布状况将直接影响微反应器的整体性能。对于进出口分布/集流器为三维树状构型通道结构的多通道微

反应器内单相流体分布状况，Bejan[109]基于构型理论提出了多尺度优化设计方法，沿用此理论，Luo 和 Fang[110]采用微立体激光光刻技术制造出了实体部件——微换热器入口分布器，与传统“金字塔”形分布器相比，传热性能提高 30%；Fan 和 Zhou[111]研究了高通量下二维构型分布器出口通道堵塞对整个分布器内流体分布的影响。目前，此类构型依然处于概念性研究阶段，且较难适于多相流体系。

事实上，实际操作中理想的流动均布往往难以实现，因此了解并行微通道内两相流均布状况与系统传质及反应性能的作用规律，对于气-液微反应器的合理操作十分有现实意义。笔者课题组对图 5.35 所示的集成二分叉树状分布器的多通道气-液微反应器（气-液接触微通道数目为 16，宽 500 μm、深 1000 μm，长 4.8 cm）的流动及传质性能进行了系统研究[112]。

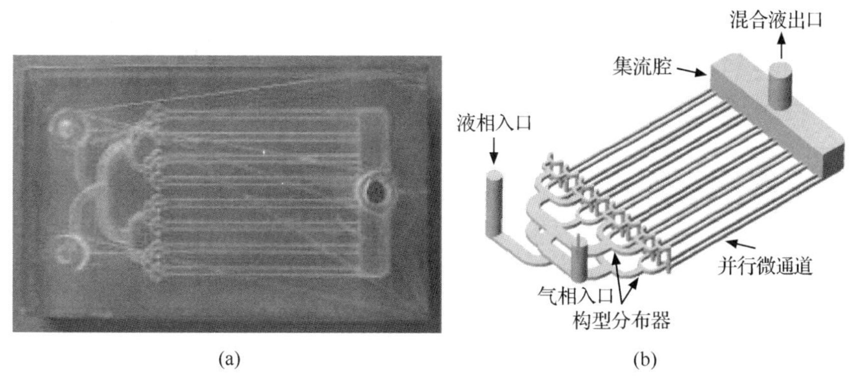

图 5.35　集成二分叉树状分布器的多通道气-液微反应器

(a) 实物照片；(b)内部通道结构示意图

首先针对水物理吸收 CO_2 过程，考察了表 5.3 所示的各种气-液流动分布状况下该微反应器内整体传质性能的变化趋势。其中，分布状况 A 与 B 分别对应气相 CO_2 流量沿通道 1～16 成比例上升（比例为 α），而液体水流量沿这些通道成比例下降（比例为 β）或者成比例上升（比例为 γ）时的流动情形；在分布状况 C 与 D 中，气体流动仅在右侧一些通道中均匀分布，而左侧通道全为液体占据（通道数目定义为 n_{LA}），而液体流量分布状况与 A 或 B 相同；在分布状况 E 与 F 中，液体流动仅在右侧一些通道中均匀分布，而左侧通道全为气体占据（通道数目定义为 n_{GA}），而气体流量沿通道 1～16 成比例下降（比例为 δ）或者成比例上升（比例为 α）。

表 5.3　并行微通道内两相流动分布状况

状况	流体分布状态			
	气相		液相	
A	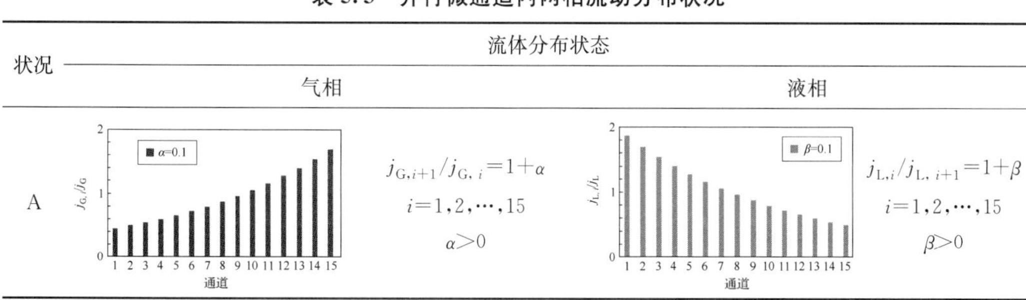	$j_{G,i+1}/j_{G,i}=1+\alpha$ $i=1,2,\cdots,15$ $\alpha>0$		$j_{L,i}/j_{L,i+1}=1+\beta$ $i=1,2,\cdots,15$ $\beta>0$

续表

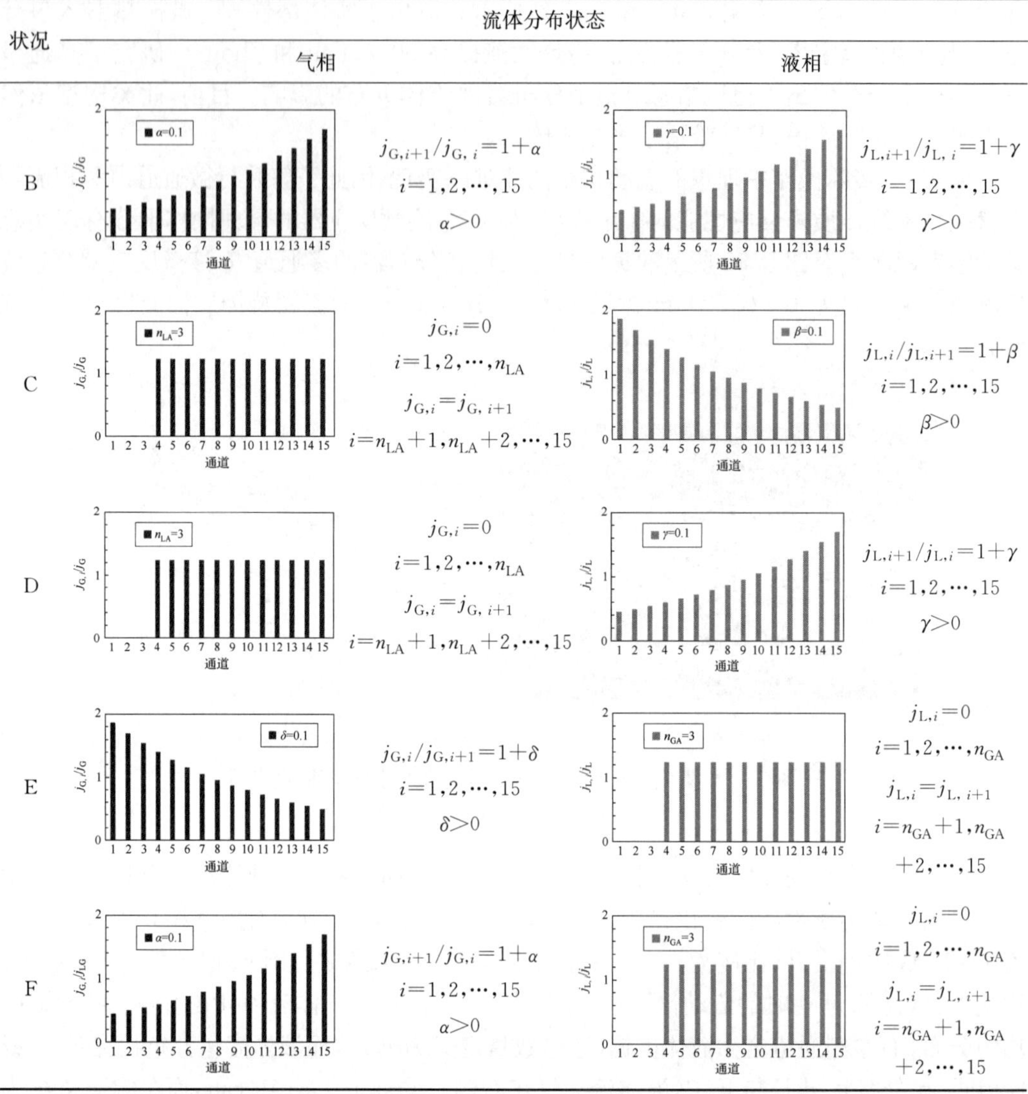

状况	流体分布状态	
	气相	液相
B	$j_{G,i+1}/j_{G,i}=1+\alpha$ $i=1,2,\cdots,15$ $\alpha>0$	$j_{L,i+1}/j_{L,i}=1+\gamma$ $i=1,2,\cdots,15$ $\gamma>0$
C	$j_{G,i}=0$ $i=1,2,\cdots,n_{LA}$ $j_{G,i}=j_{G,i+1}$ $i=n_{LA}+1,n_{LA}+2,\cdots,15$	$j_{L,i}/j_{L,i+1}=1+\beta$ $i=1,2,\cdots,15$ $\beta>0$
D	$j_{G,i}=0$ $i=1,2,\cdots,n_{LA}$ $j_{G,i}=j_{G,i+1}$ $i=n_{LA}+1,n_{LA}+2,\cdots,15$	$j_{L,i+1}/j_{L,i}=1+\gamma$ $i=1,2,\cdots,15$ $\gamma>0$
E	$j_{G,i}/j_{G,i+1}=1+\delta$ $i=1,2,\cdots,15$ $\delta>0$	$j_{L,i}=0$ $i=1,2,\cdots,n_{GA}$ $j_{L,i}=j_{L,i+1}$ $i=n_{GA}+1,n_{GA}+2,\cdots,15$
F	$j_{G,i+1}/j_{G,i}=1+\alpha$ $i=1,2,\cdots,15$ $\alpha>0$	$j_{L,i}=0$ $i=1,2,\cdots,n_{GA}$ $j_{L,i}=j_{L,i+1}$ $i=n_{GA}+1,n_{GA}+2,\cdots,15$

为表征两相流分布状况对并行微通道内整体传质性能的影响，定义实际操作情况下平均液相体积传质系数与均匀分布时理想值的相对偏差 E_r 为

$$E_r=\frac{(k_La)_{avg}-(k_La)_{uni}}{(k_La)_{uni}} \tag{5.9}$$

式中，$(k_La)_{uni}$ 为均匀分布时的液相体积传质系数，可依据笔者课题组前期工作中建议的适用于单通道微反应器的传质关联式计算得出[95]，即当微通道内气-液流型为弹状流时，有

$$\frac{k_Lad_h^2}{D_{CO_2}}=0.084\,Re_{GS}^{0.213}\,Re_{LS}^{0.937}\,Sc_L^{0.5} \tag{5.10}$$

当流型为弹状-环状流时，有

$$\frac{k_L a d_h^2}{D_{CO_2}} = 0.058\, Re_{GS}^{0.344}\, Re_{LS}^{0.912}\, Sc_L^{0.5} \tag{5.11}$$

$(k_L a)_{avg}$为实际操作时的平均液相体积传质系数，可按式(5.12)计算

$$(k_L a)_{avg} = \frac{j_L}{\Delta L}\ln\left(\frac{C^* - C_{in}}{C^* - C_{mix}}\right) \tag{5.12}$$

式(5.12)中 C_{mix}为并行微通道出口平均液相 CO_2浓度，可由式(5.13)和式(5.14)计算得出：

$$C_{mix} = \frac{1}{nj_L}\sum_{i=1}^{n} j_{L,i} C_{ch,i} \tag{5.13}$$

$$(k_L a)_i = \frac{j_{L,i}}{\Delta L}\ln\left(\frac{C^* - C_{in}}{C^* - C_{ch,i}}\right) \tag{5.14}$$

式(5.14)中$(k_L a)_i$为微通道 i 中的实际液相体积传质系数，在此假定当该微通道中流型为泡状流或弹状流时，可按式(5.10)计算，当流型为其他流型时，可按式(5.11)计算。

最终可得到当均匀分布时的理想流型为弹状流时，E_r表达式为

$$E_r = \left[-\frac{j_L^{0.063}}{0.084A^{0.15}j_G^{0.213}}\ln\left(\sum_{i=1}^{k}\left(\frac{j_{L,i}e^{-0.084A^{0.15}j_{G,i}^{0.213}j_{L,i}^{-0.063}}}{nj_L}\right)\right.\right.$$
$$\left.\left.+\sum_{i=k+1}^{n}\left(\frac{j_{L,i}e^{-0.058B^{0.256}j_{G,i}^{0.344}j_{L,i}^{-0.088}}}{nj_L}\right)\right)-1\right] \tag{5.15}$$

而当理想流型为弹状-环状流时，E_r表达式为

$$E_r = \left[-\frac{j_L^{0.088}}{0.058B^{0.256}j_G^{0.344}}\ln\left(\sum_{i=1}^{k}\left(\frac{j_{L,i}e^{-0.084A^{0.15}j_{G,i}^{0.213}j_{L,i}^{-0.063}}}{nj_L}\right)\right.\right.$$
$$\left.\left.+\sum_{i=k+1}^{n}\left(\frac{j_{L,i}e^{-0.058B^{0.256}j_{G,i}^{0.344}j_{L,i}^{-0.088}}}{nj_L}\right)\right)-1\right] \tag{5.16}$$

上述两个公式中，$A = \frac{D_L^{6.67}\Delta L^{6.67}Sc_L^{3.33}}{d_h^{5.67}v_G^{1.42}v_L^{6.25}}$，$B = \frac{D_L^{3.91}\Delta L^{3.91}Sc_L^{1.95}}{d_h^{2.91}v_G^{1.35}v_L^{3.56}}$，$k$ 为实际操作状况下弹状流或泡状流流型所占据的通道数量。

图 5.36 示出了不同两相流分布状况下多通道微反应器内的整体传质性能变化趋势，从这些图中可有如下发现：

图 5.36(a)对于 A、C、E 等分布状况，气、液流量分别在并行微通道两侧较高，此时 E_r总是小于 0。如图 5.36(a)所示，当气相流量沿通道 1～16 成比例增加 10%而液相流量成比例下降 10%时(α=0.1，β=0.1)，E_r约为−6%；且随 α 或β 的进一步增加，E_r逐渐下降，这表明两相流分布较差时微反应器的整体传质性能会有显著下降。在图 5.36(c)与图 5.36(e)中也可发现，当仅有液体或气体流过的通道数目(即 n_{LA}或 n_{GA})越多时，传质效率也越低。尤其当 n_{LA}或 n_{GA}取值为 15 时，在较高的 β 或 δ 下，E_r接近−100%，此时气体与液体将各自在不同的通道中流动，基本不发生气-液传质过程。在实际操作中，这种传质性能的下降较为常见。如并行微通道通常与公用进口、出口区相连(或进口分布器及出口收集区的压降可近似忽略不计)，因此各微通道内的两相压降近似相等。当气体流量由于某种客观原因(如不合理的分布器结构设计)沿通道逐渐上升时，液体流量会相应地沿这

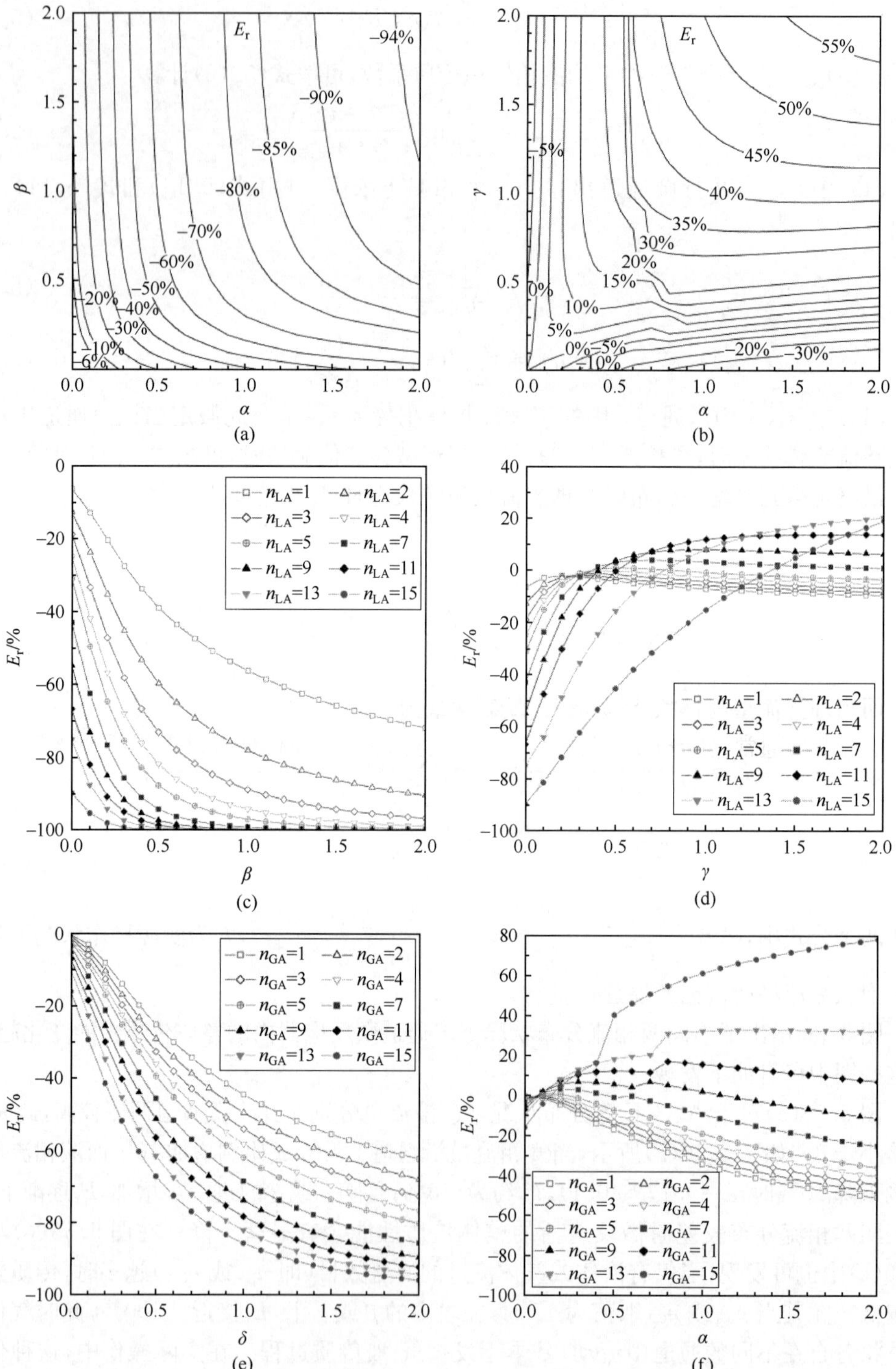

图 5.36　不同两相流分布状况下 16 个并行微通道内整体传质性能变化趋势

j_G=0.50 m/s，j_L=0.14 m/s，20℃，101 kPa；(a)～(f)分别代表两相流分布状况 A～F

些通道逐渐下降以满足恒定压降的约束条件，正如分布状况A所示。因此，反应器的整体传质性能将有所下降。

图5.36(b)对于B、D、F等分布状况，气、液流量分别在并行微通道同一侧较高，E_r值有时会大于0。如图5.36(b)表明，当气、液两相流量均沿通道1～16方向成比例增加20%时(α=0.2，γ=0.2)，E_r约为5%。在分布状况D与F中也可见，当n_{LA}或n_{GA}分别大于7或11时，在γ或α较高下，E_r也逐渐大于0[图5.35(d)与(f)]。在极端情况下(γ与α无限大，n_{LA}与n_{GA}取值15)，分布状况B、D、F中气、液均仅出现在通道16中而其余通道中没有流体流动，此时E_r取值最大，约为104.5%。从实际操作看，当某些微通道中有严重结垢或甚至发生堵塞时，这种传质情形也有可能发生。虽然此时并行微通道内的平均液相体积传质系数比理想值为高，但由于大部分气体或液体被引入少数微通道，将不可避免地带来极高的压降损失，故此时系统将处于非正常的操作状态，获得的高传质速率也没有现实意义。

如图5.36(c)所示，当微通道中实际气体及液体流量偏离平均值程度不很显著时，平均液相体积传质系数与均匀分布时理想值十分接近。如从图5.36(a)与图5.36(b)可看出，当分布状况A与B中α、β、γ均取值0.1时，尽管此时16个微通道内两相流量间的标准偏差已达44.5%，E_r仅在−6%～0%、0%～2%变化。这主要是由于当微通道内流体分布不均程度不很明显时，各微通道内的吸收过程可以互相弥补，导致最终的传质效率与理想值比较接近。

以上分析表明，对于并行微通道内的水物理吸收CO_2过程，两相流分布不均时，系统整体传质性能通常会有明显下降。但只要两相流分布状况不严重偏离理想的均匀分布，整体传质性能仍然可维持在最优水平附近。

其次针对化学吸收过程，考察了表5.3所示的分布状况A～C下该微反应器内整体反应性能的变化趋势。采用1 mol/L NaOH溶液吸收CO_2气体[气相组成：30%(体积分数) CO_2＋70%(体积分数) N_2]为模型反应。当液相主体CO_2浓度为0时，化学吸收的增强因子E可由式(5.17)近似求解[113]：

$$E=\frac{\sqrt{M\dfrac{E_i-E}{E_i-1}}}{\tanh\left(\sqrt{M\dfrac{E_i-E}{E_i-1}}\right)} \tag{5.17}$$

式中，

$$M=\frac{D_{CO_2}k_{OH^-}C_{OH^-}}{k_L^2},\ E_i=1+\frac{D_{CO_2}C_{OH^-}}{2D_{OH^-}C^*} \tag{5.18}$$

假定气相传质阻力可忽略，且各微通道内实际液相体积传质系数$(k_La)_i$依流型不同可按式(5.10)或式(5.11)计算。各微通道内的气-液相界面积可按单通道微反应器内的拟合公式计算[95]，即有式(5.19)：

$$ad_h=0.176\ \mathrm{Re}_{GS}^{0.294}\ \mathrm{Re}_{LS}^{0.241} \tag{5.19}$$

最终可求出实际操作情况下吸收效率与均匀分布时理想值的相对偏差E_r为

$$E_r=\frac{(\varphi_{CO_2})_{avg}-(\varphi_{CO_2})_{uni}}{(\varphi_{CO_2})_{uni}} \tag{5.20}$$

式中，$(\varphi_{CO_2})_{uni}$ 为均匀分布时的最佳 CO_2 吸收效率；$(\varphi_{CO_2})_{avg}$ 为实际操作时吸收效率，由式(5.21)计算得出：

$$(\varphi_{CO_2})_{avg}=\frac{\sum_{i=1}^{n}j_{G,i}(1-x_{in})\dfrac{x_{ch,i}}{1-x_{ch,i}}}{nj_{G}x_{in}} \tag{5.21}$$

图 5.37 给出了各分布状况下微反应器内整体吸收效率的变化趋势，可以看出，两相流动分布变差时，反应性能均有显著下降。与物理吸收过程相比，一个显著差异之处在于，分布状况 B 中 E_r 总是小于 0，且随 α 及 γ 的增加 E_r 变得更小。这表明在分布状况 B 中，当气体与液体仅在少数微通道内流动时，虽然物理传质速率会较理想均匀分布时值有所提高[图 5.36(b)]，但反应速率并没有得到同等程度的增加，这主要是由于反应速率并不完全取决于物理传质速率，它同时还与增强因子 E 有关系，而后者此时会有明显降低，导致整体反应性能下降。可以想见，当反应速率更快时，为保持系统反应性能在最佳水平，需要两相流动尽可能接近均布，从而对微反应器的结构设计及操作优化提出了更高的要求。

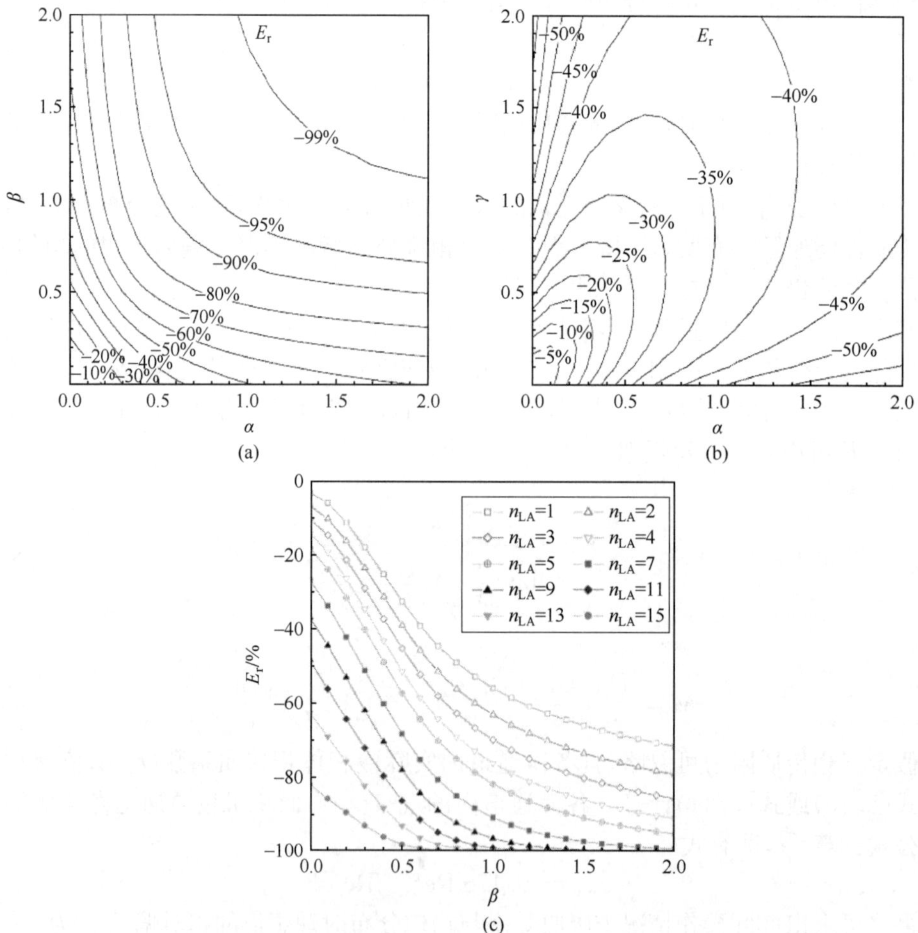

图 5.37 不同两相流分布状况下 16 个并行微通道内整体反应性能变化趋势

j_G=0.50 m/s，j_L=0.14 m/s，25℃，101 kPa；(a)～(c)分别代表两相流分布状况 A～C

5.5　微反应器内环氧丙烷与 CO_2 反应合成碳酸丙烯酯的过程研究

针对环氧丙烷与 CO_2 反应合成碳酸丙烯酯，Deng 等[114]首次报道了离子液体（[C_4mim]BF_4）催化合成环状碳酸酯的方法，发现阴、阳离子均有活性。Kawanami 等[115]研究了超临界 CO_2 下 1-烷基-3-甲基咪唑盐催化合成环状碳酸酯的过程，发现阴离子及阳离子上烷基碳链长度对催化活性的影响较大，原因在于环氧化合物和 CO_2 在离子液体中的溶解度随碳链长度增加而增加，碳链长度增加还可降低系统操作压力。Xiao 等[116]则以壳寡糖担载的 $ZnCl_2$ 为主催化剂，采用无溶剂法合成了碳酸丙烯酯，发现在反应温度为 110℃、压力为 1.5 MPa、[Bmim]Br 为助催化剂时，收率较高。咪唑和吡啶类离子液体的共催化性能最佳，四烷基铵盐类离子液体的共催化性能也不错，烷基结构对性能的影响较大，可能是通过影响阴离子而改变催化性能。由于具有四面体结构的四烷基铵离子促使溴远离阳离子，因此四丁基溴化铵和四乙基溴化铵的活性大于四甲基溴化铵。与氯离子相比，溴离子离阳离子的距离更大，使得溴离子参与反应的可能性增加，故溴离子的活性大于氯离子。由于$[Bmim]^+$是共轭体系，有利于 Br^- 远离$[Bmim]^+$，故[Bmim]Br 的活性大于 n-Bu_4NBr。随压力增加，PC 收率存在一最大值，CO_2 首先与环氧丙烷形成 CO_2-PO 配合物，压力过高可能阻止 PO 与催化剂的接触，使 TOF 值降低。

中国科学院过程工程研究所张锁江课题组[106]认为羟基与 Br^-（Lewis 碱活性位）共同进攻环氧化合物的不同位置，氢原子与环氧化合物上的氧原子通过氢键进行配位，从而导致 C—O 键极化；Br^- 与环氧化合物上位阻较小的碳原子发生亲核作用；在这两种作用下，发生开环反应；氧负离子与 CO_2 发生作用形成烷基碳酸盐负离子，最后通过分子间取代作用形成环状碳酸酯。从这一推测的机理上看，在开环反应过程中羟基基团所起作用与 Lewis 酸较为相似，故在缺少 Lewis 酸的情况下，该催化体系的活性能够保持较高水平。

从现有文献可知，对这一反应起活性作用的物种主要是溴离子、锌离子、离子液体阳离子种类及氢键，因此笔者课题组采用中国科学院过程工程研究所张锁江课题组开发的离子液体 HETBAB 作为主催化剂、$ZnBr_2$ 为助催化剂，在笔者开发的新型微反应器中进行 CO_2-环氧丙烷合成碳酸丙烯酯反应，并对这一过程做了进一步研究[117]。

5.5.1　反应温度对 PC 收率及时空收率的影响

如图 5.38 所示，PC 收率及时空收率（STY）均随反应温度增加而增加。当反应温度从 140℃增加至 180℃时，PC 收率由 62.24%增加到 99.42%，增加幅度较大，而当由 180℃增至 190℃时，PC 收率几乎不变；且反应选择性均保持在 99.5%以上，这主要是由于停留时间较短抑制了副反应；同时，TOF 值则从 3250 h^{-1}增加到 5796 h^{-1}，远高于传统釜式反应器的 60 h^{-1}。当反应温度从 140℃增加至 170℃时，STY 值由 1070 $g_{prod.}/(g_{cat.}\cdot h)$增加至 1787 $g_{prod.}/(g_{cat.}\cdot h)$，远大于传统釜式反应器的 19 $g_{prod.}/(g_{cat.}\cdot h)$，而当反应温度继续增加，从 170℃增加至 190℃时，STY 的增加幅度明显减小，结果表明即使在微反应器内气液传质过程得到了较大强化，该反应过程依然受传质影响。事实上，反应温度从三个方面影响反应过程：首先，温度增加有利于增加 HETBAB 上羟基活性和 Br^- 离子的

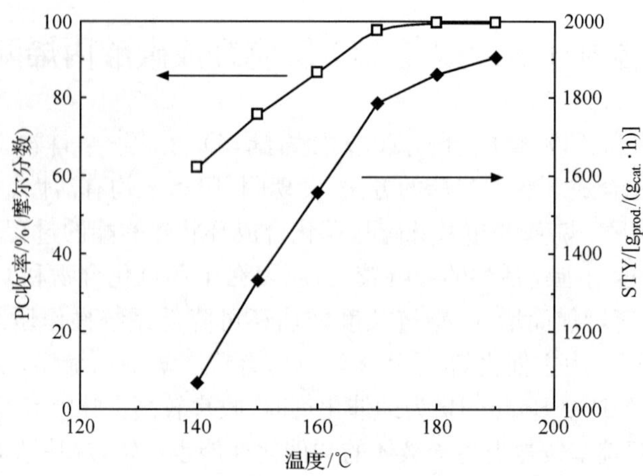

图 5.38 反应温度对 PC 收率及时空收率的影响

4.47%(HETBAB 在 PO 中摩尔分数); CO_2/PO(mol/mol), 1.19; 3.5 MPa; 14 s

亲核攻击能力,最终使 PO 开环、CO_2 插入及分子间环合速率增加;其次,气液传质系数与气体在液相中的扩散系数(D_L)、液相物料黏度相关,温度增加可使这两个参数增加,最终强化气液传质过程;最后,温度增加会减小 CO_2 在 PO 中的溶解度,不利于反应的进行。结果表明,前两个方面的影响要明显大于第三个方面。

5.5.2 停留时间对 PC 收率及时空收率的影响

保持气液体积比不比,同时改变气液两相流体流速,以考察停留时间对 PC 收率及时空收率的影响,如图 5.39 所示。

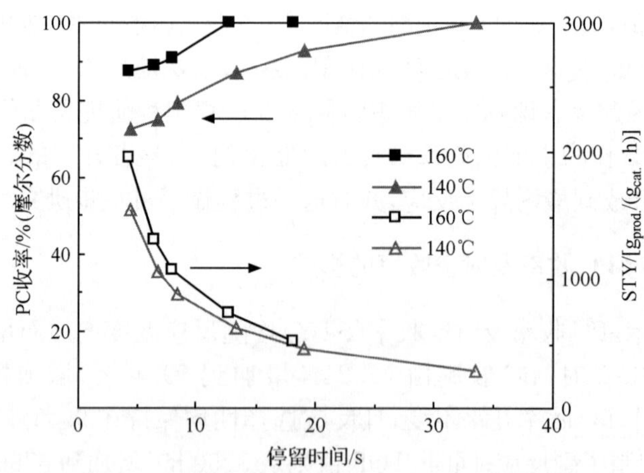

图 5.39 停留时间对 PC 收率及时空收率的影响

11.09(HETBAB 在 PO 中摩尔分数); CO_2/PO(mol/mol), 1.41; 3.5 MPa

从图中可以看出随停留时间增加,PC 收率增加、STY 值减少。实验过程中,液体流速为 0.5～2.1 ml/min、气体流速为 155～660 ml/min(STP),气液两相流动状况处于弹状流区域，气液两相物料流速增加，气液两相间对流传质速率增加。若反应受传质控制，则传质速率或 STY 会随停留时间增加而减小；若反应受动力学控制，PO 转化率（或 PC 收率）随停留时间增加而增加。由图 5.39 可知，停留时间增加导致的传质性能降低并不能改变 PC 收率增加的规律，故反应受传质和动力学共同控制。此外，140℃时，TOF 值为 860～4700 h^{-1}；160℃时，TOF 值为 1600～5900 h^{-1}，均远高于传统釜式反应器的结果，且反应时间可由数小时降低至十几秒量级。

5.5.3　反应压力对 PC 收率及时空收率的影响

通过改变气液两相物料流速使停留时间和 CO_2/PO 摩尔比恒定，考察反应压力的影响。如图 5.40 和图 5.41 可知，当反应压力处于 1.0～3.5 MPa 时，PC 收率逐渐增加，与催化剂含量为 11.09%（摩尔分数）的增加幅度相比，含量为 4.47%（摩尔分数）的更大；当反应压力由 3.5 MPa 增加至 4.0 MPa 时，PC 收率变化不明显。

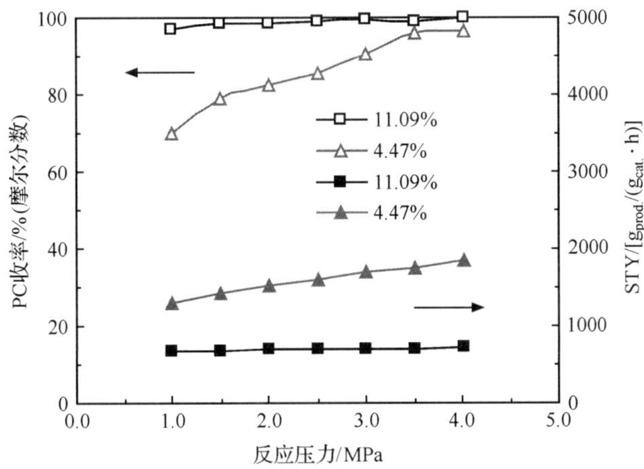

图 5.40　反应压力对 PC 收率及时空收率的影响

CO_2/PO(mol/mol)，1.44；170℃；14 s

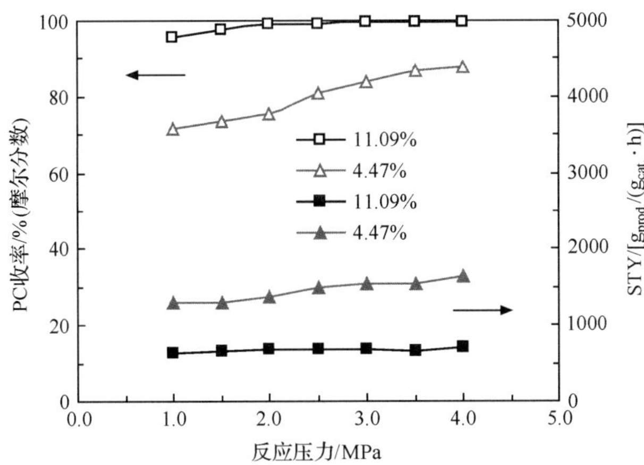

图 5.41　反应压力对 PC 收率及时空收率的影响

CO_2/PO(mol/mol)，1.44；160℃；14 s

另一方面，当催化剂含量为 4.47%（摩尔分数）时，在 1.0～4.0 MPa 压力范围内，STY 值增加明显，170℃时，STY 的最大变化率为 30%，160℃时，其最大变化率为 21%（图 5.42）。若反应受传质控制，由于 PO 中 CO_2 浓度与压力成正比，则 STY 的变化率应远远大于这一数值；由图 5.42 还可看到，与 160℃相比，170℃时的 STY 变化率更大一些，即温度越高反应压力的影响越大，而温度高意味着本征反应速率快，故可推断出反应受传质和本征反应动力学共同控制。

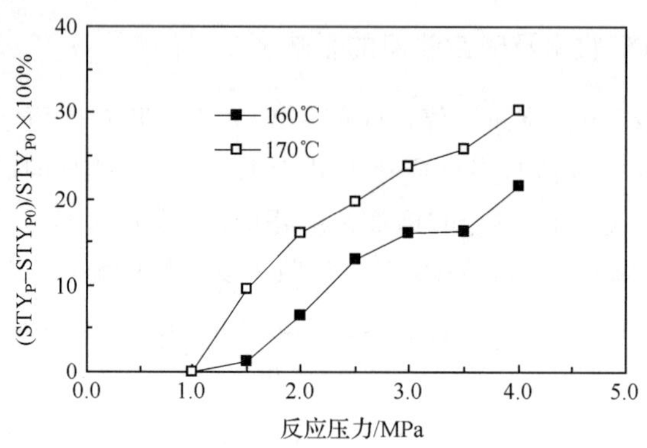

图 5.42　以 1.0 MPa 时的 STY 为基准，反应压力对 STY 变化率的影响

CO_2/PO，1.44；4.47%（摩尔分数）；14 s

当催化剂含量增加到 11.09%（摩尔分数）时，结果显示 STY 值几乎不受反应压力影响，说明此种条件下的反应过程受本征动力学控制。液相中的 PO 与 CO_2 环合反应可分为 PO 开环、CO_2 插入及分子间环合等三个步骤，当 HETBAB 浓度增加时，基于 PO 的 HETBAB 与 PO 碰撞频率增加，PO 开环反应速率增加，越来越多的 PO 被转化成为开环中间产物；与 PO、CO_2 相比，HETBAB 分子更大一些，当开环中间产物被体积较大的 HETBAB 分子所包围时，产生较大的空间位阻，可能会降低 CO_2 插入及分子间环合反应速率。在高催化剂含量条件下，当操作压力增加时，尽管 CO_2 浓度增加，但对于空间位阻不产生作用，故 STY 不受反应压力影响。另一方面，HETBAB 浓度高，可使分子间环合反应平衡向反方向移动，从而 PC 和 HETBAB 的生成收到抑制。从图 5.40 和图 5.41 还可看出，当反应温度由 160℃增加至 170℃时，STY 略有增加，这意味着温度增加会加速分子移动速度，从而减小空间位阻。

5.5.4　CO_2/PO 摩尔比对 PC 收率的影响

在温度为 140～190℃、压力为 3.5 MPa、HETBAB 摩尔分数为 4.47%、停留时间为 14 s 的反应条件下，考察 CO_2/PO 摩尔比对 PC 收率及时空收率的影响。气体速度不变，随液体流速增加（或 CO_2/PO 减小），液弹长度增加，由气弹至液弹的对流传质速率增加，气液传质过程得以强化，故在低 CO_2/PO 区域 PC 收率及时空收率体现为受传质影响较大。当 CO_2/PO 增加时，挥发到气相中的 PO 量增加，液相中 PO 浓度会降低，若以 PO 为反应物考虑反应的话，则反应速率会降低；与此同时，液相中 HETBAB 浓度相对增加，从这个角度看，反应速率增加，即 CO_2/PO 增加会从两个方面影响反应过程，故在较高

CO_2/PO 区域，PC 收率及时空收率体现为受 CO_2/PO 影响不大，如图 5.43 和图 5.44 所示。另外，传质对 PC 收率及时空收率的影响随温度降低而减小，这主要是由于反应速率降低所致。

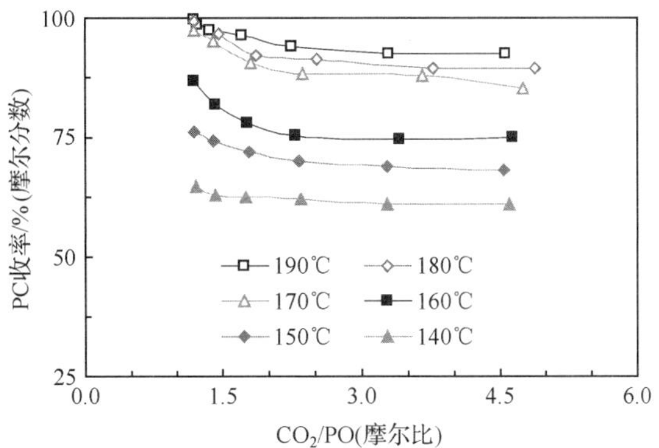

图 5.43　CO_2/PO 摩尔比对 PC 收率的影响

3.5 MPa，4.47%(摩尔分数)，14 s

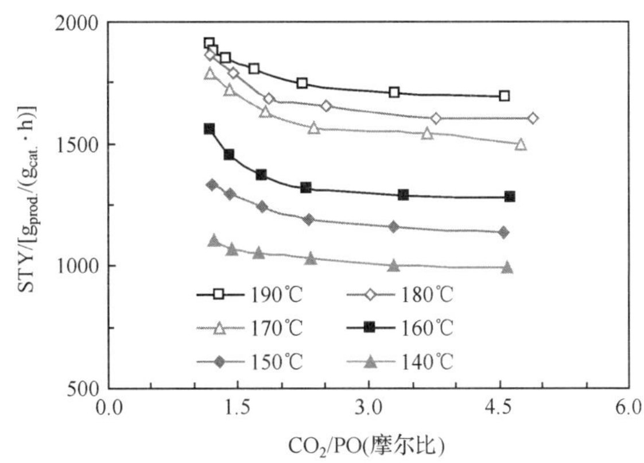

图 5.44　CO_2/PO(摩尔比)对时空收率的影响

3.5 MPa，4.47%(摩尔分数)，14 s

5.5.5　PO 中 HETBAB 浓度对 PC 收率的影响

在反应温度为 180℃、压力为 3.5 MPa、停留时间为 14 s 的条件下，考察 PO 中 HETBAB 浓度对 PC 收率及时空收率的影响。不同 HETBAB 浓度下的气液两相流体流动状况变化不大，故传质性能可认为恒定。如图 5.45 和图 5.46 所示，当 PO 中 HETBAB 浓度在 0.98%～11.09%(摩尔分数)范围变化时，PC 收率可由 51%增加至 99.8%，而 STY 则从 4500 $g_{prod.}$/($g_{cat.}$·h)降低至 680 $g_{prod.}$/($g_{cat.}$·h)，这可从催化剂活性位角度得以解释。物料的转化效率与催化剂活性位和反应底物的碰撞效率有关。反应底物浓度不变时，活性位随催化剂浓度增加而增加，则基于活性位的碰撞效率减少，不利于物料的转化；但每一活性位单位时间内需活化的底物分子个数却减少了，即单位时间内会有更多的底物分子被转化。因此，综合以上两个方面，随催化剂浓度增加，PC 收率会增加，而时空收率则会降低，如图 5.45 和图 5.46 所示。

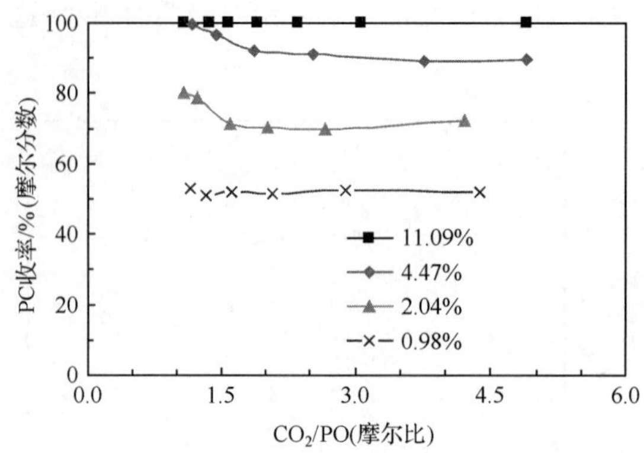

图 5.45　PO 中 HETBAB 浓度对 PC 收率的影响

3.5 MPa，14 s，180℃

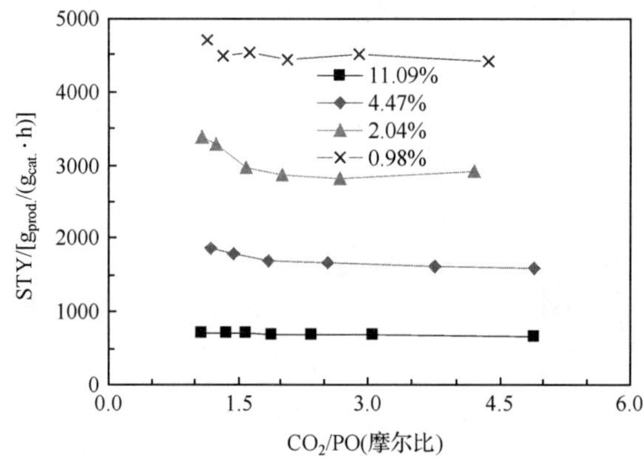

图 5.46　PO 中 HETBAB 浓度对时空收率的影响

3.5 MPa，14 s，180℃

5.6　展　　望

本章围绕微反应器内离子液体催化环氧丙烷和 CO_2 反应合成碳酸丙烯酯过程中涉及的气-液两相流动、传质、多通道并行分布及反应特性进行了探索性研究，希望会对其他类似气-液两相过程产生一定借鉴作用，为微化学工程与技术这一技术在中国的发展提供理论基础和技术支持。同时，由于时间与条件的限制，仍有许多问题有待深入。在此提出进一步工作设想如下：①对伴随化学反应的传质特性研究有待进一步深入；②对 Taylor 流动，实验应在更宽的条件下进行，以考察液弹与 Taylor 气泡的相对长度对该流型下压降与气-液传质特性的影响；③采用微粒子图像测速技术（micro-particle image velocimetry，μ-PIV）测量液弹内部的详细流动特征，同时采用 CFD 模拟考察液弹和液膜内部的浓度场，加深对该流型下气-液传质机理的认识；④为保证任意流型下并行微通道内均匀的气-液两相流分布，应开展更多的模拟与实验工作，以指导两相分布器的优化设计，这对于气-

液微反应系统的成功放大至关重要；⑤集成问题，化工过程是一个多过程集成的系统，同样对于微化工技术也难以解决化工过程的所有问题，甚至对于许多特定的反应过程，尤其是涉及多相复杂反应过程，由于微反应器内的停留时间相对较短，需要解决选择性与转化率间的矛盾问题，因此要研究反应特征时间、停留时间、传质和传热特征时间的优化匹配问题，或将微化工技术与传统的化工技术相互集成以更经济、有效地解决所面临问题。

微化学工程与技术是21世纪化学工程领域的共性基础与关键攻关技术，预计在未来的5年内将会有更多的工业应用或示范运行。微化学工程与技术的发展将为传统化学工业带来重大影响——增强化工过程安全性，促进过程强化和化工系统小型化，提高能源、资源利用效率，达到节能降耗之目的。

第6章 流化床结构-传递关系理论及过程强化

6.1 引 言

流化床是过程工业中应用最多的反应器之一，如石油流化床催化裂化装置和煤的循环流化床燃烧锅炉。流化床指的是床中的固体颗粒(被加工物料或催化剂)被上升的气体或液体所悬浮，固体颗粒被赋予流体特性，称为“流态化”(fluidization)。流态化作为一门具有科学内涵的学科，始于20世纪中期，以Wilhelm和Kwauk[118]于1948年在*Chem. Eng. Prog.* 期刊上发表的*Fluidization of solid particles*为代表，随后于1950年才初次出现于Brown[119]编写的化工教科书中。但对于尚没有流态化命题下应用流态化技术的生活活动(如淘米)和生产活动(如扬谷)早已存在，且已无法追溯至其创始人或创始的时代。流化床中颗粒与流体接触良好，传热传质速率高，温度均匀，颗粒物料可如流体一样流入和流出床体，便于连续化操作。这些优点在当今提倡工业节能、减排、降耗的形势下，显得尤为可贵。流化床在许多情况下可作为传统工业回转窑、固定床、移动床的替代技术。然而流态化理论需要进一步深化，流态化技术需要进一步提升，以满足快速发展的工业需求。早期的流态化理论以研究散式流态化为主，继Wilhelm和Kwauk[118]在其论文*Fluidization of solid particles*中首次提出“散式”和“聚式”两种不同类型的流态化现象后，Richardson和Zaki[120]提出了著名的散式流态化床层膨胀的公式，随后Kwauk[121]将该公式中的气速用气固相对滑移速度取代，使其适用于颗粒有进有出的散式流态化系统，从而形成广义“流态化理论”。散式流态化指颗粒在流体中分散均匀的流态化体系，多为液-固体系。而大量应用的气固鼓泡流化床存在大量气泡，快速流化床虽无气泡但存在大量颗粒絮团(cluster)，随着纳米材料和超细催化剂科技的兴起，需要用流化床处理纳微粉体，而纳微粉体在流化床中团聚现象甚为严重，往往形成尺寸不等的聚团(agglomerate)，无法实现平稳的流态化操作。这种气泡和颗粒絮(聚)团存在的流态化称为聚式流态化。聚式流态化的气固分布不均匀，气固接触效率较差，降低了传质、传热及反应速率。为此，人们研究了流化床内气泡与颗粒絮(聚)团的形成规律，提出了抑制气泡和絮(聚)团的生成并对气泡和絮(聚)团尺寸进行调控和预测的理论和方法，即聚式流态化的散式化理论与方法[122,123]。同时必须进一步研究这种含有气泡和絮(聚)团的不均匀结构的预测理论以及这种结构与“三传一反”的关系理论，以便在理论的指导下，实现流化床反应器中传递与反应过程的强化。由于这种结构的时空变化复杂，以往的研究不得不采取平均的方法而躲开不均匀结构问题，造成对工业流化床反应器预测结果偏差很大。Yang等[124,125]首先研究了快速流化床流动结构与气固相互作用的曳力系数之间的关系。计算结果表明，在相同的操作条件下，气固两相流中气体和颗粒之间的相互作用之曳力系数，按照平均方法与按照考虑不均匀结构的多尺度方法计算所得结果之间存在数量级的差别。如平均方法计算的曳力系数为 18.6，而多尺度结构方法的计算结果为 2.86，由这两种曳力系数计算所得的流动形态大相径庭，而多尺度结构方法的结果更接近实际。可见传统的化学工程将不均匀结构拟均匀化是引起预测偏差和工程放大失败的根源之一，我们必须对结构问题予以足够的重视。结构不仅对动量传递有决定性影响，而且对质量传递、热量传递和化学反应同样会有决定性影响。

CFD（计算流体力学）及其相关学科的发展使得对流化床这样复杂的多相流动进行比较准确的量化模拟成为可能。目前许多学者采用 CFD 软件对流态化床内的流动细节如颗粒浓度、颗粒与流体的速度分布等进行数值模拟。当前用于气固流化床数值模拟的数学模型主要有两流体模型（two-fluid model，TFM）、颗粒轨道模型（particulate trajectory model，PTM）和流体拟颗粒模型（pseudo-particle model，PPM）。巨大的计算量使得 PTM 模型和 PPM 模型的应用受到限制，用来对含有大量颗粒的工业系统的模拟目前还不现实。两流体模型将颗粒也视为流体来处理，由两套分别描述流体和颗粒相的流体动力学方程组来描述，两相同在 Euler 坐标系下处理。该模型主要是在微观足够大和宏观足够小的尺度上进行平均化。计算量少是两流体模型的突出优点。经过长期的研究，它已有相当的发展，Gidaspow 等[126,127]运用该模型在气固流态化床模拟方面取得了较有影响的研究成果。目前多数具有应用价值的模拟成果都是应用两流体模型得到的。FLEUNT、CFX 等以两流体模型为内核的商业软件被广泛采用。由于系统的复杂性和局部非均匀结构的存在，真正能满足这种要求的微元尺度与反应器宏观尺度相比往往过于微小，目前的超级计算机速度也很难满足其需要，所以不得不采用加大尺度的微元，其内部含有丰富而显著的非均匀结构，这时现有的本构方程已经不再适用。如计算相间作用力时，采用基于颗粒-流体均匀分布的 Wen&Yu 经验公式[128]和 Ergun 方程[129]，但因其并不适用于流化床的非均匀结构，往往形成数量级的误差，成为制约两流体模型应用的关键因素。目前看来，最具应用前景的模拟方法是将结构-传递关系模型与两流体模型相结合，修正传统两流体模型中的曳力系数、传质系数和传热系数，对流化床进行计算机模拟。

在国家自然科学基金重点项目和国家“973”项目的支持下，我们建立了气固快速流化床和鼓泡流化床的局部结构预测以及结构-传递关系理论。采用将结构-传递关系模型与两流体模型相结合的方法，将基于结构参数的曳力系数、传质系数和传热系数取代传统两流体模型中的曳力系数、传质系数和传热系数，对流化床进行计算机模拟，同时进行实验研究，用实验数据验证模拟结果，完善结构-传递关系理论和模拟方法，进一步用其指导过程强化的实验研究与工业放大，取得了可喜进展。关于快速流化床的结构-传递关系理论及其实验研究结果已发表多篇论文[130-132]，并有专著出版[133]。本章就气固鼓泡流化床的结构-传递关系理论的建立及其指导过程强化的实验研究作一总结，同时就我们在快速流化床方面的最新研究进展，在原专著的基础上做进一步的补充。

6.2　气固鼓泡流化床结构预测模型

气固鼓泡流化床是最经典的流态化床，在工业中的应用也最为广泛。当气体通过床底气体分布板以超过最小流态化速度穿过颗粒床层时，部分气体进入颗粒间隙用于悬浮流化颗粒,其余气体则以气泡的形式通过床层,气泡上升过程中不断并聚长大,少量颗粒随气泡底部的尾涡上升。因此鼓泡流化床由乳化相和气泡相组成,如图 6.1 所示。前人对气泡的行为进行了广泛的研究,建立了各种鼓泡流化床数学模型,具有代表性的工作是两相模型与气泡模型[134,135]。重点关注气泡的形状与并聚行为、气泡的大小与运动速度、两相间的质量交换等。但对床中流动结构的形成规律及其对传递与反应的影响稀有研究[136]。随着测量技术与计算机技术的快速发展,流化床中结构参数的测量及流动、传递与反应的计算机模拟已成为可行。流化床反应器的计算机模拟放大与调控成为人们追逐的目标。于是流化床结构的理论预测及其与传递反应的关系研究成为研究的前沿与热点。

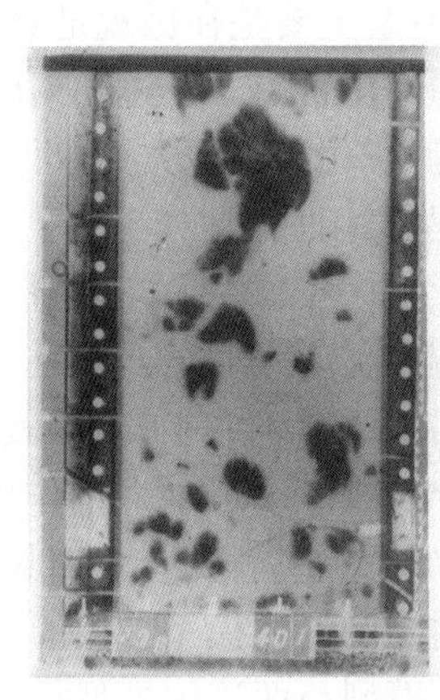

图 6.1 二维鼓泡流化床照片[137]

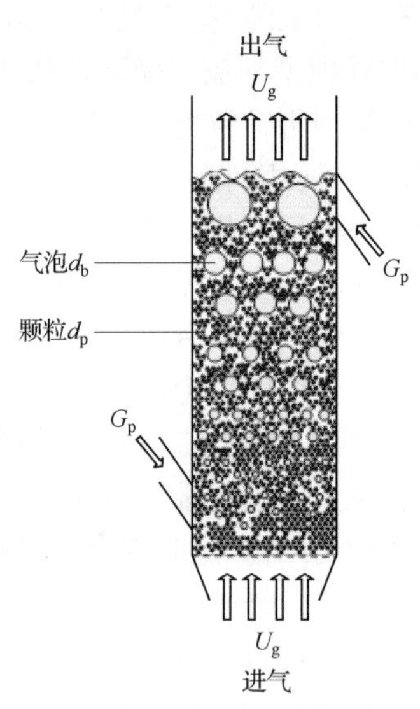

图 6.2 鼓泡流化床结构示意图

6.2.1 鼓泡流化床流动结构参数

图 6.2 是鼓泡流化床结构示意图,为研究方便,将气泡近似为球形。流动结构须用如下参数定量描述,其中有的是已知的物性参数和操作参数,有的是未知参数,需要建立模型加以预测。

1. 乳化相(emulsion phase)

已知参数:颗粒直径 d_p(m),颗粒密度 ρ_p(kg/m^3);

未知参数:空隙率 ε_e(—),颗粒表观速度 U_{pe}(m/s),气体表观速度 U_{ge}(m/s)。

2. 气泡相(bubble phase)

已知参数:气体密度 ρ_g(kg/m^3),气体黏度 μ_g[kg/(m · s)],气体压力 p_g(Pa),气体温度 t_g;

未知参数：气泡运动速度 U_b(m/s)(假设气体中无颗粒，空隙率 $\varepsilon_b=1$)，气泡相体积分数 f_b(—)，气泡中气体流动表观速度 U_{gb}(m/s)(因 $\varepsilon_b=1$，故表观速度等于真实速度)，气泡直径 d_b(m)。

3. 整体

颗粒流率 G_p[kg/(m^2 · s)]，气体表观速度 U_g(m/s)(已知参数)。

总计七个未知参数须模型求解。

6.2.2　鼓泡流化床七个流动结构参数的求解

要求解七个未知参数，通常须建立七个独立的方程。首先建立各相的动量守恒方程和质量守恒方程，然后建立必要的补充方程，以封闭求解。

1. 气泡受力平衡方程

气泡在乳化相包围中上升。受力情况为：产生的作用力暂不考虑。此时须将乳化相作为拟流体来处理。

其密度 ρ_e(kg/m^3)可以表述为

$$\rho_e=\rho_p(1-\varepsilon_e)+\rho_g\varepsilon_e \tag{6.1}$$

其表观速度 U_e(m/s)：

$$U_e=\frac{\rho_p U_{pe}+\rho_g U_{ge}}{\rho_p(1-\varepsilon_e)+\rho_g\varepsilon_e} \tag{6.2}$$

其体积分数为 $(1-f_b)$；

其黏度 μ_e[kg/(m · s)]可表达为[138]

$$\mu_e=\mu_g\{1+2.5(1-\varepsilon_e)+10.5(1-\varepsilon_e)^2+0.002\,73\exp[16.6(1-\varepsilon_e)]\} \tag{6.3}$$

1) 气泡与乳化相滑移运动产生的摩擦曳力 F_{Db}

$$F_{Db}=C_{Db}\frac{1}{2}\rho_e\frac{\pi}{4}d_b^2U_{sb}^2 \tag{6.4}$$

式中，C_{Db} 为曳力系数；U_{sb} 为乳化相与气泡相的表观滑动速度，m/s。

依据定义：

$$U_{sb}=(U_b-U_e)(1-f_b) \tag{6.5}$$

注：U_b,U_e 分别为气泡与乳化相的真实速度(说明：此时的真实速度等于表观速度，因各自的体积分数均为 1)。

C_{Dbo} 为单气泡的曳力系数，根据文献[139]，

$$C_{Dbo}=\begin{cases}38Re_i^{-1.5}, & 0<Re_i<1.8\\ 2.7+\dfrac{24}{Re_i}, & Re_i>1.8\end{cases} \tag{6.6}$$

其中，$Re_i=\dfrac{\rho_e d_b U_{sb}}{\mu_e}$。

$$C_{Db}=C_{Dbo}(1-f_b)^{-0.5} \tag{6.7}$$

2）气泡受到乳化相的浮力 F_{fb}

$$F_{fb} = \frac{\pi}{6} d_b^3 \rho_e g \tag{6.8}$$

式中，g 为重力加速度($g=9.8\text{m/s}^2$)。

3）气泡本身的重力 F_{wb}

$$F_{wb} = \frac{\pi}{6} d_b^3 \rho_g g \tag{6.9}$$

4）气泡受力平衡方程

气泡受力平衡方程为：$F_{Db} = F_{fb} - F_{wb}$，即

$$C_{Db} \frac{1}{2} \rho_e \frac{\pi}{4} d_b^2 U_{sb}^2 = \frac{\pi}{6} d_b^3 (\rho_e - \rho_g) g \tag{6.10}$$

2. 乳化相颗粒群的力平衡方程

1）乳化相中单个颗粒受到气流的曳力 F_{De}（N）

$$F_{De} = C_{De} \frac{1}{2} \rho_g \frac{\pi}{4} d_p^2 U_{se}^2 \tag{6.11}$$

乳化相的空隙率 ε_e 通常小于0.8，可用Ergun方程[129]推导出颗粒与气流之间的曳力系数：

$$C_{De} = 200 \frac{(1-\varepsilon_e)\mu_g}{\varepsilon_e^3 \rho_g d_p U_{se}} + \frac{7}{3\varepsilon_e^3} \tag{6.12}$$

式中，U_{se} 为乳化相中的气-固表观滑移速度(m/s)。

依据定义：

$$U_{se} = \left(\frac{U_{ge}}{\varepsilon_e} - \frac{U_{pe}}{1-\varepsilon_e}\right)\varepsilon_e = U_{ge} - U_{pe} \frac{\varepsilon_e}{1-\varepsilon_e} \tag{6.13}$$

2）单位体积床层中的乳化相气体对乳化相颗粒的曳力 F_{Den}（N/m^3）

$$\begin{aligned} F_{Den} &= \frac{(1-f_b)(1-\varepsilon_e)}{\frac{\pi}{6} d_p^3} F_{De} = \frac{(1-f_b)(1-\varepsilon_e)}{\frac{\pi}{6} d_p^3} C_{De} \frac{1}{2} \rho_g \frac{\pi}{4} d_p^2 U_{se}^2 \\ &= \frac{3}{4} C_{De} \frac{\rho_g}{d_p} (1-f_b)(1-\varepsilon_e) U_{se}^2 \end{aligned} \tag{6.14}$$

3）单位体积床层中气泡对乳化相中颗粒的曳力 F_{Dbn}（N/m^3）

单个气泡上升作用于乳化相的力 F_{Db} 可以分解为两个力：一个是作用在乳化相颗粒上的力 F_{Dbp}；另一个是作用在乳化相气体上的力 F_{Dbg}。即

$$F_{Db} = F_{Dbp} + F_{Dbg} \tag{6.15}$$

$$F_{Dbp} = \frac{\rho_p (1-\varepsilon_e)}{\rho_e} F_{Db} \tag{6.16}$$

$$\begin{aligned} F_{Dbn} &= \frac{f_b}{\frac{\pi}{6} d_b^3} F_{Dbp} = \frac{f_b}{\frac{\pi}{6} d_b^3} F_{Db} (1-\varepsilon_e) \frac{\rho_p}{\rho_e} \\ &= \frac{f_b (1-\varepsilon_e)}{\frac{\pi}{6} d_b^3} \frac{\rho_p}{\rho_e} C_{Db} \frac{1}{2} d_b^2 \frac{\pi}{4} \rho_e U_{sb}^2 \end{aligned}$$

$$= \frac{3}{4} f_b (1 - \varepsilon_e) C_{Db} \frac{\rho_p}{d_b} U_{sb}^2 \tag{6.17}$$

4）单位体积床层中乳化相颗粒的表观重力 F_{eg}（N/m^3）

$$F_{eg} = (1 - f_b)(1 - \varepsilon_e)(\rho_p - \rho_g) g \tag{6.18}$$

5）乳化相颗粒群的力平衡方程

$F_{Den} + F_{Dbn} = F_{eg}$，即

$$\frac{3}{4} C_{De} \frac{\rho_g}{d_p} (1 - f_b)(1 - \varepsilon_e) U_{se}^2 + \frac{3}{4} f_b (1 - \varepsilon_e) C_{Db} \frac{\rho_p}{d_b} U_{sb}^2 = (1 - f_b)(1 - \varepsilon_e)(\rho_p - \rho_g) g \tag{6.19}$$

3. 气泡中气体速度方程

气泡中的气流速度 U_{gb} 往往难以估算，根据对气泡的实验观测[134]：

（1）当气泡速度 U_b 小于乳化相中气流的真实速度 $\frac{U_{ge}}{\varepsilon_e}$ 时 $\left(U_b < \frac{U_{ge}}{\varepsilon_e}\right)$，乳化相中的气流会从气泡底部进入气泡从气泡顶部穿出再进入乳化相，此时进入气泡的气流表观速度（或真实速度，因气泡内的孔隙率为 1）也为 U_{ge}，即

$$U_{gb} = U_{ge} \tag{6.20a}$$

（2）当气泡速度 U_b 大于等于乳化相中气流的真实速度 $\frac{U_{ge}}{\varepsilon_e}$ $\left(U_b \geqslant \frac{U_{ge}}{\varepsilon_e}\right)$时，乳化相中的气流不会进入气泡，但气泡周围会出现气泡云，气流从气泡顶部沿气泡云下流到达气泡底部时被吸入气泡，再从顶部进入气泡云，形成气流环。但净流率为零。此时

$$U_{gb} = 0 \tag{6.20b}$$

4. 气体质量守恒方程

$$U_g = U_{ge}(1 - f_b) + U_b f_b + U_{gb} f_b = U_{ge}(1 - f_b) + (U_b + U_{gb}) f_b \tag{6.21}$$

注：气泡以 U_b 速度向上运动时，其中的气体以 U_{gb} 向上穿过气泡，总气量应为两者的加和。U_g 为已知操作条件下，气体的表观速度。

5. 固体质量守恒方程

$$U_p = U_{pe}(1 - f_b) \tag{6.22}$$

式中，U_p 为颗粒表观速度，m/s；$U_p = \frac{G_p}{\rho_p}$，G_p 为颗粒流率，kg/(m^2 · s)，鼓泡床有时无进料与出料，则 $G_p = 0$。

当 $G_p = 0$ 时，$U_p = U_{pe} = 0$。

6. 平均孔隙率方程

$$\varepsilon = \varepsilon_e (1 - f_b) + f_b \tag{6.23}$$

7. 气泡速度与气泡直径关系的经验方程[134]

$$U_b = (U_g - U_{mf}) + 0.71 (g d_b)^{0.5} \tag{6.24}$$

式中，U_{mf} 为表观临界流态化速度(m/s)，为颗粒与流体性质的函数，由许多经验方程可供选择[140]，如：

$$U_{mf} = \frac{0.00923 d_p^{1.82} (\rho_p - \rho_g)^{0.94}}{\mu_g^{0.88} \rho_g^{0.06}} \tag{6.25}$$

气泡速度方程(6.24)虽为经验方程，但其本质应反映气泡的力平衡，故与方程(6.10)相互不独立，仅可从中选择一个。

8. 乳化相孔隙率经验方程[141]

$$\varepsilon_e = \varepsilon_{min} + (\varepsilon_{mf} - \varepsilon_{min}) \frac{U_{se}\varepsilon_{mf}}{U_{mf}\varepsilon_e} \tag{6.26}$$

式中，ε_{min} 为颗粒物料的最小空隙率(—)，ε_{mf} 为颗粒物料的最小流化空隙率(—)，属物性参数，均须由实验测定。

9. 乳化相空隙率的 R-Z 方程[120]

$$\varepsilon_e^n = \frac{U_{ge}}{u_t} \tag{6.27}$$

式中的空隙率指数 n 可由式(6.28)取对数计算：

$$\varepsilon_{mf}^n = \frac{U_{mf}}{u_t} \tag{6.28}$$

$$n = \frac{\ln \frac{U_{mf}}{u_t}}{\ln \varepsilon_{mf}} \tag{6.29}$$

式中的 u_t 为颗粒的终端速度(m/s)，可计算或实验测定。可在方程(6.26)与方程(6.27)中选一个作为乳化相空隙率方程。

以上 7 个方程可联立求解 7 个未知参数，其中方程(6.24)与方程(6.26)、方程(6.27)也可由其他经验方程代替。

6.3 气固鼓泡流化床局部流动结构与传递关系模型

6.3.1 鼓泡流化床不均匀结构的分解-合成

分解-合成方法是研究复杂体系的有效方法。本书中的研究采用分解-合成方法建立气固鼓泡流化床局部流动结构与传递关系模型。首先用分解的方法将气固鼓泡流化床的多相不均匀结构分解为三个均匀分散相结构，如图 6.3 所示，分别为：乳化相、气泡相和相间相。三相均可近似为均匀分散相。乳化相中颗粒在流体中均匀分布，气泡相中无颗粒，相间相是指气泡表面的气体-颗粒层，也可视为在局部流场中均匀分布。对于均匀分散相中气固间的曳力、传质和传热，都有可靠的理论或经验计算公式可选。在分别计算了各相的曳力、传质和传热速率后，根据同方向的力以及质量和热量具有的简单加和性，将各相的曳力、传质速率和传热速率进行简单加和，则可获得不均匀结构整体的曳力、传质和传热速率。进而求得平均的曳力系数、传质系数和传热系数。

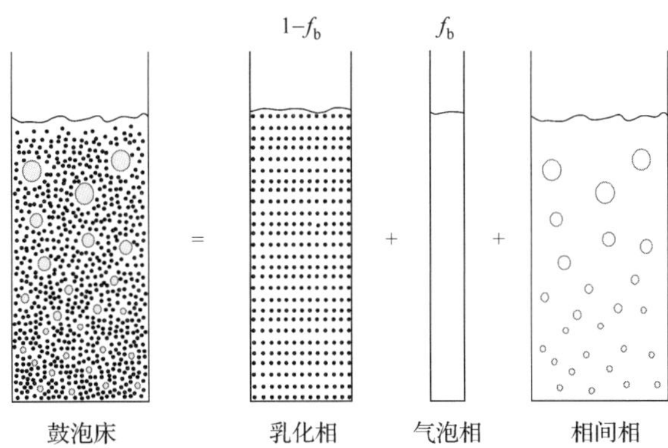

图 6.3　气固鼓泡流化床三相分解示意

6.3.2　鼓泡流化床动量传递的曳力系数模型

1. 单位体积床层中乳化相中颗粒与气流之间曳力 F_{Den} (N/m^3)

$$\begin{aligned}F_{\mathrm{Den}}&=\frac{(1-f_b)(1-\varepsilon_e)}{\frac{\pi}{6}d_p^3}F_{\mathrm{De}}\\&=\frac{(1-f_b)(1-\varepsilon_e)}{\frac{\pi}{6}d_p^3}C_{\mathrm{De}}\frac{1}{2}\rho_g\frac{\pi}{4}d_p^2U_{se}^2\\&=\frac{3}{4}C_{\mathrm{De}}\frac{\rho_g}{d_p}(1-f_b)(1-\varepsilon_e)U_{se}^2\end{aligned}\tag{6.30}$$

2. 单位体积床层中气泡对乳化相中颗粒的曳力 F_{Dbn} (N/m^3)

$$\begin{aligned}F_{\mathrm{Dbn}}&=\frac{f_b}{\frac{\pi}{6}d_b^3}F_{\mathrm{Db}}(1-\varepsilon_e)\frac{\rho_p}{\rho_e}\\&=\frac{f_b(1-\varepsilon_e)}{\frac{\pi}{6}d_b^3}\frac{\rho_p}{\rho_e}C_{\mathrm{Db}}\frac{1}{2}d_b^2\frac{\pi}{4}\rho_eU_{sb}^2\\&=\frac{3}{4}f_b(1-\varepsilon_e)C_{\mathrm{Db}}\frac{\rho_p}{d_b}U_{sb}^2\end{aligned}\tag{6.31}$$

3. 单位体积床层中气-固之间的总曳力 F_{D} (N/m^3)

$$\begin{aligned}F_{\mathrm{D}}&=F_{\mathrm{Den}}+F_{\mathrm{Dbn}}\\&=\frac{3}{4}C_{\mathrm{De}}\frac{\rho_g}{d_p}(1-f_b)(1-\varepsilon_e)U_{se}^2+\frac{3}{4}f_b(1-\varepsilon_e)C_{\mathrm{Db}}\frac{\rho_p}{d_b}U_{sb}^2\end{aligned}\tag{6.32}$$

4. 结构与平均曳力系数的关系式

依据平均曳力系数 $\overline{C_{\mathrm{D}}}$ 的定义,又可得

$$F_{\mathrm{D}}=\frac{(1-\varepsilon_{\mathrm{g}})}{\frac{\pi}{6}d_{\mathrm{p}}^{3}}\overline{C_{\mathrm{D}}}\frac{1}{2}\rho_{\mathrm{g}}\frac{\pi}{4}d_{\mathrm{p}}^{2}U_{\mathrm{s}}^{2}=\frac{3}{4}(1-\varepsilon_{\mathrm{g}})\overline{C_{\mathrm{D}}}\frac{\rho_{\mathrm{g}}}{d_{\mathrm{p}}}U_{\mathrm{s}}^{2} \tag{6.33}$$

式中，ε_{g} 为平均空隙率(—)，且

$$\varepsilon_{\mathrm{g}}=\varepsilon_{\mathrm{e}}(1-f_{\mathrm{b}})+f_{\mathrm{b}}\varepsilon_{\mathrm{b}}=\varepsilon_{\mathrm{e}}(1-f_{\mathrm{b}})+f_{\mathrm{b}}\quad(\text{因 }\varepsilon_{\mathrm{b}}=1) \tag{6.34}$$

U_{s} 为床层气-固平均表观滑移速度(m/s)，且

$$U_{\mathrm{s}}=\left(\frac{U_{\mathrm{g}}}{\varepsilon_{\mathrm{g}}}-\frac{U_{\mathrm{p}}}{1-\varepsilon_{\mathrm{g}}}\right)\varepsilon_{\mathrm{g}}=U_{\mathrm{g}}-U_{\mathrm{p}}\left(\frac{\varepsilon_{\mathrm{g}}}{1-\varepsilon_{\mathrm{g}}}\right) \tag{6.35}$$

对比公式(6.32)和式(6.33)可得

$$\overline{C_{\mathrm{D}}}=C_{\mathrm{De}}(1-f_{\mathrm{b}})\frac{(1-\varepsilon_{\mathrm{e}})}{(1-\varepsilon_{\mathrm{g}})}\left(\frac{U_{\mathrm{se}}}{U_{\mathrm{s}}}\right)^{2}+C_{\mathrm{Db}}f_{\mathrm{b}}\frac{(1-\varepsilon_{\mathrm{e}})}{(1-\varepsilon_{\mathrm{g}})}\frac{\rho_{\mathrm{p}}}{\rho_{\mathrm{g}}}\frac{d_{\mathrm{p}}}{d_{\mathrm{b}}}\left(\frac{U_{\mathrm{sb}}}{U_{\mathrm{s}}}\right)^{2} \tag{6.36}$$

式(6.36)即为鼓泡流化床结构与平均曳力系数的关系式。

6.3.3 鼓泡流化床质量传递的传质系数模型

1. 各相传质系数的表达式

对均匀分布的颗粒-流体系统，气-固之间的传质系数可采用 La Nauze-Jung 公式[142,143]：

$$K=2\varepsilon\frac{D}{d_{\mathrm{p}}}+0.69\frac{D}{d_{\mathrm{p}}}\left(\frac{U_{\mathrm{s}}d_{\mathrm{p}}\rho_{\mathrm{g}}}{\varepsilon\mu_{\mathrm{g}}}\right)^{\frac{1}{2}}\left(\frac{\mu_{\mathrm{g}}}{\rho_{\mathrm{g}}D}\right)^{\frac{1}{3}} \tag{6.37}$$

式中，K 为传质系数，m/s；D 为气体的扩散系数，$\mathrm{m^2/s}$。

乳化相中气体与颗粒之间的传质系数 K_{e} (m/s)可表达为

$$K_{\mathrm{e}}=2\varepsilon_{\mathrm{e}}\frac{D}{d_{\mathrm{p}}}+0.69\frac{D}{d_{\mathrm{p}}}\left(\frac{U_{\mathrm{se}}d_{\mathrm{p}}\rho_{\mathrm{g}}}{\varepsilon_{\mathrm{e}}\mu_{\mathrm{g}}}\right)^{\frac{1}{2}}\left(\frac{\mu_{\mathrm{g}}}{\rho_{\mathrm{g}}D}\right)^{\frac{1}{3}} \tag{6.38}$$

气泡中气体与气泡表面颗粒之间的传质系数 K_{i} (m/s)可表达为

$$K_{\mathrm{i}}=2(1-f_{\mathrm{b}})\frac{D}{d_{\mathrm{b}}}+0.69\frac{D}{d_{\mathrm{b}}}\left(\frac{U_{\mathrm{sb}}d_{\mathrm{b}}\rho_{\mathrm{g}}}{(1-f_{\mathrm{b}})\mu_{\mathrm{g}}}\right)^{\frac{1}{2}}\left(\frac{\mu_{\mathrm{g}}}{\rho_{\mathrm{g}}D}\right)^{\frac{1}{3}} \tag{6.39}$$

2. 单位体积床层中乳化相颗粒与乳化相气体间的传质速率 M_{e} [kg/(m³ · s)]

$$M_{\mathrm{e}}=K_{\mathrm{e}}[a_{\mathrm{p}}(1-f_{\mathrm{b}})(1-\varepsilon_{\mathrm{e}})-a_{\mathrm{b}}f_{\mathrm{b}}(1-\varepsilon_{\mathrm{e}})](C_{\mathrm{se}}-C_{\mathrm{e}}) \tag{6.40}$$

式中，a_{p} 为颗粒比表面积($\mathrm{m^{-1}}$)，$a_{\mathrm{p}}=\dfrac{6}{d_{\mathrm{p}}}$；$a_{\mathrm{b}}$ 为气泡比表面积($\mathrm{m^{-1}}$)，$a_{\mathrm{b}}=\dfrac{6}{d_{\mathrm{b}}}$；$C_{\mathrm{se}}$ 为乳化相颗粒表面目标组分浓度，$\mathrm{kg/m^3}$；C_{e} 为乳化相气体中目标组分浓度，$\mathrm{kg/m^3}$。

3. 单位体积床层中气泡中气体与其周边表面颗粒层之间的传质速率 M_{i} [kg/(m³ · s)]

$$M_{\mathrm{i}}=K_{\mathrm{i}}[a_{\mathrm{b}}f_{\mathrm{b}}(1-\varepsilon_{\mathrm{e}})](C_{\mathrm{si}}-C_{\mathrm{b}}) \tag{6.41}$$

式中，C_{si} 为气泡周边颗粒层中颗粒表面目标组分的浓度，$\mathrm{kg/m^3}$；C_{b} 为气泡中气体的目标组分浓度，$\mathrm{kg/m^3}$。

4. 单位体积床层中气-固之间总传质速率 M[kg/(m³ · s)]

$$\begin{aligned} M &= M_e + M_i \\ &= K_e[a_p(1-f_b)(1-\varepsilon_e) - a_b f_b(1-\varepsilon_e)](C_{se}-C_e) + K_i[a_b f_b(1-\varepsilon_e)](C_{si}-C_b) \end{aligned} \tag{6.42}$$

5. 结构与平均传质系数的关系式

依据平均传质系数 $\bar{K}$ 的定义,可得

$$M = \bar{K} a_p(1-\varepsilon_g)(C_{sg}-C_g) \tag{6.43}$$

式中,ε_g 为床层平均空隙率;C_{sg} 为床层平均颗粒表面目标组分浓度,kg/m³;C_g 为床层平均气相中目标组分浓度,kg/m³。

对比式(6.42)和式(6.43)可得

$$\bar{K} = K_e \frac{[a_p(1-f_b)(1-\varepsilon_e) - a_b f_b(1-\varepsilon_e)](C_{se}-C_e)}{a_p(1-\varepsilon_g)(C_{sg}-C_g)} + K_i \frac{a_b f_b(1-\varepsilon_e)(C_{si}-C_b)}{a_p(1-\varepsilon_g)(C_{sg}-C_g)} \tag{6.44}$$

式(6.44)即为结构与平均传质系数的关系式。

6. 各浓度参数的求定

式(6.44)中的 C_{se},C_e,C_{si},C_b,C_{sg},C_g 为六个未知浓度参数,须建立相应的传质方程来求解。

1) 根据平均浓度的定义

$$C_g\varepsilon_g = C_e\varepsilon_e(1-f_b) + f_b C_b \tag{6.45}$$

2) 根据颗粒表面平均浓度的定义

$$C_{sg}(1-\varepsilon_g) = [(1-f_b)(1-\varepsilon_e) - 2(1-\varepsilon_e)f_b\frac{d_p}{d_b}]C_{se} + 2(1-\varepsilon_e)f_b\frac{d_p}{d_b}C_{si} \tag{6.46}$$

注:其中 $2(1-\varepsilon_e)f_b\dfrac{d_p}{d_b} = \dfrac{f_b}{\dfrac{\pi}{6}d_b^3}\,\dfrac{\pi d_b^2(1-\varepsilon_e)}{\dfrac{\pi}{4}d_p^2}\,\dfrac{1}{2}\,\dfrac{\pi}{6}d_p^3$ 表示气泡表面颗粒数的 1/2 的表面积,因为每个颗粒的一半表面属乳化相,另一半表面属相间相。

3) 乳化相传质方程

图 6.4 表示鼓泡流化床内的一个传质微分单元床层,各相的目标组分浓度值通过该单元床层后均有一定量的变化。

(1) 进入微分单元乳化相区气流中目标组分质量 M_{ine} (kg/s):

$$M_{ine} = A(1-f_b)C_e U_{ge} \tag{6.47}$$

(2) 流出微分单元乳化相区气流中目标组分质量 M_{oute} (kg/s):

$$M_{oute} = A(1-f_b)U_{ge}(C_e + \mathrm{d}C_e) \tag{6.48}$$

(3) 乳化相中颗粒表面目标组分进入乳化相气流中的质量 M_{pge} (kg/s):

$$M_{pge} = A\mathrm{d}ZK_e[a_p(1-f_b)(1-\varepsilon_e) - a_b f_b(1-\varepsilon_e)](C_{se}-C_e) \tag{6.49}$$

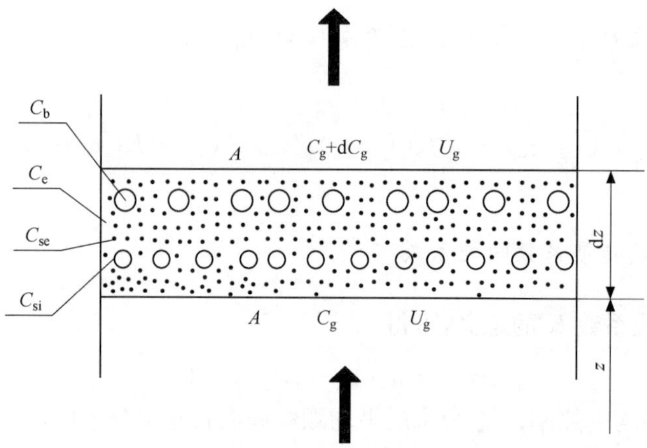

图 6.4 鼓泡流化床传质微分单元床层

(4) 乳化相气流中高浓度组分向气泡相中低浓度组分的扩散质量 M_{eb} (kg/s)

$$M_{eb} = \mathrm{A}\mathrm{d}ZK_{eb}a_b f_b \varepsilon_e (C_e - C_b) \tag{6.50}$$

式中，K_{eb} 为两相气体之间的传递系数(m/s)，可采用 Sit 和 Grace[144] 给出的公式计算：

$$K_{eb} = \frac{U_{mf}}{3} + \left(\frac{4D\varepsilon_{mf}U_b}{\pi d_b}\right)^{0.5} \tag{6.51}$$

由目标组分的质量守恒可知：$M_{oute} - M_{ine} = M_{pge} - M_{eb}$，即

$$(1 - f_b)U_{ge}\frac{\mathrm{d}C_e}{\mathrm{d}Z} = K_e[a_p(1-f_b)(1-\varepsilon_e) - a_b f_b(1-\varepsilon_e)](C_{se} - C_e) - K_{eb}a_b f_b \varepsilon_e (C_e - C_b) \tag{6.52}$$

式(6.52)为乳化相传质方程。

4) 气泡相传质方程

(1) 进入微分单元气泡相气体中目标组分质量 M_{inb} (kg/s)：

$$M_{inb} = Af_b(U_{gb} + U_b)C_b \tag{6.53}$$

(2) 流出微分单元气泡相气体中目标组分质量 M_{outb} (kg/s)：

$$M_{outb} = Af_b(U_{gb} + U_b)(C_b + dC_b) \tag{6.54}$$

(3) 乳化相中高浓度气体组分向气泡相中低浓度气体组分的扩散质量 M_{eb} (kg/s)：

$$M_{eb} = \mathrm{A}\mathrm{d}ZK_{eb}a_b f_b \varepsilon_e (C_e - C_b) \tag{6.55}$$

(4) 气泡表面的颗粒表面目标组分向气泡中气体传递的质量 M_{pgi} (kg/s)：

$$M_{pgi} = \mathrm{A}\mathrm{d}ZK_i a_b f_b (1 - \varepsilon_e)(C_{si} - C_b) \tag{6.56}$$

(5) 气泡相传质方程：

由目标组分的质量守恒可知：$M_{outb} - M_{inb} = M_{pgi} + M_{eb}$，即

$$f_b(U_{gb} + U_b)\frac{\mathrm{d}C_b}{\mathrm{d}Z} = K_{eb}a_b f_b \varepsilon_e (C_e - C_b) + K_i a_b f_b (1 - \varepsilon_e)(C_{si} - C_b) \tag{6.57}$$

式(6.57)即为气泡相传质方程。

(6) 乳化相传质与反应(吸附)平衡方程：

$$K_r\left[(1-f_b)(1-\varepsilon_e) - 2\frac{d_p}{d_b}f_b(1-\varepsilon_e)\right]C_{se}\eta =$$

$$K_e[a_p(1-f_b)(1-\varepsilon_e)-a_b f_b(1-\varepsilon_e)](C_{se}-C_e) \tag{6.58}$$

式中，K_r 为反应速率常数，s^{-1}；η 为颗粒体积有效因子。

（7）相间传质与反应平衡方程：

$$2K_r \frac{d_p}{d_b} f_b(1-\varepsilon_e)C_{si}\eta = K_i a_b f_b(1-\varepsilon_e)(C_{si}-C_b) \tag{6.59}$$

上述方程(6.45)、(6.46)、(6.52)、(6.57)、(6.58)、(6.59)共六个方程组成的方程组可以求解 C_{se}，C_e，C_{si}，C_b，C_{sg}，C_g 六个未知的浓度参数。

以 $Z=0$ 时，$C_e=C_b=C_0$ 及 $C_{se}=C_{si}=C_{s0}$ 为初值。联立求解，可求得六个浓度参数的一维分布。

6.3.4　鼓泡流化床热量传递的传热系数模型

1. 各相传热系数的表达式

根据 Rowe 的建议[145]，对均匀分布的颗粒-流体系统，气-固之间的传热系数可将 La Nauze-Jung 的传质公式经相似转化而得：$Nu=2\varepsilon+0.69\left(\frac{Re}{\varepsilon}\right)^{\frac{1}{2}} Pr^{\frac{1}{3}}$，即

$$\alpha = 2\varepsilon\frac{\lambda}{d_p}+0.69\frac{\lambda}{d_p}\left(\frac{U_s d_p \rho_g}{\varepsilon\mu_g}\right)^{\frac{1}{2}}\left(\frac{C_p\mu_g}{\lambda}\right)^{\frac{1}{3}} \tag{6.60}$$

式中，λ 为气体的导热系数，J/(m·s·K)；C_p 为气体的定压热容，J/(kg·K)；α 为给热系数，J/(m^2·s·K)；$Nu=\frac{\alpha d_p}{\lambda}$ 为 Nusselt 数；$Re=\frac{U_s d_p \rho_g}{\mu_g}$ 为 Reynolds 数（其中 U_s 为气-固表观滑移速度，m/s)；$Pr=\frac{C_p\mu_g}{\lambda}$ 为 Prandtl 数。

乳化相可视为拟均相，其中气体与颗粒间的传热系数 α_e 可表示为

$$\alpha_e = 2\varepsilon_e\frac{\lambda}{d_p}+0.69\frac{\lambda}{d_p}\left(\frac{U_{se} d_p \rho_g}{\varepsilon_e\mu_g}\right)^{\frac{1}{2}}\left(\frac{C_p\mu_g}{\lambda}\right)^{\frac{1}{3}} \tag{6.61}$$

气泡相气体与气泡表面颗粒之间的传热系数 α_i 则可表示为

$$\alpha_i = 2\varepsilon(1-f_b)\frac{\lambda}{d_b}+0.69\frac{\lambda}{d_b}\left(\frac{U_{sb} d_b \rho_g}{(1-f_b)\mu_g}\right)^{\frac{1}{2}}\left(\frac{C_p\mu_g}{\lambda}\right)^{\frac{1}{3}} \tag{6.62}$$

2. 单位体积床层中乳化相颗粒与乳化相中气体之间的传热速率 H_e [J/(m^3·s)]

$$H_e = \alpha_e[a_p(1-f_b)(1-\varepsilon_e)-a_b f_b(1-\varepsilon_e)](t_{pe}-t_{ge}) \tag{6.63}$$

式中，t_{pe} 为乳化相颗粒温度，K；t_{ge} 为乳化相气体温度，K。

3. 单位体积床层中气泡中气体与其周边颗粒之间的传热速率 H_i [J/(m^3·s)]

$$H_i = \alpha_i a_b f_b(1-\varepsilon_e)(t_{pe}-t_{gb}) \tag{6.64}$$

式中，t_{gb} 为气泡中气体温度，K。

4. 单位体积床层中气-固之间的总传热速率 H[J/(m^3·s)]

$$H = H_e + H_i$$

$$H=\alpha_e[a_p(1-f_b)(1-\varepsilon_e)-a_b f_b(1-\varepsilon_e)](t_{pe}-t_{ge})+\alpha_i a_b f_b(1-\varepsilon_e)(t_{pe}-t_{gb}) \tag{6.65}$$

5. 结构与平均传热系数的关系式

依据平均传热系数 $\bar{\alpha}$ 的定义，可得

$$H=\bar{\alpha}\alpha_p(1-\varepsilon_g)(t_p-t_g) \tag{6.66}$$

式中，t_p 为颗粒平均温度，K；t_g 为气体平均温度，K。

对比式(6.65)与式(6.66)可得

$$\bar{\alpha}=\alpha_e\frac{[a_p(1-f_b)(1-\varepsilon_e)-a_b f_b(1-\varepsilon_e)](t_{pe}-t_{ge})}{\alpha_p(1-\varepsilon_g)(t_p-t_g)}+\alpha_i\frac{a_b f_b(1-\varepsilon_e)(t_{pe}-t_{gb})}{\alpha_p(1-\varepsilon_g)(t_p-t_g)} \tag{6.67}$$

式(6.67)即为鼓泡流化床平均传热系数与床层结构参数之间的关系式。

6. 各浓度参数的求定

式(6.67)中共有 5 个温度参数 t_{pe}，t_{ge}，t_{gb}，t_p，t_g 需要求解，需要列出 5 个对应的方程式。

1) 根据气体平均温度定义

$$t_g\varepsilon_g=t_{gb}f_b+t_{ge}\varepsilon_e(1-f_b) \tag{6.68}$$

2) 根据固相平均温度定义

$$t_p(1-\varepsilon_g)=t_{pe}(1-\varepsilon_e)(1-f_b) \tag{6.69}$$

3) 乳化相气体传热方程

图 6.5 表示鼓泡流化床内的一个传热微分单元床层，各相的温度值通过该单元床层后均有一定量的变化。

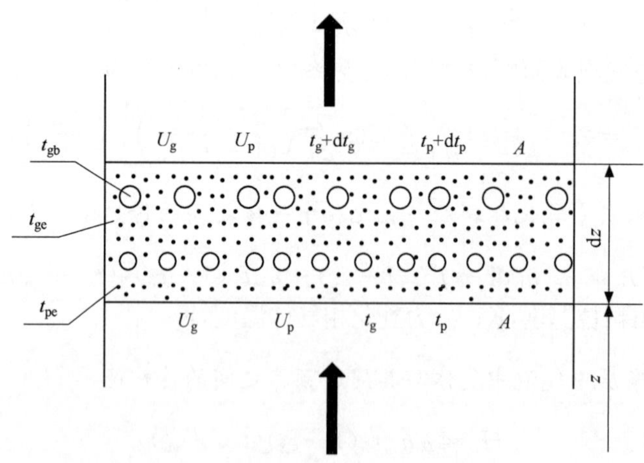

图 6.5 鼓泡流化床传热微分单元床层

(1) 进入微分单元乳化相区气体的热量 H_{inge} (J/s)：

$$H_{inge}=\rho_g C_p U_{ge} A(1-f_b)t_{ge} \tag{6.70}$$

(2) 流出微分单元乳化相区气体的热量 H_{outge} (J/s):

$$H_{outge} = \rho_g C_p U_{ge} A(1-f_b)(t_{ge}+dt_{ge}) \tag{6.71}$$

(3) 乳化相中颗粒向气体的传热量 H_{pge} (J/s):

$$H_{pge} = AdZ\alpha_e[a_p(1-f_b)(1-\varepsilon_e)-a_b f_b(1-\varepsilon_e)](t_{pe}-t_{ge}) \tag{6.72}$$

(4) 乳化相中高温气体向气泡相中低温气体的热扩散量 H_{ebg} (J/s):

$$H_{ebg} = AdZ\alpha_{eb} a_b f_b \varepsilon_e (t_{pe}-t_{ge}) \tag{6.73}$$

式中,α_{eb} 为热量交换系数,J/(m^2 · s · K),可采用 Sit 和 Grace[144]给出的公式计算:

$$\alpha_{eb} = \frac{\rho_g C_p U_{mf}}{3} + \left(\frac{4\rho_g C_p \lambda \varepsilon_{mf} U_b}{\pi d_b}\right)^{0.5} \tag{6.74}$$

(5) 乳化相气体传热方程:

依据热量守恒原理,有 $H_{outge}-H_{inge}=H_{pge}-H_{egb}$,即

$$\rho_g C_p U_{ge}(1-f_b)\frac{dt_{ge}}{dZ} = \alpha_e[a_p(1-f_b)(1-\varepsilon_e)-a_b f_b(1-\varepsilon_e)](t_{pe}-t_{ge})-\alpha_{eb} a_b f_b \varepsilon_e (t_{pe}-t_{ge}) \tag{6.75}$$

式(6.75)即为乳化相气体传热方程。

4) 乳化相颗粒传热方程

(1) 进入微分单元乳化相区颗粒相的热量 H_{inpe} (J/s):

$$H_{inpe} = \rho_p C_s U_{pe} A(1-f_b)t_{pe} \tag{6.76}$$

(2) 流出微分单元乳化相区颗粒相的热量 H_{outpe} (J/s):

$$H_{outpe} = \rho_p C_s U_{pe} A(1-f_b)(t_{pe}+dt_{pe}) \tag{6.77}$$

(3) 乳化相区中颗粒向气体传热量 H_{pge} (J/s):

$$H_{pge} = AdZ\alpha_e[a_p(1-f_b)(1-\varepsilon_e)-a_b f_b(1-\varepsilon_e)](t_{pe}-t_{ge}) \tag{6.78}$$

(4) 气泡边界处颗粒向气泡的传热量 H_{pgi} (J/s):

$$H_{pgi} = AdZ\alpha_i a_b f_b(1-\varepsilon_e)(t_{pe}-t_{gb}) \tag{6.79}$$

(5) 乳化相颗粒传热方程:

依据热量守恒原理,有 $H_{outpe}-H_{inpe}=-H_{pge}-H_{pgi}$,即

$$\rho_p C_s U_{pe}(1-f_b)\frac{dt_{pe}}{dZ} = -\alpha_e[a_p(1-f_b)(1-\varepsilon_e)-a_b f_b(1-\varepsilon_e)](t_{pe}-t_{ge})-\alpha_i a_b f_b(1-\varepsilon_e)(t_{pe}-t_{gb}) \tag{6.80}$$

式(6.80)即为乳化相颗粒传热方程。

5) 气泡相气体传热方程

(1) 进入微分单元气泡气体中的热量 H_{ingb} (J/s):

$$H_{ingb} = \rho_g C_p(U_{gb}+U_b)Af_b t_{gb} \tag{6.81}$$

(2) 流出微分单元气泡相气体中的热量 H_{outgb} (J/s):

$$H_{outgb} = \rho_g C_p(U_{gb}+U_b)Af_b(t_{gb}+dt_{gb}) \tag{6.82}$$

(3) 气泡边界处颗粒向气泡中气体的传热量 H_{pgi} (J/s):

$$H_{pgi} = AdZ\alpha_i a_b f_b(1-\varepsilon_e)(t_{pe}-t_{gb}) \tag{6.83}$$

(4) 乳化相中高温气体向气泡相中低温气体的传热量 H_{ebg} (J/s):

$$H_{ebg} = AdZ\alpha_{eb}a_b f_b \varepsilon_e (t_{ge} - t_{gb}) \tag{6.84}$$

(5) 气泡相气体传热方程:

依据热量守恒原理,有 $H_{outgb} - H_{ingb} = H_{pgi} + H_{ebg}$,即

$$\begin{aligned}&\rho_g C_p (U_{gb} + U_b) f_b \frac{dt_{gb}}{dZ} \\ &= \alpha_i a_b f_b (1-\varepsilon_e)(t_{pe} - t_{gb}) + \alpha_{eb} a_b f_b \varepsilon_e (t_{ge} - t_{gb})\end{aligned} \tag{6.85}$$

式(6.85)即为气泡相气体传热微分方程。

至此已经列出 5 个方程式(6.68)、(6.69)、(6.75)、(6.80)、(6.85)可联立求解出 5 个未知温度参数 t_{pe},t_{ge},t_{gb},t_p,t_g,得到 5 个温度参数的一维分布。

6.3.5 热源与热汇

当过程中有反应热(吸热或放热)或吸附(解析)热生成时,各传热方程右边须相应增加热源相(+)或热汇相(-)。

例如,气泡相中气体发生放热反应,气泡相气体传热方程(6.81)的右边须加以热源相:

$$h_{rgb} = f_b k_{rgb} \Delta H_{rgb} \tag{6.86}$$

式中,h_{rgb} 为气泡相中反应放出的热量,J/(m^3 · s); k_{rgb} 为反应速率,kg/(m^3 · s); ΔH_{rgb} 为反应热,J/kg。

6.4 鼓泡流化床结构-传递关系模型的实验验证

6.4.1 计算机模拟和实验的方法

为了验证上述流化床结构-传递关系模型,本节采取了计算机模拟与实验数据相对比的方法。计算机模拟采用将结构-传递关系模型与两流体模型相结合的模式。在当前的冷模研究中,将基于结构参数的曳力系数取代传统两流体模型中的曳力系数,用修正后的两流体模型进行模拟,然后将模拟结果与实验数据相对比。冷模实验分别采用了 Geldart 分类[146]的 A、B、C 类颗粒物料。B 类和 C 类物料的流态化实验在一个高度为 1000 mm,内径为 140 mm 的圆柱形有机玻璃流化床中进行。流化介质为室温常压下的干燥空气。采用光导纤维颗粒浓度测量仪测量在各种操作条件下流化床不同高度的径向颗粒浓度分布及轴向颗粒浓度分布。径向由床中心到边壁每隔 10 mm 设置一个测量点,同时测定相离 90°的两个径向的颗粒浓度分布。用摄像机记录床中气泡与颗粒的运动状况。对 A 类物料采用了文献[147]中提供的实验条件和数据。该文献采用 FCC 催化剂为实验颗粒物料,流化床为高度 2464 mm、内径 267 mm 的圆柱形,流化介质为室温常压干燥空气。

6.4.2 B 类物料的实验与模拟结果对比

物料为石英砂,颗粒密度 ρ_p=2640 kg/m^3,平均颗粒直径 d_p=0.3096 mm,静床高度 H_0=0.232 m,结果见图 6.6～图 6.9。

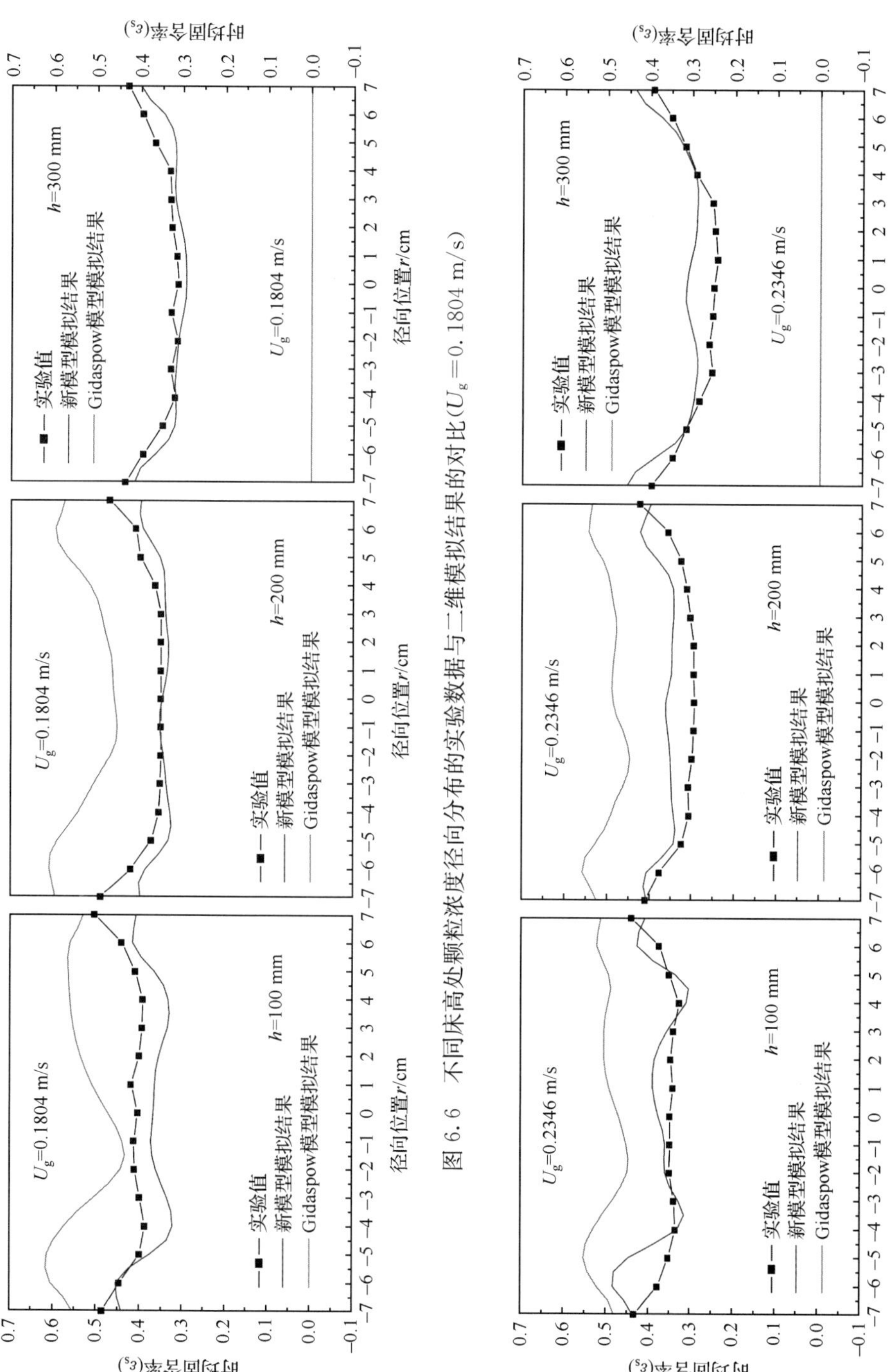

图 6.6　不同床高处颗粒浓度径向分布的实验数据与二维模拟结果的对比(U_g=0.1804 m/s)

图 6.7　不同床高处颗粒浓度径向分布的实验数据与二维模拟结果的对比(U_g=0.2346 m/s)

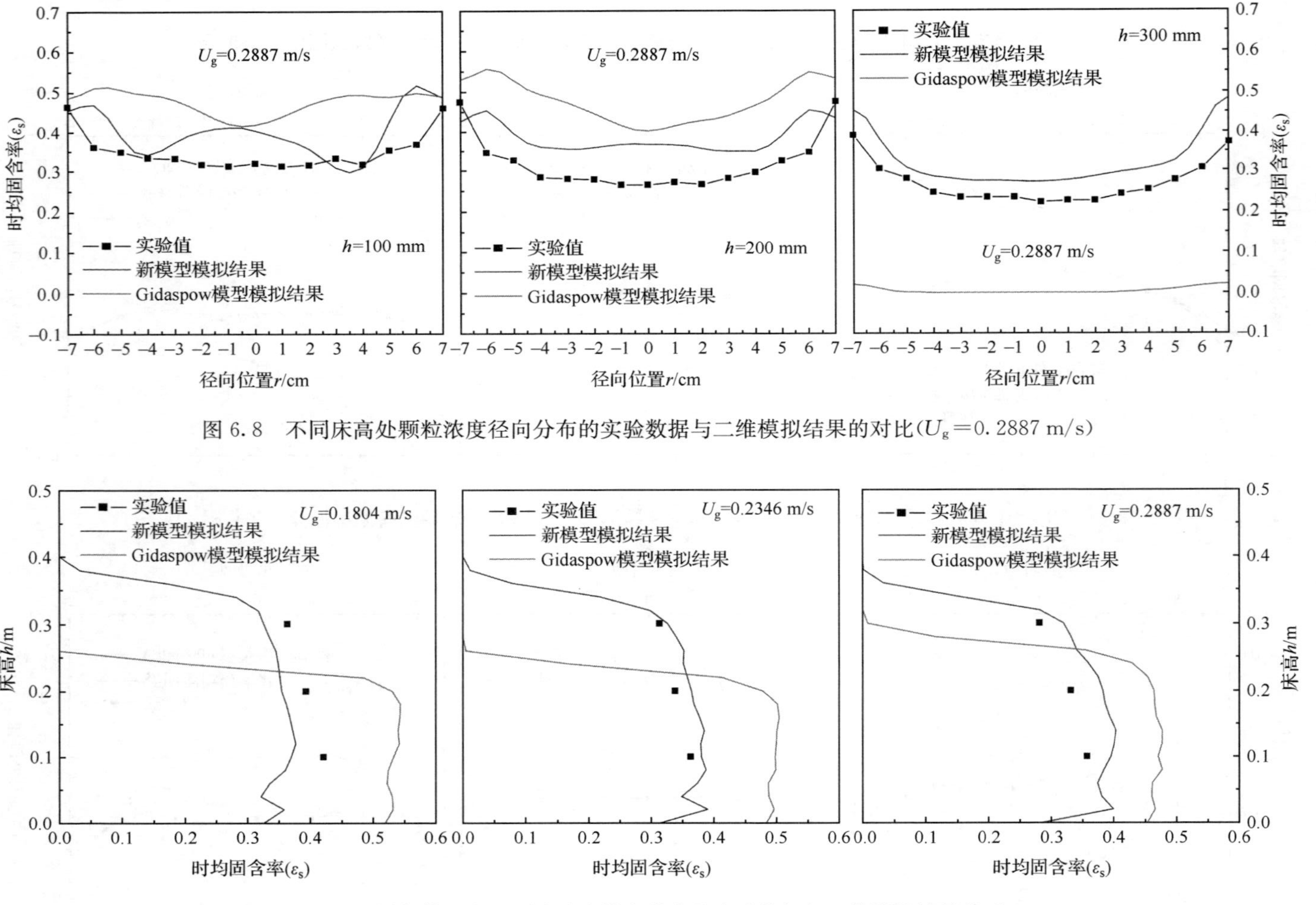

图 6.8　不同床高处颗粒浓度径向分布的实验数据与二维模拟结果的对比(U_g=0.2887 m/s)

图 6.9　不同气体速度下颗粒浓度轴向分布的实验数据与二维模拟结果的对比

上述各图中的黑点代表实验数据，实线代表传统两流体模型的二维模拟结果，虚线代表本章提出的修正两流体模型的二维模拟结果。由图可见，本章提出的修正两流体模型的模拟结果基本接近于实验数据，而传统两流体模型的模拟结果多远离实验数据。

6.4.3　A 类物料的实验与模拟结果对比

颗粒物料为 FCC 催化剂，颗粒密度 $\rho_p=1780\ kg/m^3$，平均颗粒直径 $d_p=0.065\ mm$，静床高度 $H_0=1.2\ m$，结果见图 6.10～图 6.12。

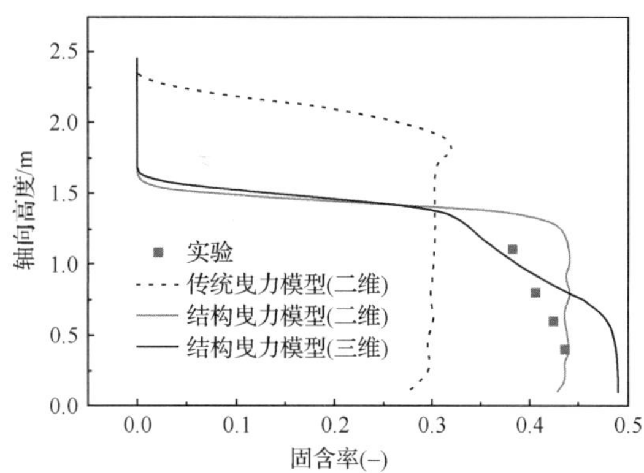

图 6.10　颗粒浓度轴向分布的实验数据与二维、三维模拟结果的对比($U_g=0.06\ m/s$)

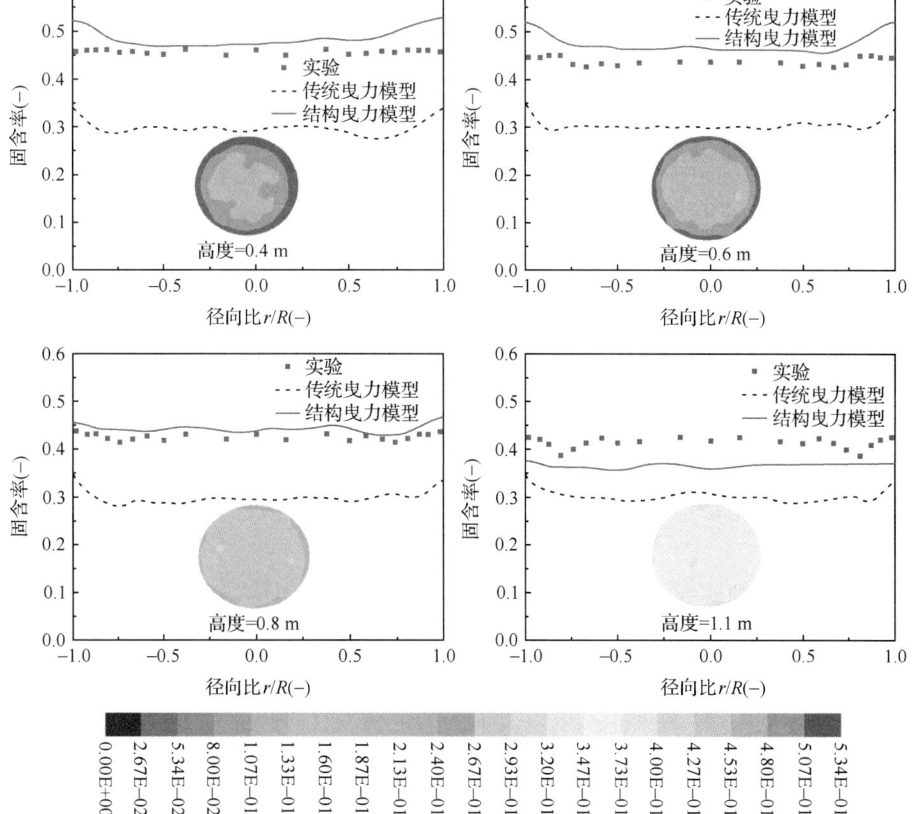

图 6.11　不同床高处颗粒浓度径向分布的实验数据与三维模拟结果的对比($U_g=0.06\ m/s$)(参见彩图)

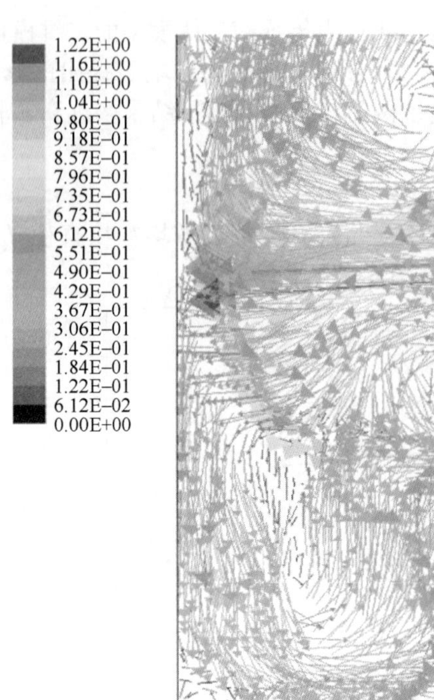

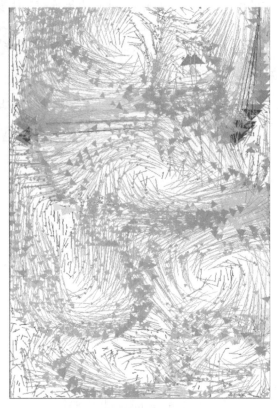

图 6.12　模拟得到的流化床下部颗粒速度矢量图(U_g=0.06 m/s)(参见彩图)

图 6.10 和图 6.11 中,红色点代表实验数据,绿色曲线代表本章提出的修正两流体模型的二维模拟结果,紫色曲线代表本章提出的修正两流体模型的三维模拟结果,虚线代表传统两流体模型的模拟结果。由图可见,本章提出的修正两流体模型的模拟结果基本接近实验数据,三维模拟结果优于二维模拟。传统两流体模型的模拟结果与实验数据偏离较大。图 6.12 是本章用提出的修正两流体模型模拟得到的床下部颗粒速度矢量图,由图可见颗粒在床的中心上升,在床的边壁处下降。这与实验观测到的现象完全相符。

6.4.4　C 类物料的实验与模拟结果对比

颗粒物料为氧化铝粉,颗粒密度 ρ_p=3940 kg/m^3,平均颗粒直径 d_p=0.01 mm,静床高度 H_0=0.18 m。

该类物料属超细颗粒,在流态化床中会形成颗粒的聚团体,这些聚团相互碰撞,不断碰碎和并聚,最终达到平衡尺寸。因此超细颗粒的流态化实质上是聚团的鼓泡流态化,如图 6.13 所示。因此首先必须求得聚团的尺寸和气泡的尺寸,然后用聚团直径取代颗粒直径进行流态化床的 CFD 两流体模拟。关于聚团直径的计算模型前人已有研究结果,可参阅有关文献[123,148,149]。

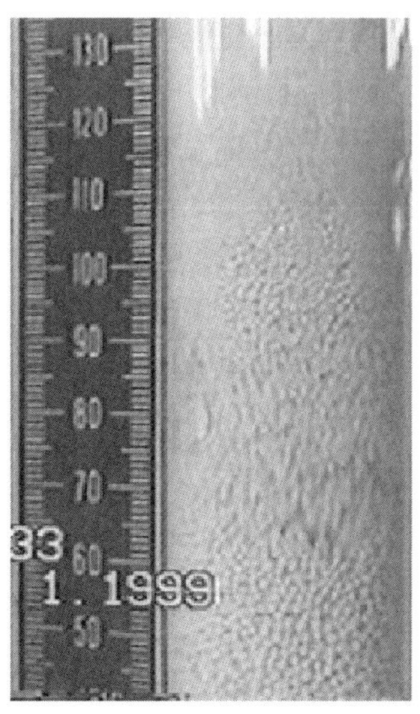

图 6.13　超细颗粒的聚团流态化照片[148]

1. 聚团的力平衡方程及方程参数估算

1）聚团的力平衡方程

李洪钟[123]和 Zhou 等[150,149]提出如下聚团的力平衡方程式：

$$(\rho_a-\rho_g)gd_a^2-\left[0.33\rho_g u_g^2\varepsilon_g^{-4.8}+\frac{0.996}{\pi}\times\left(\frac{\pi V_a^6\rho_a^3}{k^2}\right)^{1/5}\right]d_a+\frac{H_a}{4\pi\delta^2}=0 \tag{6.87}$$

方程(6.87)为典型的一元二次方程，解此方程，可得方程的解 d_a的值。d_a的值即为所求的流态化聚团的平衡尺寸。然而，在求解方程之前必须正确估算出方程中各参数值。

2）Hamaker 常数 A

Hamaker 常数 A 可以由公式(6.68)计算[151]：

$$A=\frac{3}{4}BT\left(\frac{\varepsilon_1-\varepsilon_0}{\varepsilon_1+\varepsilon_0}\right)^2+\frac{3hVe}{16\sqrt{2}}\frac{(N_1^2-n_0^2)^2}{(N_1^2+n_0^2)^{\frac{3}{2}}} \tag{6.88}$$

式中，h 为普朗克常量，$h=6.626\times10^{-34}$ J · s；B 为玻尔兹曼常量，$B=1.381\times10^{-23}$ J/K；T 为热力学温度，K；Ve 为 UV 吸附频率，$Ve=3.0\times10^{-5}\,\text{s}^{-1}$；$N_1$为颗粒的折射率；$\varepsilon_1$为颗粒的介电常数；$n_0$为介质的折射率，真空时 $n_0=1$；ε_0为介质的介电常数，真空时 $\varepsilon_0=1$；N_1、ε_1、n_0、ε_0可以在有关的手册中查找[152]。

3）颗粒或聚团之间的黏附距离 z_0

Krupp[153]建议 z_0的取值范围为$(1.5\sim4.0)\times10^{-10}$ m。对流化床中两聚团碰撞的情况，可取 $z_0=4.0\times10^{-10}$ m。

4）床层空隙率 ε 及聚团密度 ρ_a

鼓泡浓相流化床的空隙率 ε 在 0.5～0.7 之间。可由式(6.89)计算：

$$\varepsilon=1-\frac{\rho_{bed}}{\rho_a} \tag{6.89}$$

式中，ρ_{bed} 为流化床的平均密度，kg/m^3。

聚团的密度 ρ_a (kg/m^3)可以从床中取样测定。Zhou 等[150]经过大量的实验测定证明,聚团的密度 ρ_a 与其尺寸大小无关,仅与物料的性质有关。聚团的密度一般大于黏性颗粒的松堆密度 ρ_{ba},而小于黏性颗粒的敲紧密度 ρ_{bt},即 $\rho_{ba} < \rho_a < \rho_{bt}$。Zhou 等[150]建议对于颗粒结合较紧密的聚团,可用式(6.90)估算其密度:

$$\rho_a = 1.15\rho_{ba} \tag{6.90}$$

对于颗粒结合较疏松的聚团,可由式(6.91)估算其密度:

$$\rho_a = 0.85\rho_{bt} \tag{6.91}$$

5) 弹性因数 k

Mori[154]提出,k 值对于聚团流化床而言,可近似地取 $k=3.0\times10^{-6}\,\text{Pa}^{-1}$。

6) 聚团间的相对速度 V

两聚团之间的相对速度 V 的计算可采用如方程(6.92)[154]:

$$V = (1.5\bar{p}_{s,n}d_b g\varepsilon)^{0.5} \tag{6.92}$$

式中,$\bar{p}_{s,n}$ 为非黏性系统平均颗粒无因次压力,据文献[154]报道,可取 $\bar{p}_{s,n}=0.077$;d_b 是流化床中气泡直径,可由本章提出的 C 类颗粒流化床气泡公式计算:

$$d_b = 0.21(u_g - u_{mb})^{0.49}(h + 4\sqrt{A_0})^{0.48}/g^{0.2} \tag{6.93}$$

式中,A_0 为床底部气体分布板小孔的面积,m^2;u_g 为流体表观速度,m/s;u_{mb} 为初始鼓泡速度,m/s。

u_{mb} 可通过式(6.94)计算[140]:

$$u_{mb} = \frac{0.009\,23d_a^{1.82}(\rho_a - \rho_f)^{0.94}}{\mu_f^{0.88}\rho_f^{0.06}} \tag{6.94}$$

2. 实验与模拟结果对比

图 6.14 表示在两个不同气体速度的操作条件下,所测得的不同床高 h 处颗粒浓度的径向分布的实验数据与模拟结果的对比。图中 P1 和 L1 分别表示径向 1 的实测数据和模拟结果,P2 和 L2 分别表示与径向 1 相隔 90°的径向 2 的实测数据和模拟结果。由图可见,床底部和中部的模拟结果与实测数据基本相符,而床上部的模拟结果稍低于实测数据,原因在于模型中没有考虑部分带出颗粒从顶部扩大段返回的情况。

图 6.15 表示不同床高 h 的颗粒垂直速度的径向分布的模拟结果。图中 P1 和 P2 分别代表相隔 90°的两个径向位置。模拟曲线显示出双峰分布的特征。床的边壁附近颗粒速度为负值,表明颗粒向下运动;处于半径中点的两点颗粒速度为正值且最高,表明颗粒在该两处以较高速度向上运动;床的中心部位颗粒速度近乎为零。可见床的两边各存在一个颗粒的循环运动,颗粒沿半径的中点上升,沿边壁和中轴落下。图 6.16 为模拟得到的颗粒速度矢量图,该图进一步阐明了图 6.15 表明的结果。图 6.15 与图 6.16 模拟的结果与观测到的实验现象完全一致。

需要说明的是,无论以上发表的对 C 类物料流态化的计算机模拟结果还是采用传统的两流体模型模拟的结果,只是用聚团直径代替了颗粒直径。目前正在进一步采用修正的两流体模型进行模拟,模拟结果将在以后发表。同时鼓泡流化床传质与传热的实验与模拟工作正在进行,结果也将在以后发表。

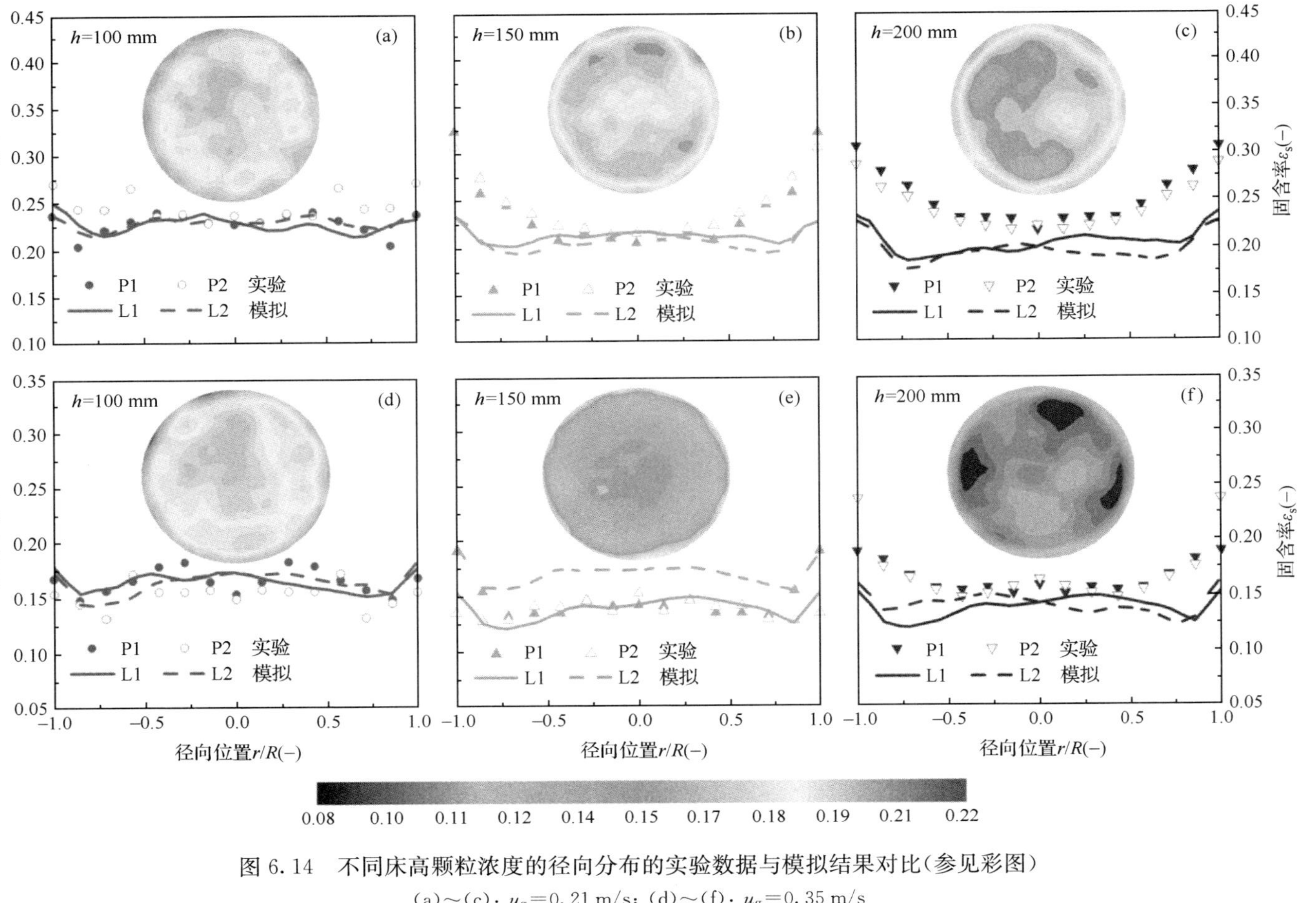

图 6.14 不同床高颗粒浓度的径向分布的实验数据与模拟结果对比(参见彩图)

(a)～(c): u_g=0.21 m/s; (d)～(f): u_g=0.35 m/s

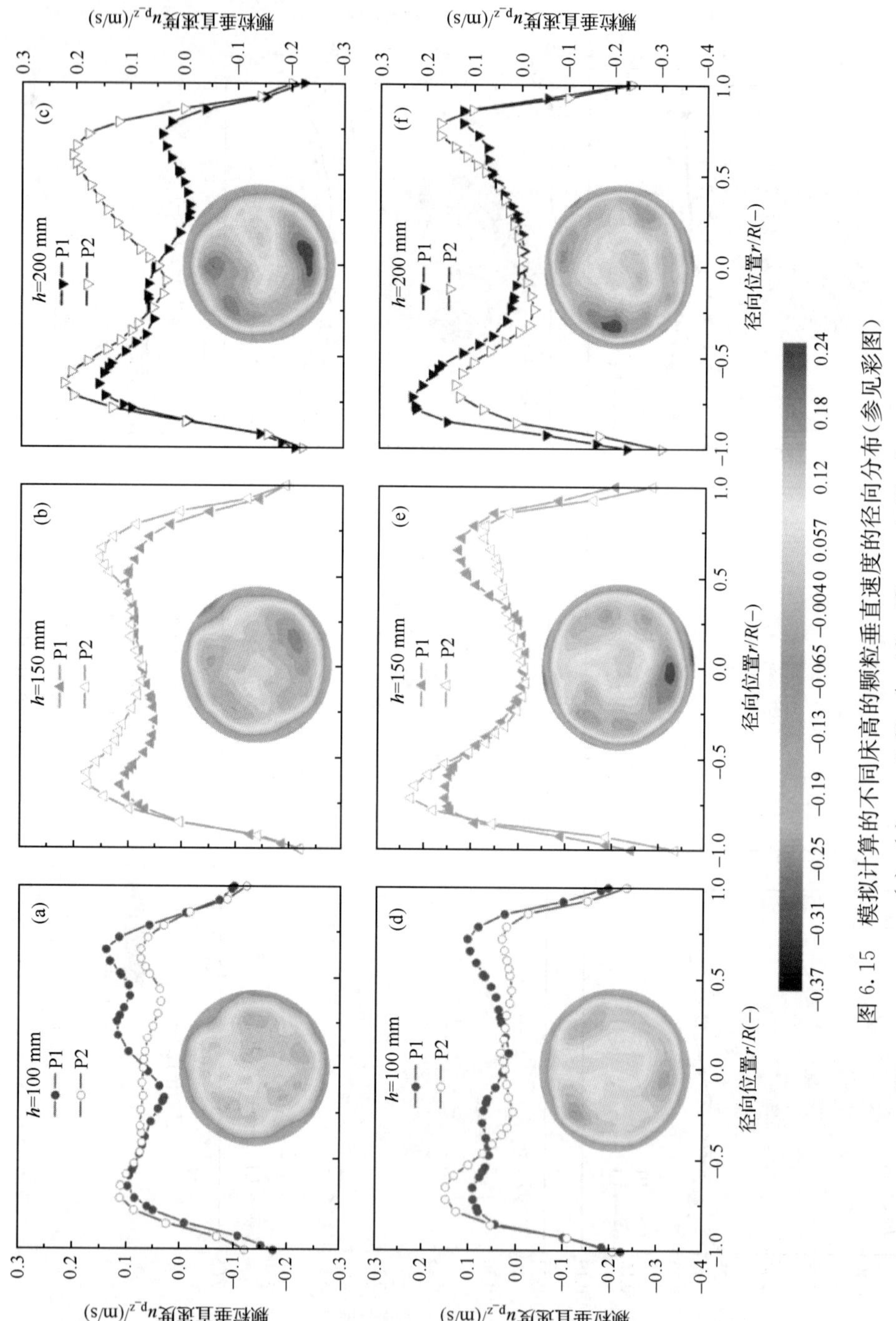

图 6.15 模拟计算的不同床高的颗粒垂直速度的径向分布(参见彩图)

(a)～(c)：u_g=0.21 m/s；(d)～(f)：u_g=0.35 m/s

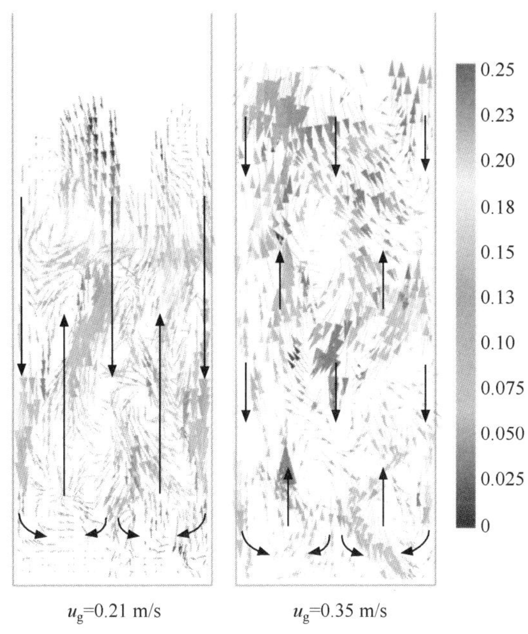

图 6.16　模拟的颗粒速度矢量图(参见彩图)

6.5　快速流化床结构预测模型

6.5.1　快速流化床的局部结构

快速流化床是目前工业应用最多的床型之一,通常由快速流态化提升管、旋风气固分离器、返回料腿和排料阀(机械或气动)组成,如图 6.17 所示。提升管中的颗粒在高速气流的作用下向上流动,颗粒浓度呈现上稀下浓的 S 形分布,中心稀边壁浓的环核型分布。气体以无气泡的形式穿过床层,颗粒在气流的作用下时而团聚时而分散,因此快速床的局部结构由聚团相(密相)和分散相(稀相)组成。聚团是颗粒的瞬时聚集体,其周围是单颗粒稀疏地分散在流体中形成的稀相。图 6.18 为微观摄像探头拍摄到的快速床内局部聚团相和分散相两相结构的照片。

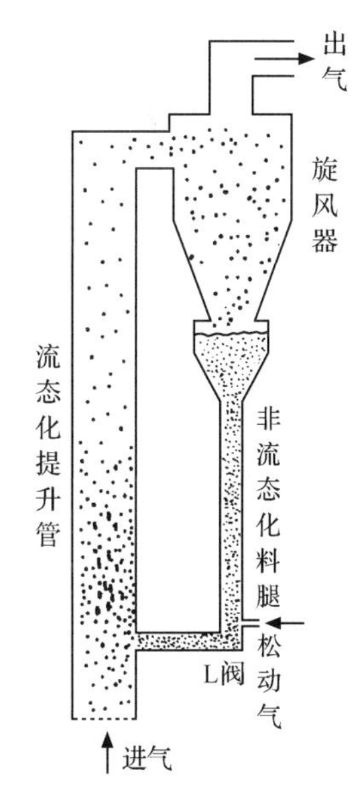

图 6.17　快速流化床组成示意图
注:圆形视野中的黑色代表固体颗粒

6.5.2　快速流化床的局部结构预测模型

众所周知,流化床的流动结构对床层的传递和反应行为具有直接的影响。因此要预测流化床的传递和反应效果,必须预知流化床层的结构。图 6.19 为快速流化床局部结构的示意图。由于聚团表层颗粒所处的环境有别于稀相和聚团内部的颗粒,即此处颗粒的内侧与

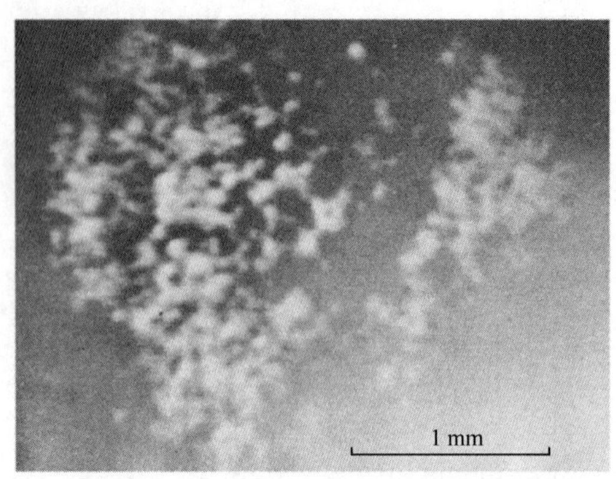

图 6.18 快速流化床中的聚团相和分散相两相结构照片[155]

聚团内部的低速气流接触，外侧则与稀相的高速气流接触，为体现这种区别，除了稀相和聚团相以外，特增设相间相。图中右侧三个方框内的符号分别表示聚团相、稀相和相间相的结构参数，其中 U_{fd}，U_{pd}，ε_d，c_d，c_{sd}，t_{fd}，t_{pd} 分别表示稀相中的气体表观速度（m/s），颗粒表观速度（m/s），空隙率，气体目标组分浓度（kg/m^3），颗粒表面目标组分浓度（kg/m^3），气体温度（K），颗粒温度（K）；U_{fc}，U_{pc}，d_c，f，ε_c，c_c，c_{sc}，t_{fc}，t_{pc} 分别表示聚团相中的气体表观速度（m/s），颗粒表观速度（m/s），聚团直径（m），聚团占据的体积分数，空隙率，气体目标组分浓度（kg/m^3），颗粒表面目标组分浓度（kg/m^3），气体温度（K），颗粒温度（K）；U_{si}，ε_i，c_{si} 分别表示相间相的表观滑移速度（m/s），空隙率，颗粒表面目标组分浓度（kg/m^3）。图中左侧三个方框内的符号分别表示聚团相、分散相和相间相的传递参数，体现结构的效果。其中 C_{Dc}，K_c，α_c 分别表示聚团相的曳力系数，传质系数（m/s），给热系数[J/(m^2·s·K)]；C_{Dd}，K_d，α_d 分别表示稀相的曳力系数，传质系数（m/s），给热系数[J/(m^2·s·K)]；C_{Di}，K_i，α_i 分别表示相间相的曳力系数，传质系数（m/s），给热系数[J/(m^2·s·K)]。图下边方框内的符号表示各结构参数和传递参数的平均值，其中 U_f，U_p，ε_f，c_f，c_{sf}，t_p，t_f，$\overline{C_D}$，

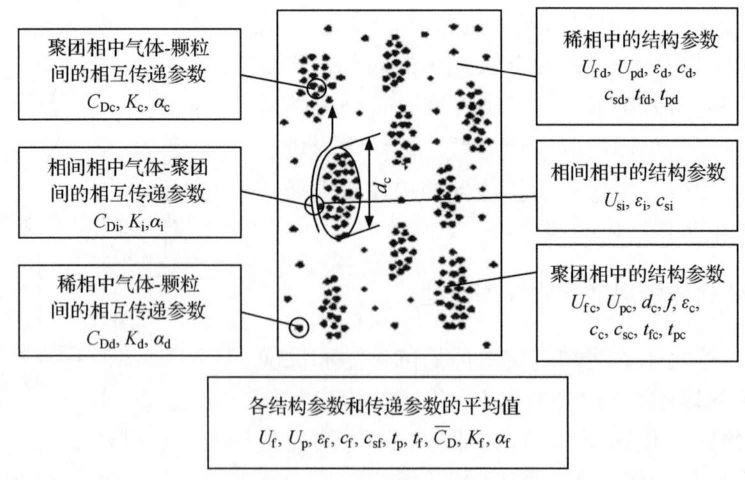

图 6.19 快速流化床中局部结构参数和动量、质量、热量传递系数表达示意图[130]

K_f，α_f 分别表示平均的气体表观速度(m/s)，颗粒表观速度(m/s)，空隙率，气体中目标组分浓度(kg/m³)，颗粒表面目标组分浓度(kg/m³)，颗粒温度(K)，气体温度(K)，曳力系数，传质系数(m/s)，给热系数[J/(m²·s·K)]。此外已知颗粒直径 d_p(m)，颗粒密度 ρ_p(kg/m³)，气体密度 ρ_f(kg/m³)，气体黏度 μ_f[kg/(m·s)]，颗粒截面流率 G_p[kg/(m²·s)]。

1. 快速流化床局部流动结构参数的预测模型

描述流动结构的基本参数有 8 个：U_{fd}，U_{pd}，ε_d，U_{fc}，U_{pc}，d_c，f，ε_c，此外还有颗粒的平均加速度 a。Yang 等[124,125]提出用如下的能量最小多尺度作用模型来求解上述 9 个参数。

该模型提出 7 个方程和一个稳定性条件。

1）聚团相颗粒力平衡方程

$$\frac{f(1-\varepsilon_c)}{\pi d_p^3/6}C_{Dc}\,\frac{1}{2}\rho_f U_{sc}^2\,\frac{\pi}{4}d_p^2 = f(\rho_p-\rho_f)(g+a)(1-\varepsilon_c)\,\frac{(1-\varepsilon_f)}{(1-\varepsilon_c)} \tag{6.95}$$

2）相间相曳力平衡方程

$$\frac{f}{\pi d_c^3/6}C_{Di}\,\frac{1}{2}\rho_f U_{si}^2\,\frac{\pi}{4}d_c^2 = f(\rho_p-\rho_f)(g+a)(1-\varepsilon_c)\,\frac{(\varepsilon_f-\varepsilon_c)}{(1-\varepsilon_c)} \tag{6.96}$$

3）稀相颗粒力平衡方程

$$\frac{(1-f)(1-\varepsilon_d)}{\pi d_p^3/6}C_{Dd}\,\frac{1}{2}\rho_f U_{sd}^2\,\frac{\pi}{4}d_p^2 = (\rho_p-\rho_f)(g+a)(1-\varepsilon_d)(1-\mathrm{f}) \tag{6.97}$$

4）气体质量守恒方程

$$U_f = fU_{fc}+(1-\mathrm{f})U_{fd} \tag{6.98}$$

5）固体质量守恒方程

$$U_p = fU_{pc}+(1-\mathrm{f})U_{pd}\quad（注：U_p=\frac{G_p}{\rho_p}\text{为已知}） \tag{6.99}$$

6）平均空隙率方程

$$\varepsilon_f = \varepsilon_c f+(1-f)\varepsilon_d \tag{6.100}$$

7）聚团直径方程

$$d_c = \frac{d_p\{U_p/(1-\varepsilon_{max})-[U_{mf}+U_p\varepsilon_{mf}/(1-\varepsilon_{mf})]\}g}{N_{st}\rho_p/(\rho_p-\rho_f)-[U_{mf}+U_p\varepsilon_{mf}/(1-\varepsilon_{mf})]g} \tag{6.101}$$

式中，$\varepsilon_{max}=0.9997$，U_{mf} 为最小流化速度(m/s)，ε_{mf} 为最小流化空隙率，均为物性参数。

$$\mathrm{N}_{st} = \left[U_f-\frac{\varepsilon_d-\varepsilon_f}{1-\varepsilon_f}f(1-f)U_{fd}\right](g+a)\,\frac{\rho_p-\rho_f}{\rho_p} \tag{6.102}$$

式中，N_{st} 为单位质量颗粒的悬浮输运能耗，J/(kg·s)。

8）总能耗方程

$$N_T = \frac{\rho_p-\rho_f}{\rho_p}U_f(g+a) \tag{6.103}$$

式中，N_T 为总能耗，J/(kg·s)，包括悬浮输运能耗 N_{st} 和由于颗粒碰撞、循环加速等原因的耗散能耗 N_d。

9）稳定性条件（约束条件）

稳定性条件（约束条件）为悬浮输运能耗 N_{st} 与总能耗 N_T 的比例为最小，即

$$\frac{N_{st}}{N_T}=\frac{[U_f(1-\varepsilon_f)-fU_{fd}(\varepsilon_d-\varepsilon_f)(1-f)]}{U_f(1-\varepsilon_f)}=\min \tag{6.104}$$

以方程(6.104)为稳定性条件，联立解方程组(6.85)～(6.101)和方程(6.104)，即可求得9个局部结构参数。(注意求解时，先给定 U_f、U_p、ε_f，其中 ε_f 由试差法确定)。

上述各参数的定义表达式分别为

$$U_{sd}=U_{fd}-U_{pd}\frac{\varepsilon_d}{1-\varepsilon_d} \tag{6.105}$$

式中，U_{sd} 稀相表观滑移速度，m/s。

$$U_{sc}=U_{fc}-U_{pc}\frac{\varepsilon_c}{1-\varepsilon_c} \tag{6.106}$$

式中，U_{sc} 聚团密相表观滑移速度，m/s。

$$\begin{aligned}U_{si}&=[U_{fd}-U_{pc}\frac{\varepsilon_d}{1-\varepsilon_c}](1-f)\\&=[\frac{U_{fd}}{\varepsilon_d}-\frac{U_{pc}}{1-\varepsilon_c}]\varepsilon_d(1-f)\end{aligned} \tag{6.107}$$

式中，U_{si} 相间相表观气固滑移速度，m/s。

则：

$$U_s=U_f-U_p\frac{\varepsilon_f}{1-\varepsilon_f} \tag{6.108}$$

式中，U_s 为整体平均表观滑移速度，m/s。

2. 快速流化床传质结构参数预测模型

计算流化床传质，除了以上的流动结构参数外，还需求解如下7个温度参数：c_f、c_d、c_c、c_{sd}、c_{sc}、c_{si}、c_{sf}，须建立7个方程联立求解。

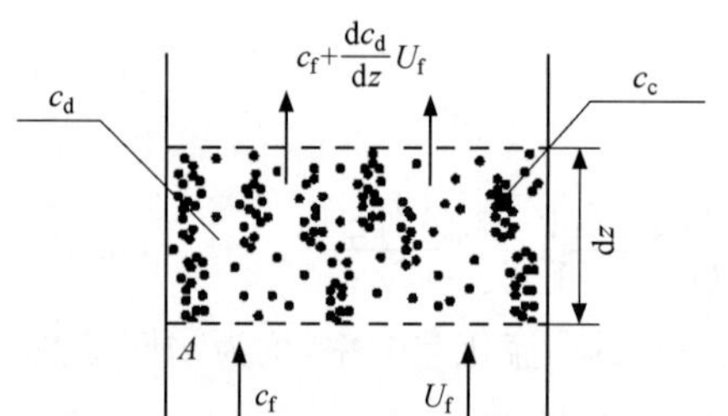

图6.20　快速流化床传质微分单元薄层

在快速流化床设备中取一个微分单元薄层，设备的截面积为 A，薄层厚度为 dz。设气流为活塞流，dz 间距中的结构变化忽略不计，过程为稳态，气体中目标组分浓度经 dz 间距后会发生一定变化，如图6.20所示。

1）稀相的传质方程

对单元薄层稀相中的目标组分建立质量平衡可得如下稀相传质方程[133]：

$$\begin{aligned}U_{fd}(1-f)\frac{dc_d}{dz}=&K_d a_p(1-\varepsilon_d)(1-f)(c_{sd}-c_d)+K_i a_c(1-\varepsilon_c)f(c_{si}-c_d)\\&+K_{cd}a_c f\varepsilon_c(c_c-c_d)\end{aligned} \tag{6.109}$$

2）聚团相传质方程

对单元薄层密(聚团)相中的目标组分建立质量平衡可得如下聚团相传质方程[133]：

$$U_{fc} f \frac{dc_c}{dz} = K_c(a_p - a_c)(1-\varepsilon_c) f(c_{sc} - c_c) - K_{cd} a_c f \varepsilon_c (c_c - c_d) \tag{6.110}$$

3）平均浓度方程

$$c_f \varepsilon_f = c_d \varepsilon_d (1-f) + c_c f \varepsilon_c \tag{6.111}$$

此外，颗粒表面的浓度则应由颗粒表面的传质与反应或吸收（吸附）的平衡所决定。为此又可建立如下 4 个方程。

4）稀相传质与反应平衡方程

$$k_r (1-\varepsilon_d)(1-f) c_{sd} \eta = K_d (1-\varepsilon_d)(1-f) a_p (c_d - c_{sd}) \tag{6.112}$$

5）聚团相传质与反应平衡方程

$$k_r \left[(1-\varepsilon_c) f - 2(1-\varepsilon_c) f \frac{d_p}{d_c}\right] c_{sc} \eta = K_c \left[(1-\varepsilon_c) f a_p - (1-\varepsilon_c) f a_c\right](c_c - c_{sc}) \tag{6.113}$$

6）相间相传质与反应平衡方程

$$k_r 2(1-\varepsilon_c) f \frac{d_p}{d_c} c_{si} \eta = K_i (1-\varepsilon_c) f a_c (c_d - c_{si}) \tag{6.114}$$

7）总传质与反应平衡方程

$$(1-\varepsilon_f) c_{sf} = (1-\varepsilon_d)(1-f) c_{sd} + \left[(1-\varepsilon_c) f - 2(1-\varepsilon_c) f \frac{d_p}{d_c}\right] c_{sc} + 2(1-\varepsilon_c) f \frac{d_p}{d_c} c_{si} \tag{6.115}$$

上述 7 个方程中 K_{cd} 为聚团相与稀相流体之间的质量变换系数，m/s，由 Higbie[156] 的渗透公式给出：

$$K_{cd} = 2.0 \frac{D\varepsilon_c}{d_c} + \sqrt{\frac{4D\varepsilon_c}{\pi t_1}} \tag{6.116}$$

式(6.116)中：

$$t_1 = \frac{d_c}{\left|\dfrac{U_{fc}}{\varepsilon_c} - \dfrac{U_{pc}}{1-\varepsilon_c}\right|} \tag{6.117}$$

K_d，K_c，K_i 分别为稀相、聚团相和相间相气固间的传质系数，m/s，建议采用 La Nauze-Jung 公式[142,143]：

$$K_d = 2\varepsilon_d \frac{D}{d_p} + 0.69 \frac{D}{d_p} \left(\frac{U_{sd} d_p \rho_f}{\varepsilon_d \mu_f}\right)^{\frac{1}{2}} \left(\frac{\mu_f}{\rho_f D}\right)^{\frac{1}{3}} \tag{6.118}$$

$$K_c = 2\varepsilon_c \frac{D}{d_p} + 0.69 \frac{D}{d_p} \left(\frac{U_{sc} d_p \rho_f}{\varepsilon_c \mu_f}\right)^{\frac{1}{2}} \left(\frac{\mu_f}{\rho_f D}\right)^{\frac{1}{3}} \tag{6.119}$$

$$K_i = 2\varepsilon_d (1-f) \frac{D}{d_c} + 0.69 \frac{D}{d_c} \left(\frac{U_{si} d_c \rho_f}{\varepsilon_d (1-f) \mu_f}\right)^{\frac{1}{2}} \left(\frac{\mu_f}{\rho_f D}\right)^{\frac{1}{3}} \tag{6.120}$$

符号 a_p，a_c 分别为颗粒和聚团的比表面积，m^{-1}；k_r 是反应或吸收（吸附）速度常数，s^{-1}；η 是颗粒体积有效因子。

3. 快速流化床传热结构参数预测模型

计算流化床传热，除了以上的流动结构参数外，还须求解 t_f、t_p、t_{fc}、t_{pc}、t_{fd}、t_{pd} 六个温度参数，为此需要进一步建立 6 个各相中气、固之间的传热方程，然后联立求解。

在快速流化床设备中取一个微分单元薄层，设备的截面积为 A，薄层厚度为 dz。设气流为活塞流，dz 间距中的结构变化忽略不计，过程为稳态，各相温度经 dz 间距后会发生一定变化，如图 6.21 所示。

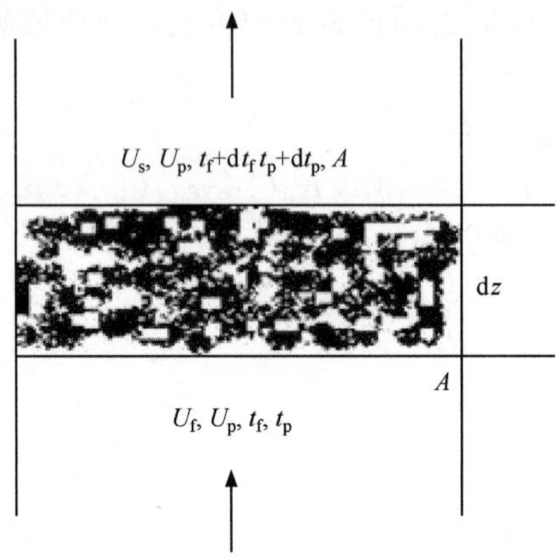

图 6.21　快速流化床传热微分单元薄层

稀相区气体的传热微分方程对单元薄层稀相气体建立热量平衡可得如下稀相气体传热方程[133]：

$$\rho_f c_p U_{fd}(1-f)\frac{dt_{fd}}{dz}=\alpha_d a_p(1-\varepsilon_d)(1-f)(t_{pd}-t_{fd})+\alpha_i a_c(1-\varepsilon_c)f(t_{pc}-t_{fd})+\alpha_{cd}a_c f\varepsilon_c(t_{fc}-t_{fd}) \tag{6.121}$$

1）聚团相区气体的传热微分方程

对单元薄层密（聚团）相气体建立热量平衡可得如下聚团相气体传热方程[133]：

$$\rho_f c_p U_{fc} f\frac{dt_{fc}}{dz}=\alpha_c(a_p-a_c)f(1-\varepsilon_c)(t_{pc}-t_{fc})-\alpha_{cd}a_c\varepsilon_c f(t_{fc}-t_{fd}) \tag{6.122}$$

2）稀相区固体颗粒的传热微分方程

对单元薄层稀相固体颗粒建立热量平衡可得如下稀相固体颗粒传热方程[133]：

$$\rho_p C_s U_{pd}(1-f)\frac{dt_{pd}}{dz}=-\alpha_d a_p(1-\varepsilon_d)(1-f)(t_{pd}-t_{fd}) \tag{6.123}$$

3）聚团相区固体颗粒的传热微分方程

对单元薄层密（聚团）相固体建立热量平衡可得如下聚团相固体传热方程[133]：

$$\rho_p C_s U_{pc} f\frac{dt_{pc}}{dz}=-\alpha_c(a_p-a_c)f(1-\varepsilon_c)(t_{pc}-t_{fc})-\alpha_i a_c(1-\varepsilon_c)f(t_{pc}-t_{fd}) \tag{6.124}$$

4）固相颗粒平均温度

$$(1-\varepsilon_f)t_p=(1-f)(1-\varepsilon_d)t_{pd}+f(1-\varepsilon_c)t_{pc} \tag{6.125}$$

5）气相平均温度

$$\varepsilon_f t_f=(1-f)\varepsilon_d t_{fd}+f\varepsilon_c t_{fc} \tag{6.126}$$

上述 6 个方程中 α_{cd} 为聚团相与稀相流体之间的热量变换系数[J/(m^2 · s · K)]，由 Higbie[156] 的渗透公式类推给出：

$$\alpha_{cd} = 2.0\frac{\lambda\varepsilon_c}{d_c} + 2\rho_f c_p\sqrt{\frac{a\varepsilon_c}{\pi t_1}} \tag{6.127}$$

式中，$a=\dfrac{\lambda}{C_p\rho_f}$为热扩散系数，$m^2/s$；$\lambda$为流体导热系数，$J/(m \cdot s \cdot K)$；$C_p$为流体定压热容，$J/(kg \cdot K)$；$t_1=\dfrac{d_c}{\left|\dfrac{U_{fc}}{\varepsilon_c}-\dfrac{U_{pc}}{1-\varepsilon_c}\right|}$为交换时间，s。

α_d，α_c，α_i分别为稀相、聚团相和相间相气固间的传热系数[$J/(m^2 \cdot s \cdot K)$]，根据 Rowe[145]建议，可由 La Nauze-Jung[142,143]的传质公式类推而得

$$\alpha_d = 2\varepsilon_d\frac{\lambda}{d_p} + 0.69\frac{\lambda}{d_p}\left(\frac{U_{sd}d_p\rho_f}{\varepsilon_d\mu_f}\right)^{\frac{1}{2}}\left(\frac{C_p\mu_f}{\lambda}\right)^{\frac{1}{3}} \tag{6.128}$$

$$\alpha_c = 2\varepsilon_c\frac{\lambda}{d_p} + 0.69\frac{\lambda}{d_p}\left(\frac{U_{sc}d_p\rho_f}{\varepsilon_c\mu_f}\right)^{\frac{1}{2}}\left(\frac{C_p\mu_f}{\lambda}\right)^{\frac{1}{3}} \tag{6.129}$$

$$\alpha_i = 2\varepsilon_d(1-f)\frac{\lambda}{d_c} + 0.69\frac{\lambda}{d_c}\left(\frac{U_{si}d_c\rho_f}{\varepsilon_d(1-f)\mu_f}\right)^{\frac{1}{2}}\left(\frac{C_p\mu_f}{\lambda}\right)^{\frac{1}{3}} \tag{6.130}$$

式中，C_p，C_s分别为气体定压热容和固体的热容，$J/(kg \cdot K)$。

6.6　快速流化床局部流动结构与传递关系模型

6.6.1　快速流化床不均匀结构的分解与合成

首先用分解的方法将气-固快速流化床的局部多相不均匀结构分解为三个均匀分散相结构，如图 6.22 所示。分别为：稀相、聚团（密）相和相间相。三相均可近似为均匀分散相。稀相中颗粒在流体中均匀分布，聚团相中的颗粒也在气流中均匀分布，相间相是指聚团表面的颗粒层，也可视为在局部流场中均匀分布。对于均匀分散相中气固间的曳力、传质和传热，都有可靠的理论或经验计算公式可选。在分别计算了各相的曳力、传质和传热速率后，根据同方向的力以及质量和热量均具有的简单加和特性，可将各相的曳力、传质

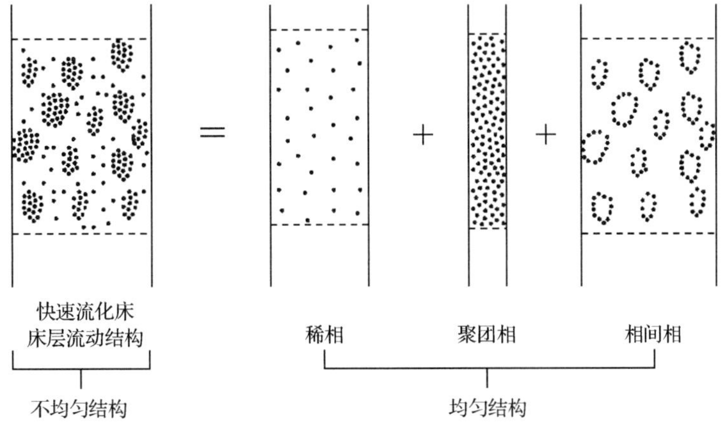

图 6.22　快速流化床局部结构的分解与合成示意图

速率和传热速率进行简单加和，则可获得不均匀结构整体的曳力、传质和传热速率。进而求得平均的曳力系数、传质系数和传热系数。

6.6.2　快速流化床动量传递的曳力系数模型

1. 单位体积微元中的稀相所含颗粒与流体作用曳力 F_{Ddn}(N/m^3)

$$F_{\mathrm{Ddn}}=\frac{(1-\mathrm{f})(1-\varepsilon_{\mathrm{d}})}{\frac{\pi}{6}d_{\mathrm{p}}^3}C_{\mathrm{Dd}}\frac{1}{2}\rho_{\mathrm{f}}U_{\mathrm{sd}}^2\frac{\pi}{4}d_{\rho}^2 \tag{6.131}$$

式中曳力系数[128]：

$$C_{\mathrm{Dd}}=C_{\mathrm{D0}}\varepsilon_{\mathrm{d}}^{-4.7} \tag{6.132}$$

$$C_{\mathrm{D0}}=0.44,\quad 当 Re_{\mathrm{p}}>1000 时 \tag{6.133}$$

$$C_{\mathrm{D0}}=\frac{24}{Re_{\mathrm{p}}}(1+0.15\,Re_{\mathrm{p}}^{0.687}),\quad 当 Re_{\mathrm{p}}<1000 时 \tag{6.134}$$

$$Re_{\mathrm{p}}=\frac{\rho_{\mathrm{f}}d_{\mathrm{p}}(u_{\mathrm{fd}}-u_{\mathrm{pd}})\varepsilon_{\mathrm{d}}}{\mu_{\mathrm{f}}},\quad 颗粒 Re 数 \tag{6.135}$$

式中，μ_{f} 为流体黏度，kg/(m · s)。

2. 单位体积微元的聚团相所含颗粒与相内流体间的相互作用曳力 F_{Dcn}(N/m^3)

$$F_{\mathrm{Dcn}}=\left(1-2\frac{d_{\mathrm{p}}}{d_{\mathrm{c}}}\right)\frac{f(1-\varepsilon_{\mathrm{c}})}{\frac{\pi}{6}d_{\mathrm{p}}^3}C_{\mathrm{Dc}}\frac{1}{2}\rho_{\mathrm{f}}U_{\mathrm{sc}}^2\frac{\pi}{4}d_{\mathrm{p}}^2 \tag{6.136}$$

式中曳力系数[129]：

$$C_{\mathrm{Dc}}=200\frac{(1-\varepsilon_{\mathrm{c}})\mu_{\mathrm{f}}}{\varepsilon_{\mathrm{c}}^3\rho_{\mathrm{f}}d_{\mathrm{p}}U_{\mathrm{sc}}}+\frac{7}{3\varepsilon_{\mathrm{c}}^3} \tag{6.137}$$

通常聚团相空隙率 $\varepsilon_{\mathrm{c}}<0.8$，此时应采用 Ergun 方程计算曳力[129]，曳力系数 C_{Dc} 则通过改写 Ergun 方程而得。

3. 单位体积微元中所有聚团相与稀相中流体间的相互作用力 F_{Din}(N/m^3)

$$F_{\mathrm{Din}}=\frac{f}{\frac{\pi}{6}d_{\mathrm{c}}^3}C_{\mathrm{Di}}\frac{1}{2}\rho_{\mathrm{f}}U_{\mathrm{si}}^2\frac{\pi}{4}d_{\mathrm{c}}^2 \tag{6.138}$$

式中曳力系数：

$$C_{\mathrm{Di}}=C_{\mathrm{D0}}\varepsilon_{\mathrm{d}}^{-4.7}(1-f)^{-4.7},\quad 当 \varepsilon_{\mathrm{i}}=\varepsilon_{\mathrm{d}}(1-f)>0.8 时 \tag{6.139}$$

$$C_{\mathrm{Di}}=200\frac{(1-\varepsilon_{\mathrm{i}})\mu_{\mathrm{f}}}{\varepsilon_{\mathrm{i}}^3\rho_{\mathrm{f}}d_{\mathrm{c}}U_{\mathrm{si}}}+\frac{7}{3\varepsilon_{\mathrm{i}}^3},\quad 当 \varepsilon_{\mathrm{i}}=\varepsilon_{\mathrm{d}}(1-f)<0.8 时 \tag{6.140}$$

4. 单位体积微元中气相与固相之间的总相互作用曳力 F_{D}(N/m^3)

$$\begin{aligned}F_{\mathrm{D}}&=F_{\mathrm{Ddn}}+F_{\mathrm{Dcn}}+F_{\mathrm{Din}}\\&=\frac{(1-f)(1-\varepsilon_{\mathrm{d}})}{\frac{\pi}{6}d_{\mathrm{p}}^3}C_{\mathrm{Dd}}\frac{1}{2}\rho_{\mathrm{f}}U_{\mathrm{sd}}^2\frac{\pi}{4}d_{\rho}^2\end{aligned}$$

$$+\left(1-2\frac{d_p}{d_c}\right)\frac{f(1-\varepsilon_c)}{\frac{\pi}{6}d_p^3}C_{Dc}\frac{1}{2}\rho_f U_{sc}^2\frac{\pi}{4}d_p^2+\left(1-2\frac{d_p}{d_c}\right)\frac{f(1-\varepsilon_c)}{\frac{\pi}{6}d_p^3}C_{Dc}\frac{1}{2}\rho_f U_{sc}^2\frac{\pi}{4}d_p^2 \tag{6.141}$$

若已知平均空隙率 ε_f、整体平均表观气固滑移速度 U_s、平均曳力系数 $\overline{C_D}$，则 F_D 又可表示为

$$F_D=\frac{(1-\varepsilon_f)}{\frac{\pi}{6}d_p^3}\overline{C_D}\frac{1}{2}\rho_f U_s^2\frac{\pi}{4}d_p^2 \tag{6.142}$$

5. 快速流化床中气固相互作用曳力系数的表达式

对比式(6.141)与式(6.142)可知：

$$\overline{C_D}=\frac{f(1-\varepsilon_c)\left(1-2\frac{d_p}{d_c}\right)C_{Dc}U_{sc}^2+(1-f)(1-\varepsilon_d)C_{Dd}U_{sd}^2+f\left(\frac{d_p}{d_c}\right)C_{Di}U_{si}^2}{(1-\varepsilon_f)U_s^2} \tag{6.143}$$

式(6.143)则为曳力系数与气固局部不均匀结构参数之间的定量关系。

6.6.3 快速流化床质量传递的传质系数模型

1. 微元中稀相中颗粒传入气体中目标组分的质量 M_d(kg/s)

$$M_d=AdzK_d a_p(1-\varepsilon_d)(1-f)(c_{sd}-c_d) \tag{6.144}$$

式中，a_p 为颗粒比表面积(m^{-1})，对球体，$a_p=\frac{6}{d_p}$。

2. 微元中聚团相中颗粒传入气体中目标组分的质量 M_c(kg/s)

$$\begin{aligned}M_c&=AdzK_c[a_p(1-\varepsilon_c)f-a_c(1-\varepsilon_c)f](c_{sc}-c_c)\\&=AdzK_c(a_p-a_c)(1-\varepsilon_c)f(c_{sc}-c_c)\end{aligned} \tag{6.145}$$

3. 微元中聚团外表面颗粒直接传入稀相气体中目标组分的质量 M_i(kg/s)

$$M_i=AdzK_i a_c(1-\varepsilon_c)f(c_{si}-c_d) \tag{6.146}$$

式中，a_c 为聚团比表面积(m^{-1})，对球体 $a_c=\frac{6}{d_c}$。

4. 微元中颗粒传入气体中目标组分的总质量 M_0(kg/s)

$$\begin{aligned}M_0&=M_d+M_c+M_i=\\&Adz[K_d a_p(1-\varepsilon_d)(1-f)(c_{sd}-c_d)+K_c(a_p-a_c)(1-\varepsilon_c)f(c_{sc}-c_c)\\&+K_i a_c(1-\varepsilon_c)f(c_{si}-c_d)]\end{aligned} \tag{6.147}$$

另外 M_0 也可由整体平均传质系数 K_f，平均空隙率 ε_f 和平均浓度 c_f 来表示：

$$M_0=AdzK_f a_p(1-\varepsilon_f)(c_{sf}-c_f) \tag{6.148}$$

对比式(6.147)与式(6.148)可知：

$$K_f = \frac{K_d a_p(1-\varepsilon_d)(1-f)(c_{sd}-c_d)+K_c(a_p-a_c)(1-\varepsilon_c)f(c_{sc}-c_c)+K_i a_c(1-\varepsilon_c)f(c_{si}-c_d)}{a_p(1-\varepsilon_f)(c_{sf}-c_f)} \tag{6.149}$$

式(6.149)则为快速流化床气固两相流平均传质系数与结构参数的关系定量表达式。

6.6.4 快速流化床热量传递的给热系数模型

1. 微元中稀相颗粒传给稀相气体的热量 H_{df}(J/s)

$$H_{df} = A\mathrm{d}z\alpha_d a_p(1-\varepsilon_d)(1-f)(t_{pd}-t_{fd}) \tag{6.150}$$

2. 微元中聚团相颗粒传给聚团相气体的热量 H_{cf}(J/s)

$$H_{cf} = A\mathrm{d}z\alpha_c(a_p-a_c)(1-\varepsilon_c)f(t_{pc}-t_{fc}) \tag{6.151}$$

3. 微元中聚团表面颗粒传给稀相气体的热量 H_{if}(J/s)

$$H_{if} = A\mathrm{d}z\alpha_i a_c(1-\varepsilon_c)f(t_{pc}-t_{fd}) \tag{6.152}$$

4. 微元中固体颗粒传给气体的总热量 H_{0f}(J/s)

$$\begin{aligned} H_{0f} &= H_{df}+H_{cf}+H_{if} \\ &= A\mathrm{d}z[\alpha_d a_p(1-\varepsilon_d)(1-f)(t_{pd}-t_{fd})+\alpha_c(a_p-a_c)(1-\varepsilon_c)f(t_{pc}-t_{fc}) \\ &\quad +\alpha_i a_c(1-\varepsilon_c)f(t_{pc}-t_{fd})] \end{aligned} \tag{6.153}$$

但若设 α_f 为整体平均给热系数，ε_f 为整体平均空隙率，则有

$$H_{0f} = A\mathrm{d}z\alpha_f a_p(1-\varepsilon_f)(t_p-t_f) \tag{6.154}$$

对比式(6.153)与式(6.154)可知，整体平局给热系数可表达为

$$\alpha_f = \frac{\alpha_d a_p(1-\varepsilon_d)(1-f)(t_{pd}-t_{fd})+\alpha_c(a_p-a_c)(1-\varepsilon_c)f(t_{pc}-t_{fc})+\alpha_i a_c(1-\varepsilon_c)f(t_{pc}-t_{fd})}{a_p(1-\varepsilon_f)(t_p-t_f)} \tag{6.155}$$

式(6.155)即为快速流化床整体平均给热系数与结构参数的关系表达式。

6.7 快速流化床结构-传递关系模型的实验验证

6.7.1 计算机模拟和文献实验数据的对比

为了验证上述快速流化床结构-传递关系模型，本章采取了计算机模拟与实验数据相对比的方法。计算机模拟采用将结构-传递关系模型与两流体模型相结合的模式。

Subbarao 和 Gambhir[157] 在高 105 cm，直径 2.5 cm 的玻璃流化床中用萘饱和空气流化粒径 196～390μm 的砂子，测量了常温常压下萘被流态化沙子吸附过程中的传质系数。采用上述传质理论对 Subbarao 和 Gambhir 的实验结果进行了预测并与实验数据对比，

如图 6.23 所示。由图可见，该理论的预测结果与实验数据相当吻合。而传统的颗粒拟均匀分布的平均方法的预测结果与实验数据相差甚远，预测的传质系数远高于实验数据。这一预测结果也意味着：如果颗粒在流化床中能实现均匀分散，无气泡和颗粒聚团，形成所谓的“散式流态化”，则可大大提高气固间的传质系数，强化气固间传质。

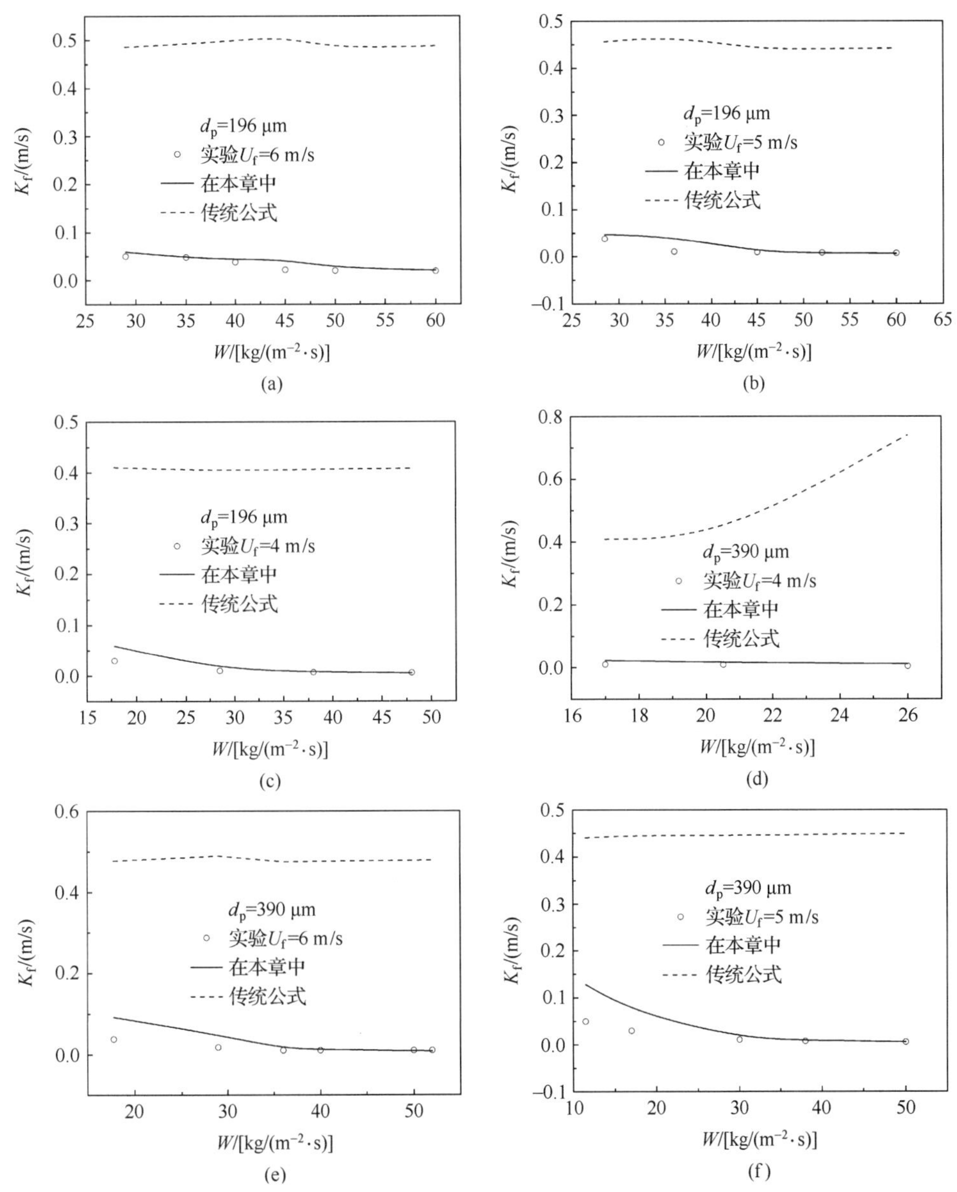

图 6.23　传质模型的预测值与 Subbarao 等[157]实验数据对比

Watanabe 等[158]在内径 21 mm，高度 1800 mm 的循环流化床中研究了热玻璃珠（粒径 420～590μm）与冷空气之间的传热。玻璃珠的循环速率为 86.67～90.08kg/(m^2 · s)，玻璃珠被加热到 430 K。采用上述传热理论对 Watanabe 的实验结果进行了预测并与实验数据对比，如图 6.24、图 6.25 所示。由图可见，该理论的预测结果与实验数据相当吻合。图 6.24 中的一组传热系数的实验数据较分散，这可能是测量的问题。

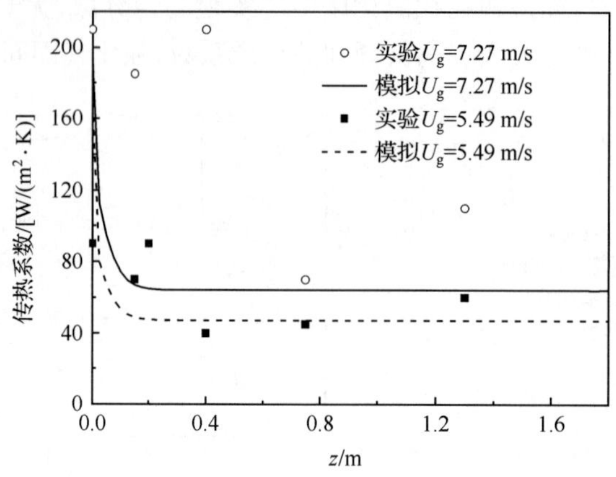

图 6.24　传热系数的模型预测与 Watanabe 等[158]的实验数据的对比

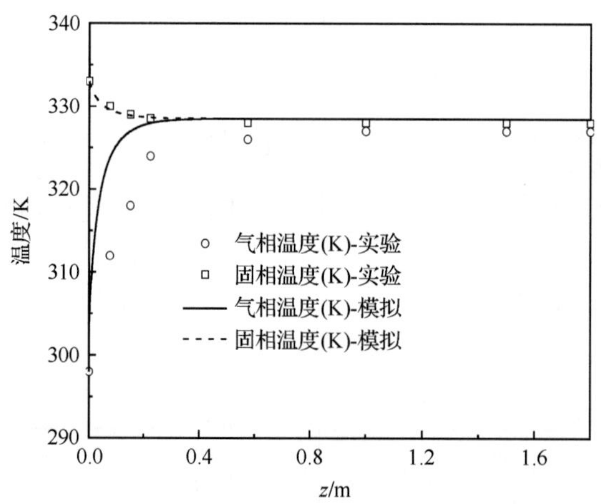

图 6.25　沿床高轴向温度分布的模型预测与 Watanabe 等[158]的实验数据对比

Ouyang 等[159]在以 FCC 为催化剂、空气为介质的循环流化床中研究了臭氧的分解过程，测量了臭氧浓度的轴向和径向的分布。这是一个传质与反应同时进行的过程。应用上述的传质和反应同时发生的模型对该过程进行了模拟。模拟结果与实验数据的对比如图 6.26、图 6.27 所示。由图显示，模拟结果与实验数据符合良好，只有在床底部的径向浓度分布的模拟结果与实验数据有较大偏差。而采用传统的气固两相拟均匀分布的两流体模型的模拟结果则与实验数据相差甚远，预测的臭氧的浓度远低于实验值，意味着臭氧有更高的转化率，再次表明气固分布均匀的散式流态化有利于强化气固间传质和化学反应。

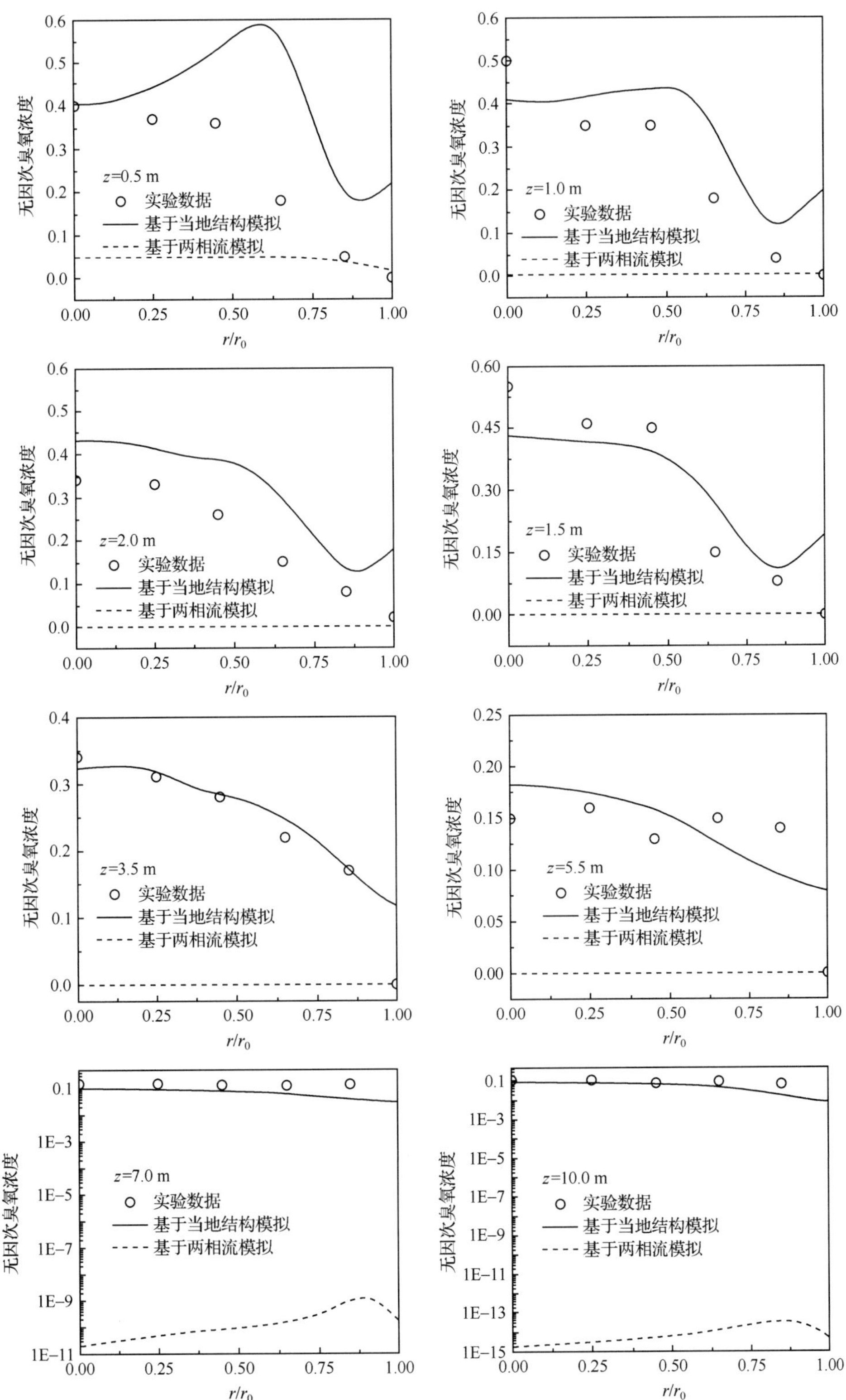

图 6.26　不同床高的臭氧浓度径向分布的模拟结果与 Ouyang 等[159]的实验数据对比

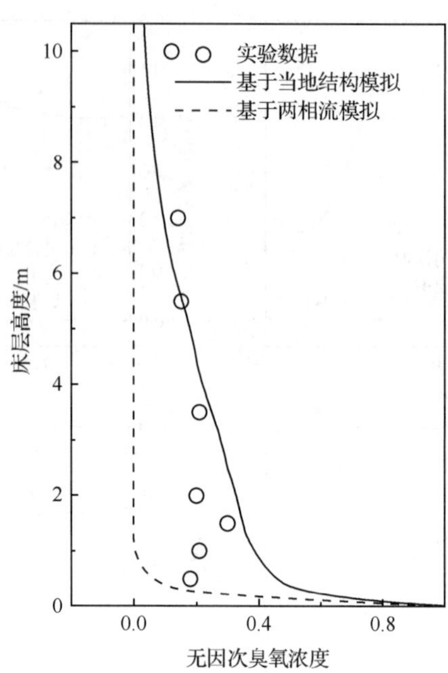

图 6.27 臭氧浓度的轴向分布的模拟结果与 Ouyang 等[159]的实验数据对比

6.7.2 计算机模拟和本研究实验数据的对比

实验以验证流动与传质模型为目的。作为循环流化床传质测量的模型反应必须具有以下特征：①反应速度快，在一定条件下反应速率必须高于循环流化床气固之间的传质；②反应简单，机理明确；③反应产物简单，易于表征。最近 Venderbosch 等[160]在文章中指出一氧化碳铂催化氧化反应作为模型反应符合上述特点，在温度 300℃左右、一氧化碳浓度不是很高时其反应速度可以大于气固之间的传质速率。另外，其最大的特点是该反应对于一氧化碳反应而言是负一级反应，当反应转向传质控制时反应级数转化为一级反应，这种特有的特征可以明确地表征所进行的实验是否传质控制。

本研究以一氧化碳铂催化氧化反应为模型反应，催化剂为自制的以 γ-Al_2O_3 为载体的 Pt 负载量为 0.3%（质量分数）、平均粒径为 65 μm 的颗粒。在直径为 50 mm、高为 4 m 的不锈钢热态循环流化床反应器中测试了流动与传质行为，并将计算结果与实验结果进行了对比。

图 6.28 给出了实验装置的设计剖面图和实体图。如图所示，为了反应温度均匀，我们将反应器的提升管和料腿均放到加热炉中，采用两级旋风分离系统收集气体从提升管带出的催化剂颗粒。反应器中活性催化剂与惰性颗粒的质量比为：2.8∶10 000。γ-氧化铝载体的密度为 1326 kg/m^3。实验过程中所使用的一氧化碳浓度为 0.5%～2.5%，氧气浓度为 4.7%～5.0%，操作气速为 0.9～1.5 m/s。

图 6.29 给出了在温度 400℃时，不同气速下一氧化碳出口转化率随一氧化碳入口浓度的变化。如图所示，当一氧化碳浓度比较低时，转化率随着浓度的增加并没有明显的降低，这意味着该反应进入到了完全扩散控制区。但随着速度增加这种扩散控制区的浓度

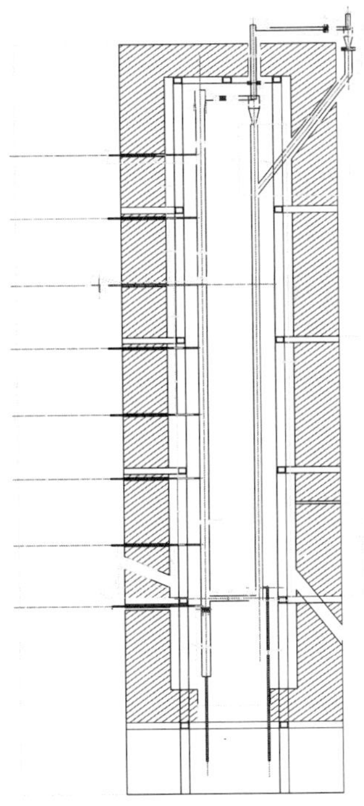

图 6.28　快速流化床传质实验装置图

范围越来越小。综合考虑床层和扩散控制的影响,在实验过程中选择反应温度为 400℃,操作气速为 1.3 m/s。

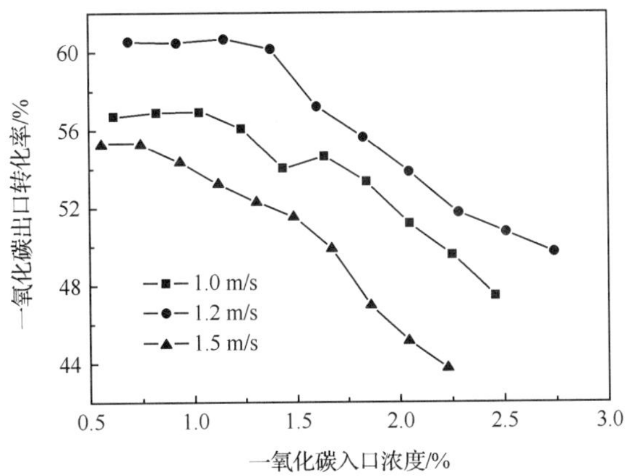

图 6.29　400℃下一氧化碳出口转化率与一氧化碳入口浓度的关系

图 6.30 给出了快速流化床中颗粒循环量的模拟结果与实验值的对比,从图中可以看出,基于结构参数的曳力系数计算的结果稍高于实验值。

图 6.31 给出了一氧化碳出口浓度值与实验值对比。从图中可以看出采用本章基于不均匀结构方法的计算结果明显好于基于平均结构的计算结果。但即使是采用本章的计算模型,其计算结果仍过估了反应器的转化率,导致这种现象的原因可能是目前所发展的传质计算模型仍然不能十分准确地预测稀密相之间的气体质量交换。

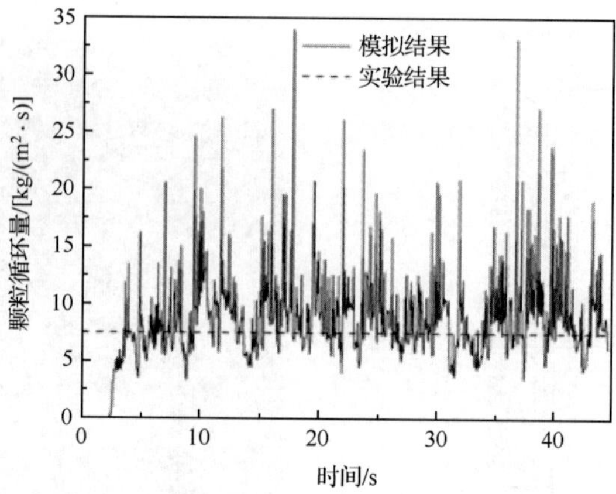

图 6.30　颗粒循环量的计算值与实验值的对比

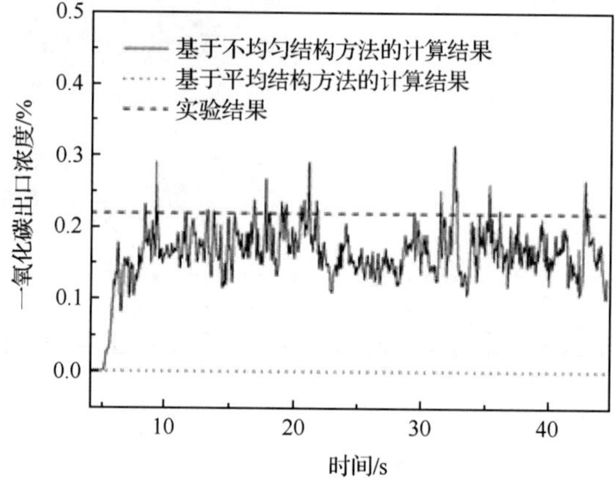

图 6.31　一氧化碳出口浓度的计算结果与实验值

图 6.32 给出了不同一氧化碳入口浓度下，气体浓度的轴向沿床高的分布。从图中可以看出，由于循环床上稀下浓 S 形结构导致其大部分的一氧化碳床层底部被转化。如

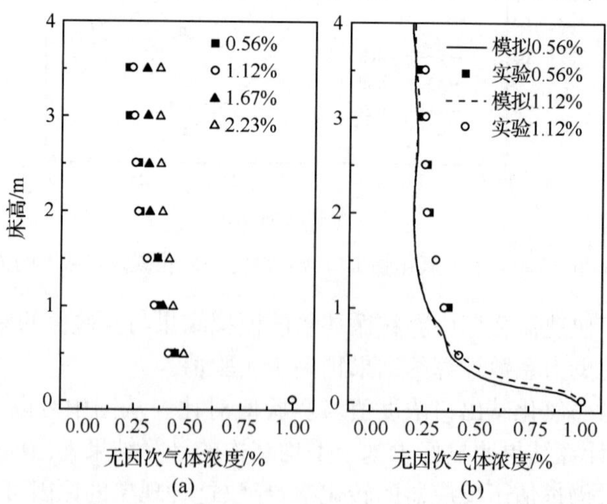

图 6.32　轴向一氧化碳浓度分布实验与模拟结果的对比

图 6.32(a)所示，随着一氧化碳入口浓度增加，该反应从完全传质控制转化为传质反应混合控制。图 6.32(b)显示在本书中发展的基于循环流化床中结构参数的传质计算模型可以较为准确地预测循环流化床中的传质行为。

6.8　磁场强化流化床传质与反应过程

6.8.1　强化流化床传质与反应过程的途径

以上几节的理论分析和实验结果都充分证明，流化床的局部结构与流化床内的传递和化学反应行为密切相关。气泡和颗粒聚团的存在，不利于传递和化学反应。气固均匀分布且没有气泡和颗粒聚团的散式流态化具有较高的传递和化学反应速率，是实现过程强化的正确途径。关于如何实现气固流态化的散式化，前人已有很多研究，并有专著发表[123]。由于气体与固体颗粒的密度相差很大，气固流化床中生成气泡和颗粒聚团属自然现象。虽然彻底消除气泡和颗粒聚团很难，但可以采取有效措施抑制气泡和聚团的生成与长大，逼近散式流态化的操作。有效的措施可分为颗粒设计(选择适宜的粒度和密度)、流体设计(通过加压、升温提高气体的密度和黏度)、外力场设计(外加磁场、离心力场、声场、振动力场等)、内构件与床型设计(在床内加设水平或垂直内部构件，锥形床、快速床、下行床、湍流床)。本节研究了磁场强化的流化床，用于甲烷和二氧化碳催化重整反应制合成气，取得了良好的效果[161,162]。

6.8.2　磁场强化流化床传质与反应过程

磁场强化流化床传质与反应过程的原理在于，磁性的颗粒(含 Fe、Co、Ni 元素)在轴向均匀磁场的作用下，会沿轴向磁力线形成一定尺度的垂直链状物，这些链状物可以破碎气泡，达到一定密度后可抑制气泡的生成。图 6.33 是磁场流态化相图的示意图。图的纵坐标为气体速度，横坐标为磁场强度。当磁场强度小于 H_1 时，磁场的作用尚未显现，流

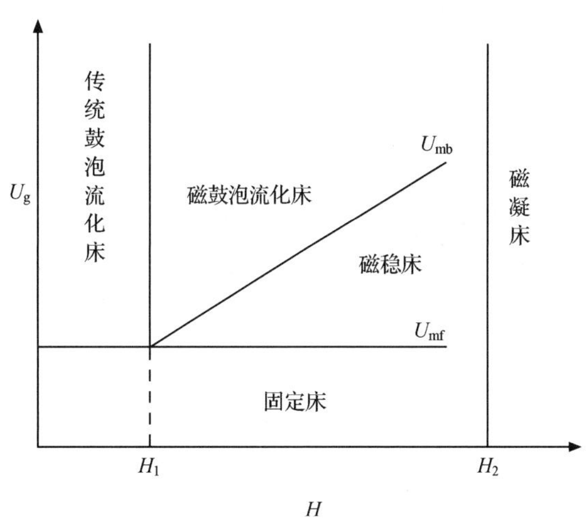

图 6.33　磁场流态化相图示意图

化状态与传统鼓泡流态化相同，当磁场强度大于 H_2 时，磁场强度过大，磁性颗粒凝聚在一起，不能流化，称磁凝床，H_1 与 H_2 之间为磁场流态化区域。随着气体速度的提高，床层经历固定床、磁稳床和磁鼓泡流化床三个区域。初始流化速度线 (U_{mf}) 和初始鼓泡速度线 (U_{mb}) 为三个区域的分界线。磁稳床中为气泡，属散式流态化，是理想的磁场强化区域。

本研究[161,162]采用溶胶-凝胶与超临界干燥相结合的方法分别制备了气凝胶 Co/Al_2O_3 催化剂和 $Co/MgO\text{-}Al_2O_3$ 催化剂。气凝胶 Co/Al_2O_3 催化剂的原生粒径 80 nm，聚团粒径 380 nm，堆密度 62 kg/m^3，比表面 170 m^2/g。由于 Co 具有磁性，故可采用磁场强化流化床反应过程。

图 6.34 是自制的气凝胶催化剂颗粒在无磁场传统流化床与磁场流化床中流化状态的对比。由图可见，在左边无磁场的传统流化床中有气泡生成，由于气泡在床顶破裂，使颗粒在床顶部弹溅，床面时起时落，呈不稳定状态。右边的磁场流化床处于磁稳床状态，床中无气泡生成，固床面非常平静，无颗粒弹溅现象。制备的 $Co/MgO\text{-}Al_2O_3$ 催化剂用于磁场流化床中甲烷与二氧化碳重整制合成气的反应($CH_4 + CO_2 = 2CO + 2H_2 + 247.02$ kJ/mol)。图 6.35 为甲烷与二氧化碳重整磁场流化床反应装置，流化床反应器为内径 33 mm 的石英玻璃管，底部为烧结玻璃气体分布板，周围是加热电炉，外围是发生轴向均匀磁场的多个线圈。由于该反应是强吸热反应，故进入反应器的气体除了甲烷(CH_4)和二氧化碳(CO_2)外，还有适量氧气(O_2)，以便使部分甲烷燃烧实现自供热。图 6.36 为固定床、传统流化床与磁场流化床反应效果的对比图，由图可见，就甲烷和二氧化碳的转化率而论，固定床的最低，传统流化床居中，磁场流化床最高。在相同的操作条件下，磁场流化床比传统流化床高出约 10%，传统流化床高出固定床约 20%。在反应温度 800℃，压力 0.1 MPa，催化剂量 0.20 g，$n(CH_4):n(CO_2):n(O_2)=1:1:1$，空速 90 000 ml/(h · g)，

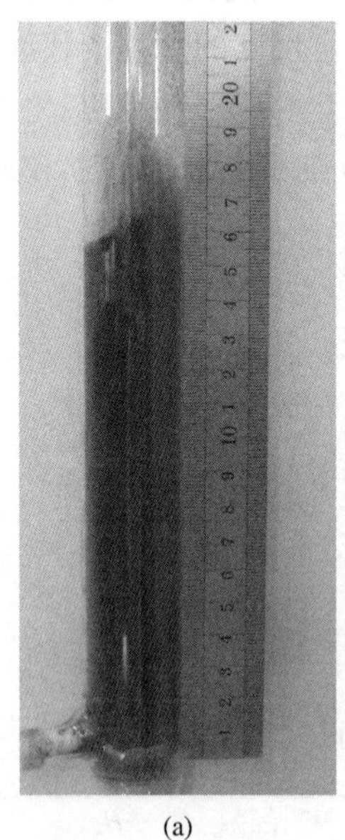
(a)

(b)

图 6.34　传统流化床与磁场流化床对比
(a) 传统流化床；(b) 磁场流化床

磁场强度 $H=320$ Oe 的操作条件下，进行了 1200 h 的寿命实验。由图 6.37 所示的结果表明，$Co/MgO-Al_2O_3$ 催化剂的 CH_4 与 CO_2 转化率维持在 95%，CO 与 H_2 选择性接近 100%。比文献中 Co 基催化剂最长催化稳定性时间提高了约 10 倍。

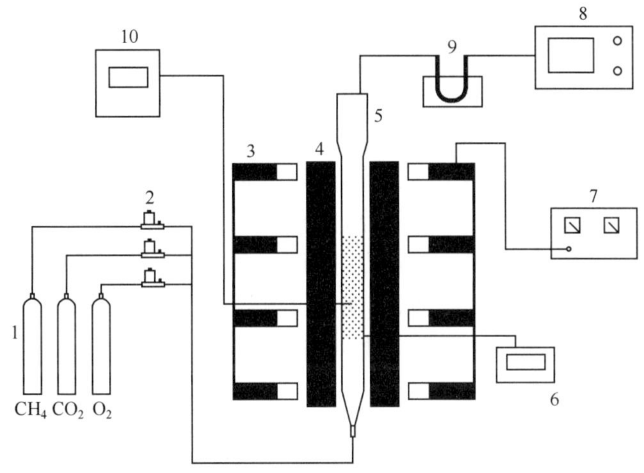

图 6.35　甲烷重整磁场流化床反应装置

1. 气瓶；2. 质量流量计；3. 磁场线圈；4. 电炉；5. 流化床；6. 微压差计；7. 稳流电源；8. 气相色谱；9. 冷阱；10. PV4A 颗粒速率分析计

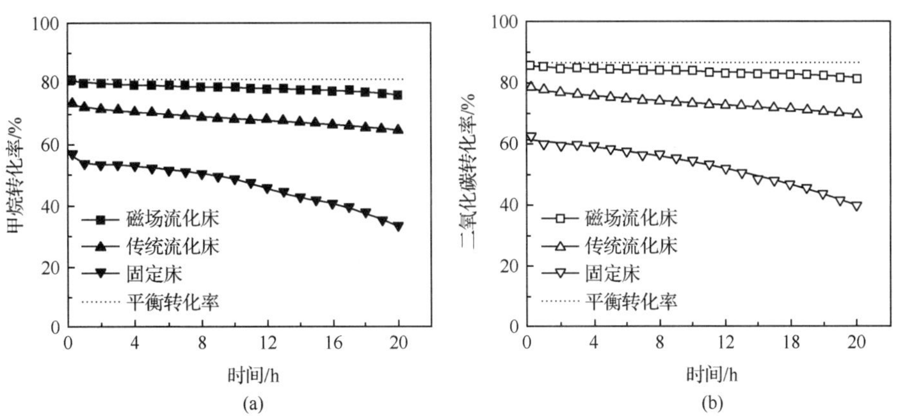

图 6.36　固定床、传统流化床和磁场流化床甲烷(a)与二氧化碳(b)转化率的对比

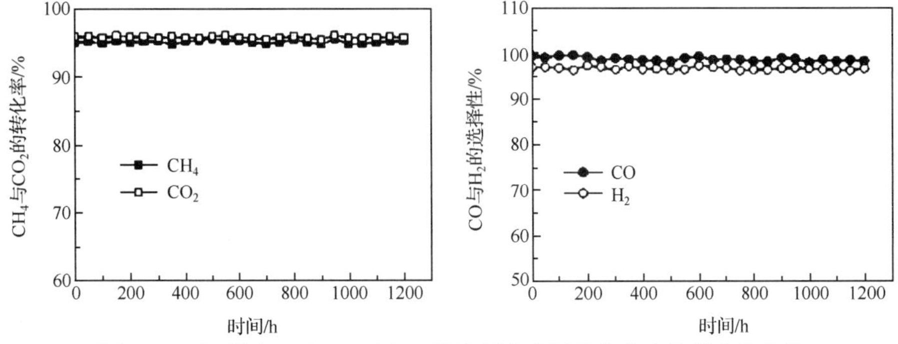

图 6.37　气凝胶 $Co/MgO-Al_2O_3$ 催化剂在磁场流化床内的催化稳定性

第 7 章　离子液体体系流动及传递规律

离子液体作为一种新型的介质，广泛应用于化工、食品、材料和生物医学等各学科领域[163]。离子液体的基础及应用研究正在蓬勃发展，在实验室研究离子液体工艺过程中对各种新型反应器的创新性应用及强化单元操作过程都取得了很好的成果。但是，通过实验室中的小装置得到的流动、传递和反应规律与工业化大装置有很大的差异。实验室反应器内的流动相对容易控制和调整，而工业化反应器中流动现象较为复杂。因此，要实现离子液体工艺工业化还必须对流动、传递和反应规律进行深入研究，采用不依赖于反应器结构和尺寸的模型和方法对反应器内不同时空物质迁移现象进行解释，从而获得反应器内的复杂流动现象及各相之间的相互作用。在现有文献报道中，主要是系统研究了水、甘油以及其他类的纯分子溶剂中气泡上升速度、曳力系数以及气泡的形状变化规律[164-168]，部分文献也对添加表面活性剂的水溶液[169,170]和电解质水溶液中[171-173]气泡行为进行了研究报道，研究者提出了预测气泡行为的多种经验或半经验关联式。由于这些研究均基于有限的气-液体系，因此不一定适合于其他体系，尤其不适合于完全由阴阳离子组成的离子液体体系。

然而，与分子介质不同，由于离子液体中氢键、静电、缔合以及溶剂化相互作用极其复杂，因此其具有与分子溶剂不同的内部环境。目前离子液体的研究集中在物理化学性质和构效关系等方面，与离子液体应用相关的流动、传递和转化规律等的研究比较少，针对离子液体体系应用工艺研究未见报道，这导致反应器的开发和放大存在困难，成为离子液体体系工业化应用的重要瓶颈之一。气泡在离子液体中运动受气相和离子液体的物性参数（密度、黏度和表面张力等）的影响，依据不同阴阳离子对构成的离子液体由于离子间相互作用的差异具有不同的物性，开展了离子液体中单气泡和多气泡行为的实验研究，并结合模拟的手段，获得了离子液体体系流动及传递规律，为反应器的模拟、设计和放大提供了理论基础。

7.1　单气泡流体动力学实验研究

本节选用[Bmim][BF_4]、[Bmim][PF_6]和[Omim][BF_4]三种有代表性的离子液体进行单气泡实验的研究。其中[Bmim][BF_4]为水溶性离子液体，[Bmim][PF_6]为油溶性离子液体，[Omim][BF_4]介于二者之间。通过实验系统研究了单个气泡在三种不同离子液体中的运动和变形行为，利用高速摄像系统，实时记录了气泡在离子液体中形成、脱离、上升和变形过程。考察了常规分子介质中的经验半经验模型在预测离子液体中气泡行为的适用性，并根据大量的实验数据，引入新的无量纲化参数，提出了离子液体中新的气泡变形模型。用受力平衡方法分析作用在运动气泡上的力，其中把阻碍气泡运动的曳力、附加质量力和巴塞特力（Basset force）作为一个总的曳力，提出适用于离子液体体系的气泡曳力系数经验关联式。

7.1.1　实验数据计算方法

1. 气泡上升速度计算

通过连续分析从脱离孔口开始到稳定上升这一过程中拍摄到的不同图片，将不同时刻的两张图像的位置进行比较，得到气泡在 Δt 间隔运动的距离 L。图像分析方法如图 7.1。

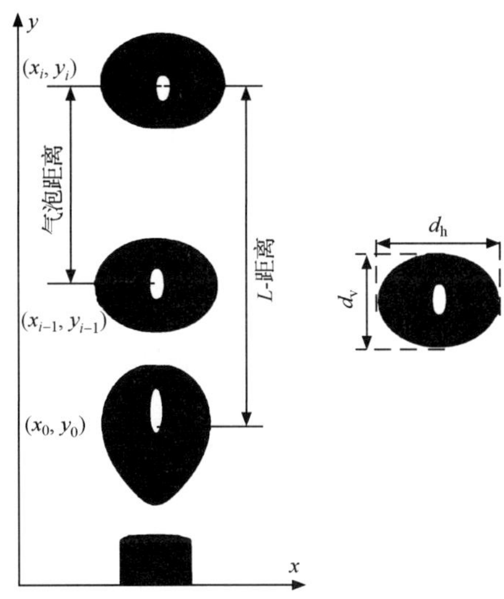

图 7.1　上升气泡的图像分析方法

图 7.1 中气泡运动的距离 L 和上升运动速度计算公式如下所示：

$$L=\sqrt{(x_i-x_0)^2+(y_i-y_0)^2} \tag{7.1}$$

$$U_b=\frac{\sqrt{(x_i-x_{i-1})^2+(y_i-y_{i-1})^2}}{\Delta t} \tag{7.2}$$

式中，(x_i, y_i) 和 (x_{i-1}, y_{i-1}) 是气泡在相邻两张图片上的坐标位置。当气泡的瞬时速度达到稳定状态时，取其平均值作为终端速度 V_T。

2. 气泡的等效直径和变形率计算

根据质量平衡关系，单位时间内产生的椭圆形气泡总体积等于相应的球状气泡的总体积，气泡的等效直径 d_{eq} 可通过式(7.3)计算：

$$\frac{4}{3}\pi\cdot d_{eq}^3=\frac{4}{3}\pi\cdot d_h^2\cdot d_v \tag{7.3}$$

$$d_{eq}=\sqrt[3]{d_h^2\cdot d_v} \tag{7.4}$$

气泡的变形率 E 可利用式(7.5)计算：

$$E=\frac{d_v}{d_h} \tag{7.5}$$

式中，d_v 和 d_h 分别为气泡短轴长度和长轴长度。

3. 曳力系数的计算

气泡在静止流体中直线上升的运动过程可用牛顿定律描述：

$$m_b \frac{dU_b}{dt} = (F_B - F_G) - (F_D + F_A + F_H) \tag{7.6}$$

式中，F_B、F_G、F_D、F_A 和 F_H 分别为浮力、重力、曳力、附加质量力和巴塞特力。由于气泡直线运动，所以不考虑升力的影响。其中附加质量力和巴塞特力是由于气泡加速运动产生的非稳态力，当气泡稳态运动时，这两个力都为 0，且有 $dU_b/dt = 0$，不考虑气泡自身重力的影响，则有 $F_B = F_D$，即

$$(\rho_l - \rho_g)g\frac{\pi d_{eq}^3}{6} = C_D \frac{1}{2}\rho_l U_T^2 \frac{\pi d_{eq}^2}{4} \tag{7.7}$$

则曳力系数计算公式成为

$$C_D = \frac{4d_{eq}(\rho_l - \rho_g)g}{3\rho_l V_T^2} \tag{7.8}$$

稳态时的曳力系数可以通过实验获得。实验测定的曳力系数可以拟合为经验关联式。

7.1.2 离子液体中气泡形状

气泡在离子液体中形成的过程中，其形状和大小受到离子液体的物性参数、气体流量以及孔径大小的影响。其中，影响气泡大小的离子液体的物性主要有液体的黏度、密度及表面张力等，气体的黏度和密度的影响可以忽略。通过改变温度，获得了气泡在离子液体中上升过程中形状的变化以及运动的轨迹路线，图 7.2 为不同温度下，通过多张拍摄的照

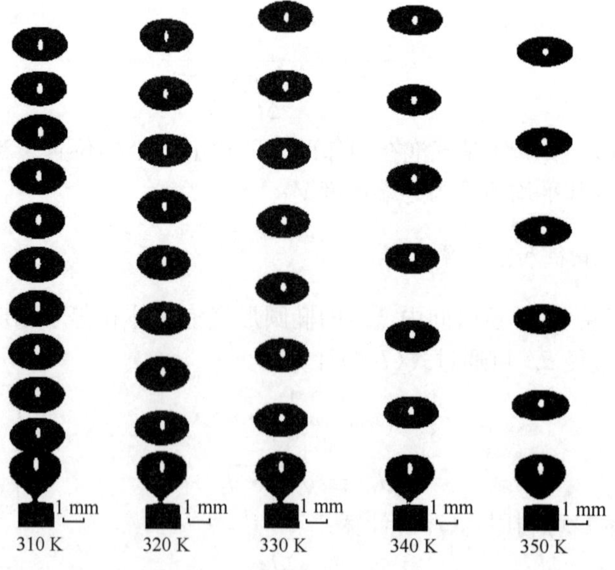

图 7.2 [Bmim][BF_4]中同一气泡的运动轨迹图(D_O=1.40 mm; Q_{in}=0.1 ml/min)

片叠加而成单个气泡运动的轨迹，图片中同一温度下，相邻的两个气泡之间时间间隔均为 0.04 s。

从图 7.2 中可以看出，气泡在离子液体中的形状为椭球状，且为直线上升。气泡从孔口形成后，开始脱落上升，变形越来越大，直到以一个接近稳定的值匀速上升。通过 5 个温度条件下的对比我们可以发现，温度升高，气泡变形增大，这主要是由于随着温度的增加，离子液体的黏度和表面张力降低造成的。

为了获得大量的气泡在离子液体中大小和变形普遍性规律，我们进行了系统的实验研究，选用了具有相同阴离子或阳离子结构的三种离子液体分别进行实验。

1. 离子液体[Bmim][BF_4]中气泡的形状变化

离子液体[Bmim][BF_4]是目前研究最多的也是最常用的离子液体之一，比较容易合成，为水溶性离子液体，且具有较好的稳定性，在有机合成和催化领域作为溶剂被广泛使用。

实验通过改变体系温度、进气口流量以及单孔气体分布器的孔径来获得不同大小的气泡以及变形情况。图 7.3 是气泡稳定上升阶段不同温度和进气流量下气泡大小的变化，图 7.4 是不同温度下气泡在离子液体[Bmim][BF_4]中从孔口脱离后上升过程中的变形情况。

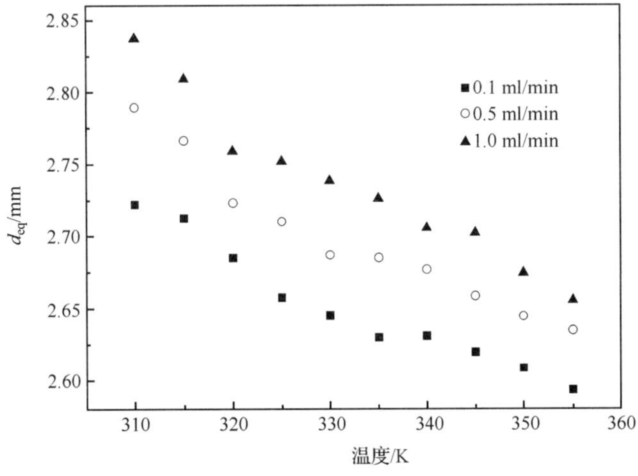

图 7.3　温度和气速对气泡直径的影响（D_O = 1.4 mm）

图 7.3 中可以看出，随着气体流量的增加，气泡的体积增大，同时温度的影响也比较明显，随着温度的增加，气泡体积变小，主要原因是黏度降低、气泡的尺寸减小。从图 7.4 中可以看出，气泡从孔口生成到稳态上升的过程中，气泡变形率是逐渐增加的，上升大约 10 mm 即达到一个近似的稳定值，且不同温度下，气泡变形稳定的距离也不相同；随着温度的增加，气泡变形稳定的距离变长，同时稳态上升的气泡变形率增大，这主要是由于离子液体的黏度和表面张力随着温度的升高降低较多引起的。

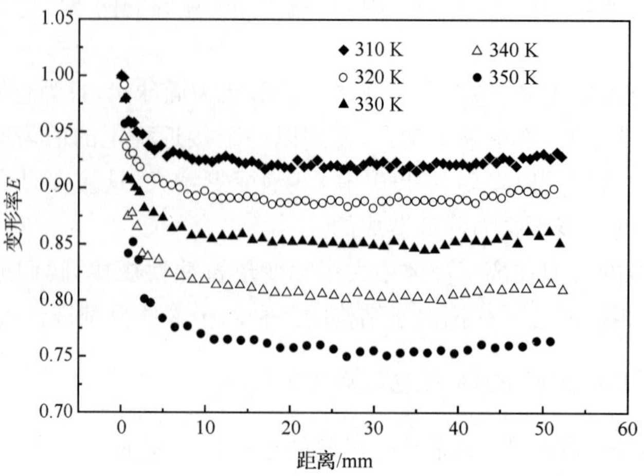

图 7.4　温度对气泡变形的影响(D_O=1.4 mm,Q_{in}=0.1 ml/min)

图 7.5 为考察气泡稳态上升阶段孔径和进气流量对气泡变形的影响。从图中可以看出,在相同的温度下,随着流量和孔径的增大,气泡变形越大,这主要是因为这两个因素直接导致气泡直径增加,而在相同的体系内,直径大的气泡相对变形就比较明显。

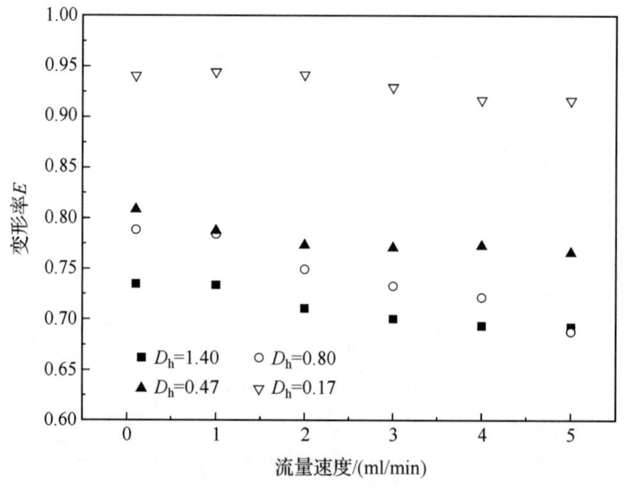

图 7.5　孔径和气体流量对气泡变形的影响(T=350 K)

2. 离子液体[Bmim][PF_6]中气泡的形状变化

由于[Bmim][BF_4]是水溶性离子液体,在获得气泡在离子液体[Bmim][BF_4]中的大小和形状随多种影响因素的变化情况以后,又选用了[Bmim][PF_6]这种常用的油溶性离子液体作为另一种代表性的离子液体,进一步考察温度、进气流量和分布器的孔径在气泡形成和变形过程中的影响。相对于[Bmim][BF_4],[Bmim][PF_6]在相同温度下,具有更大的黏度和密度。图 7.6 为离子液体[Bmim][PF_6]中气泡从孔口脱离后上升过程中的

变形情况，图 7.7 为考察气泡稳态上升阶段孔径和温度对气泡变形的影响。

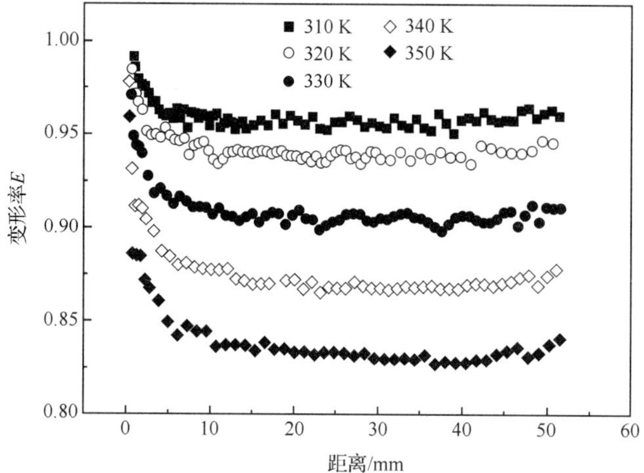

图 7.6　温度对气泡变形的影响(D_O = 1.4 mm，Q_{in} = 0.1 ml/min)

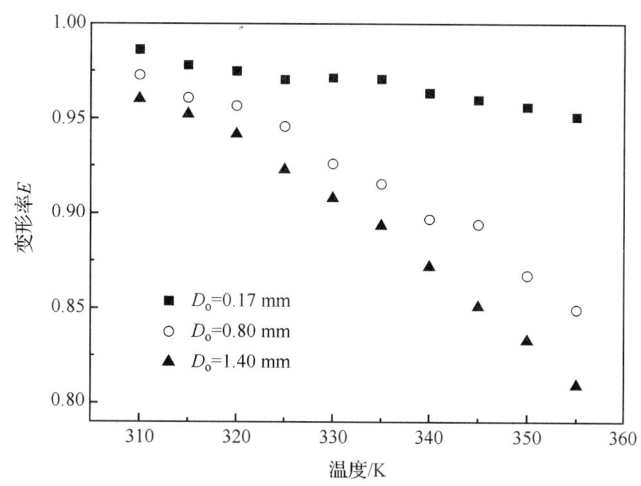

图 7.7　孔径和温度对气泡变形的影响(Q_{in} = 0.1 ml/min)

从图 7.6 中可以看出，气泡从孔口生成到稳态上升的过程中，气泡变形率是随着离孔口距离的增加逐渐增加的，经过短距离的快速变形后，以稳定的纵横比上升。不同温度下，气泡达到稳态变形的距离也不相同，随着温度的增加，气泡变形稳定的距离增加，同时稳态上升的气泡变形率增加。图 7.7 进一步研究了不同孔径对气泡稳态变形率的影响，从图中可以看出，随着孔径的增加，气泡变形增大，在小孔径和低温下，气泡变形很小，近似球形。

图 7.8 为离子液体[Bmim][PF_6]中气泡直径的变化规律，从图中可以看出，随着气体流量的增加，气泡的体积增大，同时温度的影响也比较明显，随着温度的增加，气泡体积变小，相对于[Bmim][BF_4]离子液体，相同条件下的[Bmim][PF_6]中气泡的直径较大，主

要是因为[Bmim][PF_6]的黏度较大。

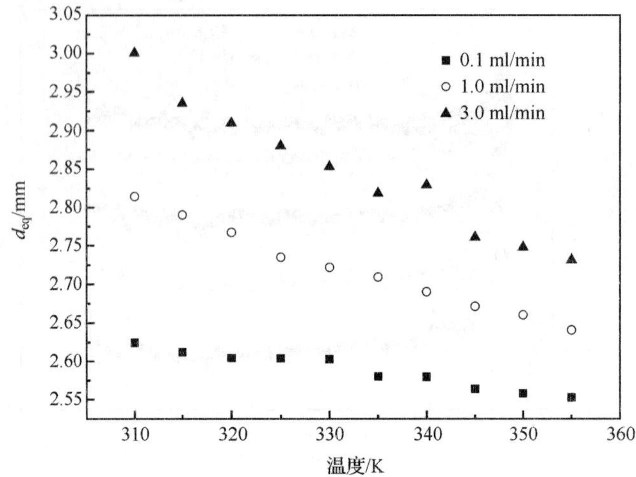

图 7.8 温度和气速对气泡直径的影响(D_O=1.4 mm)

3. 离子液体[Omim][BF_4]中气泡的形状变化

离子液体[Omim][BF_4]具有和[Bmim][BF_4]相似的结构，由于碳链的增加，其黏度远大于[Bmim][BF_4]而和[Bmim][PF_6]接近，表面张力却远远小于两者，因此选用该离子液体作为第三种离子液体进行研究，逐一考察温度、进气流量以及分布器孔径的影响。实验结果显示，气泡大小和变形规律和离子液体[Bmim][PF_6]相似，但是由于物性的差异，其绝对值不同。实验结果如图 7.9～图 7.11 所示：

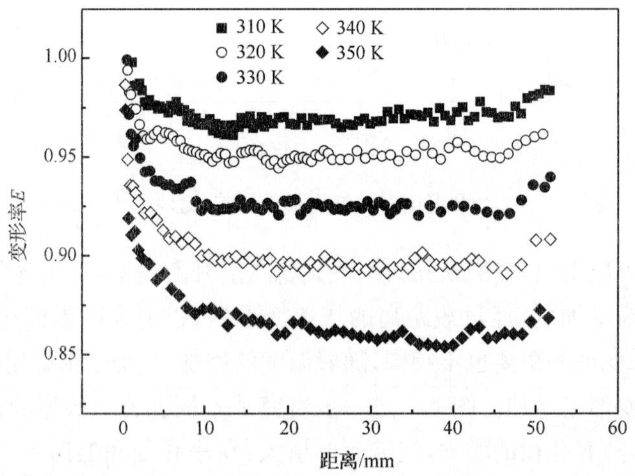

图 7.9 温度对气泡变形的影响(D_O=1.4 mm，Q_{in}=0.1 ml/min)

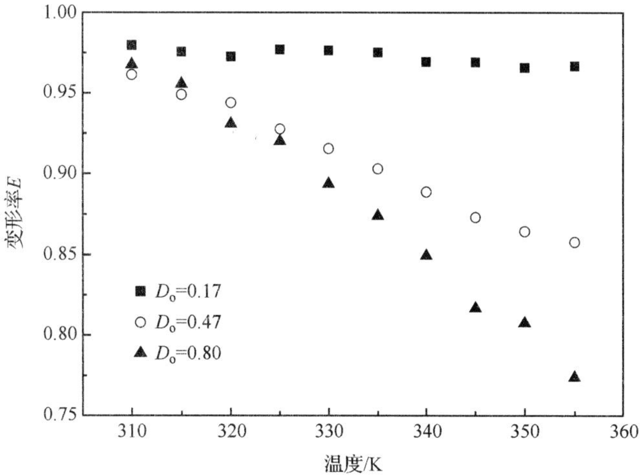

图 7.10　孔径和温度对气泡变形的影响(Q_{in}=0.1 ml/min)

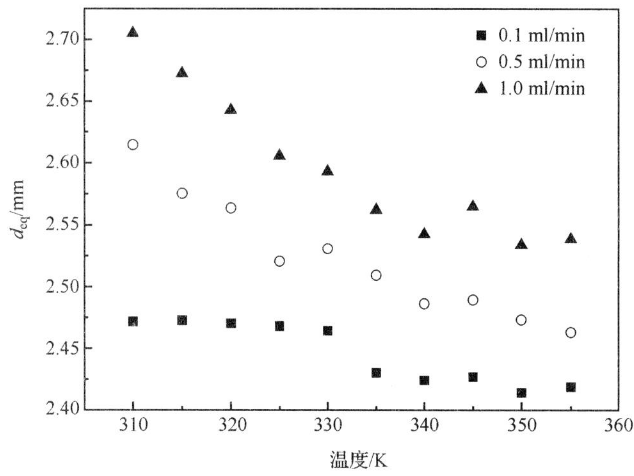

图 7.11　温度和气速对气泡直径的影响(D_O=1.4 mm)

7.1.3　离子液体中气泡变形关联式

通过以上几种在离子液体中气泡变化实验研究结果,我们发现气泡的变形率主要受气泡直径、上升速度和离子液体的物性等参数影响。为了获得离子液体中普适性气泡变形规律,关联不同离子液体中气泡的变形率,建立统一的关联式,必须考虑几种因素的综合影响,实现影响因素参数的无量纲化研究。

在常规介质中,气泡的变形率 E 利用无量纲化参数进行关联在文献中早已报道。在低黏度的液体中,一些研究人员利用 Eo 数进行关联,获得了较理想的效果;Tadaki 等[174]通过对多种液体中气泡的变形实验,提出了一个新的无量纲参数关联式;Vakhrushev 等[175]优化了 Tadaki 的关联式,提出了一个新的以 Ta 数为无量纲化参数的经验关联式如下：

$$E=\begin{cases}1 & Ta\leqslant 1\\ \{0.81+0.206\tanh[2(0.8-\lg Ta)]\}^3 & 1\leqslant Ta\leqslant 39.8\\ 0.24 & 39.8\leqslant Ta\end{cases}\tag{7.9}$$

Fan 等[176]针对纯液体，进一步改进了该关联式中的参数情况，提出了方程(7.10)：

$$E=\begin{cases}1 & Ta<0.3\\ \{0.77+0.24\tanh[1.9(0.40-\lg Ta)]\}^3 & 0.3<Ta<20\\ 0.30 & 20<Ta\end{cases}\tag{7.10}$$

基于无应力球面上无旋流引起的压力分布变化，Moore 的低阶方程[167]可简化为以 We 数为无量纲参数的气泡变形率关联式，对于低 We，椭球的变形率可以用式(7.11)表达：

$$E=\frac{1}{1+\dfrac{9}{64}We}\tag{7.11}$$

Bhaga 等[177]对于纯的高黏度液体中气泡变形进行实验，发现气泡的变形是仅仅由雷诺数变化引起的。然而后续的实验和模拟研究都发现，气泡的变形不仅和雷诺数有关，还和 We 数有关，二者的影响都很重要。最近，Kelbaliyev 等[165]利用 Raymond 等[178]发表的实验数据，提出了一个以雷诺数和韦伯数为无量纲参数的经验关联式，如式(7.12)所示：

$$E=\frac{1-\lambda_v We}{1+\dfrac{\lambda_v}{2}We}\tag{7.12}$$

式中，$\lambda_v=\frac{1}{12}\left(1-\frac{3}{25}\frac{We}{Re}\right)$。

利用常规介质中气泡变形的半经验和经验关联式对离子液体中气泡变形情况进行预测，其中图 7.12 为利用关联式(7.9)和式(7.10)预测离子液体中气泡的变形结果和实验结果的对比情况。Celata 等[164]通过实验研究对比证明，在现有的经验关联式中，以 Ta 数为无量纲化参数的经验关联式(7.10)对于水和 FC-72 中气泡变形结果预测的效果最好，但是从图中可以看出，以 Ta 数为无量纲化参数的经验关联式对于离子液体中气泡变形的预测并不理想。从图 7.12 中可以发现，关联式(7.9)预测值偏大，而关联式(7.10)在较高 Ta 数范围内预测值和实验结果相比，却明显偏低。

相对于 Ta 数关联式预测结果大的误差，We 数关联式对离子液体中气泡变形规律的预测在低 We 的范围内还是可以接受的，但是随着 We 增加，预测结果均偏低，如图 7.13 所示。

从图 7.12 和图 7.13 的对比可以发现，利用现有的常规介质中关联出的气泡变形的关联式预测离子液体中气泡变形的结果都不是很理想。对于高黏度的离子液体，气泡的变形主要受惯性力、黏性力、表面张力和重力四者的共同作用，为此，对于气泡在离子液体中的变形情况的关联，我们提出了离子液体中的一个无量纲化参数 IL：

$$\mathrm{IL}=\frac{\rho_l U_T g d_{eq}^3(\rho_l-\rho_g)}{\mu_l\sigma}\tag{7.13}$$

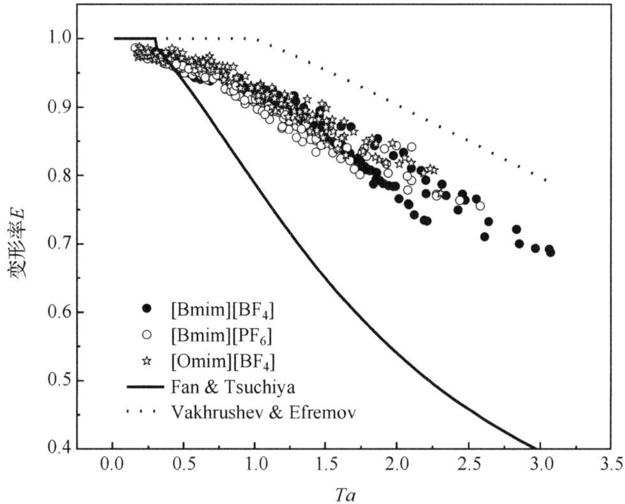

图 7.12　*Ta* 数关联式的预测值和实验结果对比

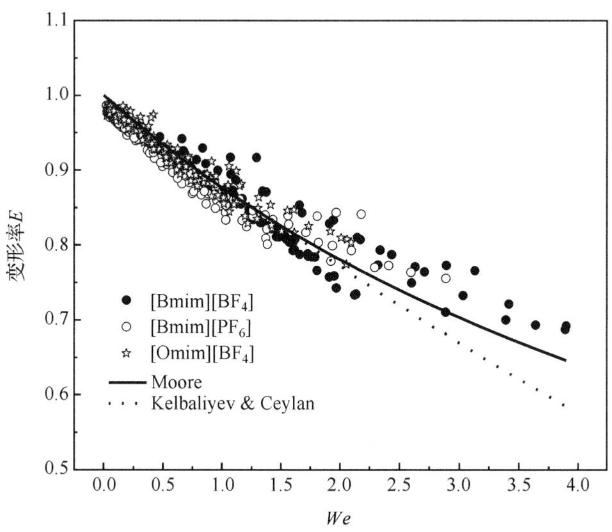

图 7.13　*We* 数关联式的预测值和实验结果对比

基于在三种离子液体中气泡的变形实验数据，我们提出了一个基于无量纲化参数 IL 的经验关联式：

$$E=\frac{a}{b+c\mathrm{IL}^{d}} \tag{7.14}$$

经非线性拟合，得到了参数 a、b、c 和 d 的数值，方程(7.14)可以写为

$$E=\frac{1}{1+0.0187\mathrm{IL}^{0.67}} \tag{7.15}$$

利用方程(7.15)对离子液体中气泡的变形结果进行预测，其预测结果和实验值的对比见图 7.14。

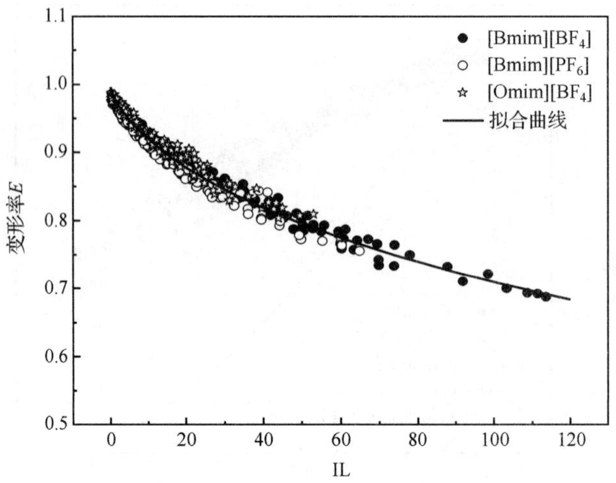

图 7.14 IL 数关联式的预测值和实验结果对比

从图 7.14 中我们可以看出，同 *Ta* 数和 *We* 数相比，以新的无量纲化参数 IL 来关联的变形率，不仅能够获得较小的误差，同时发现所获得的数据点相对集中，不像前两种数关联得那么发散。预测结果和实验值的误差分析见图 7.15。

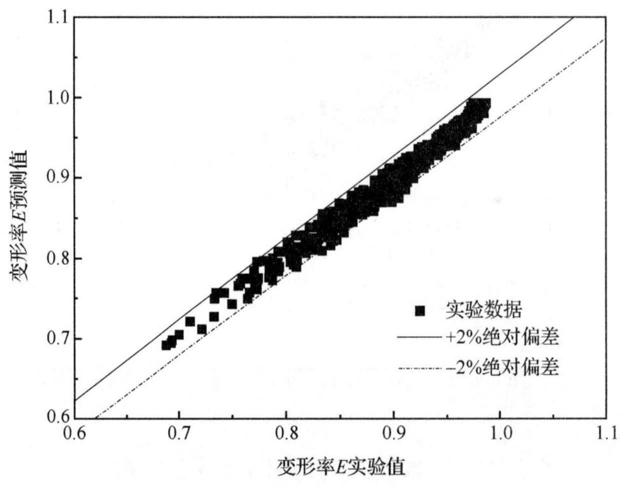

图 7.15 方程(7.15)预测值和实验值的误差分析

从图中可以看出，新的气泡变形关联式预测的相对误差均落在了±2%之间，进一步说明了该经验关联式在离子液体中预测气泡变形规律的优越性。

7.1.4 气泡上升速度

1. 气泡上升的瞬时速度

单气泡上升速度取决于气泡大小、形状和液体的物性，对于大气泡，其上升速度对液体性质不敏感。气泡离开针头形成以后，开始加速运动，一定距离后速度趋于稳定。气泡在不同温度下离子液体中运动的瞬时速度随脱离孔口后距离的变化曲线如图 7.16～7.18 所示。

从图 7.16～图 7.18 中可以看出，离开针头之后气泡速度迅速增加，在上升很短的距离后，气泡速度便接近稳态运动。达到稳定状态的时间和位置随着离子液体种类以及温度的变化而变化，从图 7.16 可以看出随着温度的增大，气泡稳态上升速度从 0.038 m/s 逐渐增大到 0.08 m/s。通过图 7.17 和图 7.18 的对比我们发现，在相同的温度、分布器孔径和进气流量的情况下，离子液体[Bmim][PF_6]中气泡的运动速度较大，这主要是因为在二者黏度接近的情况下，[Bmim][PF_6]表面张力较大，从而使形成的气泡的直径较大引起的。

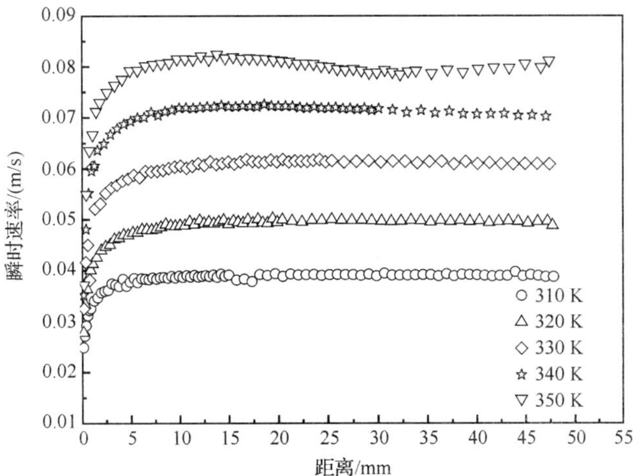

图 7.16　不同温度下[Bmim][BF_4]中气泡的瞬时速率(D_O=0.17 mm;Q_{in}=0.1 ml/min)

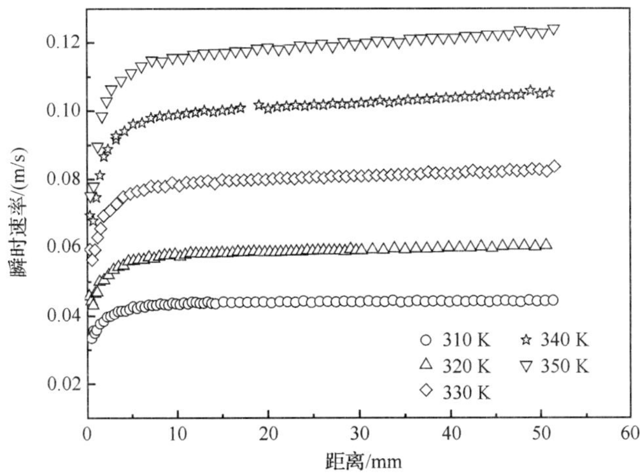

图 7.17　不同温度下[Bmim][PF_6]中气泡的瞬时速率(D_O=1.4 mm;Q_{in}=0.1 ml/min)

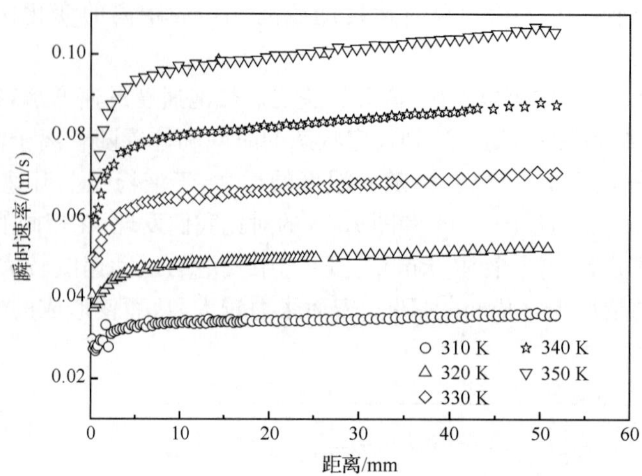

图 7.18　不同温度下[Omim][BF_4]中气泡的瞬时速率(D_O=1.4 mm;Q_{in}=0.1 ml/min)

2. 气泡上升的终端速度

在离子液体相为不流动的连续相内,气泡脱离孔口加速上升,当气泡所受的浮力和曳力相等时,气泡以恒定的速度匀速上升,这一速度称为气泡上升的终端气速。气泡的终端气速变化受到离子液体的物性和气泡大小的影响,图 7.19 是在孔径为 0.17 mm,气体流量为 0.1 ml/min 时,温度对[Bmim][BF_4]、[Bmim][PF_6]、[Omim][BF_4]三种不同离子液体中气泡等效直径和终端气速的影响规律;图 7.20 是在孔径为 1.4 mm,气体流量为 0.1 ml/min 时,温度对三种不同离子液体中气泡终端气速的影响规律。

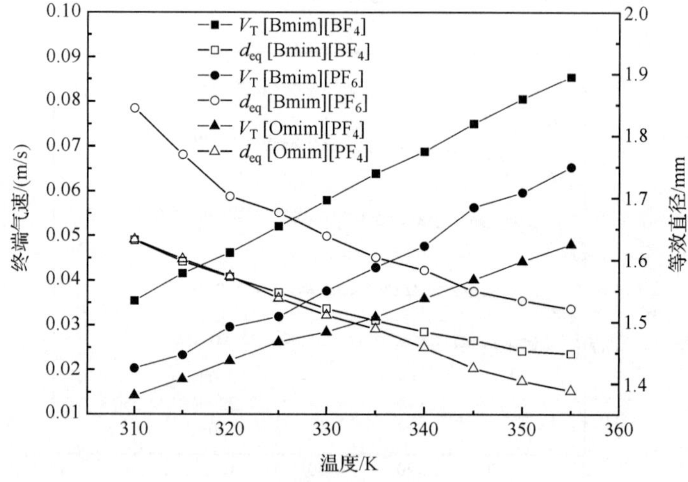

图 7.19　不同离子液体中气泡的终端气速和等效直径(D_O=0.17 mm;Q_{in}=0.1 ml/min)

从图 7.19 中,我们可以清楚地看到,随着温度的增加,气泡的等效直径逐渐减小,而气泡的终端速度却是逐渐增加。造成这一变化趋势的主要原因是随着温度的增加,离子液体的黏度和表面张力都急剧下降。在相同的温度下,[Bmim][PF_6]中气泡等效直径要

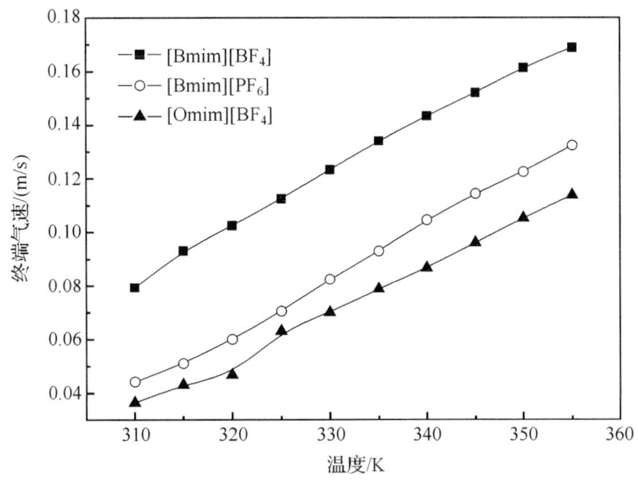

图 7.20　不同离子液体中气泡的终端气速（$D_O = 1.4$ mm；$Q_{in} = 0.1$ ml/min）

大于[Bmim][BF_4]中的气泡等效直径，这主要是因为黏度差异要远大于表面张力的差异，也就是说较大黏度差在气泡形成过程中起到了主要作用。而对比[Bmim][PF_6]和[Omim][BF_4]两种离子液体，可以发现其规律恰恰相反，表面张力的差异在气泡形成过程中起主导作用。尽管气泡的大小对气泡的终端速度具有一定的影响，但从图 7.19 和图 7.20 中的实验结果我们可以看出，离子液体的物性参数起到了主要作用，在同一温度下，气泡在三种离子液体中终端速度的大小顺序为[Bmim][BF_4]>[Bmim][PF_6]>[Omim][BF_4]。

7.1.5　离子液体中气泡运动的曳力系数关联式

计算单气泡上升速度的模型通常有两种形式：一种是直接给出气泡上升速度，另一种是给出气泡的曳力系数。根据气泡雷诺数不同，将不同大小的气泡分为不同的流动区域，可以采用不同的曳力系数关联式预测气泡的上升速度。

1. 常规分子溶剂中曳力系数关联式

为了考察现有的分子溶剂中常用的曳力系数关联式在离子液体中是否仍然适用，我们从文献上选择了几个最具有代表性的曳力系数关联式。其中一个就是由 Ishii 等[179]提出，经过 Tomiyama[180]改进后的关联式，该式对 Stokes 区、黏性区和变形区均适用。

$$C_D = \max\left\{\frac{24}{Re}(1 + 0.1Re^{0.75}), \min\left[\frac{8}{3}, \frac{2}{3}\sqrt{Eo}\right]\right\} \tag{7.16}$$

另外一个有代表性的通用关联式是 Turton 等[181]于 1986 年提出的，该关联式用于预测混合溶剂中颗粒的运动速度，同时适用于 $Re < 130$ 情况下气泡的运动速度的预测。该关联式具有简单、准确和适用范围较广的优点。

$$C_D = \frac{24}{Re}(1 + 0.173Re^{0.667}) + \frac{0.413}{1 + 16\,300Re^{-1.09}} \tag{7.17}$$

Mei 等[182]通过研究一定的 Re 下气泡运动过程中的非稳态作用力，于 1992 年提出了一个新的曳力系数关联式，实验证明该式在其余 Re 范围也适用。

$$C_D = \frac{16}{Re}\left\{1 + \left[\frac{8}{Re} + \frac{1}{2}(1 + 3.315Re^{-0.5})\right]^{-1}\right\} \tag{7.18}$$

2001 年，针对黏性牛顿流体，Rodrigue[168]提出了一个新的经验关联式。利用该经验关联式，可以准确地预测甘油水溶液、橄榄油、玉米糖浆和水银等液体中气泡运动速度。且在较宽的数据范围内，该关联式预测数据和实验数据符合得比较好。

$$C_D = \frac{16}{Re}\begin{bmatrix}\left(\frac{1}{2} + 32\theta + \frac{1}{2}\sqrt{1+128\theta}\right)^{1/3} \\ + \left(\frac{1}{2} + 32\theta - \frac{1}{2}\sqrt{1+128\theta}\right)^{1/3} \\ + \left(0.036\left(\frac{128}{3}\right)^{1/9} Re^{8/9} Mo^{1/9}\right)\end{bmatrix}^{9/4} \tag{7.19}$$

式中，$\theta = (0.018)^3\left(\frac{2}{3}\right)^{1/3} Re^{8/3} Mo^{1/3}$。

Tomiyama[183]通过对空气-水这一表面张力起主导作用的两相体系系统研究，于 2004 年提出了一个通用型关联式，该式适用于牛顿流体中所有形状气泡的运动速度的预测。为了利用该式预测离子液体中气泡的运动，本节仅给出扁球形气泡的关联式，如下所示：

$$C_D = \frac{8}{3}\frac{E_O}{(\gamma E)^{2/3}(1-E^2)^{-1}E_O + 16E^{4/3}}F^{-2} \qquad \text{当 } E < 1 \text{ 时} \tag{7.20}$$

式中，$F = \frac{\cos^{-1}E - E\sqrt{1-E^2}}{1-E^2}$。

在方程(7.20)中，假设气泡为一变形的扁球，以气泡变形率 E 和变形系数 γ 为变量，$\gamma = 2/(1+\beta)$，其中 β 为变形的扁球状气泡短轴中短半轴和长半轴的比值。所以对于椭球状气泡，γ 的值为 1，对于球帽状气泡，γ 的值为 2。

最近的研究报道中，Kelbaliyev 等[165]参考文献中大量的实验数据和曳力系数关联式，利用切线关联法，提出了一个用于关联变形气泡的曳力系数经验关联式，该式的适用范围为 $Re > 0.5$。

$$C_D = \frac{16}{Re}\left[1 + \left(\frac{Re}{1.385}\right)^{12}\right]^{1/55} + \frac{8}{3}\frac{Re^{4/3}Mo^{1/3}}{24(1 + Mo^{1/3}) + Re^{4/3}Mo^{1/3}} \tag{7.21}$$

2. 常规分子溶剂中曳力系数关联式预测结果

利用文献上报道的有代表性的曳力系数关联式预测离子液体中气泡稳态上升过程中的曳力系数与实验测定结果对比，是验证现有理论是否仍能够适用于离子液体体系的一个有效途径。本节采用方程(7.16)～方程(7.21)分别进行了计算，并和实验结果进行逐一比较。为了使比较结果明显，纵坐标均为现有关联式的计算结果和实验测试结果的比值，横坐标为 Re 数，图中位于虚线上的点代表预测值等于实验值，虚线上部的点表示预测值偏高，虚线下部的点表示预测值偏低。选用的 6 个典型的曳力系数关联式的预测结果如图 7.21～7.26 所示。

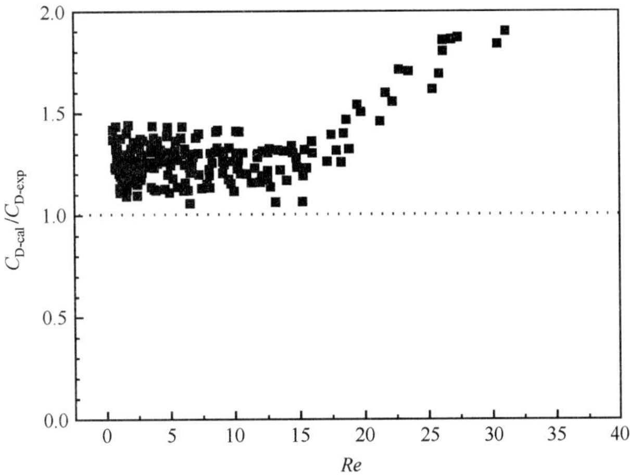

图 7.21　实验值与曳力系数关联式(7.16)预测值的比较

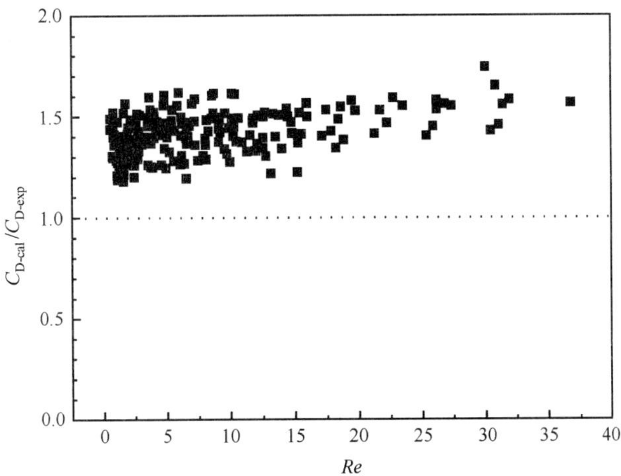

图 7.22　实验值与曳力系数关联式(7.17)预测值的比较

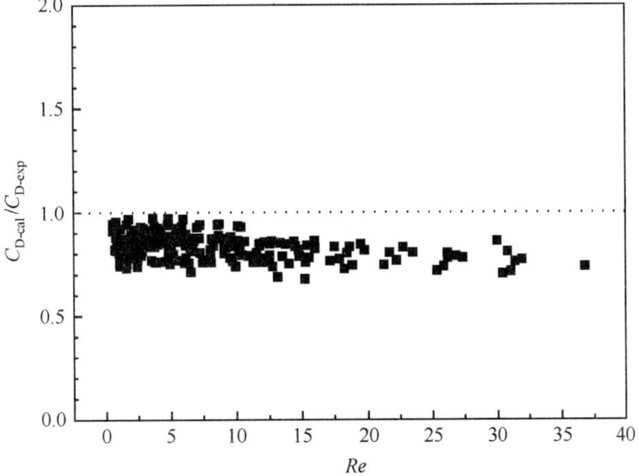

图 7.23　实验值与曳力系数关联式(7.18)预测值的比较

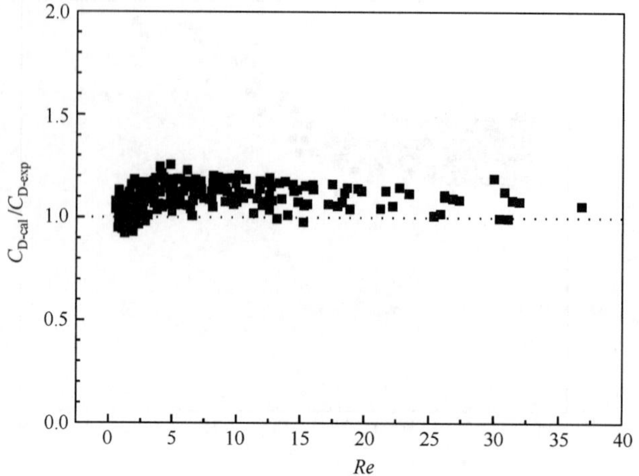

图 7.24　实验值与曳力系数关联式(7.19)预测值的比较

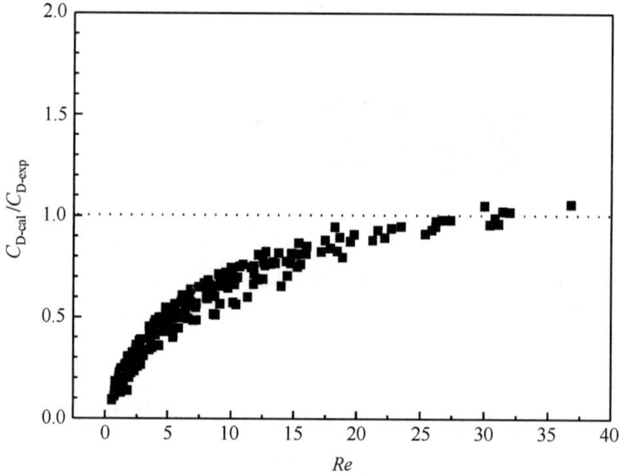

图 7.25　实验值与曳力系数关联式(7.20)预测值的比较

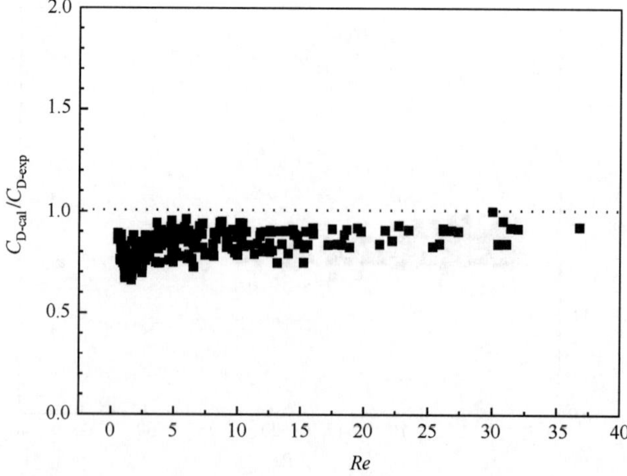

图 7.26　实验值与曳力系数关联式(7.21)预测值的比较

通过图 7.21～图 7.26 的对比我们可以看出，关联式(7.18)～(7.19)和关联式(7.21)预测的结果最接近实验值，但是，仍有较大偏差，其中关联式(7.19)预测结果偏大，在整个 Re 区间内，误差在 0～30%以内，关联式(7.18)和关联式(7.21)预测结果近似，和实验结果相比都偏低，在整个 Re 区间内误差约为−35%～0 以内。关联式(7.16)和关联式(7.17)的预测结果偏大，且偏离实验结果更严重，其中关联式(7.16)误差范围为 5%～100%，关联式(7.16)误差范围为 20%～75%。在实验的 Re 区间内，关联式(7.20)的预测结果最差，在低 Re 区间内，预测结果远远低于实验值，误差达到了−100%，这可能主要是因为该关联式是从以表面张力起主导作用的空气-水体系关联中得到，不太适合于高黏度的离子液体体系。

3. 离子液体中曳力系数关联式

通过文献上比较典型的曳力系数关联式对离子液体体系的预测和实验结果的对比，我们发现，在分子介质中关联效果很好的曳力系数模型并不能直接用于离子液体体系，因此获得离子液体体系中新的曳力模型是非常必要的，以便为离子液体工业化过程的应用提供理论基础。

传统分子介质中描述气泡运动的曳力系数模型大都是以 Re 数为无量纲化数进行关联，为了关联不同气泡大小和不同离子液体中气泡的曳力系数，建立了统一的关联式，对气泡上升过程进行了因次分析。在浮力和曳力作用下，在静止流体中，上升的气泡受下列参数的影响：气体密度、液体密度、液体黏度、表面张力、重力、气泡当量直径、上升速度。用来关联相关物理参数的数学函数表达式 f 如下所示：

$$f(\sigma,\mu_l,\rho_l,\rho_g,d_{eq},V_T,g)=0 \tag{7.22}$$

对于离子液体，根据 Buckingham π 定理得到 2 个无因次数群，一个为 Re 数，另一个为表示连续相的物理性质，特别是黏度影响的 Mo：

$$Re=\frac{d_{eq}V_T(\rho_l-\rho_g)}{\mu_l},\ Mo=\frac{g\mu_l^4(\rho_l-\rho_g)}{\sigma^3\rho_l^2} \tag{7.23}$$

于是，离子液体中曳力系数 C_D 的关联可采用式(7.24)：

$$C_D=aRe^bMo^c \tag{7.24}$$

式中，a,b,c 均为检验常数。

基于三种离子液体中不同条件下气泡运动的实验数据，采用最小二乘法进行拟合，可以得到 a,b,c 的数值解，关联式(7.24)可以写成：

$$C_D=\begin{cases}22.73Re^{-0.849}Mo^{0.02} & 0.5\leqslant Re\leqslant 5\\ 20.08Re^{-0.636}Mo^{0.046} & 5<Re\leqslant 50\end{cases} \tag{7.25}$$

利用关联式(7.25)对离子液体中气泡运动的曳力系数进行预测，在实验的 Re 数范围内，如图 7.27 所示。从图 7.27 可以看出，在实验的 Re 数范围内，曳力系数关联式符合得非常好，同时新的曳力系数经验关联式结构形式比较简单，预测结果也非常准确。通过这一曳力系数关联式，在已知气泡的大小和离子液体的物性参数的前提下，可以进一步预测不同大小的气泡在不同离子液体中的上升速度。新的曳力系数关联式对离子液体中气泡上升过程中曳力系数的变化的预测结果和实验计算结果的对比见图 7.28，从图中我们可以看出，相对的误差均落在了±10%以内。

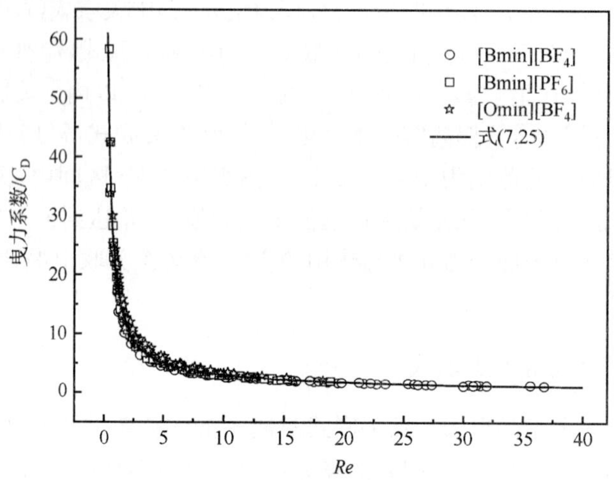

图 7.27 曳力系数与雷诺数的关系

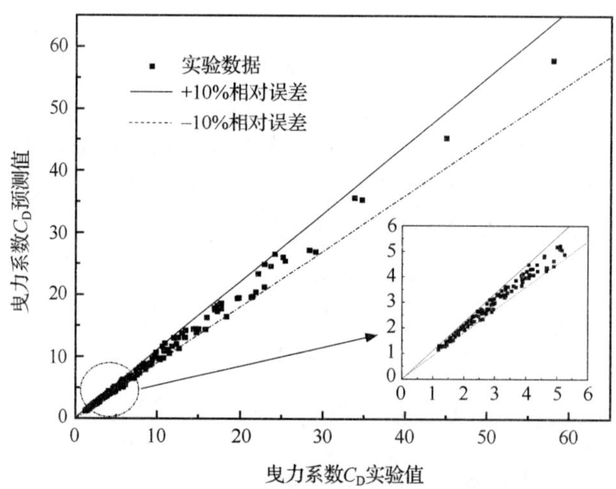

图 7.28 实验值与曳力系数关联式(7.25)预测值的比较

7.2 多气泡流体动力学实验研究

7.2.1 气泡平均直径的计算

在本研究中，通过高速摄像系统，在三个不同的轴向位置获取气泡直径。通过专业的图像处理软件，可以获得具有清晰气泡边界的图像。对于每个工况，15 张照片会随机的从 1500 张照片中挑选出来，总共分析不少于 500 个气泡，这个数量对于数据分析是足够的。高速摄像的固有缺陷是对于重叠气泡的测量不是很准确。为了减小由重叠气泡带来的测量误差，一方面减小表观气速，另一方面只计算聚焦良好的气泡。通过在塔上粘一把尺，对整个测量系统进行校正。这把尺与测量的气泡有相同的焦距。在对整个设备进行校正以后，整个设备最小的测量长度是 0.06 mm；在实验中，最小的气泡大概是 1.2 mm，所以测量误差在 5%以内。最后获得的图片是一个气泡的二维图像。气泡被假设成椭圆的形状。

7.2.2　[Bmim][BF_4]中气泡平均直径

1. 气速的影响

在不同的气速范围内，对离子液体体系的气泡平均直径进行测量。气速的变化范围是 0.06～0.14 cm/s。温度和拍摄位置分别固定为 308 K 和 0.41 m。气速对气泡直径的影响可由图 7.29 看出。图 7.29 是 3 张真实的气泡在[Bmim][BF_4]中运动的图片。

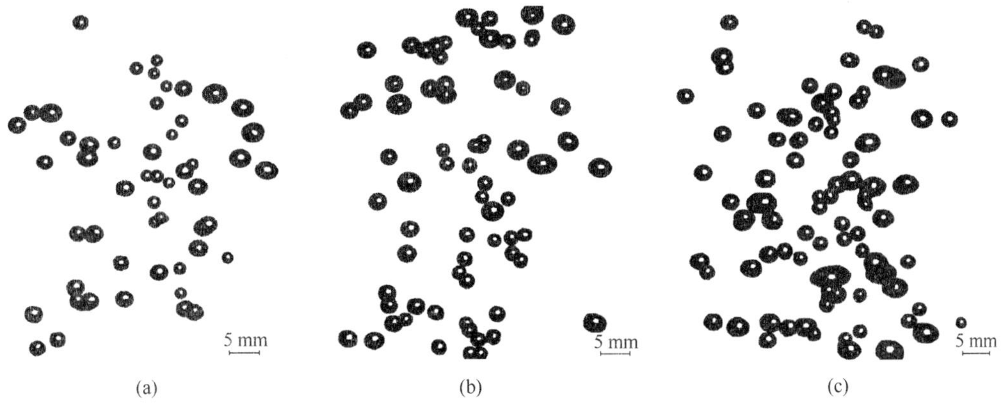

图 7.29　气速对气泡大小的影响

(a) 0.1 cm/s；(b) 0.15 cm/s；(c) 0.2 cm/s(T=308 K，H=0.41 m)

根据图 7.29，图 7.29(c)中最大的气泡大约是 7 mm，气泡上升过程中，气泡会因为聚并而持续变大。但是，与此同时，在图 7.29(a)以及图 7.29(b)中最大的气泡分别是 3 mm 和 5 mm。从图 7.29 中可以看出，Sauter 直径随着表观气速的增大而增大。气速不仅会影响气泡数密度还会影响气泡动量。提高表观气速会提高气泡碰撞频率，聚并现象就会更多地在塔内产生，所以气泡平均直径会变大。值得注意的是，在相同表观气速的条件下，计算得到的在离子液体溶剂中的气泡直径比低黏流体的气泡直径大很多。并且离子液体中的气泡变形率更小，更接近圆形。

2. 液体温度和气相的影响

[Bmim][BF_4]的物性，尤其是黏度受温度影响很大。308 K 时黏度值仅仅是 208 K 时黏度值的 1/3 左右。图 7.30 说明了气泡行为受温度的影响情况。

从图 7.30 可以看出，温度升高时，气泡变得更小以及更加离散。这表示气泡不仅在塔的中部运动，同时也会出现在塔的各个位置。图 7.31 说明了液体温度对 CO_2 和 N_2 气泡大小的影响。结果清楚地证明了在 CO_2-[Bmim][BF_4]和 N_2-[Bmim][BF_4]系统中，气泡平均直径随表观气速的增大而增大。随着液相温度的升高，CO_2 和 N_2 气泡都变小。

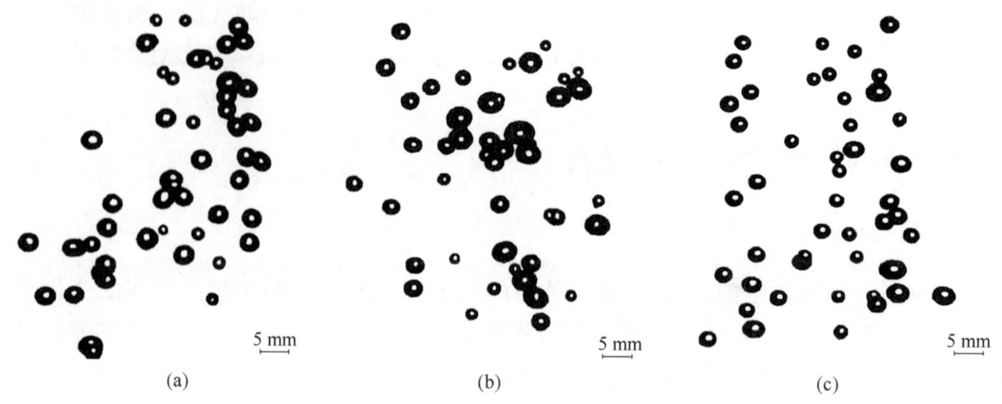

图 7.30　温度对气泡大小的影响

(a) 288 K；(b) 298 K；(c) 308 K(U_g=0.12 cm/s，H=0.41 m)

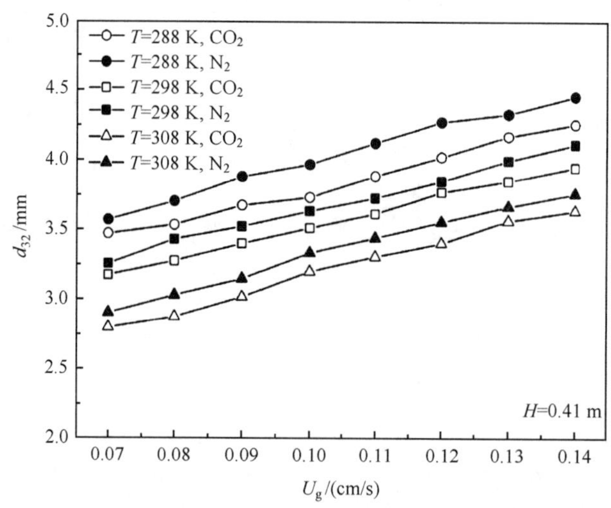

图 7.31　温度对气泡平均直径的影响(H=0.41 m)

黏度和表面张力随着温度的升高均减小。对于像[Bmim][BF_4]这样的黏性流体，更容易在分布器中直接形成大气泡，所以温度越低，气泡直径会越大。进一步来说，当碰撞发生的时候，离子液体中的气泡会更容易发生聚并。但是文献报道，随着表面张力的减小，气泡直径应当减小。因此，我们可以做如下推断，黏度在气泡直径决定中占据主导地位，表面张力对气泡大小的影响可以忽略。因为，在本实验中，在相同的温度范围内，黏度的变化范围大大超过表面张力的变化范围。

图 7.31 同时也反映了气体性质对气泡大小的影响。在相同的表观气速范围内，CO_2气泡均小于 N_2气泡，这是因为 N_2 的气体密度小于 CO_2气体密度。工业的烟道气包含 N_2、CO_2、O_2、H_2O 和 SO_2。在这些气体中，主要的成分是 N_2、CO_2和 O_2。如前所述，因为 N_2和 O_2分子密度接近，所以它们会有相似的气泡行为。另外，H_2O 不是很重要，因为 CO_2捕集过程是在水溶液中进行的。总结来说，与 CO_2气泡相比，N_2气泡体积较大会有比

较强的浮力，所以 N_2 气泡在塔内会运行得比较快。因此，可以推断，在 CO_2-[Bmim][BF_4]体系中，气液两相接触效率会比较高，有利于从烟道气中捕集 CO_2。

3. 轴向位置的影响

在塔的三个不同位置对气泡直径进行测量。这三个位置是在分布器上方 0.16 m、0.41 m 和 0.64 m。这三个位置表示了分布器区域、塔的中部以及塔的上部。图 7.32 说明了在 CO_2-[Bmim][BF_4]和 N_2-[Bmim][BF_4]系统中，气泡直径随轴向位置的变化情况。

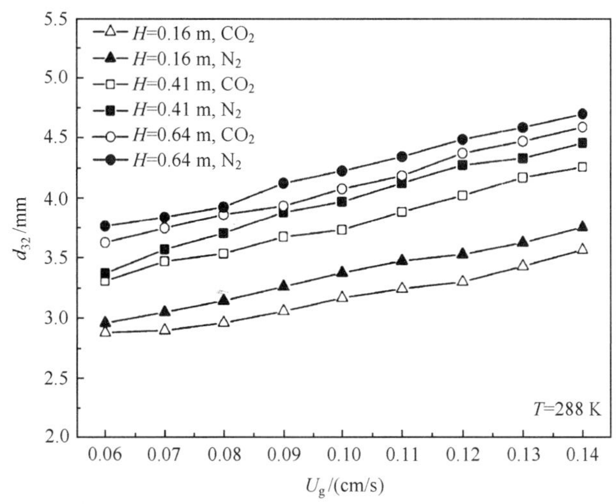

图 7.32　轴向位置对气泡平均直径的影响

从图 7.32 可以看出，气泡平均直径在这两个系统中均随着轴向位置的增大而增大。0.41 m 处的气泡直径与 0.64 m 处的气泡直径接近。关于 CO_2 气泡随轴向位置的变化情况，更细节的信息可以从图 7.33 中看出。图 7.33 说明 0.16 m 处气泡平均直径与其他两处的平均直径有很大的不同，这是因为气体分布器对气泡有很大影响。

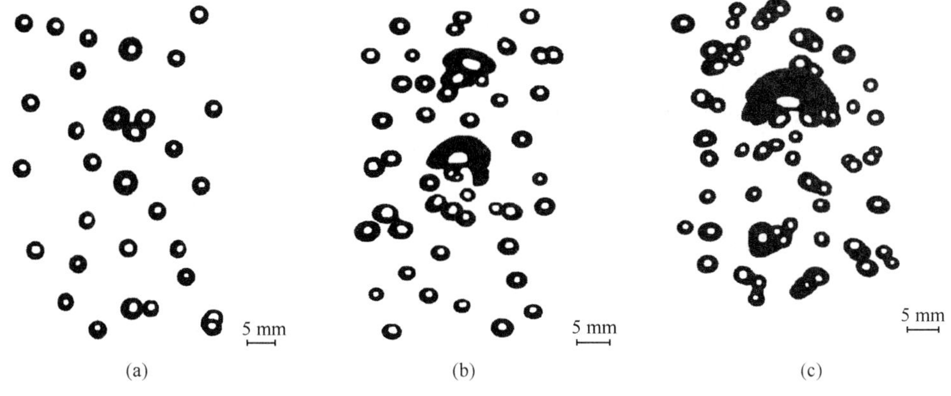

图 7.33　轴向位置对 CO_2 气泡大小的影响

(a) H=0.16 m；(b) H=0.41 m；(c) H=0. 64 m(U_g=0.25 cm/s，T=298 K)

分布器处产生的气泡通常与主体区域的气泡直径大小不同。随着气泡在塔中上升，液相的高黏度导致液体湍动的减弱，从而导致在主体区域形成大的气泡。因此，在塔的中部和塔的上部，气泡比在分布器处形成的气泡大。在塔的中部区域，聚并和破碎已经接近达到动态平衡，所以，这两处的气泡平均直径在相同的表观气速下比较接近。

7.2.3 气泡平均直径关联

气泡的形成是一个很复杂的过程，目前在离子液体体系内没有可用的关联式对气泡大小进行预测。因此，建立一个新的关联式去预测碳捕集系统内 CO_2 气泡的平均直径是很有必要的。文献中已经证实了气液两相系统内，气泡大小依赖于以下参数：气体密度、表观气速、液体性质、轴向位置和塔的几何结构。因此，这个关联式必须包含以上参数。经验性的关联主要依赖于无因次分析。假设的数学形式见公式(7.26)。基于 CO_2-[Bmim][BF_4]和 N_2-[Bmim][BF_4]系统实验的实验数据，假设的关联式形式见公式(7.27)。

$$\frac{d_{32}}{d_o}=f\left[\left(\frac{\rho_l}{\rho_g}\right),\left(\frac{\sigma_l^3\rho_l}{g\mu_l^4}\right),\left(\frac{H}{D}\right),\left(\frac{U_g}{\sqrt{gD}}\right)\right] \tag{7.26}$$

$$\frac{d_{32}}{d_o}=A\left(\frac{\rho_l}{\rho_g}\right)^b\left(\frac{\sigma_l^3\rho_l}{g\mu_l^4}\right)^c\left(\frac{H}{D}\right)^d\left(\frac{U_g}{\sqrt{gD}}\right)^e \tag{7.27}$$

基于最小二乘法，可以获得每个系数的值，分别是 $A=33.67$，$b=0.103$，$c=-0.034$，$d=0.175$，$e=0.278$。最后，离子液体体系气泡平均直径关联式见公式(7.28)。

$$\frac{d_{32}}{d_o}=33.67\left(\frac{\rho_l}{\rho_g}\right)^{0.103}\left(\frac{\sigma_l^3\rho_l}{g\mu_l^4}\right)^{-0.034}\left(\frac{H}{D}\right)^{0.175}\left(\frac{U_g}{\sqrt{gD}}\right)^{0.278} \tag{7.28}$$

这个新的关联式在计算气泡平均直径时比较简便和准确，进一步可以预测气液相间面积。图 7.34 显示了预测的气泡平均直径预测值和实验值的比较。所有的预测数据与实验值的偏差都在 6%以内。这个新的关联式可能在其他离子液体中也是适用的，这需要进一步检验。

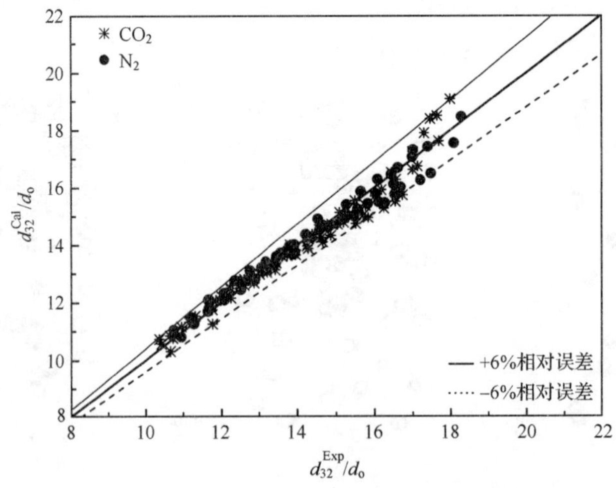

图 7.34 气泡平均直径的预测值和实验值的比较

参考文献

[1] 陈建峰. 超重力技术及应用——新一代反应与分离技术. 北京：化学工业出版社，2003.

[2] 张鹏，王朕威，吴抒遥，等. 室温离子液体研究进展. 沈阳师范大学学报，2008，26：469-472.

[3] 王玉红，郭锴，陈建峰. 超重力技术及其应用. 金属矿山，1999，4：25-29.

[4] Bösmann A，Datsevich L，Wasserscgeud P，et al. Deep desulfurization of diesel fuel by extraction with ionic liquids. Chem. Commun.，2001，23：2494-2495.

[5] Chen J F，Wang Y H，Guo F. Synthesis of nanoparticles novel Technology：High-gravity reactive precipitation. Ind. Eng. Chem. Res.，2000，39：948-954.

[6] 侯晋. 超重力共沉淀法制备 $CuO/ZnO/Al_2O_3$ 催化剂的研究. 北京：北京化工大学硕士学位论文，2008.

[7] 宋云华，陈建铭，刘立华，等. 超重力技术制备纳米氢氧化镁阻燃剂的应用研究. 化工矿物与加工，2004，5：19-23.

[8] 肖世新，陈建铭，郭锴，等. 反应沉淀法制备碳酸钡纳米粉体的研究. 无机盐工业，2001，33：11-13.

[9] Qian Z，Xu L B，Li Z H，et al. Selective absorption of H_2S from a gas mixture with CO_2 by aqueous *N*-methyldiethanolamine in a rotating packed bed. Ind. Eng. Chem. Res.，2010，49：6196-6203.

[10] Qian Z，Xu L B，Cao H B，et al. Modeling study on absorption of CO_2 by aqueous solutions of *N*-methyldiethanolamine in rotating packed bed. Ind. Eng. Chem. Res.，2009，48：9261-9267.

[11] 万冬梅. 超重机技术用于工业尾气脱硫化学吸收过程研究. 北京：北京化工大学硕士学位论文，1995.

[12] 张艳辉，柳来栓，刘有智. 超重力旋转床用于烟气除尘的实验研究. 环境工程，2003，21：42-44.

[13] 陈建铭，宋云华. 用超重力技术进行锅炉给水脱氧. 化工进展，2002，21：414-418.

[14] Sato M，R A. Gravity effect on copper corrosion. Mater. Sci. Forum，1998，459：289-292

[15] Cheng H，K S. An empirical model approach to gas evolution reaction in a centrifugal field. J. Electroanal. Chem.，2003，544：75-85.

[16] 王明涌，邢海清，王志. 超重力强化氯碱电解反应. 物理化学学报，2008，24：520-526.

[17] 邢海清，郭占成，王志. 超重力场中水溶液的电化学反应特性. 高等学校化学学报，2007，28：1765-1767.

[18] Atobe M，Hitose S，Nonaka T. Chemistry in centrifugal fields：part1. Electrooxidative polymerization of aniline. Electrochem. Commun.，1999，1：278-281.

[19] A E. Improving Cu metallization of Si by electrodeposition under centrifugal fields. Microelectron. Eng.，2003，69：17-25.

[20] Morisue M，Fukunaka Y，Kusaka E. Effect of gravitational strength on nucleation phenomena of electrodeposited copper onto a tin substrate. J. Electroanal. Chem.，2003，559：155-163.

[21] Murotani A，Fuchigami T，Atobe M. Electrochemical deposition of Ni/SiC under centrifugal fields. Electrochemistry，2008，76：824-826.

[22] Tong H，Kong LB，Wang C M. Electroless deposition of Ag onto p-Si(100) surface under the condition of the centrifugal fields. Thin Solid Films，2006，496：360-363.

[23] Mandin P，Cense J M，Georges B，et al. Prediction of the electrodeposition process behavior with the gravity or acceleration value at continuous and discrete scale. Electrochim. Acta，2007，53：233-244.

[24] 王明涌，王志，郭占成. 超重力场强化铅电沉积的规律与机理. 物理化学学报，2009，25：883-889.

[25] 王志，王明涌，刘婷. 超重力场电沉积镍箔及其机械性能. 过程工程学报，2009，9：568-573.

[26] Liu T，Guo Z C，Wang Z，et al. Structure and mechanical properties of iron foil electrodeposition in super gravity field. Surf. Coat. Technol.，2010，204：3135-3140.

[27] Liu T, Guo Z C, Wang Z, et al. Effects of gravity on the electrodeposition and characterization of nickel foils. Int. J. Min. Met. Mater., 2011, 18: 59-65.

[28] Wang M Y, Wang Z, Guo Z C, et al. The enhanced electrocatalytic activity and stability of NiW films electrodeposited under super gravity field for hydrogen evolution reaction. Int. J. Hydrogen Energy, 2011, 36: 3305-3312.

[29] 狄超群，张鹏远，徐联宾，等. 磁力搅拌下离子液体 $AlCl_3/Et_3NHCl$ 恒电流法电沉积铝. 化工进展，2011，30：2151-2157.

[30] 尹小梅，徐联宾，单南南，等. TMPAC-$AlCl_3$离子液体中恒电流电沉积铝. 化工学报，2013，64：1022-1029.

[31] 赵海，徐联宾，陈建峰，等. 离子液体[EMIM] Br$AlCl_3$中恒电流沉积铝. 中国有色金属学报，2012，22：2682-2691.

[32] 单南南. 超重力技术强化离子液体电沉积铝的研究. 北京：北京化工大学硕士学位论文，2013.

[33] 狄超群. 超重力环境下 $AlCl_3$-Et_3NHCl 离子液体电解铝的研究. 北京：北京化工大学硕士学位论文，2011.

[34] 唐广涛. 超重力环境下 $AlCl_3$-BMIC 离子液体电解铝的研究. 北京：北京化工大学硕士学位论文，2010.

[35] 尹小梅. 超重力环境下电沉积铝的基础研究. 北京：北京化工大学硕士学位论文，2012.

[36] 赵海. 超重力环境下 $AlCl_3$-[EMIM] Br 离子液体电沉积铝的研究. 北京：北京化工大学硕士学位论文，2012.

[37] 米常焕，夏熙，张校刚. 酸性介质中 Mn(Ⅲ)/Mn(Ⅱ)在铂电极上的氧化还原特性. 应用化学，20：183-186.

[38] Grujicic D B P. Electrodeposition of copper: The nucleation mechanisms. Electrochim. Acta, 2002, 47: 2901-2912.

[39] 刘婷，郭占成，王志，等. 超重力条件下电沉积金属镍的结构与性能. 中国有色金属学报，2008，18：1858-1863.

[40] A PN. Preferred orientations in electrodeposited metals. J. Electroanal. Chem., 1965, 9: 70-85.

[41] 方景礼. 电镀添加剂理论与应用. 北京：国防工业出版社，2006.

[42] Fukui R, Katayama Y, Miura T. The effect of organic additives in electrodeposition of Co from an amide-type ionic liquid. Electrochim. Acta, 2011, 56: 1190-1196.

[43] Zhu Y L, Katayama Y, Miura T. Effects of acetonitrile on electrodeposition of Ni from a hydrophobic ionic liquid. Electrochim. Acta, 2010, 55: 9019-9023.

[44] Zhu Y L, Katayama Y, Miura T. Effects of acetone and thiourea on electrodeposition of Ni from a hydrophobic ionic liquid. Electrochim. Acta, 2012, 85: 622-627.

[45] Li B, Fan C H, Chen Y, et al. Pulse current electrodeposition of Al from an $AlCl_3$-EMIC ionic liquid. Electrochim. Acta, 2011, 56: 5478-5482.

[46] Yang H Y, Guo X W, Birbilis N, et al. Tailoring nickel coatings via electrodeposition from a eutectic-based ionic liquid doped with nicotinic acid. Appl. Surf. Sci., 2011, 257: 9094-9102.

[47] Gu C D, You Y H, Wang X L, et al. Electrodeposition, structural, and corrosion properties of Cu films from a stable deep eutectics system with additive of ethylene diamine. Surf. Coat. Technol., 2012, 209: 117-123.

[48] 李艳，华一新，张启波，等. 氯化胆碱添加剂对[Bmim] Cl-$AlCl_3$离子液体体系电解精炼铝的影响. 过程工程学报，2010，10：981-986.

[49] Yang P, Zhao Y, Su C, et al. Electrodeposition of Cu-Li alloy from room temperature ionic liquid 1-butyl-3-methylimidazolium tetrafluoroborate. Electrochim. Acta, 2012, 88: 203-207.

[50] 杨培霞，安茂忠，苏彩娜，等. 添加剂对离子液体中电沉积金属钴的影响. 无机化学学报，2009，25：112-116.

[51] Abbott A P, Barron J C, Frisch G, et al. The effect of additives on zinc electrodeposition from deep eutectic solvents. Electrochim. Acta, 2011, 56: 5272-5279.

[52] Chen Q, Tan D Q, Liu R, et al. Study on electrodeposition of Al on W-Cu substrate in $AlCl_3 + LiAlH_4$ solutions. Surf. Coat. Technol., 2011, 205: 4418-4424.

[53] Liao Q, Pitner W R, Stewart G, et al. Electrodeposition of aluminum from the aluminum chloride-1-methyl-3-ethylimidazolium chloride room temperature molten salt +benzene. J. Electrochem. Soc., 1997, 144: 936-943.

[54] Abbott A P, Qiu F L, Abood H M A, et al. Double layer, diluent and anode effects upon the electrodeposition of

aluminium from chloroaluminate based ionic liquids. Phys. Chem. Chem. Phys. , 2010, 1862-1872.

[55] 潘志云. 超重力下甲苯添加剂对 $AlCl_3$-BMIC 离子液体电沉积 Al 影响的研究. 北京:北京化工大学硕士学位论文,2013.

[56] 尹小梅, 徐联宾,陈建峰,等. 超重力场下 $AlCl_3$-BMIC 离子液体电沉积 Al 的电化学研究. 中国有色金属学报, 2013,23:2316-2322..

[57] Fiolhais C, Almeida L M, Henriques C. Extraction of aluminium surface energies from slab calculations: Perturbative and non-perturbative approaches. Prog. Surf. Sci. ,2003,74: 209-217.

[58] Rose J H, F D J. Face dependent surface energies of simple metals. Solid State Commun. , 1981, 37: 91-96.

[59] Vitos L, Ruban A V, Skriver H L, et al. The surface energy of metals. Surf. Sci. ,1998,411: 186-202.

[60] D N N. The effects of a magnetic field on the morphologies of nickel and copper electrodeposits: The concept of "effective overpotential". J. Serb. Chem. Soc. , 2007,72: 787-797.

[61] Matsushima H, Nohira T, Mogi I, et al. Effects of magnetic fields on iron electrodeposition. Surf. Coat. Technol. , 2004, 179: 245-251.

[62] Taniguchi T, Sassa K, Yamada T, et al. Control of crystal orientation in zinc electrodeposits by imposition of a high magnetic field. Mater. Trans. JIM, 2000,41: 981-984.

[63] Jahnisch K,Hessel V, Lowe H, et al. Chemistry in microstructured reactors. Angew. Chem. Int. Ed. , 2004, 43: 406-446.

[64] Service R F. Miniaturization puts chemical plants where you want them. Science, 1998,282: 400-400.

[65] 陈光文, 袁权. 微化工技术. 化工学报, 2003,54: 427-439.

[66] 陈光文,赵乐军, 董正亚, 曹海山, 袁权. 微化工过程中的传递现象. 化工学报, 2013, 64: 63-75.

[67] Akbar M K, Plummer D A, Ghiaasiaan S M. On gas-liquid two-phase flow regimes in microchannels. Int. J. Multiphas Flow, 2003, 29: 855-865.

[68] Choi C W,Yu D I, Kim M H. Adiabatic two-phase flow in rectangular microchannels with different aspect ratios: Part I-Flow pattern, pressure drop and void fraction. Int. J. Heat Mass. Tran. , 2011, 54: 616-624.

[69] Chung P M Y, Kawaji M. The effect of channel diameter on adiabatic two-phase flow characteristics in microchannels. Int. J. Multiphas Flow, 2004, 30: 735-761

[70] Kawahara A, Chung P M Y, Kawaji M. Investigation of two-phase flow pattern, void fraction and pressure drop in a microchannel. Int. J. Multiphas Flow, 2002,28: 1411-1435.

[71] Kawahara A,Sadatomi M, Nei K, et al. Experimental study on bubble velocity, void fraction and pressure drop for gas-liquid two-phase flow in a circular microchannel. Int. J. Heat Fluid Fl. , 2009, 30: 831-841.

[72] Saisorn S, Wongwises S. Flow pattern, void fraction and pressure drop of two-phase air-water flow in a horizontal circular micro-channel. Exp. Therm. Fluid Sci. , 2008,32: 748-760.

[73] Saisorn S, Wongwises S. The effects of channel diameter on flow pattern, void fraction and pressure drop of two-phase air-water flow in circular micro-channels. Exp. Therm. Fluid Sci. , 2010, 34: 454-462.

[74] Serizawa A, Feng Z P, Kawara Z. Two-phase flow in microchannels. Exp. Therm. Fluid Sci. ,2002, 26: 703-714.

[75] Shao N, Gavriilidis A, Angeli P. Flow regimes for adiabatic gas-liquid flow in microchannels. Chem. Eng. Sci. , 2009, 64: 2749-2761.

[76] Sur A, Liu D. Adiabatic air-water two-phase flow in circular microchannels. Int. J. Therm. Sci. , 2012, 53: 18-34.

[77] Triplett K A, Ghiaasiaan S M, Abdel-Khalik S I, et al. Gas-liquid two-phase flow in microchannels-Part I: Two-phase flow patterns. Int. J. Multiphas Flow, 1999,25: 377-394.

[78] Waelchli S, von Rohr P R. Two-phase flow characteristics in gas-liquid microreactors. Int. J. Multiphas Flow, 2006, 32: 791-806.

[79] Xiong R Q, Chung J N. An experimental study of the size effect on adiabatic gas-liquid two-phase flow patterns

and void fraction in microchannels. Phys. Fluids, 2007,19.

[80] Yue J, Luo L G, Gonthier Y, et al. An experimental investigation of gas-liquid two-phase flow in single microchannel contactors. Chem. Eng. Sci., 2008, 63: 4189-4202.

[81] Zhang T, Cao B, Fan Y L, et al. Gas-liquid flow in circular microchannel. Part I: Influence of liquid physical properties and channel diameter on flow patterns. Chem. Eng. Sci., 2011, 66: 5791-5803.

[82] Zhao T S, Bi Q C. Co-current air-water two-phase flow patterns in vertical triangular microchannels. Int. J. Multiphas Flow, 2001, 27: 765-782.

[83] Trachsel F, Gunther A, Khan S, et al. Measurement of residence time distribution in microfluidic systems. Chem. Eng. Sci., 2005, 60: 5729-5737.

[84] Bercic G, Pintar A. The role of gas bubbles and liquid slug lengths on mass transport in the Taylor flow through capillaries. Chem. Eng. Sci., 1997, 52: 3709-3719.

[85] Vandu C O, Liu H, Krishna R. Mass transfer from Taylor bubbles rising in single capillaries. Chem. Eng. Sci., 2005, 60: 6430-6437.

[86] van Baten J M, Krishna R. CFD simulations of mass transfer from Taylor bubbles rising in circular capillaries. Chem. Eng. Sci., 2004, 59: 2535-2545.

[87] Pohorecki R. Effectiveness of interfacial area for mass transfer in two-phase flow in microreactors. Chem. Eng. Sci., 2007, 62: 6495-6498.

[88] Gunther A, Khan S A, Thalmann M, et al. Transport and reaction in microscale segmented gas-liquid flow. Lab. Chip., 2004, 4: 278-286.

[89] Zaloha P, Kristal J, Jiricny V, et al. Characteristics of liquid slugs in gas-liquid Taylor flow in microchannels. Chem. Eng. Sci., 2012, 68: 640-649

[90] Muradoglu M. Axial dispersion in segmented gas-liquid flow: Effects of alternating channel curvature. Phys. Fluids, 2010, 22.

[91] Garstecki P, Fuerstman M J, Stone H A, et al. Formation of droplets and bubbles in a microfluidic T-junction-scaling and mechanism of break-up. Lab. Chip., 2006, 6: 437-446.

[92] van Steijn V, Kreutzer M T, Kleijn C R. mu-PIV study of the formation of segmented flow in microfluidic T-junctions. Chem. Eng. Sci., 2007, 62: 7505-7514.

[93] Nogueira S, Riethmuller M L, Campos J B L M, et al. Flow patterns in the wake of a Taylor bubble rising through vertical columns of stagnant and flowing Newtonian liquids: An experimental study. Chem. Eng. Sci., 2006, 61: 7199-7212.

[94] Han Y, Shikazono N. Measurement of the liquid film thickness in micro tube slug flow. Int. J. Heat Fluid Fl., 2009, 30: 842-853.

[95] Yue J, Chen G W, Yuan Q, et al. Hydrodynamics and mass transfer characteristics in gas-liquid flow through a rectangular microchannel. Chem. Eng. Sci., 2007, 62: 2096-2108.

[96] Yue J, Luo L G, Gonthier Y, et al. An experimental study of air-water Taylor flow and mass transfer inside square microchannels. Chem. Eng. Sci., 2009, 64: 3697-3708.

[97] Zhang H C, Yue J, Chen G W, et al. Flow pattern and break-up of liquid film in single-channel falling film microreactors. Chem. Eng. J., 2010, 163: 126-132.

[98] Dang M H, Yue J, Chen G W, et al. Formation characteristics of Taylor bubbles in a microchannel with a converging shape mixing junction. Chem. Eng. J., 2013, 223: 99-109.

[99] Darensbourg D J, Holtcamp M W. Catalysts for the reactions of epoxides and carbon dioxide. Coordin. Chem. Rev., 1996, 153: 155-174.

[100] Leitner W. The coordination chemistry of carbon dioxide and its relevance for catalysis: A critical survey. Coordin. Chem. Rev., 1996, 153: 257-284.

[101] Shaikh A A G, Sivaram S. Organic carbonates. Chem. Rev., 1996, 96: 951-976.

[102] Sun J, Cheng W G, Fan W, et al. Reusable and efficient polymer-supported task-specific ionic liquid catalyst for cycloaddition of epoxide with CO_2. Catal. Today, 2009, 148: 361-367.

[103] Sun J, Han L J, Cheng W G, et al. Efficient acid-base bifunctional catalysts for the fixation of CO_2 with epoxides under metal-and solvent-free conditions. Chemsuschem, 2011, 4: 502-507.

[104] Sun J, Ren J Y, Zhang S J, et al. Water as an efficient medium for the synthesis of cyclic carbonate. Tetrahedron. Lett., 2009, 50: 423-426.

[105] Sun J, Wang J Q, Cheng W G, et al. Chitosan functionalized ionic liquid as a recyclable biopolymer-supported catalyst for cycloaddition of CO_2. Green Chem., 2012, 14: 654-660.

[106] Sun J, Zhang S J, Cheng W G, et al. Hydroxyl-functionalized ionic liquid: A novel efficient catalyst for chemical fixation of CO(2) to cyclic carbonate. Tetrahedron. Lett., 2008, 49: 3588-3591.

[107] Zhao Y C, Chen G W, Ye C B, et al. Gas-liquid two-phase flow in microchannel at elevated pressure. Chem. Eng. Sci., 2013, 87: 122-132.

[108] Yao C Q, Zhao Y C, Ye C B, et al. Characteristics of slug flow with inertial effects in a rectangular microchannel. Chem. Eng. Sci., 2013, 95: 246-256.

[109] Bejan A. Constructal theory: Tree-shaped flows and energy systems for aircraft. J. Aircraft., 2003, 40: 43-48.

[110] LuoL G, Fan Z W, Le Gall H, et al. Experimental study of constructal distributor for flow equidistribution in a mini crossflow heat exchanger (MCHE). Chem. Eng. Process., 2008, 47: 229-236.

[111] Fan Z W, Zhou X G, Luo L G, et al. Experimental investigation of the flow distribution of a 2-dimensional constructal distributor. Exp. Therm. Fluid Sci., 2008, 33: 77-83.

[112] Yue J, Boichot R, Luo L G, et al. Flow distribution and mass transfer in a parallel microchannel contactor integrated with constructal distributors. Aournal J, 2010, 56: 298-317.

[113] Danckwerts P V. Gas-liquid reactions. New York: McGraw-Hill Book Co., 1970.

[114] Peng J J, Deng Y Q. Cycloaddition of carbon dioxide to propylene oxide catalyzed by ionic liquids. New J. Chem., 2001, 25: 639-641.

[115] Kawanami H, Sasaki A, Matsui K, et al. A rapid and effective synthesis of propylene carbonate using a supercritical CO_2-ionic liquid system. Chem. Commun., 2003, 896-897.

[116] Xiao L F, Li F W, Xia C G. An easily recoverable and efficient natural biopolymer-supported zinc chloride catalyst system for the chemical fixation of carbon dioxide to cyclic carbonate. Appl. Catal. a-Gen., 2005, 279: 125-129.

[117] Zhao Y C, Yao C Q, Chen G W, et al. Highly efficient synthesis of cyclic carbonate with CO_2 catalyzed by ionic liquid in a microreactor. Green Chem., 2013, 15: 446-452.

[118] Wilhelm R H, Kwauk M. Fluidization of solid particles. Chem. Eng. Prog., 1948, 44: 201-218.

[119] Brown G. Unit Operations, Chapter 20. Fluidization of solids. Hoboken: Wiley, 1950, 269-274.

[120] Richardson J F, Zaki W N. Sedimentation and fluidization. Trans. Inst. Chem. Eng., 1954, 32: 35-53.

[121] Kwauk M. Generalized fluidization, I. Steady-state motion. Science in China, Ser. A, 1963, 12: 587-612.

[122] Li Hongzhong, Lu Xuesong, Kwauk Mooson. Particulatization of gas - solids fluidization. Powder Technology, 2003, 137: 54-62.

[123] 李洪钟，郭慕孙. 气固流态化的散式化. 北京：化学工业出版社，2002.

[124] Yang Ning, Wang Wei, Ge Wei, et al. CFD simulation of concurrent-up gas - solid flow in circulating fluidized beds with structure-dependent drag coefficient. Chem. Eng. J., 2003, 96: 71-80.

[125] Yang Ning, Wang Wei, Ge Wei, et al. Simulation of heterogeneous structure in a circulating fluidized-bed riser by combining the two-fluid model with the EMMS approach. Ind. Eng. Chem. Res., 2004, 43: 5548-5561.

[126] Ding J, Gidaspow D. A bubbling fluidization model using kinetic theory of granular flow. AIChE Journal, 1990, 36: 523-538.

[127] Gidaspow D. Multiphase flow and fluidization: continuum and kinetic theory descriptions. San Diego: Academic press. 1994, 239-336.

[128] Wen C Y, Yu Y H. Mechanics of fluidization. Chem. Eng. Prog. Symp. Ser., 1966, 62: 100-111.

[129] Ergun S. Fluid flow through packed columns. Chem. Eng. Prog., 1952, 48: 89-94.

[130] Hou B, Li H. Relationship between flow structure and transfer coefficients in fast fluidized beds. Chem. Eng. J., 2010, 157: 509-519.

[131] Hou Baolin, Li Hongzhong, Zhu Qingshan. Relationship between flow structure and mass transfer in fast fluidized bed. Chem. Eng. J., 2010, 163: 108-118.

[132] Li H. Important relationship between meso-scale structure and transfer coefficients in fluidized beds. Particuology, 2010, 8: 631-633.

[133] 李洪钟. 过程工程——物质·能源·智慧. 北京: 科学出版社. 2010,87-128.

[134] Davidson J F, Harrison D. Fluidization. Academic, 1971.

[135] Kunii D, Levenspiel O. Fluidization Engineering. Oxford: Butterworth-Heinemann, 1991.

[136] Shi Zhansheng, Wang Wei, Li Jinghai. A bubble-based EMMS model for gas - solid bubbling fluidization. Chem. Eng. Sci., 2011, 66: 5541-5555.

[137] Jin Y, Wei F, Wang Y. Handbook of fluidization and fluid-particle systems//Yang W-C, ed. Vol 91. New York: Marcel Dekker, 2003, 171-199.

[138] Thomas D G. Transport characteristics of suspension: Ⅷ. A note on the viscosity of Newtonian suspensions of uniform spherical particles. J. Colloid Sci., 1965, 20: 267-277.

[139] Ishii M, Zuber N. Drag coefficient and relative velocity in bubbly, droplet or particulate flows. AIChE Journal, 1979, 25: 843-855.

[140] Leva M. Fluidization. New York: Mc Graw-Hill,1959.

[141] Leung L S, Jones P J. Flow of gas-solid mixtures in standpipes. A review. Powder Technology, 1978. 20: 145-160.

[142] Jung K, La Nauze R D. Sherwood numbers for burning particles in fluidized beds. Fluidization Ⅳ: Proc. of the 4th Int. Conf. on Fluidization. Engineering Foundation, 1983.

[143] La Nauze R, Jung K. Mass transfer of oxygen to a burning particle in a fluidized bed. Proceedings of the 8th Australasian Fluid Mechanics Conference, 1983.

[144] Sit S, Grace J. Effect of bubble interaction on interphase mass transfer in gas fluidized beds. Chem. Eng. Sci., 1981, 36: 327-335.

[145] Rowe P N,Clayton K T, Lewis J B. Heat and mass transfer from a single sphere in an extensive flowing fluid. Trans. Inst. Chem. Engrs., 1965, 43: 14-31.

[146] Geldart D. Types of gas fluidization. Powder Technology, 1973, 7: 285-292.

[147] Zhu Haiyan, Zhu Jesse, Li Guozheng, et al. Detailed measurements of flow structure inside a dense gas - solids fluidized bed. Powder Technology, 2008, 180: 339-349.

[148] Li H, Tong H. Multi-scale fluidization of ultrafine powders in a fast-bed-riser/conical-dipleg CFB loop. Chem. Eng. Sci., 2004, 59: 1897-1904.

[149] Zhou T, Li H. Force balance modelling for agglomerating fluidization of cohesive particles. Powder Technology, 2000, 111: 60-65.

[150] Zhou T, Li H. Estimation of agglomerate size for cohesive particles during fluidization. Powder Technology, 1999, 101: 57-62.

[151] Israelachvili J N. Intermolecular and surface forces. Ohlando FL: Academic Press,1985.

[152] Perry R H, Green D W, Maloney J O. Perry's chemical engineers' handbook. New York: McGraw-Hill, 1984.

[153] Krupp H. Particle adhesion theory and experiment. Adv. Colloid Int. Sci., 1967, 1: 111-239.

[154] Mori S, Wen C. Estimation of bubble diameter in gaseous fluidized beds. AIChE Journal, 1975, 21: 109-115.

[155] Zou Bin, Li Hongzhong, Xia Yashen, et al. Cluster structure in a circulating fluidized bed. Powder Technology, 78: 1994, 173-178.

[156] Higbie R. The rate of absorption of a pure gas into a still liquid during short period of exposure. Transactions of the American Institute of Chemical Engineers., 1935, 31: 365-389.

[157] Subbarao D, Gambhi S. Gas particle mass transfer in risers. 7th International Conference on Circulating Fluidized Beds, 2002.

[158] Watanabe T, C Hasatani M Y, Xie Y S, et al. Gas-solid heat transfer in fast fluidized bed. 3th International Conference on Circulating Fluidized Beds, 1991.

[159] Ouyang S, Li X G, Potter O E. Circulating fluidized bed as a catalytic reactor: Experimental study. AIChE Journal, 1995, 41: 1534-1542.

[160] Venderbosch R H, Prins W, Van Swaaij W P M. Platinum catalyzed oxidation of carbon monoxide as a model reaction in mass transfer measurements. Chem. Eng. Sci., 1998, 53: 3355-3366.

[161] Chen Lin, Zhu Qingshan, Hao Zhigang, et al. Development of a Co-Ni bimetallic aerogel catalyst for hydrogen production via methane oxidative CO_2 reforming in a magnetic assisted fluidized bed. Int. J. Hydrogen Energy, 2010, 35: 8494-8502.

[162] Chen Lin, Zhu Qingshan, Wu Rongfang. Effect of Co-Ni ratio on the activity and stability of Co-Ni bimetallic aerogel catalyst for methane Oxy-CO_2 reforming. Int. J. Hydrogen Energy, 2011, 36: 2128-2136.

[163] Plechkova N, Seddon K. Applications of ionic liquids in the chemical industry. Chem. Soc. Rev., 2008, 37: 123-150.

[164] Celata G P, Annibale F D, Di Marco P, et al. Measurements of rising velocity of a small bubble in a stagnant fluid in one-and two-component systems. Exp. Therm. Fluid Sci., 2007, 31: 609-623.

[165] Kelbaliyev G, Ceylan K. Development of new empirical equations for estimation of drag coefficient, shape deformation, and rising velocity of gas bubbles or liquid drops. Chem. Eng. Communi, 2007, 194: 1623-1637.

[166] Maxworthy T, Gnann C, Kürten M, et al. Experiments on the rise of air bubbles in clean viscous liquids. Journal of Fluid Mechanics Digital Archive, 1996, 321: 421-441.

[167] Moore D. The rise of a gas bubble in a viscous liquid. Journal of Fluid Mechanics Digital Archive, 1958, 6: 113-130.

[168] Rodrigue D. Drag coefficient-reynolds number transition for gas bubbles rising steadily in viscous fluids. The Canadian Journal of Chemical Engineering, 2001, 79.

[169] Liao Y, McLaughlin J. Bubble motion in aqueous surfactant solutions. J. Colloid Int. Sci., 2000, 224: 297-310.

[170] Zhang Y, Finch J. A note on single bubble motion in surfactant solutions. J. Fluid Mech., 2001, 429: 63-66.

[171] Jamialahmadi M, Zehtaban M R, Müller-Steinhagen H, et al. Study of bubble formation under constant flow conditions. Chem. Eng. Res. Des., 2001, 79: 523-532.

[172] Ribeiro C, Mewes D. The effect of electrolytes on the critical velocity for bubble coalescence. Chem. Eng. J., 2007, 126: 23-33.

[173] Ruthiya K C, van der Schaaf J, Kuster B F M, et al. Influence of particles and electrolyte on gas hold-up and mass transfer in a slurry bubble column. Int. J. Chem. React. Eng., 2006, 4: 13.

[174] Tadaki T, Maeda S. On the shape and velocity of single air bubbles rising in various liquids. Kagaku Kogaku, 1961, 25: 254-264.

[175] Vakhrushev I, Efremov G. Interpolation formula for computing the velocities of single gas bubbles in liquids. Chemistry and Technology of Fuels and Oils, 1970, 6: 376-379.

[176] Fan L, Tsuchiya K. Bubble wake dynamics in liquids and liquid-solid suspensions. Butterworth-Heinemann. 1990.

[177] Bhaga D, Weber M. Bubbles in viscous liquids: shapes, wakes and velocities. Journal of Fluid Mechanics Digital Archive, 1981, 105: 61-85.

[178] Raymond F, Rosant J M. A numerical and experimental study of the terminal velocity and shape of bubbles in viscous liquids. Chem. Eng. Sci., 2000, 55: 943-955.

[179] Ishii M, Chawla T. Local drag laws in dispersed two-phase flow. Argonne. Nutl. Lab., 1979, 2026.

[180] Tomiyama A. Struggle with computational bubble dynamics. Multiphase Science and Technology, 1998, 10: 369-405.

[181] Turton R, Levenspiel O. A short note on the drag correlation for spheres. Powder Technology, 1986, 47: 83-86.

[182] Mei R, Klausner J. Unsteady force on a spherical bubble at finite Reynolds number with small fluctuations in the free-stream velocity. Physics of Fluids A: Fluid Dynamics, 1992, 4: 63.

[183] Tomiyama A. Drag, lift and virtual mass forces acting on a single bubble. 3rd International Symposium on Two-Phase Flow Modelling and Experimentation, 2004.

第三篇　反应-分离多单元耦合节能

传统过程工业由一系列流动、传热、传质以及化学反应等基本单元构成，各单元依据不同推动力（温差、压差、浓度差、电位差、化学势差等）顺序操作，依次进行。这种操作模式的特点是各单元相互独立，各过程受相应的热力学与动力学平衡限制，整个过程的不可逆损失大、能耗高。

近年来出现的多过程耦合技术，即为将多个反应过程或反应-分离过程耦合在一起。该技术具有不同单元与过程之间相容互补、组合增效、协同强化作用，有效突破了反应过程的热力学平衡限制和传递过程的动力学限制，达到了单一过程无法达到的节能效果，在源头上实现了能源与资源的高效利用。

本篇将结合若干反应与分离多单元耦合实例，全面分析该过程所涉及的热力学、动力学、耦合方式与体系的非线性特征等，以期对这一领域的研究者有所启迪。

第 8 章　反应-反应,反应-分离耦合过程的节能原理分析:以碳酸酯制备为例

碳酸酯,如碳酸乙烯酯、碳酸丙烯酯、碳酸二甲酯以及碳酸二乙酯等是一类非常重要的化工产品,广泛应用于石油化工、医药以及新能源开发等领域,被称为 21 世纪的绿色基础化工原料。其中的碳酸二甲酯以及碳酸二乙酯还是一种理想的环保型油品添加剂,国内使用的车用燃料中,若以质量分数为 5%的添加量计算,尾气中固体颗粒的数量会减少近 50%[1],二氧化碳的排放可减少 480 万 t/a。

合成碳酸酯的方法有很多,主要有光气法、酯交换法、环烷法、尿素醇解法等。其中的尿素醇解法利用了无毒且廉价易得的尿素和低碳醇,部分解决了尿素企业产能过剩的问题。与其他合成方法相比,该法具有非常明显的优势。更重要的是,以尿素为原料还间接利用了二氧化碳,这对于降低温室气体的排放问题具有重要意义。因此,该方法已被视为二氧化碳化学利用的几大有效途径之一。然而,由于受热力学平衡的限制,尿素与低碳醇生成碳酸酯的反应很难进行,即使在最优的反应条件下,基于尿素的碳酸酯收率也只有 10%左右[2]。

为了促进尿素和低碳醇的转化,笔者以碳酸二乙酯的合成为例,提出了一种反应-反应耦合,反应-分离耦合过程制备碳酸酯的新思路,如图 8.1 所示。

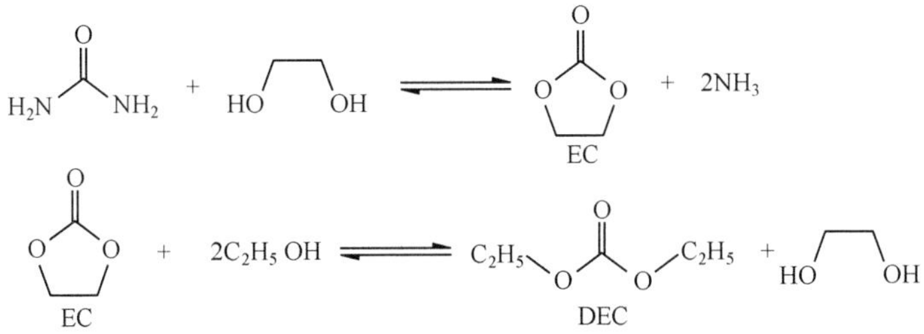

$$H_2N-CO-NH_2 + HO-CH_2CH_2-OH \rightleftharpoons \text{EC} + 2NH_3$$

$$\text{EC} + 2C_2H_5OH \rightleftharpoons C_2H_5O-CO-OC_2H_5\ (\text{DEC}) + HO-CH_2CH_2-OH$$

图 8.1　尿素经由碳酸乙烯酯合成碳酸二乙酯示意图

这里通过向反应体系引入另一反应物乙二醇来改变反应路径,将醇解反应拆分为两个反应分别进行:尿素先与乙二醇反应生成碳酸乙烯酯(EC)与氨,而后 EC 再与乙醇进行酯交换生成碳酸二乙酯(DEC)和乙二醇。乙二醇经分离回收后可以重复使用。此外,分别将反应吸收和反应精馏耦合技术应用于上述两个反应,以实现过程强化,最终达到提高 DEC 收率、降低过程能耗的目的。

8.1　反应吸收耦合过程制备碳酸乙烯酯

尿素与乙二醇合成 EC 属于可逆反应,反应同时副产氨气。若能将所生成的氨气通过磷酸化学吸收从反应体系中除去,将有助于尿素转化为 EC。为此,笔者课题组开发了

一种反应吸收耦合过程制备 EC 的新方法。如图 8.2 所示，在反应进行的过程中对反应体系抽真空以及时移出副产物氨气，移出的氨气进一步被磷酸吸收生成磷酸氢铵。

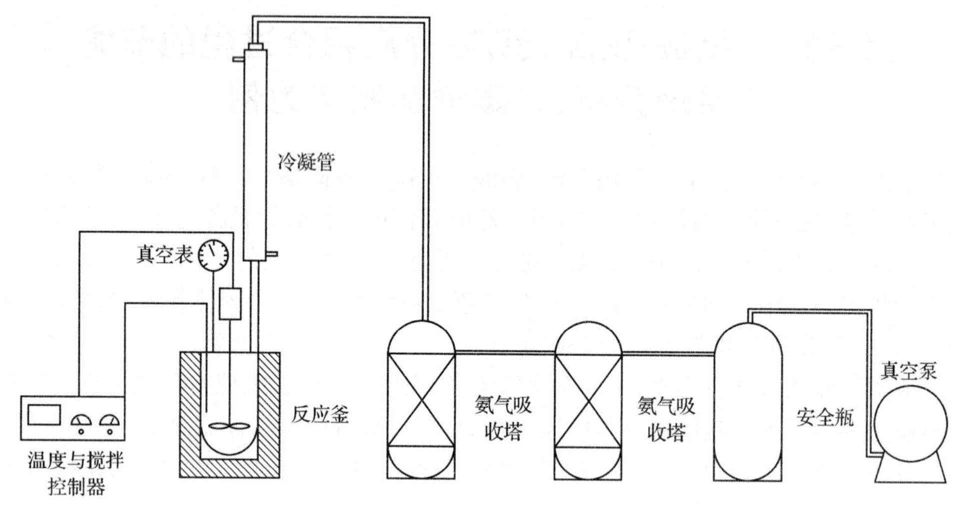

图 8.2　反应吸收耦合过程制备碳酸乙烯酯示意图

8.1.1　氨气在磷酸溶液中鼓泡吸收过程的多场协同分析

氨气在磷酸溶液中的吸收过程属于气膜传质控制过程。由于氨气与磷酸之间的反应为不受反应动力学控制的飞速反应，反应面位于气液相分界面上，因此总反应速率取决于气膜中氨气的传质速率，因此应采取必要的手段提高氨气的对流传质系数。

对于氨气鼓泡吸收的传质，气液相界的浓度差是其主要推动力，故气液相界面附近必然存在氨气的浓度梯度场，亦即氨气的压力梯度场。此外，由于有流体流动所以气泡内必然存在氨气气流的速度场。氨气的对流传质主要是以上两个矢量场协同作用的结果，其协同度好则传质效率高，反之则传质效率低。强化氨气的传质(即强化其吸收)，就是要探索能够提高速度场与压力梯度场的协同度的方法。

根据多场协同理论，氨气吸收过程涉及气流速度场、压力梯度场等的协同。考虑气膜内的微元，用于描述对流传质过程的流体力学控制方程有以下方程(假定过程稳态，氨气密度 ρ 为常数)。

连续性方程：

$$\nabla\cdot \rho \boldsymbol{U} = 0 \tag{8.1}$$

动量守恒方程：

$$\rho \boldsymbol{U} \cdot \nabla\cdot \boldsymbol{U} = \nabla\cdot (\mu \nabla\cdot \boldsymbol{U}) - \nabla P_{NH_3} + S_F \tag{8.2}$$

关键组分的物料守恒方程：

$$\rho \boldsymbol{U} \cdot \nabla P_{NH_3} = \nabla\cdot (\rho D \nabla\cdot P_{NH_3}) \tag{8.3}$$

式中，$\boldsymbol{U}$ 为气泡内氨气气流的速度矢量，∇P_{NH_3} 为气泡内氨气的压力梯度，D 为氨气的扩散系数。

对物料守恒方程(8.3)两边积分得

$$\int_0^{\delta_1} \boldsymbol{U} \cdot \nabla P_{NH_3} \mathrm{d}z = -D \nabla P_{NH_3} |_{\delta_1} \tag{8.4}$$

方程(8.4)中引入下列无因次变量：

$$\overline{\boldsymbol{U}} = \frac{\boldsymbol{U}}{U_0}, \quad \nabla\overline{P_{NH_3}} = \frac{\nabla P_{NH_3}}{(P_0 - P_s)/\delta_1}, \quad \bar{z} = \frac{z}{\delta_1} \tag{8.5}$$

则该方程可写为

$$\frac{\delta_1 U_0}{D} \int_0^{\delta_1} \overline{\boldsymbol{U}} \cdot \nabla\overline{P_{NH_3}} \mathrm{d}\bar{z} = -\nabla\overline{P_{NH_3}} |_{\delta_1} \tag{8.6}$$

式中，δ_1为气膜厚度，U_0为氨气的初始进气速度，P_0为氨气气泡内气相主体的压力，P_s为气液相界面处氨气的压力。

将方程(8.6)进行整理后可得无因次关系式：

$$Sh = ReSc \int_0^1 \overline{\boldsymbol{U}} \cdot \nabla\overline{P_{NH_3}} \mathrm{d}\bar{z} \tag{8.7}$$

式中，Sh、Re、Sc 分别为舍伍德数、雷诺数和施密特数，它们的表达式分别为

$$Sh = \frac{k\delta_1}{D}, \quad Re = \frac{\rho U_0 \delta_1}{\mu}, \quad Sc = \frac{\mu}{\rho D} \tag{8.8}$$

式中，舍伍德数 Sh 是包含对流传质系数 k 的无因次数群，$\overline{\boldsymbol{U}}$ 和 $\nabla\overline{P_{NH_3}}$ 分别代表气流速度场和压力梯度场的强度值。由式(8.7)可见，传质强度受 Re、Sc 以及速度场与压力梯度场协同效果的影响。

定义式(8.7)中的积分部分为对流传质的场协同数：

$$Fc = \int_0^1 \overline{\boldsymbol{U}} \cdot \nabla\overline{P_{NH_3}} \mathrm{d}\bar{z} = \int_0^1 (|\overline{\boldsymbol{U}}| \, |\nabla\overline{P_{NH_3}}| \cos\beta) \mathrm{d}\bar{z} \tag{8.9}$$

则有

$$Sh = ReScFc \tag{8.10}$$

Fc 不仅取决于速度与压力梯度的标量大小，而且取决于两场矢量夹角 β 的大小。因 $-1 \leqslant \cos\beta \leqslant 1$，故而 $\cos\beta$ 越接近 1，Fc 越大，相应地传质系数 k 就越大。当 β 为 0°(或 360°，即两场的方向一致)时，氨气速度场与压力梯度场的协同程度最好，此时在流体流速和物性条件不变的情况下即可达到传质强度的最大值。

8.1.2 数值模拟结果与讨论

采用计算流体力学软件 FLUENT6.3 对单个氨气气泡在磷酸溶液中的吸收过程进行了二维数值模拟。计算过程中时间步长取 0.1 ms，每隔 10 ms 保存一次计算结果。为追踪鼓泡吸收过程中气液相界面的变化，采用流体体积函数(volume of fluid，VOF)多相流模型。

单个氨气气泡在磷酸中的运动轨迹表明：①气泡运动并非沿直线上升；②气泡上升过程中，界面形状由最初的圆形逐渐变为扁平的椭球形，与此同时气泡体积随着氨气被吸收而不断减小直至最后消失。

对不同时刻的气泡单独进行分析，考察不同时刻的气泡形状、气液两相流速度矢量分布以及氨气的体积分数分布，得到如图 8.3 所示的结果，该图分别给出了 t=10 ms，80 ms

和 200 ms 的气泡。其中,环形彩色区域为氨气的体积分数等值线图,即气液界面所在的位置,由深蓝色至深红色的过渡表示体积分数由高到低的分布,深蓝色以内为 1、深红色以外为 0。箭头区域为气液两相流的速度矢量分布图,相界面以内的箭头分布表示氨气气相的速度场,其余为磷酸液相的速度场,箭头长度越长、颜色越深、分布越密,则意味着该处流体的流动速度越大。

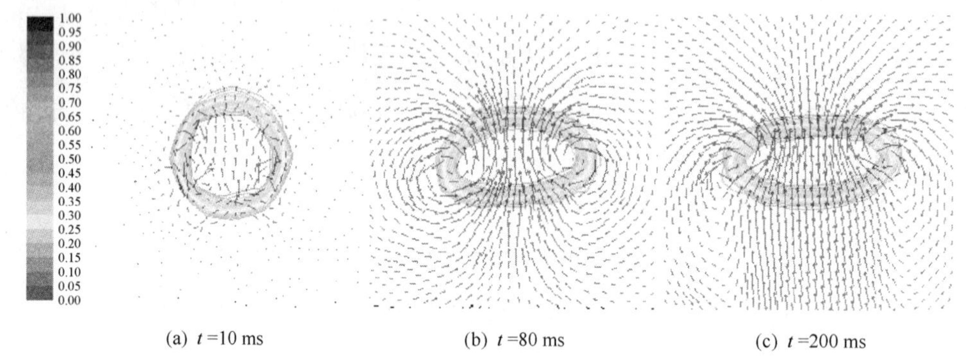

图 8.3　不同时刻氨气气相的体积分数等值线、气泡形状以及气液两相流速度矢量图(参见彩图)

可以认为,气泡的上升是磷酸液相浮力作用的结果。而气泡的变形是因为气泡底部的压力大于上表面的压力,此压力差与界面附近液相的流动共同诱导出一个位于气泡底部的自下而上的射流,使得气泡底部的运动速度相比其他部位大大增加,底部中央部位不断向内突入并挤压整个气相空间,致使气泡形状由最初的圆形逐渐变为底部内凹的帽子形或椭球形。在此过程中,气泡内部的气流形成由中心向两侧运动的涡流。这些涡流的存在对于氨气传质速率有显著的影响,充分符合多场协同理论。由式(8.10)可知:

$$Sh = \frac{k\delta_1}{D} = ReScFc = ReSc\int_0^1 \overline{\boldsymbol{U}} \cdot \nabla\overline{P_{\mathrm{NH_3}}}\,\mathrm{d}\bar{z} = ReSc\int_0^1 (|\overline{\boldsymbol{U}}|\,|\nabla\overline{P_{\mathrm{NH_3}}}|\cos\beta)\,\mathrm{d}\bar{z} \tag{8.11}$$

在进气操作条件不变时,氨气的对流传质速率取决于气流速度场与压力梯度场的夹角 β,β 越接近 0°(或 360°),则对流传质系数 k 越大。而气液相界面附近的氨气压力梯度场的方向始终是沿各点的径向发散的,即始终与图 8.4 中环形彩色区域各点处的法向量方向一致;夹角 β 的大小就受控于气泡内部氨气流动的速度场。以 t=40 ms 的气泡为例(图 8.4),假如气泡内部气流流向始终与气泡的宏观运动方向相同[图 8.4(a)],那么除了中心区域的气流其速度场与压力梯度场的夹角在 0°(或 360°)左右,其他区域(尤其是气泡两侧)两场的夹角都将偏离或远远偏离这个角度,这将非常不利于氨气气膜传质速率的提高。而实际的情形是[图 8.4(b)],气泡内部的氨气气流并非单一地沿着某个流向运动,而是在两相流的作用下自发地由中心向四周发散而形成微小的涡流,气流流场向着与压力梯度场的夹角 β 达到 0°(或 360°)左右的方向发展,两场的协同度得到优化,对流传质系数 k 增大,有利于氨气传质速率的强化提高。

综上所述可知,气泡内部气流能够形成朝着有利于氨气对流传质的方向发展的最佳流场。实验结果表明,反应所产生的氨气几乎能被磷酸溶液完全吸收,氨气的移出打破了

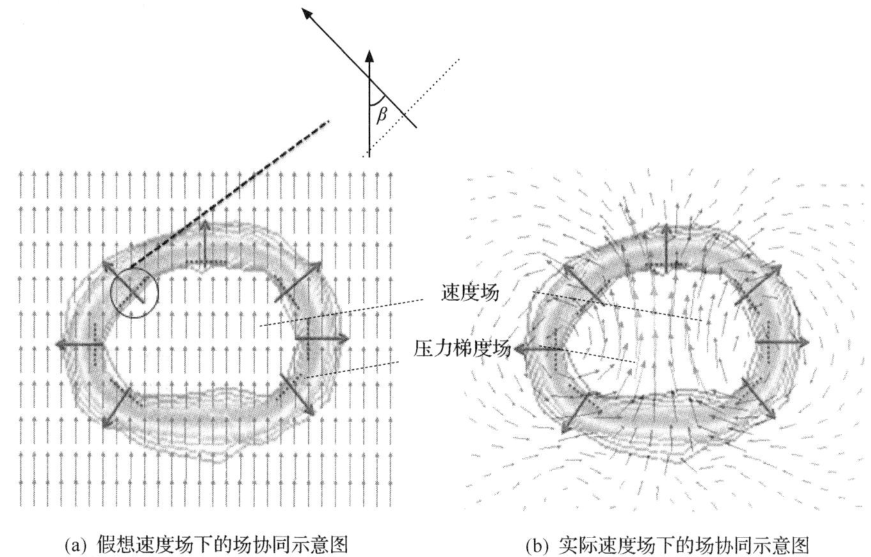

(a) 假想速度场下的场协同示意图 (b) 实际速度场下的场协同示意图

图 8.4 t=40 ms 气泡所处的两相流速度场与压力梯度场的场协同示意图(参见彩图)

反应平衡,促进了尿素转化为 EC,在最佳实验条件下 EC 基于尿素的收率达到 93%。

8.2 反应器与精馏塔外耦合法制备碳酸二乙酯

EC 与乙醇的酯交换反应是可逆反应,虽然反应精馏技术可以考虑运用[3-7],但该技术要求产物为轻组分或重组分,这样易实现产物的移出。而对于 EC 和乙醇的酯交换反应体系,各组分的正常沸点为:乙醇(351 K)<DEC(399 K)<乙二醇(471 K)<EC(521 K),从中可以看出产物 DEC 和乙二醇的挥发度介于两反应物之间,反应物比产物更容易从反应精馏塔中移出,因此传统的反应精馏技术并不适用于该体系。

为了开发合适的反应分离耦合过程来促进该反应的进行,本书的研究首先对该反应体系进行了气液相平衡计算,基于此,开发了一种反应器和精馏塔外耦合的方法,以此促进该反应的进行。即将一个釜式反应器与一个精馏塔进行耦合操作。在反应过程中,从反应器中蒸出的气相物料(主要含有乙醇和 DEC)连续地进入到精馏塔中进行分离。分离出的乙醇由塔顶馏出液返回到反应器里,产物 DEC 则在塔釜收集,并可以不断地从反应器中移出,而反应物乙醇和 EC 则被保留在反应器中,从而打破反应平衡,促进 EC 转化为 DEC。

8.2.1 气液相平衡计算

前期研究表明,当乙醇/EC 摩尔比为 6、4、3、2 时,DEC 的平衡收率分别为 49%、41%、35%和 30%[8]。对上述反应平衡条件下的混合物的泡点计算结果如表 8.1 所示。由表中数据可知,当乙醇/EC 摩尔比超过 3 时,反应混合物蒸气中乙醇和 DEC 的摩尔分数总和在 99.7%以上。这说明该气相混合物几乎是由乙醇和 DEC 组成的二元体系。乙二醇和碳酸乙烯酯由于沸点高、难挥发,它们在气相中的摩尔分数均低于0.3%。

表 8.1 不同醇/酯比下反应体系的泡点温度以及平衡气相组成

醇/酯物质的量比	泡点温度/K	气相平衡组成/%(摩尔分数)			
		乙醇	DEC	EC	乙二醇
6	356.74	95.46	4.40	0.032	0.098
4	358.82	94.73	5.07	0.052	0.143
3	360.55	94.60	5.14	0.074	0.177
2	364.25	93.40	6.19	0.116	0.284

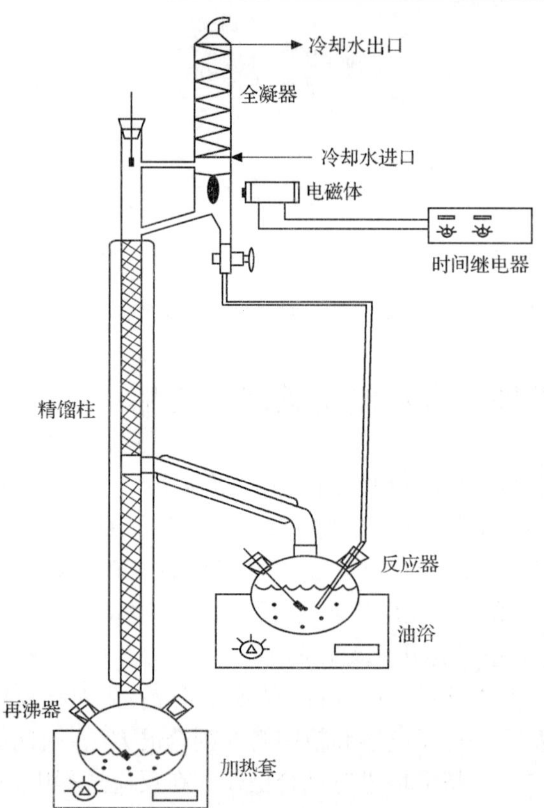

图 8.5 外耦合法制备 DEC 的装置示意图

8.2.2 实验装置及操作

外耦合法制备 DEC 的实验装置如图 8.5 所示。反应器置于一个恒温油浴中以对其进行加热。反应器的顶部通过玻璃弯管与一个精馏柱相连接。精馏柱装配有全凝器、再沸器和回流比控制器。实验开始时,在反应器中加入一定量的乙醇、碳酸乙烯酯和催化剂(乙醇钠)。然后加热反应器使反应混合物沸腾。此时,反应混合物的蒸气不断进入到精馏柱中,当有液体开始滴落到再沸器时,开启电加热套进行加热,同时调节回流比控制器至所需回流比。实验过程中,定期从反应器、再沸器和馏出液中取样并进行气相色谱分析。实验结束后,将反应器和再沸器降至室温,取出反应液和塔釜液进行称量和色谱分析,从而计算出 DEC 收率。

8.2.3 结果与讨论

1. 流程模拟

采用 Aspen Plus10.0 软件对外耦合法制备 DEC 的工艺流程进行了模拟。体系中各组分的活度系数采用 UNIQUAC 方程计算,计算中所涉及的各组分二元相互作用参数通过相关气液相平衡数据回归[9-10]、Aspen 内建数据库以及 UNIFAC 估算得到。运用间歇反应蒸馏 BatchFrac 模块模拟外耦合工艺中的反应器,考虑到乙醇与 DEC 极易分离,故分离部分采用分离器代替精馏塔。采用多个 BatchFrac 模块串联模拟不同时刻步下外耦合法的操作状态，如图 8.6 所示。图 8.7 为模拟得到的反应器内各组分浓度的经时变化曲线。图 8.8 为间歇反应器内各组分浓度的经时变化曲线。两图对比可知：采用外耦合法后，反应器内 DEC 的移出打破了反应平衡，EC 不断转化为 DEC，故 EC 浓度持续下降。

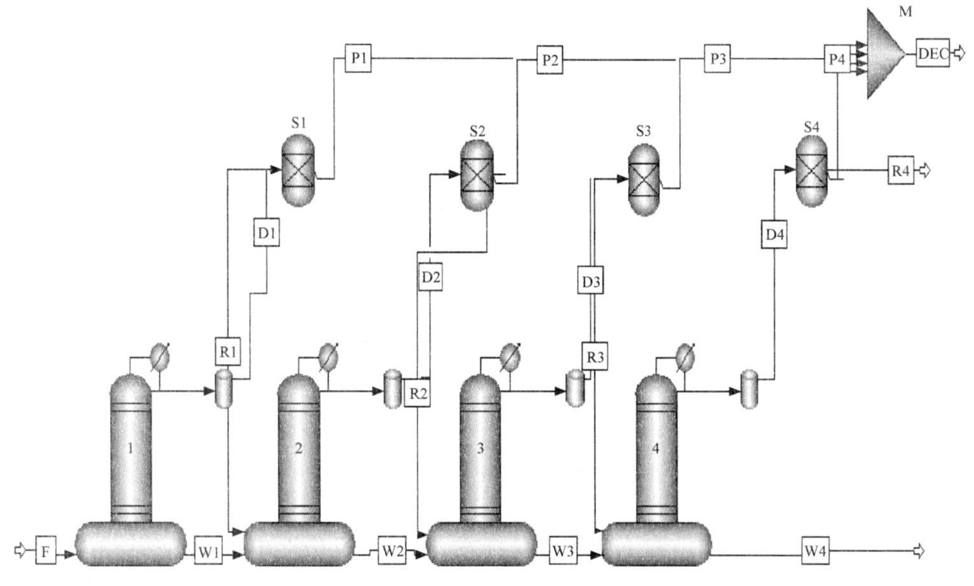

图 8.6　BatchFrac 模块串联模拟外耦合工艺流程

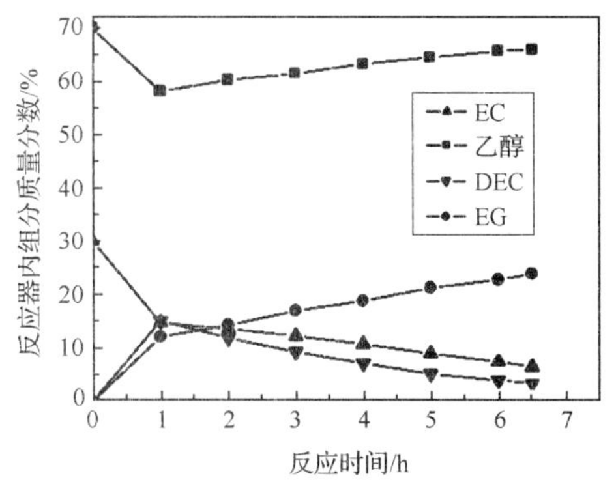

图 8.7　模拟得到的反应器内各组分浓度的经时变化曲线

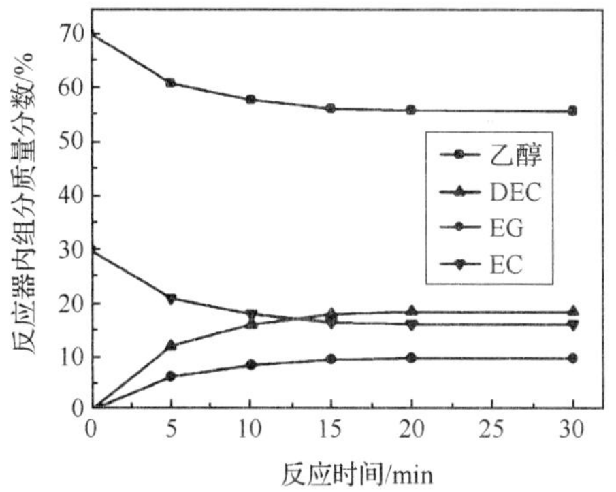

图 8.8　间歇反应器内各组分浓度的经时变化曲线

2. 外耦合法的典型实验结果

图 8.9 和图 8.10 显示的是采用外耦合法制备 DEC 时，反应器和再沸器内物料组成随时间的变化曲线。实验条件为：EC 0.4 mol，乙醇 1.6 mol，催化剂质量分数 0.2%，回流比 1，再沸器功率 114 W。从图 8.9 可以看出，反应器内乙醇的浓度先出现下降，然后逐渐升高到 49%(质量分数)，最后稳定在这个值附近。而反应器内 DEC 的浓度在反应 1h 左右达到最大值，之后逐渐降低。这是反应器内 DEC 在不断生成的同时又被不断移

出到精馏塔柱内,两者综合作用的结果。DEC 的移出打破了反应热力学平衡,促使 EC 不断转化为 DEC,因此反应器内 EC 浓度持续下降。而另外一个产物乙二醇(EG)是重组分,它不断在反应器内累积,因此 EG 浓度在不断升高。此外,反应 5 h 后反应器内物料组成随时间的变化不大,这说明在反应器内分离过程和反应过程达到了动态平衡。

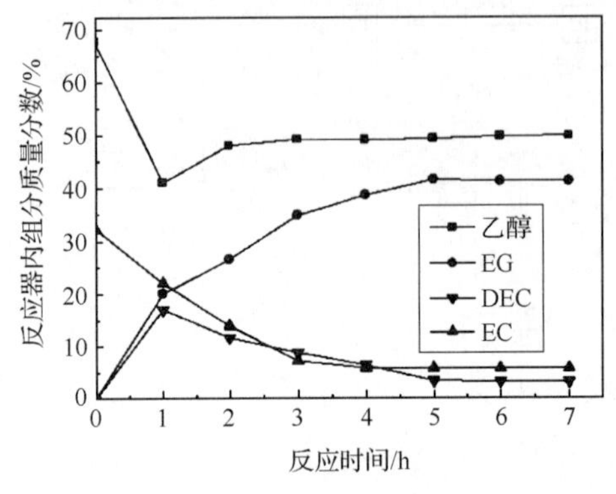

图 8.9　反应器内各组分浓度的经时变化曲线

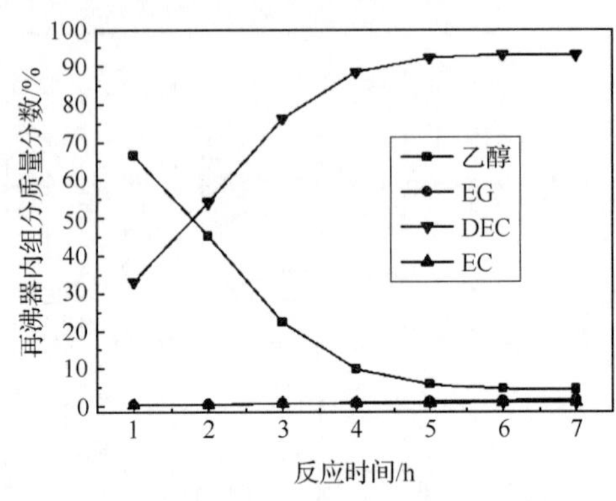

图 8.10　再沸器内各组分浓度的经时变化曲线

从图 8.10 可以看出,反应后期再沸器内主要含有 DEC 以及少量的乙醇、EC 和 EG。这是由于乙醇和 DEC 比 EC 和 EG 更容易挥发,因此从反应器内移入到精馏柱的蒸气主要含有乙醇和 DEC。进一步通过精馏分离这两个组分,分离出的乙醇从塔顶返回到反应器里,而产物 DEC 则在塔底累积。

3. 乙醇/EC 摩尔比的影响

图 8.11 显示的是乙醇/EC 摩尔比对 DEC 收率和再沸器功率的影响。高的乙醇/EC 摩尔比有利于 EC 转化为 DEC。当乙醇/EC 摩尔比从 3 增加到 4.5 时,DEC 收率从 75% 增加到了 90%。另一方面,再沸器功率随乙醇/EC 摩尔比的增加而单调递增。这是因为随着乙醇/EC 摩尔比的增大,更多的乙醇会从反应器中蒸出到精馏塔内,因而需要更高的再沸器功率来回收这部分乙醇。由此可见,高的乙醇/EC 摩尔比会增加精馏操作的能耗。综合反应和分离两方面考虑,本实验条件下乙醇/EC 最适宜的摩尔比为 4.5。

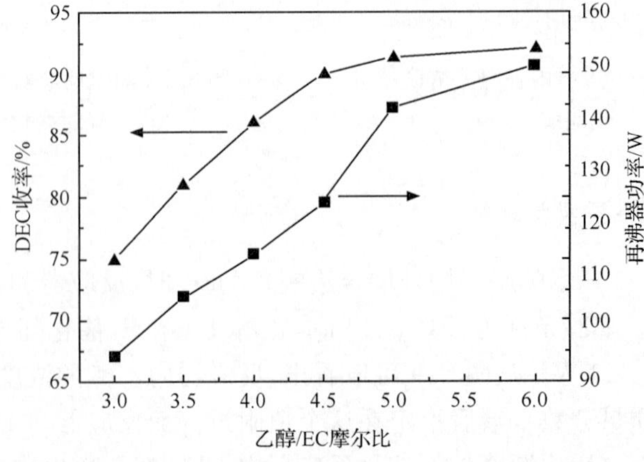

图 8.11　乙醇/EC 摩尔比对 DEC 收率和再沸器功率的影响

4. 回流比的影响

高的回流比有利于精馏塔内乙醇和 DEC 的分离，从而在塔顶获得高纯度的乙醇，将这些乙醇返回到反应器中会进一步促进 EC 转化为 DEC。而低的回流比会导致精馏塔内乙醇和 DEC 分离不完全，一部分 DEC 会通过塔顶馏出液返回到反应器里，从而加速逆反应的进行，最终减小 DEC 收率。但过量的回流会使一部分乙醇保持在精馏塔内，这就降低了反应器内乙醇的浓度，因而不利于 DEC 的生成。因此，本过程存在着一个最佳回流比，在此回流比下乙醇不但能与 DEC 完成分离而且还能有效地返回到反应器中。图 8.12 显示的是回流比对塔顶馏出液中 DEC 含量的影响。随着回流比的增加，精馏塔内乙醇与 DEC 的分离越充分，因而塔顶馏出液中 DEC 的浓度越低。当回流比达到 1 时，塔顶馏出液中 DEC 的浓度可以维持在 0.8%（质量分数）以下，即馏出液中乙醇的浓度可以维持在 99.2%（质量分数）以上。而进一步加大回流比，对塔顶馏出液组成的影响不明显。图 8.13 显示的是回流比对 DEC 收率的影响。当回流比小于 1.5 时，随着回流比的增加，DEC 收率显著增加；当回流比达到 1.5 时，DEC 收率达到最大值 91%，进一步增加回流比，DEC 收率出现缓慢下降。因此，对于该实验体系最佳回流比为 1.5。

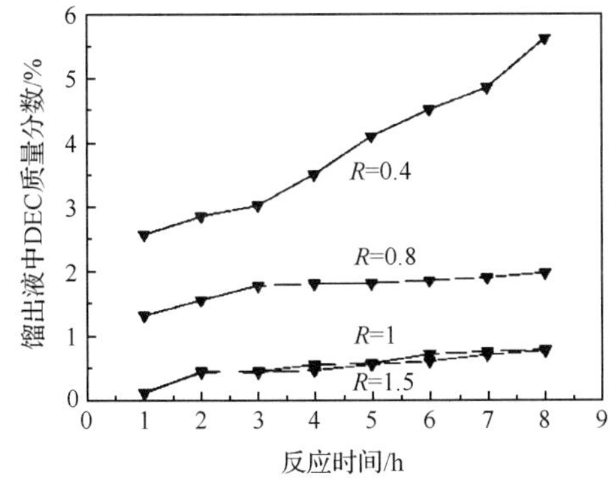

图 8.12　回流比对塔顶馏出液中 DEC 含量的影响
实验条件：EC，0.4 mol；乙醇，1.8 mol，催化剂质量分数：0.2%；再沸器功率：124 W

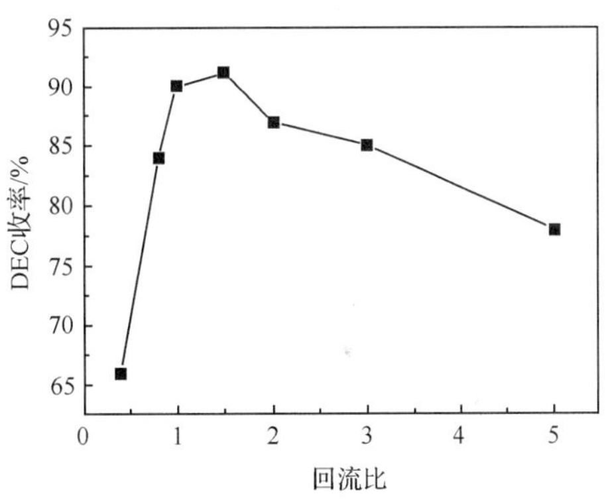

图 8.13　回流比对 DEC 收率的影响
实验条件：EC，0.4 mol；乙醇，1.8 mol，催化剂质量分数：0.2%；再沸器功率：124 W

5. 再沸器功率的影响

再沸器功率对 DEC 收率和塔釜 DEC 浓度的影响如图 8.14 所示。实验操作条件为乙醇/EC 摩尔比 4.5，回流比 1.5。由图可知，再沸器功率从 70 W 增加到 124W 时，DEC 收率从 74%增加到 91%。与此同时，塔釜内 DEC 质量分数从 58%增加到 97%。当再沸器功率高于 124W，DEC 收率和 DEC 浓度均出现下降。这是由于当再沸器功率较低时，乙醇和 DEC 之间的分离不完全，大量乙醇停留在塔釜里无法返回到反应器内参与反应，因而降低了 DEC 收率和浓度；而过高的再沸器功率会导致再沸器内大量 DEC 汽化，汽化的 DEC 通过馏出液与乙醇一同返回到反应器里，从而促进了反应器内逆反应的进行。

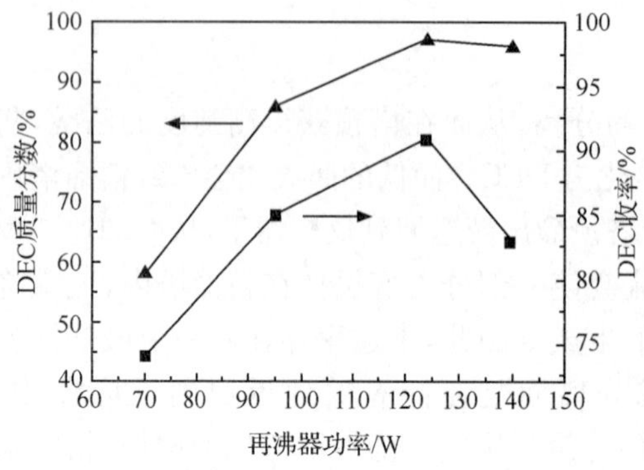

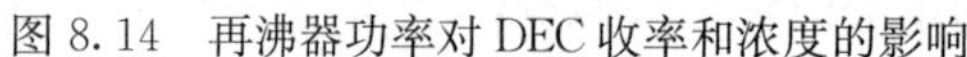

图 8.14 再沸器功率对 DEC 收率和浓度的影响

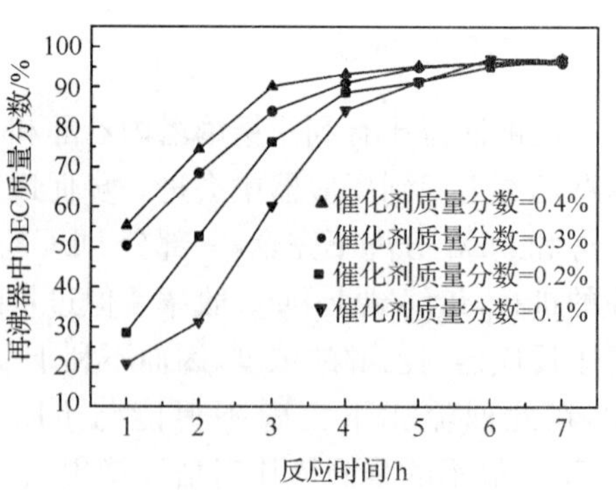

图 8.15 不同催化剂浓度下再沸器中 DEC 浓度的经时变化曲线

6. 催化剂浓度的影响

为了考察反应器内催化剂浓度对 DEC 合成的影响，在这部分实验中操作条件设定为乙醇/EC 摩尔比 4.5、回流比 1.5、再沸器功率为 124 W。催化剂质量分数的变化范围为 0.1%～0.4%。实验结果表明催化剂浓度对 DEC 收率几乎没有影响，在所考察的催化剂浓度范围内，DEC 收率均保持在 90%左右。但催化剂浓度对再沸器内 DEC 浓度的经时变化曲线(图 8.15)有显著的影响。随着反应器内催化剂浓度的升高，在相同的反应时间内有更多的 DEC 生成并被移出到精馏塔内，因而塔釜中 DEC 的浓度在逐渐升高。但再沸器中 DEC 质量分数最终都维持在 97%左右，这是由于实验过程中均会有少量重组分 EC 和 EG 蒸出到精馏塔内，并在再沸器中累积使 DEC 质量分数无法到达 100%。

7. 最佳操作条件

通过以上实验研究可以获得外耦合法制备 DEC 的最佳操作条件为：乙醇/EC 摩尔比 4.5、回流比 1.5、再沸器功率 124 W、催化剂质量分数 0.4%。在该实验条件下，进行了其他实验，所得到的 DEC 收率和纯度分别为 91%和 97%(质量分数)。而在相同条件下采用间歇反应釜所得到的 DEC 平衡收率和纯度分别为 46%和 18.4%(质量分数)。由此可见，采用外耦合法所得的 DEC 收率几乎是相同条件下其平衡收率的两倍。另外，采用外耦合法还有效利用了反应热，在反应的过程中，反应热也同时被应用到乙醇和 DEC 的蒸馏过程中，这对于产品能耗的降低具有积极的意义。

8.3 过程的能耗分析

采用反应分离耦合过程制备 DEC，最终 DEC 的收率可以到达 84.6%(基于尿素)，这几乎是尿素与乙醇直接醇解制备 DEC 收率的 6 倍。此外，采用耦合过程制备 DEC 还能降低反应温度，由 463 K 降低为 413 K 或 368 K。收率的提高以及反应温度的降低必然减少单位产品的能耗。

以下分别对尿素与乙醇直接醇解制备 DEC 以及反应分离耦合过程制备 DEC 的能耗

进行了初步计算与分析。计算过程中均不考虑分离过程的能耗。而只计算加热反应物料以及反应吸热所消耗的能量。

8.3.1　尿素醇解法制备 DEC 的能耗

以年产 2 万 t 碳酸二乙酯的工厂进行计算，忽略生产过程中的热损失，不考虑产品分离提纯所需要的能耗，生产均为间歇操作。根据文献报道，尿素与乙醇直接醇解合成 DEC 的最佳反应条件为：反应温度 463.15 K、乙醇/尿素摩尔比 10、反应时间 5 h，此时 DEC 收率为 14.2%。

可以算出 DEC 的日产量：

$$N=\frac{20\,000\times 1\,000\times 1\,000}{365\times 118}=464\,360.3\ \text{mol/d}$$

假设间歇操作时间为 1 h，则每批操作实际所需时间为 6h。

则每批操作所获得的 DEC 产量为

$$n=\frac{N}{24/t}=\frac{464\,360.3}{24/6}=116\,090.0\ \text{mol}$$

尿素与乙醇反应制备 DEC 为强吸热反应，由第二篇中热力学计算可知，463.15 K 时尿素醇解法制 DEC 的反应热为

$$\Delta_r H_m(463.15\text{K})=100\,952.4\ \text{J/mol}$$

那么，每批次操作所需吸收的反应热为

$$Q_r=n\times\Delta_r H_m(463.15\text{K})=116\,090.0\times 117\,962.3=13.69\times 10^6\ \text{kJ}$$

由进料组成为乙醇/尿素的摩尔比为 10 以及 DEC 的收率 14.2%，可以计算出生产每一批 DEC 所需投入的尿素和乙醇的摩尔数。

所需尿素摩尔数为

$$n_U=\frac{n}{14.2\%}=\frac{116\,090.0}{14.2\%}=817\,535.74\ \text{mol}$$

所需乙醇摩尔数为

$$n_E=10\times\frac{n}{14.2\%}=10\times\frac{116\,090.0}{14.2\%}=8\,175\,357.39\ \text{mol}$$

将尿素由室温加热至反应温度(463.15 K)所需的热量为

$$\begin{aligned}Q_U&=n_U\times\int_{298.15}^{463.15}C_{p,s}\mathrm{d}T\\&=817\,535.74\times\int_{298.15}^{423.15}(7.03+0.2287T)\mathrm{d}T\\&=12.6\times 10^6\ \text{kJ}\end{aligned}$$

将乙醇由室温加热到反应温度(463.15 K)所需要的热量为

$$\begin{aligned}Q_E&=n_E\times\int_{298.15}^{463.15}C_{p,l}\mathrm{d}T\\&=8\,175\,357.39\times\int_{298.15}^{463.15}(118.173\,1-0.380\,834T+0.001\,221T^2)\mathrm{d}T\\&=206.3\times 10^6\ \text{kJ}\end{aligned}$$

该工厂的年能耗为

$$\begin{aligned} E &= 365 \times 24/6 \times (Q_r + Q_U + Q_E) \\ &= 365 \times 24/6 \times (12.6 \times 10^6 + 13.69 \times 10^6 + 206.3 \times 10^6) \\ &= 339.58 \times 10^9 \text{ kJ} \end{aligned}$$

单位产品能耗为 2.0×10^6 kJ/kmol。

8.3.2 反应分离耦合过程制备 DEC 的能耗

1. 反应吸收耦合过程合成碳酸乙烯酯的能耗

以年产 2 万 t 碳酸乙烯酯为计算基准,忽略生产过程中的热损失以及体系的压力损失,尿素与乙二醇合成碳酸乙烯酯的最佳反应条件为:反应压力 15 kPa、反应温度 413 K、反应时间 3 h、乙二醇/尿素摩尔比 2,此时,碳酸乙烯酯的收率可以达到 93%。

可以计算出碳酸乙烯酯的日产量为

$$N = \frac{20\,000 \times 1\,000 \times 1\,000}{365 \times 88} = 622\,665 \text{ mol/d}$$

假设间歇操作时间为 1 h,则每批操作实际所需时间为 4 h,则每天能有 6 批操作,每批操作所获得的碳酸乙烯酯的产量为

$$n = \frac{N}{24/t} = \frac{622\,665}{24/4} = 103\,777.5 \text{ mol}$$

由第二篇中热力学计算可知,413 K 时尿素与乙二醇合成 EC 的反应热为

$$\Delta_r H_m(413.15 \text{ K}) = 117\,962.3 \text{ J/mol}$$

每批次操作所需吸收的反应热为

$$Q_r = n \times \Delta_r H_m(413.15 \text{ K}) = 103\,777.5 \times 117\,962.3 = 12.24 \times 10^6 \text{ kJ}$$

由进料组成为乙二醇/尿素的摩尔比为 2 以及碳酸乙烯酯的收率 93%,可以计算出生产每一批碳酸乙烯酯所需投入的尿素和乙二醇的摩尔数。

所需尿素摩尔数为

$$n_U = \frac{n}{93\%} = \frac{103\,777.5}{93\%} = 111\,588.7 \text{ mol}$$

所需乙二醇摩尔数为

$$n_G = 2 \times \frac{n}{93\%} = 2 \times \frac{103\,777.5}{93\%} = 223\,177.4 \text{ mol}$$

将尿素由室温加热到反应温度 413 K 所需要的热量为

$$\begin{aligned} Q_U &= n_U \times \int_{298.15}^{413.15} C_{p,s} \mathrm{d}T \\ &= 111\,588.7 \times \int_{298.15}^{413.15} (7.03 + 0.228\,7T) \mathrm{d}T \\ &= 1.13 \times 10^6 \text{ kJ} \end{aligned}$$

将乙二醇由室温加热到反应温度 413 K 所需要的热量为

$$
\begin{aligned}
Q_G &= n_G \times \int_{298.15}^{413.15} C_{p,1} \mathrm{d}T \\
&= 223\,177.4 \times \int_{298.15}^{413.15} (104.109\,5 + 0.046\,323\,16T + 0.000\,344T^2) \mathrm{d}T \\
&= 4.22 \times 10^6 \ \mathrm{kJ}
\end{aligned}
$$

反应过程中氨气的生成量为

$$n_a = 2 \times n = 2 \times 103\,777.5 = 207\,555 \ \mathrm{mol}$$

在高温低压条件下,可以将气体近似视为理想气体,则氨气的体积为

$$V_a = \frac{n_a RT}{p} = \frac{207\,555 \times 8.314 \times 423.15}{10\,000} = 73\,019.28 \ \mathrm{m}^3$$

假设所生成的氨气会在 3 h 的反应时间内以相同的速率移出,则真空泵的抽气速率必须大于氨气的产生速率,由此可确定真空泵的抽气量为

$$S \geqslant \frac{V_a}{3 \times 3600} = \frac{73\,019.28}{10\,800} = 6.76 \ \mathrm{m}^3/\mathrm{s}$$

由此选定 2SK-8 双级水环式真空泵,功率为 18.5 kW,则相应真空泵的电功为

$$W = 18.5 \times 3 \times 3600 = 0.1998 \times 10^6 \ \mathrm{kJ}$$

该工厂的年能耗为

$$
\begin{aligned}
E &= 365 \times 6 \times (Q_r + Q_U + Q_G + W) \\
&= 365 \times 6 \times (12.24 \times 10^6 + 1.13 \times 10^6 + 4.22 \times 10^6 + 0.1998 \times 10^6) \\
&= 38.96 \times 10^9 \ \mathrm{kJ}
\end{aligned}
$$

单位产品能耗为 1.714×10^5 kJ/kmol。

2. 反应器与精馏塔外耦合法合成 DEC 的能耗

外耦合法制备 DEC 的最佳操作条件为:醇/酯摩尔比 4.5、回流比 1.5、再沸器功率 124 W、操作时间 6 h、反应器温度 368 K 左右。以年产 2 万 t DEC 为计算基准。

可以算出 DEC 的日产量:

$$N = \frac{20\,000 \times 1\,000 \times 1\,000}{365 \times 118} = 464\,360.3 \ \mathrm{mol/d}$$

假设间歇操作时间为 1 h,则每批操作实际所需时间为 7 h,每天可操作 3 次。

每批操作所获得的 DEC 产量为

$$n = \frac{N}{3} = \frac{464\,360.3}{3} = 154\,786.7 \ \mathrm{mol}$$

碳酸乙烯酯与乙醇的酯交换合成 DEC 为可逆放热反应,因此不考虑反应热对能耗的影响。

由进料组成为乙醇/碳酸乙烯酯摩尔比为 4.5,以及 DEC 的收率 91%,可以计算出生产每一批 DEC 所需投入的碳酸乙烯酯和乙醇的摩尔数。

所需碳酸乙烯酯的摩尔数为

$$n_{EC} = \frac{n}{91\%} = \frac{154\,786.7}{91\%} = 170\,095.3 \ \mathrm{mol}$$

所需乙醇的摩尔数为

$$n_{EtOH} = 4.5 \times \frac{n}{91\%} = 4.5 \times \frac{154\,786.7}{91\%} = 765\,428.7 \text{ mol}$$

将碳酸乙烯酯由室温加热到反应温度 368 K 所需要的热量为

$$\begin{aligned} Q_{EC} &= n_{EC} \times \int_{298.15}^{368.15} C_{p,s} dT \\ &= 170\,095.3 \times \int_{298.15}^{368.15} (125.488 + 2.2088 \times 10^{-4} T^2) dT \\ &= 1.787 \times 10^6 \text{ kJ} \end{aligned}$$

将乙醇由室温加热到反应温度 368 K 所需要的热量为

$$\begin{aligned} Q_{EtOH} &= n_{EtOH} \times \int_{298.15}^{368.15} C_{p,1} dT \\ &= 765\,428.7 \times \int_{298.15}^{368.15} (118.173\,1 - 0.380\,834T + 0.001\,221T^2) dT \\ &= 6.818 \times 10^6 \text{ kJ} \end{aligned}$$

再沸器所消耗的能量主要用于分离提纯 DEC 产品，在这里只计算 DEC 和乙醇从反应器汽化移出到再沸器的能耗。正常沸点下，DEC 的汽化热为 36.114 kJ/mol。移出 DEC 所消耗的能量为

$$Q_{V_1} = 154\,786.7 \times 36.114 = 5.59 \times 10^6 \text{ kJ}$$

乙醇的汽化热为 40.53 kJ/mol，乙醇从反应器中汽化移出到再沸器中所消耗的能量为

$$Q_{V_2} = 765\,428.7 \times 40.53 = 31 \times 10^6 \text{ kJ}$$

该工厂的年能耗为

$$\begin{aligned} E &= 365 \times 3 \times (Q_{EC} + Q_{EtOH} + Q_{V_1} + Q_{V_2}) \\ &= 365 \times 3 \times (1.787 \times 10^6 + 6.818 \times 10^6 + 5.59 \times 10^6 + 31 \times 10^6) \\ &= 49.49 \times 10^9 \text{ kJ} \end{aligned}$$

由碳酸乙烯酯酯交换合成 DEC 的单位产品能耗为 2.92×10^5 kJ/kmol。

由尿素经过碳酸乙烯酯制备 2 万 t DEC，需要消耗碳酸乙烯酯的量为

$$N = \frac{20\,000 \times 1\,000 \times 1\,000}{118 \times 0.91} = 186\,254.4 \text{ kmol}$$

采用反应吸收耦合过程生产这些碳酸乙烯酯所消耗的能量为

$$E = 186\,254.4 \times 1.714 \times 10^5 = 31.924 \times 10^9 \text{ kJ}$$

那么，采用反应分离耦合过程制备 2 万 t DEC，所消耗的总能量为

$$E_{sum} = 49.49 \times 10^9 + 31.924 \times 10^9 = 81.414 \times 10^9 \text{ kJ}$$

单位质量产品能耗为 4.8×10^5 kJ/kmol。该能耗值约为尿素与乙醇直接醇解制备 DEC 能耗的四分之一。尿素与乙醇直接醇解反应能耗高的主要原因是该反应必须在高温且乙醇极为过量的条件下才能达到可观的 DEC 收率。

第9章　反应分离耦合的非线性特征分析

9.1　反应精馏的多场协同

反应精馏是将化学反应和精馏分离结合在同一设备中进行的一种耦合过程。耦合的直接结果是反应与分离均得到强化。其主要特点如下：

(1) 由于精馏的作用，目标产物(易挥发组分或难挥发组分)能及时地从反应区中转移出来，破坏了化学平衡，使反应向产物方向进行，从而提高了反应的转化率。

(2) 因目标产物被及时地从物系中移走，缩短了它在反应区的停留时间，避免了副反应的发生，提高了反应的选择性，增加了目标产物的收率，同时也减轻了产物后续分离的负担。

(3) 因部分生成物被从反应区中移走，这样就提高了反应物的浓度，加快了反应的速度，提高了设备的生产能力。

(4) 对于放热反应，反应热可用于蒸发而节省了部分能量。

(5) 可分离一些沸点接近，常规精馏难分离的物质，如同分异构体混合物的分离。

基于以上特点，反应精馏已在酯化、醚化、水合、水解、烷基化、加氢、脱氢等过程中得到广泛应用。

但是，在反应精馏过程中，由于化学反应和精馏分离操作的交互作用，使得该过程的非线性特征更加鲜明，其在模拟和工程设计上也将更为复杂。本节试图突破传统研究方法，从一个新的视角出发，引入唯象理论对反应精馏体系进行场协同分析，探讨传质和传热以及化学反应之间相互影响的本质，从而得到在多场协同条件下反应精馏的非平衡模型，进而对传递过程的影响因素进行分析，为该过程的强化提供了新的理论基础。

9.1.1　场协同理论的热力学基础

描述热力学体系的物理量可以分为两类：一类是与物质的量无关、不具有加和性的强度量，例如温度、化学势、速度和电势等；另一类是与物质的量相关、具有加和性的广延量，例如熵、质量、动量和电量等。任何形式的能量都可以表示成一个基本强度量与一个基本广延量的乘积。例如，热能可以表示成温度与熵的乘积，化学能可以表示成化学势与物质量的乘积，动能可以表示成速度与动量的乘积，电能可以表示成电势与电量的乘积，等等。强度量以点函数的形式分布于空间，也就是说在某一强度量存在的空间中，相应于每一个空间位置点上都有一相应的强度量取值。这种每一个空间位置点上都有一相应取值的分布称为“场”，如温度场、化学势场，以及流体中的速度场和电磁场等。

任何一个传递过程，均可视为强度量差的推动下广延量的流动。根据郭平生等[11]的能量假设，一种热力学流 J_i 应受多种热力学力 X_j $(j=1\sim N+1)$ 的协同影响，即可以写成如下形式：

$$J_i = J_i(X_1, X_2, \cdots, X_{N+1}) \tag{9.1}$$

将式(9.1)在平衡态处按 Taylor 级数展开得

$$J_i = J_{i,0} + \sum_j \left(\frac{\partial J_i}{\partial X_j}\right)_0 X_j + \frac{1}{2}\sum_j \sum_k \left(\frac{\partial^2 J_i}{\partial X_j \partial X_k}\right)_0 X_j X_k + \cdots \tag{9.2}$$

在平衡态处系统的热力学力应为零,故其热力学流[式(9.2)右边第一项]应为零。当研究的体系处于平衡态附近时,式(9.2)右边第三项及之后的项与第二项相比可以忽略,所以式(9.2)简化为

$$J_i = \sum_j \left(\frac{\partial J_i}{\partial X_j}\right)_0 X_j \tag{9.3}$$

定义唯象系数：

$$\boldsymbol{L}_{ij} = \left(\frac{\partial J_i}{\partial X_j}\right)_0 \tag{9.4}$$

它的物理意义是第 j 种力对第 i 种流的影响,这样热力学流的最终表达式如下：

$$J_i = \sum_j \boldsymbol{L}_{ij} X_j \tag{9.5}$$

式(9.5)表面看起来是线性的,但实际上它是非线性的,因为唯象系数 $\boldsymbol{L}_{ij}$ 不是常数,而是热力学力 X_i 的函数。为了表达简便,定义传递系数 $K_i = \left(\sum_j \boldsymbol{L}_{ij} X_j\right)/X_i$,则 $J_i = K_i X_i$,其中 K_i 是一个与热力学力 $X_j (j = 1 \sim N+1)$ 有关的高度非线性的函数。

在唯象理论中,不可逆过程体系的熵产率定义为热力学力与热力学流两者的乘积[12]：

$$\sigma = \sum_i J_i X_i \tag{9.6}$$

而对于一个同时存在热量传递、质量传递和化学反应的体系,假设组分数和反应方程数分别为 M 和 N,那么熵产率的表达式可写为

$$\sigma = J_q X_q + \sum_j^M J_j X_j + \sum_k^N J_k A_k \tag{9.7}$$

式(9.7)右边三项分别表示由传热、传质和化学反应引起的熵产生,式中热力学流 J_q 表示传热速率,J_j表示 j 组分的传质速率,J_k表示第 k 个反应的反应速率。热力学力分别为

$$X_j = -\frac{\nabla \mu_j}{T} \quad (j = 1 \sim M) \quad (\text{化学势梯度}) \tag{9.8}$$

$$X_q = -\nabla\left(\frac{1}{T}\right) \quad (\text{温度梯度}) \tag{9.9}$$

$$A_k = -\frac{1}{T}\sum_j \mu_j \nu_{jk} \quad (k = 1 \sim N) \quad (\text{化学亲和势}) \tag{9.10}$$

9.1.2　反应精馏过程的场协同分析

1. 场间协同

反应精馏过程中典型塔板的传递与化学反应过程如图 9.1 所示。

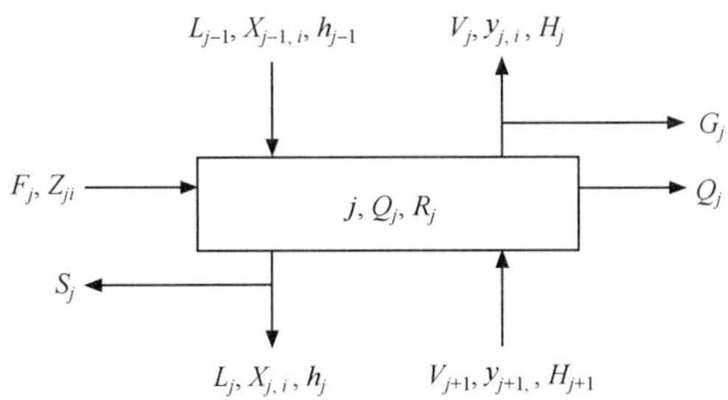

图 9.1　反应精馏中第 j 块塔板的数学描述

对该过程的传统描述方法主要有平衡级模型以及非平衡级模型。上述模型的建立，都是以 j 种力产生 j 种流为基础。而根据场协同理论，影响传质速率的因素将包括化学势梯度(浓度梯度)、温度梯度(Soret 效应)[13]和化学反应，而化学反应的影响可以作为源项出现在传质速率方程中，因此传质速率方程的通式为

$$J_i = \sum_{j=1}^{M} \boldsymbol{L}_{ij} X_j + \boldsymbol{L}_{iq} X_q + R_i \tag{9.11}$$

式中右边第一项为浓度差引起的扩散项，第二项为温度差引起的扩散项(Soret 效应)，第三项为由化学反应引起的传质源项。而 $\boldsymbol{L}_{ij}$ 可确定为[14]

$$\boldsymbol{L}_{ij} = -\frac{c}{R} M_i M_j \boldsymbol{D}_{ij}^0 \omega_j \tag{9.12}$$

可以定义：

$$\boldsymbol{D}_{ij} = -\frac{c}{RT} M_i M_j \boldsymbol{D}_{ij}^0 \omega_j \quad (\text{扩散系数}, \text{mol}^2 \cdot \text{m}^{-1} \cdot \text{J}^{-1} \cdot \text{s}^{-1}) \tag{9.13}$$

$$\boldsymbol{D}_{iT} = \boldsymbol{L}_{iq} / T \quad (\text{Soret 效应系数}, \text{mol} \cdot \text{m}^{-1} \cdot \text{s}^{-1}) \tag{9.14}$$

对于反应源项，我们引入反应进度 ξ 的概念，则组分 i 在第 k 个反应方程中的反应速率可表示为

$$-r_{ik} = \frac{-\nu_{ik}\dot{\xi}_k}{V} \tag{9.15}$$

为了方便起见，定义单位催化剂比表面积上的反应速率为

$$-r'_{ik} = \frac{-r_{ik}}{S_g} \tag{9.16}$$

则由于化学反应而引起的传质源项 R_i 可表示为

$$R_i = -\sum_{k=1}^{N} r'_{ik} = -\sum_{k=1}^{N} \frac{\nu_{ik}\dot{\xi}_k}{S_g V} \tag{9.17}$$

把式(9.8)、式(9.9)、式(9.13)、式(9.14)以及式(9.17)代入式(9.11)中，则反应精馏过程的传质速率 J_i 可以写为

$$J_i = -\sum_{j=1}^{M} \boldsymbol{D}_{ij} \nabla\mu_j - \frac{\boldsymbol{D}_{iT}}{T} \nabla T - \sum_{k=1}^{N} \frac{\nu_{ik}\dot{\xi}_k}{S_g V} \tag{9.18}$$

化学势用式(9.19)求得

$$\mu_j = \mu_j^* (T, p) + RT\ln c_j \tag{9.19}$$

这样，j 组分化学势梯度和温度梯度与 i 组分的化学势梯度有如下关系：

$$\nabla\mu_j = \frac{\partial\mu_j}{\partial T}\frac{\partial T}{\partial\mu_i}\nabla\mu_i = \frac{\ln c_j}{\ln c_i}\nabla\mu_i \tag{9.20}$$

$$\nabla T = \frac{\partial T}{\partial\mu_i}\nabla\mu_i = \frac{1}{R\ln c_i}\nabla\mu_i \tag{9.21}$$

将式(9.20)、式(9.21)代入式(9.18)中得

$$J_i = -\left[\frac{1}{\ln c_i}\sum_{j=1}^{M}\boldsymbol{D}_{ij}\ln c_j + \frac{\boldsymbol{D}_{iT}}{RT\ln c_i} + \frac{1}{\nabla\mu_i}\sum_{k=1}^{N}\frac{\nu_{ik}\dot{\xi}_k}{S_g V}\right]\cdot\nabla\mu_i \tag{9.22}$$

则传质速率方程成为 $J_i = K_i\nabla\mu_i$ 的形式，比较两式可得传质系数 K_i 为

$$K_i = -\frac{1}{\ln c_i}\sum_{j=1}^{M}\boldsymbol{D}_{ij}\ln c_j - \frac{\boldsymbol{D}_{iT}}{RT\ln c_i} - \frac{1}{\nabla\mu_i}\sum_{k=1}^{N}\frac{\nu_{ik}\dot{\xi}_k}{S_g V} \tag{9.23}$$

同样，影响热量传递的因素首先是温度梯度，其次为化学势梯度（Dufour 效应）和相变热三部分。化学反应通常被称为广义的相变，在反应精馏体系中，由于相变而产生的热量其实应包括两部分：蒸发热（冷凝热）和反应热。考虑到上面的因素，传热速率可以写为

$$J_q = \sum_{i=1}^{M}\boldsymbol{L}_{qi}X_i + \boldsymbol{L}_{qq}X_q + Q_{相变} \tag{9.24}$$

方程式右边分别为 Dufour 效应项、热传导项、相变热源项。

我们定义：

$$\lambda = \boldsymbol{L}_{qq}/T^2 \quad (导热系数, \mathrm{J\cdot m^{-1}\cdot K^{-1}\cdot s^{-1}}) \tag{9.25}$$

$$\boldsymbol{D}_{Ti} = \boldsymbol{L}_{qi}/T \quad (\text{Dufour 效应系数}, \mathrm{mol\cdot m^{-1}\cdot s^{-1}}) \tag{9.26}$$

根据 Onsager 倒易关系，有 $\boldsymbol{L}_{iq} = \boldsymbol{L}_{qi}$，故 Soret 效应系数和 Dufour 效应系数应该相等，即 $\boldsymbol{D}_{iT} = \boldsymbol{D}_{Ti}$。对于相变热源项 $Q_{相变}$，我们应同时考虑单位相面积上的蒸发焓 $-\Delta H_v$ 和单位催化剂比表面积上的反应热 $-\Delta H_r$，即

$$Q_{相变} = -\Delta H_v + (-\Delta H_r) \tag{9.27}$$

为了简化推导，假设这个体系是理想溶液体系，则式(9.27)右边两项可分别写为如下形式：

$$-\Delta H_v = -\sum_{i=1}^{M}x_i\Delta H_{iv} \tag{9.28}$$

$$-\Delta H_r = -\sum_{k=1}^{N}\frac{\Delta H_{kr}\dot{\xi}_k}{S_g V} \tag{9.29}$$

把式(9.8)、式(9.9)、式(9.26)、式(9.28)和式(9.29)代入式(9.24)，则传热速率最终可写为

$$J_q = -\sum_{i=1}^{M}\boldsymbol{D}_{Ti}\nabla\mu_i - \lambda\nabla T - \left(\sum_{i=1}^{M}x_i\Delta H_{iv} + \sum_{k=1}^{N}\frac{\Delta H_{kr}\dot{\xi}_k}{S_g V}\right) \tag{9.30}$$

同样可以得

$$\nabla\mu_i = \frac{\partial\mu_i}{\partial T}\nabla T = R\ln c_i\nabla T \tag{9.31}$$

则有：

$$J_q=-\left[R\sum_{i=1}^{M}\boldsymbol{D}_{Ti}\ln c_i+\lambda+\frac{1}{\nabla T}\left(\sum_{i=1}^{M}x_i\Delta H_{iv}+\sum_{k=1}^{N}\frac{\Delta H_{kr}\dot{\xi}_k}{S_gV}\right)\right]\cdot\nabla T \tag{9.32}$$

传热速率方程成为 $J_q=K_q\nabla T$ 的形式，比较两式可得传热系数 K_q 为

$$K_q=-R\sum_{i=1}^{M}\boldsymbol{D}_{Ti}\ln c_i-\lambda-\frac{T^2}{\nabla T}\left(\sum_{i=1}^{M}x_i\Delta H_{iv}+\sum_{k=1}^{N}\frac{\Delta H_{kr}\dot{\xi}_k}{S_gV}\right) \tag{9.33}$$

2. 场内协同

分析一个具体过程的场协同问题，除要考虑场间协同外，也应考虑场内协同，即同一场内的各个分量之间的协同。式(9.30)中的第一项展开可得

$$\begin{aligned}
J'_1&=L_{11}\left(-\frac{\Delta\mu_1}{T}\right)+L_{12}\left(-\frac{\Delta\mu_2}{T}\right)+\cdots+L_{1M}\left(-\frac{\Delta\mu_M}{T}\right)\\
J'_2&=L_{21}\left(-\frac{\Delta\mu_1}{T}\right)+L_{22}\left(-\frac{\Delta\mu_2}{T}\right)+\cdots+L_{2M}\left(-\frac{\Delta\mu_M}{T}\right)\\
&\cdots\cdots\\
J'_M&=L_{M1}\left(-\frac{\Delta\mu_1}{T}\right)+L_{M2}\left(-\frac{\Delta\mu_2}{T}\right)+\cdots+L_{MM}\left(-\frac{\Delta\mu_M}{T}\right)
\end{aligned} \tag{9.34}$$

该式表明：对于上述反应精馏体系，由于存在化学反应，其他组分化学势的改变必然引起 j 组分化学势的改变，也必然对 j 组分的传质产生影响；因此在传质项的表达式中，除第一项 $J'_j=\boldsymbol{L}_{ij}\left(-\frac{\Delta\mu_j}{T}\right)$（$\boldsymbol{L}_{ij}$ 称为自唯象系数）以外，还出现了相应的相互作用项，该式实质上表明了组分之间的协同效应。

3. 场协同分析

对反应精馏进行唯象分析的目的是通过研究传质、传热与化学反应之间的协同关系，从而较真实地描述精馏塔内气液两相之间的传质和传热过程，为反应精馏过程的深层次研究提供依据。

首先分析传质和反应之间的耦合关系。在这个体系中，首先假设不存在化学反应，则各组分气液两相之间的化学势差 $\Delta\mu_j$ 为零，即两相中间不存在传质推动力，离开塔板的气液相达到热力学平衡，这是普通的精馏过程。在反应精馏体系中，精馏伴随着化学反应，那么随着反应的进行，组分在气液两相间的化学势差增大，气液相之间的传质推动力增加，两相间就进行传质。当传质速率很大或反应速率很小时，传质很充分，认为离开塔板的气液相之间达到了平衡，这就是反应精馏的平衡级模型，整个模型方程由 MESHR 方程组成；相反，当传质速率很小或反应速率很大时，气液相之间未能进行充分传质就离开塔板而进入下(上)一塔板，两相之间没有达到平衡，因此在进行分析时要加入传质项，这是反应精馏的非平衡级模型。而且由于反应的存在，要产生新的物质“流”，这种“流”不是普通意义上的流，而是广义上的热力学流，它作为传质源项出现在传质速率方程中，即式(9.18)中的第三项。

其次考虑传质过程和传热过程的耦合。在同时存在传质和传热过程的体系中，这两

个过程之间要相互影响，由传热引起的传质称作 Soret 效应，而传质引起的传热称作 Dufour 效应，分别是式(9.19)中的第一项和第二项。在本书中我们定义了两个系数 $\boldsymbol{D}_{iT}$ (Soret 效应系数)和 $\boldsymbol{D}_{Ti}$ (Dufour 效应系数)，根据唯象理论的 Onsager 倒易关系可知这两个系数应该相等，即同一系统中传质和传热之间的相互影响程度应该相等。一般来说，体系中的这种影响很小，但是在不同的系统中，由于体系组成和外部条件不同，这种影响程度差别很大，以至于这种影响成为传质和传热的重要因素。

对反应精馏来说，我们最关心的就是体系中的传质速率，因为这直接关系到体系的分离效果，而体现传质速率大小的就是式(9.23)中的传质系数 K_i，对于传质速率方程 $J_i = K_i \nabla\mu_i$，如果 K_i 为正值，说明传质是沿着化学势减小的方向进行的，这与一般的传质过程一样；反之，传质则要逆着化学势梯度进行，即进行反向扩散，显然这种反常的情况是由于传质与传热、化学反应耦合作用导致的结果。对传热过程来说，可得相同结论。

9.1.3 强化传递过程的场协同效应

强化传递过程、提高传递过程的效率是传递过程研究的一项主要内容。通过描述热量传递的傅里叶定律、质量传递的菲克扩散方程和动量传递的牛顿黏性定律这些基本传递过程，可归结出一个普遍化唯象方程：

$$\text{过程进行速率} = \frac{\text{过程推动力}}{\text{过程阻力}} \tag{9.35}$$

唯象关系式(9.5)关联了热力学力和它对应的热力学共轭流，从而反映了各种不同的不可逆过程间的交叉耦合效应。它表明，传递过程是在不可逆热力学力推动下产生不可逆热力学流的结果，即任何传递过程都表现为在强度量差的推动下广延量的流动。强度量差是热力学力，热力学力反映了体系的强度量偏离平衡位置的程度。广延量反映了热力学流的传递速率，增大所需的热力学流是传递过程强化的目标。

式(9.5)说明，体系中的一个热力学流是热力学力产生流分量的组合。一种传递过程并不仅仅是由系统中存在的与其对应的基本力场所引起的，也可以由其他力场作用产生。在传递过程中，当存在着多种力场作用于一个传递目标时，这种多场对传递过程的作用是同时发生和影响的，存在着多场作用下传递过程的耦合问题。某种传递过程的强化可以通过加强或减弱相应的基本力场，还可以改变与之相联系的力场，即通过空间条件和各个场的协同作用控制传递过程而达到强化传递过程的目的。

改写式(9.5)，将不可逆热力学力用不可逆热力学流表示：

$$X_i = \sum_j \boldsymbol{K}_{ij} J_j \tag{9.36}$$

其中定义

$$\boldsymbol{K}_{ij} = \boldsymbol{L}_{ij}^{-1} \tag{9.37}$$

$\boldsymbol{L}_{ij}^{-1}$ 是 $\boldsymbol{L}_{ij}$ 的逆矩阵。系数阵 $\boldsymbol{K}_{ij}$ 是单位流体的作用力，具有阻力系数的特性。不考虑外力场时，根据式(9.8)和式(9.9)将式(9.36)展开：

$$-\nabla\frac{\mu_1}{T} = K_{11} J_1 + K_{q1} J_q \tag{9.38}$$

$$-\nabla \frac{1}{T} = K_{qq} J_q + K_{1q} J_1 \tag{9.39}$$

定义力率 $\lambda = \dfrac{\nabla(\mu_1/T)}{\nabla(1/T)}$ 和流率 $\eta = \dfrac{J_1}{J_q}$，则可得两者的关系：

$$\lambda = \frac{K_{1q}/(K_{qq}K_{11})^{1/2}\eta + (K_{11}/K_{qq})^{1/2}}{(K_{qq}/K_{11})^{1/2}\eta + (K_{11}/K_{qq})^{1/2}} \tag{9.40}$$

式(9.40)表明力率是流率的函数，即说明了力与流之间的耦合关系。定义：

$$r = \left(\frac{K_{1q}}{K_{qq}K_{11}}\right)^{1/2} \tag{9.41}$$

r 在[-1，$+1$]之间，它表明了质量与热量传递过程的耦合程度，在这里称为场协同因子。当 $r=0$ 时，说明体系中不存在场协同问题；当 $r>0$ 时，说明两种流朝着一个方向流动，从而相互促进，特别是 $r=+1$ 时，两者场的协同达到最佳状态；当 $r<0$ 时，说明两种流朝着相反的方向流动，两者相互阻碍，特别是 $r=-1$ 时，两者的协同状况最差，这种情况是应当避免的。因此 r 的符号和大小表明了协同的方向和大小，我们可以通过人工的方式进行控制以达到强化传递过程的目的。

9.1.4 基于场协同分析的反应精馏非平衡级模型

1. 非平衡级模型的建立

本模型塔非平衡级以塔顶到塔底为序排列，包括冷凝器和再沸器在内共 N 个。冷凝器仍视为平衡级，再沸器中加入膜分离后视为平衡级，其余为非平衡级(共 $N-2$ 个)。图 9.2、图 9.3 分别是该模型塔及非平衡级物理模型的示意图。

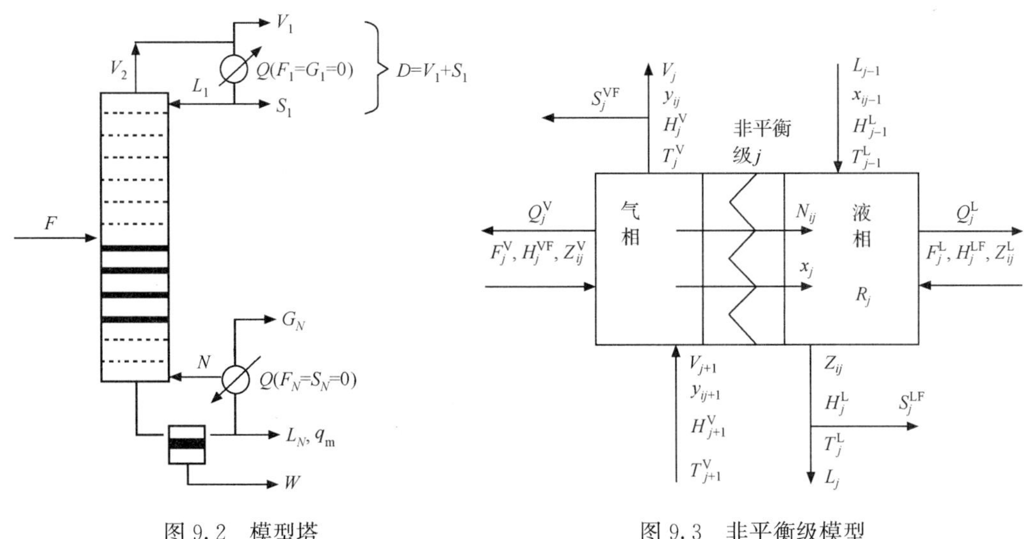

图 9.2 模型塔

图 9.3 非平衡级模型

非平衡级模型是在以下基本假设的基础上建立起来的：①系统处于热力学平衡状态，即 $p^V=p^L=p$，$T^V=T^L=T$；②反应仅在液相中或在被液体润湿的固体催化剂表面上进行，气相无反应发生；③气相在达到上一级前完全混合，液相全混流；④在级内各点传递系数相等，相界面均匀，反应速率 R_j 数值相同；⑤全塔分精馏段、反应段和提馏段；⑥催化剂表面与液相主体中的温度和浓度相同；⑦过程为稳态操作。

基于以上假设，对具有 C 个组分，N 个级或段（包括冷凝器和再沸器）的反应塔，其数学模型有以下几个方面。

1) 冷凝器（采用部分冷凝器）

物料衡算 $$V_2 y_{2i} - V_1 y_{1i} - (L_1 + S_1^{\mathrm{L}}) x_{1i} = 0 \tag{9.42}$$

热量衡算 $$V_2 H_2^{\mathrm{V}} - V_1 H_1^{\mathrm{V}} - (L_1 + S_1^{\mathrm{L}}) H_1^{\mathrm{L}} - Q_1 = 0 \tag{9.43}$$

相平衡关系 $$y_{1i} = k_{1i} x_{1i} \tag{9.44}$$

2) 提馏段和精馏段

物料衡算方程：

$$V_{j+1} y_{j+1,i} - (1 + S_j^{\mathrm{V}}) V_j y_{ji} + F_j^{\mathrm{V}} Z_{ji}^{\mathrm{V}} - N_{ji}^{\mathrm{V}} = 0 \quad \text{（气相）} \tag{9.45}$$

$$L_{j-1} x_{j-1,i} - (1 + S_j^{\mathrm{L}}) L_j x_{ji} + F_j^{\mathrm{L}} Z_{ji}^{\mathrm{L}} + N_{ji}^{\mathrm{L}} = 0 \quad \text{（液相）} \tag{9.46}$$

假定气液相界面和液固相界面之间无质量积累，且气液之间温度平衡，则在非平衡级上气液总的质量平衡方程如下：

$$V_{j+1} - V_j (1 + S_j^{\mathrm{V}}) + L_{j-1} - L_j (1 + S_j^{\mathrm{L}}) + F_j^{\mathrm{V}} + F_j^{\mathrm{L}} = 0 \tag{9.47}$$

热量衡算方程：

$$\begin{aligned} & V_{j+1} H_{j+1}^{\mathrm{V}} + L_{j-1} H_{j-1}^{\mathrm{L}} - (1 + S_j^{\mathrm{V}}) V_j H_j^{\mathrm{V}} - (1 + S_j^{\mathrm{V}}) L_j H_j^{\mathrm{L}} + F_j^{\mathrm{V}} H_j^{\mathrm{VF}} + \\ & F_j^{\mathrm{L}} H_j^{\mathrm{LF}} - Q_j^{\mathrm{V}} - Q_j^{\mathrm{L}} = 0 \end{aligned} \tag{9.48}$$

质量传递方程：

在稳态操作下，相界面上应无质量积累，即

$$N_{ji}^{\mathrm{V}} = N_{ji}^{\mathrm{L}} = N_{ji} \tag{9.49}$$

而根据式(9.23)计算出传质系数 K_{ji} 后，我们就可以相应地求出传质通量 $J_{ji} = K_{ji}(c_{i,0} - c_{i,\mathrm{in}})$，则有式(9.50)

$$N_{ji} = J_{ji} \alpha_{\mathrm{e}} \tag{9.50}$$

式中，α_{e} 是气液两相有效传质相界面积，对于本书研究的填料式精馏塔来说，有如下关系[15]：

$$\alpha_{\mathrm{e}} = \frac{0.11}{D_\rho (Fr_{\mathrm{L}})^{1/2}} (We)^{2/3} \tag{9.51}$$

其中弗鲁德(Froude)数和韦伯(Weber)数分别为

$$Fr_{\mathrm{L}} = \frac{L^2}{\rho_{\mathrm{L}}^2 g D_\rho} \tag{9.52}$$

$$We = \frac{D_\rho L^2}{\rho_{\mathrm{L}} \sigma} \tag{9.53}$$

式中，D_ρ 为填料的公称尺寸，L 为液体质量空塔流率，ρ_{L} 为液相密度，σ 为表面张力。

气液相界面平衡关系：

$$G_{ji}^{\mathrm{L}} = k_{ji} x_{ji}^{\mathrm{I}} - y_{ji}^{\mathrm{I}} = 0 \tag{9.54}$$

归一化条件

$$\sum_{i=1}^{C} x_{ji}^{\mathrm{L}} - 1 = 0 \tag{9.55}$$

$$\sum_{i=1}^{C} y_{ji}^{\mathrm{V}} - 1 = 0 \tag{9.56}$$

$$\sum_{i=1}^{C} x_{ji}^{\mathrm{I}} - 1 = 0 \tag{9.57}$$

$$\sum y_{ji}^{\mathrm{I}} - 1 = 0 \tag{9.58}$$

3) 反应段

反应段与提馏段和精馏段基本上是一致的，只是反应段中多了化学反应而已，也就是说，在进行物料衡算和热量衡算时要相应地考虑反应生成(或消耗)的物质的量和反应热的因素，把式(9.46)和式(9.48)分别改写成式(9.59)和式(9.60)即可。

液相物料衡算方程：

$$L_{j-1}x_{j-1,i} - (1+S_j^{\mathrm{L}})L_j x_{ji} + F_j^{\mathrm{L}} Z_{ji}^{\mathrm{L}} + \nu_i R_j + N_{ji}^{\mathrm{L}} = 0 \tag{9.59}$$

热量衡算方程：

$$\begin{aligned} &V_{j+1}H_{j+1}^{\mathrm{V}} + L_{j-1}H_{j-1}^{\mathrm{L}} - (1+S_j^{\mathrm{V}})V_j H_j^{\mathrm{V}} - (1+S_j^{\mathrm{V}})L_j H_j^{\mathrm{L}} + F_j^{\mathrm{V}} H_j^{\mathrm{VF}} + \\ &F_j^{\mathrm{L}} H_j^{\mathrm{LF}} - Q_j^{\mathrm{V}} - Q_j^{\mathrm{L}} + (-\Delta H_{\mathrm{r}})R_j \nu_{\mathrm{t}} = 0 \end{aligned} \tag{9.60}$$

其余的方程与提馏段和精馏段相同。

4) 再沸器

物料衡算：

$$(1+S_N^{\mathrm{V}})V_N y_{Ni} + L_N x_{Ni} - L_{N-1} x_{N-1,i} - N_{i\mathrm{m}} = 0 \tag{9.61}$$

其中，

$$N_{i\mathrm{m}} = J_{i\mathrm{m}} A_{\mathrm{m}} \tag{9.62}$$

$J_{i\mathrm{m}}$ 是膜分离传质速率，A_{m} 则是膜面积。传质速率可用式(9.63)求得

$$J_{i\mathrm{m}} = -D_{i\mathrm{m}} \nabla \mu_{i\mathrm{m}} - P_i(\Delta p_i - \sigma \pi_{i,ff}) \tag{9.63}$$

热量衡算：

$$(1+S_N^{\mathrm{V}})V_N H_N^{\mathrm{V}} - L_{N-1} H_{N-1}^{\mathrm{L}} + L_N H_N^{\mathrm{L}} + Q_N = 0 \tag{9.64}$$

相平衡关系：

$$y_{Ni} = k_{Ni} x_{Ni} \tag{9.65}$$

在每个非平衡级上，有迭代变量和独立方程各 $5C-1$ 个，写成向量表达式为

$$f_j^{\mathrm{T}} = (M_{j1}^{\mathrm{V}} \cdots M_{jC}^{\mathrm{V}}, M_{j1}^{\mathrm{L}} \cdots M_{jC}^{\mathrm{L}}, E_j, R_{j1}^{\mathrm{V}} \cdots R_{j,C-1}^{\mathrm{V}}, G_{j1}^{\mathrm{I}} \cdots G_{jC}^{\mathrm{I}}, R_{j1}^{\mathrm{L}} \cdots R_{j,C-1}^{\mathrm{L}}) \tag{9.66}$$

$$x_j^{\mathrm{T}} = (y_{j1}^{\mathrm{V}} \cdots y_{j,C-1}^{\mathrm{V}}, x_{j1}^{\mathrm{L}} \cdots x_{j,C-1}^{\mathrm{L}}, V_j, L_j, T_j, N_{j1} \cdots N_{jC}, y_{j1}^{\mathrm{I}} \cdots y_{j,C-1}^{\mathrm{I}}, x_{j1}^{\mathrm{I}} \cdots x_{j,C-1}^{\mathrm{I}}) \tag{9.67}$$

包括冷凝器和再沸器在内按照级的顺序集中，写成向量表达式，有

$$F(X) = 0 \tag{9.68}$$

式中，

$$F^{\mathrm{T}}(x) = (f_1, f_2, \cdots, f_j, \cdots, f_m) \tag{9.69}$$

$$X^{\mathrm{T}} = (x_1, x_2, \cdots, x_j, \cdots, x_m) \tag{9.70}$$

此外，还应包括计算如下的相平衡常数 K_{ij}，气相、液相摩尔焓 H_j^{V}、H_j^{L}，组分的生成或消失速率 R_{ji}，传质速率 $N_{ji}{}^{\mathrm{V}}$、$N_{ji}{}^{\mathrm{L}}$等的关系式：

$$K_{ji} = K_{ji}(x_{ji}, y_{ji}, T_j, p_j; i = 1, 2, \cdots, C) \tag{9.71}$$

$$R_{ji} = R_{ji}(x_{ji}, W_j, Q_E, T_j; i = 1,2,\cdots,C) \tag{9.72}$$

$$H_j^V = H_j^V(T_j, P_j, y_{ji}; i = 1,2,\cdots,C) \tag{9.73}$$

$$H_j^L = H_j^L(T_j, P_j, x_{ji}; i = 1,2,\cdots,C) \tag{9.74}$$

$$N_{ji}^V = N_{ji}^V(k_{i,k}^V, a_j, y_{kj}^L, T_j, N_{ji}^V, y_{kj}^I; i,k = 1,2,\cdots,C) \tag{9.75}$$

$$N_{ji}^L = N_{ji}^L(k_{i,k}^L, a_j, x_{kj}^L, T_j, N_{ji}^L, x_{kj}^I; i,k = 1,2,\cdots,C) \tag{9.76}$$

2. 传质过程的研究

在表面更新模型中,传质过程被看成是与时间有关的非定常态过程。传质是假定在物质与界面的短暂而反复的接触时进行的,而这样的运动是由主流体中的湍流脉动产生的。新鲜的液体基元连续地替代那些正与界面接触的液体,故传质就受到系统更新的界面的影响。

由于对相界面上的传质起作用的流体基元的暴露时间短得不足以达到定常态特征,因此所有传递过程都是由非定常态分子扩散而引起的。这一理论起源于认为气泡在液体里上升时,液体元和气泡表面的接触时间等于气泡上升一个气泡直径距离所需的时间。但该模型可被推广应用于液体湍流时的自由表面与气体相接触的情况。传质作用是在这样一个循环中进行的,即液体中的每个涡流来到表面进行扩散后,涡流又无轨地回到主流中去。气体按扩散方程所描述的方式进入液体涡流中:

$$\frac{\partial c}{\partial t} = D\frac{\partial^2 c}{\partial y^2} \tag{9.77}$$

式中,c 是局部的气体浓度,D 是扩散系数,y 是离界面的距离。对于小的扩散速率,在持续时间小的假定下,涡流的尺寸实际上是无限的。为了解式(9.77),可取一新变量:

$$\eta = \frac{y}{\sqrt{4Dt}} \tag{9.78}$$

用此新变量取代式(9.77)中的 t 和 y,可得

$$\frac{\mathrm{d}^2 c}{\mathrm{d}\eta^2} + 2\eta\frac{\mathrm{d}c}{\mathrm{d}\eta} = 0 \tag{9.79}$$

解上述方程可得

$$c = A\int_0^\eta \mathrm{e}^{-\eta^2}\mathrm{d}\eta + B \tag{9.80}$$

边界条件为

$$t = 0,\quad y > 0,\quad \eta = \infty,\quad c = c_{\text{in}} \tag{9.81}$$

$$t > 0,\quad y = 0,\quad \eta = 0,\quad c = c_0 \tag{9.82}$$

式中,c_{in} 为界面处气体浓度,c_0 为气体主体浓度,将边界条件代入式(9.82)中,得

$$A = c_0,\quad B = \frac{2}{\pi}(c_{\text{in}} - c_0) \tag{9.83}$$

由此得

$$c = c_0 + (c_{\text{in}} - c_0)\left(1 - \frac{2}{\pi}\int_0^\eta \mathrm{e}^{-\eta^2}\mathrm{d}\eta\right) \tag{9.84}$$

因此可得到在任一时间 t,在每单位相界面积上的传质通量 J 为

$$J = 2(c_0 - c_{in})\sqrt{\frac{D}{\pi t}} \tag{9.85}$$

按传质膜系数定义：

$$J = K(c_0 - c_{in}) \tag{9.86}$$

可得传质系数为

$$K = 2\sqrt{\frac{D}{\pi t}} = 2\left(\frac{D}{\pi t}\right)^{1/2} \tag{9.87}$$

上述结论是在假设每个流体基元暴露于自由表面的时间 t 是常数时得到的，而实际上每个基元的持续时间是不同的，为了使结果更为精确，我们免除这一假设，认为流体元在表面上的停留时间可为 0 到无限大中的任一值。这样引入一个新的变量：

$$\phi = s\mathrm{e}^{-st} \tag{9.88}$$

式中，ϕ 是被更新的单元取代前暴露于界面上的时间 t 内任一面积单元的概率密度，s 是某一基团的基元被更新的分数。结合式(9.85)和式(9.88)，并对整个时间进行积分可得单位相界面上定常态时的传质通量：

$$J = (c_0 - c_{in})(Ds)^{1/2} \tag{9.89}$$

于是传质系数为

$$K = (Ds)^{1/2} \tag{9.90}$$

式中的更新分数 s 可用实验测得。

以上描述的传质的模型就是表面更新理论，然而根据场协同理论，传质不只是由浓度梯度推动的，而是由多场(浓度场和温度场)协同推动的，因此对式(9.90)做一些改进，加入浓度场和温度场之间的协同作用对传质过程的影响：

$$K = (Ds)^{1/2}\int_0^{\delta}(\nabla c \cdot \nabla T)\mathrm{d}y \tag{9.91}$$

对于反应精馏膜分离过程中气液相之间的传质问题来说，δ 是气液相之间的传质膜厚度。引入无因次变量：

$$\nabla\bar{c} = \frac{\nabla c}{(c^{\mathrm{V}} - c^{\mathrm{L}})/\delta},\quad \nabla\bar{T} = \frac{\nabla T}{(T^{\mathrm{V}} - T^{\mathrm{L}})/\delta},\quad \bar{y} = \frac{y}{\delta} \tag{9.92}$$

故可获得无因次关系式：

$$Sh = Re^{1/2}Sc^{1/2}\int_0^1(\nabla\bar{c} \cdot \nabla\bar{T})\mathrm{d}\bar{y} \tag{9.93}$$

式中，舍伍德数 $Sh = Kd/D$；雷诺数，$Re = ud/\nu$；施密特数，$Sc = \nu/D$。其中，u 是表观流速，ν 是液体的运动黏度，d 代表长度。

3. 非平衡级模型的求解

非平衡级模型包含的方程数远多于平衡级模型，本节采用分层迭代的部分牛顿-拉弗森(Newton-Raphson，N-R)法进行求解，其内、中、外三层迭代变量分别为界面液相组成 x_{ji}^{I}，主体气液相组成 x_{ji}^{L}、y_{ji}^{V}，气相流率 V_j，相关迭代变量的初值由平衡级模型给定。对液相、气相主体的组成采用牛顿法求解，其 Jacobian 矩阵具有块状对角阵形式，其矩阵元素由两部分构成，一部分由解析法求算，不能用解析法求算的，用差分法求算，计算流程如下：

①开始；②输入相关物性参数；③假定 x_{ji}^{L0}，y_{ji}^{V0}，x_{ji}^{I0} 初值，初值由平衡级模型求得；④由泡点法计算 p，$x^{I} \rightarrow y^{I}$，T_j^0；⑤求 R_j，N_{ji}；⑥总物料和衡算求解 L_j^0，V_j^0；⑦N-R 法求解 x_{ji}^{L}，y_{ji}^{V}，求解 x_{ji}^{I1} 值；⑧判断 $|T_j^1 - T_j^0| < \Delta$?，若不成立，$x_{ji}^{I1} \rightarrow x_{ji}^{I0}$，返回④；⑨判断 $G(x_{ji}^{L1}) < \Delta G(y_{ji}^{V1}) < \Delta$?，若不成立，$x_{ji}^{L1} \rightarrow x_{ji}^{L0}$ $y_{ji}^{V1} \rightarrow y_{ji}^{V0}$ 返回④；⑩求 L_j^1，V_j^1；⑪判断 $|V_j^1 - V_j^0| / V_j^0 < \Delta$? 若不成立，返回 4；⑫输出 x_{ji}^{L}，y_{ji}^{V}，x_{ji}^{I}，T_j，V_j，N_{ji}。

计算框图如图 9.4 所示。

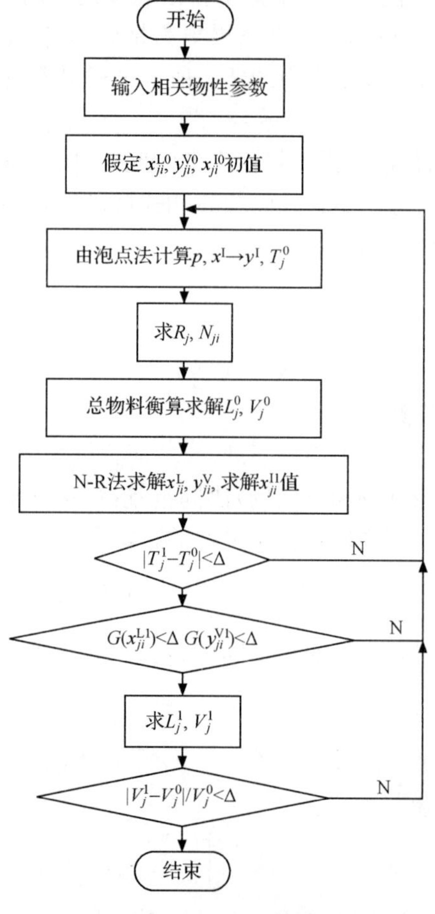

图 9.4　算法流程图

9.1.5　实验验证

以乙醇和叔丁醇为原料，在反应精馏膜分离耦合装置中合成乙基叔丁基醚(ETBE)，其中膜分离器中的膜采用实验室自制的渗透蒸发膜。反应方程如下：

$$\mathrm{EtOH} + \mathrm{TBA} \Longleftrightarrow \mathrm{ETBE} + \mathrm{H_2O}$$

$$\mathrm{TBA} \Longleftrightarrow \mathrm{IB} + \mathrm{H_2O}$$

$$\mathrm{EtOH} + \mathrm{IB} \Longleftrightarrow \mathrm{ETBE}$$

1. 柱状催化剂

本实验使用的是南开大学生产的 NKC_9 粒状阳离子交换树脂，该树脂具有适宜的大孔网状结构和较高的催化活性，该树脂的性能指标如下：

外观	驼色、干态、球状颗粒
型式	H 型
粒度(0.4～1.25 mm)	≥95%
含水量	≤10%
干态密度	0.65～0.75 g/ml
从干态到水饱和态膨胀率	136%
从干态到乙醇饱和态膨胀率	106%
氢离子浓度	≥4.7 mmol/g 干树脂
比表面	77 m^2/g
孔容	0.27 mg/g
平均孔径	56 nm
最高使用温度	100℃

由于在反应精馏实验中催化剂需要装填在精馏柱中，为了减少反应段大压降，也就是降低催化剂的装填密度，所以需要将粒状催化剂制成尺寸为 1.0 cm×0.8 cm 的圆柱状。

所用原料和器材：

NKC_9 阳离子交换树脂：南开大学生产

黏结剂：聚乙烯，兰州炼油化工总厂生产

脱膜剂：硅油，珠海威泰精细化工有限公司

分样筛，厚 1 cm 带有孔径为 0.8 cm 的光滑圆孔的平整钢板、薄铁板。

将粒状树脂和聚乙烯用分样筛筛分，取 0.4 mm 的部分，按质量比 5∶1 均匀混合。首先在薄铁板上涂上一层均匀的脱膜剂，把钢板压在涂层之上，小心使其不要滑移，再用脱膜剂均涂钢板上的选定的圆孔。制备过程中要注意脱膜剂的剂量不能过多，太多会使脱膜剂粘在催化剂上且使催化剂引入脱膜剂而带入杂质；脱膜剂剂量也不可太少，太少就起不到阻止聚乙烯与模具黏结的作用，使制成的催化剂柱体不完整。将所称量的催化剂与聚乙烯充分混合，然后小心地将混合物填充于钢板中涂膜的孔中，注意要使混合物稍稍过量，在孔的上方形成一个小锥形，因为在加热过程中，孔道中的聚乙烯熔融，催化剂颗粒会随之下陷。把装好药品的模板放入 140℃的烘箱中加热，多次实验结果表明，140℃条件下加热 1.50 h 制成的柱状催化剂成功率在 98%以上。而温度低于 135℃时，聚乙烯不易熔融，加热时间长，且柱状催化剂成功率不高。温度高于 145℃时，加热时间虽然缩短了，制成的柱体成功率也在 95%以上，但是柱状催化剂经水浸泡则很易解体。140℃下，如果加热时间少于 1 h，则聚乙烯没有融化完全，柱体不能成形；加热时间长于 1.50 h，成功率无明显提高。加热过程中，要在 1 h 左右打开烘箱，在聚乙烯有明显的融化情况下，用玻璃棒轻压填充的混合物，使柱体的成形更好。制作成形的柱状催化剂如图 9.5 所示。

交换容量是每克干催化剂中能参与交换的某种交换基团的物质的量，它表征了此催

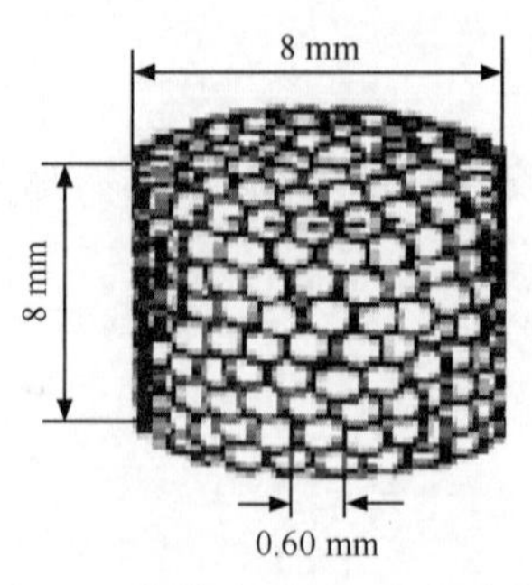

图 9.5　制作成形的柱状催化剂

化剂的催化能力。NKC_9 干氢催化树脂为氢型、干型-球状大孔强酸性苯乙烯系阳离子交换树脂，其与 NaCl 的交换过程可用下式表示：

$$HR + NaCl = NaR + HCl$$

因此本实验采用过量 NaCl 溶液浸泡催化剂，然后用标准 NaOH 溶液滴定即可确定此柱状催化剂的交换容量。为对比原催化剂，实验中将两者的交换容量都加以确定。

将 1 mol NaCl 晶体溶于 250 ml 容量瓶中配成约 4 mol/L 的饱和溶液，取干燥后的粒状催化剂 2.0 g 和柱状催化剂 2.0 g 置于 100 ml 平底烧瓶中，各加 50 ml NaCl 溶液浸泡 48 h。过后，向盛有粒状催化剂和柱状催化剂的烧瓶中各滴加甲基橙溶液 1～2 滴，用配制好的 3 mol/L 的 NaOH 标准溶液滴定，分别消耗 NaOH 标准溶液为 3.0 ml 和 2.7 ml，则得 NKC_9 型粒状催化剂的交换容量为

$$3.0 \times 3.00/2.0 = 4.50\,[\mathrm{mmolH^+ /g\text{-}resin}]$$

该值比参考文献值 4.70 小，其原因可能是浸泡时间不够长，没能将氢离子全部置换出来，也有可能是由称量前催化剂迅速吸湿造成的。NKC_9 型柱状催化剂的交换容量为

$$2.7 \times 3.00/2.0 = 4.05\,[\mathrm{mmolH^+ /g\text{-}resin}]$$

柱状催化剂交换容量降低率：(4.50－4.05)/4.50＝10%

2. 实验原料和仪器

叔丁醇：分析纯，天津市化学试剂六厂三分厂生产

工业叔丁醇：叔丁醇和水的工业共沸物，叔丁醇所占摩尔分数 0.66

柱状树脂催化剂：以 NKC_9 强酸性离子交换树脂为原料，用聚乙烯作为黏合剂将其制成柱状

GC122 气相色谱仪：上海分析仪器厂生产

GCD-300A 全自动氢气发生器：北京惠普分析技术研究所生产

HL-2 恒流泵：上海沪西分析仪器厂生产

微量进样器：10 μl，上海医用激光仪器厂生产

循环定时控制器：西北大学化学系制

湿式气体流量计：长春市仪表厂

调温型加热套：河北省黄骅市新兴电器厂

低温恒温槽：上海天平仪器厂

SHZ-95 型循环水式多用真空泵：河南省巩义市英峪予华仪器厂

3. 实验装置和方法

实验装置如图 9.6 所示。塔内径 3 cm，高 58 cm，共分三段，分别是 19 cm 的精馏段，26 cm 的反应段和 13 cm 的提馏段。反应塔中间开四个口(离塔顶距离依次是 5 cm、18 cm、36 cm、51 cm)，可接温度计或为进料口，其中有三个测温口和一个进料口。为了

防止热量散失，反应塔身为双层，层间抽成真空，同时反应塔外侧包绝热材料。反应塔的下端接容量为 500 ml 的四口烧瓶，由调温型电热套提供此再沸器的热量。再沸器的釜液由蠕动泵抽入膜分离器中，除去大部分水后送回再沸器中。

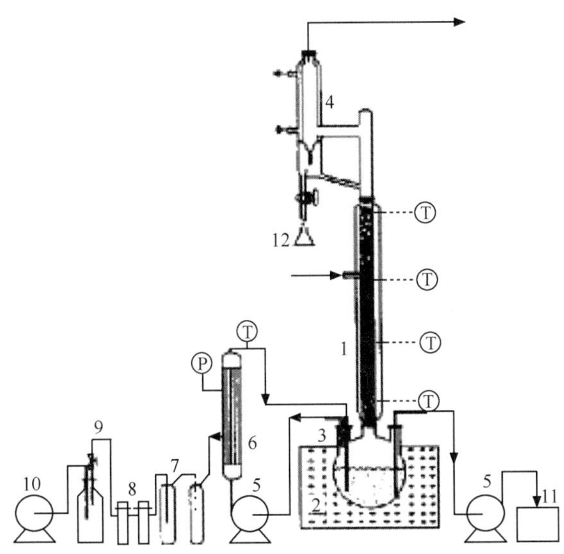

图 9.6　ETBE 反应精馏膜分离实验装置图

1. 蒸馏柱；2. 电热套；3. 再沸器；4. 冷凝器；5. 蠕动泵；6. 膜分离器；7. 冷阱；8. 干燥烧瓶；9. 缓冲烧瓶；10. 真空泵；11. 料液槽；12. 液体蒸馏物接收器

反应段装填有自制的柱状强酸性阳离子交换树脂 NKC_9，并以此作为催化剂，催化剂总装填料为 80 g。制成的柱状阳离子催化剂的形状以及其他参数如下：催化剂颗粒半径 0.60 mm，圆柱高度 10 mm，底面直径 8 mm，其交换容量为 4.05 mol-H^+/kg-dry resin。

精馏段和提馏段均装有波纹丝网填料，以增大气液接触面积，起到有效的分离效果。塔顶用循环冷凝液（水和乙醇溶液）冷凝，循环冷凝液接低温恒温槽，其冷凝温度可控。冷凝温度不需太低，将异丁烯从水和叔丁醇中分离出来即可，一般温度为 0～5℃。冷凝器下部连接一电循环定时控制器可间接控制回流比，同时也供取样分析的方便。反应塔最上端接排气口，排出的气体经过湿式气体流量计。

9.1.6　结果与讨论

笔者用以上模型完成了反应精馏膜分离耦合过程合成 ETBE 过程的模拟。将全塔分为 16 个模型级，冷凝器为第 1 级，再沸器为第 16 级，精馏段为第 2～7 级，反应段为第 8～12 级，提馏段为 13～15 级，乙醇和叔丁醇以一定的配比在反应段进料，进料温度为 333.15 K，操作压力为常压，回流比为 5。在这种情况下，塔顶温度为 322.85 K，塔底温度为 364.97 K。

将基于场协同理论的非平衡级模型计算的塔顶和塔釜组成列于表 9.1 中，并将结果与实验值以及非基于场协同理论的平衡级模型的计算值进行比较。

表 9.1 塔顶塔釜组成的实验值与模型值的比较 (单位:摩尔分数,%)

组分		EtOH	TBA	ETBE	H_2O	IB
塔顶组成	实验值	15.6	7.9	53.5	7.7	15.3
	非平衡级计算值	17.5	7.1	52.8	8.4	13.2
	平衡级计算值	20.5	1.8	52.3	9.7	15.6
塔釜组成	实验值	50.0	27.0	0.0	23.0	0.0
	非平衡级计算值	51.4	26.7	0.3	20.9	0.7
	平衡级计算值	56.5	36.5	0.01	7.0	0.0

由表 9.2 可看出,模型计算值与实验值吻合得较好,并且经过比较可以得出,基于场协同的非平衡级模型的计算值比非基于场协同的平衡级模型更接近于实验值,这就说明在反应精馏膜分离体系中引入场协同理论可以更好地对实际模型进行数学模拟。

1. 模型的模拟结果

图 9.7、图 9.8 分别给出了各组分的气液相组成在塔内的分布,图 9.9、图 9.10 分别为气液相温度和流率沿塔高的分布。由图 9.8 可以看出,在塔顶组分以 ETBE 和异丁烯为主,而塔釜主要是 H_2O 和乙醇,这是因为所研究体系五个组分按沸点依次降低顺序依次为:H_2O(373.2 K),TBA(355.6 K),EtOH(351.5 K),ETBE(346.15 K),IB(266.3 K)。因此,塔顶主要是 ETBE,一部分 IB 由于沸点过低而从塔顶馏出,塔釜主要是 H_2O 和 EtOH。温度的分布图基本和实际结果较为一致。模拟计算是比较成功的。

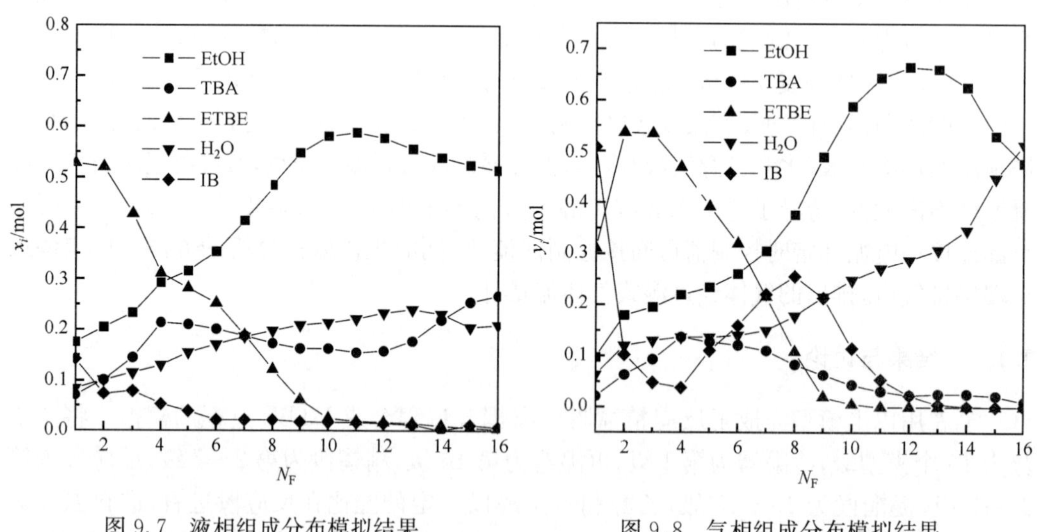

图 9.7 液相组成分布模拟结果　　图 9.8 气相组成分布模拟结果

2. 回流比的影响

如图 9.11 所示,当回流比较小时,塔顶馏出物流量相对较大,导致反应物利用率低,且在反应段原料乙醇和叔丁醇浓度偏低,转化率就相应偏低。当回流比增大时,反应物的

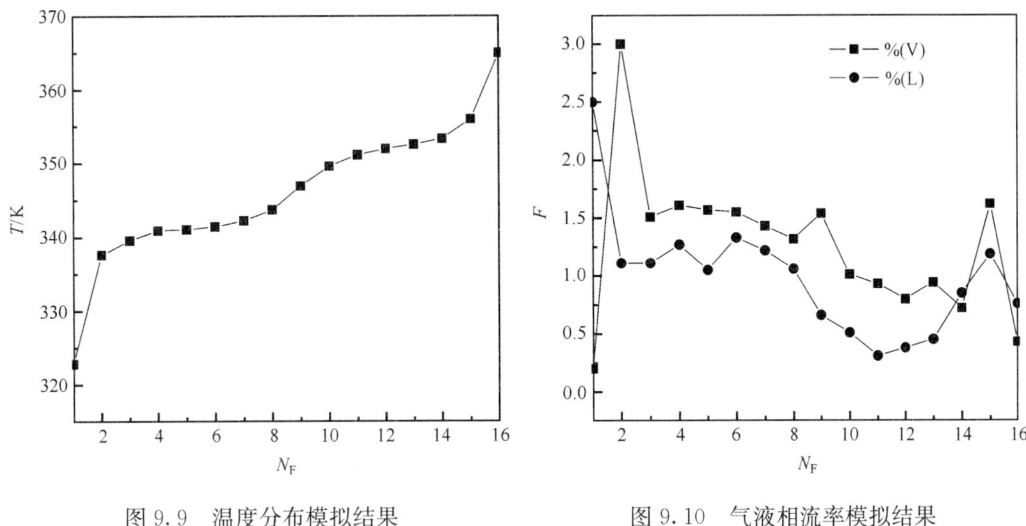

图 9.9　温度分布模拟结果　　　　图 9.10　气液相流率模拟结果

利用率和转化率随着回流比的增加相应升高。但由于催化剂对水的吸附及体系共沸特性的综合作用，使得回流比增大到一定程度(约为 3)时影响不再显著。

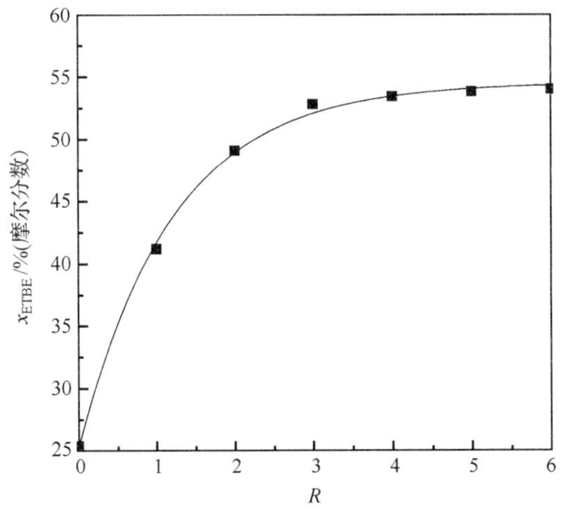

图 9.11　回流比的影响

3. 进料位置的影响

图 9.12 是不同进料位置下反应精馏膜分离过程模拟结果，其中催化剂装填位置不变。由图可知，当进料位置在催化剂上方各点改变时，其对过程的影响较小。而当进料位置位于催化剂下方时，塔顶醚的含量明显呈下降趋势，且进料位置越靠近塔釜影响就越大。这主要是由于反应是液相反应，如果进料位于催化剂下方，乙醇和叔丁醇在催化剂段的含量就降低，导致反应不够充分。

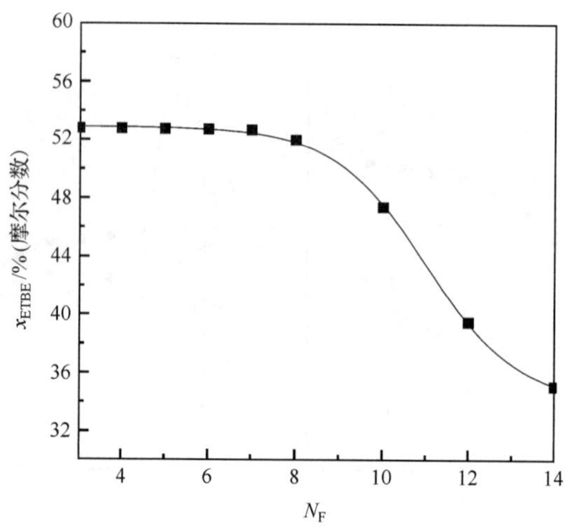

图 9.12　进料位置的影响

4. 进料组成的影响

如图 9.13 所示，原料液乙醇和叔丁醇摩尔比的增大会在一定程度上抑制叔丁醇的分解，提高叔丁醇的醚化利用率，但同时又将使乙醇的转化率降低。反之则会促进叔丁醇的分解，降低其利用率，并导致塔顶异丁烯的含量增大而醚的含量降低。因此考虑塔顶醚的含量，存在一最佳的摩尔比，约为 1.2。最佳摩尔比不是主反应中乙醇和叔丁醇的系数之比 1.0 ，而是在 1.2 附近，可能是因为阳离子交换树脂对乙醇的吸收比叔丁醇大。

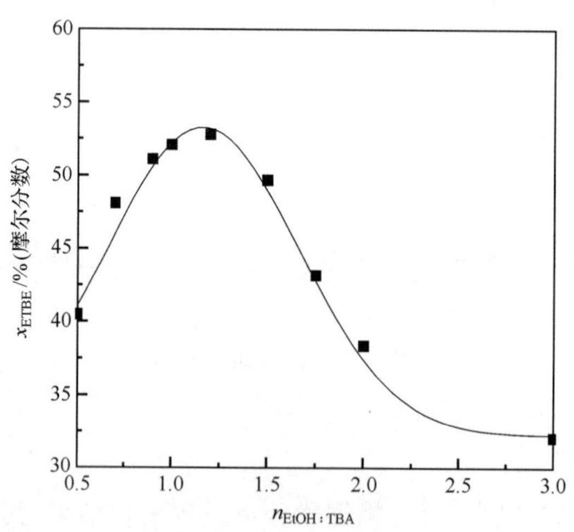

图 9.13　进料组成的影响

5. 膜面积的影响

由膜渗透蒸发方程可知，膜的有效分离面积增大会促进水的分离，从而增大塔顶醚的含量。然而在一定的进料量和催化剂装填量下，增大膜有效面积对过程的促进作用是有一定限度的。图 9.14 的模拟结果反映了膜面积对反应精馏膜分离的影响。由图可知，当膜面积大于 0.11 m^2时，塔顶醚含量提高已不太明显。

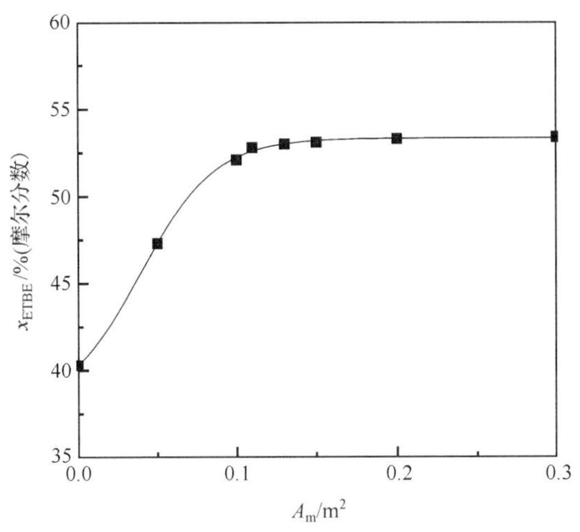

图 9.14　膜面积的影响

以上反应精馏的非平衡级模型的结果分析表明：通过改善多场之间的协同条件，可以强化体系中的传递过程，从而使其符合工业生产的要求。

9.2　基于超熵产生理论的反应精馏系统多稳态分析

9.2.1　引言

在反应精馏过程中，由于反应与精馏之间的相互作用，呈现出高度的非线性行为，往往会出现多稳态现象。多稳态现象对反应精馏的操作和控制有较大的影响。如当系统存在严重的输出多稳态，而设计操作点正好位于不稳定状态上时，就会使得系统开环不稳定，给系统稳定操作带来不利。研究多稳态现象的目的就是为了探讨多稳态产生的条件和原因，找到多稳态产生的区域，以避免系统在多稳态区域进行操作，有时也可利用多稳态的特点进行开车和停车操作等。

关于反应精馏多稳态现象产生条件和原因的研究引起了众多学者的广泛关注。Sneesby 等[16]研究了 MTBE 和 ETBE 反应精馏中的多稳态和拟多稳态，结果表明多稳态的产生是由塔顶出料量与回流量或再沸器热负荷与塔底出料量之间的关系引起的。而 Eldarsi 和 Douglas[17]对 MTBE 合成的研究则表明甲醇进料量是催化精馏塔处于多稳态和单稳态的决定因素。Mohl 等[18]对 MTBE 和 TAME 的研究则表明多稳态的出现是由于动力学不稳定性。Ciric 和 Miao[19]通过同伦延拓法研究了乙二醇合成体系的多稳态，指出体系多稳态的原因可能是由双线性反应速率和不同反应物之间较大的挥发性差异等因素共同导致的。而 Chen 等[20]采用弧长连续微分法找到了合成 MTBE 和 TAME 反应精馏中的多稳态，他们的研究表明，反应精馏中多稳态主要是由于回流比、再沸率和达姆科勒数(Damköhler number)等参数的变化，即主要是由反映体系动力学效应参数的变化引起的。

从以上分析可以看出，上述学者虽然分别对多稳态现象产生条件和原因作了一些探讨，但结论大都是对若干特定实验现象的分析总结，普适性较欠缺，并且所得结论也不尽一致，对多稳态产生条件的确切描述以及产生原因等缺乏完整的理论解释。笔者认为，上述学者的结论之所以不能令人完全满意，一个很重要的原因在于，他们的讨论多是从动力学角度（如对反应速率方程的分析）出发，而较少从热力学，尤其是较少从非平衡热力学的角度出发来研究。事实上，按照非平衡热力学理论，多稳态问题实质上是一个热力学定态点的稳定性问题。如果系统所处某一定态不稳定，则在扰动的情况下，系统就会失稳，系统失稳后在达到新的定态过程中，就可能发生分支，从而导致多稳态现象的发生。因此，系统存在不稳定的定态点的区域往往就是多稳态产生的区域，而导致系统存在不稳定的定态点的原因和条件就是多稳态产生的原因和条件，所以系统定态点稳定性的判定是解决问题的关键，而非平衡态热力学稳定性理论正好提供了系统定态点稳定性判定的普适判定方法。由此可见，从非平衡态热力学的稳定性理论出发，有望获得解决多稳态问题的一般性方法。

将非平衡热力学的理论用于系统稳定性的分析，也已引起部分学者的关注。例如，刘朝等[21]利用该理论分析了在 CSTR 反应器中合成 NH_3 的稳定性问题，Lvov 等[22]也利用该理论研究了浅滩生态环境中碳的生物化学循环过程。最近，Burande 和 Bhalekar[23]则利用该理论研究了限定速率情况下的几个基本化学反应的稳定性。但目前还没有将该理论用于反应精馏系统多稳态分析的报道。

9.2.2　反应精馏系统的热力学模型及定态稳定性判据

1. 热力学模型的建立

假定系统所受外力合力为 0，忽略流体的黏滞阻力，气液两相分别视为连续系统，内部变量均匀，催化剂均匀分布在液相，系统共有 K 种物质，发生 r 种化学反应，则对该塔第 j 级系统内进行质热衡算得到：

组元 i 质量守恒方程

$$U_j^{\mathrm{V}}\frac{\mathrm{d}y_{j,i}}{\mathrm{d}t}=V_{j+1}y_{j+1,i}-V_jy_{j,i}-N_{j,i}^{\mathrm{V}}\quad（气相）\tag{9.94}$$

$$U_j^{\mathrm{L}}\frac{\mathrm{d}x_{j,i}}{\mathrm{d}t}=L_{j-1}x_{j-1,i}-L_jx_{j,i}+N_{j,i}^{\mathrm{L}}+f_jz_{j,i}+r_{j,i}\quad（液相）\tag{9.95}$$

能量守恒方程

$$U_j^{\mathrm{V}}\frac{\mathrm{d}H_j}{\mathrm{d}t}=V_{j+1}H_{j+1}-V_jH_j-q_j^{\mathrm{V}}\quad（气相）\tag{9.96}$$

$$U_j^{\mathrm{L}}\frac{\mathrm{d}h_j}{\mathrm{d}t}=L_{j-1}h_{j-1}-L_jh_j+q_j^{\mathrm{L}}+(-\Delta H_j^{r})+h^ff_j\quad（液相）\tag{9.97}$$

根据基本假设，气液相界面宏观体积非常小，忽略其上的物料和能量的积累，从而有

$$N_{j,i}^{\mathrm{V}}-N_{j,i}^{\mathrm{L}}=0\tag{9.98}$$

$$q_j^{\mathrm{V}}-q_j^{\mathrm{L}}=0\tag{9.99}$$

又因相界面满足平衡关系，所以有

$$y_{j,i}^{\mathrm{I}} = K_{j,i} x_{j,i}^{\mathrm{I}} \tag{9.100}$$

在式(9.94)～式(9.100)中，U、V、L、f、N、y、x、H、h、q、ΔH、K 分别为反应精馏塔各级持液量(kg)、气相流率(kg/s)、液相流率(kg/s)、进料速率(kg/s)、传质速率(kg/s)、气相各组分质量分数、液相组分质量分数、气相比焓(J/kg)、液相比焓(J/kg)、传热速率(J/s)，反应焓变(J/s)，气液相平衡常数；上标 L、V、I 分别表示液相、气相、相界面。

对于一个同时存在传质传热及化学反应的系统，其传质传热及反应间将发生相互影响，存在交叉效应。如由传质引起的传热称作 Dufour 效应，由传热引起的传质称作 Soret 效应等。如果忽略系统中的各种传递间的交叉效应，则系统的传质速率也可由普遍化的 Maxwell-Stefan 方程计算，传质传热的计算式见许锡恩等[24]的文献。

以合成 ETBE 为例，EtOH 与 IB 发生以下反应，并生成目的产物 ETBE：

$$\mathrm{IB} + \mathrm{EtOH} \Longleftrightarrow \mathrm{ETBE} \tag{9.101}$$

采用如下动力学方程[25]：

$$r_{\mathrm{ETBE}}(\mathrm{mol/s}) = \frac{m_{\mathrm{cat}} k_{\mathrm{rate}} \alpha_{\mathrm{EtOH}}^{2} \left(\alpha_{\mathrm{IB}} - \dfrac{a_{\mathrm{ETBE}}}{K_{\mathrm{ETBE}} \alpha_{\mathrm{EtOH}}} \right)}{(1 + K_{\mathrm{A}} \alpha_{\mathrm{EtOH}})^{3}} \tag{9.102}$$

$$\begin{aligned} K_{\mathrm{ETBE}} = & 10.387 + 4\,060.59/T - 2.890\,55 \ln T - 0.019\,151\,44 T \\ & + 5.285\,86 \times 10^{-5} T^{2} - 5.329\,77 \times 10^{-8} T^{3} \end{aligned} \tag{9.103}$$

$$\ln K_{\mathrm{A}} = -1.070\,7 + 1\,323.1/T \tag{9.104}$$

$$k_{\mathrm{rate}}[\mathrm{mol/(kg \cdot s)}] = 7.418 \times 10^{12} \exp(-60.4 \times 10^{3}/RT) \tag{9.105}$$

方程(9.94)～(9.100)以及传质、传热、反应速率方程(9.102)就构成了描述反应精馏第 j 级系统的传统的非平衡级模型，可采用 Newton-Raphson 法求得定态解。

在以上模型中，如果认为气液两相主体达到相平衡状态，即 x、y 满足关系式(9.100)，并假定气存量相对于液存量可以忽略，则组元 i 质量守恒方程和体系能量守恒方程可写为式(9.106)和式(9.107)：

$$U_j^{\mathrm{L}} \frac{\mathrm{d}x_{j,i}}{\mathrm{d}t} = V_{j+1} y_{j+1,i} - V_j y_{j,i} + L_{j-1} x_{j-1,i} - L_j x_{j,i} + f_j z_{j,i} + r_{j,i} \tag{9.106}$$

$$U_j^{\mathrm{L}} \frac{\mathrm{d}H_j}{\mathrm{d}t} = V_{j+1} H_{j+1}^{\mathrm{V}} - V_j H_j^{\mathrm{V}} + L_{j-1} h_{j-1} - L_j h_j + (-\Delta H_j^{\mathrm{r}}) + h^f f_j \tag{9.107}$$

式(9.106)、式(9.107)及式(9.100)、式(9.102)就构成了描述反应精馏第 j 级系统的传统的平衡级模型，可采用超松弛法求得定态解[26]。

以上是基于反应精馏塔第 j 级系统气液相主体是否达到相平衡而建立的传统的平衡级模型和非平衡级模型，主要描述了第 j 级系统的质量和能量平衡情况。将上述方程求解可以得到系统内各组分浓度、各级温度随塔高的分布。但在非平衡热力学中，要对系统进行热力学分析，除了上述质量和能量平衡方程外，还应考虑系统的熵平衡：

$$\frac{\mathrm{d}S}{\mathrm{d}t} = -\Delta \cdot J_{\mathrm{s}} + \sigma \tag{9.108}$$

式中，S 是系统的总熵密度；J_{s}是单位时间流过单位面积的熵流；σ 为熵产率，通常表示为系统广义的热力学流和对应的热力学力的双线性形式，即

$$\sigma = \sum_i j_i x_i \tag{9.109}$$

式中，j_i 和 x_i 分别代表系统中第 i 种不可逆过程的流和力。

熵平衡方程中熵流是由系统与外界的质热交换引起的，熵产率是由系统内部不可逆的质热扩散和反应引起的，可以通过热力学基本关系式将熵变化与过程所涉及的各物理量的变化联系起来，从而对系统的稳定性等情况作出判定。

至此，由传统的平衡级模型或非平衡级模型，联合熵平衡方程(9.108)、方程(9.109)就构成了描述反应精馏第 j 级系统的热力学模型。

2. 系统超熵产生及定态稳定性判据

本节所讨论的反应精馏的定态是一个动力系统多定态的问题。由于含有化学反应且化学反应的化学亲和力较大，同时还伴随着传质传热过程，因此按照布鲁塞尔学派的观点[21]，反应精馏过程不是在热力学线性区进行的，而是处在非线性区。所以，反应精馏系统的定态点稳定性问题，应归属于热力学非线性区不可逆过程定态点的稳定性问题。在非线性区内定态点的稳定性可用超熵产生判据来判定。

在局域平衡假定及平衡态是稳定的前提下，围绕非平衡定态的二级超熵 $\delta^2 S$ 是一个负定量，即

$$\delta^2 S < 0 \tag{9.110}$$

由熵平衡方程可以导出，$\delta^2 S$ 对时间的导数正好等于超熵产生 $\delta_x \Gamma$，即

$$\frac{1}{2}\frac{\partial}{\partial t}(\delta^2 S) = \delta_x \Gamma \equiv \int_V \left(\sum \delta x_i \delta j_i\right) \mathrm{d}V \tag{9.111}$$

式中，δx_i 和 δj_i 是相对于定态条件下力和流的偏差，V 是系统的总体积。这样，根据里亚普罗夫稳定性理论，若取 $\delta^2 S$ 为里亚普罗夫函数，则定态的稳定性可根据亚普罗夫函数对时间的一阶导数，即 $\delta_x \Gamma$ 的符号来判定，即

$$\begin{aligned} &\delta_x \Gamma > 0, && \text{定态是稳定的} \\ &\delta_x \Gamma < 0, && \text{定态不稳定的} \\ &\delta_x \Gamma = 0, && \text{临界状态} \end{aligned}$$

这就是热力学稳定性的超熵产生判据。对于反应精馏体系，在局域平衡假定下，由热力学基本方程可以得到[23,27]：

$$\frac{1}{2}\frac{\partial}{\partial t}(\delta^2 S)_{t_0} = \delta\left(\frac{1}{T}\right)\frac{\partial}{\partial t}(\delta U)_{t_0} + \delta\left(\frac{p}{T}\right)\frac{\partial}{\partial t}(\delta V)_{t_0} - \sum_{i=1}^{K}\delta\left(\frac{\mu_i}{T}\right)\frac{\partial}{\partial t}(\delta x_i)_{t_0} \tag{9.112}$$

式中，下标 t_0 表示 $\delta^2 S$ 中各系数必须取 $t = t_0$，即初始扰动时刻时之值；μ_i 为 i 组分的化学势。

由热力学关系 $H = U + pV$，且 p 为常数，有

$$\frac{1}{2}\frac{\partial}{\partial t}(\delta^2 S) = \delta\left(\frac{1}{T}\right)\frac{\partial}{\partial t}(\delta H) - \sum_{i=1}^{K}\delta\left(\frac{\mu_i}{T}\right)\frac{\partial}{\partial t}(\delta x_i) \tag{9.113}$$

对反应精馏塔第 j 级体系有

$$S_j = S_j^{\mathrm{V}} + S_j^{\mathrm{L}} \tag{9.114}$$

$$\frac{1}{2}\frac{\partial}{\partial t}(\delta^2 S_j) = \frac{1}{2}\frac{\partial}{\partial t}(\delta^2 S_j^{\mathrm{V}}) + \frac{1}{2}\frac{\partial}{\partial t}(\delta^2 S_j^{\mathrm{L}}) \tag{9.115}$$

其中，

$$\frac{1}{2}\frac{\partial}{\partial t}(\delta^2 S_j^{\mathrm{V}}) = \delta\left(\frac{1}{T_j^{\mathrm{V}}}\right)\frac{\partial}{\partial t}(\delta H_j) - \sum_{i=1}^{K}\delta\left(\frac{\mu_i^{\mathrm{V}}}{T_j^{\mathrm{V}}}\right)\frac{\partial}{\partial t}(\delta y_i)$$

$$\frac{1}{2}\frac{\partial}{\partial t}(\delta^2 S_j^{\mathrm{L}}) = \delta\left(\frac{1}{T_j^{\mathrm{L}}}\right)\frac{\partial}{\partial t}(\delta h_j) - \sum_{i=1}^{K}\delta\left(\frac{\mu_i^{\mathrm{L}}}{T_j^{\mathrm{L}}}\right)\frac{\partial}{\partial t}(\delta x_i)$$

根据能量与质量守恒，可得到以下方程：

$$\begin{aligned} &U^{\mathrm{V}}\frac{\partial(\delta y_i)}{\partial t} = -\nabla\cdot\delta J_i^{\mathrm{V}} \\ &U^{\mathrm{V}}\frac{\partial(\delta H_j)}{\partial t} = -\nabla\cdot\delta J_q^{\mathrm{L}} \\ &U^{\mathrm{L}}\frac{\partial(\delta x_i)}{\partial t} = -\nabla\cdot\delta J_i^{\mathrm{L}} + \sum_{j=1}^{R}\nu_{i,j}\delta J_j^{\mathrm{r}} \\ &U^{\mathrm{L}}\frac{\partial(\delta h_j)}{\partial t} = -\nabla\cdot\delta J_q^{\mathrm{L}} \end{aligned} \tag{9.116}$$

式中，$\nu_{i,j}$ 表示第 j 个反应中 i 组分的化学计量系数，

$$\begin{aligned} &J_q^{\mathrm{V}} = V_{j+1}H_{j+1} - V_jH_j - q_j^{\mathrm{V}} \\ &J_q^{\mathrm{L}} = L_{j-1}h_{j-1} - L_jh_j + q_j^{\mathrm{L}} + h^f f_j + (-\Delta H_j^{\mathrm{r}}) \\ &J_i^{\mathrm{V}} = V_{j+1}y_{j+1,i} - V_jy_{j,i} - N_{ji}^{\mathrm{V}} \\ &J_i^{\mathrm{L}} = L_{j-1}x_{j-1,i} - L_jx_{j,i} + N_{ji}^{\mathrm{L}} + f_jz_{ji} \\ &\mu_i^{\mathrm{V}} = \mu_i^0 + RT_j^{\mathrm{V}}\ln\left(y_i^c\frac{p}{p^0}\right) \\ &\mu_i^{\mathrm{L}} = \mu_i^0 + RT_j^{\mathrm{L}}\ln a_i \end{aligned} \tag{9.117}$$

将上述超量方程代入式(9.115)，有

$$\begin{aligned} \frac{1}{2}\frac{\partial}{\partial t}(\delta^2 S_j) =& \delta\frac{1}{T_j^{\mathrm{V}}}(-\nabla\cdot\delta J_q^{\mathrm{L}}) - \sum_{i=1}^{K}\delta\left(\frac{\mu_i^{\mathrm{V}}}{T_j^{\mathrm{V}}}\right)(-\nabla\cdot\delta J_i^{\mathrm{V}}) \\ &+\delta\frac{1}{T_j^{\mathrm{L}}}(-\nabla\cdot\delta J_q^{\mathrm{L}}) - \sum_{i=1}^{K}\delta\left(\frac{\mu_i^{\mathrm{L}}}{T_j^{\mathrm{L}}}\right)\left(-\nabla\cdot\delta J_i^{\mathrm{L}} + \sum_{j=1}^{R}\nu_{ij}\delta J_j^{\mathrm{r}}\right) \end{aligned} \tag{9.118}$$

对式(9.118)在第 j 级范围作体积分，可得到式(9.119)：

$$\frac{1}{2}\frac{\partial}{\partial t}(\delta^2 S_j) = \sum_{l=1}^{R}\delta J_l\delta\frac{A_l}{T_j^{\mathrm{L}}} + \delta J_q^{\mathrm{V}}\delta\frac{1}{T_j^{\mathrm{V}}} + \sum_{i=1}^{K}\delta J_i^{\mathrm{V}}\delta\frac{\mu_i^{\mathrm{V}}}{T_j^{\mathrm{V}}} + \delta J_q^{\mathrm{L}}\delta\frac{1}{T_j^{\mathrm{L}}} + \sum_{i=1}^{K}\delta J_i^{\mathrm{V}}\delta\frac{\mu_i^{\mathrm{V}}}{T_j^{\mathrm{V}}} \tag{9.119}$$

式中，$\dfrac{A_l}{T} = -\sum\limits_{i=1}^{K}\dfrac{\mu_i}{T}\nu_{i,l}$，称为第 l 个反应的化学亲和力。

为了使过程的描述简化，我们借用化学反应中反应进度的概念，引入反应精馏过程进度变量。在本体系中，ETBE 的气液相浓度可以用来作为反应精馏过程的进度变量。这样，我们可用 $x_E, y_E, x_E^{\mathrm{I}}, y_E^{\mathrm{I}}, T_j^{\mathrm{V}}, T_j^{\mathrm{L}}, T_j^{\mathrm{I}}$ 几个变量即可确定第 j 级系统的状态。

首先将 $\delta\dfrac{A_l}{T_j^{\mathrm{L}}}$，$\delta J_l$ 在定态点展开为泰勒级数并去掉二阶小量，有

$$\delta\frac{A_l}{T_j^{\mathrm{L}}}=\frac{\partial(A_l/T_j^{\mathrm{L}})}{\partial T_j^{\mathrm{L}}}\delta T_j^{\mathrm{L}}+\frac{\partial(A_l/T_j^{\mathrm{L}})}{\partial x_E}\delta x_E \tag{9.120}$$

$$\delta J_l=\delta r=\frac{\partial r}{\partial T_j^{\mathrm{L}}}\delta T_j^{\mathrm{L}}+\frac{\partial r}{\partial x_E}\delta x_E \tag{9.121}$$

将传质传热方程及式(9.120)、式(9.121)代入式(9.119)，利用过程进度变量，可导出式(9.122)：

$$\begin{aligned}\frac{1}{2}\frac{\partial(\delta^2 S_j)}{\partial t}=&\left[\frac{\partial r}{\partial T_j^{\mathrm{L}}}\frac{\partial(A/T_j^{\mathrm{L}})}{\partial T_j^{\mathrm{L}}}+\left(L_jC_{pj}^{\mathrm{L}}-\frac{\partial q_j^{\mathrm{L}}}{\partial T_j^{\mathrm{L}}}-\Delta H_j^r\frac{\partial r}{\partial T_j^{\mathrm{L}}}\right)\frac{1}{T_j^{\mathrm{L}2}}-\frac{\partial N_{j,E}^{\mathrm{L}}}{\partial T_j^{\mathrm{L}}}\frac{\mu_E^{0,\mathrm{L}}}{T_j^{\mathrm{L}2}}\right](\delta T_j^{\mathrm{L}})^2\\&+\left[\frac{\partial r}{\partial x_E}\frac{\partial(A/T_j^{\mathrm{L}})}{\partial x_E}+\left(-L_j+\frac{\partial N_{j,E}^{\mathrm{V}}}{\partial x_E}\right)\frac{R}{x_E}\right](\delta x_E)^2\\&+\left[\left(V_jC_{pj}^{\mathrm{V}}+\frac{\partial q_j^{\mathrm{V}}}{\partial T_j^{\mathrm{V}}}\right)\frac{1}{T_j^{\mathrm{V}2}}+\frac{\partial N_{j,E}^{\mathrm{V}}}{\partial T_j^{\mathrm{V}}}\frac{\mu_E^{0,\mathrm{V}}}{T_j^{\mathrm{V}2}}\right](\delta T_j^{\mathrm{V}})^2+\left[\left(-V_j+\frac{\partial N_{j,E}^{\mathrm{V}}}{\partial y_E}\right)\frac{R}{y_E}\right](\delta y_E)^2\\&+\left[\frac{\partial r}{\partial T_j^{\mathrm{L}}}\frac{\partial(A/T_j^{\mathrm{L}})}{\partial x_E}+\frac{\partial r}{\partial x_E}\frac{\partial(A/T_j^{\mathrm{L}})}{\partial T_j^{\mathrm{L}}}+\left(L_jh_E^{\mathrm{L}}-\frac{\partial q_j^{\mathrm{L}}}{\partial x_E}-\Delta H_j^r\frac{\partial r}{\partial x_E}\right)\frac{1}{T_j^{\mathrm{L}2}}\right.\\&\left.+\left(L_j-\frac{\partial N_{j,E}^{\mathrm{V}}}{\partial x_E}\right)\frac{\mu_E^{0,\mathrm{L}}}{T_j^{\mathrm{L}2}}+\frac{\partial N_{j,E}^{\mathrm{L}}}{\partial T_j^{\mathrm{L}}}\frac{R}{x_E}\right]\delta x_E\delta T_j^{\mathrm{L}}\\&+\left[\left(V_jH_E^{\mathrm{V}}+\frac{\partial q_j^{\mathrm{V}}}{\partial y_E}\right)\frac{1}{T_j^{\mathrm{V}2}}+\left(V_j-\frac{\partial N_{j,E}^{\mathrm{V}}}{\partial y_E}\right)\frac{\mu_E^{0,\mathrm{V}}}{T_j^{\mathrm{V}2}}-\frac{\partial N_{j,E}^{\mathrm{V}}}{\partial T_j^{\mathrm{V}}}\frac{R}{y_E}\right]\delta y_E\delta T_j^{\mathrm{V}}\end{aligned} \tag{9.122}$$

在推导式(9.122)的过程中，我们用到了式(9.123)：

$$H=H^0+\int_{T^0}^{T}C_p\mathrm{d}T \tag{9.123}$$

式(9.122)是一个关于 δT_j^{L}、δx_E、δT_j^{V}、δy_E 二次型，令 A、B、C、D、E、F 分别表示上式中各项的系数，则有

$$\frac{1}{2}\frac{\partial(\delta^2 S_j)}{\partial t}=A(\delta T_j^{\mathrm{L}})^2+B(\delta x_E)^2+C(\delta T_j^{\mathrm{V}})^2+D(\delta y_E)^2+E(\delta x_E\delta T_j^{\mathrm{L}})+F(\delta y_E\delta T_j^{\mathrm{V}}) \tag{9.124}$$

式中，A、B、C、D、E、F 为各项系数。

其矩阵为

$$\begin{bmatrix}A & \cdots & E/2 & \cdots & 0 & \cdots & 0\\E/2 & \cdots & B & \cdots & 0 & \cdots & 0\\0 & \cdots & 0 & \cdots & C & \cdots & F/2\\0 & \cdots & 0 & \cdots & F/2 & \cdots & D\end{bmatrix}$$

由线性代数二次型正定的判定条件可知，

$$当\begin{cases}A>0\\4AB-E^2>0\\c>0\\4CD-F^2>0\end{cases}时，\frac{1}{2}\frac{\partial(\delta^2 S_j)}{\partial t}>0，即\ \delta_x\Gamma>0\ 定态点稳定 \tag{9.125}$$

$$当\begin{cases}A<0\\4AB-E^2>0\\c<0\\4CD-F^2>0\end{cases}时,\frac{1}{2}\frac{\partial(\delta^2 S_j)}{\partial t}<0,即\ \delta_x\Gamma<0\ 定态点不稳定 \tag{9.126}$$

其他情况，$\delta_x\Gamma$ 的正负不定。

以上便是反应精馏塔第 j 级稳定性的超熵产生判据。在实际运用中，可先求解上述数学模型，得到系统的定态点的状态数据(温度、压力及组分浓度等)，然后再将这些数据代入式(9.122)中，求解出 A、B、C、D、E、F 的数值，即可根据所得判据式(9.125)、式(9.126)进行定态点稳定性的判定。

上述讨论是基于反应精馏的反应段而言的，若对于提馏段及精馏段，可令反应项为 0 即可得到对应的判断结果。因为整个反应精馏塔的稳定性一般应要求各级均稳定方可，因此可利用式(9.125)和式(9.126)逐级进行判定，进而可对整个反应精馏塔的稳定状况进行判定。

对于反应精馏过程的平衡级模型，即基于式(9.106)、式(9.107)，则可得到如下超熵产表达式：

$$\frac{1}{2}\frac{\partial(\delta^2 S_j)}{\partial t}=A'(\delta T_j)^2+B'(\delta x_E\delta T_j)+C'(\delta x_E)^2 \tag{9.127}$$

$$\begin{aligned}
A'=&\frac{\partial r}{\partial T_j}\frac{\partial(A/T_j)}{\partial T_j}+\left(V_jC_{pj}^{\mathrm{V}}+L_jC_{pj}^{\mathrm{L}}+\Delta H_{\mathrm{r}}^{\mathrm{m}}\frac{\partial r}{\partial T_j}\right)\frac{1}{T_j^2}\\
&+V_j\frac{\partial(K_Ex_E)}{\partial T_j}\left(\frac{\mu_E^0}{T_j^2}-\frac{R_E}{\gamma_Ex_E}\frac{\partial(\gamma_Ex_E)}{\partial T_j}\right)\\
B'=&\frac{\partial r}{\partial T_j}\frac{\partial(A/T_j)}{\partial x_E}+\frac{\partial r}{\partial x_E}\frac{\partial(A/T_j)}{\partial T_j}+\left(V_jH_E^{\mathrm{V}}+L_jH_E^{\mathrm{L}}+\Delta H_{\mathrm{r}}^{\mathrm{m}}\frac{\partial r}{\partial x_E}\right)\frac{1}{T_j^2}\\
&-V_j\frac{\partial(K_Ex_E)}{\partial T_j}\frac{R_E}{\gamma_Ex_E}\frac{\partial(\gamma_Ex_E)}{\partial x_E}+\left(V_j\frac{\partial(K_Ex_E)}{\partial T_j}+L_j\right)\left(\frac{\mu_E^0}{T_j^2}-\frac{R_E}{\gamma_Ex_E}\frac{\partial(\gamma_Ex_E)}{\partial T_j}\right)\\
C'=&\frac{\partial r}{\partial x_E}\frac{\partial(A/T_j)}{\partial x_E}-\left(V_j\frac{\partial(K_Ex_E)}{\partial x_E}+L_j\right)\frac{R_E}{\gamma_Ex_E}\frac{\partial(\gamma_Ex_E)}{\partial x_E}
\end{aligned} \tag{9.128}$$

此时有

$$当\begin{cases}A'>0\\4A'C'-B'^2>0\end{cases}时,\frac{1}{2}\frac{\partial(\delta^2 S_j)}{\partial t}>0,即\ \delta_x\Gamma>0\ 定态点稳定 \tag{9.129}$$

$$当\begin{cases}A'<0\\4A'C'-B'^2>0\end{cases}时,\frac{1}{2}\frac{\partial(\delta^2 S_j)}{\partial t}<0,即\ \delta_x\Gamma<0\ 定态点不稳定 \tag{9.130}$$

9.2.3　结果与讨论

Ciric 和 Miao[19]的研究表明，采用同伦延拓法求解反应精馏过程的数学模型，可以得到系统的多稳态解，而同伦连续法求解过程也可通过 Aspen Plus 软件的灵敏度分析功能来实现[28,29]。因此，本节采用 Aspen Plus 软件对近共沸 EtOH 和 C_4 以及无水 EtOH 和 C_4 反应精馏法合成 ETBE 的过程分别进行模拟，求得过程的多稳态解，进而采用上述判据式对所得解的稳定性进行判定，以考察系统在该状态点操作的稳定性。

对于采用近共沸 EtOH 和 C_4 反应精馏法合成 ETBE 的过程，在一定条件下，令式(9.106)、式(9.107)分别为 0，即令 $U_j^L \frac{dx_{j,i}}{dt}=0, U_j^L \frac{dH_j}{dt}=0$，可得到系统定态解。所得多稳态图如图 9.15 所示。

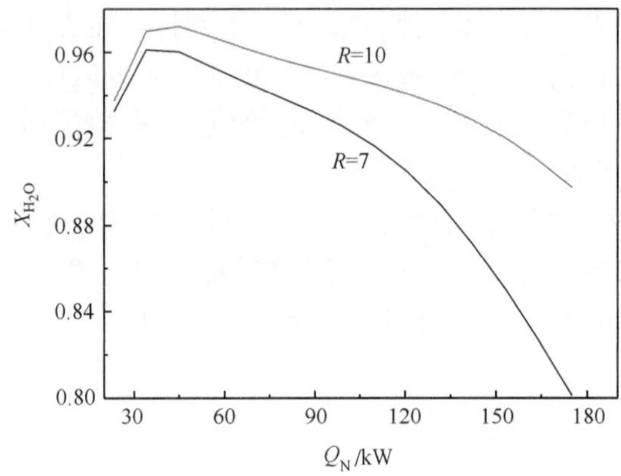

图 9.15 随着再沸器功率的改变 H_2O 的转化率出现的输入多稳态图

由图 9.15 可以看出，在一定条件下，在回流比分别为 7、10 时，随着再沸器功率的逐步增加，H_2O 的转化率先增大，达到一个峰值后再减小。这是输入多稳态的典型特征，即两个不同的再沸器功率，可以得到相同的 H_2O 的转化率。

对于采用无水 EtOH 和 C_4 反应精馏法合成 ETBE 的过程，同样在一定条件下，令式(9.106)、式(9.107)分别为 0，即令 $U_j^L \frac{dx_{j,i}}{dt}=0, U_j^L \frac{dH_j}{dt}=0$，可得到系统定态解。采用 Aspen Plus 软件模拟时，在两个惰性组分 1-丁烯和顺式-二丁烯存在下，EtOH 与 IB 反应生成 ETBE。运用 Fortran 语言，编写动力学子程序，通过 Aspen Plus 内部接口与此外部子程序连接起来，进而对反应精馏过程进行模拟。模拟条件如表 9.2 所示。用 UNIFAC 方程来预测体系内气液相平衡关系，得到了过程的多稳态图，如图 9.16 所示。

表 9.2 ETBE 反应精馏塔模拟输入条件

进料条件			反应塔规格	
进料 1	进料级	4	塔操作压力/kPa	700
组成	EtOH	0.312 mol/s	回流比	5
进料 2	进料级	12	再沸器功率/kW	76
	IB	0.3 mol/s	反应段塔板	塔板 4～12
组成	1-丁烯	0.35 mol/s	总塔板数	20
	cis-2-丁烯	0.35 mol/s	每块塔板的催化剂/kg	2

由图 9.16 可以看出，在一定条件下，随着再沸器功率的逐步增加，塔底 ETBE 的纯度先增大，达到一个峰值后再减小。这是输入多稳态的典型特征，即两个不同的再沸器功

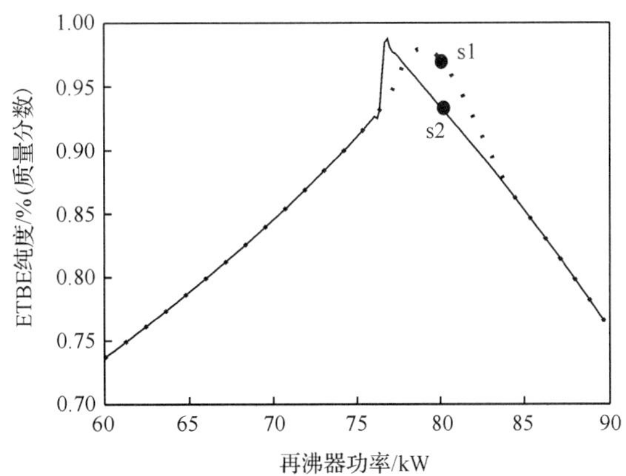

图 9.16 随着再沸器功率(输入)的改变 ETBE 纯度(输出)出现的输入与输出多稳态图

s1,s2 为再沸器输入功率为 80.09 kW 时两个输出定态点

率,可以得到相同的 ETBE 纯度值。同时,从图中还可以看出,再沸器功率在 76～84 kW 之间变化时,系统中可能存在两个状态,分别对应着不同的塔底 ETBE 纯度。这又是输出多稳态的典型特征,即一个相同的再沸器功率,出现了不同的 ETBE 纯度值。

以无水 EtOH 和 C_4反应精馏法合成 ETBE 的体系为例,进行反应精馏塔定态点稳定性的判定。取图 9.16 中再沸器功率为 80.09kW 时的两个定态点,即 s1(80.09,0.97)、s2(80.09,0.93),将这两个定态点对应的全塔各级上的组分浓度-温度-气液相流率等代入式(9.128),求解出 A'、B'、C' 的数值,进而根据式(9.129)、式(9.130)判定反应精馏塔各级的稳定性。判定结果表明,这两个状态点的 $\delta_x\Gamma$ 的符号不定,因此这两个状态点的稳定性不能完全确定,说明在一定条件下,反应精馏塔在这两个状态操作时,有失稳的可能性。

通过以上分析可知,超熵产生判据是反应精馏体系定态点稳定性判定的较为有效的方法,该方法较好地反映了反应精馏过程演化的非线性不可逆的热力学本质,为反应精馏过程的多稳态现象的研究开辟了新思路,同时由于上述判据式是由热力学基本原理直接推导出来的,因此,对其他化工过程稳定性的研究也具有普遍的理论指导意义。

应该指出的是,对于大多数实际问题,从动力学或者其他角度出发,寻找一个里亚普罗夫函数远非易事,因为这里没有一定的规律可循,因此给系统的稳定性分析带来很大的困难。但是,从热力学角度出发,则可以从系统的物理特性出发找出适当的里亚普罗夫函数,而它的物理意义是明确的,并可以从热力学定律及关系中得到。因此,与动力学方法相比,热力学方法的优势是明显的。

9.3 反应精馏过程的多尺度分析

研究以多尺度结构为共同特征的复杂系统,对于过程分析具有重要意义。所谓多尺度,可以从不同角度去理解,可以是空间角度,也可以是时间角度,甚至是浓度角度。时空多尺度结构[30-34]是指物质转化过程中浓度、压力、温度、流速等的非均匀分布,表现在时间上动态变化,空间上各点均存在差异,这种结构的变化对过程反应、传递,进而对产品结构及性能产生影响[35,36]。其对转化过程起着主要的控制作用。为保证系统内部物质转化条件满足工艺的要求,对化工过程的控制只能在系统或设备尺度进行,这些调控措施通过改变各宏观尺度参数,进而影响微观尺度的化学反应条件。

按照多尺度方法的观点,典型的模拟反应精馏过程的平衡级模型是一种涉及三个尺度的多尺度模型,即全塔尺度的质热衡算、塔板尺度的质热衡算和相平衡以及分子尺度反应热力学和动力学。实际操作中,由于塔板上气液流动的复杂性,离开塔板的气液两相很难达到平衡,所以要引入板效率来弥补理论与实际之间的偏差。然而,板效率的预测是相当困难的[37]。流体力学软件的发展,为深入研究包括反应精馏在内的化工过程流体力学尺度现象提供了一个平台。

本节尝试以流体力学软件 Fluent 来预测反应精馏过程流体力学尺度的行为,以期为板效率的预测提供参考。

9.3.1　多尺度模型的建立

本节将废乙酸除水的反应精馏过程划分为四个尺度,如图 9.17 所示。涉及全塔尺度的质量和热量衡算,塔板尺度的质量和热量衡算、相平衡和归一化,流体力学尺度的气液两相流动和相间传质传热,分子尺度的反应热力学和动力学。

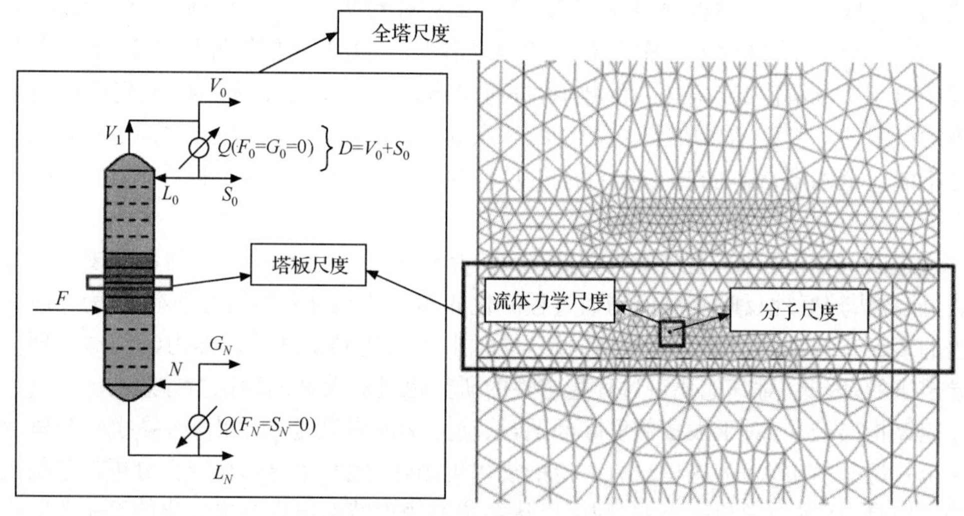

图 9.17　反应精馏过程的尺度划分

1. 全塔尺度模型

质量衡算方程:

$$0=\sum_{a=1}^{N}F_aZ_{a,i}-V_1Y_{1,i}-S_1X_{1,i}-L_NX_{N,i}-G_NY_{N,i}-v_i\sum_{a=1}^{N}r_a\quad(i=1,2,\cdots,m)\tag{9.131}$$

热量衡算方程：

$$0=\sum_{a=1}^{N}F_aH_{a,F}-V_1H_1-S_1h_1-L_Nh_N-G_NH_N-\sum_{a=1}^{N}Q_a-\Delta_rH\sum_{a=1}^{N}r_a \quad (9.132)$$

2. 塔板尺度模型

质量衡算方程：

冷凝器

$$u_1\frac{\mathrm{d}X_{1,i}}{\mathrm{d}t}=F_1Z_{1,i}+V_2Y_{2,i}-(L_1+S_1)X_{1,i}+v_ir_1 \quad (i=1,2,\cdots,m) \quad (9.133)$$

塔板 a

$$u_a\frac{\mathrm{d}X_{a,i}}{\mathrm{d}t}=F_aZ_{a,i}+V_{a+1}Y_{a+1,i}-(L_a+S_a)X_{a,i}-(V_a+G_a)Y_{a,i}+L_{a-1}X_{a-1,i}+v_ir_a$$
$$(i=1,2,\cdots,m;a=1,2,\cdots,N-1) \quad (9.134)$$

再沸器

$$u_N\frac{\mathrm{d}X_{N,i}}{\mathrm{d}t}=F_NZ_{N,i}+L_{N-1,i}X_{N-1,i}-(V_N+G_N)Y_{N,i}-L_NX_{N,i}+v_ir_N \quad (i=1,2,\cdots,m)$$
$$(9.135)$$

热量衡算方程：

冷凝器

$$0=F_1H_{1,F}+V_2H_2-(L_1+S_1)h_1-Q_1-\Delta_rH\cdot r_1 \quad (9.136)$$

塔板 a

$$0=F_aH_{a,F}+V_{a+1}H_{a+1}-L_{a-1}h_{a-1}-(V_a+G_a)H_a-(L_a+S_a)h_a-Q_a-\Delta_rH\cdot r_a$$
$$(a=1,2,\cdots,N-1) \quad (9.137)$$

再沸器

$$0=F_NH_{N,F}+L_{N-1}h_{N-1}-(V_N+G_N)H_N-L_Nh_N-Q_N-\Delta_rH\cdot r_N \quad (9.138)$$

组分的归一化方程：

$$\sum_{i=1}^{n}X_{a,i}=1 \quad (a=1,2,\cdots,N) \quad (9.139)$$

气液平衡方程：

$$Eff_{a,i}^{M}=\frac{Y_{a,i}-Y_{a+1,i}}{K_{a,i}X_{a,i}-Y_{a+1,i}} \quad (i=1,2,\cdots,m;a=1,2,\cdots,N) \quad (9.140)$$

3. 流体力学尺度模型

连续性方程：

$$\frac{\partial\rho}{\partial t}+\nabla\cdot(\rho\boldsymbol{v})=S_m \quad (9.141)$$

式中，源项 S_m 是加之在连续相上的分散相的质量。

动量守恒方程：

$$\frac{\partial}{\partial t}(\rho\boldsymbol{v})+\nabla\cdot(\rho\boldsymbol{v}\boldsymbol{v})=-\nabla p+\nabla\cdot(\boldsymbol{\tau})+\rho\boldsymbol{g}+\boldsymbol{F} \quad (9.142)$$

式中，应力张量 $\boldsymbol{\tau}$ 由式(9.143)计算

$$\boldsymbol{\tau}=\mu\left[(\nabla\boldsymbol{v}+\nabla\boldsymbol{v}^{T})-\frac{2}{3}\nabla\cdot\boldsymbol{v}\boldsymbol{I}\right] \tag{9.143}$$

式中，μ 是分子黏度，$\boldsymbol{I}$ 是单位张量，右边的第二项是体积膨胀的影响。

标准 k-ε 模型的传递方程：

$$\frac{\partial}{\partial t}(\rho k)+\nabla\cdot(\rho k\boldsymbol{v})=\nabla\cdot\left[\left(\mu+\frac{\mu_{\mathrm{t}}}{\sigma_k}\right)\nabla k\right]+G'_k+G'_{\mathrm{bu}}-\rho\varepsilon-Y_{\mathrm{M}}+S'_k \tag{9.144}$$

$$\frac{\partial}{\partial t}(\rho\varepsilon)+\nabla\cdot(\rho\varepsilon\boldsymbol{v})=\nabla\cdot\left[\left(\mu+\frac{\mu_{\mathrm{t}}}{\sigma_{\varepsilon}}\right)\nabla\varepsilon\right]+C_{1\varepsilon}\frac{\varepsilon}{k}(G'_k+C_{3\varepsilon}G'_{\mathrm{bu}})-C_{2\varepsilon}\rho\frac{\varepsilon^2}{k}+S'_{\varepsilon} \tag{9.145}$$

式中，k 是湍动能，ε 是湍动能的耗散率；G'_k 是由于平均速度梯度引起的湍动能；G'_{bu} 是由于浮力产生的湍动能；Y_{M} 代表可压湍流中脉动扩张的贡献；$C_{1\varepsilon}$、$C_{2\varepsilon}$ 和 $C_{3\varepsilon}$ 为经验常数；σ_k 和 σ_{ε} 是分别与湍动能和耗散率对应的普朗特数；S'_k 和 S'_{ε} 是用户定义的源项；湍动黏度 $\mu_{\mathrm{t}}=\rho C_{\mu}\dfrac{k^2}{\varepsilon}$，其中 C_{μ} 为常数。

能量方程：

$$\frac{\partial}{\partial t}(\rho E)+\nabla\cdot[\boldsymbol{v}(\rho E+p)]=\nabla\cdot\left[k_{\mathrm{eff}}\nabla T-\sum_i h'_i J_i+(\boldsymbol{\tau}_{\mathrm{eff}}\cdot\boldsymbol{v})\right]+S'_h \tag{9.146}$$

式中，k_{eff} 为有效传导率，J_i 为组分 i 的扩散通量。右边的前三项分别表示由传导、组分扩散和黏性耗散引起的能量传递。S'_h 包括反应热及所有的自定义热源。

方程(9.146)中

$$E=h'-\frac{P}{\rho}+\frac{u^2}{2} \tag{9.147}$$

显焓 h' 按理想气体定义为

$$h'=\sum_i Y'_i h'_i \tag{9.148}$$

式中，Y'_i 表示组分 i 的摩尔分数；

$$h'_i=\int_{T_{\mathrm{ref}}}^{T} c_{p,i}\,\mathrm{d}T \tag{9.149}$$

其中，T_{ref} 为 298.15 K。

4. 分子尺度模型

本章对三个不同反应体系的反应精馏过程进行了多尺度分析，分别为叔丁醇脱水体系、C_4 烯烃水合醚化体系和废乙酸回收体系。

(1) 叔丁醇脱水体系。赵国胜和杨伯伦[26]对叔丁醇脱水反应体系进行了深入的热力学分析和动力学研究，本章在其研究结果的基础上对该体系进行多尺度分析。

采用严格的热力学模型来描述 TBA-IB-H_2O 这一高度非理想体系。采用 Virial 方程求解气相组分的逸度系数，采用 Wilson 方程计算液相组分的活度系数。相关参数见文献[38]。

常压下，在强酸性阳离子交换树脂催化下，叔丁醇反应生成异丁烯和水，反应速率方

程如式(9.150)所示。

$$r_{\mathrm{TBA}}=\exp(10.0-8865/T)\alpha_{\mathrm{TBA}}-\exp(-6.8-6097/T)\alpha_{\mathrm{H_2O}}\alpha_{\mathrm{IB}} \tag{9.150}$$

(2) C_4 烯烃水合醚化体系。所需的热力学数据用 Aspen Plus 计算,动力学模型参考文献[39]。

(3) 废乙酸回收体系。Xu 和 Chuang[40] 使用 NRTL 模型得到了乙酸甲酯-甲醇-水-乙酸体系的相平衡关系。本节即采用上述模型进行反应精馏过程的模拟。

$$\ln\gamma_i=\frac{\sum_{j=1}^{m}\tau_{ji}G_{ji}x_j}{\sum_{l=1}^{m}G_{li}x_l}+\sum_{j=1}^{m}\frac{x_mG_{ij}}{\sum_{l=1}^{m}G_{lj}x_l}\left(\tau_{ij}-\frac{\sum_{n=1}^{m}x_n\tau_{nj}G_{nj}}{\sum_{l=1}^{m}G_{lj}x_l}\right) \tag{9.151}$$

$$\begin{aligned}\tau_{ji}&=\frac{g_{ji}-g_{ii}}{RT}\\G_{ji}&=\exp(-\alpha_{ji}\tau_{ji})\\\tau_{ii}&=\tau_{jj}=0\\G_{ii}&=G_{jj}=1\end{aligned} \tag{9.152}$$

二元模型参数如表 9.3 所示。

表 9.3　常压下的二元模型参数

体系 (1-2)	$\Delta g_{12}/(\mathrm{J/mol})$	$\Delta g_{21}/(\mathrm{J/mol})$	α_{21}
乙酸甲酯-甲醇	566.15	456.94	1.0293
乙酸甲酯-水	879.14	1709.49	0.3830
乙酸甲酯-乙酸	1218.87	−635.89	0.3600
甲醇-水	−245.90	921.33	0.2989
甲醇-乙酸	−39.582	0.5767	0.3055
水-乙酸	981.10	−187.72	0.2960

本节采用 Xu 和 Chuang[40] 的反应动力学数据。其在体积为 1L 的间歇式反应器中进行了废乙酸与甲醇醚化的反应动力学实验,催化剂为强酸性阳离子交换树脂 A15。

常压下,废乙酸除水反应的速率方程如下所示:

$$r'_{\mathrm{MeAc}}=k'C_{\mathrm{MeOH}}C_{\mathrm{HAc}}-k''C_{\mathrm{MeAc}}C_{\mathrm{H_2O}} \tag{9.153}$$

式中,下标 MeAc 表示乙酸甲酯,MeOH 表示甲醇,HAc 表示乙酸,H_2O 表示水。

基于动力学实验得到了反应速率常数和温度的关系,反应程度由式(9.154)表示:

$$\xi=W_{\mathrm{cat}}r'_{\mathrm{MeAc}} \tag{9.154}$$

每个组分 i 的变化速率如下所示:

$$\mathrm{d}n_i/\mathrm{d}t=\alpha_i\xi \tag{9.155}$$

9.3.2　多尺度模型的求解

多尺度模型采用 Aspen Plus 和 Fluent 求解。求解步骤如图 9.18 所示。全塔尺度、塔板尺度和分子尺度的方程构成了传统的 EQ 模型,采用 Aspen Plus 中的 RadFrac 模块求解。这需要知道塔的操作参数。

流体力学尺度的方程采用 Fluent 求解，需要知道塔板的规格。得到各组分浓度在塔内的离散分布，进而求出 Murphree 板效率，将所得板效率代入传统的 EQ 模型，得到 MS 模型。最后通过灵敏度分析比较两个模型的差异。

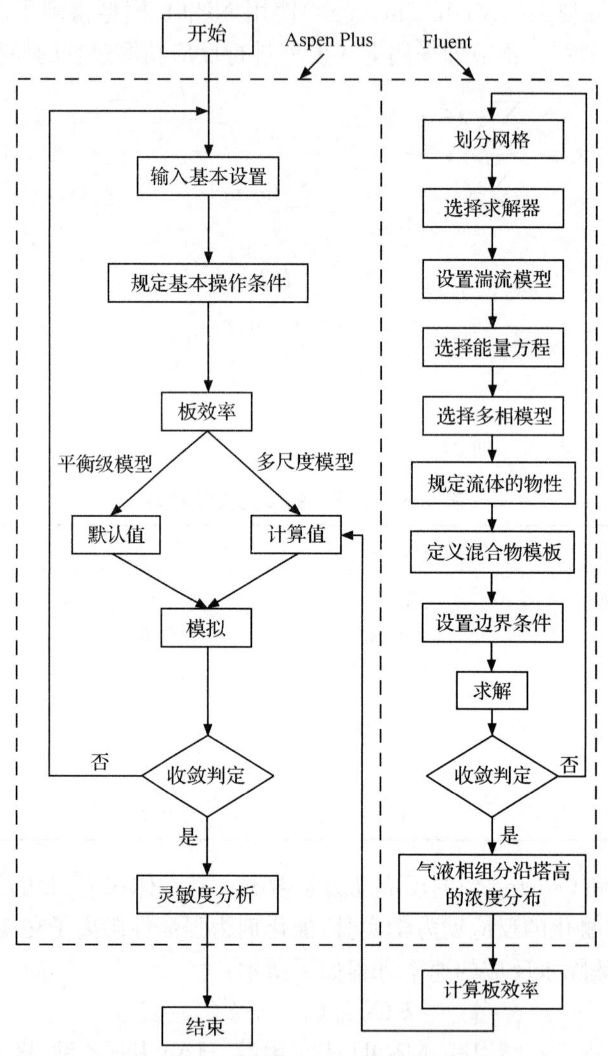

图 9.18　多尺度模型的求解步骤

1. 叔丁醇脱水体系

精馏塔的塔板规格见表 9.4。塔的操作参数见表 9.5。

表 9.4　叔丁醇脱水体系塔板规格

规格参数	数值	规格参数	数值
塔板类型	Sieve	开孔直径/m	0.001
塔径/m	0.03	堰长/m	0.012
塔板总面积/m^2	6.36×10^{-4}	堰高/m	0.005
板间距/m	0.05	堰类型	Total
开孔面积/m^2	3.38×10^{-5}	降液管间隙/m	0.01
降液管面积/m^2	3.68×10^{-5}		

表 9.5　水丁醇脱水体系塔操作条件

操作参数		数值
进料条件	TBA 进料速率/(mol/s)	1.53×10^{-4}
	进料压力/Pa	1.01×10^{5}
	进料温度/K	298
精馏塔操作条件	摩尔回流比	1
	压力/Pa	1.01×10^{5}
	总塔板数	12
	反应段塔板	4～8
	精馏流率与进料流率之比(D/F)	0.98
	再沸器功率/kW	116.3

2. C_4 烯烃水合醚化体系

对于 C_4 烯烃水合醚化反应体系的多尺度分析，为了避免不必要的计算，没有按照图 9.18 的步骤进行。而是采用先指定板效率和采用默认值为 1 的 EQ 模型进行比较，以预测流体力学尺度在该体系的模拟中的影响。

3. 废乙酸回收体系

由于催化剂装填在塔板之间成为一个个催化剂单元，Xu 和 Chuang[40]将每一块塔板(包括再沸器和冷凝器)或催化剂单元都看成一级，忽略塔板的反应作用和催化剂单元的分离作用，认为塔板只有分离作用，催化剂只有反应作用。根据实验结果指定每块塔板上每一组分的板效率。

在流体力学尺度，本节将相邻的塔板和催化剂单元看作一级。为了简化过程模型，在不改变塔高、塔径、板间距和塔板开孔面积的前提下，用筛板代替双流板。通过调节堰高和堰长，得到了合理的堰高和堰长。简化后的塔规格如表 9.6 所示。根据此时气液两相各组分沿塔高的离散分布，用公式(9.151)计算出各组分在各塔板上的 Murphree 板效率。全塔级数为 9，包括冷凝器(0)和再沸器(8)，塔操作压力为 0.935×10^5 Pa。

表 9.6 废乙酸回收体系反应精馏塔的塔板规格

规格参数	数值	规格参数	数值
塔板类型	Sieve	开孔直径/m	4.76×10^{-3}
塔径/m	0.100	堰长/m	0.060
塔板总面积/m^2	7.45×10^{-3}	堰高/m	0.016
板间距/m	0.216	堰类型	Total
开孔面积/m^2	9.31×10^{-4}	降液管间隙/m	0.010
降液管面积/m^2	4.00×10^{-4}		

平衡级模型中各操作参数的初始值见表 9.7。

表 9.7 反应精馏的 EQ 和 MS 模型中各操作参数值

操作参数		数值
进料条件	甲醇进料速率/(kg/s)	500
	甲醇进料压力/Pa	0.95×10^5
	甲醇进料温度/K	323.15
	甲醇进料位置	6
	废乙酸进料速率/(kg/s)	2333.33
	废乙酸进料压力/Pa	0.95×10^5
	废乙酸进料温度/K	323.15
	废乙酸进料位置	stage 2
精馏塔操作条件	质量回流比	19.12
	压力/Pa	0.935×10^5
	塔板总数	9(0～8)
	反应段塔板	3～7
	催化剂装填量/m^3	2.7×10^{-5}
	塔顶产品流率/(kg/s)	835
	精馏速率/(kg/s)	282.33
	冷凝器冷凝温度/K	302.15

9.3.3 结果与讨论

1. 叔丁醇脱水体系

1）板效率

在流体力学尺度，叔丁醇脱水体系反应精馏气液两相各组分的分布分别如图 9.19 和图 9.20 所示。图 9.21 所示为各板板效率的计算结果。

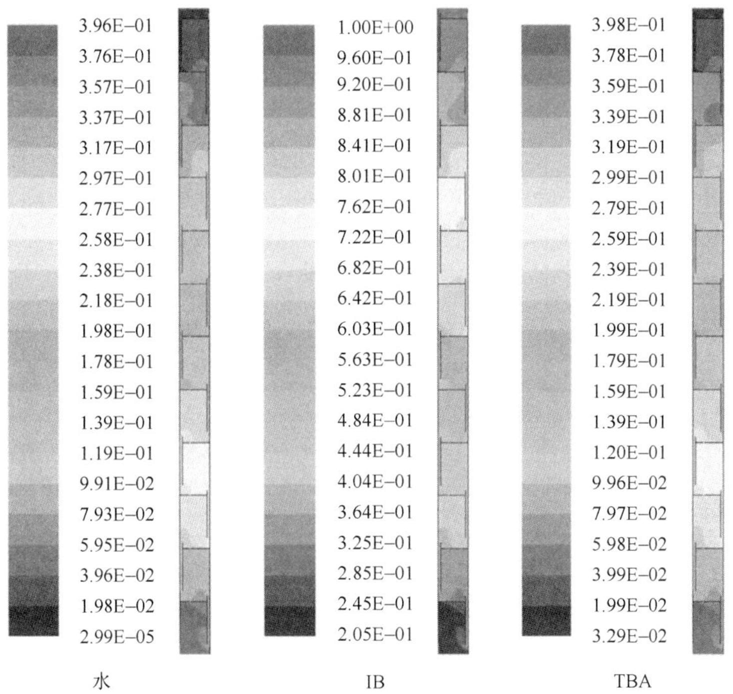
3.96E-01
3.76E-01
3.57E-01
3.37E-01
3.17E-01
2.97E-01
2.77E-01
2.58E-01
2.38E-01
2.18E-01
1.98E-01
1.78E-01
1.59E-01
1.39E-01
1.19E-01
9.91E-02
7.93E-02
5.95E-02
3.96E-02
1.98E-02
2.99E-05
水
1.00E+00
9.60E-01
9.20E-01
8.81E-01
8.41E-01
8.01E-01
7.62E-01
7.22E-01
6.82E-01
6.42E-01
6.03E-01
5.63E-01
5.23E-01
4.84E-01
4.44E-01
4.04E-01
3.64E-01
3.25E-01
2.85E-01
2.45E-01
2.05E-01
IB
3.98E-01
3.78E-01
3.59E-01
3.39E-01
3.19E-01
2.99E-01
2.79E-01
2.59E-01
2.39E-01
2.19E-01
1.99E-01
1.79E-01
1.59E-01
1.39E-01
1.20E-01
9.96E-02
7.97E-02
5.98E-02
3.99E-02
1.99E-02
3.29E-02
TBA

图 9.19　叔丁醇脱水体系流体力学尺度塔内气相各组分分布(参见彩图)

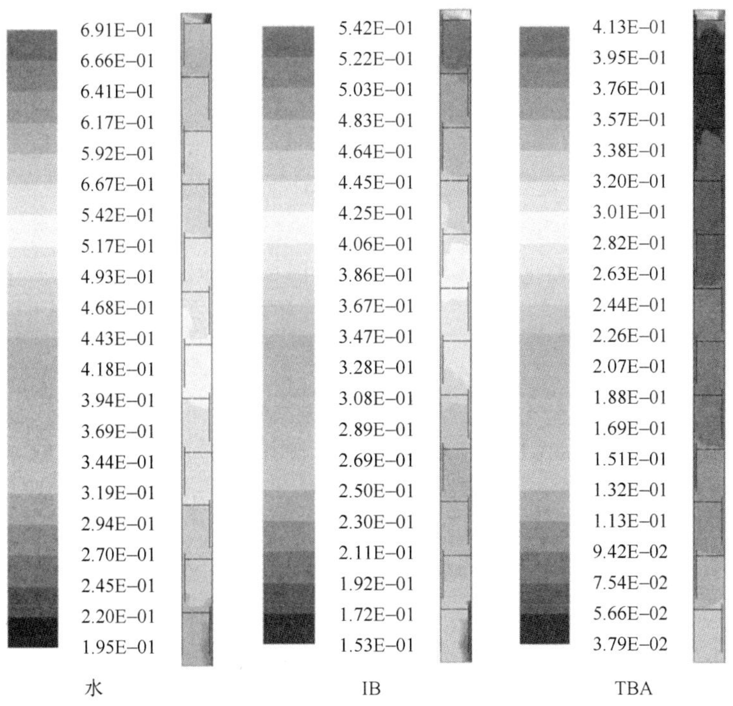
6.91E-01
6.66E-01
6.41E-01
6.17E-01
5.92E-01
6.67E-01
5.42E-01
5.17E-01
4.93E-01
4.68E-01
4.43E-01
4.18E-01
3.94E-01
3.69E-01
3.44E-01
3.19E-01
2.94E-01
2.70E-01
2.45E-01
2.20E-01
1.95E-01
水
5.42E-01
5.22E-01
5.03E-01
4.83E-01
4.64E-01
4.45E-01
4.25E-01
4.06E-01
3.86E-01
3.67E-01
3.47E-01
3.28E-01
3.08E-01
2.89E-01
2.69E-01
2.50E-01
2.30E-01
2.11E-01
1.92E-01
1.72E-01
1.53E-01
IB
4.13E-01
3.95E-01
3.76E-01
3.57E-01
3.38E-01
3.20E-01
3.01E-01
2.82E-01
2.63E-01
2.44E-01
2.26E-01
2.07E-01
1.88E-01
1.69E-01
1.51E-01
1.32E-01
1.13E-01
9.42E-02
7.54E-02
5.66E-02
3.79E-02
TBA

图 9.20　叔丁醇脱水体系流体力学尺度塔内液相各组分分布(参见彩图)

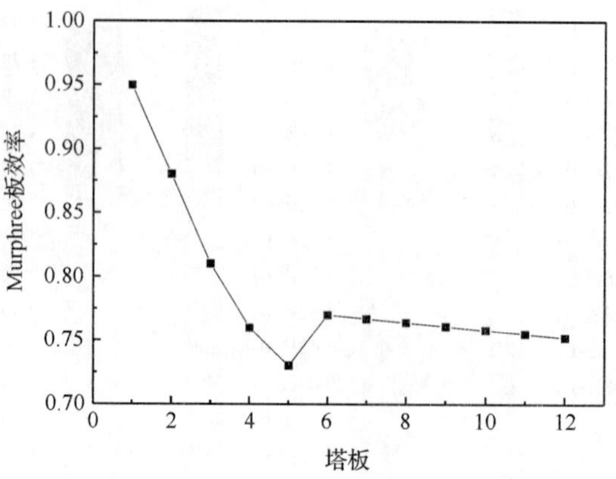

图 9.21　叔丁醇脱水体系各板板效率

2）灵敏度分析

图 9.22～图 9.25 分别考察了塔板数、回流比、进料位置和塔操作压力对叔丁醇转化率的影响。

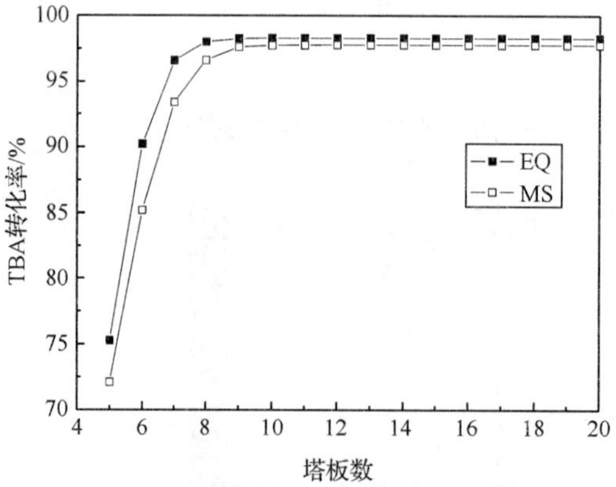

图 9.22　塔板数对叔丁醇转化率的影响

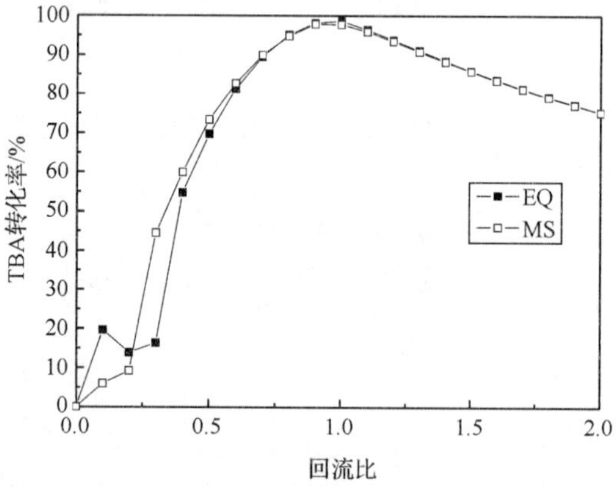

图 9.23　回流比对叔丁醇转化率的影响

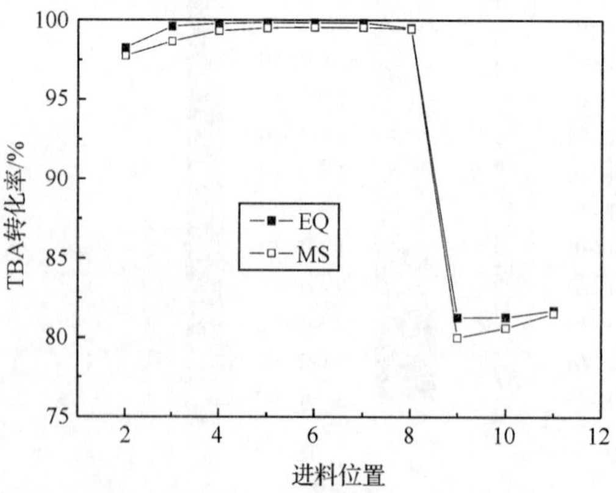

图 9.24　进料位置对叔丁醇转化率的影响

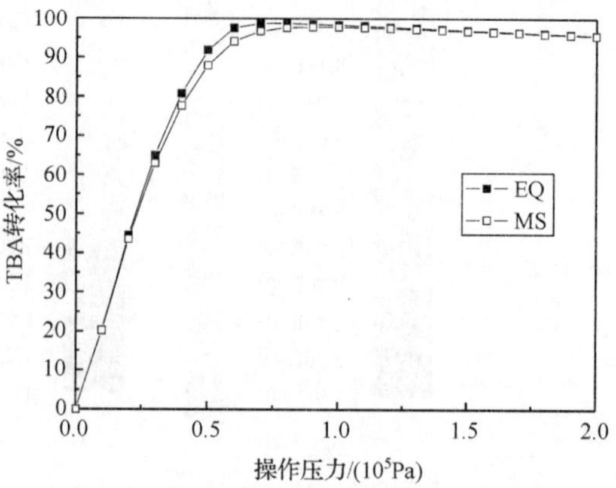

图 9.25　操作压力对叔丁醇转化率的影响

可以看出，EQ 模型和 MS 模型的模拟结果非常接近，说明流体力学尺度对该体系的模拟几乎没有影响。这可能是因为异丁烯沸点远远低于水和叔丁醇的沸点，仅为−6.9℃，非常容易分离，因而，可以认为该体系为反应控制。

2. C_4 烯烃水合醚化体系

图 9.26～图 9.29 所示为 C_4 烯烃水合醚化体系的 EQ 模型（板效率为默认值 1）和 MS 模型（各板板效率均制定为 0.5）灵敏度分析结果的比较，分别为进料位置的影响、塔操作压力的影响、再沸器功率和催化剂装填量对水的转化率、水合反应选择性和塔底产品水含量的影响。可以看出 EQ 模型和 MS 模型的模拟结果非常接近，说明该体系的流体力学尺度对该体系的模拟的影响可以忽略。这可能是因为该体系中轻重组分沸点差异较大，容易分离，因而，该体系和叔丁醇脱水体系一样，可以认为是反应控制的体系。

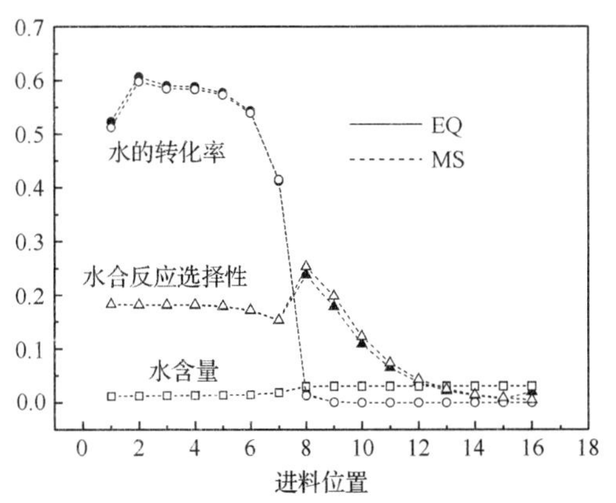

图 9.26　烯烃水合醚化体系进料位置的影响

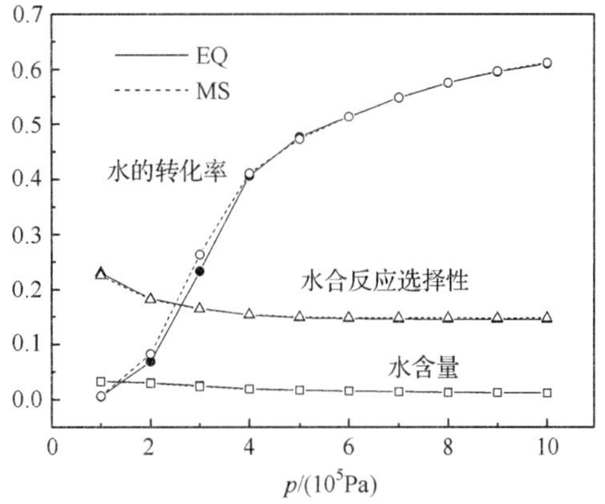

图 9.27　烯烃水合醚化体系塔操作压力的影响

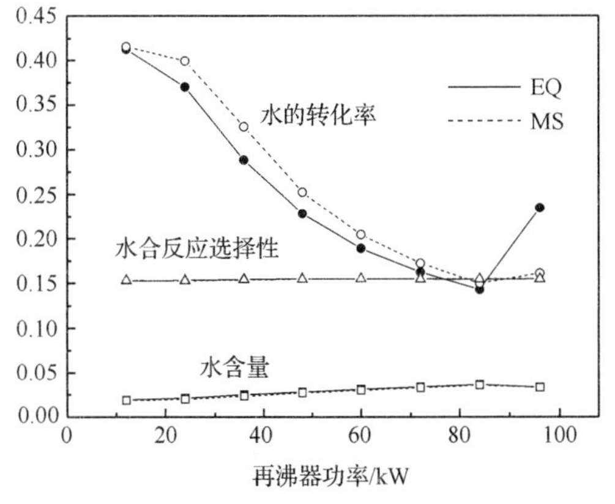

图 9.28　烯烃水合醚化体系再沸器功率的影响

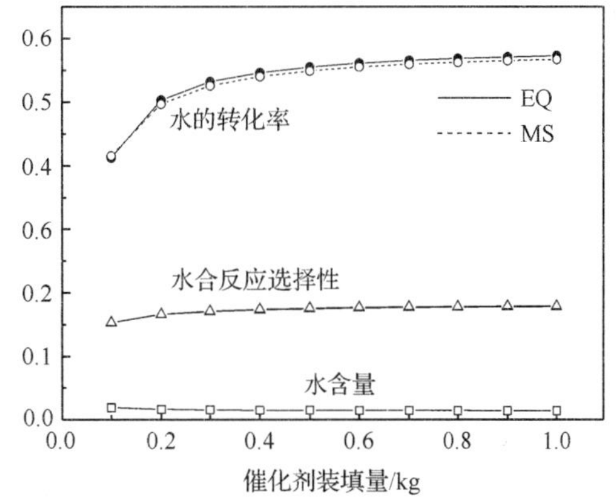

图 9.29　烯烃水合醚化体系催化剂装填量的影响

3. 废乙酸回收体系

1）板效率

在流体力学尺度废乙酸回收体系的反应精馏塔内气液两相各组分的分布分别如

图 9.30 和图 9.31 所示。

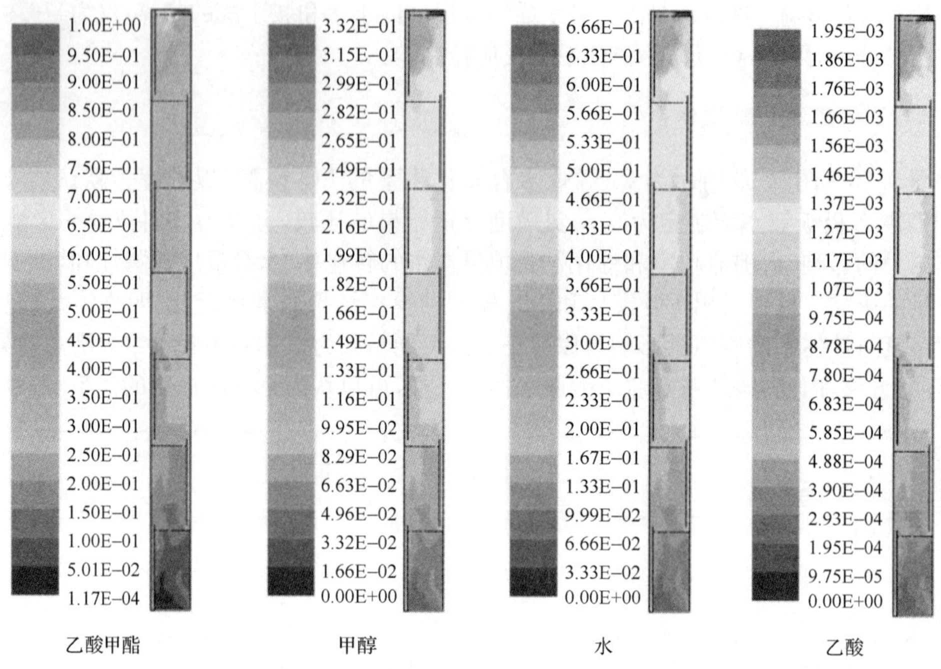

图 9.30　流体力学尺度塔内气相各组分分布(参见彩图)

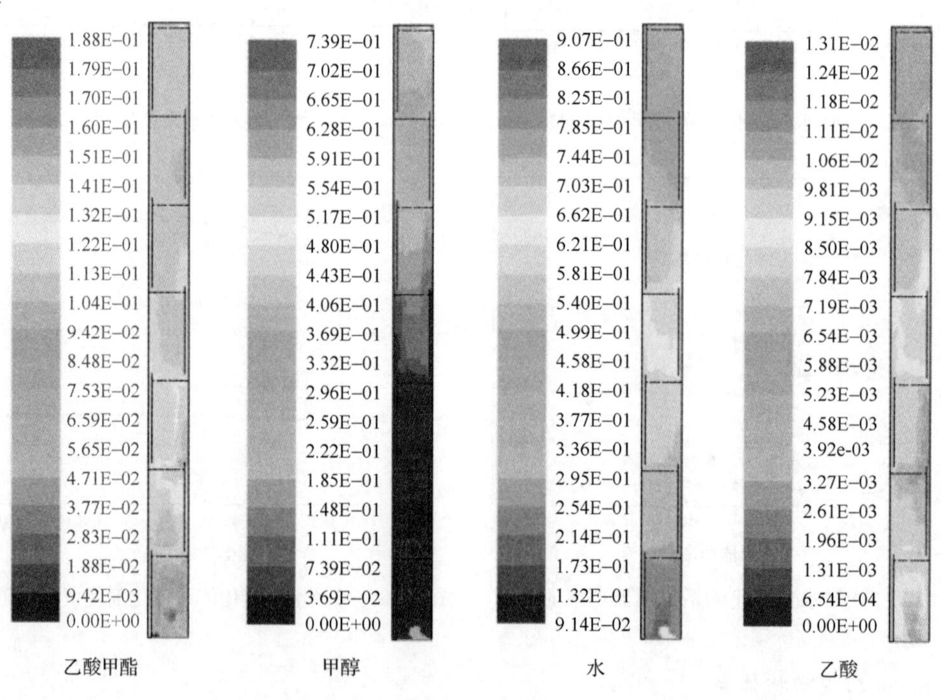

图 9.31　流体力学尺度塔内液相各组分分布(参见彩图)

图 9.32 为多尺度模型中的 Murphree 板效率与 Xu 和 Chuang 的实验值的比较。可

以看出计算值和实验值吻合较好。

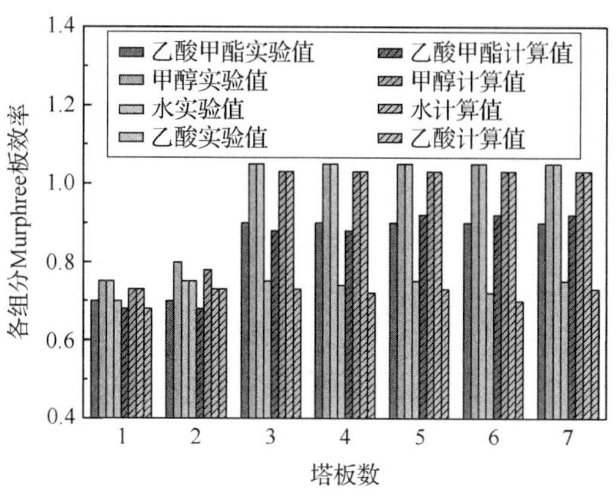

图 9.32　废乙酸回收体系各塔板上各组分的板效率

2）回流比对乙酸转化率的影响

调节回流比的目的是为了改变塔内轻组分的浓度。回流比对乙酸转化率的影响见图 9.33。可以看出，随着回流比的增大，EQ 模型中乙酸的转化率趋势和 MS 模型类似，都是先增加后减少，所不同的是 EQ 模型中乙酸的转化率始终比 MS 模型高约 8%。乙酸的转化率先增加后减少，应该是因为开始增大回流比的作用主要是增加反应段液态甲醇的含量，促使反应平衡向产物方向移动，当回流比继续增大，其主要作用是降低反应段的温度，减缓了反应速率。另外，从经济方面考虑，回流比越大，过程的能耗也就越大。MS 模型中乙酸转化率较低，是因为流体力学尺度的影响，气液两相在离开塔板时没有达到热力学上的相平衡。综上可知，最佳回流比在 14 左右。

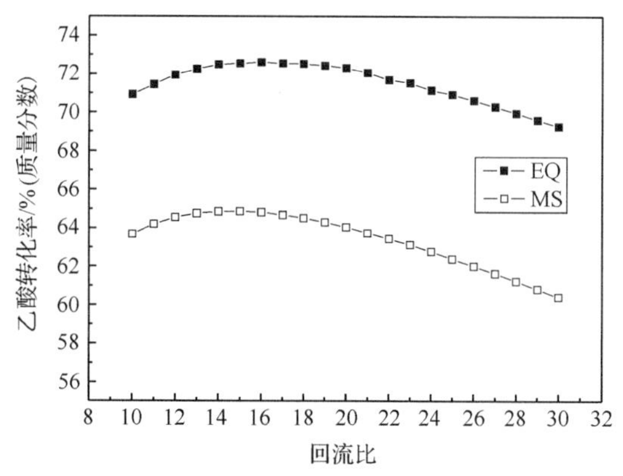

图 9.33　回流比对乙酸转化率的影响

3）进料位置对乙酸转化率的影响

进料位置对乙酸转化率的影响如图 9.34 所示，在此过程中，废乙酸的进料位置不变，甲醇的进料位置从第 0 到 8 块塔板依次改变。

可以看出，随着甲醇进料位置的改变，EQ 模型中乙酸的转化率趋势和 MS 模型类似，都是先增加后减少，所不同的是 EQ 模型中乙酸的转化率始终比 MS 模型高约 8%。

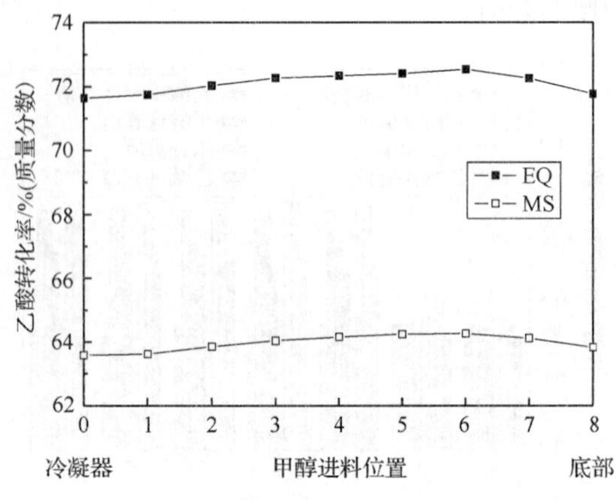

图 9.34　进料位置对乙酸转化率的影响

转化率之所以先增加后减少，是因为甲醇沸点比乙酸低，分别为 64.5℃和 118℃，甲醇在反应段下部进料，甲醇蒸气向上运动，容易与乙酸在反应段充分接触，提高转化率。MS 模型中乙酸转化率较低，是因为流体力学尺度的影响，气液两相在离开塔板时没有达到热力学上的相平衡。由图 9.34 可知甲醇最佳进料位置在第 6 块板。

4）塔操作压力对乙酸转化率的影响

图 9.35 所示为塔操作压力对乙酸转化率的影响。可以看出，随着塔操作压力的不断增大，EQ 模型中乙酸的转化率趋势和 MS 模型类似，都是线性增加，所不同的是 EQ 模型中乙酸的转化率始终比 MS 模型高约 8%。压力的增加会提高反应体系内各组分的泡点，升高反应段温度，提高反应速率。MS 模型中乙酸转化率较低，是因为流体力学尺度的影响，气液两相在离开塔板时没有达到热力学上的相平衡。如果操作压力再继续增加，则进料压力小于塔内压力，无法进料，故塔操作压力必须小于进料压力，最优值为 0.945×10^5 Pa。

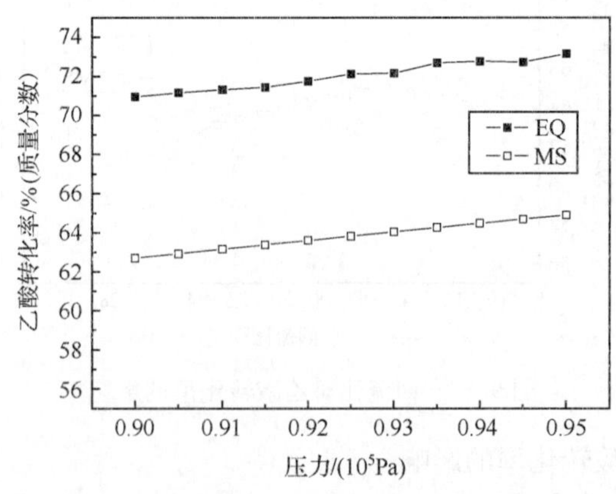

图 9.35　塔操作压力对乙酸转化率的影响

5）催化剂装填量对乙酸转化率的影响

催化剂装填量对乙酸转化率的影响如图 9.36 所示。

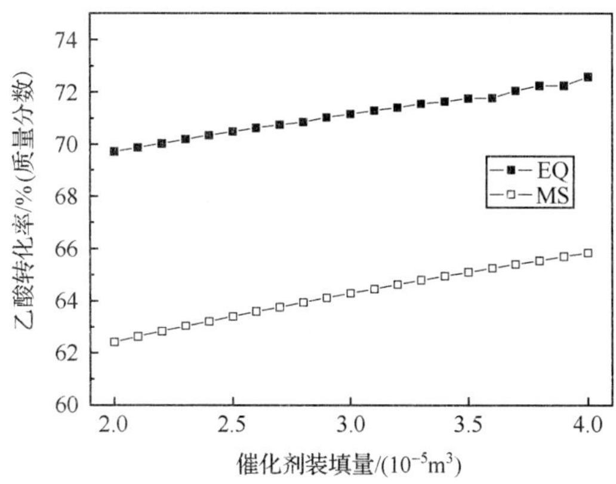

图 9.36　催化剂装填量对乙酸转化率的影响

可以看出，随着塔操作压力的不断增大，EQ 模型中乙酸的转化率趋势和 MS 模型类似，都是线性增加，所不同的是 EQ 模型中乙酸的转化率始终比 MS 模型高约 8%。乙酸转化率线性增加，是因为催化剂装填量的增加，会增大酯化的反应速率。MS 模型中乙酸转化率较低，是因为流体力学尺度的影响，气液两相在离开塔板时没有达到热力学上的相平衡。而装置一旦运行，改变催化剂的装填量不易操作，且会增加操作成本，再者还受到塔规格尺寸方面的限制，因此，最佳催化剂装填量取实验值：2.7×10^{-5} m^3。

6）精馏速率对乙酸转化率的影响

精馏速率对乙酸转化率的影响见图 9.37。可以看出，随着精馏速率的增大，EQ 模型中乙酸的转化率趋势和 MS 模型类似，都是先增加后减少，所不同的是 EQ 模型中乙酸的转化率始终比 MS 模型高约 8%。乙酸转化率先增加后减少，因为当精馏速率小于 240 kg/s 时，增大精馏速率，回流比也相应增加，反应物在反应段充分混合，且反应段温度升高，乙酸反应速率加快，转化率增加；当精馏速率大于 240 kg/s 时，再增大精馏速率，回流中乙酸甲酯含量增加，抑制了酯化反应的进行。MS 模型中乙酸转化率较低，是因为流体力学尺度的影响，气液两相在离开塔板时没有达到热力学上的相平衡。因此，最佳精馏速率为 240 kg/s。

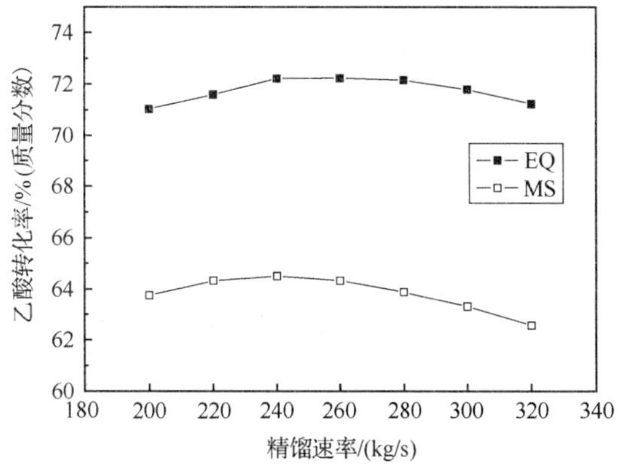

图 9.37　精馏速率对乙酸转化率的影响

7）沿塔板的浓度和温度分布

图 9.38 为使用 EQ 模型和 MS 模型模拟得到的沿塔板浓度分布和实验值的比较。第 0 块塔板为冷凝器，第 8 块塔板为再沸器。可以看出，MS 模型的模拟结果与实验值吻合较好，而 EQ 模型的模拟结果与实验值有明显差异，特别是乙酸甲酯和乙酸的浓度分布。这一结果再次印证了流体力学尺度的影响。

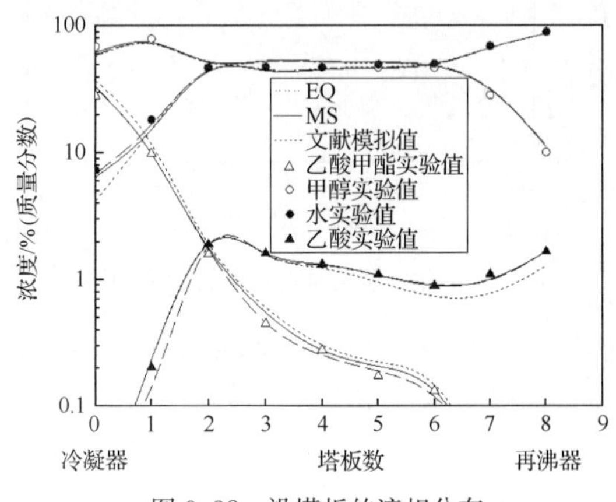

图 9.38　沿塔板的液相分布

图 9.39 所示，为使用 EQ 模型和 MS 模型模拟得到的沿塔板的浓度分布和实验值的比较。可以看出，MS 模型的模拟结果与实验值基本重合，而 EQ 模型各塔板温度普遍高出 2～3 K。与浓度分布比较所得的结论一致。

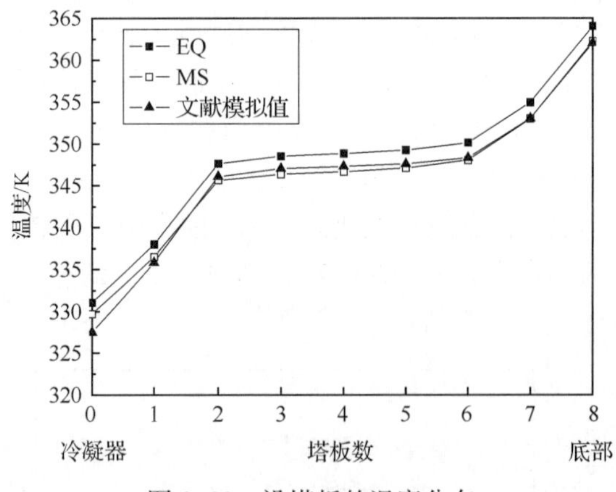

图 9.39　沿塔板的温度分布

MS 模型的最佳操作条件见表 9.8。在此操作条件下，乙酸转化率可达 64.9%，高于实验中 57.6%的转化率。

表 9.8　多尺度模型中关键操作参数的优化结果

操作参数	数值	操作参数	数值
质量回流比	14	催化剂装填量/m^3	2.7×10^{-5}
甲醇进料位置	6	馏出速率/(kg/s)	240
操作压力/Pa	0.935×10^5		

第 10 章　多单元耦合的典型装置分析

10.1　研究现状与进展

对于传统化学工业而言，一套完整的化学工艺过程主要由反应以及分离过程组成[41]，但每个过程都伴有巨大的能耗。据美国能源部能源信息管理局报道，2006 年工业能耗约占世界总能耗的一半，而石油化工中的能耗约占工业能耗的 60%，因此如何提高能量利用效率从而减少工业能耗已成为人们日益关注的问题。

为此，研究者针对一些特殊体系提出了反应与分离耦合的过程，这样不仅可以缩短生产流程，还可以提高产品收率、降低能耗。如第 8、9 章所述，目前将反应与分离结合的工艺过程主要有三种：反应精馏工艺过程，膜反应器工艺过程以及反应与萃取结合的工艺过程。

反应精馏主要针对可逆反应体系，当某一产物的挥发度大于反应物时，通过蒸发将该产物从液相中移除，破坏原有的平衡，使得反应向生成物的方向进行，从而提高转化率。目前学者们对反应精馏做了大量的研究，Gumus 和 Ciric[42]指出须根据气-液-液相平衡来设计反应精馏塔，每块精馏塔板上的相的数目以及相间的平衡均由吉布斯自由能最小决定。

膜反应器是结合膜分离以及化学反应的复合设备，在反应的同时有选择进行组分分离，从而增加反应速率以及提高转化率。与传统反应器相比，膜反应器具有如下优点：对于受化学平衡限制的反应，膜反应器能有效移动化学平衡，从而提高转化率，且膜反应器适用于复杂的反应体系；反应一般在较低的温度和压力下进行；化学反应、产物分离及提纯等几个单元的操作可在一个膜反应器内进行。根据膜在膜反应器中的作用，可将反应器划分为惰性膜反应器以及催化膜反应器。根据催化膜的制作材料，又可将催化膜反应器划分为无机膜反应器和高分子膜反应器。膜反应器主要应用于脱硫、脱氢、加氢等反应过程以及用来控制氧化反应的程度。除此之外，研究者们还设计研究了生物膜反应器，主要用来进行工业废水的处理。

反应与萃取工艺主要是采用萃取剂实现组分的实时分离，从而加快反应过程，提高转化率。目前研究较多的是将生物反应与萃取结合以及将反应与超临界萃取结合。其装置根据体系以及操作条件而定，具有多样性。

在化工过程中，往往会涉及与气体相关的操作，当气体作为反应原料或者作为废气排放到大气中时，通常需要对其处理从而减少无用甚至有害的组分。目前主要有五种处理气体方法：吸收、吸附、膜渗透、化学转化、冷凝[43]。吸收是目前最主要的气体处理方法。吸收主要分为物理吸收和化学吸收[44,45]。物理吸收主要取决于气体组分的溶解度以及操作条件，最具有代表性的应用是碳酸饮料的制备。化学吸收又称为反应吸收，指通过化学反应强化液体对气体吸收的过程，具有单位质量吸收剂吸收容量大、吸收剂用量少、吸收速率快以及吸收效果好等优点，被广泛应用于气体的处理与提纯。反应吸收的性能主要取决于反应的化学计量比、溶质的浓度分布以及传质速率等。目前对于反应吸收的研究主要集中在反应器的选择、吸收剂的筛选、反应机理的研究以及操作条件等方面。

目前研究者们研发了大量反应吸收的装置，如表 10.1 所示，根据气、液两相的分布形式大体可分为三类，每类又包含若干种反应器。在这些反应器中，板式塔、填料塔、鼓泡塔的应用范围最广。板式塔适用于规模较大、持液量小到中等的情况，所使用的液体应具有清洁、无腐蚀性、不起泡等特点。对于填料塔而言，填料(如陶瓷质填料)会使气泡破碎，对泡沫有抑制作用，因此适用于起泡且具有一定腐蚀性的液体。与板式塔(塔径一般大于 0.6 m)相比，填料塔不受塔径大小限制且结构简单，因此造价便宜适合于规模较小的情况。但填料塔的操作范围较小，对液体负荷变化敏感。当液体负荷较小时，填料表面不能很好地湿润，传质效果急剧下降；当液体负荷过大时，容易产生液泛。鼓泡塔适用于持液量较大的情况，结构简单，操作方便具有良好的传热和搅拌的特性，广泛适用于生物发酵、费托(FT)合成以及重油加氢等过程。

表 10.1 反应吸收装置[45]

划分标准	装置名称
气-液两相均为连续相	填料塔
	降膜反应器
	湿壁塔
	层流射流反应器
	列盘塔
气体以离散的形式分布在连续液体中	板式塔
	带有填料的板式塔
	鼓泡塔
	带有填料的鼓泡塔
	搅拌槽
	喷射吸收器
液体以离散的形式分布在连续气体中	喷雾塔
	文丘里洗涤器

反应器的选取往往是根据反应体系以及设计要求而定。工业上常常会选择填料塔进行 CO_2 或者 SO_2 的脱除。工业上最常采用板式塔和填料塔进行 NO_x 的吸收，其中板式塔应用最为广泛。板式塔吸收 NO_x 的能力主要与操作压力、温度、塔板数有关。其中板间的气体温度最为重要，因为温度严重影响 NO 的氧化过程以致限制了最大塔板数。针对目前工业上采用板式塔吸收 NO_x 的工艺提出相应的改进方案：通过串联增加新塔的方式增加吸收体积，从而减少废气中 NO_x 的含量。在设计新塔时须保证较少的塔板数。这主要是因为在 NO_x 浓度很低时，NO 被转化成 NO_2 的过程相对较慢。通过降低吸收温度也能减少废气中 NO_x 的含量，这是因为在吸收过程中移除热量会加速 NO 的氧化。

反应吸收除了被用来脱除废气中有害气体外，还被用来进行生产制备，如费托、二甲醚等合成以及渣油加氢等工艺。对于这类生产制备过程，工业上往往采用鼓泡塔。气-液鼓泡塔具有相际接触面积大、持液量大、传质及传热效率高等一系列特点，并且能在高温、高压下处理腐蚀或有毒性气体。与其他类型的多相反应器（搅拌槽、填料塔、滴流床）相比，鼓泡塔具有如下优点：结构简单，一般由分布器以及塔体组成，因此造价低廉且操作费用、维护费用相对较低[46]；通入的气体为液相的搅拌提供了动力，液相的返混能有效地提高体系的传热性能，有利于反应器内温度的控制，有效抑制局部温度过高等现象[47]；对于含有固体的浆液而言，能有效防止因催化剂碰撞而造成的磨损，并能最大程度地回收催化剂内的重金属，从而减少不必要的经济损失[47]；在较低的能量下能够实现较理想的相间传质[48]。为此本章主要针对鼓泡塔体系进行研究。

10.2　鼓泡塔流体力学模型

10.2.1　气含率与气泡特性

近年来关于鼓泡塔的研究主要集中在如下几个方面：气体的体积含率、气泡特征、流型、计算流体动力学、局部和平均传热测量以及反应器内的传质。这些研究主要考察鼓泡塔尺寸、塔内构件的设计、操作条件（如压力、温度）、表观气速、固体的类型和浓度等的影响。虽然目前文献中已有大量关于鼓泡塔的研究，但绝大多数的研究往往只是定位于其中的一相，即液相或气相，然而实际上应该更加关注各相之间的相互作用，因为它们是紧密关联的。

气含率是预测鼓泡塔内流体动力学行为的重要设计参数之一。气含率的大小直接影响鼓泡塔内气泡的尺寸分布以及气液接触面积，进而影响着塔内传质速率。表 10.2 列举了文献中所报道预测气含率的经验关联式。

表 10.2　气含率的关联式

研究小组	表达式
(Akita 和 Yoshida[49])	$\frac{\varepsilon_g}{(1-\varepsilon_g)^4}=a\left(\frac{D^2\rho_l g}{\sigma}\right)^{1/8}\left(\frac{U_g}{\sqrt{gD}}\right)\left(\frac{D^3\rho_l^2 g}{\mu_l^2}\right)^{1/2}$ $a=0.2$，纯液体或电解质溶液；$a=0.25$ 电解质溶液
(Hikita 等[50])	$\varepsilon_g=0.672f\left(\frac{U_g\rho_l}{\sigma}\right)^{0.578}\left(\frac{\mu_l^4 g}{\rho_l\sigma^3}\right)^{-0.131}\left(\frac{\rho_g}{\rho_l}\right)^{0.062}\left(\frac{\mu_g}{\mu_l}\right)^{0.107}$ $f=1.0$，非电解质溶液；$f=10^{0.414I}$，$0<I<1.0$ kg ion/m^3； $f=1.1$，$I>1.0$ kg ion/m^3
(Hammer 等[51])	$\frac{\varepsilon_g}{1-\varepsilon_g}=0.4\left(\frac{U_g\rho_l}{\sigma}\right)^{0.87}\left(\frac{\mu_l^4 g}{\rho_l\sigma^3}\right)^{-0.27}\left(\frac{\rho_g}{\rho_l}\right)^{0.17}$
(Sotelo 等[52])	$\varepsilon_g=129\left(\frac{U_g\rho_l}{\sigma}\right)^{0.99}\left(\frac{\mu_l^4 g}{\rho_l\sigma^3}\right)^{-0.123}\left(\frac{\rho_g}{\rho_l}\right)^{0.187}\left(\frac{\mu_g}{\mu_l}\right)^{0.343}\left(\frac{d_0}{D}\right)^{-0.089}$

续表

研究小组	表达式
(Luo 等[53])	$\frac{\varepsilon_g}{1-\varepsilon_g}=\frac{2.9\left(\frac{U_g^4\rho_l}{\sigma_g}\right)^{\alpha}\left(\frac{\rho_g}{\rho_l}\right)^{\beta}}{[\cosh(Mo_{sl}^{0.054})]^{0.041}}$ (p:1～56.2 bar①; $U_g\leqslant0.45$m/s; T:28℃和78℃) $Mo_{sl}=\frac{(\xi\mu_l)^4g}{\rho_{sl}\sigma^3}$; $\alpha=0.21Mo_{sl}^{0.0079}$; $\beta=0.0096Mo_{sl}^{-0.011}$; $\rho_{sl}=\rho_l$, $\xi=1$
(Joshi 和 Sharma[54])	$\varepsilon_g=\frac{U_g}{0.3+2U_g}$
(Lockett 和 Kirkpatrick[55])	$U_g(1-\varepsilon_g)+U_l\varepsilon_g=V_b\varepsilon_g(1-\varepsilon_g)^{2.39}(1+2.55\varepsilon_g^3)$
(Koide 等[56])	$\varepsilon_g=\frac{U_g}{31+\beta(1-e)\sqrt{U_g}}$ $\beta=4.5-3.5\exp(-0.064D^{1.3})$; $e=-\frac{0.18U_g^{1.8}}{\beta}$
(Sada 等[57])	$\varepsilon_g=0.32(1-\varepsilon_g)^4\left(\frac{D^2\rho_l g}{\sigma}\right)^{0.21}\left(\frac{gD^3\rho_l^2}{\mu_l^2}\right)^{0.086}\left(\frac{U_g}{\sqrt{gD}}\right)(\rho_g/\rho_l)^{0.068}$
(Hughmark[58])	$\varepsilon_g=\frac{1}{2+(0.35/U_g)(\rho_l\sigma/72)^{1/3}}$
(Kawase 和 Moo-Young[59])	$\varepsilon_g=1.07\left(\frac{U_g}{\sqrt{gD}}\right)^{1/3}$
(Hikita 和 Kikukawa[60])	$\varepsilon_g=0.505U_g^{0.47}\left(\frac{0.072}{\sigma}\right)^{2/3}\left(\frac{0.001}{\mu_l}\right)^{0.05}$
(Reilley 等[61])	$\varepsilon_g=0.009+296U_g^{0.44}(\rho_l \text{ or } \rho_{sl})^{-0.98}\sigma_l^{-0.16}\rho_g^{0.19}$
(Godbole 等[62])	$\varepsilon_g=0.239U_g^{0.634}D^{-0.5}$,适用于活塞流中的黏性介质
(Schumpe 等[63])	$\varepsilon_g=0.2\left(\frac{D^2\rho_l g}{\sigma}\right)^{-0.13}\left(\frac{gD^3\rho_l^2}{\mu_l^2}\right)^{0.11}\left(\frac{U_g}{\sqrt{gD}}\right)^{0.54}$ 在这里,$Bo=\frac{D^2\rho_l g}{\sigma}$; $Ga=\frac{gD^3\rho_l^2}{\mu_l^2}$; $F_r=\frac{U_g}{\sqrt{gD}}$ 该公式适用于高黏度的介质,其中:$1.4\times10^3\leqslant Bo\leqslant1.4\times10^5$; $1.2\times10^7\leqslant Ga\leqslant6.5\times10^{10}$; $3\times10^{-3}\leqslant F_r\leqslant2.2\times10^{-1}$
(Smith 等[64])	$\varepsilon_g=\left[2.25+\frac{0.379}{U_g}\left(\frac{\rho_l \text{ or } \rho_{sl}}{72}\right)^{0.31}(\mu_l \text{ or } \mu_{sl})^{0.0016}\right]^{-1}$ 在这里,$\mu_{sl}=\mu_l\exp\left[\frac{(5/3)\nu_s}{1-\nu_s}\right]$
(Koide 等[65])	$\frac{\varepsilon_g}{(1-\varepsilon_g)^4}=\frac{k_1(U_g\mu_l\sigma_l)^{0.918}}{1+4.35\nu_s^{0.748}[(\rho_s-\rho_l)/\rho_l]^{0.88}}\frac{[g\mu_l^4/(\rho_l\sigma_l^3)]^{-0.252}}{(DU_g/\rho_l)^{-0.168}}$

① bar 为非法定单位,1 bar=10^5Pa。

可采用气泡上升速度、气泡形状和气泡的运动轨迹等来描述上升气泡的特性。气泡的特性与周围介质的流动和物理性质(主要是黏度以及固体颗粒的影响)以及气泡表面的性质(表面张力以及表面活性剂)密切相关。

由于气-液两相均为流体,气泡在液体中运动时,受表面张力、浮力以及液体流场的作用从而发生变形。变形程度与液体的黏度、气-液界面张力和气泡的尺寸等有关。Grace 等[66]在大量实验数据分析的基础上,系统总结了不同条件下气泡的形状,结果如图 10.1 所示。在低黏度流体中,气泡的形状一般分为三种,即球形、椭球形和球帽形,而在高黏度体系中则还可能出现"裙状"气泡。当气泡直径小于 1 mm 时,其形状大致为球形,表面张力起主导作用,气泡近似直线上升。对于中等尺寸气泡而言,表面张力和气泡周围液体的惯性力同时起作用,气泡呈锯齿状或螺线状轨迹上升。对于大气泡而言,流体的惯性力起主导作用,形状大致为球冠形,包络角大约为 100°。

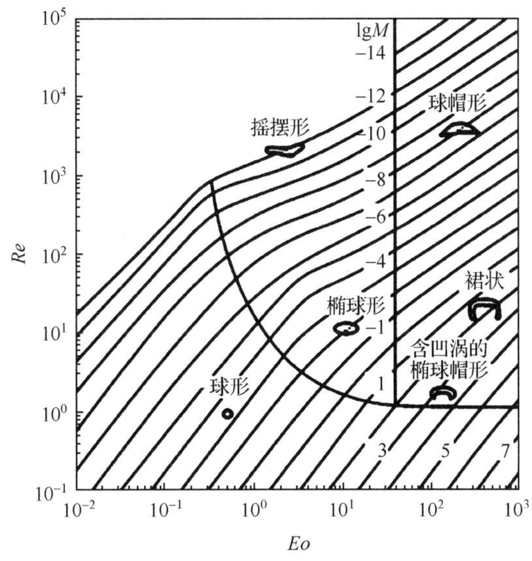

图 10.1　液相中自由上升气泡的形状区域[67]

当气体通过气体分布器上的孔道进入床层时,会形成气泡或射流。图 10.2 表示的是典型的初始气泡或初始射流的形成过程。射流始于分布器上的小孔,并在射流的方向上深入床层一定的距离。达到此距离之后,射流分解成许多气泡。气泡从喷嘴处脱离后,浮力使其在液体中上升。

气泡脱离速度单调增加,直到达到终端速度的渐近值后速度基本不变。气泡上升达到稳定的时间如图 10.3 所示,图中的实验条件下气泡达到终端速度的时间大约为 0.2s[68]。在 90%的甘油溶液中,气泡的瞬时速度曲线表明:气泡从脱离喷嘴到速度接近终端速度大约需要几百毫秒。气泡从脱离喷嘴到达到终端速度的时间和运动的距离随气泡直径的变化而变化。

单气泡的上升速度本质上取决于其尺寸以及周围流体的物性:对于中、小尺寸的气泡,它的上升速度主要依赖于液体的表面张力和黏度特性,而大气泡的上升速度几乎不受液体物性的影响。单气泡在液-固悬浮液中的上升速度与气泡在高黏度液体中的上升速度

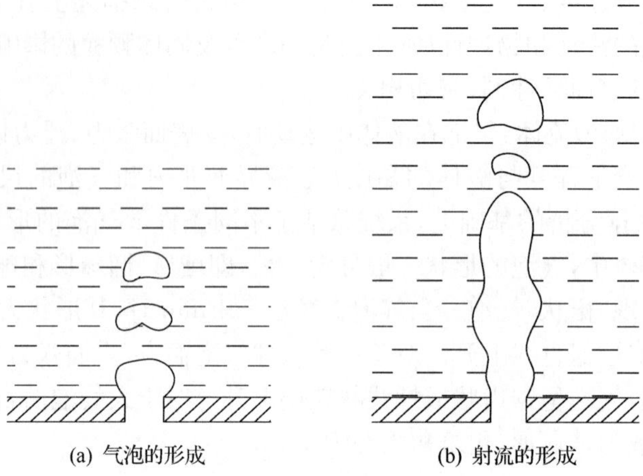

图 10.2 气体分布器上气泡与射流的形成

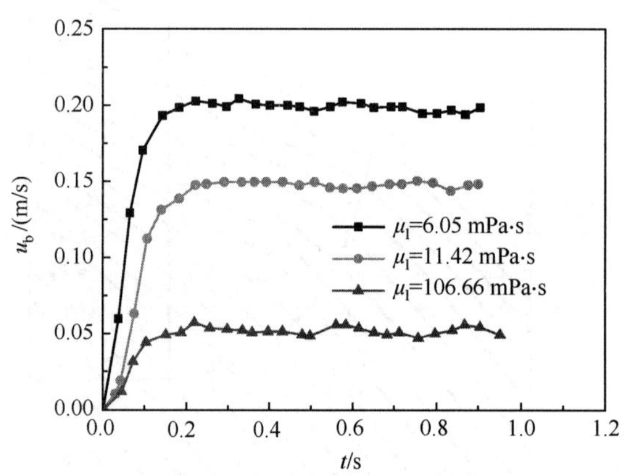

图 10.3 不同浓度蔗糖中气泡速率分布曲线[68]

很相似。在这里我们主要介绍单气泡在不同体系中的上升速度以及气泡群的上升速度。

气泡上升速度与气含率和气体停留时间分布等流体力学行为密切相关，因此文献中通过实验测量和建立模型两方面对气泡上升速度开展了大量的研究。因为大气泡上升速度主要受气泡大小的影响，所以 Davies-Taylor 关联式被广泛用来计算球帽形大气泡的上升速度[69]：

$$u_b = 0.71\sqrt{gd_b} \tag{10.1}$$

液体中所含杂质对较小尺寸的气泡上升速度有明显影响，图 10.4 为自来水和蒸馏水中单气泡上升速度的对比，当气泡直径为 1～5 mm 时，两个体系中气泡上升速度差异明显，对于其他直径的气泡而言，气泡上升速度的差异较小[70]。

单气泡上升速度的计算模型通常有两种形式：一种是直接给出气泡的上升速度；另一种是给出气泡曳力系数。根据气泡雷诺数不同，可以分为 Stokes 区、黏性区、变形区和强变形区，各区域气泡曳力系数的关联式如表 10.3 所示。

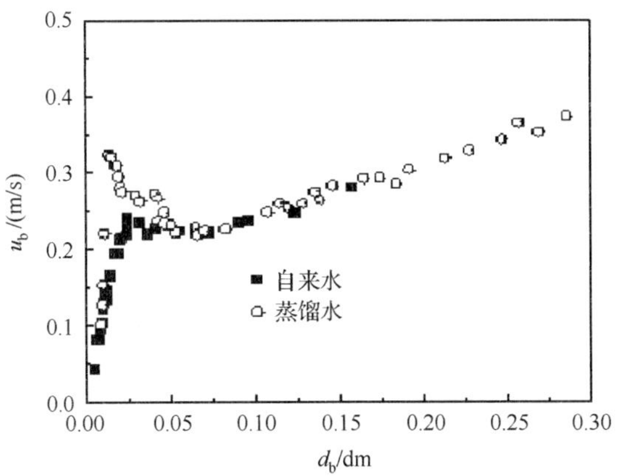

图 10.4 单气泡上升速度[70]

表 10.3 不同流动区域气泡曳力系数公式

范围	区域	关联式
$Re \leqslant 6$	Stokes 区	$C_{D0}=\frac{24}{Re}$；$C_{D0}=\frac{24}{Re}\left(1+\frac{3}{16}Re\right)$
$Re<500$	黏性区	$C_{D0}=\frac{24}{Re}(1+0.1\,Re^{0.687})$；$C_{D0}=\frac{24}{Re}(1+0.1\,Re^{0.75})$
$\frac{24}{Re}(1+0.1\,Re^{0.75})\leqslant Eo^{1/2}<\frac{8}{3}$	变形区	$C_{D0}=\frac{2}{3}Eo^{1/2}$
$Eo^{1/2}\geqslant 4$	强变形区	$C_{D0}=\frac{8}{3}\frac{Eo}{Eo+4}$

Fan 和 Tsuchiya[71]对不同区域的气泡上升速度和曳力系数的关联式进行总结提出了如下统一的关联式：

$$C_{D0}=\left[\left(\frac{Mo^{-0.25}}{K_b}d_b^{*2}\right)+\left(\frac{2c}{d_b^*}+\frac{d_b^*}{2}\right)^{-n/2}\right]^{-1/n} \tag{10.2}$$

式中，$u_b^*=u_b\left(\frac{\rho_l}{g\sigma}\right)^{1/4}$，$d_b^*=d_b\left(\frac{\rho_l}{g\sigma}\right)^{1/2}=Eo^{1/2}$，$K_b=\max(K_{b_0}Mo^{-0.038},12)$

Tomiyama[72]给出了以曳力系数的形式表示的关联式：

纯净液体

$$C_{D0}=\max\left[\min\left(\frac{16}{Re}(1+0.15\,Re^{0.687}),\frac{48}{Re_b}\right),\frac{8}{3}\frac{Eo}{Eo+4}\right] \tag{10.3}$$

含轻微杂质

$$C_{D0}=\max\left[\min\left(\frac{16}{Re}(1+0.15\,Re^{0.687}),\frac{72}{Re_b}\right),\frac{8}{3}\frac{Eo}{Eo+4}\right] \tag{10.4}$$

含杂质

$$C_{D0}=\max\left[\frac{24}{Re}(1+0.15\,Re^{0.687}),\frac{8}{3}\frac{Eo}{Eo+4}\right] \tag{10.5}$$

Rodrigue 提出了一种曳力模型，可以应用于不同黏性液体（$Mo>10^{-8}$）：

$$C_D=\left[\left(\frac{1}{2}+32\theta+\frac{1}{2}\sqrt{1+128\theta}\right)^{\frac{1}{3}}+\left(\frac{1}{2}+32\theta-\frac{1}{2}\sqrt{1+128\theta}\right)^{\frac{1}{3}}+0.036\left(\frac{128}{3}\right)^{\frac{1}{9}}Re^{\frac{8}{9}}Mo^{\frac{1}{9}}\right]^{\frac{9}{4}} \tag{10.6}$$

式中，

$$\theta=(0.018)^3\left(\frac{2}{3}\right)^{\frac{1}{3}}Re^{\frac{8}{3}}Mo^{\frac{1}{3}} \tag{10.7}$$

根据文献，对于小气泡（$d_b<1.5$ mm）可以采用式(10.8)计算：

$$u_b=\frac{1}{4}\left(\frac{6\rho_l g}{\pi\mu_l}\right)^{\frac{1}{3}}V_B^{\frac{1}{3}} \tag{10.8}$$

式中，V_b指的是气泡体积。

Mendelson[73]认为气泡是以波速上升的，并且用气泡的等价周长代替波长，得到气泡上升速度公式：

$$u_b=\sqrt{\frac{2\sigma}{\rho_l d_b}+\frac{gd_b}{2}} \tag{10.9}$$

Luo 等[53]给出了气泡在高压下的低黏度液体中的上升速度关联式：

$$u_b=\sqrt{\frac{2.8\sigma}{\rho_{sl}d_b}+\frac{gd_b}{2}\frac{\rho_{sl}-\rho_g}{\rho_{sl}}} \tag{10.10}$$

式中，d_b大于 2 mm。

在多气泡体系中，由于气泡之间的相互作用非常复杂，目前尚无完善的理论。文献中报道的通常是基于单气泡曳力系数进行修正或给出纯经验的关联式。由于大气泡的形状不规则，有很强的尾涡区，大气泡群的流动行为非常复杂，因此对大气泡群上升速度的报道非常有限。Miyahara 等[74]对气泡群中大气泡的上升速度进行了实验研究，Wilkinson 等[75]通过对大量的实验数据进行回归分析提出了大气泡群上升速度的经验关联式：

$$\frac{u_{b,large}\mu_l}{\sigma}=2.25\left(\frac{\sigma^3\rho_l}{g\mu_l^4}\right)^{-0.273}\left(\frac{\rho_l}{\rho_g}\right)^{0.03}+2.4\left(\frac{(U_g-U_{g,trans})\mu_l}{\sigma}\right)^{0.757}\left(\frac{\sigma^3\rho_l}{g\mu_l^4}\right)^{-0.077}\left(\frac{\rho_l}{\rho_g}\right)^{0.077} \tag{10.11}$$

式中，$U_{g,trans}$为流型转变气速，可用 Reilly 等[76]提出的关联式进行计算[77]。从 Davies 和 Taylor 以及 Collin 所提出的单个大气泡上升速度的模型出发，提出大气泡群上升速度计算关联式如下：

$$u_{b,large}=0.71\sqrt{gd_{bL}}\,(SF)\,(AF) \tag{10.12}$$

式中，d_{bL}为大气泡的直径，(AF)为由于气泡尾涡作用导致的加速因子，(SF)为由于床层直径造成的放大因子。

10.2.2　气液两相流型

气液体系流型结构非常复杂，不仅与单个气泡的微观尺度结构（如气泡的形状、振荡尾迹等）有关[66,71]，而且也与整个体系的宏观尺度结构有关，例如随着表观气速的增大，鼓泡塔内流型结构的演化可依次划分为安静鼓泡区(均匀鼓泡区)、过渡区、湍动区域(非均匀鼓泡区)[78]。液体的运动以及气泡的属性(如液相的环流,气泡直径分布等)均与流型结构密切相关。因此了解流型转换的机理对模拟反应器内流体动力学以及对于反应器设计与优化至关重要。

研究者已经通过各种实验技术[如电阻层析成像(ERT)、电容层析成像(ECT)、计算机断层扫描(CT)、粒子图像测速仪(PIV)、磁共振成像术(MRI)等]来研究气液体系内流型的演化。Zahradnik 和 Fialova[78],Zahradnik 等[79]指出可以根据气含率随表观气速变化的曲线来划分流型:在安静鼓泡区时,气含率与表观气速成线性关系。当这样的线性关系被打破时意味着体系流型由安静鼓泡区域转换至过渡区。接着气含率随表观气速增大逐渐增大,当达到某个值后突然下降或存在一个 S 形的转变,这两种现象均抑制了气含率随表观气速增大趋势。当表观气速大于某个值(如对于 Zahradnik 等[79]体系值为 0.125 m/s)时,气含率再一次随表观气速的增大而增大,此时所对应的流型被称为充分发展的湍动区域。Ruzicka 等[80]的文章报道了两种非均匀流型:对于小而密的分布器而言,随着表观气速的增大,安静鼓泡区平衡逐渐遭到破坏,在表观气速较高时转化为湍动区,此时的非均匀流型被称为 THeR (transitional heterogeneous regime);对于孔径比较大的分布器而言,气含率随表观气速的增大而一直增大,没有出现平台或者突变点,这种流型被称之为 PHeR (pure heterogeneous regime)。无论在哪种非均匀体系下,粒径不均匀的气泡都有着强烈聚并趋势。此外,一些学者们采用统计或者混沌分析与时间相关的压力信号扰动来定义各种流型[81,82]。

除了文献中报道的经验或者半经验关联式之外,Joshi 等[83]的文章中报道了一个线性的稳定模型,将守恒方程表示成与气含率的扰动变量相关的形式,根据扰动随时间变化的大小来表示安静鼓泡区域的稳定程度。Simonnet 等[84]在 CFD 模拟时,发现将曳力表示成与局部气含率相关的形式比采用单气泡的曳力关联式更能反映气含率随表观气速的变化关系,并且能再现不同流型的结构特征。Monahan 等[85]以及 Monahan 和 Fox[86]系统地研究了 CFD 对鼓泡塔内流型转变的预测能力,发现封闭模型的形式(如曳力、虚拟质量力、升力,气泡诱导湍流),甚至网格质量等均严重影响模拟的结果。

尽管目前有许多学者对鼓泡塔内的流型转变进行了大量研究,但仍然不能揭示底层的机理,对实验的解释仍然没有达成共识。Lucas 等[87]认为具有正升力系数小气泡有稳定流场的作用,具有负升力系数大气泡具有破坏流场的稳定作用。Mudde[88]指出在 Harteveld[89]的实验中,采用针状分布器在入口处产生均匀的气体分布,从而在较高气含率下仍保持均匀鼓泡流型,但采用 CFD 模拟时发现大尺度的液体循环,这是非均匀流型才具有的特征。事实上目前的 CFD 模拟仅仅是为气液两相流模拟提供了框架,气-液以及气泡-气泡间相互作用的底层物理机制仍然采用经验性的封闭方程表示。目前仍然不清楚动量如何在相间进行传递,能量是如何转化或者通过介尺度结构存储以及在不同尺度上消耗的,因此了解相间动量以及能量传递模式对研究气液体系至关重要。

Li 和 Kwauk[90],Li 等[91]采用变分法研究了多尺度结构,指出多尺度的结构是通过尺度间的相互关联得到,物理上归因于控制机理协同作用,数学上可以通过极值的趋势来表示[92]。因此反映协同机理的稳定性条件采用限定极值来表示。Li 和 Kwauk[93],Li

等[94]首次基于该思想采用能量最小多尺度模型(EMMS)模拟气固流化床，提出反映两种控制机理的稳定性条件：气体趋向于选择阻力最小的方式通过颗粒层($W_{st}\to\min$)，颗粒趋向于维持重力势能最小($\varepsilon\to\min$)，稳定性条件表达为一个相互限定的极值，即悬浮输送单位质量的颗粒所消耗的能量 $N_{st}=W_{st}/\rho_p(1-\varepsilon)$ 最小。Ge 等[92]和 Li 等[94]采用了该方法预测了密相流态化以及稀相输送之间的跳变点。

由于气液体系以及气固体系有一定的相似性，Zhao[95]和 Ge 等[92]针对气液体系采用分析多尺度的方法，通过解析能耗建立了稳定性条件，从而确立单气泡(single-bubble-size，SBS)模型。Yang 等[96]将 SBS 模型拓展到双气泡(dual-bubble-size，DBS)模型，采用 DBS 模型计算所得气含率随表观气速变化的曲线中有一个跳变点，跳变点是由气液体系微尺度相互作用导致局部微尺度能量最小引起的，且跳变点对应于 Zahradnik 等[79]、Camarasa 等[97]实验中流型转变点，因此从理论上解释了由均匀鼓泡区向湍动区过渡的物理规律。

10.3 双气泡模型

10.3.1 能耗分解反稳定条件

与气固体系相比，气液体系的动量以及能量交换更为复杂。图 10.5 列出了鼓泡塔内动量以及能量的传递形式。在研究界面相互作用力时，通常将非常小的气泡当作刚性粒子处理，例如在直接数值模拟时采用无滑移边界条件以及采用等直径颗粒的曳力系数代替气泡的曳力系数(case A)。随着气泡直径的增大，液体沿着气泡表面产生滑移，因此气泡的曳力系数开始偏离颗粒的曳力系数(case B)。在较强的气液相互作用下(如气泡尾迹以及液相湍动)，大气泡的形状会发生变化，表面会产生一定程度的振荡(case C)。随着气泡直径进一步的增大以及气液相互作用的增强，当具有足够能量并且特征尺度比气泡直径小的涡与气泡发生碰撞时，有可能会导致气泡破碎(case D)。

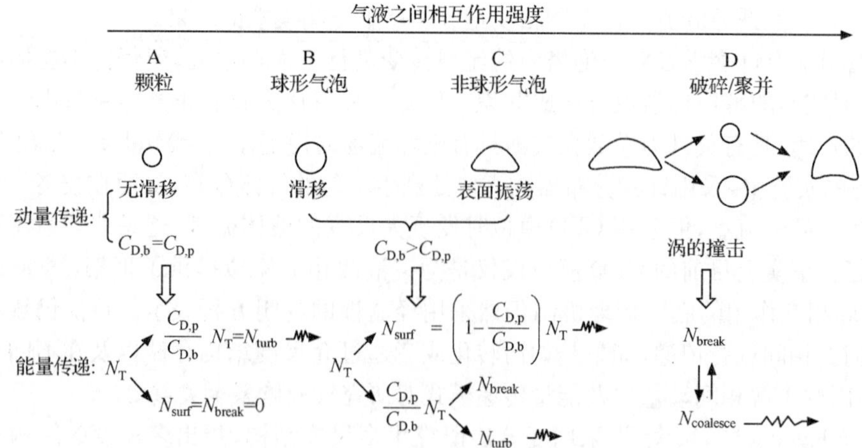

图 10.5 气液之间动量传递以及能量传递模式[98]

当气体通过分布器进入液相后，气体以气泡的形式穿过床层反应器，在浮力的作用下带动周围的液体运动，体系中所消耗的能量均由气体提供，一部分能量以液相湍动的形式消耗以及通过液相与气泡表面相互作用的形式消耗，另一部分则以气泡聚并、破碎的形式消耗。如图 10.6 所示，按照液相湍动结构气液体系可划分为以下三个尺度。

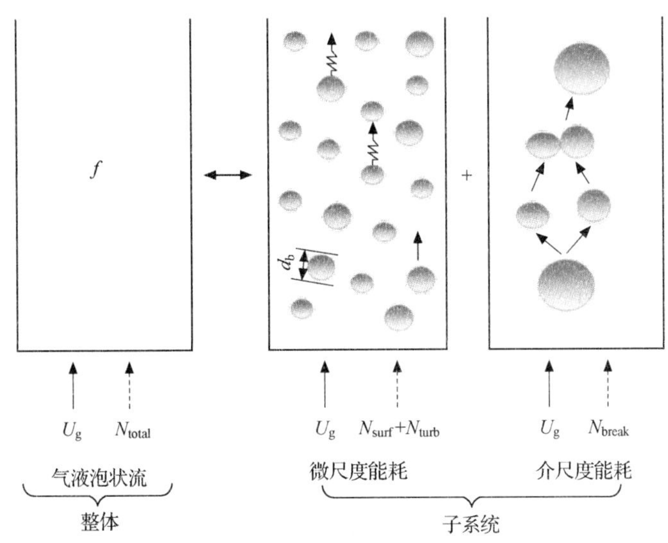

图 10.6　气液泡状流体系分解

宏尺度(macro-scale)：由于气泡的驱动以及塔内局部密度的差异，造成较大范围液相流动从而形成尺寸较大的涡，这些尺寸较大的涡包含了液相大部分能量。当尺寸大于气泡直径的涡与气泡相互作用时，并不会使气泡发生形变甚至破碎，仅仅是推动气泡的运动。可以认为在宏尺度上主要发生的是能量运输的过程，而过程中的能量耗散基本可以忽略。

介尺度(meso-scale)：根据 Kolmogorov 湍流理论，按照能量级串(energy cascade)的方式，能量不断由尺度较大的涡传递给尺度较小的涡，一直到尺度最小的耗散涡。在单相湍流中，一般认为大于耗散涡尺度的涡基本没有能量耗散。但对于两相体系而言，与气泡尺度相当的涡与气泡碰撞时，有可能导致气泡破碎。当大气泡破碎为两个小气泡时，表面积会增加，从而导致表面能的增加，表面能的增量须由与气泡发生相互作用的涡来提供。因此，介尺度的作用主要是将液相的湍动能转变成气泡的表面能。

微尺度(micro-scale)：由于液体的运动具有黏性的性质，因此一部分液相能量通过最小尺度的耗散涡进行耗散。此外，当尺度较小的涡与气泡发生相互作用但不足以使气泡破碎时，会导致气泡表面产生振荡，气泡在振荡时需要克服周围液体的黏性阻力，因此也会产生能量耗散。

当气泡运动达到稳定时，曳力与浮力相平衡，因此单位质量的液体所消耗的总能量可根据曳力对单位质量流体的做功速率来表示：

$$N_{\mathrm{T}}=\frac{[(1-\varepsilon_{\mathrm{b}})\rho_{\mathrm{l}}-\rho_{\mathrm{g}}]g\sum_{i}n_{i}V_{i}u_{\mathrm{slip},i}}{\rho_{\mathrm{l}}(1-\varepsilon_{\mathrm{b}})}\approx\left[U_{\mathrm{g}}-\frac{\varepsilon_{\mathrm{b}}U_{\mathrm{l}}}{1-\varepsilon_{\mathrm{b}}}\right]g \tag{10.13}$$

式中，n_i表示单位体积内第 i 粒级下气泡的个数；V_i表示第 i 粒级气泡的体积；$u_{\mathrm{slip},i}$ 表示相间的滑移速率。对于堆置型鼓泡塔而言，表观液速为 0，因此便得出

$$N_{\mathrm{T}}=U_{\mathrm{g}}g \tag{10.14}$$

如图 10.5(case A)所示，假定气体均由小气泡组成，能量 N_{T} 是通过剪切应力在无滑移边界条件下由气泡向液相传递，最终在液相湍流能量级串过程中消耗。对于鼓泡塔内 cases B、C 和 D 的情况，只有部分的 N_{T} [如$(C_{\mathrm{D,p}}/C_{\mathrm{D,b}})N_{\mathrm{T}}$]按照这种方式从气相传递至液相，另一部分是通过液相与气泡表面的滑移以及气泡表面的振荡来消耗：

$$N_{\mathrm{surf}}=\left[1-\frac{C_{\mathrm{D,p}}}{C_{\mathrm{D,b}}}\right]N_{\mathrm{T}} \tag{10.15}$$

这仅仅是采用简单的方法描绘的复杂的相间能量传递。式中 N_{T} 并非完全通过能量级串来消耗，其中有一部分在气泡破碎的过程中以表面能的形式存储起来，记为 N_{break}，最终通过气泡聚并的形式来消耗。当聚并破碎达到平衡时，没有净余的表面能产生，N_{break} 可以表示为

$$N_{\mathrm{break}}=\int_{\lambda_{\min}}^{d_{\mathrm{b}}}\int_{0}^{0.5}\frac{\omega(d_{\mathrm{b}},\lambda)}{(1-\varepsilon_{\mathrm{b}})\rho_{\mathrm{l}}+\varepsilon_{\mathrm{b}}\rho_{\mathrm{g}}}\cdot P_{\mathrm{b}}(d_{\mathrm{b}},\lambda,f_{\mathrm{BV}})\cdot c_{\mathrm{f}}\pi d_{\mathrm{b}}^{2}\sigma\cdot \mathrm{d}f_{\mathrm{BV}}\mathrm{d}\lambda \tag{10.16}$$

碰撞概率 $\omega(d_i,\lambda,\varepsilon_i)$ 以及破碎概率 $P_{\mathrm{b}}(d_i,\lambda,f_{\mathrm{BV}})$ 由经典的各向同性湍流统计得到。需要指出的是，只有特征尺度(λ)小于或者等于气泡直径的涡与气泡碰撞才有可能导致气泡破碎，并且涡的能量必须大于新增表面能，此外涡的动压必须高于较小的子气泡的毛细压强。

Zhao[95]以及 Ge 等[92]针对气液鼓泡塔体系提出对应的稳定性条件，可表示为微尺度能耗最小：

$$N_{\mathrm{surf}}+N_{\mathrm{turb}}=\min \tag{10.17}$$

或者表示为介尺度能耗最大：

$$N_{\mathrm{break}}=\max \tag{10.18}$$

为了简化问题，该模型基于如下假定：①因为在鼓泡塔内气泡诱导湍流和剪切诱导湍流占主体地位而且平均动能的能量耗散可以忽略，所以黏性耗散 N_{turb} 近似等于湍流能量耗散，因此 N_{break} 可以表达成 N_{turb} 的函数。②当气泡聚并破碎达到平衡时没有净余表面产生，N_{break} 指的是完全抵消聚并后的破碎。③当气泡与尾流以及液相湍动相互作用时，会使气泡表面产生振荡，将其归因于 N_{surf}，其大小可以表示为气泡与颗粒曳力系数的差值。

根据大量的实验发现气液体系的气泡大小呈现双峰分布的形式，即存在大小两种气泡。基于这一发现，Yang 等[96]将气液体系的流型结构划分为两种粒级的气泡，以当量直径(d_{L},d_{S})来区分大、小气泡，与之对应的表观气速为 $U_{\mathrm{g,L}}$、$U_{\mathrm{g,S}}$，气含率为 ε_L 、ε_S，并假定大小两种气泡分享共同的流场。此外，能量耗散的划分方式也被拓展至双气泡。由于大小两种气泡分享共同的流场，因此它们共享相同的黏性耗散 N_{turb}。对于每个气泡而言，由于表面振荡以及液体在气泡表面由于滑移所产生的耗散表示为 $N_{\mathrm{surf,L}}$ 和 $N_{\mathrm{surf,S}}$，由于气泡破碎将液相中的湍动能转化为表面能记为 $N_{\mathrm{break,L}}$ 和 $N_{\mathrm{break,S}}$。微尺度能耗最小可重新表示为

$$N_{\text{surf},S} + N_{\text{surf},L} + N_{\text{turb}} = \min \tag{10.19}$$

或者可以表示为介尺度能耗最大的形式：

$$N_{\text{break},S} + N_{\text{break},L} = \max \tag{10.20}$$

需要指出的是式(10.19)和式(10.20)中每项表示的能量耗散都是给定表观气速下结构参数的函数，因此稳定性条件决定了结构参数随表观气速的演化。

在气体运动达到稳定的情况下，浮力与重力平衡，据此便得到双气泡动量方程：

$$\varepsilon_S \rho_l g = \frac{\varepsilon_S}{\pi/6 \cdot d_S^3} \cdot C_{D,S} \frac{\pi}{4} d_S^2 \cdot \frac{1}{2} \rho_l \left(\frac{U_{g,S}}{\varepsilon_S} - \frac{U_l}{1-\varepsilon_b} \right)^2 \tag{10.21}$$

$$\varepsilon_L \rho_l g = \frac{\varepsilon_L}{\pi/6 \cdot d_L^3} \cdot C_{D,L} \frac{\pi}{4} d_L^2 \cdot \frac{1}{2} \rho_l \left(\frac{U_{g,L}}{\varepsilon_L} - \frac{U_l}{1-\varepsilon_b} \right)^2 \tag{10.22}$$

此外质量守恒方程为

$$U_{g,S} + U_{g,L} = U_g \tag{10.23a}$$

$$\varepsilon_S + \varepsilon_L = \varepsilon_b \tag{10.23b}$$

根据 Grace 等[66]以及 Clift 等[67]提出的关联式便可算得曳力系数：

$$C_{D,S} = C_{D0,S} (1-\varepsilon_b)^4 \tag{10.24}$$

$$C_{D,L} = C_{D0,L} (1-\varepsilon_b)^4 \tag{10.25}$$

$$U_{T,S} = \frac{\mu_l}{\rho_l d_S} M^{-0.149} (J_S - 0.857) \tag{10.26}$$

$$U_{T,L} = \frac{\mu_l}{\rho_l d_L} M^{-0.149} (J_L - 0.857) \tag{10.27}$$

$$M = \frac{\mu_l^4 g (\rho_l - \rho_g)}{\rho_l^2 \sigma^3} \tag{10.28}$$

$$Eo = \frac{g(\rho_l - \rho_g) d_b^2}{\sigma} \tag{10.29}$$

由于两个粒级气泡均采用了相同的曳力关联式，因此在模型方程中并不需要人为地划分大小气泡，下标“S” 和“L”仅仅只是两个气泡粒级。仅需知道 U_g，U_l以及气液体系物性，结合连续性方程以及动量方程，在给定 d_S，d_L和 $U_{g,S}$实验值的情况下计算出 f_S，f_L和 $U_{g,L}$，再根据微尺度能耗最小的约束条件，便可以得出体系中的六个结构参数。

10.3.2　预测流型过渡

在 Zahradnik 等[79]文章中，根据气含率随表观气速变化的曲线将鼓泡塔内流型分为三种，如图 10.7 所示，在点 B 处气含率与表观气速的线性关系被打破，意味着过渡区流型的形成。随着表观气速的增大，气含率的增大速率逐渐变小，这主要是因为在该流型下，随着表观气速的增大，体系内大气泡的含量逐渐增多。与小气泡相比，大气泡的上升速度很快，因此在塔内的停留时间较短，从而抑制了气含率随表观气速增大的趋势。此外，Olmos 等[99]指出，在过渡区流型下，在塔内不同的高度处均匀鼓泡流型会与过渡流型共存。在经过 S 形转变后的 D 点处，气含率达到局部最小，此后随着表观气速增大，气含率也随之增大，意味着体系进入了非均匀鼓泡流型。

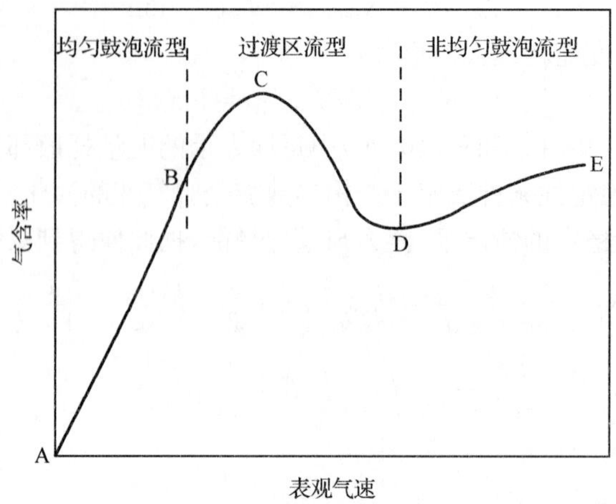

图 10.7 不同流型下气含率随表观气速变化的概念图[79]

如图 10.8 所示，采用 DBS 模型可以预测 Zahradnik 等[79]报道的两个流型转变点。当表观气速小于 0.07 m/s 时，由 DBS 计算所得的气含率与 Camarasa 等[97]采用多孔分布器实验测量的气含率吻合较好，并能有效地描绘气含率的增加速率随表观气速增大的衰减趋势。尽管 DBS 模型在中等表观气速下不能有效捕捉到 S 形的渐变线，但在表观气速 0.128～0.129 m/s 间存在跳变点，非常接近 Zahradnik 等[79]和 Camarasa 等[97]文章中所提及的过渡区流型到湍动区流型的流型转变点。

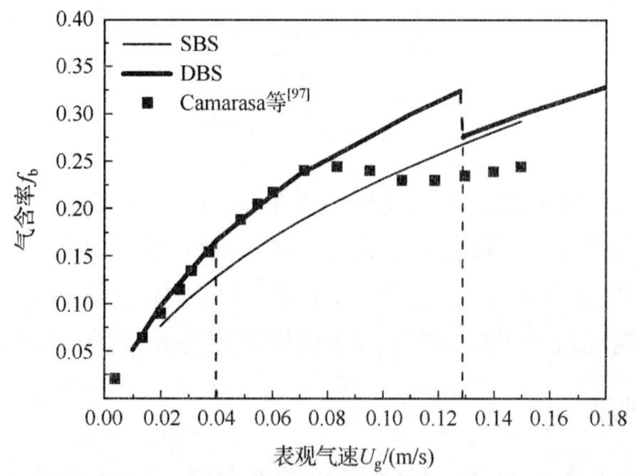

图 10.8 SBS 模型、DBS 模型计算结果与 Camarasa 等[97]多孔分布器实验的对比[96]

这里需要指出的是 DBS 模型并没有考虑分布器的影响，因此不值得过于强调表观气速较低时，DBS 模型算得的结果与个别实验拟合地相对较好。Zahradnik 等[79]和 Camarasa 等[97]均报道了分布器和反应器结构对气含率的曲线影响。随着分布器的曝气越均匀，气含率曲线越高，第一个流型转变点被推迟至更高的表观气速并且出现极大值的现象越明显。但是第二个流型转变点几乎保持不变，因此在极大值点与第二个流型转变点之间的曲线越陡峭。我们猜测，在极端条件下，采用能够产生绝对均匀进气的理想分布器，极大值点与第二个流型转变点之间的变化将会转化成如 DBS 所预期的那样。但是，在实验中通过一般分布器无法产生如此理想的进气。在一般情况下，由于边界条件的干扰，突变现象变成了一个平缓光滑的过程。在某种意义上，DBS 计算的结果能反映体系固有的特点，当然这种推测需要进一步确认。Harteveld 等[89]为这一现象提供了实验依据，通过采用针头型分布器以及受污染的水进行实验发现，在极大值点处形成一个很明显峰值，经过峰顶后气含率曲线明显下降得更快。

Yang 等[96]指出气含率曲线突变的同时伴有结构变量的变化。对于空气-水体系而言，当总气含率曲线发生突变时，小气泡的气含率也会突然下降并且小气泡的直径也会突然转变至一个相对较大的值。实际上总气含率的突变主要是由小气泡气含率的突变引起的。虽然结构变量的变化未必完全符合真实体系的结构变量的变化，但是结构变量的突变蕴含着流型的转变。

虽然结构变量以及总气含率存在突变，但如图 10.9 所示，能量耗散却随表观气速增大而连续地变化。N_{turb}与 N_T 比值随表观气速的增大而减小，表明越来越多的能量通过聚并、破碎以及气泡表面振荡而消耗。随着表观气速的增加，微观尺度的能量消耗比例减小而介尺度的能量消耗比例逐渐增加。因此我们可以看出稳定性条件是如何驱使结构参数发生变化最终产生跳变的。

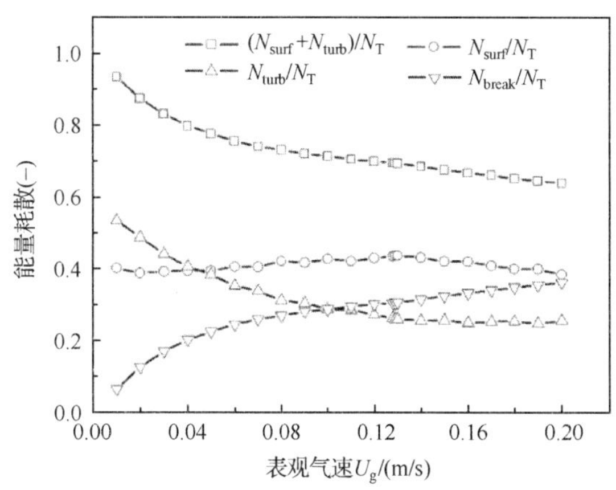

图 10.9　能量耗散与表观气速的关系[98]

图 10.10 为在跳变点附近两个表观气速下微观能耗所占总能耗比例的二维等势图。跳变点从 0.12 m/s 的左边椭圆中跳到 0.13 m/s 的右边椭圆中，从而导致了小气泡直径的突变。这为从物理的角度了解流型转变提供了依据。

图 10.11 列举了空气-水体系中不同表观气速下气含率与气泡直径的对应关系。随着表观气速的增大，小气泡的直径逐渐增大，而大气泡的直径逐渐减小。跳变点出现在表观气速 0.128～0.129 m/s 之间，此时大气泡的结构参数仅产生了一点变化，但是小气泡的气含率会明显的下降，小气泡直径会跳变到相对较大的值，在跳变点发生地方所对应的气泡直径定义为气泡临界直径，表示为 d_{crit}。

图 10.12 给出了不同曳力模型下曳力系数随气泡直径变化的曲线关系，可以清楚地看到，临界直径 d_{crit} 对应于曳力系数曲线的最小值点，所有的曳力系数都存在最小值点，最小值点对应于黏性控制与表面张力控制区分点[67]。但是由于控制方程与稳定性条件

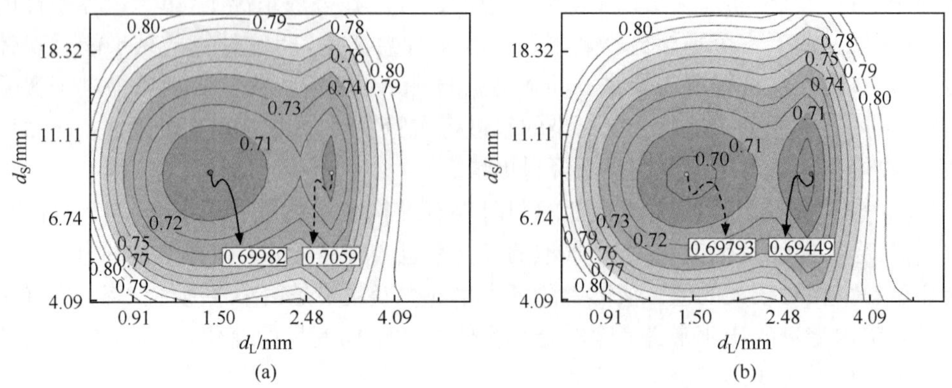

图 10.10　能量最小值点在两个局部之间的跳变[96]

(a) U_g=0.12 m/s；(b) U_g=0.13 m/s

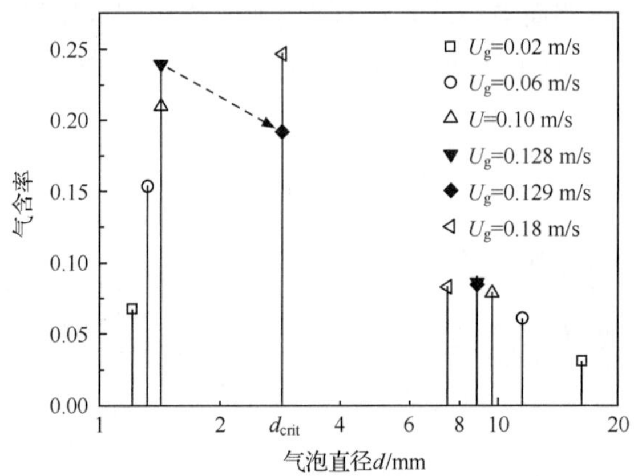

图 10.11　不同表观气速下气泡直径与气含率的关系图[98]

的非线性耦合，曳力系数曲线最小点与跳变点的关系要复杂得多。

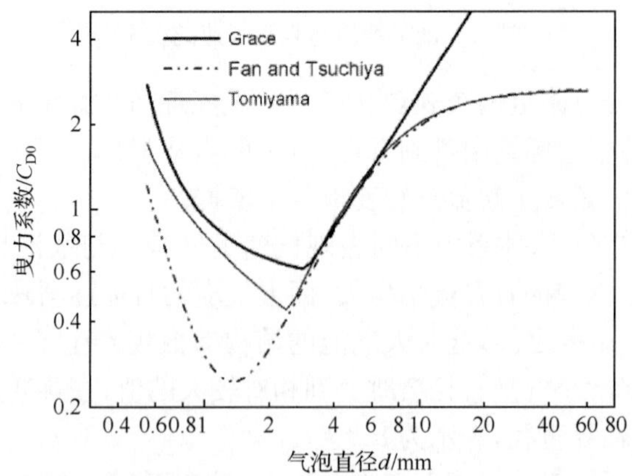

图 10.12　采用经验关联式[66,71,92]计算出的曳力系数与气泡直径的关系

图 10.13 描绘了大、小气泡表面振荡能耗的突变。可以清楚地看出，由于大、小气泡的表面振荡能耗相互抵消，因此总的振荡能耗几乎没有变化。也可以根据图 10.9 可以看出，随着表观气速的增大，在气含率和结构变量中存在跳变点的地方，$N_{surf}+N_{turb}$ 的大小几乎没有变化。

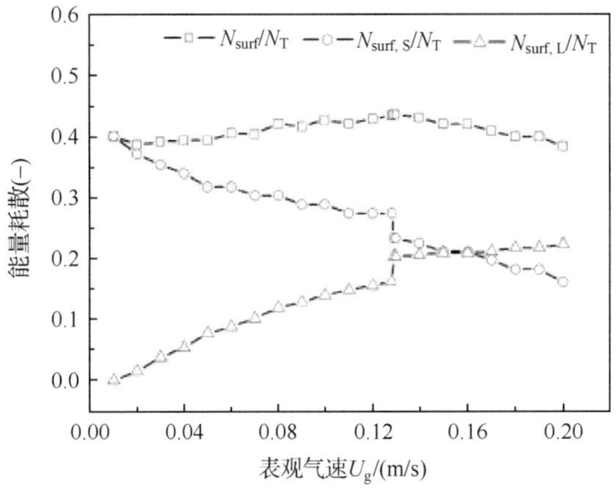

图 10.13　大、小气泡的表面振荡能耗

10.3.3　黏度和表面张力对流型的影响

Ruzicka 等[100] 指出黏度对流型转变有着双重影响，中等的黏度(3～22 mPa · s)能破坏均匀鼓泡流型的稳定，从而使流型转变提前；而较低的黏度(1～3 mPa · s)对均匀鼓泡流的流型有稳定作用。此外，文献中还报道了气含率在较低黏度的情况下会增加，而在高黏度的情况下会减小[101]。在黏度较低时曳力会增大，从而会减小气泡的上升速度但不足以促进气泡的聚并，因此体系内气含率会增加。但是对于高黏度体系而言，聚并以及多分散性的趋势将超过减阻作用。

由图 10.14 容易看出，DBS 模型可以再现这些实验观测的趋势。当液体黏度从 1.0 mPa · s增加到 3.0 mPa · s时，跳变点被推迟到更高的表观气速。而当液体黏度从

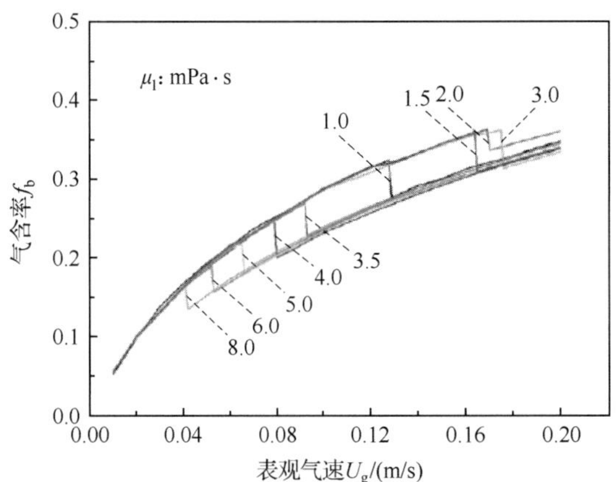

图 10.14　不同黏度下由 DBS 算得的气含率[98]

3.5 mPa·s 增加到 8 mPa·s 时，跳变点被提前至相对较低的表观气速，因此均匀鼓泡流型稳定遭到破坏。我们将发生流型跳变时的表观气速定义为转型速率，图 10.15 描绘出转型速率随黏度的变化关系，充分显示了不同黏度对流型转变的双重影响。

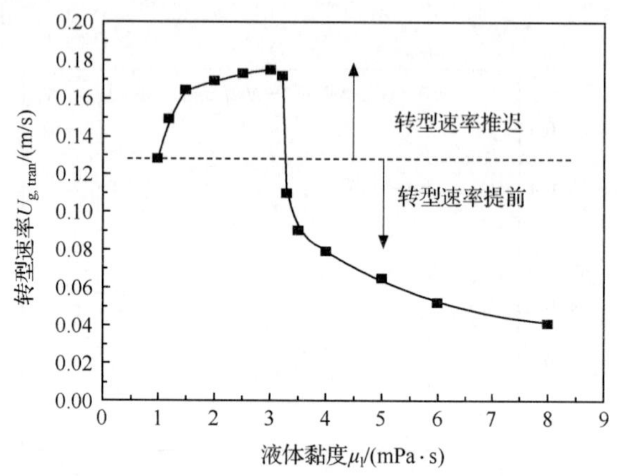

图 10.15　转型速率与黏度的关系[98]

与液体黏度类似，表面张力对流型转变有着双重影响[102]。低浓度的表面活性剂能促进均匀鼓泡流型的稳定，而高浓度的表面活性剂能破坏均匀鼓泡流型的稳定。图 10.16 为 DBS 模型的计算结果验证实验的观测现象。与空气-水体系相比，随着表面张力由 73 mN/m 减小至 40 mN/m，跳变点被推迟至较高的表观气速，而后随表面张力的继续减小，跳变点逐渐提前。此外，当表面张力由 73 mN/m 增大至 90 mN/m 时，跳变点也会提前。在实验过程中采用的液体往往具有不同的表面张力、黏度以及电导率等，由于这些因素的协同作用，因此很难定量与文献结论相比较。

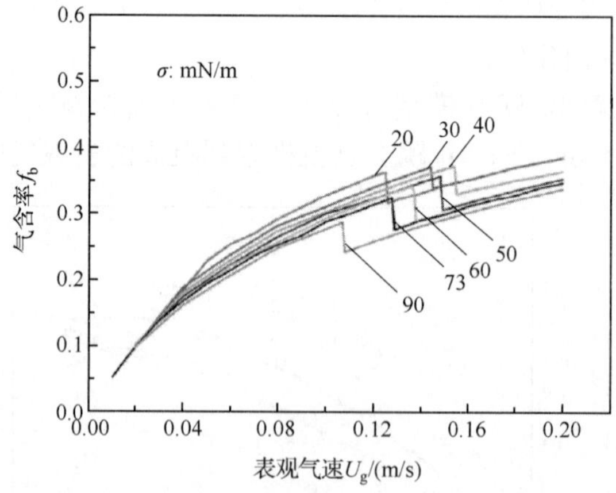

图 10.16　不同表面张力下 DBS 计算的气含率随表观气速变化的关系[98]

由图 10.17 我们可以看出，表面张力对转型气速的双重影响：在表面张力为 40 mN/m 时，出现最大值，但表面张力的影响没有图 10.16 中液体黏度影响那么明显。此外，随着表面张力的减小，气泡直径也存在三种跳变点。当表面张力由 90 mN/m 下降到 40 mN/m

时，小气泡直径 d_S 直接跳变到 d_{crit}，对应于稳定均匀鼓泡流的区域；当表面张力由 40 mN/m 下降至 20 mN/m 时，大气泡的直径 d_L 跳至 d_{crit}，对应于对破坏均匀鼓泡流型稳定的区域。

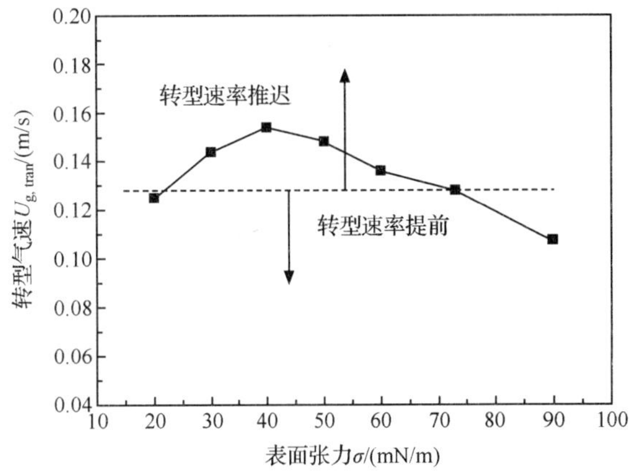

图 10.17　转型气速与表面张力的关系

Taitel 等[103]提出一些经验关联式将竖直管内的流动划分为泡状流(bubbly flow)、柱塞流、湍动流以及环状流。Zhang 等[104]根据表观气速和表观液速的关系将小塔径鼓泡塔的流型划成为六种。根据最大允许容纳的气泡量 α 来判断泡状流与柱塞流之间的过渡，对于 Taitel 等[103]体系而言 α 取 0.25。但是，Harteveld 等[89]报道了在采用针孔分布器时，在均匀鼓泡流型下气含率最大能达到 0.5。图 10.18 中也展示了由 DBS 计算所得的流型转变点。虽然 DBS 只是一个概念性模型，但能较合理地预测流型图。

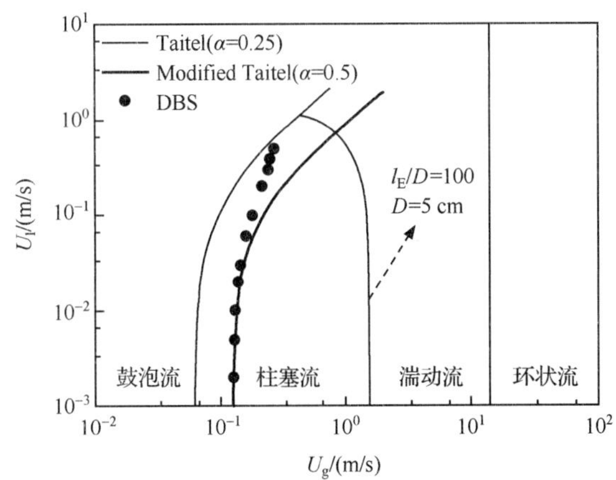

图 10.18　Taitel 等[103]的流型图以及 DBS 模型计算结果

10.3.4　两种气泡对气液体系的控制作用

图 10.19 对比了 Yang 等[96]提出的 DBS 模型以及 Zhao[95]和 Ge 等[92]提出的 SBS 模型计算结果，由图可以清楚看出 SBS 预测的气含率曲线成单调增加趋势。DBS 模型与 SBS 模型主要差别就是 DBS 模型将气相划分为大小两种粒级的气泡。但对于 SBS 模型

而言，仅将气相看作同一粒级的气泡从而采用平均物性进行处理。与 SBS 模型相比，DBS 模型的稳定性条件带有更多的结构变量，稳定性条件能驱使大、小气泡结构变量的演化，从而反映大、小气泡协调运动的趋势。如图 10.19 所示，在某些表观气速的情况下，DBS 与 SBS 计算出的气含率一致，意味着此时单气泡占主导地位。例如，在较低表观气速下时，小气泡占主导地位，在表观气速较大时，大气泡占主导地位。在中等气速下，由 DBS 以及 SBS 计算出的气含率的差异蕴含这两种气泡的协调机制。换句话说，如果在所有表观气速下仅考虑一个粒级的气泡或者通过子模型的关联消去一个粒级的气泡将不能定量地反映流型结构的演化。此外，Olmos 等[99]指出单气泡的 CFD 模拟并不能准确地预测流型转换处气含率的曲线，而引入一些曳力系数修正因子的双气泡 CFD 模拟能够预测流型转变处气含率曲线。

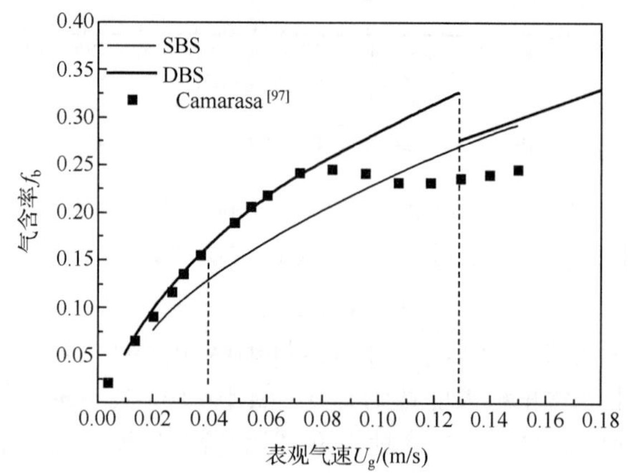

图 10.19 SBS 与 DBS 模型对比[98]

既然假定气泡大小均匀分布 SBS 模型可以推广到 DBS 模型，那么很自然地可以将 DBS 模型拓展到 TBS(triple-bubble-size)模型或者 MBS(multi-bubble-size)模型，从而反映气液体系内多种气泡相互作用的机理。对于 m 个气泡粒级而言，需要有 $3m$ 个结构参数以及 $m+1$ 个守恒方程，稳定性条件可表示为所有气泡相互作用的微观能耗最小，写成方程的形式为

$$\sum_{i=1,m}(N_{\mathrm{surf},i}+N_{\mathrm{turb},i})=\min \tag{10.30}$$

DBS 模型可以认为是 MBS 模型的特殊形式($m=2$)，对于 MBS 模型而言，当采用全局算法(global searching method)搜索全局最小值点时，计算成本太高。全局算法是将结构变量分解为有限个网格，然后计算每个网格节点上的能量耗散。因此采用模拟退火算法[simulated annealing (SA)method]简化计算量。由图 10.20 可知，TBS($m=3$)模型以及 MBS($m=10$)的计算结果与 TBS 的计算结果一致。

从用于统计力学的 Monte Carlo 方法上受到启发，Kirkpatric 提出了模拟退火(simulated annealing，SA)算法。SA 算法来源于固体退火原理，即将固体升温至足够高，固体内部粒子随温度升高变为无序状，此时它的内能增大。然后慢慢降温冷却，使得粒子渐趋有序，在每个温度都达到平衡态，最后在常温时达到基态，内能最小。它的本质就是让物

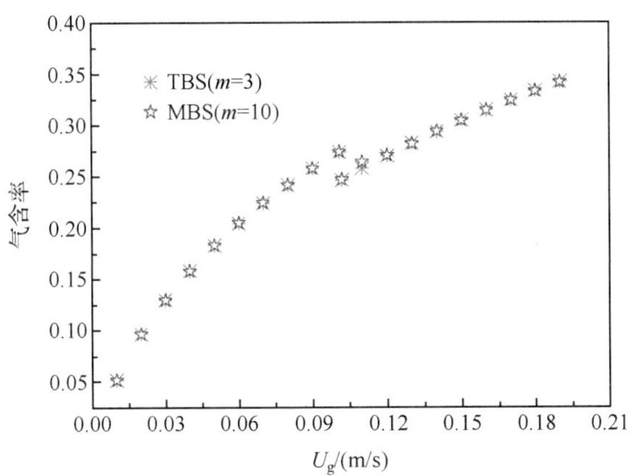

图 10.20　TBS 模型与 MBS 模型所计算的气含率对比[105]

质缓慢地冷却以获取充足的时间，使得大量粒子在丧失可动性之前进行重新分布。

与传统的全部搜索算法相比，SA 在搜索时会在搜索空间内上下移动而不依赖初始条件，且擅长解决多维问题。此外，它能处理任意程度的非线性、不连续和随机的问题；能处理任意边界和约束的评估函数。因此，它能轻易处理有脊背和高地的函数。只要初温高、退火表适当，它就能得到全局最优。SA 成功应用于组合优化、神经网络、图像处理和代码设计。

模拟退火算法的计算过程是从初始解和温度初值 T_0 开始，然后对当前解重复“产生新解→计算目标函数差→判断是否接受新解→接受或舍弃”的迭代过程，并逐渐衰减 T 值，算法终止时的当前解即为所得到的近似最优解。

采用 SA 求解问题时，使用到的五个参数包含初始温度 T_0、算法终止温度 T_F、降温冷却系数 α、同温度的迭代次数 I_{iter} 以及尚未改善的最大搜寻次数 $I_{max\text{-}unchanged}$。

(1) 初温选择。在模拟退火算法中，温度 T 的初始值(T_0)是影响模拟退火算法全局搜索性能的重要因素之一，如果初始温度过高，虽然搜索到全局最优解的可能性更大，但是往往需要增加计算时间；反之，虽可节约计算时间，但可能影响到全局搜索性能。一般需要依据实验结果，进行若干次试探得到适宜的初始温度。推荐按照式(10.31)来确定初始温度。

$$0.6 \approx \exp\left(-\frac{\Delta E}{T_0}\right) \tag{10.31}$$

邻近解产生方式：

$$\begin{aligned} d'_{b,S} &= (1 \pm 0.2a_1)d_{b,S} \\ d'_{b,L} &= (1 \pm 0.2a_2)d_{b,L} \\ U'_{g,S} &= \frac{(1 \pm 0.2a_3)U_{g,S}}{(1 \pm 0.2a_3)U_{g,S} + (1 \pm 0.2a_4)U_{g,L}}U_g \end{aligned} \tag{10.32}$$

式中，a_1、a_2、a_3和 a_4均为区间[0,1]内的随机数。

(2) 接受准则。SA 在每次迭代计算的过程中，都会从当前解附近随机找寻邻近解，如果邻近解较好则会取代当前解，反之则依照 Metropolis 接受准则：若 $\Delta E<0$ 则接受新解作为新的当前解，否则以概率 $\exp(-\Delta E/T)$接受新解作为新的当前解。

$$P = \begin{cases} 1 & \Delta E \leqslant 0 \\ \exp(-\Delta E/T) & \Delta E > 0 \end{cases} \tag{10.33}$$

以求解极小化的问题为例，若 S 为当前解，S'为邻近解，则令 $\Delta E = f(S) - f(S')$。

(3) 退火策略。对于退火方案，实践表明 T 取指数变化的方式比较切合退火的实质。Ingber[106]提出了一种非常快速模拟退火方法的降温方式：

$$T(k) = T_0 \exp(-ck^{\frac{1}{N}}) \tag{10.34}$$

式中，k 为迭代次数；N 为待反演参数的个数；c 为给定常数。式(10.34)可改写成：

$$T_{\mathrm{new}} = T_{\mathrm{old}} \alpha^{\frac{1}{N}} \tag{10.35}$$

式中，α 为反映退火速率的给定常数，它的取值一般在区间[0.7，1.0]；在实践中，我们取 1 或者 2 代替 $1/N$。

(4) 终止准则。判断是否符合终止条件，其条件分别为：目前的温度达到所设定的终止温度 T_F；最大尚未改善的搜索次数达到 $I_{\text{max-unchanged}}$。

图 10.21 为 SA 算法求解 DBS 模型的流程图。其具体步骤如下：

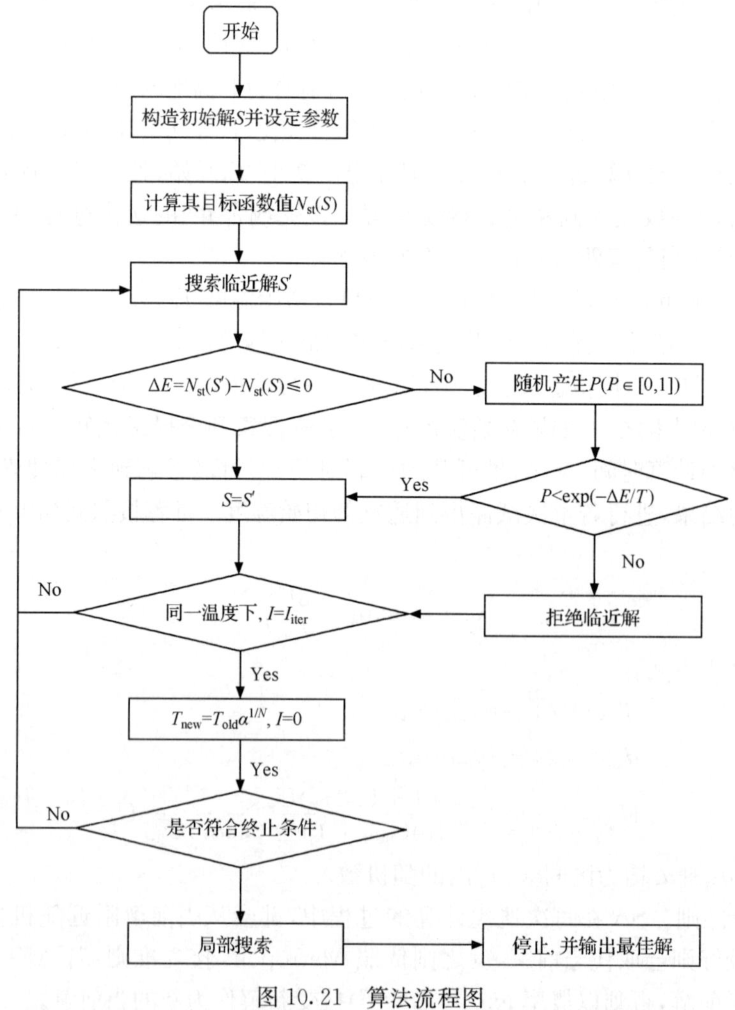

图 10.21　算法流程图

(a) 步骤 1。先构造一个初始解 $S=(d_{b,S}, d_{b,L}, U_{g,S})$ 作为当前解,并设置初始温度 T_0、终止温度 T_F、降温系数 α、同温度的迭代次数 I_{iter} 以及尚未改善的最大搜寻次数 $I_{max\text{-}unchanged}$。

(b) 步骤 2。在第一次迭代时,会先计算当前解的目标函数值 $N_{st}(S)$,且把当前解设为目前最佳解。在这里 $N_{st}=N_{surf}+N_{turb}$,其中 $N_{st}(S)$ 指的是解(变量)为 S 时的函数 N_{st} 的值。

(c) 步骤 3。接着在每一个迭代过程中,相同的温度下找寻邻近解 $S'=(d'_{b,S}, d'_{b,L}, U'_{g,S})$,且开始计算 $\Delta E=N_{st}(S')-N_{st}(S)$。如果 $\Delta E\leqslant 0$,表示比当前解好,则接收新解 S' 取代当前解 S。若 $\Delta E>0$,表示比当前解差,则随机产生一个概率 P(P 为[0,1]间的随机数),若 $P<\exp(-\Delta E/T)$ 则一样接受 S',反之则重新找寻新的邻近解。

(d) 步骤 4。检查同一个温度下是否有达到设定的搜寻次数 I_{iter},达到则按照公式(10.35)进行降温,接着执行步骤 5。若没有满足搜寻次数,则返回步骤 3,重新搜寻邻近解。

(e) 步骤 5。判断是否符合终止条件,若不符合终止条件,则返回步骤 3 继续搜寻。

为了进一步探知 TBS 模型与 MBS 模型所计算的气含率完全相同的本质原因,图 10.22 和图 10.23 分别给出了不同 m 值($m=3$ 和 $m=10$)下,计算得出的不同气泡直径的大小随表观气速的变化关系。当 $m=3$ 时,在较低或者较高的表观气速下,相对较小两个气泡

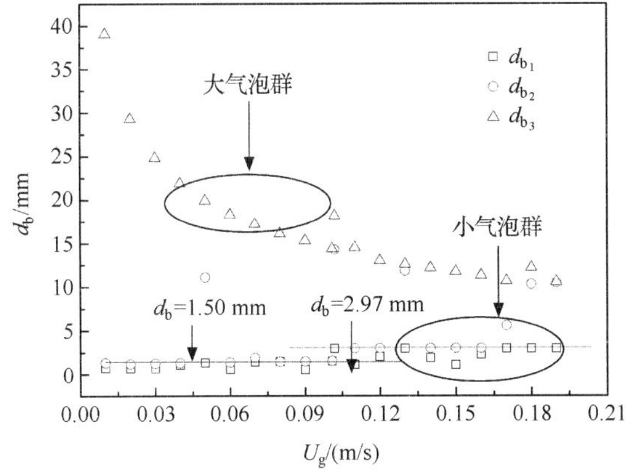

图 10.22　气泡直径随表观气速的变化关系($m=3$)[105]

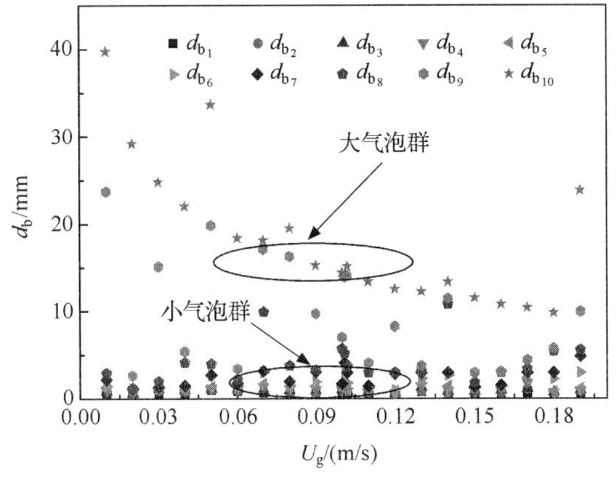

图 10.23　气泡直径随表观气速的变化关系($m=10$)[105]

直径几乎相同，第三个气泡直径明显与前两个不同。当 $m=10$ 时，由于都是些散点数据，不同的粒级的气泡很难被归类，但是我们仍然可以看出所有的气泡主要被分为两个粒级。

图 10.24 给出了四个不同表观气速下不同粒级气泡的气含率，由图中可以很清楚地看出尽管气相被划分为 3 种粒级的气泡，但其中一种粒级气泡所对应的气含率为 0。与此类似如图 10.25 所示，当 $m=10$ 时，有 8 种粒级气泡所对应的气含率为 0。由此可以看

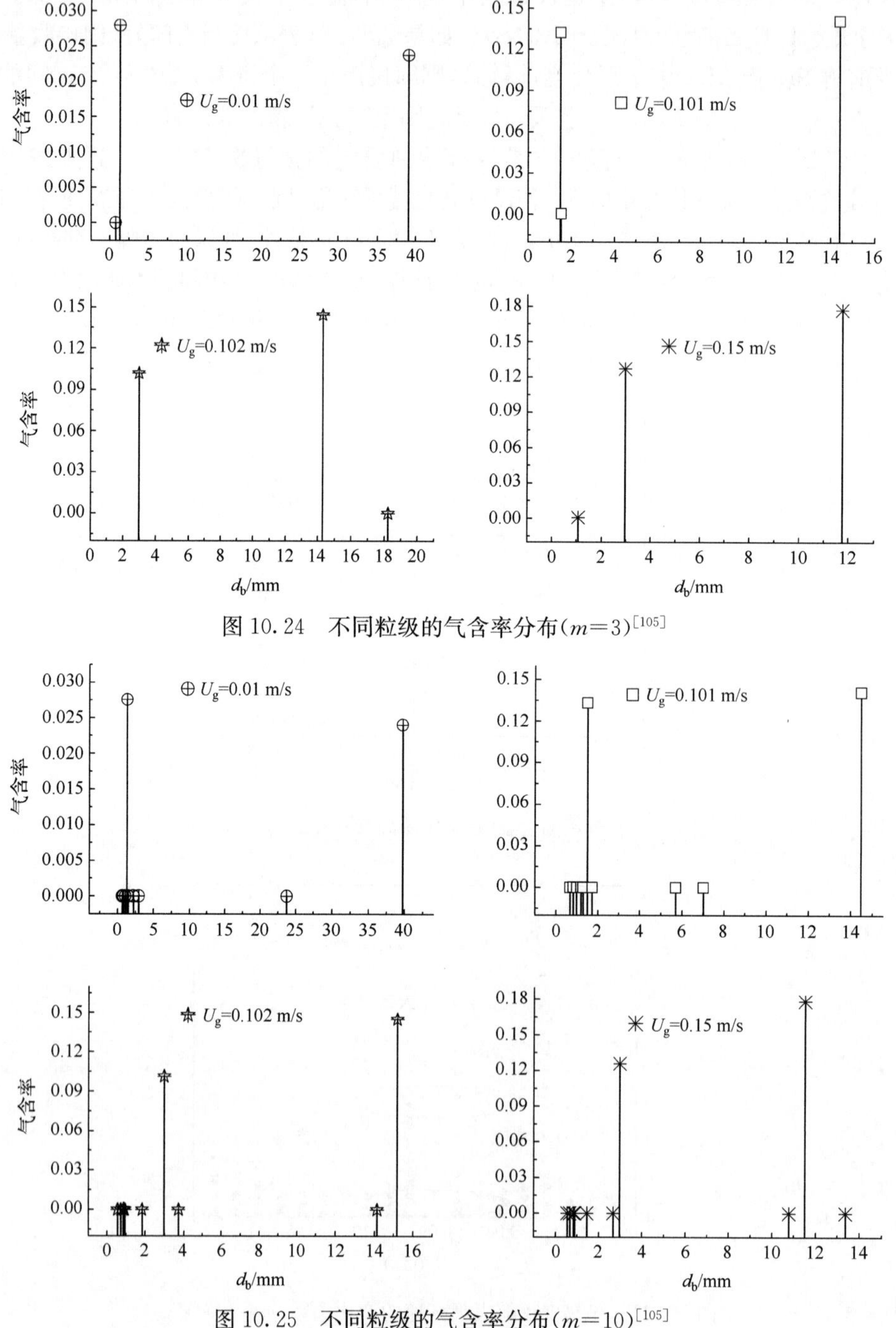

图 10.24 不同粒级的气含率分布($m=3$)[105]

图 10.25 不同粒级的气含率分布($m=10$)[105]

出，MBS 模型最终会退化成 DBS 模型，揭示了双气泡粒级是鼓泡塔内气液体系的本质特性，反映了气液体系的两种控制机理。从某种意义上，DBS 模型可以理解成是描述气液体系结构演化的本征模型，因此可以从 DBS 模型中推导出气液相互作用的模型或者关联式从而与 CFD 模拟耦合。

10.4　DBS 模型与 CFD 耦合

10.4.1　计算流体力学模型

复杂的气液体系可以描述成不同尺度的能量耗散体系，图 10.5 阐述了不同尺度能量耗散与相间动量传递的对应关系。当气泡直径相对较小时，总能量 N_T 几乎全都是通过液体的黏性耗散(N_{turb})而消耗的，此时气泡的曳力系数等于相同大小颗粒的曳力系数(case A)。但对于绝大多数情况，当液相流经气泡表面时会产生滑移并且气泡表面存在一定程度的振荡，因此会产生额外的能耗 N_{surf}，从而导致气泡的曳力系数比同等大小颗粒的曳力系数大。从介尺度的角度考虑，气泡的聚并破碎也会产生相应的能量耗散。在 DBS 模型中，根据力平衡关系得到简化的动量方程，然后再通过稳定性条件将能量耗散与动量方程关联，通过求解非线性优化问题得出六个结构变量，最后通过方程(10.36)便可以计算有效曳力系数与气泡直径的比值：

$$\frac{C_D}{d_b}=\left[\frac{\varepsilon_S}{d_S}C_{D,S}\left(\frac{U_{g,S}}{\varepsilon_S}\right)^2+\frac{\varepsilon_L}{d_L}C_{D,L}\left(\frac{U_{g,L}}{\varepsilon_L}\right)^2\right]\frac{\varepsilon_b}{U_g^2} \tag{10.36}$$

方程(10.36)是基于大、小气泡以及整个气相通过简化力平衡方程推导出来的。尽管在原始的 DBS 模型中采用 Grace 等[66]提出的关联式计算标准曳力系数 C_{D0}，但是均需要当量直径以及修正因子来计算大、小气泡或者整个气相的 C_{D0} 和 C_D，但当量直径和修正因子都是结构变量或者是结构变量的函数，仅凭守恒方程无法直接求解，因此需要稳定性条件来封闭方程。

如图 10.26 所示，所计算的 C_D/d_b 随着表观气速的增大而减小，在相对较高的表观气速下会出现跳变点[107,108]，因此我们给出了下列的曲线拟合表达式：

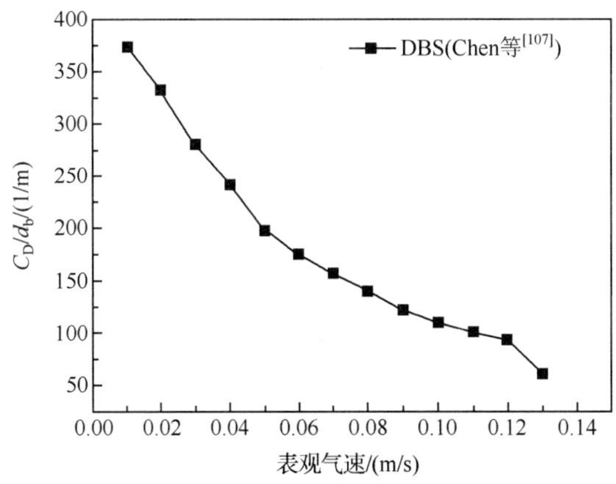

图 10.26　由 DBS 计算有效曳力系数与气泡直径的比值与表观气速的关系[107]

$$C_D/d_b = \begin{cases} 422.5 - 5335U_g + 21\,640.5U_g^2 & U_g \leqslant 0.128 \\ 139.3 - 795U_g + 1500.3U_g^2 & U_g > 0.128 \end{cases} \tag{10.37}$$

需要指出的是，该结果是在较粗的网格下得到的，其结果可以进一步细化。原则上需要根据局部网格内的气相和液相的速度计算 C_D/d_b，但是由于计算量的限制，这里做了进一步的简化。根据整体的表观气速计算整体的 C_D/d_b 得到平均的曳力，然后再将其代入每个网格中进行计算。

根据 EMMS 理论，连续性方程以及动量方程不足以描述鼓泡塔内复杂的气液相互作用，需要采用稳定性条件来描述不同控制机理间的相互协调，从数学的角度是采用极值来描述这一问题的。模型的主方程如下：

$$\frac{\partial(\varepsilon_k \rho_k)}{\partial t} + \nabla \cdot (\varepsilon_k \rho_k \boldsymbol{v}_k) = 0 \quad (k = \mathrm{l, S, L}) \tag{10.38}$$

$$\frac{\partial(\varepsilon_k \rho_k \boldsymbol{v}_k)}{\partial t} + \nabla \cdot (\varepsilon_k \rho_k \boldsymbol{v}_k \boldsymbol{v}_k) = \mu_{k,\mathrm{eff}} \varepsilon_k [\nabla \boldsymbol{v}_k + (\boldsymbol{v}_k)^T] - \varepsilon_k \nabla p + F_D + \varepsilon_k \rho_k g \tag{10.39}$$

$$\sum_i N_{\mathrm{surf},i} + N_{\mathrm{turb}} = \min \quad (i = \mathrm{S, L}) \tag{10.40}$$

方程(10.37)～方程(10.39)适用于液相(l)、小气泡(S)以及大气泡(L)，由于引入了不同粒级气泡，上述方程组不能被封闭。因此采用方程(10.41)封闭模型，通过其表示的多相流体相互作用，从而与多相流体稳定性约束条件相关联，但是在技术的角度上很难求解。需要指出的是，DBS 模型将稳定性条件与简化的守恒方程结合，通过求解 DBS 模型，可以得出给定表观气速下的 C_D/d_b。结合方程(10.37)和方程(10.41)，可以计算出平均曳力系数 β 以及平均曳力 F_D，然后再将其加入双流体甚至多流体的守恒方程中。通过这种形式，便能将稳定性条件和守恒方程建立起联系。

$$F_D = \beta(\boldsymbol{u}_l - \boldsymbol{u}_g) \tag{10.41}$$

$$\beta = \frac{3}{4} \varepsilon_g \frac{C_D}{d_b} \rho_l |\boldsymbol{u}_l - \boldsymbol{u}_g| \tag{10.42}$$

10.4.2 传统的曳力模型

目前 Yang 等工作主要模拟了 Hills[109] 的实验体系，鼓泡塔的内径为 0.138 m，塔高 1.38 m。起初塔内堆置 0.9 m 的水，上表面采用压力出口边界。在实验中采用了 61 个 0.5 mm 孔的分布器，但在模拟的过程中为了减少网格量以及网格的扭曲程度，选择2 mm 的孔。孔的排序方式与实验的排序方式保持一致。由于在气液接触表面以及液面上高气含率区域会存在较大的体积梯度，因此需要特殊的曳力系数处理方式。为此采用 Zhang 等[110] 提出的方法，当液含率低于 0.55 时，曳力系数设置为 0.05。采用标准 k-ε 两相混合模型进行湍流的模拟。初始时间步长为 0.0005 s；当物理时间到达 10 s 时，时间步长改为 0.001 s；当达到 50 s 时，时间步长改为 0.005 s。假设 80 s 时体系达到拟稳态，然后再计算 80 s 以便进行时均统计，在 H=0.6 m 处统计达到拟稳态后 80 s 内时均气含率以及轴向液速。

单个气泡的有效曳力系数 C_D 会受到气泡直径 d_b 以及气泡群的影响，气泡群的影响通常采用修正因子表示，如下所示：

$$C_D = C_{D0}(1-\varepsilon_g)^p \tag{10.43}$$

式中，C_{D0}表示不受相邻气泡影响时单气泡的标准曳力系数，DBS通过计算C_D/d_b，同时也考虑了气泡直径以及气泡群效应的影响。在DBS与CFD耦合之前，首先基于[72]标准曳力系数分别考虑了气泡直径以及修正因子对CFD模拟结果的影响：

$$C_{D0} = \max\left\{\min\left[\frac{16}{Re}(1+0.15Re^{0.687}),\ \frac{48}{Re}\right],\ \frac{8}{3}\frac{Eo}{Eo+4}\right\} \tag{10.44}$$

以及White[111]：

$$C_{D0} = 0.44 + \frac{24}{Re} + \frac{6}{1+\sqrt{Re}} \tag{10.45}$$

在假定气泡直径不变的情况下(5 mm)，随着气液间相对速度(V_{rel})的增加，采用Tomiyama关联式计算出标准曳力系数C_{D0}在V_{rel}大于0.01 m/s时几乎为常数，因为方程(10.44)中第三项适用于高雷诺数的情形，此时与之对应C_{D0}仅仅是气泡直径以及物性的函数。此外我们还发现，当将第三项应用于CFD模拟时，绝大多数情况下径向方向的V_{rel}均大于0.1 m/s。采用White关联式计算出的C_{D0}/d_b值随着V_{rel}的增大而减小，但是Tomiyama的关联式更适合鼓泡流的模拟。

图10.27给出了表观气速为0.095 m/s时，在三种不同气泡直径下采用Tomiyama标准曳力系数关联式计算出的气含率径向分布图，为了更好地作对比，修正因子固定为2。三个径向曲线的模拟结果差别并不是特别大，这意味着气泡直径对模拟的结果影响很小。从图10.28中也可以观察到这一现象。当相对速度大于0.01 m/s时，随着气泡直径从5 mm增加到15 mm，相对滑移速度将大于0.01 m/s。

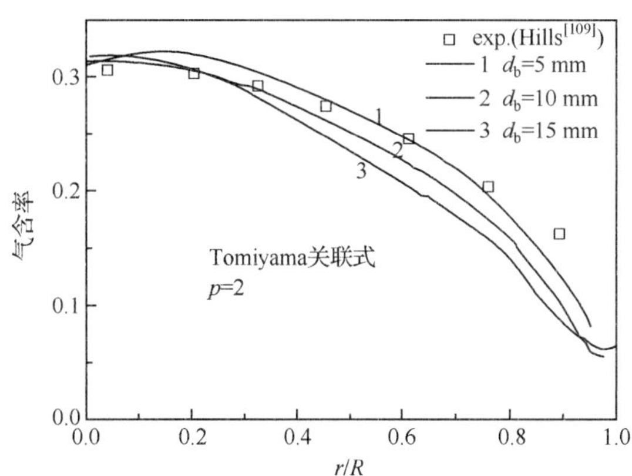

图10.27　不同气泡直径下的CFD模拟结果与实验数据对比[112]

近些年来，学者们将群平衡模型(population balance models)与CFD耦合，从而考虑聚并破碎的影响以及研究计算气泡的直径分布。通过研究发现，在模拟得到的气泡直径分布中，只有Sauter平均直径能耦合到双流体模型中。对于目前基于群平衡的CFD模拟，无论采用哪种数值算法求解群平衡方程以及内核函数，最终都只是将求解出的Sauter气泡直径代入CFD模拟，仅仅靠调节气泡直径对模拟结果不会产生太大的影响。事实上气泡群的影响远不止气泡直径这么简单，为此我们做了如下分析。

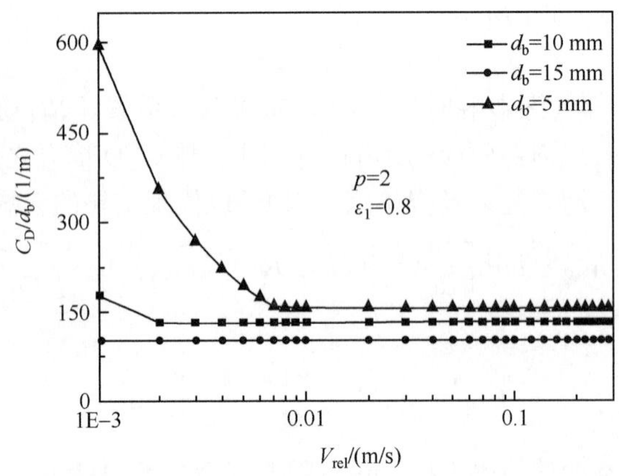

图 10.28　不同气泡直径下有效曳力系数与气泡直径的比值与气液相对滑移速度的关系[112]

图 10.29 给出了不同修正因子下基于 Tomiyama 曳力系数关联式计算出来的 C_D/d_b 与气液相间对滑移速度的关系图。在对比的过程中，气泡直径 d_b 以及液含率 ε_l 均为常数。增大的修正指数会导致 C_D/d_b 的值以及 C_D/d_b 的变化范围变小。

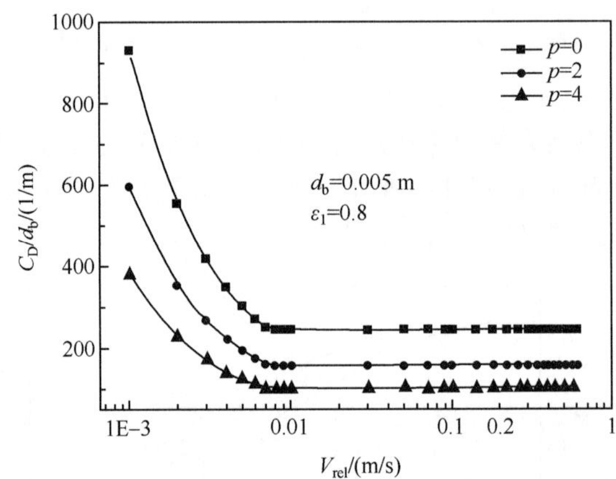

图 10.29　不同修正因子下曳力系数与气泡直径的比值与相对滑移速度的关系[112]

C_{D0}：Tomiyama[72]关联式；d_b＝5 mm；ε_l＝0.8

图 10.30 给出了 0.095 m/s 表观气速下采用标准 Tomiyama 曳力系数关联式以及不同的修正因子 p 时 CFD 模拟的气含率径向分布图。可以很清楚地看出，当修正因子 p 等于 2 时，模拟结果与实验结果吻合得较好，当没有修正因子（p＝0）或者修正因子过大时（p＝4）会产生较大的残差。图 10.31 给出了总气含率随修正因子的变化图，当 p＝2 或 p＝4 时与实验结果吻合得较好。

根据上述模拟结果可以看出，当曳力系数修正因子为 2 时，模拟结果与实验结果能保持较好的一致性。需要指出的是这并不是最一般的结论，寻找最优的修正因子仍然是一个错综复杂的过程，从广义上讲与宏观以及微观的物性有关，如操作条件、鼓泡塔的几何结构以及气液相的物性等。因此，目前对于不同体系以及不同操作条件下的模拟，选择合适的修正因子仍然一个经验性的过程。此外当采用不同的标准曳力系数关联式时，最优

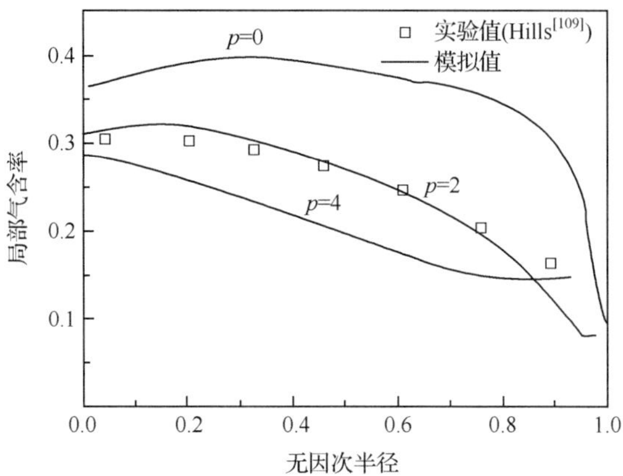

图 10.30　修正因子对径向气含率分布的影响[112]

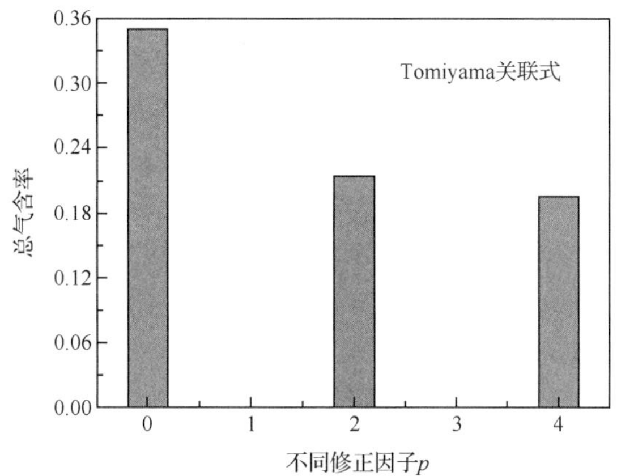

图 10.31　不同修正因子下计算出的总气含率[112]

的修正因子也不一样。如图 10.32 所示，当采用 White 关联式时，修正因子 $p=1$ 的计算结果比采用 $p=0$ 时更加吻合实验数据。

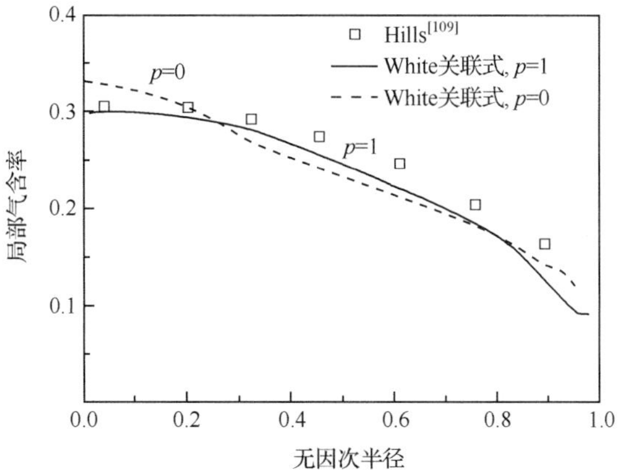

图 10.32　修正因子对径向气含率模拟结果的影响

C_{D0}：White[111]关联式；$U_g=0.095$ m/s

10.4.3 DBS 曳力模型

当采用 DBS 模型推导曳力关联式时,不需要额外规定气泡直径以及修正因子。采用方程(10.36)计算平均曳力系数,图 10.33、图 10.34 和图 10.35 分别给出了不同表观气速下采用 DBS 曳力模型计算所得的气含率径向分布图,由图可以看出模拟结果与实验吻合较好。图 10.36 对比了不同表观气速下总气含率与实验结果,无论在哪种表观气速下,模拟结果与实验均吻合得较好,并且能够成功捕捉到气含率的上升趋势随着表观气速的增大而受到抑制的现象。根据图 10.33～图 10.36 我们可以看出,当采用 DBS 曳力模型进行 CFD 模拟时,无论在哪种表观气速下,均能有效地预测总气含率以及径向气含率分布,至少在不需要调整模型参数的情况下,能准确预测 Hills[109] 基于空气-水以及采用多孔分布器的鼓泡塔实验体系。

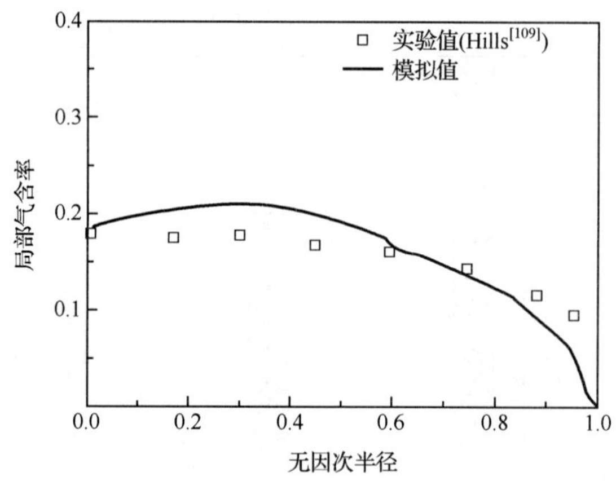

图 10.33 采用 DBS 曳力模型获得的径向气含率分布(U_g=0.038 m/s)[112]

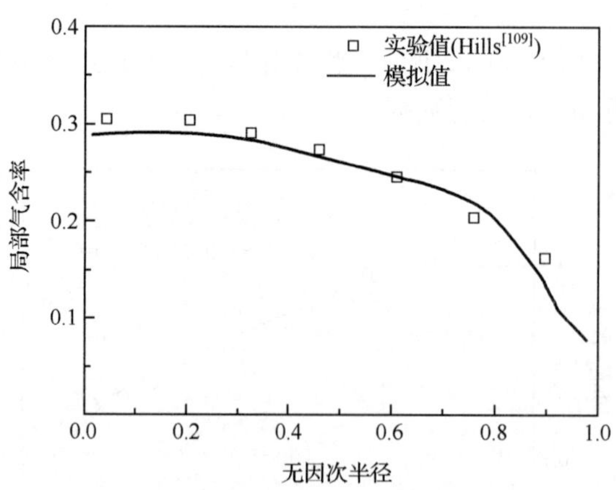

图 10.34 采用 DBS 曳力模型获得的径向气含率分布(U_g=0.095 m/s)[112]

另一方面,如图 10.37 所示,在较低的表观气速下,采用 DBS 曳力模型计算的轴向液速比实验值低,而在中等气速下时采用 DBS 曳力模型计算的结果与实验吻合得较好。综

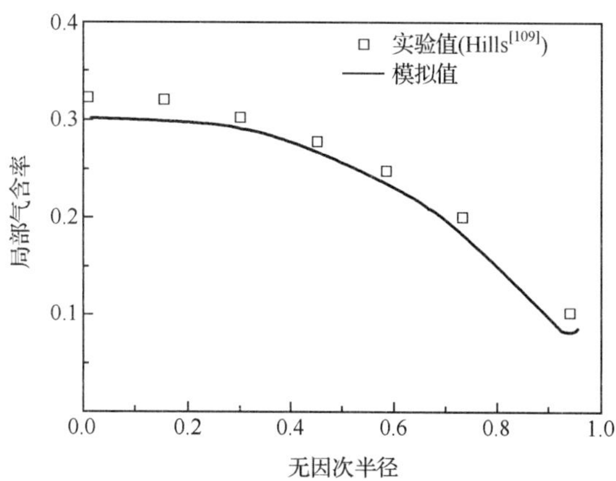

图 10.35　采用 DBS 曳力模型获得的径向气含率分布(U_g=0.0127 m/s)[112]

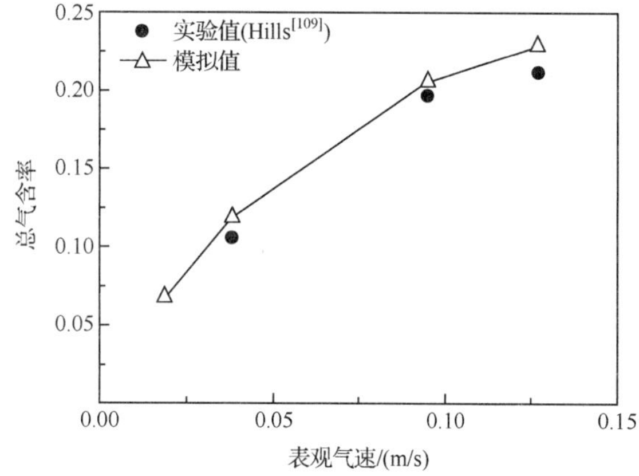

图 10.36　采用 DBS 曳力模型获得的总气含率[112]

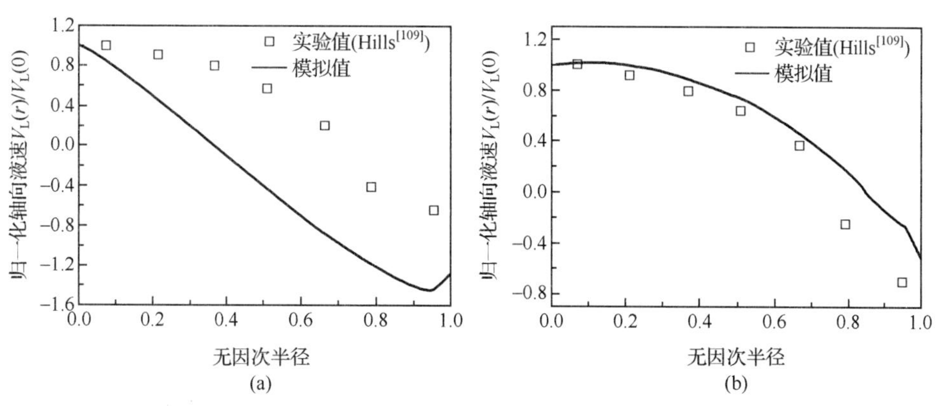

图 10.37　采用 DBS 曳力模型获得的轴向液速的分布[112]

(a) U_g=0.038 m/s；(b) U_g=0.095 m/s

合气含率以及轴向液速的模拟结果可以发现，当表观气速由中到高时，修正曳力对模拟结果的影响占主导地位，而当表观气速较低时需要考虑除曳力以外的其他相间作用力，但是仍然会低估中心液速，这主要是因为我们在处理几何构体时，为了减小网格数量将真实体系的 0.5 mm 孔扩大到 2 mm，并且保证原有的开孔数不变，从而导致模拟中的穿孔气速低于实验体系的穿孔气速，最终造成模拟的中心轴向液速低于实验中的中心液速，但是模拟出的局部气含率与实验吻合得较好。Zakrzewski 等[113]实验装置与 Hills[109]的实验装置类似，分析对比实验发现，实验时将多孔板的孔径从 1 mm 增大到 3 mm，局部的气含率没有太大变化而轴向液速会明显减小。因此可以采用 3 mm 孔代替 1 mm 的孔从而模拟预测气含率的分布，但这一现象的内层机理需要进一步的调查研究。由图 10.38 可以看出，随着表观气速的增大，液相以及气相的流线变得更加弯曲，揭示此时气泡对液相的流场的影响加强。

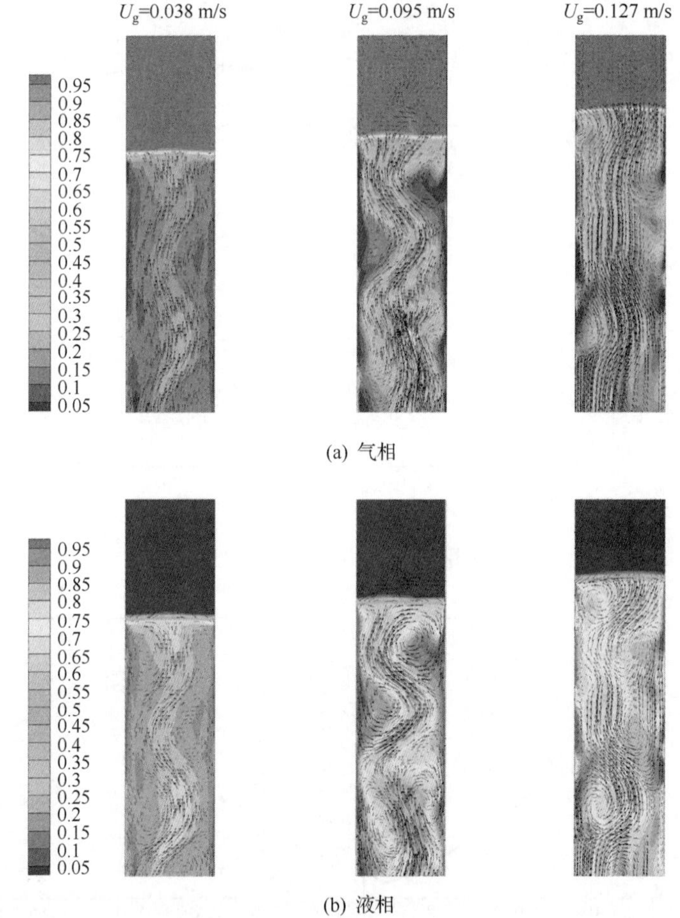

图 10.38 不同表观气速下采用 DBS 曳力模型获得的轴向截面气含率、流场的分布[112]（参见彩图）

以上分析验证了 DBS 模型的合理性。尽管气液体系的控制机理复杂，稳定性条件在数学形态上表述成不同极值的形式处理方式仍然是一个值得研究的问题，但是在目前的情况下，该模型为进一步研究气液体系的复杂性以及多尺度结构特性提供了一个可行的框架。

总而言之，除了连续性守恒方程和动量守恒方程之外，还需要稳定性条件反映底层控制机理的相互协调作用并为鼓泡塔内气液两相流的模拟提供封闭条件。但是直接将稳定性条件与 CFD 耦合在技术上存在一定难度，因此我们提出了一个简化的方法，根据 DBS 模型推导出曳力模型，再将其加入到 CFD 的守恒方程中。根据模拟结果显示，当采用其他曳力模型时，需要选择合适的修正因子配合标准曳力系数才能得到与实验相吻合的结果。当采用基于 DBS 的曳力模型时，无需额外的可调参数，便能合理地预测总气含率、气含率的分布以及两相的流场。虽然该模型目前仅仅是一个概念模型，需要进一步的证实，但从目前模拟结果可以看出，DBS 在模拟鼓泡塔内复杂多尺度流动结构上具有潜力以及优越性。

10.5　鼓泡塔内传质反应的模拟

10.5.1　模型概述

多相反应由多相流体动力学、界面传质、化学反应等构成，这些现象往往发生在不同尺度上，直接通过 CFD 模拟计算量大，并且这些现象是非线性的、机理复杂，从而收敛较困难[114]。此外，目前多相湍流的物理机理还不是非常明确，模型中仍然存在一些不确定的参数，从而导致计算结果可靠性差。因此不同的学者提出不同的方法或模型来模拟传质反应体系，本节基于鼓泡塔内费托合成来研究气液体系内的传质反应。

许多学者为了简化计算往往采用理想反应器模型（全混流或者平推流）来描述浆态床内气液两相流动。如 Calderbank 等[115]将气相和浆液相均按平推流处理，Bukur[116]将气相按平推流液相作为全混流处理。然而，实际的流动混合特性往往介于两者之间，为了描述气液两相的返混，学者们提出了轴向扩散模型（axial dispersion model，ADM）以及多釜串联模型（multi cell model，MCM）。Hartland 和 Mecklenburgh[117]分析显示，当 $N=(f+1/2)Pe$ 时，多釜串联模型可以跟轴向扩散模型等价（其中 f 指的是回流速度与表观流速的比值）。Schlüter 等[118]通过数值模拟得出 ADM 模型与 MCM 模型预测的结果近似。类比于菲克第一定律，轴向扩散模型引入了扩散系数这一参数，通过其包含了同相之间由于浓度梯度引起的扩散以及气液相返混等因数的影响。与 MCM 模型相比，ADM 更受学者们的欢迎。

在上述文献中，气相往往被看作一个整体相。但是 FT 合成往往是在非均匀鼓泡流型下进行的，Krishna 等通过大量的冷模实验发现，在非均匀鼓泡流型下存在大、小两种粒级气泡，并且大、小气泡具体不同的传质系数，基于这种思想，很多学者将“单气泡”传质反应模型扩展到双气泡模型。

Maretto 和 Krishna[119]假定快速上升的大气泡产生强烈返混，在返混区域小气泡与液相充分混合，因此将大气泡看作平推流处理，小气泡看作全混流处理。此时小气泡的气含率和表观气速、小气泡与液相组分浓度全塔恒定，且体系中小气泡的表观气速等于入口处表观气速，传质反应对小气泡的影响仅体现在小气泡内组分浓度的变化。由于合成气的转化导致气体的收缩仅体现在大气泡表观气速的减小。

基于 Maretto 和 Krishna 的工作上，Wang 等[120]认为气体收缩也应该体现在小气泡上，因此仍假定全塔的表观气速为定值但不等于入口处的表观气速，并引入理想气体状态方程封闭方程组。

De Swart 和 Krishna[121] 基于 Mills[122] 的工作将单气泡 ADM 模型扩展到双气泡 ADM 模型中，并假定塔内小气泡的表观气速为常数，仅有大气泡收缩，同时进行了稳态以及瞬态的模拟。Rados 等[123]采用理想气体状态方程封闭双气泡 ADM 模型，此时，大、小气泡均随传质反应而进行收缩，并引入了 CF(cross-flow)来考虑大、小气泡间的相互作用，并假定大、小气泡之间作用力的大小正比于它们的相对滑移速度

在早期的文章中，学者们对比了单、双气泡理想反应器模型，认为双气泡模型的计算结果与单气泡模型相比有本质的差别[124]。但是近年来有些学者提出了不同的结论，Ghasemi 等[125]通过对比单、双气泡 ADM 模型发现，在某些工况下单、双气泡模型计算结果差别不大，此外 Schweitzer 和 Vigaié[126]对比了单、双气泡 ADM 模型，得出近似结论。然而 Papari 等[127]通过对比单、双气泡 ADM 模型发现，双气泡模型比单气泡型计算的结果更加吻合实验结果。尽管目前学者们对于单、双气泡传质反应模型做了大量的研究，但是到目前为止对于单、双气泡模型之间是否差别，学者们并未达成统一的意见。为了弄清楚双气泡传质反应模型是否与单气泡传质反应模型存在差别，或者什么时候存在差别的具体原因，本节做了进一步分析。

Mills[122]采用沉降扩散模型(sedimentation dispersion model，SDM)来进行研究，发现催化剂的轴向分布与浆液的流速方向有关，当气液逆流时，催化剂容易沉积，不利于反应的进行。Deckwer 等[128]采用沉降扩散模型描述堆置型鼓泡塔中催化剂轴浓度分布，得出对于大直径鼓泡塔而言，催化剂的沉降可以忽略。在浆态床中，通常使用较小颗粒的催化剂(平均大小在 50 μm 以下)，因此通常假定固体颗粒的速度等于液相的速度，将固相看作拟均相处理，因此气-液-固三相被简化成气体-浆态相两相。

Toledo 等[129]采用两种不同的模型来研究反应器内温度的变化：模型Ⅰ考虑催化剂的内、外传质传热阻力；模型Ⅱ只考虑催化剂的外传质传热阻力。其认为近实际情况模型Ⅰ模拟更加准确，并且与模型Ⅱ相比，计算量不会明显增加。

但目前已经有实验证实塔内的有效导热系数与液相内的组成密切相关，因此有些学者认为[130]由于反应、热交换、气液相平衡、冷凝以及沸腾等因素的影响，换热模型并不能直接应用于传统的反应吸收塔。因此，在本节的工作中，假定忽略体系内温度的变化。

表 10.4 列出了一些文献中模拟鼓泡塔费托合成的模型，就目前本节而言，所有的讨论基于如下假定：

(1) 气相与液相之间的传质阻力主要集中在液相；

(2) 由于浆态床中催化剂的颗粒较小，因此假定塔内的颗粒浓度均匀分布，液、固两相均看作拟均相处理；

(3) 全塔在等温的操作条件下进行，气液固三相均能达到热平衡；

(4) 由于 FT 合成是在高压的条件下进行，因此全塔的压降可以忽略；

(5) 假使原料中无惰性组分或者产物，则进料只包含反应物。

表 10.4　FT 体系内流动与传质-反应耦合的模型

作者	流体模型			气体收缩	动力学	物质种类	能量平衡
	气相	液相	固相				
Deckwer 等[128]	ADM	ADM	SDM	Linear f(X, α)	FTS(1st)	H_2	Yes
Calderbank 等[115]	PF	PF	Uniform	Computed	FTS(1st)	H_2	No
Bukur[116]	PF	PM	Uniform	Linear f(X, α)	FTS(1st)	H_2	No
Prakash[131]	ADM	ADM	SDM	Computed	FTS(L-H) WGS(L-H)	H_2, CO, H_2O, CO_2, $C_1 \sim C_3$	No
Schweitzer 和 Viguié[126]	PF	ADM	Uniform	Computed	FTS, L-H	H_2, CO, C_nH_m	Yes
Hedrick 和 Chuang[132]	PF	PF	Uniform	Uniform	FTS, 1st	H_2, CO	No
Rados 等[133]; Rados 等[123]	L-ADM S-ADM	ADM	Uniform	Computed	FTS, 1st	H_2, CO, CO_2, C_nH_m	No
De Swart 和 Krishna[121]	L-ADM S-ADM	ADM	SDM	SB-uniform LB-Linear f(X, α)	FTS, 1st	H_2	Yes
Maretto 和 Krishna[119]	L-PF S-PM	PM	Uniform	SB-uniform LB-Linear f(X, α)	FTS, L-H	H_2, CO	No
Wang 等[120]	L-PF S-PM	PM	Uniform	Computed	FTS WGS	CO, H_2, H_2O, $CO_2C_nH_m$	No

10.5.2　不同单气泡和双气泡模型的对比

本节对比了几种常用模拟工业级鼓泡塔的模型：单气泡轴向扩散模型、双气泡轴向扩散模型，以及 Maretto 和 Krishna 提出的双气泡理想反应器模型(ideal reactor model, IRM)。所有的模型方程如表 10.5～表 10.7 所示。

表 10.5　组分输运方程(单气泡轴向扩散模型)

	模型方程
气相	$$\frac{\partial(\varepsilon_g C_{g,i})}{\partial t}=\frac{\partial}{\partial z}\left(D_g\varepsilon_g\frac{\partial C_{g,i}}{\partial z}\right)-\frac{\partial}{\partial z}(U_gC_{g,i})-(k_La)_{g,i}\left(\frac{C_{g,i}}{m_i}-C_{l,i}\right)\quad(10.46)$$
液相	$$\frac{\partial(\varepsilon_l C_{l,i})}{\partial t}=\frac{\partial}{\partial z}\left((1-\varepsilon_g)D_l\frac{\partial C_{l,i}}{\partial z}\right)-\frac{\partial}{\partial z}(U_lC_{l,i})+(k_La)_{g,i}\left(\frac{C_{g,i}}{m_i}-C_{l,i}\right)-(1-\varepsilon_g)\rho_p\varepsilon_{cat}r_i\quad(10.47)$$

表 10.6　组分输运方程(双气泡轴向扩散模型)

	模型方程
大气泡	$$\frac{\partial(\varepsilon_{g,L}C_{g,L,i})}{\partial t}=\frac{\partial}{\partial z}\left(D_{g,L}\varepsilon_{g,L}\frac{\partial C_{g,L,i}}{\partial z}\right)-\frac{\partial}{\partial z}(U_{g,L}C_{g,L,i})-(k_La)_{g,L,i}\left(\frac{C_{g,L,i}}{m_i}-C_{l,i}\right)\quad(10.48)$$
小气泡	$$\frac{\partial(\varepsilon_{g,S}C_{g,S,i})}{\partial t}=\frac{\partial}{\partial z}\left(D_{g,S}\varepsilon_{g,S}\frac{\partial C_{g,S,i}}{\partial z}\right)-\frac{\partial}{\partial z}(U_{g,S}C_{g,S,i})-(k_La)_{g,S,i}\left(\frac{C_{g,S,i}}{m_i}-C_{l,i}\right)\quad(10.49)$$

续表

	模型方程	
液相	$\frac{\partial(\varepsilon_l C_{l,i})}{\partial t}=\frac{\partial}{\partial z}\left((1-\varepsilon_g)D_l\frac{\partial C_{l,i}}{\partial z}\right)-\frac{\partial}{\partial z}(U_l C_{l,i})+(k_L a)_{g,L,i}\left(\frac{C_{g,L,i}}{m_i}-C_{l,i}\right)+(k_L a)_{g,S,i}\left(\frac{C^*_{g,S,i}}{m_i}-C_{l,i}\right)-(1-\varepsilon_g)\rho_p\varepsilon_{cat}r_i$	(10.50)

表 10.7 组分输运方程(双气泡理想反应器模型)[119]

	模型方程	
大气泡	$-\frac{d}{dz}(U_{g,L}C_{g,L,i})-(k_L a)_{g,L,i}\left(\frac{C_{g,L,i}}{m_i}-C_{l,i}\right)=0$	(10.51)
小气泡	$AU_{df}(C^{in}_{g,S,i}-C_{g,S,i})=(k_L a)_{g,S,i}\left(\frac{C_{g,S,i}}{m_i}-C_{l,i}\right)AH$	(10.52)
液相	$A\int_0^H(k_L a)_{g,L,i}\left(\frac{C_{g,L,i}}{m_i}-C_{l,i}\right)dz+AH(k_L a)_{g,S,i}\left(\frac{C_{g,S,i}}{m_i}-C_{l,i}\right)-AH\cdot(1-\varepsilon_g)\rho_p\varepsilon_{cat}r_i=0$	(10.53)

求解这些方程,所需要的初始条件以及边界条件等参数如表 10.8 所示。目前主要有三种方法考虑气体随传质反应的进行而收缩:①采用平均流体力学参数[132],气含率和表观气速均看作常数。事实上对于绝大多数反应吸收过程,气体的流量随着化学反应的进行而逐渐变化。因此假使反应器内表观气速为常数这一做法难以反映流体力学与传质反应的强烈耦合。②假定表观气速与转化率呈线性关系,并且引入收缩因子作为封闭参数,通过此方法考虑表观气速由于传质反应随着轴向位置的变化而变化的影响。该方法简单易用,是目前研究者们最常用的方法[111,119,121,128,134]。③采用气体状态方程[133],在给定温度以及压力下,大、小气泡内组分浓度和均为定值,再结合组分运输方程可计算不同轴向位置处大、小气泡表观气速。

表 10.8 不同模型的边界条件以及返混参数

单气泡轴向扩散模型	双气泡轴向扩散模型	双气泡理想反应器模型
初始条件($t=0$)	初始条件($t=0$)	
$C_{g,i}=C_{l,i}=0$	$C_{g,L,i}=C_{g,S,i}=C_{g,L,i}=0$	
边界条件	边界条件	
$z=0$ 时,	$z=0$ 时,	
$C_{g,i}=C_{g,i_0}$	$C_{g,L,i}=C_{g,L,i_0}$	
$C_{g,i_0}=\frac{P_i}{ZRT}(Z=1.01)$	$C_{g,i_0}=\frac{P_i}{ZRT}(Z=1.01)$	
	$\varepsilon_{g,S}D_{g,S}\frac{\partial C_{g,S,i}}{\partial z}=U_{g,S}(C_{g,S,i}-C_{g,i_0})$	$C_{g,L,i}=C_{g,i_0}$
$\varepsilon_l D_l\frac{\partial C_{l,i}}{\partial z}=U_l(C_{l,i}-C_{g,i_0}/m_i)$	$\varepsilon_l D_l\frac{\partial C_{l,i}}{\partial z}=U_l(C_{l,i}-C_{g,i_0}/m_i)$	$C_{g,S,i}=C_{g,i_0}$
		$C_{g,i_0}=\frac{P_i}{ZRT}(Z=1.01)$
$z=H$ 时,	$z=H$ 时,	
$\frac{\partial C_{g,i}}{\partial z}=0$	$\frac{\partial C_{g,L,i}}{\partial z}=0$	
$\frac{\partial C_{l,i}}{\partial z}=0$	$\frac{\partial C_{g,S,i}}{\partial z}=0$ $\frac{\partial C_{l,i}}{\partial z}=0$	

续表

单气泡轴向扩散模型	双气泡轴向扩散模型	双气泡理想反应器模型
$Pe_{g}=100$	$Pe_{g,L}=100$ (De Swart 和 Krishna[121]) $D_{l}=0.768U_{g_0}^{0.32}D_{T}^{1.34}$ $Pe_{g,S}=Pe_{g,l}=\dfrac{U_{g_0}H}{D_{l}}$	

为了封闭一维的传质反应模型，首先采用了文献中最常用的方法，即假定表观气速与转化率呈线性关系，通过引入收缩因子来考虑气体流量的变化，收缩因子定义为

$$\alpha=\frac{U_{g}(X_{CO+H_2}=1)-U_{g}(X_{CO+H_2}=0)}{U_{g}(X_{CO+H_2}=0)} \tag{10.54}$$

式中：

$$X_{CO+H_2}=\frac{1+UR}{1+IR}X_{H_2} \tag{10.55}$$

其中，UR 表示 CO 和 H_2 的消耗比；IR 表示 CO 与 H_2 的进料比。

采用方程(10.56)表示表观气速与转化率的关系：

$$U_{g}=U_{g_0}(1+\alpha X_{CO+H_2}) \tag{10.56}$$

当采用双气泡传质反应模型时，学者们做了进一步简化，假定小气泡的表观气速不变，气体收缩仅影响大气泡[119,121]。因此单气泡模型的收缩因子与双气泡模型的收缩因子存在如下关系：

$$\begin{aligned}\alpha_{g,L}&=\frac{U_{g}(X_{CO+H_2}=1)-U_{g}(X_{CO+H_2}=0)}{U_{g,L}(X_{CO+H_2}=0)}\\&=\frac{U_{g}(X_{CO+H_2}=1)-U_{g}(X_{CO+H_2}=0)}{U_{g}(X_{CO+H_2}=0)}\frac{U_{g}(X_{CO+H_2}=0)}{U_{g,L}(X_{CO+H_2}=0)}=\alpha\frac{U_{g_0}}{U_{g,L_0}}\end{aligned} \tag{10.57}$$

目前已有一些文献探讨了不同体系下单气泡 ADM 与双气泡 ADM 的差别，表 10.9 列出了双气泡模型所采用的流体力学模型以及传质系数计算关联式。在单、双气泡模型对比时，单气泡的气含率和组分传质系数均按照双气泡模型中大气泡的关联式计算[125,135]。从表中可以看出文献中主要采用两种模型来描述小气泡的流体动力学性质：一个是在 De Swart 和 Krishna[121] 文章中报道的，另一个则是在 Maretto 和 Krishna[119] 文章中报道的。De Swart 和 Krishna 中的关联式如下所示。

$$\varepsilon_{g,df}=\varepsilon_{trans}=2.16\exp(-13.1\rho_{g}^{-0.1}\mu_{l}^{0.16}\sigma^{0.11})\exp(-5.86\varepsilon_{cat}) \tag{10.58}$$

$$\varepsilon_{g,df}=\varepsilon_{trans}=2.16\exp(-13.1\rho_{g}^{-0.1}\mu_{l}^{0.16}\sigma^{0.11})\exp(-5.86\varepsilon_{cat}) \tag{10.59}$$

Maretto 和 Krishna：

$$\varepsilon_{g,df}=\varepsilon_{g,df,ref}\left(\frac{\rho_{g}}{\rho_{g,ref}}\right)^{0.48}\left(1-\frac{0.7}{\varepsilon_{g,df,ref}}\varepsilon_{cat}\right) \tag{10.60}$$

$$V_{g,S}=V_{g,S,ref}\left(1+\frac{0.8}{V_{g,S,ref}}\varepsilon_{cat}\right) \tag{10.61}$$

小气泡入口处的表观气速为

$$U_{g,S} = V_{g,S}\varepsilon_{g,df} \tag{10.62}$$

对于大气泡而言，从表 10.9 中可以看出最常用的是 Maretto 和 Krishna 的关联式：

$$\varepsilon_{g,L} = 0.3\frac{1}{D_T^{0.18}U_{g,L}^{0.22}}U_{g,L}^{4/5}\left(\frac{\rho_l}{\rho_g}\right)^{0.5} \tag{10.63}$$

大气泡入口处表观气速采用式(10.64)计算：

$$U_{g,L} = U_g - U_{g,S} \tag{10.64}$$

表 10.9　文献中双气泡传质反应模型的模型参数

文献	双气泡轴向扩散模型				研究体系
	流体力学模型		单位体积传质系数		
	大气泡	小气泡	大气泡	小气泡	
Ghasemi 等[125]	$\varepsilon_{lb}=0.053\left(\frac{u_{sg}}{u_{g_0}}\right)^{1.1}$	方程(10.58) 方程(10.59)	方程(10.65)	方程(10.66)	费托合成(铁基催化剂)
Hooshyar 等[135]	方程(10.63)	方程(10.58) 方程(10.59)	方程(10.65)	方程(10.66)	费托合成(钴基催化剂)
Papari 等[127]	方程(10.63)	方程(10.60) 方程(10.61)	方程(10.65)	方程(10.66)	二甲醚的合成

在研究双气泡模型时，我们分别采用上面所提到的两种模型来描述小气泡流体力学特性；对于大气泡则采用 Maretto 和 Krishna 报道的流体力学模型。此外如表 10.9 所示，均采用 Vermeer 和 Krishna[136]提出的关联式来描述大、小气泡的单位体积传质系数，关联式如下所示：

$$\left[\frac{(k_L a)_{g,L,i}}{\varepsilon_{g,L}}\right] = 0.5\sqrt{\frac{D_{l,i}}{D_{l,ref}}} \tag{10.65}$$

$$\left[\frac{(k_L a)_{g,S,i}}{\varepsilon_{g,S}}\right] = 1.0\sqrt{\frac{D_{l,i}}{D_{l,ref}}} \tag{10.66}$$

采用 Yates 和 Satterfield[137]基于 Co 系催化剂提出的动力学模型：

$$r_{CO} = \frac{ap_{CO}p_{H_2}}{(1+bp_{CO})^2} \tag{10.67}$$

式中，

$$a = 8.852\times10^{-13}\exp\left[4494.41\frac{1}{K}\left(\frac{1}{493.15}-\frac{1}{T}\right)\right]$$

$$b = 2.226\times10^{-5}\exp\left[-8236.15\frac{1}{K}\left(\frac{1}{493.15}-\frac{1}{T}\right)\right]$$

本节假定催化剂颗粒在液相中均匀分布，将液固两相看作拟均相。由于反应发生在液-固接触表面，因此采用理想气体状态方程 $p_i = C_iRT$ 结合亨利定律将动力学方程中 H_2 和 CO 的分压表示形式转化成液相组分浓度的形式。

表 10.10 给出了计算时所需要的物性，为了与文献保持一致[119,135]，反应温度选为

513 K。液相的物性与反应温度有关，因此所采用液体的物性是在文献报道的不同温度下物性的基础上通过线性插值得到[138]。

表 10.10　模拟的物性参数

液相物性（石蜡）		催化剂物性（硅基）	
密度（ρ_l）	680 kg/m^3	催化剂密度（ρ_P）	647 kg/m^3
黏度（μ_l）	3×10^{-3} Pa·s	骨架密度（ρ_{SK}）	2030 kg/m^3
表面张力（σ_l）	0.0225 N/m		

此处主要进行了半间歇工况条件下的模拟。所有的方程通过 MATLAB 2012a 进行求解。所模拟的反应器高度为 30 m，塔径为 7.5 m，反应压力 3 MPa，反应温度 513 K。

图 10.39 中 Two-ADM-Swart 表示采用 Swart 等提出的经验关联式描述的小气泡流体动力学特性的双气泡轴向扩散模型。对于单气泡模型而言，流体力学参数在无特殊说明的情况下均参照大气泡的关联式计算。IRM（ideal reactor model）指的是由 Maretto 和 Krishna 提出的理想反应器模型。根据图 10.39 可以看出单、双气泡轴向扩散模型的差异主要与催化剂浓度以及所选的流体力学模型有关。在 Ghasemi 等[125]和 Hooshyar 等[135]中采用的是 Swart 提出的描述小气泡气含率、终端速度的表达式，由图 10.39 可见，无论在哪个催化剂浓度下，单、双气泡模型之间的差异相对较小，因此认为单气泡模型与双气泡模型没有太大的差别。但在 Papari 的文章中采用 Maretto 报道的描述小气泡气含率、终端速度的表达式，其认为双气泡模型比单气泡模型更符合实验结果。因此文献中关于单、双气泡传质反应模型模拟性能的争议很大程度上是由所选的流体力学模型的差异造成的。不管采用哪种流体力学模型，随着催化剂浓度的增大，单、双气泡模型之间的差异均逐渐减小，这主要是因为随着固体颗粒浓度的增加，抑制了小气泡的形成，体系逐渐由双气泡控制退化成单气泡控制。

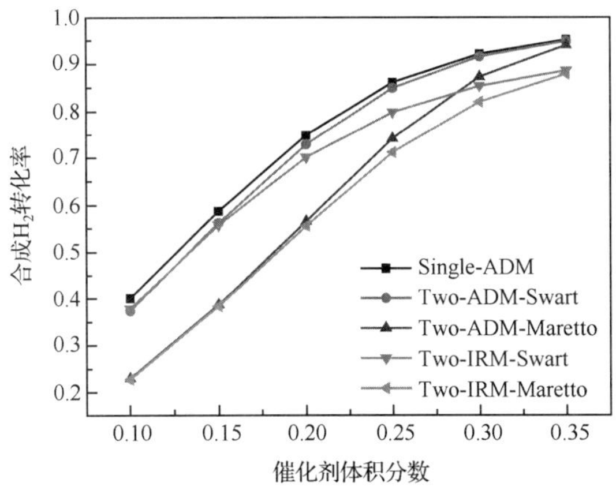

图 10.39　催化剂体积分数对合成气转化率的影响

由图 10.39 我们还可以看出，在催化剂体积分数（0.1～0.2）较低时，在使用相同的流型力学模型的条件下，由双气泡轴向扩散模型算得的转化率、出口处表观气速与双气泡理想态模型结果相近。催化剂浓度越低,反应速率越慢,反应控制就越占主导地位。因此推断,当体系处于强反应控制区域时,可以采用理想反应器模型代替轴向扩散模型。因此,除了 Rados 等[133]报道的将塔径作为判定理想反应器模型是否能代替轴向扩散模型的标准之外,传质反应的控制机理也决定了是否能够采用理想反应器模型代替传统的轴向扩散模型。

图 10.40 为单气泡轴向扩散模型,双气泡轴向扩散以及理想态模型算得的组分浓度以及表观气速随塔高变化关系图。可以看出对于单、双气泡轴向扩散模型而言,表观气速和组分浓度随塔高的变化趋势基本一致,但是对于双气泡的理想反应器模型以及轴向扩散模型而言,表观气速和组分浓度随塔高的变化趋势存在很大的差异。对于双气泡理想反应器模型而言,假定液相充分返混,液相中浓度均匀分布,当气体刚通过分布器进入反应器时,气液之间存在较大的浓度差,因此传质相对较快,随着高度的增加,气液之间的浓度差逐渐降低,传质速率逐渐变小,当达到某一高度处,气液直径浓度差接近于 0,此时表观气速以及气泡内组分浓度沿塔高的变化几乎不变。因此采用 Maretto 和 Krishna[119]所提出的理想反应器模型计算出气泡浓度的下降以及表观气速的收缩均主要集中在塔底部位。

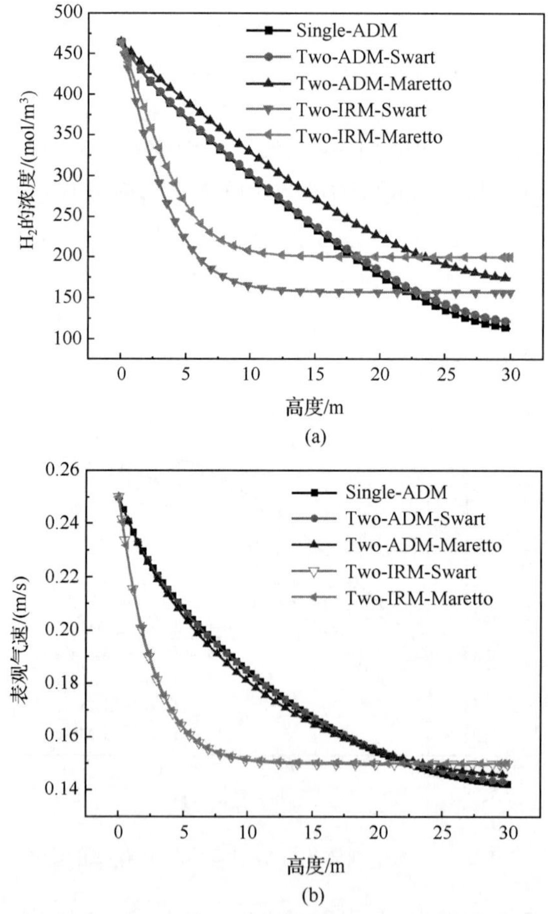

图 10.40 组分浓度(a)和表观气速(b)随塔高的变化

操作条件:$U_g=0.25$ m/s,$H=30$ m,$p=3$ MPa,$H_2/CO=2$,$U_l=0$,$\varepsilon_{cat}=0.25$

图 10.41 为不同流体力学经验关联式下单、双气泡模型的总气含率随表观气速的变化关系图。在双气泡模型中，小气泡的气含率分别采用了 Maretto 和 Krishna[119] 以及 De Swart 和 Krishna[121] 文章中的经验关联式计算；而大气泡气含率均采用 Maretto 和 Krishna 文章中的关联式计算；对于单气泡模型而言，采用的是 Maretto 和 Krishna 提出的大气泡关联式进行计算。采用 Maretto 关联式的双气泡模型算得的气含率明显比仅采用大气泡气含率关联式计算的单气泡模型高很多，致使采用 Maretto 和 Krishna[119] 经验关联式的双气泡 ADM 模型算得的转化率与单气泡 ADM 模型的计算结果相比差别很大。与此相反，对于小气泡气含率采用 De Swart 和 Krishna[121] 关联式计算双气泡模型而言，其气含率与单气泡模型计算的气含率近似，从而致使单、双气泡 ADM 计算 H_2 的转化率极为接近。当体系内气含率增大时，液含率就相应地降低，而反应是在液相中进行的，因此当液相体积分数降低后会导致反应量的减少，最终转化率降低，这就是文献中双气泡模型的转化率比单气泡模型低的原因。

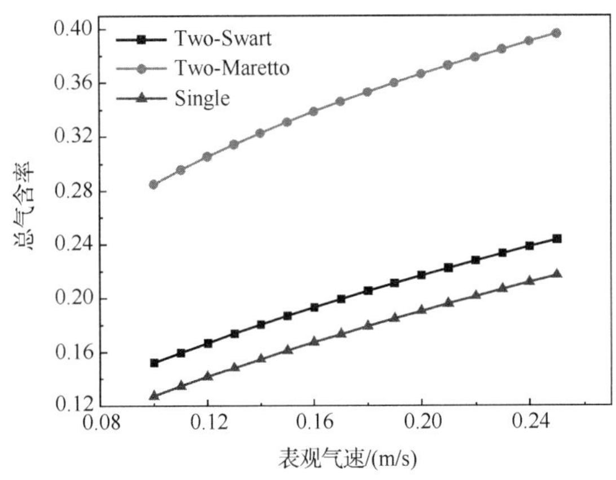

图 10.41　总气含率随表观气速的变化关系

操作条件：U_g=0.25 m/s，H=30 m，p=3 MPa，H_2/CO=2，U_l=0，ε_{cat}=0.25

单气泡模型与双气泡模型的主要差别体现在流体力学模型以及传质上。从流体力学的角度来讲，Olmos 等[99] 指出单气泡的 CFD 模拟不能很好地模拟出气含率曲线以及流型的转变，但带有修正因子双气泡 CFD 模拟能较好地捕捉气含率随表观气速的变化关系。在笔者之前的工作中，采用多尺度研究气液体系流型结构时发现，双气泡是鼓泡塔内气液体系的本征特性。因此笔者认为一般情况下双气泡模型比单泡模型更能预测鼓泡塔内气液体系的气含率。

从传质的角度来看，在相同气含率下，小气泡比大气泡具有更大的气液接触面积，因此单位体积传质系数更大、传质更快。在目前的对比单、双气泡的模型的文献中，单气泡模型均采用大气泡的单位体积传质系数，因此考虑小气泡的双气泡模型计算出的转化率应该不小于单气泡模型的转化率。但是从文献中，我们可以清楚地发现双气泡模型所计算的转化率均比单气泡模型小。这主要是由单、双气泡流体力学关联式所计算的气含率不同造成的。

在目前对比单、双气泡模型的文献中，单、双气泡模型的差异主要是由总气含率的不同造成的，并不能体现由于大、小气泡传质速率不同而对模拟结果的影响。为了更为准确地对比由于传质速率不同对单、双气泡模型的影响，消除由气含率不同造成的差异，在特定表观气速下，假设体系内总气含率恒定。而正如我们上述讨论，双气泡模型比单气泡模型更能描述气含率与表观气速的关系，为此，不管对于单气泡还是双气泡 ADM 模型，只要表观气速大于流型转变点时的表观气速，体系内的总气含率均按双气泡模型的气含率计算：

$$\varepsilon_g = \varepsilon_{g,L} + (1 - \varepsilon_{g,L})\varepsilon_{g,df} \tag{10.68}$$

由图 10.42 可知，在给定的传质动力学以及反应动力学下，只要保证给定表观气速下的总气含率不变，单、双气泡模型几乎毫无差别，而流体力学模型的准确性直接影响着最终的模拟结果。

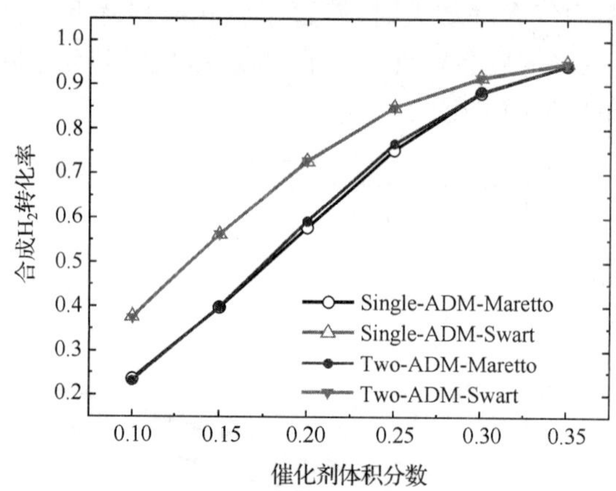

图 10.42 改进流体动力学模型后单双气泡模型的差别

操作条件：U_g=0.25 m/s，H=30 m，p=3 MPa，H_2/CO=2，U_l=0

对于 Co 基催化剂而言，文献中已经证实，当 H_2/CO 的进料比低于化学进料比时，H_2 为其限制性组分。根据 Yates 和 Satterfield[137] 的反应动力学表达式，反应速率与 H_2 浓度成一级指数关系，因此假定反应速率与 H_2 的浓度成拟一级反应关系，表示如下：

$$R_{H_2} = k_{rea} C_{H_2} \tag{10.69}$$

其中，

$$k_{rea} = 2\varepsilon_L \rho_{cat} \varepsilon_{cat} \frac{aC_{CO}}{(1 + bC_{CO})^2} \tag{10.70}$$

假设 H_2 没有传质阻力，液相中组分浓度对应于气液相平衡时的浓度，则此时反应速率最大，氢气的消耗量为

$$r^* = k_{rea} C_{H_2}^* \tag{10.71}$$

式中，$C_{H_2}^*$ 为气液相平衡时的浓度。

但实际过程中是存在传质阻力的，此时真实反应速率为

$$r = k_{rea} C_{L,H_2} \tag{10.72}$$

式中，C_{L,H_2} 为有传质阻力时，真实液相中的浓度。

当体系处于稳定状态时，扩散速率等于反应速率：

$$k_L a(C_{H_2}^* - C_{L,H_2}) = k_{rea} C_{L,H_2} \tag{10.73}$$

$$C_{\mathrm{L,H_2}}=\frac{k_{\mathrm{L}}aC_{\mathrm{H_2}}^{*}}{k_{\mathrm{L}}a+k_{\mathrm{rea}}}=\frac{C_{\mathrm{H_2}}^{*}}{1+\dfrac{k_{\mathrm{rea}}}{k_{\mathrm{L}}a}} \tag{10.74}$$

将式(10.74)带入真实反应速率表达式得

$$r=k_{\mathrm{rea}}\frac{C_{\mathrm{H_2}}^{*}}{1+\dfrac{k_{\mathrm{rea}}}{k_{\mathrm{L}}a}}=\frac{r^{*}}{1+\dfrac{k_{\mathrm{rea}}}{k_{\mathrm{L}}a}} \tag{10.75}$$

令：

$$\eta=\frac{1}{1+\dfrac{k_{\mathrm{rea}}}{k_{\mathrm{L}}a}}=\frac{1}{1+\dfrac{2\varepsilon_{\mathrm{L}}\rho_{\mathrm{cat}}\varepsilon_{\mathrm{cat}}\dfrac{aC_{\mathrm{CO}}}{(1+bC_{\mathrm{co}})^{2}}}{k_{\mathrm{L}}a}} \tag{10.76}$$

式中，η 为反应速率系数修正因子，表示有 H_2 传质阻力与无 H_2 传质阻力时反应速率之比。

当 η 接近于 1 时，意味着反应控制占主导地位；当 η 接近于 0 时，意味着传质控制占主导地位。由图 10.43 我们可以看出，当在催化剂浓度低于 0.2 时，η 值在 0.95 以上，意味着该体系处于强反应控制区域，此时可以采用 Maretto 和 Krishna 提出的理想反应器模型代替 ADM 模拟工业级鼓泡塔。

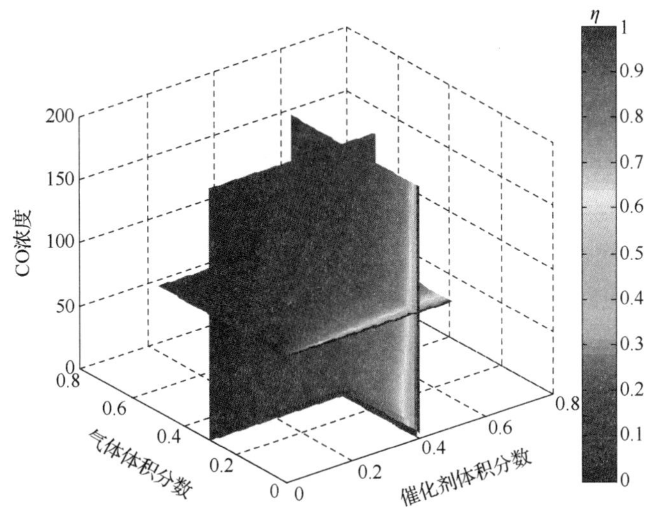

图 10.43　CO 浓度、气含率以及催化剂浓度对修正因子的影响(以大气泡的传质速率计算)(参见彩图)

在一般情况下，FT 合成在湍动鼓泡流型下进行，催化剂的体积分数在 0.1～0.4 之间，体系内气含率在 0.2 以上，与之对应的 η 在 0.75 之上，体系此时仍处于反应控制区域，这便是如图 10.42 所示单、双气泡 ADM 模型算得的转化率没有差别的原因。为了更好地了解传质速率对模拟结果的影响，人为将传质速率缩小。

由上面分析可以看出，在原始传质速率下，该体系属于反应控制，随着传质速率的减小，传质的影响逐渐加强，体系逐渐由反应控制转向传质控制。图 10.44 给出了 CO 浓度、气含率以及催化剂浓度对修正因子的影响，图 10.45 反映了传质速率缩小 40 倍后催化剂浓度对转化率的影响。对于小气泡气含率采用 Maretto 和 Krishna 的经验关联式的单、双气泡 ADM 模型而言，所计算的转化率的差别随着催化剂浓度的增大先增大后减小。当入口处表观气速为 0.25 m/s 时，反应器内气含率基本保持在 0.3 以上，在催化剂浓度分别为 0.1 和 0.25 时，由图 10.44 可以看出对应 η 值分别在 0.8 附近以及 0.5 附近，意味着随着催化剂浓度增大，传质的影响逐渐增强；从图 10.45 可以看出此时单、双气泡 ADM 模型计算所得转化率的差别逐渐增大。当催化剂浓度增加到一定程度时，单、双气泡 ADM 模型计算的转化率差别逐渐变小，这主要是因为随着催化剂颗粒浓度的增加，抑制了小气泡的生成，体系逐渐由双气泡控制体系退化为单气泡控制体系。根据图 10.45 还可以看出，采用 De Swart 和 Krishna[121] 关联式时，单、双气泡 ADM 模型计算出的转化率差别不明显，这主要是因为采用 De Swart 和 Krishna 的表达式时，入口处算得小气泡含率(0.03～0.11)明显比采用 Maretto 和 Krishna(0.08～0.32)时低，此时大气泡含率占主导地位，从而致使单、双气泡模型计算结果的差别不大。

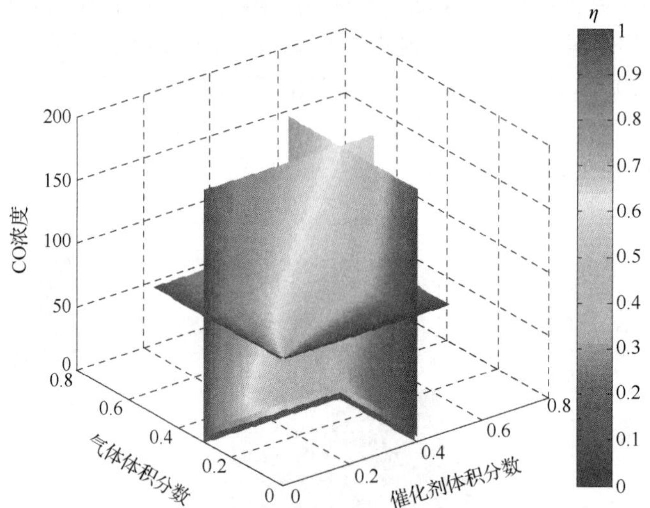

图 10.44　CO 浓度、气含率以及催化剂浓度对修正因子的影响(大气泡的传质速率缩小 40 倍)(参见彩图)

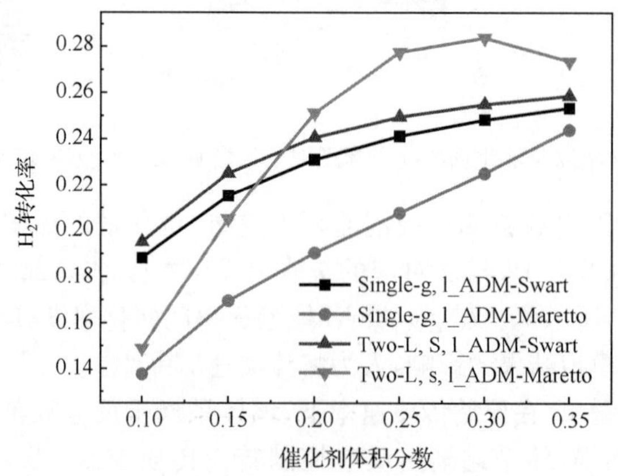

图 10.45　传质速率缩小 40 倍后催化剂浓度对转化率的影响

操作条件：U_g=0.25 m/s，H=30 m，p=3 MPa，H_2/CO=2，U_l=0

综上分析可以看出，文献中单、双气泡传质反应模型的差异主要是由所选流体力学模型不同造成的。单、双气泡传质反应模型的主要差别主要有两方面：①总气含率的差异。总气含率的差异必然导致体系中浆液含率差异，由于反应是在浆液相进行，当液含率减小时会导致单位体积反应量减小，从而使得转化率降低。②传质速率的差异。由于单位气含率下大小泡的气液接触面积不同，小气泡具有更快的传质速率。

一般情况下，我们认为双气泡模型比单气泡模型能更好描述体系内气含率的变化。因此通常需采用双气泡模型来模拟气液传质反应体系。如果对于某些特殊情况，单泡模型也能较好地预测气液体系内的气含率，此时则需要分析其控制机理：如果体系为反应控制，则没有必要采用双气泡模型；如果体系属于传质控制，且大小气泡所占比例相似，则有必要采用双气泡模型。若一种气泡的含率占有绝对优势时(例如固含率很高时，体系内几乎没有小气泡)，则也没有必要使用双气泡模型。

10.5.3　双气泡理想反应器模型与 DBS 模型耦合

由上述分析，我们可以得出对于强反应控制区域，可以采用 Maretto 和 Krishna 提出的理想反应器模型代替轴向扩散模型。此外，在 Rados 等[133]指出轴向模型并不比理想反应器模型具有优势，只是适用范围更广。但轴向扩散模型计算的结果准确性在很大程度上与佩克莱数有关，在不知道精确的佩克莱数甚至佩克莱数不存在时，则可以采用理想反应器模型代替之。因此在本节中为了简化计算，将大、小气泡均按平推流处理，在轴向微元内传质反应相平衡，模型方程如下：

$$-\frac{\mathrm{d}}{\mathrm{d}z}(U_{\mathrm{Large}}C_{\mathrm{G,Large},i})-(k_{\mathrm{L}}a)_{\mathrm{Large},i}\left(\frac{C_{\mathrm{G,Large},i}}{m_i}-C_{\mathrm{L},i}\right)=0 \tag{10.77}$$

$$-\frac{\mathrm{d}}{\mathrm{d}z}(U_{\mathrm{Small}}C_{\mathrm{G,Small},i})-(k_{\mathrm{L}}a)_{\mathrm{Small},i}\left(\frac{C_{\mathrm{G,Small},i}}{m_i}-C_{\mathrm{L},i}\right)=0 \tag{10.78}$$

$$\frac{\partial(U_{\mathrm{SL}}C_{i,\mathrm{L}})}{\partial z}=(k_{\mathrm{L}}a)_{\mathrm{Large},i}\left(\frac{C_{\mathrm{G,Large},i}}{m_i}-C_{\mathrm{L},i}\right)+(k_{\mathrm{L}}a)_{\mathrm{Small},i}\left(\frac{C_{\mathrm{G,Small},i}}{m_i}-C_{\mathrm{L},i}\right)-\varepsilon_{\mathrm{L}}\rho_{\mathrm{cat}}\varepsilon_{\mathrm{cat}}\cdot R(C_{\mathrm{L}}) \tag{10.79}$$

$$\frac{\partial p}{\partial z}+[(1-\varepsilon_G)\rho_{\mathrm{SL}}+\varepsilon_{\mathrm{G}}\rho_{\mathrm{G}}]g=0 \tag{10.80}$$

采用理想气体状态方程封闭传质反应模型时，在给定温度以及压力下，每个气泡内的组分浓度和应该为定值：

$$C_{\mathrm{Total}}=\frac{p}{RT} \tag{10.81}$$

文献中所得到的流体力学模型主要是在非传质反应体系下测得的，无法反映小气泡的气含率由于反应吸收随表观气速的变化而变化，从而有可能会高估体系内的气含率，因此呼吁寻找新的模型来代替传统的经验关联式。本节将采用 DBS 理论流体力学模型代替传统的经验关联式，传质反应模型是根据质量守恒推导得出的，因此它代替了 DBS 中的连续性方程。此外我们忽略传质对动量方程的影响，结合稳定性条件封闭体连续性方程以及动量方程，从而进行传质反应体系的模拟。本章模拟时采用的物性参数如表 10.11 所示。

表 10.11　模拟时物性参数[119]

液相物性($C_{16}H_{34}$)		催化剂物性(硅基支持体)	
密度(ρ_L)	640 kg/m^3	颗粒密度(ρ_P)	647 kg/m^3
黏度(μ_L)	2.9×10^{-4} Pa·s	骨架密度(ρ_{SK})	2030 kg/m^3
表面张力(σ_L)	0.01 N/m		

假定气体由塔底分布器进入反应器后,立刻被划分为大、小两种粒级的气泡,原则上讲,大小气泡的划分与分布器的结构、气液两相的物性以及操作条件等有关,但DBS模型并没有考虑分布器的影响。为了更好地与文献保持一致并方便比较,我们仍采用Maretto和Krishna提出的初始进气方式,尽管它也没有考虑分布器的影响。

在之前关于FT合成模拟的文章中,采用的流体力学模型主要由文献[133,139-142]以及Behkish等[143]报道的,但这些模型并不能反映表观液速对气含率的影响,根据Otake等[144]实验可以清楚地看出,液体的流速以及方向会严重影响鼓泡内气含率。

通过图10.46中对比可以看出,无论对于空气-水体系还是对于空气-10%乙醇溶液,当气液并流时,由DBS算得结果与Otake等[144]中的实验数据比较一致,因此我们完全有理由相信,DBS模型能反映表观液速对气含率的影响。

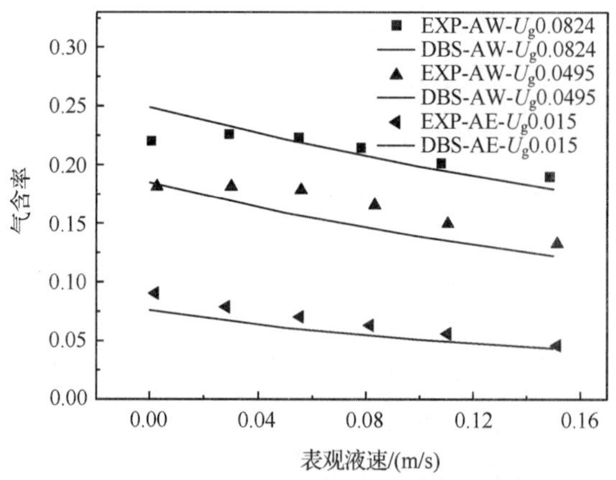

图10.46　DBS算得的表观液速对气含率的影响与实验值对比

EXP:基于多孔分布器实验;AW:空气-水体系;AE:空气-10%的乙醇溶液

本研究主要基于Co基催化剂的反应动力学。Co基催化剂主要特点是副反应(water-gas-shift)几乎可以忽略,产物主要以重烃和H_2O组分为主。由于重烃的相对挥发度较低,其挥发可以忽略,在此我们主要对H_2、CO以及H_2O组分进行物料衡算,图10.47为气液并流时表观液速对转化率的影响。由图可以清楚地看出H_2的转化率随表观液速的增大而增加。由图10.46可以看出随着表观气速的增加,体系内气含率逐渐减小,且单位体积传质速率与气含率成正比,气含率的减小必然会导致传质速率下降,但是此时转化率不但没有下降反而升高,为此,做了进一步分析。

图10.48(a)~(e)为表观液速对组分浓度沿轴向变化的影响,由图可知随着表观液速的增大,气体的停留时间变短,导致气泡内产物的累积量变少[图10.48(c)],从而导致

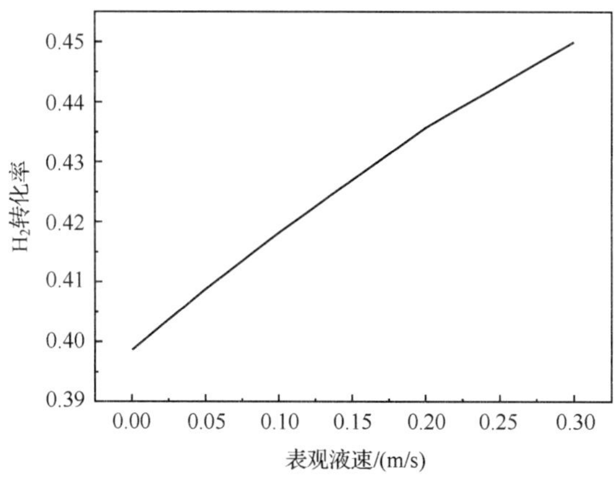

图 10.47　表观液速对转化率的影响

操作条件：U_g=0.25 m/s，H_2/CO(进料比)=2，p=3 MPa，L=30 m，ε_{cat}=0.2

气相内反应物浓度增加[图 10.48(a)，(b)]。当气相中反应物浓度增加时，会导致液相中与之对应的组分浓度增加[图 10.48(d)，(e)]，从而导致反应速率的增加[图 10.48(f)]，最终导致转化率的增加。此外，随着表观液速的增加，体系内的气含率减少，从而使得浆液含率增加。由于反应主要发生在浆液相中液固两相的接触表面，浆液含率增加也会导致反应量的增加，最终同样会导致转化率的增加。

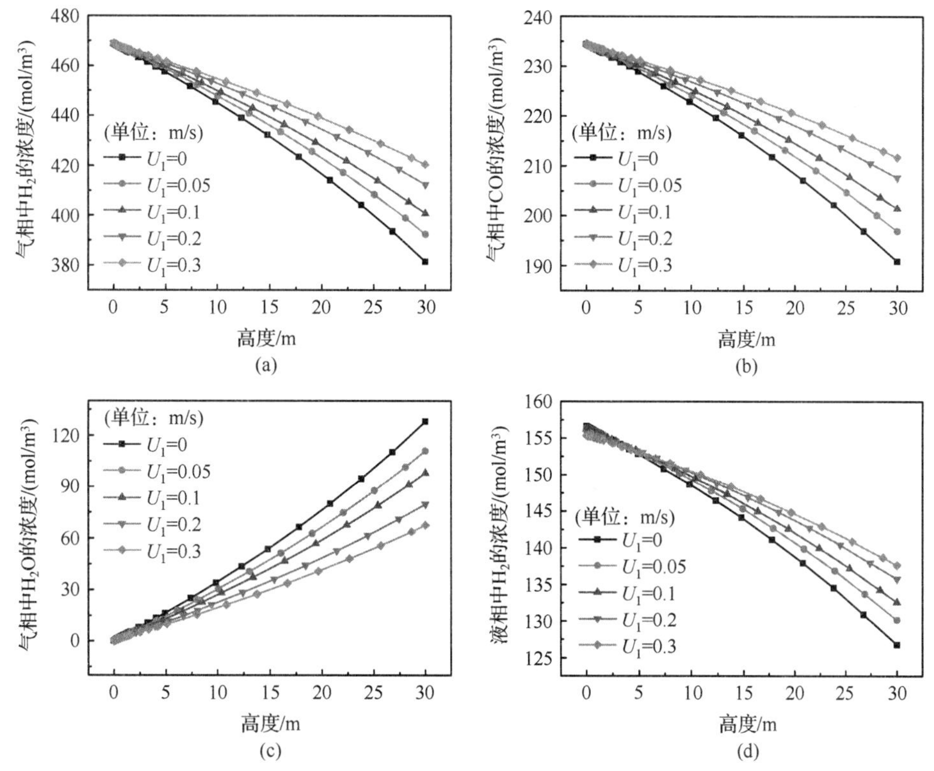

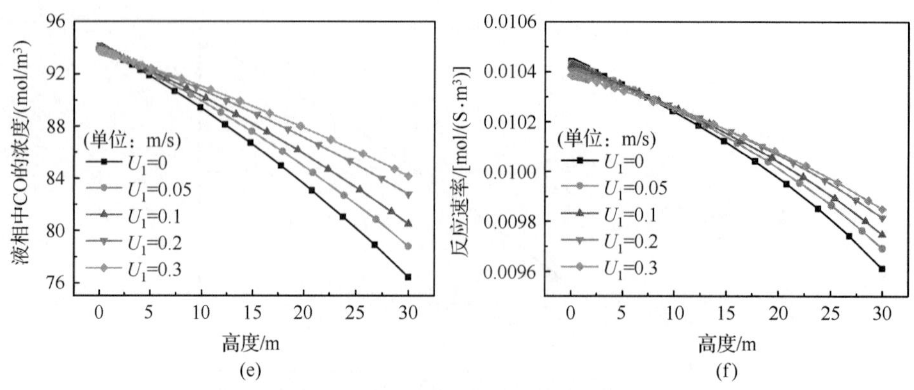

图 10.48　表观液速对组分浓度、反应速率沿轴向变化的影响

操作条件：$U_g=0.25$ m/s，H_2/CO(进料比)=2，$p=3$ MPa，$L=30$ m，$\varepsilon_{cat}=0.2$

目前对于 FT 合成，使用最多的催化剂为 Fe 基催化剂以及 Co 基催化剂。Co 基催化剂具有副反应少(water-gas-shift)、催化性能好等优点，产物主要是相对分子质量较高的碳氢化合物。与之相比，Fe 基催化剂具有较强的副反应，产物主要为相对分子质量较低的碳氢化合物。由图 10.49 可知，进料比对采用 Co 基催化剂反应器的性能影响显著，当进料比等于化学计量比时转化率最高。但据文献报道，对于 Fe 基催化剂而言，进料比对反应器性能影响并没有那么明显，这主要是因为当 H_2 与 CO 进料比小于化学计量比时，不足的 H_2 可以通过副反应($CO+H_2O \longrightarrow CO_2+H_2$)来弥补，但是对于 Co 基催化剂而言，副反应几乎可以忽略。由图 10.49 可以看出，当进料比偏离化学计量比(值为 2)越远，体系的转化率越低。这主要是因为 H_2 与 CO 始终按照化学计量比消耗，当进料比低于化学计量比时，气相内 H_2 消耗的速率明显比 CO 快，且在给定温度压力下气相内组分总浓度和是定值，气相内 H_2 浓度快速的减小促使 CO 浓度增大，从而导致由传质反应平衡算得的液相中 H_2 浓度减小、CO 浓度增加。图 10.50 给出了反应速率与组分浓度的关系，由图中我们看出 H_2 浓度的减小以及 CO 浓度的增加都有可能导致反应速率的减小，从而致使转化率降低。

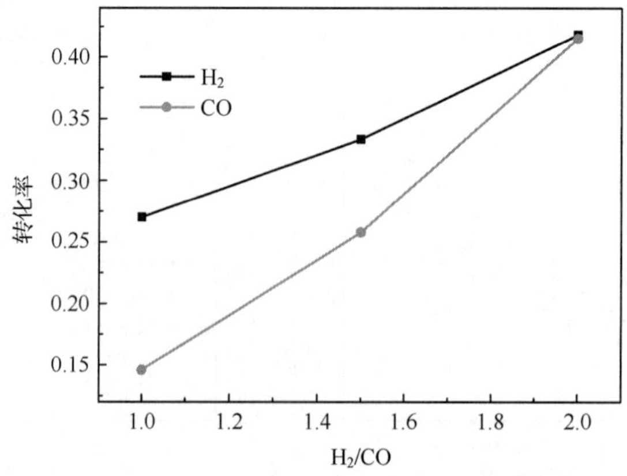

图 10.49　进料比对转化率的影响

操作条件：$T=513$ K，$U_g=0.25$ m/s，$U_l=0$，H_2/CO(进料比)=2，$p=3$ MPa，$L=30$ m，$\varepsilon_{cat}=0.2$

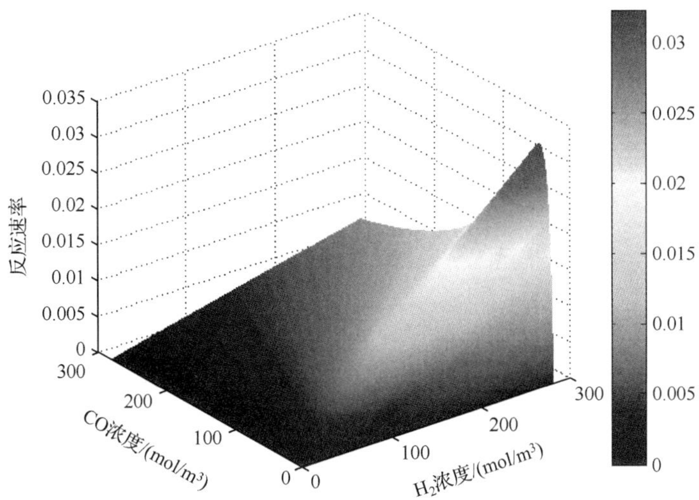

图 10.50　组分浓度对反应速率的影响

第 11 章　分离过程耦合节能原理与方法

11.1　多 效 精 馏

11.1.1　多效精馏原理

分离过程是一个不可逆过程，要实现混合物的分离必须消耗一定的外功。分离过程的功耗存在一个最低限度，即按热力学可逆过程进行分离时所消耗的功，称之为最小分离功 $\omega_{\min}$，而实际过程的功耗要远远大于这个最低限度。精馏过程的实际分离功等于原料与产品的有效能之差，即

$$\omega_n = E_t - E_p \tag{11.1}$$

或者

$$\omega_n = \Delta H - T\Delta S \tag{11.2}$$

在一般精馏过程中，以输入热量的方式来驱动分离过程。塔釜加入较高温度为 T_{R} 的热量 Q_{K}，塔顶移出较低温度为 T_{C} 的热量 Q_{C}，则塔釜物流有效能为 $Q_{\mathrm{K}}(1-T_{\mathrm{O}}/T_{\mathrm{R}})$，塔顶物流有效能为 $Q_{\mathrm{C}}(1-T_{\mathrm{O}}/T_{\mathrm{C}})$。

实际分离过程净功耗为有效能之差，即

$$\omega_n = Q_{\mathrm{C}}(1-T_{\mathrm{O}}/T_{\mathrm{C}}) - Q_{\mathrm{K}}(1-T_{\mathrm{O}}/T_{\mathrm{R}}) \tag{11.3}$$

若产物和原料之间的焓差很小，与输入热量相比可以忽略不计，即有 $Q_{\mathrm{K}}=Q_{\mathrm{C}}=Q$，则

$$\omega_n = QT_{\mathrm{O}}(1/T_{\mathrm{R}} - 1/T_{\mathrm{C}}) \tag{11.4}$$

精馏过程有效能损失为分离过程净功耗与最小分离功之差，即

$$D_{\mathrm{S}} = \omega_n - \omega_{\min} \tag{11.5}$$

当分离过程为可逆过程时 $D_{\mathrm{S}}=0$，而实际分离过程 $D_{\mathrm{S}}>0$。由上述可知，净功耗 ω_n 与冷热介质温度差（$T_{\mathrm{R}}-T_{\mathrm{C}}$）成正比，即（$T_{\mathrm{R}}-T_{\mathrm{C}}$）越小，$\omega_n$ 越小。因此为了减少净功耗、降低有效能损失，应尽可能地缩小塔顶和塔底的温差。

例如，在 20atm① 下丙烯-丙烷精馏分离过程中，塔顶丙烯冷凝温度为 48℃，塔釜丙烷沸点为 57℃，二者温差为 9℃，理论上净功耗为

$$\omega_n = Q_{\mathrm{C}}T_{\mathrm{O}}[1/(273+57) - 1/(273+48)] \tag{11.6}$$

但由于很难找到适宜温度的冷热介质来满足理想工艺过程所要求的塔顶、塔釜温度，通常选用 105℃蒸气作为加热介质，35℃水作为冷却介质。这样，冷热介质温差达 70℃，实际净功耗 $\omega_n = QT_{\mathrm{O}}[1/(273+105) - 1/(273+35)]$，为理论净功耗的 6.1 倍。

为了解决这个问题，可采用多效精馏方法。多效精馏是通过扩展工艺流程来降低精

---

① atm 为非法定单位，1atm＝1.013 25×10^5 Pa。

馏操作能耗的一种途径。其基本原理是重复使用供给精馏塔能量，以提高热力学效率。具体做法是以多塔代替单塔，即将一个分离任务分解为由若干操作压力不同的塔来完成，将前级塔顶蒸气作为次级塔底再沸器的加热蒸气，以此类推直至最后一个塔，如图 11.1 所示。在多效精馏过程中，各塔的操作压力不同，前一效压力高于后一效压力，前一效塔顶蒸气冷凝温度略高于后一效塔釜液的沸点温度。因此多效精馏充分利用了冷却介质之间过剩的温度，特点在于其能位不是一次性降级的，而是逐塔逐级降低的。这样，在整个流程中，只有第一效加入新鲜蒸气，在最后一效加入冷凝介质，中间各塔则不再需要外加蒸气和冷凝介质，由此达到了节能的目的。一般来说，多效精馏的节能效果是由其效数来决定的。从理论上讲，与单塔相比，由双塔组成的双效精馏的节能效果为 50%，而三效精馏的节能效果为 67%，四效精馏的节能效果为 75%[145]。以此类推，对于 N 效精馏总能耗可以用式(11.7)来表示：

$$Q = Q_C \times (1/N) \times 100\% \tag{11.7}$$

式中，Q 为多效精馏总能耗；Q_C 为普通精馏总能耗；N 为多效精馏的效数。

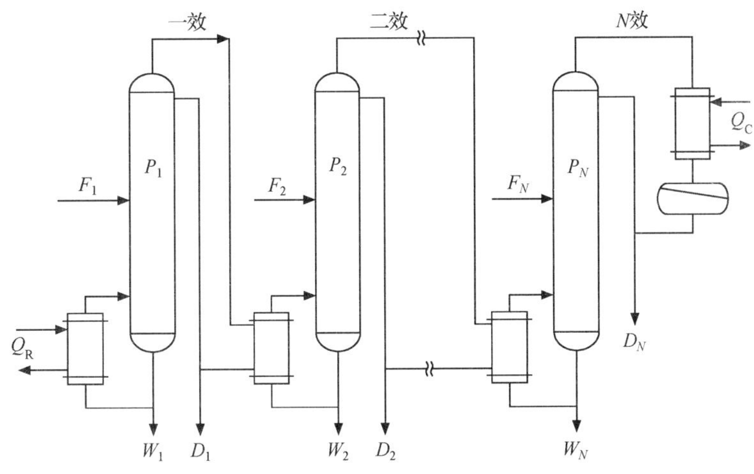

图 11.1　多效精馏原理示意图

对于 N 效精馏的节能效果可以用式(11.8)表示为

$$\eta = \frac{N-1}{N} \times 100\% \tag{11.8}$$

式中，η 为节能效果，N 为多效精馏效数。节能效果和效数的关系如图 11.2 所示。

由此我们可以看到，同样增加一个塔，从单塔精馏到双效精馏的节能效果可达 50%，而从三效精馏到四效精馏的节能效果仅增加 8%，所以在采用多效精馏节能时，要考虑到节省的能量与增加设备的投资之间的关系。在效数达到一定程度后，再增加效数时节能效果已不太明显。目前在国外一般以双效、三效居多。需要说明的是，上述的节能效果为理论值，在实际应用时则会低一些。将甲醇精馏中采用双效精馏与采用三效精馏工艺比较[146]，得出能耗和经济比较表见表 11.1。

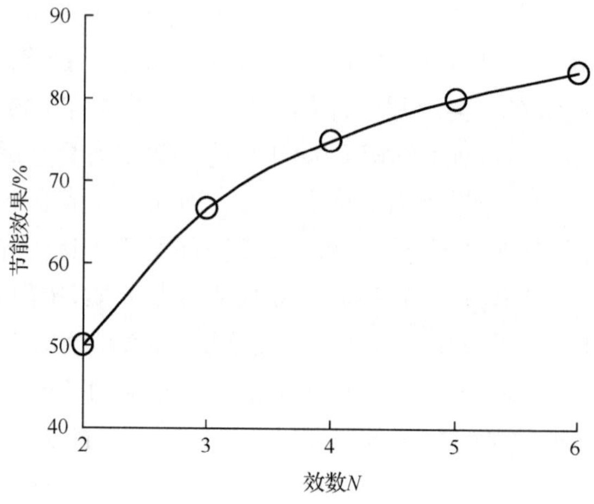

图 11.2 节能效果和效数的关系

表 11.1 甲醇双塔精馏和三塔双效精馏工艺比较

流程		三效精馏生产规模/(kt/h)			双效精馏生产规模/(kt/h)		
		100	50	25	100	50	25
预蒸馏塔	塔顶冷却水	80.8	40.4	20.2	82	41	20.5
	塔底蒸气	2.4	1.2	0.6	2.4	1.2	0.6
加压塔	塔顶冷却水	0	0	0	696	348	174
	塔底蒸气	8	4	2	13.8	6.9	3.5
常压塔	塔顶冷却水	394.9	197.5	98.8	—	—	—
	塔底蒸气	0	0	0	—	—	—
产品冷却器	冷却水	40.5	20.3	10.2	30.1	15.1	7.6
	总耗冷却水	516.2	258.2	129.2	808.1	404.1	202.1
	总耗蒸气	10.4	5.2	2.6	16.2	8.1	4.1
总费用	投资/万元	202.4	130	101.5	180.5	110.2	80
	操作费/(万元/年)	180.3	97.5	56	286.1	148.4	80.8

由表中数据可知，三效精馏比双效精馏更具节能优势，设备费用虽然较高，但是对于甲醇精馏，三效精馏比双效精馏的操作费用更少。因此，从长远考虑，甲醇精馏采用三效精馏更好，而且在实际生产中大部分的甲醇精馏都是采用三效精馏。

杨德明等也通过研究多效精馏法回收 DMF 工艺，得出能耗和效数、总运行费用与效数的关系[147]。以浓度(质量分数)为 10%、20%、25% DMF 为研究对象，无论是并流还是逆流，随着效数的增加，能耗都急剧下降，但是效数超过三效后，能耗的下降趋势缓慢，从能耗的角度考虑，采用三效精馏工艺比较合适。从运行费用角度考虑，将总运行费用分成两部分，即操作费用(再沸器蒸气费用 α_{N_t}，冷凝器冷却水费用 β_{N_t}) 和塔设备(包括附属设备)的折旧费用 γ_{N_t}，假定设备使用年限为 15 年，则有：

$$\alpha_{N_t} = C_S \cdot Q_a / r \tag{11.9}$$

$$\beta_{N_t} = C_W \cdot W_a \tag{11.10}$$

$$\gamma_{N_t} = [C_C \cdot (\pi H \Phi^2/4) + C_A \cdot A]/15 \tag{11.11}$$

则多效精馏工艺操作的总费用为：$\delta_{N_t} = \alpha_N + \beta_{N_t} + \gamma_{N_t}$，单塔精馏工艺操作的总费用为 $\delta_1 = \alpha_1 + \beta_1 + \gamma_1$。以多效精馏过程总运行费用与单塔精馏过程总运行费用的相对值，即 $f_{N_t} = \delta_{N_t}/\delta_1$ 为考察变量，以效数为自变量，绘制 f_{N_t}-N_t 关系图，如图 11.3 所示，可见不同浓度的 DMF 废水采用三效精馏的总运行费用最低、经济效益最佳。

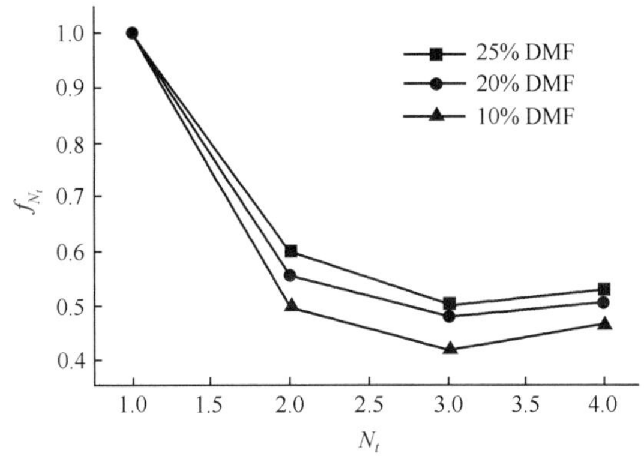

图 11.3　多效精馏 f_{N_t}-N_t 关系

11.1.2　多效精馏应用遵循原则

在多效精馏应用中，一般适用于非热敏性物料的分离，并且只要精馏塔塔底和塔顶温差比实际可用的加热剂和冷却剂间温差小得多，就可以考虑采用多效精馏。但是，实际上多效精馏要受以下许多因素的影响和限制：

(1) 效数的增加受到第一级加热蒸气压力及末级冷却介质种类的限制，第一效的最高操作压力必须低于塔内物料的临界压力，操作温度必须低于临界温度。如果是热敏物质，温度不能高过热分解温度。

(2) 再沸器的设计温度最高不超过可用热源的温度，也就是第一效精馏塔塔底温度不能超过工厂可用热源的温度，并且要有合理的温差。

(3) 最后一效塔的最低操作压力要根据冷却介质的冷却能力而定，也就是塔顶温度必须高于冷却介质温度，保证所采用的冷却介质可以冷却塔顶气相。若采用冷却水冷凝，则其温度就是最后一效塔顶温度的极限值。

(4) 各塔之间必须有足够的压差和温差，以便有足够的冷凝器和再沸器推动力，在实际设计操作中前一效塔顶蒸气与后一效塔釜液间必须有合理的温度差，以实现热量传递。

(5) 效数的增多使操作更困难，两塔之间的热耦合需要配备更高级的控制系统。

另外，还须考虑体系相对挥发度、进料组成及热状态、板效率以及现有塔的利用等因素。总之，在考虑多效精馏节能方案时，要从系统的全过程进行分析、评估，以便满足工艺要求的最佳流程方案。

多效精馏主要应用在小规模的分离上，比如乙醇行业中广泛应用的差压蒸馏技术（也叫多效精馏），乙醇行业与石化行业相比其规模和分离板数都太少，而规模较大的石化行业，较常用的方法是设置中间再沸器和中间冷凝器。

11.1.3 多效精馏流程

在一般的多效精馏流程中，原料被近似均匀地输送到 N 个塔中。它的操作压力由第一效到第 N 效逐渐降低，使得前一效的塔顶温度略高于后一效的塔釜温度。第一效塔的塔釜由水蒸气供热，其塔顶蒸气作为热源加热第二效的塔釜，同时被冷凝得到产品。以此类推，前一效塔顶蒸气作为热源向后一效塔釜提供热量，同时后一效塔釜作为冷却介质将其冷凝。这样反复进行，直到第 N 效，在其塔釜被上一效塔顶蒸气加热后，塔顶蒸气由外界冷却介质冷凝。这样，整个流程中，只在第一效加入新鲜蒸气，在最后一效加入冷却介质，中间各塔则不再需要外加蒸气和冷却介质，由此达到了节能目的。

多效精馏的效数越多，所消耗的能量就越少。但是，效数的增加受到第一级加热蒸气压力、末级冷却介质种类（一般应以用常规冷却水冷凝末级塔顶蒸气为原则）以及设备投资大幅度增加的限制，故一般多采用由两塔组成的双效精馏。根据进料方式及气液间相互流动方向的不同，可把双效精馏分成 5 种基本方式：并流型、逆流型、混流Ⅰ型、混流Ⅱ型、分流型，具体流程见图 11.4[148]。此外，按操作压力的组合有加压-常压、加压-减压、常压-减压、减压-减压四种方式。

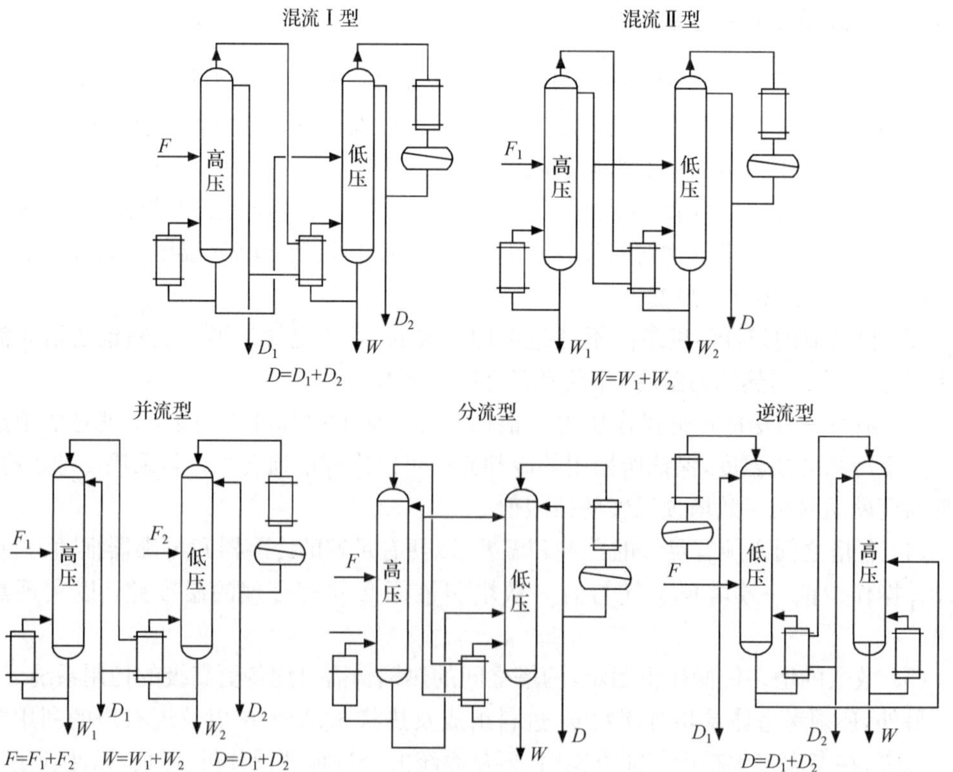

图 11.4 双效精馏的 5 种基本方式

双效精馏由一对单塔精馏塔耦合而成，与单塔精馏类似：回流比、塔的操作压力、进料状态、进料位置等多种因素均对塔底热负荷产生影响，从而影响双效精馏的节能效果。此外，原料在两塔间的分配及前效塔的分离纯度对节能效果的影响也不可忽视。

对于并流型双效精馏，两塔间只存在能量的交换，每个塔的进料量可以在一定范围内变化，两塔的进料分配不同，节能率也不同。而对于其他 4 种双效精馏，后效进料为前效塔底或塔顶采出产品。前效与后效之间不仅有能量交换，而且还有物料间的相互影响，此时前效产品的分离纯度直接影响了整个系统的节能效率。

苯-甲苯体系并流型双效蒸馏的模拟结果见表 11.2[149]，前效进料为 F_1，后效进料为 F_2，总进料量 $F = F_1 + F_2$。当 F_1 与 F_2 比例不同时，双效精馏的节能效率有所不同。

表 11.2　苯-甲苯体系并流型双效精馏分离能耗

	总进料	$F_1 = 1.5F_2$	$F_1 = F_2$	$F_1 = 0.83F_2$	$F_1 = 0.67F_2$
能耗	$Q_R/(10^6\text{kJ/h})$	4.0	3.51	3.04	前效和后效之间能耗难以匹配
	$Q_C/(10^6\text{kJ/h})$	−2.48	−3.1	−3.38	
节能率	$\frac{Q_{R单}-Q_R}{Q_{R单}}\times 100\%$	32.52%	41.10%	49.14%	
	$\frac{Q_{C单}-Q_C}{Q_{C单}}\times 100\%$	61.17%	51.30%	47.05%	

在逆流型双效精馏中，X_{D_1}、X_{W_1} 分别为前效精馏塔顶及塔底产品中苯的质量分数，X_{D_2}、X_{W_2} 为后效精馏塔塔顶及塔底产品中苯的质量分数。后效分离的产品纯度一定，即 $X_{D_2} = 97.11\%$，$X_{W_2} = 2\%$。前效塔顶产品的纯度 X_{D_1} 为 97.11%，而塔底产品的纯度 X_{W_1} 可有多种选择，节能效率也有所差别。

混流Ⅰ型双效精馏和逆流型双效精馏的流程类似。后效分离的塔顶和塔底产品纯度一定，前效塔顶产品纯度一定，前效的塔底产品纯度直接影响整个精馏系统的节能率。

混流Ⅱ型双效精馏的能耗及节能率见表 11.3。前效塔底产品苯的质量分数为 2%，而塔顶产品进入后效继续分离，因此可以通过在一定范围内改变前效塔顶产品分离纯度来改变整个双效蒸馏过程的节能率。

表 11.3　苯-甲苯体系混流Ⅱ型双效精馏的能耗

	前效塔顶分离程度 X_{D_1}	66%	64%	62%	61%
能耗	$Q_R/(10^6\text{kJ/h})$	4.47	4.16	4.02	前效和后效之间能耗难以匹配
	$Q_C/(10^6\text{kJ/h})$	−2.21	−4.68	−4.75	
节能率	$\frac{Q_{R单}-Q_R}{Q_{R单}}\times 100\%$	25%	30.2%	32.55%	
	$\frac{Q_{C单}-Q_C}{Q_{C单}}\times 100\%$	65.3%	26.53%	25.43%	

在分流型双效精馏中，前效的塔顶及塔底产品均为后效提供进料，因此 X_{D_1}、X_{W_1} 的值可以根据两塔的能量匹配情况进行选择。

在上述的几种双效精馏流程中，并流型、混流型和逆流型的优势较大，其中并流型流程在增加设备投资后，生产能力也相应地提高，并且这种流程操作较容易，在生产应用中受到重视。

11.1.4　多效精馏应用实例

随着工业生产对节能的重视，多效精馏得到了快速的发展，已经由原来的双效精馏快速发展到三效、四效，甚至出现了五效精馏，呈现出从两塔到多塔的组合，节能效果从18%到73%不等，这些多效精馏最大的特点是精馏系统由压力不同的双塔或多塔组成，由高压塔逐渐向低压塔供热，从而实现大幅度的降低能耗。

1. 双效精馏的应用

双效精馏在实际应用中较多，Tyreus 和 Luyben[150] 采用并流型双效精馏研究了丙烯-丙烷体系和甲醇-水体系的双效精馏方案，见图 11.5。从表 11.4 中丙烷-丙烯、甲醇-水体系单塔及双效精馏工艺操作条件可以看到，丙烯-丙烷体系双效精馏比单塔精馏节省蒸气消耗 46%，甲醇-水体系双效精馏比单塔精馏节省蒸气消耗 40%。

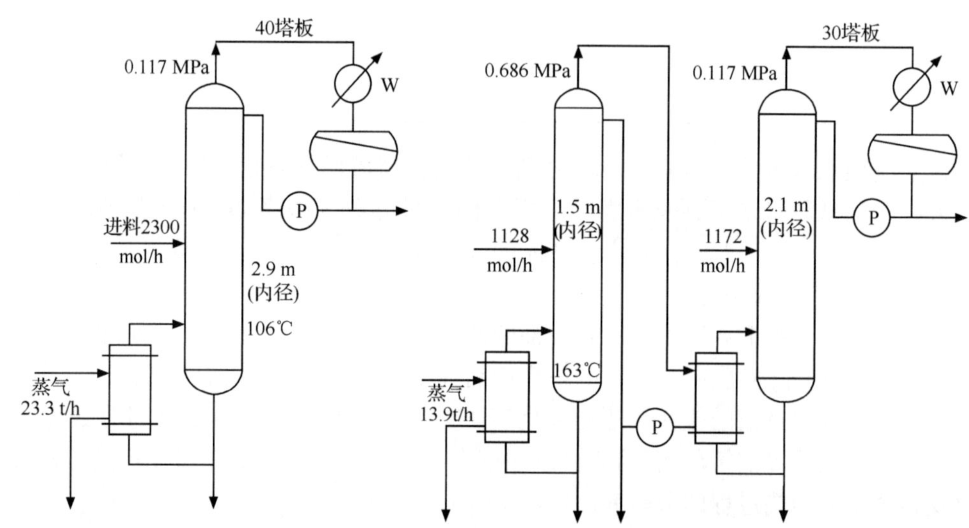

图 11.5　甲醇-水体系单塔及双效精馏(并流型)

表 11.4　丙烯-丙烷和甲醇-水体系单塔及双效精馏操作条件

项目	丙烯-丙烷			甲醇-水		
	单塔	双效		单塔	双效	
		塔 1	塔 2		塔 1	塔 2
进料量/(mol/h)	600	291	309	2 300	1 128	1 172
进料组成(物质的量比)	0.6	0.6	0.6	0.8	0.8	0.8
馏出量/(mol/h)	351	170.3	180.7	1841	903	938
馏出组成	0.99	0.99	0.99	0.999	0.999	0.999
塔釜液量/(mol/h)	249	120.7	128.3	459	225	234

续表

项目	丙烯-丙烷			甲醇-水		
	单塔	双效		单塔	双效	
		塔 1	塔 2		塔 1	塔 2
塔釜液组成	0.05	0.05	0.05	0.001	0.001	0.001
操作压力(绝)/MPa	1.92	2.92	1.92	0.117	0.98	0.117
回流比	15.9	23.5	16.6	0.9	1.5	1.01
蒸气消耗量/(kg/h)	15 209	8 217	—	23 290	13 938	—
蒸气压力(表)/MPa	2.4	—	—	2.4	2.4	—
冷却水耗量/(m^3/h)	1 389	—	749	1 060	—	575
冷却水温度差/℃	5.6	—	5.6	11.1	—	11.1
节省再沸器能耗	—	45.9%	—	40.1%		
节能冷凝器能耗	—	46%	—	45.87%		

2. 三效精馏

日本化学机械制造公司对联氨-食盐-水体系脱水过程采用三效精馏方式[151]，工艺流程如图 11.6 所示。三效精馏一般可以节省能耗 65%左右。

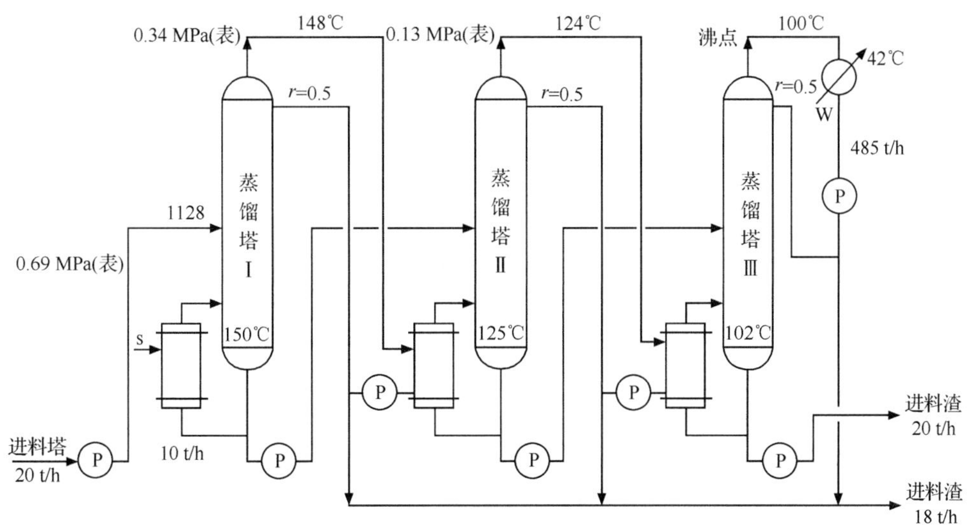

图 11.6　联氨-食盐-水三效精馏(混流Ⅰ型)

3. 四效精馏

德国 Hoechs 公司在生产 5 万吨乙醇装置中采用四效精馏方案[152]，见图 11.7。此方案使能耗降低到 0.9 吨水蒸气/吨乙醇，远低于一般乙醇生产过程 3 吨水蒸气/吨乙醇的指标。四效精馏可节省水蒸气量高达 70%。

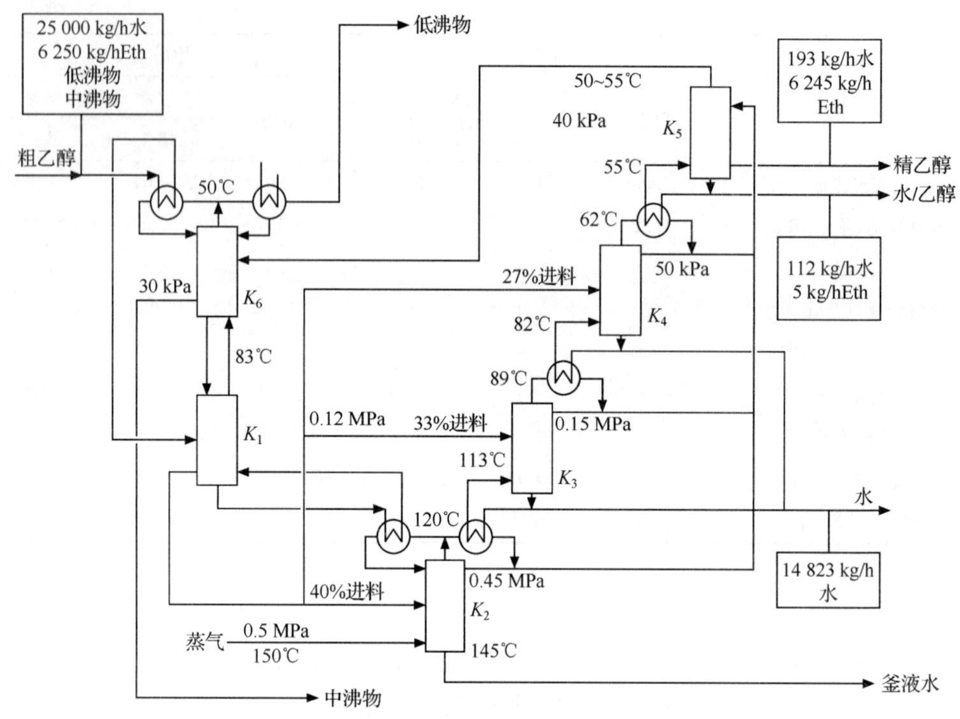

图 11.7　乙醇精馏四效流程(并流型)

4. *五效精馏*

Heck 等[153]提出的五塔多效精馏的流程图见图 11.8。由发酵来的醪液(乙醇体积分数 10%)被分成 3 份分别送入压力逐级降低的 1、2、3 三个塔中,制取 95%的乙醇,它们的

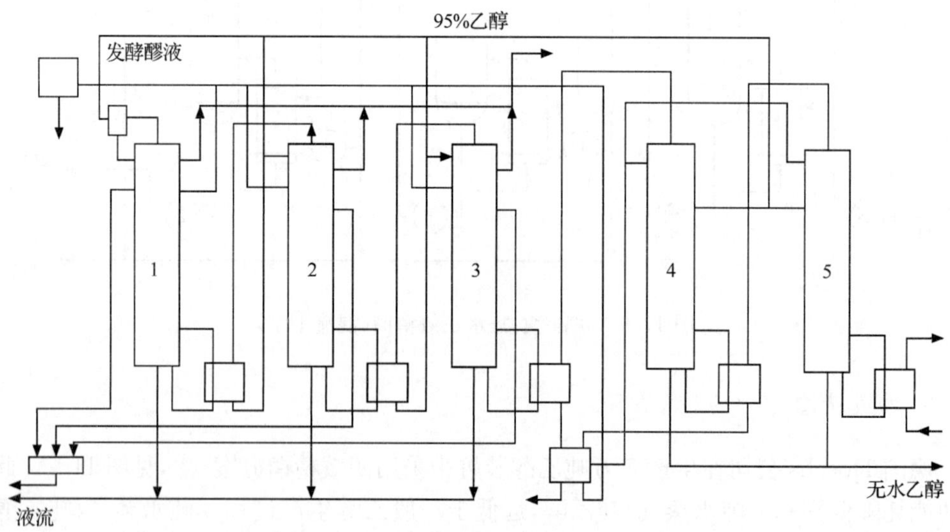

图 11.8　五塔多效精馏工艺流程图

塔顶产品都被分成两股，分别送入操作压力不同的 4、5 两塔中，制取无水乙醇产品。从塔 5 到塔 1，各塔操作压力逐级降低，从而实现了五效精馏。这个流程的特点是，在整个流程的 5 个塔中，只有最高压塔(塔 5)需外加热量来工作，而其他 4 个塔均由相邻的较高压塔供热，不需外加热量，这样可以大幅度地节省能耗。这种流程在使用时，节能效果达 64%。

11.1.5　多效精馏的控制系统[154]

控制系统在精馏系统中有着重要的作用，同样多效精馏的工业化离不开一套合适控制系统。良好的控制系统可以克服这些干扰因素的影响，使精馏系统很快从一个稳态过渡到另一个稳态，这个过程也被称为动态过程。多效精馏将一个塔的冷凝器和另一个塔的再沸器连起来，使一个换热器的管程和壳程分别起到再沸器和冷凝器的作用，所以在联校的两塔之间存在动态过程的相互影响，这就需要一个良好的控制方案。在选择控制方案时，首先要确定被控变量及操作变量。双效精馏的被控变量和操作变量分别列于表 11.5 中，其中 H 为高压塔，L 为低压塔。

表 11.5　双效精馏中被控变量和操作变量

系统	被控变量		操作变量		系统	被控变量		操作变量	
并流型	X_{DH}	X_{DL}	R_H	R_L	混流Ⅰ型	X_{DH}	X_{DL}	R_H	R_L
	X_{WH}	X_{WL}	Q_{RH}	F_H/F_L		X_{WL}		Q_{RH}	
逆流型	X_{DH}	X_{DL}	R_H		单塔	X_D	X_B	R	Q_R
	X_{WH}		Q_{RH}	R_L					

Tyreus 和 Luyben[155]研究了丙烯-丙烷和甲醇-水体系并流型双效精馏的几种控制方案，并指出其优缺点。对于中等纯度产品的丙烯-丙烷体系，分别有几种控制方案可采用，如进料分配比基本控制方案，辅助再沸器、冷凝器控制方案及物料集成控制方案。图 11.9 为进料分配比基本控制方案。采用进料分配比控制方案，进料组成变化对高低压塔顶的组成无影响，对高压塔釜组成影响不大，而对低压塔釜组成影响较显著；进料量的变化对高低压塔釜组成影响非常严重。采用物料集成控制方案，可以消除工艺过程中相互影响，使过程更容易控制，这是因为此时高压塔釜液不是引出来，而是又送入低压塔中，使得被控变量从原来的两个塔釜组成，减少到一个低压塔釜组成。而采用辅助再沸器、冷凝器控制方案可以构成出色的控制系统，但多效精馏节能效果就会有所降低，并且增加了设备费用。对于并流型多效精馏得到高纯度产品的甲醇-水体系 ($X_D=0.999$，$X_W=0.001$)，采用低压塔回流控制方案，虽然可以消除进料组成变化的影响，但不能消除进料量变化的影响。而采用辅助再沸器、冷凝器控制方案可以有效地消除各种因素变化的影响。

Chiang 和 Luyben[156]通过研究甲醇-水体系 ($X_D=0.96$，$X_W=0.04$)，比较了三种双效精馏(并流型、混流型、逆流型)的动态特性：单塔动态响应最好；并流型最差；逆流型和混流型基本相同，比单塔略差一点，但是很稳定；另外，逆流型方案能耗和操作压力最低，因此，逆流型方案为最佳方案。Chiang 进一步指出，苯-甲苯、正丁烷-异丁烷等结构相

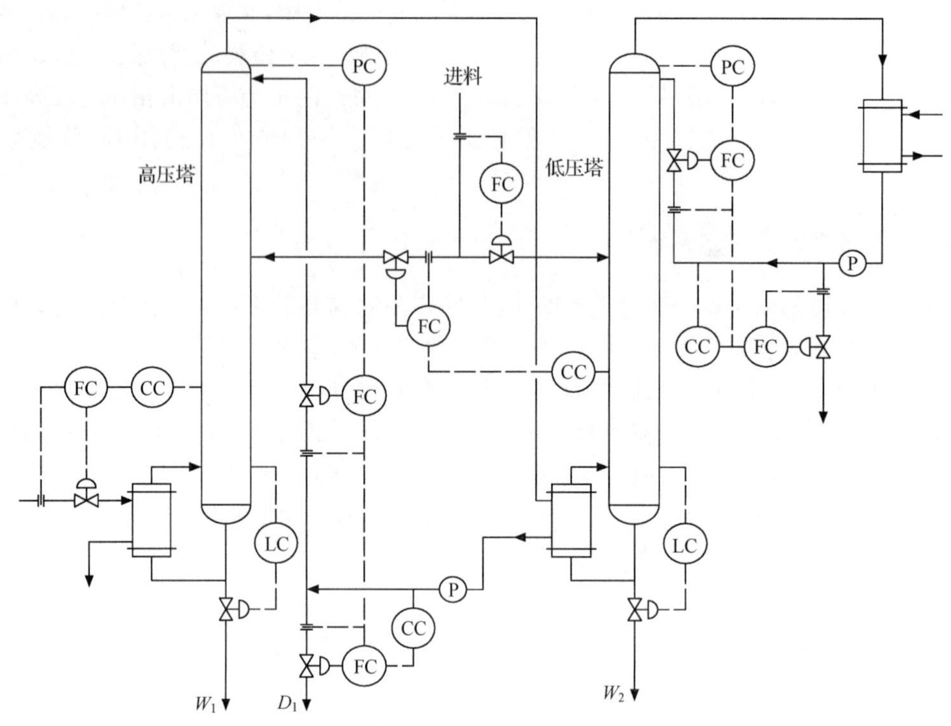

图 11.9 进料分配比控制方案

似的体系，双效精馏能耗和动态特性基本相同，而且高纯度产品体系和低纯度产品体系动态特性基本一致。

因此，在考虑多效精馏节能方案时，要从系统的特性考察，对过程进行全面分析、评估，以便选择最佳流程方案和控制方案来满足工艺要求。

11.2 热耦精馏

11.2.1 热耦精馏简介

蒸馏是化学工业中能耗高、余热量大的化工单元操作过程，据估计，其约占世界工业能耗的 3%。蒸馏节能技术和工艺的不断发展，对于节约设备投资、减少能源消耗、降低生产成本和保护环境都具有十分重要的意义[157]。热耦精馏作为蒸馏过程耦合节能技术中的一种重要方式，也因此受到了国内外学者的广泛关注。

热耦合的概念大约在 70 年前被首次提出，其基本思想是工艺流程内部冷、热流股相互间进行热量交换，减少外部能量的输入，提高能量的利用率[158]。迄今为止，人们已经设计出很多基于热耦合概念的精馏塔构型。

20 世纪 30 年代末，Brugma 首次提出热耦合精馏塔，这种节能分离操作随后由 Wright 再次提及，而后由 Petlyuk 进行了详细的分析、设计。Frenshwater 首次提出了一种新型热耦合技术，即在一个蒸馏塔的精馏段和提馏段之间进行热量交换[158]。Flower

和Jackson通过基于热力学第二定律的不同实验对此方法进行了系统性的分析，证实了其优越性[145]。随后，热泵精馏于20世纪70年代中期被首次提出，其优势主要体现在分离相对挥发度较低的物系的过程中。近年来，文献中出现了许多更为先进的热泵精馏模式[2]。

1977年，Mah及其团队提出了一种热耦合通用流程模型，即二次回流和蒸发(secondary reflux and vaporization，SRV)技术。起初在SRV技术中精馏段与提馏段只进行了部分热交换。值得注意的是，他们首次构建了稳态平衡级模型，其构型图中包含精馏段顶部的辅助冷凝器，提馏段底部的辅助再沸器和压缩机。在随后的工作中，他们将热耦合扩展到整个精馏段和提馏段[159]。SRV技术通过合理控制两段压力，使精馏塔相应塔板的温度高于提馏段相应塔板的温度，使精馏段作为热源向提馏段供热，这相当于在精馏段每块塔板上设置了中间冷凝器，提馏段每块塔板上设置了中间再沸器，使蒸馏过程接近可逆过程，减小有效能损失，提高能量利用率。

Takamatsu，Nakaiwa及其团队于1985年开展了这项研究，他们通过大规模的实验证实了热耦合精馏塔在节能效果上相对于传统精馏塔的优势所在[160]。1995年，他们提出了一种独特的热耦合精馏塔结构，在此设计中去除了辅助冷凝器、辅助再沸器，这种结构被称为理想热耦合精馏塔(ideal heat integrated distillation column，i-HIDiC)[161]，如图11.10所示。保留了冷凝器和再沸器的热耦合构型则一般被称为通用的热耦合精馏塔(HIDiC)。为了在操作过程中尽量减小冷凝器和再沸器的热负荷，使系统达到最佳热平衡状态，他们对混合物进料预热操作进行了研究，当精馏段顶部馏出的热流股作为热源对进料进行预热时，此种情况下的构型被称为强化热耦合精馏塔(intensified-HIDiC)[162]，如图11.11所示，显示出比HIDiC更好的节能效果。

目前，国内外有很多团队积极致力于高能效热耦合精馏塔的设计、分析和开发方面的研究工作。荷兰Delft大学Olujic团队利用夹点技术对热耦合精馏塔进行了热力学分

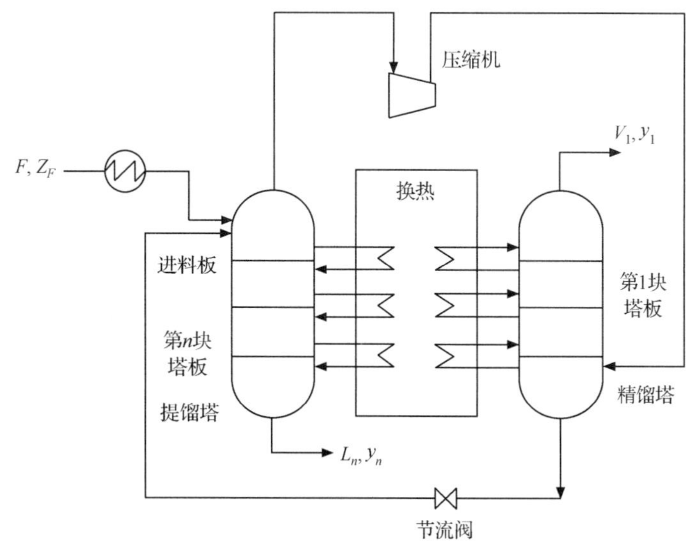

图11.10　i-HIDiC构型图

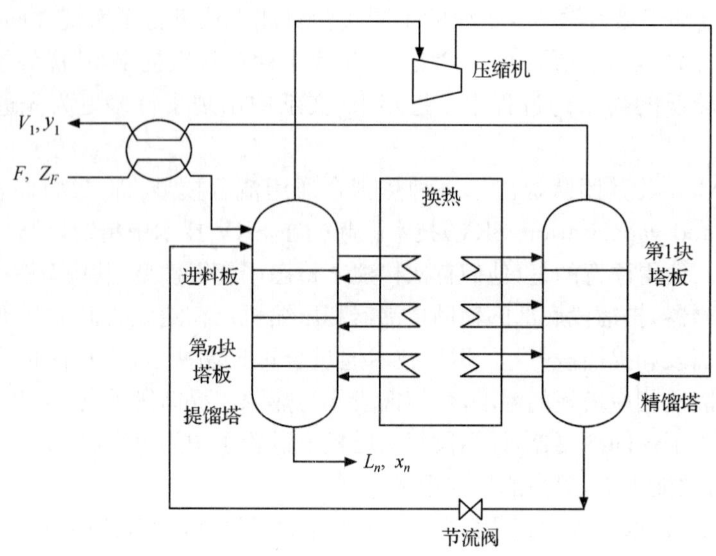

图 11.11　intensified-HIDiC 构型图

析，并针对丙烯-丙烷分离塔进行了概念设计和经济性评价，设计过程主要与热泵精馏系统的能量利用情况作了对比，他们将精馏段、提馏段设计为同轴式的，即两段在同一塔壳内部进行热量交换，同时也进行了塔内件结构的设计工作[163,164]。Takamatsu，Nakaiwa 团队对热耦合精馏塔进行了系统性的设计，提出了基于相间传质理论的数学模型，对设计参数进行了优化，对工艺构型进行了改进，并给出了相应的动态控制方案，并通过实验对操作可行性进行了评估[160,165]。Iwakabe 等将 HIDiC 技术应用于多组分混合物的分离，对 BTX(苯-甲苯-对二甲苯)系统和 12 种烃类化合物进行了分析研究[166]。Suphanit 等对 HIDiC 设计过程中的传热面积和热量分配进行了研究，分析了优化热分配对 HIDiC 节能特性的影响[167,168]。

11.2.2　热耦合精馏塔的热力学分析[162]

1. 传统精馏塔的热力学分析

图 11.12 为传统精馏塔(conventional distillation column，CDiC)示意图，根据热力学第一定律和第二定律，有

$$Q_{REB} - Q_{COND} + FH_F - DH_D - BH_B = 0$$
$$\Delta S = \frac{Q_{COND}}{T_{COND}} - \frac{Q_{REB}}{T_{REB}} - FS_F + DS_D + BS_B \geqslant 0 \tag{11.12}$$

精馏过程能量的损失(W_{Loss})是由质量、热量传递的不可逆性造成的，其计算式为

$$W_{Loss} = T_0 \Delta S = Q_{REB}\left(1 - \frac{T_0}{T_{REB}}\right) - Q_{COND}\left(1 - \frac{T_0}{T_{COND}}\right) + F(H_F - T_0 S_F) - D(H_D - T_0 S_D) - B(H_B - T_0 S_B) \tag{11.13}$$

精馏过程的最小分离功为

$$W_{min} = (DH_D + BH_B - FH_F) - T_0(DS_D + BS_B - FS_F) = \Delta H - T_0 \Delta S \tag{11.14}$$

所以有

$$W_{\text{Loss}} + W_{\min} = Q_{\text{REB}}\left(1 - \frac{T_0}{T_{\text{REB}}}\right) - Q_{\text{COND}}\left(1 - \frac{T_0}{T_{\text{COND}}}\right) \tag{11.15}$$

因此,CDiC 的热力学效率可以表示为

$$\eta_{\text{con}} = \frac{W_{\min}}{W_{\text{Loss}} + W_{\min}} = \frac{W_{\min}}{Q_{\text{REB}}\left(1 - \dfrac{T_0}{T_{\text{REB}}}\right) - Q_{\text{COND}}\left(1 - \dfrac{T_0}{T_{\text{COND}}}\right)} \leqslant \frac{W_{\min}}{Q_{\text{REB}} - Q_{\text{COND}}} \tag{11.16}$$

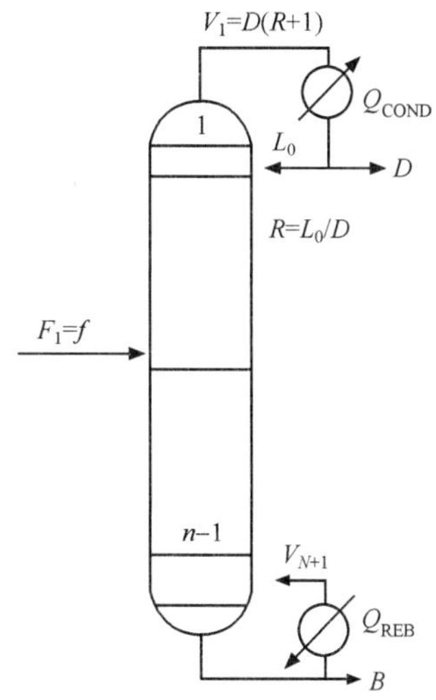

图 11.12　传统精馏塔构型图

图 11.13(a)为传统精馏塔在一定操作条件下 McCabe-Thiele 图,由图可以看出传质推动力沿精馏塔塔高的变化情况,即在进料处推动力最小,向塔顶、塔底两端处推动力逐步增大,所以即使在最小回流比的操作条件下,传质过程的不可逆性将会在很大程度上造成有效能的损失。

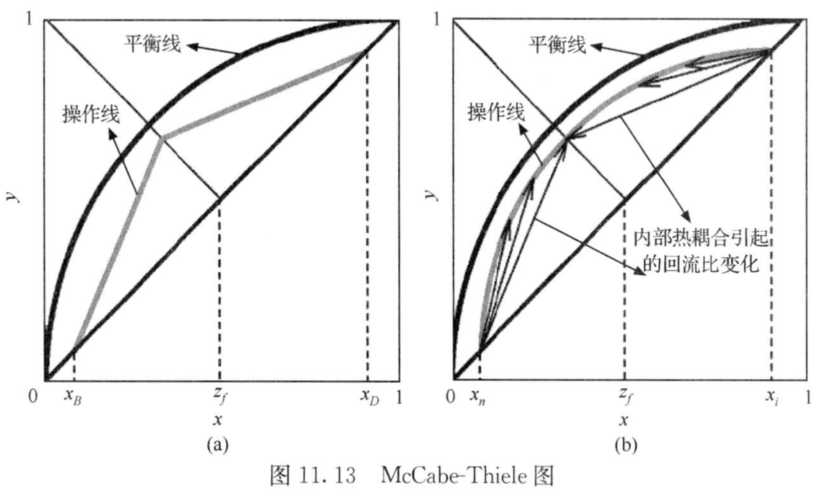

图 11.13　McCabe-Thiele 图

(a) 传统精馏塔;(b) 热耦合精馏塔

2. 热耦合精馏塔的热力学分析

对于 i-HIDiC，有

$$\eta_{\text{i-HIDiC}}=\frac{W_{\min}}{W_{\text{Loss}}+W_{\min}}=\frac{W_{\min}}{W+Q_{\text{F}}\left(1-\dfrac{T_0}{T_{\text{F}}}\right)-Q_1\left(1-\dfrac{T_0}{T_1}\right)} \tag{11.17}$$

式中，Q_{F} 和 Q_1 分别为进料预热器的热负荷和塔顶热流股的潜热；T_0、T_1、T_{F} 分别为环境温度、塔顶温度和进料温度。根据 i-HIDiC 的工作原理，有

$$Q_1 \geqslant Q_{\text{F}}$$
$$T_1 \geqslant T_{\text{F}}$$
$$W \approx Q_{\text{REB}}-Q_{\text{COND}}-Q_{\text{F}}$$

于是，有

$$\eta_{\text{i-HIDiC}} \geqslant \frac{W_{\min}}{W} > \frac{W_{\min}}{Q_{\text{REB}}-Q_{\text{COND}}} \geqslant \eta_{\text{con}} \tag{11.18}$$

以上热力学分析从理论上证明了内部热耦合技术拥有比传统精馏塔更大的节能潜力。以上热力学分析是针对合理的精馏塔设计过程而言的，图 11.13(b)为 HIDiC 的 McCabe-Thiele 图，由于精馏段与提馏段之间的热传递，使得 HIDiC 的操作线与平衡线形状十分相似，即达到与传统精馏塔相同的分离要求时传质推动力减小，分离过程的可逆性提高，从而使得系统的有效能损失降低。

11.2.3 热耦合节能蒸馏技术

1. Petlyuk 蒸馏塔

Petlyuk 蒸馏塔由主塔和预分馏塔构成，预分馏塔的作用是将混合物进行初步分离，轻关键组分全部由塔顶分出，重关键组分全部由塔釜采出，中间组分在塔顶、塔底之间分配，主塔的作用则是对预分塔塔顶和塔底的物料进一步分离，得到符合要求的产物，其构型如图 11.14 所示。

以分离三组分化合物为例，通过直接从主塔中引出侧线物流作为预分馏塔的气、液相回流，使得预分馏塔不需要使用再沸器和冷凝器，从而实现热量的耦合。由于它只需一个冷凝器和一个再沸器，故可节约设备费用。再从物质分离的角度分析，Petlyuk 塔可以通过调节中间组分的浓度使得预分馏塔向主塔提供的进料浓度与主塔进料板上物质浓度相吻合，避免物流的不可逆混合造成的有效能损失。

三组分 Petlyuk 塔的研究十分广泛，它涉及系统的热力学分析、参数估算、简捷设计、流程模拟和优化等多个方面。三组分热耦合精馏结构的设计计算一直是过程系统工程广泛研究的问题，并取得了一些重要成果。需要指出的是，热耦合的设计比传统精馏塔问题要复杂得多，其复杂性主要来自系统更多的设计自由度[169]。

2. 隔板塔(dividing wall column，DWC)

1) DWC 的结构特点

对于传统的三组分混合物分离，若采用简单塔分离序列，至少需要 2 个精馏塔才能使

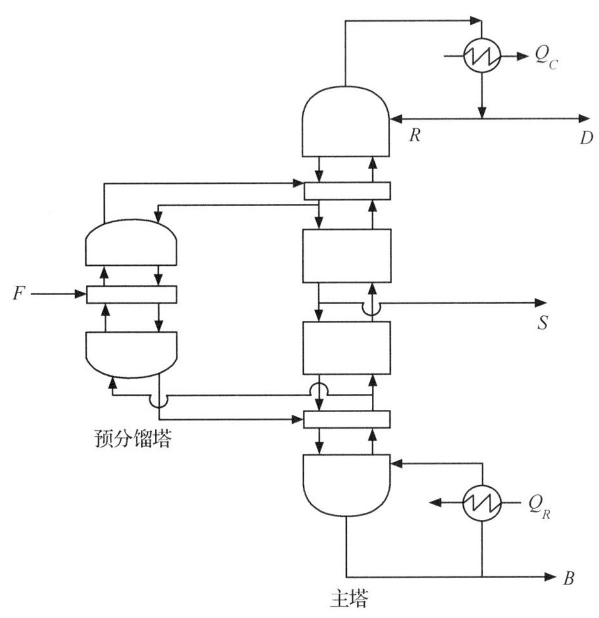

图 11.14　Petlyuk 塔构型图

其得到有效的分离。而如图 11.15 所示的隔板塔，利用隔板将普通精馏塔从中间分割为两部分，隔板的巧妙使用实现了两塔的功能及三组分混合物的分离。在隔板塔中，进料侧为预分离段，另一端为主塔，三组分混合物 ABC 在预分离段经初步分离后被分为 AB 和 BC 两组混合物，两股物流进入主塔后，塔上部将 AB 分离，塔下部将 BC 分离，在塔顶得到轻组分 A，塔底得到重组分 C，中间组分 B 在主塔中部采出。同时，主塔中又引入液相物流和气相物流分别返回预分离段顶部和底部，为预分离段提供液相回流和气相回流。这样，只需 1 座精馏塔就可得到 3 个纯组分，同时还可以节省 1 个蒸馏塔及其附属设备，如再沸器、冷凝器、塔顶回流泵及管道，而且占地面积也相应减少。一般来说，与传统的两简单塔分离序列相比，隔板塔的能耗及设备投资均可降低 30%左右[170]。

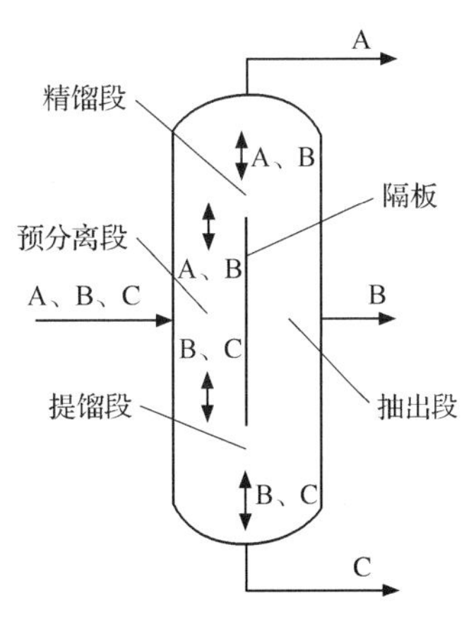

图 11.15　DWC 构型图

2) DWC 的节能原理

与 Petlyuk 塔结构相比，DWC 相当于把预分馏塔集成到主塔内，如果忽略通过隔板的传热，在热力学上认为它们是等效的。这种隔板塔结构使得多股物流同时在塔内进行传质、换热，实现在一个塔壳里完成通常需要一个常规塔序列所能完成的分离任务，整个精馏过程更接近于可逆状态，大大降低了能量消耗。

同时，DWC 是热力学上最理想的系统结构，在分离三组分混合物时，用相同的理论板数，完成同样的分离任务时，比传统的两塔流程需要更少的再沸热量和冷凝量。对于某些给定的物料，DWC 和常规精馏塔相比需要更小的回流比，故操作容量增加。此外，由于中间组分 B 同时出现在预分塔塔顶和塔底，进入主塔的物料，其组成能够较好地和主塔进料板上的组成相匹配，降低了进料板处的混合效应，即减少了进料与进料板组成不同引起的混合影响，符合最佳进料板的要求，提高了热力学效率，图 11.16、图 11.17 分别为简单塔与隔板塔中中间组分 B 的浓度分布情况。

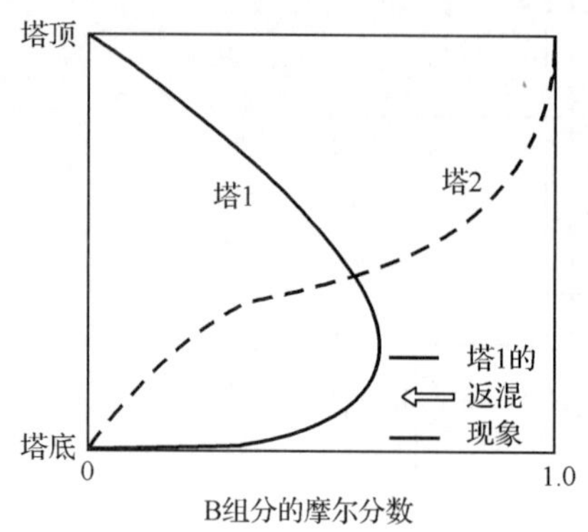

图 11.16 简单塔组分 B 的浓度分布情况

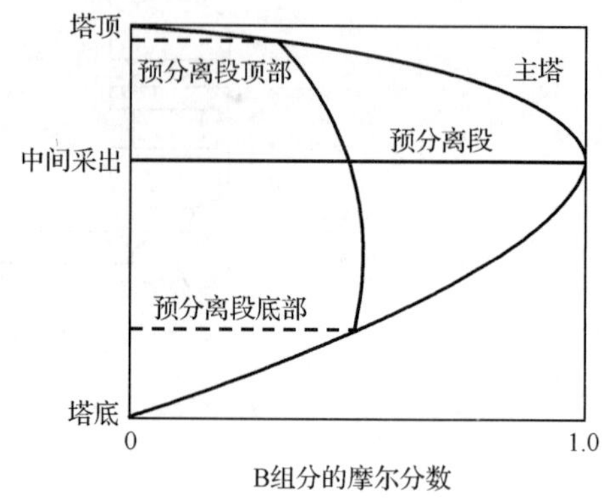

图 11.17 隔板塔组分 B 的浓度分布情况

3）DWC 的设计与优化

DWC 的主要设计及优化参数包括预分离及主塔理论板数、进料位置、侧线出料位置及流量，隔板塔上部液相进入隔板两侧的比例，隔板下部气相进入隔板两侧的比例等。除设计和优化外，阻碍 DWC 工业应用的另外一个难点在于控制方案相对复杂，因此只有研究隔板精馏塔的动态特性才能确定其控制方案。对于许多物系，与传统蒸馏塔一样，温度灵敏板仍然是一个很好的控制选择。

隔板塔技术在多组分物系分离中的一些成功应用，证明了其在降低能耗、减少设备投资方面的巨大潜力。近年来，研究者们已着眼于将隔板塔技术应用于特殊精馏体系，如反应精馏、萃取精馏、共沸精馏等新领域，以期最大限度地降低能耗。

4）DWC 的工业应用

1996 年，德国 BASF 公司率先将隔板精馏塔中的隔板设计成非固定式的，使得隔板精馏塔在工艺设计和机械加工方面有了更大的灵活性[171]；1999 年，美国 Kellogg 公司与英国 BP 公司合作，在英国 Coryton 炼油厂设计建造了两套隔板精馏塔装置，其中一套用于石油混合物中 C_6 组分的分离，另一套装置则用于改造某套间歇操作条件下的重整流程，其所分离得到的中间侧线产品为航空油气；2000 年，南非的 Sosol 公司委托德国 Linde AG 公司建造了迄今为止世界上具有最大塔盘的隔板精馏塔，该装置用于在合成汽油混合物中提炼直链烷烃；2001 年，德国 Uhde 公司和美国 UOP 公司相继建成了工业化规模的隔板精馏塔装置，这些装置主要应用于石油混合物中各种组分的切割以及脱苯的工艺操作[172]。此外，德国 Bayer 公司在隔板精馏塔技术领域的研究应用也一直位于世界前列，其最有代表性的应用实例是用隔板精馏塔代替传统侧线精馏塔，用于甲苯二异氰酸酯（TDI）的提纯及其异构体的分离等。

3. 热泵辅助蒸馏塔

热泵精馏(heat pump-assisted distillation column; vapor recompression column, VRC)就是靠补偿或消耗机械功,把精馏塔塔顶低温处的热量传递到塔釜高温处,使塔顶低温蒸气用作塔底再沸器的热源,将精馏塔与制冷循环结合起来。

1) 热泵精馏的类型

根据精馏塔中物料的性质,热泵流程可分为机械式热泵和吸收式热泵两类[173]。图 11.18～图 11.22 为几种机械式热泵的流程。

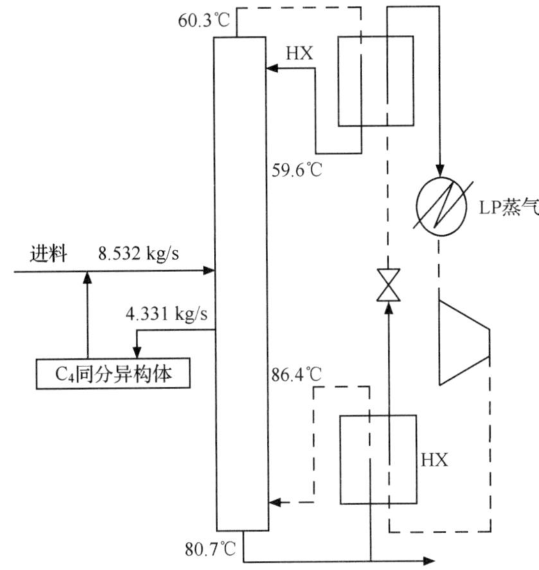

图 11.18　间接式热泵流程

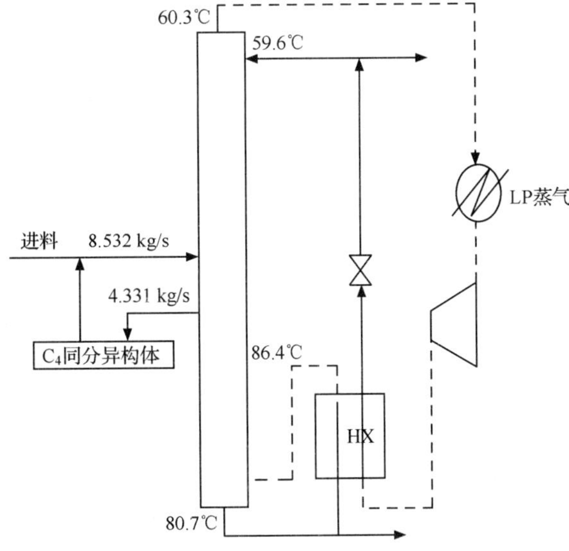

图 11.19　塔顶蒸气直接压缩式热泵流程

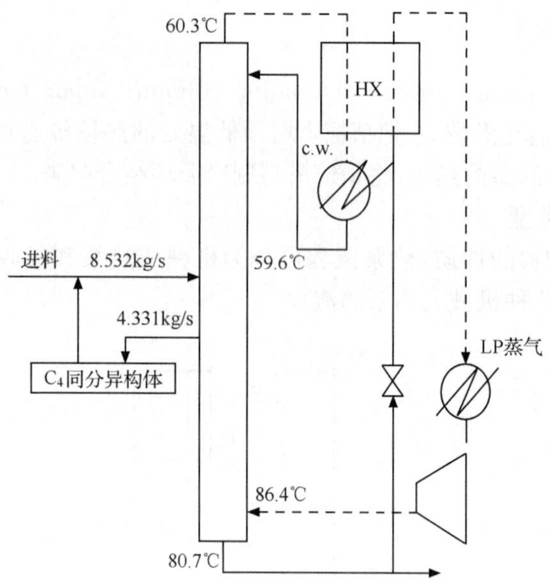

图 11.20 塔底液体内蒸式热泵流程

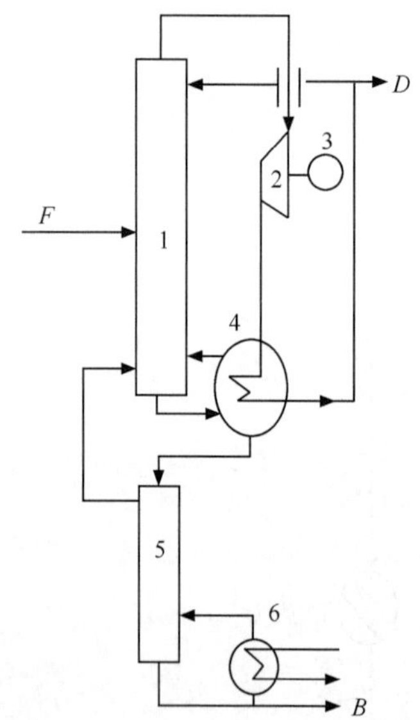

图 11.21 双塔分割式热泵精馏流程

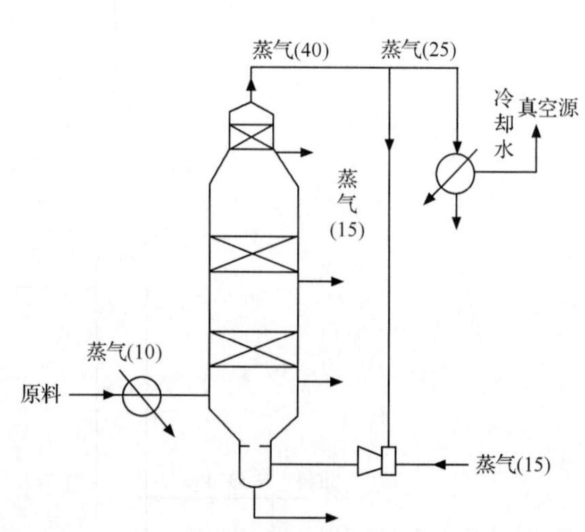

图 11.22 蒸气喷射式热泵精馏流程

图 11.18 为间接式热泵流程，制冷循环系统除对塔顶冷凝器提供冷剂外，还对塔釜再沸器提供热剂。于是通过制冷循环系统的工质为媒介，使精馏塔塔顶低温处的热量输入到了塔底高温处。间接式热泵的特点是塔内物料与制冷循环系统的工质是闭隔的，两者自成系统，无物料上的接触。它适用于精馏介质具有腐蚀性，对温度敏感的情况，或塔顶压力低需要大型蒸气再压缩设备的精馏塔。

图 11.19 为塔顶蒸气直接压缩式热泵流程，从制冷循环的角度看，可理解为省去了工质蒸发器，将间接换热变为直接换热，返回塔顶的流股既是回流又是冷剂；从精馏过程的角度看，可理解为塔顶冷凝器与塔底再沸器合为一个设备。因此，既节约了能量，又省去了昂贵的低温换热设备。该流程适用于塔顶、塔釜温差小，各组分沸点相近，回流比较大，冷凝器、再沸器负荷较大的精馏系统。

图 11.20 为塔底液体内蒸式热泵流程，从精馏过程的角度看，可理解为塔底再沸器与塔顶冷凝器结合为一个设备；从制冷循环的角度看，可理解为省去了工质冷凝器，将间接换热改成了直接换热，降低了传热的不可逆性、提高了热力学效率。

图 11.21 为双塔分割式热泵精馏流程，精馏流程分为上、下两个塔，上塔类似于塔顶蒸气直接压缩式热泵流程，从上塔塔顶出来的蒸气分为两部分：一部分进入压缩机后升压升温，作为上塔热源；另一部分蒸气进入辅助冷凝器。两股冷凝液在贮罐中缓冲后，一部分作为回流，另一部分作为馏出液。下塔类似于常规精馏的提馏段，进料来自上塔的釜液，蒸气出料则进入上塔塔顶[174]。

图 11.22 为蒸气喷射式热泵精馏流程，塔顶蒸气是稍含低沸点组成的水蒸气，其一部分用蒸气喷射泵加压升温，随驱动蒸气一起进入塔底作为加热蒸气。该流程专门提高低压蒸气压力，使低压蒸气的压力和温度都提高到工艺能使用的指标，从而达到节能的目的。蒸气喷射式热泵设备费用低、易维修，主要用于利用蒸气的企业。

精馏中也可采用吸收式热泵。吸收式热泵由吸收器、再生器、冷却器和再沸器等设备组成，常用溴化锂水溶液或氯化钙水溶液作为工质。由再生器送来的浓溴化锂溶液在吸收器中遇到从再沸器送来的蒸气，发生强烈的吸收作用，不但升温而且放出热量，该热量即可用于精馏塔蒸发器。吸收式热泵适用于温差较大的精馏过程中，对于温差较小的精馏过程，则不具有优势[175]。

2）热泵精馏应用范围

热泵精馏具有一定的应用范围，需要根据精馏塔的工艺要求，特别是通过准确的经济评价，来决定是否采用热泵精馏。对于塔顶、塔底温差较小的系统，适宜使用机械式热泵；对于塔顶温度低于环境温度，高于工质蒸发温度，塔底温度低于工质冷凝温度的系统适宜使用热泵精馏；工质蒸气冷凝潜热较大的系统适宜热泵精馏；被分离物质沸点接近，相对挥发度较小，回流比高的场合适宜热泵精馏；为使用冷却水或空气作冷却介质，需在较高塔压下分离某些易挥发性物质的场合适宜采用热泵系统。

4. 透热精馏塔

Rivero 于 1989 年开始研究透热精馏，发表了多篇学术文章，同时建造了透热精馏塔实验装置并应用于工业生产中。与传统的常规精馏（绝热精馏）只有一个冷凝器和一个再沸器不同，透热精馏塔内有两个或更多的换热器，这些换热器提供或移出热量，使操作条件更趋近与平衡，以降低过程的不可逆性，从而减少有效能的损耗，提高有效能的利用率[176]。图 11.23 描绘了透热精馏塔的基本思想。

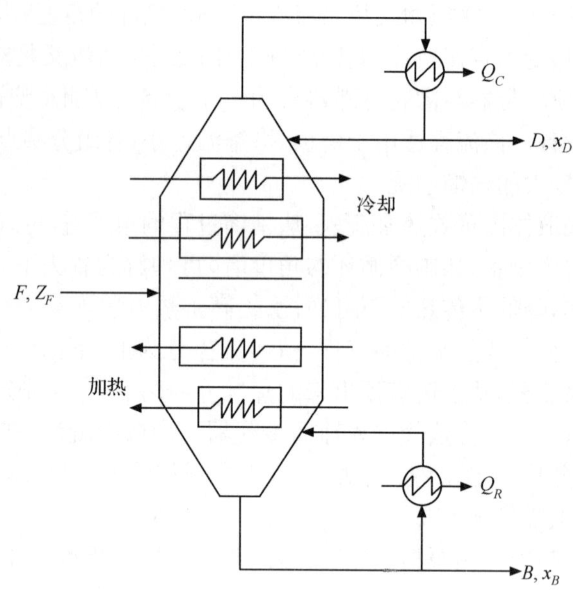

图 11.23 透热精馏塔构型图

1）透热精馏的基本原理

在常规精馏过程中，只在塔的两端对塔内物料进行冷却和加热，在塔釜再沸器中加入的是高品位的热能，而塔顶冷凝器排出的是低品位的热能，当塔顶和塔釜的温差较大时，常规精馏会造成大量的有效能损失。透热精馏可以在精馏段塔板上设置换热器进行取热，减轻冷凝器的负荷，从而用冷却介质温度稍高的较价廉的冷剂作冷源，代替塔顶低温度级位的价格较高的冷剂提供冷量；同理，在提馏段塔板加热，可用温度比塔釜再沸器较低廉的热剂作热源，即用低品位热源代替高品位热源。透热精馏不是通过减少供给热量来实现热力学效率，而是通过降低热剂与冷剂的品位来实现的。

透热精馏更好地利用了冷凝和蒸发的热量，使精馏过程更接近平衡状态，减小了过程的不可逆程度，提高了能量的利用效率和生产率，但同时减小了分离的推动力，要达到相同的分离效果，就必须增加板数；透热精馏更好地利用了冷凝和蒸发的热量，提高了精馏过程在外界环境过程中能量集成的可能性，并最终降低精馏设备的操作成本。从经济上讲，由于减少了冷却水和燃料及蒸气的使用量，透热精馏能够降低操作成本，同时因为它减小了再沸器和冷凝器的尺寸，尽可能地减小了塔的直径，设备成本也可能降低一些，但是由于增加了塔板或填料塔中的接触器的数目和复杂程度，使得仪表和控制成本增加，投资费用总体相应增加[177]。

2）透热精馏的应用

自 1989 年透热精馏技术被提出至今，国外在透热精馏方面的研究已初有成效，并预示其有良好的发展潜力和前景。Mah 和他的合作者研究了透热精馏塔内的热传递并进行了有效能分析[3]。Schaller 等通过在所有塔板上安装换热器来提高理想二元精馏塔的热力学效率，通过数值仿真，得到了透热精馏塔的热力学效率最高的换热器负荷，数值最优化结果与应用不可逆热力学得到的计算结果相吻合。他们还把热流、质量流以及换热器的熵增计算在内，研究了传热规律对透热精馏塔最优性能的影响[178]。Salamon 等在透热精馏塔模型中应用等热力学长度(ETD)概念，通过使每层塔板都交换热量来提高精馏塔的热效率，并给定了每一层塔板的最优温度和加热量及排热量构型，对离散系统的热力学长度进行了优化[179]。Gelein de Koeijer 等研究了在透热精馏塔中传质和传热对熵增的影响，并进一步探讨了整塔熵增最小时传热面积在塔内的分布情况[180]。Rivero 于 1989 年开始研究透热精馏，发表了多篇学术文章，同时建造了透热精馏塔实验装置并应用于工业生产中，在三戊基甲基醚生产中 Riveor 采用了透热精馏技术，与传统的绝热精馏相比，有效能提升潜能系数增加 64.1%[181,182]。

5. *内部热交换型精馏塔*

内部热交换型精馏塔(internally heat integrated distillation column，简写为 HIDiC)是在 SRV(secondary reflux and vaporization)蒸馏的基础上，对精馏塔的设计进行工艺改良，将热泵蒸馏与可逆蒸馏结合，是实现大幅度节能的一项新技术。理想 HIDiC 的构型图如图 11.10 图所示，可以看到它是由两个单塔构成的，分别起着理想热耦合精馏塔的精馏段和提馏段的作用。两塔的对应塔板之间配有热交换器，所传递的热量用以产生精馏段的回流以及提馏段的上升蒸气。为了顺利地实现两者之间的热交换，精馏段的操作压力必须高于提馏段的操作压力，因此必须在提馏段顶部出口蒸气管道上安装压缩机。为了保持提馏段操作压力的稳定，又必须在精馏段底部液体出口管路上安装节流阀。进料一般设置在提馏段的顶部。由于没有冷凝器和再沸器，不需要外界的冷源和热源，其不仅降低了对外部环境的需求，而且使得分离过程进一步可逆化，具有更大限度的节能潜力。

1) HIDiC 节能技术分析

在 HIDiC 操作过程中，精馏段由于流体沿塔高连续被冷却，故气液流量越往下越增加。提馏段同样因流体沿塔高连续被加热，气液流量越往上越增加。因此，恒摩尔流假设不再成立，沿塔高回流比不断变化。常规精馏时，将从塔顶冷凝器引入精馏段的回流液量 L 与塔顶产品量 D 之比称为回流比 R。为便于比较，以下将该回流比称作外部回流比，对应将 HIDiC 操作回流比以 R_H 表示。

由于在 HIDiC 中，提馏段和精馏段不断发生热交换，导致塔内的回流液量沿塔高不断变化，塔内的回流比 R_H 总体上要大于外部回流比 R，因而可以在比常规塔更小的外部回流比下进行操作。HIDiC 的最小回流比出现在精馏段的顶部，即使外部回流比等于最小回流比 R，由于存在内部热交换，回流比在精馏段由上而下不断增加，因而仍然可以实现精馏分离操作[183]。对于沸点差越小的二元混合物，达到相同分离要求时 HIDiC 的节能效果越好。

日本京都大学以苯-甲苯物系为研究对象，比较了普通精馏塔、HIDiC 和理想 HIDiC 的节能效果。3 种塔型中，提馏段和精馏段的理论板数均设计为 15 块，进料量为 100 kmol/h，进料中易挥发组分和难挥发组分的物质的量比为 1∶1，塔顶产品易挥发组分体积分数为 99.9%，塔底产品易挥发组分体积分数为 0.1%。研究结果表明，与普通精馏塔相比，HIDiC 可实现 30%左右的节能效果，理想 HIDiC 则可取得 50%左右的节能效果[184]。

2）HIDiC 国外学者研究进展

Takamatsu 基于相间传质理论提出了内部能量耦合精馏的数学模型。以甲醇-水物系为例，对内部能量耦合系统进行了研究。结果显示，当 HIDiC 的回流比低于传统塔最小回流比时，其仍可以正常操作，且相对于传统塔，HIDiC 在任何操作条件下的节能量都近似于 30％[185]。

Naito 通过建立理想内部能量耦合的实验装置来评估其操作可行性。实验结果显示，HIDiC 可以像传统塔一样平稳操作，可以达到无回流或无再沸的操作状态，说明系统内部的能量耦合良好以产生足够的内回流和再沸蒸气。另外，实验中对苯-甲苯物系进行了研究，相对于传统塔，HIDiC 的能量消耗量减少 40％[186]。

Nakaiwa 在原来内部能量耦合塔的基础上提出一种新的结构，用精馏段塔顶产品来加热进料以达到进一步的能量耦合。此结构的改变提高了 HIDiC 的节能效果和减小其受环境的约束条件，但其结构的复杂性同时也带来了控制的难度，故有必要同时考虑过程设计和操作来进行内部能量耦合系统的设计。模拟结果也显示，通过控制压缩比和进料热状态可以达到对此新系统的良好控制。Nakaiwa 对理想内部能量耦合塔进行了参数分析和优化，结果显示进料流率、塔顶和塔底品可以看作是内部能量耦合系统的三个设计变量，此三个变量的规定对设计可行性的影响很大。另外，文献中还提出了分股进料的概念，将进料分成气液两股分别进去不同的位置，结果显示此结构比原结果具有更高的能量利用效率的操作可行性[187,188]。

Fukushima 开发了几种内部能量耦合系统的动态模型，对 HIDiC 的节能效果、动态特性和可控性进行了研究。结果显示，相对于传统塔，HIDiC 的动态响应较慢，但只要设计出合适的控制系统，其可控性还是可以与传统塔比较的。相对于回流液流率，塔顶产品抽出率是更好的控制变量。同时还指出，用精馏段出来的蒸气加热进料可以提高系统的能量利用效率和可控性[165]。

中岩胜等针对苯-甲苯物系进行了 HIDiC 动态控制性能的研究，即在设定精馏段、提馏段的压差和进料热状况参数 q 各自按 1％进行变化的情况下，塔顶、塔底组成的变化情况。结果表明，由 q 值所导致的变化相对于因压差所导致的变化要大。此外，响应时间在压差变化的情况下要比 q 值变化的情况小。在仅考察压差变化的情况下，压差越小，响应越慢，产品纯度越高，HIDiC 内的温度分布则会在塔上部和下部有着很大的差异[189]。

3）HIDiC 的国内研究动态

天津大学袁希钢等针对苯-甲苯和丙烯-丙烷物系进行了研究，模拟分析了压缩比、进料状态及换热量分布方式对内部热交换型精馏塔的操作特性、所需塔内换热面积及节能效果的影响，并将模拟结果与传统精馏塔及热泵精馏塔进行比较。结果显示，对于不同物系 HIDiC 的节能效果有较大差别。对苯-甲苯物系，热泵精馏塔的节能效果最好，节能百分率为 40％。对丙烯-丙烷物系，HIDiC 的节能优势明显，节能百分率为 60％～80％。他们还提出了针对 HIDiC 的热温匹配的换热量分布方式，模拟结果表明，为达到同样节能效果，采用热温匹配的换热量分布方式可以在压缩比较小时大幅度减小传热面积[190]。

华南理工大学的李娟娟等介绍了内部热交换型精馏塔的结构特点、节能原理以及发展概况，展望了未来内部热交换型精馏的发展趋势，提出我国加快发展此技术的必要性[191]。浙江大学刘兴高等在理想内部热交换型精馏塔的建模、控制和优化方面做了一些工作，结果显示，相对于传统塔，内部能量耦合系统有着独特的优势，且可以通过稳态优化实现[192]。中国石油大学的孙兰义以丙烯-丙烷分离过程为例，研究了4种内部热交换型精馏塔的性能，并与传统精馏塔及热泵精馏塔进行了比较。结果发现，不同构型的内部热交换型精馏塔之间性能差异很大，其中提馏段与精馏段上端对齐，逐板进行热交换的构型性能最佳，其有效能耗比热泵精馏塔低25%～40%，节能效果明显。另外还讨论了内部能量耦合精馏塔的压缩比与换热面积的关系，压缩比越小，换热面积越大，换热面积的逐板分布越不均匀[193]。

Govind等发明了同心圆热耦合精馏塔，如图11.24所示，在此构型中提馏段环绕在精馏段外部，内部高压精馏段的热量通过环壁传递到外部低压提馏段，这样的微分传热可以提高能量利用率，减少因向环境散热引起的能量损失。这种设计的问题在于塔内的有限空间使换热面积受到了限制，因此就不能擅自设计改变每块塔板的换热面积[194]。为了有效地克服这一困难，De Graauw等发明了内置换热板的同心圆热耦合塔，换热板既可安装在精馏段内，也可安装在提馏段内。安装在提馏段内的换热板与内部精馏段是相通的，这样精馏段内的上升蒸气进入换热板后，冷凝放热，冷凝液再返回到精馏段内，相应提馏段内换热板表面的液体受热蒸发。同理，当换热板置于精馏段内时，提馏段的下降液体进入换热板，受热蒸发后返回提馏段，相应精馏段的上升蒸气被冷凝下来。

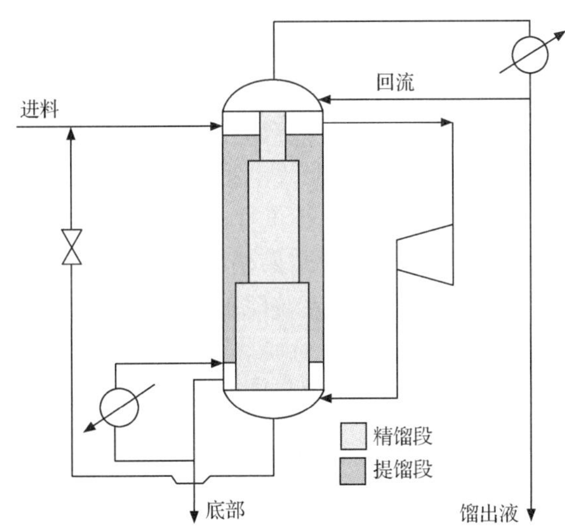

图11.24　同心圆热耦合精馏塔构型图

在这方面的研究工作中，代表性的有传热系数的评估，即将换热板传热系数的实验值与理论值进行对比研究，其换热板或置于降液管内或置于两块塔板之间，如图11.25所示。研究中一些经实验验证的传质模型也可以用来预测塔板效率。这种结构设计除了可以克服传热面积受限的问题外，还可以有效地避免一些塔板间传热推动力低或逆向传热现象，在这些塔板上无须安装换热板。在此项研究中，塔内结构设计的复杂性是研究者们关心的问题[158]。

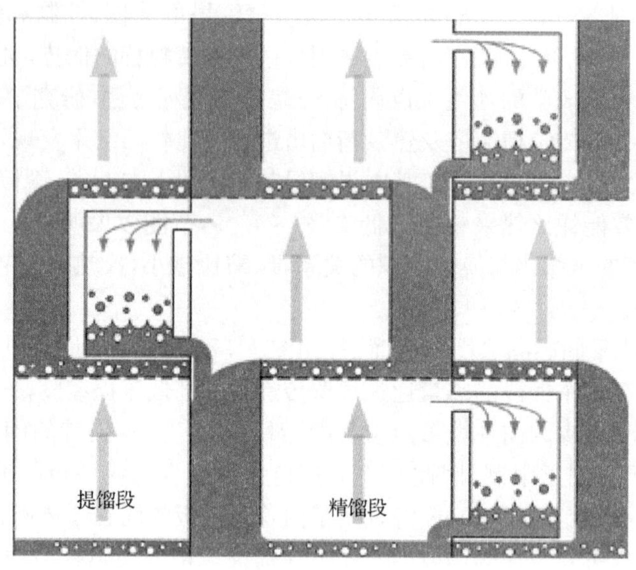

图 11.25 换热板置于提馏段塔板间示意图

同心圆热耦合精馏塔与 HIDiC 构型精馏塔基本原理相同，在具体研究方面，Olujic 对 HIDiC 进行了热力学分析，并将同心圆热耦合精馏塔与热泵精馏系统的能量利用情况做了对比。结果显示，其节能效果与热泵系统相似，都随着物系相对挥发度的减小而减小，前者的节能效果逐渐增大，故两种系统都适合于分离沸点接近的物系。相对于热泵系统，其优势在于它结合了压缩比小和近似可逆操作，所以在设备投资近似相等的情况下，其有效能消耗近似为热泵系统的一半，节能效果明显，但作者同时也指出其结构复杂性也是对设备设计和制造的一大挑战，需要后续工作的努力[163]。Olujic 对此种构型的 C_3 分离塔进行了概念设计和经济性分析。模拟结果显示，其操作是可行的，相对于热泵系统有一定的优势，其平均年度消费总额比热泵系统降低 20%，同时也指出压缩机投资和操作费用对系统的经济性影响最大。文献中还对换热面积的分布进行了研究，某些塔板间的换热面积相当大是影响其可行性的一大因素，另外需要平衡换热面积和压缩比来达到内部能量耦合系统的最优设计[164]。

Gadalla 从热力学和流体力学角度对内部能量耦合系统进行了概念设计。从热力学角度对精馏段、提馏段的温度分布和温差分布进行了研究，指出夹点板和夹点区域的存在使塔板间平均取热方式的内部能量耦合程度大大降低，达到理想内部能量耦合所需的压缩比增大。文献中还对塔板间的不平均取热进行了研究，其节能效果显著提高。从流体力学角度计算了塔内的有效换热面积，对同心圆热耦合塔模型提出了以水力学可行性指数来表征设计的可行性。最后作者还指出塔板间温差曲线和水力学可行性指数可以用来指导内部能量耦合系统的设计[195]。Gadalla 介绍了计算能量耦合系统 CO_2 排放量的优化模型，此模型是在优化系统各种参数以减少能量消耗和 CO_2 排放量的基础上提出的。结果显示，将能量耦合概念应用于常压塔使其能量消耗降低 21%，CO_2 排放量减少 22%[196]。

11.2.4　热耦合精馏塔的应用

1. 外部热耦合复合精馏塔

外部热耦合复合精馏塔是一种新型的精馏塔系统，通过操作在不同压力下的两个精馏塔的精馏段和提馏段之间的热传递来提高热力学效率。外部热耦合复合精馏塔既可以应用于二元组分的分离，也适用于三组元物系的分离。

外部热耦合复合精馏塔分离二组分的示意图如图 11.26 所示，不同压力下的进料流股从两塔分别进料，两塔独立进行精馏操作，两塔之间无物质交换，只进行能量交换，高压塔的精馏段和低压塔的提馏段之间进行热耦合。通过热耦合，节省了低压精馏塔的再沸器和高压精馏塔的冷凝器。黄克谨等提出了外部热耦合双精馏塔，王芸等进一步将精馏段、提馏段外部热耦合结构简化为三个换热器结构并应用于乙烯、乙烷以及苯、甲苯二元物系的分离，他们的研究结果表明：与常规蒸馏操作相比，外部热耦合及其三个换热器简化结构都具有更高的热力学效率，能够大幅降低系统能耗。马江鹏等以苯、甲苯二元混合物分离为例研究了简化外部热耦合双精馏塔的控制与优化，所得结果表明简化的外部热耦合双精馏塔具有良好的可控性。由此可见，外部热耦合有较好的工业应用前景[197,198]。

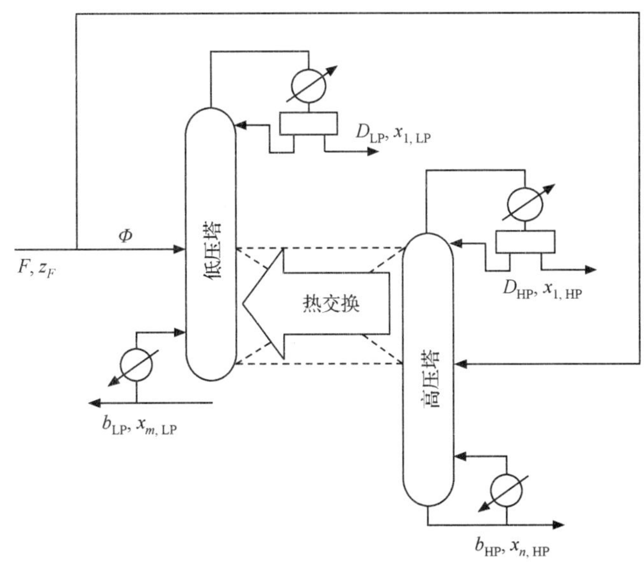

图 11.26　外部热耦合复合精馏塔分离二组分示意图

图 11.27 为外部热耦合双精馏塔分离三组分理想物系示意图，黄克谨等对外部热耦合精馏塔分离三组分理想混合物做了相关研究，与常规精馏塔序列分离做了比较，对相关物性和设计参数进行了敏感度分析，设计参数包括相对挥发度、进料组成、外部换热面积、产品要求和公用工程费用等，设计过程以年平均费用最小为目标[200]。黄克谨等还对理想热耦合精馏塔(i-HIDiC)、强化理想热耦合精馏塔(intensified-iHIDiC)分离三组元混合物的闭环控制系统进行了分析，intensified-iHIDiC 由于存在正反馈机制会导致过大超调，扰动后稳定时间也相应延长，因而控制性能较 i-HIDiC 为劣[200]。

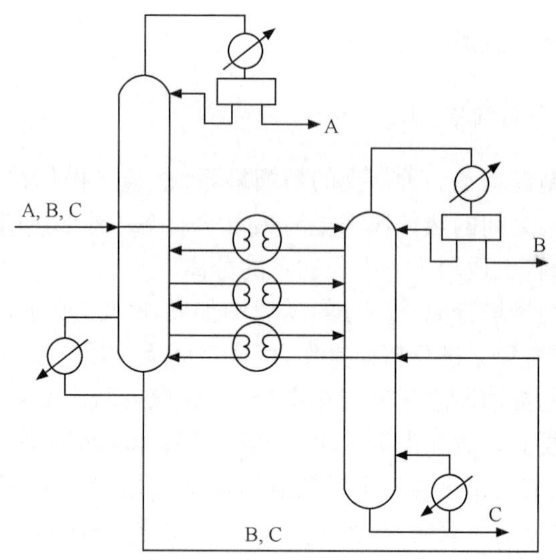

图 11.27　外部热耦合双精馏塔分离三组分理想物系示意图

2. 差压热耦合精馏塔

差压热耦合低能耗蒸馏过程将普通精馏塔分割为常规分馏和降压分馏两个塔，常规分馏塔的操作压力与常规单塔时相同，而降压分馏塔采用降压操作以降低塔底温度。降压分馏塔塔顶蒸气经过压缩进入常规分馏塔，降压分馏塔降压操作可以使塔釜物料的温度低于常规分馏塔塔顶物料的温度，这样就可以利用常规分馏塔塔顶蒸气的潜热来加热降压分馏塔塔底的再沸器，进行两塔的完全热耦合，实现精馏过程的大幅度节能。差压热耦合技术可以用来分离压力敏感型的恒沸物物系。

差压热耦合蒸馏节能过程流程如图 11.28 所示。图中 1 为常规分馏塔，2 为降压分馏塔。经过常规分馏塔分离后的塔底液相物料在压差推动下进入降压分馏塔顶部，降压分馏塔顶部出来的蒸气通过压缩机加压后进入常规分馏塔底部作为上升蒸气。降压分馏

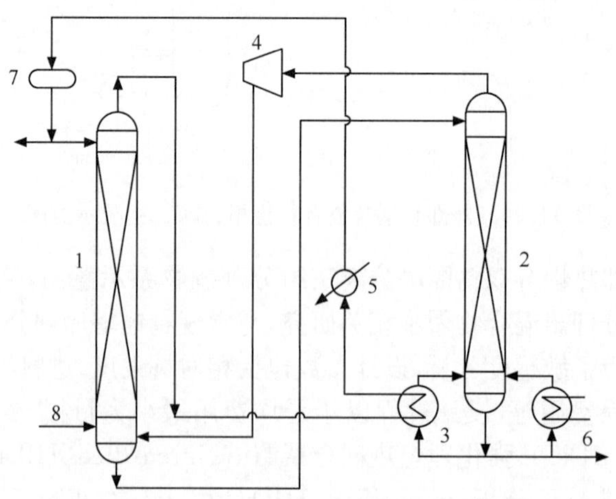

图 11.28　差压热耦合精馏塔示意图

塔塔底出来的液相一部分可作为产品采出，另一部分与常规分馏塔塔顶出来的蒸气在主换热器中进行换热并部分汽化，形成降压分馏塔塔底所需的再沸蒸气，若冷凝负荷小于主再沸器负荷时，需要同时开启辅助再沸器。常规分馏塔塔顶蒸气经过换热后得到部分或全部冷凝液，当冷凝负荷大于主再沸器负荷时，需开启该部分冷凝液流经的辅助冷凝器，从而得到常规分馏塔塔顶所需要的回流和采出的冷凝液[201]。

李鑫钢等对差压热耦合技术分离 C_3、C_4 混合物进行了相关研究。精馏过程主要能耗集中在热量和动力消耗上，他们将丙烯-丙烷分离时现有常规蒸馏过程与差压热耦合低能耗蒸馏过程的主要冷热负荷和压缩机能耗作了比较。差压热耦合低能耗蒸馏过程需要的仅是压缩机的动力消耗为 4.92×10^6 kJ/h，而现有流程中需要热量消耗为 6.39×10^7 kJ/h，差压热耦合蒸馏流程与现有常规蒸馏流程相比，总能耗降低了 92.3%，大幅度削减了丙烯-丙烷精馏分离过程中的能量消耗，真正实现了用蒸馏塔顶蒸气的潜热加热塔底再沸器的目的，实现了能量的匹配，大幅度降低了蒸馏过程的能耗。对于 C_4 混合物的分离，差压流程与现有常规流程相比，总能耗降低了 87.1%，大幅度降低了混合 C_4 分离过程的能耗[157]。

3. 内部热耦合空气分离塔

内部热耦合空气分离塔流程图如图 11.29 所示，下塔为高压塔，压缩后冷却到接近饱和状态的空气进入下塔顶部，经过下塔的初步分离，在下塔顶得到高纯度的馏分液氮，下塔底得到富氧液空，将馏分液氮和富氧液空采出后经液空和液氮过冷器，节流后回流入上塔（低压塔）继续参与精馏分离，最终在上塔塔顶得到高纯度的氮气，塔底得到高纯度的气氧和液氧。上塔由于回流液体较多，导致回流比较大，一般都大于实际所需回流比，为了挖掘精馏塔的精馏潜力，提高产品提取率，可以将部分空气直接引入上塔参与精馏。

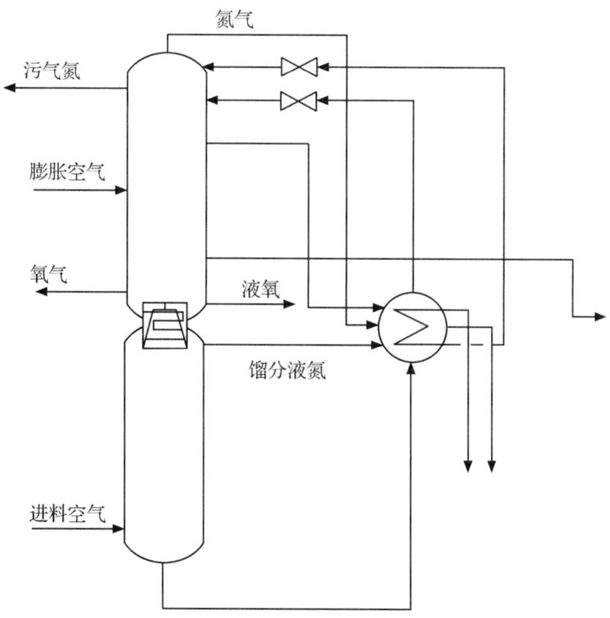

图 11.29　内部热耦合空气分离塔示意图

由于这个想法是拉赫曼提出的，所以进上塔的膨胀空气量一般称为拉赫曼气。上下塔之间通过一个冷凝蒸发器(也叫主冷器)耦合在一起，它既是下塔的冷凝器，也是上塔的再沸器，下塔顶部的高温气氮用来加热上塔底部的低温液氧，同时本身被液氧冷却为液氮，部分作为下塔回流液，部分采出作为上塔顶部的回流液。富氧液空从上塔中部引入，液空进料口以上为精馏段，主要是进行氧、氮分离，提浓氮气纯度，进料口以下为提馏段，主要是进行氧和氮、氧和氢的分离，提浓氧产品纯度，从上塔提馏段氢富集区抽提部分气态氢馏分进入粗氢塔继续精馏得到含氦 95%以上的粗氢馏分。为了能够得到高纯度的氧、氮产品，从上塔上部抽出部分污气氮，增加精馏段回流比，有利于氧氮产品纯度的提高[202]。

这里需要重点指出的是冷凝再沸器，其实质就是一种热耦合技术。这个冷凝再沸器的结构是由德国的林德博士提出的，这种热耦合技术在 1951 年被 Freswhater 教授称为是多效热耦合精馏技术的一种，多效精馏的原理是利用一个塔的精馏蒸气热焓去供应下一个塔的再沸器需要的热量，但是这种精馏耦合技术有一定的限制，就是它一般应用于多塔结构，所以传统空气分离精馏塔可以看成下塔是一个只有冷凝器没有再沸器的独立塔，而上塔是一个没有冷凝器而具有再沸器的独立塔，两塔恰恰用多效精馏技术耦合在一起，达到节能的效果。这个结构的存在要求在相对挥发度不能改变太大的情况下，保证有一定的温度推动力，要求热交换的表面随着温差变小而变大。

4. 反应精馏隔壁塔[170]

反应精馏是精馏领域中重要的过程耦合方式，该过程中反应与分离相互促进，可大幅度提高反应转化率和生产能力。Mueller 等首先提出了将反应精馏应用于隔壁塔的概念，即结合反应精馏与隔壁塔优势的反应精馏隔壁塔技术，该技术是一种反应与分离同时进行、高度强化的复杂技术，在进一步提高反应选择性和转化率的同时，可以大幅度降低能耗、减少设备投资。

Daniel 等针对反应精馏隔壁塔提出了简捷设计的方法，Sander 等以乙酸甲酯体系为例，研究了反应精馏隔壁塔性能，并做了相关试验，其研究结果表明了反应精馏隔壁塔方案的可行性。2007 年，Mueller 等通过对 3 种具有不同集成度的碳酸二乙酯合成过程的研究，证明具有高集成度的反应精馏隔壁塔的能耗与操作费用最低。Fabricio 等以甲醇和乙酸反应生成乙酸甲酯为例，研究了 3 种热耦合反应精馏塔的性能，研究结果表明在乙酸甲酯收率要求相同的条件下，反应精馏隔壁塔的能耗最低。同时，简单的 PI 控制器就可以很好地控制反应精馏隔壁塔分相器有机相中乙酸甲酯的浓度。

在反应精馏隔壁塔过程模拟方面，Mueller 等提出基于速率模型研究反应精馏隔壁塔的思路，并完成了碳酸二甲酯与乙醇酯交换生成碳酸二乙酯的反应与分离的过程模拟。Gheorghe 等提出了一套基于商业软件的反应精馏隔壁塔的模拟计算方法，并以乙基叔戊基醚(TAEE)合成为例验证了商业模拟软件在反应精馏隔壁塔模拟方面的有效性。孙兰义等提出了一种单塔催化水解乙酸甲酯的反应精馏隔壁塔工艺，即采用反应精馏隔壁塔替代常规反应精馏流程中的反应精馏塔及甲醇精馏塔，并应用 Aspen Plus 模拟软件，对反应精馏隔壁塔及常规反应精馏流程进行模拟，其研究结果显示反应精馏隔壁塔可以节省再沸器能耗19.6%。

5. *石脑油重整技术*

如今由于汽车的普及，含高辛烷值的汽油需求激增，催化重整技术产生的重整油约占美国汽油市场的30%～40%。需要指出的是汽油中特别要求限制芳烃的含量。石脑油重整油从芳香族化合物中提取出来，其中主要包括苯、甲苯和二甲苯，芳烃化合物而后被分离为纯组分。分离工艺一般由一系列传统二组元精馏塔构成。最近，Lee等开发了利用热耦精馏塔对石脑油重整过程进行分离。在他们的研究中，用热耦精馏塔代替了芳香类化合物分离过程中的前两个精馏塔，这里的热耦精馏塔是基于Petlyuk塔构型。他们指出这种改进可以节约13%的能量以及4%的设备投资[203]。

11.3　差压热耦合蒸馏技术

热耦合技术是精馏过程集成强化的一个有效手段，它不但提高了过程效率和安全性，而且较大幅度地降低了能耗，同时减少了设备投资和温室气体排放量。但是，现有的热耦合精馏技术无论从流程还是设备来说，仍摆脱不了精馏过程中所需要的塔顶冷凝液体回流和塔釜再沸蒸气上升操作的限制。无论是采用预分塔设计、中间侧线换热、侧线蒸馏流程还是侧线提馏流程，对于主精馏塔来说，由于塔顶温度要低于塔底温度，即塔顶物料冷凝后的温度要低于塔底物料再沸所要达到的温度，因而塔顶冷凝器和塔底再沸器之间不能简单地进行匹配换热，也就不能实现完全的热耦合。通过对各种热耦合热集成精馏过程进行深入的研究，天津大学开发了一种新型的差压热耦合低能耗蒸馏过程。

11.3.1　差压热耦合蒸馏技术的基本原理

差压热耦合蒸馏(different pressure thermally coupled distillation，DPTC)过程将普通精馏塔分割为常规分馏和降压分馏两个塔，常规分馏塔的操作压力与常规单塔时相同，而降压分馏塔采用降压操作以降低塔底温度。降压分馏塔塔顶蒸气经过压缩进入常规分馏塔，降压分馏塔降压操作可以使塔釜物料的温度低于常规分馏塔塔顶物料的温度，这样就可以利用常规分馏塔塔顶蒸气的潜热来加热降压分馏塔塔底的再沸器，进行两塔的完全热耦合，实现精馏过程的大幅度节能。一般地，常规精馏塔为精馏塔的精馏段，降压精馏塔为精馏塔的提馏段。

差压热耦合蒸馏节能过程流程如图11.30所示。流程主要包括常规精馏塔段、降压精馏塔段、回流储罐、主再沸器、压缩机。其中，在降压精馏塔段和常规精馏塔段两塔段之间设置压缩机，降压精馏塔段塔顶的气相物料经过压缩机压缩，进入常规精馏塔段塔底，同时，常规精馏塔段塔底液相进入降压精馏塔顶部；常规精馏塔段塔顶的气相物料作为热介质进入主再沸器提供热量，换热后的物料进入常规精馏塔段的回流储罐，从回流储罐中流出的冷凝液一部分作为产品采出，另一部分作为常规分馏塔的塔顶回流液体；降压精馏塔段底部的液相物料作为冷介质进入主再沸器吸收热量汽化，换热过后的物料进入降压精馏塔底的再沸蒸气入口。

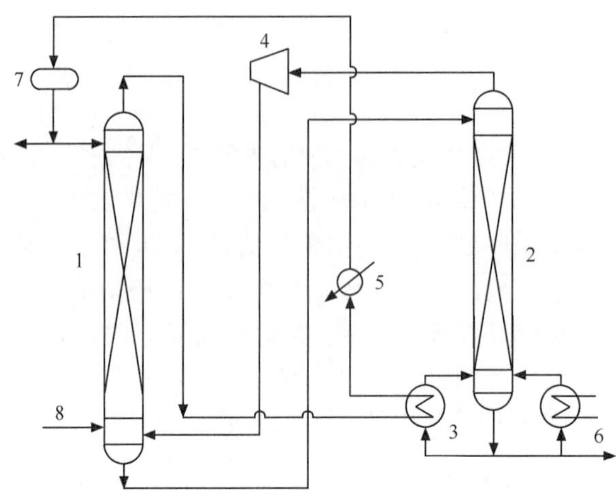

图 11.30　差压热耦合低能耗蒸馏流程

1. 常规分馏塔；2. 降压分馏塔；3. 主换热器；4. 压缩机；5. 辅助冷凝器；6. 辅助再沸器；7. 回流储罐；8. 进料

在操作过程中若降压分馏塔塔底物料再沸所需热量大于常规分馏塔塔顶冷凝所能提供的热量时，则需要同时开启辅助再沸器，使得从降压分馏塔塔底出来的液相的一部分与外部换热来满足降压分馏塔塔底上升蒸气所需要的全部热量。而若在操作过程中降压分馏塔上升蒸气所需热量小于常规分馏塔塔顶冷凝所能提供的热量，则需要同时开启辅助冷凝器，使得常规分馏塔塔顶蒸气经过主换热器冷却后的物料与外部换热来降低该股物料的温度，以降低至常规分馏塔塔顶所需回流液体的温度。因而，在实际操作达到稳定运行后，辅助冷凝器和辅助再沸器一般不会同时开启，根据热量匹配可选择其一作为辅助能源设备，若流程设计中常规分馏塔塔顶冷凝和降压分馏塔塔底再沸蒸气可以完全匹配的话，则两个辅助设备均无须开启[145]。

差压热耦合低能耗蒸馏与现有热耦蒸馏技术相比，具有以下几方面优点：

(1) 差压热耦合精馏过程的常规分馏塔塔顶冷凝的负荷可以与降压分馏塔塔底再沸器的负荷相匹配，实现热耦精馏，匹配换热。

(2) 与常规的单塔精馏过程不同，差压热耦合精馏过程的常规分馏塔塔顶上升蒸气能够用于加热降压分馏塔塔底物料，满足塔底再沸的要求。

(3) 热消耗是精馏操作中的主要能耗所在，本节的技术用差压降温手段实现了最小的热消耗，甚至实现冷热负荷完全匹配，热消耗为零。而实现该目的的手段仅仅是在设备中增加一台压缩机，该动力消耗相对于原有的热消耗小很多。

11.3.2　差压热耦合精馏过程的改进

近年来，一些研究在原有的差压热耦合精馏流程上作了一些改进，使得能量在更大范围内合理利用，并进一步降低了能耗。改进的流程如图 11.31 所示。

和原流程相比，改进的流程多出了一个预热器，此预热器的功能是将压缩后的高温气体与原料换热。因此，减少了外部热源为原料提供的热量，减少了能耗。此流程适用于压缩比比较大的情况。压缩过程通常为绝热等熵压缩过程，绝热压缩过程即气体在压缩时

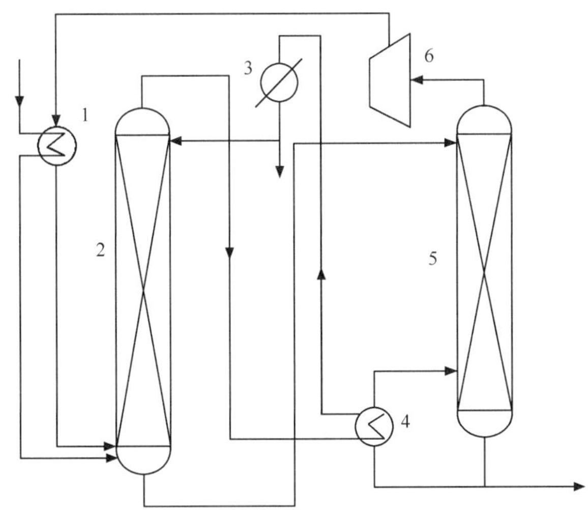

图 11.31　改进的差压热耦合精馏

1. 预热器；2. 常压塔；3. 冷凝器；4. 再沸器；5. 负压塔；6. 压缩机

与周围环境之间没有任何热交换作用。既然不取出热，气体从 p_1 压缩到 p_2 的过程中，温度一定不断升高，压缩到 p_2 后的体积也就比等温压缩时要大。

绝热压缩时，排出气体的温度为

$$T_2 = T_1\left(\frac{p_2}{p_1}\right)^{\frac{\kappa-1}{\kappa}} \tag{11.19}$$

式中，κ 绝热压缩系数；T_1、T_2 分别为吸入、排出气体的温度，K。

由于温度升高得非常快，所以压缩后气体很容易成为压缩后压强下的过热气体，因此能提供很大的热量。

二甲基乙酰胺(DMAC)作为优良的有机溶剂，在其应用过程中，产生大量含 DMAC 的废水，质量分数一般为 20%～35%。处理这样的废水能耗非常高。研究表明，如果利用差压热耦合技术，在保证必要的传热温差下，常规塔为操作压力 101 kPa，降压塔操作压力规定为 6 kPa，只有这样才能保证约有 15℃的换热温差。在此条件下，压缩机将气体从 6 kPa 压缩至 101 kPa，经过计算得到温度为从 105℃到 206.7℃，在此温度下的过热气体能为进料提供很大的热量[204]。

11.3.3　差压热耦合精馏技术的设计与评价

1. 最小传热温差

最小传热温差即常规精馏塔塔顶和降压精馏塔塔底的温度差，只有达到了一定的温度差传热才能进行。正常情况下的精馏，塔釜温度比塔顶温度高，塔顶塔釜若想实现换热必须要在提馏段进行降压，因此最小传热温差决定了降压精馏塔的压力。一般情况下，工业上选取最小换热温差为 10～20℃[205]。

最小传热温差的选取可以根据纯组分的沸点。对于二元精馏来说，精馏塔塔顶温度约等于轻组分的沸点，塔底温度约等于重组分的沸点。因此对于差压热耦合精馏，降压塔塔底的温度为重组分在该压力下的沸点，常规塔塔顶的温度为轻组分在常压下的沸点，如能保证轻组分在常压下沸点大于重组分在降压下的沸点 10～20℃，即可实现差压热耦合精馏。

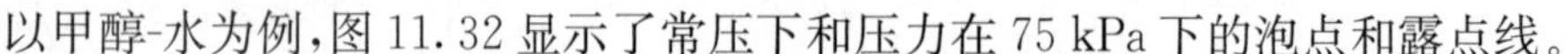

以甲醇-水为例，图 11.32 显示了常压下和压力在 75 kPa 下的泡点和露点线。

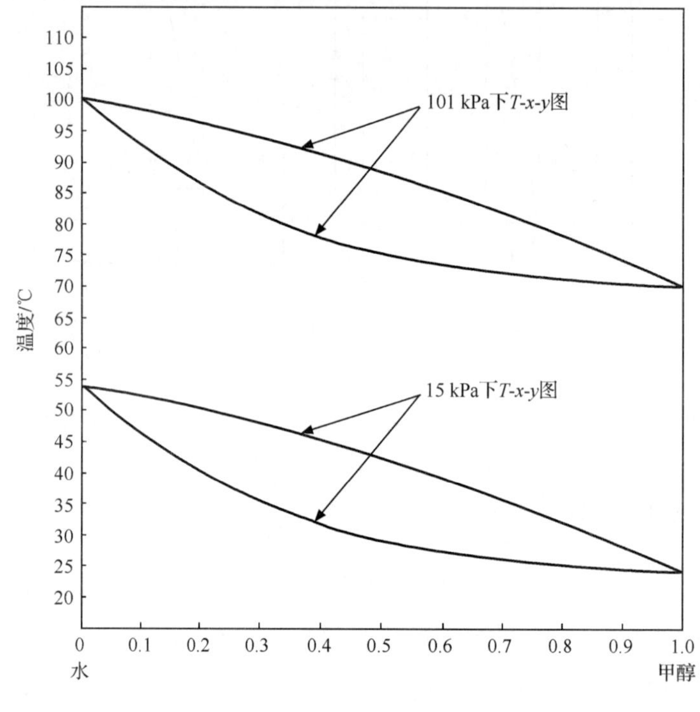

图 11.32 甲醇-水体系 T-x-y 图

由图 11.32 可以看出，甲醇为轻组分，从常规塔塔顶流出，常压下沸点约为 64℃，水为重组分，从降压塔塔底流出。因此只要保证水在某一压力下，沸点低于 54～44℃，即可保证换热进行，因而可得降压塔压力应小于 75 kPa。

由以上分析可知，差压热耦合精馏在处理常压下沸点较为接近的物系时更为合适，因为在保证最小传热温差下，沸点接近的物系在降压塔内会得到较小的压降。

2. 压缩比

差压热耦合精馏摆脱不了压缩的过程。压缩比主要影响压缩机的能耗，可根据最小换热温差决定最小压缩比，增大压缩比可得到更大的换热温差。增大换热温差固然有利于换热，但增大压缩比会带来一系列问题。

(1) 压缩比的增大会使压缩机的能耗增加。对于绝热压缩过程，绝热压缩循环功为

$$W = P_1 V_1 \frac{\kappa}{\kappa - 1}\left[\left(\frac{p_2}{p_1}\right)^{\frac{\kappa-1}{\kappa}} - 1\right] \tag{11.20}$$

式中，κ 为绝热压缩系数。可以看出压缩比的增大，所需要做的功就增多。此外，在压缩

机的实际运用过程中，当压缩比大于 8 时，建议采用多级压缩[206]。压缩机的级数越多，整个压缩系统结构就越复杂，冷却器、油水分离器等辅助设备的数量也随着级数成比例的增加，且为克服阀门、管路系统和设备的流动阻力而消耗的能量也增加。

(2) 压缩比的增大会使一些情况下换热更加不匹配。随着压缩比的增大，降压分馏塔需要的再沸器负荷降低，而压缩比不影响常规精馏塔的冷凝负荷。如果系统是冷凝负荷较再沸器负荷大的情况，再沸负荷的减小，需要外界加入更大的冷量和冷凝负荷平衡。

(3) 压缩比增大会使压缩后蒸气过热。压缩是升温升压的过程，若压缩比过大，则会造成混合气温度远高于混合气在常压下的露点，造成蒸气过热，影响常规精馏塔的精馏过程[207]。

3. 回流比

随回流比的增大，通过每层塔板的气液相浓度变化增大，每层塔板的分离能力提高，但回流比增大可导致塔内的气相量增大，使冷凝器和再沸器的热负荷增加，压缩机能耗增加，但是随着回流比的增大，塔内的液相也不断增多，反应区的反应物流量也相应增大，其反应的转化率与收率必然相应增大，从而导致产品的纯度升高。

4. 进料位置

原料进料位置的不同，改变了精馏塔精馏段和提馏段的分离能力，从而使塔顶和塔底产品的组成不同，也会影响冷凝器和再沸器的热负荷以及压缩机的能耗。一般情况下，进料位置选择在常规精馏塔塔底，部分进料会随着平衡变为气相，若选择在降压塔进料，则会无端地增加压缩机能耗。

5. 热力学效率

热力学效率是衡量过程有效能利用率的重要标准。有效能可定义为：一定形式的能量在一定环境条件下变化到与环境平衡时所做出的最大的功。由过程不可逆性引起的有效能转化为无效能的损失，称为有效能损失，它是能量变质的量度。对于稳态精馏过程，物流的有效能(E_X)可用式(11.21)计算。

$$E_X = H - T_0 S \tag{11.21}$$

式中，H 为物流的焓值；S 为物流的熵值；T_0 为环境温度，通常取 298.15K。

根据热力学第一定律，进出系统的物流的焓 (H)、热(Q) 和功(W_S) 守恒，即有效能平衡(忽略动能和势能)，见式(11.22)。

$$\sum_{\substack{\text{out of}\\ \text{system}}} (H + Q + W_S) - \sum_{\substack{\text{into}\\ \text{system}}} (H + Q + W_S) = 0 \tag{11.22}$$

另外，根据稳态系统的熵平衡可以确定由于过程的不可逆性所增加的熵值，即热力学第二定律，见式(11.23)。

$$\sum_{\substack{\text{out of}\\ \text{system}}} \left(S + \frac{Q}{T_s}\right) - \sum_{\substack{\text{into}\\ \text{system}}} \left(S + \frac{Q}{T_s}\right) = \Delta S_{irr} \tag{11.23}$$

式中，T_s 为系统温度；ΔS_{irr} 为熵产。

精馏过程由于受传热、传质、不同组成和不同温度物流之间的混合以及操作压降等因素的影响，不可避免地会产生有效能的不可逆损耗。对于有多股进料和产品物流的精馏塔，当其与环境有热和功交换时，有效能平衡方程为式(11.24)。

$$\sum_{\substack{\text{into}\\ \text{system}}}\left[E_X+Q\left(1-\frac{T_0}{T_s}\right)+W_S\right]=\sum_{\substack{\text{out of}\\ \text{system}}}\left[E_X+Q\left(1-\frac{T_0}{T_s}\right)+W_S\right] \tag{11.24}$$

式中，W_S为轴功；T_s为系统温度。

定义热量相对于平衡环境态所具有的最大做功能力为热量有效能。对于恒温热源，其热量有效能(E_{XQ}^0)可以按式(11.25)进行计算。

$$E_{XQ}^0=Q\left(1-\frac{T_0}{T_s}\right) \tag{11.25}$$

对于精馏系统，恒温热源主要包括再沸器和冷凝器，精馏塔在较高的温度下从再沸器吸收热量，同时在较低的温度下由冷凝器释放热量，类似于产生分离功的热机，其总的有效能输入为式(11.26)。

$$E_{XQ}=\sum_{\substack{\text{into}\\ \text{system}}}Q_R\left(1-\frac{T_0}{T_R}\right)-\sum_{\substack{\text{out of}\\ \text{system}}}Q_C\left(1-\frac{T_0}{T_C}\right) \tag{11.26}$$

式中，Q_R为再沸器吸收的热量；Q_C为冷凝器释放的热量；T_R和T_C分别对应加热和冷凝介质温度。

对于精馏过程而言，进料和产品的状态都是一定的，所以最小分离功(W_{min})是恒定的，其值等于产品物流总的有效能与进料物流总的有效能的差值，见式(11.27)。

$$W_{min}=\sum_{\text{products}}(E_X)-\sum_{\text{feeds}}(E_X)=\sum\Delta H-T_0\Delta S_{irr} \tag{11.27}$$

当精馏过程除了再沸器和冷凝器的热输入输出外，没有轴功(额外功)的加入时，式(11.24)可简化为式(11.28)：

$$LW=E_{XQ}-W_{min} \tag{11.28}$$

则以最小分离功(W_{min})和有效能损失(LW)表示的精馏过程的热力学效率(η)如式(11.29)所示。

$$\eta=\frac{W_{min}}{W_{min}+LW} \tag{11.29}$$

由上述公式可以看出，有效能损失越小，过程的热力学效率越高，所需的能量也越少[208]。

6. CO_2排放量

随着环保要求的提高，越来越多的国家开始重视温室气体的排放。CO_2作为温室气体中最重要的一种，对全球变暖起到了巨大的推动作用。全球变暖会带来一系列的负面影响，如海平面上升等，因此控制CO_2的排放量日益紧迫。而在化工行业中，精馏无疑是一项高能耗的分离过程。精馏塔和换热网络以及其附属设备所需要的能量都直接或间接来源于化石燃料(煤、石油、天然气)的燃烧，例如粗原油精馏单元，CO主要来源于加热炉、气体涡轮以及锅炉等设备，这些设备通过燃烧燃料向系统提供热量或功。因此，精馏过程能耗的降低不但意味着操作费用的降低，而且意味着燃料消耗和温室气体排放量的减少[208]。

燃料在空气中燃烧时，按照化学计算方程式进行，见式(11.30)。

$$C_xH_y+\left(x+\frac{y}{4}\right)O_2\longrightarrow xCO_2+\frac{y}{2}H_2O \tag{11.30}$$

式中，x 和 y 代表燃料中氢原子和碳原子的分子数。假设空气过量，没有 CO 生成，则燃烧一定量的燃料生成的 CO_2 量按式(11.31)计算。

$$[CO_2]_{Emiss}=\left(\frac{Q_{Fuel}}{NHV}\right)\left(\frac{C}{100}\right)\alpha \tag{11.31}$$

式中，Q_{Fuel} 为燃料燃烧所释放的总热量，kW；C 为燃料含碳量，%；NHV 为单位质量燃料燃烧所放出的热量，kJ/kg；α 为 CO_2 和 C 的相对分子质量之比，$\alpha=3.67$。

参 考 文 献

[1] Dunn B C, Guenneau C, Hilton S A, et al. Production of diethyl carbonate from ethanol and carbon monoxide over a heterogeneous catalyst. Energy & Fuel, 2002, 16: 177-181.

[2] Wang D, Yang B, Zhai X, Zhou L. Synthesis of diethyl carbonate by catalytic alcoholysis of urea. Fuel. Process. Technol., 2007, 88: 807-812.

[3] He J, Xu B, Zhang W, Zhou C, Chen X. Experimental study and process simulation of n-butyl acetate produced by transesterification in a catalytic distillation column. Chem. Eng. Process: Process Intensification, 2010, 49: 132-137.

[4] Pöpken T, Steinigeweg S, Gmehling J. Synthesis and hydrolysis of methyl acetate by reactive distillation using structured catalytic packings: Experiments and simulation. Ind. Eng. Chem. Res., 2001, 40: 1566-1574.

[5] Podrebarac G, Ng F, Rempel G. The production of diacetone alcohol with catalytic distillation: Part I: Catalytic distillation experiments. Chem. Eng. Sci., 1998, 53: 1067-1075.

[6] Steinigeweg S, Gmehling J. Esterification of a fatty acid by reactive distillation. Ind. Eng. Chem. Res., 2003, 42: 3612-3619.

[7] Thotla S, Agarwal V, Mahajani S M. Simultaneous production of diacetone alcohol and mesityl oxide from acetone using reactive distillation. Chem. Eng. Sci., 2007, 62: 5567-5574.

[8] Qiu P, Wang L, Jiang X, Yang B. Synthesis of Diethyl Carbonate by the Combined Process of Transesterification with Distillation. Energy & Fuel, 2012, 26: 1254-1258.

[9] Rodriguez A, Canosa J, Dominguez A, Tojo J. Isobaric phase equilibria of diethyl carbonate with five alcohols at 101.3 kPa. J. Chem. Eng. Data, 2003, 48: 86-91.

[10] Rodrıguez A, Canosa J, Domınguez A, Tojo J. Isobaric vapour-liquid equilibria of dimethyl carbonate with alkanes and cyclohexane at 101.3 kPa. Fluid. Phase Equilib., 2002, 198: 95-109.

[11] 郭平生，华贲，李忠. 超声波场强化解吸的机理分析. 高校化学工程学报，2002, 16: 614-620.

[12] 尼科利斯 G, Nicolis G, 普里戈京 I, Prigognie I, 徐锡申. 非平衡系统自组织. 北京：科学出版社，1986.

[13] Malashetty M, Gaikwad S. Effect of cross diffusion on double diffusive convection in the presence of horizontal gradients. Int. J. Eng. Sci., 2002, 40: 773-787.

[14] Squillace P J, Zogorski J S, Wilber W G, Price C V. Preliminary assessment of the occurrence and possible sources of MTBE in groundwater in the United States, 1993-1994. Environ. Sci. Technol., 1996, 30: 1721-1730.

[15] 邓颂九，李启恩. 传递过程原理. 广州：华南理工大学出版社，1988.

[16] Sneesby M G, Tade M O, Smish T N. MTBE 和 ETBE 反应精馏中的多稳态与拟多稳态. Trans. IChemE, 1998, 76: 10.

[17] Eldarsi H S, Douglas P L. MTBE 催化精馏塔. Trans. IChemE, 1998, 76: 11.

[18] Mohl K D, Kienle A, Gilles E D, Rapmund P, Sundmacher K, Hoffmann U. Steady-state multiplicities in reactive distillation columns for the production of fuel ethers MTBE and TAME: Theoretical analysis and experimental verification. Chem. Eng. Sci., 1999, 54: 1029-1043.

[19] Ciric A R, Miao P. Steady state multiplicities in an ethylene glycol reactive distillation column. Ind. Eng. Chem. Res., 1994, 33: 2738-2748.

[20] Chen F, Huss R S, Doherty M F, Malone M F. Multiple steady states in reactive distillation: Kinetic effects. Comput. Chem. Eng., 2002, 26: 81-93.

[21] 刘朝，曾丹苓，敖越. 化学反应系统定态的稳定性分析. 工程热物理学报，1989，3：004.

[22] Lvov S，Pastres R，Marcomini A. Thermodynamic stability analysis of the carbon biogeochemical cycle in aquatic shallow environments. Geochimica et Cosmochimica Acta，1996，60：3569-3579.

[23] Burande C S，Bhalekar A A. Thermodynamic stability of elementary chemical reactions proceeding at finite rates revisited using Lyapunov function analysis. Energy，2005，30：897-913.

[24] 许锡恩，郑宇翔，李家玲，董为毅. 催化蒸馏合成乙二醇乙醚的过程模拟. 化工学报，1993.

[25] Sneesby M G，Tade M O，Datta R，Smith T N. ETBE synthesis via reactive distillation. 1. Steady-state simulation and design aspects. Ind. Eng. Chem. Res.，1997，36：1855-1869.

[26] 赵国胜，杨伯伦. 研究论文基于化学热泵系统的叔丁醇脱水反应精馏过程. 化工学报，2004：55.

[27] 龚玉斌，王昌留. 微生物生长稳定性超熵产生判据. 江西师范大学学报：自然科学版，1996，19：153-157.

[28] Hauan S，Hertzberg T，Lien K. Multiplicity in reactive distillation of MTBE. Comput. Chem. Eng.，1997，21：1117-1124.

[29] Hauan S，Hertzberg T，Lien K. Multiplicity in reactive distillation of MTBE. Comput. Chem. Eng.，1995，19：327-332.

[30] 胡英，刘洪来，叶汝强. 化学化工中结构的多层次和多尺度研究方法. 大学化学，2002. 17：12-20.

[31] 孙宏伟. 化学工程的发展趋势——认识时空多尺度结构及其效应. 化工进展，2003，22：224-227.

[32] 汪国有，张天序. 一种多尺度目标的序贯识别新方法. 华中理工大学学报，1996，24：19-22.

[33] 王崇愚. 多尺度模型及相关分析方法. 复杂系统与复杂性科学，2004，1：9-19.

[34] 赵巍，潘泉，戴冠中，张洪才. 多尺度系统理论研究概况. 电子与信息学报，2001，23：1428-1433.

[35] Ghosh S，Bai J，Raghavan P. Concurrent multi-level model for damage evolution in microstructurally debonding composites. Mech. Mater.，2007，39：241-266.

[36] 黄仲涛，李雪辉，王乐夫. 21 世纪化工发展趋势. 化工进展，2001，20：1-4.

[37] Krishnamurthy R，Taylor R. A nonequilibrium stage model of multicomponent separation processes. Part Ⅲ：The influence of unequal component-efficiencies in process design problems. AIChE Journal，1985，31：1973-1985.

[38] Venkateswarlu C，Reddy A D. Nonlinear model predictive control of reactive distillation based on stochastic optimization. Ind. Eng. Chem. Res.，2008，47：6949-6960.

[39] Xu Z，Chuang K. Kinetics of acetic acid esterification over ion exchange catalysts. Can. J. Chem. Eng.，1996，74：493-500.

[40] Xu Z，Chuang K. Correlation of vapor-liquid equilibrium data for methyl acetate-methanol- water-acetic acid mixtures. Ind. Eng. Chem. Res.，1997，36：2866-2870.

[41] Siirola J J. An industrial perspective on process synthesis. AIChE Symposium Series. New York：American Institute of Chemical Engineers，1995，1971-c2002：222-234.

[42] Gumus Z H，Ciric A R. Reactive distillation column design with vapor/liquid/liquid equilibria. Comput. Chem. Eng.，1997，21：S983-S988.

[43] Kohl A L，Nielson R. Gas purification. Houston：Gulf Publishing Company，1997.

[44] Chattopadhyay P. Absorption & Stripping. Asian Books Private Limited，2007.

[45] Kenig E Y，Górak A. Reactive absorption. Integ. Chem. Process.，2005：265.

[46] Van Baten J，Ellenberger J，Krishna R. Scale-up strategy for bubble column slurry reactors using CFD simulations. Catal. Today，2003，79：259-265.

[47] Ekambara K，Joshi J. CFD simulation of mixing and dispersion in bubble columns. Chem. Eng. Res. Design.，2003，81：987-1002.

[48] Krishna R，Van Baten J. Mass transfer in bubble columns. Catal. Today，2003，79：67-75.

[49] Akita K，Yoshida F. Gas holdup and volumetric mass transfer coefficient in bubble columns. Effects of liquid properties. Ind. Eng. Chem. Process Des. Dev.，1973，12：76-80 .

[50] Hikita H, Asai S, Tanigawa K, Segawa K, Kitao M. Gas hold-up in bubble columns. Chem. Eng. J., 1980, 20: 9.

[51] Hammer H, Schrag H J, Hektor K. New subfunctions on hydrodynamics, heat and mass transfer for gas-liquid and gas-liquid-solid chemical and biochemical reactors. Front. Chem. React. Eng., 1984,11.

[52] Sotelo J L, Bentiez F J, Beltran-Heredia J. Gas holdup and mass transfer coefficients in bubble columns, in porous glass-plate diffusers. Int. Chem. Eng. J., 1980,20: 9.

[53] Luo X K, Lee D J, Lau R, Yang G Q, Fan L S. Maximum stable bubble size and gas holdup in high-pressure slurry bubble columns. AIChE Journal., 1999, 45: 665-680.

[54] Joshi J B, Sharma M M. A circulation cell model for bubble columns. Trans. Inst. Chem. Eng., 1979,57: 8.

[55] Lockett M J, Kirkpatrick R D. Ideal bubbly flow and actual flow in bubble columns. Trans. Inst. Chem. Eng., 1975,53: 7.

[56] Koide K, Morooka S, Ueyama K, Matsuura A. Behavior of bubbles in large scale bubble column. J. Chem. Eng. Jpn., 1979,12: 7.

[57] Sada E, Katoh S, Yoshil H. Performance of the gas-liquid bubble column in molten salt systems. Ind. Eng. Chem. Process Des. Dev., 1984,23: 4.

[58] Hughmark G A. Holdup and mass transfer in bubble columns. Ind. Eng. Chem. Process Des. Dev., 1967, 6: 3.

[59] Kawase Y, Moo-Young M. Heat transfer in bubble column reactors with Newtonian and non-Newtonian fluids. Chem. Eng. Res. Des., 1987,65: 6.

[60] Hikita H, Kikukawa H. Liquid phase mixing in bubble columns: Effect of liquid properties. Chem. Eng. J., 1974,8: 7.

[61] Reilley I G, Scott D S, De Bruijin T, Jain A, Piskorz J. A correlation for gas holdup in turbulent coalescing bubble columns. Can. J. Chem. Eng., 1986, 64: 13.

[62] Godbole S P, Honath M, Shah Y. Holdup structure in highly viscous Newtonian and non-Newtonian liquids in bubble columns. Chem. Eng. Commun., 1982,16: 4.

[63] Schumpe A, Saxena A K, Fang L K. Gas/liquid mass transfer in a slurry bubble column. Chem. Eng. Sci., 1987,42: 10.

[64] Smith D N, Fuchs W, Lynn R J, Smith D H, Hess M. Bubble behavior in a slurry bubble column reactor model, chemical and catalytic reactor modeling. ACS Symp. Ser., 1984,237: 13.

[65] Koide K, Takazawa A, Komura M, Matsunga H. Gas holdup and volumetric liquid phase mass transfer coefficient in solid-suspended bubble column. J. Chem. Eng. Jpn., 1984,17: 6.

[66] Grace J R, Wairegi T, Nguyen T H. Shapes and velocities of single drops and bubbles moving freely through immiscible liquids. Trans. Inst. Chem. Eng., 1976,54: 167-173.

[67] Clift R, Grace J R, Weber M E. Bubbles, drops, and particles. New York: Academic Press ,1978.

[68] Zhang L, Yang C, Mao Z S. Unsteady motion of a single bubble in highly viscous liquid and empirical correlation of drag coefficient. Chem. Eng. Sci., 2008, 63: 6.

[69] Davies R M, Taylor G I. The mechanics of large bubbles rising through extended liquids and through liquids in tubes. Proc. Roy. Soc. Lond. A, 1950,200: 16.

[70] Habermanw L, Mortonr K. An experimental study of bubbles moving in liquids. Proc. ASCE, 1954, 387: 26.

[71] Fan L S, Tsuchiya K. Bubble wake dynamics in liquids and liquid-solid suspensions. Butterworth-Heinemann Stoneham,1990.

[72] Tomiyama A. Struggle with computational bubble dynamics. Multiphas. Sci. Technol., 1998,10: 369-405.

[73] Mendelson H D. The prediction of bubble terminal velocities from wave theory. AIChE Journal, 1967,13: 4.

[74] Miyahara T, Hamaguchi M, Sukeda Y. Size of bubbles and liquid circulation in a bubble column with a draft tube and sieve plate. Can. J. Chem. Eng., 1986, 64: 8.

[75] Wilkinson P M, Spek A P, Van Dierendonck L L. Design parameters estimations for scale-up of high-pressure bubble columns. AIChE Journal, 1992, 38: 1.

[76] Reilly I G, Scott D S, De Bruijn T J W, MacIntyre D. The role of gas phase momentum in determining gas hold-up and hydrodynamic flow regimes in bubble column operations. Can. J. Chem. Eng., 1994, 72: 10.

[77] Krishna R, Ellenberger J. Gas holdup in bubble column reactors operating in the churn-turbulent flow regime. AIChE Journal, 1996, 42: 2627-2634.

[78] Zahradnik J, Fialova M. The effect of bubbling regime on gas and liquid phase mixing in bubble column reactors. Chem. Eng. Sci., 1996, 51: 2491-2500.

[79] Zahradnik J, Fialova M, Růžička M, Drahoš J, Kaštánek F, Thomas N. Duality of the gas-liquid flow regimes in bubble column reactors. Chem. Eng. Sci., 1997, 52: 3811-3826.

[80] Ruzicka M C, Zahradnik J, Drahos J, Thomas N H. Homogeneous-heterogeneous regime transition in bubble columns. Chem. Eng. Sci., 2001, 56: 4609-4626.

[81] Letzel H M, Schouten J C, Krishna R, van den Bleek C M. Characterization of regimes and regime transitions in bubble columns by chaos analysis of pressure signals. Chem. Eng. Sci., 1997, 52: 4447-4459.

[82] Ruthiya K C, Chilekar V P, Warnier M J F, et al. Detecting regime transitions in slurry bubble columns using pressure time series. AIChE Journal, 2005, 51: 1951-1965.

[83] Joshi J B, Deshpande N S, Dinkar M, Phanikumar D V. Hydrodynamic stability of multiphase reactors. Adv. Chem. Eng., 2001, 26: 1-130.

[84] Simonnet M, Gentric C, Olmos E, Midoux N. CFD simulation of the flow field in a bubble column reactor: Importance of the drag force formulation to describe regime transitions. Chem. Eng. Process., 2008, 47: 1726-1737.

[85] Monahan S M, Vitankar V S, Fox R O. CFD predictions for flow-regime transitions in bubble columns. AIChE Journal, 2005, 51: 1897-1923.

[86] Monahan S M, Fox R O. Effect of model formulation on flow-regime predictions for bubble columns. AIChE Journal, 2007, 53: 9-18.

[87] Lucas D, Prasser H M, Manera A. Influence of the lift force on the stability of a bubble column. Chem. Eng. Sci., 2005, 60: 3609-3619.

[88] Mudde R F. Gravity-driven bubbly flows. Annu. Rev. Fluid Mech., 2005, 37: 393-423.

[89] Harteveld W K, Mudde R F, Van den Akker H E A. Estimation of turbulence power spectra for bubbly flows from laser Doppler Anemometry signals. Chem. Eng. Sci., 2005, 60: 6160-6168.

[90] Li J H, Kwauk M. Exploring complex systems in chemical engineering-the multi-scale methodology. Chem. Eng. Sci., 2003, 58: 521-535.

[91] Li J, Ge W, Zhang J, Kwauk M. Multi-scale compromise and multi-level correlation in complex systems. Chem. Eng. Res. Des., 2005, 83: 574-582.

[92] Ge W, Chen F, Gao J, et al. Analytical multi-scale method for multi-phase complex systems in process engineering-Bridging reductionism and holism. Chem. Eng. Sci., 2007, 62: 3346-3377.

[93] Li J H, Kwauk M. Particle-fluid two-phase flow: The energy-minimization multi-scale method. Beijing: Metallurgical Industry Press, 1994.

[94] Li J H, Cheng C L, Zhang Z D, et al. The EMMS model-its application, development and updated concepts. Chem. Eng. Sci., 1999, 54: 5409-5425.

[95] Zhao H. Multi-scale modeling of gas-liquid (slurry) reactors. Unpublished doctoral dissertation. Chinese Academy of Sciences, 2006.

[96] Yang N, Chen J, Zhao H, Ge W, Li J. Explorations on the multi-scale flow structure and stability condition in bubble columns. Chem. Eng. Sci., 2007, 62: 6978-6991.

[97] Camarasa E, Vial C, Poncin S, Wild G, Midoux N, Bouillard J. Influence of coalescence behaviour of the liquid

and of gas sparging on hydrodynamics and bubble characteristics in a bubble column. Chem. Eng. Process., 1999,38: 329-344.

[98] Yang N, Chen J, Ge W, Li J. A conceptual model for analyzing the stability condition and regime transition in bubble columns. Chem. Eng. Sci., 2010,65: 517-526.

[99] Olmos E, Gentric C, Midoux N. Numerical description of flow regime transitions in bubble column reactors by a multiple gas phase model. Chem. Eng. Sci., 2003,58: 2113-2121.

[100] Ruzicka M C, Drahos J, Mena P C, Teixeira J A. Effect of viscosity on homogeneousheterogeneous flow regime transition in bubble columns. Chem. Eng. J., 2003,96: 15-22.

[101] Eissa S H, Schugerl K. Holdup and backmixing investigations in cocurrent and countercurrent bubble columns. Chem. Eng. Sci., 1975,30: 1251-1256.

[102] Ruzicka M C, Vecer M M, Orvalho S, Drahos J. Effect of surfactant on homogeneous regime stability in bubble column. Chem. Eng. Sci., 2008,63: 951-967.

[103] Taitel Y, Bornea D, Dukler A E. Modeling flow pattern transitions for steady upward gas-liquid flow in vertical tubes. AIChE Journal, 1980,26: 345-354.

[104] Zhang J P, Grace J, Epstein N, Lim K. Flow regime identification in gas-liquid flow and three-phase fluidized beds. Chem. Eng. Sci., 1997, 52: 3979-3992.

[105] Wang Y, Xiao Q, Yang N, Li J. In-depth exploration of the dual-bubble-size model for bubble columns. Ind. Eng. Chem. Res., 2012.

[106] Ingber L. Very fast simulated re-annealing. Math. Comput. Model., 1989, 12(8): 967-973.

[107] Chen J, Yang N, Ge W, Li J. Computational fluid dynamics simulation of regime transition in bubble columns incorporating the dual-bubble-size model. Ind. Eng. Chem. Res., 2009,48: 8172-8179.

[108] Wu Z, Yang N, Li J. Eulerian Simulation Incorporating a Dual-bubble-size Drag Model for a Bubble Column. Chemeca 2010: Engineering at the Edge. 26-29 September 2010, Hilton Adelaide, South Australia: 2649.

[109] Hills J. Radial non-uniformity of velocity and voidage in a bubble column. Trans. Inst. Chem. Eng, 1974, 52: 9.

[110] Zhang D, Deen N G, Kuipers J A M. Euler-euler modeling of flow, mass transfer, and chemical reaction in a bubble column. Ind. Eng. Chem. Res., 2009,48: 47-57.

[111] White F M. Viscous fluid flow. New York: McGraw-Hill, 1974.

[112] Yang N, Wu Z, Chen J, Wang Y, Li J. Multi-scale analysis of gas-liquid interaction and CFD simulation of gas-liquid flow in bubble columns. Chem. Eng. Sci., 2011,66: 3212-3222

[113] Zakrzewski W, Lippert J, Lubbert A, Schugerl K. Investigation of the structure of 2-phase flows-model media in bubble-column bioreactors. 4. True liquid velocities and bubble velocity distributions. Europ. J. Appl. Micro. Biotechnol., 1981,12: 69-75.

[114] Rigopoulos S, Jones A. A hybrid CFD-reaction engineering framework for multiphase reactor modelling: Basic concept and application to bubble column reactors. Chem. Eng. Sci., 2003,58: 3077-3089.

[115] Calderbank P, Evans F, Farley R, Jepson G, Poll A. Rate processes in the catalyst-slurry Fischer-Tropsch reaction catalysis in Practice. IChem E, 1963, 66.

[116] Bukur D B. Some comments on models for Fischer-Tropsch reaction in slurry bubble column reactors. Chem. Eng. Sci., 1983,38: 440-446.

[117] Hartland S, Mecklenburgh J. A comparison of differential and stagewise counter current extraction with backmixing. Chem. Eng. Sci., 1966,21: 1209-1229.

[118] Schlüter S, Steiff A, Weinspach P-M. Modeling and simulation of bubble column reactors. Chem. Eng. Process.: Process Intens., 1992,31: 97-117.

[119] Maretto C, Krishna R. Modelling of a bubble column slurry reactor for Fischer-Tropsch synthesis. Catal. Today, 1999,52: 279-289.

[120] Wang Y, Fan W, Liu Y, et al. Modeling of the Fischer-Tropsch synthesis in slurry bubble column reactors. Chem. Eng. Process.: Process Intens., 2008,47: 222-228.

[121] De Swart J, Krishna R. Simulation of the transient and steady state behaviour of a bubble column slurry reactor for Fischer-Tropsch synthesis. Chem. Eng. Process.: Process Intens., 2002, 41: 35-47.

[122] Mills P. The Fischer-Tropsch synthesis in slurry bubble column reactors: Analysis of reactor performance using the axial dispersion model. Fuel Energy Abstracts Elsevier, 1997:77.

[123] Rados N, Al-Dahhan M H, Dudukovic M P. Modeling of the Fischer-Tropsch synthesis in slurry bubble column reactors. Catal. Today, 2003,79: 211-218.

[124] Shah Y T, Joseph S, Smith D N, Ruether J A. Two-bubble class model for churn turbulent bubble-column reactor. Ind. Eng. Chem. Process Des. Dev., 1985,24: 1096-1104.

[125] Ghasemi S, Sohrabi M, Rahmani M. A comparison between two kinds of hydrodynamic models in bubble column slurry reactor during Fischer-Tropsch synthesis: Single-bubble class and two-bubble class. Chem. Eng. Res. Des., 2009,87: 1582-1588.

[126] Schweitzer J, Viguié J. Reactor modeling of a slurry bubble column for Fischer-Tropsch synthesis. Oil. Gas Sci. Technol.-Revue de l'IFP, 2009,64: 63-77.

[127] Papari S, Kazemeini M, Fattahi M. Mathematical modeling of a slurry reactor for DME direct synthesis from syngas. J. Nat. Gas Chem., 2012,21: 148-157.

[128] Deckwer W D, Serpemen Y, Ralek M, Schmidt B. Modeling the Fischer-Tropsch synthesis in the slurry phase. Ind. Eng. Chem. Process Des. Dev., 1982, 21: 231-241.

[129] de Toledo E C V, de Santana P L, Maciel M R W, Maciel R. Dynamic modelling of a three-phase catalytic slurry reactor. Chem. Eng. Sci., 2001,56: 6055-6061.

[130] Zhu X, Lu X, Liu X, Hildebrandt D, Glasser D. Study of radial heat transfer in a tubular fischer-tropsch synthesis reactor. Ind. Eng. Chem. Res., 2010,49: 10682-10688.

[131] Prakash A. On the effects of syngas composition and water-gas-shift reaction rate on FT synthesis over iron based catalyst in a slurry reactor. Chem. Eng. Commun., 1994,128: 143-158.

[132] Hedrick S A, Chuang S S. Modeling the fischer-tropsch reaction in a slurry bubble column reactor. Chem. Eng. Commun., 2003,190: 445-474.

[133] Rados N, Al-Dahhan M H, Dudukovic M P. Dynamic modeling of slurry bubble column reactors. Ind. Eng. Chem. Res., 2005,44: 6086-6094.

[134] Turner J, Mills P. Comparison of axial dispersion and mixing cell models for design and simulation of Fischer-Tropsch slurry bubble column reactors. Chem. Eng. Sci., 1990, 45: 2317-2324.

[135] Hooshyar N, Fatemi S, Rahmani M. Mathematical modeling of Fischer-Tropsch synthesis in an industrial slurry bubble column. Int. J. Chem. React. Eng., 2009, 7; Ingber L. Very fast simulated re-annealing. Math. Comput. Model., 1989,12: 967-973.

[136] Vermeer D J, Krishna R. Hydrodynamics and mass transfer in bubble columns in operating in the churn-turbulent regime. Ind. Eng. Chem. Process Des. Dev., 1981,20: 475-482.

[137] Yates I C, Satterfield C N. Intrinsic kinetics of the Fischer-Tropsch synthesis on a cobalt catalyst. Energy & Fuel, 1991,5: 168-173.

[138] Forret A, Schweitzer J, Gauthier T, et al. Scale up of slurry bubble reactors. Oil. Gas Sci. Technol.-Revue de l'IFP, 2006,61: 443-458.

[139] Krishna R, Ellenberger J. Gas holdup in bubble column reactors operating in the churn- turbulent flow regime. AIChE Journal, 1996,42: 2627-2634.

[140] Krishna R, Maretto C. Scale up of a bubble column slurry reactor for Fischer-Tropsch synthesis. Stud. Surf. Sci. Catal., 1998,119: 197-202.

[141] Krishna R, Urseanu M, Van Baten J, Ellenberger J. Rise velocity of a swarm of large gas bubbles in liquids.

Chem. Eng. Sci. , 1999,54: 171-183.

[142] Krishna R, Urseanu M I, van Baten J M, Ellenberger J. Influence of scale on the hydrodynamics of bubble columns operating in the churn-turbulent regime: Experiments *vs*. Eulerian simulations. Chem. Eng. Sci. , 1999, 54: 4903-4911.

[143] Behkish A, Lemoine R, Sehabiague L, et al. Gas holdup and bubble size behavior in a large-scale slurry bubble column reactor operating with an organic liquid under elevated pressures and temperatures. Chem. Eng. J. , 2007,128: 69-84.

[144] Otake T, Tone S, Shinohara K. Gas holdup in the bubble column with concurrent and countercurrent gas-liquid flow. J. Chem. Eng. Jana. , 1981, 14: 338-340.

[145] 李鑫钢等. 蒸馏过程节能与强化技术. 北京：化学工业出版社，2011.

[146] 吴声旺. 甲醇双塔精馏和三塔双效精馏工艺应用比较. 化学工程与装备，2009，(07):55-60.

[147] 杨德明，郭新连. 多效精馏回收 DMF 工艺的研究. 计算机与应用化学，2008，(10):1202-1206.

[148] 李群生，叶泳恒. 多效精馏的原理及其应用. 化工进展，1992，(06):40-43.

[149] 王桂云，张述伟. 用 ASPEN PLUS 软件分析双效精馏节能的影响因素. 节能，2007，(10):10-12.

[150] Tyreus B D ,Luyben W L . Effect of number of fractionating trays on reactive distillation performance. Hydrocarbon Processing, 1975,7:93-97.

[151] 平田光穗著，梁源修等译. 实用化工节能和技术. 北京：化学工业出版社，1988.

[152] Schluter L, Schmidt R. A present trend in rectification: Energy saving. Int. Chem. Eng. , 1983,23(3):427-432.

[153] Faust U, Heck G, Lienerth A, et al. Process for the continuous rectification of alcoholic fermates. US4511427A,1985.

[154] 钱嘉林，叶泳恒. 多效精馏原理及应用. 石油化工，1990，(09):639-644.

[155] Tyreus B D, Luyben W L. Controlling heat integrated distillation columns. Chem. Eng. , 1976, 9:59.

[156] Chiang T P, Luyben W L. Comparison of the dynamic performances of three heat-integrated distillation configurations Ind. Eng. Chem. Prod. Res. Dev. , 1988, 27:99.

[157] 李鑫钢. 蒸馏过程节能与强化技术. 北京：化学工业出版社，2012：6-7.

[158] Jana A K. Heat integrated distillation operation. Appl. Energy, 2010, 87: 1477-1494.

[159] Mah R S H, Nicholas J J, et al. Distillation with secondary reflux and vaporization: A comparative evaluation. AIChE Journal, 1977,23: 651-658.

[160] Takamatsu T, Lueprasitsakul V, Nakaiwa M, et al. Modeling and design method for internal heat-integrated packed distillation column. J. Chem. Eng. Jpn. , 1988,21: 595-601.

[161] Takamatsu T, Nakaiwa M, Nakanishi T, et al. The concept of an ideal heat integrated distillation column (HIDiC) and its fundamental properties. Kagaku Kogaku Ronbun, 1996,22: 985-990.

[162] Nakaiwa M, Huang K, et al. Internally heat-integrated distillation columns: A review. Chem. Eng. Res. Des. , 2003,81: 162-177.

[163] Olujic Z, Fakhri F, de Rijke A, et al. Internal heat integration-the key to an energy-conserving distillation column. J. Chem. Technol. Biotechnol. , 2003,78: 241-248.

[164] Olujić Ž, Sun L, de Rijke A, et al. Conceptual design of an internally heat integrated propylene-propane splitter. Energy, 2006, 31: 3083-3096.

[165] Fukushima T, Kano M, Hasebe S. Dynamics and control of heat integrated distillation column (HIDiC). J. Chem. Eng. Jpn. , 2006,39: 1096-1103.

[166] Iwakabe K, Nakaiwa M, Huang K, et al. Energy saving in multicomponent separation using an internally heat-integrated distillation column (HIDiC). Appl. Therm. Eng. , 2006,26: 1362-1368.

[167] Suphanit B. Design of internally heat-integrated distillation column (HIDiC): Uniform heat transfer area versus uniform heat distribution. Energy, 2010,35: 1505-1514.

[168] Suphanit B. Optimal heat distribution in the internally heat-integrated distillation column (HIDiC). Energy,

2011,36：4171-4181.

[169] Wolff E A, Skogestad S. Operation of integrated three-product (Petlyuk) distillation columns. Ind. Eng. Chem. Res., 1995,34：2094-2103.

[170] 孙兰义，李军，李青松. 隔壁塔技术进展. 现代化工，2008,28：38-41,43.

[171] 钱伯章. 炼油化工节能技术的新进展(一). 节能，2006,25：6-9.

[172] 李浪涛，叶青，裘兆蓉. 分隔壁精馏塔分离裂解汽油的模拟. 天然气化工，2008,33：42-44,49.

[173] 郑聪，宋爽，穆钰君，白鹏. 热泵精馏的应用形式研究进展. 现代化工，2008,28：114-117.

[174] 朱平，冯霄. 分割式热泵精馏流程的优化设计及运行调优. 化学工程，2004,32：10-14.

[175] Fonyo Z, Benkö N. Enhancement of process integration by heat pumping. Comput. Chem. Eng., 1996,20：S85-S90.

[176] Schaller M, Hoffmann K H, Siragusa G. Numerically optimized performance of diabatic distillation columns. Comput. Chem. Eng., 2001,25：1537-1548.

[177] Fitzmorris R E, Mah R S H. Improving distillation column design using thermodynamic availability analysis. AIChE Journal, 1980,26：265-273.

[178] Schaller M, Hoffmann K H, et al. The influence of heat transfer irreversibilities on the optimal performance of diabatic distillation columns. J. Non-Equil. Thermody., 2002,27：257.

[179] 舒礼伟，陈林根，孙丰瑞. 传热传质过程和设备的有限时间热力学优化. 热能动力工程，2006,21：111-114.

[180] de Koeijer G, Røsjorde A, Kjelstrup S, et al. Distribution of heat exchange in optimum diabatic distillation columns. Energy, 2004,29：2425-2440.

[181] Rivero R. Exergy simulation and optimization of adiabatic and diabatic binary distillation. Energy, 2001,26：561-593.

[182] Rivero R, Garcia M, Urquiza J, et al. Simulation, exergy analysis and application of diabatic distillation to a tertiary amyl methyl ether production unit of a crude oil refinery. Energy, 2004,29：467-489.

[183] 梁文懂，马毅，李俊，胡玲. 内部热交换型节能蒸馏技术进展. 石油化工设备，2010，39：43-46.

[184] Nakaiwa M, Huang K, Owa M, et al. Energy savings in heat-integrated distillation columns. Energy, 1997,22：621-625.

[185] Takamatsu T, Nakaiwa M, Huang K, et al. Simulation oriented development of a new heat integrated distillation column and its characteristics for energy saving. Comput. Chem. Eng., 1997,21, Suppl：S243-S247.

[186] Naito K, Nakaiwa M, Huang K, et al. Operation of a bench-scale ideal heat integrated distillation column (HIDiC)：an experimental study. Comput. Chem. Eng., 2000,24：495-499.

[187] Nakaiwa M, Huang K, Naito K, et al. A new configuration of ideal heat integrated distillation columns (HIDiC). Comput. Chem. Eng., 2000,24：239-245.

[188] Nakaiwa M, Huang K, Naito K, et al. Parameter analysis and optimization of ideal heat integrated distillation columns. Comput. Chem. Eng., 2001,25：737-744.

[189] Nakaiwa M, Huang K, Endo A, et al. Evaluating control structures for a general heat integrated distillation column (general HIDiC). Comput. Chem. Eng., 1999,23, Suppl：S851-S854.

[190] 赵雄，罗祎青，闫兵海，袁希钢. 内部能量集成精馏塔的模拟研究及其节能特性分析. 化工学报，2009，60：142-150.

[191] 李娟娟，陆恩锡，张翼. 无冷凝器及再沸器的热集成蒸馏塔技术进展. 化学工程，2006，34：1-4.

[192] Liu X, Qian J. Modeling, control, and optimization of ideal internal thermally coupled distillation columns. Chem. Eng. Technol., 2000,23：235-241.

[193] 孙兰义，扎寇·奥鲁铁驰. 内部热耦合精馏塔构型研究. 化学工程，2006,34：4-7.

[194] Glenchur T, Govind R. Study on a continuous heat integrated distillation column. Sep. Sci. Technol., 1987, 22：2323-2338.

[195] Gadalla M, Jiménez L, Olujic Z, Jansens P J. A thermo-hydraulic approach to conceptual design of an internally

heat-integrated distillation column (i-HIDiC). Comput. Chem. Eng., 2007, 31: 1346-1354.

[196] Gadalla M, Olujic Z, Jansens P J, et al. Reducing CO_2 emissions and energy consumption of heat-integrated distillation systems. Environ. Sci. Technol., 2005, 39: 6860-6870.

[197] Wang Y, Huang K, Wang S. A simplified scheme of externally heat-integrated double distillation columns (EHIDDiC) with three external heat exchangers. Ind. Eng. Chem. Res., 2010, 49: 3349-3364.

[198] 高翔，刘伟，陈海胜，等. 一种外部热耦合反应蒸馏系统的模拟研究. 化工学报，2012，63：538-544.

[199] Huang K, Liu W, Ma J, et al. Externally heat-integrated double distillation column (EHIDDiC): Basic concept and general characteristics. Ind. Eng. Chem. Res., 2009, 49: 1333-1350.

[200] Huang K, Shan L, Zhu Q, et al. Design and control of an ideal heat-integrated distillation column (ideal HIDiC) system separating a close-boiling ternary mixture. Energy, 2007, 32: 2148-2156.

[201] 李洪，李鑫钢，罗铭芳. 差压热耦合蒸馏节能技术. 化工进展，2008，27：1125-1128.

[202] 常亮，刘兴高. 内部热耦合空分塔的节能优化分析. 化工学报，2012，63：2936-2940.

[203] Lee J Y, Kim Y H, Hwang K S. Application of a fully thermally coupled distillation column for fractionation process in naphtha reforming plant. Chem. Eng. Process.: Process Intens., 2004, 43: 495-501.

[204] 杨德明，廖巧，王杨. 差压热耦合精馏回收处理含二甲基乙酰胺废水的工艺研究. 现代化工，2010，9：65-67.

[205] 李闻笛，廉景燕，丛山，李洪. 高纯三氯氢硅精馏节能工艺的模拟分析. 现代化工，2012，9：93-95.

[206] 夏清，贾绍仪. 化工原理. 天津：天津大学出版社，2005.

[207] 李春妍，张吕鸿，潘旭明. 差压热集成技术在高纯戊烷生产中的应用. 石油学报(石油加工)，2011，2：308-312.

[208] 孙兰义，昌兴武，谭雅文，等. 热耦合技术应用于共沸精馏系统的研究. 化工进展，2010，12：2228-2233.

第四篇　典型节能工艺与技术分析

第 12 章　乙二醇/碳酸酯节能新过程

12.1　乙二醇和碳酸二甲酯概述

12.1.1　乙二醇供需现状

乙二醇(ethylene glycol,EG),又名甘醇、1,2-亚乙基二醇,是最简单的二元醇。作为一种重要的基础有机化工品,乙二醇已经成为乙烯工业中仅次于聚乙烯、聚氯乙烯的第三大产品。其主要应用领域如图 12.1 所示。由图可见,下游产品中聚酯类产品及汽车防冻剂所占比例较大,是乙二醇消费需求的主要来源。

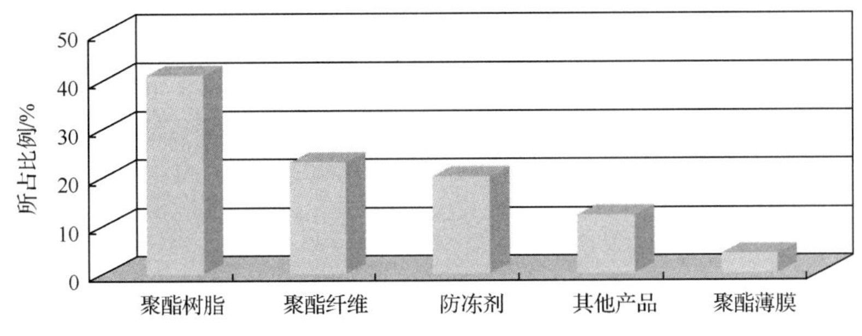

图 12.1　乙二醇下游产品分布

近年来,全球聚酯行业的发展推动着世界乙二醇的消费增长,2009 年全世界乙二醇的总消费量约 1797 万 t,其中仅亚洲地区的消费量约占世界乙二醇总消费量的 69.7%,约 1253 万 t,北美地区约占 13.0%,西欧地区约占 7.6%,中东地区约占世界总消费量的 4.5%,中东欧地区约占 2.9%,中南美地区约占 1.8%[1]。日益增长的消费需求推动着世界产能的增长,2009 年世界乙二醇的总产能约为 2314 万 t,截止到 2010 年 8 月,其总产能达到约 2565 万 t,同比增长约 10.9%[1]。但是全世界产能和供需分布不均匀(图 12.2)[2],亚洲和中东的产能较大。而同时亚洲消费量也很大,远高于自身的产能,是全世界乙二醇消费量最大的地区,因此大部分乙二醇还需进口,进口约占总消费的 70%以上,进口依赖度大。

随着聚酯工业及汽车销售业的快速发展,我国乙二醇消费量近年来持续增加,自 2000 年以来,我国乙二醇表观消费量以每年 31.4%的速度持续增长,2005 年超过美国成为世界第一大乙二醇消费国,2006 年我国乙二醇表观消费量创纪录达到 562 万 t,占世界总消费量的 33%[3-5]。国内市场对聚酯和防冻剂快速增长的需求拉动着我国乙二醇生产能力的发展。截至 2012 年 5 月底,我国乙二醇生产厂家达到 17 家,总产能达 378 万 t。2012 年我国乙二醇主要生产厂家情况见表 12.1[6,7]。

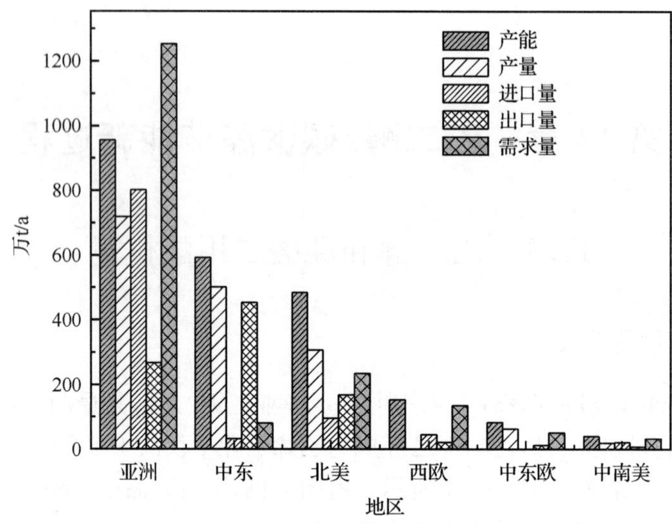

图 12.2 世界乙二醇需求与生产(2009 年)

表 12.1 2012 年我国乙二醇的主要生产厂家情况(截至 2012 年 5 月底)

生产厂家名称	生产能力/(10^3 t/a)	环氧乙烷技术方法
中石化北京东方石油化工有限公司	40	SD 氧化法
中石化北京燕山石油化工公司	80	SD 氧化法
中石油辽阳石油化纤公司	200	SD 氧化法
中石油吉林石油化工公司	159	SD 氧化法
中石化扬子石油化工公司	262	SD 氧化法
中石化上海石油化工公司	605	SD 氧化法
中石油新疆独山子石油化工公司	50	SD 氧化法
南京扬子-巴斯夫有限公司	300	SD 氧化法
辽宁北方化学工业公司	200	SD 氧化法
中石油抚顺石油化工公司	60	Shell 氧气法
中石化天津联合化学有限公司	62	Shell 氧气法
中石化茂名石油化工公司	100	Shell 氧气法
中海-壳牌石油化工有限公司	350	Shell 氧气法
内蒙古通辽金煤化工有限公司	200	煤化工工艺
河南煤化集团新乡永金化工公司	200	煤化工工艺
中石化镇海炼化公司	550	DOW 化学工艺
中沙(天津)石化有限公司	360	DOW 化学工艺
合计	3778	

近几年我国乙二醇的产量增加缓慢,2006 年我国乙二醇产量只有 152 万 t,2009 年增加到 195 万 t,同比增加仅约 4.4%。2011 年产量达到约 295 万 t,同比增长约 18.0%。

我国乙二醇的产需状况如图 12.3 所示。由图可见，尽管我国乙二醇产量在近十年来有一定的提高，但提高的产量仍远远低于高比例增加的需求量，约 70%以上乙二醇产品还需进口。今后几年，我国对乙二醇需求量将继续增长，预计到 2015 年我国对乙二醇的需求量将达到约 1300 万～1350 万 t，而届时的生产能力约只有 1000 万 t，产不足需，仍要通过进口才能满足国内实际生产的需求[8]。因此，在我国大力发展乙二醇产业具有重要意义和切实的紧迫性。

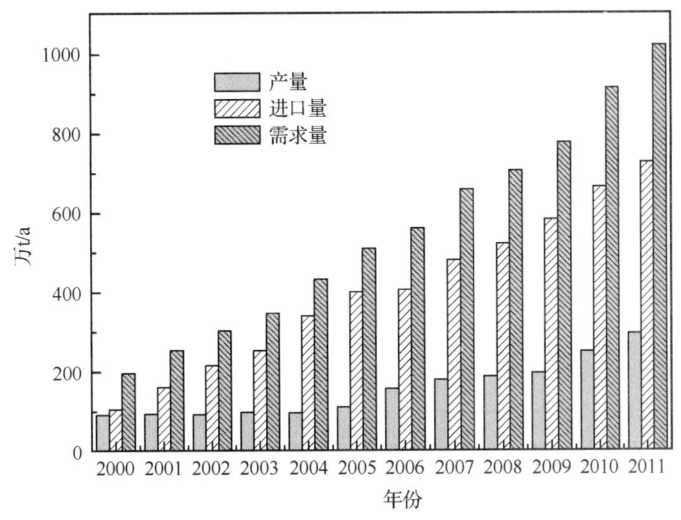

图 12.3　我国乙二醇产需情况

12.1.2　乙二醇生产技术现状

目前，乙二醇的生产方法主要分为石油路线和非石油路线两大类。石油路线是以乙烯为原料，经氧化生成环氧乙烷，再由环氧乙烷作为原料合成乙二醇。其中，石油路线中的环氧乙烷(EO)直接水合法是目前国内外工业化生产乙二醇的主要方法[8]。随着国内外乙二醇消费需求的增长，人们相继研究出环氧乙烷催化水合法、碳酸乙烯酯(EC)法两种新石油路线工艺。非石油路线主要分为合成气法和生物质法两大类，合成气法是以煤或者天然气制得的合成气为原料，直接或者经由甲醛、甲醇等中间物合成乙二醇[9-11]。生物质法是以生物基资源为原料合成乙二醇。合成乙二醇的主要工艺路线如图 12.4 所示。

1. 环氧乙烷直接水合法

环氧乙烷(EO)直接水合法是目前我国工业化生产乙二醇的主要方法，该工艺是将环氧乙烷和水按 1∶20～22(物质的量比)的比例配成混合溶液，在管式反应器中于 190～220℃、1.0～2.5 MPa 下反应，环氧乙烷全部转化为混合醇，然后经分离得到乙二醇及副产物二乙二醇(DEG)和三乙二醇(TEG)等[8,12,13]，主要工艺流程如图 12.5 所示。该工艺存在的主要问题是工艺落后、流程长、设备多、反应条件苛刻，从而导致能耗高，产品选择性低、水比高，成本高。

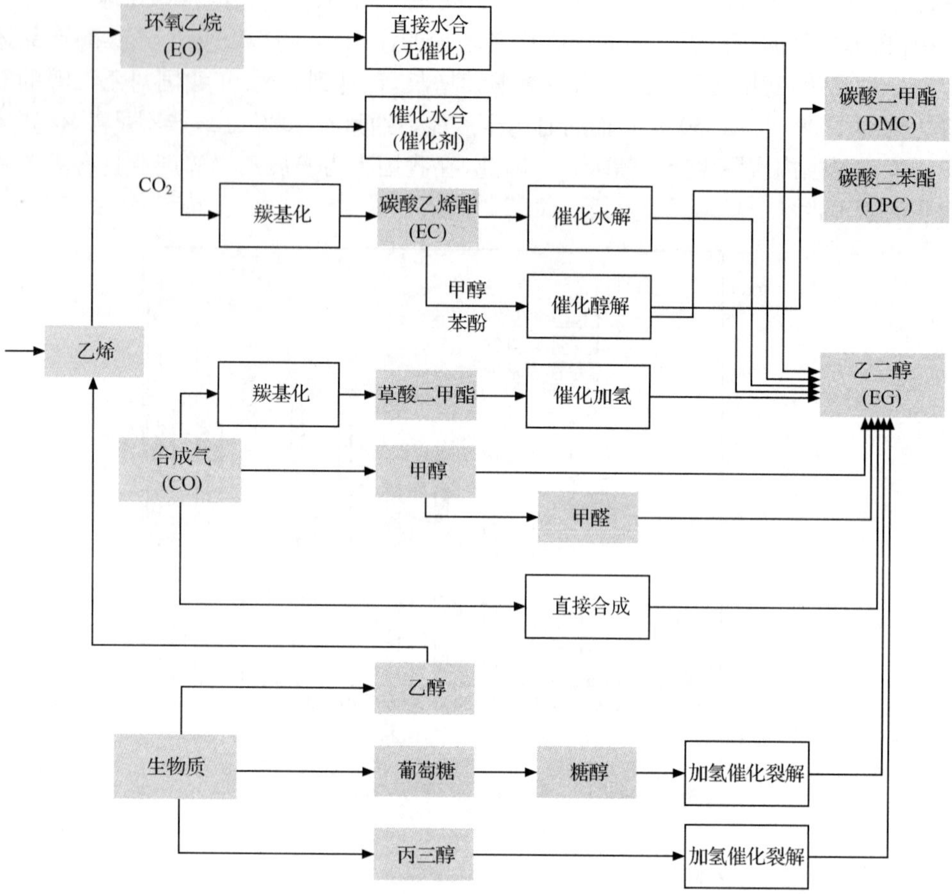

环氧乙烷(EO)
直接水合(无催化)
催化水合(催化剂)
CO_2
羰基化
碳酸乙烯酯(EC)
催化水解
甲醇
苯酚
催化醇解
碳酸二甲酯(DMC)
碳酸二苯酯(DPC)
乙烯
羰基化
草酸二甲酯
催化加氢
乙二醇(EG)
合成气(CO)
甲醇
甲醛
直接合成
乙醇
生物质
葡萄糖
糖醇
加氢催化裂解
丙三醇
加氢催化裂解

图 12.4　合成乙二醇的主要技术路线

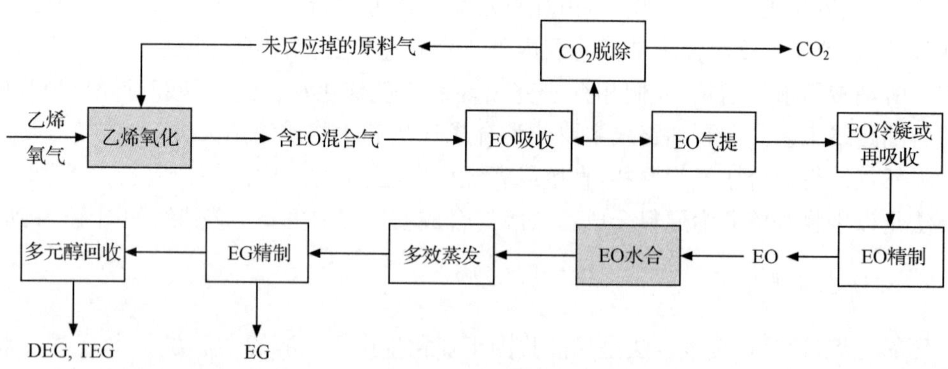

图 12.5　环氧乙烷直接水合法的工艺过程

2. 环氧乙烷催化水合法

针对环氧乙烷直接水合法工艺中存在的问题，为了提高选择性、降低用水量、降低反应温度，从而降低成本和能耗，世界上许多公司如壳牌(Shell)公司[12,13]、联碳(UCC)公司[14,15]、莫斯科门捷列夫化工学院[16]、上海石油化工研究院[17-19]、南京工业大学[20,21]、大连理工大学[22-25]等都研究和开发了环氧乙烷催化水合法生产乙二醇的新技术。与直接水合法不同，催化水合法是在催化剂存在下进行环氧乙烷的水合反应。方法可分为均相催化水合法和非均相催化水合法两种，其中最有代表性的是 UCC 公司的均相催化水合法和 Shell 公司的非均相催化水合法。

催化水合法较直接水合法在一定程度上降低了水比，提高了环氧乙烷的转化率和乙二醇的选择性，但在整个水解过程中催化剂的活性和稳定性还不够理想，乙二醇的选择性还不够高，且未能突破水比对乙二醇选择性的限制，用水量较高(H_2O/EO＝6∶1～8∶1)。这些都是为什么催化水合法至今没有工业化的根本原因。

3. 碳酸乙烯酯法

与环氧乙烷水合法不同，碳酸乙烯酯(EC)法制备乙二醇的新技术是由环氧乙烷出发，先生成碳酸乙烯酯，进而由碳酸乙烯酯做原料制备乙二醇。碳酸乙烯酯法又可细分为催化水解法和催化醇解法，反应路线如图 12.6 所示。

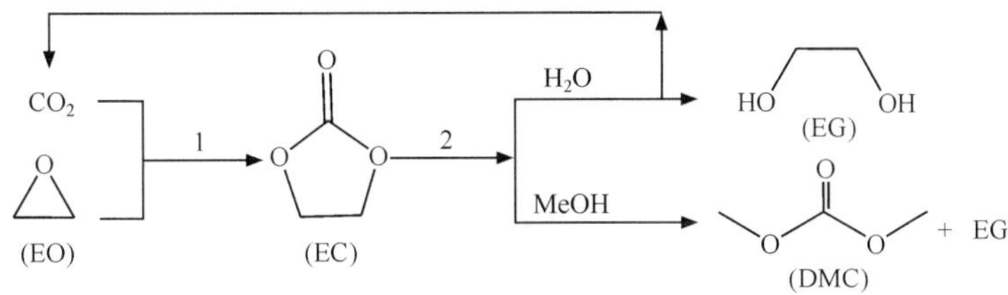

图 12.6　碳酸乙烯酯法合成乙二醇的技术路线

1) 催化水解法

该工艺过程分两步进行，首先是二氧化碳和环氧乙烷(EO)在催化剂作用下合成碳酸乙烯酯(EC)，接着是碳酸乙烯酯(EC)水解得乙二醇(EG)，其反应方程式如下：

$$\text{(EO)} + CO_2 \xrightarrow{\text{Cat}} \text{(EC)} \xrightarrow{H_2O} \text{HO}\diagup\diagdown\text{OH (EG)} + CO_2$$

美国 Halcon-SD、UCC，日本触媒等公司于 20 世纪 70 年代相继开发了碳酸乙烯酯水解合成乙二醇工艺技术。Halcon-SD 工艺[26]的特点是开发了既适用于羰基化又适用于水解反应的新型催化剂，乙二醇收率高达 99%。20 世纪 80 年代末期，三菱(Mitsubishi)公司对该技术进行了进一步的专利报道[27]，20 世纪 90 年代末期，Mitsubishi 公司[28]提出采用含有碳酸乙烯酯和乙二醇的水溶液代替纯水吸收乙烯氧化得到的环氧乙烷，形成 EO-CO_2-EG/H_2O 混合物，直接进入酯化反应器在季鏻盐催化剂作用下转变为碳酸乙烯酯和乙二醇，然后再进行水解反应得到乙二醇，每步反应收率都大于 99%。2002 年该公司[29]与Shell公司合作，将乙烯氧化制环氧乙烷及环氧乙烷水合制乙二醇组合为一个新的工艺，称为OMEGA技术。其特点是使用由Shell公司开发的高选择性环氧乙烷催化剂和由Mitsubishi公司开发的环氧乙烷催化水合技术，水比降为1.5∶1，选择性达到99.3%。Texaco、Asahi等公司也相继开展了该工艺的研究。目前Texaco、Asahi公司均已实现工业化。中石化北京燕山石油化工公司（以下简称燕山石化）现有的8万t/a乙二醇装置是国内首套纯氧氧化法乙二醇工业装置，1978年引进美国SD公司技术，目前乙二醇生产技术和规模均处于落后的位置。为了提升工艺的技术经济水平，提高企业竞争力，燕山石化和中国科学院过程工程研究所（以下简称中科院过程所）、中国石化工程建设公司共同开展了碳酸乙烯酯水解和醇解节能减排新技术的开发，同时中科院过程所与燕山石化合作开展了离子液体催化水解法制备EG鼓泡床新工艺的研究（见12.3节图12.11）。现已完成实验室、工业侧线研究和8万t/a乙二醇新工艺数据包的开发，具备了工业化成套技术开发的条件。

2）催化醇解法

该工艺过程分两步进行，首先是二氧化碳和环氧乙烷（EO）进行环加成生成碳酸乙烯酯（EC），接着是EC通过均相催化或非均相催化工艺与甲醇进行酯交换反应，从而生成碳酸二甲酯（DMC）和乙二醇。反应方程式如下：

$$\text{(EO)} + CO_2 \xrightarrow{\text{Cat}} \text{(EC)} \xrightarrow[\text{MeOH}]{\text{Cat}} \text{HO}\!\!-\!\!CH_2CH_2\!\!-\!\!\text{OH (EG)} + CH_3OC(=O)OCH_3 \text{ (DMC)}$$

与催化水解法相比，催化醇解法具有更高的原子经济性，可将乙烯氧化排放的副产物CO_2固定转化为碳酸二甲酯（DMC），将大大有利于该行业实现生产的经济性、环保性。生成的DMC是一种无毒、易生物降解、环境友好型的绿色基础化工原料，可应用于聚碳酸酯以及医药、农药、涂料、锂电池电解液等领域的生产，又可作为原料与苯酚反应用于生产碳酸二苯酯，进而生产聚碳酸酯。该工艺可以有效地拓展环氧乙烷的下游产品产业链，是一种极具工业应用前景的方法。

1972年，陶氏（Dow）化学公司[30]发表了催化酯交换制备烷基碳酸酯的专利；1974年该公司[31]提出通过及时移走反应生成的碳酸二甲酯和甲醇共沸物，提高碳酸乙烯酯的转化率，并通过冷却结晶和萃取精馏的方法分离了碳酸二甲酯和乙二醇；1994年由Dow化学公司开发的METEORTM工艺首次在加拿大实现工业化生产，2008年该公司成为全球最大的乙二醇生产商。随后，德国的拜耳（Bayer）公司[32]、美国的德士古（Texaco）公司[33]、美孚石油（Mobile Oil）公司[34]、英国石油（BP）公司以及日本的三菱化学（Mitsubishi Chemical）公司[35]分别开展了这方面的研究并进行了工业化生产。中国科学院兰州化学物理研究所（以下简称兰化所）完成了全流程工艺开发[36]，即针对聚酯合成对乙二醇产品质量的高要求，开发了适应规模化生产的管式循环反应工艺、分离耦合工艺和乙二醇产品催化精制技术，目前处于中试阶段。

与环氧乙烷水合法相比，碳酸乙烯酯法在技术成本方面有着明显的优势：其能耗低、水比小、设备投资少、原料转化率和产品选择性高，能够大幅度降低乙二醇生产成本。水比（H_2O/EO）由原来的 22∶1 降低到 1.2∶1，乙二醇选择性由 89%提高到 99%以上，能耗降低 30%以上，设备投资降低 20%以上。目前三菱与壳牌联合开发 OMEGA 技术，将乙烯氧化制环氧乙烷及羰基化合成碳酸乙烯酯再催化水解制乙二醇组合，2008 年 6 月在韩国建成了世界上首套 40 万 t/a 工业装置；2009 年 4 月在沙特阿拉伯 Petro Rabigh 公司建成第二套 60 万 t/a 乙二醇装置，且成功投产[37]；Shell 还采用此技术于 2009 年 11 月在新加坡裕廊岛建设一套生产能力为 75 万 t/a 乙二醇装置，目前已成功投运[38]。从 Halcon-SD、日本触媒、日本三菱、Dow、Texaco 等国际知名公司的研究实践来看，碳酸乙烯酯法在合成 EG 方面表现出了非常好的应用前景。

12.2　反应的基本原理

12.2.1　环氧乙烷（EO）与二氧化碳（CO_2）反应的基本原理

目前提出的酯化催化剂的种类数不胜数，与之对应提出的催化机理种类繁多，可大致分为两大类：路易斯酸碱协同催化与氢键协同催化体系。

（1）路易斯酸碱协同催化是指在路易斯酸碱协同作用下发生开环，反应机理如图 12.7 所示。

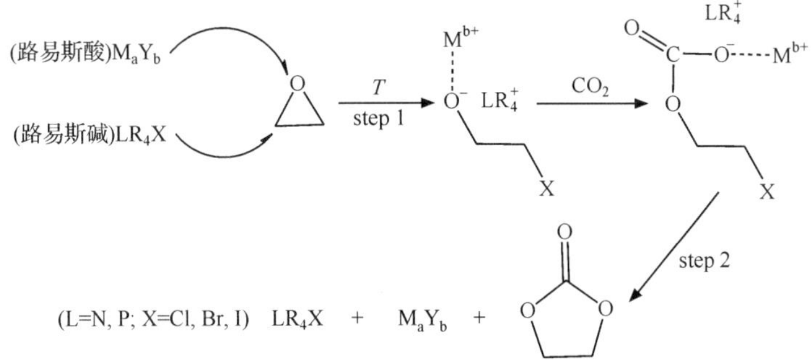

图 12.7　路易斯酸碱协同催化反应机理示意图

M_aY_b 与 LR_4X 分别进攻环氧乙烷的不同部位，M^{b+}（路易斯酸）结构中具有空轨道，氧可以向其提供一对孤对电子从而形成配位键，使 C—O 键极化，与此同时季铵盐/季鏻盐 LR_4X 中的 X^-（路易斯碱）作为亲核试剂进攻与氧相邻的相对缺电子的碳，随后发生开环，LR_4^+ 与带负电的 O^- 由于静电作用达到平衡，对所形成的中间产物具有稳定作用，此时 CO_2 与氧负离子反应形成烷基碳酸阴离子，然后取代分子内的卤素基团—X，成环形成碳酸乙烯酯。

（2）氢键协同催化是指通过形成氢键协助发生开环作用，反应机理如图 12.8 所示。

由此可见，催化剂中的羟基基团与卤素离子 X^- 分别进攻环氧乙烷的不同部位，羟基基团中的氢与环氧乙烷中的氧形成氢键作用，使 C—O 键极化，与此同时卤素离子 X^- 作为亲核试剂进攻与氧相邻的碳，诱导开环，此时 CO_2 与氧负离子反应形成烷基碳酸阴离

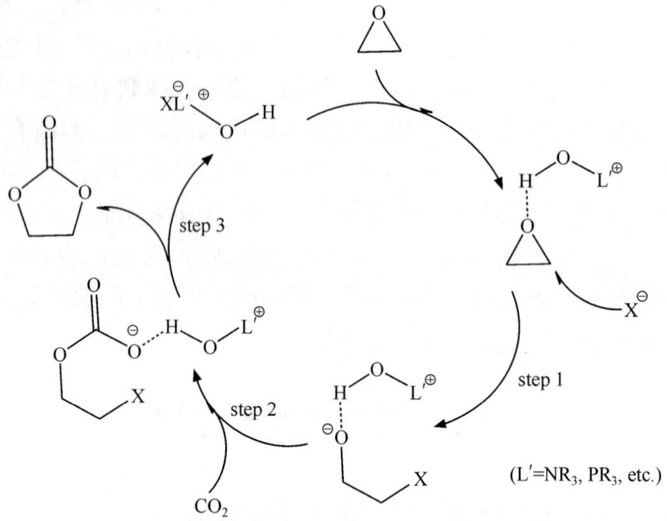

图 12.8　氢键协同催化反应机理示意图

子，然后取代分子内的卤素基团—X，成环形成碳酸乙烯酯。氢键基团在开环过程中起到了类似于路易斯酸的作用。

EO 与 CO_2 生成 EC 的反应是一个放热反应，EO 与 CO_2 反应方程式如下：

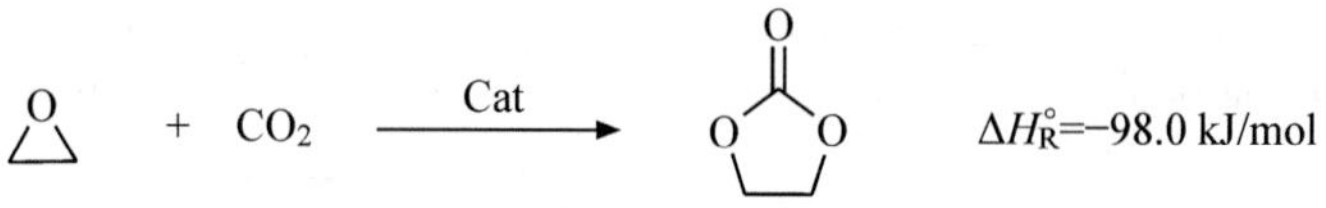

$$\text{EO} + CO_2 \xrightarrow{\text{Cat}} \text{EC} \qquad \Delta H_R^{\circ}=-98.0\ \text{kJ/mol}$$

基于其放热的性质，在酯化催化剂开发时，我们追求催化剂的高热稳定性；工艺设计过程中，应注意及时将反应热量移走，防止飞温。

12.2.2　碳酸乙烯酯水解和醇解基本原理

1. 水解基本原理

EC 水解反应的可能机理如图 12.9 所示。

催化剂中的碱负离子与体系中的水分子间形成氢键，削弱了水分内氢氧键强度，使氢氧键断裂生成氢氧根负离子，然后氢氧根负离子作为亲核试剂进攻 EC 的羰基碳，电子转移到电负性较高的环外氧原子上使其变成氧负离子，即中间体(1)，进而形成 C ═O 双键，从而使相邻 C—O 键断裂，氧负离子转移，此时水中的氢与氧负离子形成氢键，脱掉氢氧根负离子，氢氧根作为亲核试剂进攻羰基碳，再一次发生电子转移，脱掉 CO_2，剩余氢质子与乙二醇负离子结合生成乙二醇。

EC 的水解反应是一个吸热反应，反应方程如下：

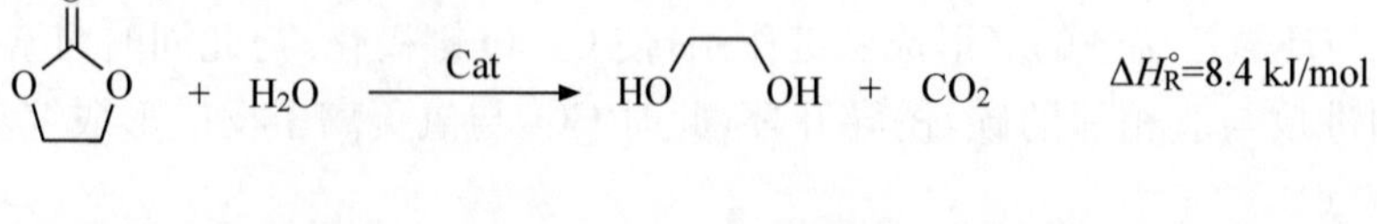

$$\text{EC} + H_2O \xrightarrow{\text{Cat}} \text{HO}\!\!\diagup\!\!\diagdown\text{OH} + CO_2 \qquad \Delta H_R^{\circ}=8.4\ \text{kJ/mol}$$

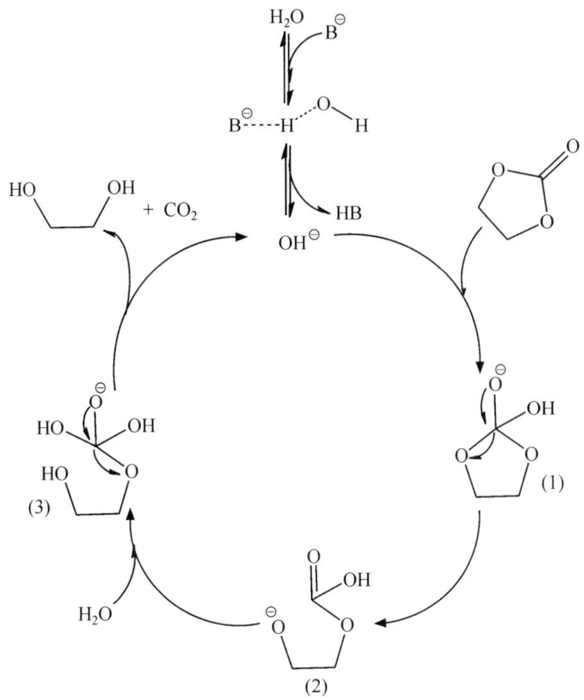

图 12.9　EC 水解反应机理示意图

因为升高温度时，反应速率增加，因此温度升高，转化率增加；高温对于反应有利，当温度至 140℃时，继续升高温度，转化率和选择性不变，所以最佳反应温度为 140℃。

2. 醇解基本原理

醇解反应可能的机理如图 12.10 所示：

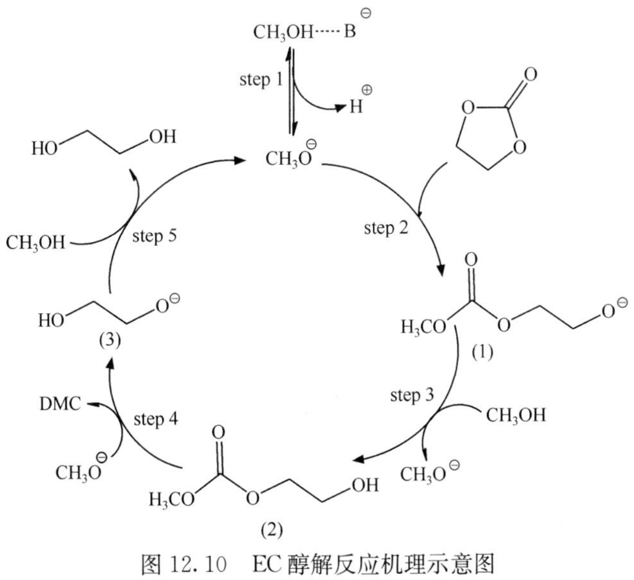

图 12.10　EC 醇解反应机理示意图

首先，甲醇羟基中的氢与催化剂中的碱负离子形成氢键，使 O—H 键极化，失去氢质子形成富电子的 CH_3O^-；然后，CH_3O^- 进攻 EC 中的羰基碳，从而开环形成中间体(1)，中间体(1)捕获甲醇失去的氢质子形成中间体(2)，中间体(2)进而被 CH_3O^- 亲核取代产生 DMC 和 EG 负离子(3)，中间体(3)通过与甲醇间的质子转移最终形成 EG。

醇解反应是一个可逆放热反应，理论平衡转化率为 76%，主反应方程式如下：

$$\text{EC} + 2CH_3OH \xrightleftharpoons{\text{Cat}} HOCH_2CH_2OH + H_3C{-}O{-}C(=O){-}O{-}CH_3 \qquad \Delta H_R^\circ = -7.5\ \text{kJ/mol}$$

副反应方程式如下：

$$\underset{\text{EG}}{HOCH_2CH_2OH} + HOCH_2CH_2OH \longrightarrow \underset{\text{DEG(二乙二醇)}}{HOCH_2CH_2OCH_2CH_2OH} + H_2O$$

$$HOCH_2CH_2OH + CH_3OH \longrightarrow \underset{\text{EGME(乙二醇单甲醚)}}{HOCH_2CH_2OCH_3} + H_2O$$

从国内外综合情况来看，合成气路线具有一定的技术经济优势，但是其工艺技术成熟配套、乙二醇质量稳定、装置长周期运行及经济性方面还有待进一步考察[8]；环氧乙烷催化水合法和碳酸乙烯酯法被认为是最有发展前景的工业化生产方法，也是目前国内外研究开发的热点。

12.3 工艺创新

水解新工艺创新：中科院过程所与燕山石化合作开展的离子液体催化水解法制备 EG 鼓泡床新工艺(图 12.11)是目前国内外最先进的工艺，可在现有装置改造后使用，固定床水解工艺无需催化剂分离，简化了工艺，因此更具先进性。该工艺代表了 EG 主流技术发展方向。

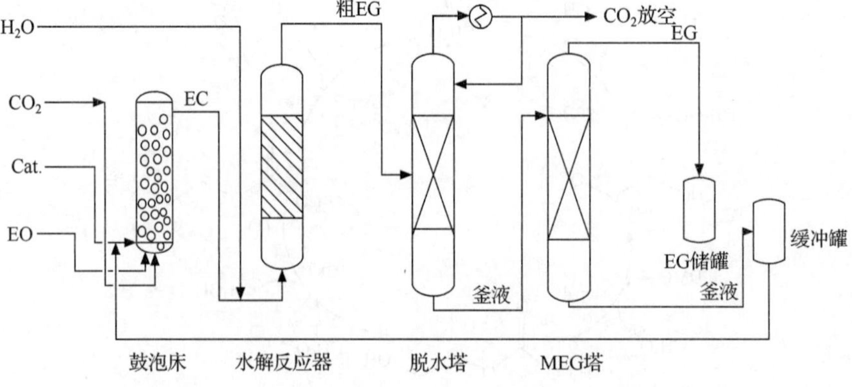

图 12.11 催化水解制备 EG 鼓泡床新工艺示意图

其主要创新性体现在：①通过分子设计，开发的离子液体羰基化与水解双重功能催化剂具有独创性，与现有催化水解工艺相比，无须进行第一步反应催化剂的分离，具有清洁、高效、稳定的特性；②通过多种载体的筛选与改进，独创性地开发了离子液体化学负载羰基化催化剂，大幅度降低了催化剂消耗，搭建起了 EC 产品研发平台；③水解新工艺采用工业粗 EO 作为原料，与现有工业装置具有良好的嵌入性，采用列管式固定床酯化反应器与均相水解反应器组合，工艺简练、清洁、节能。

醇解新工艺创新：本项目组开发的羰基化固定床反应和反应经精馏 EC 醇解新工艺(图 12.12)分两段进行，第一段 EO 在固定床反应器内进行酯化反应，第二段 EC 在精馏塔内发生催化醇解反应。实现了环氧乙烷平均转化率＞99％，碳酸二甲酯选择性＞99％，乙二醇选择性＞98％。

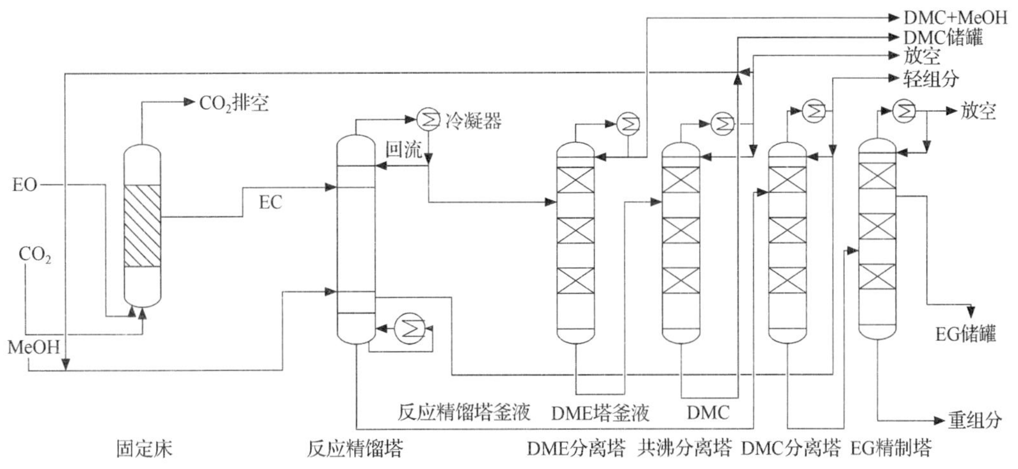

图 12.12　醇解新工艺流程简图

主要创新性体现在催化剂方面，第一步反应采用非均相催化，催化剂活性及选择性较高且无须分离，节能、绿色环保；第二步采用均相催化，催化剂的反应活性高、选择性较高，催化生成 EG 选择性＞98％，DMC 选择性＞99％，几乎无副产物生成。

12.3.1　水解工艺

1. 水解工艺现状

现有的催化水解法催化合成乙二醇将反应过程分为两个阶段，先利用二氧化碳与环氧乙烷在催化剂的作用下通过环加成反应生成碳酸乙烯酯，然后将碳酸乙烯酯在催化剂作用下，进行水解生产乙二醇。该法具有温度低、水比低、EG 收率高、能耗低等特点(图 12.13)。该法主要由 Shell、三菱化学、日本触媒、UCC、Dow、Halcon-SD 等公司开发。

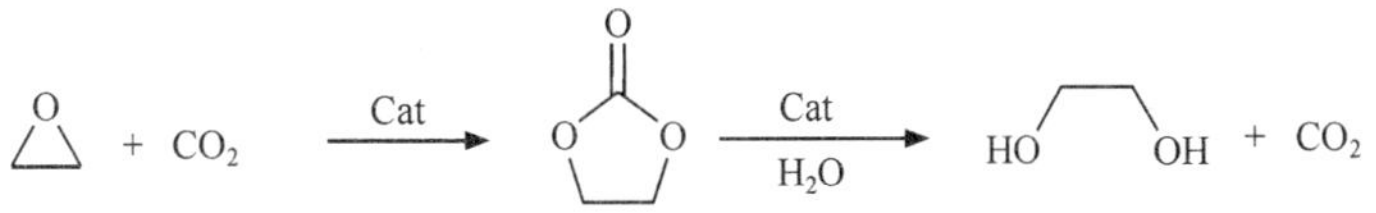

$$\overset{O}{\triangle} + CO_2 \xrightarrow{Cat} \underset{O\quad O}{\overset{O}{\|}} \xrightarrow[H_2O]{Cat} HO\diagup\!\diagdown OH + CO_2$$

图 12.13　催化水解法合成乙二醇的技术路线

三菱与壳牌联合开发了OMEGA技术(图12.14)。OMEGA技术是以环氧乙烷为原料经碳酸乙烯酯生产乙二醇,该工艺取得了突破性进展。三菱化学公司开发的工艺是以环氧乙烷装置制得的含水40%环氧乙烷和二氧化碳为原料,并使催化剂完全溶解在反应液中,反应几乎可使所有的环氧乙烷全部转化为碳酸乙烯酯,碳酸乙烯酯再在加水分解反应器中全部转化成乙二醇。

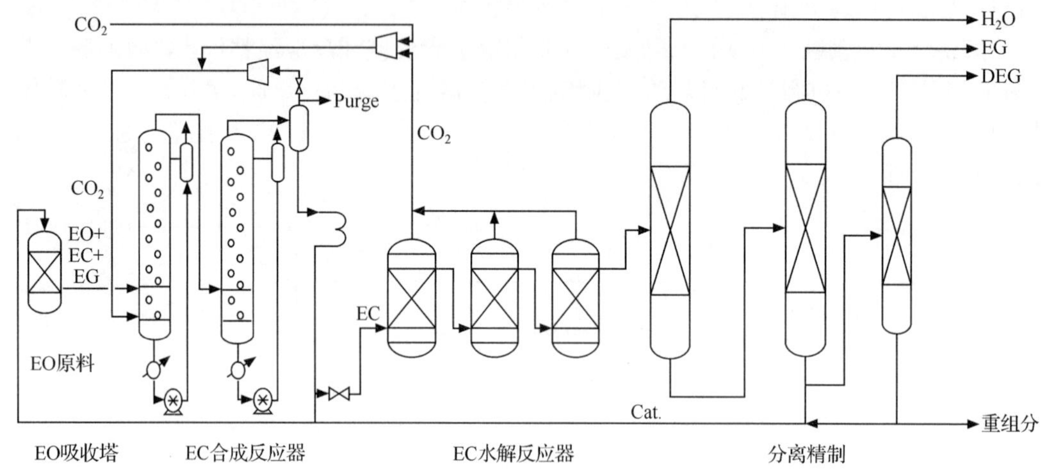

图12.14　OMEGA技术合成乙二醇的路线

2. 工艺创新

在现有的研究现状下,鼓泡床水解是目前最先进的工艺之一,反应条件温和,但现有的催化剂浓度高、效率较低、成本较高、须循环回收,且分离循环比较耗能,这都是有待改进的地方,有很大的提升空间,同时也是制约鼓泡床水解成本的关键部分。本项目组在面临着知识产权、工艺效率、产品质量、安全问题、健康环保等方面挑战的情况下,以突破新的催化体系,开发新工艺、新反应器、新流程等新一代技术为总的研究思路,进行了新催化剂的设计与开发,新型反应器开发,工业侧线装置设计与运行,工艺流程(图12.15)开发与优化集成等一系列工作。

3. 催化剂

用于催化合成环状碳酸酯的均相催化剂主要包括碱金属盐、有机碱、有机金属配合物及离子液体。碱金属盐KI是较早报道的用于催化环状碳酸酯合成的催化剂,同时也是应用于工业生产的催化剂[39]。其优点是价格低廉、稳定性高,但缺点是反应时催化剂所需浓度较高、反应收率低、条件苛刻、需要高温高压。中国科学院上海有机化学研究所(以下简称上海有机所)施敏研究员等[40]同时报道了有机碱DMAP、吡啶、三乙胺等环状碳酸酯合成的催化剂,并发现苯酚的加入可显著提高体系的催化活性;另外还发现使用DMF在超临界CO_2的条件下同样可制得环状碳酸酯[41]。Nguyen等[42]报道了用Salen Cr(Ⅲ)配合物作为金属催化剂,用DMAP作为轴向助催化剂,在较温和的条件下取得了相当高

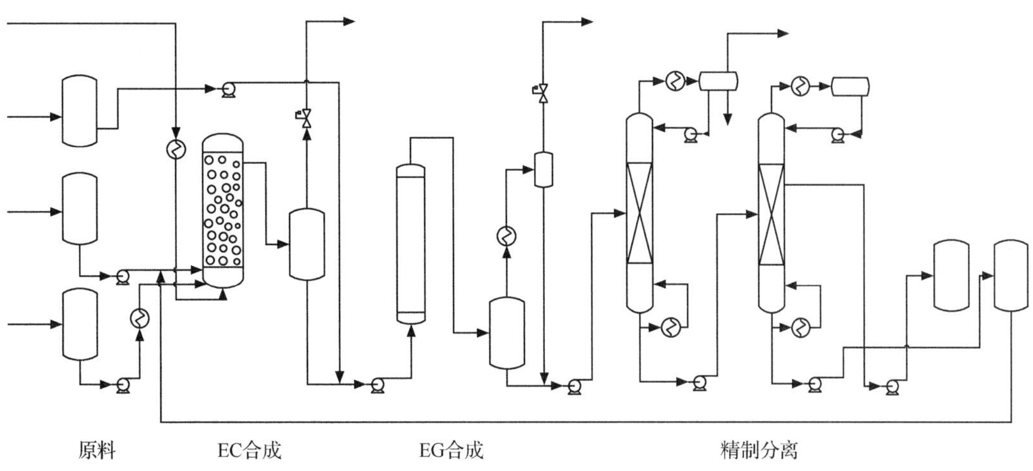

图 12.15　水解工艺流程图

的催化活性；2006 年 Jing 等将 Salen Co 与季铵盐组成复合催化体系，进一步提高了催化活性；吕小兵等[43,44]也利用类似的 Salen Al 配合物为主催化剂，以四丁基溴化铵(TBAB)为助催化剂，实现了对环氧乙烷 3070 h^{-1}的催化转化频率。此外，贵金属 Pd、Rh、Pt 的配合物、碱金属、路易斯金属酸、冠醚以及季铵盐的各种复合体系也能够催化该反应的进行[45-47]。

上述催化剂或多或少存在活性较低、结构较复杂、成本高，且需要添加助剂等缺点，限制了其应用性。近年来，室温离子液体由于具有结构可设计、蒸气压低、毒性小、稳定性高、不易燃易爆、溶解性能独特、易分离等特点，在催化领域受到了越来越多的关注[48-52]。

2001 年，兰化所邓友全研究员等[53]最早使用离子液体作为溶剂和催化剂用于 CO_2 与环氧化合物合成环状碳酸酯的反应(图 12.16)，研究发现该离子液体对于环氧丙烷几乎可以定量的转化为碳酸丙烯酯，且该离子液体可以重复使用四次。2005 年，Varma 课题组[54]设计合成基于四卤化铟型的离子液体用于 CO_2 与环氧化合物的环加成反应，该催化体系具有活性高、热力学稳定且易分离回收的优点，反应结束后即可得到无色高质量产品，不需要任何脱色处理过程。南开大学何良年教授等[55]合成了一系列含氮杂环类离子液体，其中含有的不饱和胺基可以与 CO_2 形成不稳定中间体，从而起到了活化 CO_2 的作用；何良年教授等合成的基于 1,8-二氮杂环[5,4,0]十一碳-7-烯的离子液体催化剂 HDBUCl 可在 140℃、1 MPa、2 h 达到 99%的环氧丙烷转化率。

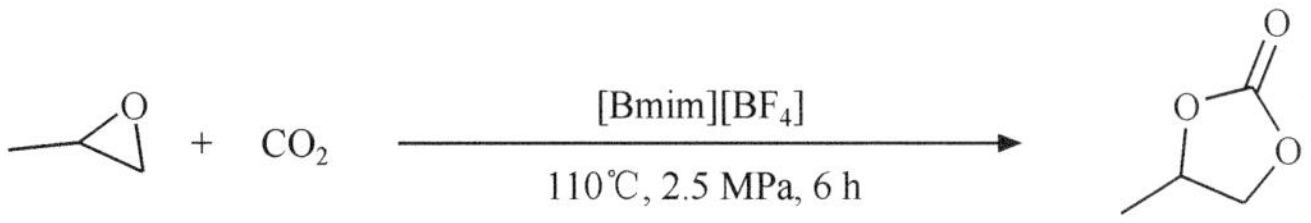

$$\text{环氧丙烷} + CO_2 \xrightarrow[110℃,\ 2.5\ MPa,\ 6\ h]{[Bmim][BF_4]} \text{碳酸丙烯酯}$$

图 12.16　[Bmim][BF_4]催化合成碳酸丙烯酯

1) 路易斯酸碱协同催化体系

针对现有常规离子液体的研究多集中在咪唑盐和季铵盐类离子液体方面的局限，本项目组研究了季鏻盐类离子液体用于合成环状碳酸酯，并开发出了以季鏻盐为路易斯碱的路易斯酸碱二元协同催化体系。其中 $ZnCl_2/PPh_3C_6H_{13}Br$ 催化体系催化 CO_2 和环氧化合物合成环状碳酸酯活性最好[56]（表 12.2）。在两种催化组分的协同作用下，反应可以不添加任何有机溶剂就能在十分温和的反应条件下高收率、高选择性地合成环碳酸酯，从而使该反应成为典型的“绿色”、“原子经济”反应。

表 12.2 不同催化剂体系对二氧化碳和环氧丙烷环加成偶联反应的影响

序号	催化剂	PC 收率/%	PC 选择性/%	TOF/h^{-1b}
1	$ZnCl_2/PPh_3C_6H_{13}Br$	96.0	>99.0	4718.4
2	$ZnCl_2/PPh_3/C_6H_{13}Br$	痕量	—	—
3	$ZnCl_2/PPh_3$	痕量	—	—
4[a]	$ZnCl_2/KBr$	痕量	—	—
5	$ZnCl_2/PPh_3C_2H_5Br$	93.0	>99.0	4570.9
6	$ZnCl_2/PPh_3C_4H_9Br$	95.0	>99.0	4669.2
7	$ZnCl_2/PPh_3C_8H_{17}Br$	97.1	>99.0	4767.5
8	$ZnCl_2/PPh_3C_{10}H_{21}Br$	98.5	>99.0	4841.2
9	$ZnCl_2/P(Bu)_4Br$	79.0	>99.0	3882.8
10	$ZnCl_2/PPh_3$*iso*-C_4H_9Br	94.2	>99.0	4629.8
11	$ZnCl_2/PPh_3C_3H_7Cl$	65.0	>99.0	3194.7
12	$ZnCl_2/PPh_3C_4H_9Cl$	67.0	>99.0	3293.1
13	$ZnCl_2/PPh_3C_5H_{11}Cl$	70.0	>99.0	3440.5
14	$ZnCl_2/PPh_3C_4H_9I$	95.1	>99.0	4674.1
15	$ZnCl_2/P(Bu)_3C_{14}H_{29}Cl$	75.2	>99.0	3696.1
16	$ZnSO_4/PPh_3C_6H_{13}Br$	60.0	>99.0	2949.0
17	$Zn(Ac)_2/PPh_3C_6H_{13}Br$	67.1	>99.0	3298.0
18	$Zn(NO_3)_2/PPh_3C_6H_{13}Br$	86.9	>98.0	4271.1
19	$KBr/ZnO/PPh_3C_6H_{13}Br$	21.6	>99.0	1059.3
20	$KCl/ZnO/PPh_3C_6H_{13}Br$	10.0	>99.0	490.4

注：反应条件为环氧丙烷（20.0 ml），离子液体（0.35 mmol），锌盐（0.058 mmol），120℃，1.5 MPa，1 h；a 溴化钾（0.35 mmol）；b 单位时间摩尔催化剂催化生成的碳酸丙烯酯的摩尔量。

本项目组还开发了二元路易斯酸碱协同催化体系 $ZnBr_2$/Choline Chloride 离子液体催化剂，在 1%催化剂、110℃、1.5 MPa、1 h 的条件下获得了 99%碳酸酯收率[57]。另外对该催化剂提出了可能的催化反应机理（图 12.17）。

反应中锌的卤化物为路易斯酸，季鏻盐/季铵盐离子液体为路易斯碱，两者分别从不同的方向对环氧化合物进行开环协同催化作用。在作用过程中，路易斯酸中的金属阳离子对环氧化合物三元环上的氧原子进行静电吸引，使得氧原子与其相连的碳原子之间的 C—O 键发生极化，键长拉伸；在此基础上，离子液体中卤素阴离子对发生极化了的 C—O 键中的空间位阻较小的 C 原子发生亲核加成作用，从而使得极化的 C—O 键发生断裂，过程如图 12.17 所示的 step 1。随着 C—O 键的断裂，反应产生了一个氧负离子，此时，CO_2

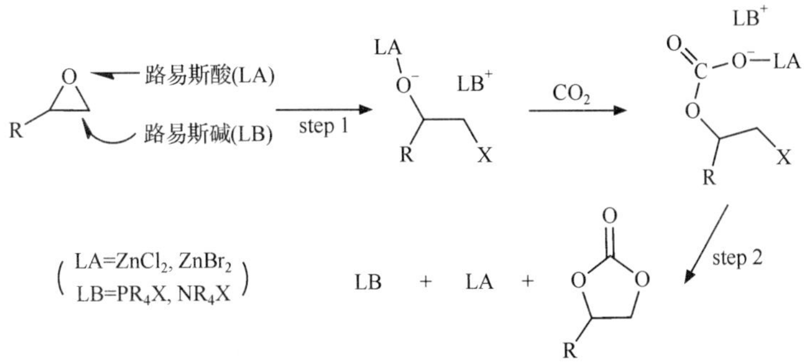

图 12.17　合成环状碳酸酯可能的反应机理

可以很容易地向其进攻，进行耦合加成，伴随着电荷转移，产生了新的氧负离子。这个负离子中间物接着发生了分子内成环及负离子的消除过程，卤素阴离子被取代出来，路易斯酸也脱离，于是生成了热力学稳定的五元环状碳酸酯（step 2）。

2）氢键协同催化体系

本项目组开发了含水条件下高效合成环状碳酸酯的方法，研究了水对反应以及催化剂活性的影响，寻求对水稳定的高效催化剂。以环氧丙烷 PO 作为模型化合物，研究了含水体系中环状碳酸酯的合成[58]，发现水对于碳酸丙烯酯 PC 的合成具有明显促进作用；所考察的路易斯碱催化剂几乎都可以在水中高效、高选择性地合成环状碳酸酯。进一步研究表明：在含水条件下合成环状碳酸酯的方法可以适用于现有报道的诸多路易斯碱催化剂，其反应活性是无水条件下的 5～6 倍（见表 12.3）。

表 12.3　不同结构催化剂的性能

序号	催化剂	有水			无水		
		EO 转化率/%	EC 收率/%	TOF/h^{-1}	EO 转化率/%	EC 收率/%	TOF/h^{-1}
1	KBr	60	52	108	1	痕量	2
2	KI	78	68	142	0.3	trace	0.6
3	Bu_4NBr	95	86	175	56	54	111
4	Bu_4NCl	70	46	98	44	42	127
5	Bu_4NI	95	88	185	27	26	53
6	[Bmim]Br	94	87	180	52	50	104
7	[Bmim]Cl	64	42	75	46	44	90
8	[Bmim]I	97	90	184	53	51	105
9	[Bmim][BF_4]	3.3	痕量	0.7	痕量	—	—
10	[Bmim][PF_6]	10	痕量	1.2	2.7	1.7	5.4
11	PPh_3BuBr	96	88	177	54	52	108
12	PPh_3BuCl	72	51	90	45	44	131
13	PPh_3BuI	100	95	194	25	24	49

注：反应条件为环氧丙烷（0.2 mol），水（0.067 mol），催化剂（1 mmol），CO_2（2 MPa），125℃，1 h。

基于以上氢键作用的发现，本项目组又开发了含有羟基、羧基官能团的单组分双功能团离子液体催化剂，并用于环状碳酸酯的合成。结果表明：合成的羟基离子液体活性都明显高于相应的常规离子液体（表 12.4），同等条件下，活性比常规咪唑、季铵、季鏻类离子液体高 15%～25%，例如，本项目组合成的羟基功能化离子液体催化剂在 125℃、2 MPa、1 h 的条件下取得了 99%的 PC 收率[59]，并且考察了不同的环氧化合物对催化剂催化活性的影响，效果明显。

表 12.4 同等条件下羟基离子液体与常规离子液体催化性能评价

序号	催化剂	EO 转化率/%	EC 选择性/%
1	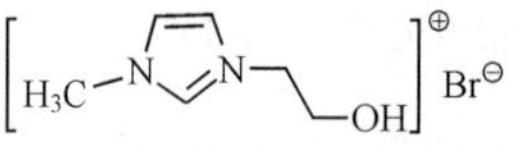 $[H_3C-N(\text{咪唑环})N-CH_2CH_2-OH]^{\oplus} Br^{\ominus}$	99	>99
2	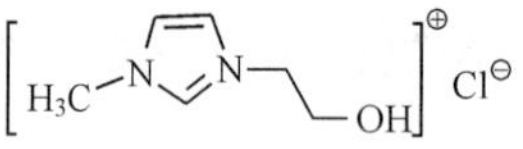 $[H_3C-N(\text{咪唑环})N-CH_2CH_2-OH]^{\oplus} Cl^{\ominus}$	78	>99
3	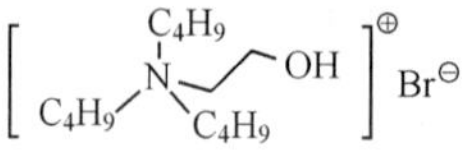 $[(C_4H_9)_3N-CH_2CH_2-OH]^{\oplus} Br^{\ominus}$	96	>99
4	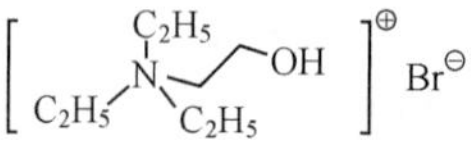 $[(C_2H_5)_3N-CH_2CH_2-OH]^{\oplus} Br^{\ominus}$	88	>99
5	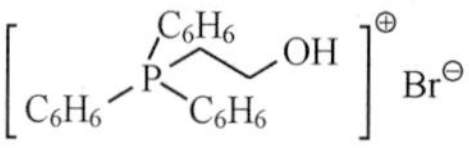 $[(C_6H_6)_3P-CH_2CH_2-OH]^{\oplus} Br^{\ominus}$	78	>99
6	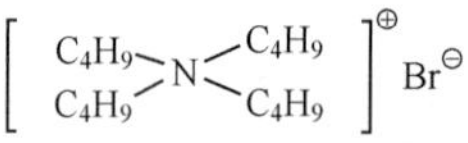 $[(C_4H_9)_4N]^{\oplus} Br^{\ominus}$	74	>99
7	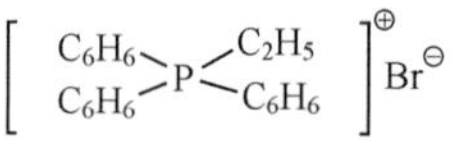 $[(C_6H_6)_3P-C_2H_5]^{\oplus} Br^{\ominus}$	50	>99
8	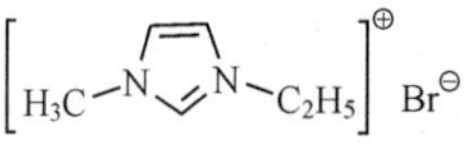 $[H_3C-N(\text{咪唑环})N-C_2H_5]^{\oplus} Br^{\ominus}$	83	>99

该结果进一步证明了氢键对催化活性的促进作用，进而我们提出了氢键协同催化反应机理（图 12.18）：反应开始时，羟基离子液体中的—OH 基团和其阴离子溴路易斯碱活性中心协同进攻环氧化合物的不同位置。这种协同作用描述为：羟基的氢原子与环氧化合物的氧原子发生氢键作用造成 C—O 键的极化，与此同时溴离子进攻环氧化合物环氧环中空间位阻较小的 β-碳原子。两种力量的同时进行造成了环氧化合物比较容易开环。然后，所形成的氧负离子中间物和 CO_2 作用继续生成一个烷基氧负离子中间物，该物质经过分子内消去反应形成最终的碳酸酯。其中的—OH 基团表现出了类似于路易斯酸的作用。

除此之外，我们还考察了羟基的结构对催化剂活性的影响，发现：离子液体阳离子上羟基个数影响羟基离子液体的活性和对产品选择性，即增加羟基个数有助于离子液体的催化活性及产品选择性。例如合成的多羟基季铵盐离子液体催化剂，如图 12.19 所示。

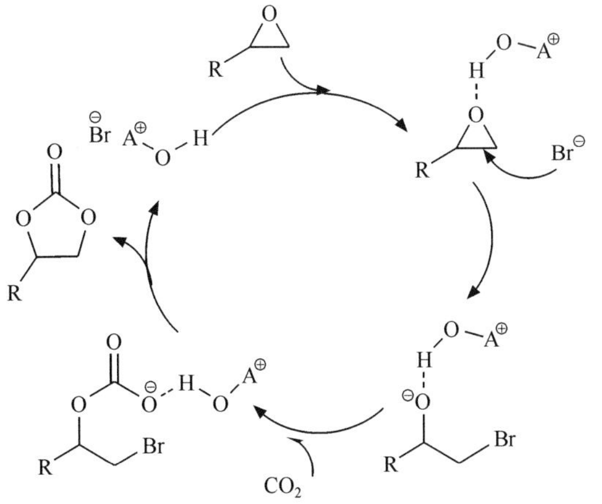

图 12.18　羟基功能化离子液体催化反应机理

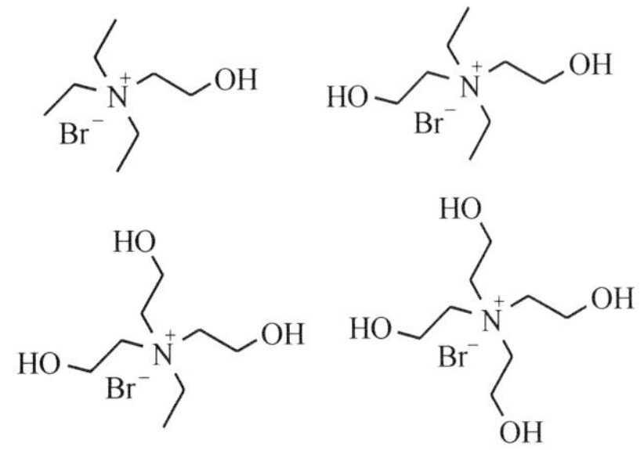

图 12.19　羟基功能化离子液体

为进一步验证氢键协同催化机理，本项目组又合成了羧基功能化离子液体催化剂[60]，与羟基相比，羧基不但是强的氢键给予体，而且具有强的氢键形成能力，同时也是质子的给予体，显示出酸性。推测的反应机理如图 12.20 所示。羧基基团以及卤素阴离子从不同的部位分别对环氧化合物进行作用。羧基诱导环极化，卤素阴离子亲核作用使环上的 C—O 键断裂。生成的氧负离子在与 CO_2 作用后生成体积更大的烷基碳酸阴离子，该离子经由分子内消除反应，脱去催化剂，生成最终的反应产物。

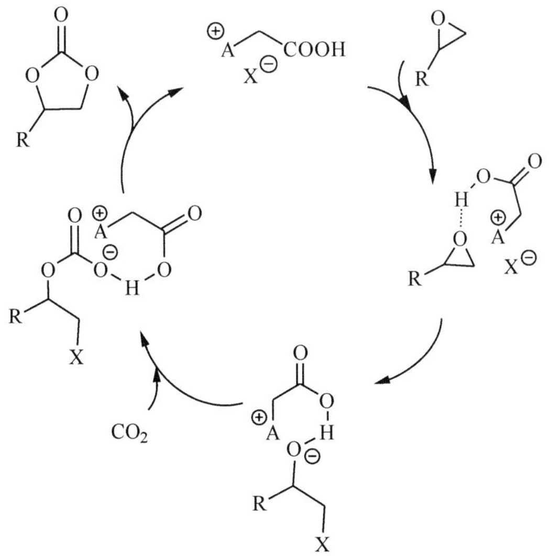

图 12.20　羧基离子液体催化合成环状碳酸酯可能的反应机理

本项目组还开发了三乙醇胺/KI 催化体系和 KI/氨基酸催化体系用于合成环状碳酸酯[61]，都取得了良好的效果。在无溶剂的温和反应条件下（110℃，2 MPa，1 h），三乙醇胺/KI（摩尔比为 1∶1）能实现 91%的环氧丙烷转化率和 99%的碳酸丙烯酯选择性；催化剂被循环使用 6 次后催化活性没有明显的下降，如图 12.21 所示。并且该催化体系同样适用于其他端位的环氧化合物。根据相关文献[62]和上述实验结果，我们推测了可能的反应机理，首先三乙醇胺分子中的两个羟基中的氢原子同时对环氧化合物中的氧原子发生氢键作用造成C—O键的极化，与此同时碘化钾分子中的碘离子进攻环氧化合物环氧环中空间位阻较小的β-碳原子。两种力量的同时进行造成了环氧化合物开环形成氧负离子中间物，同时三乙醇胺分子中的叔胺又与CO_2形成氨基甲酸盐，然后氧负离子中间物和氨基甲酸盐作用又生成一个烷基氧负离子中间物，该中间物会经过分子内消去反应最终形成环状碳酸酯。

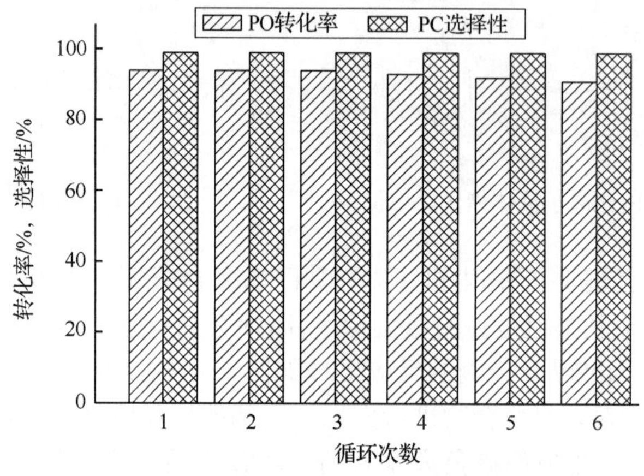

图 12.21　催化剂的循环使用

对于用于鼓泡床反应器合成环状碳酸酯的常规离子液体催化剂，本项目组也有涉及，例如本项目组开发的Et_4NBr常规离子液体催化剂，在摩尔分数为1%催化剂用量、3 MPa、2 h、100℃条件下，获得了81%的碳酸乙烯酯收率[63]。同时运用密度泛函理论探索了其催化机理，发现此反应包含三个基本步骤(图 12.22)，并且优化了反应中间物和过渡态的结构(图 12.23)。为本项目组今后设计催化剂提供了更深层次的理论支持。

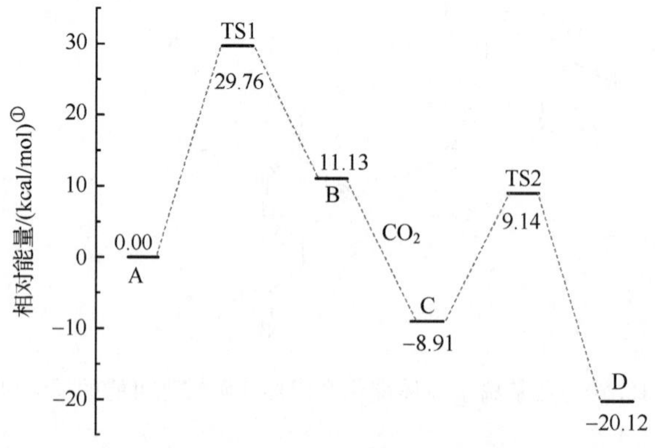

图 12.22　Et_4NBr催化过程的势能面

① cal为非法定单位，1 cal=4.186 8J。

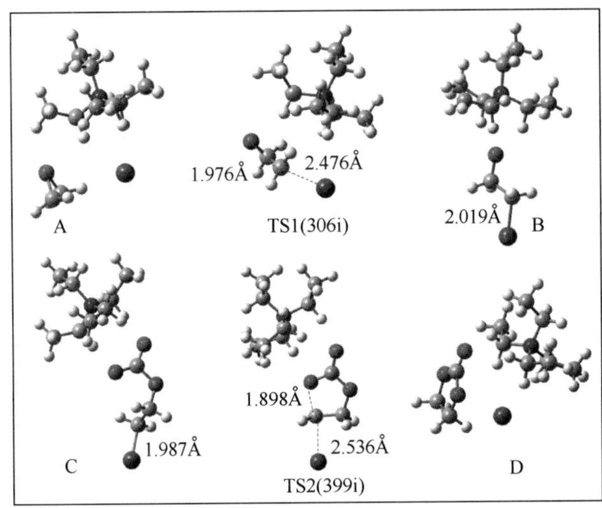

图 12.23　Et_4NBr 催化合成环状碳酸酯的最优中间物和过渡态结构

对于水解工艺中第二步反应所需催化剂，本项目组成功地合成了双组分复合离子液体催化剂[Bmim]OH/[Bmim][BF_4][64]（表 12.5），催化剂可以获得 91%的收率和 100%的选择性。循环实验证明该催化剂具有较好的重复使用性，5 次重复使用后未见活性降低。

表 12.5　离子液体催化剂对碳酸乙烯酯水解反应的影响

序号	催化剂	碳酸酯收率/%	碳酸酯选择性/%
1	[Bmim][BF_4]	6.93	99
2	[Bmim]OH	90	99.8
3	[Bmim]OH/[Bmim][BF_4]	91	100
4	[Bmim]OH/[Bmim]Cl	60.2	100
5	[Bmim]OH/[Bmim][PF_6]	44.8	100
6	[Bmim]Cl	10.2	99
7	[Bmim][PF_6]	痕量	—

注：反应条件为 nEC/$n$$H_2O$=1.45（摩尔率），140℃，0.4 MPa，90 min，催化剂(2.86%，体积分数)。

在前期催化剂开发的基础上进行了催化剂公斤级放大制备实验，按照小试方法在 10 L 反应器中进行(图 12.24)。红外光谱图谱结果见图 12.25 所示。由图中可以看出，三次制备的催化剂在结构上具有很好的吻合性。核磁和元素分析的表征结果进一步证实了三批催化剂在组成和纯度上保持一致，纯度>99.8%，说明该催化剂制备方法具有稳定性。除此之外，还分别考察了反应温度(图 12.26)，反应时间(图 12.27)，催化剂的量(图 12.28)对 EC 转化率和 EG 选择性的影响。并且对催化剂的稳定性进行了进一步的考察，催化剂循环 12 次活性没有明显下降(图 12.29)。

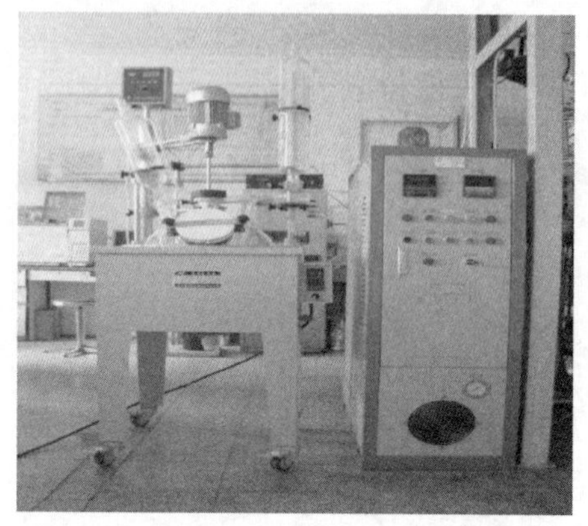

图 12.24 催化剂规模化制备装置图

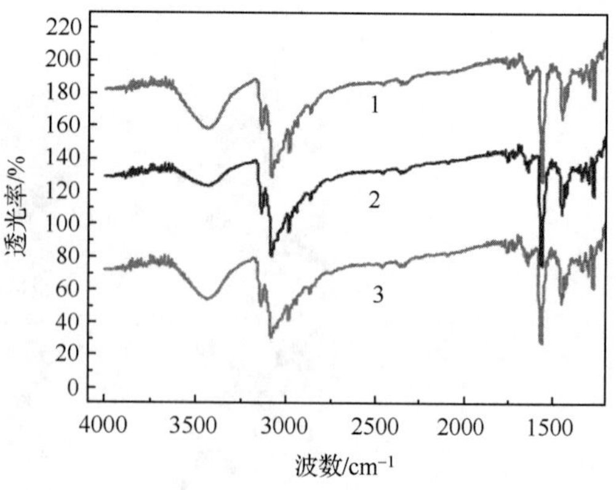

图 12.25 不同批次制备的催化剂红外光谱比较

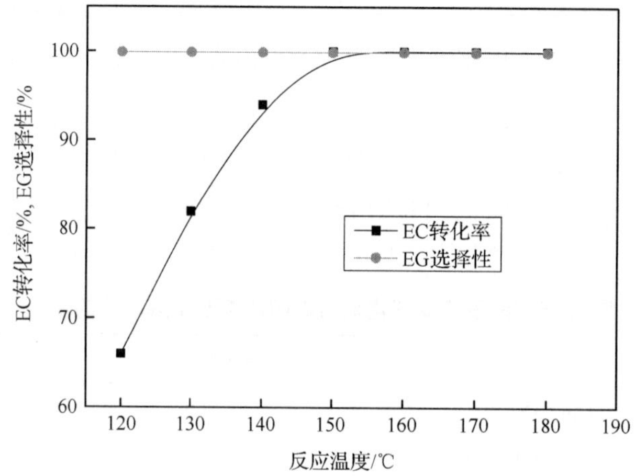

图 12.26 反应温度对 EC 转化率和 EG 选择性的影响

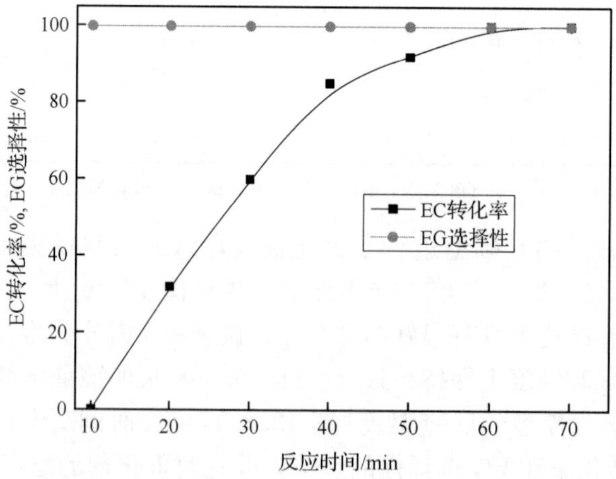

图 12.27 反应时间对 EC 转化率和 EG 选择性的影响

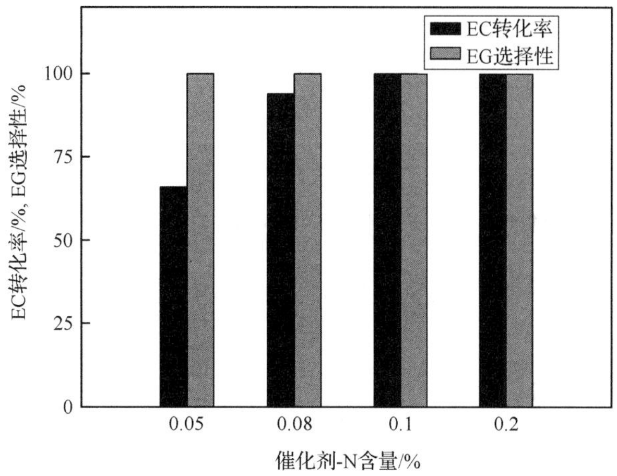

图 12.28　催化剂量对 EC 转化率和 EG 选择性的影响

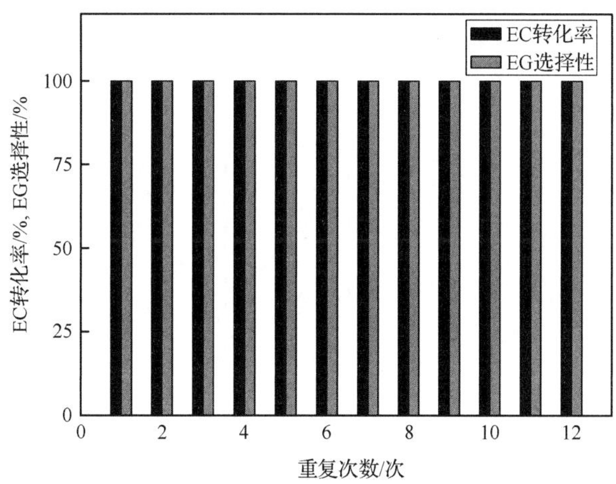

图 12.29　催化剂稳定性实验

4. 反应器

工业侧线装置主要设备参数如下，图 12.30 和图 12.31 分别为鼓泡反应器和水解反应器的详细设计图。

工业侧线装置监控系统设计如图 12.32 所示。待测量信号(温度、差压、流量)由现场传感器测量后传送至变送器,经模/数转换为数字信号后传送至 485-RS232 转接器,再经 RS232-USB 转接口,传送至计算机的 USB 接口,由监控软件进行读取和管理,用户可通过现场工作站对数据进行查询、处理、打印等操作。同时,远程客户端可通过 Internet 调用监控系统的实时数据库,进行现场数据的远程查询。

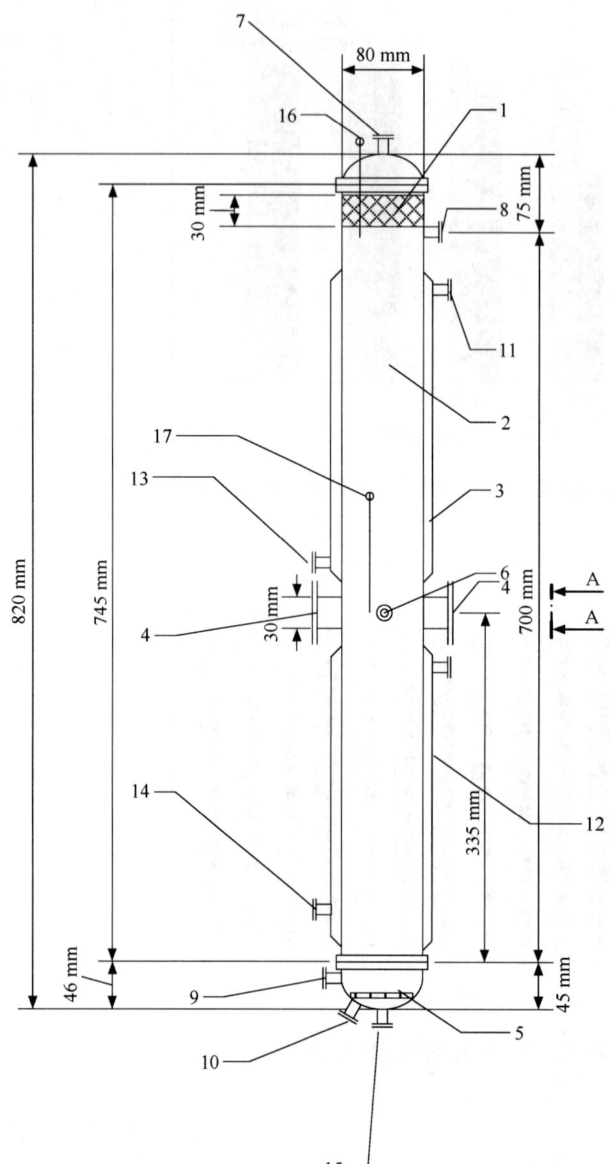

1	丝网除沫器
2	塔体
3	冷却夹套
4	视镜
5	气体分布器
6	取样口
7	气相产品出口
8	液相产品出口
9	液相原料进口
10	气相原料进口
11, 13	冷却水出口
12, 14	冷却水进口
15	放料口
16, 17	温度测量接口

图 12.30　鼓泡反应器结构图

5. 工业侧线试验

为了验证小试实验获得的优化反应条件，并且考察催化剂长周期运行的稳定性、重组分的积累情况，基于以上的研究，本项目组设计了工业侧线试验，建立了实验室连续装置(图 12.33、图 12.34)，同时为中试、工业化设计提供了工艺参数及操作条件等的参考。

根据小试实验结果，结合工业侧线试验现场的情况，首先选用工业精制环氧乙烷作为原料，进行了长周期运转，羰基化反应长周期运行状况如图 12.35 所示，在 260 h 的长运

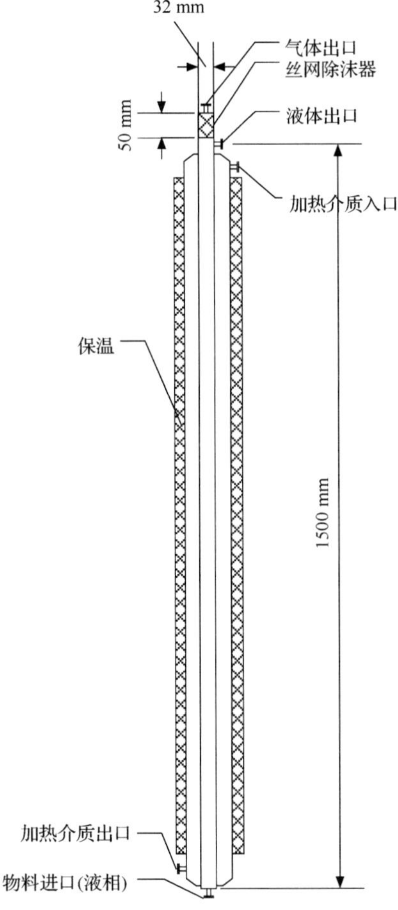

图 12.31　管式反应器结构图

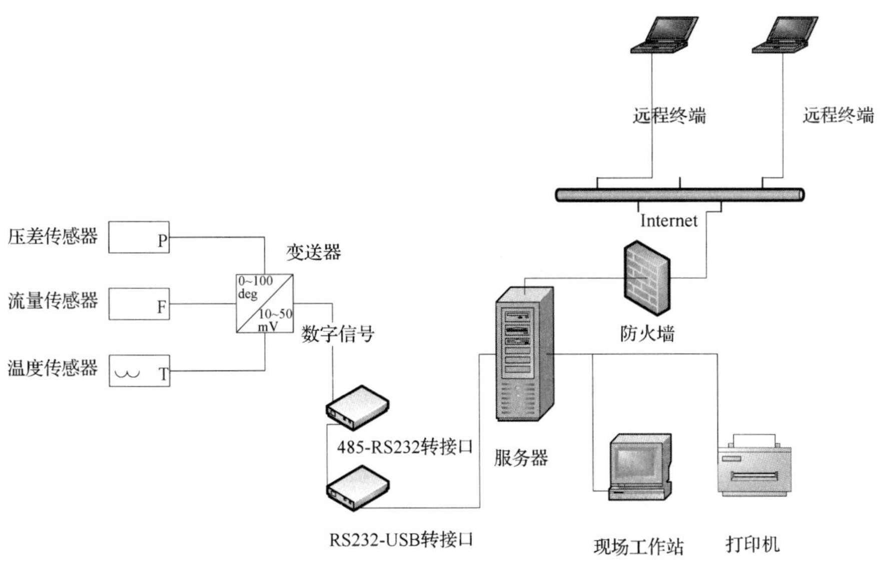

图 12.32　乙二醇合成模式试验装置控制系统设计

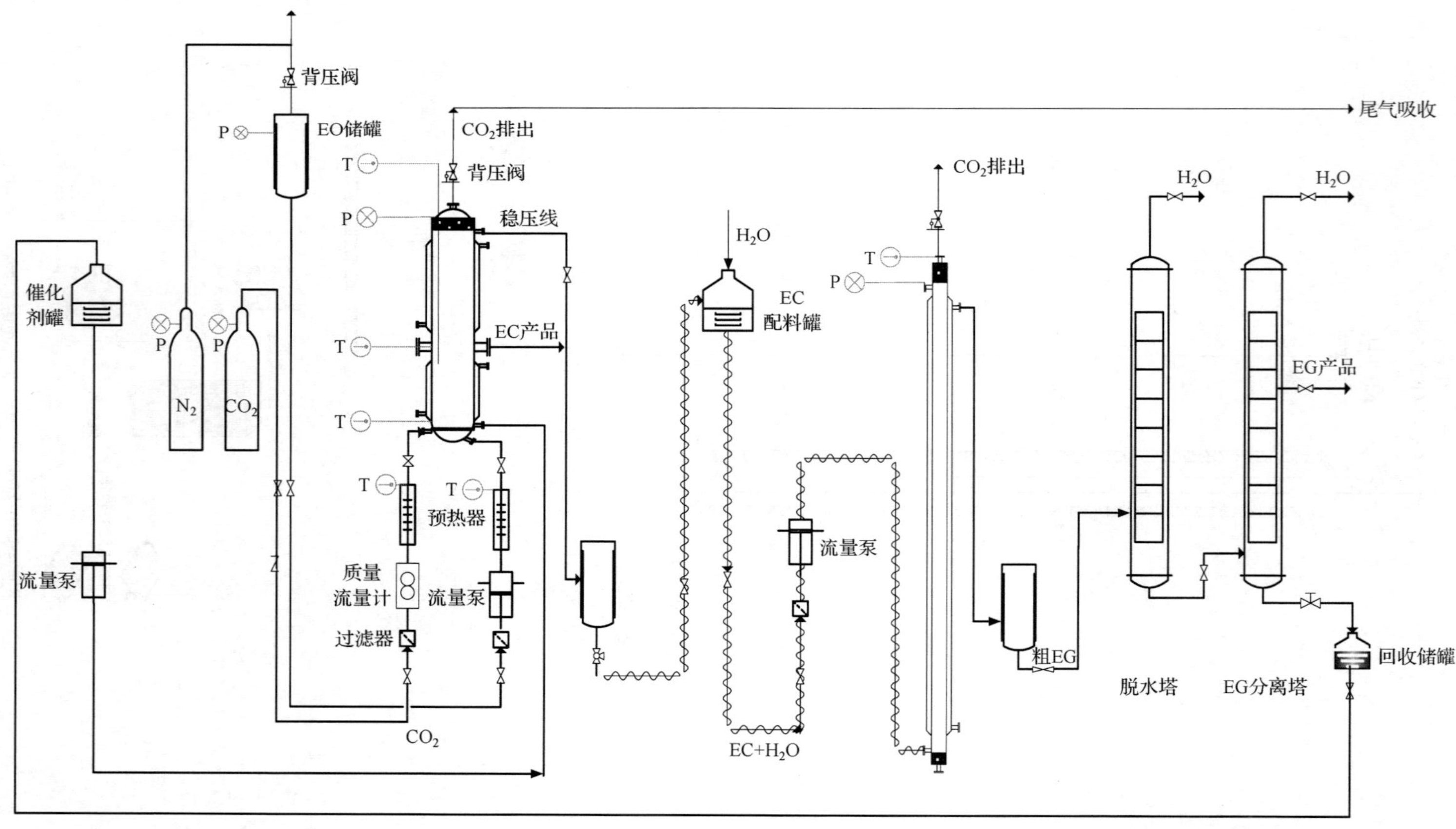

图 12.33　乙二醇工业侧线试验流程图

图 12.34　工业侧线试验装置

转过程中,环氧乙烷平均转化率为 99.5%,碳酸乙烯酯和乙二醇平均总选择性为 99.6%[图 12.35(a)]。副产物二乙二醇(DEG)选择性为 0.4%[图 12.35(b)],没有检测到三乙二醇(TEG)生成。

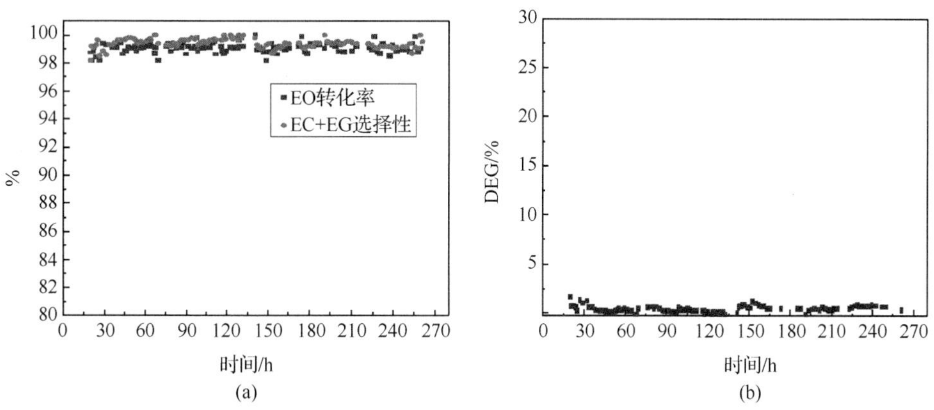

图 12.35　EO 转化率、产品及副产品总选择性随运行时间的变化

水解反应长周期运行情况如图 12.36 所示,在 260 h 的长运转过程中,碳酸乙烯酯平均转化率为 100%,乙二醇平均总选择性为 99%。副产物二乙二醇(DEG)选择性为 1%,没有检测到三乙二醇(TEG)生成和剩余环氧乙烷。

将水解后的粗乙二醇通过脱水塔将大部分的水脱除,使进入精制塔的物料中水含量低于 1%。将脱水塔塔釜的物料通过精制塔实现乙二醇的精制,并使产品与催化剂有效分离,催化剂循环使用。对精制乙二醇产品进行全组分分析,结果见表 12.6。表中结果说明乙二醇产品质量达到国家乙二醇优级品标准。

为了与燕山石化现有的工业装置衔接,推进新技术的工业化,第二次工业侧线试验采用了工业装置冷凝的粗环氧乙烷(表 12.7)。

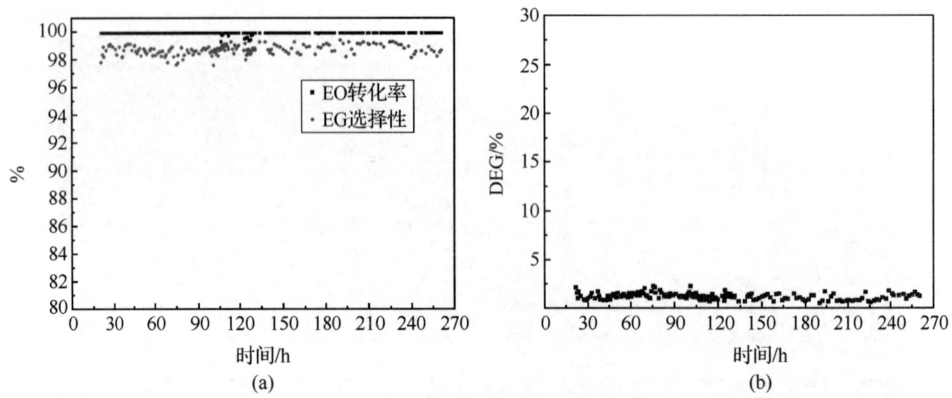

图 12.36　EC 转化率、EG 及 DEG 选择性随运行时间的变化

表 12.6　乙二醇产品质量指标

指标名称	GB/T 4649—2008(优级品)	精制 EO 侧线试验产品
外观	无色透明	无色透明
含水量/%	≤0.1	0.24
酸分/%	≤0.002	0.002
色相	≤5	3
加 HCl 色相	≤20	8
MEG/%	99.8	99.8
(DEG+TEG)/%	≤0.1	0.001 1
ACHO/%	<0.001	0.000 17
初馏点/℃	≥196	189.2
干点/℃	≤199	197.8
UV 值 220nm	≥75	86.65

表 12.7　工业环氧乙烷的组成

组分	气相组成/%	液相组成/%
C_2H_4	1.13	
O_2	0.08	
EO	86.69	88.7
CO_2	4.18	3.0
H_2O	7.13	7.4
N_2	0.44	
Ar	0.33	
C_2H_6	0.02	0.8

羰基化反应长周期运行情况如图 12.37 所示。由图可知，在 300 多小时的长运转过程中，环氧乙烷平均转化率为 99.4%，碳酸乙烯酯和乙二醇平均总选择性为 99.5%，副产物二乙二醇(DEG)选择性为 0.5%，没有检测到三乙二醇(TEG)生成。

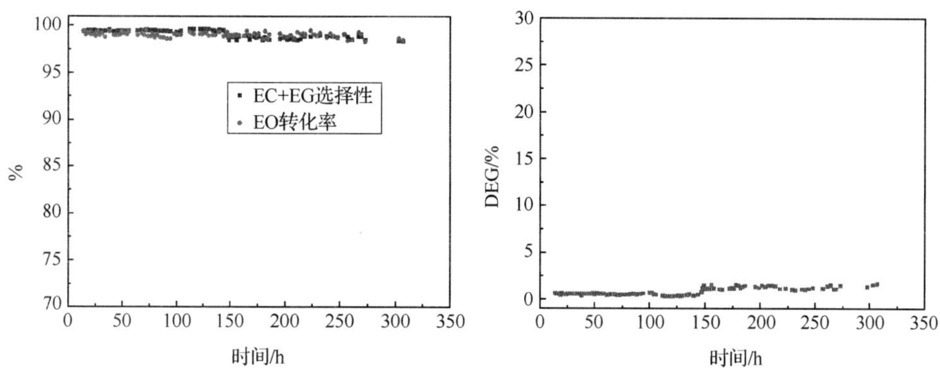

图 12.37　EO 转化率、产品及副产品总选择性随运行时间的变化

水解反应长周期运行情况如图 12.38 所示。由图可知，在 300 多小时的长运转过程中，碳酸乙烯酯平均转化率为 100%，乙二醇平均总选择性为 99%，副产物二乙二醇(DEG)选择性为 1%，没有检测到三乙二醇(TEG)生成和剩余环氧乙烷。

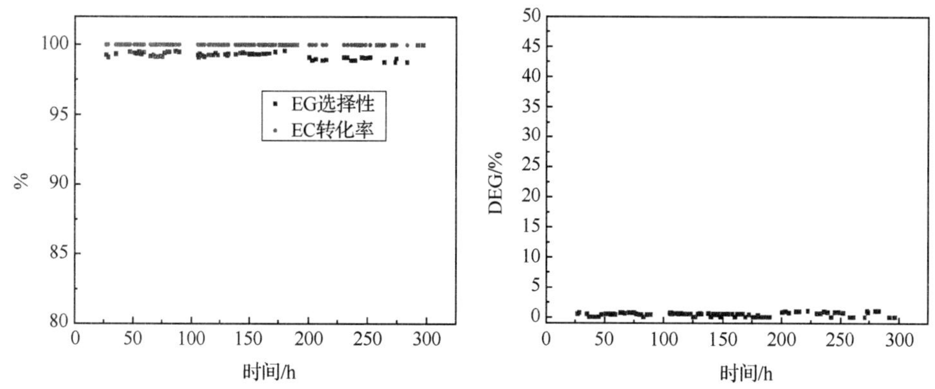

图 12.38　EC 转化率、EG 及 DEG 选择性随运行时间的变化

对工业环氧乙烷生产的粗乙二醇进行的精馏分离过程见图 12.39。将水解后的粗乙二醇通过脱水塔将大部分的水脱除，使进入精制塔的物料中水含量低于 1%。将脱水塔塔釜的物料通过精制塔实现乙二醇的精制，并使产品与催化剂有效分离，得到合格的乙二醇产品，催化剂循环使用。

对工业粗 EO 侧线试验中获得精制的乙二醇产品进行全组分分析，结果见表 12.8。表中结果说明乙二醇产品质量达到国家乙二醇优级品标准。

6. 系统集成

在以上研究的基础上对乙二醇新工艺进行了全流程模拟，工艺流程概述如下：乙二醇新工艺流程图如图 12.40。来自配料罐的环氧乙烷溶液、自乙二醇塔返回的催化剂与来

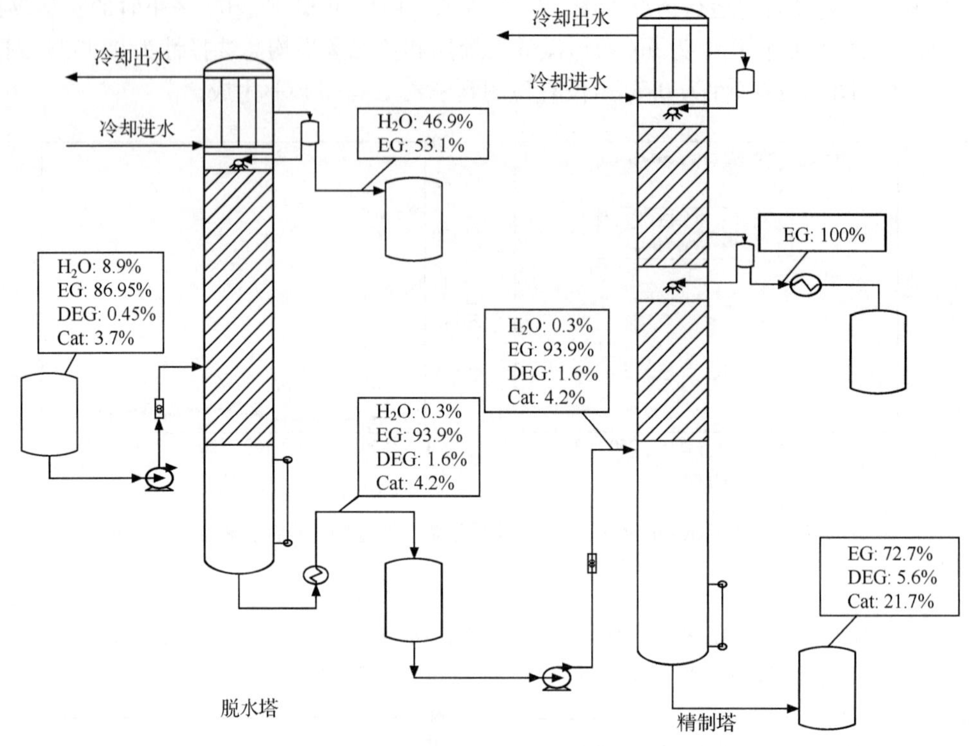

图 12.39　精馏分离过程

表 12.8　乙二醇产品质量指标

指标名称		GB/T 4649—2008(优级品)	工业粗 EO 侧线试验产品
外观		无色透明 无机械杂质	无色透明 无机械杂质
含水量/%		≤0.1	0.059
酸分/%		≤0.002	0.0019
色相		≤5	3
加 HCl 色相		≤20	8
MEG/%		99.8	99.41
(DEG+TEG)/%		≤0.1	0.0018
ACHO/%		<0.001	0.000 47
初馏点/℃		≥196	189.1
干点/℃		≤199	198.3
UV 值	220 nm	≥75	87.71
	240 nm	>86	92.45
	260 nm	>90	95.46
	275 nm	≥90	97.12
	350 nm	≥98	100

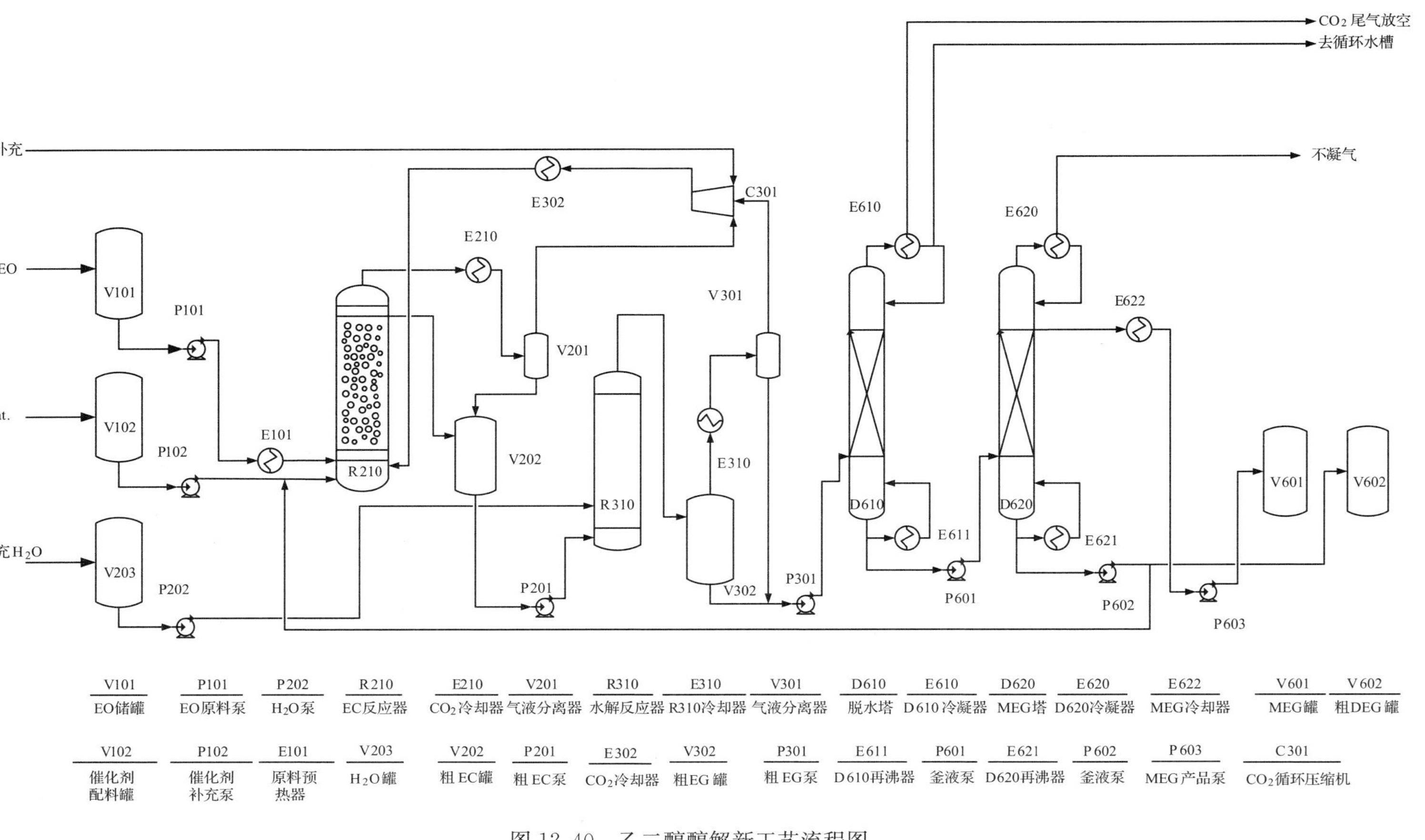

图 12.40　乙二醇醇解新工艺流程图

自催化剂配料罐补充的催化剂水溶液三股物流混合后，送至原料预热器中加热至 120℃，进入 EC 反应器底部；另一股反应物流 CO_2 经循环压缩机加压至 2.5 MPa，自 R210 底部鼓泡进入；在 R210 中反应，未反应的 CO_2 自塔顶排出，经 E210 冷却后进入气液分离器 V201，气体进入循环压缩机，分离出的液相进入粗 EC 罐；R210 的液相出料送粗 EC 罐 V202 或直接送水解反应器 R310；R310 中补充适量的水以维持 EC : $H_2O \approx 1:1.2$(摩尔比)，反应温度为 150℃，反应压力 0.5 MPa；液相产物粗乙二醇自反应器上部送出进入粗 EG 储罐 V302，气相产物经冷却、气液分离后送循环压缩机 C301，分离出的液相进入 V302。

1) 分离工序

来自粗 EG 储罐的粗乙二醇经粗 EG 泵 P301 送入脱水塔 D610，自塔顶脱除水分和 CO_2，含水量小于 0.1%的釜液经釜液泵 P601 送入乙二醇塔 D620，自塔顶第四块塔板抽出乙二醇成品，送乙二醇储罐 V601；含催化剂 25%的塔釜液由 D620 釜液泵 P602 抽出，少量送入粗 DEG 罐以消除重组分积累(<2%)，其余部分循环使用。

2) 催化剂分离

粗 DEG 中的溶液主要含 EG、DEG、催化剂和少量 EC，可采用减压间歇精馏的方法除去 EG 和大部分 EC、DEG，剩余催化剂加水溶解后循环使用。对新工艺进行了能耗分析，与直接水合法相比，新工艺单位产品能耗降约 30%(图 12.41)。

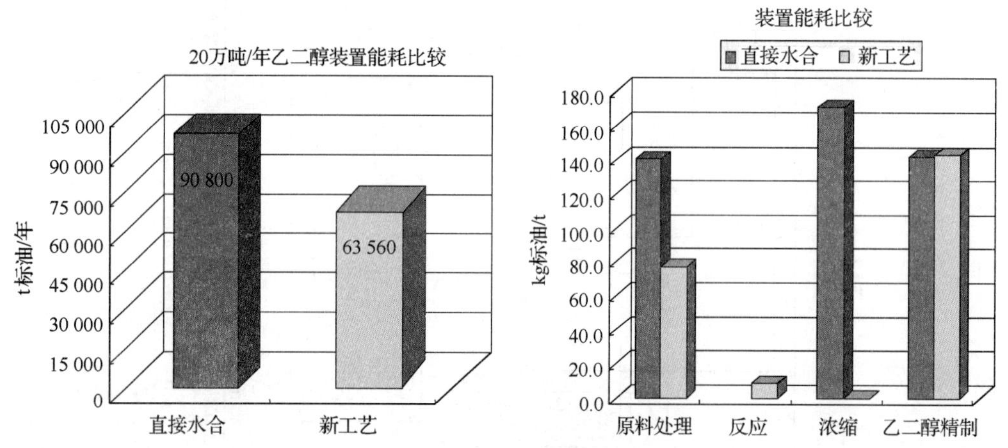

图 12.41　乙二醇新工艺

基于侧线试验的数据及稳态模型的搭建，已初步开展了工程放大设计工作，针对工程放大所带来一些技术难题，通过补充实验、模拟计算、请教专家等方式已初步解决，编写了目前较为完善的 8 万吨/年乙二醇水解新工艺数据包，完成了可行性报告，为 20 万吨/年乙二醇新工艺的设计奠定了数据基础。

对催化水解乙二醇新工艺进行全流程模拟，新工艺与传统水合工艺相比，每吨 EG 可以节能约 30%，采用新工艺建立的 20 万吨乙二醇装置，节能约 3 万吨标油，节能新增效益显著。

7. 科技成果鉴定

2011 年 2 月 20 日，中国科学院在北京组织专家对“离子液体催化制备乙二醇清洁高效水解新工艺”进行了科技成果鉴定。与会专家听取了汇报，形成如下鉴定意见：

(1) 提供的鉴定材料齐全，数据可信，符合科技成果鉴定要求；

(2) 基于催化机理研究及分子设计，研发了新型功能化离子液体及其负载型催化剂，具有高效、稳定、安全的特性，为开发环氧乙烷羰基化及水解反应制备乙二醇新工艺提供了基础；

(3) 实现了鼓泡床反应器或列管式固定床羰基化反应器与均相水解反应器的高效集成，自主设计并建立了工业侧线装置，1000 小时长周期工业侧线试验表明，EO/H_2O 摩尔比由传统工艺的 22∶1 降低到 1.2∶1，环氧乙烷转化率接近 100%，乙二醇选择性>99%，产品质量达到国家 GB/T 4649—2008 优级品指标；

(4) 新工艺具有自主知识产权，工艺简单、水比低、节能效果显著，原料适应性强；固定床水解工艺为国际首创，较其他国际先进水解工艺更具技术经济和环保优势，具有广阔的推广应用前景。

12.3.2　醇解工艺

1. 研究现状

碳酸二甲酯(DMC)作为一种非毒性化学品，在生产和应用过程中均极少产生对环境的污染，被誉为“绿色”有机化工产品、有机合成的“新基石”，具有良好的应用前景。近十几年来，我国碳酸二甲酯的生产和需求量呈现快速增长趋势，2008 年国内消费量 11 万 t，出口 4 万 t；2010 年消费量增长到 15 万 t，出口 6.5 万 t；目前国内消费量约 25.5 万 t，已成为世界上最大的生产和消费国。

碳酸二甲酯的合成路线较多，如光气法、酯交换法、甲醇氧化羰基化法、甲醇和 CO_2 直接合成法、尿素和甲醇醇解法等。光气法由于原料剧毒已逐步被淘汰，目前工业应用的主要为酯交换法和甲醇氧化羰基化法。其中酯交换法(图 12.42)在制备 DMC 的同时可以联产乙二醇，且两步反应都属于原子利用率 100%的反应，因此，国内外对酯交换法作了大量的研究工作，已成为目前碳酸二甲酯工业生产采用的主要方法。

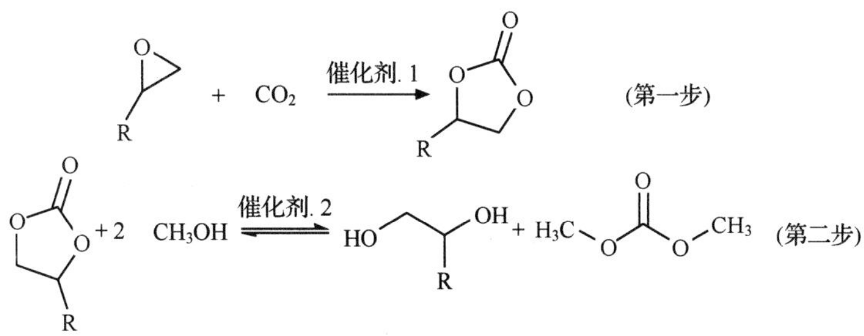

图 12.42　酯交换法生产碳酸二甲酯

美国 Texaco 化学公司[65]利用酯交换法成功开发了由环氧乙烷、二氧化碳和甲醇联产 DMC 和乙二醇的醇解工艺(图 12.43)。该方法的主要过程分两步进行,第一步是 CO_2 和 EO 在 KI 催化剂作用下合成 EC,第二步是 EC 和甲醇在离子交换树脂的催化下反应生成 DMC 和 EG。该技术 EO 转化率高达 99%,EC 和 EG 的选择性在 99%以上,DMC 的选择性也达到了 97%。

2. 工艺创新

本项目组开发了羰基化固定床反应器和精馏塔催化醇解的醇解新工艺(图 12.44),实现了环氧乙烷平均转化率>99%,碳酸二甲酯选择性>99%,乙二醇选择性>98%。

项目组开发的醇解新工艺的创新性主要体现在催化剂、反应器和工艺流程三方面:①催化剂方面,第一步反应使用了绿色高效的非均相催化剂,在保证了 EC 的高选择性和产率的同时,简化了催化剂与 EC 的分离过程;第二步则使用了均相催化剂,催化剂的反应活性高,EG 选择性>98.2%,DMC 选择性>99.3%。②反应器方面,第一步反应选择了固定床反应器,大大简化了催化剂与产物的分离过程;第二步的催化醇解反应则发生在精馏塔内,可有效抑制醇解反应向逆方向的发生,提高 EC 转化率。③工艺流程方面,由于催化剂与反应器上的优势,第一步反应后无需碳酸乙烯酯和催化剂的分离工艺;第二步醇解反应后无须进一步分离乙二醇和碳酸乙烯酯等产物,使得工艺流程变得简单高效。

3. 催化剂

羰基化反应催化剂包括均相催化剂和非均相(异相)催化剂两大类,均相催化剂活性和选择性高,稳定性好;而非均相催化剂易分离,具有良好的工业化应用前景,因此,非均相催化剂的开发越来越受到人们的关注。

非均相催化剂主要包括金属氧化物或是改性的分子筛,负载型催化剂,高分子聚合物等。金属氧化物及改性的分子筛虽然易于分离,可以催化环状碳酸酯的合成,但是其催化活性不高,需要高温、高压及较长的反应时间。近些年来的报道多是负载型催化剂。常用方法有两种:物理负载和化学负载。

关于物理负载,人们做了大量工作。1999 年,中国科学院山西煤炭化学研究所[66]将 KI 负载在 ZnO 上,在相对温和的条件下可以合成环状碳酸酯;2006 年该课题组[67]又将胺负载至二氧化硅表面实现了负载有机碱催化。Sakakura 等[68]制备了季铵型杂多酸盐化合物催化剂,催化剂在低用量时仍有很高反应活性;2006 年该课题组[69]又制备了不含卤素原子的饱和磷负载的二氧化硅催化剂。Zhai 等[70]使用杂多酸盐和季铵盐在 PEG 中催化环状碳酸酯的合成,催化剂循环使用三次,仍能得到很高的碳酸乙烯酯收率。Jones 等[71]制备了二氧化硅负载的 4-*N*,*N*-二烷基氨基吡啶催化剂,解决了有机碱化合物在合成环状碳酸酯的反应中分离难的问题。Shi 等[72]将纳米金负载在树脂上,取得非常好的结果。

化学负载将催化剂与载体以化学键的方式相连接实现其非均相化,负载更加牢固,不易流失。2002 年,吕小兵等[73]利用化学键合的方法将酞菁铝配合物负载在 MCM-41 分子筛上;2004 年,García 等[74]利用轴向配体或共价键将金属 Cr 的 Salen 配合物负载在高

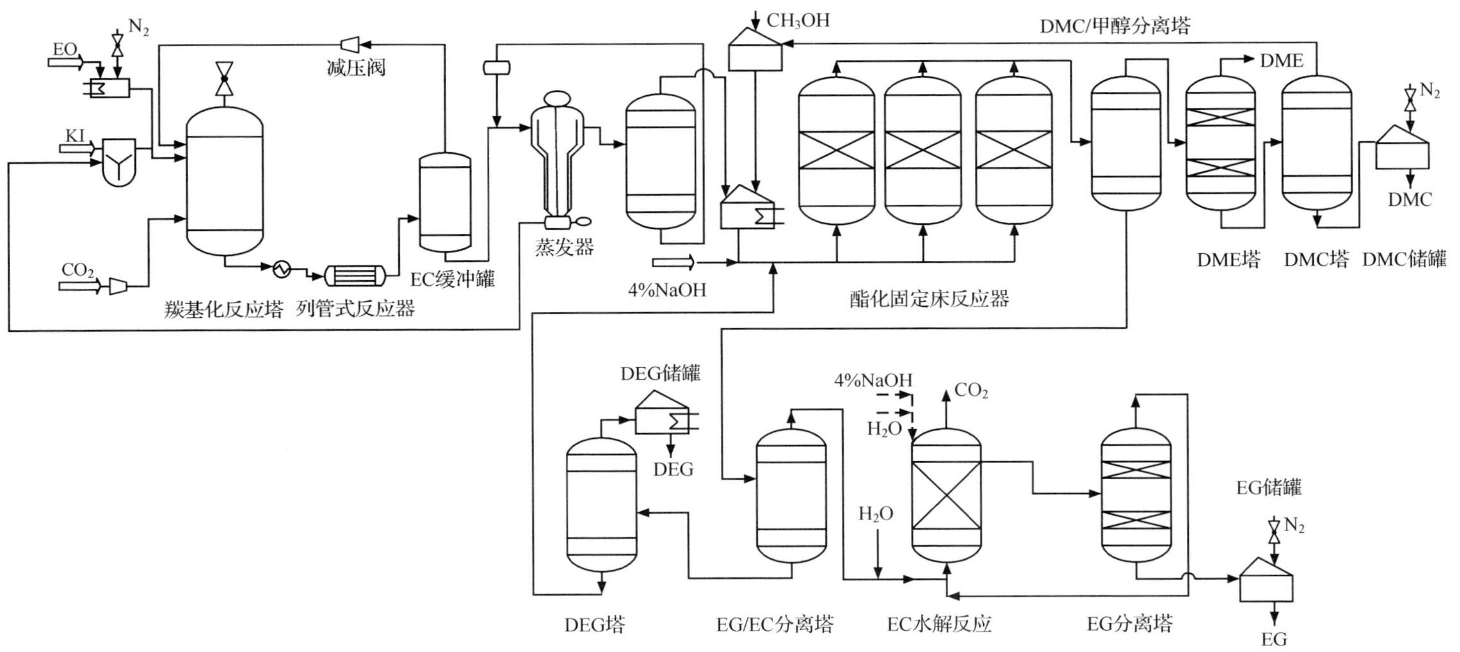

图 12.43　Texaco 公司的乙二醇联产碳酸二甲酯醇解工艺

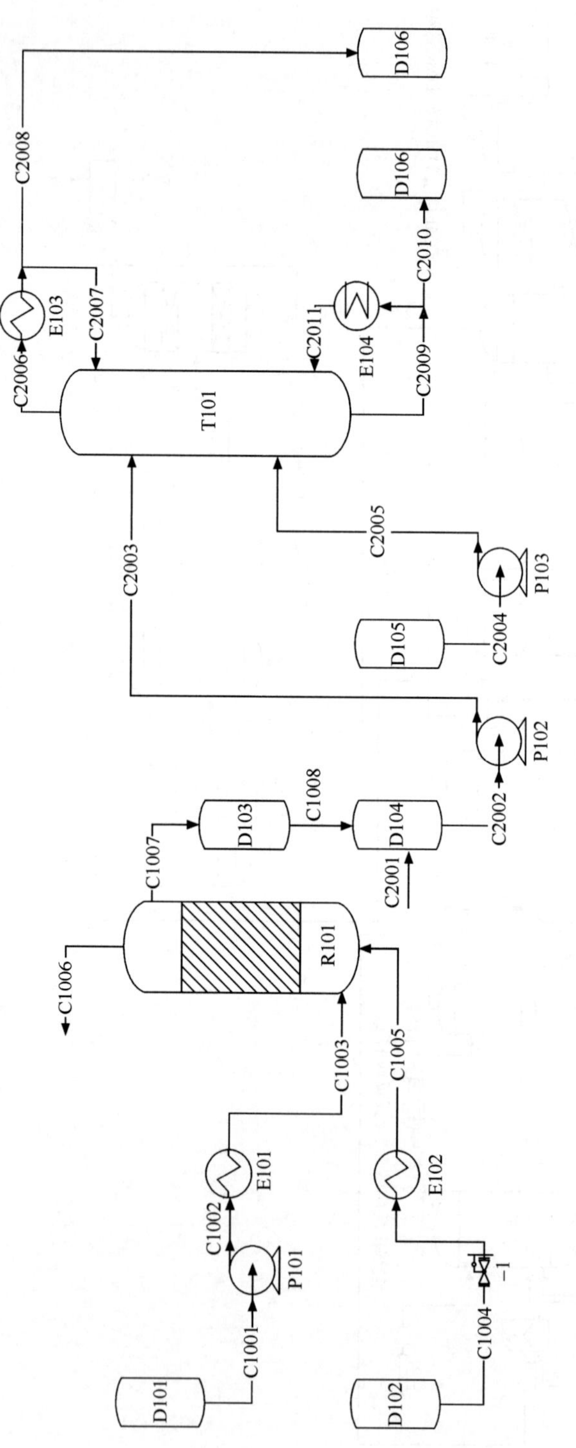

图 12.44　醇解新工艺流程图

比表面积的二氧化硅上，从而实现了 Salen Cr 配合物催化剂的多相化；Kim 等[75]利用聚乙烯吡啶与溴化锌形成配合物制得了多相催化剂。

化学负载的离子液体由于兼顾了离子液体高活性以及异相催化剂易分离的特点，成为了当前研究的热点方向。开发的化学负载型离子液体活性组分主要包括烷基取代的咪唑、吡啶、季铵、季鏻等常规离子液体，载体部分主要包括聚苯乙烯树脂(polystyrene resin，PS)、壳聚糖、二氧化硅、介孔分子筛(MCM-41，SBA-15)等。2006 年，南开大学何良年教授等将季铵盐分别固载在 PEG6000[76]和 SiO_2[77]上，在超临界 CO_2 条件下取得了较为令人满意的结果。反应在均相中进行，反应结束后加入乙醚并冷却就可沉淀、分离出催化剂，很好地实现了“均相反应，非均相分离”[76]。同年，彭家建等[78]将离子液体负载在硅胶上，取得了很不错的碳酸丙烯酯收率。张所波研究员等[79]将二氧化硅化学负载的胍盐离子液体用于无溶剂条件下催化环加成反应。何良年教授等[80,81]设计合成壳聚糖负载季铵盐用于合成环状碳酸酯的反应中，可在超临界 CO_2 条件下，无溶剂催化 CO_2 与环氧化物环加成反应[82]；2006 年，该课题组[83,84]将胍盐化学键连接到环境友好的聚乙二醇上作为一种可回收、高活性的催化剂用于二氧化碳与环氧化物的环加成反应。

高分子聚合物以其无需负载、制备过程简单等优点越来越受到人们的关注。中国科学院化学研究所韩布兴研究员等[85]首次利用共聚方法合成了一种新型离子液体高聚物，并将其用于环加成反应，发现其具有良好的催化性能和重复使用性能，为设计新的功能化的离子液体聚合材料提供了新的思路；另外该课题组[86]首次把基于聚苯胺类的催化剂用于环加成反应，并提出了相应的反应机理。

1) 树脂负载羟基功能化离子液体催化剂

本项目组选用树脂作为催化剂载体，合成了具有羟基结构的负载型离子液体，成功将羟基功能化咪唑离子液体[87](图 12.45)和羟基功能化季铵盐离子液体[88](图 12.46)负载至聚苯乙烯树脂上。

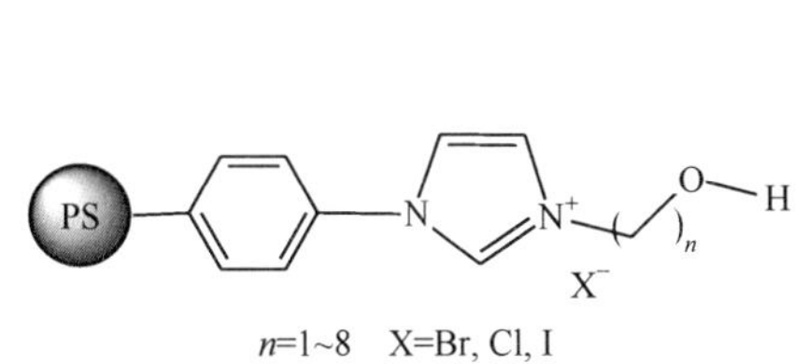

图 12.45　树脂负载咪唑离子液体

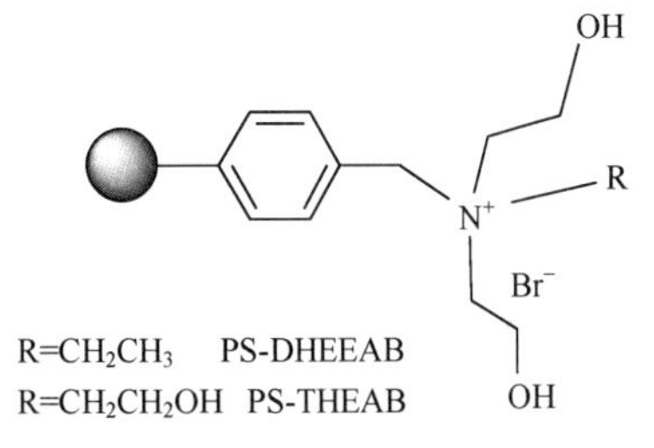

OH
R
N^+
Br^-
OH
R=CH_2CH_3　PS-DHEEAB
R=CH_2CH_2OH　PS-THEAB

图 12.46　树脂负载季铵盐离子液体

实验结果表明，分子内含有两个羟基的 PS-DHEEAB 催化剂性能最优。对树脂负载催化剂 PS-DHEEAB 的催化条件进行了优化，在反应温度 110℃，压力 2.0 MPa，反应时间 4 h 条件下，获得 99%的碳酸酯收率和 99%以上的选择性。

对 PS-DHEEAB 进行了重复使用实验，考察了催化剂的稳定性。由图 12.47 可以看出，PS-DHEEAB 对环氧丙烷和二氧化碳的环加成反应表现出了非常稳定的催化活性，催化剂循环使用 6 次均保持了与第一次几乎相同的碳酸酯收率，并且产品的选择性一直保持在 99%以上。这说明该催化剂体系不仅具有非常高的催化活性，同时也具有很高的稳定性。

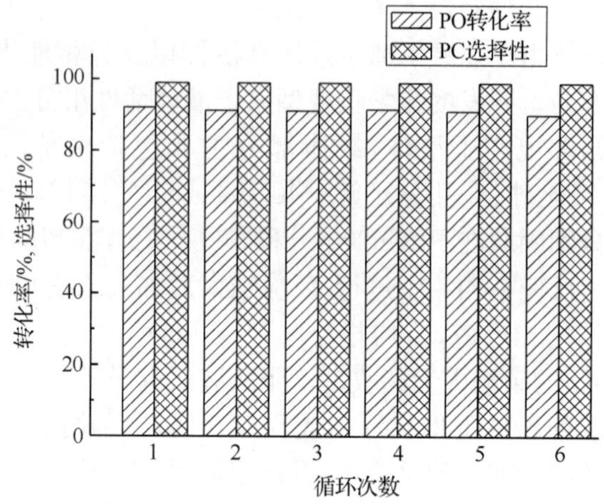

图 12.47　PS-DHEEAB 循环实验

反应条件：催化剂 2.0%(摩尔分数)；温度 110℃；压力 2.0 MPa；时间 3 h

根据上述实验结果，推测了可能的反应机理，如图 12.48 所示。离子液体分子中两个羟基上的氢原子同时对环氧化合物中的氧原子发生氢键作用，造成了 C—O 键的极化，与此同时溴离子进攻环氧化合物的环氧环中间位阻较小的 β-碳原子。两种力量的同时进行，使环氧化合物比较容易开环(step 1)。然后，所形成的氧负离子中间物和 CO_2 作用继续生成一个烷基氧负离子中间物(step 2)，该物质会经过分子内消去反应形成最终的环状碳酸酯(step 3)。在此催化过程中离子液体分子中的—OH 基团表现出了类似于路易斯酸的作用，配合卤素阴离子的亲核取代作用而达到高催化活性。而根据上述相关的实验结果，多个—OH 基团则有效地强化了这一诱导开环效应，使得催化活性进一步提高。

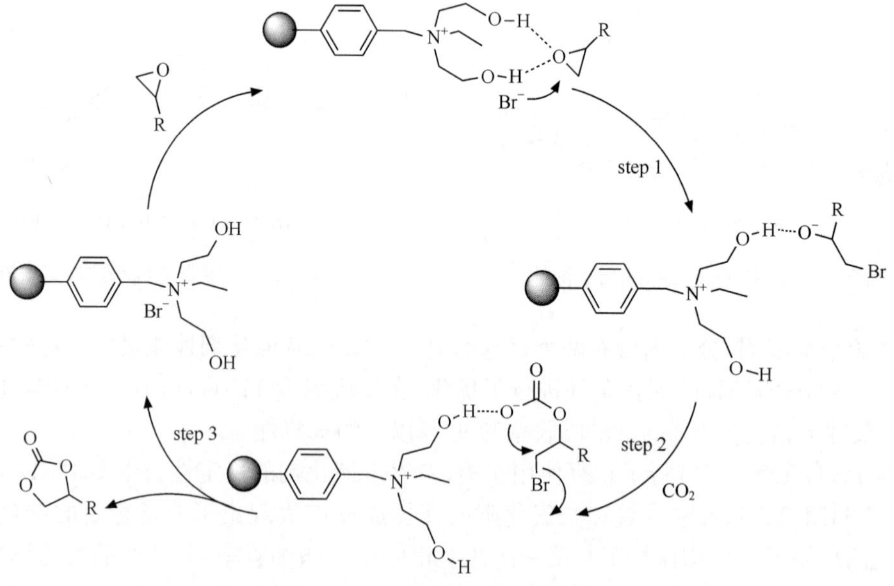

图 12.48　可能的催化反应机理

2）壳聚糖负载离子液体催化剂

本项目组利用廉价的壳聚糖做载体合成了壳聚糖负载的离子液体催化剂[89]，有效地利用了壳聚糖载体本身含有的羟基及氨基协同催化效应，达到可以同时活化环氧化物和CO_2的目的（图 12.49）。

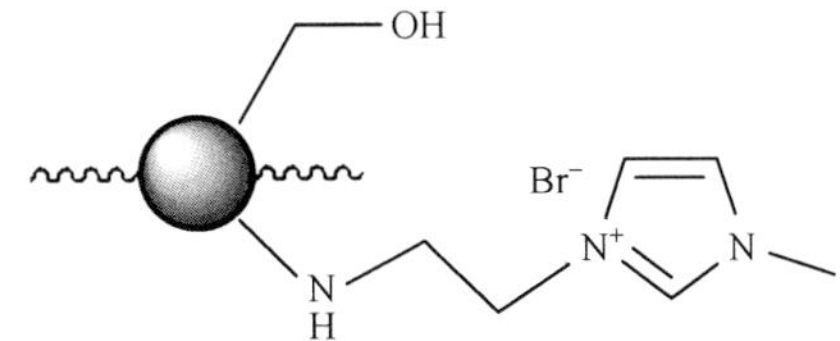

图 12.49　壳聚糖负载离子液体催化剂结构

对合成的壳聚糖负载离子液体 CS-EMImBr 催化环氧丙烷与二氧化碳合成碳酸丙烯酯的反应条件进行了优化（图 12.50），可在 1.0 mmol%的催化剂用量（表 12.9）、120℃、2.0 MPa、4 h 条件下，实现 96 %的碳酸丙烯酯收率。同时对催化剂的稳定性也进行了测试，经过简单的离心分离后，发现催化剂循环使用五次，其反应活性无明显降低。

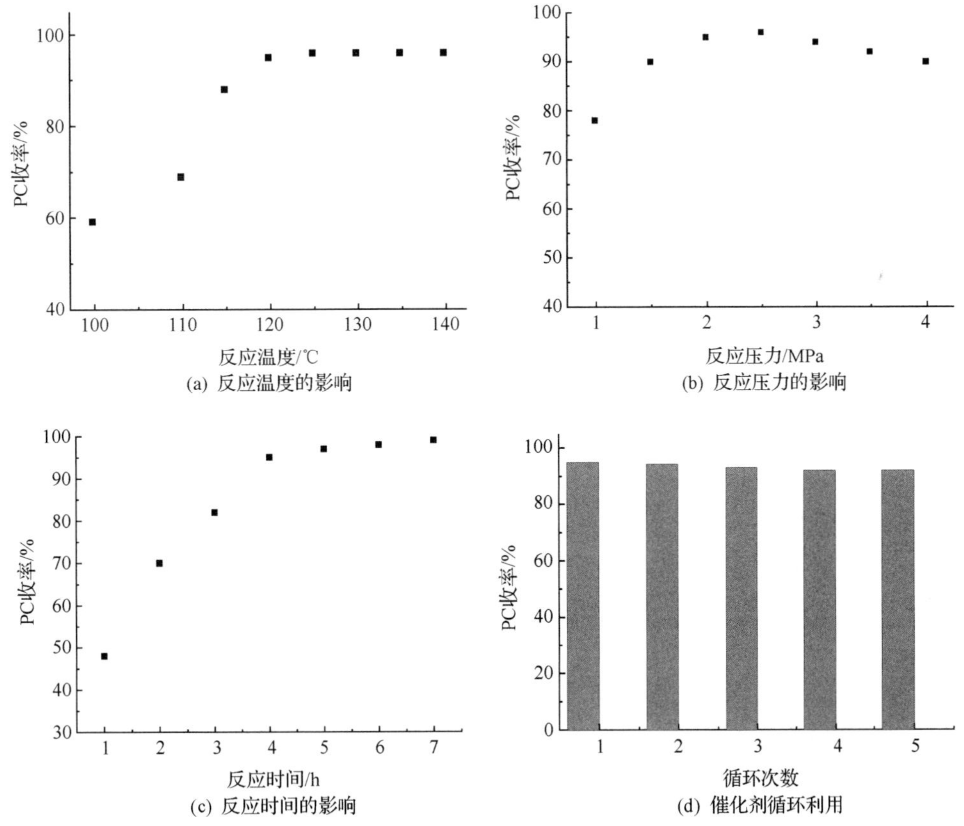

图 12.50　反应条件对合成环状碳酸酯的影响及循环利用

反应条件分别为：(a) PO(1 mL)，催化剂(1 mmol%)，2 MPa，4 h；(b) PO(1 mL)，催化剂(1 mmol%)，120℃，4 h；(c) PO(1 mL)，催化剂(1 mmol%)，2 MPa，120℃；(d) PO(1 mL)，催化剂(1 mmol%)，120℃，2 MPa，4 h

表 12.9　催化剂用量的影响

序号	催化剂量/(mmol%)	PO 转化率/%[a]	PC 产率/%[a]
1	0.2	41	40
2	0.4	61	60
3	0.6	78	78
4	0.8	85	85
5	1.0	96	96
6	1.2	97	97
7	1.4	98	98

a 反应条件：PO (1 mL，25℃)，催化剂(CS-EMImBr)，温度 120℃，压力 2 MPa，时间 4 h。

利用原位红外对 CS-EMImBr 催化环氧丙烷与二氧化碳反应进行监控(图 12.51)。环氧丙烷的添加导致了在 3066 cm^{-1} 处峰值的出现，在反应过程中其强度降低。在 1788 cm^{-1} 处的峰值是由反应生成的碳酸丙烯酯 PC 形成的。反应谱分析表明，在前两小时的反应速率很快[图 12.51(b)]，PO 和二氧化碳之间的反应大约需要 4 h 可达到平衡。

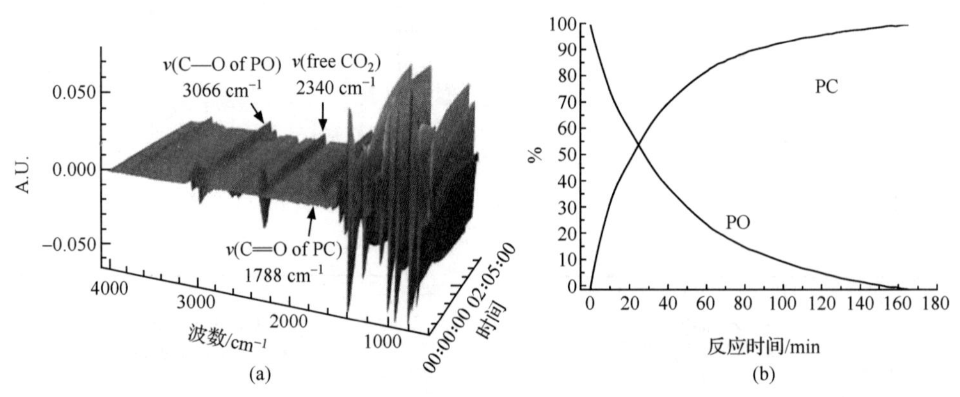

图 12.51　在反应 3 h 期间的原位红外谱图

在前面所做的工作基础上，对 CS-EMImBr 催化 PO 与 CO_2 反应的反应机理进行了推测(图 12.52)，离子液体中的溴离子起到对环氧化合物三元环开环的亲核进攻作用，壳聚糖载体本身含有的胺基可以固定活化 CO_2，羟基可以诱导环氧化物开环起到协同催化的作用。

通过密度泛函理论(DFT)研究，对壳聚糖上的羟基与 PO 之间的相互作用进行了模拟，并获得了 PO 和壳聚糖单元之间氢键作用的最优空间结构(图 12.53)。

3) 羟基功能化离子液体聚合物催化剂

项目组设计合成了新型的羟基功能化聚合离子液体[90]，该催化剂不仅具有负载型催化剂易分离等优点，同时无需负载，且其合成过程也相对比较简单。为了考察了不同官能团对催化活性的影响，合成了不同功能化聚合离子液体(表 12.10)。结果表明，氢键、卤素阴离子和吡啶的官能团有利于促进催化活性，且含三个活性基团的 1a 催化剂活性优于其他的聚合离子液体。此外，1a 聚合离子液体催化剂拥有较高的热稳定性(>300℃)，远高于反应时的温度，保证了催化剂不会在反应时分解。

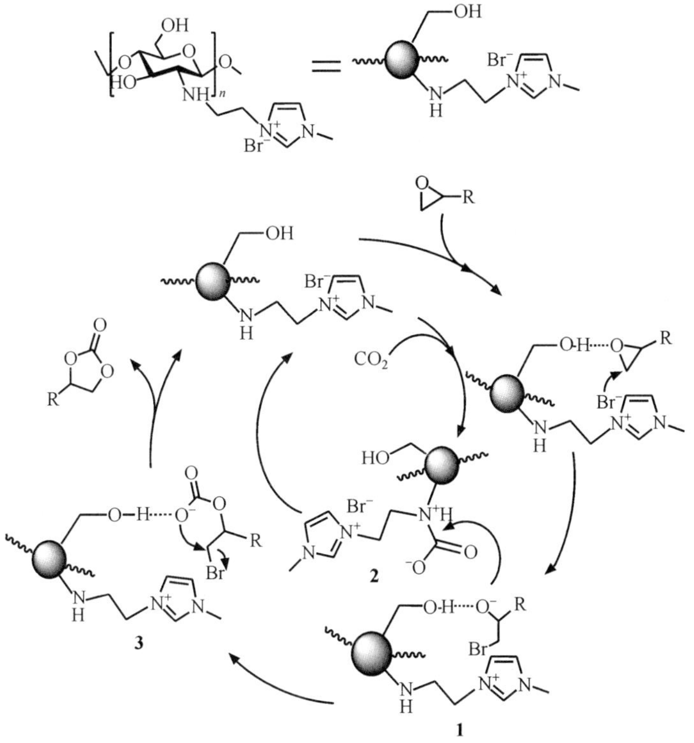

图 12.52　可能的 CS-EMImBr 催化反应机理

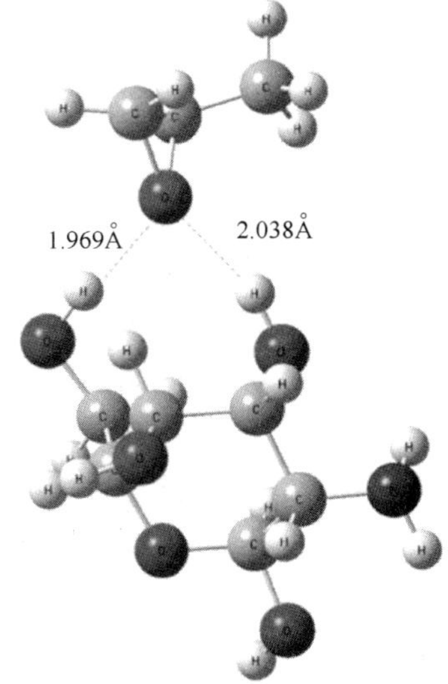

图 12.53　环氧丙烷和壳聚糖单元之间氢键作用的最优结构

表 12.10 催化剂的筛选

1a: $R_1=(CH_2)_2OH$, $X_1=Br$
1b: $R_1=(CH_2)_3CH_3$, $X_1=Cl$
1c: $R_1=(CH_2)_3CH_3$, $X_1=Br$

2a: $R_2=CH_2CH_2OH$, $X_2=Br$
2b: $R_2=(CH_2)_3CH_3$, $X_2=Cl$

序号	催化剂	PO 转化率/%[a]	PC 产率/%[a]
1	1a	76	76
2	1b	60	58
3	1c	62	62
4	2a	65	64
5	2b	53	53

a 反应条件:PO(14.6 mmol),催化剂(0.2 mmol),温度 120℃,压力 2.0 MPa,时间 2 h。

项目组利用共聚方法合成了另一种新型离子液体高聚物[91]用于环加成反应(图 12.54),考察了不同功能团的影响,图中 2c 催化剂展现了更优的反应活性。因此,2c 催化剂作为最优催化剂进行条件的优化,在 1.0 mol%的催化剂用量、130℃、2.5 MPa、4 h 条件下,可得到 99%PC 产率和 100%选择性。

该羟基功能化聚合离子液体催化剂的稳定性也通过循环实验进行了验证(图 12.55),图 12.55 表明催化剂至少可重复使用五次仍然保持高的反应活性和选择性。

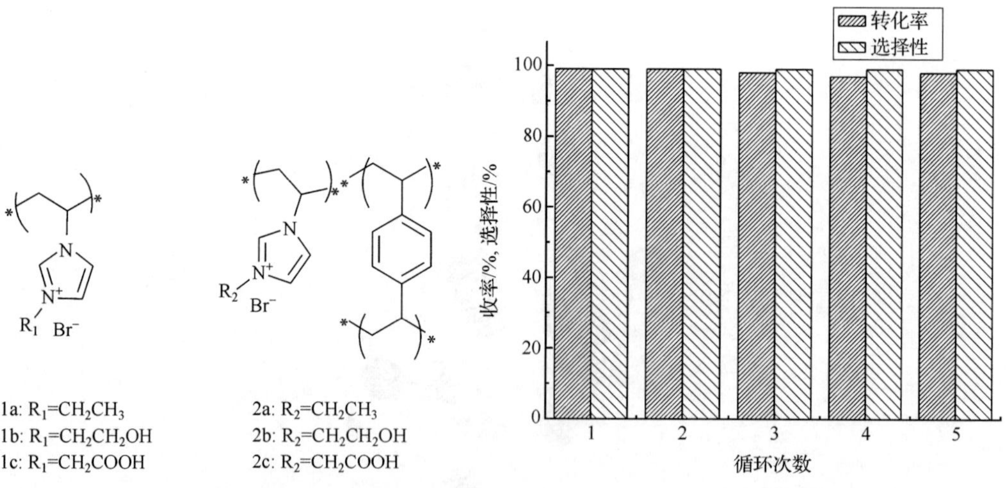

图 12.54 羟基功能化的聚合离子液体

图 12.55 催化剂的循环使用

反应条件: PO(14.3 mmol),催化剂(1.0 mol%),压力(2.5 MPa),温度(130℃),时间(4 h)

经过对使用前和使用五次后的催化剂进行 SEM 分析(图 12.56),发现其表面并没有破坏，说明使用前后催化剂结构稳定。其结构的稳定性也验证了催化活性的稳定性。

图 12.56　使用前后催化剂表面的 SEM 图像

4）分子筛负载离子液体催化剂

本项目组将载体换成具有更大比表面积且表面含有羟基的 MCM-41 型分子筛和 SBA-15 介孔分子筛，分别合成了 MCM-41 分子筛负载羟基功能化离子液体(图 12.57)和 SBA-15 负载 1,2,4-三氮唑类离子液体[92](图 12.58)。催化剂在活性组分中保留了有效诱导活化环氧化合物的羟基等功能化基团的同时，还引入了可能活化 CO_2 的不饱和胺基，实现了催化剂载体与活性组分同时催化的效果。

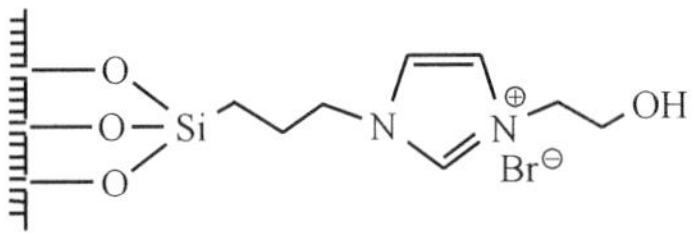

R=CH_2CH_3, CH_2CH_2OH, CH_2CH_2COOH
X=Cl, Br, I

图 12.57　MCM-41 负载咪唑离子液体

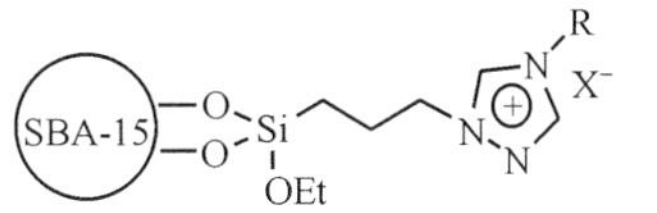

图 12.58　SBA-15 负载三氮唑类离子液体

筛选出了催化活性与稳定性都相对较高的 SBA-15-HETRBr 为最优催化剂来进行进一步的研究。考察了 SBA-15-HETRBr 催化剂体系温度、压力、反应时间以及催化剂用量等条件的影响，以优化出最适宜、最高效的反应条件。

首先考察了温度的影响，由图 12.59 可以看出，在温度从 95℃增加到 120℃过程中，PC 收率明显增加，从低于 72%提升至 99%；当温度由 110℃持续升高至 120℃时，PC 收率得到了微小的提升。温度的进一步提高会微微降低 PC 的选择性，但总收率仍维持在 99%以上，过高的温度带来的 PC 选择性降低主要可能是由于一些副反应的发生，如 PC 的聚合、PO 异构化以及 PO 与体系中微量水的反应。因此，将 110℃作为反应的最理想温度。

接着研究了 CO_2 压力对收率及选择性的影响。由图 12.60 可以看到，在较低压状态下，CO_2 压力的增大对于反应有着明显的促进作用，而在较高压状态下，PC 收率却出现了一定的降低，这一现象在其他研究中也发现了[77,85,87,93-95]。根据这些报道，可以得到如下解释：PO 与 PC 在反应条件下呈液态，CO_2 溶解于其中而发生反应，并且 CO_2 的溶解度随其压力的增大而增大。当处于低压状态时，随着压力的增大，CO_2 作为反应物在体系中浓度的增大有利于反应的高效进行，但过高的 CO_2 浓度会导致另一反应物 PO 浓度的降

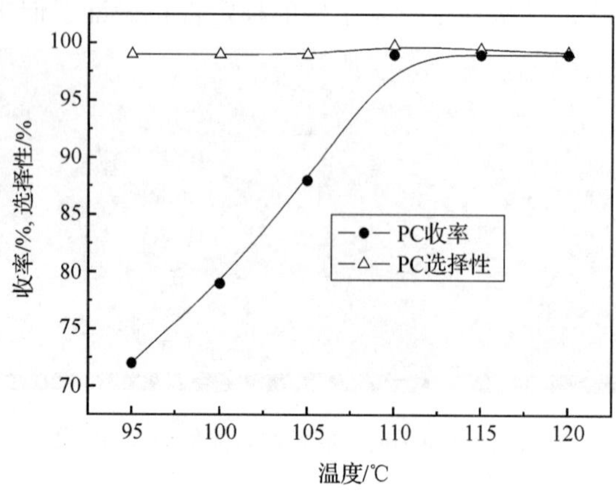

图 12.59 温度对 SBA-15-HETRBr 催化活性的影响
反应条件：催化剂 1.0 mol%，压力 2.0 MPa，时间 2 h

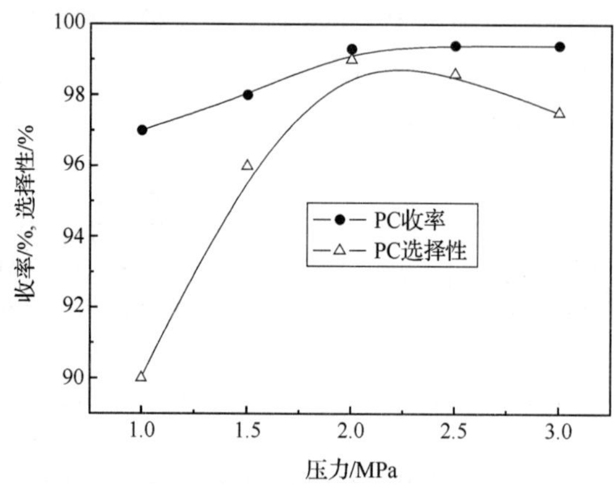

图 12.60 压力对 SBA-15-HETRBr 催化活性的影响
反应条件：催化剂 1.0 mol%，温度 110℃，时间 2 h

低，不利于反应的进行。因此，2.0 MPa 可以作为适宜的反应压力。

再次考察了时间对 PC 生成的影响，图 12.61 显示了 PC 生成随时间变化的变化情况。反应在最初的 1.5 h 内进行较快，在 1.5 h 已经有超过 90%的 PC 生成。反应 2 h 后，随着反应时间的进一步延长，体系中 PC 生成量只是存在微弱提高，反应趋近于完全转化，说明 2 h 是理想的反应时间，并且随着反应时间的延长，并未检测到明显的副产物生成，证明在该反应条件下，反应体系的稳定性良好，反应条件适宜。

最后对催化剂用量对反应的影响进行了考察。由图 12.62 可以看出，催化剂用量对反应的进行也具有明显的影响。在催化剂用量较低的范围内，该催化系统的催化活性随着催化剂用量的增大而明显提升，当催化剂用量在 1.0～1.4 mol%时，进一步加大催化剂量，反应中 PC 收率的提升并不明显，说明催化剂用量接近饱和，即催化最适宜的催化剂用量范围为 1.0～1.4 mol%，当催化剂用量超过 1.4 mol%后，催化剂用量的进一步加大却使反应收率出现了微微的降低。这可能是由于催化剂浓度的提升虽然对反应活性具有

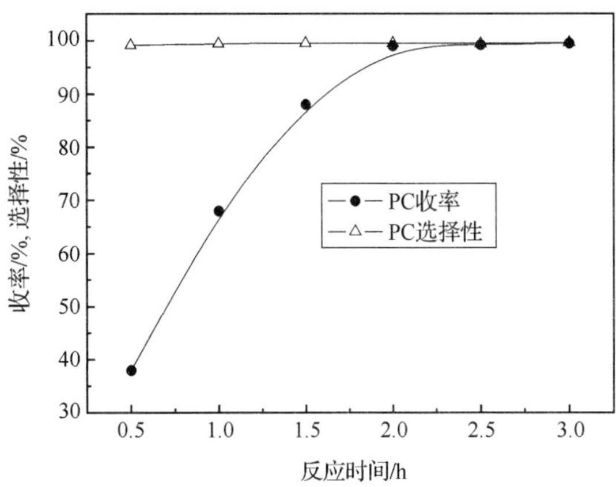

图 12.61　温度对 SBA-15-HETRBr 催化活性的影响

反应条件：催化剂 1.0 mol%，压力 2.0 MPa，时间 2 h

明显的促进作用，但过量的催化剂不能很好地在反应物体系中铺展，从而影响了体系中反应物与催化剂活性组分间的传质效率，导致催化活性的微弱降低。

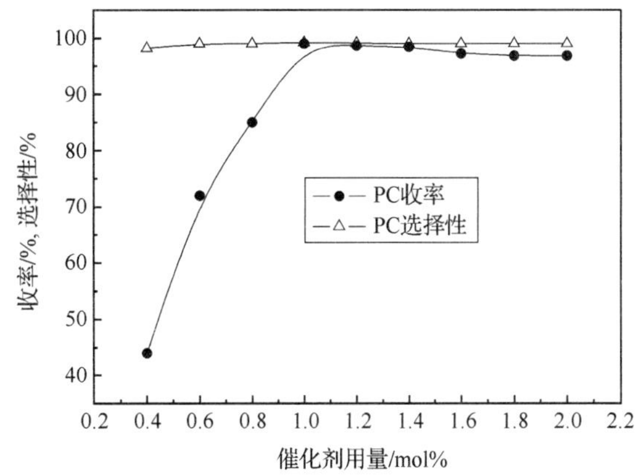

图 12.62　催化剂量对 SBA-15-HETRBr 催化活性的影响

反应条件：温度 110℃，压力 2.0 MPa，时间 2 h

通过以上的考察，该催化剂系统能够在相对温和的反应条件（催化剂用量 1.0 mol%，反应温度 110℃，反应压力 2.0 MPa，反应时间 2 h）下，达到了 99%以上的 PC 收率及选择性。

对 SBA-15-HETRBr 进行了重复使用实验，由图 12.63 可以看出，SBA-15-HETRBr 对环氧丙烷和二氧化碳的环加成反应表现出了较好的稳定性，催化剂重复使用 6 次后仍保持较为稳定的碳酸丙烯酯收率，并且产品的选择性一直保持大于 99%。证明该催化剂体系同样具备较高的催化活性和稳定性。

同时，对 6 次循环实验前后的催化剂进行了 FT-IR 分析对比。由图 12.64 可以看出，在 6 次反应使用前后，催化剂结构没有发生明显变化。此外，向反应后过滤所得的碳酸丙烯酯产品中滴加硝酸酸化的硝酸银溶液，未见明显混浊，说明催化剂经过使用后未见明显流失，佐证了催化剂具有良好的稳定性。

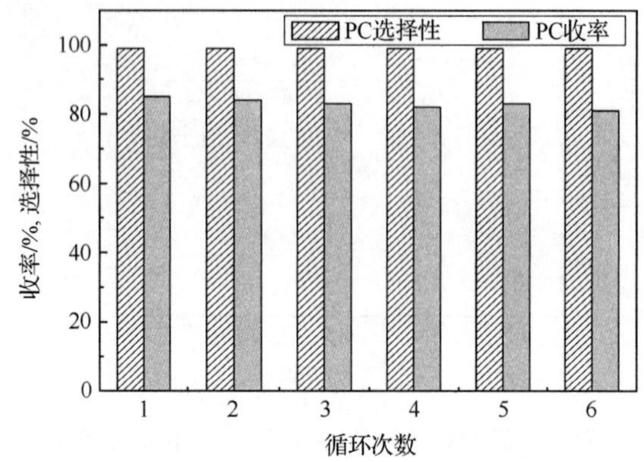

图 12.63 SBA-15-HETRBr 循环实验稳定性

反应条件：催化剂 0.8 mol%，温度 110℃，压力 2.0 MPa，时间 2 h

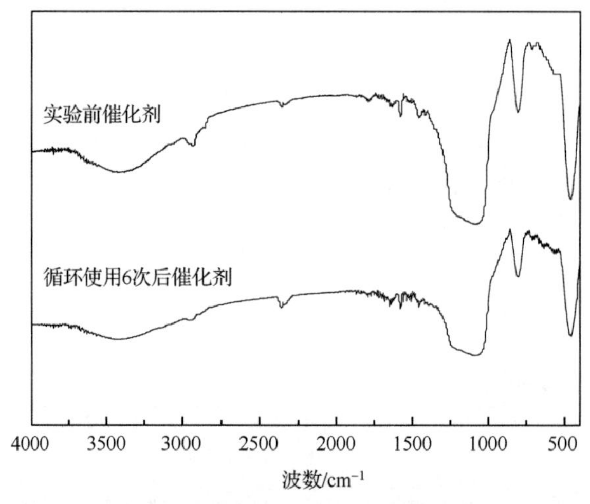

图 12.64 SBA-15-HETRBr 循环使用 6 次前后的 FT-IR 图对比

项目组合成了羧基功能化咪唑盐离子液体(DMIC)，并将其作为醇解新工艺第二步 EC 醇解反应的均相催化剂[96]。在最初的实验研究中，以一系列典型的离子液体为催化剂，调查了阳离子和阴离子对 EC 醇解反应催化活性的影响(表 12.11，序号 1～9)。结果表明，阴离子的催化活性顺序为 $Cl^- > [PF_6]^- > TFSI^- > Br^- > [BF_4]^-$，阳离子烷基长度的增加会使转化率降低。此外，对其他典型的离子液体(例如吡啶鎓盐、哌啶盐、铵盐、鏻盐、胆碱盐酸盐、胍盐)也进行了研究(表 12.11，序号 10～18)。结果表明这些离子液体的活性和对 DMC 的选择性不高。随后，专注于功能化离子液体的研究，合成了羧基功能化咪唑盐离子液体(DMIC)作为醇解新工艺第二步 EC 醇解反应的均相催化剂(图 12.65)。

表 12.11　催化剂的筛选

序号	催化剂	EC 转化率/%[a]	DMC 产率/%[a]	HEMC 产率/%[a]
1	[Bmim]Cl	59	47	11
2	[Bmim]Br	39	25	13
3	[Bmim][BF_4]	22	痕量	20
4	[Omim][BF_4]	17	痕量	16
5	[Bmim][PF_6]	54	19	35
6	[Bmim]TFSI	43	痕量	42
7	[Hmim]TFSI	35	痕量	32
8	[Omim]TFSI	23	痕量	22
9	[Emim][OAc]	50	31	19
10	BPBr	54	26	27
11	BMPBr	56	24	31
12	TBAC	59	47	12
13	TBAB	51	30	20
14	TBAI	42	22	19
15	CTAB	60	6	54
16	TTPC	56	24	31
17	CC	68	45	22
18	GH	56	28	26
19	DMIC	82	81	痕量
20[b]	DMIC	80	79	痕量
21	K_2CO_3	84	83	痕量

注：反应条件为碳酸乙烯酯(1.76 g,20 mmol),甲醇(6.4 g,200 mmol),a 催化剂(0.2 mmol,1 mol%),b 催化剂(0.1 mmol,0.5 mol%),温度(110℃),时间(80 min)。

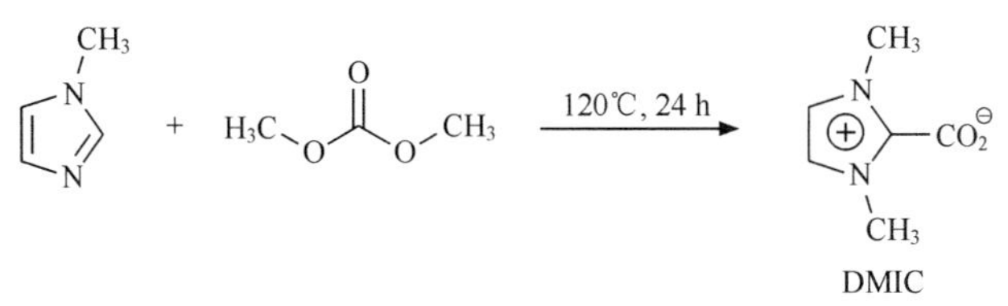

$$\text{1-methylimidazole} + H_3C{-}O{-}C(=O){-}O{-}CH_3 \xrightarrow{120℃,\ 24\ h} \text{DMIC}$$

图 12.65　DMIC 催化剂的合成

实验发现 DMIC 展现了很高的反应活性(表 12.11,序号 19),DMC 产率达到 81%,且拥有 99%的选择性,收率甚至与传统的 K_2CO_3 催化剂(表 12.11,序号 21)反应活性相当。即使在催化剂含量仅 0.5 mol%时,仍有很高的反应活性(表 12.11,序号 20)。DMIC 的制备方法简便,起始原料相对低廉,不含对环境有害的毒性金属和卤素,因此,DMIC 被选为模型的催化剂作进一步调查。

对 DMIC 催化 EC 醇解生成乙二醇和碳酸二甲酯的反应参数的影响进行了调查,从

图 12.66 可以看出，反应温度对该催化剂的活性有着显著的影响，随着温度的升高 EC 转化率明显提高，EC 的转化率由 50℃时的 5%，迅速升高到 110℃时的 82%。且随着温度升高选择性也逐渐接近 100%。

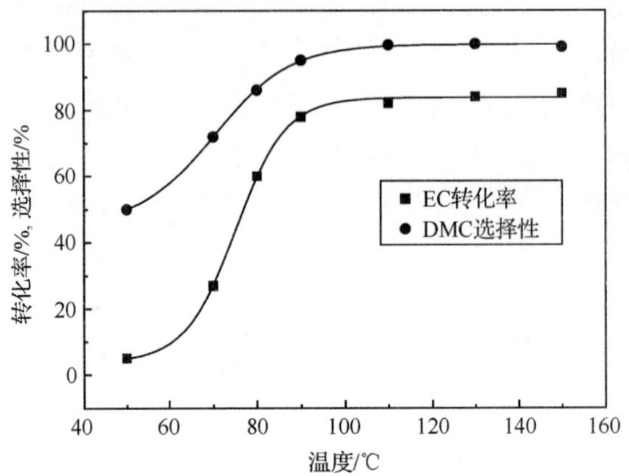

图 12.66 反应温度对 EC 转化率和 DMC 选择性的影响

反应条件：EC(1.76 g,20 mmol)，甲醇(6.4 g,200 mmol)，DMIC(0.2 mmol,1 mol%)，时间(80 min)

此外，在相同的反应条件下考察了 CH_3OH/EC 进料摩尔比对反应的影响(图 12.67)。结果表明，CH_3OH/EC 加入的摩尔比对醇解反应有显著的影响。由于醇解反应是可逆反应，当进料的 CH_3OH/EC 摩尔比从 4∶1 增加至 20∶1 时，EC 转化率和 DMC 的选择性逐渐增加。

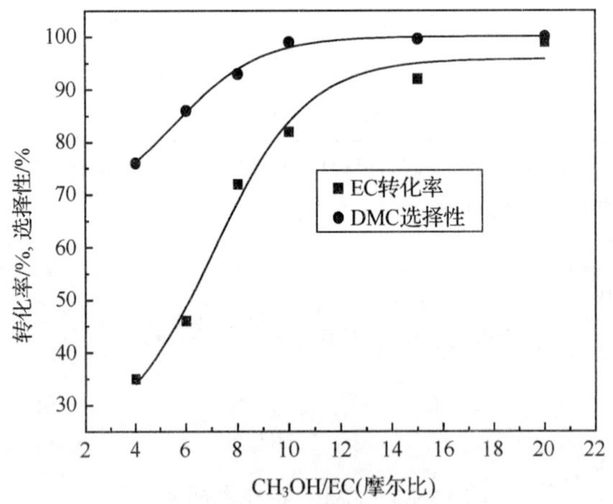

图 12.67 CH_3OH/EC 摩尔比对 EC 转化率和 DMC 选择性的影响

反应条件：EC(1.76 g,20 mmol)，DMIC(0.2 mmol,1 mol%)，温度(110℃)，时间(80 min)

随后，对 DMC 选择性和 EC 转化率在反应时间上的依赖性也进行了评价(图 12.68)。如图所示，反应速率在初始阶段快速增加，80 min 后反应达到平衡，转化率几乎保持不变。在这项研究中，用于合成的反应时间为 80 min 是合适的。

最后，对 DMIC 催化醇解的反应机理进行了推测(图 12.69)。首先，甲醇羟基中的氢

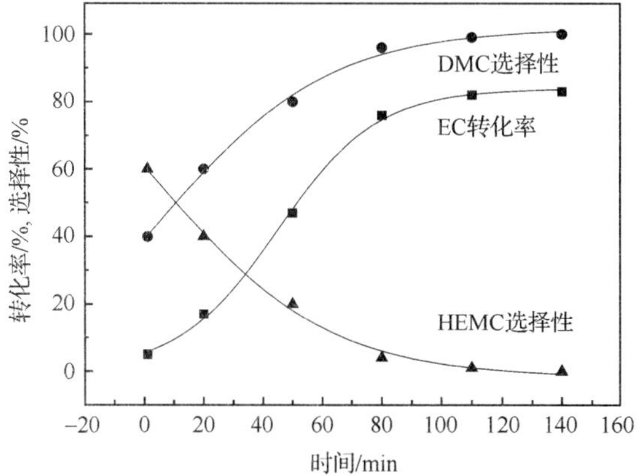

图 12.68　反应时间对 EC 转化率和 DMC 选择性的影响

反应条件：EC(1.76 g,20 mmol),甲醇(6.4 g,200 mmol),DMIC(0.2 mmol,1 mol%),温度(110℃)

与 DMIC 的氧负离子形成氢键，使 O—H 键极化，从而失去氢质子形成富电子的CH_3O^-；然后，CH_3O^-进攻 EC 中的羰基碳，使其开环并形成中间体(Ⅰ)，中间体(Ⅰ)捕获甲醇失去的氢质子，形成中间体(Ⅱ)，中间体(Ⅱ)进而被CH_3O^-亲核取代产生 DMC 和 EG 负离子(Ⅲ)，中间体(Ⅲ)通过与甲醇间的质子转移最终形成 EG。

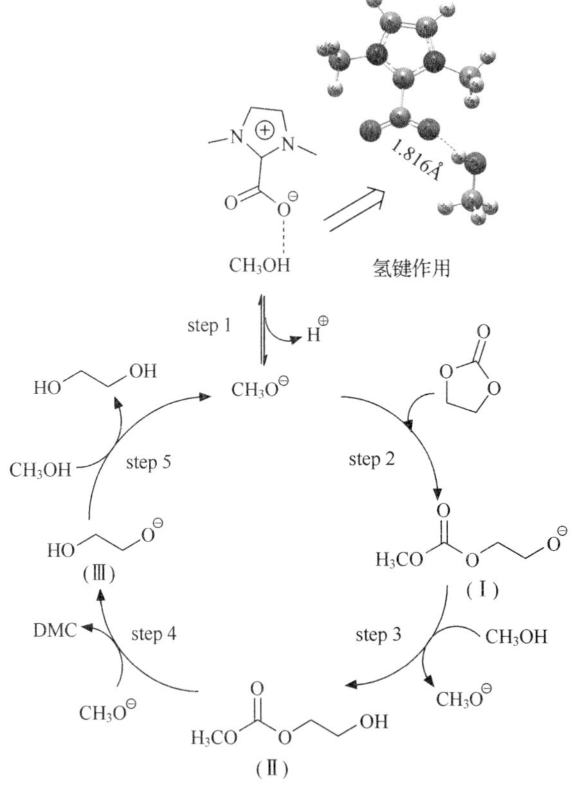

图 12.69　可能的反应机理

从分离过程简单化方面考虑，将 DMIC 负载到 PS 树脂上，合成了树脂负载的 DMIC。合成过程如图 12.70 所示：

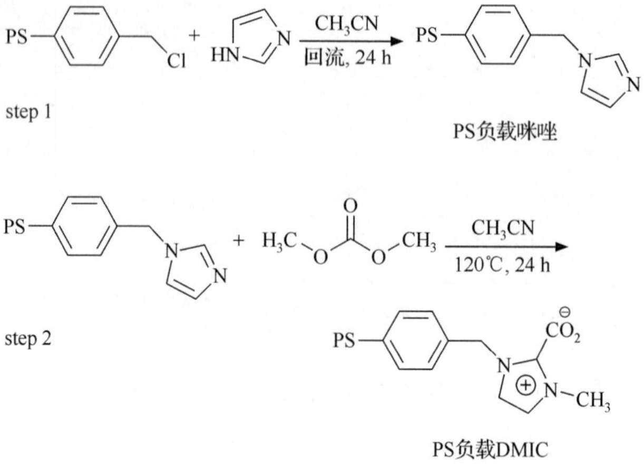

图 12.70　树脂负载 DMIC 合成过程

在连续流动固定床催化反应器中，对树脂负载的催化剂活性和稳定性进行了评价。实验在 110℃、0.3 MPa 和 4∶1 的 CH_3OH/EC 摩尔比，以及 LHSV 为 6.0 h^{-1} 条件下进行，结果示于图 12.71。EC 转化率和 DMC 的选择性分别为约 67%和 95%。PS-DMIC 在固定床反应器中连续反应 200 h 后，没有明显活性降低。

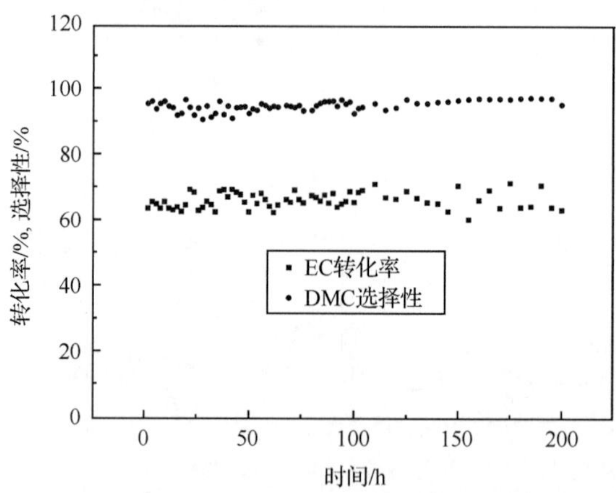

图 12.71　固定床连续反应实验

4. 反应器

为了考察 CO_2 和环氧化物在反应器内的分布情况，项目组进行了 CO_2/PO 气液分布冷模实验。实验装置如图 12.72 所示。

1) 实验方案

(1) 考虑环氧乙烷(EO)常温常压即汽化、不易安全操作问题，选用环氧丙烷(PO)为模拟底物进行 CO_2/PO 气液分布冷模实验，气液真实体积比为 34∶1，该数值依据工业侧

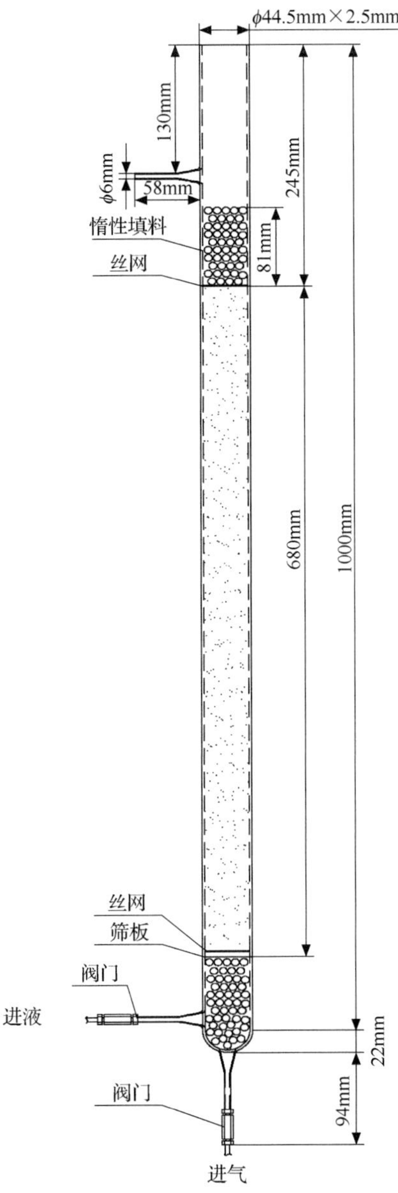

图 12.72　冷模实验装置

线试验方案及物流数据表；

(2) 催化剂装填量为 400 g，进料空速为 1 h^{-1}，该数值依据工业侧线试验方案；

(3) 依次对反应器下（瓷球）、中（催化剂）、上（瓷球）三段分别进行连续拍摄，选取间隔为 0.5s 的部分图片表达实验结果。

2）冷模实验结果

实验部分结果见图 12.73。说明：由上至下依次为反应器上、中、下三部分气液分布结果，时间间隔 0.5 s。

图 12.73　冷模实验结果

5. 工业侧线试验

为了验证小试反应结果，进一步确定工艺条件，以及催化剂的放大制备（几克到千克），并验证负载离子液体催化剂的活性及稳定性，项目组进行了工业侧线试验。

建立了 25 t/a 模式试验装置，其中羰基化反应器选用固定床单管反应器（图 12.74），该反应器具有结构简单、易于工业放大等优点；醇解反应器选用反应精馏塔（图 12.75）。完成了催化剂从克到千克级的 500 倍放大制备研究，催化剂放大制备后活性和稳定性与小试相比未发生变化。将小试与工业侧线试验结果对比发现，羰基化反应的工业侧线试验结果与小试结果相吻合（表 12.12），而醇解反应的工业侧线试验结果明显优于小试结果(表 12.13)。

图 12.74　固定床反应器

图 12.75　反应精馏塔

表 12.12　羰基化反应

实验	EO 转化率/%	产品选择性/%	时空收率/[g/(g·h)]
小试实验	>99.5	>99.5	3.6
工业侧线试验	>99.4	>99.5	3.6

表 12.13　醇解反应

实验	EC 转化率/%	EG 选择性/%	DMC 选择性/%
小试实验	68	98.6	99.7
工业侧线试验	92	98.5	99.4

通过工业侧线试验，分别对羰基化反应(图 12.76～图 12.77)和醇解反应(图 12.78～图 12.80)中的负载离子液体催化剂的活性及稳定性进行了考察。

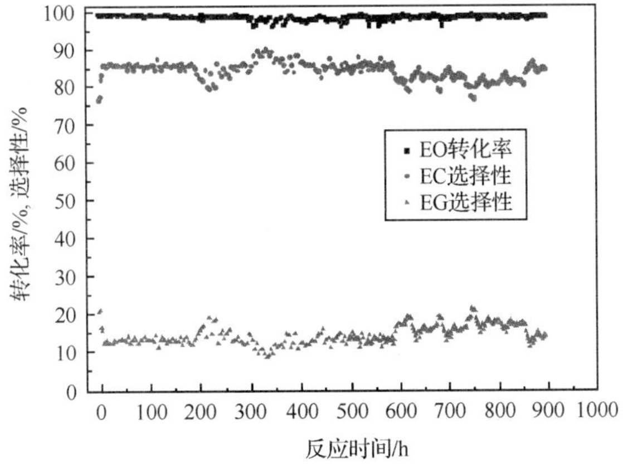

图 12.76　EO 转化率及产品选择性随时间变化曲线

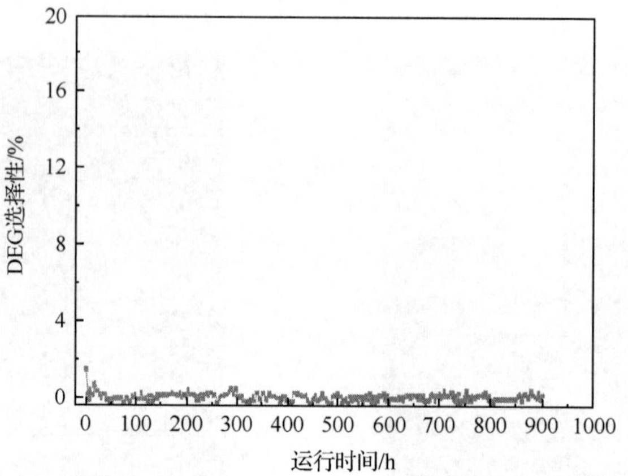

图 12.77 副产物 DEG 选择性随时间变化曲线

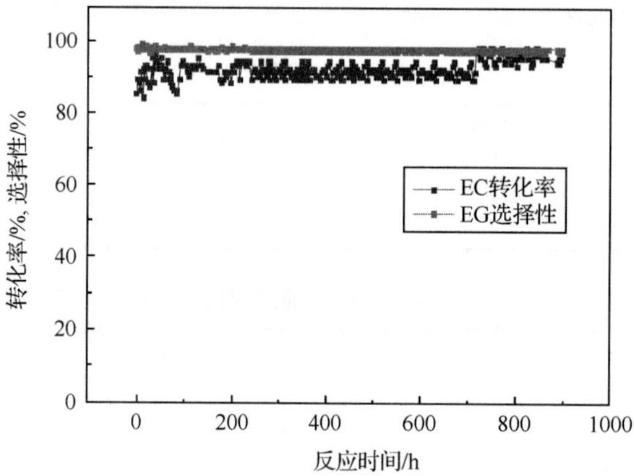

图 12.78 EC 转化率及 EG 选择性随时间变化曲线

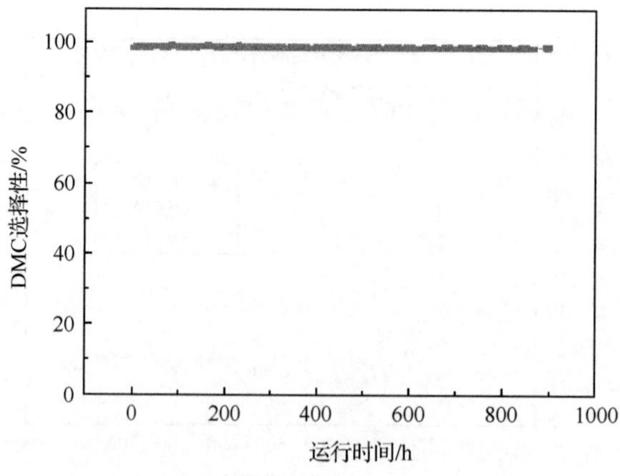

图 12.79 DMC 选择性随时间变化曲线

从图 12.76 和图 12.77 可以看出，900h 羰基化连续运行结果：羰基化反应 EO 平均转化率＞99.4%，EC＋EG 总选择性＞99.5%，副产物 DEG 平均选择性＜0.5%。

图 12.78 和图 12.79 可以看出，900h 醇解连续运行结果：醇解反应 EC 平均转化率＞90%，EG 选择性＞98.2%，DMC 选择性＞99.3%，副产物 DEG＜1%。

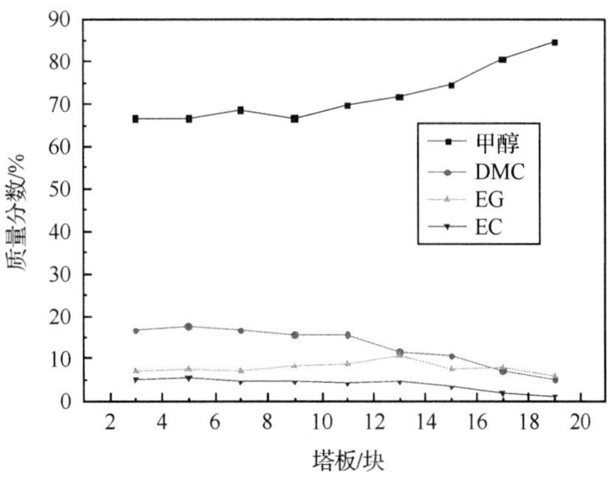

图 12.80　塔板各物质浓度变化曲线

对产品乙二醇和碳酸二甲酯进行了质量分析，表 12.14 中乙二醇的产品质量已达到国家标准，而表 12.15 中的碳酸二甲酯也达到了行业标准。

表 12.14　乙二醇产品质量达到国家标准

指标名称		GB/T 4649—2008(优等品)	工业侧线产品
外观		无色透明，无机械杂质	无色透明，无机械杂质
含水量/%		≤0.1	0.075
色相		≤5	5
加 HCl 色相		≤20	8
MEG/%		99.8	99.92
DEG%		≤0.1	0.0052
ACHO/%		＜0.0008	0.000 30
初馏点/℃		≥196	197.2
干点/℃		≤199	198
UV 值	220 nm	≥75	77
	275 nm	≥92	97.67
	350 nm	≥99	100

注：分析结果由中石化北京燕山分公司提供。

表 12.15　碳酸二甲酯产品质量达到行业标准

指标名称	YS/T 672—2008(一级品)	工业侧线产品
碳酸二甲酯(质量分数)/%	≥99.5	99.5
含水量/%	0.10	0.0092
甲醇(质量分数)/%	≤0.20	0.16
酸度(以碳酸计)/(mmol/100g)	≤0.025	0.012
密度(25℃)/(g/cm^3)	1.071±0.005	1.07

注：分析结果由北京工业大学分析测试中心提供。

基于侧线试验的数据及稳态模型的搭建，已初步开展了工程放大设计工作，编写了目前较为完善的 20 万 t/a 乙二醇醇解新工艺数据包(图 12.81)，完成了可行性报告。

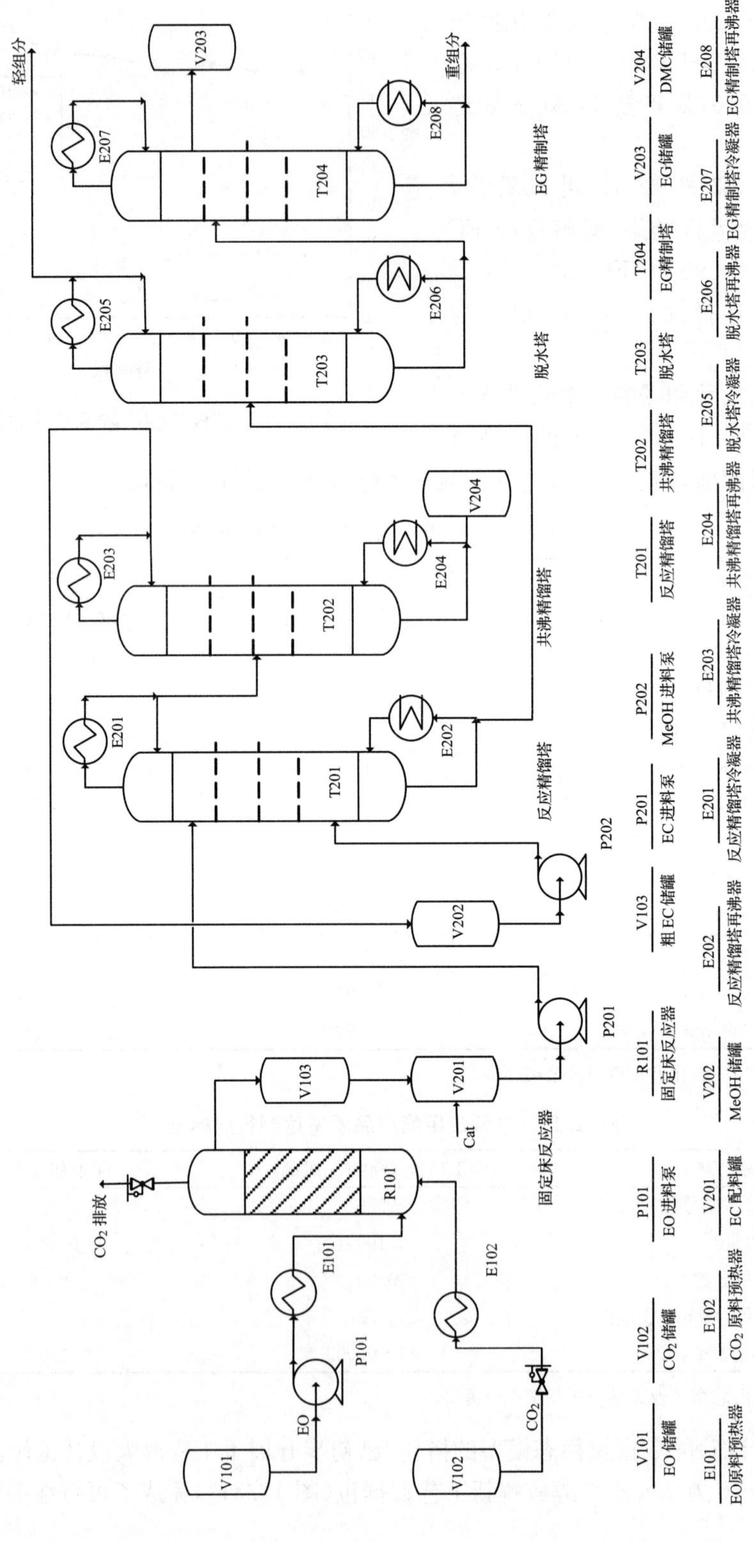

图 12.81　乙二醇醇解新工艺流程图

第 13 章　氧化铝/电解铝节能新过程

13.1　铝酸钠溶液节能分解理论基础

铝是国民经济的支柱产业，用于电解制备金属铝的氧化铝行业是我国最大的有色行业。由于我国大部分铝土矿为一水硬铝石，故我国的拜耳法氧化铝生产过程能耗一直较高。如我国用拜耳法加工一水硬铝石较好的大型氧化铝厂工艺能耗为 530 kgce/t AO，是节能效率最高的德国 Stade 氧化铝厂的 1.7 倍，可见我国氧化铝生产工艺节能空间巨大。

拜耳法氧化铝生产过程中能耗大约占产品成本的 20%～30%，且随着能源价格的上涨，能耗所占的比例还会不断升高，因此，要降低氧化铝生产成品能耗，节能降耗就显得非常重要。在我国拜耳法生产氧化铝过程中，直接消耗的能量主要有电能、蒸汽、重油或煤气。其中电能主要为动力消耗；蒸汽主要用于溶出矿浆的加热和分解母液的蒸发浓缩；重油或煤气主要用于氢氧化铝焙烧[97]。以某氧化铝厂的生产数据为例，当不计氢氧化铝焙烧能耗时，拜耳法溶出、沉降、分解、蒸发四大核心工序的能耗分配约为溶出 51%、沉降 12%、分解 7%、蒸发 29%、其他 1%[98]。

虽然铝酸钠溶液分解工序所占的能耗比重仅为 7%，但若能大幅强化铝酸钠溶液分解，提高循环母液分子比，将对拜耳法氧化铝生产工艺能耗的降低带来巨大空间，其原因在于：铝酸钠溶液分解过程的强化，可提高氧化铝产出率；循环母液中游离碱含量提高，有利于降低蒸发浓缩蒸汽消耗，且溶出时溶矿能力增强，设备利用率提高。以铝酸钠溶液分解率提高 25%为例，预计能节约拜耳法系统能耗 20%以上。

13.1.1　拜耳法氧化铝生产过程中铝酸钠溶液分解过程效率低下

拜耳法作为全球及我国氧化铝生产的主要方法，其基本流程见图 13.1。经百余年的长足发展与进步，拜耳法已取得了巨大的技术进步，但受限于 Al_2O_3 在 Na_2O 碱性溶液中的溶解度热力学平衡，仍存在铝酸钠溶液晶种分解效率低的难题。

晶种分解过程的实质为：将过饱和铝酸钠溶液降温，增大其过饱和度，同时加入氢氧化铝作为晶种，并进行搅拌，使其析出氢氧化铝的过程，主要反应方程式为式(13.1)。

$$NaAl(OH)_4 \xrightarrow{\text{晶种}} Al(OH)_3 \downarrow + NaOH \tag{13.1}$$

但晶种分解过程存在分解率低、分解速度慢、大量物料堆积等一系列问题，成为氧化铝生产的技术“瓶颈”，具体表现[99]：

(1) 受饱和铝酸钠溶液溶解平衡的热力学限制，铝酸钠溶液分解率低，生产上一般不超过 55%，即铝酸钠溶液中约一半的 Al_2O_3 以 $Al(OH)_3$ 的形式析出，其余约一半的 Al_2O_3 在溶出、种分及蒸发等核心工序之间进行无效循环，且由于分解母液中 Al_2O_3 含量高，大

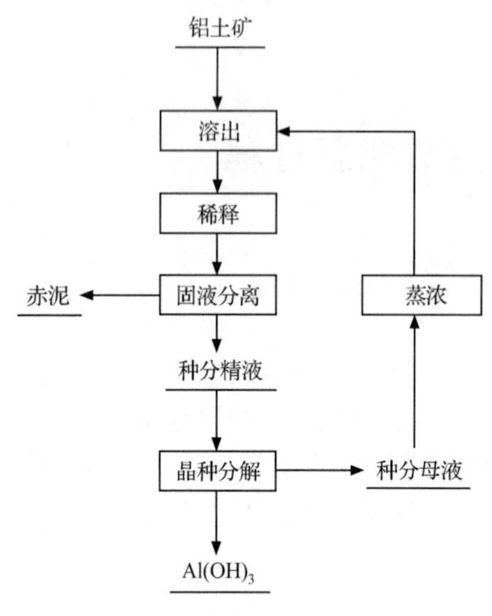

图 13.1　拜耳法原则流程图

幅度降低了循环母液处理铝土矿的能力；

(2) 铝酸钠溶液中铝酸根离子之间、铝酸根离子与碱介质之间相互作用极其复杂，使过饱和铝酸钠溶液具有迥异于一般过饱和无机盐溶液的特殊稳定性，致使分解动力学缓慢，晶种分解时间长达48～72 h，不仅大幅度降低了设备利用效率，且能耗及设备投资相应增大；

(3) 为缩短铝酸钠溶液分解的诱导期，同时调控产品质量，晶种分解过程须添加大量活性 $Al(OH)_3$ 晶种，一般工业生产的晶种系数为 2，对于一个日产 1000 t 的氧化铝厂，在生产中周转的 $Al(OH)_3$ 晶种数量就达到 1.5 万～1.8 万 t，活性晶种在铝酸钠结晶过程中进行内循环，操作复杂、代价高。

如上所述，拜耳法生产氧化铝的种子分解过程因分解时间长、分解率低、大量 Al_2O_3 在溶出—种分—蒸发工序之间以及在种分过程工序内的循环使得设备利用效率低、能耗高。因此如何强化种分过程，探索铝酸钠溶液分解新方法，以缩短分解时间、提高分解率、减少氧化铝循环量，成为氧化铝工作者研究的重要课题。

13.1.2　铝酸钠溶液分解过程强化进展

近年来，基于铝酸钠溶液结构及分解机理的相关研究结果，国内外研究者主要采取降低溶出液分子比(即 MR，氧化钠与氧化铝的摩尔比)、溶出液净化除杂等手段来强化分解，并采用新技术、新方法强化晶种分解过程，取得许多有意义的研究成果，具体表现在：

(1) 物理外场强化分解。赵继华[100]研究了外加超声场对晶种分解过程的作用，发现超声场能有效地提高分解速度，缩短分解时间，且低频率的超声场能促进颗粒的附聚和长大，高频率的超声场更有利于二次成核；韩颜卿等[101]研究了外加磁场对晶种分解的强化效果，分解率提高不到 4%。但外场强化方法具有设备昂贵、稳定性较差、容易形成多晶、工业应用实施难度大等缺陷。

(2) 活化晶种方法。强化晶种活性会影响过程分解率及分解时间，有研究者[102]采用沸腾热水蒸煮的方法活化晶种，然而随着种分进行晶种表面迅速失活，且晶种活化处理操作困难，处理时间长，难以工业化。

(3) 添加无机和有机添加剂。强化添加剂可降低溶液体系表面张力，改变和调控界面微结构与性质。Hachgenei 等[103]向铝酸钠溶液中添加聚丙三醇可获得较大粒径的氢氧化铝晶体；当向铝酸钠溶液中加入 1%铝盐时，可强化分解过程，但析出的氢氧化铝过滤困难。

上述强化方法均未能改变铝酸钠晶种分解机理的本质，未能解决拜耳法种分过程分解率低、分解时间长的本质问题。因此，依据经验改进和强化铝酸钠溶液分解已经走到了极限,要从根本上解决铝酸钠溶液分解所存在的一系列问题,打破铝酸钠溶液种子分解过程溶解平衡的热力学限制将是一重要可行的方法。

13.1.3　介质强化铝酸钠溶液分解新方法的提出

介质强化铝酸钠溶液分解的新过程,旨在通过引入新介质打破 Na_2O-Al_2O_3-H_2O 三元系的热力学平衡,形成新的 Al_2O_3溶解热力学平衡基础,提高分解深度。

溶析结晶技术是介质强化结晶过程的典型应用方式,具有高纯度、高收率、高效率等优点。如 Barata 和 Serrnao[104-107]采用乙醇、1-丙醇和 2-丙醇作为溶析剂将磷酸二氢钾从水溶液中结晶析出;Oosterhof 等[108]考察了 10 种醇类溶剂对水溶液中碳酸钠析出的影响,得出 1,2-丙二醇和二乙二醇对碳酸钠的回收率达 91%以上。

对于铝酸钠溶液体系,国外一些专利[109,110]在研究醇类溶剂作为种分添加剂的过程中发现,醇类溶剂可促进铝酸钠溶液中氢氧化铝的析出,但没有进一步的文献报道。中国科学院过程工程研究所据此深入开展了甲醇介质强化铝酸钠溶液分解的基础及应用研究,不仅对 CH_3OH-Na_2O-Al_2O_3-H_2O 新四元系的热力学平衡进行了大量的数据测定,也对甲醇强化铝酸钠溶液分解过程的规律、新分解过程产品质量调控的手段进行了系统的研究。

13.1.4　甲醇介质强化铝酸钠溶液分解的热力学基础

氧化铝生产工艺的需求推动了 Na_2O-Al_2O_3-H_2O 三元系平衡热力学数据的测定,到目前为止,三元系在 30℃[111]、60℃[111]、95℃[111]、110℃[112]、130℃[113]、150℃[114]、180℃[14]和 200℃[111]的溶解度平衡数据均有测定和报道,测定结果显示 Al_2O_3在 NaOH 水溶液中的溶解度均是先上升后下降,且伴随有平衡固相的改变。左半支随着温度的升高,平衡固相由 $Al_2O_3 \cdot 3H_2O$ 向 $Al_2O_3 \cdot H_2O$ 转变,右半支的平衡固相有 $Na_2O \cdot Al_2O_3 \cdot 2.5H_2O$、$4Na_2O \cdot Al_2O_3 \cdot 12H_2O$、$6Na_2O \cdot Al_2O_3 \cdot 12H_2O$ 等多种,各种铝酸钠水合物的具体存在区域与温度和碱浓度相关。

然而,甲醇对 Na_2O 有不同于水的溶解效应,Boynton 等[115]于 1957 年发表了 Na_2O-CH_3OH-H_2O三元系在 30℃时的相图数据,数据显示,Na_2O 在甲醇中的溶解度约只有在水中的一半,由于 Al_2O_3的溶解性能与铝酸根离子结构和 Na_2O 浓度密切相关,因此,往铝酸钠溶液中引入甲醇介质必然会造成 Al_2O_3溶解度的改变。

30℃下,Al_2O_3在不同质量配比的 H_2O/CH_3OH 混合溶剂中溶解度随 Na_2O 浓度的变化规律[116]如图 13.2 所示,由图可见,铝酸钠溶液体系平衡分子比随甲醇添加量的增加而显著增加,即甲醇对铝酸钠溶液的分解具有明显的促进作用。当混合溶剂中 $w(CH_3OH/solv)$为 0.8,即甲醇与水的质量比为 4∶1 时,铝酸钠溶液体系平衡分子比最高。考虑到甲醇回收的经济性,且实际过程不宜操作在过低的氧化钠浓度区间,甲醇与水的质量比控制在 1∶1 较宜。为此,进一步测定了 30℃和 60℃下 Al_2O_3在甲醇与水的质量比为 1∶1 的混合溶剂中溶解度随 Na_2O 浓度的变化规律[117],如图 13.3 所示,可见 Al_2O_3 在 Na_2O-Al_2O_3-H_2O-CH_3OH 四元系中溶解度变化规律和在 Na_2O-Al_2O_3-H_2O 三元系中的变化规律基本一致,都存在一个溶解度最大值,随后溶解度将减小,对应的平衡固相也发生变化，从 $Al(OH)_3$ 固相转变为 $Na_2O \cdot Al_2O_3 \cdot 2.5H_2O$。随着甲醇的加入，对于某一特定的平衡 Na_2O 浓度，平衡 Al_2O_3 浓度较无甲醇的三元系大幅度下降，即平衡分子比大幅度增大，这就在热力学上为甲醇强化铝酸钠溶液分解提供了理论依据。

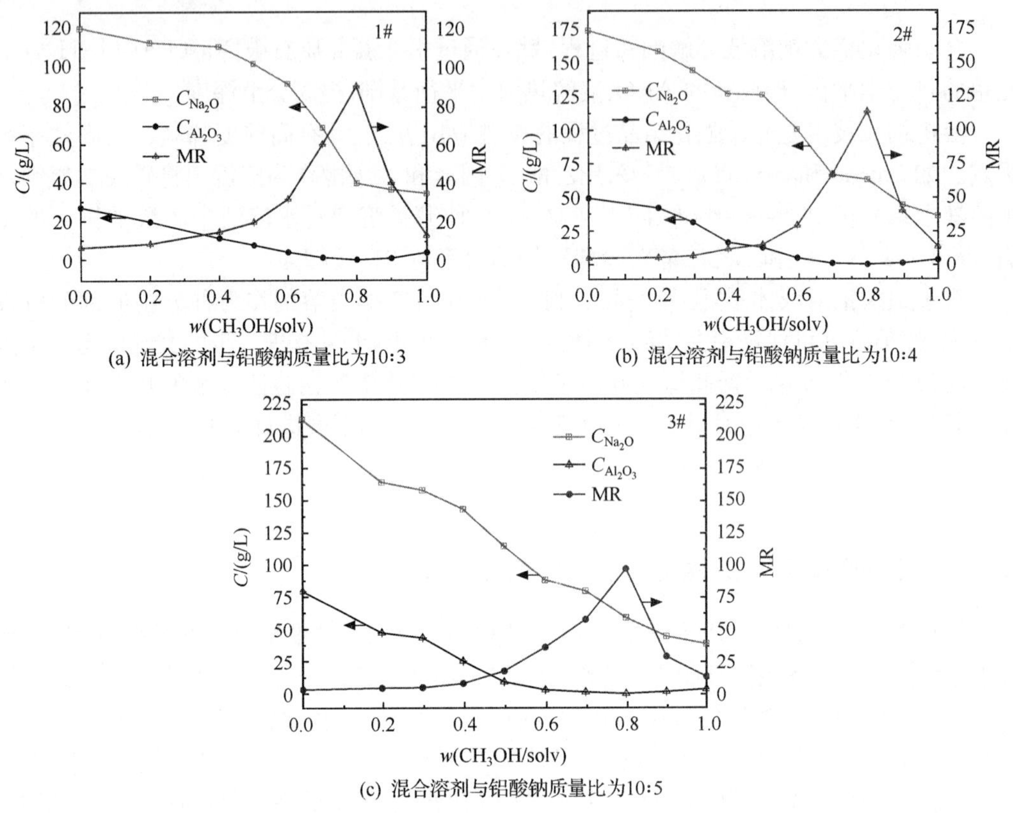

图 13.2　30℃下 Al_2O_3 在不同质量配比的 H_2O/CH_3OH 混合溶剂中溶解度随 Na_2O 浓度的变化规律

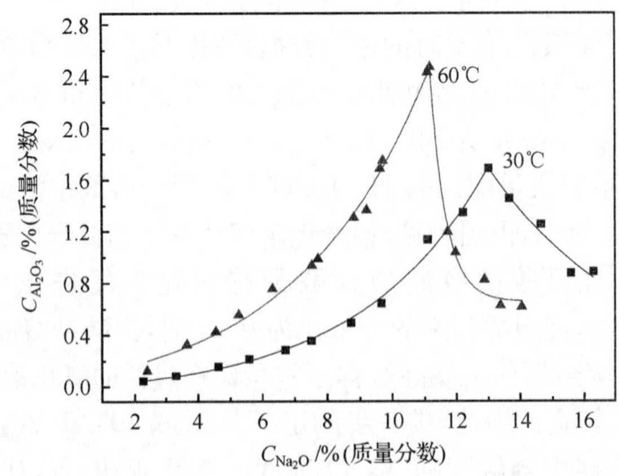

图 13.3　Al_2O_3 在甲醇与水质量配比 1∶1 的混合溶剂中溶解度随 Na_2O 浓度的变化规律

13.1.5　甲醇介质与铝酸钠溶液相互作用的反应热力学

目前，针对铝酸钠溶液体系开展的热力学研究集中在采用 Debye-Hückel 模型、Bromley 模型及 Pitzer 模型，其中以 Pitzer 模型研究最多。但原始 Pitzer 模型不考虑溶剂分子与电解质离子的作用，仅将溶剂作为提供一定介电常数的连续介质，当计算浓度较高的铝酸钠溶液时，往往会造成偏差。当铝酸钠溶液体系中引入甲醇介质后，体系变成混合溶剂体系，上述模型均不再适用，然而，Clegg-Pitzer 方程[118]可用于高浓度混合电解质水溶液和混合溶剂体系，此模型将体系中所有组分都当作作用粒子，并用摩尔分数 x 表示浓度，且将原 Pitzer 方程中的长程项与 $\beta^{(1)}$ 项归并为 Debye-Hückel 项，并在短程项中增加了四粒子作用项。

四元系中氢氧化铝的溶解平衡仍然可以表示为

$$Al(OH)_3 + OH^- \xrightleftharpoons{K} Al(OH)_4^- \tag{13.2}$$

溶解平衡常数 K 可表示为

$$K = \frac{x_{Al(OH)_4^-} \cdot f_{Al(OH)_4^-}}{x_{OH^-} \cdot f_{OH^-}} \tag{13.3}$$

式中，$x_{Al(OH)_4^-}$、x_{OH^-} 分别为以摩尔分数表示的 $Al(OH)_4^-$ 和 OH^- 的浓度；$f_{Al(OH)_4^-}$、f_{OH^-} 分别为以摩尔分数表示浓度的 $Al(OH)_4^-$ 和 OH^- 的活度系数。

即

$$\ln K = \ln\left(\frac{x_{Al(OH)_4^-}}{x_{OH^-}}\right) + \ln f_{Al(OH)_4^-} - \ln f_{OH^-} \tag{13.4}$$

且

$$\ln f^*_{Al(OH)_4^-} = \ln f^{*\ DH}_{Al(OH)_4^-} + \ln f^{*\ s}_{Al(OH)_4^-} \tag{13.5}$$

$$\ln f^*_{OH^-} = \ln f^{*\ DH}_{OH^-} + \ln f^{*\ s}_{OH^-} \tag{13.6}$$

据 Clegg-Pitzer 原始模型方程表达式，可得出

$$\ln f^{*\ DH}_{Al(OH)_4^-} - \ln f^{*\ DH}_{OH^-} = x_{Na^+} g(\alpha I_x^{1/2})[B_{NaAl(OH)_4} - B_{NaOH}] \tag{13.7}$$

$$\begin{aligned}\ln f^{*\ s}_{Al(OH)_4^-} - \ln f^{*\ s}_{OH^-} = & W_{H_2O\cdot NaAl(OH)_4}[2x_{H_2O}F_{Na^+} + F_{Na^+}(F_{Al(OH)_4^-} - 2) \\ & + x_{H_2O}F_{Na^+}F_{Al(OH)_4^-}(1 + x_1) - F_{Na^+}F_{Al(OH)_4^-}] \\ & + W_{CH_3OH\cdot NaAl(OH)_4}[2x_{CH_3OH}F_{Na^+} + x_{CH_3OH}F_{Na^+}F_{Al(OH)_4^-}(1 + x_1)] \\ & + W_{H_2O\cdot NaOH}[-2x_{H_2O}F_{Na^+} - F_{Na^+}(F_{OH^-} - 2) \\ & - x_{H_2O}F_{Na^+}F_{OH^-}(1 + x_1) + F_{Na^+}F_{OH^-}] \\ & + W_{CH_3OH\cdot NaOH}[-2x_{CH_3OH}F_{Na^+} - x_{CH_3OH}F_{Na^+}F_{OH^-}(1 + x_1)]\end{aligned} \tag{13.8}$$

根据式(13.4)，式(13.7)及式(13.8)，可得

$$\begin{aligned}-\ln\left(\frac{x_{Al(OH)_4^-}}{x_{OH^-}}\right) = & -\ln K + (B_{NaAl(OH)_4} - B_{NaOH})[x_{Na^+} g(\alpha I_x^{1/2})] \\ & + W_{H_2O\cdot NaAl(OH)_4}[2x_{H_2O}F_{Na^+} + F_{Na^+}(F_{Al(OH)_4^-} - 2)\end{aligned}$$

$$+x_{H_2O}F_{Na^+}F_{Al(OH)_4^-}(1+x_1)-F_{Na^+}F_{Al(OH)_4^-}]$$
$$+W_{CH_3OH\cdot NaAl(OH)_4}[2x_{CH_3OH}F_{Na^+}+x_{CH_3OH}F_{Na^+}F_{Al(OH)_4^-}(1+x_1)]$$
$$+W_{H_2O\cdot NaOH}[-2x_{H_2O}F_{Na^+}-F_{Na^+}(F_{OH^-}-2) \tag{13.9}$$
$$-x_{H_2O}F_{Na^+}F_{OH^-}(1+x_1)+F_{Na^+}F_{OH^-}]$$
$$+W_{CH_3OH\cdot NaOH}[-2x_{CH_3OH}F_{Na^+}-x_{CH_3OH}F_{Na^+}F_{OH^-}(1+x_1)]$$

由热力学模型转化而来的式(13.9)有6个需要求解的参数,这些参数值可以根据实验测定的溶解度数据来拟合求解。在30℃和60℃下的模型参数拟合值见表13.1。同时,根据阿伦尼乌斯方程计算得出甲醇强化铝酸钠溶液分解过程的表观活化能为38.53 kJ/mol,远小于种分的表观活化能(58~83 kJ/mol)。对于一定的甲醇、水、钠离子摩尔分数的混合溶液体系,将拟合出来的参数值进行回代,可计算出四元系中铝酸根离子的摩尔分数,根据电荷平衡,也可进一步得出氢氧根离子和铝酸根离子的分配关系。在30℃和60℃下,氧化铝溶解度理论计算值与实测值的对比图如图13.4所示,可见采用Clegg-Pitzer模型来拟合Na_2O-Al_2O_3-CH_3OH-H_2O四元系的溶解热力学平衡的结果较为理想,在低浓度段拟合误差非常小,在高浓度段存在一定的偏离。

表13.1 30℃和60℃下Na_2O-Al_2O_3-H_2O-CH_3OH四元系Clegg-Pitzer模型参数拟合值

	30℃参数值	60℃参数值
K	0.01371	0.05432
$B_{NaAl(OH)_4}-B_{NaOH}$	−53.1097	−88.9103
$W_{H_2O\cdot NaAl(OH)_4}$	258.8886	−40.1547
$W_{CH_3OH\cdot NaAl(OH)_4}$	−475.3498	56.6891
$W_{H_2O\cdot NaOH}$	253.8309	−41.8675
$W_{CH_3OH\cdot NaOH}$	−471.1203	60.4223

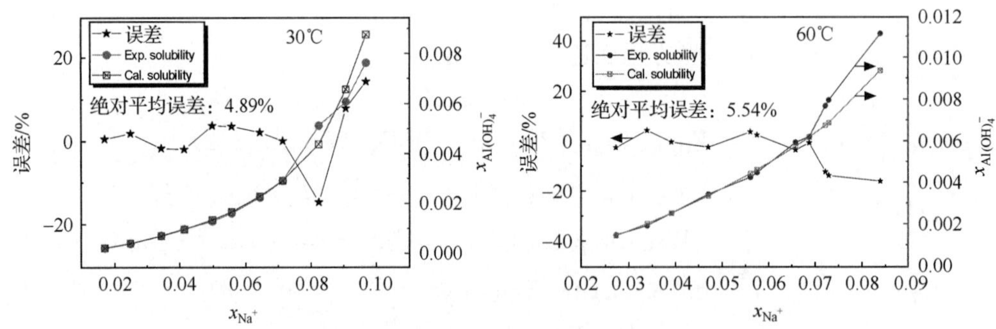

图13.4 30℃和60℃下四元系氧化铝溶解度理论计算值与实测值的对比

13.2 介质强化分解铝酸钠溶液节能新过程

在保证种分氢氧化铝产品质量的同时,为实现铝酸钠溶液分解新过程的最大节能,须对甲醇强化铝酸钠溶液分解过程进行系统研究,详细探讨各因素对醇分过程的综合影响,获取最佳的分解条件,系统研究结果如下。

13.2.1 甲醇用量对醇解过程的影响

不同甲醇用量(甲醇与铝酸钠溶液的体积比,$V_{methanol}:V_{caustic\ solution}$)对分解率的影响结果如图 13.5 所示。结果表明,分解率与甲醇用量密切相关:随着 $V_{methanol}:V_{caustic\ solution}$ 的增加,在相同的分解时间内分解率显著增大,当 $V_{methanol}:V_{caustic\ solution}$ 小于 1∶1 时,分解率随其增大而迅速升高,达到平衡的时间也越短,当 $V_{methanol}:V_{caustic\ solution}$ 大于 1∶1 时,其影响减缓。一方面,甲醇的加入产生稀释效应,造成 Na_2O 浓度下降,进而 Al_2O_3 的溶解度也显著下降;另一方面,甲醇能与溶剂水分子以强氢键结合,致使水活度下降[119],用于溶解 Na_2O 的自由水分子数目减少;两方面因素共同促进了铝酸钠溶液的分解。另外,甲醇含量增加时氢氧化铝表面熵因子值下降[120],使颗粒表面粗糙度增加,从而提高分解速率。

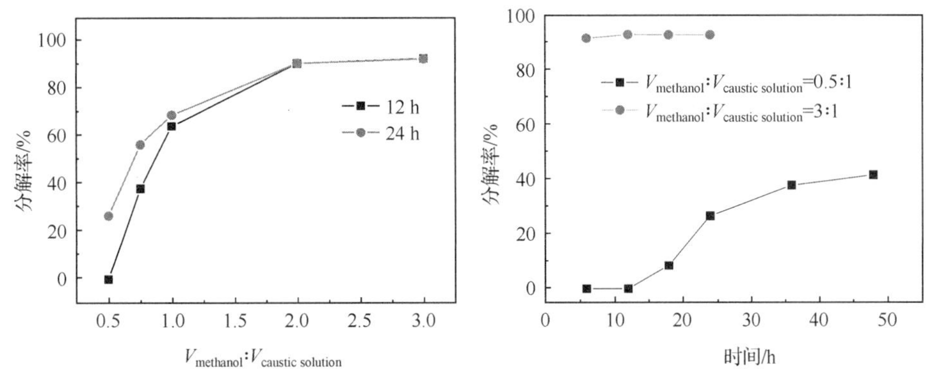

图 13.5　不同的甲醇用量下分解率随时间的变化规律

实验条件:C_{Na_2O}=175 g/L,C_A=192 g/L,MR=1.50,n=1.2 mL/min,搅拌速度 300 r/min,温度 60℃

研究结果还表明,甲醇用量对氢氧化铝的结晶习性有显著影响,添加甲醇时三维生长速度发生改变,如图 13.6 所示。当 $V_{methanol}:V_{caustic\ solution}$ 达到 2∶1 以上时,氢氧化铝为纳

图 13.6　甲醇用量对醇解产品形貌的影响

(a-1) 0.5∶1×100;(b-1) 0.75∶1×100;(c-1) 1∶1×100;(d-1) 2∶1×100;(a-2) 0.5∶1×10 000;(b-2) 0.75∶1×10 000;(c-2) 1∶1×10 000;(d-2) 2∶1×10 000

米级厚度的不规则片状结构，平均粒径只有 10 μm，随着 $V_{methanol}:V_{caustic\ solution}$ 的减少，厚度增加，0.5∶1 时达到 1.58 μm，且粒度增大，形貌逐渐完整。综合考虑甲醇溶剂的回收及醇解分解率与产品质量，后续研究将甲醇与铝酸钠溶液体积比确定为 1∶1。

13.2.2 分解时间对分解率的影响

分解时间对铝酸钠溶液的醇解分解率的影响结果如图 13.7 所示。在分解前 4 h，由于铝酸钠溶液的特殊稳定性，无晶种醇解时也存在一定的诱导期，分解率低于 3%，当溶液中开始明显出现晶体时，分解率显著提高。由于溶液中大量的铝酸根离子以氢氧化铝的形式向固相转移，分解过程推动力过饱和度显著减小[121]，导致分解速率减缓，经 21 h 分解后相对过饱和度下降为初始值的 20%，分解 24 h 后分解率增加很少，基本趋于稳定。另外，从分解过程曲线呈现的 S 形来看，醇解铝酸钠溶液新过程具有和晶种分解过程相似的自催化特征[122]。据此，醇解工艺时间优化选择为 24 h。

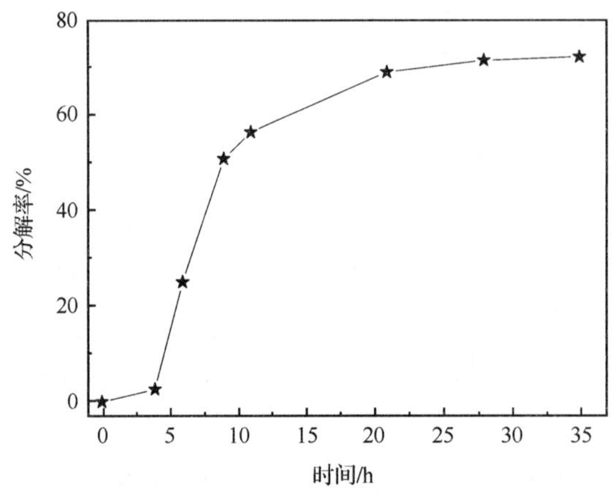

图 13.7 反应时间对铝酸钠溶液醇解过程分解率及相对过饱和度的影响

实验条件：$C_{Na_2O}=163$ g/L，$C_A=169$ g/L，MR=1.58，$V_{methanol}:V_{caustic\ solution}=1:1$

$n=1.2$ mL/min，搅拌速度 300 r/min，分解温度 60℃

13.2.3 分解温度对醇解过程的影响

研究过程中分解温度控制在甲醇沸点(64.5℃)以下，同时增加冷凝回流装置，以减少分解过程中甲醇的挥发损失，温度对醇解过程分解率的影响结果如图 13.8 所示。随着温度的升高，分解率明显降低。在整个分解过程中温度造成的分解率差距一直存在，但四个温度下终态分解率均在 72%以上，最高达 82.8%，均高出种分分解率 20%以上。根据 Misra 提出的经验公式[123]，温度越低，溶液初始过饱和度越大，分解过程的推动力越大，但同时传质阻力增大。因此，两方面综合效应致使分解率的温度差异缩小。

温度除影响分解率外，同时还会影响产品质量。图 13.9 为不同分解温度下产品的粒度分布情况。随着分解温度的升高，呈正态分布的粒度分布曲线整体右移，平均粒径明显增大，温度每升高 1℃，平均粒径可增加 0.76～1.90 μm。图 13.10 表明，温度越高，氢氧

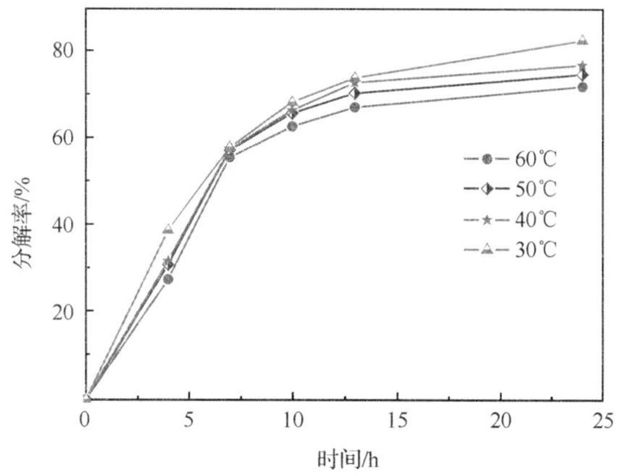

图 13.8　不同分解温度对铝酸钠溶液醇解过程分解率的影响

实验条件：C_{Na_2O}=177 g/L，C_A=189 g/L，MR=1.54，$V_{methanol}$ ∶ $V_{caustic\ solution}$=1 ∶ 1

n=1.2 mL/min，搅拌速度 300 r/min

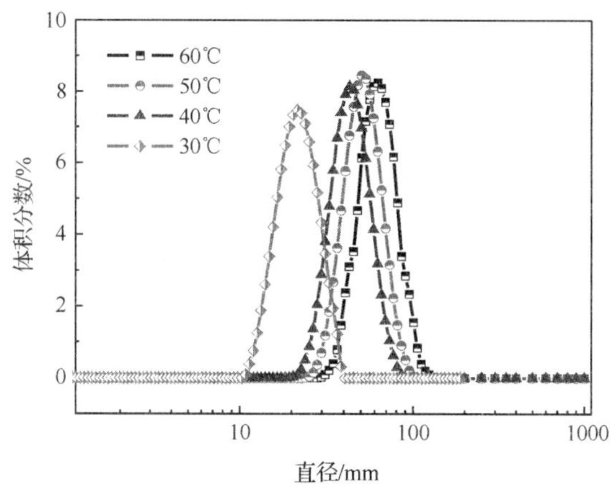

图 13.9　不同分解温度下产品的粒径分布

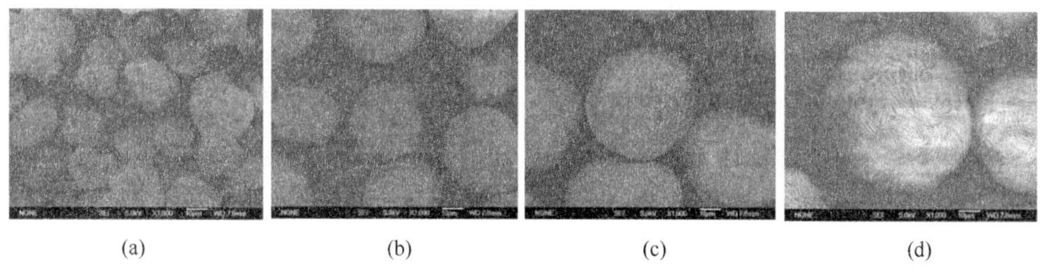

图 13.10　不同温度下产品 SEM 图

(a) 30℃；(b) 40℃；(c) 50℃；(d) 60℃

化铝球形颗粒表面愈加光滑和平整。由于产品粒度的增大源于附聚和晶种生长的综合效应[124]，提高分解温度（特别是初温）使晶体成长速度大大增加。在醇解铝酸钠溶液过程中，成核速率较种分过程要快很多，若采用低温分解，溶液的相对过饱和度过高，易促进二次成核[124]，造成整体平均粒径下降及产品表面粗糙度增加。因醇解工艺已具有较高的分解率，综合考虑在后续研究中将醇解过程温度控制在60℃。

13.2.4 铝酸钠溶液初始氧化钠浓度对醇解过程的影响

不同 Na_2O 浓度下分解率随时间的变化规律结果见图13.11。由分解率曲线可以看出，随着 Na_2O 浓度的提高，分解率逐渐下降，同时分解过程的自催化特征愈加明显，且当 Na_2O 在140.6 g/L以上时，浓度的增大对分解率的负面影响愈加显著。一方面，碱浓度升高时溶液过饱和度明显减小，不利于醇分分解率的提高；另一方面，铝酸钠溶液浓度升高时黏度增大，传质受阻，也显著降低过程分解率。

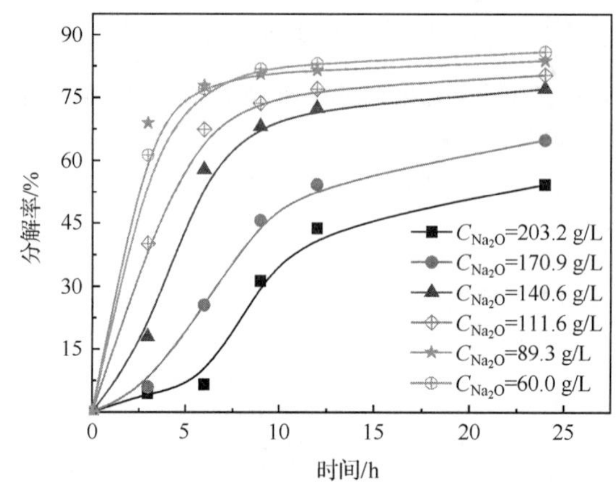

图13.11 相同MR、不同氧化钠浓度的铝酸钠溶液醇解过程分解率随时间的变化规律
实验条件：MR=1.60，$V_{methanol}:V_{caustic\ solution}=1:1$，分解温度60℃，
n=1.2 mL/min，搅拌速度300 r/min

表13.2和图13.12分别为不同 Na_2O 浓度下醇解产品的平均粒径和粒度分布图。在本书的研究实验条件下，平均粒径随着 Na_2O 浓度的降低先增大后减小，并趋于稳定，且粒度分布具有标准的正态分布特征。浓度过高时，体系黏度大而传质性能差，不利于颗粒间的碰撞附聚长大；浓度过低时相对过饱和度大，分解和二次成核加快，对附聚不利。因此，甲醇分解铝酸钠制备大颗粒氢氧化铝新过程有一个最佳的 Na_2O 浓度值，约为170 g/L。从图13.13中的产品形貌可以得出：Na_2O 浓度过高时颗粒长得不密实，且粒度小；过低时表现出显著的细颗粒附聚特征，但堆积杂乱不完整；中等浓度时，氢氧化铝颗粒似球形。为便于与拜耳法流程衔接，并综合考察产品质量，本研究确定醇解工艺的最佳 Na_2O 浓度约为170 g/L。

表13.2 相同MR、不同氧化钠浓度时的产品平均粒径

C_{Na_2O}/(g/L)	203.2	170.9	140.6	111.6	89.3	60.0
平均粒径/μm	55.70	90.05	76.04	72.69	71.61	72.88

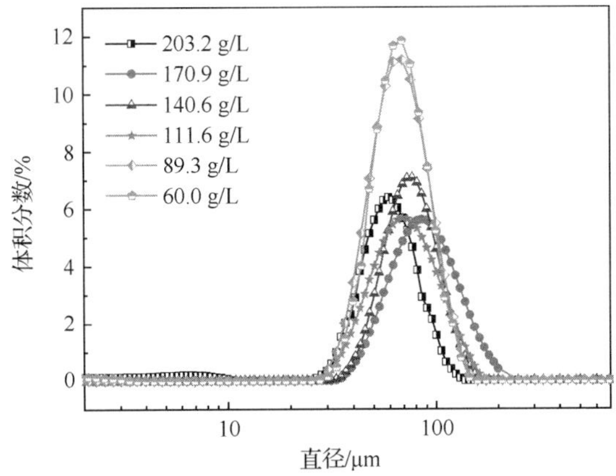

图 13.12　相同 MR、不同氧化钠浓度的铝酸钠溶液醇解产品的粒度分布

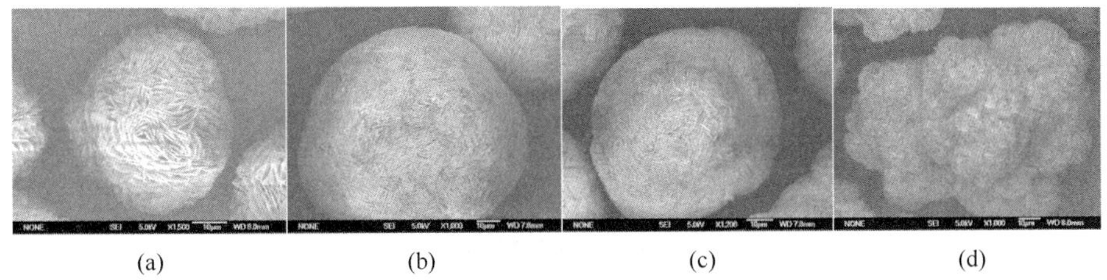

(a)　(b)　(c)　(d)

图 13.13　相同 MR、不同氧化钠浓度的铝酸钠体系醇解时产品的 SEM 图

(a) C_{Na_2O}=203.2 g/L,×1500;(b) C_{Na_2O}=170.9 g/L,×1000;(c) C_{Na_2O}=140.6 g/L,×1200;(d) C_{Na_2O}=89.3 g/L,×1000

13.2.5　铝酸钠溶液初始 MR 对醇解过程的影响

相同 Na_2O 浓度、不同 MR 的铝酸钠溶液醇解过程中分解率随时间的变化规律结果见图 13.14。当 MR 增加时,醇解分解速度显著减缓,分解率下降;MR 在 1.7 以上时,醇

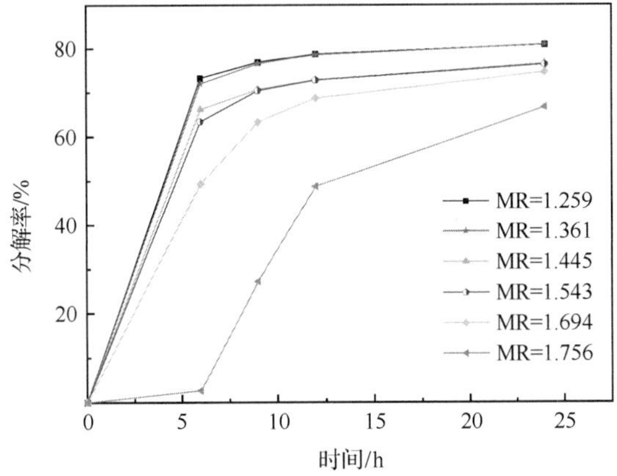

图 13.14　相同氧化钠浓度、不同 MR 的铝酸钠溶液醇解过程分解率随时间的变化规律

实验条件:C_{Na_2O}=154 g/L,$V_{methanol}$: $V_{caustic\ solution}$=1 : 1,分解温度 60℃,n=1.2 mL/min,搅拌速度 300 r/min

解过程诱导期较长，分解的自催化特征很明显。对于 MR 较小的体系，分解前期便会析出大量的氢氧化铝颗粒，这些颗粒作为晶种可进一步促进铝的析出；反之，MR 较高的体系溶液稳定性强，分解初期氢氧化铝的析出就很困难，致使新析出晶体的诱导作用比较弱。表 13.3 和图 13.15 给出了部分醇解产品的平均粒度与形貌图片。随着 MR 的增大，溶液过饱和度减小，促进颗粒成长，致使平均粒径逐步增大，且颗粒完整性增强，但 MR 不同造成的粒度差异大小与 Na_2O 浓度等其他条件也有关。为保证一定的分解率和产品粒度，MR 应选择在 1.45～1.70 之间，1.55～1.60 较佳。

表 13.3　相同氧化钠浓度、不同 MR 时产品平均粒径情况

摩尔比	1.361	1.445	1.543	1.694	1.756
平均粒径/μm	57.83	62.40	64.22	66.37	71.99

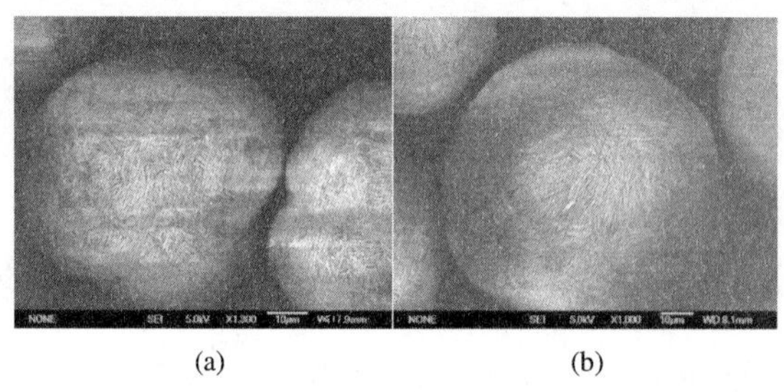

(a)　(b)

图 13.15　同一氧化钠浓度、不同 MR 的铝酸钠体系醇解时产品的 SEM 图

(a) MR=1.259，×1300；(b) MR=1.756，×1000

13.2.6　搅拌速度对醇解过程的影响

在结晶过程中，搅拌的作用在于使固体颗粒悬浮、溶液充分混合，从而减小外扩散的影响。图 13.16 为 130.7 g/L 和 180.9 g/L 两个碱浓度下不同搅拌速度对分解率的影响，可见搅拌速度对分解率影响较大，体系中 Na_2O 浓度越高影响越大。这是因为，增大搅拌速度会使晶体表面的静止液层变薄，铝酸根离子更易向晶体表面扩散；且强搅拌带来的高剪切力有利于晶体的破碎，减小晶体尺寸，活性点增加[125]，从而有利于分解。此外，碱浓度越低，体系黏度越小，传质影响减弱，从而削弱搅拌速度对分解过程的影响。Barata 等[105]提出搅速越低，Kolmogoroff 涡旋尺寸越大，在分子水平上结晶过程的能垒增加，致使在特定过饱和体系下生成的晶体越少，因此，搅速高时晶体的二次成核速率增大，有更多的晶体生成，分解率越高。

图 13.17 为不同搅拌速度下氢氧化铝产品的粒度分布。随着搅拌速度的增加，粒度分布曲线整体左移，平均粒径减小，如搅速从 200 r/min 增大到 400 r/min 时，两浓度体系的平均粒径均减小了约 36 μm。由图 13.18 中不同搅速下的产品形貌可以看出，搅拌速度越快，碱浓度越高的体系晶体表面生长越不完整，而对碱浓度较低的体系影响较小，低搅速下表现出更为显著的颗粒附聚特征。这是因为，搅拌越强烈，不利于晶体的附聚和生长，甚至可能使新生成黏着的氢氧化铝重新分散。综合考虑，后续研究中选择 300 r/min 的搅拌速度。

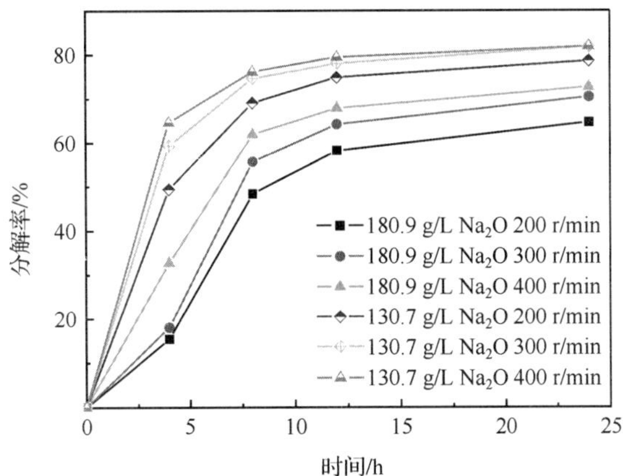

图 13.16　不同搅拌速度对分解率的影响

实验条件：C_{Na_2O}=181 g/L，C_A=190 g/L，MR=1.57；C_{Na_2O}=131 g/L，C_A=137 g/L，MR=1.57；分解温度 60℃，$V_{methanol}$ ∶ $V_{caustic\ solution}$=1 ∶ 1，n=1.2 mL/min

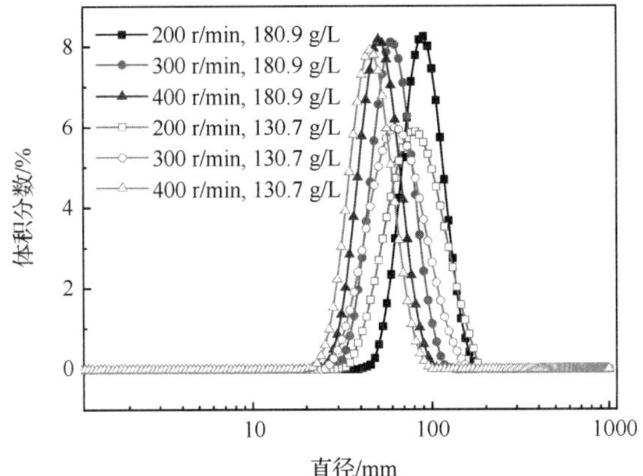

图 13.17　不同搅拌速度下醇解产品的粒径分布

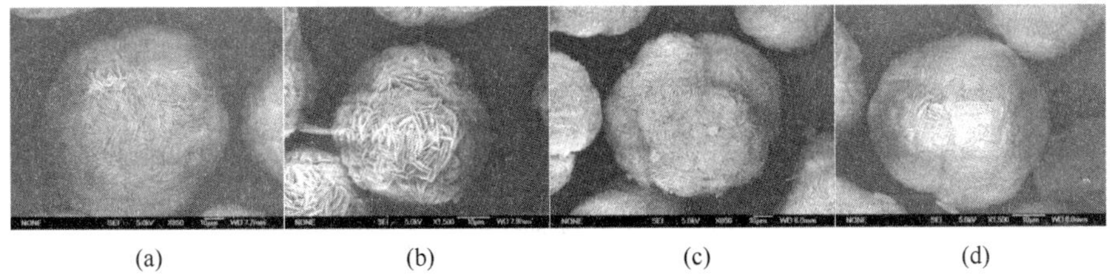

图 13.18　不同搅拌速度时醇解产品的 SEM 图

(a) C_{Na_2O}=181 g/L，200 r/min，×850；(b) C_{Na_2O}=181 g/L，400 r/min，×1500；(c) C_{Na_2O}=131 g/L，200 r/min，×850；(d) C_{Na_2O}=131 g/L，400 r/min，×1500

13.2.7　硅量指数对醇解过程的影响

SiO_2 是铝酸钠溶液中的有害杂质。SiO_2 的存在会增强铝酸钠溶液的稳定性，对铝酸钠溶液的碳酸化分解、晶种分解和高浓度铝酸钠溶液中铝酸钠的结晶都有负面影响。图 13.19 为不同硅量指数 A/S 对醇解分解率的影响结果，结果表明，SiO_2 的存在对整个醇解过程的分解率无明显负面影响，如 A/S 为 212 时终态分解率为 75.87%，其影响被甲醇对分解的强促进作用所掩盖。然而，由图 13.20 可知，A/S 对氢氧化铝产品粒度有明显影响。但当 A/S 小于 550 时，平均粒径随着 A/S 的增加而显著增大，大于 550 时，粒径则无明显变化。本书的研究中 A/S 为 212 和 370 的溶液体系分别具有 0.80 g/L 和 0.46 g/L 的 SiO_2 浓度，此时产品中出现大量 0.5～10 μm 的细化颗粒，A/S 为 535 以上，溶液体系的 SiO_2 浓度低于 0.32 g/L，产品粒度分布成窄而高的正态分布；梁成等[126]的关于种分过程中 SiO_2 的影响也有类似的规律。SiO_2 浓度低于 0.32 g/L 时，硅在铝酸钠溶液中处于不饱和状态，对粒度的影响很小。当 SiO_2 浓度处于饱和时，SiO_2 在分解过程的析出历经三个阶段[127,128]，在不添加晶种的情况下，刚分解出来的第一批呈细分散状态的氢氧化铝表面具有巨大的表面能和吸附能力，致使 SiO_2 在分解前期大量吸附在氢氧化铝细晶体的缺陷位置，阻碍基元的进一步结合，从而减小颗粒尺寸。因此，为保证醇解产品质量，须将 A/S 控制在 550 以上。

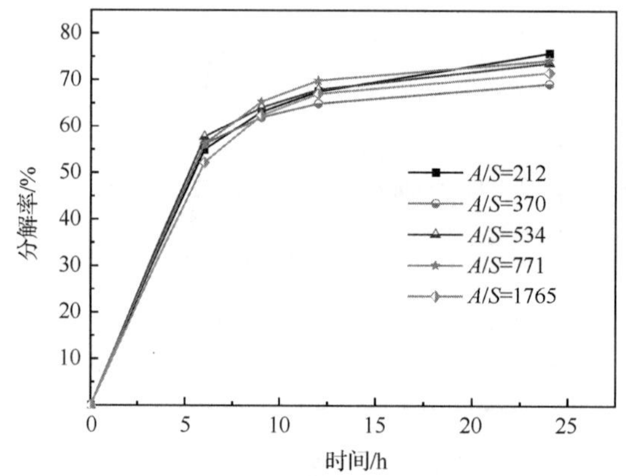

图 13.19 硅量指数对醇解过程分解率的影响

实验条件：C_N=161 g/L，C_A=171 g/L，MR=1.55，分解温度 60℃，$V_{methanol}$ ∶ $V_{caustic\ solution}$=1∶1，搅拌速度 300 r/min，n=1.2 mL/min

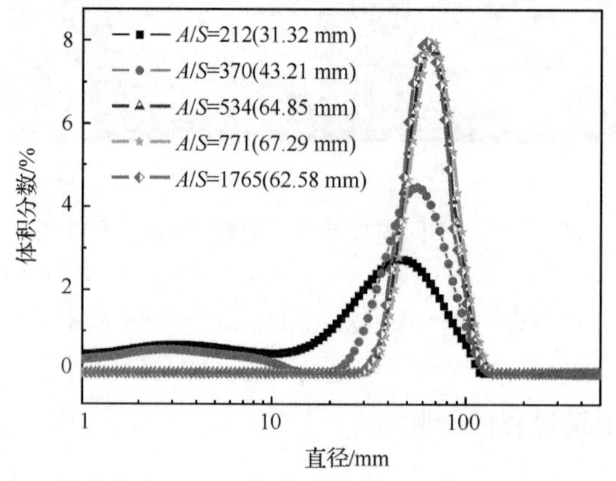

图 13.20 不同硅量指数下的产品粒度

13.2.8　甲醇滴加速度对醇解过程的影响

在溶析结晶过程中，溶析剂的加入速度对结晶过程控制至关重要[129]，特别是当溶液不具有相对稳定的过饱和特性时，溶析剂的加入将导致溶质的立即析出，加入速度越快，析出速度越快，结晶过程越不好控制。

由于铝酸钠溶液的特殊过饱和稳定性，体系中引入大量的甲醇时，氢氧化铝的析出仍有一定的滞后期，即结晶诱导期。表 13.4 给出了不同甲醇滴加速度对醇解分解率的影响，可见受限于四元系氧化铝的溶解度平衡，甲醇滴加速度对醇解分解率基本无影响。此外，研究中发现只要在甲醇滴加的瞬间有足够强的混合条件而不至于使溶液局部严重过饱和，就能保证氢氧化铝不会很快析出；但甲醇添加速度越快，体系析出氢氧化铝的时间越短。据图 13.21 给出的不同甲醇滴加速度下的氢氧化铝形貌特征得出，甲醇滴加速度过快使粒度变小，不利于产品形貌控制。

表 13.4　甲醇滴加速度对醇解过程分解率的影响

滴加速度/(mL/min)	1.12	1.20	1.67	3.13	4.41	6.82	15.8
分解率/%	71.3	71.5	72.0	70.0	69.9	69.1	72.5

注：实验条件为 C_N=181 g/L，MR=1.52，分解温度 60℃，$V_{methanol}$ ∶ $V_{caustic\ solution}$=1 ∶ 1，搅拌速度 300 r/min。

(a)　(b)

图 13.21　不同甲醇滴加速度醇解时产品的 SEM 图

(a) 甲醇滴加速度为 15.8 mL/min；(b) 1.2 mL/min

13.2.9　甲醇加料方式对醇解过程的影响

醇解过程加料方式大体有三种，即甲醇往铝酸钠溶液中添加(正向加料)，铝酸钠溶液往甲醇中添加(反向加料)及两者同时同速加入(同时加料)。不同的加料方式会造成初期混合溶剂体系甲醇与水比例的实时差别，从而影响瞬间 Al_2O_3 和 Na_2O 的溶解度。图 13.22 为不同加料方式对醇解过程分解率的影响结果，可见分解率的差异仅出现在分解初期，终态分解率基本接近。图 13.23 说明了加料方式对析出的 $Al(OH)_3$ 形貌的影响。反向加料时，分解初期甲醇大量存在，能在铝酸钠溶液滴加的瞬间造成非常大的过饱和度，铝酸钠溶液的过饱和稳定性被完全消除，致使体系迅速成核和晶体快速析出，析出的 $Al(OH)_3$ 非常细小且不规整。其余两种加料方式对过饱和度的改变相对要缓和得多，因此分解率是逐渐上升的，有利于形成 $Al(OH)_3$ 球形颗粒。

甲醇滴加速度和甲醇加入方式两因素的影响研究结果表明，体系成核与晶体附聚长

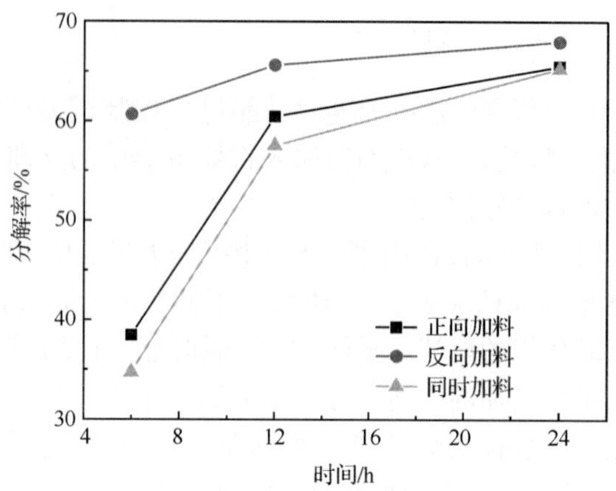

图 13.22　不同加料方式对醇解分解率的影响

实验条件：C_N=177 g/L，MR=1.53，分解温度 60℃，$V_{methanol}$ ∶ $V_{caustic\ solution}$=1 ∶ 1，搅拌速度 300 r/min

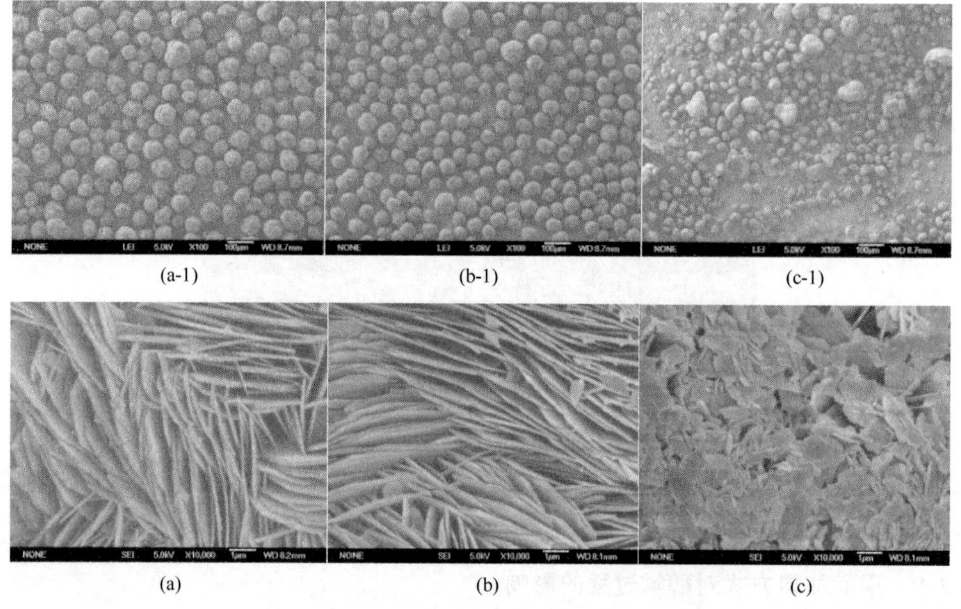

图 13.23　不同加料方式对醇解产品形貌的影响

(a-1)正向加料，100 倍；(b-1) 同时加料，100 倍；(c-1)反向加料，100 倍；
(a)正向加料，10000 倍；(b)同时加料，10000 倍；(c)反向加料，10000 倍

大过程与相对过饱和度的改变速度有关系，相对过饱和度的逐步改变(step-wise change)对控制形貌和增大产品粒度有利。因此，最佳的加料方式为将甲醇按照 1.2 mL/min 的速度缓慢地往铝酸钠溶液中滴加。

13.2.10　溶析剂甲醇浓度对醇解过程的影响

甲醇的加入改变了铝酸钠溶液的分解特性和晶体生长特性。不同甲醇比例的混合溶剂会使 Al_2O_3 在四元系中具有不同的溶解度，从而使醇解工艺具有不同的分解深度。向

铝酸钠溶液中添加甲醇时，$Al(OH)_3$ 各个晶面生长速率发生改变，即醇解过程中 $Al(OH)_3$ 结晶习性发生改变，晶体基本单元与种分产品的薄六角柱状[128]、碳分产品的厚六角柱状[130]显著不同。为进一步获取甲醇对晶体生长特性影响的信息，考察了将纯甲醇配入不同量水成混合溶剂加入到铝酸钠溶液中醇解时与纯甲醇加入醇解时的分解过程差异，研究中混合溶剂含有与铝酸钠溶液等体积的甲醇。醇解过程分解率曲线如图 13.24 所示，表明不同甲醇浓度的溶析剂加入醇解时对终态分解率基本无影响。这是因为，溶析剂中额外引入的水一方面会造成稀释效应，从而提高分解率，另一方面会使得整个醇解体系中甲醇与水的比例减小，纯甲醇相对用量的减少会降低分解率，正反两方面作用得以互相抵消。

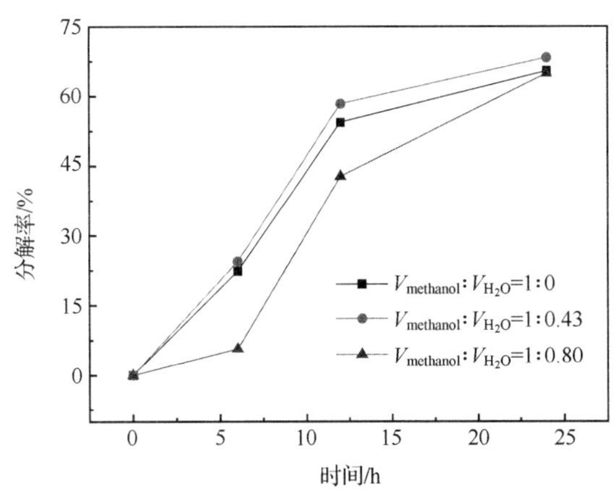

图 13.24　与铝酸钠溶液等体积的甲醇配水加入醇解时的分解率图

实验条件：$C_N=183$ g/L，MR＝1.53，分解温度 60℃，

$V_{methanol}:V_{caustic\ solution}=1:1$，搅拌速度 300 r/min，$n=1.2$ mL/min

分析图 13.25 和图 13.26 所示的产品粒度分布和形貌可知，随着溶析剂引入水量的增加，成正态分布的粒度分布曲线整体右移，平均粒径增大，同时氢氧化铝晶体基本单元变厚。根据种分六面体结构晶面的定义得出，甲醇的加入抑制了氢氧化铝(001)晶面的生

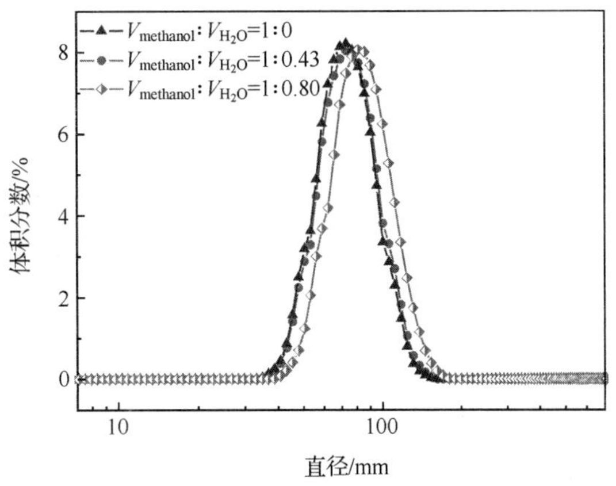

图 13.25　与铝酸钠溶液等体积的甲醇配水醇解时的产品粒度分布

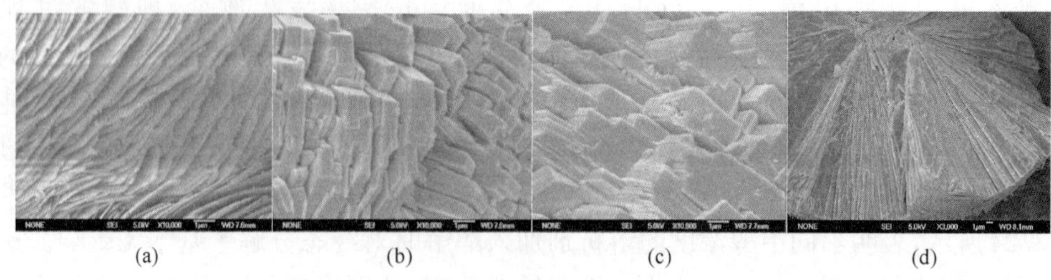

(a) (b) (c) (d)

图 13.26 与铝酸钠溶液等体积的甲醇配水加入醇解时的产品 SEM 图

(a) 1∶0;(b) 1∶0.43;(c) 1∶0.80;(d) (a)中产品剖面图

长,减缓了轴向生长速度。因此,改变溶析剂中甲醇与水的配比,从而调整溶析剂极性,对氢氧化铝结晶习性具有调控作用。另有研究指出[131],分解初期过饱和度较高时,(100)晶面的生长速度比(110)晶面要快,因此甲醇将会促进氢氧化铝(100)晶面的生长,最终导致 $Al(OH)_3$ 六面体结构在醇解体系中的消失,纯甲醇加入至铝酸钠溶液中醇解时 $Al(OH)_3$ 颗粒剖面图见图 13.26(d)。

13.2.11 甲醇强化铝酸钠溶液分解节能新过程的综合优化验证

根据单因素实验研究结果得出,甲醇强化铝酸钠溶液分解的优化工艺条件为:甲醇与铝酸钠溶液的体积比 1∶1、Na_2O 浓度为 170 g/L、分子比为 1.55～1.60、硅量指数为 550 以上、甲醇滴加速度 1.2 mL/min、300 r/min 下无晶种 60℃恒温分解 24 h。运用此优化条件,采用某氧化铝厂的铝酸钠精液对该节能分解新过程进行了实验验证,精液的铝酸钠溶液成分为苛性碱浓度 180 g/L,分子比 1.58。结果表明:醇解分解率可提高至 70%,较种分分解率高出 20%,母液 MR 达到 5 以上;醇解产品为如图 13.27 所示的呈正态分布的、平均粒径达90 μm的 Gibbsite 型球形氢氧化铝。

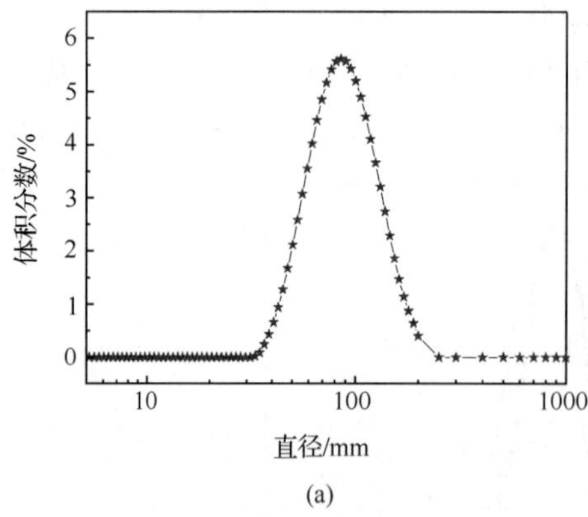

(a)

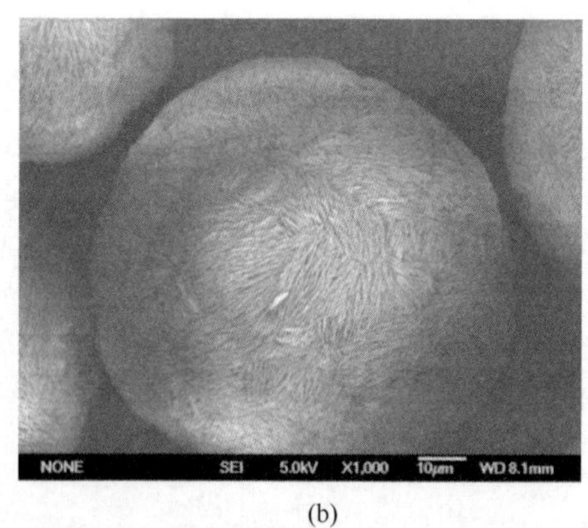

(b)

图 13.27 醇解产品粒度分布(a)及 SEM 照片(b)

综合优化实验结果表明,醇介质能极大提高了铝酸钠溶液分解的效率,这不仅能提高铝酸钠溶液分解系统氧化铝产出率,且分子比提高的分解母液循环会降低拜耳法系统蒸发、溶出能耗,节能潜力巨大。

13.3　铝冶金工业研究现状

铝工业是世界上最大的电化学工业之一，因其具有密度小、可塑性强等一系列优异的性能，原铝的产量和铝的循环使用量也在快速增长。从 2001 年至 2012 年，随着我国工业化进程飞速，电解铝行业年增长速度平均为 20%左右(表 13.5)。截止到 2012 年底，世界电解铝年产量已达到 4800 万 t，中国电解铝的产量约占世界总产量的 41%。

表 13.5　我国 2001～2012 年电解铝年产量

年份	产量/万 t	同比增长
2001	337	—
2002	451	34%
2003	554	23%
2004	668	21%
2005	780	17%
2006	935	20%
2007	1255	34%
2008	1540	23%
2009	1298	−16%
2010	1565	21%
2011	1767	13%
2012	1966	11%

因铝的还原电位较负(小于氢的析出电位)，所以不能像 Cu、Zn、Pb 等有色金属一样在水溶液中电解。在过去的一百多年里，原铝的生产都采用霍尔-埃鲁法(Hall-Héroult process)，该方法是在 950℃左右的温度下将氧化铝溶解于熔融的冰晶石中，并用直流电进行电解。电解槽阴极产物为铝液，阳极产物则是 CO_2、CO 和 HF 等物质。在阴极析出 1 t 金属铝，在阳极要产生 1.2 t 左右的 CO_2气体，同时消耗 400～500 kg 的碳素阳极，随着预焙电解槽的不断大型化，吨铝电能消耗最低降至 13000 kW · h，但仍然远高于该反应的理论能耗 6.16 kW · h/kg-Al。这主要是因为该电解体系的温度需要维持在 950～970℃，高温下产生大量的热耗散，导致能量利用率不足 50%。

尽管霍尔-埃鲁法存在着电解温度高、能耗高、污染重和产品质量低(～99.5%)等问题，但该方法仍是目前工业上唯一的原铝制备方法。科学家们一直在不懈地探索铝生产的替代方法，这些方法主要包括碳热还原法、低温熔盐电解法和有机体系电解法。铝很难被还原，铝的碳热还原要在 2000℃左右进行，低温熔盐法也要在 700℃进行电解，这两种具有高温过程共同的问题，如能耗高、设备腐蚀严重、污染物排放量大、生产成本高等。有机体系电解法可以在一定程度上克服上述问题，但有机体系具有电化学窗口较窄、电导率低、易挥发、易燃等缺点，限制了该方法在金属铝制备方面的工业应用。

13.4 离子液体低温电解铝新过程

早在 1948 年，Hurley 等在寻找电解氧化铝的电解质材料时，将 *N*-乙基吡啶氯化物和 $AlCl_3$混合后得到了一种无色液体，这种液体即为氯铝酸型离子液体，也被称为第一代离子液体[132-133]。离子液体是一种理想的室温液态电解质，它不挥发、不易燃，一般具有良好的导电性和较宽的电化学窗口，室温下可以进行电解铝、镁、钛等较活泼金属的反应，既克服了水溶液电解无法获得活泼金属的难题，也克服了高温熔盐对设备的强腐蚀，降低了电解过程的能耗和污染物的排放，有望实现冶金过程的绿色生产，使传统的电化学冶金技术发生革命性变化。

离子液体中电解铝研究最早是由 Carlin 等在 1994 年公开报道的[134]，该研究采用二烷基咪唑氯盐和 $AlCl_3$按一定配比获得的氯铝酸离子液体体系进行电解铝。此后，国内外对离子液体中的铝电解展开了广泛的研究，离子液体中电解铝的研究目前主要集中在电解质体系、电极反应过程两个方面。

13.4.1 离子液体电解质及其物理化学性质

电解质体系方面的研究主要包括电解质体系的离子构成，体系的黏度、密度、电导率和相变化规律等物性研究[135-138]。将咪唑、吡咯等有机氯盐（RCl）与无水 $AlCl_3$按不同的摩尔比混合，可以获得碱性、中性和酸性离子液体，其中最主要的离子平衡式可表达为

$$2AlCl_4^- = Al_2Cl_7^- + Cl^-$$

$Al_2Cl_7^-$是强的路易斯酸，Cl^-是共轭路易斯碱。$n_{AlCl_3}:n_{RCl}$小于 1 时为碱性溶液，铝离子只以 $AlCl_4^-$形式存在，该溶液无法进行电沉积铝，因为 $AlCl_4^-$的还原电位超出了体系的电化学稳定窗口。$n_{AlCl_3}:n_{RCl}$大于 1 时为酸性溶液，$AlCl_3$继续与 $AlCl_4^-$络合生成 $Al_2Cl_7^-$，$Al_2Cl_7^-$为电沉积铝的活性离子。该体系中的酸碱离子对也具有水体系酸碱离子对相似的热力学平衡常数，在 25～60℃间约为 17.1～15.5[139-141]。

1. 氯铝酸型阴离子的结构表征

当离子液体/$AlCl_3$的表观摩尔配比为 1∶1～1∶2 时，考虑到氯铝酸型阴离子的结构和络合反应的特点，一定量的$[AlCl_4]^-$阴离子也可能并存于离子液体中。因此，氯铝酸型阴离子的结构表征是电解铝研究工作的关键。^{27}Al NMR 和拉曼光谱是氯铝酸型阴离子的最有效表征方法[137,138,142]。以[Bmim]Cl/$AlCl_3$为例，详细介绍其阴离子结构的表征情况。

1）^{27}Al NMR 图谱

在^{27}Al NMR 图谱的测定中，选取了 1∶1.0 [Bmim]Cl/$AlCl_3$、1∶1.5 [Bmim]Cl/$AlCl_3$和 1∶2.0 [Bmim]Cl/$AlCl_3$三个最具代表性的配比组成，有关结果列于图 13.28 中。

可以看出，1∶1.0 [Bmim]Cl/$AlCl_3$和 1∶2.0 [Bmim]Cl/$AlCl_3$的图谱都各只有一个明显的位移峰，这说明每个体系中氯铝酸型阴离子的种类主要只有一种。1∶1.0

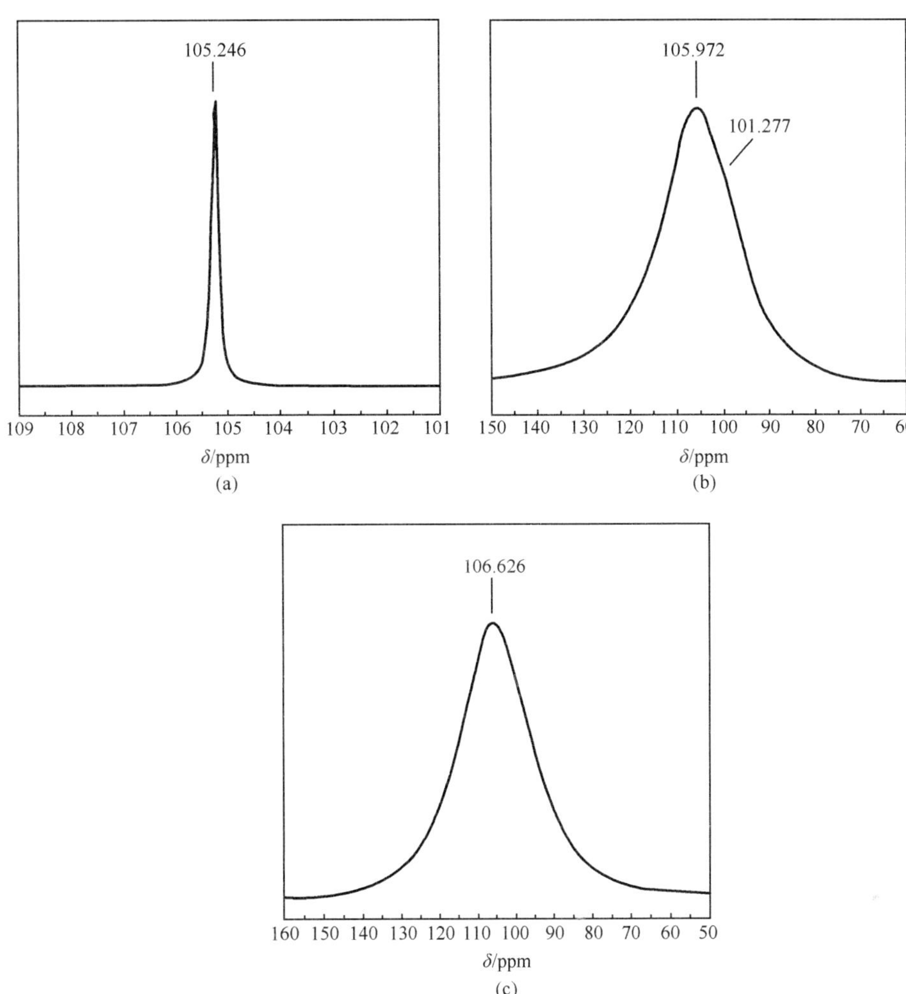

图 13.28　[Bmim]Cl/$AlCl_3$的^{27}Al NMR 图谱

(a) 1∶1.0;(b) 1∶1.5;(c) 1∶2.0

[Bmim]Cl/$AlCl_3$和 1∶2.0 [Bmim]Cl/$AlCl_3$中含有的主导型阴离子分别为$[AlCl_4]^-$和$[Al_2Cl_7]^-$[142],因此,这两种体系实际上也可以分别用其主要成分[Bmim]$[AlCl_4]$和[Bmim]$[Al_2Cl_7]$来表示。相比之下,1∶1.5 [Bmim]Cl/$AlCl_3$的图谱中主要包含两个强弱不同的位移峰,这可以看作是$[AlCl_4]^-$和$[Al_2Cl_7]^-$两种阴离子共同存在的结果。因此,1∶1.5 [Bmim]Cl/$AlCl_3$的主要阴离子为$[AlCl_4]^-$和$[Al_2Cl_7]^-$。另外,1∶2.0 [Bmim]Cl/$AlCl_3$的^{27}Al NMR 位移峰普遍较宽,说明$[Al_2Cl_7]^-$离子中的铝原子具有更高的化学活性。

2) 拉曼光谱

图 13.29 列出了 1∶1.0 [Bmim]Cl/$AlCl_3$和 1∶2.0 [Bmim]Cl/$AlCl_3$的拉曼光谱。结果表明,1∶1.0 [Bmim]Cl/$AlCl_3$的拉曼光谱在 124 cm^{-1}和 349 cm^{-1}处存在较强的$[AlCl_4]^-$离子吸收峰;同时,1∶1.0 [Bmim]Cl/$AlCl_3$的拉曼光谱则在 124 cm^{-1}、

309 cm^{-1} 和 426 cm^{-1}处存在较强的$[Al_2Cl_7]^-$离子吸收峰[137,138]。所以,拉曼光谱也可以证明 1∶1.0 [Bmim]Cl/$AlCl_3$和 1∶2.0 [Bmim]Cl/$AlCl_3$中含有的主导型阴离子分别为$[AlCl_4]^-$和$[Al_2Cl_7]^-$。

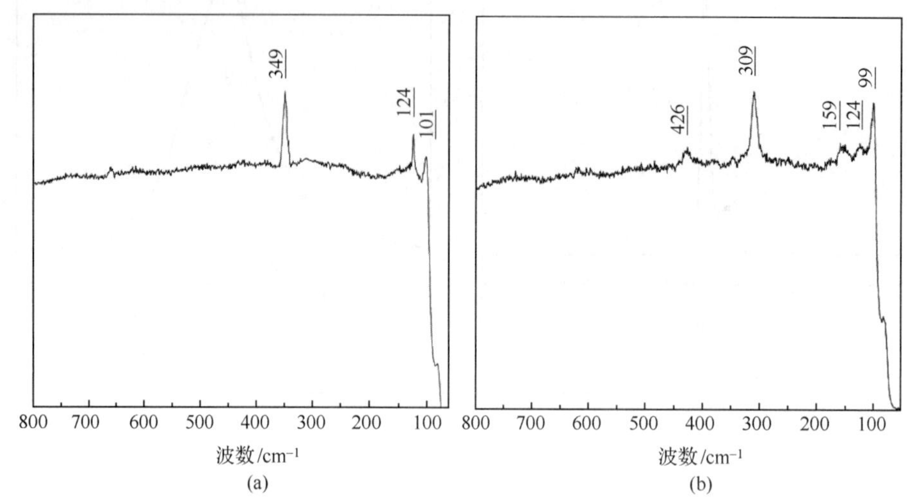

图 13.29 [Bmim]Cl/$AlCl_3$的拉曼光谱

(a) 1∶1.0;(b) 1∶2.0

2. 氯铝酸型离子液体热力学性质

热力学性质是离子液体最主要的基本性质之一,关系到离子的密度、体积、流动性和传导性等诸多方面。Reddy 等[143-145]比较了离子液体阳离子种类对其氯铝酸离子液体电化学稳定窗口的影响规律,发现电化学稳定顺序为:咪唑类>吡唑类>吡啶类。直到目前,对于氯铝酸型离子液体的密度、黏度和电导等关键热力学性质仍缺乏全面、系统的认识。

Zheng 等[146]精确测定了所合成的氯铝酸型离子液体$[H_1mim]$Cl/$AlCl_3$、[Emim]Cl/$AlCl_3$、[Amim]Cl/$AlCl_3$、[Bmim]Cl/$AlCl_3$、[Bdmim]Cl/$AlCl_3$和[Hmim]Cl/$AlCl_3$的密度、黏度和电导等热力学性质,考察了不同温度和组成下体系性质的变化规律,建立了系统的数据体系并完成了经验公式的拟合。同时,结合密度泛函理论,通过模拟计算获得了离子液体阴、阳离子对的优化结构和关键参数,初步揭示了离子间静电力、范德华力和氢键作用在性质变化上的影响机制。另外,考虑到路易斯酸性氯铝酸离子液体的组成特点,首次配制了一系列不同摩尔组成的$[Bmim][AlCl_4]$和$[Bmim][Al_2Cl_7]$的双相混合体系,测定了体系的密度和黏度,计算得到了体系的偏摩尔体积和黏度偏差,同时拟合并分析了相关数据。最后,对[Bmim]Cl/$AlCl_3$等离子液体进行了示差量热的测试,考察了体系的熔点和相变规律,并讨论了有关的构效关系。

1) 阳离子对咪唑型氯铝酸离子液体密度、黏度及电导的影响

图 13.30 列出了氯铝酸型离子液体 1∶2.0 $[H_1mim]$Cl/$AlCl_3$、1∶2.0 [Emim]Cl/$AlCl_3$、1∶2.0 [Amim]Cl/$AlCl_3$、1∶2.0 [Bmim]Cl/$AlCl_3$、1∶2.0 [Bdmim]Cl/$AlCl_3$和

1∶2.0 [Hmim]Cl/$AlCl_3$在 293.15～343.15 K 下的实验密度、黏度和电导率数据，以及相关的不确定度。从以上数据可以看出，随着温度的升高，所有氯铝酸型离子液体的密度呈现出线性关系的降低，黏度不断减小，而电导率增则随之增大。另外，在同等温度和表观摩尔配比下，离子液体密度的顺序为：1∶2.0 [H_1mim]Cl/$AlCl_3$>1∶2.0 [Emim]Cl/$AlCl_3$>1∶2.0 [Amim]Cl/$AlCl_3$>1∶2.0 [Bmim]Cl/$AlCl_3$>1∶2.0 [Bdmim]Cl/$AlCl_3$>1∶2.0 [Hmim]Cl/$AlCl_3$；黏度的大小顺序为：1∶2.0 [H_1mim]Cl/$AlCl_3$>1∶2.0 [Bdmim]Cl/$AlCl_3$>1∶2.0 [Hmim]Cl/$AlCl_3$>1∶2.0 [Amim]Cl/$AlCl_3$>1∶2.0 [Bmim]Cl/$AlCl_3$>1∶2.0 [Emim]Cl/$AlCl_3$；电导率的大小顺序为：1∶2.0 [Emim]Cl/$AlCl_3$>1∶2.0 [Amim]Cl/$AlCl_3$>1∶2.0 [Bmim]Cl/$AlCl_3$>1∶2.0 [Hmim]Cl/$AlCl_3$>1∶2.0 [Bdmim]Cl/$AlCl_3$>1∶2.0 [H_1mim]Cl/$AlCl_3$。

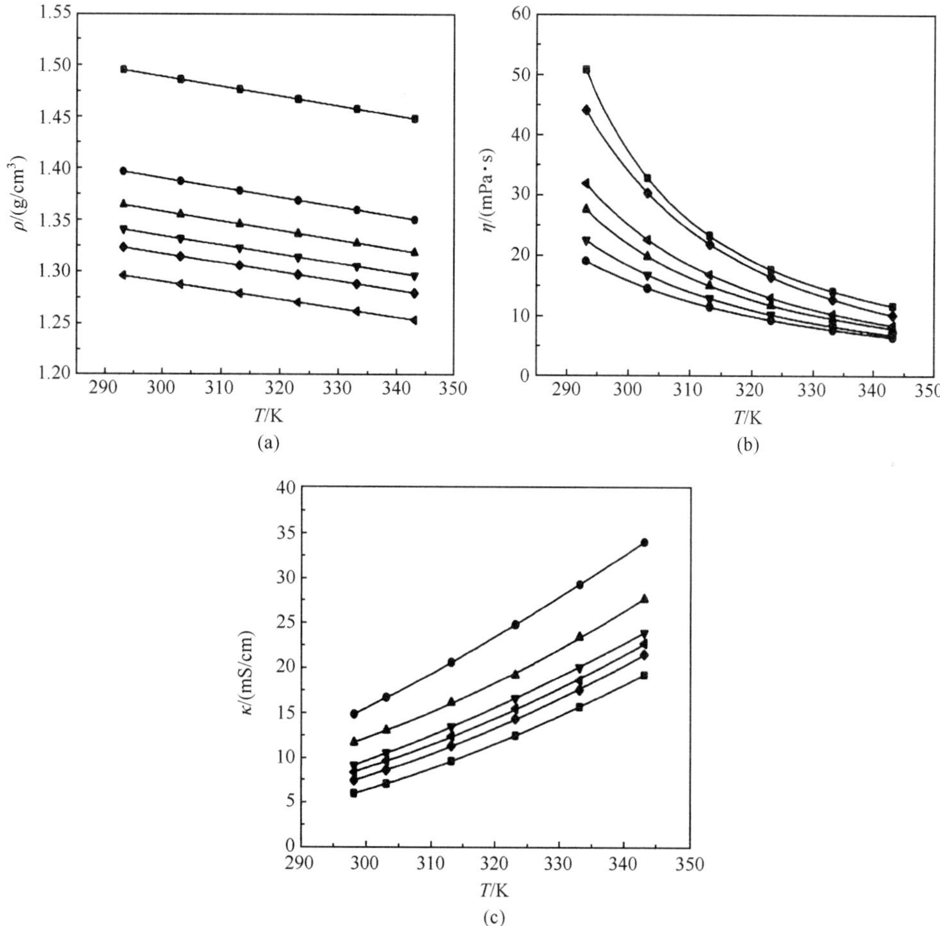

图 13.30　氯铝酸离子液体(1∶2.0)在 293.15～343.15 K 下的密度、黏度和电导率

(a) 密度；(b) 黏度；(c) 电导率；

■，[H_1mim]Cl/$AlCl_3$；●，[Emim]Cl/$AlCl_3$；▲，[Amim]Cl/$AlCl_3$；▼，[Bmim]Cl/$AlCl_3$；◆，[Bdmim]Cl/$AlCl_3$；■，[Hmim]Cl/$AlCl_3$

在这些体系中,[Bmim]Cl/$AlCl_3$比[H_1mim]Cl/$AlCl_3$、[Bdmim]Cl/$AlCl_3$和[Hmim]Cl/$AlCl_3$具有更高的电导率,同时比[Amim]Cl/$AlCl_3$的化学稳定性更好。另外,从合成成本和操作性上来说,[Bmim]Cl/$AlCl_3$比[Emim]Cl/$AlCl_3$的优势更为明显。所以,很多研究者选择[Bmim]Cl/$AlCl_3$作为以下电解铝研究的支持电解质。

2)氯化铝浓度对咪唑型氯铝酸离子液体密度、黏度及电导的影响

通过测定不同摩尔配比下路易斯酸性[Bmim]Cl/$AlCl_3$和[H_1mim]Cl/$AlCl_3$的密度、黏度及电导,考察不同温度下性质的变化规律。结合分子模拟,深入分析离子结构组成、静电力、范德华力和氢键作用与上述热力学性质的相互关系。

不同温度和配比下,路易斯酸性[Bmim]Cl/$AlCl_3$和[H_1mim]Cl/$AlCl_3$的密度测定值ρ如图 13.31 所示,密度数据对实验温度作图符合经验公式(13.10)[147,148]。经过拟合得到的经验常数A($g\cdot cm^{-3}$),B($g\cdot cm^{-3}\cdot K^{-1}$)和$C$($g\cdot cm^{-3}\cdot K^{-2}$)列于表 13.6 中。

$$\rho = A + BT + CT^2 \tag{13.10}$$

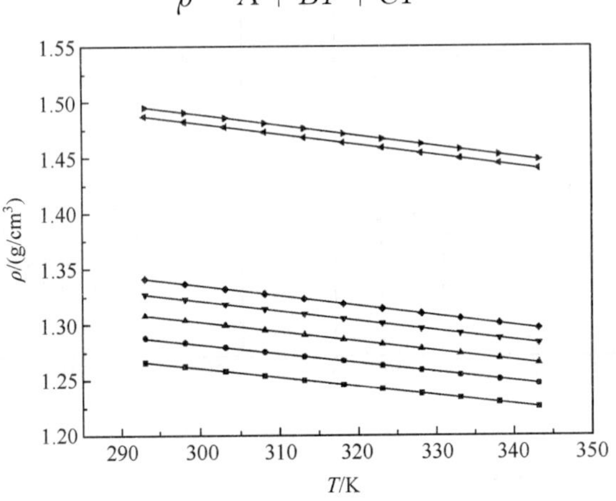

图 13.31　[Bmim]Cl/$AlCl_3$和[H_1mim]Cl/$AlCl_3$在 293.15～343.15 K 下的密度

■,1∶1.2 [Bmim]Cl/$AlCl_3$;●,1∶1.4 [Bmim]Cl/$AlCl_3$;▲,1∶1.6 [Bmim]Cl/$AlCl_3$;▼,1∶1.8 [Bmim]Cl/$AlCl_3$;◆,1∶2.0 [Bmim]Cl/$AlCl_3$;◀,1∶1.8 [H_1mim]Cl/$AlCl_3$;▶,1∶2.0 [H_1mim]Cl/$AlCl_3$

表 13.6　根据经验公式(13.10)得到的[Bmim]Cl/$AlCl_3$和[H_1mim]Cl/$AlCl_3$的密度拟合参数

r		$A/g\cdot cm^{-3}$	$10^3B/(g\cdot cm^{-3}\cdot K^{-1})$	$10^7C/(g\cdot cm^{-3}\cdot K^{-2})$	R^2
[Bmim]Cl/$AlCl_3$	1∶1.2	1.53965	−1.05138	3.81027	0.9999
	1∶1.4	1.56163	−1.04578	3.57325	0.9998
	1∶1.6	1.58823	−1.03984	2.88359	0.9999
	1∶1.8	1.60766	−1.03146	2.46382	0.9999
	1∶2.0	1.62031	−1.01435	1.92609	0.9999
[H_1mim]Cl/$AlCl_3$	1∶1.8	1.80183	−1.19247	3.95962	0.9999
	1∶2.0	1.80739	−1.17152	3.63237	0.9999

氯铝酸型离子液体的密度随着温度的升高而略微降低,这表明温度的升高使离子的平均体积(单位体积中的离子数目)减小。同时,在相同的测试温度和阳离子的情况下,离

子液体密度的大小顺序为：1∶1.2 [Bmim]Cl/$AlCl_3$<1∶1.4 [Bmim]Cl/$AlCl_3$<1∶1.6 [Bmim]Cl/$AlCl_3$ <1∶1.8 [Bmim]Cl/$AlCl_3$ <1∶2.0 [Bmim]Cl/$AlCl_3$，1∶1.8 [H_1mim]Cl/$AlCl_3$<1∶2.0 [H_1mim]Cl/$AlCl_3$。

对于 1∶1.0 和 1∶2.0 [Rmim]Cl/$AlCl_3$类型的离子液体，其主导型阴离子分别为$[AlCl_4]^-$和$[Al_2Cl_7]^-$。$[Al_2Cl_7]^-$的离子摩尔浓度随着[Rmim]Cl 与 $AlCl_3$的摩尔比例在 1∶1.0 和 1∶2.0 的范围内降低而得到提高。这说明上述离子液体密度的变化顺序是由其中分子相对质量较高的$[Al_2Cl_7]^-$离子的摩尔浓度不断升高所造成的。在相同的条件下，[H_1mim]Cl/$AlCl_3$的密度明显高于[Bmim]Cl/$AlCl_3$，这说明阳离子的种类对离子液体的密度有着重要的影响。为了从微观上深入说明离子液体的结构与其性质之间的相互关系，通过密度泛函理论计算得到了离子对[Bmim][Al_2Cl_7]、[Bmim][$AlCl_4$]、[H_1mim][Al_2Cl_7]和[H_1mim][$AlCl_4$]的优化构型、结构参数、氢键、偶极距和相互作用能（如图 13.32 和表 13.7 所示）。

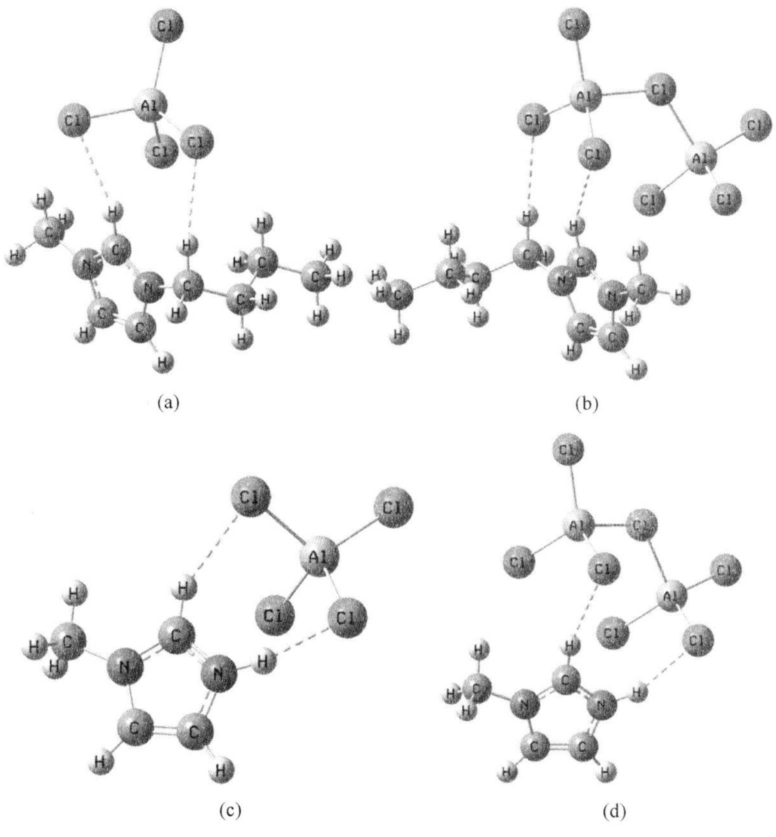

图 13.32　氯铝酸离子液体

(a) [Bmim][$AlCl_4$]；(b) [Bmim][Al_2Cl_7]；(c) [H_1mim][$AlCl_4$]；(d) [H_1mim][Al_2Cl_7] 在 B3LYP/6-31+G(d,p)层次上的优化离子对构型。图中的氢键用虚线表示

表 13.7 [Bmim][$AlCl_4$],[Bmim][Al_2Cl_7],[H_1mim][$AlCl_4$]和[H_1mim][Al_2Cl_7]离子对在 B3LYP/6-31+G(d,p)层次上计算得到的优化构型参数

IL	ΔE^a /(kJ·mol^{-1})	μ^b /D	C2—H…Cl^c /Å	C7—H…Cl^c /Å	N1—H…Cl^c /Å
[Bmim][$AlCl_4$]	290.98	15.32	2.588	2.697	—
[Bmim][Al_2Cl_7]	270.61	15.56	2.616	2.725	—
[H_1mim][$AlCl_4$]	318.36	13.87	2.486	—	2.115
[H_1mim][Al_2Cl_7]	295.90	14.25	2.510	—	2.236

a 离子对的相互作用能;b 离子对的偶极矩;c 离子对中的 H 原子与 Cl 原子间的氢键长度。

可以看出,当阴离子相同时,离子对[H_1mim][Al_2Cl_7]和[H_1mim][$AlCl_4$]分别比[Bmim][Al_2Cl_7]和[Bmim][$AlCl_4$]具有更小的分子体积和更强的结构对称性。因此,[H_1mim]$^+$阳离子的结构特性促进了离子在路易斯酸性[H_1mim]/$AlCl_3$离子液体中的紧密排列。结果导致了[H_1mim]/$AlCl_3$的密度高于[Bmim]/$AlCl_3$。

不同温度和配比下,路易斯酸性[Bmim]Cl/$AlCl_3$和[H_1mim]Cl/$AlCl_3$的黏度测定值η如图 13.33 所示,由黏度值对实验温度作图符合 Vogel-Fulcher-Tamman (VFT)公式(13.11)[147,149]。

$$\eta = \eta_0 \exp[B/(T - T_0)] \tag{13.11}$$

从图 13.33 可以看出,在 293.15~343.15 K 下,所有氯铝酸型离子液体的黏度值均位于 6.824~78.29 mPa·s之间。随着温度的升高,离子液体的黏度均显著减小,这说明温度的升高能够显著降低离子液体分子之间的流动阻力。这种阻力主要来自于离子液体阴、阳离子间的相互作用,这包括静电力、范德华力和氢键等[150,151]。

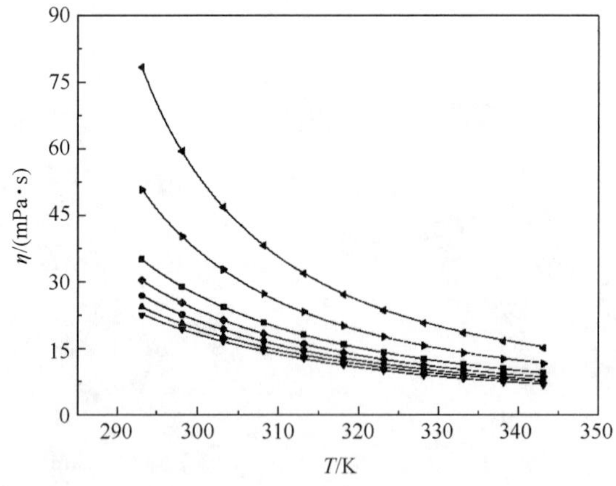

图 13.33 [Bmim]Cl/$AlCl_3$和[H_1mim]Cl/$AlCl_3$在 293.15~343.15 K 下的黏度

■,1∶1.2 [Bmim]Cl/$AlCl_3$;◆,1∶1.4 [Bmim]Cl/$AlCl_3$;●,1∶1.6 [Bmim]Cl/$AlCl_3$;▲,1∶1.8 [Bmim]Cl/$AlCl_3$;▼,1∶2.0 [Bmim]Cl/$AlCl_3$;◀,1∶1.8 [H_1mim]Cl/$AlCl_3$;▶,1∶2.0 [H_1mim]Cl/$AlCl_3$

在相同的温度下,氯铝酸离子液体黏度的大小顺序为:1∶1.8 [H_1mim]Cl/$AlCl_3$>1∶2.0[H_1mim]Cl/$AlCl_3$>1∶1.2[Bmim]Cl/$AlCl_3$>1∶1.4[Bmim]Cl/$AlCl_3$>1∶1.6

[Bmim]Cl/$AlCl_3$ > 1 ∶ 1.8 [Bmim] Cl/AlCl ∶ 3 > 1 ∶ 2.0 [Bmim] Cl/$AlCl_3$，表明 [Al_2Cl_7]$^-$ 离子浓度的增大降低了离子液体的黏度。如图 13.31 和表 13.7 所示，离子对间的相互作用能和氢键长度有：[Bmim][Al_2Cl_7]<[Bmim][$AlCl_4$]，[H_1mim][Al_2Cl_7]<[H_1mim][$AlCl_4$]。例如，[Bmim][Al_2Cl_7]和[Bmim][$AlCl_4$]的相互作用能分别为 270.61 kJ · mol^{-1} 和 290.98 kJ · mol^{-1}。在[Bmim][$AlCl_4$]中，C2—H···Cl(2.588 Å)和 C7—H···Cl(2.697 Å)的氢键长度比[Bmim][Al_2Cl_7]中相应的氢键长度短，这暗示[Bmim][$AlCl_4$]中存在着更强的氢键作用[152,153]。以上结果表明，随着[Al_2Cl_7]$^-$ 离子浓度的升高，离子液体分子间的内阻力变弱。

氯铝酸型离子液体的黏度受阳离子结构的影响显著。根据实验数据可以看出，在相同温度和摩尔配比下，[H_1 mim] Cl/$AlCl_3$ 的黏度显著高于[H_1 mim] Cl/$AlCl_3$。如图 13.31 和表 13.7 所示，离子对的相互作用能的大小顺序为：[Bmim][$AlCl_4$]<[H_1mim][$AlCl_4$]，[Bmim][Al_2Cl_7]<[H_1mim][Al_2Cl_7]。另外，当阴离子相同时，在含有[H_1mim]$^+$ 阳离子的离子对中，C2—H···Cl 和 N1—H···Cl 的氢键长度要比[Bmim]$^+$ 型离子对中的要短。这说明含有[H_1mim]$^+$ 的离子液体对中具有较强的相互作用能和氢键力，从而导致了[H_1mim]Cl/$AlCl_3$的黏度较高。

不同温度和配比下，路易斯酸性[Bmim]Cl/$AlCl_3$和[H_1mim]Cl/$AlCl_3$的电导率实验测定值 κ 如图 13.34 所示。可以看出，与常见的离子液体相比，本书所使用的[Bmin]Cl/$AlCl_3$ 氯铝酸型离子液体具有较高的电导率(338.15 K 下大于 15 mS/cm)。所有电导率值对实验温度作图后均符合 VFT 经验公式(13.12)[147,154]。

$$\kappa = \kappa_0 \exp[-B/(T-T_0)] \tag{13.12}$$

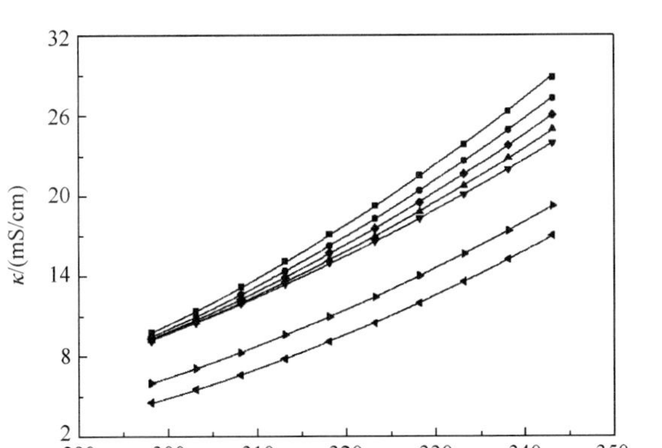

图 13.34　[Bmim]Cl/$AlCl_3$和[H_1mim]Cl/$AlCl_3$在 298.15～343.15 K 下的电导率

■，1 ∶ 1.2 [Bmim]Cl/$AlCl_3$；●，1 ∶ 1.4 [Bmim]Cl/$AlCl_3$；▲，1 ∶ 1.6 [Bmim]Cl/$AlCl_3$；▼，1 ∶ 1.8 [Bmim]Cl/$AlCl_3$；◆，1 ∶ 2.0 [Bmim]Cl/$AlCl_3$；◀，1 ∶ 1.8 [H_1mim]Cl/$AlCl_3$；▶，1 ∶ 2.0 [H_1mim]Cl/$AlCl_3$

随着温度的升高，[Bmim]Cl/$AlCl_3$和[H_1mim]Cl/$AlCl_3$的电导率均迅速增大。这说明温度的升高减弱了离子液体中的相互作用，从而导致离子间的电荷传递更为容易。如图 13.34 所示，当测试温度和摩尔配比相同时，[H_1mim]Cl/$AlCl_3$的电导率低于[Bmim]Cl/$AlCl_3$。含有[H_1mim]$^+$ 阳离子的离子液体具有更强的离子相互作用和氢键力，因此，可以认为[H_1mim]Cl/$AlCl_3$中较强的相互作用减弱了离子的移动，从而引起较低的电导性。

对于不同摩尔配比组成的[Bmim]Cl/$AlCl_3$离子液体，同等温度下其电导率的大小顺序为：1∶1.2 [Bmim]Cl/$AlCl_3$>1∶1.4 [Bmim]Cl/$AlCl_3$>1∶1.6 [Bmim]Cl/$AlCl_3$>1∶1.8 [Bmim]Cl/$AlCl_3$>1∶2.0 [Bmim]Cl/$AlCl_3$。与黏度不同的是，[Bmim]Cl/$AlCl_3$的电导率随着[$AlCl_4$]$^-$离子浓度的增大而提高。虽然[Bmim][$AlCl_4$]比[Bmim][Al_2Cl_7]具有更强的离子间相互作用和氢键力，但是与[Al_2Cl_7]$^-$离子相比，[$AlCl_4$]$^-$的体积较小且空间对称性较高。考虑以上结果，可以看出结构上的特征使[Bmim]Cl/$AlCl_3$中的[$AlCl_4$]$^-$离子在相同条件下比[Al_2Cl_7]$^-$的导电能力更强。因此，这可能是[Bmim]Cl/$AlCl_3$的电导率随$AlCl_3$的表观摩尔含量升高而降低的主要原因。与[Bmim]Cl/$AlCl_3$相比，不同摩尔配比下[H_1mim]Cl/$AlCl_3$的电导率变化趋势相反：1∶1.8 [H_1mim]Cl/$AlCl_3$<1∶2.0 [H_1mim]Cl/$AlCl_3$。正如上述内容所说，[$AlCl_4$]$^-$离子浓度的增大有利于提高[H_1mim]Cl/$AlCl_3$的电导性。然而，在所研究的[H_1mim]Cl/$AlCl_3$中，不同配比的离子液体之间存在着较大的黏度差。例如，在293.15 K下，1∶1.8 [H_1mim]Cl/$AlCl_3$和1∶2.0 [H_1mim]Cl/$AlCl_3$之间的黏度差为27.49 mPa·s，相比之下，1∶1.8 [Bmim]Cl/$AlCl_3$和1∶2.0[Bmim]Cl/$AlCl_3$间的黏度差仅为1.84 mPa·s。这表明，随着[Al_2Cl_7]$^-$离子摩尔浓度的升高，[H_1mim]Cl/$AlCl_3$中的分子内阻力和相互作用力降低地更快。因此，可以说离子移动性的增强是[H_1mim]Cl/$AlCl_3$的电导率不断升高的主要原因。

以上所讨论的电导率是离子液体中电荷传递的总体反映，但每种离子液体都有不同的离子浓度，而摩尔电导更能表达出离子的迁移率，这对于有关研究是必不可少的。因此，在电导率和密度测定的基础上，通过公式(13.13)计算得到了[Bmim]Cl/$AlCl_3$和[H_1mim]Cl/$AlCl_3$的摩尔电导Λ(M代表离子液体的摩尔质量)。

$$\Lambda = \kappa \cdot M \cdot \rho^{-1} \tag{13.13}$$

不同温度和配比下，路易斯酸性[Bmim]Cl/$AlCl_3$和[H_1mim]Cl/$AlCl_3$的摩尔电导如图13.35所示，所有摩尔电导值对实验温度作图符合VFT经验公式(13.14)[147,149]。

$$\Lambda = \Lambda_0 \exp[-B/(T-T_0)] \tag{13.14}$$

可以看出，离子液体的摩尔电导随着温度的升高而不断增大，说明离子的电荷传递受温度的影响很大。同时，在相同条件下，$AlCl_3$表观摩尔含量的升高能够提高离子液体的摩尔电导。另外，由于电导率的变化较快，[H_1mim]Cl/$AlCl_3$的摩尔电导随摩尔组成的改变而比[Bmim]Cl/$AlCl_3$变化更快。

在相同的温度下，离子液体摩尔电导的大小顺序为：1∶1.8 [Bmim]Cl/$AlCl_3$>1∶1.8 [H_1mim]Cl/$AlCl_3$，1∶2.0 [Bmim]Cl/$AlCl_3$>1∶2.0 [H_1mim]Cl/$AlCl_3$。从以上讨论可以看出，[Bmim]Cl/$AlCl_3$的结构特征和相对较弱的离子相互作用不仅导致了其较低的离子堆积密度，也促使其具有更高效的离子电荷传递过程。这也说明了为什么当含有同等表观摩尔分数的$AlCl_3$时，[Bmim]Cl/$AlCl_3$比[H_1mim]Cl/$AlCl_3$的离子迁移率更大。

3) [Bmim][$AlCl_4$]和[Bmim][Al_2Cl_7]二元体系的密度、偏摩尔体积、黏度和黏度偏差

考虑到路易斯酸性的氯铝酸离子液体可以当作是[Rmim][$AlCl_4$]和[Rmim]

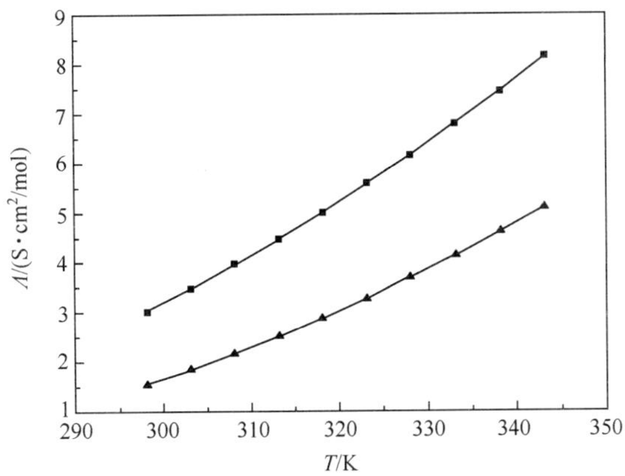

图 13.35　[Bmim]Cl/$AlCl_3$和[H_1mim]Cl/$AlCl_3$在 298.15～343.15 K 下的摩尔电导
■，1∶2.0 [Bmim]Cl/$AlCl_3$；▲，1∶2.0 [H_1mim]Cl/$AlCl_3$

[Al_2Cl_7]二元体系的混合物，因此有必要进一步考察离子液体的偏摩尔体积和黏度偏差，从而判断体系是否为经典的二元混合体系。根据以上讨论，当 $AlCl_3$的表观摩尔分数 x 为 0.6667 和 0.5000 时，离子液体的主要成分分别为[Rmim][$AlCl_4$]和[Rmim][Al_2Cl_7]。因此，以 1∶1.0 [Bmim]Cl/$AlCl_3$(x=0.5000)和 1∶2.0 [Bmim]Cl/$AlCl_3$(x=0.6667)为原料，通过混合得到了含有不同摩尔配比的[Bmim][$AlCl_4$]和[Bmim][Al_2Cl_7]二元体系。而后在 293.15～343.15 K 下测定了体系的密度和黏度，而后在 293.15～343.15 K 下测定了体系的密度和黏度。这些二元体系的密度和黏度随着温度、摩尔组成有着相同的变化规律。为了便于讨论，1∶1.0 [Bmim]Cl/$AlCl_3$(x=0.6667)和 1∶2.0 [Bmim]Cl/$AlCl_3$(x = 0.5000)在以下内容中分别以[Bmim][$AlCl_4$]和[Bmim][Al_2Cl_7]来代替。

体系的偏摩尔体积 V^E和黏度偏差 $\Delta\eta$ 可以由公式(13.15)和公式(13.16)计算，其中 ρ 和 η 是体系的密度和黏度，x_1和 x_2，M_1和 M_2，η_1和 η_2分别是离子液体[Bmim][Al_2Cl_7](1)和[Bmim][$AlCl_4$] (2)的摩尔分数、摩尔质量和黏度[155,156]。

$$V^E = \frac{x_1M_1 + x_2M_2}{\rho} - \left(\frac{x_1M_1}{\rho_1} + \frac{x_2M_2}{\rho_2}\right) \tag{13.15}$$

$$\Delta\eta = \eta - (x_1\eta_1 + x_2\eta_2) \tag{13.16}$$

所有 V^E和 $\Delta\eta$ 的实验数据均通过 Redlich-Kister 公式(13.17)进行拟合，其中 Y 代表 V^E或 $\Delta\eta$，A_i是经验常数，x_1是[Bmim][Al_2Cl_7]在混合体系中的摩尔分数。标准偏差 σ 由公式(13.18)计算得到[157,158]。

$$Y = x_1(1 - x_1)\sum_{i=0}^{k} A_i(2x_1 - 1)^i \tag{13.17}$$

$$\sigma(Y) = \left[\frac{\sum (Y_{cal} - Y_{exp})^2}{n - p}\right]^{1/2} \tag{13.18}$$

从图 13.36 可以看出，在不同的温度和摩尔组成下，[Bmim][Al_2Cl_7]和[Bmim][$AlCl_4$]二元体系的偏摩尔体积均为正数，且随着温度的升高而不断增大，最大值位于 x_1=0.2 处。这说明在[Bmim][Al_2Cl_7]和[Bmim][$AlCl_4$]混合之后，离子之间的堆积变得较为疏松或者亲电作用减弱。同时，体系的黏度偏差在所有条件下均为负值，并随温度的升高而变大，最小值则位于 $x_1=0.4$ 或 0.5 处（图 13.37）。

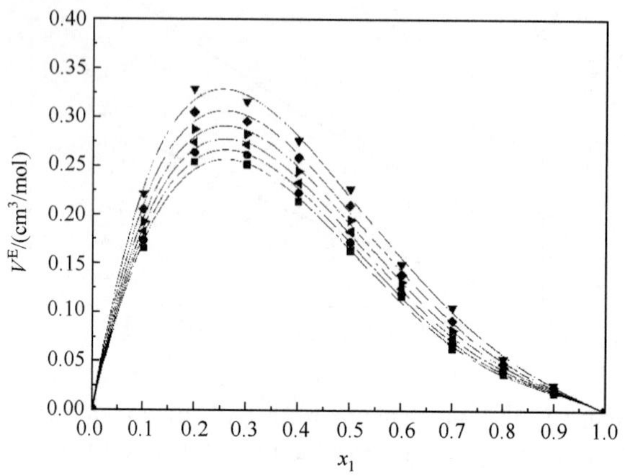

图 13.36　偏摩尔体积 V^E 对[Bmim][Al_2Cl_7]和[Bmim][$AlCl_4$]二元体系中的[Bmim][Al_2Cl_7]摩尔分数 x_1 作图

■，293.15 K；●，303.15 K；◀，313.15 K；▶，323.15 K；◆，333.15 K；▼，343.15 K。图中线由 Redlich-Kister 经验公式求出，符号代表实验值

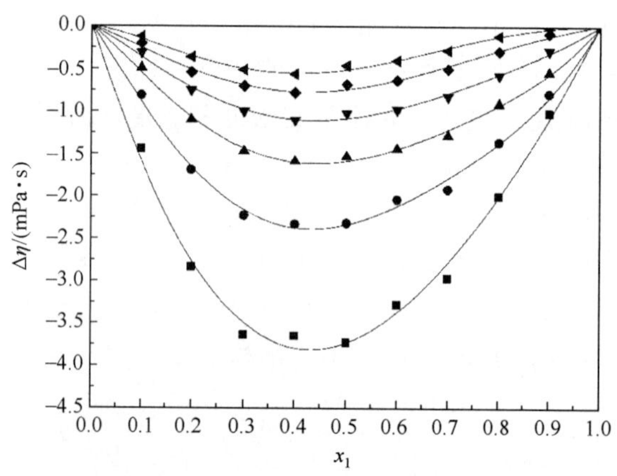

图 13.37　黏度偏差 $\Delta\eta$ 对[Bmim][Al_2Cl_7]和[Bmim][$AlCl_4$]二元体系中的[Bmim][Al_2Cl_7]摩尔分数 x_1 作图

■，293.15 K；●，303.15 K；◀，313.15 K；▶，323.15 K；◆，333.15 K；▼，343.15 K。图中的实线由 Redlich-Kister 经验公式求出，符号代表实验值

综合以上研究结果，路易斯酸性的氯铝酸离子液体的偏摩尔体积和黏度偏差符合经验公式，可以认为是[Rmim][$AlCl_4$]和[Rmim][Al_2Cl_7]二元经典混合体系。

13.4.2　离子液体低温电解铝电极过程

氯铝酸离子液体中电解铝的电极反应过程研究主要集中在阴极的铝沉积过程研究。离子液体中铝离子的主要存在形式为 $AlCl_4^-$ 和 $Al_2Cl_7^-$，电解过程中发生的反应可以表

达为

$$\text{阴极反应：} 4Al_2Cl_7^- + 3e = Al + 7AlCl_4^- \tag{13.19}$$

$$\text{阳极反应：} 4AlCl_4^- = 2Al_2Cl_7^- + Cl_2 + 2e \tag{13.20}$$

$$\text{总反应：} 2Al_2Cl_7^- = 2Al + 2AlCl_4^- + 3Cl_2 \tag{13.21}$$

1. 阳极反应

阳极效率是衡量电解铝反应效果的重要指标，提高阳极效率是技术工业化应用的关键。从图 13.38 可以看出，槽内真空度对电解铝的阳极反应效率影响非常显著。随着真空度的增大，阳极效率得到了迅速提高。这说明真空度的提高促进了氯气的析出，从而增加了氯气的吸收量，同时还降低了阳极副反应的发生。

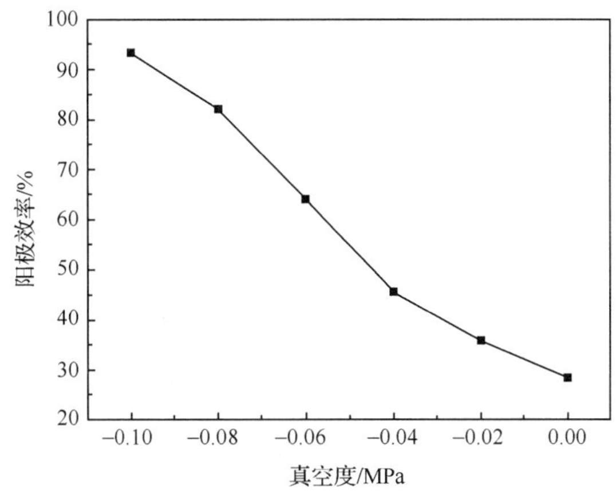

图 13.38　313.2 K 和 25 mA/cm^{2}时，不同真空度下 1∶2.0 [Bmim]Cl/$AlCl_3$的阳极反应效率

图 13.39 列出了−0.1 MPa 时，不同温度下 1∶2.0[Bmim]Cl/$AlCl_3$的阳极反应效率。可以看出在相同的真空度和电流密度下，阳极反应效率随着温度的升高而降低。这意味着温度的增大使氯气的析出量减小，主要原因可能是较高的温度使氯气容易和离子液体发生副反应。同时，在相同条件下，电流密度的升高带来了较好的反应效率。这是因为较低的电流密度产生较少了的氯气，使其在后续的捕集和吸收中容易流失，导致收率和最终计算得到的阳极效率偏低。

如图 13.40 所示，在相同的实验条件下，不同摩尔配比离子液体中的阳极效率为：1∶2.0 [Bmim]Cl/$AlCl_3$>1∶1.8 [Bmim]Cl/$AlCl_3$>1∶1.6 [Bmim]Cl/$AlCl_3$。根据上述的研究，可以认为在 $AlCl_3$的表观摩尔含量较高时，氯气更容易析出且离子液体发生副反应的比例较低。另外，随着电流密度的升高，阳极效率也得到了提高，这同样说明了较低的电流密度产生的氯气含量较少，使其在后续的捕集和吸收中容易流失，导致收率和最终计算得到的阳极效率偏低。

综上所述，氯铝酸离子液体的阳极反应效率受槽内真空度、温度和电流密度的影响都比较大。合理调节这些反应条件对于技术的研究与工业化至关重要。在本书所涉及的反应条件下，真空度的提高、温度的升高和电流密度的增大都能起到改善阳极效率的作用。

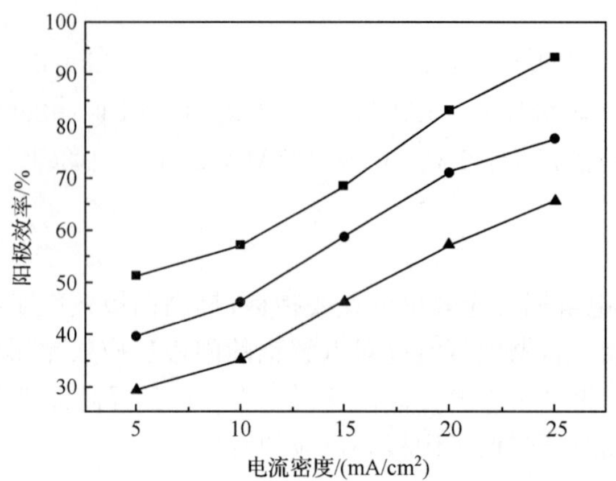

图 13.39　−0.1 MPa 时，不同温度下 1∶2.0[Bmim]Cl/$AlCl_3$的阳极反应效率

■，313.2 K；●，333.2 K；▲，373.2 K

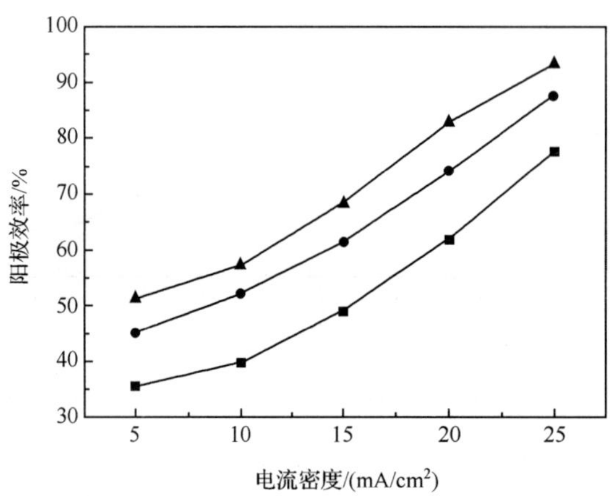

图 13.40　−0.1 MPa 和 313.2 K 时，不同摩尔配比的[Bmim]Cl/$AlCl_3$的阳极反应效率

■，1∶1.6 [Bmim]Cl/$AlCl_3$；●，1∶1.8 [Bmim]Cl/$AlCl_3$；▲，1∶2.0 [Bmim]Cl/$AlCl_3$

总体上来说，当真空度为−0.1 MPa，温度为 313.2 K 且电极电流密度为 25 mA/cm^2 时，阳极的反应效率最高，为 93.3%。

2. 阴极过程

离子液体电解铝过程的阴极效率 E_C可以根据式(13.22)进行计算：

$$E_C = \frac{3 \times 96\ 485 \times m}{27 \times I \times t} \times 100\% \tag{13.22}$$

式中，m 为通过重量称量法得到的铝的产量(即反应前后阴极的质量差)，g；I 为电解电流大小，A；t 为反应时间，s。

为了研究氯铝酸离子液体中铝在阴极的沉积过程，首先测定了不同条件下[Bmim]Cl/$AlCl_3$的循环伏安曲线(阴极极限部分)，见图 13.41 和图 13.42。

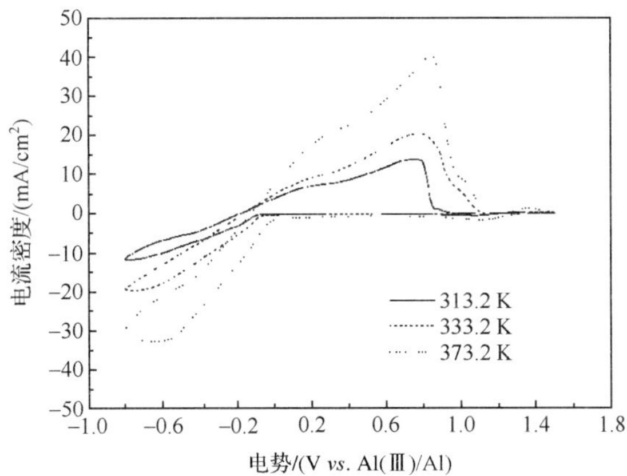

图 13.41　不同温度下，1∶2.0 [Bmim]Cl/$AlCl_3$在铜圆盘电极上的循环伏安曲线
电位扫描速率为 0.1 V/s

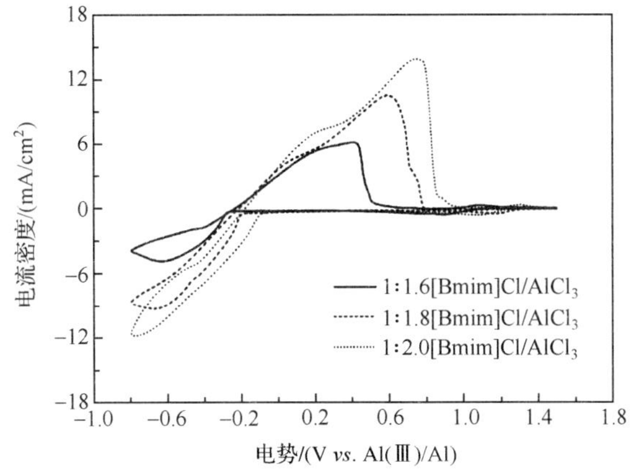

图 13.42　313.2 K 下，不同摩尔组成的[Bmim]Cl/$AlCl_3$在铜圆盘电极上的循环伏安曲线
电位扫描速率为 0.1 V/s

图 13.41 给出了不同温度下，1∶2.0 [Bmim]Cl/$AlCl_3$在铜圆盘电极上的循环伏安曲线。可以看出，当电位低于 0 V 时，铝开始发生还原反应并析出，电极电流密度也随之增大；当电位高于 0 V 时，析出的铝被氧化又重新溶入离子液体中。另外，温度的升高促使铝的还原电位不断变正，也就是说铝在较高的温度下更容易被还原，这主要是铝的电化学活性得到提高的缘故。同时，温度的升高也带动了离子液体电导率的提升，从而促进了沉积电流的增长。

如图 13.42 所示，在相同条件下，不同摩尔组成的[Bmim]Cl/$AlCl_3$中铝的还原电位为：1∶2.0 [Bmim]Cl/$AlCl_3$＞1∶1.8 [Bmim]Cl/$AlCl_3$＞1∶1.6 [Bmim]Cl/$AlCl_3$。这表明随着$[Al_2Cl_7]^-$摩尔浓度的升高，离子液体中可被还原的铝离子浓度增大，从而使铝的还原更为容易，也促使铝的还原电流升高。

1）铝在阴极的成核过程

虽然已有大量文献报道了离子液体中铝在阴极的电沉积成核过程，但几乎都是以铝为可溶性阳极，而不是真正的电解生产反应。项目组首次在以玻碳为惰性阳极的条件下，考察了铝的成核规律。

图 13.43 给出了 313.2 K 和不同电位下，1∶2.0[Bmim]Cl/$AlCl_3$ 在铜电极上的电流-时间暂态曲线。可以看出，所有曲线均存在明显的成核电流极值峰。在反应初始阶段，特别是较高的电位下电解电流先降低，这主要是较高的电位促使铝在大量成核前需要更长的时间对双电层进行充电，此后电流的不断增大对应了铝在阴极上的成核和析出过程。当铝的电结晶经过生长中心的交叠并向外生长时，电流在 t_m 处达到极大值[159]。待成核完成后，生长中心消失，铝的沉积不再需要较低的负电位，电解电流也随之降低。同时还可以发现，在较负的电位下，曲线电流极值峰 i_m 较大且所对应的 t_m 值较小，说明此时铝的成核以及相关的传质、传导过程都得到了加速。

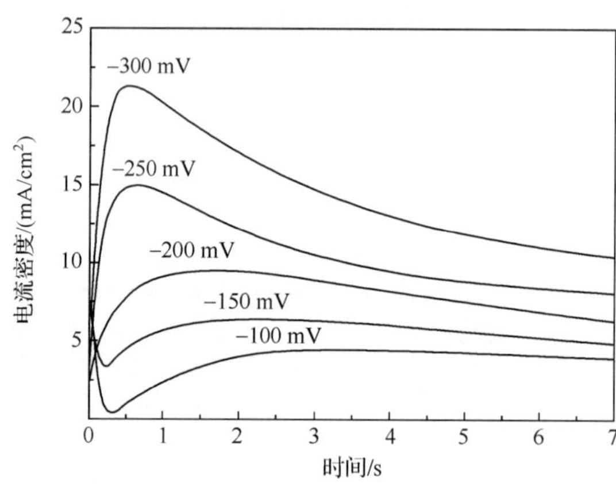

图 13.43　313.2 K 下，1∶2.0 [Bmim]Cl/$AlCl_3$ 在铜电极上的电流-时间暂态曲线

铝在阴极的电沉积一般包括铝的三维成核和生长，文献中已建立了许多模型来描述此过程。其中，引用最多且较为权威的是晶核半球式扩散生长模型。该模型有两个极限状态，分别是瞬时成核和连续成核[160]。瞬时成核是指电极表面所有晶核都在反应开始的一瞬间生成，此后没有新核的出现；而在连续成核中，电极表面的晶核是随着反应的进行而不断生成。这两个过程可以通过式(13.23)来进行描述[161]。

$$(i/i_m)^2 = 1.9542(t/t_m)^{-1}\{1-\exp[-1.2564(t/t_m)]\}^2 \tag{13.23}$$

$$(i/i_m)^2 = 1.2254(t/t_m)^{-1}\{1-\exp[-2.3367(t/t_m)^2]\}^2 \tag{13.24}$$

为了研究玻碳惰性阳极下 1∶2.0 [Bmim]Cl/$AlCl_3$ 中的铝沉积过程，这里把测得的电流-时间暂态曲线进行处理，并与上述两个经验模型进行对比。在对比之前，首先对电解时间进行校正，如 $t'=t-t_0$ 和 $t'_m=t_m-t_0$（t_0 为双电层充电时间）。图 13.44 列出了$(i/i_m)^2$对 $(t'/t'_m)^2$ 作图的结果和瞬时成核、连续成核的经验曲线。可以看出，铝在阴极的电沉积符合典型的三维瞬时成核过程，并受物质扩散的影响。

在其他氯铝酸型离子液体中，在不同反应条件下也进行了以上测试研究，发现惰性阳极下铝的沉积都符合三维瞬时成核。

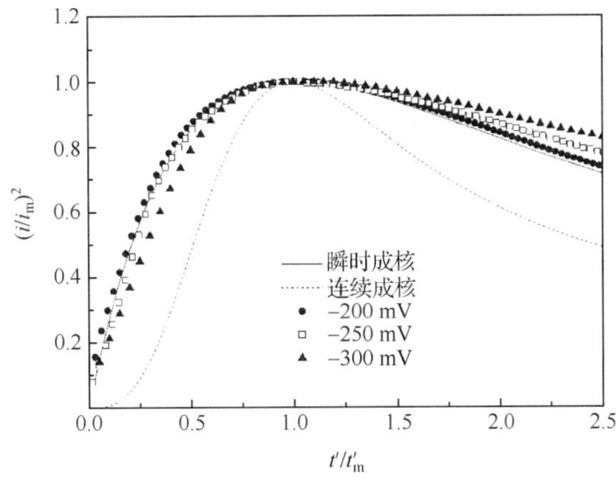

图 13.44　根据图 13.43 得到的无因次电流-时间暂态数据，并和瞬时成核和连续成核理论曲线进行对比

2）不同条件下铝的沉积过程

从工业化的角度出发，对不同条件下铝的沉积形貌、晶型和纯度等性质进行系统研究，同时考察电流效率等关键反应参数，筛选出最佳的电解条件，为技术的应用提供可靠的科学依据。以下工作选取的主要实验条件包括：温度（313.2～373.2 K），电流密度（5～25 mA/cm^2）和摩尔配比（1∶1.6～1∶2.0 [Bmim]Cl/$AlCl_3$），阴极基体为铜箔，电解时间统一为设置为 1 h。

研究发现，温度对铝的形貌影响很大。通过恒电流电解，在 313.2～353.2 K 下可以获得比较均一、平整的铝沉积层。然而，当温度高于 353.2 K 时，沉积层变暗且较为粗糙，并发生脱落现象。如图 13.45 所示，在相同条件下，随着温度的升高，铝晶粒的平均直径不断增大（约从 1 到 20 μm），形状由球形逐渐向片状生长，结构从平整致密转变为疏松粗糙。这种形貌上的差异反映出不同温度下离子液体的电导率和传质效率发生了显著的改变。在较高的温度下，电解过电位较小，阴极表面的传质传导速度较快，导致生成的晶核密度小且生长快，因此很容易发生枝晶现象，使沉积层的颗粒大，形貌疏松粗糙。

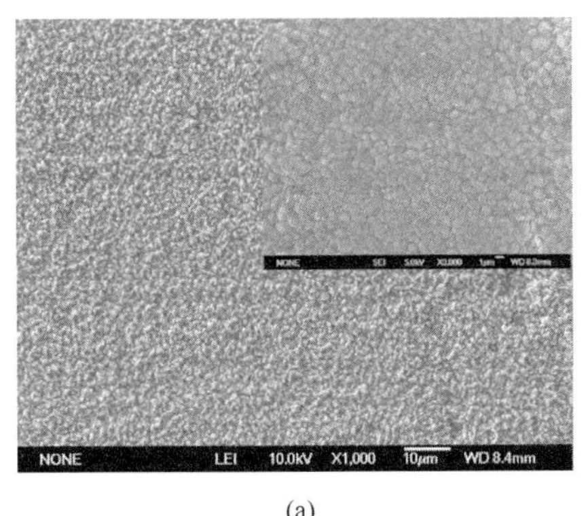

(a)

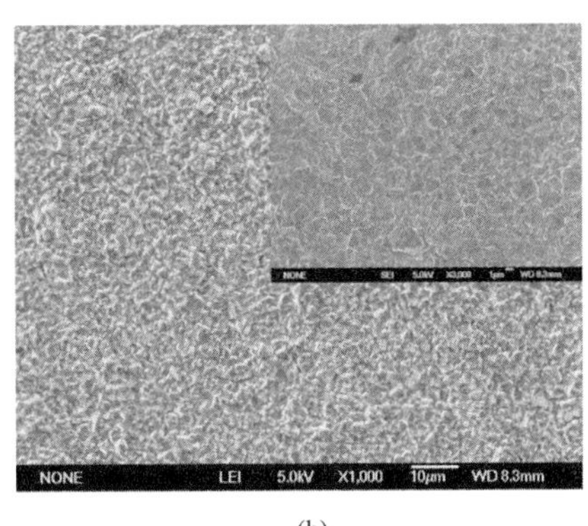

(b)

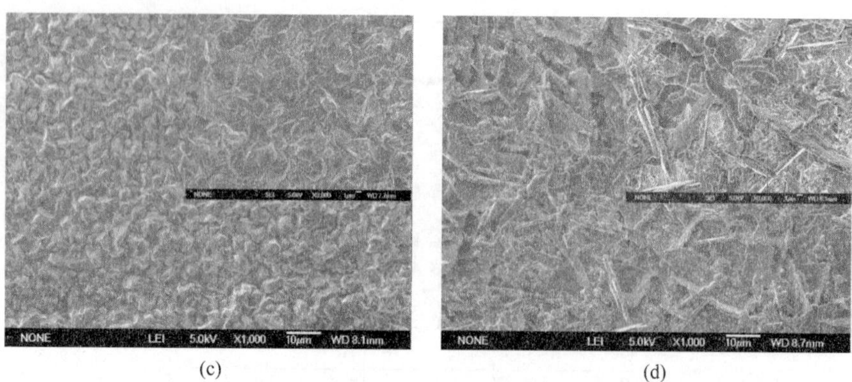

(c)　(d)

图 13.45　电流密度为 15 mA/cm^{2}时，不同电解温度下 1∶2.0 [Bmim]Cl/$AlCl_3$中获得的铝沉积层的 SEM 图像

(a) 313.2 K；(b) 333.2 K；(c) 353.2 K；(d) 373.2 K

寻找适宜的电流密度对于离子液体电解铝同样十分重要。图 13.46 给出了 313.2 K 时，不同电流密度下 1∶2.0 [Bmim]Cl/$AlCl_3$中获得的铝沉积层形貌。可以看出，当电流

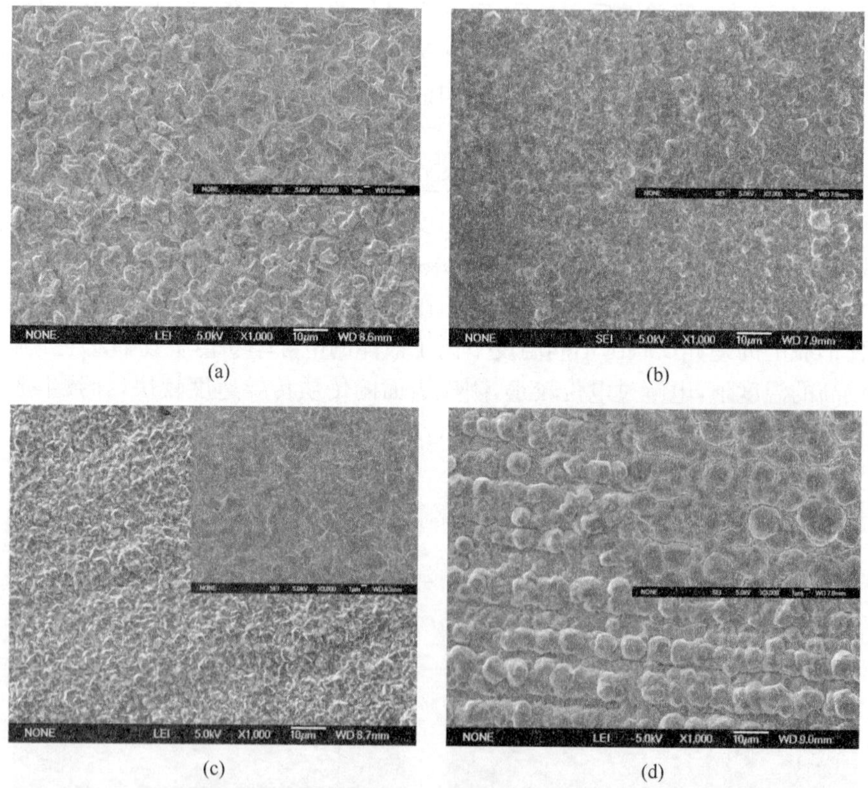

(a)　(b)

(c)　(d)

图 13.46　当实验温度为 313.2 K 时，不同电流密度下 1∶2.0 [Bmim]Cl/$AlCl_3$中获得的铝沉积层的 SEM 图像

(a) 5 mA/cm^2；(b) 10 mA/cm^2；(c) 20 mA/cm^2；(d) 25 mA/cm^2

密度在 5～15 mA/cm^2 内不断增大时，沉积层中铝晶粒的平均直径从约 10 μm 降低至 1 μm 左右，而随着电流密度继续升高（15～25 mA/cm^2），铝晶粒的平均直径又断变大。当电流密度为 10 mA/cm^2 和 15 mA/cm^2 时，沉积层最为致密和平整。从上述实验情况可以推断，阴极上的晶成核密度在 5～15 mA/cm^2 范围内随着电流密度的升高而增加。因此，更多的铝晶核通过电解生成，并使沉积层呈现出了更为均一、精细的结构。当成核密度达到极大值时，铝晶体在 15～25 mA/cm^2 下经历了较快的重叠生长，最终导致了较大的晶粒和粗糙的沉积层。

离子液体中 $AlCl_3$ 的表观摩尔含量对铝的沉积也具有重要影响。结果表明，随着 $AlCl_3$ 的表观摩尔含量的降低，铝晶粒的平均直径增大，且沉积层变得较为粗糙。例如，在 313.2 K 和 15 mA/cm^2 时，[Bmim]Cl/$AlCl_3$ 中的晶粒大小为：1∶1.6 [Bmim]Cl/$AlCl_3$＞1∶1.8 [Bmim]Cl/$AlCl_3$＞1∶2.0 [Bmim]Cl/$AlCl_3$，如图 13.47 所示。根据以上讨论可知，当 $AlCl_3$ 的表观摩尔含量升高时，离子液体中可被还原的[Al_2Cl_7]$^-$ 离子和阴极上的成核密度得到增大，从而促使相同条件下 1∶2.0 [Bmim]Cl/$AlCl_3$ 中获得的沉积层较为致密、均一。

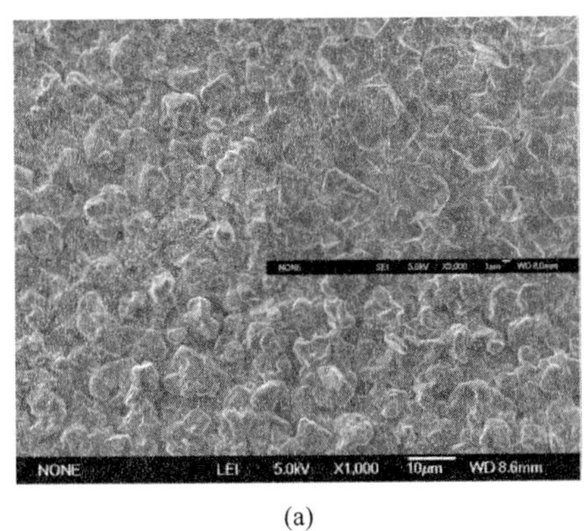

(a)

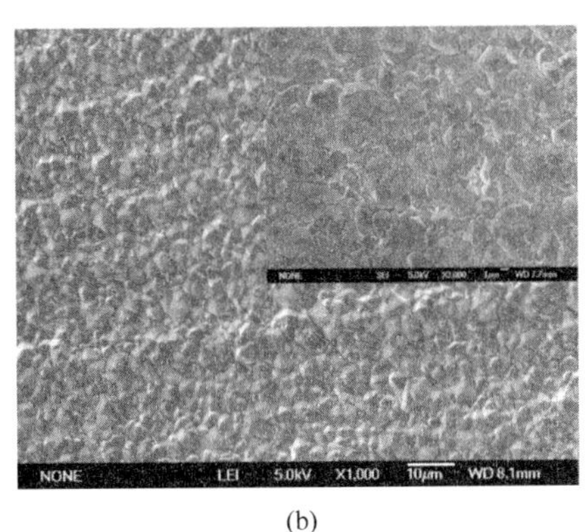

(b)

图 13.47　313.2 K 和 15 mA/cm^2 时，不同摩尔组成的[Bmim]Cl/$AlCl_3$ 中获得的铝沉积层的 SEM 图像

(a) 1∶1.6 [Bmim]Cl/$AlCl_3$；(b) 1∶1.8 [Bmim]Cl/$AlCl_3$

为了进一步研究铝沉积层形貌和晶型结构之间的关系，对产物进行了 XRD 的测定。在以下的 XRD 图谱中，铜基体的衍射峰被移除，以便于相关研究分析。

XRD 结果表明，所有铝沉积层的晶型取向与 JCPDS 卡片中的标准值吻合很好，在 20°～90°的衍射角范围内出现了(200)，(111)，(220)，(211)和(222)几个典型的特征峰。铝的晶型取向随着实验条件的变化而发生相对强度的改变，且不同的条件对铝的晶型取向影响顺序为：温度＞电流密度＞离子液体摩尔组成。在较低的温度和适中的电流密度下，铝的择优晶型取向为(200)，此时的沉积层较为均一、平整，如图 13.48(a)所示。而当温度较高且电流密度较大时，铝的择优晶型为(111)，所对应的沉积层大都比较粗糙，结构疏松，见图 13.48(b)。所以，以铜基体为阴极时要想获得好的沉积形貌，就需要适当地调整反应条件，引导铝在(200)型晶面上进行电沉积生长。

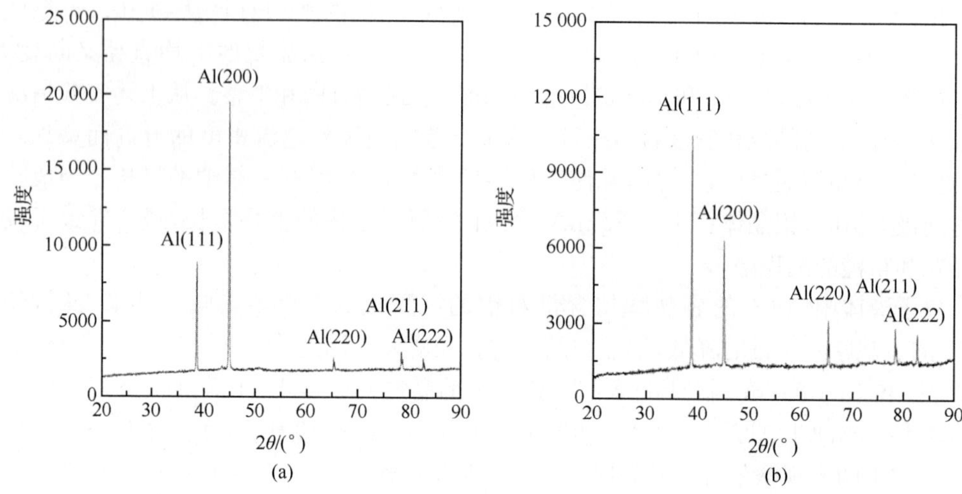

图 13.48　1∶2.0 [Bmim]Cl/$AlCl_3$ 中获得的铝沉积层的 XRD 图谱

(a) 313.2 K;(b) 373.2 K

在上述工作基础上,通过 EDAX 对铝沉积层的纯度进行了表征。结果表明,所有铝产品的质量纯度均高于 99%。其中,在 313.2 K 和 15 mA/cm^2时,从 1∶2.0 [Bmim]Cl/$AlCl_3$中电沉积得到的铝沉积层的总体纯度达到了 99.8%。如图 13.49 所示,产物中出现了极强的铝吸收峰,同时还存在微弱的氧元素吸收峰。这主要是因为沉积层表面的铝被空气中的氧气氧化所致。而当沉积层形貌均一致密时,其相应的纯度也较高,说明此时的形貌有效地阻止了铝在空气中的氧化反应。

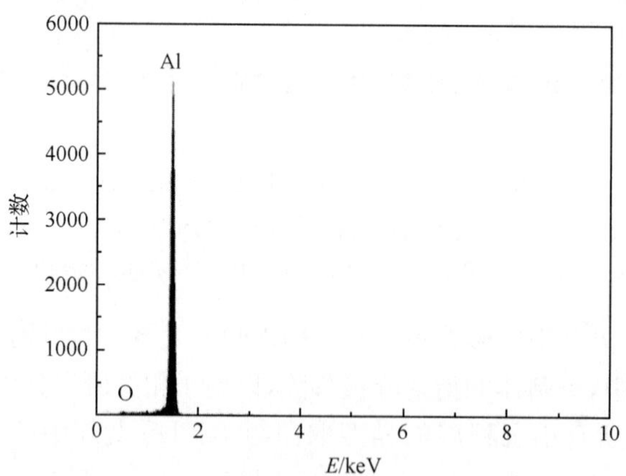

图 13.49　铝沉积层的 EDAX 图谱

3) 离子液体结构对铝沉积形貌的影响

氯铝酸型阴离子在离子液体低温电解铝过程中扮演着主导的角色,因为该类离子直接完成了阴、阳两极的电化学反应,以此实现了氯气的析出和铝的电沉积。然而,实验研究表明,离子液体阳离子对铝电解,特别是铝的沉积过程具有很重要的影响。目前,国内外学术界在这一方面的研究和认识仍然不足,为了推动技术的工业化应用,客观上需要对上述问题进行深入探索。以 1∶2.0 $[H_1mim]Cl/AlCl_3$、1∶2.0 $[Emim]Cl/AlCl_3$、1∶2.0 $[Amim]Cl/AlCl_3$、1∶2.0 $[Bmim]Cl/AlCl_3$ 和 1∶2.0 $[Hmim]Cl/AlCl_3$ 为例，针对这一问题展开相关研究。

图 13.50 分别给出了相同实验条件下，不同离子液体中铝沉积层的 SEM 形貌图。

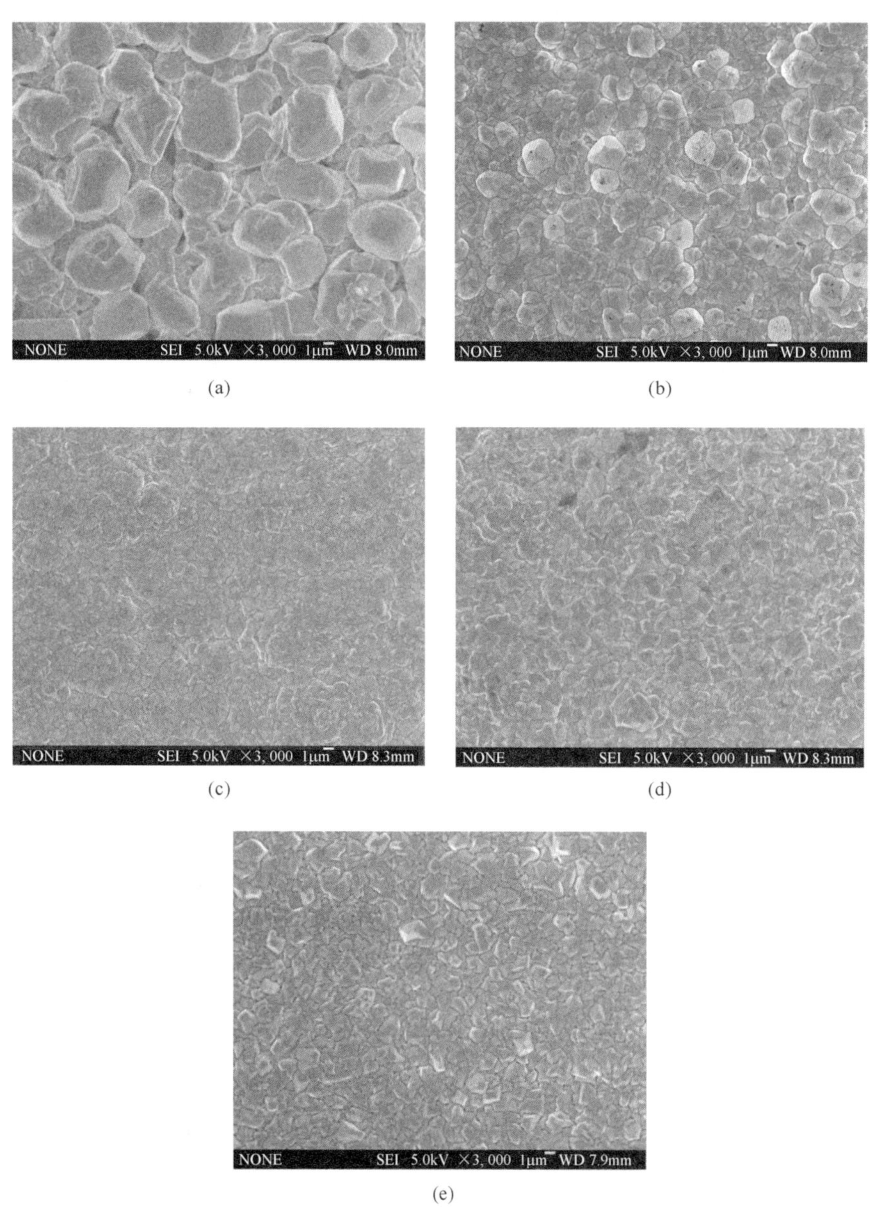

(a)　(b)　(c)　(d)　(e)

图 13.50　333.2 K 和 15 mA/cm^2 时，不同氯铝酸离子液体中获得的铝沉积层的 SEM 图像

(a) 1∶2.0 $[H_1mim]Cl/AlCl_3$；(b) 1∶2.0 $[Emim]Cl/AlCl_3$；(c) 1∶2.0 $[Amim]Cl/AlCl_3$；(d) 1∶2.0 $[Bmim]Cl/AlCl_3$；(e) 1∶2.0 $[Hmim]Cl/AlCl_3$

可以看出，沉积层中铝的晶粒大小和形状随着阳离子的变化而发生了显著的改变，平

均粒径和粗糙度的顺序为：1∶2.0 [H_1mim]Cl/$AlCl_3$>1∶2.0 [Emim]Cl/$AlCl_3$>1∶2.0 [Bmim]Cl/$AlCl_3$>1∶2.0 [Hmim]Cl/$AlCl_3$>1∶2.0 [Amim]Cl/$AlCl_3$。以上的各种阳离子均为咪唑型，结构上的差别主要是侧链烷基的不同。所以可以推断的是，阳离子的结构对铝在阴极的沉积过程产生了重要影响。

为了进一步认识有关机理，通过理论模拟计算得到了离子对[H_1mim][Al_2Cl_7]、[Emim][Al_2Cl_7]、[Amim][Al_2Cl_7]、[Bmim][Al_2Cl_7]和[Hmim][Al_2Cl_7]的优化构型和参数，如图 13.51 和表 13.8 所示。

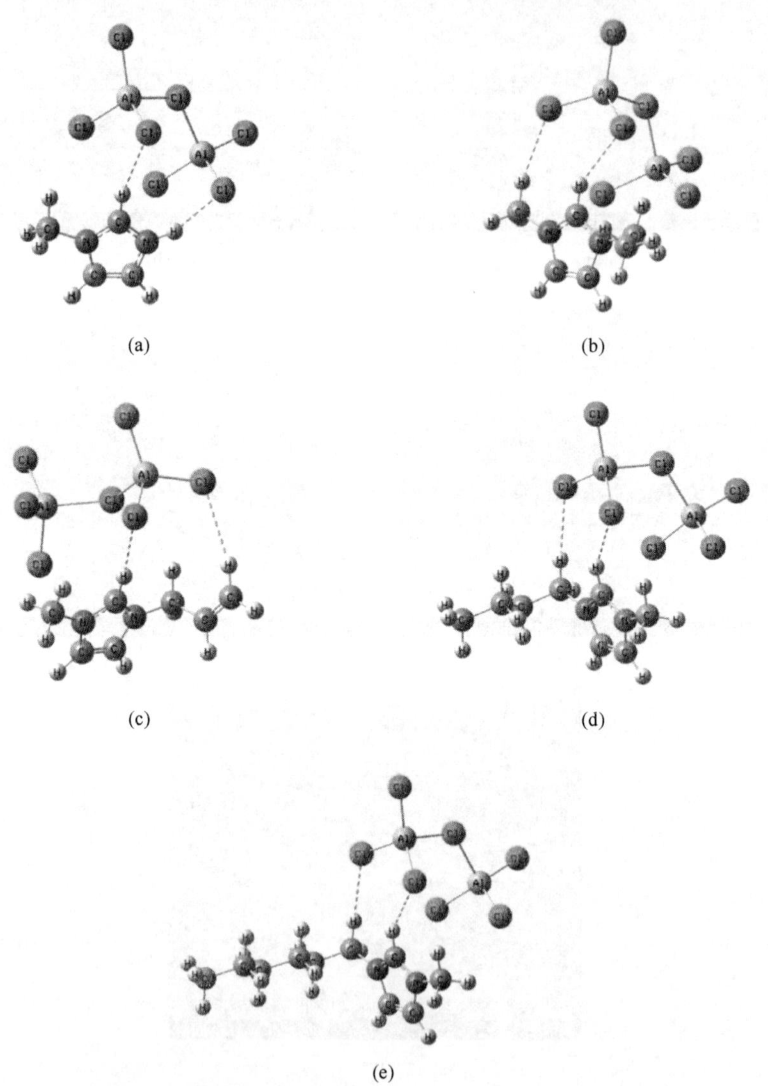

图 13.51 不同氯铝酸离子液体在 B3LYP/6-31+G(d,p)层次上的优化离子对构型

图中的氢键用虚线表示。(a) [H_1mim][Al_2Cl_7]；(b) [Emim][Al_2Cl_7]；(c) [Amim][Al_2Cl_7]；(d) [Bmim][Al_2Cl_7]；(e) [Hmim][Al_2Cl_7]

表 13.8　离子液体电解铝过程中的电极-离子双电层参数

IL	V_{Re}/V	d^a/A	R^b/A	E^c/(kJ · mol)
$[H_1mim][Al_2Cl_7]$	~−0.98	~2.76	~2.67	295.9
$[Emim][Al_2Cl_7]$	~−0.84	~3.92	~3.75	273.6
$[Amim][Al_2Cl_7]$	~−0.69	~4.19	~3.95	261.8
$[Bmim][Al_2Cl_7]$	~−0.75	~4.51	~4.42	270.6
$[Hmim][Al_2Cl_7]$	~−0.71	~5.24	~5.01	268.9

a 为双电层的厚度；b 为根据模拟计算得到的阳离子半径；c 为阴、阳离子的相互作用能。

从这些计算结果可以发现，离子对间的相互作用能为：$[H_1mim][Al_2Cl_7]$ > $[Emim][Al_2Cl_7]$ > $[Bmim][Al_2Cl_7]$ > $[Hmim][Al_2Cl_7]$ > $[Amim][Al_2Cl_7]$。考虑到离子液体 1∶2.0 $[Rmim]Cl/AlCl_3$ 的主要成分为 $[Rmim][Al_2Cl_7]$，该顺序也可以用相应的 1∶2.0 $[Rmim]Cl/AlCl_3$ 代替。这与前面所得到的铝晶体的平均粒径和粗糙度的顺序相同，即 1∶2.0 $[H_1mim]Cl/AlCl_3$ > 1∶2.0 $[Emim]Cl/AlCl_3$ > 1∶2.0 $[Bmim]Cl/AlCl_3$ > 1∶2.0 $[Hmim]Cl/AlCl_3$ > 1∶2.0 $[Amim]Cl/AlCl_3$。同时还可以发现，电沉积过程中在阴极表面形成的双电层厚度与阳离子半径十分接近，这说明此类双电层是由带负电荷的阴极和阳离子组成的，且阳离子贴近阴极表面。

根据文献[162,163]，铝在阴极的电沉积过程大致上有四个阶段：①未通电前，阴极附近的离子基本上都以游离态存在，离子-界面效应不明显；②通电后，在阴极表明开始出现界面/阳离子的双电层结构，甚至界面/阳离子/阴离子等多电层结构；③接近铝的还原电位，$[Al_2Cl_7]^-$ 阴离子逐渐接近阴极表面，双电层结构被破坏；④达到铝的还原电位，$[Al_2Cl_7]^-$ 阴离子在阴极上得到电子并被还原析出单质铝，如图 13.52 所示。简单来说，这一反应是在电场的诱导下，氯铝酸型阴离子突破离子间相互吸引的束缚，最终在电极表面被还原而析出铝的过程。所以离子间的相互作用从本质上决定了离子液体电解铝的难易程度。当相互作用较强时，氯铝酸阴离子难以摆脱周期离子的吸引而靠近阴极，因此进行铝的电沉积的难度也较大。上述所对比分析的 1∶2.0 $[Bmim]Cl/AlCl_3$ 和 1∶2.0 $[H_1mim]Cl/AlCl_3$ 的实验结果便充分说明了这一点。

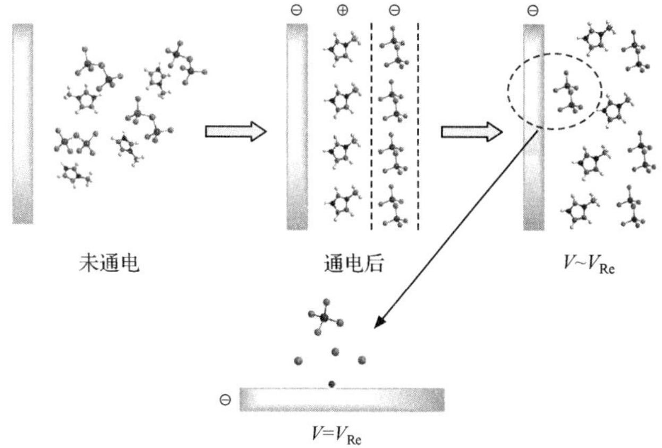

图 13.52　铝在阴极的电沉积过程示意图

电解槽的合理设计也是离子液体低温电解铝走向工业化的一个关键环节。合适的惰性阳极、合理的阴极修饰、高性能的隔膜是电解槽设计的重要前提，电解槽内稳定、合理的电场和流场分布是长期稳定电解的重要保证。Reddy 等[143]设计循环模式电解槽，并分别以圆柱形和方形电解槽为模型，对其电场和流场进行了初步的数学模拟。研究发现槽压在 3.5 V 以下时实验值与模拟值相吻合，槽压高于 3.5 V 时结果差别明显，虽然离子液体的电化学稳定窗口为 2.2～4.0 V，当施加的电压接近其稳定极限电压时，仍有可能导致副反应发生，产生与模拟结果的明显差别。

13.4.3 铝电解理论能耗与节能分析

1. 理论能耗

下面以氯铝酸离子液体 1∶2 [Bmim]Cl/$AlCl_3$ 为例，分别探讨工艺的反应原理与能耗。

反应能耗：

由于目前无法查到氯铝酸离子液体的标准热力学函数值，电解铝能耗也可根据下式进行计算(惰性阳极下)：

$$AlCl_3 \longrightarrow Al + 1.5Cl_2$$

(1) 该式的电解反应能耗：$\Delta G = -\Delta G_f(AlCl_3) = 628.8\ kJ/mol = 6.47\ kW \cdot h/kg\text{-}Al$

(2) 维持温度的热能 ($\Delta H - \Delta G$)：

$$\Delta H - \Delta G = 704.2 - 628.8 = 75.4\ kJ/mol = 0.78\ kW \cdot h/kg\text{-}Al$$

(3) 100℃时电解铝总的反应能耗为上面热量的总和：7.25 kW · h/kg-Al

(4) 100℃时铝和氯气的热能为：0.06 kW · h/kg-Al

(5) 得到的铝粉经过清洗后，从室温 25℃加热到 700℃熔化需要的热量：

$$0.9 \times (700 - 25) = 607.5\ kJ/kg\text{-}Al = 0.17\ kW \cdot h/kg\text{-}Al$$

(6) 综合以上数据，铝的电解和熔化过程共耗能约 7.48 kW · h/kg-Al

和传统技术相比，由于离子液体电解铝过程在较低温度下进行，避免了由于反应温度过高而引起的热量的大量流失，能量利用率可达 75%～90%，所以实际能耗大约为 8.3～9.9 kW · h/kg-Al。

2. 电解铝过程对离子液体纯度的影响

离子液体作为支持电解质在电解过程中的稳定性很大程度上影响了该技术的成本，因此，有必要进一步研究电解铝过程对离子液体纯度的影响。通过紫外可见光谱和高效液相色谱，测定了不同真空度、温度和离子液体配比下，电解铝反应后阳离子的纯度。电解实验统一设置为 24 h。纯度数据是指电解后离子液体阳离子的含量占电解前含量的百分比。

如图 13.53 所示，在 313.2 K 和 25 mA/cm^2 下，电解过后离子液体阳离子的纯度总体上改变不大，相对值均高于 99.7%。随着真空度的增大，1∶2.0 [Bmim]Cl/$AlCl_3$ 的阳离子相对纯度改变较小，表明真空度的提高有利于降低离子液体的副反应。这主要是因为较高的真空度使氯气的析出更为容易，避免了大量氯气长时间停留在离子液体中，从而降低了氯气与阳离子发生副反应的程度。相同条件下，温度的升高使电解后离子液体阳离子的纯度降低，这说明较高的温度容易引起阳离子的副反应，如图 13.54 所示。从图 13.55 可以看出，$AlCl_3$表观摩尔含量的提高使电解后阳离子的纯度升高。

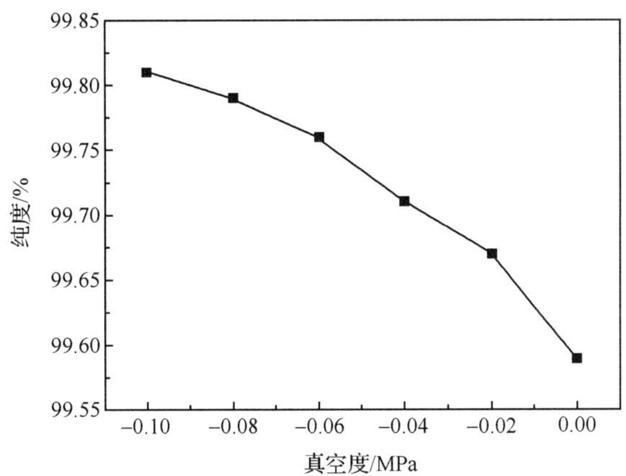

图 13.53　313.2 K 和 25 mA/cm^{2}时，不同真空度下 1∶2.0 [Bmim]Cl/$AlCl_3$的阳离子相对纯度

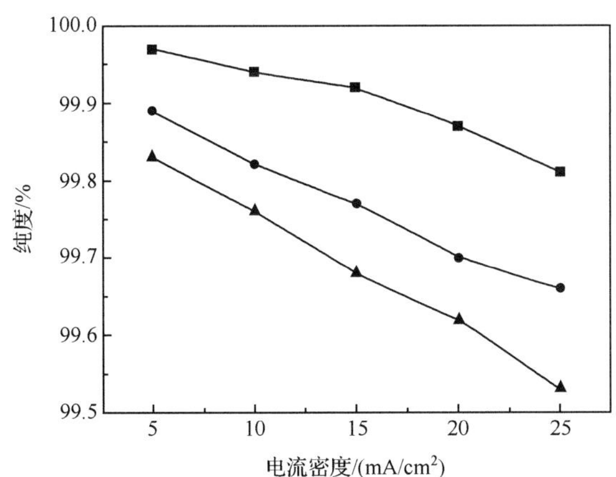

图 13.54　−0.1 MPa 时，不同温度下电解后 1∶2.0 [Bmim]Cl/$AlCl_3$的阳离子相对纯度

■，313.2 K；●，333.2 K；▲，373.2 K

同时还可以发现，电流密度的增大一般会降低阳离子的纯度，这可能是因为相对应的槽电压和氯气析出量都较大，从而容易引起离子液体副反应的产生，例如阳离子的分解和氯化反应等等。

综上所述，离子液体在电解后的纯度保持较好，没有发生大幅度的变化，可以满足下一步研究与应用的需要。在较高的真空度、较低的温度和较高 $AlCl_3$表观摩尔含量下，电解后阳离子的纯度依然较好。

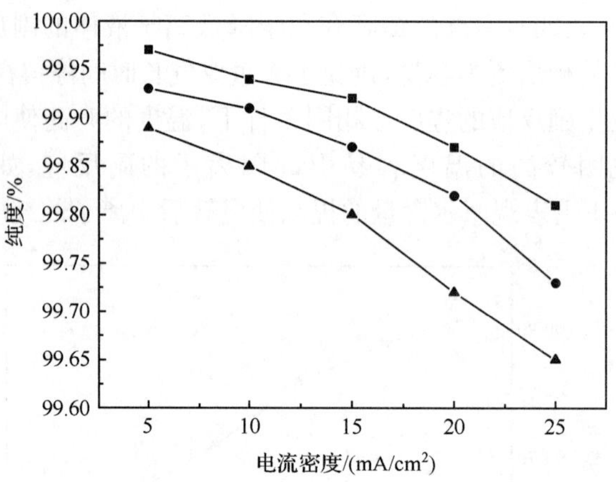

图 13.55 －0.1 MPa 和 313.2 K 电解后，不同摩尔配比的[Bmim]Cl/$AlCl_3$的阳离子相对纯度

■，1∶1.6 [Bmim]Cl/$AlCl_3$；●，1∶1.8 [Bmim]Cl/$AlCl_3$；▲，1∶2.0 [Bmim]Cl/$AlCl_3$

3. 离子液体的再生

电解后的离子液体发生了一定的副反应，致使其纯度降低。从工业应用的角度来说，实现离子液体的再生和循环利用是电解铝技术的关键。在前期大量的实验基础上，发现离子液体通过二次电解方法可有效实现纯化和再生。

例如，纯净的 1∶2.0 [Bmim]Cl/$AlCl_3$ 离子液体样品在－0.1 MPa，313.2 K 和 25 mA/cm^2 下，经过电解 24 h 后，相对纯度降低至 99.81%，实际纯度约为 99.25%。为了进一步纯化离子液体并使其再生，以高纯铝片为阴、阳两极，在 333.2 K 和 1 V 电压下对 1∶2.0 [Bmim]Cl/$AlCl_3$电解 24 h。最后通过 NMR、ESI-MS、UV 和 HPLC 的测定，离子液体的实际纯度恢复至 99.72%，基本上达到了电解铝前的水平，如图 13.56 所示。

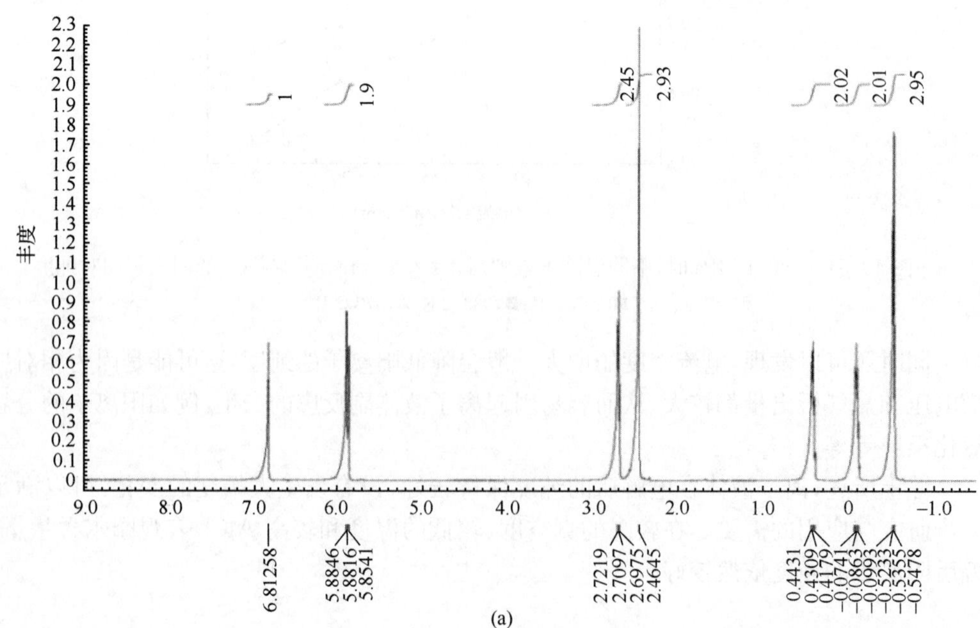

(a)

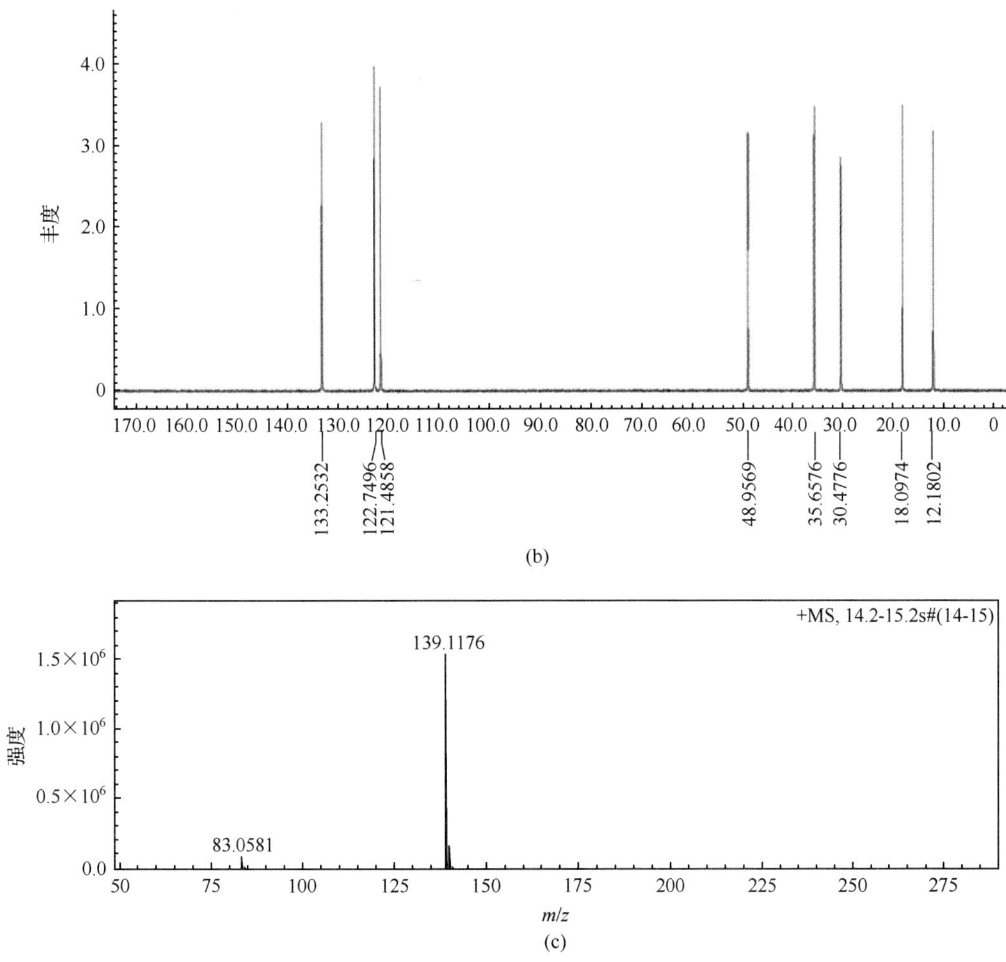

图 13.56　电解后，经过纯化再生后的 1∶2.0 [Bmim]Cl/$AlCl_3$ 的表征结果

(a) ^1H NMR；(b) ^{13}C NMR；(c) ESI-MS

这说明该方法是切实可行性的。

4. 小结

通过一系列的基础研究，氯铝酸离子液体体系中电解铝较传统的霍尔-埃鲁法电解铝表现出来明显的优势，表 13.9 列出来氯铝酸离子液体电解铝和精炼铝与现有工业电解铝和精炼铝的技术、经济指标比较[145]，从表中可以看出，离子液体电解铝的各项技术、经济指标明显优于传统的高温电解冶炼和精炼过程，同时还减少了碳氧化物和碳氟化物等温室气体的产生。因此，离子液体低温电解铝被认为是最有可以替代霍尔-埃鲁法电解铝的两种方法之一[164]。

表 13.9　离子液体与现有工业电解铝和精炼铝的技术、经济指标比较

参数	离子液体电解铝	现行工业电解铝	离子液体精炼铝	现行工业精炼铝
槽压/V	3.0～4.0	4.2～5.0	1.0	5.0～6.0
能量消耗/[(kW·h)/kg]	9.5～10.6	13.2～18.7	2.5～3.0	15～18
电流密度/(A/m^2)	400	—	300	—
极距/mm	5～10	100	—	—
温度/℃	25～150	850～1000	25～100	800～1000

第 14 章　流化床冶金节能过程

14.1　引　　言

冶金工业是国民经济的支柱产业，但冶金工艺过程能耗高，污染物排放严重，因此，进一步提高冶金过程效率、降低能耗、减少污染物的排放，对保障我国未来的可持续发展意义十分重大。

冶金工业涉及流程较长，既包括采掘、选矿及冶炼，又包括初级产品生产及产品深加工，每一工序设计的过程都不相同。用能方式的不同必然要求采用不同的节能方式，本章属于冶炼节能范畴。

冶炼过程涉及物质转化，与其他工业过程一样，冶炼工程也是以冶炼反应为核心，结合前端的原料准备及后序的产品分离及提纯，形成完整的冶炼流程。然而与其他工业过程相比，冶炼过程也有其显著的特点，包括：

(1) 以固相加工为主。与化学工业通常以气相加工为主不同，冶炼过程的处理对象多为固体矿物，通常涉及前矿物冶炼成产品，这决定了化学工业中最常用的固定床反应器难以在冶金工业中应用。冶金中常用移动床(竖炉)、回转窑、流化床，以及具有鲜明冶金特点的高炉(上部为移动床)、闪速熔炼炉等。

(2) 动力学条件好。冶炼过程通常在高温下进行，反应速度非常快，反应过程较易达到平衡，单位设备体积产能高。

(3) 产物组成相对简单，产品容易分离。与化工过程副反应多，产品分离过程复杂、流程长不同，冶炼过程产物组成相对简单(如高炉炼铁得到铁水和高炉渣)，因此冶炼过程常要比化工过程简单得多。

尽管许多冶金过程(如高炉炼铁)经过几十年/百年的发展，已十分成熟，但冶金节能过程仍大有可为，除了现有工艺过程尚有许多可优化之处，以下几方面的因素也在持续不断地推动冶金工业的进步。首先是原料的变化要求对现有工艺进行改进，甚至要求发展新的工艺，比如，随着高品位资源的日益减少，我们不得不处理以前不用的低品位资源，这必然要求对现有工艺及技术做出调整。一个很好的例子是高炉炼铁过程，随着焦煤资源的减少，人们早已致力于不需要焦炭的非高炉炼铁工艺的研究，以期在焦炭资源枯竭之时，此工艺能替代现有的高炉炼铁。其次是资源综合利用率要求的提高也推动着更高效的新技术的应用，一个很好的例子是钒钛磁铁矿的利用，以前为了尽快推动其利用，以我国攀钢集团有限公司为代表的利用技术，发展了高炉冶炼钒钛磁铁矿(现还配约 50%的普通砂)——转炉提钒工艺，成功地实现了铁及钒的回收利用，但由于钛进入高炉渣中，难以再经回收利用。如果需要同时综合回收铁、钒、钛，则必须发展新的利用技术。最后新技术突破也会极大地提升冶金过程的生产效率，推动冶金工业的进步。一个很好的例子是氢氧化铝煅烧，在循环流化床煅烧技术出现以前，国际均采用回转窑煅烧氢氧化铝。虽经长期优化，仍存在能耗高、运转率低（只有约 60%）、氧化铝损失严重等缺点，为了解决这些问题，20 世纪 60 年代美国铝业公司将高效的流化床技术应用到氢氧化铝的煅烧工艺中，极大地提高了氢氧化铝煅烧过程的效率，孙克萍等[165]及霍登伟[166]的分析表明，与传统的回转窑煅烧相比，煅烧温度可降低约 200℃，设备运转率从 60%提高到 95%，热效率从～50%提高到～75%，占地减少 3/4，投资减少 2/3，为氧化铝行业的节能降耗做出了巨大贡献。

综上所述，尽管冶金工业已十分成熟，但冶金节能过程仍大有可为。本章主要以作者过去几年将流化床应用于冶金过程的实践为基础，浅述流化床冶金节能过程，以期为冶金过程的节能降耗提供具体的实例。

14.2 流化床冶金节能原理

如前所述，冶金过程以转化反应为核心，由于冶金转化反应通常在高温下进行，因此反应动力学条件好。总体转化速率一般由物质传输（传递）过程控制，因此要提高总体反应效率，就需要加快传递速率，即所谓的过程强化。另外，一个反应要能较快地发生，反应物必须有足够的“推动力”，这就决定了反应物不可能都达到/接近 100%的转化率，对于气固转化反应，气体的利用率随过程而不同，但一般都难达到 100%利用率，因此，反应气体的利用率也决定了整个过程的能效。本节将以氧化铁气相还原为例，从反应本征动力学、流态化过程强化及未反应气体利用等方面来论述流化床冶金节能的原理。

14.2.1 氧化铁还原本征动力学

氧化铁还原为气固非催化反应，与通常的气固反应相似，总体反应过程由还原气体从气流主体扩散至氧化铁颗粒边界层、从边界层扩散到氧化铁颗粒表面（外扩散）、从颗粒表面扩散至颗粒内部（内扩散）、在颗粒内外表面吸附、吸附气体与氧化铁发生化学反应、反应气相产物反向扩散至气流主体等过程组成，为了了解总体过程的节能潜力，需要知道氧化铁还原的化学反应动力学（本征动力学）。

氧化铁气相还原动力学已有很多研究，通常采用 TG、TPR 等来获得还原过程质量变化及还原过程气体组成变化，再对实验数据进行拟合求得活化能、反应级数等参数，拟合所采用的模型包括缩核模型、扩散模型、随机成核模型、核生长模型等。不同的研究者拟合得到的反应活化能相差悬殊[167]，对 Fe_2O_3 到 Fe_3O_4 反应，从 18.0 kJ/mol 到 246 kJ/mol 不等，FeO 到 Fe 的活化能从 14.3 kJ/mol 至 115.9 kJ/mol 不等。造成这种现象的原因有以下几点：①氧化铁还原过程较为复杂，有 Fe_3O_4、FeO、Fe 等产物，这些产物的出现顺序与还原温度有关，大致的还原顺序如图 14.1 所示。Fe_2O_3 先还原生成 Fe_3O_4，根据还原温度的不同，在小于 450℃时直接还原为 Fe，在大于 570℃时，Fe_3O_4 还原为浮士体，再经浮士体还原为金属铁，而在 450～570℃之间浮士体会歧化生成 Fe_3O_4 与 Fe，所以存在 Fe_3O_4、$Fe_{(1-x)}O$ 与 Fe 三种物相，而最终还原为金属铁。由于反应生成物的这种差异，若在拟合数据时不能正确区分不同的阶段，则会产生很大的偏差。②测定的多为宏观动力学，因测定条件不同，传递的影响程度不同，进而会得出不同的表观活化能。实际上缩核模型等模型也是考虑不同传递模式后推导出的宏观动力学模型，若选择的模型与实际情况不符，也会造成拟合参数的偏差。由于宏观动力学受传递影响，而实际条件的传递过程与测定时又很难一致，因此宏观动力学的实用意义并不是很大。

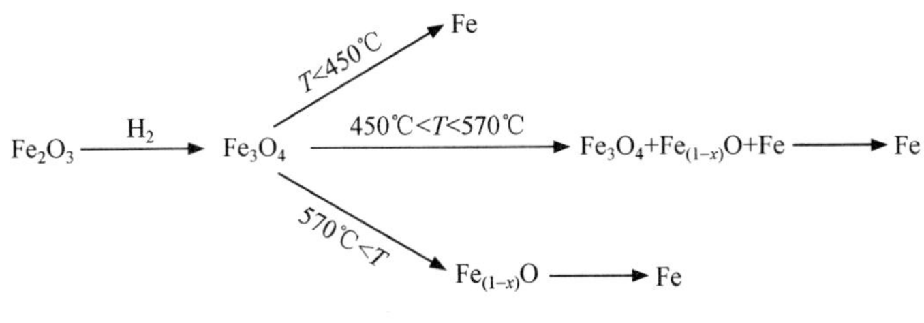

图 14.1　氧化铁的还原机制

由于实际生产中氧化铁的还原大多在 1000℃以上的高温下进行，让很多人误以为氧化铁还原本征动力学较慢，我们的研究表明，氧化铁还原本征动力学很快，测定本征动力学很不容易，主要难点在于：

（1）氧化铁还原速度很快，需要能够对反应进程进行快速的跟踪。实际测试结果表明，当反应过程为化学反应控制时，即使在 400℃，Fe_2O_3 还原至 Fe_3O_4 的过程也可在 1～2 min 内完成，这就须快速测定反应过程的变化。一般采用 TG/DSC、TPR 测定，但 TG/DSC、TPR 测定过程中，气体往往难以达到很高的线速度，致使外扩散难以消除。

（2）反应过程放热使样品温度升高，影响动力学数据。我们的研究表明，即使采用几十毫克 Fe_2O_3，若采用 100%的还原气体还原，反应过程样品实际温度也可高于炉温 100℃以上。图 14.2 是我们做的一个 TG/DSC 实验结果，可以看出在 Fe_2O_3 样品的质量为 15 mg，恒温段的温度为 550℃，还原气为 100%的一氧化碳，还原过程中样品温度升高到 680℃左右，在这种情况下如果仍按 550℃处理，必然会造成很大的误差，因此这也是文献报道动力学数据相差大的又一主要原因。

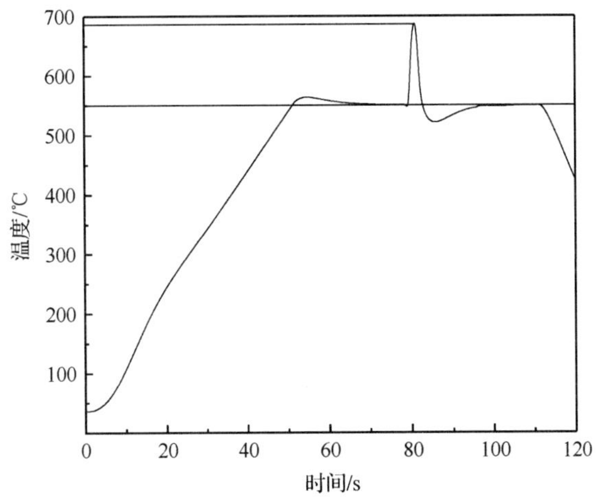

图 14.2　550℃、100% CO 还原 Fe_2O_3 时温度随时间的变化

(3) 内外扩散消除困难,TPR 及 TG 难以测定可靠的动力学参数。由于铁矿还原反应速度非常快,要求内外扩散速度也必须非常快,即扩散速度必须大于化学反应速度才能够测得可靠的化学动力学参数,这就要求还原气体的线速度很高才能实现铁矿的还原是由化学反应控制,而不是由扩散控制。国内外目前一般通过 TG/DSC,TPR(程序升温还原)来研究铁矿还原动力学,然而 TG 测定时反应气的气体速度较低,仅几厘米/分钟,难以消除外扩散,无法测定铁矿还原的本征动力学。TPR 最大的优点就是可以在较高的气体速度下进行研究,并且在升温的过程中实施的记录反应中还原气的消耗量,从而反映出一个气固非催化反应的反应机制和动力学参数,但是不能进行等温的还原测量。由于 Fe_2O_3 还原过程随温度不同会经历不同的历程,如图 14.2 所示,随着 TPR 加热速率的不同,Fe_2O_3 在 450～570℃之间的反应历程不同,并且在 TPR 的测定结果中,一个峰并不一定代表一个反应的发生,所以用 TPR 法来测定 Fe_2O_3 还原反应的动力学,难于区分反应历程和得到可到的反应动力学参数。

通过系统的研究,可采取以下措施来解决上述问题,获得 Fe_2O_3 还原反应的本征动力学参数,包括[168]:

(1) 采用在线质谱(MS)快速测量出口气体成分及浓度,实现对氧化铁还原速度的快速跟踪。特制了适合氧化铁还原的微分动力学测定装置,反应出口气体采用在线质谱测定其成分及浓度,由此推知反应气体的实时消耗量,计算氧化铁实时的转化率。

(2) 采用微分动力学装置及降低气体中还原气体的浓度,减小反应升温对动力学测定的干扰。采用的微分动力学测定装置是通过控制氧化铁的填充量及气体中的 H_2/CO 的浓度来控制气体单次通过时氧化铁的转化率,并以此来控制还原过程中样品的温升。图 14.3 是将 CO 浓度降至 30%时还原过程中样品温度的变化情况,从图中可知,还原过程中样品温升降至 610℃,明显低于 100%CO 还原时样品的温升(图 14.2),说明采取降低反应气体浓度的方法是有效的,进一步将还原气体浓度降至 10%以内可有效控制样品温升。

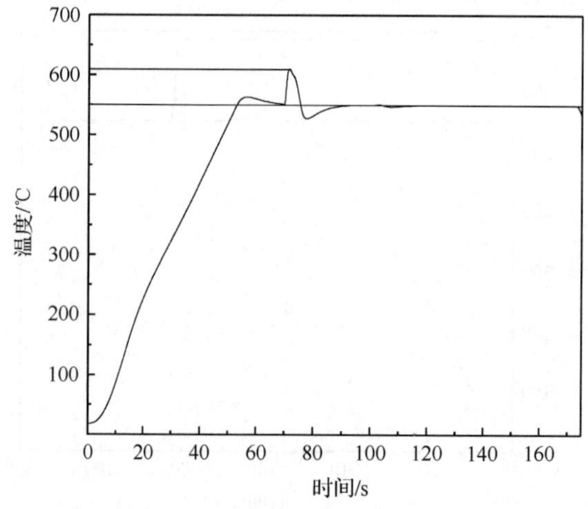

图 14.3　550℃、30%CO-70%N_2 还原氧化铁时温度随时间的变化

(3) 通过提高微分反应器中气体速度消除外扩散影响，通过降低颗粒粒径消除内扩散的影响。在本征动力学测定中一般通过提高气体速度消除外扩散影响，通过降低颗粒粒径消除内扩散的影响，为此，进行了操作气速对氧化铁还原速率影响的研究，如图 14.4 是获得的实验结果，由图可知只有当操作线速度超过 0.3 m/s 后才能够消除外扩散。同理也研究了颗粒粒径对氧化铁还原速率的影响，如图 14.5 所示，可见在其他条件相同时，随着颗粒粒径的减小，氧化铁的转化速率增加(图中以浓度差 ΔC 与还原度表示是为了与推导的模型相适应)，具体见参考文献[169]，可见只有当颗粒粒径小于 0.045 mm 后才能够消除内扩散。

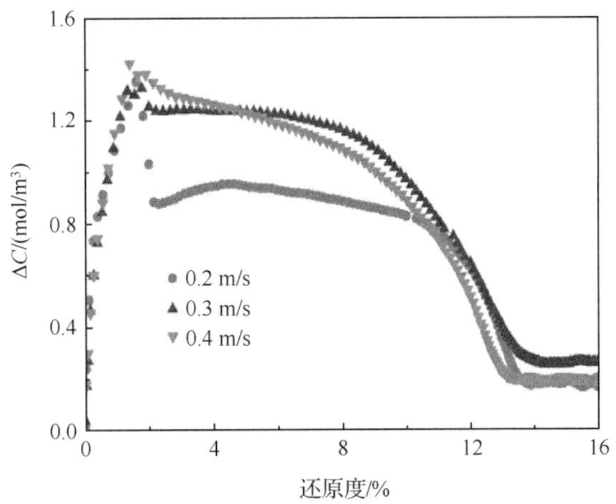

图 14.4　通过提高气速消除外扩散实验结果

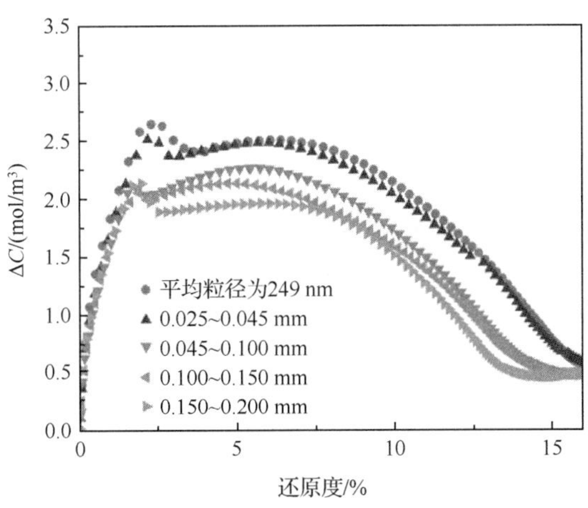

图 14.5　通过降低颗粒粒径消除内扩散实验结果

(4) 通过分析质谱信号发现可以很好地区分 Fe_3O_4、FeO 及金属铁的还原过程，为每步反应本征动力学的建立奠定了基础。如图 14.6 所示，当转化率达到 11%时(该转化率所代表的是氧化铁完全转化为四氧化三铁)，此时气体浓度正好对应一个峰的完成，这说明该反应可以与第二反应彼此完全分开。同样当转化率为 33%时，其氢气、一氧化碳和二氧化碳的浓度梯度发生了明显地改变(由于水蒸气在进入质谱前已经被去除),该转化率意味着四氧化三铁正好被完全还原为氧化亚铁。通过以上讨论,在该实验条件下氧化铁还原过程是严格地按照三步进行,并且可以彼此分离,这为后面动力学实验过程创造了有利的条件。

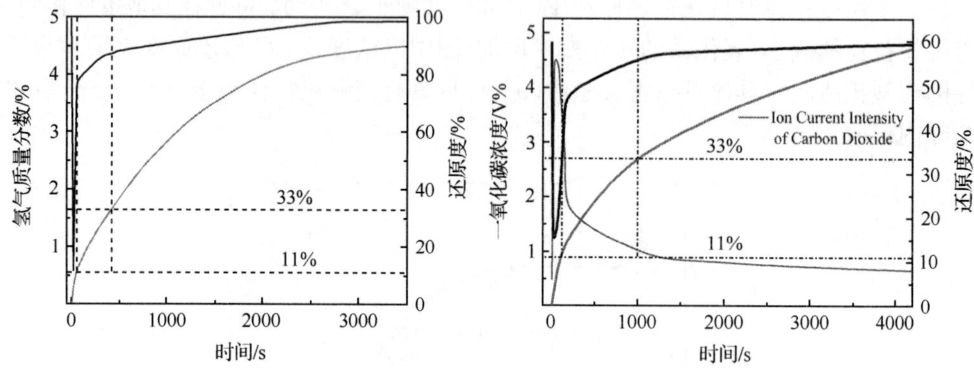

图 14.6　氢气(左)和一氧化碳(右)还原氧化铁过程浓度随时间的变化

上面的研究建立了氧化铁还原的本征动力学测定方法,为了更好地说明测定后数据处理,下面简要地介绍数据处理过程。氧化铁还原过程由以下反应式及动力学方程表示:

$$3Fe_2O_3 + H_2/CO = 2Fe_3O_4 + H_2O/CO_2$$

$$\frac{dn_h}{dt} = -3n_h S_h k_h \exp\left(-\frac{E_h}{RT}\right)\left(C_{H_2/CO} - \frac{C_{H_2O/CO_2}}{k_e^h}\right) \tag{14.1}$$

$$Fe_3O_4 + H_2/CO = 3FeO + H_2O/CO_2$$

$$\frac{dn_m}{dt} = n_m S_m k_m \exp\left(-\frac{E_m}{RT}\right)\left(C_{H_2/CO} - \frac{C_{H_2O/CO_2}}{k_e^m}\right) \tag{14.2}$$

$$FeO + H_2/CO = Fe + H_2O/CO_2$$

$$\frac{dn_w}{dt} = n_w S_w k_w \exp\left(-\frac{E_w}{RT}\right)\left(C_{H_2/CO} - \frac{C_{H_2O/CO_2}}{k_e^w}\right) \tag{14.3}$$

在上述方程中,n 表示反应物的摩尔数;S 表示单位摩尔固体反应物的表面积;k_e 为指前因子;上标或下标 h、m 和 w 分别表示氧化铁、四氧化三铁和氧化亚铁。在一定的温度下对方程(14.1)~方程(14.3)在两个时间点进行定积分可得如下方程:

$$\ln\frac{n_{h_2}}{n_{h_1}} = -3S_h k_h \exp\left(-\frac{E_h}{RT}\right)\left(C_{H_2/CO} - \frac{C_{H_2O/CO_2}}{k_e^h}\right)(t_2 - t_1) \tag{14.4}$$

$$\ln\frac{n_{m_2}}{n_{m_1}} = -S_m k_m \exp\left(-\frac{E_m}{RT}\right)\left(C_{H_2/CO} - \frac{C_{H_2O/CO_2}}{k_e^m}\right)(t_2 - t_1) \tag{14.5}$$

$$\ln\frac{n_{w_2}}{n_{w_1}} = -S_w k_w \exp\left(-\frac{E_w}{RT}\right)\left(C_{H_2/CO} - \frac{C_{H_2O/CO_2}}{k_e^w}\right)(t_2 - t_1) \tag{14.6}$$

在计算过程中往往将所得到的数据结果处理成还原度与时间的关系式,这样将上述方程表示为总体还原度的表达式如下:

$$\ln\frac{1-9\alpha_2}{1-9\alpha_1} = -3S_h k_h \exp\left(-\frac{E_h}{RT}\right)\left(C_{H_2/CO} - \frac{C_{H_2O/CO_2}}{k_e^h}\right)(t_2 - t_1) \tag{14.7}$$

$$\ln \frac{1-\left(\frac{1}{2}-\frac{9}{2}(1-\alpha_2)\right)}{1-\left(\frac{1}{2}-\frac{9}{2}(1-\alpha_1)\right)}=-S_\mathrm{m}k_\mathrm{m}\exp\left(-\frac{E_\mathrm{m}}{RT}\right)\left(C_{H_2/CO}-\frac{C_{H_2O/CO_2}}{k_\mathrm{e}^\mathrm{m}}\right)(t_2-t_1) \tag{14.8}$$

$$\ln \frac{1-\left(\frac{1}{2}-\frac{3}{2}(1-\alpha_2)\right)}{1-\left(\frac{1}{2}-\frac{3}{2}(1-\alpha_1)\right)}=-S_\mathrm{w}k_\mathrm{w}\exp\left(-\frac{E_\mathrm{w}}{RT}\right)\left(C_{H_2/CO}-\frac{C_{H_2O/CO_2}}{k_\mathrm{e}^\mathrm{w}}\right)(t_2-t_1) \tag{14.9}$$

上述方程中 S_h 的大小可以通过 BET 来测量，并与 S_m 和 S_w 存在一定的正比例函数关系。但是由于该函数关系式是一个中间变量，就目前的科学技术而言，很难准确地测量其比例值的大小。然而，如果可以对同一批物料连续地完成以上三个反应，并且将以上三个反应彼此分离，这样就可以将该值大小耦合到每一个速率方程的指前因子中。这样可以大大地简化其计算过程，以下的几章中将对此进行详细的讨论。

通过以上的讨论，在消除内外扩散的前提下，我们使用等温动力学的方法测量了氧化铁被氢气和一氧化碳还原的动力学参数。为了表达方便，公式(14.7)可以被整理如下：

$$\frac{\ln\frac{1-9\alpha_2}{1-9\alpha_1}}{\left(C_{H_2/CO}-\frac{C_{H_2O/CO_2}}{k_\mathrm{e}^\mathrm{h}}\right)(t_2-t_1)}=-3S_\mathrm{h}k_\mathrm{h}\exp\left(-\frac{E_\mathrm{h}}{RT}\right)=-3Kr_\mathrm{h}S_\mathrm{h} \tag{14.10}$$

式中，S_h 为氧化铁摩尔比表面积，在这里该值大小为 624 m^2/mol。另外，由于实验过程中所使用的反应器长径比较大，气体的流速相对比较高，因此其气相返混可以忽略不计，反应器中气体浓度可以近似地处理为出口与入口气体的平均浓度：

$$C_{H_2/CO}=\frac{C_{H_2/CO}^{in}+C_{H_2/CO}^{out}}{2} \tag{14.11}$$

如图 14.7 所示，在反应开始和结束时，其常数 $-3Kr_\mathrm{h}^{H_2}S_\mathrm{h}$ 随着还原度的变化有明显的变化。造成这种现象的主要原因是在反应开始时气体切换过程中有微量空气进入到反应器中，氧气与氢气反应使得反应开始时其值的大小有所变化。然而，在反应结束时，由于第二个反应即四氧化三铁还原为氧化亚铁反应的发生，导致了方程左端的值发生了改变。另外，如图 14.7 所示，这种改变幅度随着温度的升高有明显的提高，其原因为随着温度增加，四氧化三铁还原为氧化亚铁的速度增加。因此在求取反应速率常数时，必须取图 14.7中的直线部分。

根据图 14.7 可求出不同温度下的 Kr_h，再以 $\ln(Kr_\mathrm{h})$ 对 $1/T$ 作图就可求出反应活化能，通过数据处理得到了 Fe_2O_3 还原为 Fe_3O_4 的本征动力学方程如式(14.12)，同理可求得其他反应的本征动力学方程如式(14.13)～式(14.17)：

$$r_\mathrm{h}^{H_2}=4.6\times10^4 SC_\mathrm{h}\exp\left(-\frac{105.37\times10^3}{RT}\right)\left(C^{H_2}-\frac{C^{H_2O}}{ke_\mathrm{h}^{H_2}}\right) \tag{14.12}$$

$$r_\mathrm{h}^{CO}=1.5\times10^2 SC_\mathrm{h}\exp\left(-\frac{75.45\times10^3}{RT}\right)\left(C^{CO}-\frac{C^{CO_2}}{ke_\mathrm{h}^{CO}}\right) \tag{14.13}$$

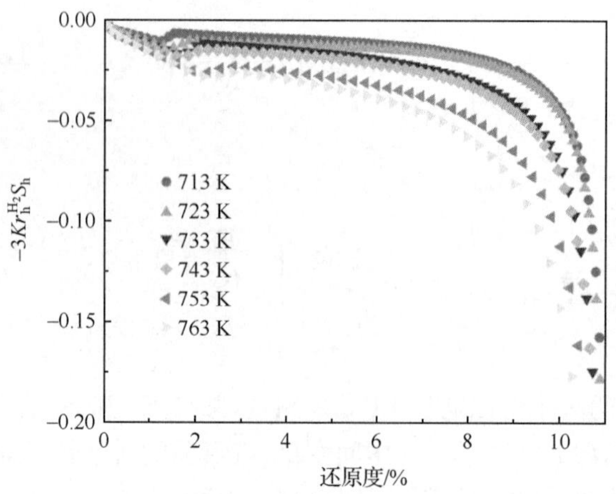

图 14.7　氢气还原 Fe_2O_3 至 Fe_3O_4 反应中 $-3Kr_h^{H_2}S_h$ 随温度的变化

$$r_m^{H_2} = 1.3 \times 10^5 SC_m \exp\left(-\frac{131.46 \times 10^3}{RT}\right)\left(C^{H_2} - \frac{C^{H_2O}}{ke_m^{H_2}}\right) \tag{14.14}$$

$$r_m^{CO} = 16SC_m \exp\left(-\frac{79.2 \times 10^3}{RT}\right)\left(C^{H_2} - \frac{C^{H_2O}}{ke_m^{H_2}}\right) \tag{14.15}$$

$$r_w^{H_2} = 9.5SC_w \exp\left(-\frac{75.95 \times 10^3}{RT}\right)\left(C^{H_2} - \frac{C^{H_2O}}{ke_w^{H_2}}\right) \tag{14.16}$$

$$r_w^{CO} = 5.3SC_w \exp\left(-\frac{92.3 \times 10^3}{RT}\right)\left(C^{CO} - \frac{C^{CO_2}}{ke_w^{CO}}\right) \tag{14.17}$$

根据上面建立的本征动力学方程，不难计算出氧化铁还原各阶段的化学反应速度，比如氢气还原 Fe_2O_3 至 Fe_3O_4（磁化焙烧）反应即使是在 600℃下也可在 1 min 之内完成，而 FeO 还原至金属铁的反应在 800℃下也可在 1 min 之内完成。而传统的竖炉及回转窑磁化焙烧通常在 800～900℃下反应几个小时，如果能够降低温度、缩短反应时间，将可大幅提高反应效率，降低反应能耗。

对于冶金过程的气固相反应，转化后高温固体的显热通常难以利用，因此反应温度越高，意味着高温固体带走的显热就越多，简单估算表明，单位固体带走的显热在 500℃时比 800℃低 40%左右，可见降低反应温度对节能的效果之大。因此，对于氧化铁还原，这类本征动力学很快的反应，有望通过过程强化，提高传递速率、大幅降低反应温度，从而实现大幅节能降耗。

14.2.2　流态化过程强化

与竖炉及回转窑相比，流化床可以获得更高的反应效率，这主要有两个原因。首先因为流化床可以使用较小的颗粒，竖炉为了保持透气性及颗粒从上往下顺利移动，只能使用大的颗粒，比如磁化焙烧用竖炉要求颗粒在 15～75 mm 间，而回转窑为了防止“结圈”也限制了粉体的粒径，比如磁化焙烧回转窑一般要求颗粒粒径在 3～25 mm 间。粒径的增大必然会增加内扩散阻力，降低总体反应速率。图 14.8 显示了根据模型模拟计算得到的粒径对氧化铁磁化焙烧反应时间影响，可见随着颗粒粒径的减小，磁化焙烧时间大幅缩短，磁化焙烧时间从 1.5 mm 颗粒时的 2 h 降低至 0.1 mm 的 10 min 左右，而且从图 14.8 的结果还可以看出相比于温度变化（如从 500℃升至 600℃），粒径的变化影响更大。流化床一般适合处理粒径在 0.1 mm 左右的颗粒，与竖炉及回转窑处理粗颗粒相比，总体反应速度至少提高 10 倍以上，因此可以说流化床是通过使用细粒级颗粒来降低内扩散阻力而强化总体反应的。另一方面，如果流化床不能使用细颗粒则上述优势将不复存在，比如为了防止还原过程中颗粒黏结而导致失流，FINMET、CirCofer、FINEX 等铁矿直接还原技术要求使用大于 0.1 mm（0.1～8 mm）的粗颗粒。采用粗颗粒虽可抑制还原过程中的失流，但会大大降低总体反应速度，对于 5～8 mm 的粗颗粒，流化床气相还原在总体反应速度上与竖炉还原相比优势不明显。因此，从提高反应效率及发挥流化床优势的角度来看，应该发展防止细粉直接还原过程失流的新技术，而通过增加粒径来防止失流则不应是发展方向。流化床比竖炉及回转窑效率高的另一个重要原因是气固接触效率更高，由于采用细粉，不仅气固接触良好，而且接触面积更大，这客观上提供了更多的反应场所，提高了反应效率。

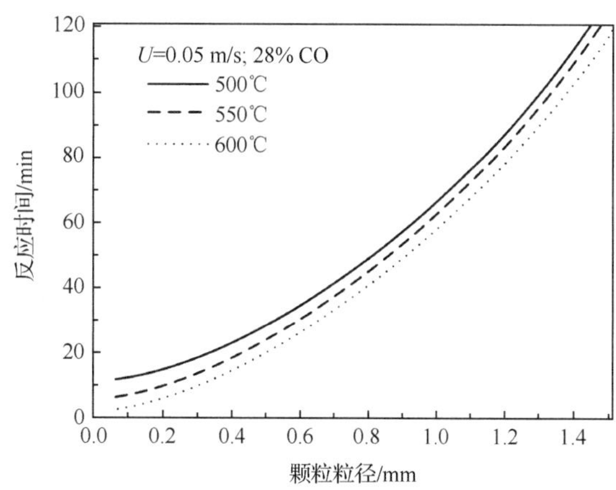

图 14.8　颗粒粒度对磁化焙烧反应时间的影响

尽管与竖炉及回转窑相比，流化床气固接触效率高很多，但流化床本身的气固接触效率仍有很大的提升空间，实际上流态化过程强化，将“聚式”流态化转化为“散式”流态化，一直是近些年国际流态化领域的前沿与热点。总体来说，气固流态化的效率在以下三方面还有很大的提升空间：

（1）消除及减小气泡尺寸。传统的气固流化床中很大一部分气体以气泡形式通过床层，降低了气体的利用率和反应效率，因此降低气泡尺寸甚至是消除气泡一直是气固流态化领域永恒的研究课题。20 世纪五六十年代国际上曾兴起研究气泡热潮，希望通过研究气泡形成与聚并规律，建立气泡模型来发现消除气泡的方法。此时，郭慕孙院士提出了无气泡气固接触理论，发展了稀相、浅床及快速床等无气泡气固接触状态，极大地丰富了流态化理论体系。当然每一种操作状态都有其适用范围，针对不同的实际应用，发展有针对性的减小气泡尺寸的方法依然需要不断地研究和发展。

（2）降低聚团尺寸。与化工流化床中多采用易流化的粉体不同（对于难流化的粉体通常通过造粒至合适的粒度来提高其流化性能)，冶金流化床处理的粉体多数情况下难以采用造粒等方法处理，粉体多具有粒径分布宽的特点，且部分属于超细粉体。流化过程中超细粉体容易自团聚形成大的聚团，而大聚团的形成也会增加内扩散阻力，降低反应效率。因此，对于含有超细粉矿粉，降低聚团尺寸也是流态化过程强化的重要方面。

(3) 消除沟流。冶金过程还会涉及处理超细粉体或者黏性粉体，比如在氧化铁直接还原过程中，随着金属铁的形成，颗粒之间的黏附力会逐渐增大，当达到一定金属化率时就可能因黏性力过大而形成沟流(气体从形成的沟道中流过，而粉体处于不流化状态)，流化状态难以维持，常称为“失流”。实际上失流是实际流化床操作过程面临的主要问题，如超细粉体流化、氯化钛白、铁矿直接还原等很多过程，都因为失流问题，或者对原料提出很高的要求，或者不得不牺牲反应效率。因此，发展能够强化消除沟流、避免失流的过程强化方法一直是人们致力于探索的目标。

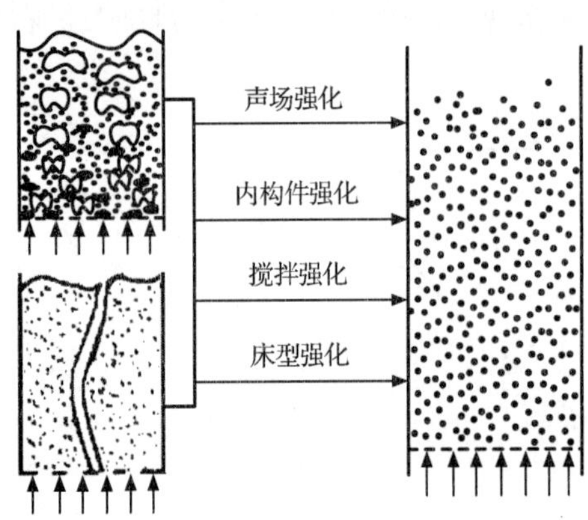

图 14.9　气固流态化过程强化方法

由于冶金转化流化床与化工中流化床的处理对象不同，针对化工应用发展的一些流态化过程强化方法，如磁场强化、造粒强化、颗粒混合强化等，不易在冶金中获得应用。笔者针对难选铁矿磁化焙烧、钛精矿还原焙烧、铁矿直接还原等冶金需求，尝试将声场、搅拌、床型和内构件强化(图 14.9)应用于上述过程，取得了一定进展。

针对平均粒径 0.239 μm 的超细氧化铁粉在普通流化床中难以流化的问题，尝试采用声场来消除沟流，破碎气泡和聚团，提高流化质量。结果发现，加入声场能够显著改善超细氧化铁粉的流化质量[170,171]，如图 14.10 所示，没有声场时，流化过程出现沟流，粉体无法实现流态化，在声波频率 130 Hz 下，随着声压级的增高，超细颗粒流化过程中的沟流得到了很好的抑制或消除，当声压级达到 120.5 db 时，超细氧化铁粉实现了平稳的流态化。研究还表明，声波频率及声压级都对超细粉体在流化过程中形成的聚团大小有显著的影响，图 14.11 是声压级对粉体初始流化速度的影响，粉体的初始流化速度随声压级的提高而降低。超细氧化铁粉在流化床中以聚团的形式流化，因此初始流化速度实际上反映聚团的大小，初始流化速度降低说明聚团尺寸降低。频率对流化床中聚团尺寸的影响与声压级不同，如图 14.12 所示，聚团大小随着声波频率的增大呈现先减小后增大的变化趋势，声波频率存在最优范围，对于本实验采用的超细氧化铁粉体，最优的声波频率为 130 Hz。

为了解决该超细氧化铁粉流态化制备超细还原铁粉过程的失流问题，探索了采用搅拌来消除沟流、破碎气泡和聚团[172,173]。结果表明搅拌也可显著改善超细氧化铁粉的流化质量。同时，考察了搅拌转速、桨形等对超细氧化铁粉流化质量的影响，图 14.13 为搅拌转速对床层压降波动的影响，可见在 30～180 r/min 的转速下，床层压降波动较小，粉体流化质量较好，而在高转速下(240～300 r/min)，床层压降波动变大，粉体流化质量又开始变差，显示搅拌流化床宜在低转速下操作。

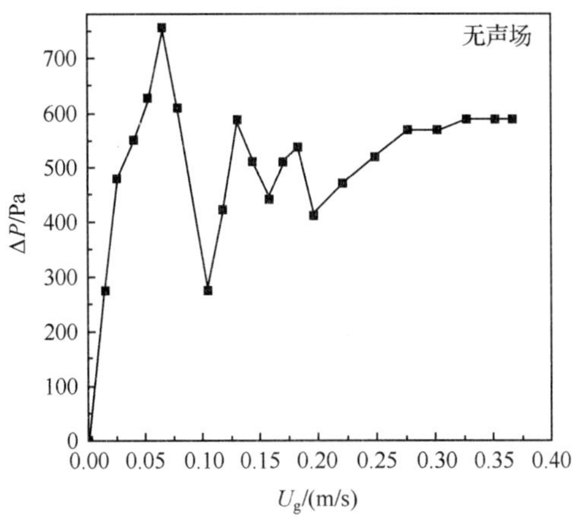

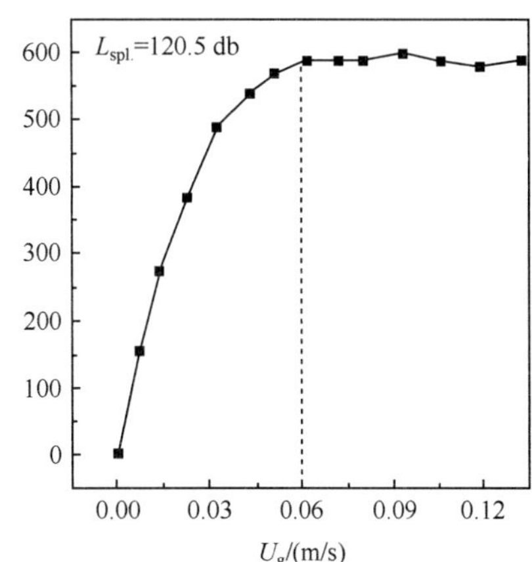

图 14.10　声场对超细氧化铁粉流化质量的影响

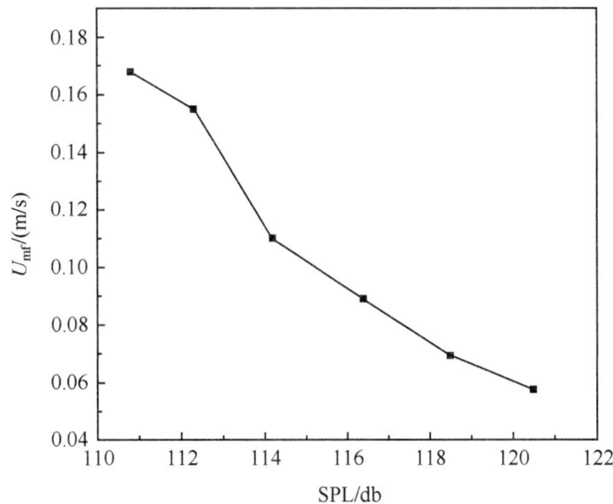

图 14.11　声压级对超细氧化铁粉初始流化气速的影响

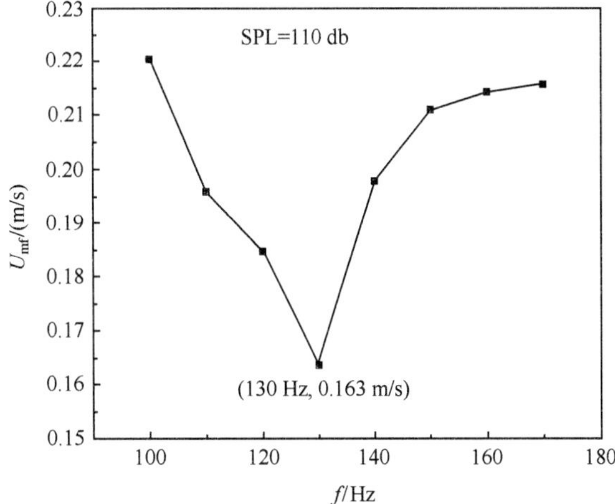

图 14.12　声波频率对初始流化气速的影响

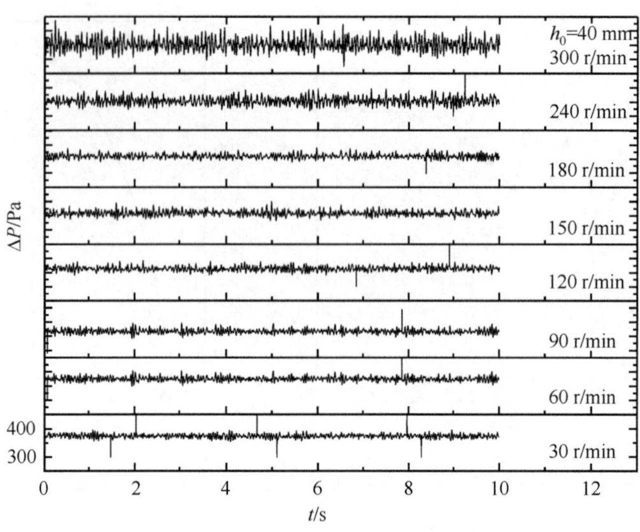

图 14.13　搅拌转速对床层压降波动的影响

图 14.14 显示了桨形对超细氧化铁粉流化质量的影响。设定搅拌转速为 60 r/min，考察了框式桨、普通三叶桨和带孔三叶桨的影响，结果表明使用带孔三叶桨比使用框式桨和普通三叶桨的床层压降均值要高，说明使用带孔三叶桨时床层流化更充分，主要是由于带孔三叶桨破碎聚团和气泡的作用强于框式桨和普通三叶桨，而压降标准偏差较小，表明带孔三叶桨有利于提高流化的稳定性，主要是因为桨叶上分布有均匀的小孔，增加了气体的流动通道，气体在床层内分布更均匀，同时桨叶上的小孔也有利于大气泡的破裂和抑制小气泡沿着桨叶边缘合并长大，降低床层压降波动的幅度和频率。总体看来，对于添加搅拌来改善超细氧化铁粉的流化质量，使用带孔三叶桨效果较好。

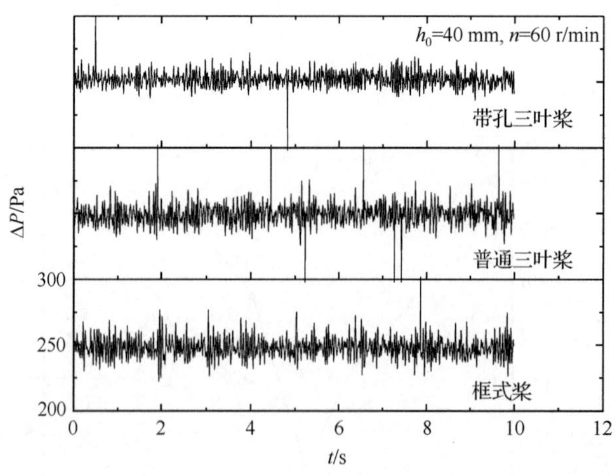

图 14.14　桨形对床层压降波动的影响

在 500℃时，以 50%H_2-50%Ar 为还原气体，研究了搅拌对超细氧化铁粉流态化直接还原过程失流的影响。如图 14.15 所示，在不加搅拌的情况下，床层很快出现失流，压降直线下降，失流时间仅为 3 min，反应时间超过 8 min 以后，床层压降维持在 30 Pa 左右，说明床层完全塌落，出现死床现象；在搅拌为 60 r/min 下，失流时间延长到约 15 min，表明虽然搅拌可减轻失流，但尚难以完全避免流化过程失流。研究还表明，还原过程流化时间随操作温度的升高而缩短，400℃下可流化 45 min，而 600℃下的流化时间缩短为 7 min。图 14.16 为普通流化床和搅拌流化床中金属化率随反应时间变化关系的对比，可以看出，产品的金属化率随还原时间的增加而提高，且搅拌流化床中产品的金属化率明显高于普通流化床。在反应前 15 min 内，随着反应的进行，二者金属化率的差值变大，主要是由于二者床层流化质量不同。由于还原过程中金属铁的不断增多，颗粒间黏附力增强，普通流化床中流化质量变差，并很快出现失流甚至死床；而在搅拌流化床中，由于搅拌的破碎作用，有效地抑制了流化质量的下降，床层维持流化的时间延长，在金属化率达到 80%左右才出现死床现象，因而反应速率远大于普通流化床，在反应时间 15 min 时二者的金属化率差值达到最大；此后搅拌流化床中也出现失流，反应速率降低，因而金属化率的增加变慢。

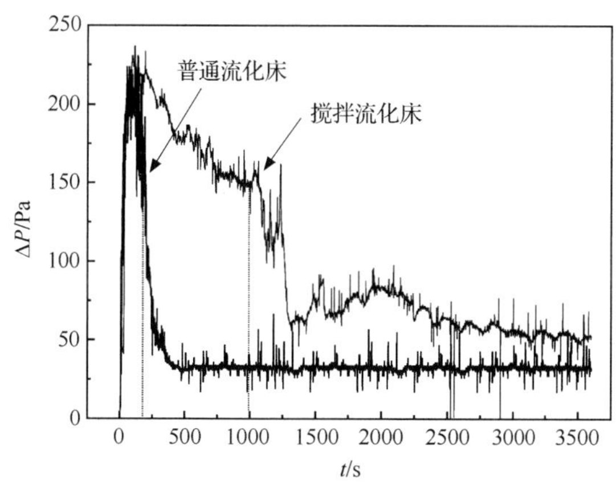

图 14.15　床层压降随反应时间的变化（$T=500℃$，$H_2:Ar=1:1$）

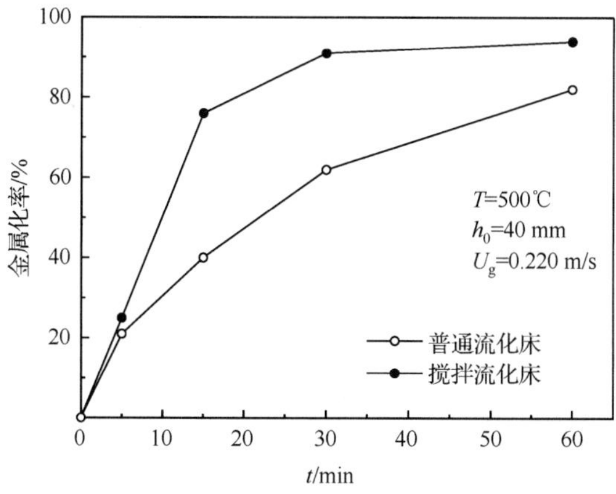

图 14.16　直接还原过程金属化率随流化时间的变化

图 14.17 为不同还原温度下失流时所达到的金属化率,可见随着还原温度的升高,失流金属化率下降,即使是在 400℃,失流时的金属化率也只能达到 81%。一般认为氧化铁在还原过程中的失流来源于还原中生成的金属铁,由于金属铁的黏性比铁的氧化物要大,更容易导致物料的黏结,从而导致失流的发生。使用氢气还原超细氧化铁粉时,随着反应时间的增加,生成的金属铁不断增多,物料的黏性增大,颗粒间容易黏结成聚团,进而形成大的结块。当金属铁在物料中所占比例(可用样品的金属化率来衡量)达到一定比例时,床层物料黏性足以形成大尺寸聚团或结块,从而导致黏结失流的发生。由于温度对颗粒间的黏附作用力有影响,温度越高,物料黏性越大,黏结失流趋势上升,因此在其他条件一致的情况下,温度越高,样品在金属化率较低时也会黏结失流,导致失流金属化率随温度升高而减小。当然,不同反应温度导致粉体烧结程度以及还原后样品表面形貌的不同,也会影响到相应的失流金属化率。

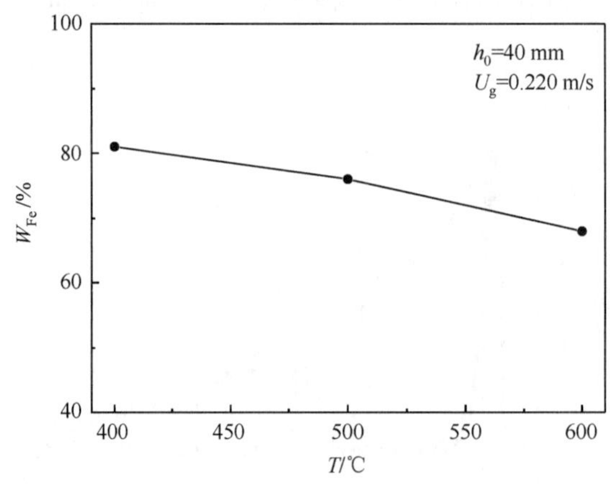

图 14.17　不同还原温度下失流时样品的金属化率

内构件对流态化过程也能起到显著的强化作用,内构件添加后可破碎气泡,降低气泡尺寸,并且内构件间的间距也对强化过程有影响[174],图 14.18 显示了内构件间距对床层压降信号波动情况的影响,可以看出随着挡板间距的减小,其压强的波动明显减小,这说明随着挡板间距的减小其气泡得到充分的破碎,流化变得更均匀。内构件的强化作用还表现在能够减少颗粒返混,调节颗粒停留时间分布方面。普通的鼓泡流化床可以被看成是全混流反应器,对于固体转化率要求很高的反应,普通的流化床会因为返混导致反应效率大幅降低。通过合理的内构件设计,可大幅降低颗粒返混,提高效率。

床型对气固流态化也有很大的影响,通过合理的床型设计也能够起到强化气固流态化的作用。超细粉体属于难流化的粉体,流化过程在低气速下通常会出现沟流,而在高气速下会以聚团形式实现流化,底部可能形成超过 5 mm 的聚团,而上部小聚团扬析严重。为了适应超细粉体这种宽聚团尺寸分布的特性,Venkatesh 等[175]采用锥形流化床处理 Ni/Al_2O_3 超细粉,发现采用锥形流化床后聚团尺寸降低至 1 mm。李洪钟等[176]在研究超细粉体循环流态化时,采用锥形料腿来解决采用普通流化床料腿难以返料的难题,实现了超细粉体从料腿向提升管的稳定返料。笔者在研究超细 Fe_2O_3 粉体流态化直接还原制备超细铁粉的过程中,通过床型设计发展了一种可防止还原过程失流的内循环射流流化

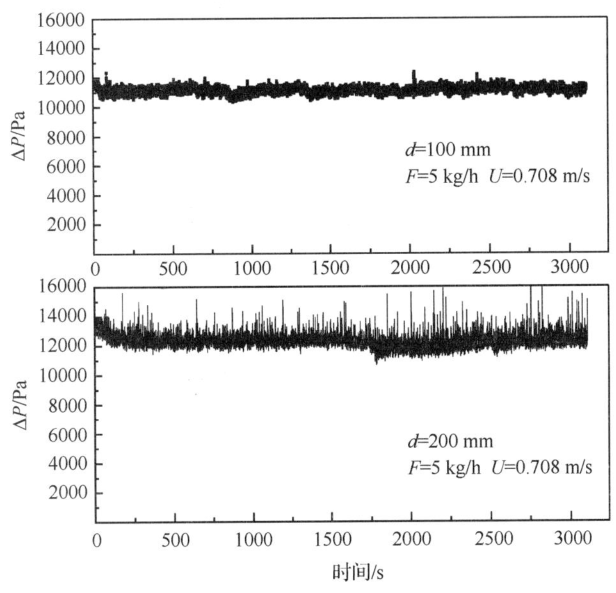

图 14.18　内构件间距对压力波动信号的影响

床，床体中心区是射流区，在此区域内，气体呈射流状态向上运动，可强化传质，破碎黏结聚团；床体环区处于密相状态，气体量较少，气体向上运动，固体颗粒（或聚团）向下运动。向上射流的颗粒（或聚团）与回落（或环区向中心区运动）的颗粒（或聚团）相互碰撞，可避免因聚团异常生长而引起失流。该床型在对莱芜钢铁公司提供的巴西、智利、华联 3 种铁精矿流态化直接还原过程中得到充分验证：氢气气氛、800℃下直接还原时，采用普通流化床同样条件下流化 4.5 min 即出现失流，失流时金属化率仅～43%；而采用内循环射流流化床直接还原 3 h 时，金属化率超过 95%以上都不会失流。

14.2.3　未反应气体利用

前面两节从微观（反应动力学）及反应器层次论述了流态化过程强化的原理，但仅从这两个层次出发尚不足以构建高效的冶金系统，还必须从系统层次综合考虑。系统优化集成是一门专门的学科，不在本节讨论范围之内，本节主要从反应尾气利用的角度来探讨流态化过程节能。

对于气固转化反应，动力学因素客观地决定了固体及气体的转化率不可能同时达到 100%。由于冶金过程通常为固相转化，所以一般系统尽量提高固相的转化率。在这种情况下，如果追求气体的高转化率，意味着在高气体转化率阶段的反应速率会很慢，通常来说很不经济。实际过程中，气体的转化率可能只有 50%～80%，因此转化尾气中 20%～50%的未反应气体的利用决定着整体的能耗，当然转化尾气显热的高效利用对过程节能也很重要。有不少反应由于化学平衡的限制，气体的单程利用率很低，比如 Fe_2O_3 还原为金属铁的反应，当化学平衡时，理论上单程气体转化率大致在 20%左右（随气氛及温度有较大的变化），对于这类反应，尾气的利用就显得更为重要。

笔者在研发钛精矿氧化还原焙烧及难选铁矿磁化焙烧技术时，将转化后的尾气燃烧以释放未反应气体的潜热，用燃烧产生的高温烟气预热粉体，既回收了转化尾气的显热与潜热，又通过粉体预热实现了反应供热。图 14.19 为笔者提出的难选铁矿流态化磁化焙烧工艺流程图[177]，还原气体经流化床 8 反应后，经旋风除尘器 6 除尘后，进入燃烧室 5 燃烧，燃烧产生的高温烟气依次经过三级旋风预热器 4、二级旋风预热器 3 及一级旋风预热器 2，与粉体逆流换热，粉体被加入到 500～650℃后进入流化床为磁化焙烧反应提供热量，燃烧烟气温度从～1000℃降至 200℃以下经布袋除尘器 14 除尘后排入大气。

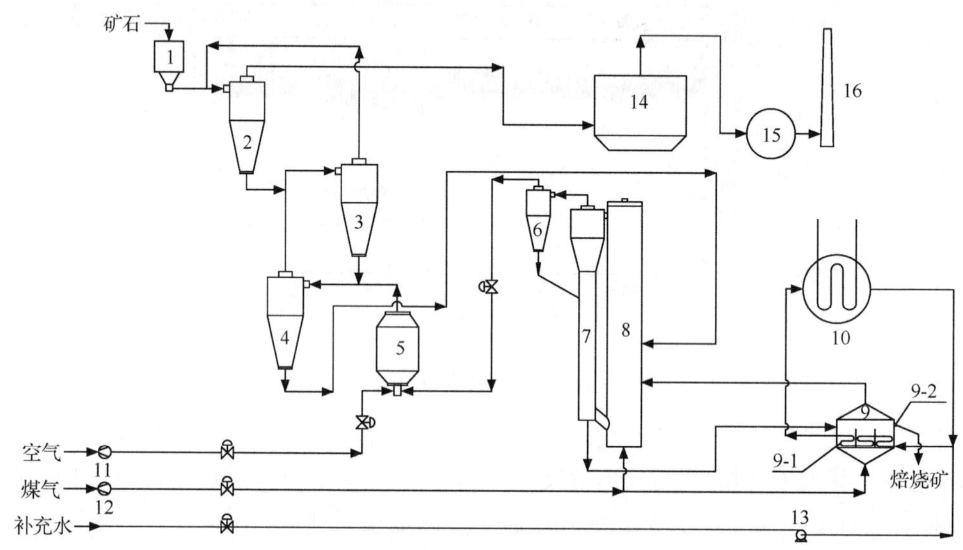

图 14.19 难选铁矿流态化磁化焙烧工艺流程图

14.2.4 固体显热利用

由于在高温下进行，转化后高温固体会带走很大一部分热量，根据转化温度不同，固体带走的热量可能超过投入系统能量的 50%，而这部分热量的利用对提高系统能效十分重要。回转窑及竖炉中，固体从入口至出口与气体逆向流动，可以回收一部分固体的显热。流化床反应器也可以设计成固体与气体逆流操作的多层流化床来回收固体热量、增加反应推动力。多层流化床对不少反应过程都是不错的选择，但用于低品位矿物处理可能不是最优选择，主要表现在：①多层床操作压降较高，而气体压缩耗能高，尤其是压缩至很高的压力，低品位矿物处理得到的产品附加值不高，采用高压操作可能会降低过程的经济性。②低品位矿物处理往往规模很大，单台可能需要 40 万～50 万吨才能够达到经济规模，而大尺寸多层流化床层板的设计与安装困难。

笔者在研发难选铁矿磁化焙烧技术时，提出旋风冷却器冷却焙烧矿的同时加热还原气体的固体显热回收方案，以进一步降低磁化焙烧能耗。图 14.20 为笔者提出的带固体热量回收的难选铁矿流态化磁化焙烧工艺流程图[178]，反应后的高温焙烧铁矿石粉由循环流化床的料腿 7-3 下部排出进入一级旋风冷却器 9 的进气口，与从二级旋风冷却器 8 出气口排出的煤气混合回收高温焙烧铁矿石粉的显热，在一级旋风冷却器 9 中冷却后，从一级旋风冷却器 9 下部的出料口排出，再进入二级旋风冷却器 8 的进气口，并与从煤气压缩机来的冷煤气一起进入二级旋风冷却器 8 中进行热交换，焙烧铁矿石粉被部分冷却，煤气被加热。

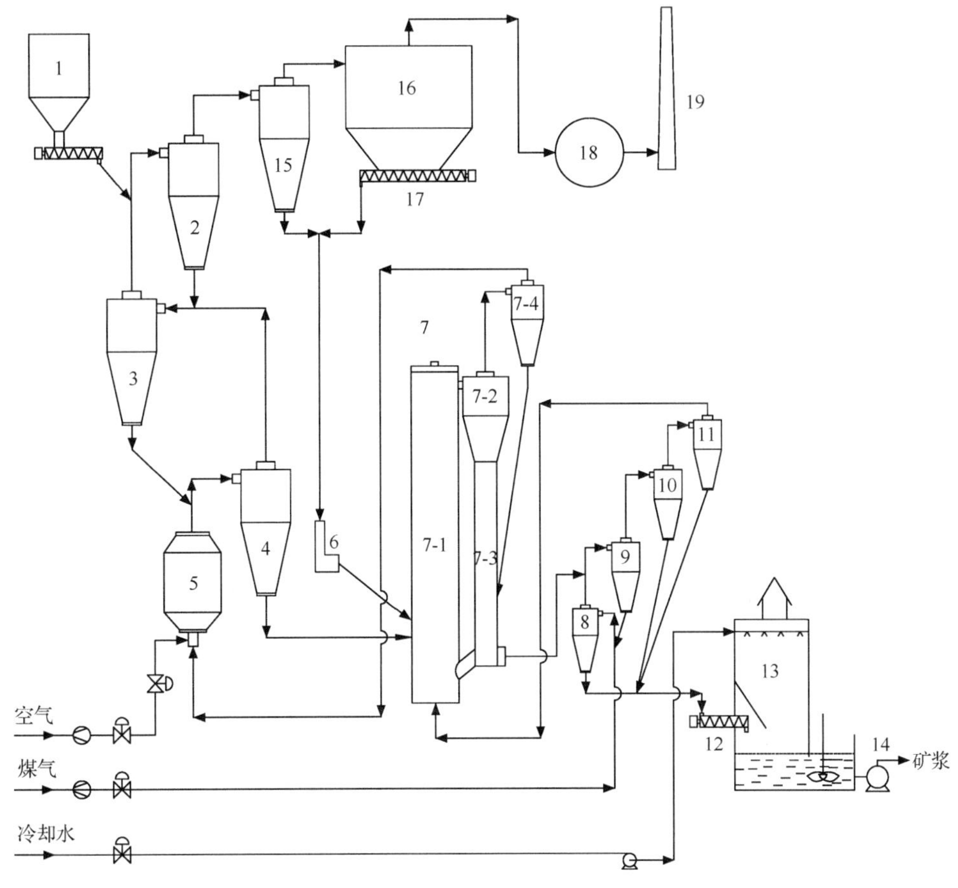

图 14.20　带固体热量回收的难选铁矿流态化磁化焙烧工艺流程图

14.3　攀西钛精矿流化床氧化还原焙烧过程节能

攀枝花地区的钒钛磁铁矿是典型的低品位复杂铁矿资源，其铁储量占全国的 12%[179]，钛储量占世界的 36%、中国的 90%[180]。攀枝花钛铁矿中钛铁紧密共生、品位低、钙镁含量高，只有先转化并提质分离钛铁得到高品位富钛料（人造金红石）和铁精矿，才有可能实现高效清洁利用。国外都是针对高品位钛精矿（钛铁矿）进行转化提质技术研发的，形成的技术无法用于品位低、钙镁含量高的攀枝花钛精矿。为了解决攀枝花钛精矿利用难题，20 世纪 70 年代原冶金部组织了全国力量对攀枝花钛精矿提质转化技术进行了联合攻关，重点研发了三条工艺路线。①还原-锈蚀工艺：由原长沙矿冶研究所牵头，联合贵阳铝镁设计院和株洲东风冶炼厂，经过近十年的研发于 1980 年在株洲建立了 2000t/a 的中试系统，结果表明还原-锈蚀法只适用于 TiO_2 品位大于 57% 的钛精矿[181]。②直接盐酸浸出工艺：由原成都工学院负责，联合攀枝花钢铁研究院、贵阳铝镁设计院和自贡东升冶炼厂，历时十年研发，于1981年在自贡建成了2000t/a的中试系统，结果表明对攀枝花钛精矿直接盐酸浸出虽可获得高品位、低钙镁的人造金红石，但产品中的细粉率（“粉化”）超过40%，无法满足后续工艺“粒状”人造金红石的要求[182,183]。③预氧化-盐酸浸出工艺：由原长沙矿冶研究所负责，联合重庆天原化工厂和原化工部第三设计院，经过近十年的研发于1987在重庆建成了5000t/a的中试系统，运行结果表明，产品的粉化率达到近30%[184-186]。“十五”期间由国家科技部组织、攀枝花钢铁研究院负责，联合北京有色金属研究总院、贵阳铝镁设计院和自贡东升冶炼厂，对预氧化-盐酸浸出技术进行了进一步的研发，于2003年建成了千吨级中试系统，成功地将“粉化”率降至14%[187]。这些研发表明，从攀枝花钛精矿制备人造金红石工艺面临浸出速度慢和浸出产品粉化两个主要难题。已有的研究表明，通过对钛精矿进行氧化-还原处理会强化后续浸出过程，并解决粉化问题。

为了解氧化还原对强化钛精矿浸出、防止浸出过程产品粉化的机理，笔者对攀枝花低品位钛精矿氧化及还原过程物相及结构演化规律进行了系统的研究，并进一步处理得到钛精矿对浸出过程影响规律进行了系统的研究，发现：①现攀枝花钛铁矿浸出过程“粉化”是由于氧化铁溶解后，氧化钛颗粒间因连接很弱被离散为细小颗粒造成的，导致产品粉化。②微观结构决定是否粉化，而通过调控形成三维金红石网络结构是防止粉化的关键。浸出过程氧化铁溶解后，有三维网络结构时金红石颗粒因该网络结构而紧密连接在一起，可有效防止粉化，得到了粒径保持不变的粒状产品，而无网络结构时金红石颗粒结合不紧密，产品出现部分粉化。但研究也同时发现，氧化形成的金红石网络结构会大幅降低浸出速度。③物相和微观结构共同决定浸出速度。还原过程产生的空隙可大幅提高浸出速度、强化浸出过程，但还原不当会破坏氧化形成的三维金红石网络结构，导致粉化。试验过程中发现了既可产生孔隙强化浸出、又可保持氧化形成的三维金红石网络结构的还原条件，如图14.21所示。图14.22是经处理的钛精矿在105℃下20%HCl中浸出速率图，可见经过氧化-还原焙烧后，钛精矿在1 h内铁的浸出率已超过95%，远远超过未处理钛

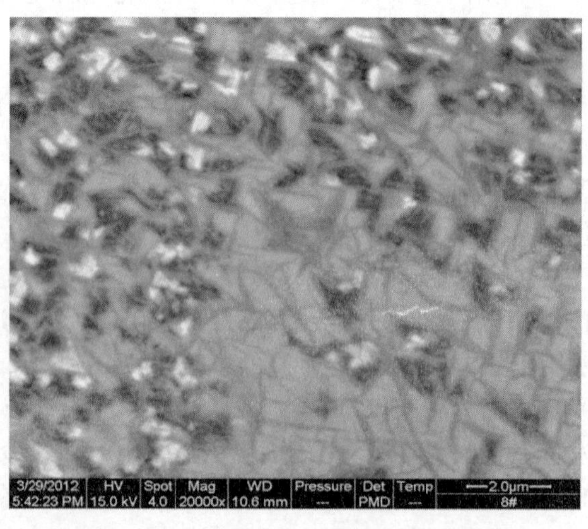

图14.21 氧化-还原后钛精矿微观形貌

精矿 6 h 80％的浸出速率，浸出过程得到大幅强化。在上述研究的基础上，建立了通过调控微观结构提高攀枝花低品位钛铁矿浸出速率及防治浸出粉化的新方法。

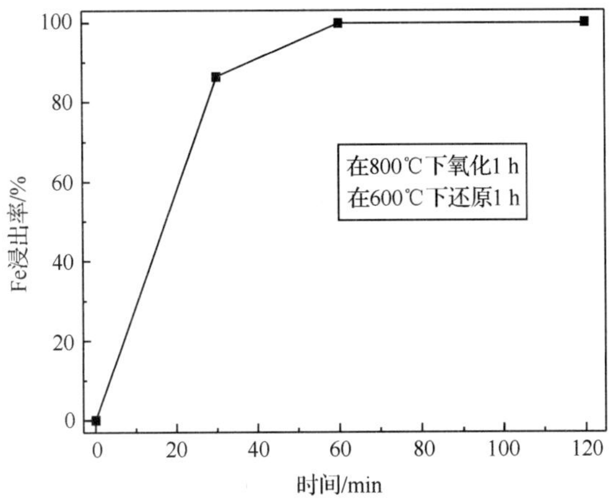

图 14.22　氧化-还原后钛精矿浸出速率

根据上述研究结果，进行了流程设计，得到了钛精矿流态化氧化-流态化还原新工艺[188]，如图 14.23 所示。在此基础上与攀钢集团公司合作历时四年多，自主设计和建造

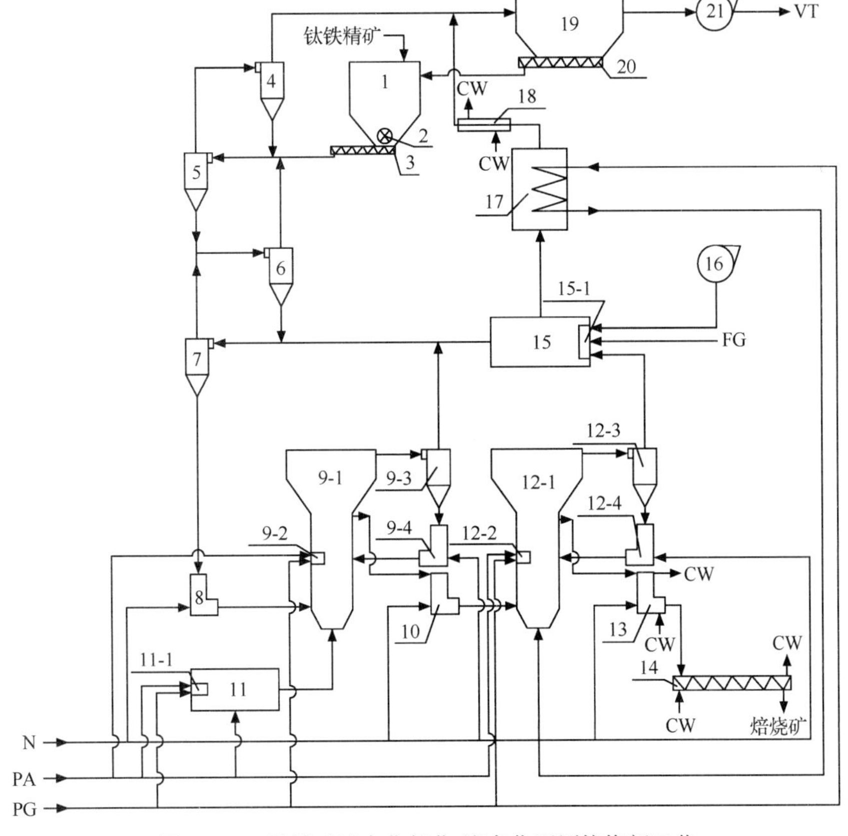

图 14.23　钛精矿流态化氧化-流态化还原焙烧新工艺

了万吨级钛铁矿流态化氧化-流态化还原示范工程，示范工程外景如图 14.24 所示，该示范工程从 2011 年 10 月起实现了连续稳定运行，运行结果表明，钛铁矿的氧化率和还原率都可超过 90%，浸出产品粒度与焙烧矿对比如图 14.25 所示，焙烧钛精矿浸出产品粉化率<1%，在万吨级系统上验证了发展的强化浸出、防止粉化新方法。

图 14.24　万吨级钛铁矿流态化氧化-流态化还原焙烧示范工程

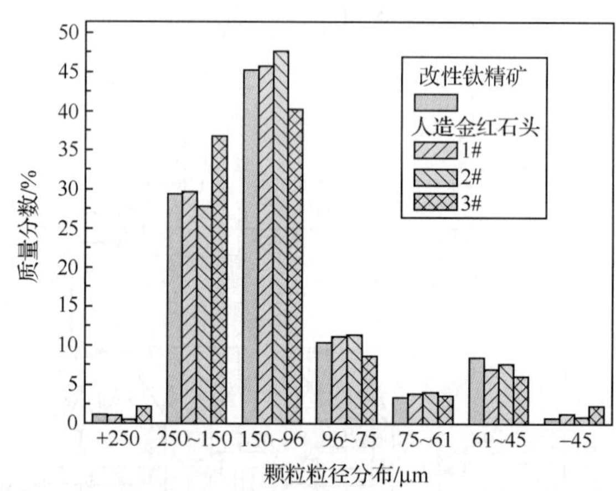

图 14.25　万吨级系统生产的人造金红石产品与浸出原料粒度对比

14.4　复杂难选铁矿流化床磁化焙烧过程节能

2012 年我国粗钢产量达 7.2 亿吨，国内铁矿石已远不能满足需要，仅 2012 年进口铁矿石量就达 7.4 亿吨[189]。我国对国外铁矿石的依存度已连续 8 年超过 50%，对国外铁矿石的过度依赖使我国钢铁工业蒙受了巨大损失。铁矿石资源短缺已成为严重制约我国钢铁工业和国民经济可持续发展的重大瓶颈，突破此瓶颈的根本在于增加国内的自给能力，其核心是利用当前尚无法有效利用的大量复杂难选铁矿石资源。

我国铁矿资源探明储量 700 多亿吨，居世界第五位[190]，但 97.5％为贫铁矿，其中近 40％为复杂难选铁矿石资源[191,192]。长期实践表明，包括褐铁矿、菱铁矿、沉积型赤铁矿等在内的复杂难选铁矿，由于原矿品位低、矿物嵌布粒度微细、铁矿物成分复杂并且与脉石矿物共生关系复杂，即使采用重选、强磁选、浮选相联合的复杂选矿工艺，也难以实现铁氧化物与脉石相的有效分选，不仅难以得到高品质的铁精矿，而且还会产生占原矿质量分数为 15％～45％、含铁 30％左右的尾矿，造成极大资源浪费。如果不能通过技术创新实现这些复杂难选铁矿石的有效分选，我国的大量复杂难选铁矿将成为“呆矿”。对这些复杂难选铁矿石资源，可通过磁化焙烧，即通过化学反应将其中弱磁性的铁氧化物转化成为强磁性的 Fe_3O_4（磁化焙烧），再继以磁选可实现复杂难选铁矿石的高效分选。磁化焙烧反应原理较为简单，但如何在工业规模上实现磁化焙烧反应一直是人们研发的目标。传统工业采用竖炉（移动床）进行磁化焙烧，因铁资源回收率低、成本高已逐渐被淘汰，因此发展更为高效的磁化焙烧技术是其大规模应用的关键。流化床磁化焙烧具有气固接触效率高、适于大型化等优点，已成为当前矿冶领域的研发热点。

流态化磁化焙烧的发展经历了两个阶段，第一阶段始于 20 世纪五六十年代，随着流态化技术的兴起，国外出现了难选铁矿流态化磁化焙烧研发的热潮，但后来因大量高品位铁矿石资源的发现而停止了研发，这期间出现一些采用流态化技术进行铁矿石磁化焙烧的研究，并相继申请了一些专利。英国专利 1008938 设计了一种磁化焙烧工艺流程，共采用了 4 个流化床反应器完成整个过程，因此流程过于复杂，不利于系统经济性。加拿大专利 CA729558 也是采用了多个流化床组合完成磁化焙烧。美国专利 5595347 涉及从磁选、焙烧到冷却的整个流程，并不涉及流化床结构，且焙烧温度较高，在 650～900℃间。这些专利中多个流化床组合方案的缺点明显，并不可取；焙烧温度高于 650℃时，容易出现流化困难，影响系统顺行，也应尽量避免。随着国外大量高品位易选铁矿石资源的发现，磁化焙烧技术在国外基本失去生存空间，从 20 世纪六七十年代后在国外基本处于停顿状态，鲜有研发报道。我国的流态化磁化焙烧研究始于 1958 年，由中国科学院化工冶金研究所（现中国科学院过程工程研究所）建立了国内第一个流态化研究室，专门从事难选铁矿流态化磁化焙烧研究，在实验室小试及连续扩大实验研究基础上，于 1966 年在马鞍山建立了每天 100t 的流态化磁化焙烧中试工厂，但是该中试系统因为“文革”只运行了 3～4 个月，在技术未能得到充分验证的情况下，项目就下马了。从 2003 年开始，因铁矿价格飞涨，磁化焙烧技术又重新受到人们的重视，流态化磁化焙烧被认为是最佳技术方案，国内又有很多高校和科研院所开始从事这方面研发工作。

过去几年笔者领导的团队在原有 3 万吨流态化磁化焙烧研发的基础上，在“973”计划、国家科技支撑计划、国家自然科学基金重点项目、中国科学院支撑服务国家战略性新兴产业等项目的支持下，对难选铁矿磁化焙烧又进行了系统的研究，并着力发展成套技术，并在以下几方面取得显著进展：

（1）流化床反应器放大规律。发展了包含气泡及聚团影响的曳力、传质及传热系数新模型，模拟计算表明，新模型比传统模型具有更好的模拟精度。将建立的本征动力学方程与上述包含结构影响的传递模型相结合，建立了传递-反应耦合新模型。模型计算与实验结果吻合很好，且比传统模型能更好地预测实际流化床中氧化铁的还原过程。采用建立的传递-反应耦合模型研究了低品位复杂铁矿的还原过程，发现与传统认为铁矿还原过程为反应控制不同，氧化铁还原是严格的扩散控制过程，降低粒径、提高操作气速可大幅提高还原速率。

（2）发展了工业规模的粉矿预热技术。流态化矿物磁化焙烧在高温下进行，总体为吸热过程，为了在大规模上实现快速供热，结合近年来水泥工业的粉矿预热实践和矿物焙烧的特点，选择多级旋风预热作为粉矿预热方式，建立了粉矿旋风预热设计方法。

（3）建立了气动加料/出料技术。流态化焙烧进料、出料涉及高温粉体，普通的机械阀门难以适应，螺旋加(排)料器不仅需要水冷，而且难以隔绝气氛。针对流态化焙烧进出料耐高温、隔绝气氛的要求，发展了气动移动床/流化床加料及排料技术，建立了料腿负压差孔口排料与出口浓相流化排料的数学模型。用于万吨级钛精矿流态化氧化焙烧-流态化还原焙烧工程示范结果表明，该加料/排料技术不仅可以隔绝气氛(只让物料通过、气体不在两个流化床间互窜)，而且还可以实现从低压的料仓向高压的流化床底部加料。

（4）建立了焙烧矿流态化冷却技术。由于还原焙烧矿极易再被氧化，需要在隔绝空气的状态下冷却至低温(100℃左右)，为此申请人专门设计了带水冷夹套及内换热管的流化床焙烧矿冷却器。

（5）发展了低热值反应尾气稳定燃烧技术。流化床还原焙烧出口气体中尚含有一定浓度未反应气体，如果这部分气体潜热得不到利用，必然造成能源的浪费，但由于焙烧尾气热值低、燃烧不稳定，燃烧过程极易熄火。为解决此问题，发展了低热值尾气燃烧烧嘴，在烧嘴中设计一个未反应高热值煤气通道，通过高热值煤气的稳定燃烧，避免了低热值尾气燃烧过程熄火，此种结构减弱了尾气组成和流量的变化对稳定燃烧的冲击，实现了低热值反应尾气的稳定燃烧。

根据上述研究结果，进行了流程设计，提出了如图 14.18 及图 14.19 高效磁化焙烧新流程。并以此为基础，与云南曲靖越钢控股集团有限公司合作，开展了 10 万吨级难选铁矿流态化磁化焙烧工程示范工作，历时五年多完成了国内外首套 10 万吨低品位复杂铁矿流态化磁化焙烧产业化示范工程(图 14.26)的设计、建设、调试与运行，从 2012 年 12 月开始已实现了连续稳定运行，运行结果表明：①磁化焙烧反应可在 450～500℃下高效地实现，反应温度比传统竖炉降低 300℃以上，处理每吨原矿仅耗高炉煤气 250 Nm^3，折合成标准煤仅 30 kgce/h，即使是考虑煤气制备效率 80％，磁化焙烧热耗也仅 37 kgce/t，与传统的竖炉相比焙烧每吨原矿可节能 20％；②可将云南东川包子铺褐铁矿的铁品位从 35％提高到 57％以上，尾矿品位降至 8％以下，铁回收率超过 90％。由于铁回收率比传统的竖炉要高 15％以上，折算成每吨精矿，则笔者新发展的流态化磁化焙烧技术每吨铁精矿的焙烧能耗与传统竖炉技术相比下降 40％以上。由于铁精矿附加值不高，成本高一直是磁化焙烧技术大规模工业应用的最主要障碍之一，笔者新发展的高效流态化磁化焙烧技术在节能与成本降低方面已显示了很好的前景，进一步完善后可望推动难选铁矿磁化焙烧技术的推广应用。

图 14.26　10 万吨低品位复杂铁矿流态化磁化焙烧产业化示范工程

第 15 章　炼油分离填料、设备及过程节能

近年来，为提高综合竞争能力，世界许多大型石油石化公司提出了降低能耗 9%～20%的计划目标，并把节能作为公司发展战略的重要内容[193]。目前，我国工业能耗约占全国能耗的 70%以上，炼油化工是高能耗高污染排放的产业，在降低能耗、实现国家节能减排目标过程中担当着重要角色。随着先进设备和先进技术以及装置大型化的应用，我国主要炼油生产装置能耗逐年降低，但与国外水平仍有一定的差距，存在较大的节能潜力和经济效益。

目前看来，我国的炼油工业可从以下几个方面入手进行节能：

(1) 优化能量供需，不仅要考虑能量在数量上的守恒，还要考虑能量在质量上的转换、传递及利用过程中的变化，进行能量平衡测试和平衡分析。能量优化要通过用能分析，找出节能潜力，在不改动设备和机器的前提下做到节能。这种节能过程，要打破单元之间、工艺装置与公用工程之间，甚至工厂与工厂之间的局部界限，在全局范围内通过联合优化匹配、按需产能、梯级用能使能位逐级多次利用，实现总体优化的节能效益。夹点技术等先进的节能理念和方法在工艺设计中的广泛应用，取得了投资少、节能效益好的效果[194]。

(2) 低温余热回收，在炼油生产过程中消耗的能量除一部分转入产品之中外，绝大部分高品位能量变成低品位能量，并以各种形式排放至环境而损失掉，对该部分能量的回收是深入节能的重要领域。

(3) 优化工艺与操作，选用先进的节能工艺是过程高效用能的内在因素，也是从工艺环节出发，降低工艺总能耗的首要措施。减压蒸馏装置的深拔工艺日益受到国内外炼油工作者的关注。

(4) 装置大型化，蒸馏过程通过关键设备大型化实现规模效应，可以提高设备效率，减少废物排放，并减少操作人员，从而降低设备投资和过程能耗。

为了有效地降低成本，许多企业都应用了近年来迅速发展的节能新技术，因此我们必须尽快适应形势的发展。要改变目前的状况，使节能降耗工作有质的飞跃，必须在加强科学管理的同时应用国内外现有的、成熟的新工艺、新技术、新材料、新设备进行节能技术改造。本章我们将从以上几个方面来阐述炼油工业中的节能效果。

15.1　炼油梯级蒸馏

炼油的常减压蒸馏装置的加工能力标志着炼油厂的规模，加工能力越大说明炼油厂的规模越大，炼油厂逐步向大型化发展。原油常减压蒸馏流程工艺成熟、改造优化空间小。生产中所存在的主要问题是原油加工能耗高，经过理论分析可知，其中的重要原因是蒸馏过程中不可逆加热及冷却，需要将原油加热至高温汽化，然后在不同温度下低温冷凝获得目的产品。若将原油加热至接近冷凝的温度下进行汽化，就可以有效降低加热及冷

却的不可逆性，实现节能的目的。

常减压蒸馏是原油的初加工过程，它是将原油进行加热，使其全部或部分汽化，再将生成的汽化物按照不同的沸点温度，分段进行冷凝和冷却，得到不同要求的各种产品。尽管常减压蒸馏过程已经研究发展了一百多年，其已成为一个比较成熟的工艺，但蒸馏过程的不可逆加热及冷却使得生产中原油加工能耗很高。

为降低炼油常减压蒸馏过程中的能耗，可以采用梯级蒸馏的概念，有效降低蒸馏过程中加热及冷却的不可逆性，从而达到节能的目的。炼油梯级蒸馏节能工艺包含两个方面的内容：梯级加热和梯级减压。采用梯级加热同时增加相关设备方法对原油进行汽化，及时将汽化后的物料分离，减少过程不可逆性；将轻组分拔出后，剩余的物料可以在更低的压力下实现汽化，塔顶组分也能被冷凝下来，从而降低原料加热温度，减轻加热炉负荷，提高系统的处理能力。

本节将以常减压蒸馏常规三塔优化流程为基准，比较梯级蒸馏四塔流程及五塔流程，详细说明梯级蒸馏工艺技术的节能效果。

15.1.1　炼油常减压蒸馏常规三塔优化流程

炼油常减压蒸馏常规三塔流程描述如下：原油经换热网络升温后进入初馏塔进行初蒸馏，产品为初顶油气，塔底物料经换热网络升温后再进入常压炉加热到一定温度后进入常压塔继续蒸馏。常压塔产出的产品有常顶油气和四个侧线采出，常一线、常二线以及常三线分布通过汽提塔获得产品。常压塔底物料经减压炉升温后进入减压塔进行蒸馏。减压塔产出产品由减顶油气和五个测线采出，塔底产品为减底渣油。

1. 取热比

现有的常减压蒸馏常规三塔优化流程在保证各侧线产品的基础上通过调节各个中段循环回流系统的热负荷，对全塔热负荷进行调整，适当增加高温位的中段回流量。通过模拟计算得到各塔的顶循环回流取热比和各中段循环回流取热比见表 15.1。从表中可以看出，常压塔的中段循环取热比由 48.1%增加到 49.6%，有利于高温位热量的取出从而使得塔负荷能均匀分布，而减压塔的中段循环取热比由 95%下降到 77.3%，目的是为了保证减顶线柴油的质量符合工艺控制指标，增加塔内回流，导致减压塔顶循环量的增加，为优化换热网络提供条件。

2. 换热网络的优化设计

原油常规三塔工艺为初馏-常压-减压流程，将针对 3.5 Mt/a 加工量下的流程进行原油换热网络设计。本书中流程换热网络的优化设计应用了催化装置催化油浆的一部分热量，在进行换热网络设计时，设定各个产品的目标温度分别为汽油 40℃，煤油 50℃，柴油 60℃，蜡油 80℃，榨油 90℃。进行具体的换热流程之前，需进行换热网络夹点技术分析，确定换热网络的设计目标。在采用夹点技术的基础上，对热量回收率、公用工程用量与换热终温及设备投资、操作费用等方面给予优化，通过对多种方案的经济技术分析，从而得到最优化的换热网络设计方案。

表 15.1 常减压蒸馏常规三塔各塔取热比较

循环回流	取热	现场工况		常规三塔优化流程	
		常压塔	减压塔	常压塔	减压塔
顶循环	取热量/MW	14.1	4.09	13.0	4.70
	取热比/%	51.9	5.00	50.4	22.7
一中	取热量/MW	2.61	1.53	2.00	2.00
	取热比/%	19.2	7.40	7.80	9.70
二中	取热量/MW	9.59	5.08	3.80	4.00
	取热比/%	28.9	23.3	14.7	19.3
三中	取热量/MW	—	5.97	7.00	10.0
	取热比/%	—	64.4	27.1	48.3
中段循环	取热比/%	48.1	95.0	49.6	77.3

1）换热网络设计方案

设定网络最小传热温差为 20℃，通过换热网络设计分析，常规三塔优化流程采取 4-4-3 的三段换热流程，具体如下：第一段脱前原油四路换热，将脱前原油从 25℃ 加热到 150℃，总原油量均分为四股；第二段脱后原油四路换热，将脱后原油从 135℃ 加热到 235℃，总原油量均分为四股；第三段闪底油三路换热，将初底原油从 229℃加热到 315℃，总原油量均分为三股。具体流程图见图 15.1、图 15.2 及图 15.3。三段原油通过换热能达到规定的工艺目标温度，且在初馏塔和常压塔的进口压力条件下，有足够的气化率保证各塔的正常平稳操作。

在此方案中，初底原油的换热终温为 315℃，低于夹点分析的理论最高换热终温 320.6℃，网络回收的热量为 7828×10^4 kcal/h，也低于夹点分析理论最大可回收能量 8070×10^4 kcal/h。其主要原因是由于选取的各换热器换热温差较大，夹点附近的最小传热温差均高于 20℃。从工程实际的角度看，采取能量松弛的措施，允许部分距离夹点热负荷小的流股跨越夹点进行换热，在尽量保持最大能量回收网络的基础上，有效地减少换热设备数量，从而减少投资费用。

2）低温余热回收利用情况

将整个常减压蒸馏流程系统作为一个整体，从模拟结果中提取参与换热的冷热物流参数作为夹点分析的流股。常规三塔优化流程中有 20 股热物流、3 股冷物流参与换热，初始温度、目标温度及流量见表 15.2。

低温余热利用可以从以下四个方面进行统计：①常减压三塔蒸馏流程只考虑满足流程自身所需的汽提蒸汽量，多余的热量以热出料形式排放；梯级四塔、五塔流程发生的蒸汽量无法满足自身所需的汽提蒸汽量，高于 165℃ 的流股用于发生 0.3 MPa 的蒸汽。②低于 210℃的蜡油和渣油产品采用热出料形式回收多余的热量。③高于 120℃的煤油、柴油产品先通过加热除盐水的方式回收低温热，回收后温度为 90℃。④低于 120℃的汽油、煤油、柴油以及回收低温热后的煤油和柴油产品由于温位太低，很难回收。可将这部分流股通过空冷至 70℃后，再使用循环水冷却到目标温度。

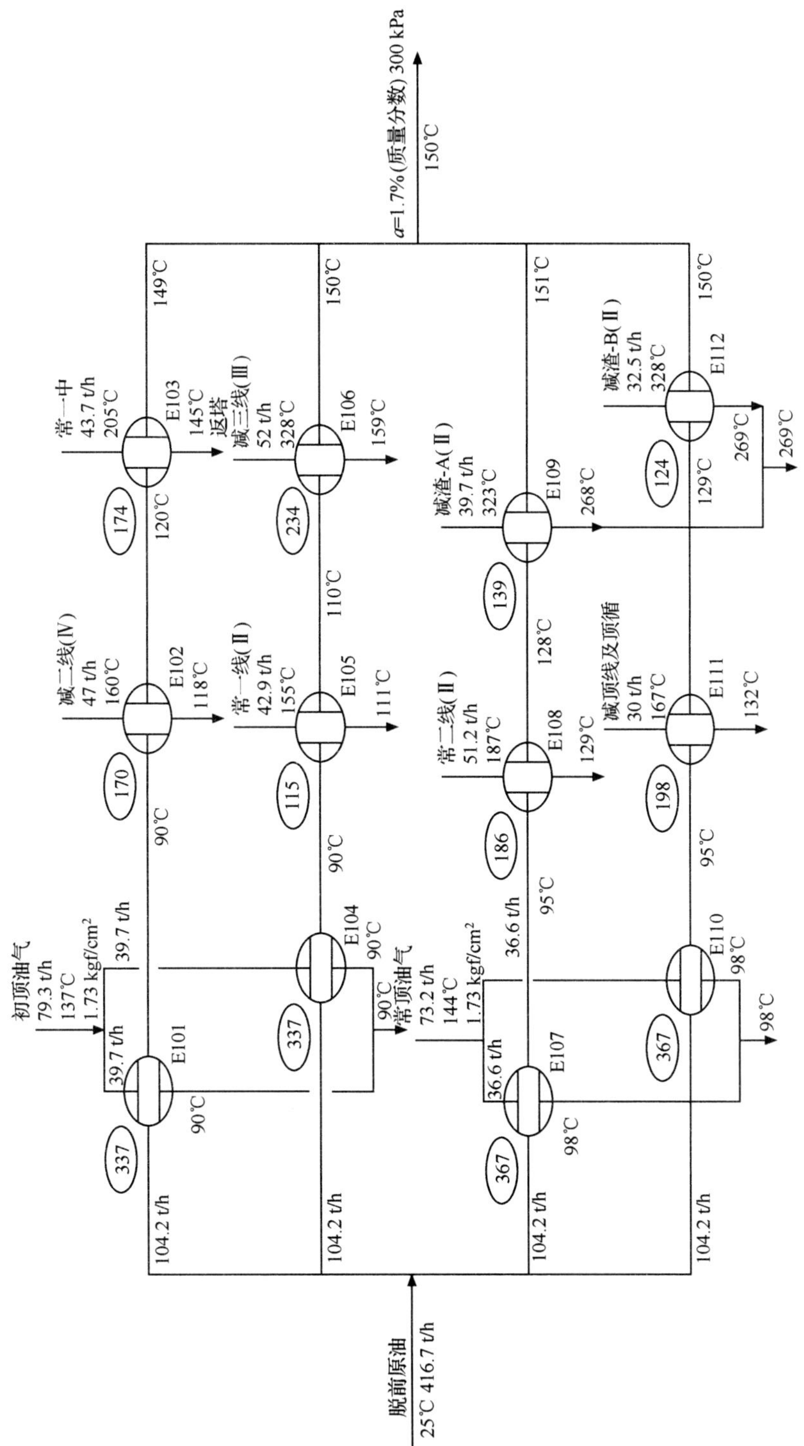

图 15.1　第一段换热网络流程图

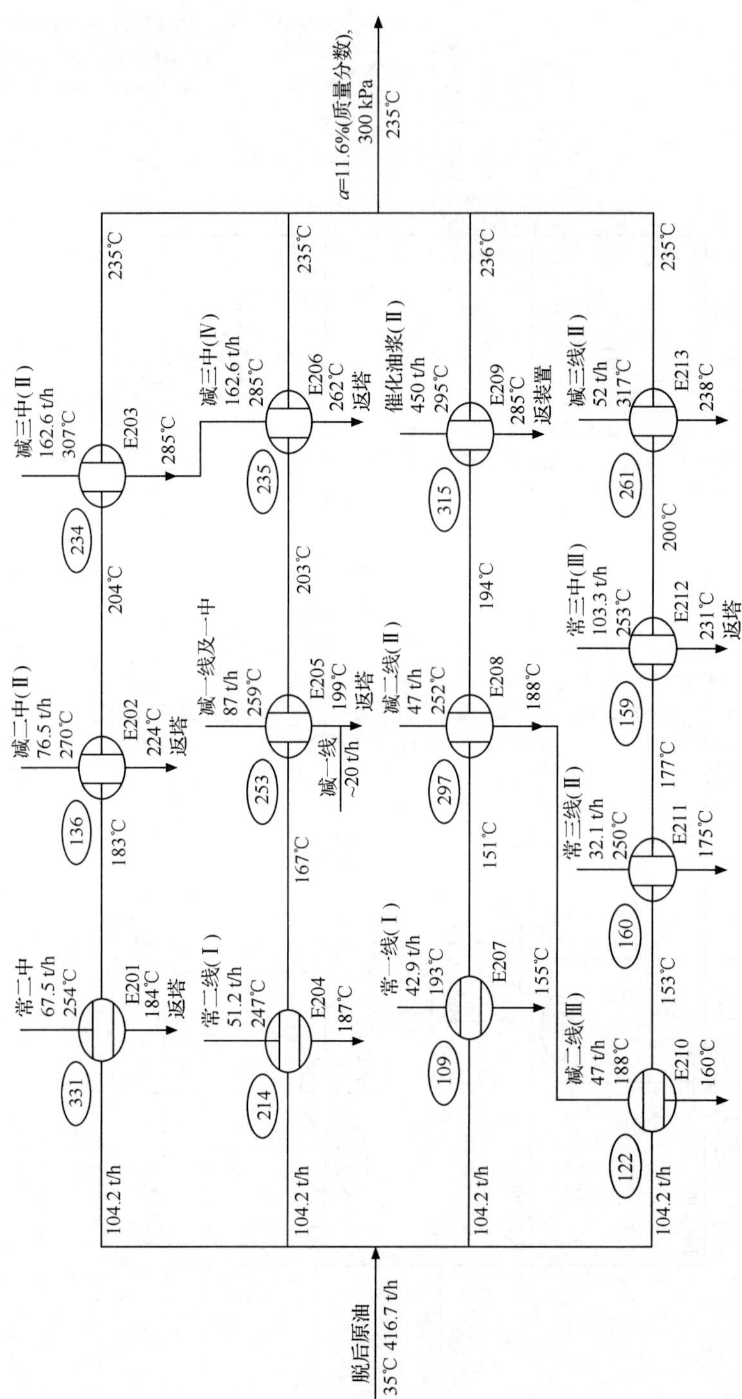

图 15.2 第二段换热网络流程图

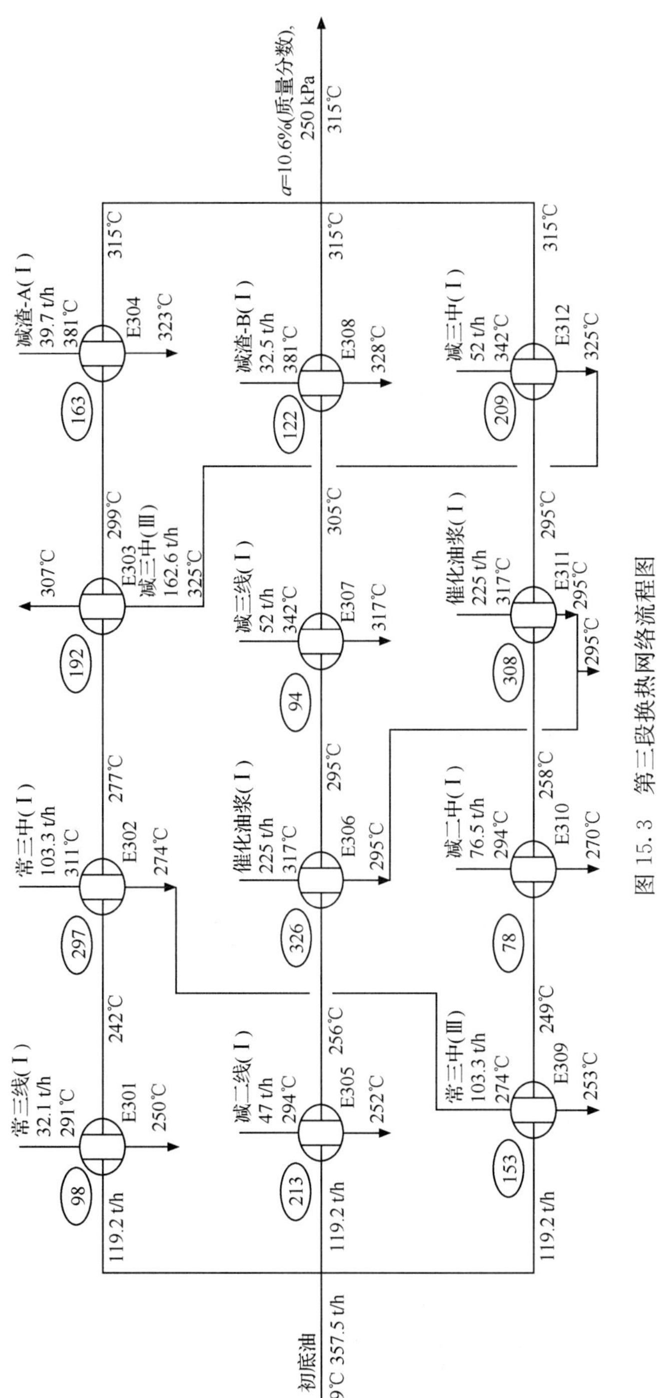

图 15.3　第三段换热网络流程图

表 15.2 参与换热的工艺物流参数

物流	初顶油气	常顶油气	常一线	常一中	常二线	常二中	常三线	常三中
初始温度/℃	137	144	193	205	247	254	291	311
目标温度/℃	40	40	50	145	50	184	50	231
流量/(kg/h)	79 341	73 152	42 867	43 655	51 236	67 544	32 118	103 268
相态	气相	气相	液相	液相	液相	液相	液相	液相
压力/kPa	170	170						
物流	常四线	减顶线	减顶循	减一线	减一中	减二线	减二中	减三线
初始温度/℃	348	167	167	259	259	294	294	342
目标温度/℃	90	50	60	60	199	60	224	60
流量/(kg/h)	4 841	25 320	67 046	20 000	44 439	47 000	76 488	52 000
相态	液相	液相	液相	液相	液相	液相	液相	液相
压力/kPa								
物流	减三中	减四线	减渣油	催化油浆	脱前原油	脱后原油	初底油	
初始温度/℃	342	380	381	317	25	135	229	
目标温度/℃	262	90	90	285	150	235	315	
流量/(kg/h)	162 553	7 646	72 214	450 000	416 667	416 667	357 478	
相态	液相	液相	液相	液相	混相	混相	混相	
压力/kPa					300	300	250	

表 15.3 给出了表 15.2 中物流经过与原油换热以后离开原油换热网络的状况。从中可以看出，与原油换热后，20 股工艺热物流中有 13 股物流的换热后温度不能达到目标温度，还需要进行进一步的冷却，其中的 12 股物流的工艺余热可作为低温热回收利用。按

表 15.3 常规三塔流程各工艺离开原油换热网络的状况

物流	初顶油气	常顶油气	常一线	常一中	常二线	常二中	常三线
换后温度/℃	90	98	111	145	129	184	175
目标温度/℃	40	40	50	145	50	184	50
备注	170 kPa	170 kPa		返塔		返塔	
物流	常三中	常四线	减顶线	减顶循	减一线	减一中	减二线
换后温度/℃	231	348	132	132	199	199	118
目标温度/℃	231	90	50	60	60	199	60
备注	返塔	未进网络					
物流	减二中	减三线	减三中	减四线	减渣油	催化油浆	
换后温度/℃	224	159	262	381	269	285	
目标温度/℃	224	60	262	90	90	285	
备注	返塔		返塔	未进网络		返装置	

上述的低温余热统计的依据能够得到本流程所需要的汽提蒸汽为 4050 kg/h 的 0.3 MPa 饱和水蒸气，减渣油通过蒸汽发生器产生的汽提蒸汽足够满足本流程的需求。从表 15.3 中可以得到常规三塔优化流程发生蒸汽可回收的能量为 257.13×10⁴ kcal/h，通过热出料可回收的能量 740.6×10⁴ kcal/h，通过加热除盐水可回收的低温热为 490.76×10⁴ kcal/h，空冷负荷为 737.8×10⁴ kcal/h，水冷负荷为 511.42×10⁴ kcal/h。经过换热网络的优化设计后，通过模拟可得到在 315℃的换热终温下，常规三塔优化流程所需要的加热炉负荷为 2747.9×10⁴ kcal/h。以此数据为基础，可进行整个流程的能耗的计算。

15.1.2　梯级蒸馏节能四塔流程

梯级蒸馏节能四塔流程采取二级减压流程，由初馏塔、常压塔、浅减压塔、深减压塔四个塔组成。原油经换热网络升温后进入初馏塔进行初蒸馏，产品为初顶油气，初侧线进入常压塔的适当位置继续蒸馏，塔底物料经换热网络升温后进入常压塔继续蒸馏。常压塔产品由常顶油气和三个侧线采出，常一线和常二线通过汽提塔获得产品，常三线进入浅减压塔的适当位置继续蒸馏，塔底物料经浅压炉升温后进入浅减压塔蒸馏，浅减压塔产品由浅减顶油气和四个侧线采出，浅减塔底物料经深减压炉升温后进入深减压塔进行蒸馏。深减压塔产品由深减顶油气和四个侧线采出，深减压塔底产品位减底渣油。

1. 取热比

表 15.4 给出了模拟计算得到的梯级四塔流程各塔顶循环回流和中段循环回流取热比与常规三塔优化流程的比较结果。从表中可以看出，常规三塔优化流程中常压塔的中段循环取热比为 49.6%，而梯级四塔蒸馏流程中常压塔的中段循环取热比下降到 41.1%，这是为了保证常顶线的产品汽油的质量符合工艺控制指标，增加了塔内回流，导致常压塔顶循环量增加。常规三塔优化流程减压塔的中段循环热取热比为 77.3%，而梯级四塔流程中浅减压塔和深减压塔中中段循环取热比分别为 74.4%和 79.0%，增加了高温位的中段回流量，有利于塔负荷的均匀分布，为优化换热网络提供了有利条件。与常规

表 15.4　各塔取热比较

循环回流	取热	常规三塔优化流程		梯级四塔流程		
		常压塔	减压塔	常压塔	浅减压塔	深减压塔
顶循环	取热量/MW	13.0	4.70	8.30	4.50	2.40
	取热比/%	50.4	22.7	58.9	25.6	21.0
一中	取热量/MW	2.00	2.00	2.00	5.00	3.00
	取热比/%	7.80	9.70	14.2	28.6	26.3
二中	取热量/MW	3.80	4.00	3.80	8.00	6.00
	取热比/%	14.7	19.3	26.9	45.8	52.7
三中	取热量/MW	7.00	10.0	—	—	—
	取热比/%	27.1	48.3	—	—	—
中段循环	取热比/%	49.6	77.3	41.1	74.4	79.0

三塔优化流程相比，初侧线和常三线已经汽化的轻馏分分别送至下一塔的适当位置进一步处理，避免该组分的重复加热和冷却，降低了换热器和加热炉的负荷，从而降低装置能耗，可大幅度节能，经济效益显著。

2. 换热网络的优化设计

原油梯级蒸馏四塔节能工艺由初馏、常压、浅减压、深减压构成，梯级四塔流程有 22 股热物流以及 3 股冷物流参与换热。

1）换热网络设计方案

设定网络最小传热温差为 20℃，利用模拟软件得到冷热物流复合曲线。在 3.5 Mt/a 加工量下，梯级四塔流程换热网络的夹点为 307℃，理论最大热回收能量为 7810×10^4 kcal/h，初底原油的理论最高换热终温为 308.5℃。按夹点技术原理，进行梯级四塔流程换热网络的设计方案设计，换热网络优化流程见图 15.4。由图可以得到如下结论：

（1）换热网络采取 4-4-3 结构。第一段分为四路，将脱前原油从 25℃加热到 150℃，汽化率 1.7%；第二段也分为四路，在该段可将脱后原油从 135℃加热到 235℃，在初馏塔口 300 kPa 压力条件下，汽化率为 11.6%；第三段分为三路，将初底原油从 229℃加热到 308℃，在常压塔 250 kPa 进口压力条件下，汽化率为 9.9%。

（2）全网络总传热负荷 7648×10^4 kcal/h。其中，第一段负荷为 2749×10^4 kcal/h，第二段为 2832×10^4 kcal/h，第三段 2067×10^4 kcal/h。

（3）各换热器的对数平均传热温差均高于 20℃，能较好地操作。

（4）本方案初底原油的最高换热终温为 308℃，略低于夹点分析理论最高换热终温 308.5℃换热网络总传热负荷 7648×10^4 kcal/h，也略低于理论最大热回收能量为 7810×10^4 kcal/h，换热网络能达到较优匹配。

2）低温余热回收利用情况

表 15.5 给出常减压梯级四塔流程的低温余热利用的统计结果。经过换热网络设计后，梯级四塔流程的 22 股工艺热物流中仍有 15 股物流的换后温度不能达到目标温度，需要进一步冷却。梯级四塔流程所需的汽提蒸汽为 5200 kg/h 的 0.3 MPa 饱和水蒸气，经计算，利用自身工艺的余热本流程只能发生装置 3927 kg/h 的 0.3 MPa 饱和水蒸气，其余的汽提蒸汽需要外购。经过换热网络的优化设计后，通过模拟可得到在 308℃的换热终温下，梯级四塔流程所需要的加热炉负荷为 2335.8 kcal/h。

15.1.3　梯级蒸馏节能五塔流程

梯级蒸馏节能五塔流程需三级减压，装置由初馏塔、常压塔、初减压塔、浅减压塔、深减压塔五个塔组成。原油经换热网络加热后进入闪蒸罐，得到的闪顶气直接进入初馏塔，闪底油经换热网络加热后进入电脱盐系统。后进入初馏塔进行初蒸馏，产品为初顶油气，初侧线进入常压塔的适当位置继续蒸馏，塔底物料经换热网络升温后进入常压塔继续蒸馏。常压塔产品由常顶油气和三个侧线采出，常一线和常二线通过汽提塔获得产品，常三线进入初减压塔的适当位置继续蒸馏，塔底物料经升温后进入初减压塔蒸馏，初减压塔产品由初减顶油气和三个侧线采出，初减二线进入浅减压塔适当位置继续蒸馏，初减塔底物料经浅减压炉升温后进入浅减压塔进行蒸馏。浅减压塔和深减压塔输入输出物料与梯级四塔流程相同。

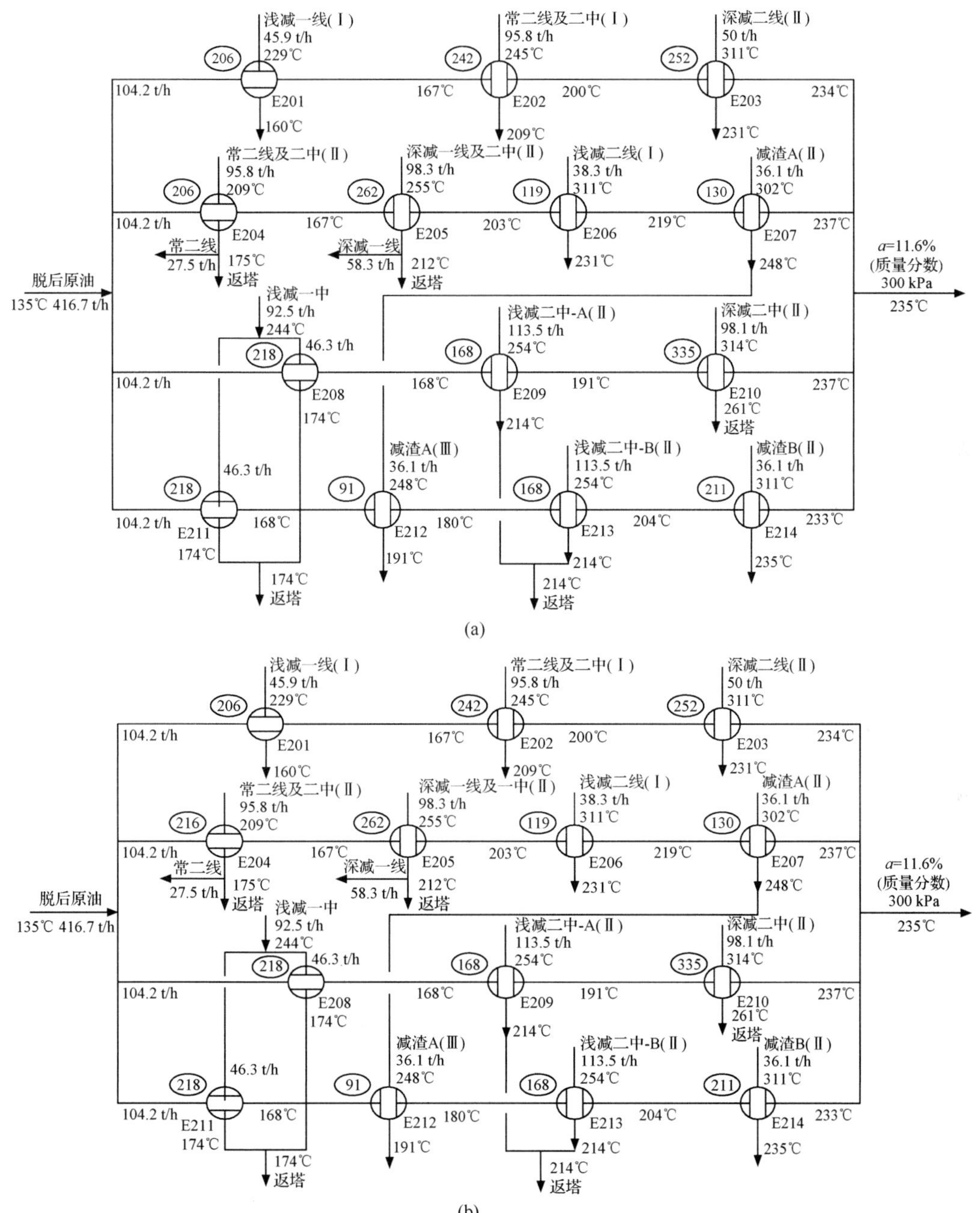

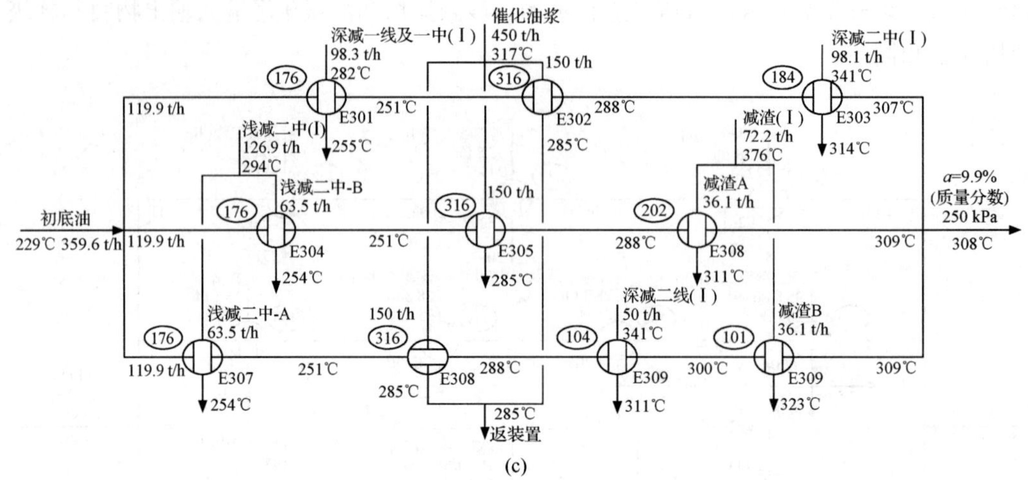

(c)

图 15.4　梯级四塔换热网络流程图

表 15.5　常减压梯级四塔流程低温余热利用统计

物流	温度/℃	目标温度/℃	发生蒸汽后温度/℃	热出料温度/℃	低温热回收后温度/℃	空冷后温度/℃	发生蒸汽回收能量/(10^4 kcal/h)	热出料回收能量/(10^4 kcal/h)	低温热回收能量/(10^4 kcal/h)	空冷负荷/(10^4 kcal/h)	水冷负荷/(10^4 kcal/h)
初顶油气	90	40	—	—	—	70	0	0	0	145.35	160.65
常顶油气	80	40	—	—	—	70	0	0	0	29.56	81.96
常一线	131	50	—	—	90	70	0	0	93.94	43.30	41.65
常二线	109	60	—	—	—	70	0	0	0	59.26	14.58
浅减顶线	123	60	—	—	90	70	0	0	204.54	118.93	57.75
浅减顶循	123	60	—	—	90		0	0			
浅减一线	111	60	—	—	—	70	0	0	0	101.86	23.77
浅减二线	143	80	—	143	—	—	0	89.20	0	0	0
浅减三线	346	80	165	165	—	—	65.17	19.06	0	0	0
深减顶线	110	60	—	—	—	70	0	0	0	87.06	20.87
深减顶循	110	60	—	—	—		0	0			
深减一线	175	80	165	165	—	—	20.58	135.87	0	—	—
深减二线	147	80		147	—	—	0	116.19	0	0	0
深减三线	379	80	165	165	—	—	58.79	14.16	0	0	0
减渣油	192	90	165	165	—	—	104.76	164.65	0	0	0
合计	—	—	—	—	—	—	249.30	539.13	298.48	585.32	401.23

1. 取热比

由模拟计算得到梯级五塔流程各塔的顶循环回流和中段循环回流取热比与常规三塔优化流程的比较见表 15.6。为保证长顶线的产品汽油的质量符合工艺控制标准，增加塔内回流，导致常压塔顶循环量增加，从而使得常压塔的中段循环取热比由 49.6％下降到

44.4%。原减压塔的中段循环取热比为 77.3%，而梯级五塔流程三个减压塔的中段循环取热比分别为 66.8%、85.2%和 86.8%。初减压塔顶循环比例高的主要原因是初减顶线采出的产品为柴油，为保证柴油的质量符合工艺控制指标，增加塔内回流，导致初减压塔顶循环量增加。

表 15.6　各塔取热比较

循环回流	取热	常规三塔优化流程		梯级五塔流程			
		常压塔	减压塔	常压塔	初减压塔	浅减压塔	深减压塔
顶循环	取热量/MW	13.0	4.70	8.50	3.30	1.40	1.30
	取热比/%	50.4	22.7	55.6	33.2	14.8	13.2
一中	取热量/MW	2.00	2.00	4.50	6.70	3.10	3.10
	取热比/%	7.80	9.70	29.1	66.8	33.3	31.8
二中	取热量/MW	3.80	4.00	2.30	—	4.90	5.30
	取热比/%	14.7	19.3	15.3	—	51.9	55.0
三中	取热量/MW	7.00	10.0	—	—	—	—
	取热比/%	27.1	48.3	—	—	—	—
中段循环	取热比/%	49.6	77.3	44.4	66.8	85.2	86.8

与常规三塔优化流程相比，梯级五塔流程各塔的中段循环取热量都比较合适，有利于塔的负荷均匀分布和高温位热量的取出，为优化换热网络提供了条件，且能大幅度节能。流程中将初侧线、常三线和初减二线汽化的轻馏分分别从塔中下部送至下一塔的适当位置中，避免了该馏分的重复加热和冷却，降低换热器和加热炉的负荷，从而降低装置能耗。与常规三塔优化流程相比，在电脱盐前增加了一个闪蒸罐，将原油在换热升温过程中已汽化的轻质油品及时蒸出，使其不进入换热网络，可降低原油换热系统热负荷，减轻加热炉负荷，从而节省装置能耗和操作费用。

2. 换热网络的优化设计

原油梯级蒸馏五塔节能工艺由预闪蒸、初馏、常压、初减压、浅减压、深减压构成，梯级五塔流程有 26 股热物流、4 股冷物流参与换热。

1) 换热网络设计方案

按夹点技术原理，对梯级五塔流程进行换热网络的设计，流程图见图 15.5。在加工量为 3.5 Mt/a、最小传热温差为 20℃条件下，梯级五塔流程换热网络的夹点为 307℃，理论最大热回收能量为 7860×10^4 kcal/h，常底原油的理论最高换热终温为 311.1℃。整个换热网络为 4-3-3-2 结构。第一段分四路，将脱前原油从 25℃加热到 150℃，汽化率为 1.7%；第二段分为三路，将脱后原油从 135℃加热到 210℃，在初馏塔口 300 kPa 压力条件下，汽化率为 2.8%；第三段分为三路，将初底原油从 205℃加热到 275℃，在常压塔 250 kPa进口压力条件下，汽化率为 9.9%；第四段两路，将常底原油从 266℃加热到 310℃，在 68 K 的初减压塔进口压力条件下，汽化率为 11.6%。网络总传热负荷 7604×10^4 kcal/h。其中，第一段 2742×10^4 kcal/h、第二段 1876×10^4 kcal/h、第三段 1909×10^4 kcal/h、

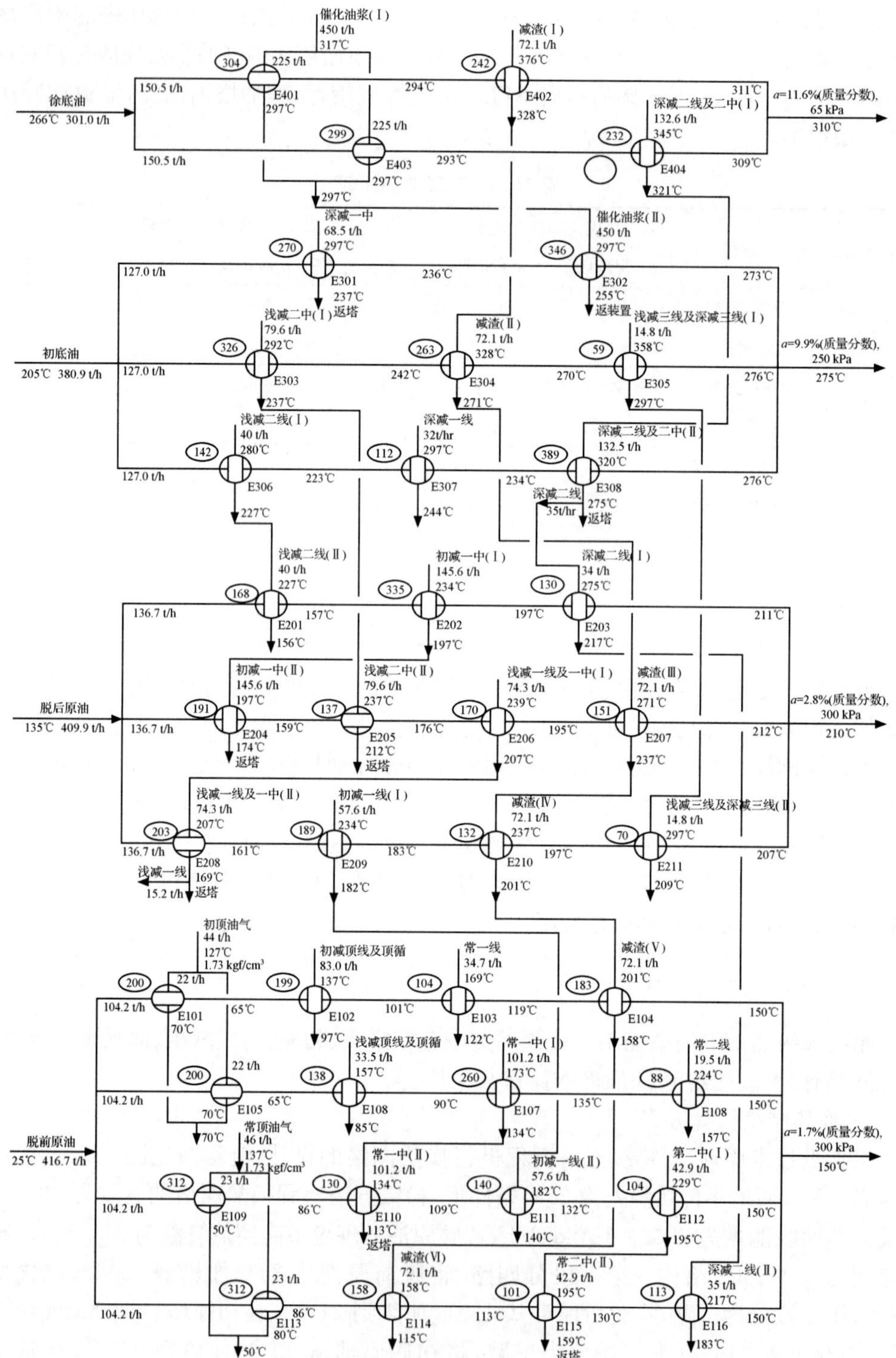

图 15.5 梯级五塔换热网络流程图

第四段 1077×10⁴ kcal/h。换热网络中各换热器的算术平均传热温差均大于 20℃，能较好地操作。本方案常底原油的最高换热终温为 310℃，略低于夹点分析理论最高换热终温 311.1℃，换热网络网络的总传热负荷为 7604×10⁴ kcal/h，也略低于理论最大热回收能量为 7860×10⁴ kcal/h，换热网络匹配合适。

2）低温余热回收利用情况

经过换热网络的优化设计后，梯级五塔流程的 26 股工艺热物流中有 18 股物流的换后温度不能达到目标温度，低温余热利用统计结果见表 15.7。梯级五塔流程所需的汽提蒸汽为 5300 kg/h 的 0.3 MPa 饱和水蒸气，经计算，利用自身工艺的余热本流程只能发生装置 3284 kg/h 的 0.3 MPa 饱和水蒸气，其余的汽提蒸汽需要外购。经过换热网络的优化设计后，通过模拟可得到在 310℃的换热终温下，梯级五塔流程所需要的加热炉负荷为 1841.78 kcal/h。

表 15.7　常减压梯级五塔流程低温余热利用统计

物流	温度/℃	目标温度/℃	发生蒸汽后温度/℃	热出料温度/℃	低温热回收后温度/℃	空冷后温度/℃	发生蒸汽回收能量/(10⁴ kcal/h)	热出料回收能量/(10⁴ kcal/h)	低温热回收能量/(10⁴ kcal/h)	空冷负荷/(10⁴ kcal/h)	水冷负荷/(10⁴ kcal/h)
初顶油气	70	40	—	—	—		0	0	0	0	102.64
常顶油气	80	40	—	—	—	70	0	0	0	27.67	80.13
常一线	123	50	—	—	90	70	0	0	65.96	38.69	37.21
常二线	157	60	—	—	90	70	0	0	77.23	21.18	10.28
初减顶线	97	60	—	—	—	70	0	0	0	125.86	44.40
初减顶循	97	60	—	—	—		0	0	0		
初减一线	140	60	—	—	90	70	0	0	155.68	58.05	28.19
浅减顶线	85	60	—	—	—	70	0	0	0	27.67	17.59
浅减顶循	85	60	—	—	—		0	0	0		
浅减一线	169	60	—	—	90	—	0	0	67.56	0	23.29
浅减二线	156	80	—	156	—	—	0	120.33	0	0	0
深减顶线	174	80	165	165	90	—	15.15	30.52	0	0	0
深减顶循	174	60		—	—	—		0	72.81	0	26.39
深减一线	244	80	165	165	—	—	146.77	106.35	0	0	0
深减二线	163	80		163	—	—	0	116.78	0	0	0
浅减三线	221	80	165	165	—	—	46.55	48.78	0	0	0
深减三线	221	80	165	165	—	—			0	0	0
减渣油	115	90	—	115	—	—	0	0	0	0	0
合计	—	—	—	—	—	—	208.47	422.76	439.24	199.12	370.12

在基于相同的总拔出率基础上分别将常减压梯级四塔蒸馏流程和常减压梯级五塔蒸馏流程与常规三塔优化流程进行了对比。与传统工艺相比，梯级蒸馏工艺具有许多优点。梯级蒸馏工艺运用了负荷转移和梯级减压技术，使得流程的操作弹性较大，质量控制也更容易。在梯级减压操作条件下，柴油馏分与蜡油馏分的相对挥发度大、易于分离，梯级蒸馏装置能将原油中的汽油、煤油和柴油尽可能的全部拔出。在各个减压塔顶部位置和中

部位置都设置了循环回流系统，适当增加高温位的中段回流量，使全塔气、液相分布更加均匀，操作更加平稳，且能回收利用更多的高品位热能。为保证常顶线的产品汽油的质量符合工艺控制指标，增加塔内回流，梯级蒸馏流程常压塔的中段循环取热比有所下降。从整体来看，梯级蒸馏流程调整了中段循环回流取热比例，适当增加了高温位的中段回流量，得到了更多高品位热能用来回收利用。梯级蒸馏流程将上一个塔汽化的轻馏分从塔中下部抽出送至下一个塔中，避免该馏分的重复加热和冷却，降低换热器和加热炉的负荷。在电脱盐前新增闪蒸罐，将原油在换热升温过程中已经汽化的轻质油品及时蒸出，使其不能进入换热网络，有效地降低原油系统总压降，减轻加热炉负荷，从而节省装置能耗[195]。要计算梯级流程节省的加热炉负荷以及各流程的能耗，需先对各流程进行了换热网络设计。

应用夹点技术对常规三塔流程、常减压梯级四塔流程以及常减压梯级五塔流程进行了换热网络设计，由于部分靠近夹点处台位数较多，考虑到设备的投资费用，对其进行了能量松弛。各个换热网络采用分段分路结构设计，各段原油通过换热能达到规定的工艺目标温度，且在要求的进塔压力条件下，有足够的汽化率保证各塔的正常平稳操作。各个换热网络的换热终温均低于夹点分析的理论最高换热终温，总传热负荷也低于夹点分析的理论最大热回收能量，其原因主要有两点：①通过夹点设计原则得到的初始网络需要经过能量松弛，以减少部分传热面积较小的换热器，从而使得少数流股是跨越夹点进行换热的；②选取的各换热器换热温差较大，夹点附近的最小传热温差均高于 20℃。对各个流程离开换热网络的热物流进行了低温余热利用的统计，得到了通过发生蒸汽、热出料及低温热回收能量和需要空冷、水冷的热负荷。下面将以此数据为基础，进行常规三塔优化流程和两个梯级流程能耗的计算和比较，从而证明梯级蒸馏流程的优点。

15.1.4 各流程能耗及经济评价

为进一步说明原油梯级蒸馏流程的优点，我们将对常规三塔流程以及梯级蒸馏四塔和五塔流程进行能耗及经济评价分析。经济评价和分析将在相同的统计依据基础上进行。

1. 各流程能耗比较

依据《石油化工设计能耗计算标准》[196]对各装置的能耗进行计算。装置的能耗主要由以下几个方面组成：

（1）燃料的消耗。模拟得到各流程加热炉所需的总热负荷，燃料选取标准油，计算得到常规三塔流程所需要的燃料负荷为 2746.86×10^4 kcal/h，梯级四塔流程为 2335.80×10^4 kcal/h，梯级五塔流程为 1841.78×10^4 kcal/h。

（2）电的消耗。装置的耗电点主要包括电脱盐、机泵、精制和空冷器，其中机泵耗电占绝大多数。流程中产品越多，需要的泵越多。塔底渣油需要的泵流量大，电机功率大，耗电量相对较高。常规三塔流程的空冷负荷最大，所需的电机耗电量最大。根据同类装置的耗电量，估算常规三塔流程为 5.6 kW · h/t 原油，梯级四塔流程为 5.6 kW · h/t 原油，梯级五塔流程为 5.6 kW · h/t 原油。

(3) 0.3 MPa蒸汽的消耗。主要用于各常压塔和减压塔及部分产品的汽提。常规三塔流程需要4.05 t/h的0.3 MPa蒸汽，梯级四塔流程需要5.2 t/h，梯级五塔流程需要5.3 t/h。常规三塔流程发生的0.3 MPa蒸汽可完全满足本装置的需要，梯级四塔和五塔流程发生的蒸汽不足以满足自身装置的需要，还须额外加入。

(4) 1.0 MPa蒸汽的消耗。主要用于各减压塔抽真空，常规三塔流程需要5 t/h的1.0 MPa蒸汽，梯级四塔流程需要5.5 t/h，梯级五塔流程需要6 t/h。

(5) 循环水的消耗。循环水主要是用来冷却各产品，使其达到目标温度出料。各流程的水冷负荷为：常规三塔流程需要为511.42×10^4 kcal/h，梯级四塔流程为401.23×10^4 kcal/h，梯级五塔流程为370.12×10^4 kcal/h。

(6) 除氧水的消耗。除氧水的消耗点主要是发生0.3 MPa蒸汽用水，根据规定每产生1t蒸汽消耗1.03t的除氧水。常规三塔流程产生4.05 t/h的0.3 MPa蒸汽，梯级四塔流程产生3.927 t/h的0.3 MPa蒸汽，梯级五塔流程产生3.284 t/h的0.3 MPa蒸汽。

(7) 油浆输入热耗能。各流程均需要与催化装置热联合，450 t/h的催化油浆从317℃降到285℃，提供热量948.85×10^4 kcal/h。

(8) 热出油消耗。低于210℃的蜡油和渣油考虑热出料，若热出料热量的温度大于或等于120℃时，需全部计入能耗；油品规定温度与120℃之间的热量折半计入能耗；油品规定温度以下的热量不计入能耗。计算得到常规三塔流程的热出料热量为－740.6×10^4 kcal/h，梯级四塔流程为－539.13×10^4 kcal/h，梯级五塔流程为－422.76×10^4 kcal/h。

(9) 低温热输出能耗。回收高于120℃的煤油和柴油的低温热，用来将除盐水从60℃加热到90℃，作为采暖用水，根据标准，热用户物流通过热交换后温度升至60～120℃之间的低温位热量折半计入能耗。除盐水60℃的比热值为4.178 kJ/(kg·K)，90℃的比热值为4.208 kJ/(kg·K)。计算得到常规三塔流程的低温热负荷为－490.76×10^4 kcal/h，梯级四塔流程为－298.48×10^4 kcal/h，梯级五塔流程为－439.24×10^4 kcal/h。能耗损失为5%。

(10) 其他能耗。有部分能耗为不可测点，包括脱硫净化水、污水及压缩空气等，总量比较小，根据同类装置的常年运行数据，约为2%。

常规三塔流程与常减压梯级四塔流程和五塔流程能耗的比较见表15.8。由表看出，三个流程中，常减压梯级五塔流程的能耗最低，与常规三塔流程相比节约能耗10.5%；梯级四塔流程的能耗与常规三塔流程相当。仅从燃料的数据对比看，梯级五塔流程节约的加热炉负荷最多，梯级四塔流程较常规三也有所减少。

从热输入的角度看，常规三塔流程能耗为9.781 kg标油/t原油，梯级四塔流程能耗为9.088 kg标油/t原油，而梯级五塔流程的能耗仅为8.11 kg标油/t原油。常规三塔流程的热输入最高，梯级四塔流程与其接近，而梯级五塔流程的热输入最少。从低温热回收的角度看，常规三塔流程为－2.658 kg标油/t原油，梯级四塔流程为－2.021 kg标油/t原油，梯级五塔为－1.789 kg标油/t原油，常规三塔流程由于加热炉负荷所提供的热量最多导致其回收的低温热最多。而梯级五塔可回收的低温热量最少，主要是因为梯级五塔流程有三个减压塔，为了保证塔顶产品能符合质量控制标准，顶循环量增加，顶循采出了较多的低温位热量。

表 15.8 常规三塔流程与常减压梯级四塔和五塔流程能耗统计表

编号	项目	常规三塔单位能耗/(kg/t)	梯级四塔		梯级五塔	
			单位能耗/(kg/t)	比较/%	单位能耗/(kg/t)	比较/%
1	燃料	6.592	5.606	−14.96	4.42	−32.95
2	电	1.456	1.456	0.00	1.42	−1.79
3	0.3 MPa 蒸汽	0	0.202	100.00	0.319	100.00
4	1.0 MPa 蒸汽	0.912	1.003	9.98	1.094	19.96
5	循环水	0.123	0.096	−21.95	0.089	−27.64
6	除氧水	0.092	0.086	−6.52	0.072	−21.74
7	油浆热输入	2.277	2.277	0.00	2.277	0.00
8	热出料	−1.688	−1.229	−27.19	−0.964	−42.89
9	低温热输出	−0.421	−0.256	−39.19	−0.377	−10.45
10	其他	0.191	0.189	−1.05	0.171	−10.47
11	总计	9.53	9.43	−1.05	8.53	−10.49

武劲松等[197]对扬子石化的常减压蒸馏装置由 2.5 Mt/a 扩能为 4.5 Mt/a 改造的研究表明，采用四级蒸馏即三炉四塔的工艺流程，现有设备利用率达 70%以上，能耗与三级蒸馏基本相当。梯级五塔流程在热量输入方面较常规三塔流程大幅度降低，而回收的低温热虽然没有三塔流程多，但全装置的单位综合能耗较三塔流程减少了 10%，因此，梯级蒸馏五塔流程节能效果最优。

2. 各流程经济评价

经济评价以中国石油天然气股份有限公司《炼油化工建设项目可行性研究报告编制规定》(2005 年)和《建设项目经济评价方法与参数》(第三版)为依据，按照增量法测算经济效益。

由表 15.9 数据可看出，常规三塔优化流程、梯级四塔流程、梯级五塔流程的财务内部收益率都高于 12%，财务净现值都大于 0，说明这三个流程在技术上都是可行的。通过对比可以发现，常规三塔流程的内部收益率最高，净现值也最高，而投资回收期是最短的。梯级四塔流程的内部收益率最低，净现值也最低，而投资回收期最长。梯级五塔流程各数据介于三塔流程和四塔流程之间。从投资回收期上看，由于梯级四塔、五塔流程的总投资较常规三塔流程高，回收期高于三塔流程是很正常的。但从年均净利润上可看出，梯级四塔流程的净利润是最低的，这与四塔流程的产品分布有很大关系。梯级五塔流程的年均净利润最高，虽然回收期常规三塔流程高 0.36，但从第 6 年开始，采用梯级五塔流程每年的收益率都较常规三塔流程高。到第 15 年，常规三塔流程的所得税后累计净现金流量为 91 240 万元，而梯级五塔流程为 97 081 万元，较常规三塔流程高 5 841 万元。

表 15.9　主要财务评价指标汇总表

	项目	单位	常规三塔	梯级四塔	梯级五塔	备注
基本数据	总投资	万元	42 027	45 809	50 065	
	建设投资	万元	42 027	45 809	50 065	
	流动资金	万元				
	年均销售收入	万元	1 050 161	1 045 160	1 049 609	
	年均总成本费用	万元	990 664	990 351	989 969	
	年均增税值	万元	11 831	11 098	11 997	
	年均销售税金及附加	万元	38 576	37 778	37 920	
	年均利润总额	万元	9 090	5 932	9 723	
	年均所得税	万元	2 272	1 483	2 431	
	年均净利润	万元	6 817	4 449	7 292	
经济评价指标	财务内部税前收益率	%	26.78	17.04	24.37	12%基准
	财务内部税后收益率	%	20.81	13.10	18.92	
	财务税前净现值	万元	31 804	11 140	31 344	
	财务税后净现值	万元	18 356	2 363	16 959	
	税前投资回收期	%	4.61	6.25	4.92	
	税后投资回收期	%	5.48	7.32	5.84	

综上所述，采用梯级四塔流程与常规三塔流程能耗相当，但年均净利润较三塔流程低，投资回收期也较三塔流程长。而采用梯级五塔流程能耗较三塔流程相比有 10.5 的降低，年均净利润增加，投资回收期相当。由此可见，如利用常减压梯级蒸馏节能技术进行新装置设计，则可减小主题设备规模，但经济效益并不显著。而对旧的常减压装置进行改造，主题设备基本可利旧不变或一味使用，设备利旧率很高，显著提高了装置的原油加工能力，且设备投资小、施工周期短，节能效果相当可观，经济效益也会明显增加。

随着现代化工业的迅猛发展，能源的消耗量不断地增加，而世界上的能源却在日益枯竭，能源供需矛盾正在不断地加剧，因此，合理利用能源与节能技术显得日益重要。在过去的几十年里，常减压蒸馏技术获得了很大的进展，在装置大型化、先进的设备和仪表，高效的塔内构件的应用方面，创造了许多新工艺和技术，在减压深拔、产品质量提高、安全环保技术等方面都取得了累累硕果。但是如何进一步提高装置拔出率、降低加工损失和节能降耗等方面依然有待更深入的研究。

15.2　减压深拔工艺

15.2.1　原油相容性

近年来，原油的相容性问题受到广泛关注。随着世界经济的快速发展和对原油需求量的不断增长，常规轻质原油的储量日益减少，原油价格逐步攀升，“机会原油”成了当前炼油工业关注的热点,但是这些机会原油往往质量较差,多须采用混炼的方法加工,增加了加工的难度和风险。目前炼油厂加工原油种类众多,而且多采用混炼的方法加工,原油不相容现象时有发生。由于原油不相容时会引起沥青质絮凝沉淀,造成储运设备结垢、炼油设备结焦、生产效率降低等问题,所以原油的相容性已成为炼油厂选择加工油种和确定加工方案的重要依据。

1. 原油胶体体系的相容性

通常认为石油是胶体分散体系,其分散相是以沥青质为核心,以附于它的胶质为溶剂化层而构成的胶束,其分散介质则主要由油分和部分胶质组成[198],如图 15.6 所示。

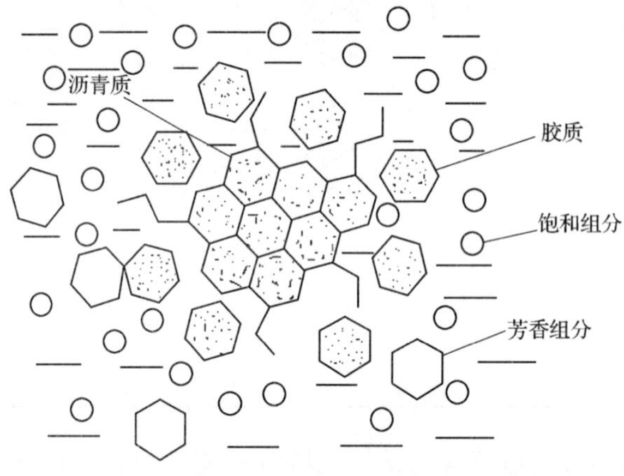

图 15.6　石油胶体体系

在图 15.6 所示的模型中,认为沥青质处在胶束中心,可溶质中相对分子质量最大、芳香性最强的胶质分子吸附在沥青质表面,最靠近胶束中心,对沥青质具有保护作用;胶质周围又吸附芳香性相对较低的较小分子,并逐渐地过渡到胶束中间相,中间没有相界面。沥青质和胶质之间通过氢键、偶极相互作用和电荷转移作用形成弱平衡。只有当沥青质、胶质、芳香烃以及饱和烃的特性和含量相匹配时,上述这种呈梯度的胶体结构才能稳定存在[199,200]。

当外界条件或组成改变时,如饱和烃组分增多或芳香烃组分减少等,胶体体系的平衡容易被打破,造成沥青质絮凝甚至析出。原油相容性研究主要就是考察不同原油混合时,由于组成和性质改变出现的沥青质絮凝现象。原油混合后沥青质能均匀分散则相容,反之,若出现沥青质絮凝现象则认为不相容。通常用相容性来表述两个原油混合后沥青质分散状态,用稳定性来表述单个原油对沥青质的胶溶能力或沥青质的溶解状态。

2. 对炼制过程的影响

在原油储运过程中,多采用混输、混储的方式提高管道及储罐的利用效率、降低运营成本。但由于不同原油的性质差别较大,混合后由于组成的改变容易造成不相容现象[201],需事先进行相容性分析。文献报道,对渤中 25-1 与渤中 25-1S 油田所产原油在混合输送及处理时，就进行过相容性方面的研究[202]。

在原油加工过程中，由于加工原油种类较多且经常变化，炼油厂多采用混炼的方法进行加工。原油混炼可以改善原料性质、提高装置运行效率，但增加了原油不相容现象出现的风险[203]。Wiehe[204]对处于不同相容性状态的混合原油的热结垢情况进行了研究，他用 3 h 内加热装置出口温度的下降值来表示混合原油的结垢速率，实验结果表明，处于相容状态的混合原油结垢速率较低，而处于不相容以及接近不相容状态的混合原油结垢速率明显增大。

有文献报道[205]，一个设计能力为 1.3×10^5 桶/天的加工中东原油的炼油厂，1998 年开始进口尼日利亚 Qua Iboe 原油，并将其与伊朗重质原油按 1∶1 的比例进行混炼。由于混合原油不相容，不久炼油厂多个热交换装置出现了严重结垢，加热炉出口温度在两个月内下降了 20℃，换热器换热效率下降到加工 Qua Iboe 原油之前的 20%～50%。采用原油相容性评估的结果表明，混炼 Qua Iboe 原油多于 15%时会使结垢现象加剧，多于 30%时由于不相容引起的结垢现象将十分严重。炼油厂根据建议将混入 Qua Iboe 原油的量控制在 15%以内，随后的生产中没有再发生严重的结垢问题。

对处于相容和不相容状态的混合原油进行蒸馏实验[206]，结果发现，处于不相容状态的混合原油的轻油收率低，且产生的渣油中沥青质含量高、残炭生成量较高。处于相容状态的混合原油的轻油收率以及产生的渣油中的沥青质含量、残炭值与理论值差别较小[207]。

为从探讨出现轻质油收率偏低的原因[16]，分别选择三种不同性质的原油与 A1 原油混合，进行实沸点蒸馏实验，测定不同相容性状态下混合原油蒸馏后>350℃渣油的甲苯不溶物，结果见表 15.10。

表 15.10 混合原油的>350℃渣油数据

原油组合	相容性状态	甲苯不溶物/%	计算值[a]/%	差值[b]/%
100%A1 原油	相容	1.70	—	—
30%B1 原油+70%A1 原油	相容	0.92	1.40	−0.48
70%B1 原油+30%A1 原油	不相容	1.12	0.84	0.28
100%B1 原油	相容	0.33	—	—
30%B2 原油+70%A1 原油	相容	1.22	1.53	−0.31
70%B2 原油+30%A1 原油	不相容	2.25	1.09	1.16
100%B2 原油	相容	0.21	—	—

a：计算值为各>350℃渣油甲苯不溶物的线性加权和；b：差值为计算值与平均值之差。

从表 15.10 可知，混合后处于相容状态的原油，其渣油甲苯不溶物略低于理论计算值，说明蒸馏时没有新增结焦。而混合后处于不相容状态的原油，其渣油甲苯不溶物均高于理论计算值，如 70%B2 原油与 30%A1 原油混合的常渣甲苯不溶物比理论计算值大 1.16%，说明蒸馏过程中有更多沥青质通过热转化变成了焦炭，使甲苯不溶物大于理论值。对比处于不同相容性状态下的蒸馏过程表明，原油不相容导致沥青质絮凝，絮凝的沥青质会使设备结焦结垢加速、热交换过程效率变低，从而影响了实沸点蒸馏过程中轻质油的收率。

为进一步弄清相容性对蒸馏时热交换过程的影响，选取 B1 原油与 A1 原油进行混合，采用管-壳式热交换方式，在 410℃的条件下分别对混合前后的原油进行实验，用沉积棒上生焦量来评价原料油的生焦性能，3 h 后沉积棒的质量差的结果见表 15.11。

表 15.11　不同相容性状态下的生焦量

原料	相容性	反应前后沉积棒质量差 Δm/g
A1 原油	—	0.0030
B1 原油 30%＋A1 原油 70%	相容	0.0050
B1 原油 70%＋A1 原油 30%	不相容	0.0367
B1 原油	—	0.0009

由表 15.11 可知，混合后处于不相容状态时，反应前后沉积棒质量差所反映出来的生焦量为 0.0367 g，比相容状态下的生焦量 0.0050 g，以及原料油的生焦量均高出许多。含 B1 原油 70%的不相容混合原油的沥青质含量为 4.5%，低于含 B1 原油 30%的相容混合原油的沥青质含量 10.8%，而生焦量明显高出，说明沥青质在原油中的分散状态对换热过程中的生焦情况有较大影响，絮凝的沥青质会使设备结焦结垢加速、热交换过程效率变低。原油加工的其他单元操作中也会出现类似的现象，应引起炼油企业的足够重视，以避免不必要的经济损失。

总之，原油不相容对原油的储运、加工有诸多不良影响，因此需要对已有混合原油的相容性进行准确判断，对将要进行的混合原油相容性进行合理预测，以避免不相容现象的发生。

3. 相容性的判断方法

沥青质是否发生絮凝是原油相容性的重要判据，采用合适的方法测定原油中沥青质是否絮凝至关重要。沥青质在原油中的稳定性主要取决于原油对沥青质的溶解能力。当溶解能力下降到某一临界值后，沥青质就会从原油中絮凝析出，该临界值即为沥青质絮凝初始点。准确测定原油的沥青质絮凝初始点，是研究沥青质沉积条件、沉积机理、影响因素和建立预测模型的前提，在指导生产方面有着重要的实际意义。在温度与压力一定时，沥青质的絮凝初始点可以用来表征原油的稳定性。目前实验测定沥青质是否絮凝的主要方法见表 15.12。

除表 15.12 中所述方法外，还有密度法、界面张力法、量热法等[216,217]，但由于受到测定仪器及实验条件的限制，并未得到广泛应用。

综合比较以上方法主要可以分为两类，一类是直接判断法，主要有显微镜和斑点实验法，其中显微镜观察法更加直观，可以较好地分辨沥青质的分散状态，并且所得到的观察照片便于计算机存储。显微镜观察不同相容性状态原油的照片见图 15.7。

另一类是间接判断法，主要是根据某一物性的变化测定沥青质的初始絮凝点，再结合一定的理论假设建立模型来判断原油中沥青质的分散状态。在判断沥青质初始絮凝的方法中，光学法是较为方便的一种方式，具有操作时间短、实验压力可调、重复性较好等优点，近年来发展较快，并应用于自动化测定仪器中。

表 15.12　判断沥青质是否絮凝的方法

方法名称	测定原理	测定过程	主要优缺点	参考文献
斑点实验法	不同分散状态的各组分在滤纸上的扩散速率不同	将 A、B 两种原油以一定的比例充分混合，并将其在一定温度下静置 3 h 后，用经预热的玻璃棒搅拌，取出玻璃棒并使第一滴液滴落入瓶中，第二滴滴落在经干燥的滤纸中央。让滴下的液滴自由扩散，就会得到一个斑点痕迹。与标准参考图对比，判断是否相容	优点：设备简单，操作简便；缺点：界限模糊，受主观影响，干扰因素多，不便于保存实验结果	[208]
显微镜法	通过光学成像观察原油体系	原油混合过程同斑点实验法，取混合好的原油于载玻片上，盖上盖玻片后进行观察。若原油相容观察到的是一个均匀的体系，若不相容可以观察到 0.5～10μm 的黑色或褐色微粒	优点：简单直观，显微镜照片便于存储；缺点：主观判断，存在机械杂质的干扰	[209,210]
黏度法	在沥青质絮凝点处，黏度偏离原来的下降趋势	向原油中加入正构烷烃，开始时体系黏度不断降低；当正构烷烃达到一定浓度时，沥青质发生絮凝，黏度曲线会偏离原来的下降趋势而出现转折点，而后继续下降；黏度曲线上的转折点即为沥青质的絮凝初始点	优点：设备简单，重复性好；缺点：只能用于常压操作，且比较烦琐，工作量大	[211,212]
电导率法	沥青质絮凝影响电导率，出现拐点	向原油中加入正庚烷，并测定混合物的电导率，混合物的电导率呈先升后降的趋势，在一定溶剂浓度处，出现最高点，该最高点为沥青质的絮凝初始点	优点：仪器测定，重复性好；缺点：有机体系电导率低，灵敏度较低	[213,214]
光学法	沥青质絮凝影响透射光或散射光光强，出现拐点	向原油中加入正庚烷，测定体系混合体系的光信号，随着正庚烷的添加，出现光信号的拐点，视为沥青质的初始絮凝点	优点：测定时间短，重复性好，易于实现自动化；缺点：需要特殊的仪器	[215]

(a)

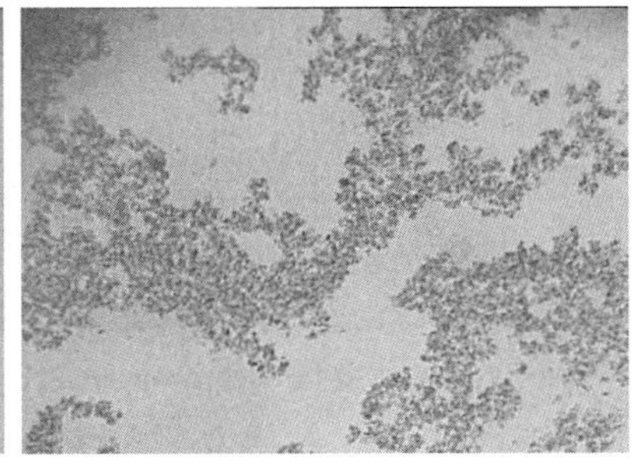
(b)

图 15.7　混合原油显微镜照片(400 倍)

(a) 相容；(b) 不相容

4. 相容性参数

在原油混合前对混合原油的相容性进行准确预测，可尽量避免加工过程中由于不相容引起的沥青质絮凝问题。国内的相关研究还处于起步阶段。国外对于原油不相容问题关注较早，并做了许多的研究工作，提出了一些经验规律和预测方法，见表 15.13。

比较表 15.13 中各种方法，其中方法 1 为一个经验公式，由渣油四组分数据计算得到，可以粗略判断沥青质的分散状态，能对混合体系进行初步预测。缺点是误差较大、稳定性参数存在不确定的中间范围，在实际使用中受到一定限制。

方法 2 针对重燃料油，采用特殊的前处理过程，通过考察样品在一段时间内光信号的标准偏差，来判断原料中沥青质的存储稳定性，能对一段时间内原料中沥青质分散状态进行预判，但不能预测原料混合时的相容性。

方法 3～6 将原料油组成分为沥青质和除沥青质之外的油分两个组分，采用不同比例的芳香烃溶剂将原料溶解，用正构烷烃滴定，采用光学法测定初始絮凝点，以此将原料油中沥青质的絮凝特性和油分的溶解能力量化表征。当油分的溶解能力满足沥青质的絮凝特性时，体系相容，反之则不相容。采用这类方法可以比较直观地将分散与被分散的关系表征出来，在原料油混合时给出合理的预测。

但是方法 3～6 又有一些不同之处，方法 3 主要针对渣油样品，测定温度较高，设定在 150℃，采用甲基萘为溶剂、正十六烷为絮凝剂，初始絮凝点的测定是利用反射光的原理判断的。方法 4 根据体积中沸点和密度计算 K 值，通过初始絮凝点的测定，并计算临界点也就是初始絮凝点时的 K 值，来测定相容性参数。方法 5 针对原油和渣油样品，在较低的温度下，采用甲苯为溶剂、正庚烷为絮凝剂，初始絮凝点的测定通过反射光信号判断。方法 6 与方法 5 类似，不同之处在于它可以在 40～80℃的范围内设定测定温度，沥青质初始絮凝点的测定是利用散射光原理，测定光波长设定在对沥青质有选择性的特征波段，抗干扰能力较好，该方法的测定原理如图 15.8。

5. 原油混合时相容性参数的变化

混合原油的相容性与原油的种类和混合比例有关。不同类型的原油混合其规律有所不同，一般，环烷基原油相互混合不会出现问题，而石蜡基原油与含沥青质较多的重质原油混合时出现沥青质絮凝的可能性较大。另外，有些原油可以在任意混合比例下均相容，而有些原油只能在一定的比例与另一种原油相容[224]。这是因为随着另一种原油的加入，混合原油的组成不断变化，原油对沥青质的溶解能力也发生改变，当溶解能力下降到某一临界值后，沥青质就会从原油中絮凝析出，出现不相容现象。因此需要弄清原油组成性质与相容性的关系，以及预判混合前原油是否会发生不相容现象，并确定出混合后会出现不相容的比例。

塔河原油和波斯坎原油均为重质原油，而库姆克尔原油是不含沥青质的轻质原油，当将库姆克尔原油掺入时，会使塔河原油和波斯坎原油的组成发生改变，从而造成沥青质不能均匀分散。通过测定混合原油的相容性参数，可将混合过程中相容性的变化过程量化表征出来[225]。

表 15.13　预测混合原油相容性的方法

方法	适用对象	测定过程	参数物理意义	判断标准	所用仪器	参考文献
1	渣油	通过测定渣油的四组分，由组分的含量计算CII	胶体不稳定指数 CII(colloidal instability index)：$CII=\frac{w(饱和分+沥青质)}{w(胶质+芳香分)}$	若 CII＜0.7，体系相容；若 0.7＜CII＜0.9，不确定；若 CII＞0.9，体系不相容		[218]
2	含沥青质的重燃料油	取一定量的油品，按比例用甲苯稀释。取甲苯/重油的混合液 2 mL，加入 23 mL 正庚烷。取油样/甲苯/正庚烷 7 mL 于玻璃小瓶，放入光扫描装置用 850 nm 的近红外光扫描，测定透射光强，控制温度在室温 20～25℃。光发射器上下移动，每移动 0.04 mm 测定一次光强，每次测定时间为 1 min；总共测定 15 min，可以测得 16 次扫描的光透射情况	X_i(平均透射光强)：第 i 次扫描从 10～50 mm 范围内平均透射光强。 X_T(总平均透射光强)：扫描 16 次的平均透射光强。 分离数(separability number)： $\sqrt{\frac{\sum_{i=1}^{n}(X_i-X_T)^2}{n-1}}$	当分离数为 0～5 时，油品的存储稳定性高，不会发生絮凝；当分离数为 5～10 时，油品的存储稳定性较低，但是只要不暴露在恶劣环境下，沥青质不会发生絮凝；当分离数＞10 时，油品的存储稳定性低，沥青质容易发生絮凝	法国 Formulaction Turbiscan MA2000 or Turbiscan Heavy Oil	[219]
3	沥青质不小于 1% 的常、减压渣油，热裂解油，燃料油	取 5～9g 油样，加入一定量的 1-甲基萘，配成稀释倒数分别为 1、2、1、2、3、6 的样品；置于滴定杯中，控制温度在 150℃，插入光学探针和滴定交换单元，用正十六烷滴定，直到光学探针检测到体系中发生絮凝。对不同的 FR 样品测定后，用 FR 与 1/X 作图	最大絮凝比例 FR_{max}(maximum flocculation ratio)：使沥青质保持胶溶状态需要的最小溶解能力。絮凝比例 FR_x：表示在絮凝点处 1-甲基萘占混合溶液的比例。胶溶能力 P_o(peptizing power)：油样对沥青质的溶解能力。X_{min}(最小十六烷稀释数)：在不加 1-甲基萘的情况下，使测定体系发生絮凝消耗的正十六烷稀释数。关系式：$P_o=FR_{max}(X_{min}+1)$	判据是混合后的胶溶能力 P_o 是否大于最大絮凝比例 FR_{max}。若 $P_o>FR_{max}$ 相容，反之不相容	荷兰 Zematra Automated Stability Analyzer	[220]

续表

方法	适用对象	测定过程	参数物理意义	判断标准	所用仪器	参考文献
4	沥青质含量不小于1%的原油样品	测定各个原油的密度和体积中沸点，计算 K 值，并由此计算得到溶解能力参数。用正庚烷作为絮凝剂滴定原油，测定原油的初始絮凝点，并测定此时混合体系的密度和体积中沸点，计算 K 值，由此计算得到临界溶解能力参数	溶解能力 SP(solvent power)：$\mathrm{SP}=\frac{K_{oil}-12.79}{(10.196-12.79)}\times 100$ 临界溶解能力 CSP(critical solvent power)：原油在沥青质初始絮凝点时的 SP 值	混合原油的 SP 值：SP_{Blend} 为混合各组分 SP 值的质量分数加权和。 $SP_{Blend}\geqslant CSP_{max}$ 体系相容； $SP_{Blend}<CSP_{max}$ 体系不相容	BP 公司	[221]
5	热、加氢裂化渣油，原油等，沥青质含量不小于0.05%	分别取不同量的油品 3 组，加入甲苯配成含油品不同比例的总体积为 11 mL 的混合液。分别用正庚烷对这 3 组油品进行滴定，滴加速度为 0.05 mL/s。利用光学探针检测，若检测到已发生絮凝，停止滴定。由 FR 与 $1/X$ 作图，得到一条直线	$\mathrm{FR}=V_{arom}/(V_{arom}+V_{para})$ $1/X=M_{oil}/(V_{arom}+V_{para})$ $S_a=1-\mathrm{FR}_{max}$ $S_o=\mathrm{FR}_{max}\times S$ 或者 $S_o=(\mathrm{FR}_{max})(1+X_{min})$ 稳定性参数 S 值：$S=1+X_{min}$	当 S 值为 1 时，体系不稳定，已发生絮凝；S 值>1 时，体系稳定；S 值越大，体系越稳定	法国 Rofa Automated Stability Analyzer	[222]
6	原油、各种渣油等，沥青质含量不小于0.05%	取 40 g 油品于样品池，将芳烃和正庚烷分别用泵加入到样品池中，充分搅拌混匀后，通过循环泵把混合液打入测定装置。测定装置由发射光源、棱镜和空腔组成，通过检测散射强度大小的变化确定沥青质是否发生絮凝。由 FR 与 $1/X$ 作图，计算 I_N、S_{BN}和 P 值	$\mathrm{FR}=V_{arom}/(V_{arom}+V_{para})$；$1/X=M_{oil}/(V_{arom}+V_{para})$；$P_a=1-FR_{max}$； $P_o=\mathrm{FR}_{max}\times P$ 或者 $P_o=\mathrm{FR}_{max}(1+X_{min})$； 稳定性参数 P 值：$P=1+X_{min}$； 不溶性参数 I_N(insolubility number)：$I_N=\mathrm{SE}/(1-V_H/25D)$，表征沥青质的絮凝趋势； 混合溶解性参数 S_{BN} (solubility blending number)：$S_{BN}=I_N\times(1+V_H/5)$，表征对沥青质的溶解能力	当 P 值为 1 时，体系不稳定，已发生絮凝；$P>1$ 时，体系稳定；P 值越大，体系越稳定。 原油混合时混合原油的 S_{BN}值为各原油 S_{BN}值的体积分数加权和。 $S_{BNmix}\geqslant I_{Nmax}$；体系相容； $S_{BNmix}<I_{Nmax}$；体系不相容	芬兰 PORLA Heavy and Crude Oil Stability and Compatibility Analyzer	[215, 223]

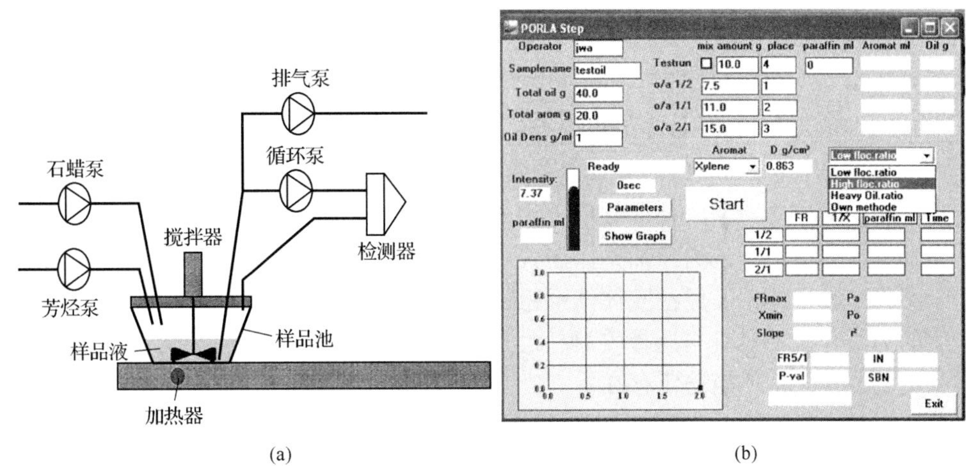

图 15.8　初始絮凝点测定示意图

(a) 测定原理；(b) 控制软件界面

由图 15.9 可知，当库姆克尔原油与塔河原油混合时，随着库姆克尔原油掺入比例的增加，S_{BN}呈线性减小，而 I_N 基本不变，说明该混合原油对沥青质的溶解能力逐渐降低，但沥青质的絮凝特性没发生变化。当 S_{BN}值减小到小于 I_N 值时，根据 Wiehe 原油相容性模型，此时体系中沥青质不能均匀分散，即在库姆克尔原油体积分数大于 64%时混合原油不相容，有沥青质絮凝。将不同比例的库姆克尔原油掺入塔河原油中，充分混匀后静置 3 h，用显微镜观察发现，库姆克尔原油掺入体积分数大于等于 60%时，会有沥青质絮凝出现，这与参数所表现出的规律基本一致。同样的，将库姆克尔原油与波斯坎原油混合时，随着库姆克尔原油掺入比例增加，S_{BN} 呈线性下降，当混入库姆克尔原油体积分数大于 83% 时开始出现 S_{BN}小于 I_N 的情况，此时混合原油不相容；用显微镜观察，当库姆克尔原油体积分数为 85%时，混合原油中有絮凝物。

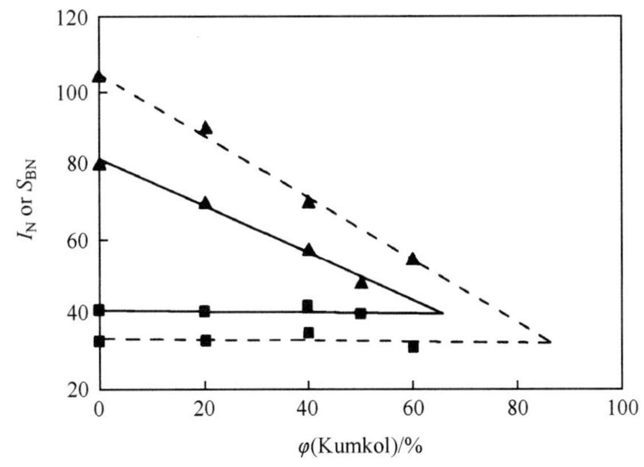

图 15.9　塔河原油、波斯坎原油分别与库姆克尔原油混合过程中稳定性参数 I_N 和 S_{BN} 随库姆克尔原油体积分数[φ(Kumkol)]的变化

——库姆克尔和塔河原油；- - -库姆克尔和波斯坎原油；■ I_N；▲ S_{BN}

6. 影响相容性的因素

1）原油组成分析

原油混合出现不相容，表现出有沥青质絮凝现象，并且不同混合比例时影响沥青质分散状态的稳定性参数不同，这些表观现象归根到底是由原油的组成特征决定的，因此要合理解释观察到的沥青质絮凝现象和稳定性参数的差异性，还须从原油组成上加以分析。

原油胶体体系模型认为原油是以沥青质为分散相、胶质为胶溶剂、油分为分散介质的热力学不稳定胶体体系。原油胶体体系稳定的必要条件是体系中有足够的胶溶剂和足够芳香度的分散介质。只有当沥青质、胶质、芳香烃以及饱和烃的特性和含量相匹配时，这种呈梯度的胶体结构才能稳定存在。

对于原油本身而言(见表 15.14)，A1 原油为沥青质含量较高的原油，是一个稳定的胶体体系。当掺入其他原油造成组成发生改变时，体系有可能出现不相容现象。

实验发现，往 A1 原油中掺入不同原油，相容性情况有所不同。不同原油与 A1 原油混合时的初始絮凝比例与 K 值的关系见图 15.10。

由图 15.10 可以看出，初始絮凝比例与 K 值反相关，所掺原油 K 值越小，掺入时的初始絮凝比例越大。另外，K 值小于 11.8 的原油与 A1 掺混时未出现不相容现象。究其原因，石蜡基原油(K 值大于 12.2)饱和烃含量较高、芳香度较低，达到一定掺入比例后出现了不相容现象。部分轻质的中间基原油(K 值 11.5～12.1)掺入 A1 原油时出现了不相容现象。环烷基原油(K 值小于 11.5)的芳香烃含量、芳香度较高，对沥青质的胶溶能力较好，因此往 A1 原油中掺入环烷基原油时没有出现不相容现象。

表 15.14 三种原油的基本性质和相容性参数

分析项目	A1 原油	A2 原油	A3 原油
API°	17.2	22.8	23.7
密度(20℃)/(g/cm³)	0.9484	0.9135	0.9082
凝点/℃	−18	−24	−28
残炭值/%	15.7	10.8	10.0
w(硫)/%	2.1	1.6	3.9
w(蜡)/%	3.4	5.1	5.3
w(胶质)/%	11.5	12.3	10.7
w(沥青质)/%	13.1	7.2	5.6
w(胶质)/w(沥青质)	0.87	1.70	1.91
S_{BN}值	83.7	80.9	74.5
I_N值	42.1	31.8	26.4
S_{BN}/I_N	1.99	2.54	2.82

另外，混合溶解性参数 S_{BN}表示的是原油对沥青质的溶解能力，不溶性参数 I_N 表示的是沥青质的絮凝趋势，二者的比值 S_{BN}/I_N 可以在一定程度上表征原油自身的稳定性。S_{BN}/I_N 的值越大，则原油越稳定。三种原油的稳定性顺序为：A3 原油＞A2 原油＞A1 原

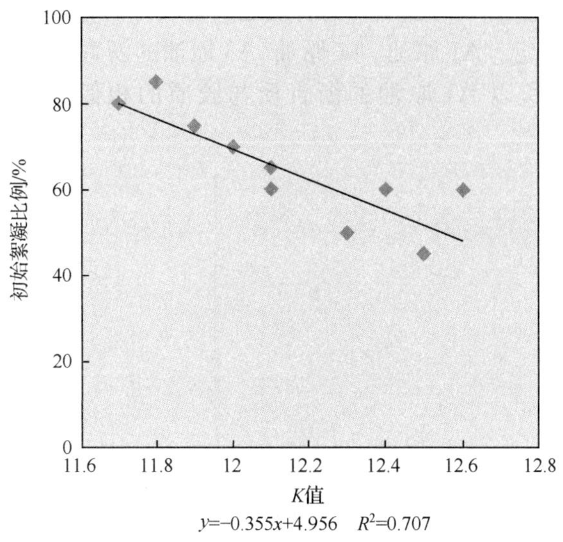

图 15.10 不同原油掺入 A1 时初始絮凝比例与 K 值关系

油。从表 15.14 中三种原油的基本性质来看，A1 原油的沥青质含量较高，为 13.1%；且 w(胶质)/w(沥青质)较小。胶质起着稳定沥青质的作用，因此从原油的组成上看，A1 原油胶质的相对含量较少，稳定性较差。

2）沥青质和胶质组成结构分析

原油中的沥青质和胶质是影响原油自身稳定性的主要因素，因此有必要进一步考察胶质和沥青质的结构和组成对原油稳定性的影响。沥青质与胶质之间的强烈吸附是形成胶体体系的基础，溶剂化的胶质吸附层保护了胶体体系的稳定存在。沥青质和胶质的含量及结构组成对原油胶体体系的稳定性起着决定性的作用。对各原油的胶质和沥青质进行组成及结构分析，进一步研究影响原油稳定性的因素。

按四组分测定分离方法分别将 A1 原油、A2 原油和 A3 原油的沥青质、胶质分离出来，并对其组成及结构进行表征。核磁谱图如图 15.11 和图 15.12 所示。

根据三种原油的沥青质、胶质的核磁谱图可以积分计算得到其芳碳率的大小。A1 原油、A2 原油及 A3 原油的胶质和沥青质的结构组成分析结果见表 15.15。

由表 15.15 可知，A1 原油的沥青质相对分子质量大、氢碳原子比低、芳碳率高，说明 A1 原油沥青质的不饱和程度高、芳香性强、芳环密度大。

胶质起着胶溶稳定沥青质的作用，沥青质和胶质在性质及结构上越相似胶质越能够更好地稳定沥青质。相对分子质量 M 及氢碳原子比[n(H)/n(C)]是表征沥青质及胶质平均化学结构的重要参数。沥青质和胶质在 M 及 n(H)/n(C)上的相似性是原油稳定性的重要指标[226]。

A1 原油、A2 原油、A3 原油这三种原油的沥青质和胶质的 M 及 n(H)/n(C)的关系如图 15.13 所示。

定义同一种原油的沥青质和胶质在图 15.13 中坐标点之间的距离为 D，图中曲线上方的数字分别为三种不同原油的沥青质与胶质的距离。沥青质和胶质之间的 D 值越小，则沥青质和胶质之间越相似，即胶质和沥青质之间有较好的相容性，因此胶质具有较强的胶溶能力，使沥青质稳定。A1 原油、A2 原油、A3 原油的沥青质与胶质之间的 D 值分别为 0.38、0.35、0.30，所以 A1 原油的沥青质与胶质的相似性较差，不利于沥青质的分散。

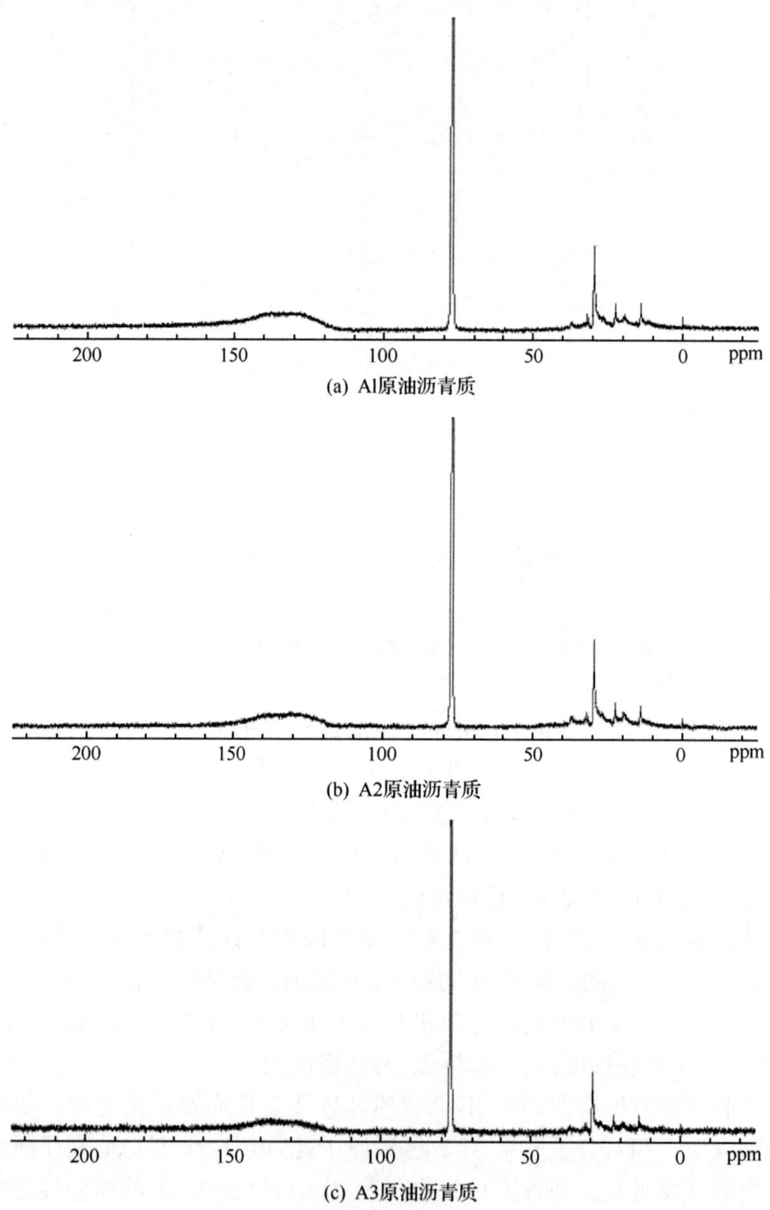

图 15.11　各原油沥青质的^{13}C NMR 谱图

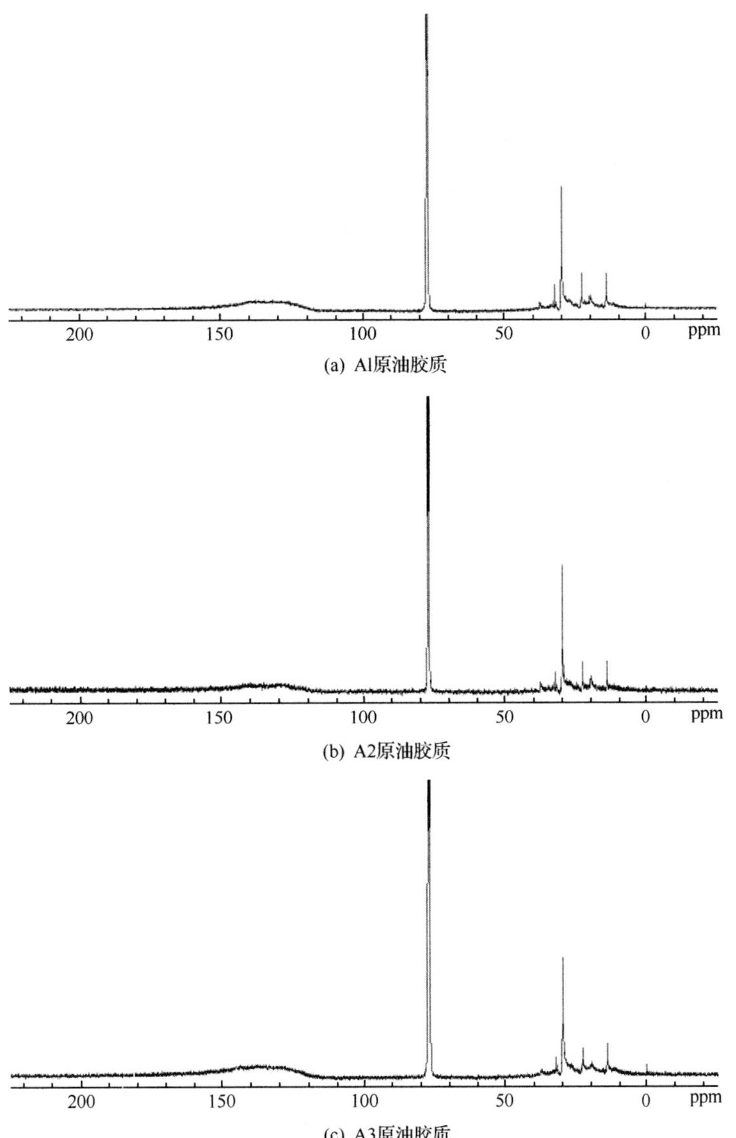

(a) A1原油胶质

(b) A2原油胶质

(c) A3原油胶质

图 15.12　各原油胶质的^{13}C NMR 谱图

表 15.15　三种原油的沥青质胶质的结构组成

分析项目	M^a	w/%				$n(H)/n(C)$	f_a^b
		C	H	S	N		
A1 原油沥青质	5263	84.68	7.08	4.64	1.45	1.00	0.53
A1 原油胶质	2172	83.15	8.50	3.61	1.29	1.22	0.48
A2 原油沥青质	4728	84.86	7.50	3.40	1.56	1.06	0.51
A2 原油胶质	2053	82.98	9.01	2.78	1.20	1.30	0.48
A3 原油沥青质	4387	81.43	7.20	9.40	0.94	1.06	0.49
A3 原油胶质	1865	79.01	8.12	6.67	1.01	1.23	0.47

a：M 为相对分子质量；b：f_a 为芳碳率。

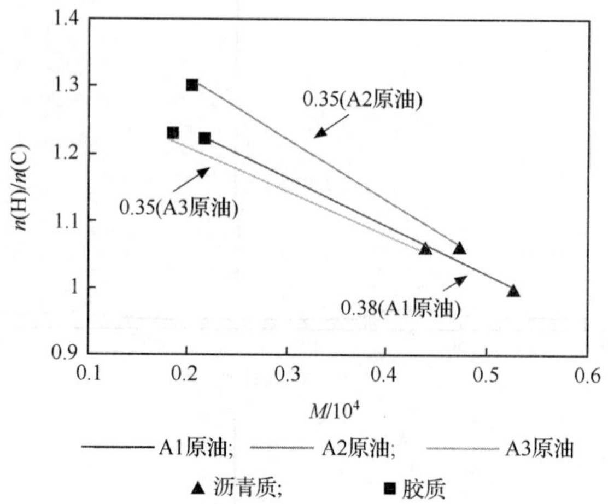

图 15.13 三种原油的沥青质和胶质的 M 及 n(H)/n(C)

综合以上分析，三种原油中 A1 原油的沥青质含量较高、w(胶质)/w(沥青质)较低、胶质与沥青质之间的相似性较差、S_{BN}/I_N 值较小，因此三种原油中 A1 原油的稳定性较差。原油的稳定性顺序具体表现为：A3 原油＞A2 原油＞A1 原油，三种原油在掺入同一种原油时，A1 原油的初始絮凝比例较小。

7. 小结

原油相容性问题影响着炼油工业的许多方面，原油不相容会使储运设备结垢、原油蒸馏轻质油收率偏低、热交换过程中结焦现象严重。处于不相容状态的混合原油，其常压渣油中甲苯不溶物的含量较理论值有所增加，混合原油的生焦量增大，说明不相容混合原油在加工过程中易于生焦，造成设备结焦结垢严重，进而影响了蒸馏效率和轻油拔出率。

通过测定相容性参数 I_N 和 S_{BN}分析原油混合过程，结果表明随着轻质石蜡基的轻质原油掺入重质原油比例的增大，混合原油对沥青质的溶解能力逐渐下降，这是造成混合原油不相容的关键原因。因此可以通过测定原油的相容性参数对混合过程进行定量描述，并对混合原油的相容性比例、掺混顺序进行合理预判。

原油相容性与原油的种类、混合比例有关。原油自身稳定性是影响原油混合时相容性的重要因素。原油自身的稳定性取决于原油的组成及性质。结果发现，不稳定原油的沥青质含量高、w(胶质)/w(沥青质)值低、沥青质 n(H)/n(C)值低、芳碳率高、胶质与沥青质相似性差。

15.2.2 减压深拔技术进展

原油减压蒸馏装置经过深度切割，可以从渣油中回收价值更高的轻、重馏分油，为下游装置提供更多的优质原料，同时也可以增加整个炼油厂的经济效益。随着能源日趋紧张，加之环保要求的严格，迫使市场对石化产品的质量也提出了更高的要求，也促使石油加工技术的进一步发展。例如，延迟焦化装置可以加工更劣质的减压渣油，重质减压蜡油加工可以采用重油催化裂化工艺等，这些技术的进步大大促进了减压深拔技术的发展。

1. 减压深拔的基本概念

减压深拔的基本概念或定义是原油切割至 560℃(TBP)以上，并且所拔出的重质蜡油与塔底渣油的质量满足下游二次加工装置对原料的质量要求，同时减压渣油中<538℃的轻组分含量不超过 5%。衡量常减压蒸馏装置拔出深度通常采用减压渣油的切割点表示，减压渣油的切割点是指减压渣油收率对应于原油实沸点蒸馏曲线(TBP)上的温度。国外减压蒸馏装置减压渣油的切割点标准设计是 565℃。国内所指的深拔有一个演变过程，20 世纪八九十年代，减压渣油切割点温度达到 540℃以上就称为深拔，目前所称的深拔主要是指减压渣油切割点达到 560℃及以上。

对催化裂化或加氢裂化装置提供减压瓦斯油(VGO)原料的减压蒸馏塔，其 VGO 切割点一般为 530℃以上，通常限制在 566℃。而对于生产润滑油原料的减压蒸馏塔，其切割点通常为 538℃。生产沥青原料的减压蒸馏塔，其切割点为 582.2～593.3℃[227]。

2. 减压深拔的影响因素

减压深拔的主要影响因素为进料段的温度和压力。要提高拔出率，必然要提高温度(提高减压炉出口温度和降低减压转油线的温降)和降低压力(降低减压塔塔顶残压和减压塔的全塔压降)。影响减压深拔的另一个因素是进料段的雾沫夹带量。雾沫夹带量主要影响减压塔最底侧线产品的质量。另外，被夹带上去的油滴还会使闪蒸段以上部分的塔内件严重结焦。

影响拔出率的第一因素是进料段温度。但温度的升高受油品热稳定性的限制。国内长期生产的经验表明，凡生产润滑油料的装置，加热炉出口温度不高于 400℃，而生产催化原料的装置则允许提高到 410℃。按转油线温降为 15℃计算，设计良好的减压蒸馏系统的减压塔进料段温度，燃料型装置可达 395℃，润滑油型装置可达 385℃。目前，具有国际领先减压深拔技术的 KBC 公司和 Shell 公司都可以做到减压炉出口温度超过 420℃时，加热炉仍然可以在安全区域保持四年以上的运转周期，而国内的技术还达不到这样的水平。限制温度提高的关键因素在于控制油品在高温下的裂解和结焦，其手段为控制油品受热极端最高温度和降低高温下油品停留时间。油品在炉管内受热体积膨胀流速加快，达到汽化点后呈气液两相流，可以通过控制流型来控制最高油膜温度；炉管注汽既可以改变流动形态，又可以通过提高流速来缩短停留时间，但流速受到加热炉允许压力降的限制，也将受到介质在炉管内流动的声速限制，还将受到流型的限制。减压加热炉的设计是减压深拔技术的关键，而目前这项技术还不能为我院所掌握。

影响拔出率的第二因素是进料段压力，绝对压力越低(真空度越高)，降低压力的作用就越大。进料段高真空的限制条件是塔顶可能达到的最低压力和进料段至塔顶之间可能达到的最小压力降。目前国内的减顶抽真空系统多采用带一级增压器的三级抽空器，减顶真空度干式最高可达 100 kPa，湿式一般为 94～98 kPa。进料段至塔顶的压降取决于所选用的塔板型式，国内采用填料和塔板混合结构的润滑油型减压塔，全塔压降约 4～10 kPa，而全填料型减压塔，全塔压降只有 2 kPa 左右。从压力方面来讲，塔顶抽真空系统经过不断改进，工业装置中减压塔顶压力最低已经达到 1 kPa(绝压)。减压塔填料和内构件经过不断优化，不但性能得到提高，而且压降也有很大程度降低，工业装置进料段已经达到 3 kPa(绝压)以下。如今，对于全填料型减压塔，不但填料和塔内件性能提高越来越难，而且成本也会大幅增加，所以，减压塔塔顶和进料段再降低压力已经非常困难。但是，我们可以借鉴 Shell 公司的技术，如果能够研制出一种新型塔内件，既能保证填料的传质传热效果，又能减小全塔压降，便可挑战当前存在的减压塔压降技术极限。

影响减压深拔的第三个因素是进料段的雾沫夹带量。雾沫夹带量主要影响减压塔最底侧线产品的质量。另外，被夹带上去的油滴还会使闪蒸段以上部分的塔内件严重结焦。减少进料段雾沫夹带量的途径主要有 3 个：一是降低气相动能因子；二是提高分离空间高度；三是设计合理的进料分布器。目前，许多工程公司和专利商都不断推出新设计和新结构，使减压塔重蜡油侧线质量得到不断改善。

此外，汽提蒸汽量也是影响拨出率的一个因素。为了防止炉管结焦，有些干式减压蒸馏装置也向炉管注入占减压进料量约 0.15%的蒸汽。湿式蒸馏工艺中减压塔汽提段的蒸汽汽提作用不容忽视，提高汽提效率是提高拔出率的有力手段，这一点早被许多炼油厂的生产实践所证实。但值得注意的是，所有这些蒸汽和减压系统裂解的小分子油气，包括减压系统漏进的蒸汽，都将作为抽真空系统的负荷，需要消耗大量的动力来维持减压塔塔顶较高的真空度。同时，提高进料段温度也需要消耗大量的能量，所以减压深拔需要付出能量的代价是必然的，关键是合理性和经济性的问题，需要在拔出率和能耗之间进行权衡，降低减压深拔生成过程的能量消耗，才能使减压深拔更具经济意义。

3. 减压深拔技术进展简述

目前，减压深拔成套技术主要为国外所掌握。国际上拥有此项技术的公司主要是荷兰壳牌(Shell)技术公司和英国 KBC 技术咨询公司。此外，Mobil 石油公司也开发了深度切割减压蒸馏(DCVD) 技术，Glitsch 公司开发了提高重减压瓦斯油(HVGO)质量和切割点的技术。国内一些工程公司对引进技术进行了消化吸收，如洛阳石油化工工程公司(LPEC)开发了一套自主知识产权的减压深拔技术并通过了中石化的鉴定；SEI 提供的减压深拔技术在武汉石化进行了应用。而国内其他科研机构主要在高性能填料(塔板)和塔内件、低压降进料分布器开发，大直径减压炉管转油线设计，常减压过程的流程模拟等方面做了大量的工作，取得了一些成果。但是国内减压蒸馏单元的设计、改造，特别是高拔出率减压蒸馏过程的设计还是主要依赖于 KBC 公司和 Shell 公司提供的技术支持[228]。

KBC 公司开发了原油深度切割技术，使减压蒸馏实沸点切割点达到 608～621℃。KBC 公司的加热炉高温条件下抗结焦技术在世界领先，能够使加热炉出口温度超过 420℃时，加热炉仍然可以在安全区域保持四年以上的运转周期。其减压深拔技术的核心是对减压炉管内介质流速、汽化点、油膜温度、炉管管壁温度、注汽量(包括炉管注汽和塔底吹汽)等的计算和选取，以防止炉管内结焦，保证长周期的安全生产。此外 KBC 减压塔为微湿式带汽提全填料塔，内设专利内件。KBC 公司拥有一套 Petro-SIM 软件，其常减压装置全流程模型能够预测换油后原油换热终温、常压炉和减压炉的负荷、减压炉的结焦曲线、各塔侧线产品流量和性质分布，从而指导新油种加工方案的制订和实际生产。

Shell 公司开发了 HVU 减压深拔技术，采用独到的设计理念，能将渣油的 TBP 切割点提高到 600℃，使 VGO 收率达到最大，并能有效脱除 VGO 中的金属和沥青质。至 21 世纪初，已经建设了 50 余套深度高真空减压装置。该技术是在传热段采用空塔喷淋传热技术，将减压塔全塔压降降低，同时提高加热炉的出口温度，以达到更高的拔出率。该公司深度切割技术在闪蒸段和洗涤段均有与众不同的设计。据 2008 年壳牌公司的减压蒸馏深度切割装置数据分析可见，该公司深度切割的减压蒸馏装置，其闪蒸段最高温度和加热炉出口温度最高分别为 414℃和 435℃，闪蒸段绝压为 1.89 kPa，最低可达到 1.5 kPa，全塔压降<1 kPa。该技术克服了加热炉炉管结焦和洗涤段填料结焦，装置操作稳定性可达 98%，装置寿命介于 4～6 年。

国内开始引进减压深拔技术是在 2000 年以后。最先由中石油大连石化分公司(2005 年 11 月建成，2006 年 3 月投产一次成功)、独山子石化分公司引进了荷兰壳牌的技术，之后由中石化青岛分公司(2006 年动工，2008 年 4 月第一次投料开工成功)、天津石化分公司(2010 年 4 月正式运行)引进了 KBC 技术咨询公司的技术。除新建装置以外，2005 年，大庆石化 2 套改造常减压装置也实施了 KBC 公司的减压深拔技术。

4. *减压深拔实现途径*

减压深拔技术是包括减压加热炉技术、减压塔技术、减压转油线技术、抽真空系统等一系列技术在内的整体技术。

减压加热炉技术是减压深拔技术的关键，原则是控制炉管内油膜温度和停留时间，达到降低油品裂解、聚合的目的。主要技术包括加热炉结构、炉管选择、炉管注汽、燃烧器布置等。

减压深拔减压塔技术一方面是低全塔压力降设计技术，另一方面是抗高温油品在减压塔内的裂解、结焦技术。关于前者，Shell 公司采用空塔喷淋技术，其他公司主要通过采用先进的塔内件技术和性能优良的规整填料来实现；后者主要集中在减压塔下部，即通过洗涤段结构和填料床层设计，在完成减压塔传质传热基本任务的同时，减少介质在减压塔内的因高温而产生的裂解、结焦的问题。

减压转油线由过渡段和低速段组成，管道内介质呈气液两相混合状态，管道的直径和布置必须满足高温、低压、气液混相的技术要求，满足热应力补偿要求、满足流态稳定并防止出现震动现象的要求。前些年，大直径低速减压转油线技术逐渐取代了以往的高速转油线，低速转油线的压降、温降都较低，其目的是在保证减压塔进料段汽化分率的条件下，尽可能降低减压炉出口温度，以防止炉管结焦。近几年，有人提出减压深拔的转油线追求的不仅是低压降，而是要同时满足减压加热炉出口必须保持一定压力的要求。

减压深拔减顶抽真空系统的负荷较大，必须高真空操作以提高减压拔出深度，湿式操作工况，减压塔顶残压要达到 30 mmHg① 以下，干式操作工况，减压塔顶残压要达到 10 mmHg以下。

蒸馏方式的选择："干式"减压蒸馏工艺和抽空系统蒸汽和冷却水消耗均少于其他两种形式的减压蒸馏装置。但 VGO 收率最低，而且加热炉需要定期清焦，装置运转周期

① mmHg 为非法定单位，1 mmHg＝0.133 kPa。

短。湿式减压蒸馏工艺设计投资较高，使用炉管注汽，它的一级抽空器蒸汽消耗比干式消耗多出5～10倍，工艺和抽空器蒸汽必须由内部冷凝器冷凝，所以冷却水用量高。带渣油汽提的加热炉出口温度比没渣油汽提的设计低约4℃，VGO切割点高，且金属含量最低。虽然装置投资高，但产品收率潜力高，产品质量好。

提高减压蒸馏装置减压瓦斯油（VGO）的切割点，从而提高VGO的拔出率，以减少低价值的渣油，增加作为催化裂化、热裂化和加氢裂化原料的VGO产量，并使VGO中的杂质（金属、残炭和C_7不溶物）含量保持在所允许的指定范围内，从而提高炼油厂综合效益。近几年来，国内越来越多的常减压蒸馏装置采用减压深拔技术，如青岛石化、天津石化、大连七厂、独山子石化等，减压深拔技术的发展趋势十分明显。

然而，减压深拔技术有其适宜的应用范围，主要取决于加工原油的性质。全厂总加工工艺流程，特别是减压馏分油的二次加工装置和减压渣油加工装置对原料馏程、残炭、重金属含量、C_7不溶物含量、黏度、氢碳比等有不同要求，只有同时满足馏分油及渣油加工装置的不同要求时，减压深拔技术才能带来理想的经济效益。因此，减压深拔馏分油的切割点应综合上述诸多因素优化确定[229]。

15.2.3　强化汽化减压深拔技术

1. 强化汽化的减压深拔技术简介

当前绝大多数研究者都把提高轻质油拔出率的研究方向集中在降低蒸馏塔进料段的压力和提高进料段的温度上。强化汽化过程的减压蒸馏技术通过强化原料的汽化过程来提高常减压装置的拔出率，以改变由于停留时间和设备的原因，原料汽化并未达到热力学平衡状态的现状。强化汽化过程减压蒸馏技术的工艺流程见图15.14。

将待分馏的石油烃原料油经加热炉预热，预热后的原料油在高于雾化容器100.0～1000.0 kPa的压力下喷入雾化容器，雾化为粒径为0.0001～10 mm的小雾滴，同时部分汽化，之后引入分馏塔，在分馏塔中进行蒸馏分离，塔顶和侧线引出馏分油产品，塔底引出渣油通过雾化作用加速原料油汽化过程，使原料中的馏分油在极短的时间内充分汽化，最大程度的降低渣油中的馏分油含量，提高馏分油收率。

该技术对提高石油烃分馏塔馏分油收率具有如下好处：

(1) 原料经预热后在一定压力下喷入闪蒸罐，雾化成细微的雾滴后，由于表面积急剧增加，汽化速率也会大幅提高，从而可提高馏分油的收率。

(2) 该技术应用于常压蒸馏过程，可以提高常压塔的拔出率，从而降低了减压塔的负荷和能耗。同时用于常压塔和减压塔，在提高了常减压蒸馏装置拔出率的同时又降低了能耗和操作费用。

(3) 通过在减压炉后设置雾化设备，可以提供足够的雾化空间和时间，对于旧设备的改造，可以弥补分馏塔汽化段空间不足，减少雾沫夹带。

(4) 由于热裂化反应是相对分子质量增加的反应，加热炉炉管内保持较高的压力，可以抑制热裂化反应的发生。同时，炉管内压力提高，可使总传热系数相应增大，在相同传热强度情况下，炉管表面温度可以降低，能保证长周期运行。

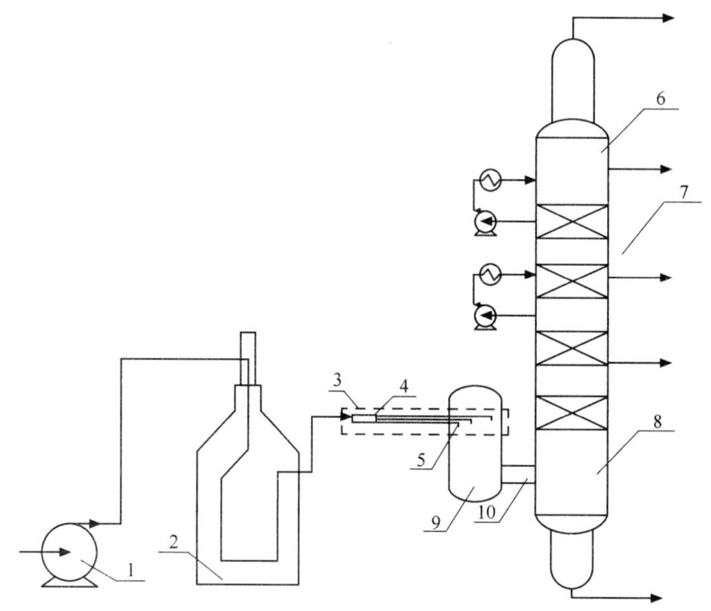

图 15.14　汽化强化减压蒸馏工艺流程

1. 进料泵；2. 减压炉；3. 转油线；4. 流量分配系统；5. 喷嘴；6. 减压塔顶；7. 填料段；8. 减压塔底段；9. 闪蒸罐；10. 减压塔原料入口段

2. 喷嘴雾化技术

所谓雾化，就是将液体破碎成细小的颗粒。液体的雾化是在雾化器或喷嘴中进行的，喷嘴的形式多种多样，但液体的雾化过程在物理本质上都是基本相同的。要使液体雾化，必须先将液体扩展成很薄的液膜或很细的射流，让液体通过特定设计的流路展成膜或细射流，流路可以是窄缝、槽或小孔，或通过旋流使液体在金属表面延展变薄，或由金属盘或旋杯做高速旋转运动带动液体展成薄膜，然后利用各种扰动，或在运动中由于动力的作用，使液膜或射流失稳，进而碎裂成液丝和大的液滴，最后破碎成小液滴。通常认为实现液体雾化的最有效途径是提高液体与周围空气之间的相对速度。一般情况下，相对速度越高，液滴的平均直径越小。为了获得大的相对速度，一类喷嘴是将液体工质以较高的速度喷入低速运动或静止的介质中，如直射喷嘴、离心喷嘴、旋转喷嘴；另一类则是将低速运动的液体置于相对高速运动的气体介质中，如气动雾化喷嘴。

迄今发展了各种不同类型的喷嘴（表 15.16），按其工作原理主要分为以下四类[230]：机械雾化式、介质雾化式、超声波雾化式和静电雾化式。其中机械雾化式和介质雾化式又分为多种不同的类型，如图 15.15 所示。

压力式喷嘴也称为压力式雾化器、单流体雾化器或机械式雾化器。主要由液体切向入口、液体旋转室、喷孔等组成。压力式喷嘴的工作原理如图 15.16 所示，液体在压力作用下从雾化器的切向通道高速进入旋转室，使液体在旋转室内产生高速运动。根据旋转动量矩守恒定律，旋转速度与旋转室的半径成反比，因此越靠近轴心处旋转速度越大，静

表 15.16　喷嘴类型及其原理

喷嘴类型	喷雾原理	应用范围
直射喷嘴	利用高液体压力经小孔高速射出而雾化	航机加力燃烧室(煤油)等
单路压力雾化喷嘴 双路压力雾化喷嘴	利用高压液体经旋流装置产生的离心力产生液膜,被空气破碎而雾化	各类燃烧器及非燃烧设备(轻油、料液、涂料等)
变面积压力雾化喷嘴	原理同上(利用活塞或针塞变面积)	燃气轮机(轻油)
回油式喷嘴	原理同上(利用中心或分散孔回油)	燃气轮机、工业炉、锅炉
旋转式-转杯式	利用 4～6 kr/min 转杯雾化液体	工业炉、锅炉燃烧器、喷漆
旋转式-转盘式	利用 4～20 kr/min 转盘雾化液体	非燃烧设备(干燥、喷漆等)
旋转式-甩油盘	利用 4～60 kr/min 带孔盘旋转甩出液体雾化	小型航机及燃机煤油

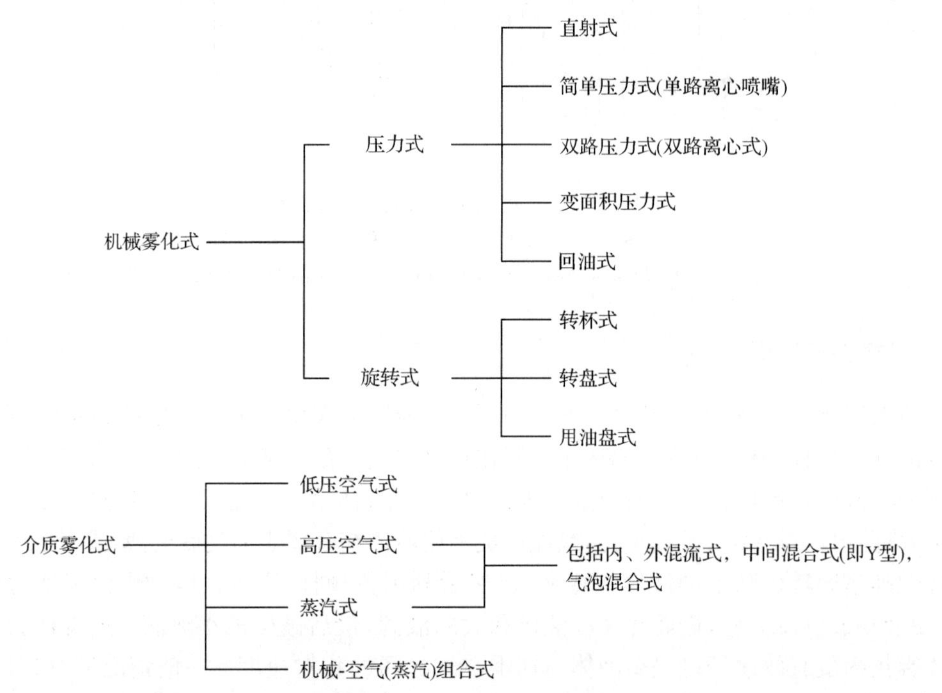

图 15.15　机械零化式喷嘴和介质雾化式喷嘴分类

压力也越小。当旋转速度达到一定数值,雾化器中心处的压力等于大气压力时,喷出的液体即形成绕空气芯旋转的锥形环状液膜。随着液膜的延长,空气的剧烈扰动所形成的波不断发展,液膜分裂成细线。加上湍流径向分速度和周围空气相对速度的影响,最后导致液膜破裂成丝,液丝断裂后受表面张力的作用,最后形成由无数雾滴组成的雾群。

燃油黏度和表面张力是影响雾化质量的主要影响因素[231]。在压力雾化喷嘴的使用过程中,在雾化初始阶段,黏度的影响起决定性作用。随着黏度的降低,燃油在旋流室中旋流强度增大,切向力和径向力增大,雾化质量变好。在雾化中期,表面张力是主要作用。表面张力减小,油膜克服表面张力进行分裂更容易进行。在雾化后期,黏性力、表面张力、油滴惯性力和空气动力互相作用,使液滴进一步分裂。

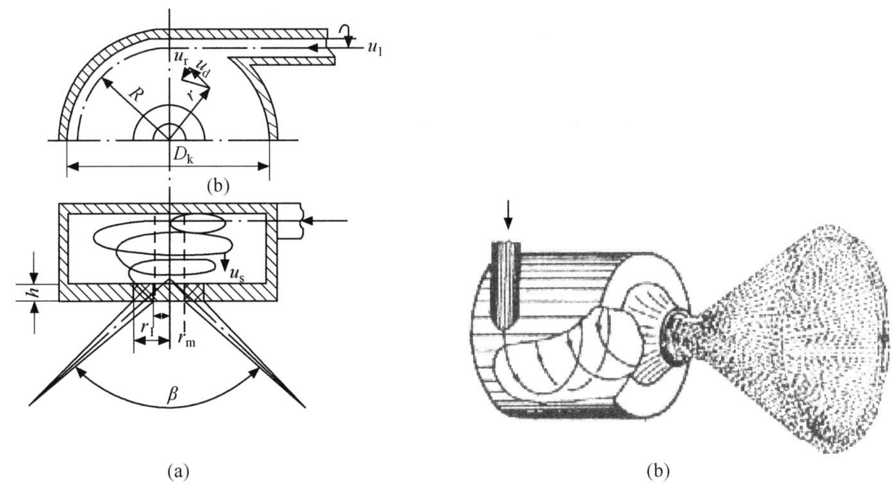

图 15.16　压力式喷嘴工作原理示意图

实验和理论分析已经表明：当液体从喷射流转化为喷雾流，取决于液体的雷诺数 Re：

$$Re = \frac{d_0 \cdot v\rho_L}{\mu} \tag{15.1}$$

式中，d_0 为喷嘴孔径，v 为液体流速，μ 为液体黏度，ρ_L 为液体密度。

当喷口直径一定，Re 随流速增大而变大，有利于液流由层流转为湍流和雾化，但是黏度增加则不利于雾化。

另外液珠破裂又遵守如下关系：

$$D = \frac{\rho_a \cdot u_r \cdot d}{\sigma} \tag{15.2}$$

式中，D 为油珠破裂准则，u_r 为相对速度，d 为油珠直径，σ 为表面张力。

实验证明，当 $D \approx 1.07$ 时，油珠分裂为两半，而当 $D \geqslant 1.4$ 时，油珠就被破碎为更多更小的油珠。而表面张力的增大，不利于油珠破裂。

燃油的黏度和表面张力均随温度增加而变小，为了改善黏度很大的燃油雾化质量和燃油性能，采用加热燃油的方法，即在雾化燃油前将其预热以便雾化的顺利进行。

3. 闪急沸腾喷雾

闪急沸腾喷雾在汽车发动机中的应用最为广泛，其原理是当过热燃油喷射到低于该燃油饱和蒸气压的环境中时，一部分燃油将在液体中转化成蒸气形成气泡。在燃料喷射过程中，这些气泡经历了一个快速膨胀的过程，使液体快速分解成较小的液滴，该过程称为闪急沸腾。

与传统的喷射相比，闪急沸腾喷雾最大的不同在于液体膜破碎的机理。传统喷射液膜破裂是由于液体的惯性力、黏滞力、表面张力和气相切力等，而闪急沸腾喷射主要是由于燃油液相内部所聚集了大量气泡而发生微爆效应，导致了液膜的破裂。

图 15.17 中，P_a 是喷雾室压力，$P_a(T_s)$ 是对应加热到 T_s 时燃油的饱和压力，T_s 是对应 P_a 的燃油饱和温度，C 是临界点，P_{inj} 是燃油的喷射压力。

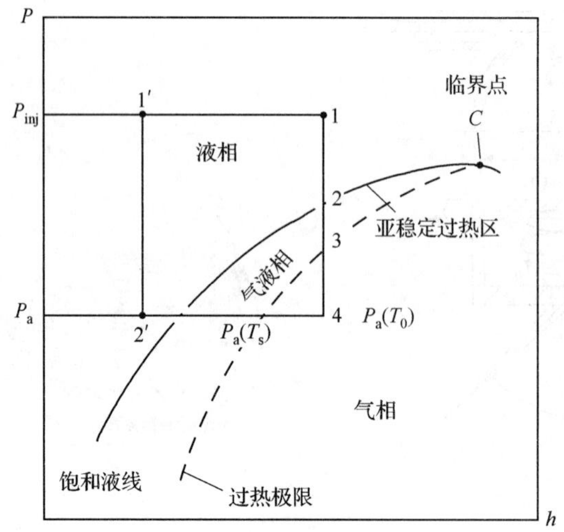

图 15.17　闪急沸腾喷雾原理图

传统燃油喷雾喷射过程是 1′-2′，由于燃油温度低于 P_a 对应的饱和温度 T_s，因此，燃油喷射的全过程都在液相区进行，雾化过程主要是燃油喷雾液膜的破碎和撕裂。

闪急沸腾喷射过程是 1-2-3-4，T_0 为燃油加热后的温度。在喷射过程中，当燃油压力降到 T_0 对应的饱和压力 $P_s(T_0)$ 以后，进入亚稳态的过热区，这时在燃油中产生大量的气泡，随着压力的逐渐减小，气泡逐渐长大。当压力低于过热极限对应的压力 $P_s(T_0)$ 时，部分燃油就会爆炸性地迅速变成气态——产生闪急沸腾。气相快速膨胀而爆炸的现象被称为“气泡微爆”，此现象可使燃油喷雾液相雾化成更为细小的液滴。

迄今为止，国内外研究员对液体喷射雾化中的汽化率进行了多种方式的研究。早期的一些研究主要集中在简单的过热液体喷射。这些研究都表明了足够过热的液体可以使喷雾雾化程度得到极大的提高，但另一方面使流体分散成小液滴的过热程度也取决于喷嘴规格和气动力破碎的最主要的无量纲参数 Weber 数。这种液滴破碎机理经常应用在较低的喷射压力下产生更小液滴粒径的喷雾中。

Kim 等[232]在 1980 年，从喷雾实验中发现，闪急沸腾喷雾与普通喷雾相比，液态乙醇的喷雾液滴尺寸更小，喷雾锥角增大，同时喷雾贯穿距减小，这是最早关于闪急沸腾喷雾的报道。Oza[233]在 1983 年，对闪急沸腾喷雾发展过程进行了细致的研究，发现了闪急沸腾比普通喷雾的雾化特性更优，观察到喷雾锥角在增大，燃油喷雾破碎程度加大提高了喷雾雾化性能，由此可知对闪急沸腾的研究十分有必要，前景亦十分广阔。Brown 等[234]也通过加热喷射燃油以提高闪急沸腾喷雾的过热度用于改善喷雾的雾化和汽化质量，该实验研究说明了，闪急沸腾喷雾可以明显提高喷雾质量，但不需要较高的喷油压力，而是较高的过热度。因此，在早期的闪急沸腾喷雾研究中，多数研究学者都以较低的过热度为研究喷雾的方向[235,236]。Swindal 等[237]和 Itoh 等[238]实验发现燃油蒸馏曲线特性也是影响喷雾气液浓度分布的重要因素。Peter 等[239]实验研究了燃油喷射时间和旋转喷嘴对燃油喷雾的影响。1994 年，Park 和 Lee[240]研究证实了喷嘴内部流体状态决定了喷嘴外部的喷雾形态，随着过热度越高，由于在喷嘴内形成了气泡，导致喷雾粒径减小，液滴分布更加均匀。1999 年，我国的段树林教授[241]采用激光全息术测量研究了闪急沸腾喷雾的粒径分布，实验证明，闪急沸腾喷雾比常温喷雾具有平均粒径小，径向、轴向分布均匀等特点。2002 年，Choi 等[242]对蒸发喷雾和非蒸发喷雾中的燃油喷雾的蒸发特性和喷雾结构做了较为详细的研究，细致地描述了喷雾结构的发展变化，并把喷雾场分为锥形区和混合区两部分。Keseler 等[243]通过对多组分燃油闪急沸腾喷雾研究的喷雾特性，并与单组分燃油喷雾的闪急沸腾喷射相比，发现两者的喷雾形态基本相同，只是燃油喷雾的喷雾锥角有稍许的差别。2011 年，Soid 等[244]对很多年前使用光学测量技术对喷雾特性的研究结果做了全面的总结，包括燃油的喷射速率，燃油的喷射压力等，为后续的喷雾结构进一步研究提供了宏观和微观的重要信息。

当喷雾结构的研究已为研究学者们所掌握时，燃油喷雾过程中的气液两相浓度分布又成了他们新的研究对象。1998 年，Rabenstein[245]利用 TEA 和苯作为荧光添加剂对燃油喷雾中的气液两相浓度分布及发展进行示踪，实验证实了荧光强度可以很好地表明气相在环境气体中所占的比例及空间分布，因此这为示踪荧光剂系统又添加了新的一组示踪剂。Peter 等[239]采用 LIEF 技术对喷雾的气液两相浓度分布做了定量研究，成功地使用荧光剂分离出汽油中的轻油和重油成分，并得出燃油喷雾的气相浓度分布对燃油液相浓度分布有一定影响的结论。2002 年，Choi 等[242]也利用 LIEF 技术，使正己烷作为替代燃油，以 89％正己烷、2％FB 和 9％DEMA 的体积比混合，以研究蒸发和非蒸发条件下的喷雾气液两相浓度分布特性。Fujimoto 等[246]也采用以两种荧光波长为基础的 LIEF 荧光技术对柴油喷雾的气液两相瞬间和空间中的混合形式同时检测，根据喷雾气液两相的扩散状态的定量信息可用于熵统计中。2005 年，Payri 等[247]采用 LIEF 荧光技术对柴油喷雾进行了分析研究，分别对喷雾气液两相中的浓度分布进行了可视化研究和三个喷油压力下的测量，为后续的柴油喷雾研究提供了依据。2009 年，Fansler 等[248]介绍了荧光剂的选择原理，以 FB 和 DEMA 作为示踪荧光剂，在高温高压喷雾容器内对喷雾快速蒸发和慢速蒸发的气液两相浓度分布进行了研究，并对气液两相重叠的荧光光谱进行了校准，使得实验结果更为准确。近几年来，我国上海交通大学[249,250]在燃油喷雾中气液两相浓度分布及发展形态方面也做了很多研究并取得了一定的成果。研究学者在对燃油喷雾结构发展特性研究和喷雾气液两相浓度分布研究的同时，也对闪急沸腾喷雾结构发展过程定性的分为了三个过程[251]，分别为气泡的形核，气泡的生长和雾化。因此，这三个阶段是研究闪急沸腾喷雾液滴破碎雾化机理的关键，以下就围绕这三个阶段分别进行论述。

1) 气泡的形核

闪急沸腾喷雾是由于突然的压降会出现气泡成核现象，根据形核理论，气泡数密度 N 表现形式可用阿伦尼乌斯方程[252]表示出来，即

$$N = N_{max}\exp\left(\frac{-K}{\Delta T}\right) \tag{15.3}$$

式中，N_{max}定义为气泡最大数密度，K 为关联常数，ΔT 为燃油液体的过热度。

Senda 等[252]通过对实验数据拟合，得出 N_{max}和 K 的值分别为 6.67E11 和 5.28。但是，N_{max}在不同的喷雾研究中取值不同，且与过热燃油的性质有关。Chang[253]把 Senda 的 N_{max}值 6.67E11 代入方程中得出的气泡数密度值偏低，闪急沸腾喷雾的性质不明显。

因此,准确地把气泡形核的气泡数密度确定对气泡生长和气泡破碎有决定性的影响。

2) 气泡的生长

Rayleigh 方程是常用于描述气泡的生长过程,Rayleigh[254] 在 1917 年提出了球形气泡生长的运动方程,即

$$R\ddot{R}+\frac{3}{2}\dot{R}^2=\frac{1}{\rho}(P_w-P_r) \tag{15.4}$$

式中,R 是气泡直径,ρ 是燃油浓度,$\dot{R}$ 和 $\ddot{R}$ 分别为 dR/dt 和 d^2R/dt^2,P_w 为燃油气泡表面压力,其值可由公式(15.5)获得

$$P_w=P_v+\left(P_{r_0}+\frac{2\sigma}{R_0}\right)\left(\frac{R_0}{R}\right)^{3n}-\frac{2\sigma}{R}\frac{4\mu_1\dot{R}}{R}-\frac{4\kappa\dot{R}}{R^2} \tag{15.5}$$

式中,P_{r_0} 为气泡核周围的燃油初始压力,R_0 为气泡直径,气泡内的压力可用 $P_{r_0}+2\sigma/R_0$ 表示,n 为多变指数,μ_1 为燃油黏度,κ 为表面张力系数。

对气泡生长分析模型中一些数据的赋值方法可根据下面的几条假设来决定:

(1) 距气泡无穷远处的燃油压力 P_r 与环境压力 P_b 相同;

(2) 在气泡内部,温度和压力均匀分布,且气泡温度与燃油温度一致;

(3) 气泡球形生长;

(4) 气泡周围的燃油浓度为平均浓度;

(5) 由于马朗戈尼效应,生长的气泡不会聚集在一起;

(6) 喷雾轴线的垂直面上,燃油温度均匀分布;

(7) 假设喷雾喷射后动量守恒,可忽略由于气泡生长导致的轴向速度的变化;

(8) 喷雾结构不受喷嘴类型的影响,且喷雾轮廓为锥形;

(9) 气泡随着喷雾流逐渐生长。

由于喷雾气泡生长的初始阶段非常短暂,因而不为人们所关注。在喷雾的发展过程中,湍动现象可使平衡状态下的气泡快速生长。研究学者[255]通过对气泡施加压力使其产生扰动促进了气泡的生长;Duffey 等[256]通过增加气泡的临界直径促进了气泡的生长;在能量方程中添加源项也可使气泡生长[257,258]。因为对气泡施加的扰动力非常小,上述使气泡生长的方法都可忽略这些小扰动带来的影响。

3) 雾化

100 多年前,喷雾技术就开始应用,人们对其机理也开始研究,但多种多样的喷油器结构和复杂的雾化过程,使燃油喷雾的雾化机理和汽化过程的研究进行得很艰难,因此燃油喷雾雾化方面的发展也很缓慢。随着时间的推移,人们对燃油雾化的机理和过程也有了相应的认识和理解。研究学者归结燃油喷雾的复杂性就主要表现在以下几点[259,260]:

(1) 燃油喷雾发展过程为一动态过程。

(2) 喷雾形态发展变化受很多方面的影响,包括喷油器结构、喷油温度、环境温度、环境密度、燃油物性、喷油压力等等。但大部分喷雾研究只针对某一因素对喷雾的影响而进行研究,这种研究方向具有片面性,不能全面地了解喷雾形态发展中的变化原因,也不能系统化的建立一个雾化理论模型。

(3) 燃油喷雾过程中会形成液束,但液束的形成过程也是非常复杂的,包括液束扩展

成液膜的过程，燃油喷雾液膜撕裂成液丝的破碎过程，液丝破碎形成喷雾液滴，喷雾液滴之间的相互碰撞和聚合过程，燃油喷雾液滴的蒸发过程等。目前，气泡的微爆效应已被众多研究学者所关注，气泡的微爆效应可以促进闪急沸腾喷雾过程中燃油液束雾化和燃油喷雾液滴破碎。

从 1980 年 Law 等[261]首次在油掺入水中的实验中发现气泡微爆现象后，各路学者都对该现象做了进一步的研究。Shen[262]的研究实验结果说明了多组分燃油雾化雾滴中也存在气泡微爆现象。在 Wang[263]的实验中证实了微爆现象的出现是因为轻组分挥发性能好，因此可提高重油的雾化能力。很多研究结果都表明，喷油压力、喷油温度、环境压力、环境温度等因素都是影响气泡微爆程度的重要因素。

近几十年来，随着计算机科学技术的发展，在计算机上运行较好的湍动模型已有了很大的进展，这对喷雾机理研究过程起到了促进作用。近几年来的激光测量技术的发展，也使得喷雾机理的研究有了更高水平的方向。

1980 年，John[264]通过数字化技术对液相非蒸发燃油喷雾雾化行为做了详细的计算，该计算方法是欧拉流体和拉格朗日算法的结合，计算结果与实验结果数据有相同的喷雾特性。1997 年，Adachi[265]对燃油喷雾发展过程建立了喷雾破碎模型和燃油蒸发模型，通过模型计算，实验结果与理论模拟喷雾过程结果相匹配。2000 年，Zuo 等[266]建立了过热燃油喷雾和蒸发模型，模拟了过热喷雾蒸发条件下的喷雾结构发展形态，且模拟结果与实验结果能够很好地吻合。2004 年，Kawano[267]通过 KIVA3V 软件模拟了多组分燃油的喷雾过程，并建立了喷雾液滴破碎模型、多组分燃油蒸发模型，也建立了气泡核的形成和气泡生长模型，通过模拟结果与实验结果比较可知，燃油液滴和喷嘴雾化模型可成功地模拟闪急沸腾喷雾过程，且模型可应用于多组分燃油。西安交通大学[268]也在 KIVA3 计算程序的基础上建立了数值计算模拟，对中空锥形喷雾结构发展和单个液滴的蒸发过程都进行了计算，计算结果和实验结果有良好的吻合性。2005 年，Chang 等[269]研究了闪急沸腾喷雾中气泡的生长模型，该模型应用在旋转喷嘴闪急沸腾喷雾模拟中，模拟结果是喷雾液滴变小，也证明了闪急沸腾喷雾比非闪沸喷雾效果好。2008 年，国防科技大学[270]理论研究分析了喷雾液滴在运动时的传热和传质过程，建立了喷雾雾滴传热和传质的数学模型，根据喷雾液滴周围的蒸气浓度分布建立的模型及求解的结果得出了有意义的结论。2009 年，Ra 等[271]的蒸发模型用于计算单组分和多组分燃油喷雾液滴在不同环境温度和液滴温度下的发展形态。2011 年，四川大学[272]研究了真空条件下的连续液柱流表面蒸发现象并建立了蒸发模型，通过实验结果可推测出，在绝热闪蒸条件下的喷雾液相是喷雾蒸发过程中的主要阻力，孔口流速的增加、燃油喷雾过热度的增加、喷油器孔径减小都可提高燃油喷雾蒸发速率。

Zuo 等[266]的闪急沸腾喷雾模型是众多研究学者应用最广泛的现象学模型，根据能量守恒、质量守恒以及传质传热等基本定理，忽略了闪急沸腾喷雾过程中气泡的变化，建立的模型为

$$G_f = \frac{\alpha_s (T_p - T_b) A}{L(T_b)} \tag{15.6}$$

式中，G_f 是液滴闪蒸率；A 是液滴表面积；α_s 是从液滴表面到液滴内部的热转换系数如

下式：$L(T_b)$是在 T_b 温度下的潜热；T_p 是液滴温度；T_b 是液体沸点。

$$\alpha_s = \begin{cases} 0.76(T_L - T_b)^{0.26} & (0 < T_L - T_b < 5) \\ 0.027(T_L - T_b)^{2.33} & (5 < T_L - T_b < 25) \\ 13.8(T_L - T_b)^{0.39} & (25 < T_L - T_b) \end{cases} \tag{15.7}$$

4. 雾化、气化特性研究

为了全面评价喷嘴雾化性能，人们提出了多项指标参数[273,274]，主要包括：喷雾锥角、喷雾贯穿距、喷雾分布特性、液滴平均直径、液滴直径分布及液滴平均速度等等，其中液滴平均直径和液滴直径分布是最重要的两个指标参数。

1）雾化液滴尺寸分布

在喷雾过程中所得到液滴是由大量的服从统计规律的粒子组成的。通常将雾滴包括的粒度范围称为粒度分布。粒度分布有颗粒数分布、面积分布、体积分布、重量分布等。对其进行合理地预测，了解各种参数的影响，对工程实践具有重要意义。

由于雾化过程的复杂性，雾化的机理还不是很清楚，而且它受射流压差、射流速度、液体及空气物性、雾化装置的设计等因素影响较大，大多数对液滴粒径分布的研究都旨在给出可供实际应用的经验模型。近年来建立在理论基础上的预测才有所发展。Babinsky和 Sojka 等[275]总结了液滴粒径分布的预测方法有如下几类：

(1) 经验法(empirical method)。对雾化过程进行模型化预测经典的途径是经验法，国内外研究者针对不同形式喷嘴的雾化性能进行了较系统的研究，得到了经验的雾化液滴尺寸预测表达式[276,277]。这类方法是采集一系列宽范围的实验数据拟合曲线，频繁出现的曲线就作为标准实验分布的基础，给定这种分布的大量范例(如 Rosin-Rammler 分布、Nukiyama-Tanasaw 分布、上限分布、方根正态分布、对数正态分布和对数双曲线分布等)就可以对实验数据用某一分布模型进行处理。经验法存在的不足是将数据外推到实验范围以外的情况时可能有困难，如果不进行实验验证就不能确认外推的结果是否正确，然而有些实验验证受各种原因的限制是没有办法进行的。

(2) 最大熵法(maximum entropy method)。利用能量方法进行理论分析的方法，Jaynes 发展了信息熵的概念，并提出了最大熵能原理，即用统计的手段预测在添加了足够多的与分布相关的约束后具有最小偏差的概率分布函数，最大可能(或最小偏差)的DSD 使系统的熵最大[278]。这种方法可以不必考虑液滴破碎的中间过程，而是利用普通的物理学质量、动量和能量守恒原理，直接处理破碎前后两个不同时刻的物理参数变化，并引入了概率密度函数(probability density function，PDF)来描述液滴的尺寸和分布。

在 20 世纪 80 年代末 90 年代初，Sellens 和 Brzustowski[279,280]、Sellens[281]、Li 和Tanki[282,283]、Li 等[284,285]、Ahmadi 和 Sellens[286]、Van der Geld 和 Vermeer[287]、Chin等[288]发表了一系列文章，他们分别运用最大熵原理对气流式和环形等形式的喷嘴雾化液滴粒径分布进行了研究，最大熵理论还被运用到加压旋转雾化喷嘴和超音速喷嘴的雾化液滴分布的研究上[289]。近年，Cousin 等[290]也检验了最大熵原理预测液滴尺寸分布的合理性。

从本质上说最大熵法是一种完全非确定性的方法，它只关注了系统的始、末状态和雾化后的粒径分布，对雾化过程没有研究，从而忽略了雾化的机理。

(3) 离散概率函数法（discrete probability function，DPF）。Sivathanu 和 Gore[291]发展了 DPF 方法，Sovani 等[292]利用其模拟了牛顿流体喷雾过程。他们详细描述了破碎过程并引入概率处理过程的随机性，把喷雾形成过程分为确定性和非确定性两部分，假设喷雾过程包含一系列初始流体结构（平面射流、圆射流及圆锥射流等）的破碎阶段，确定性部分描述了整个流体的破碎，非确定性部分描述了初始条件的波动对最终雾化尺寸分布的影响。给定一系列初始条件（液体物性、喷嘴参数等）和一种破碎的机理，最终的液滴直径也就确定了，产生液滴尺寸分布是因为各种不确定因素（如湍流、表面粗糙、漩涡脱落等）会使初始条件产生波动。

DPF 方法利用经典的流体非稳定性分析来描述相关的破碎过程，但不是只与某一特定的非稳定性分析相结合，任何线性、非线性的分析都可以利用。DPF 方法引入概率密度函数 PDF 来描述初始条件的波动。DPF 方法目前还只限于模拟初次破碎过程，二次破碎需要引入多维 PDF[275]。DPF 方法要求确定波动特性参数的 PDF 来得到 DSD，喷嘴的结构形式及操作条件对其影响较大，而且无法通过实验测量得到相关的 PDF，因此无法将理论预测与实验测量结果进行对照，研究者是采用参数逼近的方法来考察参数波动对 DSD 的影响。

2) 雾化液滴直径

液体工质从喷嘴喷射出来后，形成尺寸差别数十倍的雾滴群体。人们研究和提供了多种雾滴尺寸评价方法[293]，见表 15.17。

表 15.17　雾滴尺寸的评价方法

评定类型	代号、名称	表达式、含义	备注
实测滴径	d	按照相等方法测得雾滴投影面积	需要进行球形化折合处理，目前几乎不采用
平均直径	D_{10}线性平均直径	按通用关系式：$D_{pq}=\left[\dfrac{\sum N_i d_i^p}{\sum N_i d_i^q}\right]^{\frac{1}{p-q}}$ 其中 p,q 取值予以定义 它是用一假想的尺寸均一的液雾来代替原来的液雾，而保持原来的液雾的某个特征量不变	供系统比较
	D_{20}面积平均直径		供表面积控制
	D_{30}体积平均直径		供容积控制
	D_{21}表面-长度平均		吸收
	D_{31}体积-长度平均		蒸发、分子扩散
	D_{32}（SMD）体积-表面平均直径		质、热交换计算（干燥喷雾）
特征直径	$D_{0.1}$	滴径小于 d_i 的雾滴质量（或体积）占雾滴总质量（或总体积）的某个百分比（如 10%，50%～99.9%）的滴径可从雾滴累积分布曲线直接得到	对启动点火影响大
	$D_{0.5}$（d_{50}，d_m，MMD）		或称质量中径
	$D_{0.632}$		
	$D_{0.90}$		对燃烧稳定性重要
	$D_{0.999}$（D_{max}）		或称最大直径

由 SMD 的定义可知，它最能反映真实的雾滴群的蒸发条件，最能反映干燥、化学反应、燃烧等属性，因此在液态工质雾化中得到广泛应用。SMD 是本节所测得的一个重要

参数，也是评价雾化质量的重要参数之一。

人们对液体雾化的早期研究主要集中于考察喷嘴和工质的特性参数（如喷嘴几何结构尺寸、液体物性和空气物性等）同液雾特性参数（如液雾平均粒子直径、液雾粒子尺寸分布、液雾周向分布均匀度等）之间的关系。对于这一问题，国内外已经进行了大量的实验研究[294]，研究主要是测量稳态喷雾的索特平均直径，用来表示喷雾粒子总体上的大小，得到了一些在喷雾中应用较广的计算公式，见表 15.18。

表 15.18　压力式喷嘴索特平均直径模型

作者	模型关系式	附注
Radcliffe[28]	$\mathrm{SMD}=7.3\sigma^{0.6}\nu_L^{0.2}\dot{m}_L^{0.25}\Delta P_L^{-0.4}$	未考虑喷嘴结构及空气性质的影响
Jasuja[29]	$\mathrm{SMD}=4.4\sigma^{0.6}\nu_L^{0.16}\dot{m}_L^{0.22}\Delta P_L^{-0.43}$	未考虑喷嘴结构及空气性质的影响
Babu 等[30]	$\mathrm{SMD}=133\dfrac{FN^{0.64291}}{\Delta P_L^{0.22565}\rho_L^{0.3215}}$	适用于 $\Delta P_L<2.8\ \mathrm{MPa}$
Babu 等[30]	$\mathrm{SMD}=607\dfrac{FN^{0.75344}}{\Delta P_L^{0.19936}\rho_L^{0.3767}}$	适用于 $\Delta P_L>2.8\ \mathrm{MPa}$
Jones[31]	$\mathrm{MMD}=2.47\dot{m}_L^{0.315}\Delta P_L^{-0.47}\mu_L^{0.16}\mu_A^{-0.04}\sigma^{0.25}\rho_L^{-0.22}\times\left(\dfrac{l_o}{d_0}\right)^{0.03}\left(\dfrac{L_s}{D_s}\right)^{0.07}\left(\dfrac{A_p}{D_s d_0}\right)^{-0.13}\left(\dfrac{D_s}{d_o}\right)^{0.21}$	适用于大流量喷嘴
Lefebvre[22]	$\mathrm{SMD}=2.25\sigma^{2.25}\nu_L^{0.25}\dot{m}_L^{0.25}\Delta P_L^{-0.5}\rho_A^{-0.25}$	
Wang 和 Lefevre[31]	$\mathrm{SMD}=4.52\left(\dfrac{\sigma\mu_L^2}{\rho_A\Delta P_L^2}\right)^{0.25}(t\cos\theta)^{0.25}+0.39\left(\dfrac{\sigma\rho_L}{\rho_A\Delta P_L}\right)^{0.25}(t\cos\theta)^{0.75}$	考虑了雾化锥角的影响

当前的研究则主要集中在液滴瞬态及空间分布特性，即液滴尺寸随时间的变化以及在空间的分布情况。史绍熙等[295]基于测试结果认为喷雾在空间的滴径分布特点是：在轴向上 SMD“两头大中间小”，在径向上 SMD“外边大内边小”。但后来的实验表明 SMD 由内及外逐渐减小，只是在喷雾边缘附近略有增大。从理论上分析，这是由于大液滴具有较大的动量且受到的单位体积阻力较小，能够穿越的距离较远，另外雾束边缘的小液滴迅速蒸发消失或实验装置无法检测到也是一个原因。

3）雾化液滴速度

先进检测仪器可以对单个雾滴速度进行测量并给出一定速度下的雾滴速度，或测出给定直径下的雾滴速度及其平均值。目前，液滴速度的测量仪器主要限于激光多普勒测速技术（LDV）和粒子图像测速技术（PIV），测量区域也限于喷雾稀薄区。Wu 等[296]和 Koo[297]较早用 LDV 研究了喷雾粒子速度。在国内，张仁惠等[298]用 LDV 测定了高压下柴油喷雾速度场。许振忠等[299]用相似的方法全面地测量了喷雾碰壁前后粒子的速度。分析指出，在喷雾轴线上，粒子速度很快达到峰值，且保持变化平缓，随后急剧衰减，并且向粒子最大平均速度接近；在径向上呈正态分布，各剖面具有自相似性。

4）喷雾锥角

喷雾锥角的定义如图 15.18 所示，有两种规定[95]，一种是将喷嘴出口中心点到液膜外包络线的两条切线之间的夹角定义为雾化角 α。由于液膜锥在离开喷口后会有一定程度的收缩，它直接影响到物料在整个雾化空间的分布特性。另一种工程上常用的表示法是以喷口为中心，在距离喷嘴端面 l 处与喷雾曲面的交点连线的夹角 α'，称为条件雾化角，l 的取值在 20 mm 以上，对于小流量喷嘴 $l \approx 40 \sim 80$ mm；而大流量喷嘴 $l \approx 100 \sim 250$ mm为宜。

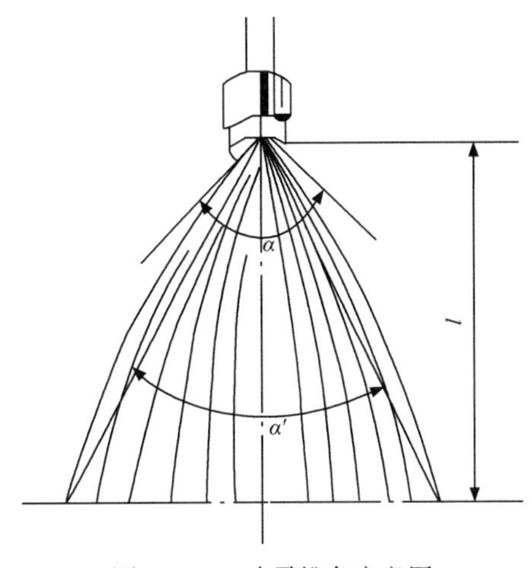

图 15.18　喷雾锥角定义图

5）喷雾贯穿距

喷雾贯穿距是指当喷嘴在水平方向喷射时，喷雾距顶部实际到达的那个平面与喷嘴喷口之间相隔的距离。喷雾贯穿距是直接影响喷雾空间中液雾分布特性的一个重要指标。大量的研究表明，喷雾贯穿距离是喷油压力、喷孔直径、气液属性以及气相压力、温度的函数。采用一定的光学方法与高速摄影或高速摄像相匹配即可对雾化锥角和喷雾贯穿距进行观察测量。

6）液雾的分布特性

在与液体的射流方向垂直的横截面上，液体质量的分布密度（单位面积上分布到的液体量）沿半径方向的变化规律。它在一定程度上反映了喷雾空间的液体分配情况。实验表明，测量截面离喷口越远，液雾的分布特性就越趋均匀。

7）气液两相浓度分布

直喷喷雾大多是气液两相共存的区域，喷雾蒸发后会与空气混合从而形成气液共存混合气，测量气液两相浓度分布为物理现象的解明、喷雾模型的建立和数值模拟结果的验证提供可靠的实验数据。同一空间喷雾的雾化和流动具有高度的不规则性，由此带来的喷雾系统的复杂性要求针对技术具有较高的灵敏度和空间分辨率。

5. 雾化、气化检测技术

要认识在空间上呈现高速变化的喷雾场，对检测技术的要求是能定量、时间和空间分辨率强、多维，而且是高精度的。20 世纪 70 年代以激光技术为核心的新的喷雾检测技术发展迅速，使喷雾场检测技术发生了质的飞跃，这使得喷雾测试从以前的稳态测试发展到目前的动态测试，这对于理解复杂的喷雾过程发挥了巨大的作用[300]。

1）激光散射技术

激光散射法包括米氏散射法（Mie scattering method）和瑞利散射法（Rayleigh scattering method）两种。

米氏散射法是基于米氏散射理论及 Fraunhofer 衍射原理的方法，并假设在几何散射的极限下对散射实验进行分析，米氏散射系统成像可提供喷雾结构的瞬态变化的信息。

准直的平行光通过被测喷雾场时将产生光的前方散射，不同直径的微滴形成的衍射光强分布不同，这样根据同心环形光电探测器接受的电脉冲大小和个数可计算出喷雾场中微滴的尺寸及数密度分布。米氏散射法的衍射模型是球形粒子，因此受液滴形状和分布规律影响较大，且只能获得测量区域内的平均值，空间分辨率低。但该技术已有商业化的产品，如马尔文粒度仪，使用方便，缺点是采样时间较长，只适用于稳态喷雾的测量。

对于喷雾场中较大尺寸的液滴，几何散射是一种很好的近似方法。即使对于所观察到的最小液滴(大约 5 μm)，几何散射法对液滴直径的测量也是不尽相同的。这就意味着，测量较大喷雾场范围内的液滴尺寸分布时，几何散射法测量粒径时的变化是可以忽略的。

瑞利散射法是以一种基于流场本身分子的光学测量方法为基础的测量手段，喷雾场中的分子散射可以用瑞利散射理论来解释。瑞利散射光强与分子密度成正比，与光波波长的 4 次方成反比，利用脉冲宽度为纳秒级的一定滤长的激光瑞利散射图像，就可以测量雾场的瞬态密度分布。瑞利散射法在测量喷雾蒸发过程及温度分布时较为适合，但由于散射光强信号弱，只能应用于雾场密度变化较大的场合。

2）激光全息技术

激光全息技术是采用相干性能极好、能量非常集中的激光作照明光源，利用波长相同的两束激光叠加时的干涉现象，把被照物的全部光波信息，以干涉条纹的形式记录在感光底板上，然后再用同样波长的激光束去照射记录有干涉条纹的全息底片，就会逼真地再现出所拍照物体的三维形象。

激光全息法可以不接触雾场而准确得到喷雾微滴场的三维空间瞬态全息记录[301]，具有放大率高、图像失真率低和分辨率高等特点。但仍存在一定的局限性[302]，对被测喷雾场景深及喷雾场的密度有一定的限制。

3）激光多普勒测速技术

激光多普勒测速的原理是光束照射到跟随流体运动的微粒上时就被散射，散射光的频率与照射光之间产生一正比于微粒运动速度的频率偏移(称多普勒频移)，只要测出这个频率偏移，就可得到微粒的运动速度。利用激光多普勒测速原理的测量仪器有多种，喷雾中常用的有激光多普勒仪(laser Doppler velocipedes，LDV)和相位多普勒干涉仪(phase Doppler interferometry，PDI)等。

可用 PDI 技术测量的微粒有：液体由喷嘴雾化成的小液滴，包含在两相流的泡状流中的小气泡，沉浸在多相流中的固体颗粒等。实验测量是针对单个粒子进行，因此测量结果可以详细地描述粒子的流动状态。依据 PDI 测量技术不仅可以得到喷雾场中的雾化粒子尺寸分布和瞬态的速度分布，也可得到测量粒子通量和局部尺寸与速度的关系。

激光多普勒测速的最主要优点是对流动没有任何扰动，测量的精度高，测速范围宽，而且由于多普勒频率与速度呈线性关系，与该点的温度、压力无关，是目前世界上速度测量精度最高的仪器，但是激光多普勒测速(LDV)技术是单点测量技术，不能实现对整个喷雾场的瞬态测量。另外，由于速度低时频移太小，此方法不适于低速度的测量。

4）激光图像测速技术

与点测量法 LDV 相对的气、液流动的面测量法，在任意的微小时间内二次曝光，采用图像相关法，求出按时序的二维、三维的定量速度向量。

激光图像测速（PIV）技术综合了单点测量技术和显示测量技术的优点，既具有高的精度和分辨率，又能获得平面流场显示的整体结构和瞬态图像。它的最大贡献是突破了单点测量的局限性，它可在同一时刻记录下整个流场的有关信息，并且可分别给出平均速度、脉动速度和应变率。但它依靠在喷雾中加入示踪粒子，其不可避免地会影响喷雾的特性，不能真正得到实际喷雾的情况[303]。

5）激光多普勒粒子分析技术

在激光多普勒粒子分析技术中，依靠运动微粒的散射光与照射光之间的频差来获得速度信息；通过分析穿越激光测量体的球形粒子反射或折射的散射光产生的相位移动来确定粒径的大小。

激光多普勒粒子分析仪（PDA）与激光多普勒测速法（LDV）一样都是点测量，但它将点的数据构建成二维的可视图像，清楚地显示了大直径颗粒和形成混合气的小直径颗粒的不同形态，可以实现空间单点颗粒的速度和粒径的同时测量，但无法实现三维空间瞬态测量[304]。

应当指出，现代激光测试技术的进步在相当大程度上得益于计算机技术的迅猛发展，在吸纳了高速数据采集、处理、分析、实时控制、自动化智能化等计算机特长后，使得测试过程的实时分析、控制、仿真及从稳态向动态测试过渡成为可能。随着应用的软件越来越发达，不仅可实现三维数值模拟，而且可以实现实验过程的三维测试、记录、可视再现、数据处理等功能。

6）复合激光诱导荧光技术

复合激光诱导荧光技术（planar laser induced exciplex fluorescence，PLIEF），由于荧光信号的强弱与激发光强度、激发光波长、被测组分的浓度（密度）直接相关，因此可以利用二位成像测量原件（一般是 CCD 相机）测量这些荧光信号的图像。

LIEF 是一种特殊的 LIF 示踪剂方法，其方法是在具有明显光学性质的燃料中添加两种示踪剂[305]。该方法是在 1983 年由 Melton 等[306]首先提出来，因此喷雾中气液两相浓度同时测量的方法吸引了很多研究学者们的注意力。在燃油喷雾的过程中，所添加的荧光剂需要和燃油同时蒸发才能通过荧光强度反映出燃油的汽化情况。气相与液相荧光光谱重叠部分是气液两相干扰区，两相干扰区必须在一个温度范围内做校正。为了准确地获取定量的燃油汽液两相分布，所添加的荧光物质和溶剂需要有以下特点[307]：①荧光物质必须对入射光波长有吸收作用；②荧光可以发射光谱；③荧光具有足够低的熄灭性；④荧光剂物性稳定且无毒，并能溶于燃油；⑤溶剂其本身不能具有荧光特性；⑥荧光剂与燃油的蒸发特性需要匹配。

现今，复合激光诱导荧光（PLIEF）技术是获取喷雾气液两相浓度最好的可视化激光技术。但通过可视化激光技术得到的图像结果是荧光强度与各参数之间的关系，不能直观得到气液两相浓度受各参数的影响程度，因此，对荧光进行定量标定就是非常必要的了。

15.3　炼油设备大型化与节能

早在20世纪60年代初期，世界上炼油业发达的国家就已开始逐渐进行炼油厂的大型化，出现了以美国埃克森公司贝汤炼油厂和维尔京群岛的圣克罗依炼油厂为代表的大型化炼油厂。到了80年代后期，炼油厂利润降低引发了激烈的市场竞争，使世界各国在炼油工业发展过程中，除了不断提高技术水平之外，炼油厂的规模也不断向大型化发展。炼油厂大型化之所以成为一种世界性的趋势，是因为大型化具有明显的优越性。根据美国能源部的资料报道，建设1座10 000 kt/a炼油厂和2座5 000 kt/a炼油厂相比，其投资可节约20%左右，生产人员可减少16人，劳动生产率提高21%。1座10 000 kt/a的炼油厂和4座2 500 kt/a的炼油厂相比较，每立方米加工费用可减少0.15美元。使用大型的单元设备与小型的相比，由于制造成本、占地面积、管线阀门等诸多方面，均有明显的经济效益[308]。一般认为，大型炼油厂以10～20 Mt/a为宜[309]。国内炼油工业因为国民经济持续较快增长，国内旺盛的成品油市场需求，推动了其持续稳定发展。全国炼油能力从2000年的2.77亿吨增至2010年的5.4亿吨。目前我国已成为仅次于美国的全球第二大炼油国，也是进入新世纪以来炼油能力增长最快的国家[310]。炼油工业担负着节约资源、保护环境的社会责任，同时也带动了炼油企业的生态更新。现代精馏技术强调通过关键设备大型化实现规模效应，炼油过程大型化也是现代化工行业发展的必然方向，对降低能耗、提高设备效率、减少废物排放等方面具有重要意义。

在炼油设备大型化中，以大型塔器设备最为关键。塔器大型化过程中必然面临几方面的问题：①随着装置的放大，物料的流动、传热、传质等物理过程的因素和条件发生变化，在大装置上所能达到的某些指标，通常低于小型实验结果，即产生所谓的“放大效应”。②塔器长周期运转需要解决设备稳定性和堵塞结焦问题，保证装置正常运行。③装置规模的扩大必然带来设备的大型化，如何解决大直径塔的支撑结构微变形和热变形等问题非常重要[311]。大型塔器节能技术需要分别针对塔内的填料、塔盘、气体分布器、液体分布器、液体收集器及再分布器、塔内支撑等设备进行优化改型，保证塔内气液两相接触良好，物料分布均匀，从而实现工艺的要求。

15.3.1　节能填料

由于应用起步早，流体力学和传质模型较成熟，易于放大等优点，塔盘设备一直是化工分离过程中主要的和首选的设备。20世纪70年代以后，随着人们对填料研究的不断深入，蒸馏技术与相关科学的发展及工业生产的推动，特别是规整填料的成功推广和填料塔放大问题的解决，填料塔已广泛应用于蒸馏、吸收、解吸、萃取、洗涤等过程。与板式塔相比，新型填料塔具有生产能力大、分离效率高、压降小、操作弹性大、持液量小等优点。

填料是填料塔的核心构件，它提供了气液两相接触传质与换热的表面，与塔内件一起决定了填料塔的性能。目前，填料的开发与应用仍是沿着散堆填料与规整填料两个方向进行。

1. 散堆填料

最初的散堆填料可以追溯到焦炭和石块之类的不定型物。1914 年拉西环(Rashing ring)填料的出现是填料塔的一个重大突破,它是一种具有内外表面的环状实壁填料,有较大的表面积,但当横放时,内表面不易被充分湿润。1948 年德国出现了鲍尔环(Pall ring)填料,被称为第二代产品,它是一种在壁上开孔、环内带有舌片的环形填料。此后又出现了改进型鲍尔环(Hy-Pak)、阶梯短环(CMR),特别是阶梯短环的高径比为 0.3,具有重心低、阻力小、通量大、性能优良等优点。美国 Norton 公司于 1978 年推出的金属环矩鞍填料(IMTP),巧妙地将环形结构和鞍形结构结合在一起,具有低压降、高通量、液体分布性能好、传质效率高、操作弹性大等优良性能,在现有的工业散堆填料中占有明显的优势,是第三代产品的标志。除此之外,还有一些高效散堆填料,主要用于沸点非常接近的难分离物系,常用的有 θ 网环、鞍形网、压延孔环、螺线圈、网带卷等,每米理论级数从几块到上百块不等,但其放大效应明显,且价格昂贵,一般不在工业上应用。近期散堆填料的发展趋势是自规整化、增大空隙率和减少压降、增大比表面积、改善润湿性能以及功能复合化[312]。

近年开发的代表性散堆填料有 IMPAC 填料、阶梯短环填料(CMR)、超级扁环填料、双鞍环填料、催化精馏填料、Mc-Pac 环金属填料、Q-pac Metal Hybrid Packing(混合填料)、K_{4G}™高效填料、M-pak 环和 Koch 公司的 K-pak 环等等。其中 IMPAC 填料和阶梯短环填料分别是由美国的 Lantc 和 Glitsch 公司提出的,IMPAC 集扁、鞍和环结构于一体,可看作由若干个 Intalox 填料连体而成,采用多褶壁面、多层筋片、消除床内死角和单体互相嵌套等技术,压降比一般散堆填料下降 5%～15%,通量提高 10%～30%。CMR 压降为拉西环的 30%,传质系数比拉西环提高约 50%。超级扁环填料和双鞍环填料分别是我国清华大学和北京化工大学开发的,超级扁环 QH21 型填料高径比为 0.2～0.3,压降小,与鲍尔环相比传质效率提高 20%以上。双鞍环填料在结构上属于开孔环、鞍环,既包含环矩鞍的构成,又融入纳特环的构思,基本性能全面优于环矩鞍,负载能力提高约 10%,压降减少 10%～20%,分离效率提高约 17%,尤其是传质单元压降减少近 40%[313]。新型节能填料还有催化精馏填料,催化精馏是将催化反应和产物分离巧妙结合,塔内的固体催化剂既作为催化剂起催化作用又作为填料起分离作用。例如台湾化学纤维股份有限公司在 1999 年将美国 CD-Tech 开发的特殊包装和排列的催化剂填料成功应用于合成异丙苯生产中,天津大学将新开发的催化剂网盒填料用于轻汽油醚化、乙酸甲酯水解过程。我国也引进了许多高效、先进的散堆填料,如金属矩鞍环(MTP)、改进型金属鲍尔环(Hy-Pak)、金属阶梯环、塑料矩鞍环、共轭环、θ 网环等,也较接近理想填料,比规整填料具有更好的自清理能力,不易堵塞。

2. 规整填料

规整填料具有成块的规整结构,可在塔内逐层叠放。20 世纪 60 年代以后开发出来的丝网波纹填料和板波纹填料是目前使用比较广泛的规整填料。规整填料规定了气液走向,很好地解决了发生壁流的可能性,具有比表面积大,结构规则,空隙率、流通量大,压降小,操作弹性大的优点。近年来,有关规整填料性能、设计方法和应用方面的报道很多。规整填料塔不仅在一般情况下可提高分离效率,降低能耗,而且尤其适合一些特殊情况,如难分离物系、热敏物系、高纯产品要求等。

20世纪60年代,苏尔寿公司开发了金属丝网波纹填料,1977年又推出了板片波纹型的Mellapak填料,因其造价较低、效率较高、压降较小、不易堵塞的优点获得了大范围的推广应用。此后规整填料的研究十分活跃,Kuhni公司的Rombopak、Montz公司的Montz、日本三菱商社的Mc-pak等多以Mellapak填料为雏形。其中12M型Rombopak比表面积450 m^2/m^3,据称每米最高可达10块理论板。Mc-pak分为丝网和板材两类,理论板数高、压降小,操作弹性大。苏尔寿公司开发的Katapak化学反应器用填料[314,315],是以双层丝网制成的波纹填料,在丝网的夹层内装有催化剂,目前已开发出Katapak S和Katapak SP两种类型,后者相对于前者其优点在于设计成了标准组件。1994年苏尔寿公司采用计算机对流体在填料中流动行为的数值模拟而找出的最优结构填料。它是由带沟纹的菱形薄片,搭成上下有气流通道的空间八面体,再组合而成,整个填料结构有各方向高度的对称性,达到气液理想的流动、接触。除此之外,新型的规整填料类型还有德国Envicon公司的Jalousiepacking填料,由0.2～0.3 mm的金属板片冲压组装而成,是一种具有倾斜板的方格状栅格填料。Schott公司的Durapack玻璃纤维规整填料,为高抗腐产品,具有高通量、低压降及良好的分离性能,比表面积为280 m^2/m^3 和400 m^2/m^3。Nutter公司的BSH规整填料独特的可膨胀金属织物结构弥补了金属丝网和片状金属规整填料间的差距,比表面积高达500 m^2/m^3,达到最佳的气液接触和分离效果,典型应用在炼油厂的粗馏塔。

我国从20世纪60年代开始对规整填料进行系统的研究研制工作。组片式(Zupak)波纹填料和双向波纹填料都是天津大学开发的专利产品,其中双向波纹填料兼有金属孔板波纹填料和Intalox散堆填料的优点,比表面积和纵向开孔率都比孔板波纹填料有所增加。上海化工研究院开发出SW系列网孔波纹填料,综合了丝网与孔板波纹填料的优点,分离效率大约为每米(7～8)块理论板,比表面积为643 m^2/m^3。清华大学开发的蜂窝型格栅填料塔负荷约为Filip型填料塔的1.4倍[316]。

15.3.2 节能塔板

填料分离能力较强,通量较大,压降较小,对于提高处理量和分离纯度的旧塔技术改造,以新型填料代替塔板具有很大的吸引力。但采用新型填料的一次投资较大(尤其是大直径、多侧线的塔),在有蚀、结焦、污垢的生产场合,其应用受到限制。研究也表明,在高压和大液气比的精馏塔选用填料亦不会有预期的效果。所以,人们开始以新的兴趣寻求板式塔的突破,以适应日益增多的大直径精馏塔的大通量、高效率的要求。近些年来,塔板技术有了明显进步,国内外相继推出了一系列结构新颖、性能优良的新板型,国外的有Koch-Glitsch公司的superfrac塔板、BiFrac塔板、Nye塔板,Norton公司的Triton塔板,UOP公司的ECMD塔板、VGMD塔板、MD塔板,英国诺丁汉大学开发的Flow contral塔板,Jaeger公司的CoFlo塔板[317,318]。国内的如浙江工业大学的DJ系列塔板,天津大学的导向梯形浮阀塔板,南京大学的新95型塔板和清华大学的ADV微分浮阀塔板。

浮阀塔板是应用最为广泛的塔板之一，由于其高效率、高弹性和高生产能力等优点在炼油等行业中备受青睐。F1 型浮阀是其中应用时间较长的一种塔板，国内外学者对浮阀塔板进行了大量研究，相继推出了许多新型浮阀塔板。导向梯形浮阀塔板是天津大学在 1992 年开发的专利产品，该浮阀的阀片是梯形的，从阀片两侧喷射出的气体的流动方向与塔板上液体主流动方向构成一定角度的锐角，从而对塔板上的液体具有导向推动作用。清华大学开发的 ADV 微分浮阀塔板从传质效率、泄露等方面得到了改进，塔板效率提高 15%，塔板处理能力提高 40%以上，塔板压降降低 10%，塔板操作弹性大幅度提高。

20 世纪 60 年代，美国联合碳化公司(UCC) 开发了 MD 塔板，这是一种多降液管筛板，从开发以来就受到了很大的重视，继而美国环球油品公司(UOP)在 1992 年国际精馏与吸收会议上提出了增强型 MD 塔板(ECMD)。针对 MD 板在液流分布和传质效率方面存在的不足，浙江工业大学在 20 世纪 90 年代末开发了 DJ 系列塔板。目前 DJ 塔板有 3 种型号：DJ-1 型塔板是为适应大液气比的吸收操作而开发的；DJ-2 型板上设置了导流装置；DJ-3 型塔板的下方复合一薄层规整填料，使板效率较 F1 浮阀提高 10%～15%，通量提高 15%～20%。Kock-Glitsch 公司开发的 Nye 塔板在结构上设计了独特悬挂式降液管入口装置，增大了鼓泡区面积，与常规塔板相比，塔处理能力提高 10%～30%，传质效率提高 10%以上。新 95 型大通量塔板是南京大学开发的，通过改进降液管结构和板面设计，从而提高塔板的有效传质面积，该塔板与 Nye 塔板相比，通量提高 10%～15%，效率提高 5%以上。此外，还有 SLIT 塔板、VORTEX 塔板属于此类新型筛板[319]。

15.3.3　其他大型塔内件

一座高性能的炼油分离塔，必须同时具有高性能的填料或塔盘和设计合理的塔内件，其中液体回流及进料在塔截面上的均匀分布是有效传质的基本条件。实验表明，回流分布不均对理论板数可达成倍的影响，因此在开发研究各种新型塔填料的同时，还必须重视与之配合的塔内件的开发研究。塔内件包括气体分布器、填料支撑、床层限位器、液体分布器、壁流收集分配锥、液体收集器和再分布器等。其设计、制造及安装都极为重要[320]。本节简要介绍新型节能的液体分布器、气体分布器和填料支撑。

1. 液体分布器

关于液体分布器的重要性，特别是对填料塔的重要性可归纳为三点：①不良液体初始分布必然导致分离效率急剧下降；②不良初始分布难以达到填料层的自然流分布；③新型高效填料一般具有较小的径向扩散系数，因此更依赖于良好的初始分布。此外，在塔的总造价中，分布器占有可观的比例，从设备投资角度看，合理选用也十分重要。

性能优良的液体分布器必须满足操作可行性、分布均匀、合适的操作弹性、足够的气流通道、结构简单紧凑、价格合理。液体分布器常常按其形状分为三大类，即管式、盘式和槽式。管式这类分布器液体分布均匀，结构简单，易于支承，占塔内空间小气流通道大，使用不受塔径限制，但操作弹性较小，限制在 2∶1 范围，流量太大液体穿孔压降增加，导致雾沫和飞溅的产生，太小会使得某些分布点干枯。盘式分布器气液分流，相互不接触，适合于易起泡的液体，是在直径小于 1.2 m 的塔中常用的一种液体分布器，其设计弹性比一般取 2.5∶1。槽式分布器，适用于直径 900 mm 以上的大中型塔，操作弹性大，喷淋密度在 2.5～245 $m^3/(m^2 \cdot h)$范围都可使用，但结构复杂，制造困难[321]。兼具盘式和槽式气体分布器结构的槽盘式气液分布器，对于低喷淋密度填料塔液体分布问题，具有较理想的效果。液体收集于盘上，经矩形升气管的中部和上部的两排小孔流进导液管排出。这种分布器兼有液体收集、分布和气体分布的作用，弹性可高达 10∶1 以上。

新型槽盘式气液分布器是天津大学获国家发明奖的专利技术，其占用空间小，增设了防护屏和自动排污系统，抗堵塞能力更强，适用于闪蒸进料段、有液体采出要求的环境。从 1990 年首次用于济南炼油厂直径 4200 mm 润滑减压塔至今，目前已用于数百座塔中。

2. 气体分布器

气相的横向混合速率至少 3 倍于液相，塔内气体分布的研究远不如液体分布的研究来得透彻。目前，随着大型填料塔(特别是浅填料床层)的开发使用，气体分布问题逐步得到重视，在简单的进气结构不能满足要求时，出现了在塔内增设均布格栅或格栅组来达到目的。近年为进一步改善塔内气体的分布，提高传质效率，又开发了许多性能优良的气体分布器。国内在塔内件方面也进行了开发，有些技术还获得了专利[322]。

性能优良的进气结构和气体分布器应同时具备下列各项要求：均布性能好，即入塔气流经过分布后，能均匀地流入填料床，流动阻力低，占塔内空间小，能有效防止气液相互夹带，结构简单，安装维修方便。双切向环流式进气初始分布器是清华大学在美国 Glitsch 公司单切向进气分布器基础上研制出的一种面对称类、环流型、导流式进气初始分布器，由锥形进气口、环向导流板、内套筒、环形封板、轴向导流板等部件组成，成功地应用于国内 Φ8200 mm 润滑油型减压塔中及瑞士 Sulzer 公司 1996 年在某炼油厂减压塔中。2006 年天津大学精馏技术国家工程研究中心对其进行改进，设计了带防旋流挡板气体分布器和双层折返流气体分布器，并推广应用几十套，如金山石化 800 万吨/年常减压炼油装置[323]。

3. 填料支撑

填料支承板的作用是承受填料床层的总负荷和保持气液畅流。性能优良的支承板其有效开孔率不能小于填料层的空隙率；气液穿过支承板时应分流，不相互夹带；结构形状要有利于气液的均布；重量轻、强度好、易于装卸[324]。支撑钢梁工字钢梁是目前应用最广的一种，但随着塔径的增大，工字钢梁的型号也要加大，难以从人孔送入塔内，并且产生的气体涡流越严重，气体分布端效应也越大。桁架式填料支撑梁的桁架梁与支撑构件形成三角稳定结构，该结构具有强度高、挠度小等优点，这种结构中间可以穿行，占位空间高度大大降低；同时这种结构改善了大支撑梁造成的气流旋流、冲击而影响填料性能的问题，使支撑填料的高度降低，从而降低了全塔高度。根据填料支撑腹杆布置方式不同，可选择 V 形、人字形和 N 形平面桁架(图 15.19)，在设计桁架梁的过程中，需要对其强度、稳定性和挠度进行核算计算[325]。

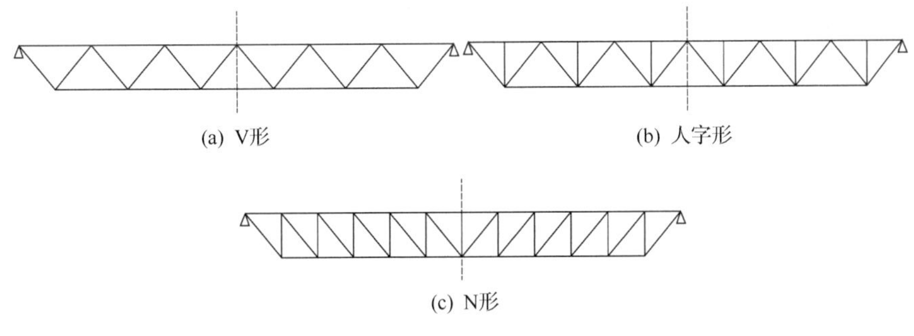

图 15.19　三种桁架梁形式

15.3.4　大型塔内件强度核算

随着计算机的普及以及计算能力的不断提高，计算机辅助的化工过程涉及已经成为化工设计的基本手段，有效地利用大型化工模拟软件进行化工设计可以极大地提高工作效率。基于计算机辅助设计的化工设计软件是化学工程、化工热力学、系统工程、计算流体力学、工程力学、计算方法及计算机技术等多学科理论在计算机上实现的综合性模拟系统。

1. 流程模拟核算

作为炼油分离过程的设计依据，工艺计算和流程模拟至关重要。流程模拟优化是提高工厂经济效益、降低生产成本、消除装置“瓶颈”的主要手段之一，日益受到国内外科研工作者的关注。炼油过程流程模拟就是借助计算机求解描述整个炼油生产过程的数学模型，通过计算机进行气液分离过程的物料平衡方程(M 方程)、相平衡方程(E 方程)、归一方程(S 方程)和焓衡算方程(H 方程)所组成的 MESH 方程组计算。由流程模拟得到全流程工艺数据及各设备内的浓度分布、流量分布、温度分布等详尽的设计基础数据。应用稳态过程模拟软件，可对全工艺流程进行多方案的对比计算，以提高收率、降低能耗、降低装置投资、减少对环境的污染为目标，优选生产的工艺流程及各单元之间的中间操作参数(如温度、压强、流速、组成等)，并对各中间操作参数做敏感性分析，判断流程中各单元的可操作性及安全性。在通用流程模拟软件(如 Aspen Plus、ProⅡ和 Hysis 等)平台上开发各装置专用的流程模拟程序，以得到更准确的工艺系统和设备设计基础数据。经过 20 年的发展，过程流程模拟软件已被化工工程师普遍采用，成为设计炼油新装置和分析现有装置性能、改进现有炼油装置操作的有力工具，但是也存在着一些共同的缺点：①反应器模型使用的集总与分馏部分使用的集总不同，导致无法实现两部分模型结合时的自动转换，从而无法实现真正意义上的全流程模拟；②没有为用户考虑数据采集的接口，工程师必须通过繁杂的操作与数据处理运算才能得到有效的稳态数据，然后手动填入到对应的位置上；③大部分流程模拟软件的输入信息量大，且界面布局分散，使一般用户难以熟练掌握其使用方法，工作效率低下；④当采用分馏部分实沸点集总时，无法准确计算出一些由原子结构数据推算出的信息，如重石脑油的芳构值[326]。

2. 流体力学核算

炼油精馏过程在塔板和填料上属于气液两相流动传热传质过程，在气体分布、液体分布、塔内气液流动等存在大量多相流体力学问题，特别是对于一些在非常规条件下操作的塔器（如高温、高压、易燃、易爆等）因条件件苛刻，实验模拟难度很大[327]，因此计算流体力学有着特殊的意义。近些年来，随着计算机软硬件的发展以及计算流体力学理论和方法的不断发展完善，使用计算流体力学方法精确地模拟精馏设备中的流体流动特性已经成为可能。在传统数学分析难于实现的复杂边界条件和复杂几何形状处理方面的问题，可以通过计算流体力学得到很好的解决。典型的 CFD 软件包括了 FLUENT、CFX、PHONNICS、STAR-CD 等。FLUENT 是国际上比较流行的基于有限容积法和非结构化网格的 CFD 商用软件[328]。

CFD 技术可以模拟大型塔器内的流体流动，可用于优化塔内件结构和操作条件，以改善塔内流体流动状况。在塔器大型化过程中，多个工程技术问题，如填料塔的液体分布和气体分布、板式塔的液面梯度等问题，都可通过 CFD 技术得到解决，从而解决塔器大型化的放大效应。

1）液体分布

在大型塔器内随塔径与填料直径比的增加和填料层径向分散系数的减小，填料将不良初始分布转化为自然流分布更困难，因此流体初始分布极为重要。采用 CFD 计算可以优化分布器的结构形式、几何尺寸、开孔密度和尺寸等方面，从而实现液体初始均布。

2）气体分布

随着新型低压降填料的开发，气体在填料床内难以达到自然均布。大型塔器内的气体分布装置需要满足更高的要求：均布性能好，流动阻力小，体积小，可有效防止气液夹带，不易持液、结焦，结构简单等。CFD 模拟可以方便地优化气体分布器设计，解决以上的气体分布问题。

3）液面梯度

当液体发生不良分布时，气相中会与液相同时形成径向的液面梯度，形成的液面梯度仅靠分子扩散是不能消除的。大型板式塔塔盘上由于流程较长使得液面梯度较大，影响气液的均匀分布和良好接触，降低塔板效率。利用 CFD 模拟可以优化塔盘结构，采用气体的动能推动液体流动、降低液面梯度。

3. 工程力学性能核算

大型塔器中内件的强度、刚度和结构的合理性不仅影响到塔盘和液体分布器的水平度，还影响到填料层下端气液分布的端效应，甚至影响到总体设计的成败[329]。采用计算力学软件对大型塔内件力学性能进行设计和计算，可以有效地指导内件结构的设计。ANSYS 是国际上有代表性的面向工程的有限元通用软件之一，可计算塔内件和支撑架构在操作温度和流场下的强度、刚度、稳定性和可靠性，从而能够优化精馏塔和塔内件的结构，提高设计效率，保证工艺要求。在塔器大型化设计中，主要针对大型塔器中塔盘结构强度、液体分布器强度和变形、集油箱结构强度、内件的支撑部件如支持板和支撑梁等进行强度核算。二端简支的工字梁的强度核算按化工机械通用计算公式计算即可。二端简支的桁架梁的基本结构型式和尺寸确定之后，可以用专用计算软件核算其强度，以保证内件的力学性能和内件的水平度要求。据工程经验推荐支撑塔盘或液体分布器的主梁最大挠度 $f_{max} \leqslant (3\sim4)$mm，支撑填料或集油箱等的主梁最大挠度 $f_{max} \leqslant (6\sim10)$mm[330]。以下将以桁架梁和集油箱为典型的例子进行介绍。

1）桁架梁

塔器用桁架梁的结构优化设计的原则是：在保证梁的强度、刚度要求前提下，通过调整各个结构参数使得桁架的重量最轻。传统的工字钢支撑梁材料消耗量大，气相流动阻力大、气体的横向混合能力低。借用铁路桥梁桁架的设计原理，在大型塔的支撑梁设计上，采用新型桁架支撑梁结构。新型桁架支撑梁特别适合于大型塔器塔内塔盘、液体分布器、集油箱及填料的支撑，已得到广泛应用。以直径为 9.2 m 的急冷塔中的填料支撑梁为例，应用三维设计软件来进行应力、挠度、稳定性的核算，并与工字梁进行对比。由表 15.19桁架梁与工字梁的比较可以看出，等高的桁架梁结构和工字梁结构的刚度和强度基本相同，但是金属消耗量存在较大差别，工字梁结构比桁架结构大约多消耗 60%的金属材料。另外工字梁结构会阻碍气相自由流动，影响分离效率。从图 15.20 中桁架梁结构与工字梁结构的等效应力分布图可以看出，工字梁结构应力分布不均匀程度要高于桁架梁结构，材料利用率较低。

表 15.19　桁架梁与工字梁的比较

支撑结构	最大挠度/mm	最大等效应力/MPa	金属消耗量/kg	是否影响气相分布
桁架梁结构	4.89	93.2	5562	否
工字梁结构	5.13	93.1	8319	是

2）热补偿式集油箱

工程中大型塔变形较大，特别是由于材质不同和传热的影响，导致塔壳体和内部构件变形不一致，容易造成塔内液体分布器、塔盘和集油箱的开裂和泄漏，将对稳定操作带来严重后果。在盘式集油箱的基础上，采用特殊结构的巧妙设计，开发出能够吸收热变形的热补偿式集油箱。在设计中采用可滑动且不泄漏的特殊结构，可以吸收塔体和内构件变形不一致造成的变形差异。另外，为了提高设计效率、降低设计成本、提高设计质量，通过可视化设计和计算，可以精确计算操作温度下和流场下的强度、刚度、稳定性和可靠性，从而能够优化塔内构件的结构，减少制造材料，改善工艺，节省工作量。图 15.21 为采用力学性能可视化技术进行集油箱挠度变形分析和等效应力分布图，可以根据具体应用环境和工况设计性能优越的集油箱。

4. 结构设计核算

二维计算机绘图实际上是先由设计者将头脑中已构思成熟的三维实体用二维图形表达出来；而讨论、审查设计方案的人，以及从事制造的人再运用投影几何的规则对这种片面的、局部的二维图形进行综合，想像出设计者的原有意图，因为人类的形象思维和对事

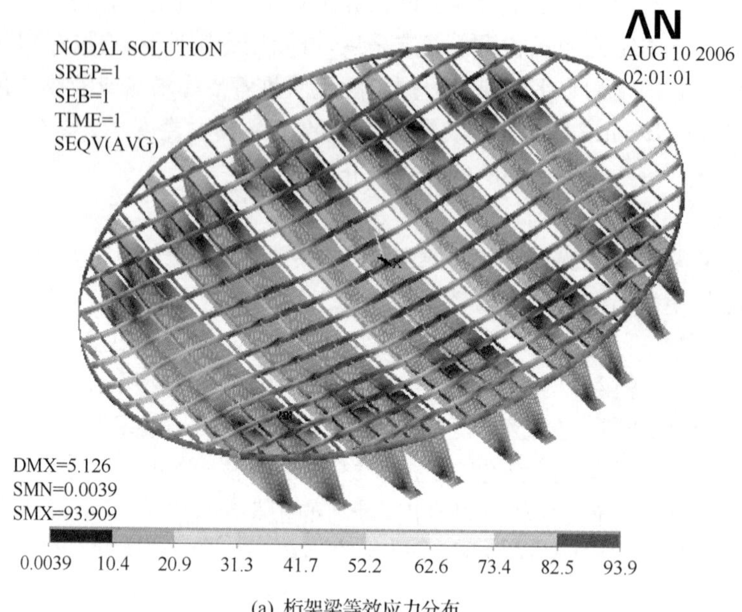

(a) 桁架梁等效应力分布

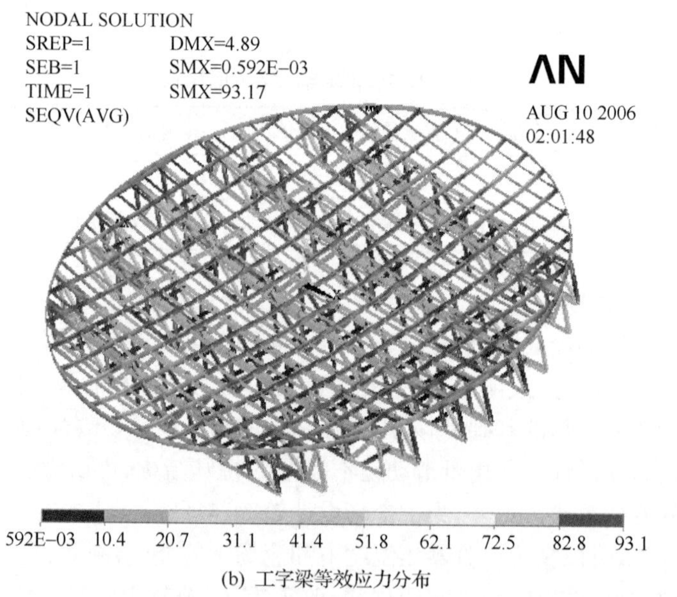

(b) 工字梁等效应力分布

图 15.20　桁架梁与工字梁等效应力分布图

物的视觉感受本来就是三维的。这里经历了从整体到局部、再从局部到整体的两次转换。此外，用二维 CAD 软件绘制的图形只能在懂得机械制图的人们之间进行交流，读懂这种二维视图是需要专门训练的，这就大大限制了它的应用范围[331]。随着塔器的大型化和塔内件的复杂化，在大型塔器二维设计过程中，存在几个突出的问题，如：复杂的投影线生成问题、图线漏画和尺寸漏标问题、设计的更新与修改问题、设计工程管理问题等。其中许多问题只有在实际装配过程中才能发现。

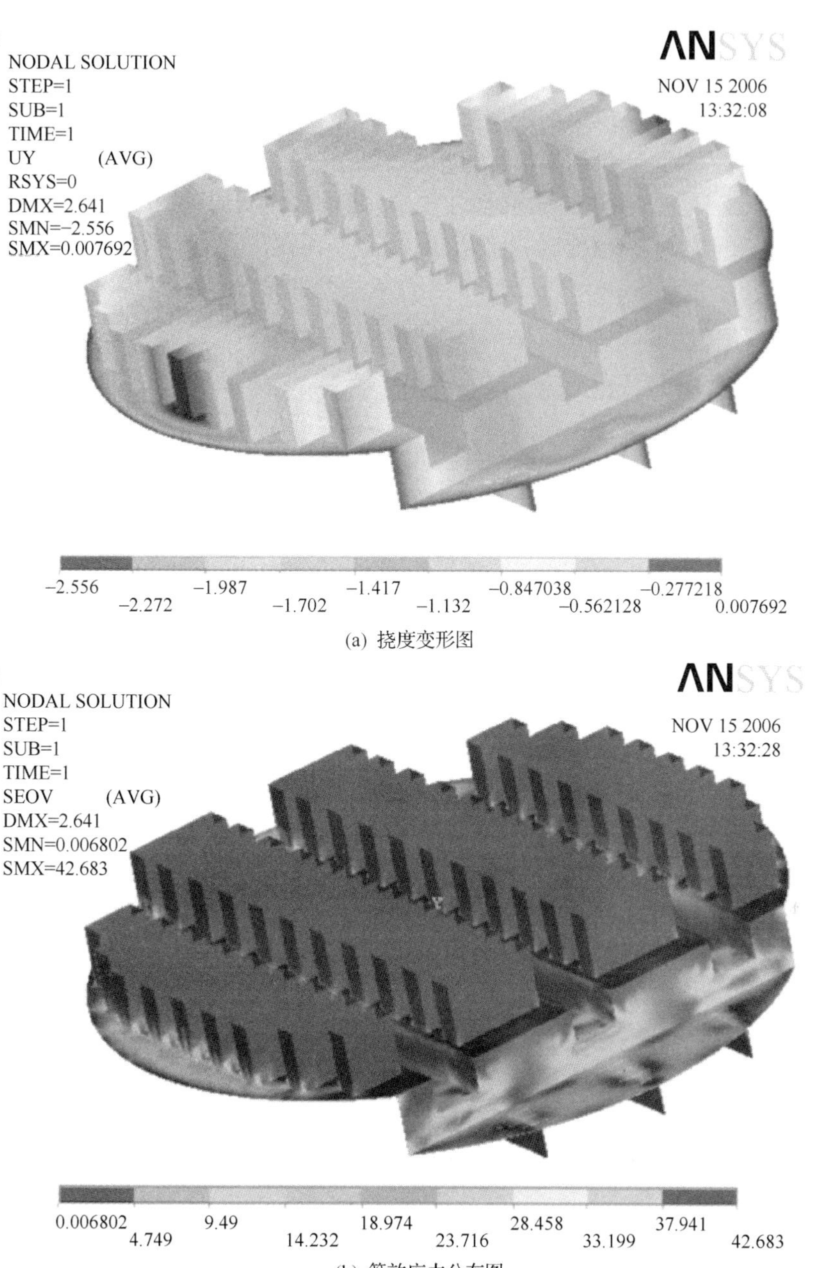

(a) 挠度变形图

(b) 等效应力分布图

图 15.21　热补偿式集油箱挠度变形和等效应力分布图(参见彩图)

采用三维可视化设计可以把化工设备以三维实体结构直观展现给设计者,有利于元件的数控加工、有限元分析和装配干涉检查,大大提高设计效率。三维可视化设计可实现“自顶向底”设计,实现装配等复杂设计过程,使设计过程更加实用。美国 PTC 公司开发的 Pro/ENGINEER 系统逐渐成为当今最流行的三维实体造型软件之一。Pro/E 软件突破了机械 CAD/CAE/CAM 的传统观念,提出了单一数据库、参数化、基于特征全相关的

图 15.22 塔三维设计图

CAD设计新思想。使用三维设计模式,可使设计人员方便地进行结构的设计和分析,成熟的三维设计软件采用的草绘模式,仅须确定模型的尺寸,精确构建由计算机完成。模型建立后,设计人员可直接多角度观察是否有隐性问题,节省大量时间和精力,提高设计效率,缩短设计周期,且在设计完成后对整塔进行预组装,解决现场安装存在的问题。图 15.22为采用三维设计可视化技术进行零部件的设计及组装,所得到的塔三维设计图。

15.3.5 工业应用实例

中国石化某分公司润滑油型常减压蒸馏装置,单套装置生产能力为 800 万吨/年,为我国首套 800 万吨/年大炼油装置。该装置的减压塔设计采用了技术含量高的国产化技术,包括综合性能良好的新型高效 ZUPAC 填料、气体初始分布器、液体分布器及桁架支撑梁等大型塔内件,其中新型填料和桁架支撑结构为首次在大型减压塔中应用。这些新型塔内件的应用将有助于 ZUPAC 填料性能的充分发挥。在设计过程中运用了多项塔器大型化理论和技术:采用流程模拟技术优化工艺条件;运用流体力学,工程力学,结构设计核算等技术开发高性能塔内件。

1. 工艺流程模拟

根据项目技术指标,采用流程模拟方法进行工艺流程模拟和计算,为大型减压蒸馏塔设计提供依据。项目原料为利比亚、卡宾达和阿曼混合原油,原油含硫约为 0.46%,减压蒸馏拔出率达 54.78%。减压塔为填料塔,主要操作参数为:塔顶,70℃,50 mmHg(绝压);进料段,391℃,约 63 mmHg;液体分布器弹性为 60%~150%;填料上限为 110%。所得产品质量指标见表 15.20。

表 15.20 减压塔侧线产品质量

产品出口位置	馏出率/%	黏度/(cSt)50℃(100℃)	比色(D1500)	残碳/%
减二线	41	8.83	1.5	<0.1
减三线	71	20.97	2.5	<0.1
减四线	83	(9.46)	3.5	<0.1
减五线	94	(12.37)	4.5	0.16

2. 大型化关键技术及其集成

减压塔设计确定塔径分为 5 段,最大直径 10.2 m;填料共分 8 段,从塔顶向下数,第 1、2、5 填料段为换热冷凝段;第 3、4、6、7 填料段为分离段,生产润滑油馏分;第 8 段为过汽化段,抽出过汽化油。各段填料之间设置气液分布器、集油箱、支撑结构等一系列大型化关键技术。

1）塔器可视化技术

采用结构设计三维可视化技术，进行全塔装配结构设计，将设计、制造和工程分析这三步有机地结合起来，提高设计效率。

2）变孔径预分布管

大型槽式分布器一般采用中间进料，流体通过预分布管进入下级分布槽。预分布管性能直接决定整个分布器的流体分布。多孔管中的液体流动、分配形式复杂，理论上不能够实现绝对均匀液体分配。采用变孔径分布结构，CFD 软件模拟优化分布孔径，使流体的预分布更加均匀。图 15.23 为优化后进料管流体分布情况。

图 15.23　分布管内流场分布图

3）槽式液体分布器

液体分布器要求具有良好的液体分布和抗堵塞等性能。如图 15.24 所示的槽式液体分布器具有结构较为简单、安装方便、压降小等优点，结构设计采用全连通一级槽式，可使液体能够均匀地分布到各个二级分布槽中；二级槽增设导流板，可以保证在液位只有 50 mm高时，单孔液体能被均匀分布为 150 mm 宽的一条线，真正从点分布实现线分布。

另外，为保证分布器有较大操作弹性和气流通道的要求，在增大操作弹性及安装调节分布槽平面度方面都采取了相应的解决措施。对液体分布器进行了流体力学模拟研究，提出经济可行的解决方案，为槽式分布器的设计、改造提供理论指导。液体分布器既保证了大直径、低床层的填料塔对液体分布器分布质量要求，也保证了长周期运行要求，并有效地利用了有限的空间高度。

图 15.24　槽式液体分布器

4）环形折返流气液分离分布器

大直径、浅床层塔器气体的初始分布、液沫夹带、压降等性能对分离效率有重大影响。如高流速气相偏流容易造成短路或局部液泛，严重影响气液两相传质传热效率；进料过程中夹带过多的液滴也会影响传质传热效率；对于高流速气体分布影响最大的一点是分布器结构不良会增大气相阻力，造成全塔的不正常操作。环形折返流气液分离分布器(图 15.25)是在双切向环流挡板式进气分布器基础上另外加设了捕液吸能器，基本消除了气相对液相的夹带。利用商用 CFD 软件 FLUENT 对环形折返流气体分布器进行流体力学模拟，得到了既定塔径下分布器达到最优性能时的尺寸，计算结果表明该分布器具有进料气体分布均匀、雾沫夹带少、压降较低等优点。

图 15.25　环形折返流气液分离分布器

5）热补偿式集油箱

在大型塔运行过程中，热变形问题十分突出。图 15.26 所示热补偿式集油箱是从盘式集油箱基础上发展而来，可以克服塔体和内构件热变形不一致，有效避免集油箱的开裂和泄漏。

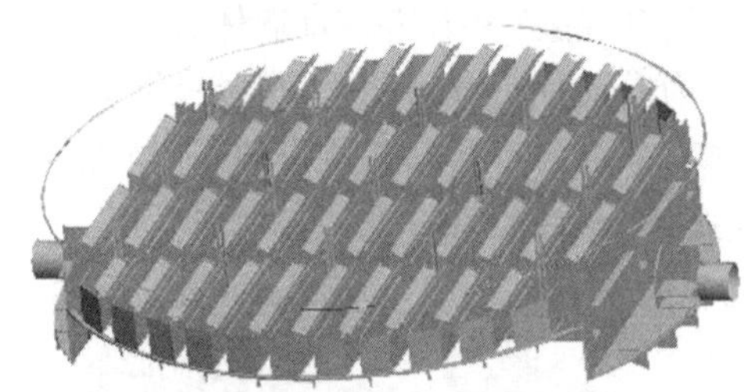

图 15.26　热补偿式集油箱

6）桁架式支撑梁

大型塔器内操作条件苛刻，一般工字钢或槽钢支撑梁难以满足要求。借用铁路桥梁桁架设计出强度高、挠度小、通透性好的桁架式支撑梁，ANSYS 计算表明桁架梁完全满足塔内操作条件下的强度和刚度要求。

7）ZUPAC 填料

此填料是普通波纹板规整填料与 Intalox 散堆填料优良结构的组合，是天津大学的专利产品，比表面积比 Mellapak 增加 10%左右，分离效率提高约 10%，通量提高 20%，压降降低 30%左右，具有压降低、通量大、抗堵塞性能好和强度高等优点，可以满足高强度、大通量减压塔的要求。

8）塔底阻焦器

减压塔塔底操作温度一般达 400℃，长时间运转过程中塔底容易结焦。阻焦器改善了液体的流动状态，强化了湍动效果，避免了焦炭的生成和累积，从而保证了塔器的正常操作和分离效率。

中石化某分公司的 800 万吨/年大型减压蒸馏塔直径达到 10.2 m，为当时国内最大处理能力塔器。该塔集成了变孔径预分布管、槽式液体分布器、环形折返流气液分离分布器、热补偿式集油箱、桁架式支撑梁、ZUPAC 填料和塔底阻焦器等大型化关键技术。该塔的成功设计、制造标志着我国在化工分离工程领域塔器技术研究、设计和应用达到国际先进水平，也是我国在大型塔器和大型成套装置实现国产化的重要标志。未来几年，随着炼油装置结构的不断调整，大型化常减压蒸馏装置还将得到进一步发展。

第 16 章　高温热泵/低温发电余热利用技术

16.1　研究背景

能源与环境问题已经成为世界各国所面临的首要问题，能源短缺和能源消费引起的环境污染已成为制约全球经济增长与社会进步的重要障碍。伴随国民经济的高速发展，我国已成为世界第二大能源消费国，能源短缺问题日益严重。能源问题已经成为制约我国经济和社会发展的主要因素。节约能源已经被专家视为与煤炭、石油、天然气和电力同等重要的“第五能源”。节约能源除了要改善设备及工艺生产以提高能源利用率之外，余热利用也是比较有效的方法，一方面能减少热污染及环境污染，另一方面还可以降低高品位能源消耗，达到节能减排减资等多重目的，利于能源可持续发展[332]。节约能源除了要大力开发可再生能源和清洁能源、提高关键技术和重大装备制造水平，加快淘汰落后的工业生产技术和工艺以提高能源效率之外，余热利用也是一种行之有效的节能措施[333]。

16.1.1　低温热能现状

我国的低温热储量十分巨大，自然低温热，如太阳能、地热能可以说是取之不尽用之不竭；同时各工业生产过程中产生的低温热亦十分可观，如石油炼化过程、冶金生产过程、建材生产过程、食品加工过程、化工生产过程等等，常见的工业余热热源资料统计如表 16.1

表 16.1　工艺余热资源[337]

行业		工艺	余热温度/℃
化工行业		蒸馏	50～120
食品工业	干燥	加压常压干燥	60～150
		真空(冷冻干燥)	40～80
	杀菌	几分钟到几十分钟	60～80
		几秒	80～140
	热处理	支化作用	88～100
		罐头密封	68～85
造纸工业		蒸煮工程	150～160
		解热干燥	80～130
纤维工业		染色	50～80
木材工业		干燥	45
电解工厂		加热	50～60
		镀锌	20～25

所示。我国每年的能源使用量达到 20 亿吨标准煤，如热利用率按 50%计算，相当于近 10 亿吨的标准煤变成废热排放到环境中。余热的排放，不但具有严重的热污染，而且造成严重的能量浪费[334-336]，如采用余热回收技术加以再利用，提高能源的利用率的同时，也必将为我国节能减排事业做出巨大的贡献。

16.1.2　低温热利用技术

低温余热的温度范围广、形式多样，并且受所处环境、热利用对象、余热流程等因素的影响，其回收利用的方式也不同。根据余热资源在利用过程中能量的传递或转化特点，低温热的利用分为直接利用和非直接利用两种方式。直接利用的方式主要是换热技术，目前对强化传热原理及各种热交换器等设备技术的研究已取得了显著的成果；非直接利用技术主要是发电及制热技术，其目的是设法提高能质，达到再利用的效果。为此热力学循环理论与相应流体动力设备技术的发展提高是主导的研究方向。

1. 换热技术

主要换热设备有以下几种形式：间壁式换热器、蓄热式换热器、余热锅炉以及基于热管的换热设备等[338]。

换热技术的难点是如何降低换热温差，以扩展低温热的利用温区。对于建筑供热系统，换热技术利用的低温热温度极限一般在 40℃左右，虽然目前换热器的最小驱动温差可达到 1℃，但在此品位之下的低温热已无再利用可能性。若需要继续降低余热排放温度，只能通过热泵等能源品质提升技术来完成。

2. 发电技术

目前较常见的低温发电循环有低沸点有机物朗肯循环（ORC）发电系统以及以氨水混合物为工质的 Kalina 循环系统，其主要原理是利用介质吸收余热中的热量，之后膨胀做功发电，此项技术已在水泥窑中较广泛利用[339]。

工业余热发电的技术除了发电效率低于发电厂之外，其基本的设备、技术与传统发电厂也有所差异。这种单循环发电机组的原理是利用热量加热水成为高压水蒸气，推动透平机膨胀做功，由于饱和水蒸发温度至少为 100℃，因此透平机发电要求余热温度要达到 150℃。正由于此，目前 150℃以下的工业若无其他用途，则只能排放至大气。因此如何降低发电温度并尽可能多地回收工业余热，是余热发电的技术难点，也是评价系统经济效益的主要指标。

3. 热泵技术

热泵实质上是一种热质提升技术，通过消耗一部分高品位能（电能或高温热等），把热源中储存的低位能转化为高位能进行利用，从而提高能源利用率，因此是回收低温余热、利用环境介质（地下水、地表水、土壤和室外空气等）储存能量的重要途径。

提升热泵的产热温度是该项技术的主要难点。传统热泵一方面可利用的低温热源温度较低（<40℃），将导致一部分温度较高的废热不能有效利用，另一方面受其产热温度

(45℃左右)的限制,因此不能有效在建筑采暖的一、二级管网,大量需求温度在60～150℃温区的工业工艺流程中应用和推广。若大幅提升热泵产热温度,扩大低温热的再利用范围,将极大地扩展热泵的应用范围和领域。

16.2 高温热泵余热利用技术

16.2.1 高温热泵简介

1. 高温热泵技术及应用前景

基于我国能源现状,国家对节能减排以及对余热资源利用越来越重视,要求加大余热回收利用力度,对提高工艺过程的能源利用率、降低污染物排放给予财政上以及制度上的支持。而与此同时,国内对于60～150℃温区的热源需求量也急剧增加(如表16.2所示),其结果必然是消耗宝贵的矿物能源,造成能源品味的极大浪费,同时亦排放出大量的有害气体。若能利用热泵技术提升低品位余热能质,则既可减少供热所需的煤炭等化石燃料,又可以间接提高工业流程的能源利用率。因此,余热回收再利用具有显著的经济及社会效益。

2. 高温工质

性能优良的工质是高温热泵核心技术之一。根据运行工况合理地选择工质,并设计与之匹配的机组,使热泵经济、安全、环保、稳定地运行,是热泵研究的关键问题。

表16.2 各工业部门所需热能的供热温度比例[335] (单位:%)

行业	需求温度			
	<100℃	100～150℃	150～183℃	>183℃
食品烟草	2.5	62.5	16.6	18.4
纤维工业	0.4	50.3	49.3	0.0
木材工业	1.1	9.3	6.6	83.0
纸浆加工	0.0	85.9	4.1	0.0
化学工业	4.8	26.9	50.0	18.3
橡胶制品	0.0	26.3	53.4	24.4
皮革制品	0.0	100.0	0.0	0.0
陶瓷工业	0.0	85.6	14.4	0.0

自热泵技术开始发展以来,对工质性能的研究就一直持续,其研究重点分别在工质的热力学性质、安全性质、环保性质这三项之间平衡发展[340,341]。

合适的工质需要满足多方面的要求,其选择因素主要包括以下几方面:

(1) 工质临界温度高,提高工质可利用的温度范围。

(2) 工作压力要合适。蒸发温度所对应的压力不宜过低,以稍高于大气压力即可,防止空气漏入系统。冷凝温度对应的饱和压力不宜过高,以降低对设备耐压和密封的要求[342]。

(3) 工质比容小,比热大,降低设备尺寸。

(4) 蒸发、冷凝过程的焓降大[343]。

(5) 饱和气、液线尽量陡峭,以使冷凝过程更接近定温放热过程。饱和液体线陡峭表明液态质量定压热容 C_p 小,可以减少绝热节流引起的制冷能力的降低[344]。

(6) COP 较高。COP 为热泵供热量和压缩机耗功的比值,是评价热泵经济性的关键指标。

(7) 导热性好,热物性稳定,黏度低。

(8) 自润滑性及溶油性好,与材料不相溶。

(9) 环境性能好,无毒,不可燃[345,346]。

(10) 便于推广应用。即工质的储运及现场再充灌方便、易回收、易检测、价格便宜等[347]。

由于一般工质很难同时满足这几项要求,故在高温压缩式热泵领域中,仍未有统一的高温热泵工质。较少的纯工质可以同时满足环保性与物性的要求。若考虑高温工况,则可选纯工质更少。而混合工质可以通过几种组元的优势互补,优化其热力学性能并改善运行条件,因此混合工质成为现阶段高温工质选择的主要方向。

混合工质可以分为共沸混合工质和非共沸混合工质[348]。与纯工质相比,非共沸混合工质的压力、温度与组分之间的关系比较复杂;共沸混合工质与非共沸混合工质的区别之处在于,在某一的压力下,其露点温度与泡点温度重合,并具有相同的液相和气相组分。实际研究中以非共沸混合物为主。

3. 高温热泵研究现状

我国于2002年开始高温热泵的研发工作,北京清源世纪科技有限公司与清华大学热能工程系合作研发出了具有自主知识产权的高温热泵在蒸发器进水45℃下,冷凝器制热出水温度可以达到95℃。天津大学自主研制的高温热泵制冷剂北洋3#制冷剂,采用单级系统的条件,实现低温热的大温差提升且热泵能效高,在热源水温度48℃的条件下,出水温度达到80℃以上,机组的COP大于3.5。各国高温热泵技术比较如表16.3所示,天津大学研制的北洋3#高温热泵机组有着优良的热工性能、有着广阔的应用前景,值得进一步研究推广。

表16.3　各国高温热泵技术比较

国内外技术	低温源温度/℃	制热温度/℃	COP	机组硬件技术
日本	40	85	不详	单级系统
美国	空气源	80	>2.6	双冷凝器
韩国技术	不详	85	>4	双级热泵
清华技术	45	80	不详	双节流系统
天津大学北洋3#	48	80.1	>3.5	单级系统

16.2.2 高温工质的理论分析

中高温热泵的目标是使制热温度高于 60℃。从热泵系统原理及组成的角度来看，由于其蒸发温度及冷凝温度均较高，高温高压运行的矛盾凸显。因此，中高温热泵技术的关键在于新的工质筛选。但这种较高温度的工况对工质的性能要求更为严格，除了通常选择工质所考虑的比容、焓降与润滑油的相容性等性能之外，临界温度以及高温对应的饱和压力等参数将会成为限制条件。

本项技术的核心是利用研究成功的高温制冷剂北洋 3＃专利产品。技术本身对热泵机组的部件无须改造，只对运行技术参数进行调整，因此其造价成本远低于现有的 R134a 热泵机组，而其制热性能则远远高于现有的 R22 热泵机组。依靠新型的制冷剂北洋 3＃的特殊热力学性质，使高温热泵系统工作节流过程的压力工况、低温吸热和高温排热温度工况、压缩过程的容积制冷量都不同于传统的制冷剂 R22 的热力学性质。

1. 基本物性参数

BY-3 是二元非共沸混合工质，其基本物理特性和环境及安全性能如表 16.4 所示[349]。BY-3 在工程中已经应用较长时间，运行证明经两组元物理混合而成的 BY-3 与压缩机的密封及绝缘材料的兼容性较好，可以直接利用矿物质油作为润滑油。因此，BY-3 的循环性能优良，安全性、稳定性、溶油性良好，适合长期运行。

2. 热力学性质

为更好地了解 BY-3 的热力学性质，将其与中温热泵常见工质 R22、R134a、R407C 进行理论对比和分析。

表 16.4 BY-3 环境性能及安全性能

临界温度/℃	临界压力/MPa	ODP	GWP100	安全等级
126.2	4.664	0.04	2 100	A 1

由于机组的机械密封性和安全性的要求，在运行工况下工质的压力要适宜。系统稳定运行时最优的压力工况是在工作范围内冷凝压力不宜超过 2.5 MPa；蒸发压力应高于 0.1 MPa，以免在系统中形成负压。如图 16.1 p-T 曲线所示，在列的工质可以满足系统正压要求，因此冷凝压力则是考察的重要因素。同其他工质相比，BY-3 制冷剂的饱和蒸汽压力最低，这样的热力学性质将使冷凝过程的压力明显低于其他几种工质，从而使压缩机的负荷和压力极限得到改善。这也意味着其更适合高温运行工况。

工质的容积制冷量一方面决定了机组的尺寸，另一方面还会影响压缩机的选型、功耗等。图 16.2 为各工质的容积制冷量对比图。如图所示，BY-3 单位容积制冷量最小，其他几种的单位容积制冷量较大。这与工质的饱和蒸汽压力的变化趋势是相反的，在相同的饱和温度下，若工质的压力越低，其密度越小，故其比容越大。虽然比容较大会影响机组尺寸与压缩机选型等方面，但是其影响不是绝对的，还需要同时考虑工质的潜热。此外，图中的曲线则反映出工质另一重要的热力学特性，就是曲线的单值性，BY-3 没有极值点

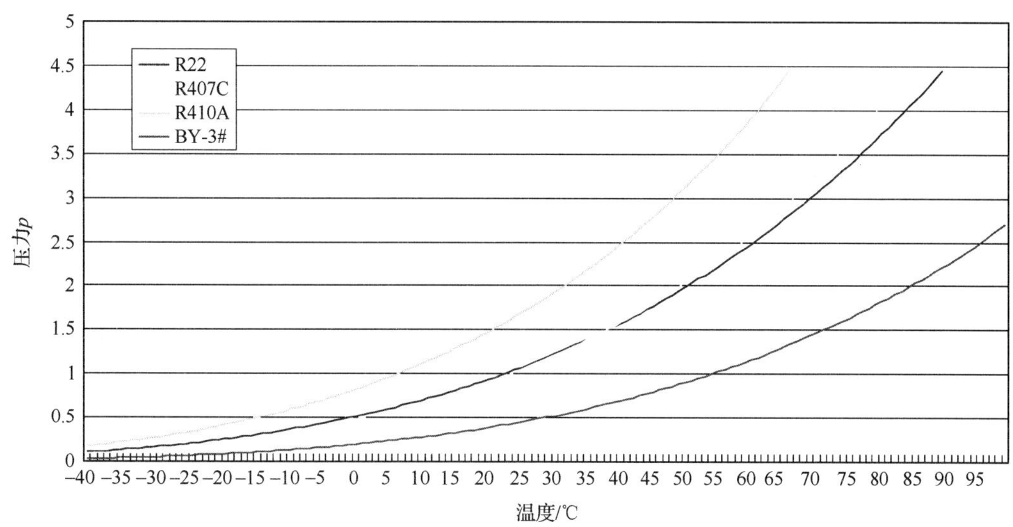

图 16.1　p-T 曲线图

的存在,使热泵的运行可以突破 85℃,而其他制冷剂的极值点性质则限制了高温制热的性能。

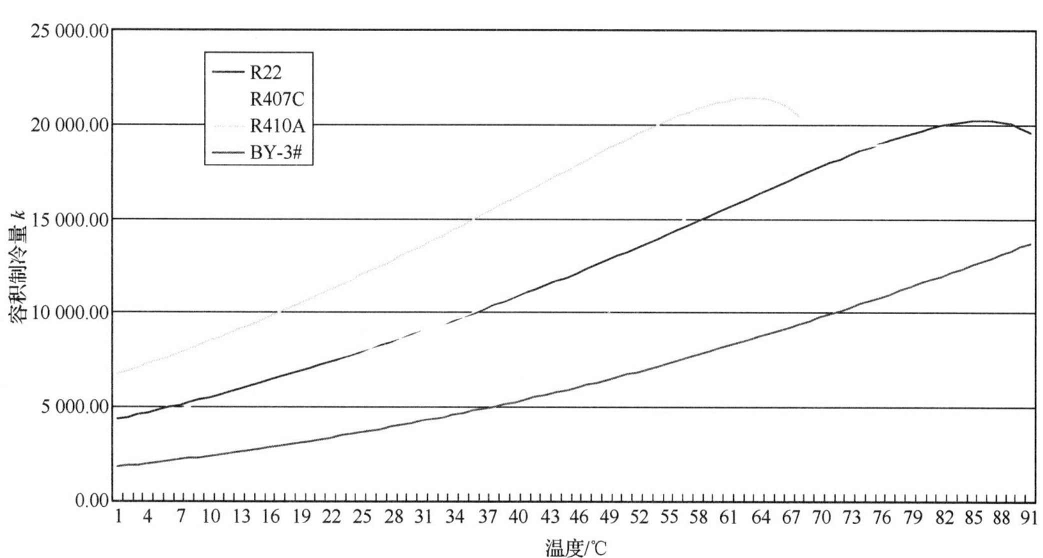

图 16.2　容积制冷量对比图

工质的潜热关系到系统工质的循环量,影响机组的尺寸。图 16.3 所示为几种工质的 h-T 曲线图对比图。由图可见,BY-3 制冷剂的高温区潜热值明显高于其他制冷剂。这意味着单位质量的工质在蒸发或者冷凝时会吸收或者释放更多的热量,这在一定程度上弥补了低压工质比容较大对设备所带来的不利影响。

COP 是热泵系统实用性和经济性关键指标。图 16.4 为高温热泵的热力循环曲线,其 COP 性质分析可由此图予以解释。根据热力学分析,热泵的 COP 性质有:

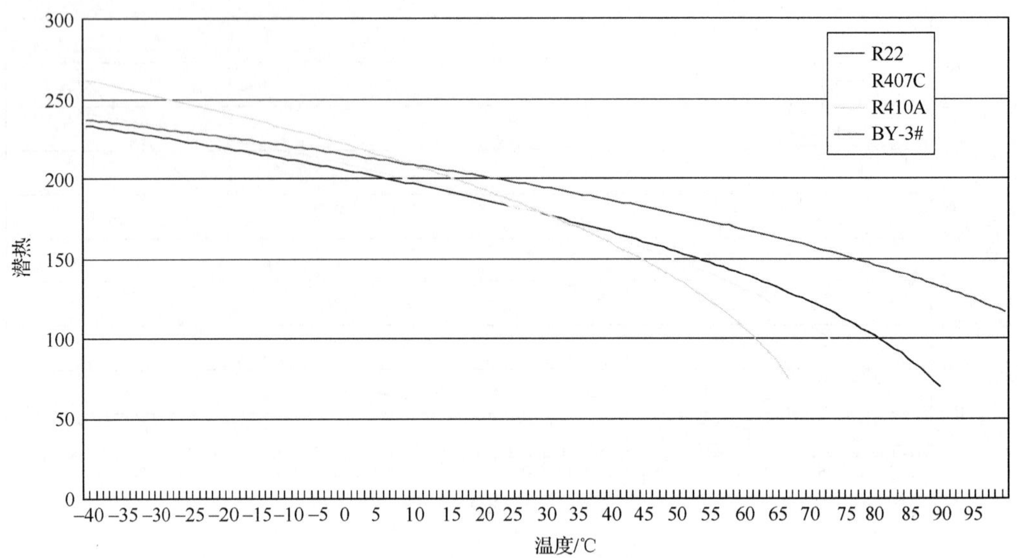

图 16.3 h-T 曲线图

$$\mathrm{COP}=\frac{h_2-h_3}{h_1-h_4}=\frac{Q_2}{W}=\frac{Q_2}{Q_1-Q_2} \tag{16.1}$$

BY-3 在高温区(60～85℃)潜热值最大,由此其热力循环曲线如图 16.4 中 1′-2′-3′-4′-1′组成,则 COP 值得表达式如下:

$$\mathrm{COP}'=\frac{h'_2-h'_3}{h'_1-h'_4}=\frac{Q'_2}{W'}=\frac{Q'_2}{Q'_1-Q'_2} \tag{16.2}$$

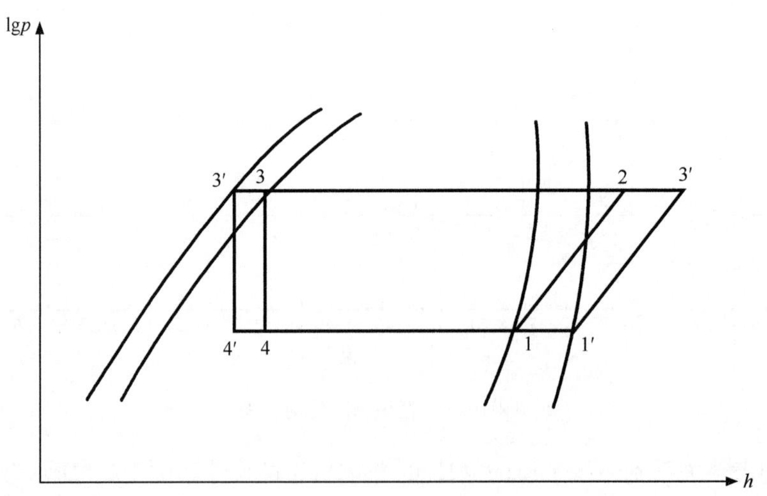

图 16.4 热力循环图

由于 $Q'_2>Q_2$,若 $Q'_1-Q'_2\leqslant Q_1-Q_2$,则 $\mathrm{COP}'>\mathrm{COP}$。BY-3 则能 够充分满足此性能,即使在 85℃制热的工况下,仍获得了较高的 COP。由此可见,制热温度在 60～85℃温区内时,BY-3 与其他工质相比,运行性能优越,有着明显的经济性。

综上所述,R22、R410a 及 R407C 虽在容积制冷量方面有优势,但潜热小、压力较高,中高温循环性能明显低于 BY-3,因此,在 60～85℃温度区间且有较大温升工况下,BY-3 具有优良的循环性能及经济性能。

16.2.3　高温热泵的实验研究

1. 高温热泵实验装置

为更好地了解新型中高温混合工质 BY-3 实验性能,一台高温热泵机组被加工制造。热泵机组主要由压缩机、蒸发器、冷凝器及膨胀阀构成,其主要参数如表 16.5 所示。设计的高温热泵机组检测实验是在某热泵厂家的国家二级实验室进行,图 16.5 所示为实验系统。本装置由热泵机组与水系统组成,组成水系统分为蒸发器侧水循环系统与冷凝器侧水循环系统,由冷却塔、变频水泵、恒温水箱及相关测量装置组成,其中,恒温水箱为两条循环水路提供恒温水源,冷却塔用来排除由压缩机带入系统的多余的热量,维持系统内部能量平衡。蒸发器侧的低温水与冷凝器侧的高温水通过管路相连,由变频水泵对其进行水温及水量的控制,从而达到对高低温热源的温度控制。

表 16.5　热泵机组各部件参数

名称	型号	数量
压缩机	CSH8551-110	1
冷凝器	E2GZ61BA	1
蒸发器	E2LNR107BA	1
电子膨胀阀	SEHI-100	1

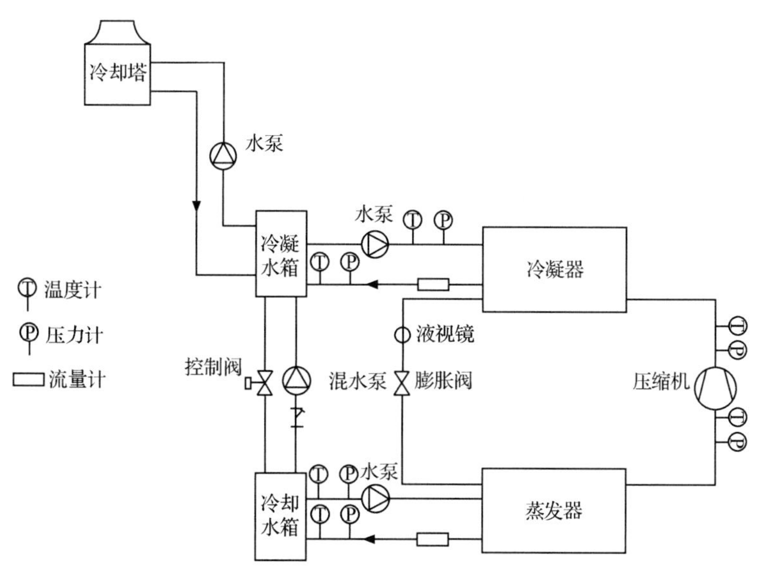

图 16.5　实验系统示意图

实验检测系统的热电偶温度计的精度为 0.1℃，并辅以安捷伦数据采集系统以采集、记录数据，安装于蒸发器、冷凝器侧介质水的进出口处。压力计的精度为 0.5%，安装于蒸发器、冷凝器的工质进出口管道中。蒸发器、冷凝器侧以及冷却塔循环侧的介质水的流量用精度为 0.2%的流量计测量。各仪器的安装位置如图 16.5 所示。本系统每年都由合肥通用机械研究院进行测定，系统的总测量误差低于 3%。试验参数设定以及参数控制，所有的检测数据等均由电脑自动完成输入、采集及存储。

2. 实验内容

控制冷凝器侧出水温度变化范围 35～85℃，循环温升（冷凝器侧进出水平均温度与蒸发器侧进出水平均温度之差）变化范围 20～50℃，考察工质实际循环性能。

实验中主要对以下参数进行测试：

(1) 制热量；

(2) 机组 COP；

(3) 工质运行的基本参数：蒸发器、冷凝器侧的压力与温度等。

上述参数中除第 3 项可以直接测量之外，其他两项均需通过基本参数进行间接测量，相关参数计算为

$$Q = \dot{m}c_p(T_2 - T_1) \tag{16.3}$$

$$\mathrm{COP} = \frac{Q}{W} \tag{16.4}$$

式中，Q 为制热量，kW；COP 为热泵机组性能系数；$\dot{m}$ 为冷凝器侧循环水量，m^3/s；c_p 为水的比热容，kJ/kg；T_1、T_2 为冷凝器侧进出口水温，℃；W 为压缩机的耗功率，kW。

3. 实验结果

实验数据显示，随着热泵提升温度的增大，系统制热量呈上升趋势（如图 16.6 所示，其中 $t_{e\text{-}ave}$ 为蒸发器侧平均水温），在温升为 41.03℃，冷凝器侧出水温度 $t_{c\text{-}out}$ 为 81.52℃

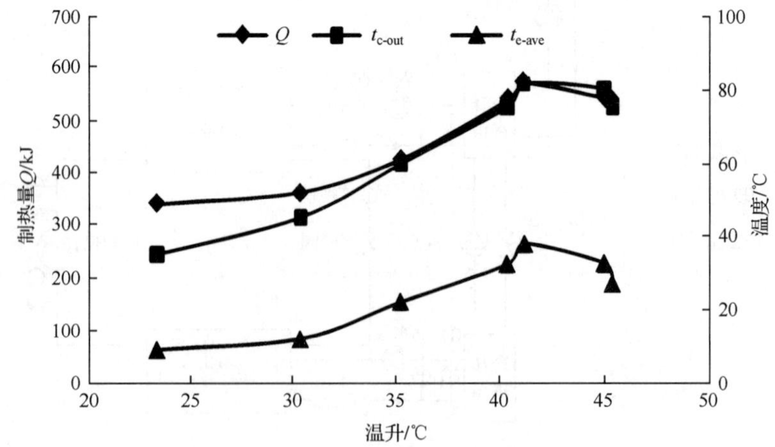

图 16.6　制热量随温升变化曲线

时，系统制热量达到最大；在温升达到最大值 45.28℃时，制热量有所下降，下降幅度为最大值时的 5.12%，但与温升为 23.23℃时的工况相比，增幅仍较大，为 37.12%。

图 16.7 所示为性能系数 COP 随温升变化曲线（$t_{e\text{-}ave}$为蒸发器侧平均水温），由图可见，热泵 COP 随温升及 $t_{c\text{-}out}$ 的升高呈下降趋势，但在温升变化较大且出水温度较高的工况下仍能达到较高的 COP。当温升达到最大值 45.28℃（$t_{c\text{-}out}$ 为 75.19℃）时，COP 为 3.06；当 $t_{c\text{-}out}$ 达到最大值 81.52℃（温升 41.03℃）时，COP 为 3.33。可见，BY-3 在中高温工况下运行效果良好。

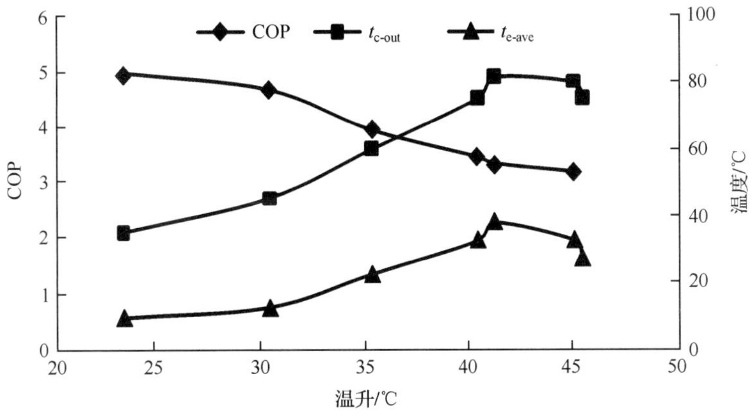

图 16.7　性能系数 COP 随温升变化曲线

如图 16.8 所示，压缩机耗功随 $t_{c\text{-}out}$（冷凝器侧出水温度）升高而增大，在 $t_{c\text{-}out}$ 为 81.52℃时达到最大值。压缩机排气温度亦随 $t_{c\text{-}out}$ 升高而上升（图 16.9），在 $t_{c\text{-}out}$ 达到 81.52℃时，排气温度为 110.00℃，可见，在冷凝器侧出水温度最高时压缩机耗功及排气温度均为最高值，而在温升最大的工况下（温升为 45.28℃，冷凝器侧出水温度为 75.19℃），排气温度为 106.00℃，两个较极端的工况下排气温度均低于压缩机排气温度的高限 140℃，表明 BY-3 仍有较大潜力，在温度更高的工况下对其性能的实验研究有待进行。

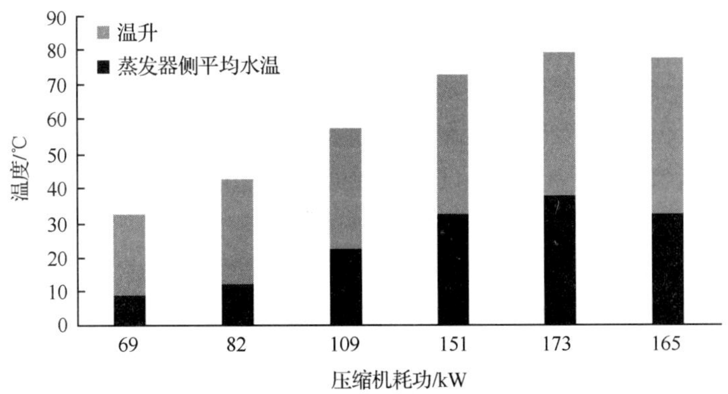

图 16.8　压缩机耗功随温升变化

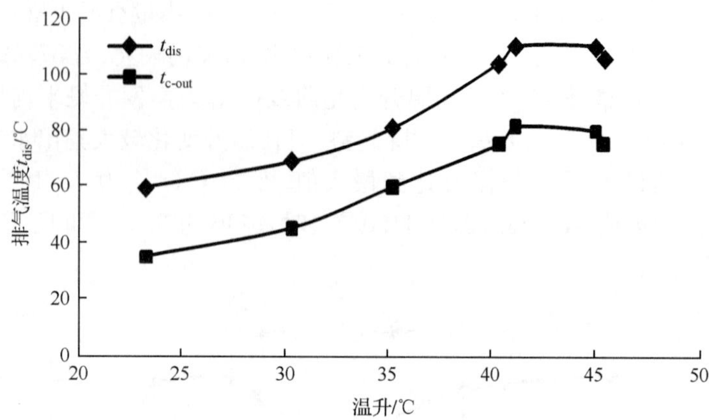

图 16.9　排气温度随温升变化曲线

16.2.4　工程应用

1. 高温热泵在某小区供暖系统的应用

1）工程概况

本工程位于天津某小区，该小区建筑总面积 16 000 m^2，包括独栋别墅和小洋楼群，均采用地板采暖系统。其中独栋别墅共四层，地上三层，地下一层储藏室（不供暖）；小洋楼群为 6 层，每四栋连成一排，每栋两户居民。建筑墙体为钢筋混凝土，设计总负荷为 800 kW（面积热指标 50 W/m^2），采暖系统供回水设计参数为 60～50℃，运行时间共 120d/a。由于小区附近没有市政供热管网铺设，经调查该区附近有 30℃左右的地热尾水排放，故采用地热尾水热泵系统供热，可有效利用余热资源，将地热水排水温度从原来的 30℃降低到 12℃，减轻了地热尾水排放的热污染，同时减少了化石燃料燃烧对环境的污染。热泵采用 BY-3 为工质。

该系统自 2009 年 12 月 5 日运行，2010 年 3 月 20 停止，共连续运行 106 天，热泵运行能耗及水泵等其他辅助设备运行能耗等数据齐备单独记录，可方便地分析各部分能耗比例。

2）系统参数介绍

该余热热泵系统包括三部分：热源水系统、中介水系统以及末端供热系统。其中中介水系统为防止地热水腐蚀热泵机组，设置钛板换热器，其换热面积为 70 m^2（两侧流体之间的对数换热温差设计为 3℃）。系统流程图见图 16.10 所示，系统各设备及监测仪器的位置标示于其中。高温热泵机组现场安装图如图 16.11 所示。

本系统各循环的设计参数如表 16.6 所示：

按照系统设计参数，选择设备如表 16.7 所示。

3）系统运行性能分析

该系统自 2009 年 12 月 5 日运行，至 2010 年 3 月 20 日停止，运行 106 天，共计运行 1890 h，根据运行记录得出运行调节系数为 74.2%。本部分将分析运行过程中的系统供热循环水温度、流量、环境温度、耗电量、工质的压力等参数变化分析系统的运行情况。

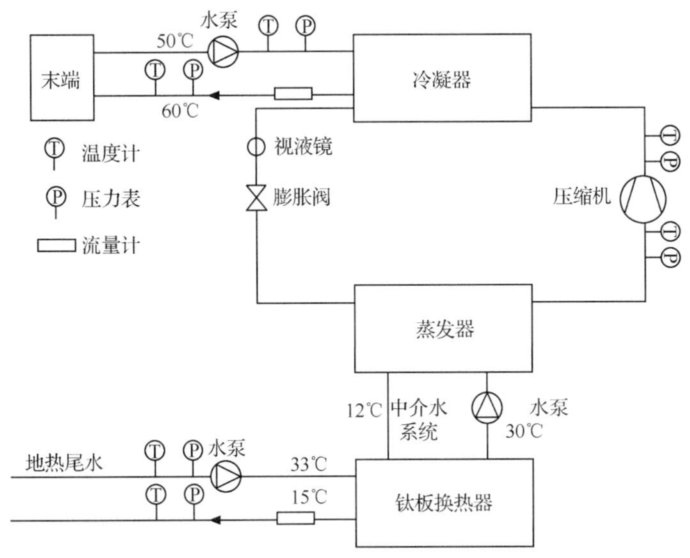

图 16.10　采暖系统流程图

图 16.11　高温热泵机组现场安装图

表 16.6　系统参数

	供回水温度/℃	流量/(m³/h)
热源侧	33～15	30
末端侧	60～50	67
中介水侧	30～12	30

表 16.7　系统设备型号

序号	设备	规格型号	数量	备注
1	热泵机组	输入功率 200 kW,制热量 800 kW	1	自制
2	地热水加压泵	扬程 34 m,流量 35 m^3/h	2	一用一备
3	蒸发器侧循环泵	扬程 20 m,流量 35 m^3/h	2	一用一备
4	末端循环泵	扬程 42 m,流量 84 m^3/h	2	一用一备
5	板式换热器	热器面积 70 m^2	1	
6	补水泵	扬程 30 m,流量 3 m^3/h	2	一用一备
7	水箱	体积 3 m^3	1	
8	循环系统除污器	处理水量 180 m^3/h	1	DN250

(1) 循环水温度。通过分析与室外平均温度与系统供热循环水温度,可以得出在室外温度变化时,供回水温度是否能满足设计要求。由图 16.12 可见,供水温度在整个采暖季并未达到 60℃,且供回水的温差大约保持在 6～7℃。这主要是由控制系统以及系统设计偏差造成的。供热期间室内温度抽查的结果表明,室内平均温度均在 20℃以上,故运行人员将供回水温度下调。并且在设计及选型时,系统的水泵等辅助设备无变频调控系统,导致水流量偏大,故运行时温差只能达到 5～6℃,为设计值的一半。上述因素综合导致了运行参数值偏离设计值。

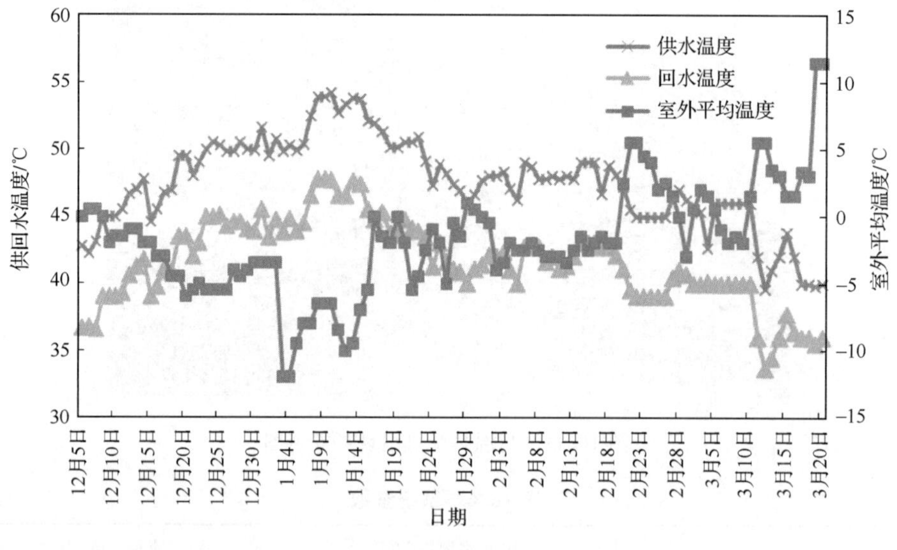

图 16.12　供回水温度及日平均温度曲线

(2) 机组 COP。系统的供回水温度以及机组 COP 曲线图见图 16.13 所示。由图中可以看出,在整个运行季节中,机组 COP 均高于 4.0。在系统开始运行时 COP 可以达到 4.5,但随着运行时间的增加,COP 值有所下降。笔者分析,这主要是由于在整个供暖季中,机组并未对冷凝器除垢,导致热阻增大,换热量降低,进而降低了机组 COP。根据运行经验,在热泵的运行过程中,每运行一段时间需要对换热器进行除垢,以减小传热热阻。

由于本机组是第一年运行，此工作并未严格要求，但为了保证机组的高能效，此操作应该严格执行。

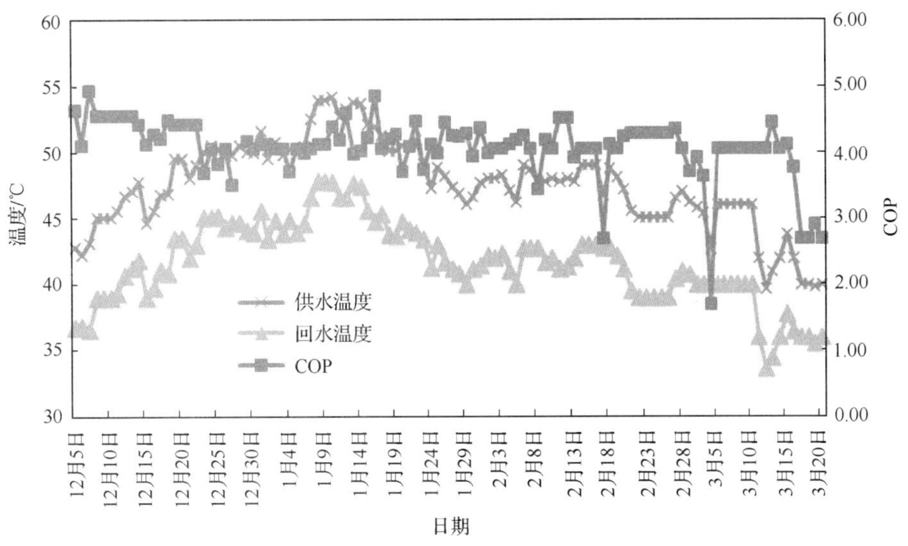

图 16.13　供回水温度及机组 COP 曲线

(3) 机组供热量。机组在整个供热季的日平均供热量以及理论建筑日平均负荷的对比见图 16.14。该图中显示的理论建筑负荷根据 BIN 法计算得出，故其与室外日平均温度吻合性较好。但实际供热量与计算的负荷有所差别，供热季的日平均供热量超出计算热负荷约 50 kW。其主要原因首先是室内温度高于设计温度。抽查结果表明室内温度均在 20℃以上，比设计温度 18℃高 2℃，增加了建筑热负荷；其次是因为该建筑属于新建建筑，其热负荷高于老建筑；最后，该建筑处于天津郊区，周围遮挡物较少，这也在一定程度上增大了热负荷。

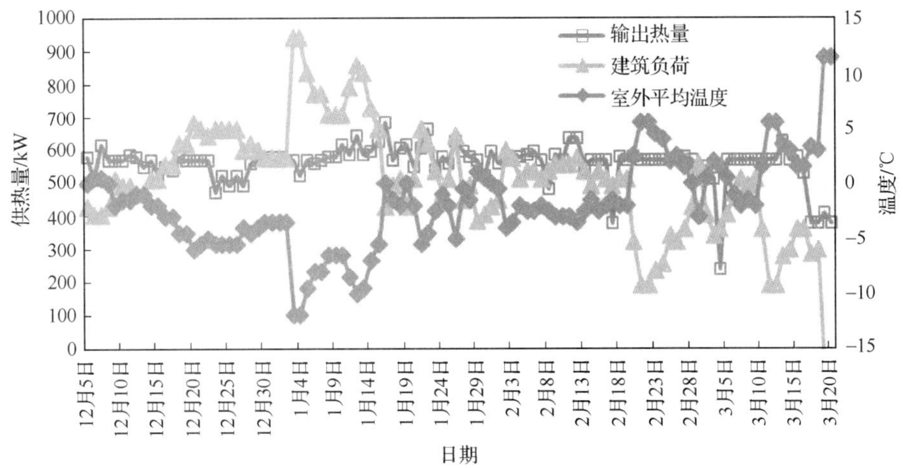

图 16.14　建筑负荷、机组供热量以及室外温度曲线

（4）系统整体能耗。系统能耗包括热泵运行能耗及水泵等其他辅助设备运行能耗，由运行人员分别记录以便分析各部分能耗所占比例。如图 16.15 所示，系统主要的耗能设备为热泵，约占总系统耗电量的 85%，且受室外温度影响变化较大。由于水泵为定频，故其能耗为定值。

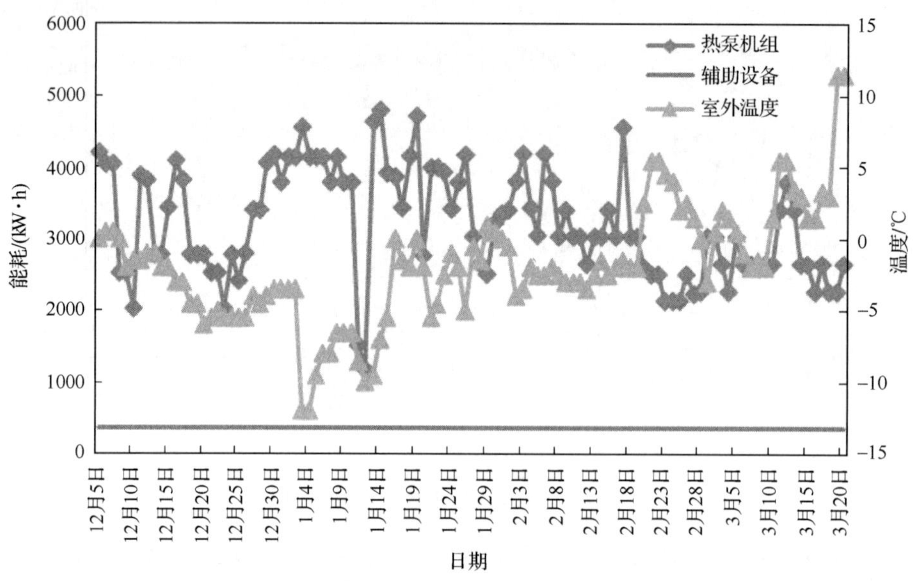

图 16.15 高温热泵供热系统运行能耗

计算出系统的总电耗约为 294 660 kW·h，而系统在供暖期间总电耗约为 379 084 kW·h，较理论值高 28.6%。分析主要原因有以下几项：①新建建筑热负荷较大，机组运行时间长，耗电量较理论计算值大。据已有文献研究证明，由于建筑的结构影响，首年采暖新建筑比旧建筑多耗能 24%。②通过抽查，住户的室内温度基本在 20 ℃以上，末端没有控制系统，导致系统的能耗较计算值偏大。③系统的水泵等辅助设备无变频调控系统，且机组选型过大，导致耗电量大。例如系统供回水温差设计为 10℃，运行时仅达到 5～6℃。

可见，供热系统的节能是一个整体概念，需考虑多方面因素。

（5）系统 COP。系统 COP 可以反映出分析系统的匹配性，是较全面反应系统运行经济性的指标，按照公式(16.5)计算。

$$\mathrm{COP_z} = \frac{Q}{P_{\mathrm{all}}} \tag{16.5}$$

式中，$\mathrm{COP_z}$为供热系统总的性能系数；Q 为供热系统的供热，kW；P_{all}为供热系统所有运行设备的输入功率(包括热泵、水泵功率)，kW。

系统 $\mathrm{COP_z}$以及热泵机组 COP 的见表 16.8 所示。

表 16.8 系统 COP

平均供热量/kW	总耗电量/(kW·h)	供热时间/h	机组 COP	系统 $\mathrm{COP_z}$
560	379084	1890	4.18	3.75

由表16.8可见，将水泵的能耗加入之后，整个系统的COP下降约10.3%。因此提高系统的经济性应该同时提高机组的能效以及整体系统的匹配性。

4）系统运行经济、环境效益分析

A. 经济效益

由于二次网投资均相同，故只对一次网系统进行初投资分析。系统总的运行耗能量及与其他系统的对比如图16.16所示：

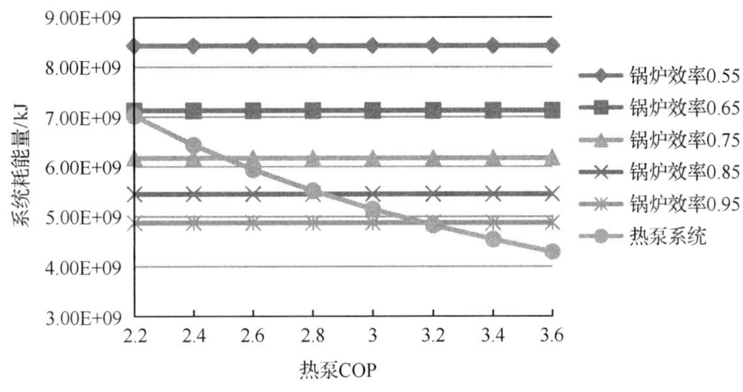

图16.16　各种系统耗能量分析

由图16.16可见，当热泵机组的COP大于3.2时，较锅炉供热系统有明显的节能优势。

从能量角度分析，热泵系统有较大的优势，尤其是余热供热系统，但在应用中考虑到燃料价格、电力价格等方面，更侧重于系统的经济性，在此将在现有能源价格的情况下，将各系统的运行费用进行对比[350]。

煤炭费用按照850元/吨(发热量为5000 Cal①)，为了有可比性，电费根据不同地区的电价分别按0.65元/(kW·h)、0.45元/(kW·h)、0.25元/(kW·h)计算，得出如图16.17所示的曲线(不含折旧费)。

由图16.17可见，地源热泵系统与普通锅炉相比，即使是在电价为0.65元/(kW·h)时，热泵的性能系数等于3.8时，即使相对于锅炉效率为0.85的锅炉仍有一定的优越性，当电价较低时优势更明显。

B. 环境效益分析

经计算，本项目每年可节省标准煤277.13 t，CO_2减排量604.15 t，SO_2减排量18.79 t氮化物减排量为9.09 t，因此本项目产生了巨大的环境效益和节能效果。

2. 基于高温热泵的大型温泉洗浴废水余热回收利用项目

目前，世界上有67个国家应用温泉水洗浴项目，温泉洗浴项目非常火暴。2010年，温泉洗浴项目总装机容量是6700 MW，年使用量是109410 TJ，使我国成为全球温泉洗浴

① Cal为非法定单位，1 Cal=1 kcal=4186.8 J。

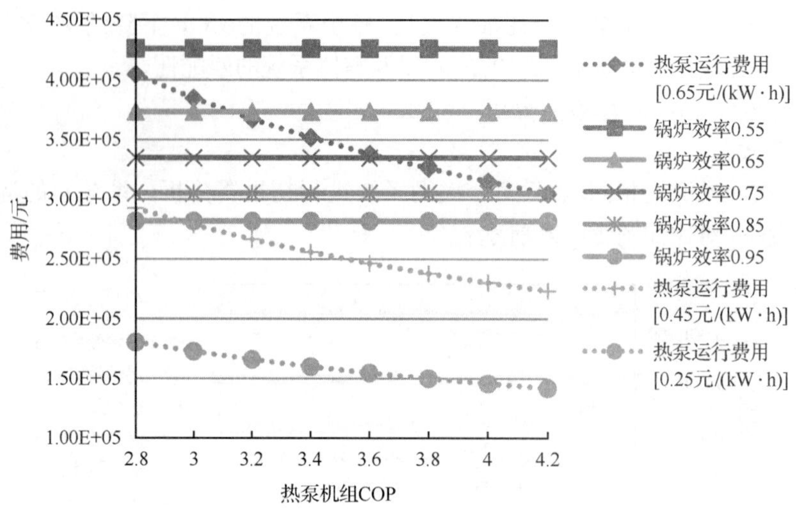

图 16.17　热泵及其他系统运行费用比较

使用量最多的国家。天津市地热资源丰富，有很多大型温泉洗浴项目，包括宝坻温泉城、东丽湖、团泊湖庭院，等等，每天给排水水量达上万吨，常规做法是将洗浴后的温泉水直接排入自然水体或市政管网，这样一方面大量温泉水热资源被浪费了，另一方面大量的温排水造成水体热污染，严重影响自然水体生态系统。

1）工程概况

本工程位于天津市团泊新城的某温泉酒店，酒店位于大型主题公园人工岛上，具体位置如图 16.18 所示，其右岸为湿地公园。本项目温泉洗浴用水计划经处理后排到人工湖中，为了保护湖水良好的生态景观，对排水的水质水温都有较高要求，为解决温排水热污

图 16.18　温泉酒店周围环境图

染问题，余热回收利用技术的使用不可或缺。此外，由于园区供热资源紧张，温泉酒店热水能耗巨大，冬季将会加大供热负荷，充分利用余热资源可有效缓解热力站的供热压力。

项目总占地 117 亩①，建筑面积 4 万 m^2。温泉泡池区为图 16.19 黄色框区，规划占地 25 000 m^2，温泉水域总面积 988.2 m^2，温泉泡池总容量 882 m^3。热泵机房临近泡池区，建筑面积 600 m^2，温泉井(图中红点处)水温为 55℃，水量为 70 m^3/h。

图 16.19　温泉酒店总平面

2) 余热利用

温泉泡池集中排水水量为 370 m^3/d，补热水量为 30 m^3/h，排水蓄水池容积为 500 m^3，日总可利用废水总量约 700 m^3。泡池平均温度约 38℃，经管网热损失，蓄水池内平均水温为 30℃，经过热泵提热，温度降至 15℃。计划从排水中提取的热量用于酒店生活热水，生活热水水箱内设计温度为 60℃，水量约 300 m^3/d，热水循环水箱容积为 100 m^3。冬季工况，废水中提取的热量可以满足生活热水 70%的热量，热水箱有备用热水源作为热量补给。

温泉泡池中的水来自地下 1000 多米深的地热水，水质检测表明地热水中氯离子的含量很高(超过 491 mg/L)，若将洗浴废水直接进入热泵机组的蒸发器中，将会导致蒸发器内的铜材和碳钢之间发生电解反应，进而会造成热泵机组的损坏。为确保热泵机组的使用寿命，设计在污水与热泵机组之间加设一个板式换热器，这样就能完全避免由于电化学腐蚀造成的热泵机组损坏问题，确保系统的正常工作运行。

综上所述，该工程的余热利用技术流程图如 16.20 所示，温泉水从井中开采出来，经过水处理设备，进入储水池，应用时向泡池储水，废水进排水蓄水池，经水处理后，进入板式换热器换热，经热泵提热，供酒店生活热水，低温尾水达标后排放至人工湖。

① 亩为非法定单位，1 亩≈666.7 m^2。

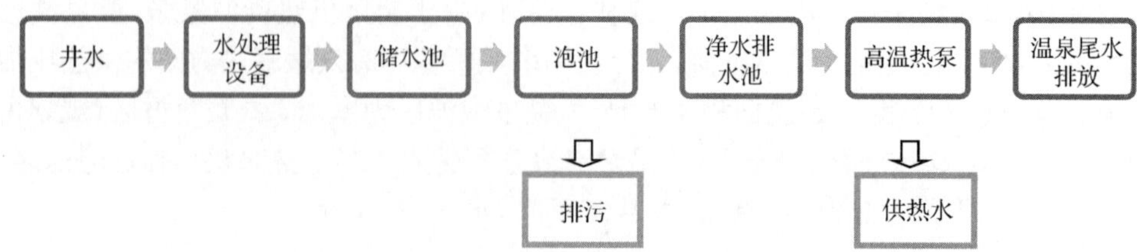

图 16.20 余热利用技术流程图

3）系统参数介绍

该温泉洗浴废水余热热泵利用系统包括四部分：热源机组循环系统、中介水系统、洗浴废水循环系统、生活热水循环系统。其中中介水系统为防止地热水腐蚀热泵机组，设置板换热器，其换热量为 760 kW。温泉废水余热回收系统如图 16.21 所示。温泉废水余热回收系统高温热泵机组实物图如图 16.22 所示。

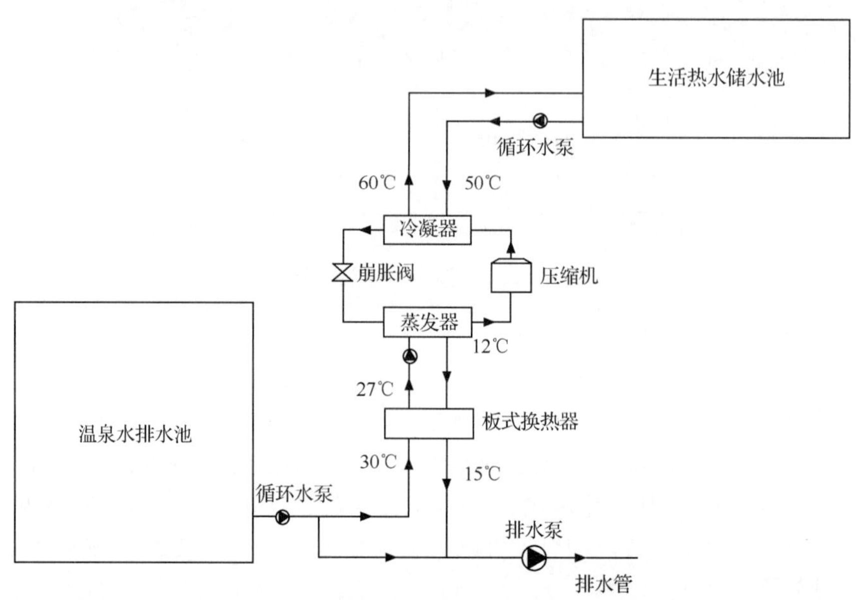

图 16.21 温泉废水余热回收系统流程图

本系统各循环的设计参数如表 16.9 所示：

按照系统设计参数，选择设备如表 16.10 所示。为满足本项目提温和出水温度需求，循环工质选用天津大学研制的 BY-3 新型中高温混合工质。

4）经济、环境效益分析

本技术的应用项目将为有温排水的企业的余热回收利用起到很好的示范作用，促进节能减排事业在洗浴、酒店和度假村等行业的发展。

经济效益分为两部分，其一是余热利用创造的价值，其二是温排水带来的水体环境影响造成的不可估量的经济损失。本次只分析其余热利用创造价值。此项目的设备投资同燃煤锅炉相比，二者初投资基本相同，约 45 万元。虽然热泵系统需要不锈钢板式换热器

图 16.22　高温热泵机组

表 16.9　系统参数

	供回水温度/℃	流量/(m^3/h)
热源侧	30～15	30/60
末端侧	60～50	88
中介水侧	27～12	30/60

表 16.10　系统设备型号

序号	设备	规格型号	数量	备注
1	热泵机组	输入功率 242.3 kW,制热量 900 kW	1	自制
2	洗浴废水循环泵	扬程 8 m,流量 60 m^3/h	2	变频,一用一备
3	洗浴废水排水泵	扬程 25 m,流量 60 m^3/h	2	变频,一用一备
4	蒸发器侧循环泵	扬程 8 m,流量 60 m^3/h	2	变频,一用一备
5	冷凝器侧循环泵	扬程 16 m,流量 88 m^3/h	2	一用一备
6	板式换热器	热器量 760 kW	1	316L 不锈钢

以防止地热水对热泵机组的腐蚀,并且比其他系统增加了热源侧水泵,但是由于热泵主机比锅炉价格低,因此热泵系统的初投资与其他系统持平。但高温热泵年运行费用约 30 万元,燃煤锅炉的年运行费用为 45 万元,每年可节约 15 万元。由此可见,本项目有着可观的经济收益。

高温热泵回收利用温泉洗浴废水的余热,一方面可减少温排水对自然水体的热污染,保护天然湖体的生态环境;另一方面减少酒店生活热水供热年消耗的煤。经折算,本项目每年可节省标准煤 186.09 t,CO_2 减排量 405.68 t,SO_2 减排量 12.62 t,氮化物减排量为 6.10 t。

综上所述,该工程有着良好的经济效益和环境效益。

16.3　低温发电余热利用技术

16.3.1　低温发电余热技术特点

目前温度低于150 ℃的热能无法实现发电利用，在无直接热利用的条件下，基本排放到大气中，造成极大的能源浪费和环境污染[351-353]。为充分利用大规模工业过程中的余热，将其转化为高品质的机械能、电能等，设计开发出了低温有机工质朗肯循环发电系统，用于回收和转化工业过程中的大量余热资源，并转化为高品位的电能，供运行设备再利用，同时将原余热进一步降低能级后再排出系统，使过程能量的优化利用达到新的水平。

该技术主要是基于朗肯循环的热力发电系统，采用双循环发电系统，利用双螺杆膨胀机，选择高效的有机物工质(或者混合物)，可回收不同温度范围的低温热能实施发电，可以应用于任何用能场合，不受工艺及其他条件的限制，适应性广。

16.3.2　技术特征及水平

1. 低温发电技术研究现状

1992年，天津大学承担国家“八五”攻关计划完成单循环全流发电机组(图16.23)。目前，该机组已经投入使用，主要用于150℃以上的余热发电，最大机组已经达到500 kW[354]。目前国内企业的低温发电机组的最低发电温度一般在120℃以上，如江西华电电力有限公司、开山集团等。美国联合技术公司(UTC)最早开发实现工业级机组技术，最低发电温度为80℃，使用涡旋式动力膨胀机，发电功率260 kW；法国目前尚在实验室研发过程中，最低发电温度为80℃，使用双螺杆式动力膨胀机，发电功率50 kW。

图16.23　项目试验机组

2. 低温发电技术及产品主要技术特点

双循环全流发电技术主要用于自然能、工业余热能实施发电；适用于工业冷却水、工业排放蒸汽等余热资源。图 16.24 为 10 kW 低温热水发电机组检测运行照片。

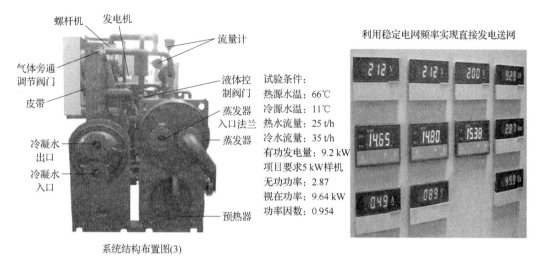

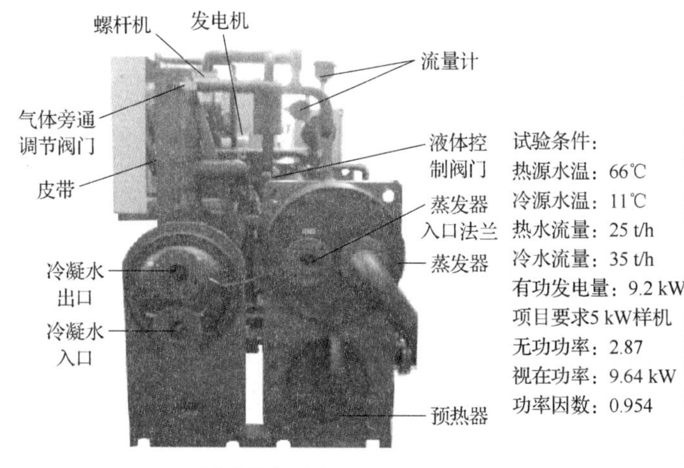

利用稳定电网频率实现直接发电送网

图 16.24　10 kW 低温热水发电机组检测运行图

低温发电技术及产品主要的技术特点主要有以下几个方面。

(1) 实现 60℃以上的低温余热发电，这是目前环境温度下，国内外最低的发电温度；较好实现能源的梯级利用，提高一次能源利用率，具有明显的节能效果。

(2) 可回收各种形态的工业余热，使排放温度极大地降低；回收余热发电后可降低环境排放废热量和温度，环境效益明显。

(3) 利用余热生产工业电力，节省等量的生产用电；系统构造简单、可实现自动并网及下网，适合热量和温度波动的发电生产过程。

(4) 建设及运行方便、运行费用较低。

(5) 余热产生发电效益，变废热为资源是可持续发展的生产模式，发展前景广阔。

3. 技术优势

本系统与国内外同类系统相比，有以下优势：

(1) 采用有机工质饱和蒸气膨胀：采用双螺杆膨胀机代替传统的汽轮机，膨胀效率高，适用于各种相态的流体[355,356]。

(2) 新型的发电工质 TD-2＃完成了 55～65℃低温热源发电运行测试，能更有效的利用工业余热。

(3) 新型发电机组的设计：利用天津大学所设计的组合式蒸发器，可稳定的产生有机工质饱和蒸气，使系统运行更加稳定、可靠。

(4) 简易的机组结构设计：机组采用了内润滑技术，是设备的自耗电量减少，结构形式简单，运行管理简单，维修方便。

(5) 对比以上技术特征可见，本项目的技术水平在国际上是先进的，不低于国际现有的发展水平；在国内是领先的，产品的优秀性能将填补国内的空白。

16.3.3　低温发电技术的理论体系

(1) 降低发电温度是回收工业余热最大化的关键理论与技术，确定不同温区的最佳发电介质，不同温区中最高热发电效率的梯级发电技术等是关键的基础理论和技术[357]；

(2) 取热(传热技术与方式)理论及换热器技术的研究是难点问题，以适应不同形态、不同成分、含颗粒物流体、含腐蚀性流体等的换热器材料及形式，确保余热提取过程的稳定行和高效性；

(3) 科学地选用发电介质及其相变理论，并确保其实现近饱和蒸气的全流膨胀过程特征，是提高发电热效率的关键理论与技术，也是获取最大发电量的关键理论与技术，发电介质的热力循环特征的研究是难点问题[358]；

(4) 螺杆膨胀转子线性与发电介质膨胀特性曲线的理论模型及计算方法，是目前的空白理论，也是膨胀过程得以完善进行的关键理论与技术[359]；

(5) 低温发电机组各硬件工作元之间的热力学最优化计算方法的研究将是确保软件技术特性得以最大发挥的关键理论与技术[360]；

(6) 工业余热参数和环境温度变化对发电量的影响关系是深化开发低温发电技术设计的重要理论支撑；

(7) 先进的机组运行控制模式、安全运行模式、安全并网与脱网模式等是机电一体化的必要配套技术。

这些理论与技术之间的相互支撑关系如图 16.25 所示。

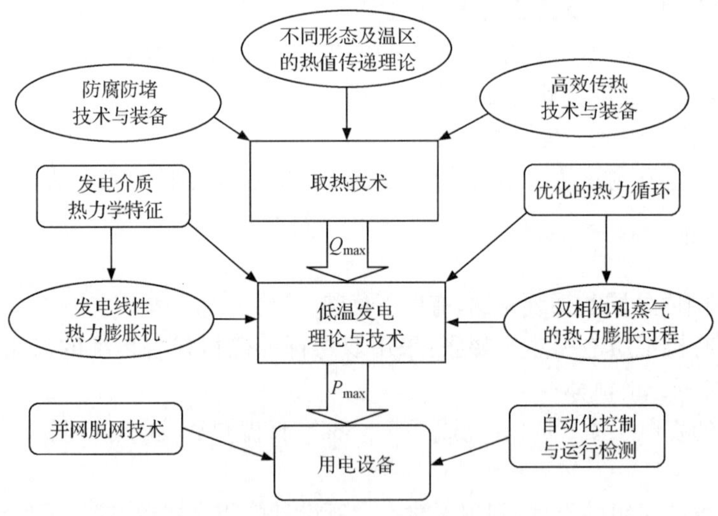

图 16.25　理论与技术之间的相互支撑关系图

16.3.4　低温发电技术的理论基础

1. 有机工质的循环物性及输运性质

任何流体物质都有自身的物性，其物性的理论基础就是物性方程，对混合工质还要考虑组分浓度的变化。流体的输运性质有内能方程、熵方程和焓方程等重要的方程，对混合工质也需要考虑组分浓度的变化。

研究流体的物性和输运性质，是确定理想发电介质的根本，也是实现低温发电的理论基础。寻找性能优异的发电介质，可继续降低发电温度，使余热得到更充分的利用；同时可为低温发电系统确定出适应不同温区的最佳发电介质，从而为实现梯级发电理论体系奠定基础，使余热在不同温区多能够获得最大的发电量。事实证明不同的发电介质有着自身的最佳发电量，这一结论也在实验中获得了证明，如图 16.26 所示。

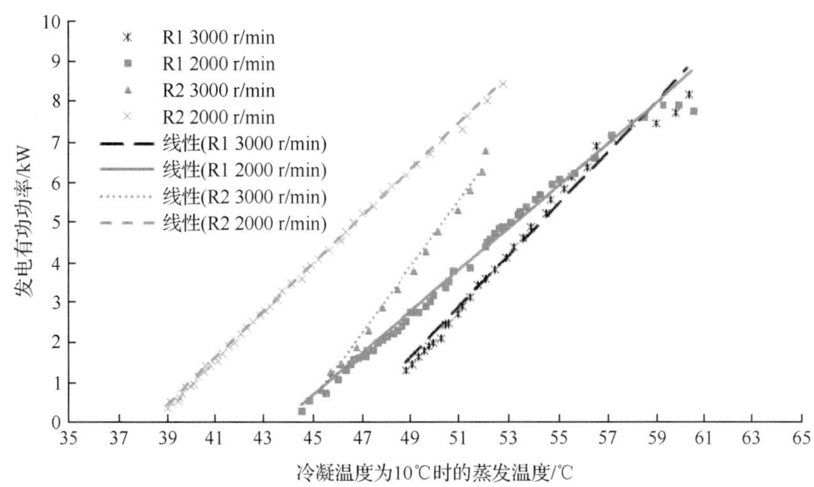

图 16.26　蒸发温度与发电有功功率的关系图

2. 双螺杆机的线型匹配

双螺杆机的线型是为了确保发电介质在膨胀过程中实现最大的功量转换，从而转换为更大的发电量。因此适合发电介质膨胀最大化的加工线型是功量转化的最根本的影响因素。螺杆机的型线分析图如图 16.27 所示，相关的数学模型如下：

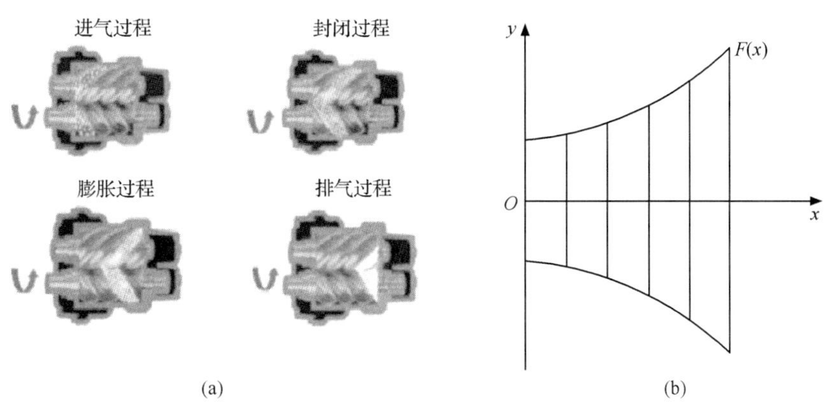

图 16.27　螺杆机型线分析图

质量方程：

$$dm = d(A\omega/v)$$

能量方程：

$$dh = v dp$$

动量方程：

$$dp = -\rho\omega d\omega$$

约束方程：

$$\Delta s = 0$$

利用不同发电介质的物性方程和输运方程，代入以上的数学模型中，通过迭代求解，以确定出适合于不同温区的最佳发电介质的膨胀特性和几何形态，并以此为依据，推算出各自温区相应的最佳膨胀特性，才能为真正意义的膨胀机型的设计提供理论基础。

3. 换热器的形式

取热技术是余热利用发电的第一步，只有确定出理想的取热方式和相应的换热器形式，才可以完成后续的发电过程。

针对低温发电换热特点，设计了“壳管式预热器＋满液式蒸发器”的组合式蒸发器，利用壳管式预热器为过冷液体提供较大换热流程，以满足较大温升；利用满液式蒸发器高效的沸腾换热和储液量大，稳定地提供有机工质的饱和蒸气。测试结果见表 16.11，预热器将过冷液体加热到接近饱和，而蒸发器出口的工质气体过热度在 1℃左右。

表 16.11　壳管式预热器＋满液式蒸发器测试结果

压力/MPa	预热后的工质		有机工质蒸气	
	温度/℃	过热度/℃	温度/℃	过热度/℃
0.70	51.2	−0.2	52.4	1.4
0.65	47.3	−0.8	50.5	2.4
0.75	53.4	−0.4	54.4	0.6
0.82	56.5	−0.7	57.5	0.3
0.95	63	−0.5	65.6	2.1
1.0	66	0	66.5	0.5
1.1	69	−1	72	2
1.2	72.7	−1.1	74	0.2
1.3	76.4	−0.8	78	0.8

此外，目前的换热器很难兼顾上述两种优良的品质，同时工业余热的形态复杂，余热流体中的成分复杂：内含酸性物质和颗粒物质是常见的。因此取热用换热器的研究应不断地开发下去，以适应余热流体取热的高效性和稳定性的需要。

取热设备的研发应集中在换热器的材料特性和形体设计，其主要目的是解决取热设备的防酸性能和防堵性能。

16.3.5　工程应用(低温余热发电与精馏系统的联合运行试验)

化工领域中精馏工艺一直是将精馏塔出来的蒸气产品通过冷凝器冷凝成液态,并将全部冷凝余热排放到室外。这种生产工艺不仅浪费能源,还造成了环境的热污染。针对这种现状,本实验首次利用低温发电机组取代原系统中的冷凝器,利用蒸气余热实施发电,在满足原工艺要求的同时最大限度的回收这部分余热资源,减少环境热污染。这项技术的组合在化工领域将是一个重大突破。

1. 原精馏工艺流程

原精馏工艺系统是由导热油炉循环加热精馏塔釜中的物料,液态的物料经加热蒸发变成气态,通过精馏塔进入精馏塔上方的冷凝器,气态物料进入冷凝器后被冷却水冷凝为液态进入回液装置,液态物料一部分作为馏出液取出,其余再由回液装置进入精馏塔中,如此循环。而冷却水则回流到冷却塔,经冷却后再由水泵打入冷凝器,如此循环。具体流程如图 16.28 所示。

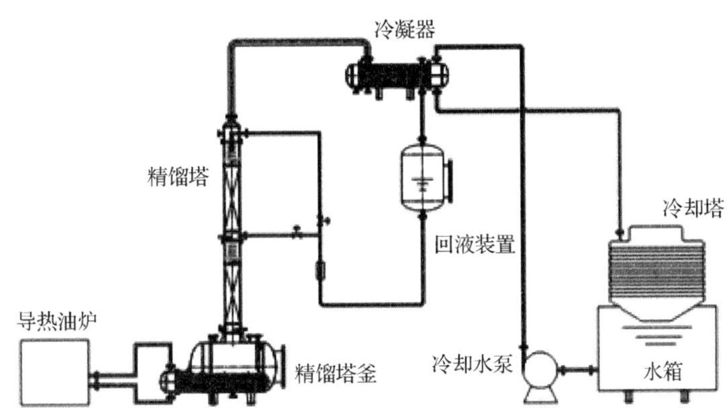

图 16.28　原精馏工艺流程图

2. 改造后的精馏工艺流程

改造后的精馏工艺只是将低温发电机组替代了原工艺中的冷凝器,其他设备流程完全不变。由精馏塔上升的气态物料直接进入发电机组的蒸发器侧,有机工质膨胀后的乏汽进入冷凝器冷凝成为饱和液体,由工质循环泵加压进入蒸发器,完成循环。而气态物料被有机工质吸收热量后冷凝成液态流入储液罐中,一部分作为回流液由液体循环泵加压打入精馏塔中,其余则作为馏出液取出,具体流程如图 16.29 所示。

3. 乙醇-异丙醇系统冬、夏季理论与实际发电效率的分析

为更好地分析,结合冬、夏季乙醇-异丙醇和发电机组系统性能,对系统的冬、夏季理论与实际发电效率进行分析[361]。

发电机组在夏季工况(冷凝温度为 37.5℃)的实验数据和计算所得的理论发电量如表 16.12 所示。

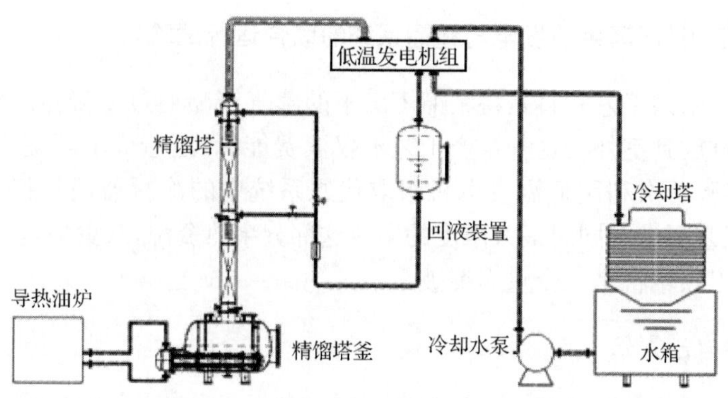

图 16.29　改造后的精馏工艺流程图

表 16.12　乙醇-异丙醇系统参数(夏季室外气温 35℃)

蒸发温度/℃	冷凝器进氟/℃	吸热量/kW	发电量/kW	理论发电效率/%	实际发电效率/%
75	35.7	72.33	3.52	7.7	2.1
76.3	35.3	76.98	3.29	8.8	1.7
76.5	35.3	79.27	3.55	8.3	2.0
76.8	34.4	79.50	3.8	8.6	2.3
77.3	35.3	80.03	3.52	8.5	1.9
77.8	34.8	82.10	3.84	8.7	2.2
77.9	34.8	82.21	4	8.8	2.4
78.1	34.8	81.51	4.03	8.8	2.5
78.3	34.9	80.38	4.07	8.8	2.6
78.5	35.2	79.83	4.21	8.8	2.8
78.6	35	83.91	4.16	8.9	2.6
78.7	35.5	82.26	4.11	8.8	2.6
78.9	35.7	77.18	4.13	8.6	2.8
79	35.1	82.82	4.23	9.0	2.7
79.1	34.8	85.01	4.16	9.1	2.5
79.2	35.1	84.38	4.22	9.0	2.6
79.3	35.7	79.86	4.16	8.8	2.7
80.7	36	88.91	4.28	9.1	2.6

发电机组在冬季工况(冷凝温度为 20.9℃)的实验数据和计算所得的理论发电量如表 16.13 所示。

表 16.13　乙醇-异丙醇系统参数(冬季冷凝温度 20.9℃)

蒸发温度/℃	冷凝器进氟/℃	吸热量/kW	发电量/kW	理论发电效率/%	实际发电效率/%
74.2	27.3	87.51	6.65	10.1	5.3
74.4	28.6	97.95	6.7	10.0	4.8
75.8	25	97.38	7	10.8	5.1
76.4	26.6	92.87	7.2	10.6	5.6
77	25.1	109.96	7.5	11.3	5.0
78.4	24.7	110.07	7.72	11.6	5.2
80	22	110.91	7.99	12.5	5.4
80.9	25.9	104.28	8.23	11.8	6.0
81	24.5	106.03	8.48	12.1	6.1
81.1	28.6	108.86	8.36	11.2	5.8
81.4	26.6	118.66	8.76	11.9	5.7
81.7	23.6	111.92	9.07	12.1	6.3

如表 16.12、表 16.13 所示,夏季发电机组的理论发电效率约为 8.7%,而实际发电效率约为 2.5%;冬季发电机组的理论发电效率约为 11.3%,而实际发电效率约为 5.5%。造成理论发电效率与实际发电效率偏差较大的原因在于气体膨胀所做的功很大一部分被转动部件所需的动能消耗,双螺杆膨胀机的能量转化效率较低。当发电机组放大时,初始动能所占的比重会降低,理论与实际发电效率之间的偏差会有所降低。造成系统冬季与夏季发电效率偏差较大的主要原因在于冬季冷却水初始温度远低于夏季,这就意味着工质通过冷凝器后温降较大,在蒸发温度不变的前提下,冷凝温度越低,提取的余热量越大,膨胀功越大,而当螺杆机转速恒定时,转动部件所消耗的初始动能是恒定值,所以发电量和发电效率都会比夏季高。

4. 乙醇-异丙醇系统年运行分析

结合冬、夏季乙醇-异丙醇系统参数计算系统全年实际发电量、实际发电效率及效益见表 16.14 和表 16.15。

表 16.14　乙醇-异丙醇系统冬、夏季各参数平均值

参数	夏季	冬季	参数	夏季	冬季
膨胀功/kW	7	11.9	吸热量/kW	81	105
发电量/kW	4	7.8	理论发电效率/%	8.7	11.3
净发电量/kW	2	5.8	实际发电效率/%	2.5	5.5

表 16.15　乙醇-异丙醇系统年运行参数及效益

运行参数	年均膨胀功/kW	9.5
	年均净发电量/kW	3.9
	年均吸热量/kW	93
	年均理论发电效率/%	10.2
	年均实际发电效率/%	4.2
	年运行时间/h	8 760
	年发电量/(kW·h)	34 164
效益	工业电费/[元/(kW·h)]	0.76
	年效益/万元	2.6

改造后的精馏工艺系统工程利用精馏工艺中气态物料的余热，一方面可减少气态物料释放的大量余热对环境热污染；另一方面产生的高品位电能可供精馏工艺运行设备再利用。如表 16.15 所示，该发电机组年发电量 34 164 kW·h，年经济效益是 2.6 万元。综上所述，该工程有着良好的经济效益和环境效益。

参 考 文 献

[1] 晓铭. 国内外乙二醇的供需现状及发展前景. 精细化工原料及中间体，2011，07：33-38.

[2] 崔小明，李明. 乙二醇的国内外供需现状及发展前景. 中国石油和化工经济分析，2007，12：25-31.

[3] 崔小明. 国内外乙二醇的市场分析(一). 精细与专用化学品，2007，23：32-36.

[4] 华强，刘定华，马正飞，等. 催化水合法合成乙二醇. 石油化工，2003，04：317-320.

[5] 丁国荣，刘艳杰，张乃君. 国内外乙二醇的供需分析与预测. 天津化工，2005，03：35-37.

[6] 崔小明. 乙二醇的供需现状及市场前景. 化学工业，2011，04：6-12.

[7] 王旭辉，张月丽. 国内EG竞争格局趋向多元化. 聚酯工业，2011，05：10-12.

[8] 尹国海. 我国乙二醇生产技术现状及市场前景. 中外能源，2012，12：62-68.

[9] 王克冰，王公应. 非石油路线合成乙二醇技术研究进展. 现代化工，2005，S1：47-52.

[10] 李涛. 国内外环氧乙烷合成乙二醇新技术进展. 聚酯工业，2005，05：7-9.

[11] 黄卫国，贺德华，刘金尧，朱起明. 非石油路线合成乙二醇方法评述. 天然气化工，1997，05：37-41.

[12] Kruchten V, Eugene M G. Carboxylates in catalytic hydrolysis of alkylene oxides: USA, US 6316571, 2000.

[13] Kruchten V, Eugene M G. Process for the preparation of alkylene glycols: USA, US 5874653, 1999.

[14] Hwaili S, Bernard C R, John H R. Monoalkylene glycol production using mixed metal framework compositions: USA, US 4967018, 1990.

[15] Forkner M W U. Monoalkylene glycol production using highly selective monoalkylene glycol catalysts: USA, US 5874653, 1993.

[16] 沈景余. 世界环氧乙烷、乙二醇生产现状及技术进展. 石油化工，1994，09：611-617.

[17] 靳清贤，葛裕华，戴红. 反式-5-甲氧基-3-苯乙烯基吲哚的合成. 化学试剂，2006，06：373-374.

[18] 邓琼，邵越水，余长泉，孙莉，李东伟，裴文. 3-巯基吲哚的研究进展. 浙江化工，2004，02：3-5.

[19] 李应成，何文军，费泰康，何立. 环氧乙烷水合生产乙二醇的固体酸催化剂：中国，CN 03141450. 8，2003.

[20] 王伟. 5-甲氧基吲哚的合成. 宁波化工，2004，01：31-33.

[21] 戴厚良，刘晓勤，陈林法，等. 催化水合法制备乙二醇的方法：中国，CN 200610041182. 2，2006.

[22] 李应成，何文军，陈永福. 碳酸亚乙酯法合成乙二醇研究进展. 工业催化，2002，04：40-44.

[23] 林青松，李素梅，周斌，等. 环氧乙烷水合制备乙二醇的催化剂及过程：中国，CN 98114026. 2，1998.

[24] 章洪良. 环氧乙烷/乙二醇生产技术进展. 石油化工技术与经济，2010，01：55-58.

[25] 吕连海，爽胡，越王. 一种铜催化环氧乙烷水和制备乙二醇的方法：中国，CN 200510200436. 6，2005.

[26] Odanaka H, Saotome M, Kumazawa T. Process for the production of alkylene glycols: USA, US 4283580, 1981.

[27] Doya M, Kimizuka K, Kanlxara Y. Process for the production of dialkyl carbonate: USA, US 5489702, 1996.

[28] 川边一毅，村田一彦，古屋俊行. 乙二醇制备方法：中国，CN 96121781. 2，1996.

[29] Kawabe K, Yokkaichi. Process for simultaneous producing of ethylene glycol and carbonate ester: USA, US 6380419. 2002.

[30] Frevel L K, Gilpin J A. Carbonate synthesis from alkylene: USA, US 3642858, 1972.

[31] Buysch H J, Krimm H R, Rudolph H. Process for the preparation of Dialkyl carbonates: USA, US 4181676, 1980.

[32] Mais F J, Buysch H J. Mendoza-Frohn C, Klausener A. Process for the preparation of alkylene carbonates: USA, US 5391767, 1995.

[33] Knifton J F. Process for cogeneration of ethylene glycol and dimethyl carbonate: USA, US 4661609, 1987.

[34] Jiang Z, Lapierre R B, Santiesteban J G. Process for co-Production of dialkyl carbonate and alkanediol: USA, US 6207850, 2001.

[35] Doya M, Ohkawa T, Kanbara Y, Okamoto A, Kimizuka K. Process for producing alkylene carbonates: USA, US 5349077, 1994.

[36] 中国石化有机原料科技情报中心站. 中科院兰州化物所乙二醇合成新工艺进入中试. 石油化工技术经济, 2006, 01: 53.

[37] 李玉芳, 李明. 乙二醇生产技术进展及国内市场分析. 上海化工, 2012, 01: 32-37.

[38] 李雅丽. Shell 在新加坡建设全球最大的"Omega"新技术乙二醇装置. 化学反应工程与工艺, 2009, 01: 51.

[39] 高健, 钟顺和. CO_2 和环氧乙烷直接制备碳酸乙烯酯的研究进展. 化学进展, 2002, 02: 107-112.

[40] Shen Y M, Duan W L, Shi M. Chemical fixation of carbon dioxide catalyzed by binaphthyldiamino Zn, Cu, and Co salen-type complexes. J. Org. Chem., 2003, 68(4): 1559-1562.

[41] Kawanami H, Ikushima Y. Chemical fixation of carbon dioxide to styrene carbonate under supercritical conditions with DMF in the absence of any additional catalysts. Chem. Commun., 2000, 21: 2089-2090.

[42] Paddock R L, Nguyen S T. Chemical CO_2 fixation: Cr(Ⅲ) Salen complexes as highly efficient catalysts for the coupling of CO_2 and epoxides. J. Am. Chem. Soc., 2001, 123(46): 11498-11499.

[43] Ji D, Lu X, He R. Syntheses of cyclic carbonates from carbon dioxide and epoxides with metal phthalocyanines as catalyst. Appl. Catal., 2000, A 203(2): 329-333.

[44] Lu X B, Zhang Y J, Liang B, Li X, Wang H. Chemical fixation of carbon dioxide to cyclic carbonates under extremely mild conditions with highly active bifunctional catalysts. J. Mol. Catal. A: Chem., 2004, 210(1): 31-34.

[45] Trost B M, Angle S R. Palladium-mediated vicinal cleavage of allyl epoxides with retention of stereochemistry: A cis hydroxylation equivalent. J. Am. Chem. Soc., 1985, 107(21): 6123-6124.

[46] Aye K T, Gelmini L, Payne N C, Vittal J J, Puddephatt R J. Stereochemistry of the oxidative addition of an epoxide to platinum (Ⅱ): Relevance to catalytic reactions of epoxides. J. Am. Chem. Soc., 1990, 112(6): 2464-2465.

[47] Jiang J L, Gao F, Hua R, Qiu X. Re (CO) 5Br-catalyzed coupling of epoxides with CO_2 affording cyclic carbonates under solvent-free conditions. J. Org. Chem., 2005, 70(1): 381-383.

[48] Welton T. Room-temperature ionic liquids. Solvents for synthesis and catalysis. Chem. Rev., 1999, 99: 2071-2084.

[49] Dupont J, De Souza R F, Suarez P A. Ionic liquid (molten salt) phase organometallic catalysis. Chem. Rev., 2002, 102(10): 3667-3692.

[50] 张锁江, 吕兴梅. 离子液体——从基础研究到工业应用. 北京: 科学出版社, 2006.

[51] Zhang S, Chen Y, Li F, Lu X, Dai W, Mori R. Fixation and conversion of CO_2 using ionic liquids. Catal. Today, 2006, 115(1): 61-69.

[52] Pârvulescu V I, Hardacre C. Catalysis in ionic liquids. Chem. Rev., 107(6): 2615-2665.

[53] Peng J, Deng Y. 2001. Cycloaddition of carbon dioxide to propylene oxide catalyzed by ionic liquids. New J. Chem., 2007, 25(4): 639-641.

[54] Kim Y J, Varma R S. Tetrahaloindate (Ⅲ)-based ionic liquids in the coupling reaction of carbon dioxide and epoxides to generate cyclic carbonates: H-bonding and mechanistic studies. J. Org. Chem., 2005, 70(20): 7882-7891.

[55] Yang Z Z, He L N, Miao C X, Chanfreau S. Lewis basic ionic liquids-catalyzed conversion of carbon dioxide to cyclic carbonates. Adv. Synth. Catal., 2010, 352(13): 2233-2240.

[56] Sun J, Wang L, Zhang S, et al. $ZnCl_2$/phosphonium halide: An efficient Lewis acid/base catalyst for the synthesis of cyclic carbonate. J. Mol. Catal. A: Chem., 2006, 256(1): 295-300.

[57] Cheng W, Fu Z, Wang J, et al. $ZnBr_2$-based choline chloride ionic liquid for efficient fixation of CO_2 to cyclic carbonate. Synth. Commun., 2012, 42(17): 2564-2573.

[58] Sun J, Ren J, Zhang S, et al. Water as an efficient medium for the synthesis of cyclic carbonate. Tetrahedron. Lett., 2009, 50(4): 423-426.

[59] Sun J, Zhang S, Cheng W, et al. Hydroxyl-functionalized ionic liquid: A novel efficient catalyst for chemical fixation of CO_2 to cyclic carbonate. Tetrahedron. Lett., 2008, 49(22): 3588-3591.

[60] Sun J, Han L, Cheng W, et al. Efficient acid-base bifunctional catalysts for the fixation of CO_2 with epoxides under metal-and solvent-free conditions. Chem. Sus. Chem., 2011, 4(4): 502-507.

[61] Xiao B N, Liu C Y, Sun J, et al. Triethanolamine/KI: A multifunctional catalyst for CO_2 activation and conversion with epoxides into cyclic carbonates. Synth. Commun., 2013, 43(22): 2985.

[62] Liang S, Liu H, Jiang T, et al. Highly efficient synthesis of cyclic carbonates from CO_2 and epoxides over cellulose/KI. Chem. Commun., 2011, 47(7): 2131-2133.

[63] Wang J Q, Dong K, Cheng W G, et al. Insights into quaternary ammonium salts-catalyzed fixation carbon dioxide with epoxides. Catal. Sci. Technol., 2012, 2(7): 1480-1484.

[64] Meng Z, Sun J, Wang J, et al. An efficient and stable ionic liquid system for synthesis of ethylene glycol via hydrolysis of ethylene carbonate. Chin. J. Chem. Eng., 2010, 18(6): 962-966.

[65] Knifton J F. Process for cogeneration of ethylene glycol and dimethyl carbonate: USA, US 4661609, 1987.

[66] Zhao T, Han Y, Sun Y. Cycloaddition between propylene oxide and CO_2 over metal oxide supported KI. Phys. Chem. Chem. Phys., 1999, 1(12): 3047-3051.

[67] Zhang X, Zhao N, Wei W, Sun Y. Chemical fixation of carbon dioxide to propylene carbonate over amine-functionalized silica catalysts. Catal. Today, 2006, 115(1): 102-106.

[68] Yasuda H, He L N, Sakakura T, Hu C. Efficient synthesis of cyclic carbonate from carbon dioxide catalyzed by polyoxometalate: The remarkable effects of metal substitution. J. Catal., 2005, 233(1): 119-122.

[69] Yasuda H, He L N, Takahashi T, Sakakura T. Non-halogen catalysts for propylene carbonate synthesis from CO_2 under supercritical conditions. Appl. Catal., 2006, A 298(1): 177-180.

[70] Sun D, Zhai H. Polyoxometalate as co-catalyst of tetrabutylammonium bromide in polyethylene glycol (PEG) for coupling reaction of CO_2 and propylene oxide or ethylene oxide. Catal. Commun., 2007, 8(7): 1027-1030.

[71] Shiels R A, Jones C W. Homogeneous and heterogeneous 4-(*N*, *N*-dialkylamino) pyridines as effective single component catalysts in the synthesis of propylene carbonate. J. Mol. Catal. A: Chem., 2007, 261(2): 160-166.

[72] Shi F, Zhang Q, Ma Y, et al. From CO oxidation to CO_2 activation: An unexpected catalytic activity of polymer-supported nanogold. J. Am. Chem. Soc., 2005, 127(12): 4182-4183.

[73] Lu X B, Wang H, He R. Aluminum phthalocyanine complex covalently bonded to MCM-41 silica as heterogeneous catalyst for the synthesis of cyclic carbonates. J. Mol. Catal. A: Chem., 2002, 186(1): 33-42.

[74] Alvaro M, Baleizao C, Das D, et al. CO_2 fixation using recoverable chromium Salen catalysts: Use of ionic liquids as cosolvent or high-surface-area silicates as supports. J. Catal., 2004, 228(1): 254-258.

[75] Kim H S, Kim J J, Kwon H N, et al. Well-defined highly active heterogeneous catalyst system for the coupling reactions of carbon dioxide and epoxides. J. Catal., 2002, 205(1): 226-229.

[76] Du Y, Wang J Q, Chen J Y, et al. A poly (ethylene glycol)-supported quaternary ammonium salt for highly efficient and environmentally friendly chemical fixation of CO_2 with epoxides under supercritical conditions. Tetrahedron. Lett., 2006, 47(8): 1271-1275.

[77] Wang J Q, Kong D L, Chen J Y, et al. Synthesis of cyclic carbonates from epoxides and carbon dioxide over silica-supported quaternary ammonium salts under supercritical conditions. J. Mol. Catal. A: Chem., 2006, 249(1): 143-148.

[78] Lai G, Peng J, Li J, et al. Ionic liquid functionalized silica gel: novel catalyst and fixed solvent. Tetrahedron. Lett., 2006, 47(39): 6951-6953.

[79] Xie H, Duan H, Li S, et al. The effective synthesis of propylene carbonate catalyzed by silica-supported hexaalkylguanidinium chloride. New J. Chem., 2005, 29(9): 1199-1203.

[80] Wang J Q, Yue X D, Cai F, et al. Solventless synthesis of cyclic carbonates from carbon dioxide and epoxides catalyzed by silica-supported ionic liquids under supercritical conditions. Catal. Commun., 2007, 8(2): 167-172.
[81] Zhao Y, He L N, Zhuang Y Y, et al. Dimethyl carbonate synthesis via transesterification catalyzed by quaternary ammonium salt functionalized chitosan. Chin. Chem. Lett., 2008, 19(3): 286-290.
[82] Zhao Y, Tian J S, Qi X H, et al. Quaternary ammonium salt-functionalized chitosan: An easily recyclable catalyst for efficient synthesis of cyclic carbonates from epoxides and carbon dioxide. J. Mol. Catal. A: Chem., 2007, 271(1): 284-289.
[83] Du Y, Cai F, Kong D L, et al. Organic solvent-free process for the synthesis of propylene carbonate from supercritical carbon dioxide and propylene oxide catalyzed by insoluble ion exchange resins. Green Chem., 2005, 7(7): 518-523.
[84] Dou X Y, Wang J Q, Du Y, et al. Guanidinium salt functionalized PEG: An effective and recyclable homo-geneous catalyst for the synthesis of cyclic carbonates from CO_2 and epoxides under solvent-free conditions. Synlett, 2007, (19): 3058-3062.
[85] Xie Y, Zhang Z, Jiang T, et al. CO_2 Cycloaddition reactions catalyzed by an ionic liquid grafted onto a highly cross-linked polymer matrix. Angew. Chem. Int. Ed., 2007, 46(38): 7255-7258.
[86] He J, Wu T, Zhang Z, et al. Cycloaddition of CO_2 to epoxides catalyzed by polyaniline-salts. Chem. Eur. J., 2007, 13(24): 6992-6997.
[87] Sun J, Cheng W, Fan W, et al. Reusable and efficient polymer-supported task-specific ionic liquid catalyst for cycloaddition of epoxide with CO_2. Catal. Today, 2009, 148(3): 361-367.
[88] Chen X, Sun J, Wang J, et al. Polystyrene-bound diethanolamine based ionic liquids for chemical fixation of CO_2. Tetrahedron. Lett., 2012, 22(53): 2684-2688.
[89] Sun J, Wang J, Cheng W, et al. Chitosan functionalized ionic liquid as a recyclable biopolymer-supported catalyst for cycloaddition of CO_2. Green Chem., 2012, 14(3): 654-660.
[90] Wang J Q, Sun J, Cheng W G, et al. Experimental and theoretical studies on hydrogen bond-promoted fixation of carbon dioxide and epoxides in cyclic carbonates. PCCP, 2012, 14(31): 11021-11026.
[91] Shi T Y, Wang J Q, Sun J, et al. Efficient fixation of CO_2 into cyclic carbonates catalyzed by hydroxyl-functionalized poly (ionic liquids). RSC. Adv., 2013, 3: 3726-3732.
[92] Cheng W, Chen X, Sun J, et al. SBA-15 supported triazolium-based ionic liquids as highly efficient and recyclable catalysts for fixation of CO_2 with epoxides. Catal. Today, 2013, 200: 117-124.
[93] Xiao L F, Li F W, Peng J J, et al. Immobilized ionic liquid/zinc chloride: Heterogeneous catalyst for synthesis of cyclic carbonates from carbon dioxide and epoxides. J. Mol. Catal. A: Chem., 2006, 253(1): 265-269.
[94] Tsang C W, Baharloo B, Riendl D, et al. Radical copolymerization of a phosphaalkene with styrene: New phosphine-containing macromolecules and their use in polymer-supported catalysis. Angew. Chem. Int. Ed., 2004, 43(42): 5682-5685.
[95] Zhao D, Huo Q, Feng J, et al. Nonionic triblock and star diblock copolymer and oligomeric surfactant syntheses of highly ordered, hydrothermally stable, mesoporous silica structures. J. Am. Chem. Soc., 1998, 120(24): 6024-6036.
[96] Wang J Q, Sun J, Cheng W G, et al. Synthesis of dimethyl carbonate catalyzed by carboxylic functionalized imidazolium salt via transesterification reaction. Catal. Sci. Technol., 2012, 2(3): 600-605.
[97] 吕瑞. 拜耳法氧化铝生产节能探讨. 当代化工, 2012, 41(5): 409-515.
[98] 蒋涛, 杨光, 王利娟. 低温拜尔法生产氧化铝的节能措施. 有色冶金节能, 2011, (5): 24-27.
[99] 陈启元. 色金属基础理论研究——新方法与新进展. 北京: 科学出版社, 2005.
[100] 赵继华. 超声场强化氢氧化铝结晶过程的研究. 化学学报, 2002, 60(1): 81-86.
[101] 韩颜卿, 静武, 张学英. 磁场对铝酸钠溶液种分分解的影响. 矿产保护与利用, 1999, 2: 26-28.
[102] 尹周澜, 曾纪术, 陈启元. 晶种活化强化铝酸钠溶液的种分分小解. 中国有色金属学报, 2008, 18(2): 361-365.

[103] Hachgenei J, Bunte R, Foell J. Polyglycerins in the Bayer process. WO/1992/010426,1995.

[104] Barata P A, Serrano M L. Salting-out precipitation of potassium dihydrogen phosphate(KDP). I. Precipitation mechanism. J. Cryst. Growth., 1996,160(3-4): 361-369.

[105] Barata P A, Serrano M L. Salting-out precipitation of potassium dihydrogen phosphate(KDP). II. Influence of agitation intensity. J. Cryst. Growth., 1996,163(4): 426-433.

[106] Barata P A, Serrano M L. Salting-out precipitation of potassium dihydrogen phosphate(KDP). III. Growth process. J. Cryst. Growth., 1998,194(1): 109-118.

[107] Barata P A, Serrano M L. Salting-out precipitation of potassium dihydrogen phosphate(KDP). IV. Characterization of the Final Product. J. Cryst. Growth, 1998,194(1): 109-118.

[108] Oosterhof H, Witkamp G J, Van Rosmalen G M. Some antisolvents for crystallisation of sodium carbonate. Fluid Phase Equilib., 1999, 155(2): 219-227.

[109] Andrija F. Improved method for recovering alumina from aluminate liquor. GB1123184,1968.

[110] Wilhelmy R B. Control of form of crystal precipitation of aluminum hydroxide using cosolvents and varying caustic concentration. USA, US 4900537, 1990.

[111] 陈念贻. 氧化铝生产的物理化学. 上海：上海科学技术出版社,1962.

[112] Zhang Y F, Li Y H, Zhang Y. Phase Diagram for the system Na_2O-Al_2O_3-H_2O at high alkali concentration. J. Chem. Eng. Data., 2003,48(3): 617-620.

[113] Ma S H, Zheng S L, Zhang Y. Phase diagram for the Na_2O-Al_2O_3-H_2O System at 130°C. J. Chem. Eng. Data., 2007,52(1): 77-79.

[114] Jin W, Zheng S L, Du H, et al. Phase diagrams for the ternary Na_2O-Al_2O_3-H_2O system at (150 and 180)°C. J. Chem. Eng. Data., 2010,55: 2470-2473.

[115] Boynton C F, Masi J F, Gallagher P E, et al. The ternary system sodium oxide water methanol. J. Phys. Chem., 1957,61(1): 122-123.

[116] 王雪,郑诗礼,张懿. 甲醇溶析铝酸钠制备氢氧化铝. 过程工程学报. 2008. 8(1): 72-77.

[117] Zhang Y, Zheng S L, Du H, et al. Solubility of Al_2O_3 in the Na_2O-Al_2O_3-H_2O-CH_3OH system at (30 and 60)° C. J. Chem. Eng. Data, 2010,55: 1237-1240.

[118] 李以圭,陆九芳. 电解质溶液理论. 北京：清华大学出版社,2005.

[119] Borissova A, Dashova Z, Lai X, et al. Examination of the seme-batch crystallization of benzophinone from saturated methanol solution via aqueous antisolvent drowning-out as monitored in-process using ATR FTIR spectroscopy. Cryst. Growth Des., 2004, 4(5): 1053-1060.

[120] Garside J. Industrial crystallization from solution. Chem. Eng, Sci., 1985, 40(1): 3-26.

[121] Dash B, Tripathy B C, Bhattacharya I N, et al. Effect of Temperature and alumina/caustic ratio on precipitation of boehmite in synthetic sodium aluminate liquor. Hydrometallurgy, 2007,88(1-4): 121-126.

[122] Vrbaski T, Lvekovi H, Pavlovi D. The spontaneous precipitation of hydrated alumina from aluminate solutions. 1958,36(10): 1410-1415.

[123] Misra C, White E T. Kinetics of crystallization of aluminium trihydroxide from seeded caustic aluminate solutions. Chem. Eng, Prog. Symposium Series., 1970,110: 53-65.

[124] 毕诗文,于海燕. 氧化铝生产工艺. 北京：化学工艺出版社, 2005.

[125] Hash J, Okorafor O C. Crystal size distribution(CSD) of batch salting-out crystallization process for sodium sulfate. Chem. Eng. Process., 2008,47(4): 622-632.

[126] 梁成,陈启元,李洁. 硅对铝酸钠溶液分解过程分解率和粒度分布的影响. 轻金属,2007,(3): 10-13.

[127] 陈红军,桂康. 二氧化硅对氢氧化铝质量的影响. 铝镁通讯,2001,2: 23-25.

[128] Sweegers C, De Coninck H C, Meekes H, et al. Morphology, evolution and other characteristics of gibbsite crystals grown from pure and impure aqueous sodium aluminate solutions. J. Cryst. Growth, 2001,233(3): 567-582.

[129] 王炯，徐红彬，张颂培，等. 溶析结晶法分离铬酸钾. 过程工程学报，2007，7(2)：246-251.

[130] 李艳. 分段碳分制备砂状氧化铝的基础研究. 北京：中国科学院过程工程研究所博士学位论文，2011.

[131] Sweegers C，Meekes H，Van Enckevort W J P，et al. Growth rate analysis of gibbsite single crystals growing from aqueous sodium aluminate solutions. Cryst. Growth Des.，2004，4(1)：185-198.

[132] Wier T P，Hurley F H. Electrodeposition of aluminum：USA，US，2446349，1948.

[133] Hurley F H. Electrodeposition of aluminum：USA，US，2446331，1948.

[134] Carlin R T，Wilkes J S. Chemistry and speciation in room temperature chloroaluminate molten salts. //Mamantov G，Popoved A I. The chemistry of nonaqueous solutions. Aufl. Weinheim/Bergst：Verlag Chemie，1994：297-303.

[135] Fannin A A，Floreani D A，King L A，et al. Properties of 1,3-dialkylimidazolium chloride-aluminium chloride ionic liquids. 1. Ion interactions by nuclear magnetic resonance spectroscopy. J. Phys. Chem.，1984，88：2609-2614.

[136] Fannin A A，Floreani D A，King L A，et al. Properties of 1,3-dialkylimidazolium chloride-aluminium chloride ionic liquids. 2. Phrase transitions，density，electrical conductivities，and viscosities. J. Phys. Chem.，1984，88：2614-2621.

[137] Tsuda T，Nohira T，Ito Y. Electrodeposition of lanthanum in lanthanum chloride saturated $AlCl_3$-1-Ethyl-3-methylimidazolium chloride molten salts. Electrochim. Acta.，2001，46：1891-1897.

[138] Koura N，Nagase H，Sato A，et al. Electroless plating of aluminum from a aoom-temperature ionic liquid electrolyte. J. Electrochem. Soc.，2008，155：155-157.

[139] Hussey C L，Scheffler T B，Wilkes J S. Chloroaluminate equilibria in the aluminum chloride-1-methyl-3-ethylimidazolium chloride ionic liquid. J. Electrochem. Soc.，1986，133，1389.

[140] De L H C，Wilkes J S，Carlin R T. Electrodeposition of palladium and adsorption of palladium-chloride onto solid electrodes from room-temperature molten-salts. J. Electrochem. Soc.，1994，141，1000.

[141] Karpinski Z J，Osteryoung R A. Potentiometric studies of the chlorine electrode in ambient-temperature chloroaluminate Ionic liquids-determination of equilibrium-constants for tetrachloroaluminate ion dissociation. Inorg. Chem.，1985，24，2259.

[142] Abbott A P，Qiu F，Abood H M A，et al. Double layer diluent and anode effects upon theelectrodeposition of aluminium from chloroaluminate based ionic liquids. Phys. Chem. Chem. Phys.，2010，12：1862-1872.

[143] Wu B Q，Reddy R B，Rogers R D. Aluminum reduction via near room temperature electrolysis in ionic liquids. Light Metals.，2001：237-243.

[144] Zhang M，Kamavaram V，Reddy R G. Aluminum electrowinning in ionic liquids at room temperature . Light Metals.，2005，(1)：583-588.

[145] Zhang M，Kamavaram V. Reddy R G. New electrolytes for aluminum production：Ionic liquids. JOM，2003，54-57.

[146] Zheng Y，Dong K，Wang Q，et al. Density，viscosity，and conductivity of Lewis acidic 1-butyl- and 1-hydrogen-3-methylimidazolium chloroaluminate ionic liquids. J. Chem. Eng. Data，2013，58：32-42.

[147] Liu Q S，Yang M，Li P P，et al. Physicochemical properties of ionic liquids [C_3py][NTf_2] and [C_6py][NTf_2]. J. Chem. Eng. Data，2011，56：4094-4101.

[148] Ghatee M H，Zare M，Moosavi F，Zolghadr A R. Temperature-dependent density and viscosity of the ionic liquids 1-alkyl-3-methylimidazolium iodides：Experiment and molecular dynamics simulation. J. Chem. Eng. Data，2010，55：3084-3088.

[149] Tokuda H，Hayamizu K，Ishii K，et al. Physicochemical properties and structures of room temperature ionic liquids. 2. Variation of alkyl chain length in imidazolium cation. J. Phys. Chem. B.，2005，109：6103-6110.

[150] Yu G，Zhang S. Insight into the cation-anion interaction in 1,1,3,3-tetramethylguanidinium lactate ionic liquid. Fluid Phase Equilibr.，2007，255：86-92.

[151] Xuan X, Guo M, Pei Y, et al. Theoretical study on cation-anion interaction and vibration spectra of 1-allyl-3-methylimidazolium-based ionic liquids. Spectrochim. Acta Part A., 2011,78: 1492-1499.

[152] Dong K, Zhang S, Wang D, et al. Hydrogen bonds in imidazolium ionic liquids. J. Phys. Chem. A., 2006, 110: 9775-9782.

[153] Acevedo O. Determination of local effects for chloroaluminate ionic liquids on Diels-Alder reactions. J. Mol. Graph. Model., 2009,28: 95-101.

[154] Wu T Y, Su S G, Gung S T, et al. Ionic liquids containing an alkyl sulfate group as potentialelectrolytes. Electrochim. Acta., 2010,55: 4475-4482.

[155] Pal A, Dass G. Excess molar volumes and viscosities for binary liquid mixtures of 2-propoxyethanol and of 2-isopropoxyethanol with methanol, 1-propanol, 2-propanol, and 1-pentanol at 298.15 K. J. Chem. Eng. Data, 2000,45: 693-698.

[156] Weng W L. Densities and viscosities for binary mixtures of butylamine with aliphatic alcohols. J. Chem. Eng. Data, 2000,45: 606-609.

[157] Serrano L, Silva J A, Farelo F. Densities and viscosities of binary and ternary liquid systems containing xylenes. J. Chem. Eng. Data, 1990,35: 288-291.

[158] Nath J, Pandey J G. Excess molar volumes of heptan-1-ol + pentane, + hexane, +heptane, + octane, and + 2,2,4-trimethylpentane at T = 293.15 K. J. Chem. Eng. Data, 1997,42: 1137-1139.

[159] Yue G, Zhang S, Zhu Y, et al. A promising method for electrodeposition of aluminium on stainless steel in ionic liquid. AIChE Journal, 2009,55: 783-796.

[160] Scharifker B, Hills G. Theoretical and Experimental studies of multiple nucleation. Electrochim. Acta., 1983, 28: 879-889.

[161] Lee J J, Miller B, Shi X, et al. Aluminum deposition and nucleation on nitrogen-incorporated tetrahedral amorphous carbon electrodes in ambient temperature chloroaluminate melts. J. Electrochem. Soc., 2000, 147: 3370-3376.

[162] Atkin B, El Abedin S Z, Hayes R, et al. AFM and STM studies on the surface interaction of [BMP] TFSA and [EMIm] TFSA ionic liquids with Au(111). J. Phys. Chem. C., 2009,113: 13266-13272.

[163] Ahn S J, Jeong K, Lee J J. Mechanism of electrochemical Al deposition from room-temperature chloroaluminate ionic liquids. Bull. Korean Chem. Soc., 2009,30: 233-235.

[164] Evans J W. The evolution of technology for light metals over the last 50 years: Al, Mg, and Li. JOM, 2007, 59(2): 30-38.

[165] 孙克萍,先晋聪,宋强. 循环流态化焙烧技术在氧化铝业的应用研讨. 新疆有色金属,2003,4: 27-28.

[166] 霍登伟. 氢氧化铝循环焙烧节能的探讨. 有色冶金节能,2001,2: 24-25.

[167] Pineau A, Kanari N, Gaballah I. Kinetics of reduction of iron oxides by H2: Part I: Low temperature reduction of hematite. Thermochim. Acta., 2004,447(1): 89-100.

[168] 侯宝林. 循环流化床中结构与“三传一反”的关系研究. 北京:中国科学过程工程研究所博士学位论文, 2011.

[169] Hong B L, Zhang H Y, Li H Z, et al. Study on kinetics of iron oxide reduction by hydrogen. Chin. J. Chem. Eng., 2012,20(1): 10-17.

[170] 苏吉. 超细颗粒声场流态化特性研究. 北京:中国科学院过程工程研究所硕士学位论文,2010.

[171] 苏吉,朱庆山. 声场流化床中超细颗粒聚团受力分析与尺寸的研究. 过程工程学报,2010, 10(3): 86-97.

[172] 宋乙峰. 搅拌流化床中超细氧化铁粉流态化及还原实验研究. 北京:中国科学院过程工程研究所硕士学位论文,2011.

[173] 宋乙峰,朱庆山. 搅拌流化床中超细氧化铁粉流态化及还原实验研究. 过程工程学报, 2011,11(3): 361-367.

[174] 郝志刚,朱庆山,李洪钟. 内构件流化床内颗粒停留时间分布及压降的研究. 过程工程学报, 2006,6(2): 359-363.

[175] Venkatesh R, C J, Klvana D. Fluidization of cryogels in a conical column. Powder Technology, 1996,89: 179-

186.

[176] Li H Z, T H. Multi-scale fluidization of ultrafine powders in a fast-bed-riser/conical-dipleg CFB loop. Chem. Eng. Sci., 2004,59 (8/9): 1897-1904.

[177] 朱庆山,谢朝晖,李洪钟,等. 对难选铁矿石粉体进行磁化焙烧的工艺系统及焙烧的工艺. 中国发明专利, ZL200710121616.4.

[178] 朱庆山,张涛,谢朝晖,等. 一种难选铁矿石粉体磁化焙烧的系统及焙烧工艺. 中国发明专利, 201010621731.X.

[179] 崔立伟,夏浩东,王聪,等. 中国铁矿资源现状与铁矿实物地址资料筛选. 地质与勘探,2012,48(5): 894-905.

[180] 盛继孚. 攀枝花钒钛磁铁矿资源亟待开发利用. 四川省情,2006,6: 20.

[181] 苗兴军. 还原-锈蚀法生产人造金红石投入工业生产. 湖南冶金,1983,1: 92.

[182] 金作美,邱道常,段朝玉. 稀盐酸直接浸取攀枝花钛精矿反应机理的探讨. 涂料工业,1980, 1: 1-11.

[183] 李维成. 采用"锈蚀法"处理低品位钛铁矿生产一级品人造金红石的理论及实践. 稀有金属与硬质合金,1988, 93: 24-27.

[184] 段朝玉. 钛黄研制及应用. 钢铁钒钛, 1985, 1: 74.

[185] 稀盐酸制取人造金红石会战组. 稀盐酸直接浸取攀枝花钛精矿. 四川冶金, 1979:50-64.

[186] 周忠华,黄焯枢,王康海,等. 予氧化-流态化酸浸法从攀枝花钛铁矿制取人造金红石扩大试验. 钢铁钒钛. 1982, 4: 11-19.

[187] 邓国珠,黄北卫,王雪飞. 制取人造金红石工艺技术的新进展. 钢铁钒钛,2004,25(1): 44-50.

[188] 朱庆山,程晓哲,谢朝晖,等. 钛铁精矿流态化氧化-还原焙烧改性的系统及焙烧工艺. 中国发明专利, 201110300998.3.

[189] 中华人民共和国国家统计局. 2012 年国民经济和社会发展公报. http://www.stats.gov.cn/tjgb/ndtjgb/qgndtjgb/t20130221_402874525.htm. 2012.

[190] 李厚民,张作衡. 中国铁矿资源特点和科学研究问题. 岩矿测试, 2013, 32(2): 128-130.

[191] 韩跃新,李艳军,刘杰,等. 难选铁矿石深度还原-高效分选技术. 金属矿山,2011,425(11): 1-4.

[192] 余永富. 我国铁矿山发展动向、选矿技术发展现状及存在的问题. 矿冶工程,2006,26: 21-25.

[193] 黄格省,李雪静,乔明. 炼油化工节能技术发展趋势与现状分析. 石油石化节能, 2011,3: 5-7.

[194] 李鑫钢. 现代蒸馏技术. 北京: 化学工业出版社, 2009: 242.

[195] 李鑫钢,刘春杰,罗铭芳,等. 常减压梯级蒸馏节能装置的模拟与优化. 化工进展,2009,28: 360-363.

[196] 中国石油化工集团公司. GB/T 50441—2007 石油化工设计能耗计算标准. 中华人民共和国国家标准. 北京: 中国计划出版社, 2007.

[197] 武劲松,陈建民,李永和,等. 四级蒸馏技术在常减压蒸馏装置扩能改造的应用. 炼油技术与工程,2003,33: 35-38.

[198] 梁文杰. 石油化学. 第二版. 东营: 中国石油大学出版社, 2008:69-70.

[199] Sedghi M, Goual L. Role of resins on asphaltene stability. Energy & Fuels, 2010,24: 2275-2280.

[200] Fox W A. Effects of resins on asphaltene self-association and solubility. Calgary: University of Calgary, 2007.

[201] 李群海,杨占品,范传宝. 不同性质原油混合输送存在的主要问题. 油气储运, 2005,24(1): 15-16.

[202] 尹凤亮. 渤中 25-1 与渤中 25-1S 油田原油相容性研究. 中国海上油气,2004,16(3): 197-198.

[203] Stark J L, Asomaning S. Crude oil blending effects on asphaltene stabililty in refinery fouling. Petroleum Science and Technology, 2003,21(3&4): 569-579.

[204] Wiehe I A. Fouling of nearly incompatible oils. Energy & Fuels, 2001,15: 1057-1058.

[205] Van F G A, Kapusta S D, Ooms A C, et al. Fouling and compatibility of crudes as basis for a new crude selection strategy. Petroleum Science and Technology,2003, 21(3): 557-568.

[206] 管秀鹏, 田松柏. 原油相容性及对蒸馏过程的影响. 石油学报(石油加工),2009,25(2): 151-155.

[207] 王小伟. 原油混炼时的相容性问题及解决办法. 原油情报,2013 年年会文集, 无锡.

[208] ASTM D4740. Standard test method for cleanliness and compatibility of residual fuels by ppot test. 2000.

[209] Schermer W E M, Melein P M J, Berg F G A V. Simple techniques for evaluation of crude oil compatibility. Petroleum Science and Technology, 2004, 22(7): 1045-1054.

[210] Castillo J, Hung J, Goncalves S. Study of asphaltene aggregation process in crude oils using confocal microscopy. Energy & Fuels, 2004, 18: 698-703.

[211] Escobedo J, Mansoori G A. Viscometric determination of the Onset of asphaltene flocculation: A novel method. SPE Production & Facilities, 1995, 5: 115-118.

[212] Escobedo J, Mansoori G A. Viscometric principles of onset of colloid asphaltene flocculation in paraffinic oils and asphaltene micellization in aromatics. SPE Production & Facilities, 1997, 5: 116-122.

[213] Fotland P, Anfindsen H, Fadnes F H. Detection of asphaltene precipitation and amounts precipitated by measurement of electrical conductivity. Fluid Phase Equilibria., 1993,82: 157-164.

[214] 李美霞,刘晨光,梁文杰. 用电导率法研究石油中沥青质沉积问题. 石油学报(石油加工),1998,14(4): 74-80.

[215] ASTM D7112. Standard test method for determining stability and compatibility of heavy fuel oils and crude oil by heavy fuel oil stability analyzer(optical detection). 2005.

[216] Ekulu G, Magri P, Rogalski M. Scanning aggregation phenomena in crude oil with density measurements. Dispersion Science and Technology, 2004,25(3): 321-331.

[217] Rogel E, Leon O, Torres G, et al. Aggregation of asphaltenes in organic solvents using surface tension measurements. Fuel, 2000,79: 1389-1394.

[218] Asomaning S. Test methods for determining asphaltene stability in crude oils. Petroleum Science and Technology, 2003,21(3): 581-590.

[219] ASTM D7061. Standard test method for measuring n-heptane induced phase separation of asphaltene-containing heavy fuel oils as separability number by an optical scanning device. 2006.

[220] ASTM D7060. Standard test method for determination of the maximum flocculation ratio and peptizing power in residual and heavy fuel oils(optical detection method). 2005.

[221] Sailendra N, Michael R K, Eugene Z. Predictive crude oil compatibility model: USA, US 2004012472. 2004.

[222] ASTM D7157. Standard test method for determination of intrinsic stability of asphaltene-containing residues, heavy fuel oils, and crude oils(*n*-heptane phase separation; optical detection). 2005.

[223] Wiehe I A, Kennedy R J. The oil compatibility model and crude oil incompatibility. Energy & Fuels, 2005,14: 56-59.

[224] Wiehe I A. Asphaltene solubility and fluid compatibility. Energy & Fuels, 2012,26: 4004-4016.

[225] 王小伟,田松柏,王京. 混合原油的相容性. 石油学报(石油加工), 2010,26(5): 706-711.

[226] 林世雄. 石油炼制工程. 北京: 石油工业出版社, 2009:191.

[227] 李志强. 原油蒸馏工艺与工程. 北京: 中国石化出版社, 2010:388.

[228] James H G, Glenn E H, Mark J K. Petroleum refining technology and economics. 5 ed. New York: CRC Press, 2006.

[229] 侯芙生. 中国炼油技术. 北京:中国石化出版社,2011:88.

[230] 侯凌云,侯晓春. 喷嘴技术手册. 北京: 中国石化出版社,2002.

[231] 唐孟海,胡兆灵. 炼油工业技术知识丛书——原油蒸馏. 北京: 中国石化出版社,2007.

[232] Kim Y K, Lwai N. Improvement of alcohol engine performance by flash boiling injection. AE Rev., 1980,2: 81-86.

[233] Oza R D, Sinnamon J F. An experimental and analytical study of flashing-boiling fuel injection. SAE Paper, 1983,830590.

[234] Brown R, York J L. Spray formed by flashing liquid jets. AIChE J., 1962,8: 149-153.

[235] Soloman A S P, Rupprecht S D. Atomization and combustion properties of flashing injectors. in 20th Aerospace Science Meeting. American Institute of Aeronautics and Astronautics,1982.

[236] Brown N, Ladonunatoes N. A numerical study of fuel evaporation and transportation in the intake manifold of a

port-injected spark ignition engion. Journal of Automobile Engineering Part D. , 1991,205: 161-205.

[237] Swindal J C, Dragonetti. In-cylinder charge homogeneity during cold-start studies with fluorescent traces simulating different fuel distillation temperatures. SAE Technical,1995.

[238] Itoh T, Kakuho A. Development of a new compound fuel and fluorescent tracer combination for use with laser induced fluorescence. SAE Technical,1995.

[239] Peter L, Kelly Z. Multicomponent liquid and vapor fuel measurements in the cylinder of a port-injected,spark ignition engine. The Combustion Institute: 1998;2111-2117.

[240] Park B S, Lee S Y. An experimental investigation of the flash atomization mechanism. Atomization and Spray, 1994,4: 159-179.

[241] 段树林. 闪急沸腾喷雾场粒度分布规律及燃烧特性的研究. 内燃机学报,1999,17(1): 54-58.

[242] Choi D S, Choi G M. Spray structures and vaporizing characteristics of a GDI fuel spray. KSME International Journal, 2002, 7(16): 999-1008.

[243] Kessler C, Sloss A. flash atomization in single and binary hydrocarbon sprays. In: 1ILASS Americas 11th Annual Conference on Liquid Atomization and spray System, 1998;264-267.

[244] Soid S N, Zainal Z A. Spray and combustion characterization for internal combustion engines using optical measuring techniques-A review. Energy, 2011,36: 724-741.

[245] Rabenstein F. Mixture of triethylamine(TEA) and benzene as a new seeding material for the quantitative two-dimensional laser-induced exciplex fluorescence imaging of vapor and liquid fuel inside SI engines. Combustion and Flame, 1998,112: 199-209.

[246] Fujimoto H, Choi D. Two-dimensional imaging of fuel-vapor concentration by use of LIEF technique during mixture formation process in a DI diesel engine. Measurement Science and Technology, 2002,13: 391-400.

[247] Payri F, Pastor J V. Diesel spray analysis by means of planar laser-induced exciplex fluorescence. Int. J. Eng. , 2005,7: 77-88.

[248] Fansler T D, Drake M C. Quantitative liquid and vapor distribution measurements in evaporating fuel sprays using laser-induced exciplex fluorescence. Measurement Science and Technology, 2009,20: 233-245.

[249] Zeng W, Xu M, Zhang Y. Dimensionless evaluation for direct-injection multi-hole sprays. In: Proceedings of ILASS-Asia, Kenting, Taiwan; 2011.

[250] Zeng W, Xu M, Zhang Y. Year of Conference High-speed PIV evalution of fuel sprays under superheated conditions. in Proceeding of ILASS-Asia.

[251] Oza R D, Sinnamon J F. Year of conference an experimental and analytical study of flash-boiling fuel injection. in SAE.

[252] Senda J, Hoiyo Y. Modeling on atomization and vaporization process in flash boiling spray. JSAE Review. , 1994,15: 291-296.

[253] Chang D L. Modeling of air-assisted and flash boiling sprays in gasoline direct injection engines. University of Illinois at Urbana Champaign: Urbana Illinois,2003.

[254] Rayleigh L. On the pressure developed in a liquid during the collapse of a spherical cavity. Phil. , 1917, 34: 94-98.

[255] Theofanous T, Biasi L. A theoretical study on bubble growth in constant and time-dependent pressure field. Chem. Eng. Sci. ,1969,26: 263-274.

[256] Board S J, Duffey R B. Spherical vapor bubble growth in superheated liquids. Chem. Eng. Sci. ,1971,26: 263-274.

[257] Lesset M S, Zwick S A. The growth of avapor bubble in superheated liquid. Appl. Phys. , 1954,25(4): 493-500.

[258] Donne M D, Ferranti M P. The growth of vapor bubble in superheated sodium. Int. J. Heat Mass Transfer. , 1975,18: 477-493.

[259] Bayvel L, Orzechowski Z. Liquid atomization. CRC,1993.

[260] 蒋德明. 内燃机燃烧与排放学. 西安：西安交通大学出版社,2001.

[261] Sovani S D, Sojka P E. Prediction of drop size distributions from first principles: Joint PDF effect. Atomization and Sprays, 2000,10(6): 587-602.

[262] Yoon S S. A nonlinear atomization model based on a boundary layer instability mechanism. Physics of Fluids, 2004,16(5): 47-56.

[263] Weber C. Disintegration of liquid jets. Z. Angew. Math. Mech., 1931,11(2): 136-159.

[264] John K. A partical-fluid numerical model for liquid sprays. Journal of Computational Physics, 1980, 35: 229-253.

[265] Adachi M. Characterization of fuel vapor concentration inside a flash boiling spray. Society of Automotive Engineers,1997:163-168.

[266] Zuo B, Gomes A M. Modelling superheated fuel sprays and vaporization. Int J Engine Research, 2000,1(4): 321-337.

[267] Kawano D,Goto Y,Odaka M, et al. Year of conference modeling atomization on and vaporization process of flash-boiling spray. in SAE International. 2004-01-0534.

[268] Gao J, Jiang D M. Modeling atomization and vaporation process of hollow-cone fuel sprays for GDI engine. Journal of Combustion Science and Technology., 2004,10(3): 212-218.

[269] Chang D L, Lee C F F. Development of a simplified bubble growth model for flash boiling sprays in direct injection spark ignition engines. Proceeding of the Combustion Institute, 2005,30: 2723-2744.

[270] 苏凌宇,刘卫东. 运动液滴蒸发时传热传质过程的理论分析. 国防科技大学学报,2008,30(5): 10-14.

[271] Ra Y, Reitz R D. A vaporization model for discrete multi-component fuel sprays. International Journal of Multiphase Flow, 2009,35: 101-117.

[272] 张峰榛,魏文韫. 连续液柱流表面真空蒸发模型. 化工学报,2011,62(12): 3323-3329.

[273] Lefebvre A H. Gas turbine combustion. CRC,1999.

[274] Lefebvre A. Atomization and sprays. CRC, 1989.

[275] Babinsky E, Sojka P. Modeling drop size distributions. Progress in energy and combustion science.

[276] Lefebvre A H. Energy considerations in twin-fluid atomization. Journal of Engineering for Gas Turbines and Power, 1992,114: 89.

[277] Nakiyama S, Tanasawa Y. Experiments on the Atomization of Liquids in an Air Stream. Transaction of JSME., 1939,5(18): 68-75.

[278] Jaynes E T. Papers on probability, statistics and statistical physics. Springer,1989.

[279] Sellens R, Brzustowski T. A prediction of the drop size distribution in a spray from first principles. Atomization Spray Technology, 1985,1: 89-102.

[280] Sellens R, Brzustowski T. A simplified prediction of droplet velocity distributions in a spray. Combustion and Flame, 1986,65(3): 273-279.

[281] Sellens R W. Prediction of the drop size and velocity distribution in a spray, based on the maximum entropy formalism. Particle & Particle Systems Characterization, 1989, 6(14): 17-27.

[282] LI X, Tankin R S. Droplet size distribution: a derivation of a Nukiyama-Tanasawa type distribution function. Combustion Science and Technology, 1987,56(1-3): 65-76.

[283] LI X, Tankin R S. Derivation of droplet size distribution in sprays by using information theory. Combustion Science and Technology, 1988,60(4-6): 345-357.

[284] Li X, Chin L. Comparison between experiments and predictions based on maximum entropy for sprays from a pressure atomizer. Combustion and Flame, 1991,86(1-2): 73-89.

[285] Li X, Li M. Modeling the initial droplet size distribution in sprays based on the maximization of entropy generation. Atomization and Sprays, 2005,15(3): 295-322.

[286] Ahmadi M, Sellens R. A simplified maximum-entropy-based drop size distribution. Atomization and Sprays, 1993, 3(3):291-310.

[287] Van D G C, Vermeer H. Prediction of drop size distributions in sprays using the maximum entropy formalism: the effect of satellite formation. International Journal of Multiphase Flow, 1994, 20(2): 363-381.

[288] Chin L, Switzer G. Bl-modal size distributions predicted by maximum entropy are compared with experiments in sprays. Combustion Science and Technology, 1995,109(1-6): 35-52.

[289] 黄兵,张楠. 液体火箭发动机初始雾化液滴分布预测. 火箭推进,2007, 33(2).

[290] Cousin J, Yoon S. Coupling of classical linear theory and maximum entropy formalism for prediction of drop size distribution in sprays: application to pressure-swirl atomizers. Atomization and Sprays, 1996,6(5): 601.

[291] Sivathanu Y, Gore J. A discrete probability function method for the equation of radiative transfer. Journal of Quantitative Spectroscopy and Radiative Transfer,1993,49(3): 269-280.

[292] Sovani S D, Sojka P E. Prediction of drop size distributions from first principles: Joint PDF effects. Atomization and Sprays,2000,10(6): 587-602.

[293] 侯凌云,侯晓春. 喷嘴技术手册. 北京:中国石化出版社,2002.

[294] Babu K, Narasimhan M. Correlations for prediction of discharge rate, cone angle and air core diameter of swirl spray atomizers. Proceeding of 2nd International Conference on Liquid Atomization and Spray System. , 1982: 91-97.

[295] 史绍熙,李理光. 直喷式柴油机高压喷雾特性的研究. 内燃机学报,1995,13(004): 317-323.

[296] Wu K J, Santavicca D. LDV measurements of drop velocity in diesel-type sprays. AIAA Journal, 1984,22(9): 1263-1270.

[297] Koo J Y. Comparisons of measured drop sizes and velocities in a transient fuel spray with stability criteria and computed PdfS. Society of Automotive Engineers. In Society of Automotive Engineers, 400 Commonwealth Dr Warrendale. PA. , 15096, USA. 1991.

[298] 张仁惠,乔信起. 柴油机喷雾速度场的激光相位多普勒测试. 现代车用动力,2002,001: 349-355.

[299] 许振忠,彭志军. 柴油机高压喷雾碰壁前后粒子速度的 LDA 试验研究. 内燃机学报, 2001, 19(004): 349-355.

[300] 刘劲松,李伟权. 柴油机喷雾特性测试方法的研究进展. 小型内燃机与摩托车,2009, 38(003): 22-26.

[301] 吴学成,浦兴国. 激光数字全息应用于两相流颗粒粒径测量. 化工学报,2009,002: 310-316.

[302] 段树林,冯林. 应用激光全息术测量柴油机喷雾场粒度分布的理论基础. 大连铁道学院学报,1998,19(003): 22-26.

[303] 孙柏刚,冯旺聪. PIV 在柴油喷雾测试中的应用. 车用发动机,2004,(001): 45-50.

[304] 王成军,张宝诚. PDPA 在燃油雾化特性实验中的应用. 沈阳航空工业学院学报, 2005,22(002): 1-3.

[305] Koban W, Duwel I. Spectroscopic characterization of the fluorobenzene/DEMA tracer system for laser induced exciplex fluorescence for the quantitative study of evaporating fuel. Appl. Phys. B. , 2009,97: 909-918.

[306] Melton L A. Spectrally separated fluorescence emissions for diesel fuel droplets and vapor. Appl. Opt. , 1983, 22: 2620-2634.

[307] Zhao H, Ladommatos N. Engine combustion instrumentation and diagnostics. Society of Automotive Engineers, 2001:783-795.

[308] 仇恩沧. 石油化工设备的大型化——压力容器行业的机遇和挑战. 石油化工设备技术, 2004, 25(1): 6-10.

[309] 张德义. 近年来世界炼油工业发展动态及未来趋势. 当代石油石化,2005,13(8): 5-11.

[310] 朱和. 中国炼油工业现状、展望与思考. 国际石油经济, 2012,5(20): 7-15.

[311] 李鑫钢,谢宝国,吴巍,等. 精馏过程大型化集成技术. 化工进展, 2011, 1(30): 40-46.

[312] 王树楹. 现代填料塔技术指南. 中国石化出版社, 1998.

[313] 蒋庆哲,宋昭峥,彭洪湃,等. 塔填料的最新研究现状和发展趋势. 现代化工,2008, 28(1): 59-64.

[314] Kolodziej A, Jaroszynski M, Bylica I. Mass transfer and hydraulics for Katapak-S. Chemical Engineering Progress. , 2004,43(3): 457-464.

[315] Gotze L, Bailer O, Moritz P, et al. Reactive distillation with Katapak. Catalysis Today, 2001,69(1): 201-208.

[316] 徐世民,张艳华,任艳军. 塔填料及液体分布器. 化学工业与工程. 2006,26(1): 75-80.

[317] John A W. Optimize distillation system revamps. Chemical Engineering Progress, 1998,94(3): 23-33.

[318] Andrew W S. Should you switch to high capacity trays. Chemical Engineering Progress, 1999,95(1): 23-35.

[319] 左美兰. 塔板最新研究和展望. 化学工业与工程技术,2009,30(1): 27-31.

[320] 陈强,王树楹. 塔器技术的发展现状与展望. 现代化工, 1997,11: 16-19.

[321] 董谊仁,侯章德. 现代填料塔技术(二)液体分布器和再分布器. 化工生产与技术, 1996, 3: 20-27.

[322] 赵静妮. 填料塔技术的现状与发展趋势. 兰州石化职业技术学院学报,2002, 2(3): 25-28.

[323] 李鑫钢. 蒸馏过程节能与强化技术. 北京: 化学工业出版社, 2012.

[324] 董谊仁,侯章德. 现代填料塔技术(三)填料塔气体分布器和其它塔内件. 化工生产与技术, 1996, 4: 6-13.

[325] 逄金娥,王长城. 大型塔器桁架内件结构的设计与计算. 石油化工设计, 2012,29(3): 19-21.

[326] 杨小健,孙忠潇. 炼油装置流程模拟及优化系统设计与应用. 石油炼制与化工,2011,42(9):87-91.

[327] 王琨,张鹏,刘春江. 计算流体力学在填料塔中的应用. 天津化工,2004, 18(6): 5-8.

[328] 李春利,刘德新,王志英,等. 计算流体力学在精馏塔研究方面的应用进展. 化工进展,2004,23(11): 1204-1208.

[329] 赵汝文. 大型塔器支撑装置的优化设计(上). 化学工程,2009,37(1): 75-78.

[330] 赵汝文. 大型塔器支撑装置的优化设计(下). 化学工程,2009,37(2): 75-78.

[331] 刘镇昌,顾平灿. 三维 CAD 软件及其选择应用. 浙江海洋学院学报, 2004,23(1): 60-63.

[332] Li Q, Meng A, Zhang Y. Recovery status and prospect of low-grade waste energy in China. *In*: International Conference on Sustainable Power Generation and Supply. Nanjing, 2009,1-6.

[333] 陈成敏. 高温热泵技术及系统性能研究. 天津: 天津大学,2012.

[334] Jiang B, Sun Z,Liu M. China's energy development strategy under the low-carbon economy. Energy, 2010, 35(11): 4257-4264.

[335] Zhang N, Lior N,Jin H. The energy situation and its sustainable development strategy in China. Energy, 2011, 36 (6): 3639-3649.

[336] Zhao X, Li N,Ma C. Residential energy consumption in urban China: A decomposition analysis. Energ. Policy., 2012,41: 644-653.

[337] 赵力. 高温热泵在我国的应用及研究进展. 制冷学报,2005, (2): 8-13.

[338] 连红奎,李艳,束光阳子,等. 我国工业余热回收利用技术综述. 节能技术,2011, 29(2): 123-133.

[339] 赵钦新,王宇峰,王学斌,等. 我国余热利用现状与技术进展. 工业锅炉,2009,5: 8-15.

[340] 宣永梅. 新型替代制冷剂的理论及实验研究. 浙江: 浙江大学博士学位论文,2004.

[341] 张萍. R22 替代制冷剂的理论与实验研究. 浙江: 浙江大学硕士学位论文,2000.

[342] Devotta S, Rao Pendyala V. Thermodynamic screening of some HFCs and HFEs for high-temperature heat pumps as alternatives to CFC114. Int. J. Refrig., 1994. 17(5): 338-342.

[343] 严家騄. 工程热力学. 北京:高等教育出版社, 2005.

[344] 曹德胜,史琳. 工质使用手册. 北京: 冶金工业出版社,2003.

[345] Beyerlein A L, DesMarteau D D, Kul I, et al. Properties of novel fluorinated compounds and their mixtures as alternative refrigerants. Fluid. Phase. Equilibr., 1998,150-151: 287-296.

[346] Defibaugh D R, Morrison G. Interaction coefficients for 15 mixtures of flammable and non-flammable components. Int. J. Refrig., 1995,18(8): 518-523.

[347] 李廷勋,王如竹,郭开华,等. 制冷/供热中应用混合工质制冷剂的研究现状. 流体机械,2001,29(6): 49-52.

[348] Calm J M. The next generation of refrigerants-Historical review, considerations, and outlook. Int. J. Refrig., 2008,31(7): 1123-1133.

[349] McLinden M O, Klein S A, Lemmon E W. Thermodynamic and transport properties of refrigerants and refrigerant mixtures. Nist Standard Reference Database 23-Version 8. 0,2007.

[350] 邓南圣,王小兵.生命周期评价.北京:化学工业出版社,2003.
[351] Chen H T. Waste heat recovery of organic Rankine cycle using dry fluids. Energy Conversion and Management, 2001,42(5):539-553.
[352] 穆献中,刘炳义.新能源和可再生能源发展与产业化研究.北京:石油工业出版社,2009.
[353] 周耘,王康,陈思明.工业余热利用现状及技术展望.科技情报开发与经济,2010,20(23):162-164.
[354] 曹滨斌.螺杆膨胀机余热回收系统分析.天津:天津大学硕士学位论文,2007.
[355] 王维.汽液两相螺杆膨胀机特性实验研究及实验装置.天津城市建设学院学报,1995,1:61-64.
[356] 杨晓晨,张于峰,魏莉莉,等.螺杆膨胀机有机工质朗肯循环低温发电系统的实验与最优化设计.中南大学学报,2012,43:168-174.
[357] Wei L L, Zhang Y F, Chen X X, et al. Efficiency improving strategies of low-temperature heat conversion systems using organic Rankine—an overvie. Energy sources, Part A-Recovery, Utilization, and Environmental Effects, 2011,33(9):869-878.
[358] 严家騄.低温热能发电方案中选择工质和确定参数的热力学原则和计算式.工程热物理学报,1982,3 (1):1-7.
[359] 穆永超,张于峰,邓娜.螺杆膨胀机发电机组的实验研究与仿真设计.太阳能学报.(接受)
[360] 魏莉莉.低温热有机工质朗肯循环发电系统的理论和实验研究.天津:天津大学博士学位论文,2011.
[361] 李虎,张于峰,李鑫钢,等.低温发电系统在精馏工艺中节能技术.化工进展,2013,32(5):1187-1193.

附录　化工符号表

符号	符号说明	单位
a_b	气泡比表面积$\left(a_b=\frac{6}{d_b}\right)$	m^{-1}
a_p	颗粒比表面积$\left(a_p=\frac{6}{d_p}\right)$	m^{-1}
A	Hamaker 常数	J
A_0	床底部气体分布板小孔的面积	m^2
B	玻尔兹曼常量	J/K
c_c	聚团相中的气体目标组分浓度	kg/m^3
c_d	稀相中的气体目标组分浓度	kg/m^3
c_f	三相平均的气体目标组分浓度	kg/m^3
c_{sc}	聚团相中的颗粒表面目标组分浓度	kg/m^3
c_{sd}	稀相中的颗粒表面目标组分浓度	kg/m^3
c_{sf}	三相平均的颗粒表面目标组分浓度	kg/m^3
c_{si}	相间相的颗粒表面目标组分浓度	kg/m^3
C_b	气泡中气体的目标组分浓度	kg/m^3
$\overline{C_D}$	平均曳力系数	
C_{Db}	曳力系数	
C_{Dbo}	单气泡的曳力系数	
C_{Dc}	聚团相的曳力系数	
C_{Dd}	稀相的曳力系数	
C_{Di}	相间相的曳力系数	
C_p	气体(流体)的定压热容	J/(kg・K)
C_s	固体的热容	J/(kg・K)
C_{se}	乳化相颗粒表面目标组分浓度	kg/m^3
C_{si}	气泡周边颗粒层中颗粒表面目标组分的浓度	kg/m^3
C_{sg}	床层平均颗粒表面目标组分浓度	kg/m^3
C_e	乳化相中气体中目标组分浓度	kg/m^3
C_g	床层平均气相中目标组分浓度	kg/m^3

d_a	聚团尺寸	m
d_b	气泡直径	m
d_c	聚团直径	m
d_p	颗粒直径	m
d_i	气泡直径	mm
d_e	气泡等效直径	mm
$d_{b,max}$	椭球长轴	mm
$d_{b,min}$	椭球短轴	mm
d_{32}	索特平均直径	mm
d_o	针孔直径	mm
D	气体的扩散系数	m^2/s
f	聚团占据的体积分数	
f_b	气泡相体积分数	
F_D	单位体积床层中气-固之间的总曳力	N/m^3
F_{Db}	气泡与乳化相滑移运动产生的摩擦曳力	N
F_{Dbg}	气泡作用在乳化相气体上的力	N
F_{Dcn}	单位体积微元的密相所含颗粒与相内流体间的相互作用曳力	N/m^3
F_{Dbn}	单位体积床层中气泡对乳化相中颗粒的曳力	N/m^3
F_{Dbp}	气泡作用在乳化相颗粒上的力	N
F_{Ddn}	单位体积微元中的稀相所含颗粒与流体作用曳力	N/m^3
F_{De}	乳化相中单个颗粒受到气流的曳力	N
F_{Den}	单位体积床层中的乳化相气体对乳化相颗粒的曳力	N/m^3
F_{Din}	单位体积微元中所有聚团与稀相中流体间的相互作用力	N/m^3
F_{eg}	单位体积床层中乳化相颗粒的表观重力	N/m^3
F_{fb}	气泡受到乳化相的浮力	N
F_{wb}	气泡本身的重力	N
g	重力加速度(g=9.81)	m/s^2
G_p	颗粒流率	$kg/(m^2 \cdot s)$
h	普朗克常量	$J \cdot s$
H	单位体积床层中气-固之间的总传热速率[$J/(m^3 \cdot s)$];轴向位置	m
H_1	通气后液位高度	m
H_0	通气前液位高度	m

H_{0f}	微元中固体颗粒传给气体的总热量	J/s
H_{cf}	微元中密相颗粒传给密相气体的热量	J/s
H_{df}	微元中稀相颗粒传给稀相气体的热量	J/s
H_e	单位体积床层中乳化相颗粒与乳化相中气体之间的传热速率	J/(m³·s)
H_{ebg}	乳化相中高温气体向气泡相中低温气体的热扩散量	J/s
H_i	单位体积床层中气泡中气体与其周边颗粒之间的传热速率	J/(m³·s)
H_{if}	微元中聚团表面颗粒传给稀相气体的热量	J/s
H_{ingb}	进入微分单元气泡气体中的热量	J/s
H_{inge}	进入微分单元乳化相区气体的热量	J/s
H_{inpe}	进入微分单元乳化相区颗粒相的热量	J/s
H_0	静床高度	m
H_{outge}	流出微分单元乳化相区气体的热量	J/s
H_{outgb}	流出微分单元气泡相气体中的热量	J/s
H_{outpe}	流出微分单元乳化相区颗粒相的热量	J/s
H_{pge}	乳化相中颗粒向气体的传热量	J/s
H_{pgi}	气泡边界处颗粒向气泡的传热量	J/s
k	泊松比 ν 与杨氏模量 E 的函数($k=3.0\times10^{-6}$)	Pa^{-1}
k_r	反应或吸收(吸附)速度常数	s^{-1}
K	传质系数	m/s
K_c	聚团相的传质系数	m/s
K_d	稀相的传质系数	m/s
K_e	乳化相中气体与颗粒之间的传质系数	m/s
K_{eb}	两相气体之间的传递系数	m/s
K_f	三相平均传质系数	m/s
K_i	相间相的传质系数或者气泡中气体与气泡表面颗粒之间的传质系数	m/s
K_r	反应速率常数	s^{-1}
M	单位体积床层中气-固之间总传质速率	kg/(m³·s)
M_0	微元体中颗粒传入气体中目标组分的总质量	kg/s
M_c	微元体中密相中颗粒传入气体中目标组分的质量	kg/s
M_d	微元体中稀相中颗粒传入气体中目标组分的质量	kg/s
M_e	单位体积床层中乳化相颗粒与乳化相气体间的传质速率	kg/(m³·s)
M_{eb}	乳化相气流中高浓度组分向气泡相中低浓度组分的扩散质量	kg/s

M_i	微元体中聚团外表面颗粒直接传入稀相气体中目标组分的质量	kg/s
M_{inb}	进入微分单元气泡相气体中目标组分质量	kg/s
M_{ine}	进入微分单元乳化相区气流中目标组分质量	kg/s
M_{outb}	流出微分单元气泡相气体中目标组分质量	kg/s
M_{oute}	流出微分单元乳化相区气流中目标组分的质量	kg/s
M_{pge}	乳化相中颗粒表面目标组分进入乳化相气流中的质量	kg/s
M_{pgi}	气泡表面的颗粒表面目标组分向气泡中气体传递的质量	kg/s
N_1	颗粒的折射率	
Nu	努塞特数 $\left(Nu=\frac{\alpha d_p}{\lambda}\right)$	
p_g	气体压力	Pa
$\bar{p}_{s,n}$	非黏性系统平均颗粒无因次压力($\bar{p}_{s,n}$=0.077)	
Pr	普朗特数 $\left(Pr=\frac{C_p\mu_g}{\lambda}\right)$	
Re	雷诺数$\left(Re=\frac{U_s d_p \rho_g}{\mu_g}\right)$	
t_1	交换时间$\left(t_1=\frac{d_c}{\left\lvert\frac{U_{fc}}{\varepsilon_c}-\frac{U_{pc}}{1-\varepsilon_c}\right\rvert}\right)$	s
t_f	三相平均的气体温度	K
t_{fc}	聚团相中的气体温度	K
t_{fd}	稀相中的气体温度	K
t_g	气体温度	K
t_{gb}	气泡中的气体温度	K
t_{ge}	乳化相的气体温度	K
t_p	颗粒的平均温度	K
t_{pc}	聚团相中的颗粒温度	K
t_{pd}	稀相中的颗粒温度	K
t_{pe}	乳化相颗粒温度	K
T	热力学温度	K
u_g	流体表观速度	m/s
u_{mb}	初始鼓泡速度	m/s
u_{p_z}	颗粒 Z 向垂直运动速度	m/s
u_t	颗粒的终端速度	m/s

U_b	气泡运动速度	m/s
U_e	乳化相表观气速	m/s
U_g	气体表观速度	m/s
U_{gb}	气泡中气体流动表观速度	m/s
U_{ge}	乳化相中气体表观速度	m/s
U_f	三相平均的气体表观速度	m/s
U_{fc}	聚团相中的气体表观速度	m/s
U_{fd}	稀相中的气体表观速度	m/s
U_{mf}	表观临界流态化速度	m/s
U_p	颗粒表观速度	m/s
U_{pc}	聚团相中的颗粒表观速度	m/s
U_{pd}	稀相中的颗粒表观速度	m/s
U_{pe}	乳化相中的颗粒表观速度	m/s
U_s	床层气-固平均表观滑移速度	m/s
U_{sb}	乳化相与气泡相的表观滑动速度	m/s
U_{sc}	密相中的气-固表观滑移速度	m/s
U_{sd}	稀相中的气-固表观滑移速度	m/s
U_{se}	乳化相中的气-固表观滑移速度	m/s
U_{si}	相间相的表观滑移速度	m/s
V	聚团间的相对速度	m/s
Ve	UV 吸附频率($Ve=3.0\times10^{-5}$)	s^{-1}
z_0	颗粒或聚团之间的黏附距离	m
α	热扩散系数$\left(\alpha=\dfrac{\lambda}{C_p\rho_f}\right)$	m^2/s
α_c	聚团相的给热系数[J/(m^2·s·K)]或者聚团的比表面积	m^{-1}
α_{cd}	密相与稀相流体之间的热量变换系数	J/(m^2·s·K)
α_d	稀相的给热系数	J/(m^2·s·K)
α_e	气体与颗粒间的传热系数	J/(m·s·K)
α_{eb}	热量交换系数	J/(m^2·s·K)
α_f	三相平均给热系数	J/(m^2·s·K)
α_i	相间相的给热系数	J/(m^2·s·K)
	或者气泡相气体与气泡表面颗粒之间的给热系数	J/(m^2·s·K)
ε_c	聚团相中的空隙率	

ε_d	稀相中的空隙率	
ε_e	乳化相的空隙率	
ε_f	三相平均的空隙率	
ε_i	相间相的空隙率	
ε_s	固含率	
ε_0	介质的介电常数(真空时 $\varepsilon_0=1$)	
ε_1	颗粒的介电常数(真空时 $\varepsilon_1=1$)	
ε_{mf}	颗粒物料的最小流化空隙率	
ε_{min}	颗粒物料的最小空隙率	
η	颗粒体积有效因子	
λ	气体的导热系数	J/(m · s · K)
ρ_a	聚团的密度	kg/m^3
ρ_{ba}	黏性颗粒的松堆密度	kg/m^3
ρ_{bt}	黏性颗粒的敲紧密度	kg/m^3
ρ_p	颗粒密度	kg/m^3
ρ_g	气体密度	kg/m^3
μ_g	气体黏度	kg/(m · s)
μ_f	气体黏度	kg/(m · s)
MR	分子比(氧化钠和氧化铝的摩尔比)	
K	溶解平衡常数	
x	以摩尔分数表示的组分浓度	
f	以摩尔分数表示浓度的组分活度系数	
A/S	硅量指数氧化铝和氧化硅的质量浓度比	
R	摩尔气体常数	J/(mol · K)
n	反应物摩尔数	mol
k	均相系统中气固之间的传质系数	m/s
E	反应活化能	kJ/mol
k_e	指前因子	s^{-1}
c	比热容	J/(kg · K)
c_p	定压比热容	J/(kg · K)
E	㶲	J
H	扬程	m

h	比焓	J/kg
I	不可逆损失	J
η	效率	
R_v	膨胀机的膨胀比	
S	熵	J/K

彩 图

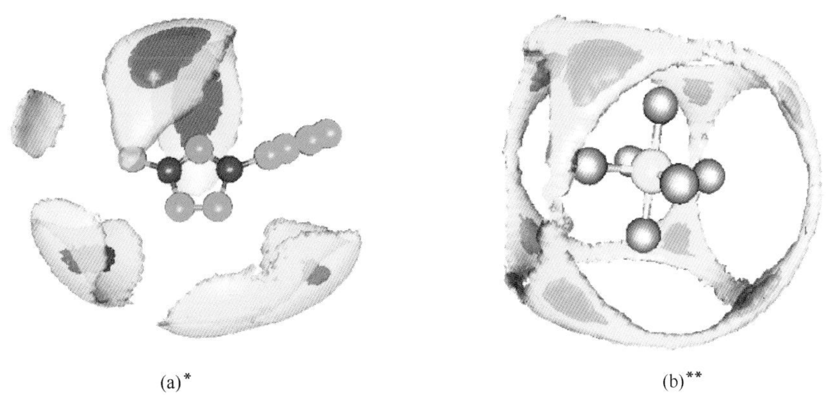

图 2.5 [Bmim][PF_6]的空间分布函数[52]

(a) [Bmim]$^+$周围[PF_6]$^-$的分布；(b) [PF_6]$^-$周围[Bmim]$^+$的分布；

* 和 ** 橙色及黄色分别代表分布密度为平均密度的 20 倍及 6 倍，3 倍及 2 倍

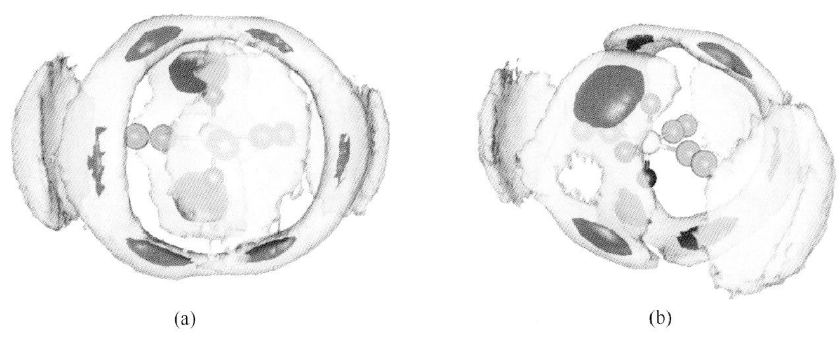

图 2.11 CO_2上的 C 原子在[FEP]阴离子的三维空间分布

(a)与(b) 是两个不同的角度的视图[135]

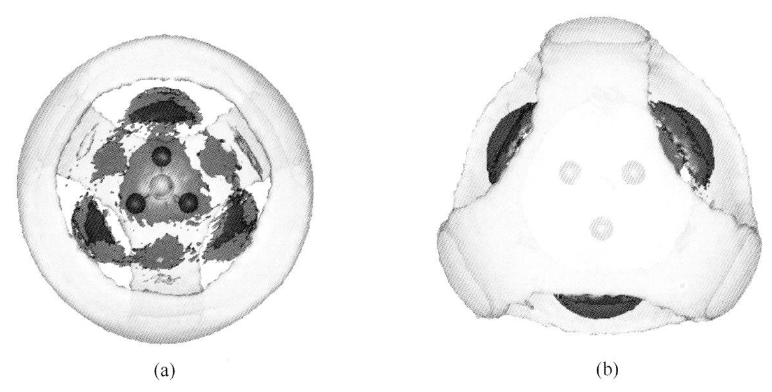

图 2.15 (a)[ppg][BF_4]吸收摩尔分数为 0.6 的 CO_2后的 CO_2(蓝色)和阳离子(黄色)在[BF_4]阴离子周围的空间分布；(b)另一个角度的视图

蓝色和黄色分布代表分布密度为平均密度的 2.8 倍和 3 倍[137]

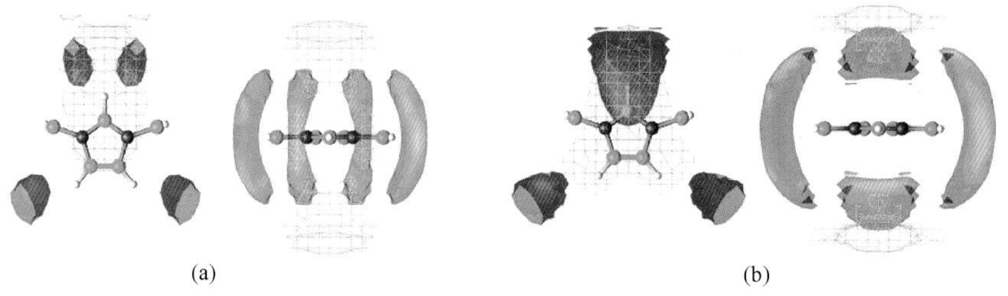

图 2.16　Cl^-(a),$[PF_6]^-$(b)和葡萄糖分子在$[C_1mim]^+$阳离子周围的空间分布
红色:阴离子;绿色:阳离子

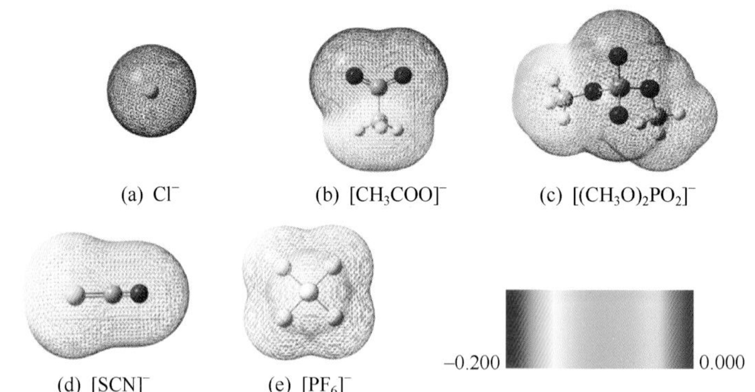

图 2.20　优化后的孤立阴离子在 b3lyp/6-31++g** 水平上的静电势界面

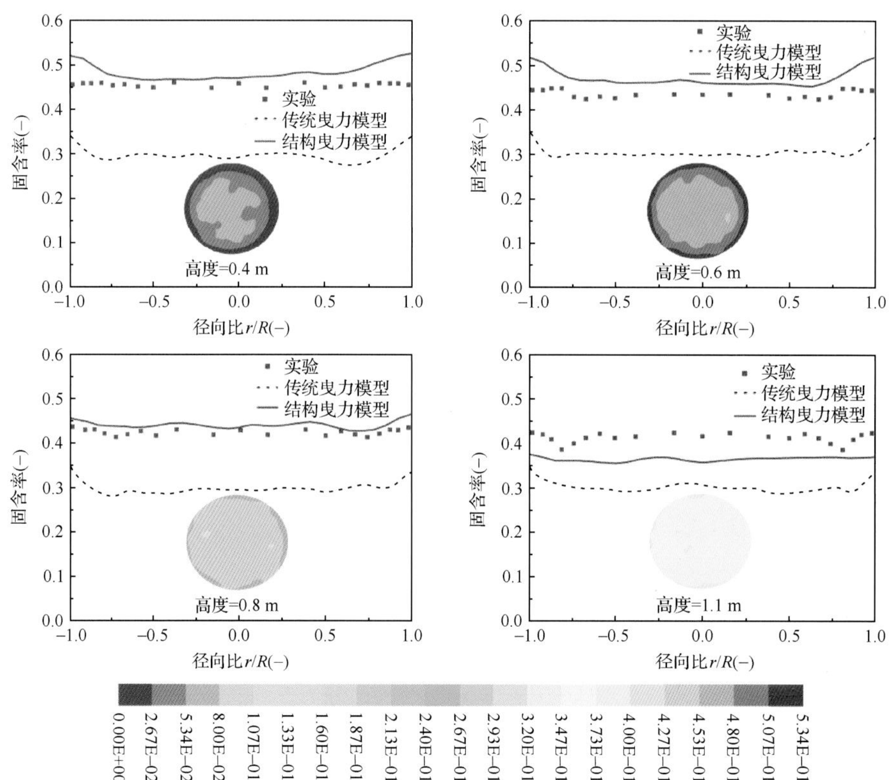

图 6.11　不同床高处颗粒浓度径向分布的实验数据与三维模拟结果的对比(U_g=0.06 m/s)

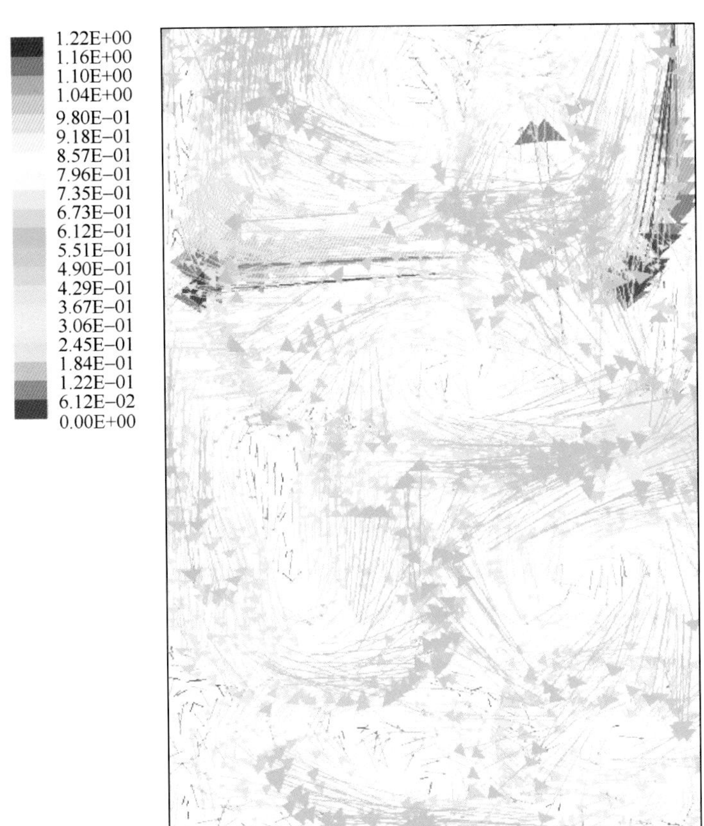

图 6.12　模拟得到的流化床下部颗粒速度矢量图(U_g=0.06 m/s)

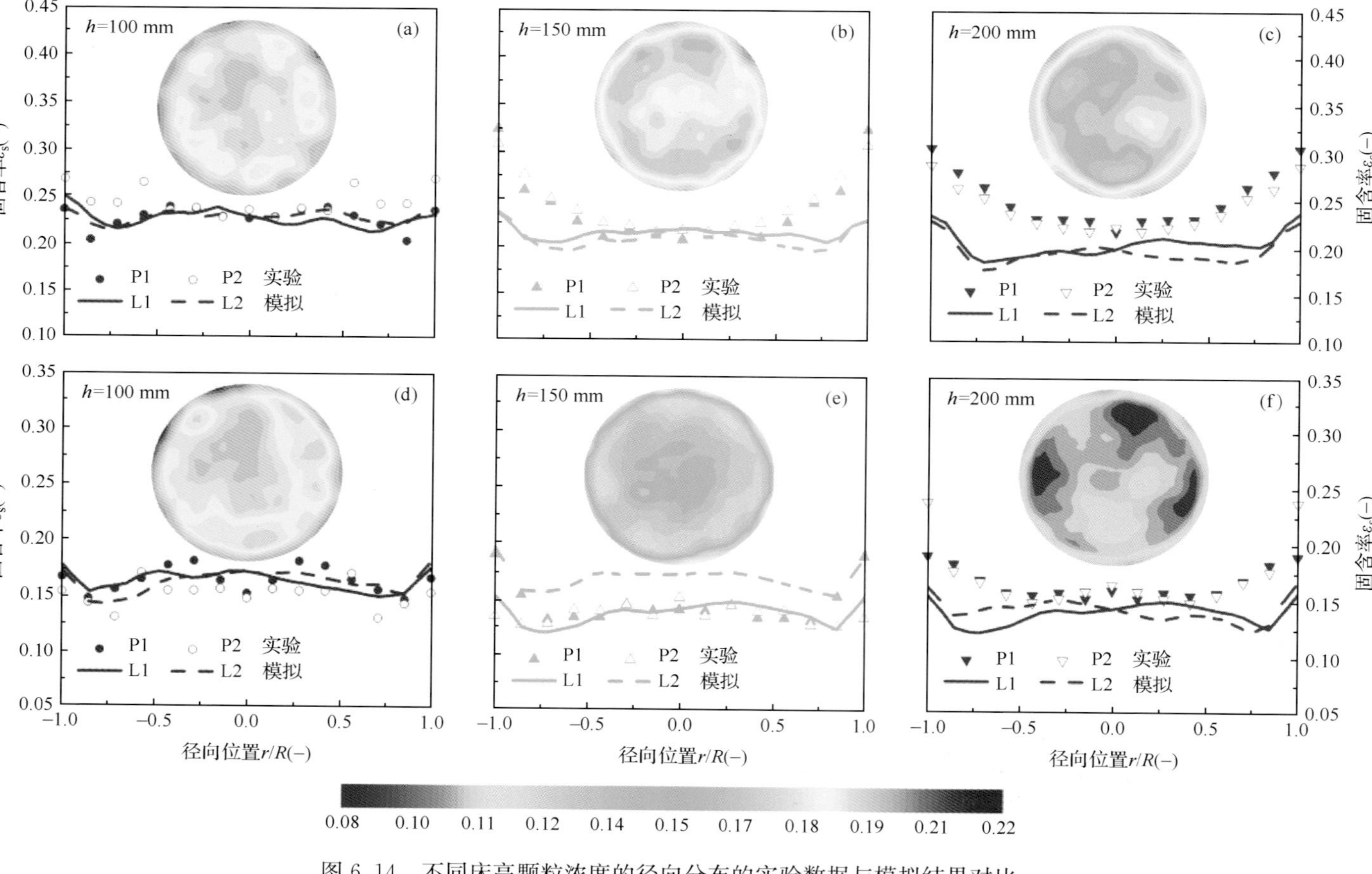

图 6.14　不同床高颗粒浓度的径向分布的实验数据与模拟结果对比

(a)～(c)：u_g=0.21 m/s；(d)～(f)：u_g=0.35 m/s

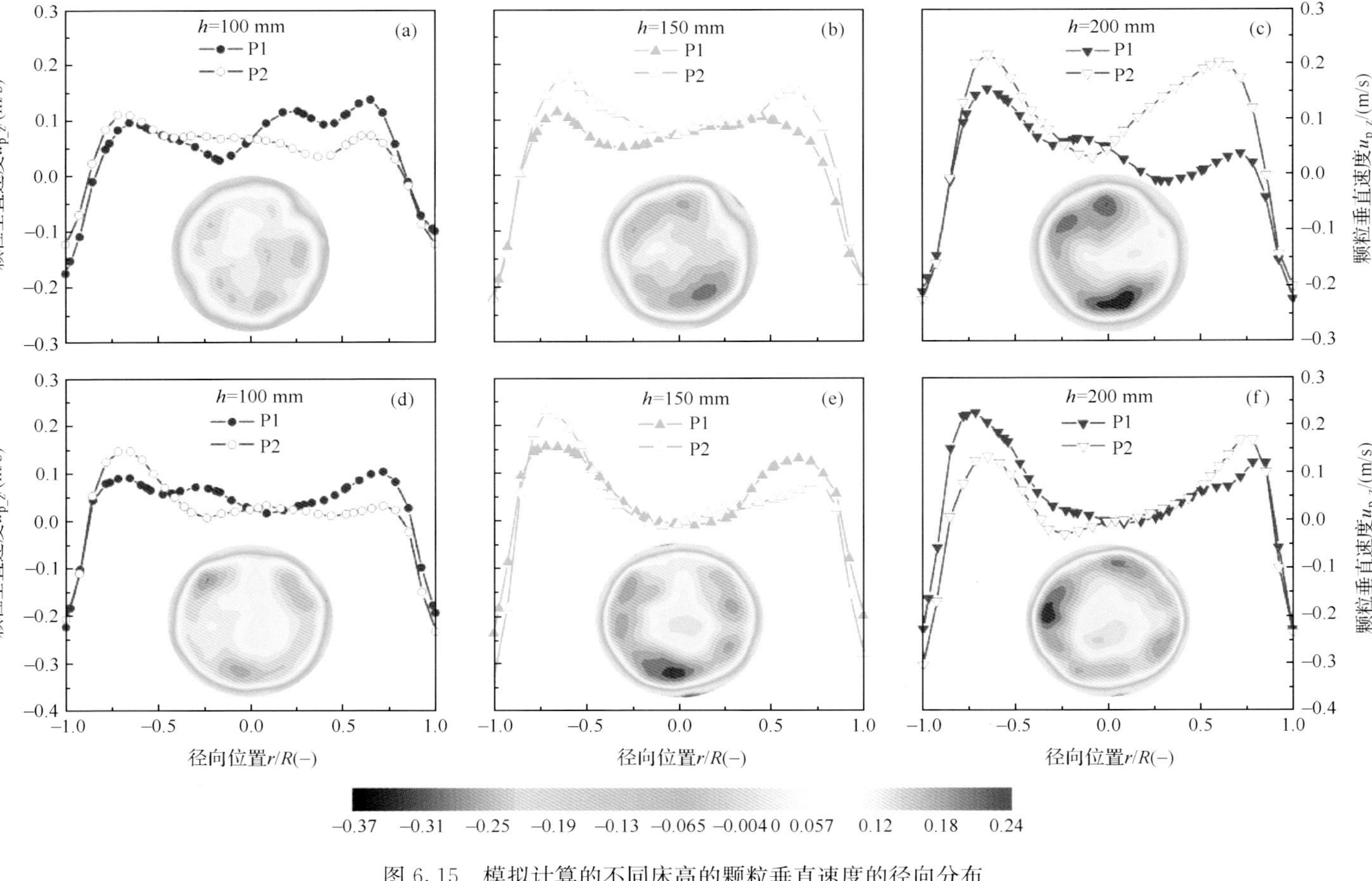

图 6.15 模拟计算的不同床高的颗粒垂直速度的径向分布

(a)～(c)：u_g=0.21 m/s；(d)～(f)：u_g=0.35 m/s

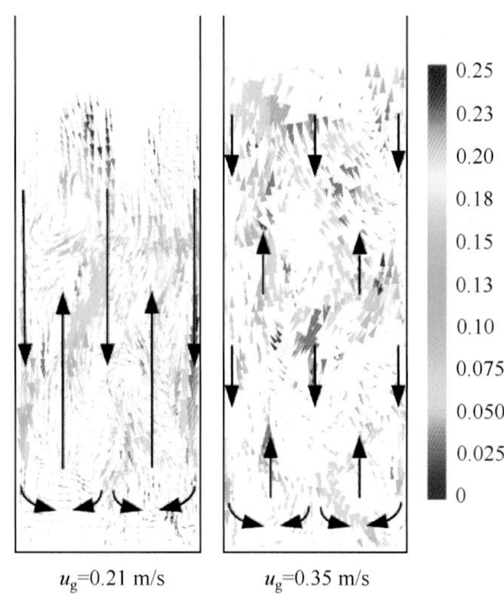

图 6.16　模拟的颗粒速度矢量图

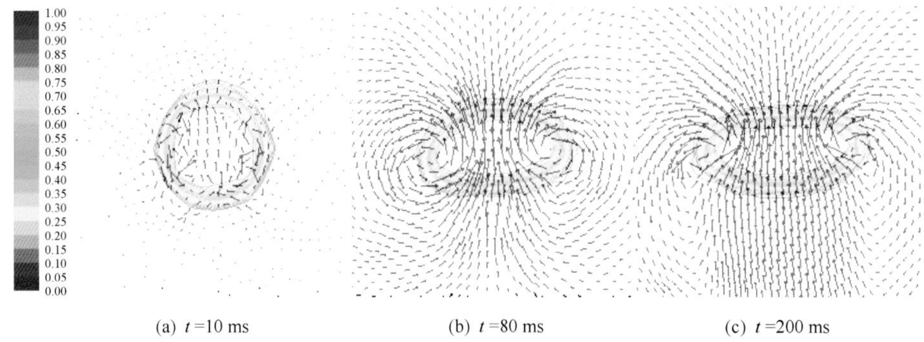

图 8.3　不同时刻氨气气相的体积分数等值线、气泡形状以及气液两相流速度矢量图

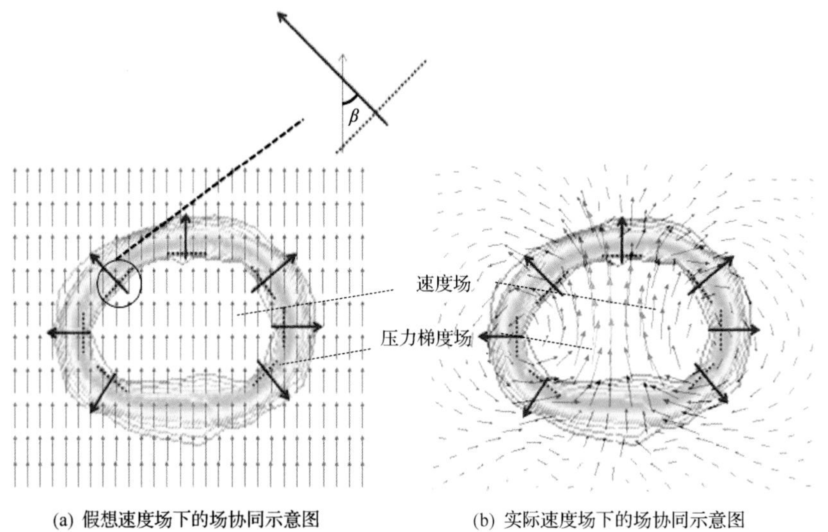

图 8.4　t=40 ms 气泡所处的两相流速度场与压力梯度场的场协同示意图

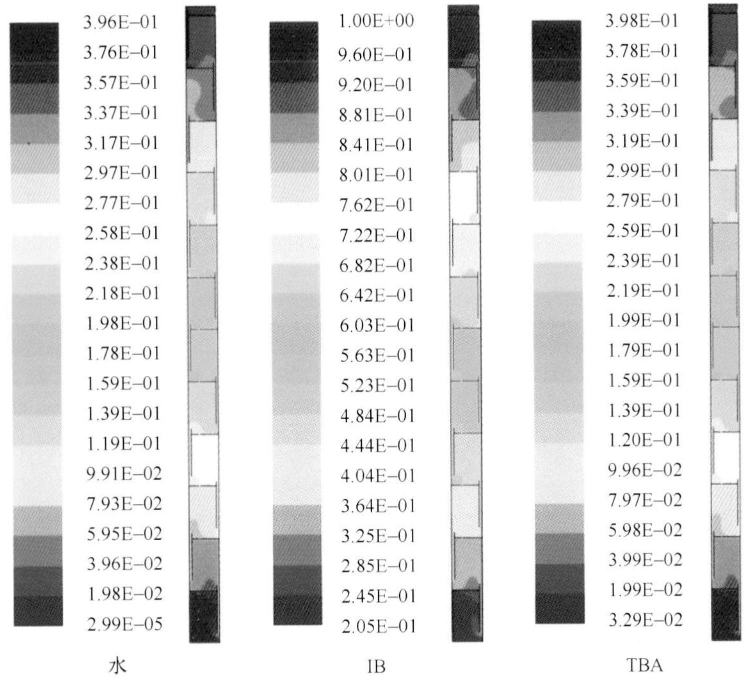

图 9.19　叔丁醇脱水体系流体力学尺度塔内气相各组分分布

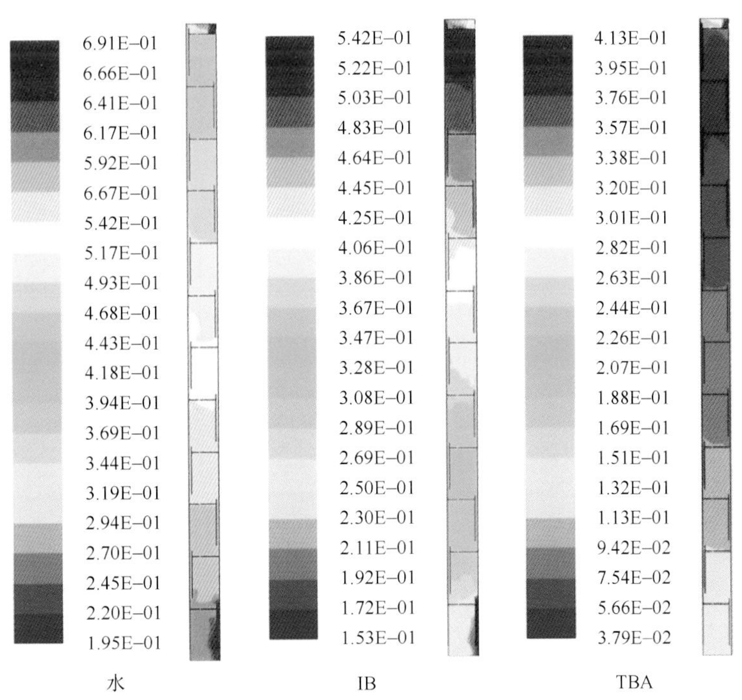

图 9.20　叔丁醇脱水体系流体力学尺度塔内液相各组分分布

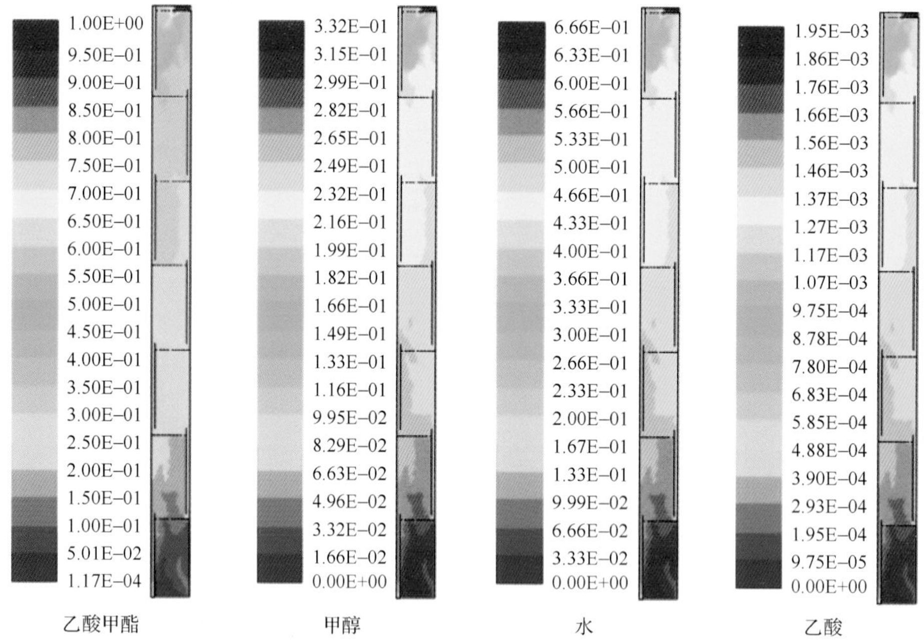

图 9.30 流体力学尺度塔内气相各组分分布

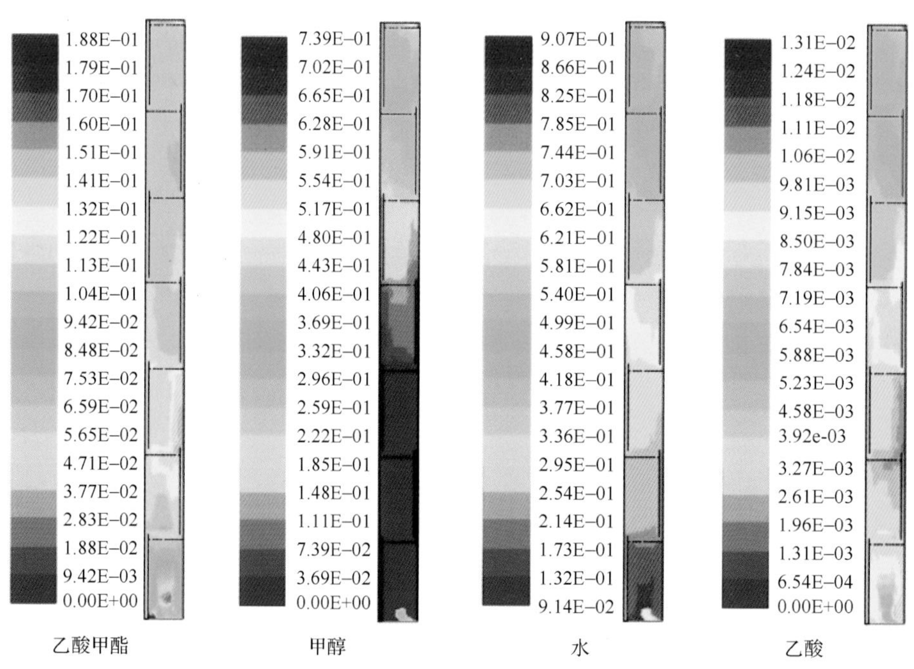

图 9.31 流体力学尺度塔内液相各组分分布

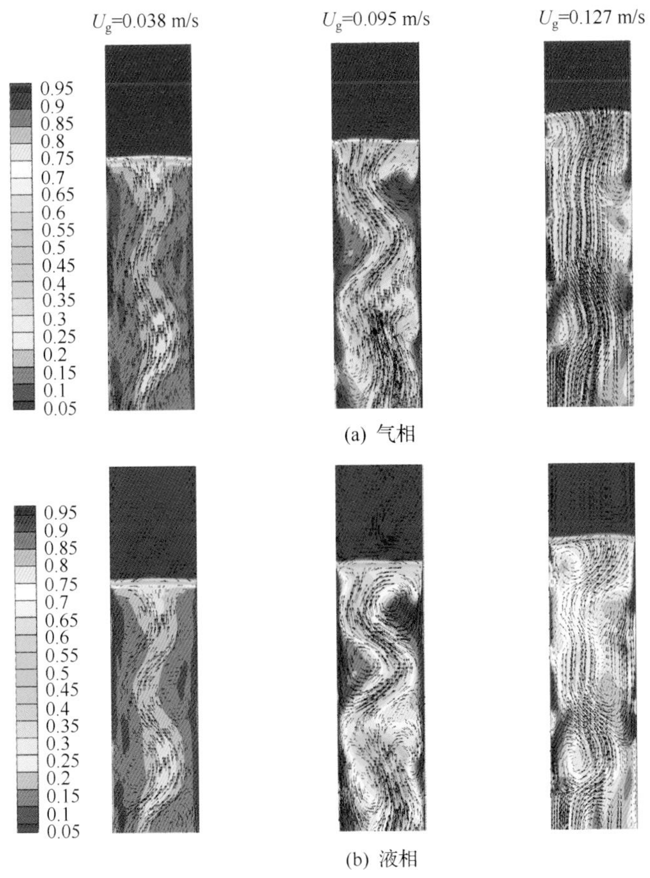

图 10.38　不同表观气速下采用 DBS 曳力模型获得的轴向截面气含率、流场的分布[112]

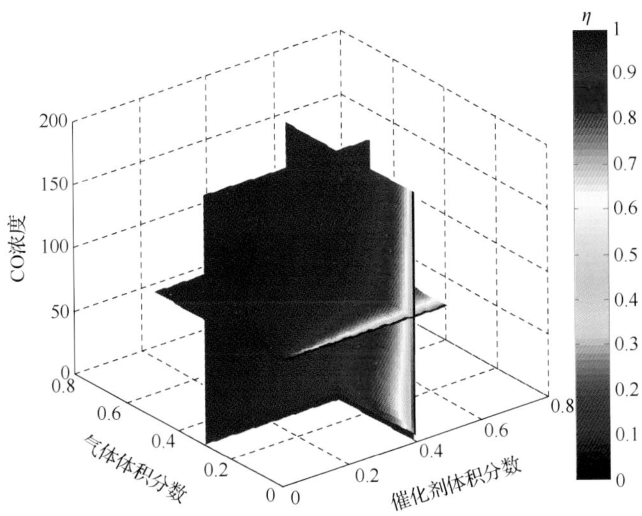

图 10.43　CO 浓度、气含率以及催化剂浓度对修正因子的影响(以大气泡的传质速率计算)

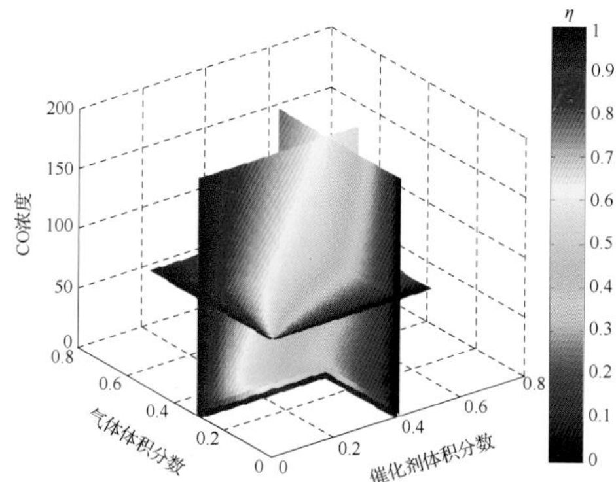

图 10.44　CO 浓度、气含率以及催化剂浓度对修正因子的影响(大气泡的传质速率缩小 40 倍)

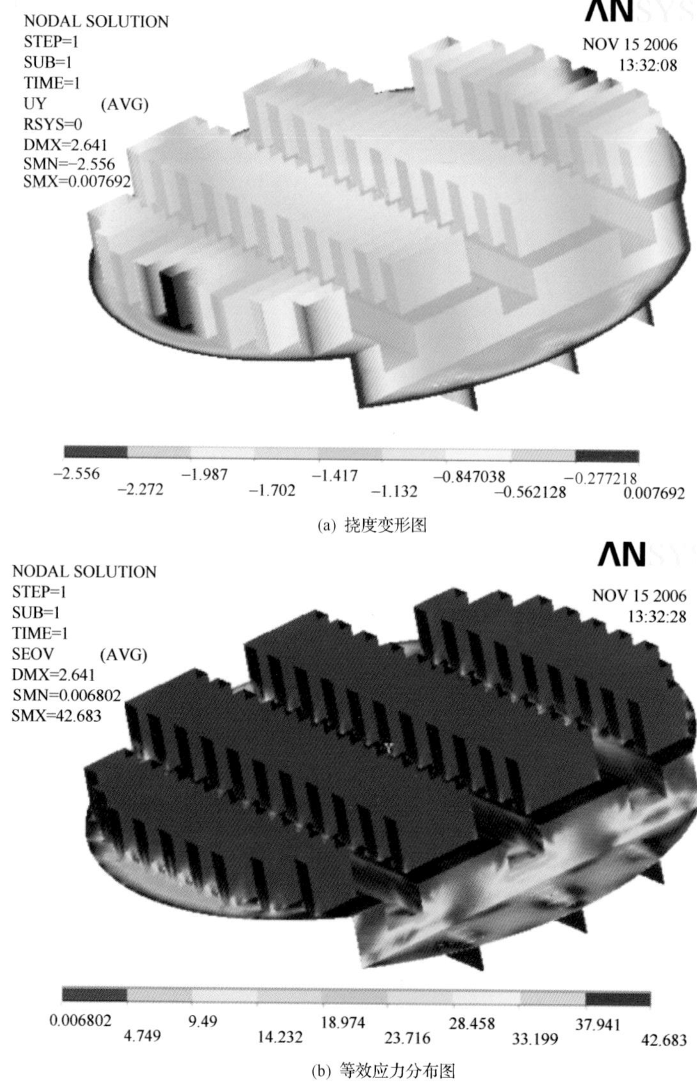

(a) 挠度变形图

(b) 等效应力分布图

图 15.21　热补偿式集油箱挠度变形和等效应力分布图